Springer-Lehrbuch

Christoph Berger

Elementarteilchenphysik

Von den Grundlagen zu den modernen Experimenten

Zweite, aktualisierte und überarbeitete Auflage

Mit 217 Abbildungen, 51 Tabellen und 88 Übungen mit Lösungshinweisen

Springer

Professor Dr. Christoph Berger

RWTH Aachen
I. Physikalisches Institut
52056 Aachen
Deutschland

E-Mail: berger@rwth-aachen.de

ISBN-10 3-540-23143-9
ISBN-13 978-3-540-23143-1
2. Auflage
Springer Berlin Heidelberg New York

1. Auflage ISBN-10 3-540-41515-7 Springer Berlin Heidelberg New York

Bibliografische Information Der Deutschen Bibliothek
Die Deutsche Bibliothek verzeichnet diese Publikation in der Deutschen Nationalbibliografie; detaillierte bibliografische Daten sind im Internet über <http://dnb.ddb.de> abrufbar.

Springer ist ein Unternehmen von Springer Science+Business Media
springer.de

Printed in Germany

Herstellung, Datenkonvertierung, Umbruch in LaTeX 2_{ε}: LE-TeX Jelonek, Schmidt & Vöckler GbR, Leipzig
Zeichnungen: Schreiber VIS, Seeheim, und LE-TeX Jelonek, Schmidt & Vöckler GbR, Leipzig
Einbandgestaltung: *design & production* GmbH, Heidelberg

Gedruckt auf säurefreiem Papier SPIN 12086122 56/3180/YL 5 4 3 2 1

Vorwort zur zweiten Auflage

Anläßlich der Vorbereitung der zweiten Auflage wurde das gesamte Buch nochmals gründlich überarbeitet mit dem Ziel, die Daten zu aktualisieren und möglichst viele Druckfehler und Versehen der ersten Auflage zu eliminieren. Zusätzlich habe ich natürlich die Gelegenheit benutzt, neuere Entwicklungen der letzten fünf Jahre aufzugreifen und zu erläutern. Dadurch haben sich vor allem die Abschnitte über CP-Verletzung und Neutrino-Physik des siebten Kapitels geändert. Zusammen mit kurzen neuen Abschnitten über Halbleiterzähler und das optische Theorem führte dies zu einer moderaten Vergrößerung des Umfangs des Buches um 13 Seiten. Da die schon 2004 begonnene Bearbeitung viel Zeit in Anspruch nahm, sind einige Meßwerte nicht mehr auf dem neuesten Stand. Die Zahlenangaben beruhen auf der alle zwei Jahre publizierten Datensammlung der *Particle Data Group* vom Juli 2004 [PDG04]. Natürlich hätte ich auch auf die ständig aktualisierten Daten im *world wide web* zurückgreifen können. Für ein Lehrbuch erschien es mir aber vorteilhaft, von einer gedruckten Sammlung auszugehen, zumal sich die Elementarteilchenphysik nicht mehr so stürmisch wie in den 1970er Jahren entwickelt.

Die Grundstruktur des Buches wurde beibehalten. Es befaßt sich daher ausschließlich mit der eigentlichen Elementarteilchenphysik. Mancher mag vielleicht bedauern, daß es keine ausführliche Diskussion der Astroteilchenphysik und Kosmologie gibt, zumal sich das Interesse vieler bisher an Beschleunigern arbeitenden Physiker diesen Gebieten zugewandt hat. Eine Behandlung der genannten Themen im bisherigen Stil des Buches, also der im Text erfolgenden Erarbeitung aller Formeln und Zusammenhänge, hätte aber den Umfang um mindestens hundert Seiten vergrößert. Ich bin überzeugt, daß mit der neuen Generation von Experimenten, die ab 2007 am *Large Hadron Collider* des CERN in Genf beginnen, sich der Schwerpunkt des Interesses wieder verlagern wird. Vielleicht ist gerade dann für die Studierenden ein Buch besonders nützlich, das sich zum Ziel setzt, den inneren Zusammenhang möglichst vieler Phänomene quantitativ herauszuarbeiten. Aus diesem Grunde wird z. B. immer wieder die *crossing*-Technik bei der Herleitung von Wirkungsquerschnitten benutzt. Hierher gehört auch die Betonung der Ähnlichkeit von weiten Teilen der perturbativen Quantenchromodynamik (QCD) mit der Quantenelektrodynamik (QED). Schließlich wird die Weizsäcker-Williams-Methode zur Berechnung von QED-Wirkungsquerschnitten deshalb so ausführlich behandelt, weil sie eine zentrale Rolle in den QCD-Analysen der Elektron-Proton-Streuung oder der Proton-Proton-Streuung spielt.

Auch an dieser Stelle möchte ich nochmals auf die *website* des Buches hinweisen, die über meine Homepage http://mozart.physik.rwth-aachen.de erreicht werden kann. Hier finden sich vor allem Erläuterungen zu den Übungsaufgaben, aber auch Berichtigungen und Ergänzungen.

Aachen, im Februar 2006 *Christoph Berger*

Vorwort

You can't learn anything without teaching.
J. A. Wheeler

Dieses Lehrbuch ist – wie viele andere auch – aus Vorlesungen entstanden. An der Technischen Hochschule Aachen habe ich die Kursvorlesung Elementarteilchenphysik I/II sehr oft gehalten. Naturgemäß wuchs der Umfang des sich daraus entwickelnden Lehrbuchs weit über den Rahmen der Vorlesung hinaus, obwohl die grundsätzliche Struktur übernommen wurde.

Ein Vorläufer dieses Buches ist mein 1992 erschienenes Lehrbuch „Teilchenphysik", welches eine überraschend freundliche Aufnahme gefunden hat. Allerdings wurde immer wieder das Fehlen eines Abschnitts über Teilchenbeschleuniger und Detektoren bedauert. Eine Behandlung dieser Themen war daher für eine eventuelle Neuauflage vorgesehen. In der Zwischenzeit hat sich aber unser Gebiet so stürmisch entwickelt, daß bei einer Berücksichtigung der neuen Ergebnisse der Umfang von etwa 270 Seiten auf über 450 Seiten anstieg. Daraus ist dann ein neuer Text entstanden.

Die Hörer der Vorlesung sind Studenten im 6. und 7. Semester. Ich versuche daher, ein konsistentes Bild der modernen Teilchenphysik auf der Grundlage einer soliden Kenntnis der nichtrelativistischen Quantenmechanik sowie der Atom- und Kernphysik zu vermitteln. Alle anderen benötigten Hilfsmittel, wie z.B. Dirac-Gleichung und Feynman-Graphen, werden im Buch bereitgestellt. Insbesondere die Behandlung der Feynman-Graphen ist hierin beispielhaft für eine moderne Form des Lernens. Es ist manchmal unumgänglich, zunächst die Anwendung von intuitiv ansprechenden Regeln zu üben und erst in einem späteren Teil des Studiums deren exakte Begründung zu erlernen. Jeder wendet heute Computer zur Lösung numerischer oder algebraischer Probleme an, ohne etwas über Turing-Maschinen oder Digitalelektronik usw. zu wissen.

Die Experimente der Teilchenphysik werden zur Zeit immer mit den Vorhersagen des sog. Standard-Modells verglichen. In diesem Sinne ist auch das vorliegende Buch eine Abhandlung über das Standard-Modell. Da Physik keine historische Wissenschaft ist, folge ich in der Entwicklung des Modells nicht dem historischen Weg. Es erschien mir richtiger, gleich zu Beginn die qualitativen Grundlagen zu beschreiben und die ausführliche Behandlung den späteren Abschnitten zu überlassen. Es ist ganz im Sinne dieses unhistorischen Ansatzes, daß z.B. die Gruppe $SU3$ nicht an Hand der Quark-Arten sondern über ihre Farben eingeführt wird.

Die Entwicklung des Standard-Modells ist untrennbar mit dem überwältigenden Erfolg der Eichtheorien verbunden, wozu es einige ausgezeichnete Bücher gibt. Ich habe daher im vorliegenden Buch auf eine Darstellung der theoretischen Grundlagen verzichtet. Hinzu kommt, daß einige der in diesem formalen Rahmen erzielten Resultate auch an Hand der weit anschaulicheren Diskussion des Verhaltens von Wirkungsquerschnitten bei hohen Energien gewonnen werden können.

Die Erfolge des Standard-Modells beim Berechnen der Reaktionswahrscheinlichkeiten für die verschiedensten Prozesse verstellen manchmal den Blick darauf, daß sich manche dieser Ergebnisse auch ohne ein spezifisches Modell erreichen lassen. Daher wurde im zweiten Kapitel des Buches der Betrachtung der Symmetrieoperationen der Teilchenphysik ein breiter Raum gewidmet. Besonderer Wert wurde hierbei auf den Helizitätsformalismus, d.h. auf eine konsistente Beschreibung des Spins, gelegt. Dieser Formalismus ist gerade für den Experimentalphysiker von unschätzbarem Wert, wenn es z.B. darum geht, aus Winkelverteilungen der Reaktionsprodukte auf den Spin von Teilchen zu schließen. Vielleicht werden diese Kenntnisse bei der Entdeckung neuer Teilchen und der Bestimmung ihrer Quantenzahlen an zukünftigen Beschleunigern wieder besonders wichtig werden.

Der vorliegende Text ist auch aus vielen Diskussionen entstanden, die ich mit jungen Physikern im Rahmen der Anfertigung ihrer Diplom- und Doktorarbeiten führen konnte. Es wurde deshalb versucht, die meisten der Begriffe und Formeln, die in der täglichen Arbeit benötigt werden, zu diskutieren. In einem einführenden Buch ist dies natürlich nur in einem beschränkten Umfang möglich. Nichtsdestoweniger habe ich das Buch in diesem Sinne auch für mich selbst geschrieben.

Das Studium der Physik ist sicher schwierig. Es ist ganz natürlich, daß ein Student den Text nicht einfach lesen kann, sondern sich den Inhalt mit Papier und Bleistift in der Hand erarbeiten muß. Um dem Anfänger zu helfen, beziehen sich die Literaturangaben in den meisten Fällen nicht auf die Originalarbeiten, sondern auf weiterführende Lehrbücher. Inzwischen erlaubt das Internet einen engen Kontakt zwischen Leser und Autor. Auf der *web page* des Buches (`http://mozart.physik.rwth-aachen.de/elmt.html`) sind zusätzliche Angaben zu den Lösungen der Übungsaufgaben zu finden. Hier sollen aber auch eventuelle Fehler oder Unklarheiten korrigiert werden. Damit dies möglich ist, brauche ich Ihre Mitarbeit.

Aachen, im Juli 2001 *Christoph Berger*

Inhaltsverzeichnis

4 Hadronen in der Quantenchromodynamik

5 Elektronen und Quarks

6 Von der schwachen zur elektroschwachen Wechselwirkung

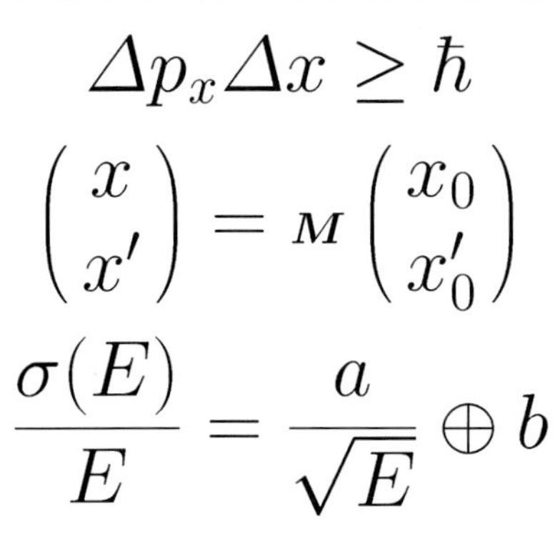

1 Überblick und Hilfsmittel

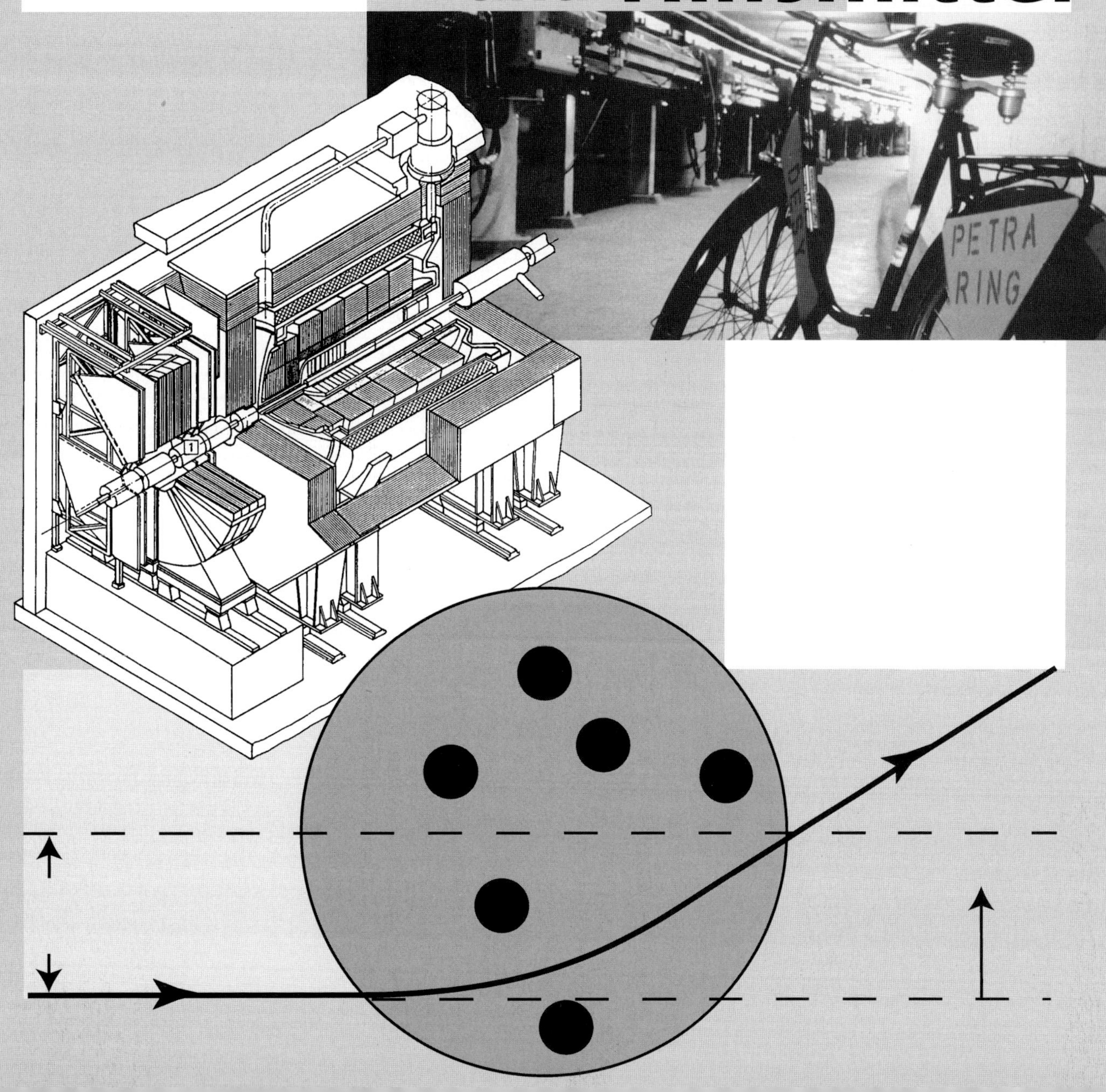

Überblick und Hilfsmittel

Einführung

Im ersten Kapitel dieses Buches werden sehr unterschiedliche Themen besprochen. Während im ersten Abschnitt grundsätzliche Betrachtungsweisen der Teilchenphysik erläutert werden, gibt der zweite Abschnitt einen Überblick über die derzeit bekannten Teilchen und Kräfte. Da die Ergebnisse der Experimente zum ganz überwiegenden Teil in Form von Wirkungsquerschnitten und Zerfallsraten angegeben werden, ist einer Diskussion dieser beiden Begriffe ein weiterer Abschnitt gewidmet. Die letzten beiden Abschnitte behandeln dann die für die Teilchenphysik spezifischen experimentellen Hilfsmittel, nämlich die Beschleuniger und die Detektoren.

Inhalt

1.1 Strukturen der Materie

1.1.1 Teilchen und Kräfte

Das endgültige Ziel physikalischer Forschung ist die Aufstellung einer Theorie der Materie. Wenn wir auch nicht wissen, wie weit wir von unserem Ziel entfernt sind, ist der „Traum von der endgültigen Theorie“ [Wei94] eine starke Motivation für intensive experimentelle und theoretische Anstrengungen in der derzeitigen Teilchenphysik. Historisch hat sich in diesem Zusammenhang als ein besonders mächtiges Prinzip die „atomare Hypothese“ durchgesetzt. Nach Feynman ist das Prinzip vom Aufbau der Materie aus einzelnen Bausteinen sogar die wichtigste wissenschaftliche Erkenntnis überhaupt [Fey87]. Der Erfolg war keineswegs *a priori* klar, hatte doch gerade im engeren Bereich der Atomphysik die genannte Idee große Schwierigkeiten, endgültig anerkannt zu werden. Wir wissen zwar, daß schon die griechische Naturphilosophie (Demokrit) die Überlegung äußerte, die materielle Welt sei aus winzigen, unteilbaren Bausteinen, den „Atomen“, zusammengesetzt. Aber noch gegen Ende des 19. Jahrhunderts standen besonders in der deutschen physikalischen Tradition manche prominente Forscher (z. B. E. Mach[1]) dem atomistischen Weltbild sehr skeptisch gegenüber.

Im Laufe der Entwicklung der Teilchenphysik geriet die atomare Hypothese in den 60er Jahren in eine ernste Krise. Heute erscheinen alle Zweifel an der Gültigkeit des Atomismus im Mikrokosmos beseitigt. Wenn wir nun die Blickrichtung umkehren, können wir die Verteilung der Materie in großen Abständen studieren. Das Betrachten des Sternenhimmels und der Galaxien überzeugt uns unmittelbar, daß auch auf großen Skalen die Materie nicht kontinuierlich verteilt ist. Etwas salopp läßt sich also sagen, daß von den größten bis zu den kleinsten Abständen Materie in Klumpen auftritt.

Im Rahmen der Teilchenphysik untersucht man die kleinsten Strukturen. Im sog. Standard-Modell beschreiben wir heute den Aufbau der Materie aus einfachen, sehr kleinen ($< 10^{-18}$ m) Konstituenten, den eigentlichen

[1] Ernst Mach (1838–1916) war ein berühmter und einflußreicher österreichischer Physiker und Philosoph.

Elementarteilchen. Wir bezeichnen diese Konstituenten als „punktförmig“und kommen damit Euklids ursprünglicher Definition „Ein Punkt ist, was keine Teile hat“ sehr nahe [Euk90].

Es gibt zwei Klassen von Konstituenten:

1. Die Leptonen. Der bekannteste Vertreter dieser Klasse von Teilchen ist das Elektron, e^-.
2. Die Quarks[2]. Die beiden wichtigsten Vertreter sind das u- (*up*) und das d- (*down*) Quark.

Diese Konstituenten üben aufgrund verschiedener Wechselwirkungen Kräfte aufeinander aus. Die Kräfte können zu Bindungen führen. Wir kennen zur Zeit drei Arten von Wechselwirkungen zwischen den Elementarteilchen:

1. Die starke Wechselwirkung. Sie ist für eine neuartige, in großen Abständen nicht sichtbare Kraft zwischen den Quarks verantwortlich.
2. Die elektroschwache Wechselwirkung. Sie beschreibt die Kraft zwischen elektrisch geladenen Teilchen, aber auch den radioaktiven Zerfall.
3. Die Gravitation. Das ist die Wechselwirkung, die zwei Körper ausschließlich aufgrund ihrer Masse aufeinander ausüben.

Die Erklärung aller Naturerscheinungen durch möglichst wenige fundamentale Wechselwirkungen gehört zum Wesen der modernen Physik. Newton deutete den Wurf eines Steines (oder, wenn Sie wollen, den berühmten Fall eines Apfels vom Baum) und die Planetenbewegung durch sein universelles Gravitationsgesetz. Elektrizität und Magnetismus wurden durch Maxwell zum Elektromagnetismus zusammengefaßt. In jüngerer Zeit gelang die Erklärung der Radioaktivität und der elektromagnetischen Erscheinungen in einer vereinheitlichten Theorie der elektroschwachen Wechselwirkung.

Aus praktischen und manchmal auch aus pädagogischen Gründen werden wir aber in diesem Buch elektromagnetische und schwache Kräfte weitgehend getrennt diskutieren. Es ist zur Zeit noch offen, ob es gelingt, alle drei fundamentalen Wechselwirkungen zu vereinheitlichen. Am weitesten ist man bei dem Versuch gekommen, starke und elektroschwache Wechselwirkungen aus einem gemeinsamen Prinzip zu erklären (sog. *grand unified theories*, GUTs).

Der Anfänger wird vielleicht nur von der Gravitation und der elektrischen Kraft eine genauere Vorstellung haben. „Schwach“ und „stark“ sind zunächst nur Namen. Die Natur dieser Wechselwirkungen wird im weiteren Verlauf des Buches ausführlich diskutiert werden. Es soll aber jetzt schon der wichtigste Unterschied zwischen Leptonen und Quarks bezüglich ihrer Wechselwirkungen festgehalten werden: Leptonen nehmen *nicht* an der starken Wechselwirkung teil.

Im Alltagsleben und in der Technik sind eine Vielzahl weiterer Kräfte (elastische Kräfte, Reibung, Adhäsion usw.) bekannt. Diese lassen sich jedoch auf eine der genannten Wechselwirkungen zurückführen. So sind z. B. die für die Reibung verantwortlichen Anziehungskräfte zwischen elektrisch neutralen Molekülen elektromagnetischen Ursprungs. Ebenso sind wir überzeugt, daß die technisch sehr wichtige Kernkraft, d. h. die Kraft, welche die Nukleonen Proton (p) und Neutron (n) zu größeren Kernen bindet, sich auf die elementare starke Wechselwirkung zwischen den Quarks zurückführen läßt. Hiermit ergibt

[2]Der im Deutschen an Weichkäse erinnernde Name Quark wurde von dem amerikanischen Physiker Murray Gell-Mann (geb. 1929) geprägt und der Überlieferung zufolge aus dem Buch „Finnegans Wake“ von James Joyce entnommen. Gell-Mann erhielt 1969 den Nobelpreis für seine Arbeiten zum Quark-Modell.

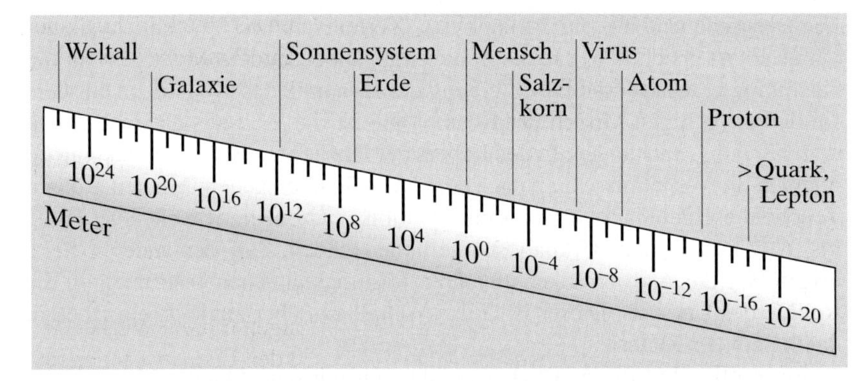

Abb. 1.1
Strukturen der Materie und ihre Abmessungen in Metern

sich das folgende vereinfachte Bild für die Bindung zu größeren Einheiten:

- Die starke Wechselwirkung bindet Quarks zu Nukleonen und Nukleonen zu Kernen.
- Die elektromagnetische Wechselwirkung bindet Elektronen und Kerne zu Atomen, Atome zu Molekülen und Moleküle zu Molekülverbänden (z. B. Kristalle).
- Große, massive Körper (wie die Sterne) werden im Wechselspiel aller drei fundamentalen Naturkräfte gebildet. Zwischen den Sternen einer Galaxie und zwischen den Galaxien selbst gibt es aber nur die Gravitationskraft.

Abbildung 1.1 zeigt einen Längenmaßstab, der von 10^{-20} m bis zu 10^{26} m reicht. Gleichzeitig sind ungefähre Dimensionen (Abstände, Durchmesser) für typische Strukturen der Materie angegeben. Die eigentliche Teilchenphysik beschreibt nur die untersten fünf Dekaden dieser Skala, jedoch ist in den letzten Jahren das Verständnis für den inneren Zusammenhang der Physik außerordentlich gewachsen.

Atomphysik, Kernphysik und Teilchenphysik untersuchen den Mikrokosmos, während der Makrokosmos außerhalb unserer Erde durch Astronomie und Astrophysik erforscht wird. Fortschritte in der Astronomie und Astrophysik waren aber schon immer eng an neue Erkenntnisse der Mikrophysik geknüpft. Es seien drei Beispiele genannt:

- Die Theorie der Spektrallinien in der Atomphysik eröffnete den Weg zum Verständnis der Sternspektren und damit der Sternatmosphären.
- Mit Hilfe der Kernphysik ließ sich die Energieerzeugung im Sterninnern verstehen. Dies führte letztlich zu unserer heutigen Theorie der Sternentstehung.
- Eines der großen Rätsel der Kosmologie ist das Problem der „dunklen Materie“. Hier handelt es sich um die Tatsache, daß die in den Sternen sichtbare Masse weniger als 1 % der Masse des Weltalls beträgt [Kol90, PDG04]. Auf den ersten Blick erscheinen Neutrinos mit Masse (Abschn. 7.8) geeignete Kandidaten für diese Form von Materie zu sein. Noch attraktiver sind aber neuartige, bisher im Labor noch nicht entdeckte Elementarteilchen, die sog. WIMPs (*weakly interacting massive particles).*

Die Beispiele sind aus der Atomphysik, Kernphysik und Teilchenphysik gewählt. Es ist ersichtlich, daß die Teilchenphysik besonders wichtig ist für die Kosmologie, d. h. für die Beschreibung der Dynamik des Weltalls im Großen. Im derzeit gültigen Modell der Kosmologie ist die Welt aus einem Urknall, dem *big bang*, entstanden. In den Labors der Hochenergiephysik kann man im Kleinen die Verhältnisse kurz nach dem Urknall untersuchen. Mit den größten Teilchenbeschleunigern lassen sich Reaktionen erzeugen, wie sie etwa 10^{-10} bis 10^{-9} s nach dem Urknall stattgefunden haben. Auf der anderen Seite erforschen die Astrophysiker mit ihren leistungsfähigsten Instrumenten die Relikte des Urknalls. Dieser Blick ins Weltall ist daher zugleich ein Blick in das Innere der Materie.

Ein großer Teil dieses Buches befaßt sich mit dem Standard-Modell der Teilchenphysik. Nach unserem heutigen Wissen wird das gesamte Erfahrungsmaterial der subnuklearen Physik durch diese Theorie mit erstaunlicher Präzision beschrieben. Da Kernphysik und Atomphysik auf dem Standard-Modell aufbauen, spielt es eine überragende Rolle in der Erklärung unserer Welt. Zu diesem Modell gehört eine endliche Zahl (etwa 20) nicht weiter gedeuteter Parameter, z. B. die Elementarladung oder die Elektronenmasse. Vielleicht stehen wir am Beginn einer völlig neuen Ära der Physik, in der wir endlich die Frage nach der Größe dieser Parameter beantworten können. Warum hat die Elementarladung den Wert $1{,}6 \cdot 10^{-19}$ As, warum ist sie nicht z. B. 10 % kleiner? Warum gibt es sechs Leptonen und viele weitere fundamentale Fragen dieser Art.

Wir hoffen, daß aus dem Zusammenwirken aller Teilgebiete der Physik eines Tages eine Theorie der Materie entsteht, die nicht nur die Natur so erklärt, wie wir sie jetzt vorfinden, sondern auch zeigt, warum alles gerade so und nicht anders ist. Bei der Verfolgung dieser Probleme stößt man auf die erstaunliche Erkenntnis, daß Abänderungen der Naturkonstanten in der Größenordnung von wenigen Prozent die Entstehung von Leben und damit das Erkennen der Naturgesetze unmöglich machen würden. Als Platzhalter für zukünftige dynamische Erklärungen kann man somit das „anthropische Prinzip" ansehen, das wir hier in einer abgeschwächten Form wiedergeben wollen [Bar86a]:

„Die möglichen Werte physikalischer Größen sind nicht völlig frei, sondern durch die Bedingung eingeschränkt, daß sie einer Beobachtung durch uns zugänglich sein müssen."

1.1.2 Abstandsskalen und Energieskalen

Zur Ausmessung der Abstände im atomaren und subatomaren Bereich kann man sich einer Abwandlung des klassischen Rutherfordschen Streuexperiments bedienen, der Elektronenstreuung (Abb. 1.2). Ein Elektronenstrahl mit dem Impuls $\boldsymbol{p}$ werde z. B. an einem Atomkern oder einem Proton gestreut. Die Ablenkung der gestreuten Elektronen kann man durch Δp_x ausdrücken. Die transversale Auflösung Δx ist dann durch die Heisenbergsche Unschärferelation

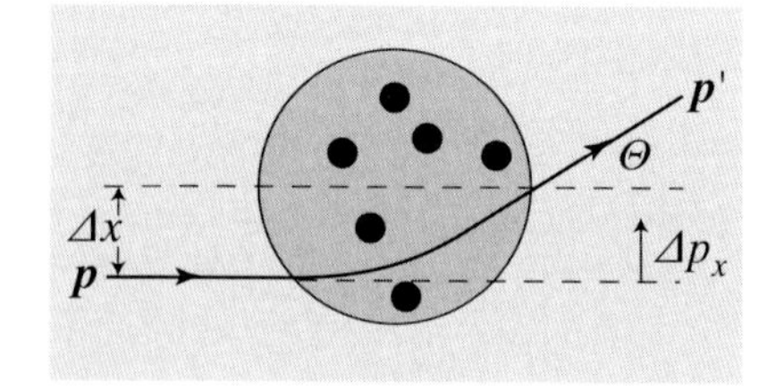

Abb. 1.2
Prinzipbild eines Elektronen-Streuexperimentes

$$\Delta p_x \Delta x \geq \hbar \tag{1.1}$$

gegeben, die wir in die Abschätzung

$$\Delta p_x \Delta x \approx \hbar \quad (1.2)$$

umwandeln.[3] Anstelle des genauen Zahlenwerts von

$$\hbar c = 197{,}33 \text{ MeV fm} \quad (1.3)$$

(c steht für die Lichtgeschwindigkeit) reicht für viele Zwecke die Näherung $\hbar c \approx 200$ MeV fm, wobei fm die Abkürzung für die Maßeinheit Femtometer, also 10^{-15} m, und MeV die Abkürzung für Mega-Elektronenvolt ist.[4]

Für Kerne mit dem Radius $R \approx 10^{-14}$ m ergibt sich $\Delta p_x = 20$ MeV/c. Also muß der Impuls der einfallenden Elektronen mindestens gleich groß sein. Um die Energie der Elektronen zu erhalten, müssen wir relativistisch rechnen, da ja $|\boldsymbol{p}|c$ viel größer als die Ruheenergie ($mc^2 = 0{,}511$ MeV) der Elektronen ist.

Zur Durchführung dieser an sich sehr einfachen Berechnung holen wir etwas weiter aus und legen damit gleichzeitig die Nomenklatur für den Rest des Buches fest. Die relativistische Gesamtenergie E eines freien Teilchens ist die Summe aus kinetischer Energie und Ruheenergie. Sie wird mit dem Impuls $\boldsymbol{p}$ zu einem Vierervektor zusammengefaßt, dessen Komponenten p^μ durch

$$(p^0, p^1, p^2, p^3) = (E/c, p_x, p_y, p_z) \quad (1.4)$$

festgelegt sind. Vierervektoren werden oft in einem Spaltenschema

$$p \equiv (p^\mu) = \begin{pmatrix} E/c \\ \boldsymbol{p} \end{pmatrix} \qquad \mu = 0, 1, 2, 3 \quad (1.5)$$

angegeben. Das Skalarprodukt von zwei Vierervektoren a, b ist über

$$a \cdot b = a^0 b^0 - \boldsymbol{ab} \quad (1.6)$$

definiert. Skalarprodukte sind besonders wichtig, da sie vom Koordinatensystem unabhängig sind. Etwas präziser heißt das für die gewohnten Vektoren des Euklidischen Raumes, daß Skalarprodukte in allen Koordinatensystemen, die durch Drehungen und Verschiebungen ineinander überführt werden können, den gleichen Wert haben. Im Fall der Vierervektoren sind diese Skalarprodukte invariant gegenüber (allgemeinen) Lorentz-Transformationen, man nennt sie auch relativistische Invarianten (mehr darüber in Abschn. 2.3). Für das Skalarprodukt $p^2 \equiv p \cdot p$, das wir als Quadrat des Viererimpulses bezeichnen, ergibt sich

$$p^2 = \frac{E^2}{c^2} - \boldsymbol{p}^2 \ . \quad (1.7)$$

Die rechte Seite dieser Gleichung ist aber die bekannte relativistische Beziehung zwischen Energie und Impuls

$$\frac{E^2}{c^2} - \boldsymbol{p}^2 = m^2 c^2 \ , \quad (1.8)$$

die Masse ist demnach eine relativistische Invariante!

[3] Werner Heisenberg (1901–1976) fand dieses Grundgesetz der Quantenmechanik mit 26 Jahren! Er wurde schon 1932 mit dem Nobelpreis ausgezeichnet.

[4] Wir erinnern uns: Ein Elektron gewinnt beim Durchlaufen einer Spannung von 1 Volt die kinetische Energie 1 eV, das sind $1{,}602 \cdot 10^{-19}$ Ws im internationalen Einheitensystem (SI). In manchen Büchern wird 1 fm noch als Fermi bezeichnet. Physiker ehren ihre Heroen oft durch Namensgebung von Maßeinheiten. Im Falle des italienischen Physikers Enrico Fermi (1901–1954) war dies naheliegenderweise die Längeneinheit der Kernphysik. Fermi erhielt 1938 den Nobelpreis für seine Arbeiten zur Kernphysik.

Mit $|\boldsymbol{p}| = 20\,\text{MeV}/c$ gilt $\boldsymbol{p}^2 \gg m^2c^2$, wir erhalten also $E = 20\,\text{MeV}$. Wir können versuchen, dieses Ergebnis noch etwas sorgfältiger zu begründen. Dazu betrachten wir den Viererimpuls-Übertrag, d. h. also die Differenz der ein- und auslaufenden Viererimpulse, $q^\mu = p^\mu - p'^\mu$. Das Quadrat dieses Vektors ist wieder eine relativistische Invariante und läßt sich aus

$$q^2 = \frac{(E - E')^2}{c^2} - (\boldsymbol{p} - \boldsymbol{p}')^2 \tag{1.9}$$

berechnen. In unserem Beispiel ist die Rückstoßenergie auf den Kern sehr klein, wir setzen also $E = E'$ und $|\boldsymbol{p}| = |\boldsymbol{p}'|$, woraus

$$q^2 = -2\boldsymbol{p}^2(1 - \cos\Theta) \tag{1.10}$$

folgt. Nun können wir für nicht zu große Winkel, sagen wir $\Theta < 30°$, den Cosinus durch die beiden ersten Terme einer Reihenentwicklung ersetzen und erhalten die Näherung

$$\sqrt{-q^2} \approx |\boldsymbol{p}|\Theta \approx \Delta p_x \quad . \tag{1.11}$$

Die daraus folgende Abschätzung $\Delta x \approx \hbar/\sqrt{-q^2}$ für die Ortsauflösung eines Elektronen-Streuexperiments gilt aber viel allgemeiner. Sie bleibt auch gültig, wenn man die Rückstoßenergie nicht mehr vernachlässigen kann, ebenso in inelastischen Stößen, bei denen das untersuchte Objekt auseinanderbrechen kann [Ber71]. Die Ortsauflösung eines Elektronen-Streuexperiments wird also in Zukunft unabhängig von den Näherungen der Herleitung durch $1/\sqrt{-q^2}$ berechnet und mit R (für den Radius) oder ΔR bezeichnet, obwohl streng genommen noch ein Unterschied zwischen longitudinaler und transversaler Auflösung besteht.

Der maximale Wert von $|q^2|$ in unserem Experiment ist $4\boldsymbol{p}^2$, für eine Abschätzung der Ortsauflösung benutzen wir $|q^2|_{\max} \approx \boldsymbol{p}^2$. In der Hochenergie-Näherung, die für $E = 20\,\text{MeV}$ schon sehr gut anwendbar ist, werden alle Masseneffekte vernachlässigt, also gilt $|\boldsymbol{p}| = E/c$. Wir erhalten damit $E \approx \hbar c/R$ für die minimale Energie der einfallenden Elektronen in einem Streuexperiment an ruhenden Teilchen, wenn wir Strukturen der Größenordnung R auflösen wollen. In Tabelle 1.1 sind typische Zahlenwerte angegeben. In der Tat wurde die Existenz von Quarks im Nukleon mit einem Elektronen-Streuexperiment am *Stanford Linear Accelerator Center* (SLAC) nachgewiesen. Bei diesen Energien kann man die Rückstoßenergie allerdings in keinem Fall mehr außer Acht lassen und E (dritte und vierte Zeile der Tabelle) muß daher als Elektronenenergie im Schwerpunktssystem der Reaktion interpretiert werden. Der Beschleuniger am SLAC hatte eine Energie von 20 GeV und damit ließ sich die erforderliche Energie im Schwerpunktssystem erzielen. Die für den Beweis benötigten Formeln werden wir erst am Ende dieses Abschnitts erarbeiten. Man sieht aber auf jeden Fall, daß man zur Erzielung einer hohen Ortsauflösung große Energien benötigt.

Vielleicht kommt manchem Leser die Begründung des Zusammenhangs zwischen Ortsauflösung und Energie etwas langatmig vor. Häufig findet man das Argument, daß die Auflösung eines Mikroskops im wesentlichen durch die Wellenlänge des verwendeten Lichts gegeben ist, und für Materiewellen gilt

Tabelle 1.1
Radien und Energien

	R	E
Kerne	10^{-14} m	20 MeV
Nukleonen	10^{-15} m	200 MeV
Quarks im Nukleon	$< 10^{-16}$ m	> 2 GeV
Quarks	$< 10^{-18}$ m	> 200 GeV

eben $\lambda = h/|\boldsymbol{p}|$. Leider ist dieses simple Argument nicht anwendbar [Ber71], da es die von der Relativitätstheorie geforderte Längenkontraktion des untersuchten Objektes nicht berücksichtigt. Die Abschätzung der transversalen Auflösung aus $\Delta x \approx \hbar/\Delta p_x$ bleibt aber immer richtig.

Beispiel 1.1

Als Beispiel für den Umgang mit Vierervektoren leiten wir jetzt noch eine häufig gebrauchte Formel zur Berechnung von q^2 im Fall der Elektronenstreuung her. Aus $q^2 = p^2 + p'^2 - 2p \cdot p'$ erhalten wir

$$q^2 = 2m^2c^2 - \frac{2EE'}{c^2} + 2|\boldsymbol{p}||\boldsymbol{p}'|\cos\Theta \ . \tag{1.12}$$

Jetzt verwenden wir wieder die Hochenergie-Näherung, d. h. die Beträge der Impulse werden durch die Energien (geteilt durch die Lichtgeschwindigkeit) ersetzt. Schon bei ganz kleinen Streuwinkeln Θ können wir den ersten Summanden vernachlässigen und erhalten daher das Resultat

$$q^2c^2 = -2EE'(1 - \cos\Theta) \ . \tag{1.13}$$

Diese Gleichung kann in jedem Bezugssystem ausgewertet werden. Im Schwerpunktssystem einer elastischen Streuung von 2 Teilchen reduziert sich (1.12) auf $q^2 = -2\boldsymbol{p}^2(1 - \cos\Theta)$, also in der Hochenergie-Näherung $q^2c^2 = -2E^2(1 - \cos\Theta)$. Elastische Streureaktionen sind nämlich dadurch gekennzeichnet, daß keine Teilchenumwandlung oder -produktion stattfindet, und daher gilt $|\boldsymbol{p}| = |\boldsymbol{p}'|$ im Schwerpunktssystem.

Auch mit einer anderen Überlegung stößt man wieder auf den reziproken Zusammenhang von Abstand und Energie. Betrachten wir die elektromagnetische Wechselwirkung, z. B. bei der Elektron-Proton-Streuung. Für langsam bewegte Teilchen kann man sie durch Angabe der elektrostatischen Kraft aufgrund des elektrischen Feldes zwischen Proton und Elektron beschreiben. Die elektrische Feldstärke bestimmt sich aus dem Potential φ. Im cgs-System, das in der Atomphysik häufig gebraucht wurde, ist das Potential im Abstand r von einer positiven Punktladung e durch

$$\varphi = \frac{e}{r} \tag{1.14}$$

gegeben und genügt außerhalb des Ursprungs der Potentialgleichung

$$\triangle\varphi = 0 \ , \tag{1.15}$$

wobei $\triangle$ der wohlbekannte Laplacesche Differentialoperator ist.[5] Für schnell bewegte Ladungen muß diese statische Potentialgleichung durch die Wellengleichung ersetzt werden. Diese lautet im Vakuum

$$\left(\triangle - \frac{1}{c^2}\frac{\partial^2}{\partial t^2}\right)\varphi = 0 \ . \tag{1.16}$$

Eine mögliche Lösung ist

$$\varphi = \varphi_0 \mathrm{e}^{-\mathrm{i}(\omega t - \boldsymbol{k}\boldsymbol{r})} \ , \tag{1.17}$$

[5] Eventuell müssen Sie diese Zusammenhänge nochmal in einem Lehrbuch der Elektrodynamik (z. B. [Jac99]) nachlesen.

wobei die Wellenzahl $|\boldsymbol{k}|$ und die Kreisfrequenz ω mit der Wellenlänge λ und der Frequenz ν der Welle durch die vertrauten Beziehungen

$$|\boldsymbol{k}| = \frac{2\pi}{\lambda} \ , \qquad \omega = 2\pi\nu \tag{1.18}$$

verknüpft sind. Es ist wohlbekannt, daß (1.16) elektromagnetische Wellen nicht vollständig beschreibt, da sie den Magnetismus nicht enthält. In der Elektrodynamik wird gezeigt, daß man dazu die Gleichung (1.16) durch ihre vierdimensionale Verallgemeinerung ersetzen muß. Unter Zuhilfenahme des Vektorpotentials $\boldsymbol{A}$ des magnetischen Feldes definiert man zunächst das Viererpotential A^μ

$$(A^\mu) = \begin{pmatrix} \varphi \\ \boldsymbol{A} \end{pmatrix} \ . \tag{1.19}$$

Für dieses Potential gilt nun im Vakuum die Potentialgleichung

$$\left(\triangle - \frac{1}{c^2} \frac{\partial^2}{\partial t^2} \right) A^\mu = 0 \ . \tag{1.20}$$

Als ebene Wellenlösung bekommt man im Rahmen der sog. Coulomb-Eichung

$$\varphi = 0 \quad \text{und} \quad \boldsymbol{A} = \boldsymbol{A}_0 \mathrm{e}^{-\mathrm{i}(\omega t - \boldsymbol{k}\boldsymbol{r})} \ . \tag{1.21}$$

Einsetzen in (1.20) zeigt, daß diese Lösungen der Bedingung

$$-\boldsymbol{k}^2 + \frac{\omega^2}{c^2} = 0 \ , \tag{1.22}$$

d. h. $c = \nu\lambda$ genügen.

In der Quantenfeldtheorie (QFT) wird bewiesen, daß diesen klassischen Lösungen Quanten des elektromagnetischen Feldes – die sog. Photonen – mit im Prinzip drei Polarisationsrichtungen zugeordnet werden können. Die elektromagnetische Wechselwirkung wird quantentheoretisch durch den Austausch dieser Photonen zwischen elektrisch geladenen Teilchen beschrieben.[6] In unserer vereinfachten Betrachtungsweise quantisieren wir durch die bekannte Zuordnung

$$E = \hbar\omega \quad \text{und} \quad \boldsymbol{p} = \hbar\boldsymbol{k} \ . \tag{1.23}$$

Durch Einsetzen in (1.22) und Vergleich mit (1.8) folgt dann sofort für die Masse der Photonen $m_\gamma = 0$. Dem $1/r$ Gesetz des Coulombpotentials entspricht also die verschwindende Masse der ausgetauschten Feldquanten.

Wenden wir uns nun der Kernkraft zu. Sie läßt sich empirisch für viele Anwendungen gut durch das sog. Yukawa-Potential

$$\phi = -\frac{g_\mathrm{Y}}{r} \mathrm{e}^{-r/R} \tag{1.24}$$

beschreiben.[7] Wir bezeichnen g_Y als Yukawa-Kopplungskonstante. Sie bestimmt die Stärke der Kernkraft. Im gleichen Sinne ist dann die Elementarladung e in (1.14) die Kopplungskonstante der elektromagnetischen

[6] Diese Interpretation der Kraft oder der Wechselwirkung bedeutet gedanklich einen ungeheuren Schritt. Wie man es auch dreht und wendet: erst in der Quantenfeldtheorie gewinnt der immer etwas nebulöse Kraftbegriff der klassischen Physik eine präzise Bedeutung.

[7] Der japanische Physiker Hideki Yukawa (1907-1981) postulierte 1935 die Existenz von Quanten der Kernkraft mit einer Masse von etwa 100 MeV. Er erhielt 1949 für diese Leistung den Nobelpreis.

Wechselwirkung. Das Vorzeichen des Potentials (1.24) ist so gewählt, daß die potentielle Energie $g_Y\phi$ zweier Nukleonen negativ wird, was einer anziehenden Kraft entspricht. Verglichen mit dem Coulomb-Potential (1.14) fällt das Yukawa-Potential sehr viel stärker ab, die Reichweite der Kernkraft ist sehr kurz! Der Abschneideparameter R in der Exponentialfunktion gibt die Reichweite der Wechselwirkung an, $R \approx 2$ fm.

Das Potential ϕ der Beziehung (1.24) ist eine Lösung der Potentialgleichung

$$\left(\Delta - \frac{1}{R^2}\right)\phi = 0 \ , \tag{1.25}$$

wie sich durch Einsetzen sofort beweisen läßt. Ganz entsprechend zum Vorgehen weiter oben schließen wir nun, daß die Wellengleichung für das einkomponentige Kernkraftpotential

$$\left(\Delta - \frac{1}{c^2}\frac{\partial^2}{\partial t^2} - \frac{1}{R^2}\right)\phi = 0 \tag{1.26}$$

lautet. Auch hier prüft man durch Einsetzen leicht nach, daß

$$\phi = \phi_0 \mathrm{e}^{-\mathrm{i}(\omega t - \boldsymbol{k}\boldsymbol{r})} \tag{1.27}$$

eine Lösung der Wellengleichung mit der Nebenbedingung

$$-\boldsymbol{k}^2 + \frac{\omega^2}{c^2} - \frac{1}{R^2} = 0 \tag{1.28}$$

ist. Durch Vergleich mit (1.8) folgt dann aber unter Verwendung von (1.23) eine wichtige Beziehung für die Masse m_K der Kernkraftquanten

$$m_\mathrm{K} = \frac{\hbar}{Rc} \ . \tag{1.29}$$

Der oben angegebene Wert von 2 fm für R ergibt $m_\mathrm{K} \approx 100\,\mathrm{MeV}/c^2$.

Die hiermit eingeführten Quanten der Kernkraft wurden tatsächlich gefunden, es sind die sog. π-Mesonen oder Pionen, wenn sie auch nicht in allen Eigenschaften mit den Yukawa-Teilchen übereinstimmen. Die Entdeckung der geladenen und ungeladenen Pionen erfolgte nicht in einem einzelnen Experiment. Die hier und auf S. 29f. beschriebenen Versuche werden aber in diesem Zusammenhang als Schlüsselexperimente angesehen.

Schlüsselexperiment

In der Frühzeit der Teilchenphysik bestand eine beliebte Experimentiertechnik darin, sog. Kernemulsions-Platten der kosmischen Strahlung auszusetzen. Schon 1910 hatte man nämlich herausgefunden, daß auch ionisierende Strahlung in photographischen Emulsionen Veränderungen hinterläßt, die entwickelt werden können. In der Folgezeit wurden spezielle Emulsionen für die Zwecke der Kernphysik hergestellt, die es erlaubten, die Spuren geladener Teilchen genau zu vermessen. Eine solche Emulsion hat z. B. eine Dicke von 50 µm, sie ist daher gut angepaßt an die Reichweite von Produkten aus Kernreaktionen mit kinetischen Energien von einigen MeV. Spuren, die in der Ebene der Emulsion verlaufen, können über relativ große Abstände verfolgt werden. Bis auf ganz wenige Ausnahmen wird diese Technik aber heute nicht mehr benutzt.

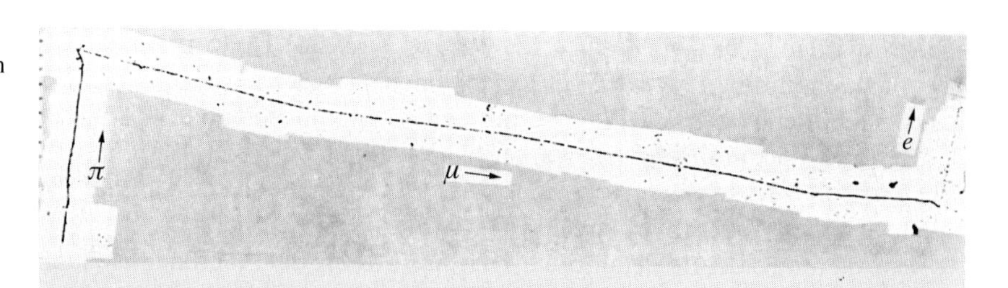

Abb. 1.3
Spuren von Ereignissen aus der kosmischen Strahlung in Kernemulsions-Platten

1947 setzten Occhialini und Powell solche Kernemulsions-Platten der kosmischen Strahlung in großer Höhe aus. Sie fanden Spuren, die sie als Abbremsen eines relativ leichten Teilchens und dessen anschließenden Zerfall interpretierten [Occ47]. Abbildung 1.3, die einer späteren Publikation entnommen ist, zeigt die vollständige Zerfallskette. Das Pion mit der kurzen Spur kommt links oben zur Ruhe. Es zerfällt in ein Myon, das eine relativ lange Spur erzeugt, an deren Ende ein Elektron aus dem Zerfall des Myons identifiziert wird. Wenn auch die Ionisationsdichte der Spuren eine Abschätzung der Masse erlaubte, konnte eine genaue Massenbestimmung der neuentdeckten Teilchen erst an Beschleunigern durchgeführt werden. C.F. Powell erhielt 1950 für seine Beiträge den Nobelpreis für Physik.

Verglichen mit der elektromagnetischen Wechselwirkung haben wir etwas fundamental Neues vorliegen: die Quanten der Kernkraft tauchen in 3 unterschiedlichen Ladungszuständen, π^+, π^0, π^-, auf! Andererseits hat die Wellengleichung (1.26) nur eine Komponente, die Einführung eines Vektorpotentials ist nicht nötig. Im Teilchenbild bedeutet dies, daß die Pionen Teilchen ohne Eigendrehimpuls (Spin) sind. Demgegenüber haben die durch das Vektorpotential (1.21) beschriebenen Photonen die Spin-Quantenzahl 1.

Vertiefung

Es ist interessant, den Wert von g_Y zu bestimmen. Dies kann durch Lösung der quantenmechanischen Schrödinger-Gleichung für das Deuteron unter Verwendung des Potentials (1.24) geschehen. Das Deuteron (der Kern des Deuteriums) besteht aus einem Proton und einem Neutron. In der Rechnung wird g_Y so angepaßt, daß die Bindungsenergie des Deuterons dem experimentellen Wert von 2,25 MeV entspricht. Anstelle einer expliziten Lösung der Schrödingergleichung benutzt eine stark vereinfachte quantenmechanische Behandlung den Trick, im Energiesatz

$$\frac{\boldsymbol{p}^2}{2m} - \frac{g_Y^2}{r}\mathrm{e}^{-r/R} = W \tag{1.30}$$

$|\boldsymbol{p}|$ mit Hilfe der Unschärferelation zu $\hbar/r$ abzuschätzen. Die Energie W in (1.30) hängt dann nur noch von r ab und hat ein Minimum bei einem bestimmten Abstand von Proton und Neutron. Dieses Minimum entspricht der Bindungsenergie. Es ist eine hübsche Aufgabe der Kurvendiskussion, den Bindungsabstand und die Bindungsenergie zu bestimmen. Moderne mathematische Programme wie MAPLE oder MATHEMATICA erlauben aber auch eine schnelle Lösung des Problems durch Probieren, indem die Funktion $W(r)$ für verschiedene Werte von g_Y aufgetragen wird. So läßt sich mit $R = 2$ fm sehr schnell $g_Y^2 = 0{,}33\,\hbar c$ finden. Es ist dabei noch zu beachten, daß für m die reduzierte Masse des p, n-Systems, also $m = m_p/2$ eingesetzt werden muß, wie es ja schon aus der nichtrelativistischen Mechanik bekannt ist.

Im cgs-System gilt $e^2 = \hbar c/137{,}05$. Man sieht also sofort, daß g_Y sehr groß verglichen mit e ist. Mehr als eine ganz grobe Abschätzung der Stärke der Kernkraft ist aber aus einer solchen Betrachtung nicht zu gewinnen. Die Kernkraft ist z. B. spinabhängig. Dies ist nicht möglich, wenn nur der Austausch eines spinlosen Teilchens betrachtet wird. Über 50 Jahre Erforschung der Nukleon-Nukleon-Wechselwirkung haben gezeigt, daß eine quantitativ erfolgreiche Beschreibung sehr kompliziert wird.

Wir wissen heute, daß die Pionen keine wirklich elementaren Teilchen sind und daß die Kernkraft aus der fundamentalen starken Wechselwirkung abgeleitet werden kann. Die Quanten der starken Wechselwirkung, die Gluonen, werden wir noch sehr ausführlich diskutieren.

Die Radioaktivität kann weder durch die elektromagnetische noch durch die nukleare Wechselwirkung beschrieben werden. Für sie ist eine neue Naturkraft, die schwache Wechselwirkung, verantwortlich (eine erste Diskussion folgt schon in Abschn. 1.2.2). Auch die schwache Wechselwirkung führen wir heute auf den Austausch dazugehöriger Feldquanten (es sind die sog. $W^{\pm}$- und Z^0-Bosonen) zurück. Diese Feldquanten erscheinen also in drei Ladungszuständen (wie die Pionen), es sind aber Spin 1-Teilchen wie die Photonen! Die hohe Masse dieser Teilchen ($\sim 100\,\text{GeV}/c^2$) entspricht der extrem kurzen Reichweite der schwachen Wechselwirkung von etwa $2 \cdot 10^{-18}$ m.

Gleichung (1.29) stellt den fundamentalen Zusammenhang $R \sim 1/m$ zwischen der Reichweite R einer Wechselwirkung und der Masse m der ausgetauschten Quanten her. Im Grenzfall gehört zur verschwindenden Masse der Photonen die unendliche Reichweite der elektromagnetischen Wechselwirkung. Für diese Betrachtung ist es unwichtig, ob das Potentialfeld ein Skalarfeld wie bei der Kernkraft oder ein Vektorfeld wie beim Elektromagnetismus und bei der schwachen Wechselwirkung ist. Wenn man also die Kraftquanten kurzreichweitiger Felder im Labor erzeugen will, braucht man hochenergetische Teilchenstrahlen, d. h. Teilchenbeschleuniger.

Im Prinzip ist natürlich die kosmische Strahlung eine billige, immer zur Verfügung stehende Quelle hochenergetischer Teilchen. In der Tat sind auch in der Anfangsphase der Teilchenphysik alle wichtigen Entdeckungen in Experimenten der kosmischen Strahlung gemacht worden. Jedoch wurde mit dem Bau der ersten großen Beschleuniger nach 1945 in den USA die enorme Überlegenheit des Experimentierens mit künstlichen Teilchenstrahlen klar.

Ursprünglich wurden diese Strahlen immer mit ruhender Materie zur Kollision gebracht. Die für die Produktion neuer Teilchen zur Verfügung stehende Energie bestimmt sich aber aus der Gesamtenergie E_{CM} im Schwerpunktsystem (*center of mass system*, „CM") des Prozesses. Um diese für ein System aus zwei Teilchen zu berechnen, betrachten wir das Quadrat des Vierervektors des Systemimpulses ($p = p_1 + p_2$),

$$p^2 = \frac{(E_1 + E_2)^2}{c^2} - (\boldsymbol{p}_1 + \boldsymbol{p}_2)^2 \quad . \tag{1.31}$$

In Anlehnung an (1.8) bezeichnet man $\sqrt{p^2/c^2}$ als die *invariante* Masse des aus den beiden Teilchen gebildeten Systems. Physikalisch gilt offenbar die Identität

$$E_{\mathrm{CM}} \equiv E_{1,\mathrm{CM}} + E_{2,\mathrm{CM}} = c\sqrt{p^2} \quad , \tag{1.32}$$

da natürlich im Schwerpunktssystem die Impulse der beiden Teilchen entgegengesetzt gleich sind.

Die Energie im Schwerpunktssystem ist also auch formal eine relativistische Invariante. Gleichung (1.31) läßt sich in jedem System auswerten. Für eine Streuung am ruhenden Zielteilchen (*target*) gilt z. B. $\boldsymbol{p}_2 = 0$ und $E_2 = m_2c^2$, also

$$E_{\mathrm{CM}} = \sqrt{2E_1m_2c^2 + m_1^2c^4 + m_2^2c^4} \quad , \tag{1.33}$$

d. h. die Schwerpunktsenergie steigt nur mit der Wurzel der Strahlenergie an. Alle modernen Beschleuniger benutzen daher das *collider*-Prinzip, bei dem zwei Strahlen hoher Energie miteinander zur Kollision gebracht werden. Im einfachsten Fall laufen hierbei in *einem* Ring Teilchen entgegengesetzt gleicher Ladung (z. B. Elektronen und Positronen) und mit entgegengesetzt gleichen Impulsen um, die an bestimmten Stellen der Anlage zur Kollision kommen. Hier ist nun wegen $\boldsymbol{p}_1 = -\boldsymbol{p}_2$

$$E_{\mathrm{CM}} = 2E_1 \quad , \tag{1.34}$$

also liegt ein linearer Anstieg der Schwerpunktsenergie mit der Strahlenergie vor.

1.1.3 Intermezzo: Schreibweise und Maßsysteme

Die in diesem Buch verwendete Schreibweise haben wir zum großen Teil schon in den vergangenen Abschnitten eingeführt, wir wollen aber der Vollständigkeit halber die wichtigsten Regeln nochmals zusammenstellen. Zahlen oder Veränderliche, z. B. a, b, werden nicht weiter gekennzeichnet, Dreiervektoren erscheinen im Text in Fettschrift wie in $\boldsymbol{p}$, für den Betrag schreiben wir $|\boldsymbol{p}|$. Die Komponenten werden immer durch lateinische Indizes bezeichnet wie in p_i, aber auch durch p_x, usw. Für die Komponenten des Ortsvektors schreiben wir natürlich auch manchmal explizit die Koordinaten x, y, z an. Vierervektoren werden, wo immer möglich, durch ihre Komponenten gekennzeichnet, man erkennt sie an den griechischen Indizes z. B. p^μ. Der Index kann die Werte 0, 1, 2, 3 annehmen. Produkte von Vierervektoren schreiben wir in der Form $k \cdot p$. Ob eine Größe wie q^2 das Betragsquadrat eines Vierervektors oder das Quadrat einer Zahl darstellt, wird aus dem Kontext klar. Operatoren der Quantenmechanik werden an Stellen, wo eine Verwechslungsgefahr besteht, durch das Hut-Symbol wie in $\hat{H}$ identifiziert.

Beim Rechnen mit den Vierervektoren der Teilchenphysik muß man sorgfältig mit den Dimensionen umgehen, die sich i. allg. durch verschiedene Potenzen von c und $\hbar$ voneinander unterscheiden, siehe z. B. (1.5) und (1.7). Um diese Komplikationen zu vermeiden, ist es heute allgemein üblich, nicht mit den gewohnten Einheiten wie Meter, Kilogramm, Sekunde des *International System of Units* (SI) zu arbeiten. Verwendet wird vielmehr ein den Problemen der Teilchenphysik besser angepaßtes Maßsystem, in dem

$$\hbar = 1 \quad \text{und} \quad c = 1 \tag{1.35}$$

gesetzt werden. Dies heißt anschaulich, man mißt alle Geschwindigkeiten in Bruchteilen der Lichtgeschwindigkeit und alle Wirkungen in Vielfachen von $\hbar$. Die Geschwindigkeit $v = 150\,000$ km/s wird so zu $v = 1/2$. Wie bequem ein solches Rechnen mit dimensionslosen Zahlen ist, kennt der Leser aus dem Geschwindigkeitsmaß der speziellen Relativitätstheorie, $\beta = v/c$. Energien, Impulse und Massen werden alle dimensionsgleich und i. allg. in der Einheit GeV angegeben. Die relativistische Energie-Impuls-Beziehung (1.8) liest sich besonders einfach:

$$E^2 = \boldsymbol{p}^2 + m^2 \ . \tag{1.36}$$

Längen und Zeiten haben dann beide die Dimension einer reziproken Energie. Zur Umrechnung benutzt man zweckmäßigerweise wegen $\hbar c = 1$

$$197{,}33\ \text{MeV} = 1\ \text{fm}^{-1} \ . \tag{1.37}$$

Die Feinstrukturkonstante $\alpha = 1/137{,}035$ ist in allen Maßsystemen gleich groß. Im cgs-System ist sie durch $\alpha = e^2/\hbar c$ definiert. In der Teilchenphysik bevorzugen wir aber die sog. Heaviside-Konvention, in der

$$\alpha = \frac{e^2}{4\pi\hbar c} \tag{1.38}$$

und daher wegen $\hbar c = 1$

$$\alpha = \frac{e^2}{4\pi} \tag{1.39}$$

gilt.[8] Damit fallen dann lästige Faktoren 4π aus den Gleichungen der Elektrodynamik weg, z. B. schreibt sich die Potentialgleichung in Anwesenheit einer Ladungsdichte ϱ einfach

$$\Delta\varphi = -\varrho \ . \tag{1.40}$$

Auf jeden Fall ist wegen (1.39) die Ladung dimensionslos. Dies ist ein großes Glück, wenn man etwa an die Dimension der Ladung im cgs-System denkt. Zum praktischen Rechnen ist es besonders günstig, in allen Formeln e durch $\sqrt{4\pi\alpha}$ zu ersetzen. Die Ladungen der Elementarteilchen werden immer als Vielfache oder Bruchteile der absoluten Elementarladung e angegeben und meistens mit dem Buchstaben Q gekennzeichnet. Das Elektron hat also die Ladung $Q = -1$. Q ist eine typische Quantenzahl, die im Bereich der Atom- und Kernphysik ganzzahlige Werte hat.

[8]Das nach dem englischen Physiker Oliver Heaviside (1850–1925) benannte Einheitensystem der Elektrodynamik unterscheidet sich vom cgs-System nur durch bestimmte Faktoren 4π.

Die Heaviside-Konvention wird auch für die Diskussion der anderen Wechselwirkungen verwendet. Eine Wiederholung der Rechnung im Kasten auf S. 12 ergibt also $g_Y^2/4\pi = 0{,}33$ für die Yukawa-Beschreibung der Kernkraft.

Vertiefung

Hier ist eine gute Gelegenheit, noch einige wichtige Beziehungen der relativistischen Kinematik abzuleiten und dabei gleichzeitig den Vorteil von Formeln ohne Dimensionsunterschied zwischen Energien, Impulsen und Massen zu sehen. Es ist ja gerade klar geworden, daß die Schwerpunktsenergie eine relativistische Invariante ist. Man bezeichnet ihr Quadrat normalerweise mit s. Aus (1.31) berechnen wir für ein System von zwei Teilchen

$$s = m_1^2 + m_2^2 + 2\boldsymbol{p}^2 + 2\sqrt{(\boldsymbol{p}^2 + m_1^2)(\boldsymbol{p}^2 + m_2^2)} \ , \tag{1.41}$$

worin $\boldsymbol{p}$ der Impuls eines der beiden Teilchen im Schwerpunktsystem ist. Zur Herleitung wird zunächst die im Schwerpunktssystem gültige Beziehung $\boldsymbol{p}_1 = -\boldsymbol{p}_2$ beachtet, und anschließend werden die Energien mit Hilfe von (1.8) durch Impulse und Massen ausgedrückt. Aus (1.41) gewinnen wir die sehr nützliche Beziehung für $|\boldsymbol{p}| = |\boldsymbol{p}_1| = |\boldsymbol{p}_2|$

$$|\boldsymbol{p}| = \frac{S_{12}}{2\sqrt{s}} \tag{1.42}$$

mit der Abkürzung

$$S_{12} = \sqrt{(s - (m_1 + m_2)^2)(s - (m_1 - m_2)^2)} \ . \tag{1.43}$$

Die relativistische Invariante S_{12} hängt ersichtlich nur von s und den Teilchenmassen ab. Daher sind auch die Impulse im Schwerpunktssystem einer Zwei-Körper-Reaktion nur durch die Schwerpunktsenergie und die Teilchenmassen bestimmt. Für den Zerfall eines Teilchens der Masse M in zwei leichtere Teilchen mit Massen m_1 und m_2 gilt $\sqrt{s} = M$ und (1.42) ist dann offenbar auch der relativistisch korrekte Ausdruck zur Berechnung der Impulse der Zerfallsteilchen im Ruhesystem des Mutterteilchens.

Übungen

1.1 Berechnen Sie die Gesamtenergie, kinetische Energie und die Geschwindigkeit eines Protons für Impulse zwischen 100 MeV und 10 GeV in Form einer Grafik.

1.2 Berechnen Sie den Wert der Kopplungskonstanten g_Y nach dem im Kasten auf S. 12 vorgeschlagenen Verfahren.

1.3 Drücken Sie die Gravitationskonstante $G = 6{,}67 \cdot 10^{-11}\,\mathrm{m^3\,kg^{-1}\,s^{-2}}$ in Einheiten von „GeV" aus. Man bezeichnet $\sqrt{G^{-1}}$ als Planck-Masse. Wie groß ist diese?

1.4 Bei der Zerstrahlung von Elektron-Positron-Paaren befinden sich diese in einem Zustand mit der Drehimpulsquantenzahl $J = 1$. Gewinnen Sie eine Beziehung zwischen dem Abstand der beiden Teilchen und ihrer Energie im Schwerpunktssystem der Reaktion. Berechnen Sie die Energiedichte des Prozesses.

1.5 Die seit dem Urknall vergangene Zeit kann in einem strahlungsdominierten Universum durch

$$t_0 = \frac{1}{2}\sqrt{\frac{3c^2}{8\pi G\varrho}} \tag{1.44}$$

berechnet werden [Wei72], wobei ϱ die Energiedichte ist. Welchem t_0 entspricht die Elektron-Positron-Paarvernichtung bei Strahlenergien von 50 GeV?

1.2 Die Elementarteilchen

Im folgenden Abschnitt stellen wir einige Elementarteilchen kurz vor. Ihre wichtigsten Eigenschaften wie Masse, Ladung, Spin und Lebensdauer werden in Form von kleinen Tabellen angegeben.

Der Eigendrehimpuls der Teilchen wird durch die Hauptquantenzahl des Spins charakterisiert. Dem Brauch der „Particle Data Group" (PDG) folgend [PDG04], werden wir sie mit J bezeichnen. Dadurch wird angedeutet, daß der Spin eines Teilchens aus Bahndrehimpuls $\boldsymbol{L}$ und Spin $\boldsymbol{S}$ eventueller Konstituenten aufgebaut sein kann. Teilchen mit $J = 1/2$ heißen Fermionen, solche mit ganzzahligem Spin Bosonen. Die Verteilung von Fermionen auf die verschiedenen erlaubten Zustände eines quantenmechanischen Systems wird durch die Fermi-Dirac-Statistik beschrieben, die von Bosonen durch die Bose-Einstein-Statistik. Die Fermi-Dirac-Statistik ist eine direkte Folge des Ausschließungsprinzips von W. Pauli.[9] Es besagt, daß die Wellenfunktion eines Systems identischer Spin 1/2-Teilchen antisymmetrisch bei Vertauschung von zwei Teilchen sein muß. Als Konsequenz hieraus folgt, daß jeder durch einen vollständigen Satz von Quantenzahlen beschriebene Zustand nur von jeweils einem Fermion besetzt werden kann. Für Bosonen gilt diese Restriktion nicht.[10]

Die Lebensdauer ist analog zur Kernphysik als das Inverse der Zerfallskonstanten des radioaktiven Zerfallsgesetzes definiert,

$$\tau = \frac{1}{\Gamma} \ . \tag{1.45}$$

In der Atom- und Kernphysik bezeichnet Γ die Halbwertsbreite von Spektrallinien, die bei Übergängen aus Zuständen mit der Lebensdauer τ entstehen. In der Teilchenphysik entspricht dies der Massenunschärfe instabiler Teilchen.

Die gemessenen Lebensdauern reichen etwa von 1000 s bis 10^{-26} s. Dennoch bezeichnen wir diejenigen Teilchen, die nur aufgrund der elektromagnetischen und schwachen Wechselwirkung zerfallen als „stabil". Von allen Teilchen mit von null verschiedener Masse sind nur das Elektron und das Proton in engerem Sinne stabil, es ist noch nie ein Elektron- bzw. Protonzerfall beobachtet worden. Dies führt zur Angabe von unteren Grenzen für die Lebensdauer.

[9] Auch der Schweizer Wolfgang Pauli (1900–1958) gehört zu der Reihe junger Genies, die zwischen 1920 und 1930 die Physik revolutionierten. Sein Ausschließungsprinzip bildet zusammen mit der Unschärferelation Heisenbergs das Fundament der Quantenmechanik. Pauli wurde 1945 mit dem Nobelpreis ausgezeichnet.

[10] Wem das zuviele neue Begriffe auf einen Schlag sind, sollte ein Lehrbuch der Quantenmechanik konsultieren. Es ist aber vielleicht sogar empfehlenswerter, einfach weiter zu lesen und auf spätere Anwendungsbeispiele im Buch zu warten.

Viele Elementarteilchen treten als Ladungsmultipletts auf, d. h. als Mitglieder einer Teilchengruppe praktisch gleicher Masse, die sich zunächst *nur* durch ihre Ladung unterscheiden. Proton und Neutron lassen sich so als Mitglieder eines Dubletts von Kernteilchen (Nukleonen) auffassen. Die Pionen bilden ein Ladungstriplett π^+, π^0, π^-. Durch diese Ladungsmultipletts wird die Zahl der unabhängigen Teilchen reduziert.

1.2.1 Antimaterie

Bevor wir in eine Diskussion der Eigenschaften einzelner Elementarteilchen einsteigen, muß noch der Begriff der Antimaterie präzisiert werden. Die Existenz der Antimaterie gehört sicher zu den wichtigsten Entdeckungen des 20. Jahrhunderts. Über den Kreis der Fachgelehrten hinaus stieß sie auf ein enormes Interesse im Publikum. Daher beschäftigen sich auch zahlreiche Romane und Filme mit diesem Phänomen.

Was sind die Fakten? Grundsätzlich gibt es zu jedem geladenen Teilchen ein Teilchen mit exakt gleicher Masse und entgegengesetzt gleicher Ladung, das Antiteilchen. Da die Ladung eines Systems von Teilchen sich durch Addition der Einzelladungen erhalten läßt, nennt man Q eine additive Quantenzahl. Antifermionen unterscheiden sich nun in mindestens einer weiteren additiven Quantenzahl von den Fermionen. Diese Quantenzahlen sind z. B. die Leptonenzahl oder die Baryonenzahl, die wir weiter unten einführen werden. Bei Bosonen hingegen können in einem Ladungsmultiplett das Teilchen und sein Antiteilchen enthalten sein.

Theoretisch wurde die Existenz von Antimaterie von Dirac begründet.[11] Die Dirac-Gleichung ist eine relativistische Wellengleichung für Elektronen oder allgemeiner für Fermionen. Wir werden sie in Abschn. 3.1 ausführlich diskutieren. Im Augenblick genügt es zu wissen, daß ihre Lösungen natürlich in Übereinstimmung mit der relativistischen Energie-Impuls-Beziehung

$$E^2 = \boldsymbol{p}^2 + m^2 \tag{1.46}$$

sind. Diese Gleichung hat Lösungen positiver und negativer Energie

$$E = \pm\sqrt{\boldsymbol{p}^2 + m^2} \ , \tag{1.47}$$

und daher hat auch die Dirac-Gleichung solche Lösungen. Anstatt die Lösungen negativer Energie einfach als unphysikalisch abzutun, schlug Dirac eine höchst elegante, aber auch problematische Interpretation vor. Es sind tatsächlich beide Lösungen erlaubt, aber der Grundzustand der Theorie, das Vakuum, ist so konstruiert, daß alle erlaubten Zustände negativer Energie entsprechend dem Pauli-Prinzip mit jeweils *einem* Elektron aufgefüllt sind (sog. Dirac-See). Die positiven Energieniveaus sind leer. Ein physikalisches System mit *einem* Elektron hat demgegenüber zusätzlich ein besetztes Niveau positiver Energie. Die Abb. 1.4 zeigt ein Energieniveau-Schema eines Systems mit genau einem Elektron positiver Energie (Einelektron-System), welches sich in irgendeinem der erlaubten Zustände befindet. Zusätzlich ist jedes gezeigte Niveau negativer Energie mit zwei Elektronen besetzt, da diese sich noch durch die Orientierung des Spins ($J_3 = \pm 1/2$) unterscheiden. (Es wurde also angenommen, daß die in der Figur angegebenen Niveaus bezüglich der Orientierung des Spins

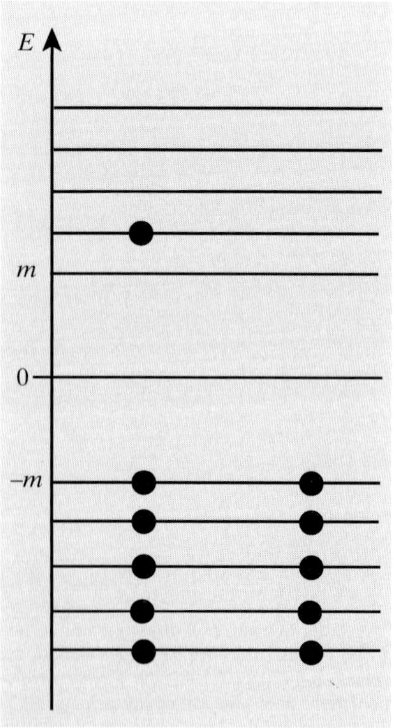

Abb. 1.4
Energieschema eines Einelektronensystems in der Dirac-Theorie

[11] Der englische Physiker Paul Adrien Maurice Dirac (1902–1984) machte diesen Vorschlag 1928! Die von ihm gefundene Gleichung ist das Musterbeispiel einer weitreichenden theoretischen Entdeckung. Dirac erhielt 1933 den Nobelpreis.

energetisch entartet sind.) Bei Mehrelektronen-Systemen ändert sich nur die Verteilung der Elektronen positiver Energie gegenüber diesem Bild.

Das Vakuum ist demnach durch eine unendliche negative Ladung und unendliche negative Energie gekennzeichnet. Diese intuitiv schwer einsehbare Tatsache führt jedoch nicht zu physikalischen Widersprüchen. Die vollständig besetzten Zustände negativer Energie sind nämlich grundsätzlich unbeobachtbar. Ein beobachtbarer Effekt setzt einen physikalischen Prozeß voraus, also z. B. den Übergang eines Elektrons von Zuständen mit $E > 0$ zu Zuständen mit $E < 0$. Ein solcher Übergang ist jedoch nach dem Pauli-Prinzip verboten, weil ja schon alle Niveaus besetzt sind.

Durch Energiezufuhr kann aber ein Elektron aus den Energieniveaus negativer Energie in positive Niveaus gehoben werden. Die minimal benötigte Energie ist $2m_e$, entsprechend der Energielücke zwischen den Zuständen positiver und negativer Energie. Diese Energiezufuhr kann z. B. durch Absorption eines Photons geschehen. Als Endzustand hat man dann also ein Elektron positiver Energie und ein Loch im See der Elektronen mit negativen Energien. Dieses Loch wird aber als ein Teilchen positiver Energie und positiver Ladung gedeutet. Man nennt es Positron, das Antiteilchen zum Elektron. Der beschriebene Prozess ist die Elektron-Positron-Paarbildung. Neben der Energie muß auch noch der Impuls erhalten sein. Die Paarbildung kann daher nicht durch ein freies Photon allein erfolgen, aber z. B. im Feld eines Atomkerns A, der den Rückstoßimpuls aufnimmt:

$$\gamma + A \rightarrow A + e^- + e^+ \quad . \tag{1.48}$$

Die Zerstrahlung

$$e^- + e^+ \rightarrow 2\gamma \tag{1.49}$$

wird dann konsequenterweise als ein Übergang eines Elektrons positiver Energie in ein Loch negativer Energie beschrieben.

Die Zuordnung der positiven Ladung zum Antiteilchen ist zwingend, weil sonst die den Beziehungen (1.48) und (1.49) entsprechenden Reaktionen im Widerspruch zur Ladungserhaltung stünden. Die Ladungserhaltung ist eines der am besten gesicherten Naturgesetze.

Das Positron wurde 1932 von C. D. Anderson in der Höhenstrahlung entdeckt.[12] Weitere wesentliche Meilensteine auf dem Weg zum Beweis der Existenz der Antimaterie waren die Entdeckung des Antiprotons und des Antideuterons als einfachstem zusammengesetzten Antiatomkern. Damit war gezeigt, daß die Idee der Antimaterie universell gilt und nicht etwa nur auf die Leptonen beschränkt ist.

Ganz analog zur Ladung kehren auch die anderen erhaltenen, additiven Quantenzahlen ihr Vorzeichen für die Antiteilchen um. So werden wir z. B. bald das Proton durch die sog. Baryonenzahl B charakterisieren ($B = 1$), das Antiproton hat dann die Baryonenzahl $B = -1$. Die Spiegelung der Quantenzahlen kommt in der häufig benutzten Kennzeichnung der Antiteilchen durch einen Querstrich über dem Teilchensymbol zum Ausdruck. Es fällt auf, daß die Bosonen in der Dirac-Theorie der Antiteilchen nicht enthalten sind, da sie nicht dem Pauli-Prinzip unterliegen. In der Tat bilden die π-Mesonen

[12] Der amerikanische Physiker Carl David Anderson (1905-1991) bewies genauer gesagt die Erzeugung von Elektron-Positron-Paaren durch Reaktionen der kosmischen Strahlung in einer Bleiplatte. Als Nachweisgerät diente eine sog. Nebelkammer. Er erhielt für seine Entdeckung 1936 den Nobelpreis.

keine neuen Antiteilchen. Das π^- ist das Antiteilchen zum π^+ und umgekehrt. Das π^0-Meson ist sogar sein eigenes Antiteilchen. Wir werden aber gleich Mesonen mit zusätzlichen additiven Quantenzahlen kennenlernen, die dann auch ihre eigenen Antiteilchen haben. Von Feynman stammt eine neue Interpretation der Antimaterie, die keinen Unterschied zwischen Bosonen und Fermionen macht. Auch diese werden wir später behandeln. Die Löchertheorie mit all ihren Schwierigkeiten ist heute eigentlich nur noch ein historisches Relikt. Hauptsächlich aus pädagogischen Gründen taucht sie noch in vielen Lehrbüchern auf, da sie ohne den Formalismus der Quantenfeldtheorie einen theoretischen Zugang zum Begriff der Antimaterie ermöglicht.

1.2.2 Leptonen

Das Elektron. Das vielleicht bekannteste Elementarteilchen ist das Elektron, e^-. Es ist einer der drei Bausteine der Atome. Elektronen nehmen an der elektromagnetischen und schwachen Wechselwirkung teil.

Tabelle 1.2
Das Elektron

Symbol	e^-
Masse/GeV	$5,11 \cdot 10^{-4}$
Q	-1
J	$1/2$
Lebensdauer	∞

Das Elektron ist das leichteste geladene Teilchen. Es kann daher nicht ohne eine Verletzung des Satzes von der Ladungserhaltung zerfallen. Letztlich ist dies natürlich eine experimentelle Frage von grundsätzlicher Bedeutung, und deshalb wurden in den vergangenen Jahren große Anstrengungen unternommen, die unteren Grenzen für die gemessenen Lebensdauern zu verbessern. Sie liegen bei $5 \cdot 10^{26}$ Jahren. Mit dem Symbol ∞ in der Tabelle 1.2 deuten wir an, daß wir das Elektron als wirklich stabil ansehen.

Neben dem Elektron wurden noch weitere Teilchen gefunden, die nur elektroschwach wechselwirken. Man ordnet sie in die Klasse der Leptonen ein. Alle Leptonen sind Fermionen. Der vom griechischen $\lambda\epsilon\pi\tau\omega\sigma$ (leptos), also „dünn", stammende Name ist gar nicht schlecht gewählt. Bis heute ist es nicht gelungen, einen endlichen Radius des Elektrons oder anderer Leptonen zu bestimmen. Als obere Grenze kann man $R = 10^{-18}$ m ansetzen.

Das Myon. Die Erdoberfläche wird ständig von einer hohen Rate Strahlung aus der Atmosphäre getroffen mit einem typischen Fluß von ungefähr 1 Teilchen $\text{cm}^{-2}\ \text{min}^{-1}$. Diese Strahlung hat eine sog. „harte Komponente", d. h. Teilchen mit einer großen Reichweite in Materie. Es sind die Myonen (Tabelle 1.3).

Tabelle 1.3
Das Myon

Symbol	μ^-
Masse/GeV	$0,1056$
Q	-1
J	$1/2$
Lebensdauer/s	$2,197 \cdot 10^{-6}$

Die Reichweite von Myonen in Materie wird vollständig durch die elektromagnetische Theorie beschrieben. Daraus schließen wir, daß das Myon nicht an der starken Wechselwirkung teilnimmt. Die – verglichen mit dem Elektron – große Masse ($m_\mu \approx 207\, m_e$) erklärt das hohe Durchdringungsvermögen. Die Wahrscheinlichkeit für die Abstrahlung von Photonen ist $\sim 1/\text{Masse}^2$, und daher erfolgt der elektromagnetische Energieverlust in Materie praktisch nur durch Ionisation und Anregung und nicht durch Bremsstrahlung. Die wesentlichen Züge der sog. Bethe-Bloch-Formel für den Energieverlust lassen sich schon klassisch ableiten. Dazu wird die Streuung der Myonen im Coulomb-Feld der Atom-Elektronen betrachtet.[13] Eine quantenmechanische Behandlung des Problems findet der Leser in Abschn. 3.2.4 dieses Buches.

Da Myonen soviel massereicher als Elektronen sind, ist ein Zerfall in Elektronen kinematisch möglich und auch durch das Gesetz von der Ladungs-

[13] Dies ist sehr schön in dem Lehrbuch von Jackson über klassische Elektrodynamik beschrieben [Jac99].

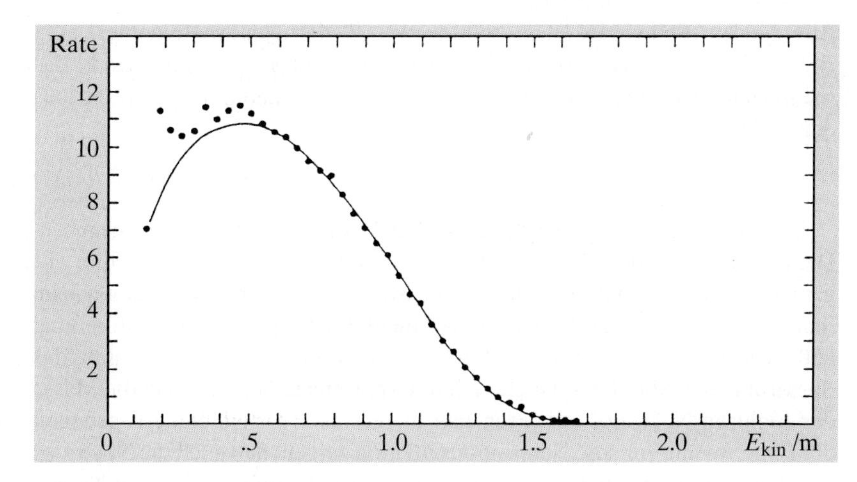

Abb. 1.5
Das Impulsspektrum der Elektronen im β-Zerfall des Neutrons [Chr72]. Aufgetragen ist die Rate der Elektronen gegen ihre kinetische Energie, die in Einheiten der Elektronenmasse angegeben wird

erhaltung nicht verboten. In der Tat zerfällt das Myon schwach (d. h. über die schwache Wechselwirkung) in ein Elektron, ein Neutrino und ein Antineutrino. Mehr über die Neutrinos gleich weiter unten. Alle Untersuchungen der Eigenschaften (Spin, magnetisches Moment, Radius) und Wechselwirkungen der Myonen zeigen uns, daß sie sich wie Elektronen großer Masse verhalten. Damit haben wir das erste Mal ein Teilchen kennengelernt, das als Komponente der Höhenstrahlung die Erde in großer Anzahl trifft, im Labor leicht herzustellen ist, aber dennoch als Baustein unserer stabilen Materie nicht benötigt wird. Rabis berühmte Frage „*Who ordered that?*" ist bis heute ohne rechte Antwort geblieben.[14]

Neutrinos. Eines der aufregendsten Kapitel der Physik begann 1896 mit der Entdeckung der Radioaktivität durch A. H. Becquerel.[15] Schon bald erkannte man, daß der Elementarprozeß der Radioaktivität der Zerfall des Neutrons in Proton und Elektron ist (β-Zerfall). Er erfolgt aufgrund einer neuen fundamentalen Kraft, der schwachen Wechselwirkung. Die Hypothese

$$n \to p + e^- \tag{1.50}$$

stößt aber auf fundamentale Schwierigkeiten:

1. Beim Zwei-Körper-Zerfall erwartet man eine feste Energie der Zerfallsprodukte. Bei Vernachlässigung der Rückstoßenergie des Protons berechnet sich die kinetische Energie der Elektronen aus der Massendifferenz $M_n - M_p - m_e$.[16] Beobachtet wird jedoch ein kontinuierliches Spektrum, dessen Grenzenergie der aus dem Zwei-Körper-Zerfall berechneten Linienenergie entspricht (siehe Abb. 1.5).
2. Proton und Elektron haben halbzahligen Spin. Nach den Regeln der Drehimpulsaddition ist der Spin des p, e^- Systems ganzzahlig. Da der Bahndrehimpuls zwischen p und e^- auch nur ganzzahlige Werte annehmen kann, muß also der Gesamtdrehimpuls des p, e^- Systems ganzzahlig sein. Dies ist aber bei Gültigkeit der Drehimpulserhaltung im Widerspruch zum halbzahligen Spin des Neutrons.

[14] Isisdor Isaac Rabi, amerikanischer Physiker (1898–1988), wurde vor allem durch seine Verfahren zur Messung der magnetischen Momente von Kernen bekannt, für die er 1944 den Nobelpreis erhielt. Rabi erkannte als einer der ersten, daß mit der Entdeckung des Myons etwas fundamental Neues in die Physik gekommen war.

[15] Antoine Henri Becquerel, französischer Physiker (1852–1908). Seine Entdeckung (Nobelpreis 1903) markiert zusammen mit der Entdeckung der Röntgen-Strahlung durch Wilhelm Conrad Röntgen (Nobelpreis 1901) den Beginn einer neuen Epoche der Physik.

[16] Die allgemeinen Formeln befinden sich im Kasten auf S. 16.

Tabelle 1.4
Das Elektron-Neutrino

Symbol	ν_e
Masse/eV	< 3
Q	0
J	1/2
Lebensdauer	∞

Aus beiden Schwierigkeiten befreite W. Paulis Neutrinohypothese. Im β-Zerfall wird ein zusätzliches Teilchen, das Neutrino (ν) ausgesandt, das wir in Übereinstimmung mit den noch folgenden Diskussionen schon jetzt als Antielektron-Neutrino bezeichnen,

$$n \to p + e^- + \bar{\nu}_e \; . \tag{1.51}$$

Die Eigenschaften des Elektron-Neutrinos sind in Tabelle 1.4 angegeben. Die Ladung 0 ergibt sich aus der Ladungserhaltung im Prozeß. Der Spin 1/2 garantiert die Drehimpulserhaltung. Die Masse der Neutrinos nehmen wir im Standard-Modell als exakt 0 an. Experimentell ist eine genaue Bestimmung äußerst schwierig. Sie wird z. B. durch eine Messung des sog. Endpunktes des Spektrums der Abb. 1.5 versucht. Diese Experimente belegen, daß die Masse des Elektron-Neutrinos auf jeden Fall kleiner als 3 eV ist. Neue Ergebnisse der Experimente zur sog. Neutrino-Oszillation zeigen, daß auch die Neutrinos eine kleine Masse haben. Wir werden aber zunächst mit masselosen Neutrinos arbeiten und erst in Abschn. 7.9 und Abschn. 7.10 die Masseneffekte behandeln.

Ein direkter Beweis des Auftretens von Neutrinos im β-Zerfall ist natürlich nicht einfach. Grundsätzlich kann man Teilchen durch ihre Wechselwirkung mit Materie nachweisen, d. h. das ν_e durch die Reaktion

$$\nu_e + n \to p + e^- \; , \tag{1.52}$$

in der durch den Platzwechsel des Neutrinos von der rechten auf die linke Seite aus dem auslaufenden Antineutrino des β-Zerfalls ein einlaufendes Neutrino wird. Von Reines und Cowan [Rei59] wurde die Reaktion

$$\bar{\nu}_e + p \to n + e^+ \tag{1.53}$$

benutzt. Das Experiment wird auf S. 24 und 25 beschrieben.

Der Wirkungsquerschnitt der betrachteten Reaktion ist äußerst klein.[17] Von den Experimentatoren wurde ein Wert von

$$\sigma_{\bar{\nu}p} = 1{,}2^{+0{,}7}_{-0{,}4} \cdot 10^{-43}\,\mathrm{cm}^2 \tag{1.54}$$

angegeben. Der Name „schwache Wechselwirkung“ ist hier nur allzu wahr.

Die im Zerfall des Myons auftretenden Elektronen haben ein kontinuierliches Energiespektrum. Da sich außer dem Elektron kein weiteres Zerfallsteilchen nachweisen läßt, liegt es nahe, daß auch hier die restliche Energie durch Neutrinos weggetragen wird. Es müssen aber zwei Neutrinos sein, weil sonst der Zerfall wieder offenbar im Widerspruch zur Drehimpulserhaltung steht. Nun wird man sich sofort fragen, warum gerade bei der großen Ähnlichkeit von Elektronen und Myonen diese nicht gemäß

$$\mu^\pm \to e^\pm + \gamma \tag{1.55}$$

zerfallen. Dieser Zerfall ist bisher nicht gesehen worden. Quantitativ wird eine obere Schranke für den Anteil dieser Zerfälle von $2 \cdot 10^{-11}$ angegeben! Aus dem offenbaren Verbot des Zerfalls folgt, daß die Zahl der Elektronen oder die Zahl der Myonen einem Erhaltungssatz genügen muß. Wir ordnen

[17] Den mit dem Begriff des Wirkungsquerschnitts noch nicht so vertrauten Leser muß ich auf den nächsten Abschnitt des Kapitels verweisen.

nun versuchsweise den Elektronen eine erhaltene elektronische Leptonenzahl $L_e = 1$ zu. Damit ist der Myon-Zerfall in Elektron und Photon verboten. Jetzt verletzt aber der β-Zerfall (1.51) das Reaktionsgesetz $\Delta L_e = 0$, da auf der rechten Seite ein Elektron auftaucht. Die Erhaltung von L_e im β-Zerfall wird am elegantesten dadurch erreicht, daß zum Elektron ein Neutrino ν_e mit $L_e = 1$ gehört, und beim Zerfall der Neutronen ein e^- und ein $\bar{\nu}_e$ emittiert werden. Im schwachen Zerfall des Myons

$$\mu^- \to e^- + \bar{\nu}_e + \nu_\mu \tag{1.56}$$

ist dann aber kein Platz mehr für ein weiteres Elektron-Neutrino auf der rechten Seite. Das zweite Neutrino muß dem Myon zugeordnet werden, am besten durch die Wahl einer separaten Leptonenzahl $L_\mu = 1$ für μ und ν_μ.

Die Neutrinohypothese selbst wurde von den Physikern nur relativ zögernd akzeptiert. Die Forderung nach der Existenz eines neuen neutralen Teilchens mit verschwindender Masse und mit verschwindender Reaktionswahrscheinlichkeit in Materie erschien vielen Forschern als allzu künstlich. Umso fremdartiger mutete daher die gerade skizzierte Überlegung Pontecorvos an, daß es sogar zwei verschiedene Sorten Neutrinos geben sollte.[18] Heute hingegen hat man sich vollständig daran gewöhnt, dynamische Schwierigkeiten mit dem Postulat der Existenz neuer Teilchen zu beheben.

Zur Klärung des Problems einer zweiten Sorte Neutrinos wurden in den großen Laboratorien in Amerika (BNL, Brookhaven) und Europa (CERN, Genf) Experimente eines völlig neuen Typs [Dan62] durchgeführt. Die im letzten Abschnitt diskutierten geladenen Pionen zerfallen über die schwache Wechselwirkung fast immer in ein Myon und ein Neutrino. Auf diese Weise läßt sich sogar ein Neutrino-Strahl herstellen. Mit Hilfe dieser Neutrino-Strahlen kann man nun nach Reaktionen der Art

$$\nu + \text{Nukleon} \to \text{Nukleon} + \text{Lepton} \quad , \tag{1.57}$$

also z. B.

$$\nu + n \to p + e^- \tag{1.58}$$

oder

$$\nu + n \to p + \mu^- \tag{1.59}$$

suchen. Das Experiment wird im Kasten auf S. 26 genauer erläutert. Hier diskutieren wir unmittelbar das Ergebnis.

Zur großen Überraschung wurden praktisch nur Endzustände mit Myonen gefunden, die Zahl der Endzustände mit Elektronen war verträglich mit der Erwartung aus Untergrundreaktionen. Dies zwingt zu dem Schluß, daß das beim Zerfall der geladenen Pionen

$$\pi^- \to \mu^- + \bar{\nu}_\mu \tag{1.60}$$

entstehende Neutrino dem Myon zugeordnet werden muß (Tabelle 1.5) und es sich durch eine eigene Quantenzahl von dem im β-Zerfall des Neutrons entstehenden $\bar{\nu}_e$ unterscheidet. Die beste experimentelle Massenschranke für das ν_μ ist viel höher als beim ν_e. In den meisten Anwendungen reicht es aus, auch für das Myon-Neutrino die Masse 0 anzusetzen.

Tabelle 1.5
Das Myon-Neutrino

Symbol	ν_μ
Masse/MeV	$< 0{,}19$
Q	0
J	1/2
Lebensdauer	∞

[18] Es wird erzählt, daß ein prominenter Theoretiker am CERN die Theorie seines italienischen Kollegen Pontecorvo mit dem Ausruf „Gott ist nicht so verrückt wie Pontecorvo" kommentierte.

Leptonfamilien. Das Ergebnis der im letzten Unterabschnitt besprochenen Experimente läßt sich, wie wir gesehen haben, durch Einführung von Leptonfamilien deuten. Danach sind e^- und ν_e elektronartige Leptonen, μ^- und ν_μ myonartige Leptonen. Die Leptonfamilien bilden daher Teilchendubletts

$$\begin{pmatrix} \nu_e \\ e^- \end{pmatrix} , \quad \begin{pmatrix} \nu_\mu \\ \mu^- \end{pmatrix} , \tag{1.61}$$

wobei das unten stehende Mitglied gegenüber dem oben stehenden Mitglied eine um eine Einheit geringere elektrische Ladung hat. Es existiert eine in allen Wechselwirkungen erhaltene additive Familienquantenzahl, mit den Werten $L_e = 1$ für e^- und ν_e beziehungsweise $L_\mu = 1$ für μ^- und ν_μ. Die Antiteilchen tragen die Quantenzahlen $L_{e,\mu} = -1$.

Wenn man einmal soweit ist, taucht natürlich sofort die Frage auf, ob es noch weitere Leptonfamilien gibt. Trotz intensiver Suche ist bis heute nur ein weiteres geladenes Lepton gefunden worden, das Tau-Lepton, τ^-. Es wurde im Jahre 1975 am Elektron-Positron-Speicherring SPEAR im SLAC (Stanford, USA) in der Reaktion

$$e^- + e^+ \to \tau^- + \tau^+ \tag{1.62}$$

entdeckt. Seine Eigenschaften sind in Tabelle 1.6 zusammengefaßt. Eine Beschreibung des Experimentes zur Entdeckung der τ-Leptonen findet sich auf S. 307.

Tabelle 1.6
Das Tau-Lepton

Symbol	τ
Masse/GeV	1,777
Q	−1
J	1/2
Lebensdauer/s	$2{,}91 \cdot 10^{-13}$

Auch das τ zerfällt aufgrund der schwachen Wechselwirkung. Wegen seiner großen Masse existiert eine Fülle von Zerfallskanälen, z. B. $\tau^- \to \nu_\tau \mu^- \bar{\nu}_\mu$ oder $\tau^- \to \nu_\tau \pi^- \pi^0$. Im Standard-Modell nimmt man ohne weiteres an, daß das τ^- zusammen mit einem dazugehörigen eigenen Neutrino eine weitere Familie

$$\begin{pmatrix} \nu_\tau \\ \tau^- \end{pmatrix} \tag{1.63}$$

bildet. In einem Experiment am Fermi National Laboratory (USA) ist 25 Jahre nach der Entdeckung des τ-Leptons schließlich der direkte Nachweis des zugehörigen Neutrinos gelungen [Kod01].

Das neue Leptonendublett hat die Familienquantenzahl $L_\tau = 1$. Als Leptonenzahl L wird nun die Summe

$$L = L_e + L_\mu + L_\tau \tag{1.64}$$

bezeichnet. Da die Familienquantenzahlen einzeln erhalten sind, ist natürlich auch L erhalten.

Schlüsselexperiment

Der direkte Existenzbeweis der Neutrinos gelang über die Reaktion

$$\bar{\nu}_e + p \to e^+ + n$$

zum ersten Mal im Experiment von Reines und Mitarbeitern [Rei59]. Als Quelle der Antineutrinos diente der Savannah River Reaktor in den USA. Die Autoren wählten drei große Tanks mit Szintillatorflüssigkeit zum Nachweis der Positronen. Zwischen je zwei Tanks befand sich ein flacher Behälter mit 200 l Wasser (Abb. 1.6). Die quasifreien Protonen des Wasserstoffs im H_2O-Molekül dienten als *target* für die Einfangreaktion (1.53). Die Positronen zerstrahlen nach einer kurzen Laufzeit im Wasser in der Reaktion $e^-e^+ \to \gamma\gamma$. Die Photonen mit einer Energie von jeweils 0,51 MeV wurden durch koinzidente Signale, deren Energien $> 0{,}3$ MeV sein mußten, in einem Detektor oberhalb und unterhalb eines Wassertanks nachgewiesen. Zum Nachweis der Neutronen wurde dem Wasser Cadmiumchlorid zugesetzt. Die bei der Einfangreaktion Cd(n, γ)Cd der Neutronen emittierte Photonkaskade hat eine Energie von 9,1 MeV. Auch hier wurde wieder eine Koinzidenz eines Photonsignals in einem oberen und einem unteren Detektor verlangt, wobei die Gesamtenergie zwischen 3 und 11 MeV liegen sollte. Da die Neutronen bis zum Einfang eine relativ lange Zeit (2–30 μs) durch das Wasser diffundieren, ist das entscheidende Kriterium für den Neutroneneinfang das Auftreten eines zum Positron um einige μs verzögerten Signals. Diese charakteristische Signatur zweier zueinander verzögerter Koinzidenzsignale mit festgelegten Energien war sehr hilfreich zum Abtrennen der wahren Ereignisse vom Untergrund.

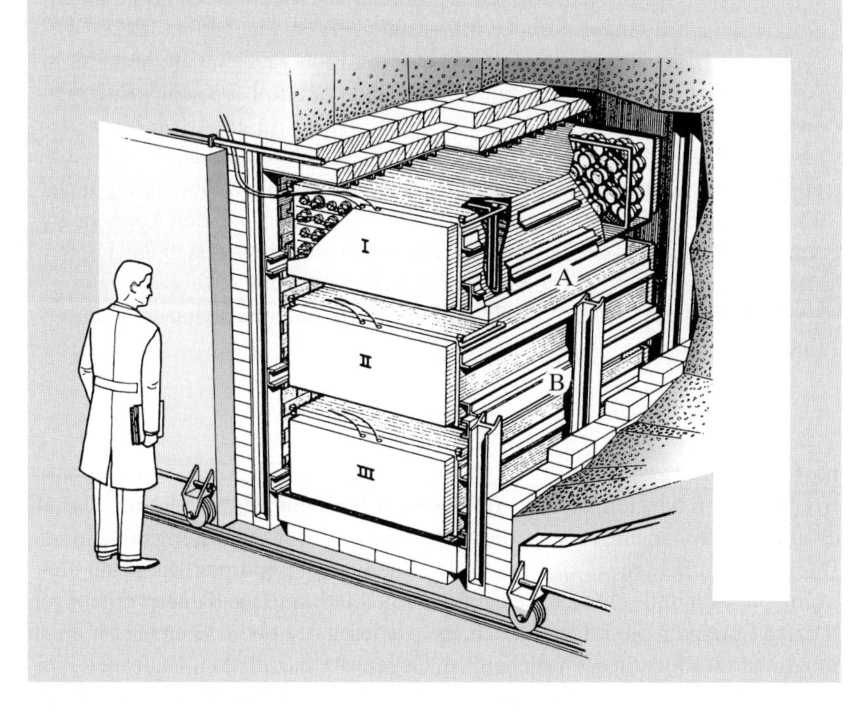

Abb. 1.6
Die Anordnung von Reines und Cowan zum Nachweis der Neutrinos. Die Wassertanks zwischen den Detektoren I, II, III sind mit A und B bezeichnet

Schlüsselexperiment

In einem Experiment am Brookhaven-Synchrotron wurde erstmals die Existenz zweier Sorten Neutrinos bewiesen [Dan62]. L.M. Lederman, M. Schwartz und J. Steinberger wurden dafür 1988 mit dem Nobelpreis belohnt.

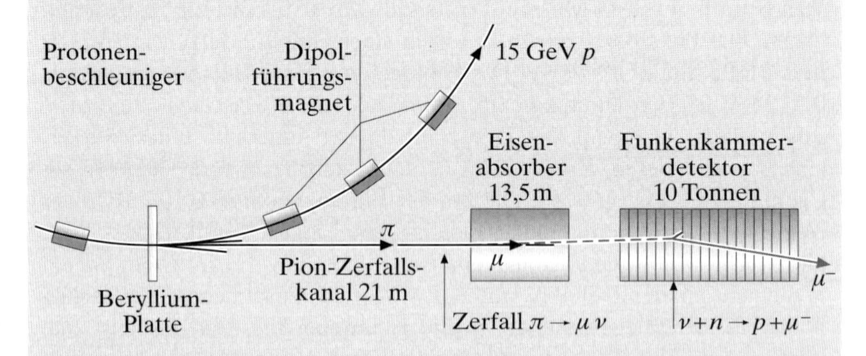

Abb. 1.7
Das Zwei-Neutrino-Experiment am Brookhaven-Synchrotron

Ein Protonenstrahl hoher Energie (15 GeV) wurde innerhalb des Brookhaven-Synchrotrons auf ein 7,5 cm dickes *target* aus Beryllium gelenkt (Abb. 1.7). Die Dicke des *targets* war so gewählt, daß möglichst viele Proton-Wechselwirkungen stattfanden, aber auf der anderen Seite nur ein kleiner Bruchteil der erzeugten Pionen wieder durch Prozesse der starken Wechselwirkung reabsorbiert wurde. Die meisten Pionen zerfallen auf einer etwa 21 m langen Strecke hinter dem *target*. Ein 13,5 m dicker Absorber aus Eisen stoppt die Myonen aus dem Pion-Zerfall, d. h. hinter dem Absorber hat man einen fast reinen Neutrinostrahl mit typischen Energien zwischen 300 und 800 MeV. Dieser Strahl trifft nun einen Detektor, der aus Schichten von Aluminium-Platten besteht, zwischen denen sich sog. Funkenkammern befinden. Diese Kammern lösen beim Durchgang eines ionisierenden Teilchens Funken aus, die fotografiert werden können. Es wurden 34 Reaktionen der Art (1.57) beobachtet, in denen sich das Lepton aber eindeutig als Myon identifizieren ließ. Die sechs gefundenen Ereignisse mit Elektronen paßten nicht zur Hypothese einer Neutrino-induzierten Reaktion.

1.2.3 Hadronen

Als Hadronen bezeichnen wir im folgenden frei beobachtbare Elementarteilchen wie Protonen und Pionen, die an der starken Wechselwirkung teilnehmen. Damit unterscheiden sie sich grundsätzlich von den Leptonen, die ja nur elektromagnetisch und schwach wechselwirken. Auch sind nach unserem jetzigen Wissen Leptonen punktförmig, d. h. es existieren nur obere Grenzen für einen möglichen Radius dieser Teilchen. Im Gegensatz dazu haben Hadronen typische Radien von $\approx 10^{-15}$ m, also etwa 1000mal mehr als die heutige Grenze des Elektronenradius. Die Hadronen werden in zwei Klassen eingeteilt: Baryonen und Mesonen. Baryonen haben halbzahligen ($J = 1/2, 3/2, ...$), die Mesonen ganzzahligen ($J = 0, 1, ...$) Spin.

Die leichtesten Baryonen. Der Kern des Wasserstoffatoms ist das Proton, p (Tabelle 1.7). Das Wasserstoffatom ist stabil. Der mit der Ladungserhaltung verträgliche Prozeß

$$p + e^- \to 2\gamma \tag{1.65}$$

wurde nicht beobachtet. Ebenso wurde bisher trotz intensiver Suche der direkte Zerfall des Protons, etwa in dem Prozeß

$$p \to e^+ + \pi^0 \tag{1.66}$$

nicht nachgewiesen. Die derzeitige untere Grenze für die Lebensdauer des Protons ist durch

$$\tau_p > 10^{32}\ \mathrm{a} \tag{1.67}$$

gegeben. Vergleichen Sie hierzu das Alter des Weltalls von etwa 10^{10} a.

Tabelle 1.7
Das Proton

Symbol	p
Masse/GeV	0,9383
Q	+1
J	1/2
Lebensdauer	∞

Mit Ausnahme des Wasserstoffkerns bestehen Kerne nicht allein aus Protonen, sondern auch aus Neutronen. Die Entwicklung der Kernphysik hat gezeigt, daß man Proton und Neutron als zwei Erscheinungsformen eines Kernteilchens (*Nukleon*) deuten kann. Der augenfälligste Unterschied zwischen Proton und Neutron liegt in der Ladung (Tabelle 1.8). In Kernreaktionen kann sich die Neutronenzahl und Protonenzahl durchaus ändern, ihre Summe bleibt aber immer konstant. Die Auswahlregeln für die erlaubten Reaktionen lassen sich am einfachsten formulieren, wenn neben der Erhaltung der Ladung auch die Erhaltung einer weiteren additiven Quantenzahl, der Baryonenzahl B, gefordert wird. Proton und Neutron haben jeweils $B = 1$. Die Erhaltung der Baryonenzahl ist für den β-Zerfall evident (1.51), sie gilt aber auch in hochenergetischen Reaktionen, bei denen neue Teilchen erzeugt werden. So läßt sich z. B. eine beliebige Anzahl von Pionen in Reaktionen wie

Tabelle 1.8
Das Neutron

Symbol	n
Masse/GeV	0,9396
Q	0
J	1/2
Lebensdauer/s	885.7

$$p + p \to \pi^0 + \pi^0 + p + p \tag{1.68}$$

oder

$$p + p \to \pi^+ + \pi^+ + n + n \tag{1.69}$$

herstellen. Es wurde jedoch nie ein Prozeß der Art

$$p + p \to \pi^+ + \pi^+ + \pi^0 \tag{1.70}$$

beobachtet, d. h. eine Zerstrahlung von Nukleonen in Pionen scheint verboten zu sein. Zur Erklärung dieser Auswahlregeln braucht man offenbar eine von der Leptonenzahl unabhängige, erhaltene Quantenzahl, eben die Baryonenzahl B. Die Reaktionen (1.65) und (1.66) sind durch $\Delta B = \Delta L$ charakterisiert, d. h. die resultierende Quantenzahl $B - L$ ist erhalten, während sich sowohl B als auch L ändern.

Die Ladung des Protons ist entgegengesetzt gleich der Ladung des Elektrons. Diese exakte Gleichheit garantiert natürlich die Neutralität der Atome. Andererseits erscheint eine so genaue Quantisierung der Ladung für so ungleiche Teilchen wie Elektron und Proton rätselhaft und verlangt nach einer

Tabelle 1.9
Die geladenen Pionen

Symbol	$\pi^{\pm}$
Masse/GeV	0,1396
Q	± 1
J	0
Lebensdauer/s	$2{,}603 \cdot 10^{-8}$

Tabelle 1.10
Das neutrale Pion

Symbol	π^{0}
Masse/GeV	0,1350
Q	0
J	0
Lebensdauer/s	$8{,}4 \cdot 10^{-17}$

dynamischen Erklärung. Ein Ansatz dazu ist in den vereinheitlichten Theorien (GUTs) zu finden. Diese Theorien (ein Beispiel wird in Abschn. 7.10.3 vorgestellt) erlauben auch den Zerfall der Nukleonen unter Beachtung der Erhaltung von $B - L$.

Das Neutron ist geringfügig schwerer als das Proton. Damit ist der β-Zerfall des freien Neutrons (1.51) möglich, der – wir wiederholen es noch einmal – ersichtlich in Übereinstimmung mit der Erhaltung der Leptonen- und Baryonenzahl ist ($\Delta L = 0$, $\Delta B = 0$). In Atomkernen gebundene Neutronen sind stabil, falls der β-Zerfall zu einem Isotop führt, dessen Masse nicht mindestens um eine Elektronenmasse geringer ist als die Masse des Mutterkerns.

π-Mesonen. Jetzt wollen wir uns etwas genauer mit den π-Mesonen befassen (Tabellen 1.9 und 1.10). Schon in Abschn. 1.1.2 hatten wir ihre Masse aus der Reichweite der Kernkraft zu etwa 100 MeV abgeschätzt. Die einfachste Reaktionsgleichung zur Erzeugung eines π^+ ist

$$p + p \to p + n + \pi^+ \quad . \tag{1.71}$$

Im pp-Schwerpunktssystem muß dafür mindestens die Gesamtenergie

$$E_{\mathrm{CM}} = M_p + M_n + M_\pi \quad , \tag{1.72}$$

also etwa 2020 MeV, für eine Erzeugung von Massen bis zu 140 MeV zur Verfügung stehen. Diese Energie wollen wir durch Stoß eines Protons auf ein ruhendes Targetproton herstellen. Zur Berechnung der Gesamtenergie E_1 der einfallenden Protonen muß also die Formel (1.33) benutzt werden. Die kinetische Energie T ist allgemein durch $T = E - M$ definiert und daher gilt für die kinetische Energie des einfallenden Protons – falls wir keinen Unterschied zwischen der Masse eines Protons und eines Neutrons machen –

$$T_p = \frac{E_{\mathrm{CM}}^2 - 4M_p^2}{2M_p} \quad , \tag{1.73}$$

d. h. $T_{p,\min} = 298$ MeV zur Erzeugung eines Teilchens mit einer Masse von 140 MeV.

Das große Synchrozyklotron in Berkeley stellte den Experimentatoren Protonen mit einer kinetischen Energie bis zu 380 MeV zur Verfügung, das ist deutlich oberhalb der berechneten Schwelle. In Proton-Kern-Stößen reicht aber sogar eine kinetische Energie von etwas weniger als 200 MeV zur künstlichen Erzeugung von Pionen aus. Der Grund ist leicht einzusehen. Die im Kern eingesperrten Nukleonen bewegen sich mit kinetischen Energien, deren Maximalwert durch die sog. Fermi-Energie gegeben ist. Für diejenigen Nukleonen, die sich auf die Strahlprotonen zubewegen, wird die Schwerpunktsenergie deutlich erhöht.

Pionen treten in drei Ladungszuständen, π^+, π^0, π^-, auf. Das π^- ist das Antiteilchen des π^+ und hat daher exakt die gleiche Masse und Lebensdauer. Das π^0-Meson hat eine geringfügig kleinere Masse (siehe Tabelle 1.10), wie man es ja naiv aufgrund der fehlenden Ladung erwarten würde. Seine Lebensdauer ist jedoch um acht Größenordnungen geringer als die Lebensdauer der geladenen Pionen, da der vorherrschende Zerfall des π^0-Mesons in zwei

Photonen elektromagnetischer Natur ist, während die $\pi^{\pm}$ nur aufgrund der schwachen Wechselwirkung zerfallen. Es liegt hier also eine klare Hierarchie der Wechselwirkungsstärken vor.

Weitere Hadronen. Neben den bisher besprochenen Hadronen wurden eine Reihe weiterer hadronischer Teilchen gefunden. Sie lassen sich aber häufig als angeregte Zustände der einfachsten Baryonen und Mesonen deuten. Als erstes Beispiel besprechen wir die sog. Delta-(Δ)-Resonanzen.

Die Delta-Teilchen werden mit hoher Rate in Pion-Nukleon-Streuexperimenten erzeugt. Sie treten in vier Ladungszuständen auf, die wir alle in Tabelle 1.11 zusammengefaßt haben. Für Erzeugung und Zerfall z. B. der Δ^{++}-Resonanz gilt die Reaktionsgleichung

$$\pi^+ + p \to \Delta^{++} \to \pi^+ + p \ . \tag{1.74}$$

Diese zeigt sofort, daß der neue Zustand ein Baryon sein muß, das aufgrund der starken Wechselwirkung erzeugt wird und zerfällt. Die Analogie zur Bildung von angeregten Atomzuständen in der Resonanzabsorption der Atomphysik

$$\gamma + H \to H^* \to \gamma + H \tag{1.75}$$

legt die Deutung als angeregten Zustand des Protons bzw. der Nukleonen nahe. Der große Erzeugungsquerschnitt von $2 \cdot 10^{-25}\,\mathrm{cm}^2$ und damit zusammenhängend die extrem kurze Lebensdauer des angeregten Niveaus sind bezeichnend für die starke Wechselwirkung. Eigentlich macht es wenig Sinn, die Zerfallszeiten dieser Resonanzen in der Einheit Sekunde anzugeben, da es keine direkte Möglichkeit gibt, so kurze Zeiten zu messen. Gemessen wird vielmehr die Energie- oder Massenunschärfe Γ der Resonanzkurve (mehr darüber in Abschn. 1.3.2). Die charakteristische Linienbreite (siehe Abb. 2.14) von $\approx 120\,\mathrm{MeV}$ wird mit Hilfe von (1.45) in eine Lebensdauer von $5{,}5 \cdot 10^{-24}\,\mathrm{s}$ umgerechnet. Für Teilchen mit Massen von etwa 1 GeV bedeuten so kurze Lebensdauern immer, daß der Zerfall über die starke Wechselwirkung erfolgt.

Tabelle 1.11
Die Delta-Resonanzen

Symbol	Δ
Masse/GeV	1,232
Q	$+2, +1, 0, -1$
J	$3/2$
Lebensdauer/s	$\approx 5{,}5 \cdot 10^{-24}$

Schlüsselexperiment

Im Gegensatz zu den $\pi^{\pm}$-Mesonen wurden die neutralen Pionen an Beschleunigern entdeckt. Hier beschreiben wir das Experiment von J. Steinberger et al. [Ste50].

Ein Photonenstrahl, der in einem Elektronensynchrotron von 330 MeV Energie erzeugt wurde, fiel auf einen Beryllium-Block (das sog. *target*). Die im Beryllium erzeugten π^0-Mesonen werden über ihren Zerfall in zwei Photonen nachgewiesen (Abb. 1.8). Ähnlich wie bei der Berechnung des Impulsübertrags gewinnen wir aus dem Energie-Impuls-Satz

$$p_\pi = p_{\gamma_1} + p_{\gamma_2} \tag{1.76}$$

unmittelbar

$$m_\pi^2 = 2E_{\gamma_1}E_{\gamma_2}(1 - \cos\Theta) \ . \tag{1.77}$$

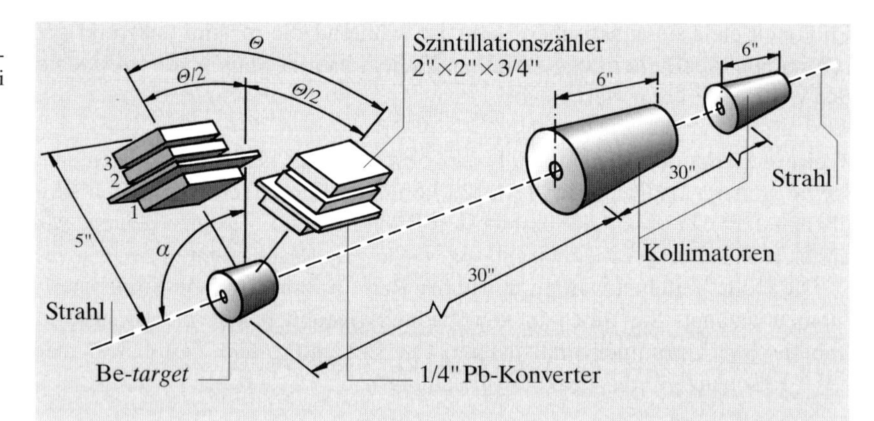

Abb. 1.8
Das Experiment zum Nachweis der π^0-Mesonen über ihren Zerfall in zwei Photonen (Maße in Zoll)

Die Masse des Pions läßt sich also aus den Energien der Photonen und ihrem Öffnungswinkel Θ bestimmen. Die im Experiment verwendeten Photonenzähler mit einer Bleiplatte zur Konversion der Photonen in Elektron-Positron-Paare waren für eine genaue Bestimmung der Photon-Energie nicht geeignet. Die Experimentatoren nutzten jedoch die Tatsache aus, daß die meisten Zerfälle in der Nähe des minimalen Öffnungswinkels Θ_{min} erfolgen (Abschn. 2.4.2). Dieser ist durch die symmetrische Konfiguration $E_{\gamma,1} = E_{\gamma,2}$ gegeben und daher gilt

$$m_\pi^2 = 2E_\gamma^2(1 - \cos\Theta_{\text{min}}) \ . \tag{1.78}$$

Der im Experiment gefundene minimale Öffnungswinkel von 90° verlangt $E_\gamma \approx 100\,\text{MeV}$, falls die Masse des neuen Teilchens gleich der Masse der geladenen Pionen ist. Die Autoren konnten zeigen, daß ihre Ergebnisse mit dieser Annahme übereinstimmten.

Die Gleichung (1.74) beschreibt die für die Hochenergiephysik typische Erzeugung eines neuen Teilchens in einem *Formations*experiment, bei dem die einfallenden Teilchen bei der Schwerpunktsenergie

$$E_{\text{CM}} = M \tag{1.79}$$

ein neues Teilchen der Masse M, also hier die Δ-Resonanz bilden.[19]

Es wurden auch angeregte Mesonenzustände gefunden, die sog. Mesonresonanzen. Die bekannteste solche Resonanz ist das ρ-Meson (Tabelle 1.12). Es tritt in drei Ladungszuständen auf und zerfällt fast ausschließlich in zwei Pionen (z. B. $\rho^0 \to \pi^+\pi^-$). Auch hier ist die Linienbreite sehr groß, etwa 150 MeV, d. h. die Masse des ρ-Mesons hat eine Unschärfe von ca. 20 %.

Tabelle 1.12
Die ρ-Mesonen

Symbol	ρ
Masse/GeV	0,77
Q	$+1, 0, -1$
J	1
Lebensdauer/s	$4{,}4 \cdot 10^{-24}$

Die extrem kurze Lebensdauer der Nukleon- und Mesonresonanzen macht es ausgesprochen schwierig, die Analogie zur Atomphysik weiter zu treiben. Ein Atommodell der Δ^{++}-Resonanz besteht z. B. aus einem positiven Kern und einem π^+, das wenigstens für die Zeit einiger Umläufe auf einer Bahn um den Kern bleibt. Die Lebensdauer von $4{,}4 \cdot 10^{-24}$ s ergibt aber selbst für ein Pion mit Lichtgeschwindigkeit nur eine Wegstrecke von 1,3 fm, das

[19] Das englische Wort *formation* bedeutet auf deutsch Bildung, Gestaltung.

entspricht etwa einem Fünftel des Umfangs eines Nukleons! Die große relative Massenunschärfe von 10 bis 20 % dieser Resonanzen führte darüber hinaus zu einer grundlegenden Diskussion des Teilchenbegriffs. Das ist heute nur noch historisch interessant. Entscheidend ist, daß auch diese Zustände wohldefinierte Quantenzahlen wie Baryonenzahl, Ladung, Spin usw. haben.

Neben den gerade besprochenen Teilchen, die man als angeregte Zustände der Nukleonen und Pionen deuten kann, gibt es aber auch andere, völlig neuartige Teilchen. Sie wurden ebenfalls in Untersuchungen der kosmischen Strahlung entdeckt [Roc47]. Um das Neuartige an diesen Teilchen besser zu verstehen, diskutieren wir die Streureaktion

$$\pi^- + p \to \pi^- + \pi^+ + \pi^- + p \qquad (1.80)$$

bei kinetischen Energien des einlaufenden Pions oberhalb von 820 MeV, wie sie später an Beschleunigern durchgeführt wurde. Eine beliebte Strategie der Suche nach neuen Zuständen in einem solchen *Produktions*experiment ist es, die Masse bestimmter Teilchenkombinationen des Endzustandes zu messen. Für ein $p\pi$-System ist diese durch

$$M_{p\pi}^2 = (E_p + E_\pi)^2 - (\boldsymbol{p}_p + \boldsymbol{p}_\pi)^2 \qquad (1.81)$$

gegeben. Wenn man nun bei einer Berechnung dieser sog. *invarianten* Masse (siehe (1.31)) aus den gemessenen Impulsen und Energien innerhalb der experimentellen Auflösung immer den gleichen Wert (oder eine Anhäufung bei diesem Wert) findet, interpretiert man dies als ein Teilchen mit der Masse $M_{p\pi}$. Ein solches Teilchen, das Λ-Baryon mit der Masse 1116 MeV, taucht in der Reaktion (1.80) im System $p\pi^-$ mit relativ hoher Rate auf.

Überraschenderweise findet man in allen Fällen, in denen ein π^- mit einem p ein Λ bildet, auch in dem System der beiden übrigen Pionen einen neuen Zustand fester Masse, das K^0-Meson. Es gelingt nie, das Λ isoliert zu produzieren, etwa in

$$\pi^- + p \to \Lambda + \pi^0 \ , \qquad (1.82)$$

sondern immer nur assoziiert mit einem weiteren neuartigen Teilchen.

Wenn nur die invarianten Massen der Reaktionsprodukte berechnet werden können, wird die Analyse offenbar dadurch erschwert, daß man nicht weiß, welches der beiden negativen Pionen zum Λ gehört. Abhilfe schafft hier die Untersuchung der Reaktion in einer Blasenkammer, die es gestattet, die Spuren geladener Teilchen mit hoher Präzision zu vermessen. Die Abb. 1.9 zeigt das Faksimile einer Blasenkammeraufnahme, in der die Reaktion (1.80) stattgefunden hat. Es ist deutlich zu sehen, daß es zwei neutrale Teilchen gibt, die von einem gemeinsamen Ort, dem Wechselwirkungspunkt, weglaufen, ehe sie in ionisierende Teilchen zerfallen. Die Zuordnung der negativen Pionen zum Proton bzw. π^+ wird damit eindeutig.

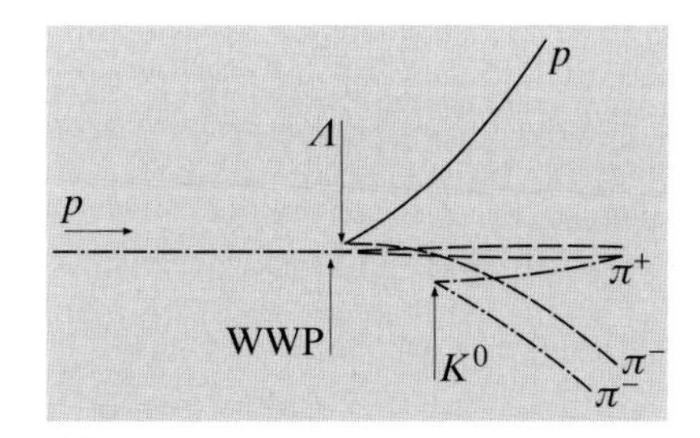

Abb. 1.9
Assoziierte Produktion eines Λ-Hyperons und eines K^0-Mesons in einer πp-Reaktion. Das Bild ist das Faksimile einer Blasenkammeraufnahme. Die Teilchen werden am Wechselwirkungspunkt (WWP) erzeugt und zerfallen nach einer kurzen Laufstrecke

Ebenso seltsam wie die assoziierte Produktion von zwei neuen Teilchen in einer Reaktion ist die Lebensdauer dieser Zustände. Das Λ und das K^0 können natürlich auch wieder in die Teilchen zerfallen, aus denen sie entstanden sind, also

$$K^0 \to \pi^+ + \pi^- \qquad (1.83)$$

Tabelle 1.13
Das K^0-Meson

Symbol	K^0
Masse/GeV	0,4976
Q	0
J	0
Lebensdauer/s	K_S^0: $8{,}95 \cdot 10^{-11}$

Tabelle 1.14
Das K^+-Meson

Symbol	K^+
Masse/GeV	0,4937
Q	+1
J	0
Lebensdauer/s	$1{,}238 \cdot 10^{-8}$

Tabelle 1.15
Das Λ-Baryon

Symbol	Λ
Masse/GeV	1,116
Q	0
J	1/2
Lebensdauer/s	$2{,}63 \cdot 10^{-10}$

und

$$\Lambda \to p + \pi^- \ . \tag{1.84}$$

Die Lebensdauern (siehe Tabellen 1.13 und 1.15) sind aber im Bereich von 10^{-10} s, also 13 Größenordnungen über denen der Baryon- und Pionresonanzen. Man sieht das auch ganz anschaulich an den Zerfallsvertices, die diese Teilchen erst in einer gewissen Entfernung vom Wechselwirkungspunkt (WWP), an dem sie erzeugt wurden, bilden (Abb. 1.9).[20] Dies zwingt im Vergleich mit der Lebensdauer des geladenen π-Mesons zu dem Schluß, daß die Zerfälle aufgrund der schwachen Wechselwirkung erfolgen. Die Klassifikation der Wechselwirkungen aufgrund der Zerfallszeit kann hier wieder angewendet werden, da die Massen der betrachteten Teilchen sich nicht allzu sehr unterscheiden. Es ist natürlich besonders bemerkenswert, daß es gelang, alle diese Zerfälle auf die gleiche (universelle) schwache Wechselwirkung zurückzuführen, die schon für den Zerfall des Neutrons verantwortlich ist.

Die beiden Phänomene der assoziierten Produktion in einem Prozeß der starken Wechselwirkung und des schwachen Zerfalls erschienen den beteiligten Forschern so merkwürdig, daß die neuen Teilchen den Namen „seltsame Teilchen" oder *strange particles* bekamen. Eine zwanglose Erklärung beider Tatsachen bekommt man, wenn diesen Zuständen eine neue additive Quantenzahl S (für *strangeness* oder „Seltsamkeit") zugeordnet wird, die zwar in der starken und elektromagnetischen, aber nicht in der schwachen Wechselwirkung erhalten ist. Historisch wurde die Zuordnung

$$\begin{aligned} \Lambda &: \quad S = -1 \\ K^0 &: \quad S = +1 \end{aligned} \tag{1.85}$$

gewählt. Ganz offenbar gilt die Erhaltung von S in der Reaktion

$$\pi^- + p \to K^0 + \Lambda \ , \tag{1.86}$$

während S sich in der nicht beobachteten Erzeugungsreaktion (1.82) und in den Zerfällen (1.83) und (1.84) um eine Einheit ändert. Diese sind daher nur über die schwache Wechselwirkung möglich.

Es gibt auch geladene K-Mesonen (Tabelle 1.14). Das K^+-Meson bildet zusammen mit dem K^0 ein Ladungsdublett mit $S = 1$. Die Antiteilchen K^- und $\bar{K}^0$ formen ein Ladungsdublett mit $S = -1$. Das K^0-Meson bildet zusammen mit dem $\bar{K}^0$ ein System, in dem besonders interessante quantenmechanische Effekte auftreten. Sie führen u.a. dazu, daß die neutralen K-Mesonen in einer kurzlebigen und einer langlebigen Variante (K_S^0, K_L^0) auftreten. In der Tabelle 1.13 wird nur die Lebensdauer des K_S^0 angegeben. In Abschn. 2.7.3 werden wir das K^0, $\bar{K}^0$-System noch ausführlich diskutieren.

1.2.4 Quarks

Die *strange particles* K und Λ spielen im Bereich der Hadronen eine ähnliche Rolle wie die Myonen bei den Leptonen. Es handelt sich um neuartige Zustände der Materie, die offenbar zum Aufbau der uns umgebenden normalen Materie nicht benötigt werden. Aber wie bei den Leptonen ist auch hier

[20] Aus dem englischen *vertex*, Spitze, Scheitelpunkt.

die Liste noch nicht vollständig. Neben den seltsamen Teilchen wurden bisher noch zwei weitere, neue Arten hadronischer Materie gefunden, die sich von den anderen Sorten durch Quantenzahlen unterscheiden lassen. Es gibt also neben den Hadronen mit der Quantenzahl S noch Hadronen mit *charm* (C) und *bottom* (B). Die Quantenzahlen S, C, B werden als Sorten-Quantenzahlen bezeichnet. Sehr anschaulich ist hier der amerikanische Namen *flavor*, der die Materie also in unterschiedliche „Geschmacksrichtungen" einteilt. Auch C und B sind additive Quantenzahlen. Sie sind in Prozessen der elektromagnetischen und der starken Wechselwirkung erhalten und können beim schwachen Zerfall verletzt werden. Ganz ähnlich wie bei den Teilchen mit *strangeness* ist daher die Erzeugung dieser Materiearten gekennzeichnet durch *assoziierte* Produktion schwerer langlebiger Hadronen, die über die schwache Wechselwirkung zerfallen. Das leichteste Hadron mit *charm*, das D^0-Meson, hat eine Masse von 1864 MeV und die leichtesten *bottom*-Hadronen (B^+- und B^0-Meson) eine Masse von 5279 MeV.[21] Die Untersuchung dieser neuen Formen der Materie erfolgte zum großen Teil in Reaktionen der Elektron-Positron-Paarvernichtung in Hadronen. In Abschn. 5.1 werden diese Prozesse genauer betrachtet.

Die von der PDG herausgegebene Tabelle der Elementarteilchen enthält zur Zeit etwa 120 Hadronen ohne Mitzählen der Ladung als Unterscheidungskriterium [PDG04]. Ohne weitere ausführliche Diskussion dieser Teilchen wollen wir schon jetzt versuchen, die Vielzahl der Hadronen auf wenige Konstituenten zurückzuführen. Die entscheidende Hypothese ist, daß die ausgedehnten Hadronen aus elementaren Konstituenten, den Quarks, aufgebaut sind. Wir nehmen dabei ohne weiteres an, daß die Quarks punktförmig sind, d. h. ähnlich wie die Leptonen keinen nachweisbaren Radius haben. Der Beweis für die Richtigkeit dieser Annahme wird in Abschn. 5.3 nachgeliefert.

Um den ganzzahligen Spin der Mesonen und den halbzahligen Spin der Baryonen zu erklären, muß es Konstituenten mit Spin 1/2 geben. Im Quarkmodell sind *alle* Quarks Fermionen, also Spin 1/2-Teilchen. Mesonen kann man dann aus Quark-Antiquark-Paaren aufbauen,

$$|\text{Meson}\rangle = |q\bar{q}\rangle \ , \tag{1.87}$$

während Baryonen am einfachsten durch

$$|\text{Baryon}\rangle = |qqq\rangle \tag{1.88}$$

beschrieben werden.[22] Für den Spin der Mesonen folgt aus (1.87)

$$J = 0, 1 \ , \tag{1.89}$$

falls das q und das $\bar{q}$ sich in einer s-Welle, d. h. in einem Zustand mit dem Bahndrehimpuls $L = 0$ befinden. Höhere Spins erhält man dann durch $L = 1, 2, \ldots$ im $q\bar{q}$-System. Ebenso ist der Spin der Baryonen für verschwindende Bahndrehimpulse der Quarks durch

$$J = \frac{1}{2}, \frac{3}{2} \tag{1.90}$$

[21] Der aufmerksame Leser hat sicherlich gesehen, daß wir die Buchstaben B und S jetzt schon zweimal vergeben haben. B steht für Baryonenzahl und *bottom*, S für *strangeness* und manchmal auch Spin. Die jeweilige Bedeutung muß man aus dem Kontext erkennen, das ist am Ende einfacher als die Einführung neuer, in der wissenschaftlichen Literatur nicht gebräuchlicher Bezeichnungen. Ebenso ist die reichliche Verwendung von Anglizismen unvermeidbar.

[22] Quantenmechanische Zustände werden in diesem Buch mit der von Dirac eingeführten *bra*- und *ket*-Schreibweise bezeichnet. Sie wird in vielen Lehrbüchern der Quantenmechanik (z. B. [Mes90]) benutzt.

gegeben, während Teilchen mit Spin $5/2, 7/2, \ldots$ durch Drei-Quark-Systeme in höheren Zuständen des Bahndrehimpulses zusammengesetzt werden können.

Aus dem Aufbau der Baryonen aus drei Quarks folgt $B = 1/3$ für die Baryonenzahl der Quarks. Dies ist sicher eine etwas ungewöhnliche Festlegung, die man durch Einführung von unterschiedlichen Quarksorten mit ganzzahliger Baryonenzahl umgehen könnte. Andererseits folgt aus $B = 1/3$ für alle Quarks zusammen mit der Vorschrift (1.87) sehr einfach der wesentliche Unterschied zwischen Baryonen und Mesonen: Mesonen sind Hadronen mit $B = 0$. Erst über das Merkmal der Baryonenzahl werden (1.87) und (1.88) also wirklich zu den einfachsten Bauregeln für Hadronen.

Wieviele Quarksorten gibt es? Um diese Frage zu beantworten, studieren wir zunächst die Nukleonen (und ihre Resonanzen) und die Mesonen ohne neue Sorten-Quantenzahl. Da diese Hadronen in Ladungsmultipletts auftreten, muß es mindestens zwei Arten Quarks mit unterschiedlicher Ladung geben. Wir nennen sie u- und d-Quarks oder *up*- und *down*-Quarks. Die maximale Ladungsmultiplizität für Baryonen ist 4, ein typisches Beispiel ist das Quartett der Δ-Resonanz mit den Ladungen $+2, +1, 0, -1$. Diese Multiplizität entspricht genau den vier kombinatorischen Möglichkeiten

$$uuu, uud, udd, ddd \quad . \tag{1.91}$$

Daraus folgt aber dann, daß eines der beiden Quarks die Ladung $2/3$ und das andere die Ladung $-1/3$ haben muß. Wir wählen $Q = 2/3$ für das u-Quark, $Q = -1/3$ für das d-Quark und ordnen beide Quarks in einem Dublett

$$\begin{pmatrix} u \\ d \end{pmatrix} \tag{1.92}$$

an. Damit haben wir eine erste Quarkfamilie ganz ähnlich den Leptonfamilien gefunden. Wie bei den Leptonen hat das oben stehende Mitglied der Familie eine um eine Einheit größere Ladung als das unten stehende Mitglied.

Für die Zusammensetzung von Proton und Neutron gilt offenbar

$$|p\rangle = |uud\rangle \tag{1.93}$$

und

$$|n\rangle = |udd\rangle \quad . \tag{1.94}$$

Ein ganz wesentlicher Erfolg des Quarkmodells beruht auf einer einfachen Erklärung der Tatsache, daß für den Grundzustand der Baryonen nur diese beiden Wellenfunktionen erlaubt sind, während die Kombinationen uuu und ddd fehlen. Dies wird in Kap. 4 erläutert.

Für Mesonen haben wir die kombinatorischen Möglichkeiten

$$\begin{aligned} u\bar{d}: &\quad Q = 1 \\ u\bar{u}, d\bar{d}: &\quad Q = 0 \\ d\bar{u}: &\quad Q = -1 \end{aligned} \tag{1.95}$$

in Übereinstimmung mit der Erfahrung, daß es im Bereich der Mesonen ohne eigene Sorten-Quantenzahl Ladungs-Tripletts und -Singuletts gibt.

Die Existenz von Hadronen mit neuen Sorten-Quantenzahlen läßt sich nun ganz zwanglos durch Hinzunahme weiterer Quarksorten deuten. Dem seltsamen Quark s geben wir die *strangeness* $S=-1$ und daher kann man das Λ durch

$$|\Lambda\rangle = |uds\rangle \tag{1.96}$$

beschreiben. Daraus folgt aber sofort $Q=-1/3$ für das s-Quark. Infolge der Regel (1.88) muß es dann auch Baryonen mit zwei s-Quarks also mit $S=-2$ geben und insbesondere ein Baryon mit $S=-3$ und $Q=-1$. Alle diese Vorhersagen des Quarkmodells über das Spektrum der Hadronen sind erfüllt.

Nachdem die Einordnung der seltsamen Teilchen in das Quarkmodell durch eine neue Quarksorte gelungen ist, liegt es nahe, auch den Aufbau der Hadronen mit *charm*- und *bottom*-Quantenzahl durch neue Quarksorten zu erklären. Diese sind das c-Quark für Hadronen mit *charm* und das b-Quark für Hadronen mit *bottom*. Das c-Quark hat die Ladung $Q=2/3$ und die *charm*-Quantenzahl $C=1$. Diese Zusammenhänge werden in Abschn. 4.6.1 klar werden. Das Vorzeichen der Sorten-Quantenzahl entspricht dem Vorzeichen der Ladung. Die spätere Diskussion in diesem Buch wird auch zeigen, daß die c- und s-Quarks wieder in eine Familie

$$\begin{pmatrix} c \\ s \end{pmatrix} \tag{1.97}$$

eingeordnet werden.

Hadronen mit der Eigenschaft *bottom*, also $B \neq 0$, enthalten b-Quarks. Diese Quarks tragen die Sorten-Quantenzahl $B=-1$. Das negative Vorzeichen entspricht der gerade getroffenen Konvention. Sie haben die Ladung $-1/3$. Jetzt liegt der Schluß nahe, daß es ein *top*-Quark t mit der Ladung $+2/3$ und der *flavor*-Quantenzahl $T=+1$ geben muß und daß man es mit dem b-Quark zu einer neuen Familie

$$\begin{pmatrix} t \\ b \end{pmatrix} \tag{1.98}$$

zusammenfassen kann.

Eine lange, gezielte Suche nach Ereignissen mit der Signatur der Erzeugung von *top*-Quarks führte 1995 am Fermi National Laboratory in den USA zum Erfolg. Im Speicherring dieses Labors wurden Protonen mit Antiprotonen bei einer Strahlenergie von 900 GeV zur Kollision gebracht. Das Experiment läßt sich ohne weitere Vorkenntnisse aus der Teilchenphysik nicht wirklich verstehen. Eine Beschreibung des Experiments ist daher erst in Abschn. 7.5 nach Klärung der theoretischen Grundlagen zu finden.

Die Masse der neuen Quarks wurde in den Experimenten zu 174,3 GeV (mit einem Fehler von 5,1 GeV) bestimmt. Die Masse dieses punktförmigen Elementarteilchens entspricht also etwa der Masse des aus 184 Nukleonen zusammengesetzten Wolfram-Kerns! Auch den anderen sog. schweren Quarks (den c- und b-Quarks) läßt sich relativ einfach eine Masse zuordnen, da die hohe Masse der Hadronen mit *charm* bzw. *bottom* im wesentlichen durch die Masse der c- und b-Quarks bestimmt ist. Schwieriger wird das bei den u-, d- und s-Quarks, die häufig als leichte Quarks bezeichnet werden. Eine genauere Behandlung der Quarkmassen muß daher noch eine gute Weile warten (Abschn. 4.3.3).

Mit den Quarks als Konstituenten der Hadronen haben wir nur noch punktförmige Fermionen als elementare Bausteine der Materie. Mit drei Familien Leptonen und drei Familien Quarks weist das Standard-Modell eine bemerkenswerte Symmetrie auf. Eine Familie von Quarks und Leptonen wird oft unter dem Begriff einer *Generation* von Teilchen zusammengefaßt. Offensichtlich gibt es einen ganz wesentlichen Unterschied zwischen Quarks und Leptonen: es ist noch nie gelungen, ein freies Quark im Labor zu erzeugen. Diese experimentelle Tatsache widerspricht ganz entschieden dem gewohnten Bild von Konstituenten. Das völlige Fehlschlagen aller Experimente, Teilchen mit drittelzahliger Ladung im Labor herzustellen oder in der Art von Millikan-Versuchen in Materieproben zu finden, führte im Laufe der Zeit zur Entwicklung von „asymptotisch freien" Theorien und insbesondere der Quantenchromodynamik (QCD).[23] Diese Theorie liefert eine dynamische Erklärung für die Tatsache, daß Quarks sich nur innerhalb von Abständen unterhalb 10^{-15} m frei bewegen können (*asymptotic freedom*), während sie oberhalb dieser Abstände, also innerhalb der Hadronen, gefangen sind. Das ist der sogenannte Quark-Einschluß (*quark confinement*).

Tabelle 1.16
Tabelle der Quarks mit Angabe der Sorten-Quantenzahlen und der Ladung. Alle Quarks haben die Baryonenzahl $1/3$ und den Spin $1/2$

Quark	u	d	c	s	t	b
Name	*up*	*down*	*charm*	*strange*	*top*	*bottom*
I_3^S	1/2	−1/2	0	0	0	0
C	0	0	1	0	0	0
S	0	0	0	−1	0	0
T	0	0	0	0	1	0
B	0	0	0	0	0	−1
Q	2/3	−1/3	2/3	−1/3	2/3	−1/3

Ohne Vorbelastung durch die historische Entwicklung der Teilchenphysik könnte man *jeder* Quarksorte (Tabelle 1.16) eine *Sorten-* oder *flavor*-Quantenzahl F (mit $F = U, D, C, S, T, B$) zuordnen, wobei die Ladung des Quarks mit dieser Zahl dann über

$$Q = \frac{F}{2} + \frac{1}{6} \tag{1.99}$$

zusammenhängt. Die erlaubten Reaktionen der Quarks lassen sich aber allein mit Hilfe der Ladung und der vier Quantenzahlen (C, S, T, B) diskutieren. In den Tabellen der Elementarteilchen werden die Pionen und ρ-Mesonen als Mesonen ohne *flavor* aufgeführt. Vom Standpunkt des Quark-Modells aus erscheint dies etwas künstlich. Es hat aber einen einfachen Grund: Mit $U = 1$ und $D = -1$ nimmt $F/2$ die Werte $\pm 1/2$ an. Es hat sich gezeigt, daß sich diese Zahlenwerte für die erste Familie von Quarks als Eigenwerte einer spinartigen Quantenzahl, des sog. starken Isospins, I_3^S deuten lassen.[24] Mit

[23] Der amerikanische Physiker Robert Andrews Millikan (1868–1953) erfand die klassische Versuchsanordnung zum Nachweis der Ladungsquantisierung. Moderne Varianten dieses Verfahrens wurden zur Suche nach drittelzahligen Ladungen benutzt. Millikan erhielt für seine Forschungen 1923 den Nobelpreis.

[24] Das ist der Isospin der Kernphysik.

Hilfe des Isospins wird das Auftreten von Ladungs-Multipletts in der Kern- und Teilchenphysik erklärt. In Abschn. 2.8 wird diese Problematik genauer diskutiert.

In Reaktionen der starken und elektromagnetischen Wechselwirkung können alle Quark-Arten nur paarweise $(q\bar{q})$ erzeugt und vernichtet werden, allein die schwache Wechselwirkung erlaubt Übergänge zwischen den Quarksorten. Weiter oben haben wir gezeigt, daß die schwache Wechselwirkung die Familienquantenzahl der Leptonen erhält, d. h. daß nur Reaktionen mit $\Delta L_i = 0$ erlaubt sind. Auch die Quarks könnten wir durch Familienquantenzahlen charakterisieren. Im Quark-Sektor ist aber die Regel von der erhaltenen Familienquantenzahl nur „fast" richtig. Wir werden sie später (Abschn. 6.2 und 7.8) etwas modifizieren müssen.

1.2.5 Felder und Wechselwirkungen

Als elementare Konstituenten der Materie treten in unserer Darstellung nur noch Quarks und Leptonen auf. Sie wechselwirken untereinander durch Austausch von Feldquanten. Das Konzept, Wechselwirkungen auf den Austausch spezieller Teilchen, also der Quanten der die Wechselwirkung vermittelnden Felder, zurückzuführen, ist die Grundlage der feldtheoretischen Beschreibung. Anschaulich läßt sich dieses Konzept in den sog. Feynman-Graphen (Abb. 1.10) visualisieren.[25] An einem Raum-Zeit-Punkt $(\boldsymbol{x}_1, t_1)$ sendet ein Teilchen (z. B. das Elektron auf der linken Seite der Abb. 1.10a) ein Feldquant aus, welches in einem Raum-Zeit-Punkt $(\boldsymbol{x}_2, t_2)$ von einem anderen Teilchen (hier dem Elektron auf der rechten Seite der Abb. 1.10a) absorbiert wird. In der Quantenfeldtheorie wird dann weiter gezeigt, wie man diesen Feynman-Graphen Regeln zuordnen kann, mit deren Hilfe ein solcher Graph zur Abkürzung einer Rechenvorschrift für eine quantenmechanische Übergangsamplitude wird.

Selbst ohne Angabe der dazu gehörenden Rechenregeln und ohne Durchführung der Rechnung kann man schon sehr viele Informationen allein aus der Topologie der Feynman-Graphen eines Prozesses gewinnen. Sie sind daher zu einem unentbehrlichen Hilfsmittel in der qualitativen Diskussion physikalischer Reaktionen geworden. Auch in diesem Buch wird Gebrauch von ihnen gemacht, bevor in Abschn. 3.1.3 die dazugehörigen Berechnungsvorschriften eingeführt werden. Im Rahmen des allgemeinen Überblicks über das Feld der Teilchenphysik sind daher hier einige grundsätzliche Überlegungen zu den Feynman-Graphen angebracht.

Die meisten Feynman-Graphen sind vom „Strom-Feld"-Typ, d. h. sie enthalten nur Vertices, bei denen ein Austauschquant an ein Teilchen koppelt. Dies ist in Abb. 1.11 zu sehen. Fermionen-Ströme werden als durchgezogene Linien mit Pfeilen gekennzeichnet, Austauschfelder als gestrichelte Linien oder Wellen und Schrauben (Abb. 1.10). An jedem Vertex gelten die Erhaltungssätze, also z. B. die Erhaltung der flavor-Quantenzahlen und des Impulses. Unter Beachtung dieser Regeln sieht man leicht ein, daß die einfachste Möglichkeit, den Prozeß

$$e^- + e^+ \to e^- + e^+ \tag{1.100}$$

[25] Der amerikanische Theoretiker Richard Phillips Feynman (1918–1988) gehört sicher zu den einflußreichsten Physikern des 20. Jahrhunderts. Er erhielt für seine Beiträge zur Quantenelektrodynamik 1965 den Nobelpreis. Ohne seine Rechenregeln wäre die Quantenfeldtheorie ein Gebiet für ganz wenige Spezialisten geblieben. Er selbst hat allerdings die damit zusammenhängenden Arbeiten nicht als seinen wichtigsten Beitrag zur Physik angesehen. Dies waren für ihn eher die Untersuchungen zur Struktur der schwachen Wechselwirkung, da es sich hier um die Entdeckung eines Naturgesetzes handelte.

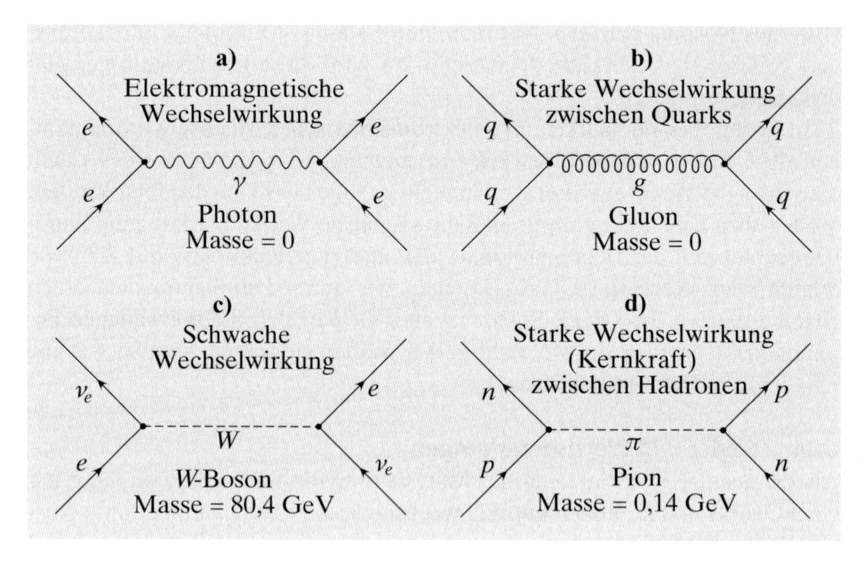

Abb. 1.10a–d
(**a**) Elektromagnetische Wechselwirkung zwischen geladenen Teilchen durch Austausch von Photonen. (**b**) Starke Wechselwirkung zwischen Quarks durch Austausch von Gluonen. (**c**) Schwache Wechselwirkung durch Austausch eines W-Bosons. (**d**) Kernkraft zwischen Nukleonen durch Austausch von Pionen

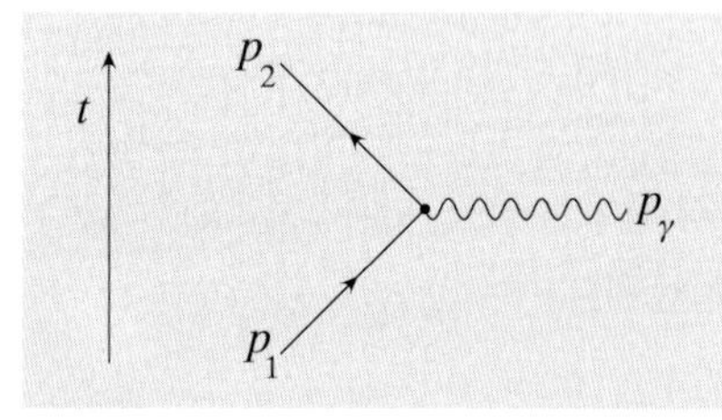

Abb. 1.11
Ein Vertex. In den Vertices der Feynman-Graphen sind die Gesetze der verschiedenen Wechselwirkungen enthalten

zu beschreiben, durch die beiden Graphen der Abb. 1.12 realisiert wird. In Abb. 1.12a wird das Photon zwischen dem Elektron und dem Positron ausgetauscht. Die Photonlinie hat keine Vorzugsrichtung in der Zeitachse, das Diagramm beschreibt also nicht nur die Emission eines Photons durch das Elektron mit anschließender Absorption durch das Positron, sondern auch den umgekehrten Fall. Die Abb. 1.12b beschreibt die Elektron-Positron-Annihilation mit anschließender Paarerzeugung. Jetzt tritt das Photon als Zwischenzustand des e^-e^+-Systems auf. Da Wirkungsquerschnitte proportional zum Betragsquadrat der Streuamplitude sind (Abschn. 2.1), erwartet man Interferenzeffekte zwischen den beiden Graphen der Abb. 1.12.

Für den mit der Elektron-Positron-Streuung verwandten Prozeß

$$e^- + \mu^- \to e^- + \mu^- \tag{1.101}$$

ist hingegen der Annihilationsgraph wegen der Elektronen- bzw. Myonzahl-Erhaltung verboten, und daher ist die Winkelverteilung in dieser Reaktion grundsätzlich von der Winkelverteilung der Elektron-Positron-Streuung verschieden.

In einem wesentlichen Punkt unterscheiden sich die Austauschteilchen von den freien Teilchen. An jedem Vertex soll ja Energie-Impulserhaltung gelten, dann kann aber die Masse des Austauschteilchens nicht gleich der Masse des freien Teilchens sein. Im Beispiel der Abb. 1.12a berechnet man die Masse des ausgetauschten Photons ($m_\gamma^2 = q^2$) aus Formel (1.12), d. h. die Photonenmasse wird imaginär. Für Annihilationsprozesse (Abb. 1.12b) gilt $q^2 > 0$. Man spricht auch von raumartigen (Abb. 1.12a) bzw. zeitartigen Graphen (Abb. 1.12b). Allgemein bezeichnet man Teilchen, die zwischen zwei Vertices eines Feynman-Graphen ausgetauscht werden, als virtuelle Teilchen. Sie befinden sich nicht auf der durch die quadratische Beziehung (1.46) definierten „Massenschale“. Ihre Masse ist nicht gleich der Masse eines freien Teilchens.

Anstelle vom Austausch virtueller Teilchen zu sprechen, lassen sich die Feynman-Graphen auch so interpretieren, daß reelle Teilchen zwischen den Vertices laufen. Dann ist aber an jedem Vertex (Abb. 1.11) der Energiesatz um einen Betrag ΔE verletzt. Dies ist jedoch nach den Regeln der Quantenmechanik (Heisenbergsche Unschärferelation) für eine Zeit

$$\Delta t \approx 1/\Delta E \tag{1.102}$$

erlaubt. Nach dieser Zeit muß das Austauschteilchen wieder am nächsten Vertex absorbiert sein.

Das Maß der Verletzung des Energiesatzes läßt sich leicht bestimmen. Dazu betrachten wir nochmals die Abb. 1.11 in der jetzt am Vertex ein reelles Photon vom einem einlaufenden Elektron mit der Masse m und dem Viererimpuls p_1 abgestrahlt wird. Das Photon bildet mit dem auslaufenden Elektron einen Endzustand mit dem Viererimpuls $p_f = p_2 + p_\gamma$. Die Differenz der Energien von End- und Anfangszustand ist $\Delta E = E_f - E_1$. Jetzt werden die Energien durch die Impulse ersetzt, z. B. $E_1 = \sqrt{\boldsymbol{p}_1^2 + m^2}$. Für große Werte von $|\boldsymbol{p}_1|$ lassen sich die Wurzeln in eine Reihe entwickeln. Nach Voraussetzung gilt Impulserhaltung, $\boldsymbol{p}_1 = \boldsymbol{p}_f$, und daher folgt

$$\Delta E = \frac{m_f^2 - m^2}{2|\boldsymbol{p}_1|} \quad . \tag{1.103}$$

Der Energiesatz ist also nur in den Grenzfällen $|\boldsymbol{p}_1| \to \infty$ oder $m_f^2 \to m^2$ erfüllt. Die letztere Bedingung wird entweder für sehr weiche Photonen ($E_\gamma \to 0$) oder Photonen, die kollinear mit einem hochenergetischen auslaufenden Elektron abgestrahlt werden, realisiert.

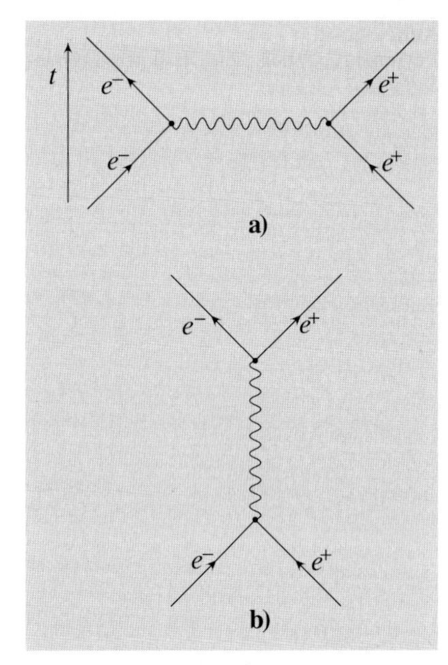

Abb. 1.12a,b
Die Elektron-Positron-Streuung in niedrigster Ordnung Störungstheorie. (**a**) Austausch eines raumartigen Photons, (**b**) Annihilation in ein zeitartiges Photon

In den Feynman-Graphen ist weiter eine neue Interpretation der Antimaterie enthalten, die jetzt studiert werden soll. In dem zur Compton-Streuung

$$\gamma + e^- \to \gamma + e^- \tag{1.104}$$

gehörenden Graphen der Abb. 1.13a absorbiert das Elektron am Raum-Zeit-Punkt 1 ein Photon und strahlt es am später liegenden Raum-Zeit-Punkt 2 wieder ab. Dieser Graph kann als die quantenmechanische Übersetzung der klassischen Vorstellung von der Streuung von Licht an Elektronen angesehen werden. In jener regt die einfallende Welle das Elektron zu Schwingungen an, die zur Abstrahlung einer neuen Welle führen. Bedingt durch die Unschärferelationen ist aber in der Quantenmechanik auch die Situation denkbar, die durch den Graphen 1.13b dargestellt wird. Hier wird zuerst im Punkt 1 ein Photon abgestrahlt und im Punkt 2 wird das einlaufende Photon absorbiert. Die Neigung der inneren Linie deutet an, daß das virtuelle Elektron sich in der Zeit vorwärts bewegt.

Bei Hinzunahme der Positronen ist jetzt auch eine Konfiguration möglich (Abb. 1.13c), in der das einlaufende Photon im Punkt 1 ein Elektron-Positron-Paar erzeugt, das im Punkt 2 wieder zerstrahlt. Dieser Graph ist aber schon in der Abb. 1.13b enthalten, wenn man den zeitlichen Ablauf etwas anders interpretiert. Das Elektron strahlt an der Stelle 2 der Abb. 1.13c ein Photon

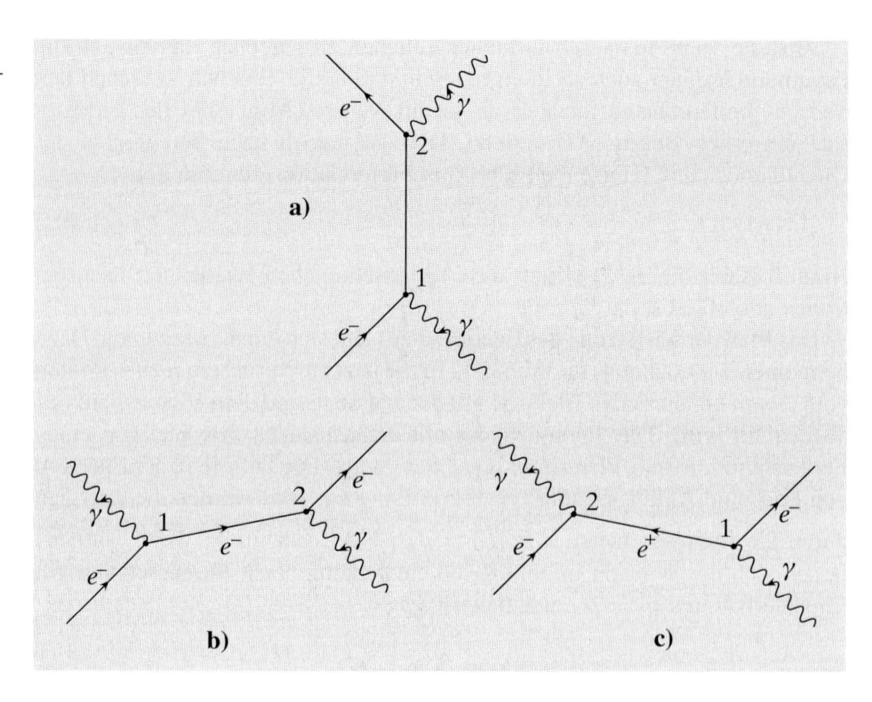

Abb. 1.13a–c
Feynman-Graphen zur Elektron-Photon-Streuung

ab und gerät dadurch in einen Zustand negativer Energie. Es läuft in der Zeit rückwärts zu dem früher gelegenen Punkt 1 und absorbiert dort ein Photon. In dieser neuen Interpretation von Feynman werden also Positronen als Elektronen negativer Energie, die in der Zeit rückwärts laufen, beschrieben. Es ist dann nur konsequent, daß in Zukunft in Graphen dieser Art die inneren Linien waagerecht verlaufen, da sie alle möglichen zeitlichen Abläufe zugleich beschreiben sollen. In den Feynman-Graphen werden wir außerdem häufig Antiteilchen an der Pfeilrichtung erkennen: ein gegen die Zeit laufendes Teilchen ist das Antiteilchen zu einem mit der Zeit laufenden Teilchen. Ein großer Vorteil der Feynmanschen Interpretation liegt in der Tatsache, daß man damit auch Antibosonen beschreiben kann. Das von Dirac herangezogene Pauli-Prinzip zum Verbot des Übergangs in den See negativer Energien gilt ja nur für Fermionen.

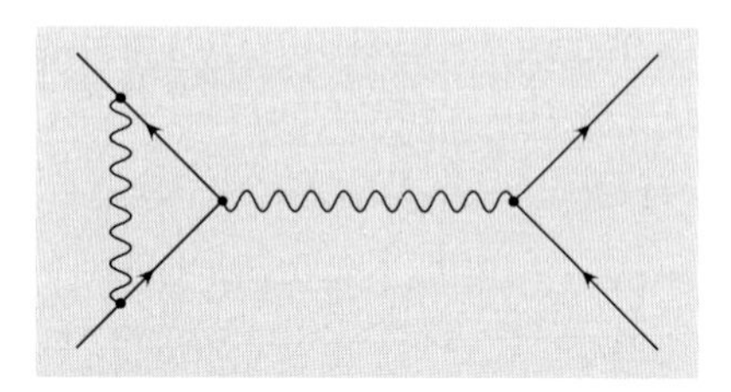

Abb. 1.14
Ein Beitrag höherer Ordnung zur Elektron-Positron-Streuung

Neben den jeweils einfachsten Graphen zur Beschreibung einer Reaktion gibt es zusätzlich topologisch kompliziertere Graphen. So trägt offenbar auch der Graph der Abb. 1.14 zur Elektron-Positron-Streuung bei. In der Rechnung werden diese Anteile separat behandelt, da sie die Beiträge höherer Ordnung der quantenmechanischen Störungstheorie repräsentieren.

Diese kurzen allgemeinen Betrachtungen müssen zunächst genügen. Jetzt werden noch die Teilcheneigenschaften der zu den einzelnen Wechselwirkungen gehörenden Austauschfelder vorgestellt.

Tabelle 1.17
Das Photon

Symbol	γ
Masse	0
Q	0
J	1
Lebensdauer	∞

Das Photon. Die Eigenschaften des Photons sind in Tabelle 1.17 zusammengestellt. Der Spin 1 folgt theoretisch aus der Untersuchung des Transformationsverhaltens von Vektorfeldern (Abschn. 2.4.6). Die Auswahlregeln der Strahlungsübergänge der Atomphysik führen ebenfalls zu dieser Festlegung. Die Lichtgeschwindigkeit im Vakuum ist in der Maxwellschen Theorie unabhängig von der Wellenlänge. Daraus folgt im Teilchenbild $m_\gamma = 0$ für die Photonen, die Feldquanten der elektromagnetischen Wechselwirkung. Dies wurde schon in Abschn. 1.1.2 besprochen. Es gibt viele Versuche einer experimentellen Überprüfung dieser Tatsache. Die beste, von der *Particle Data Group* akzeptierte Schranke beträgt $m_\gamma < 6 \cdot 10^{-17}$ eV [PDG04].

Tabelle 1.18
Die W-Bosonen

Symbol	$W^{\pm}$
Masse/GeV	80,42
Q	+1, −1
J	1
Lebensdauer/s	$3{,}10 \cdot 10^{-25}$

W- und Z-Bosonen. Schon im Abschn. 1.1.2 wurden die W-Bosonen als Feldquanten der schwachen Wechselwirkung eingeführt. Die Eigenschaften dieser Teilchen sind in Tabelle 1.18 zusammengefaßt. Mit ihrer Hilfe läßt sich der β-Zerfall des Neutrons (1.51) als Austauschreaktion deuten (Abb. 1.15a). Am linken Vertex strahlt das einlaufende Neutron ein W^- ab und verwandelt sich dadurch in ein Proton. Am rechten Vertex zerfällt das W^- in ein $e^-\bar{\nu}_e$-Paar. Alle Reaktionen zwischen Hadronen lassen sich mindestens qualitativ auf das Quark-Lepton-Niveau zurückführen. Dies ist am Beispiel des Neutronzerfalls in Abb. 1.15b gezeigt. Die eigentlich stattfindende Reaktion ist jetzt

$$d \to u + e^- + \bar{\nu}_e . \tag{1.105}$$

Die beiden anderen Quarks laufen unbeteiligt durch. Durch die Verwandlung des d-Quarks in ein u-Quark wird aus dem Neutron (udd) ein Proton (uud).

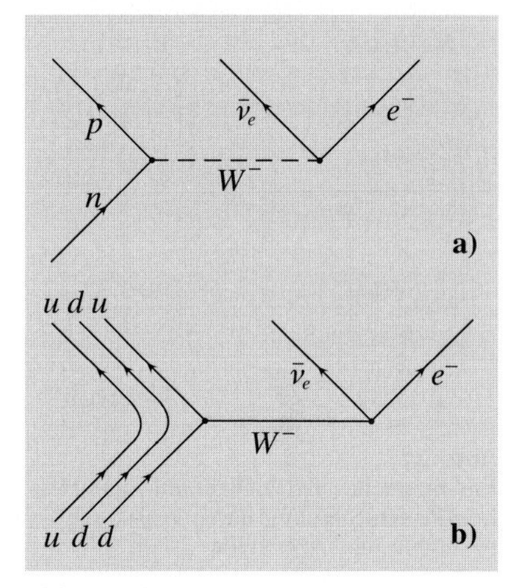

Abb. 1.15a,b
(**a**) Der β-Zerfall des Neutrons durch Austausch eines W-Bosons. (**b**) Der β-Zerfall des Neutrons im Quarkmodell

Durch den Austausch von W-Bosonen lassen sich dann auch Neutrino-Elektron-Streureaktionen wie in Abb. 1.10c beschreiben. Man hat lange Zeit geglaubt, daß nur geladene W-Bosonen in der schwachen Wechselwirkung vorkommen. Es gibt jedoch auch den Austausch neutraler Bosonen (Abb. 1.16). Wir werden diese neue Klasse von Reaktionen in Abschn. 6.3.1 ausführlich behandeln. Das Z^0-Boson ist nicht einfach der neutrale Partner der geladenen Bosonen (ähnlich dem Ladungstriplett der π-Mesonen zur Beschreibung der Kernkraft), sondern es unterscheidet sich z. B. in der Masse deutlich von ihnen. Zunächst soll wieder eine Tabelle genügen (Tabelle 1.19).

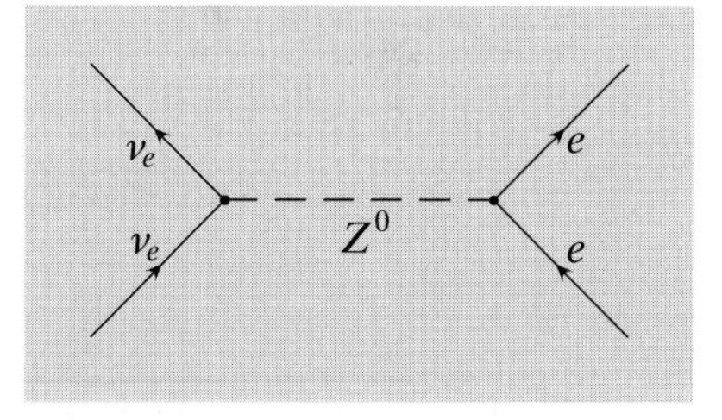

Abb. 1.16
Neutrino-Elektron-Streuung unter Austausch eines neutralen Bosons

Die Gluonen. Am Ende dieser kurzen Diskussion der Feldquanten führen wir noch die Quanten der starken Wechselwirkung ein. Wir nennen sie Gluonen. Sie sind zunächst verantwortlich für die Kräfte zwischen asymptotisch freien Quarks, d. h. für Quarks, die sich in Abständen < 1 fm zueinander bewegen. Aber auch die Kernkräfte bei Abständen > 1 fm der Hadronen kann man qualitativ auf Quark-Gluon-Diagramme zurückführen. Ein Beispiel zeigt die Abb. 1.17 für die Neutron-Proton-Streuung der Abb. 1.10d. Die vielen Gluonen zwischen den Quarklinien sorgen für die Bindung der Quarks zu Hadronen. Es gibt jedoch für die betrachtete Reaktion eine so große Menge von beitragenden Diagrammen, daß eine quantitative Berechnung sinnlos wäre und man in vielen Fällen den Prozeß besser durch den Austausch von Mesonen (Abb. 1.10d) oder im Potentialbild der Kernphysik beschreibt.

Den Gluonen wird ebenso wie den Photonen eine verschwindende Masse zugeordnet. Da die Gluonen aber wie die Quarks nicht frei beobachtbar sind,

Tabelle 1.19
Das Z^0-Boson

Symbol	Z^0
Masse/GeV	91,188
Q	0
J	1
Lebensdauer/s	$2{,}638 \cdot 10^{-25}$

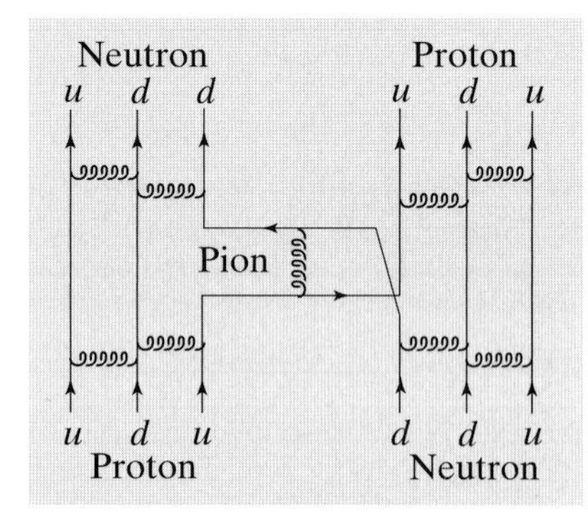

Abb. 1.17
Ein mögliches QCD-Diagramm zur Neutron-Proton-Streuung durch Austausch eines π-Mesons (Abb. 1.10d)

läßt sich hier die Massen-Reichweite-Beziehung (1.29) nicht anwenden. Für eine genauere Diskussion der Quark-Gluon-Wechselwirkung muß ich den Leser auf das Kap. 4 verweisen.

1.2.6 Was ist ein Elementarteilchen?

Die in der Überschrift gestellte Frage kann und will ich nicht durch eine Definition, sondern durch die Feststellung einer Tatsache beantworten: Im Standard-Modell bilden die sechs Leptonen und die sechs Quarks die elementaren Konstituenten der Materie.

Eine allgemeine Definition eines Elementarteilchens ist deshalb so schwierig, weil sich die Physiker mit der Einführung der Quarks sehr weit von einem intuitiv einsichtigen Teilchenbegriff entfernt haben. Ursprünglich glaubte man, daß Elementarteilchen nicht erzeugt oder vernichtet werden können, daher waren Proton und Elektron elementar. Mit der Entdeckung der Radioaktivität wurde jedoch klar, daß Elektronen in Neutrinos und Neutronen in Protonen verwandelt werden können. Die Existenz der Antimaterie erlaubt Prozesse wie die Elektron-Positron-Vernichtung in zwei Photonen. Ein Erhaltungssatz konnte daher nur noch für die Leptonenzahl L_e oder die Baryonenzahl B formuliert werden.

Anschließend wurden die Elementarteilchen mit dem Begriff der Zerlegbarkeit verknüpft. Zusammengesetzte Systeme lassen sich in elementarere Subsysteme zerlegen. Das stimmt für die Zerlegung der Moleküle in Atome, der Atome in Kerne und Elektronen und die Zerlegung der Kerne in Nukleonen. Die Quarks bilden jedoch eine völlig neue Sorte von Konstituenten. Alle Experimente stimmen mit dem Modell der Quarks als Konstituenten der Nukleonen überein. Wir haben jedoch schon auf S. 36 das *quark confinement* kennengelernt. Es hat zur Konsequenz, daß die Nukleonen sich nicht in Quarks zerlegen lassen.

Diese weitere, durch die Experimente erzwungene Abstraktion des Konstituentenbegriffs, hat zu der gleich zu Beginn des Buches erwähnten Krise des Atomismus geführt. Am entschiedensten hat vielleicht W. Heisenberg die Gegenposition zum Quarkmodell vertreten. Noch 1975 führte er in einem Vortrag [Hei76] auf der Tagung der Deutschen Physikalischen Gesellschaft aus:

„... es wurden viele neue Teilchen entdeckt, langlebige und kurzlebige, und auf die Frage, woraus diese Teilchen bestehen, konnte es keine eindeutige Antwort mehr geben, weil diese Frage keinen vernünftigen Sinn mehr hat. Ein Proton z. B. könnte aus Neutron und Pion oder Λ-Hyperon und Kaon oder aus zwei Nukleonen und einem Antinukleon zusammengesetzt sein; am einfachsten wäre es zu sagen, daß ein Proton eben aus kontinuierlicher Materie besteht, und alle diese Aussagen sind gleich richtig oder gleich falsch. *Der Unterschied zwischen elementaren und zusammengesetzten Teilchen ist damit grundsätzlich verschwunden.* Und das ist wohl das wichtigste experimentelle Ergebnis der letzten fünfzig Jahre."

Von dieser Auffassung eines der bedeutendsten Physiker des 20. Jahrhunderts bis zum Standard-Modell ist es in der Tat ein weiter Weg.

Übungen

1.6 Welche maximale Schwerpunktsenergie im pp-System kann beim Stoß eines Protons der kinetischen Energie 200 MeV mit einem Kohlenstoffkern aufgrund der Fermi-Bewegung erzielt werden? Benutzen Sie $E_F = 30\,\text{MeV}$.

1.7 Wie groß sind die Impulsbeträge von Pion und Nukleon beim Zerfall der Δ-Resonanz im Ruhesystem der Resonanz?

1.8 In welche Teilchen kann das π^+ zerfallen?

1.9 Beweisen Sie (1.43), indem Sie $|\boldsymbol{p}|$ durch eine geeignete Invariante aus $P = p_1 + p_2$ und p_1 ausdrücken.

1.10 Für welche Zeitdauer ist die Fluktuation eines Photons der Energie 1 GeV in ein ρ-Meson erlaubt?

1.3 Wirkungsquerschnitte und Zerfallsraten

Der überwiegende Teil der Informationen der Teilchenphysik wird aus Streuexperimenten gewonnen. Ihre Ergebnisse werden in Form von differentiellen oder totalen Wirkungsquerschnitten angegeben. Daneben ist noch das Studium der Zerfallsraten instabiler Teilchen eine wichtige Quelle experimenteller Information. Die Theoretiker versuchen diese Observablen zu berechnen. Wirkungsquerschnitt und Zerfallsrate bilden sozusagen die wohldefinierte Schnittstelle, an der sich Experimentalphysiker und Theoretiker treffen und ihre Ergebnisse vergleichen und diskutieren können. Eine genaue Definition ist daher unumgänglich. Hier beschränken wir uns auf eine experimentelle Diskussion. Der Zusammenhang mit der Theorie und insbesondere mit den Feynman-Graphen wird in Kap. 2 behandelt.

1.3.1 Der Wirkungsquerschnitt

Als einfachstes Beispiel diskutieren wir zunächst die elastische Pion-Proton-Streuung (Abb. 1.18), also

$$\pi^- + p \to \pi^- + p \ . \tag{1.106}$$

Die Zahl N_{in} der einfallenden Pionen wird im Zähler Z_1 gemessen und die Zahl N_{out} der ungestreut durchlaufenden Pionen im Zähler Z_2. Die Protonen bilden das sog. *target* der Streureaktion. Wir stellen uns z.B. vor, daß in dem Behälter B flüssiger Wasserstoff eingefüllt ist. Durch die Streureaktionen im *target* werden Pionen des einfallenden Strahls abgelenkt, und es erreichen weniger Teilchen den Zähler Z_2. In eine dünne Schicht im Inneren des *targets* treten $N(z)$ Pionen ein. Die Abnahme $\mathrm{d}N$ der Zahl der austretenden Pionen ist proportional zur Schichtdicke $\mathrm{d}z$ und daher gilt die Beziehung

$$\mathrm{d}N = -N(z)\kappa\,\mathrm{d}z \ . \tag{1.107}$$

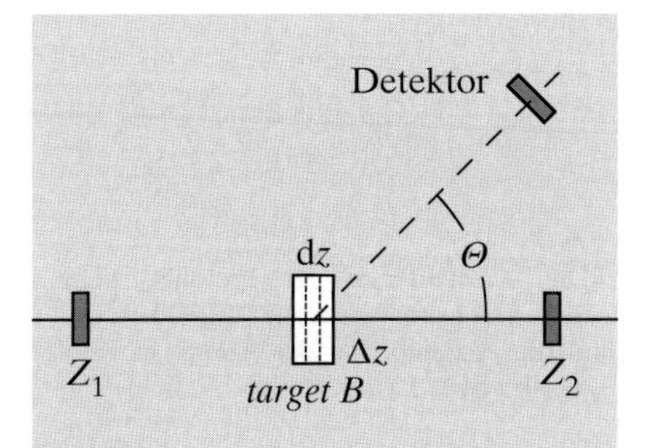

Abb. 1.18
Schematische Darstellung eines Streuexperiments

Hierin ist κ der Streukoeffizient mit der Dimension einer reziproken Länge. Sein Kehrwert trägt den Namen Streulänge und wird oft mit dem Symbol λ

bezeichnet. Es leuchtet ein, daß der Streukoeffizient proportional zur Anzahldichte n_0 der Streuzentren also hier der Protonen sein muß. Diese berechnen wir aus der allgemeinen Formel

$$n_0 = \frac{\rho N_A}{M_r} \frac{\text{kmol}}{\text{kg}} \tag{1.108}$$

für die Anzahldichte der Atome (oder Moleküle) eines beliebigen Materials, wobei ρ die Dichte, $N_A = 6{,}022 \cdot 10^{26}\,\text{kmol}^{-1}$ die Avogadro-Konstante und M_r die relative Atommasse ist.[26] Damit haben wir also den Zusammenhang

$$\kappa = n_0 \sigma \tag{1.109}$$

gewonnen. Die Größe σ hat die Dimension einer Fläche und wird daher Wirkungsquerschnitt oder besser totaler Wirkungsquerschnitt genannt. Die gebräuchliche Maßeinheit ist

$$1\,\text{barn} = 10^{-24}\,\text{cm}^2 \tag{1.110}$$

mit der Abkürzung „b" für barn. Typische Querschnitte der Teilchenphysik betragen einige picobarn ($1\,\text{pb} = 10^{-36}\,\text{cm}^2$). Theoretische Ausdrücke für Wirkungsquerschnitte werden normalerweise im Einheitensystem der Teilchenphysik angegeben. In diesem System haben Flächen, wie wir gesehen haben, die Dimension 1/(Energie)^2. Zur Umrechnung in SI-Einheiten wird die aus (1.3) folgende Beziehung:

$$1/\text{GeV}^2 = 0{,}3894\,\text{mb} \tag{1.111}$$

benutzt.

Diese Betrachtungen erweitern wir jetzt auf inelastische Reaktionen. Solche Reaktionen sind dadurch definiert, daß die Teilchen des Endzustandes nicht mehr mit den einlaufenden Teilchen identisch sind. Dafür gibt es sehr viele Möglichkeiten. Bei hohen Energien können zusätzliche Pionen produziert werden, in Streureaktionen von Pionen an Kernen kann der Kern aufbrechen oder das einlaufende Pion absorbieren, usw. Als einfachstes Beispiel kann der Prozeß

$$\pi^- + p \to \pi^0 + n \tag{1.112}$$

gelten.[27] Der gesamte Wirkungsquerschnitt setzt sich dann also aus der Summe

$$\sigma = \sigma^{\text{el}} + \sigma^{\text{inel}} \tag{1.113}$$

von elastischem und inelastischem Querschnitt zusammen. Die zum inelastischen Querschnitt gehörende Streulänge wird auch als Wechselwirkungslänge bezeichnet.

Für ein *target* der Dicke Δz ergibt sich mit

$$\mathrm{d}N = -N(z) n_0 \sigma \,\mathrm{d}z \tag{1.114}$$

durch Integration

$$N_{\text{out}} = N_{\text{in}} \mathrm{e}^{-n_0 \sigma \Delta z} \quad , \tag{1.115}$$

[26] Die Anzahldichte der Protonen beträgt z.B. in flüssigem Wasserstoff $4{,}23 \cdot 10^{22}\,\text{cm}^{-3}$ und die Anzahldichte der Atome in Kupfer $8{,}5 \cdot 10^{22}\,\text{cm}^{-3}$.

[27] Diese inelastische Zwei-Körper-Streuung wird zur besseren Unterscheidung von Reaktionen wie (1.71) oft auch quasielastisch genannt.

der totale Querschnitt beschreibt also die Abschwächung eines Strahls einlaufender Teilchen. Nach einer Streulänge $\lambda = 1/(n_0\sigma)$ ist die Intensität auf $1/e$ abgefallen. Anstelle einer Messung dieser Abschwächung wird σ aber meistens durch Nachweis der Streuereignisse (*events*) in einem den gesamten Raumwinkel überspannenden sog. 4π-Detektor bestimmt. (In einer Blasenkammer z.B. sind *target* und 4π-Detektor in einem Gerät zusammengefaßt.) Für die Zahl N_f der Ereignisse gilt mit $N_\mathrm{f} = N_\mathrm{in} - N_\mathrm{out}$ und $\Delta z/\lambda \ll 1$ durch Reihenentwicklung der Exponentialfunktion in (1.115)[28]

$$N_\mathrm{f} = N_\mathrm{in} n_0 \Delta z \sigma \ . \tag{1.116}$$

Man erhält detailliertere Informationen durch das Messen von Winkelverteilungen. Diese beschreibt man durch den differentiellen Wirkungsquerschnitt $\mathrm{d}\sigma/\mathrm{d}\Omega$, wobei $\mathrm{d}\Omega$ das Raumwinkelelement ist. In unserem Beispielexperiment mißt man die Zahl $\mathrm{d}N_\mathrm{f}$ der gestreuten Pionen als Funktion des Streuwinkels Θ (Abb. 1.18). Es ist dann

$$\frac{\mathrm{d}N_\mathrm{f}}{\mathrm{d}\Omega} = N_\mathrm{in} n_0 \Delta z \frac{\mathrm{d}\sigma}{\mathrm{d}\Omega} \ . \tag{1.117}$$

Wenn der Detektor nur die π^--Mesonen nachweist, kann man also $\mathrm{d}\sigma^\mathrm{el}/\mathrm{d}\Omega$ messen. Umgekehrt wird mit einem Detektor für π^0-Mesonen $\mathrm{d}\sigma^\mathrm{inel}/\mathrm{d}\Omega$ bestimmt. Wenn die Energie der einfallenden Pionen so hoch ist, daß Endzustände mit vielen Pionen möglich sind, läßt sich durch Abzählen der Pionen in einem kleinen Intervall des Raumwinkels der differentielle Wirkungsquerschnitt der *inklusiven* Reaktion

$$\pi^- + p \to \pi^- + X \tag{1.118}$$

bestimmen, wobei der Endzustand X eine beliebige Anzahl von Teilchen enthalten kann, sofern die Erhaltungssätze erfüllt werden. Im Beispiel muß X positiv geladen sein und die Baryonenzahl 1 haben, könnte also aus $p\pi^-\pi^+$ bestehen.

Den Faktor

$$L_\mathrm{int} = N_\mathrm{in} n_0 \Delta z \tag{1.119}$$

bezeichnen wir als die integrierte Luminosität eines Experimentes an ruhenden Target-Teilchen. Falls man Zählraten $\dot{N}_\mathrm{f}$ (also Zahl der gestreuten Teilchen pro Zeiteinheit) erhalten will, muß die integrierte Luminosität durch die Luminosität

$$L = \dot{N}_\mathrm{in} n_0 \Delta z \tag{1.120}$$

ersetzt werden, worin $\dot{N}_\mathrm{in}$ die Zahl der einlaufenden Teilchen pro Zeiteinheit ist.

In einem Speicherringexperiment ist die Luminosität natürlich nicht mehr durch (1.120) gegeben. Wenn man die Teilchenzahlen n_1, n_2 in den zur Kollision gebrachten Paketen mit der Fläche A kennt, läßt sich die Luminosität aus

$$L = n_1 n_2 f_\mathrm{p}/A \tag{1.121}$$

[28] Der Endzustand bekommt bei uns immer den Index f vom englischen *final*.

berechnen. Diese Relation ist eine elementare Anpassung der Definition (1.120) an die Gegebenheiten eines Speicherrings. In ihr bedeutet f_p die Zahl der umlaufenden Pakete pro Zeiteinheit. Bei e^-e^+-Speicherringen bestimmt man aber in der Praxis die Luminosität nicht durch Auswertung von (1.121) sondern aus der Messung eines theoretisch genau bekannten Referenzquerschnitts, z.B. der elastischen e^-e^+-Streuung (Bhabha-Streuung),

$$L = \frac{\mathrm{d}\dot{N}_\mathrm{f}}{\mathrm{d}\Omega} \Bigg/ \frac{\mathrm{d}\sigma^\mathrm{Bh}}{\mathrm{d}\Omega} \ , \tag{1.122}$$

mit der wir uns in Abschn. 3.2.3 näher befassen werden.[29]

Die Berechnung eines Wirkungsquerschnitts aus der Zählrate ist nicht trivial. Die Gleichung (1.117) kann nämlich i.allg. nicht direkt nach $\mathrm{d}\sigma/\mathrm{d}\Omega$ aufgelöst werden, da im Detektor über ein endliches Intervall der Variablen integriert wird,

$$\Delta N_\mathrm{f} = L_\mathrm{int} \int\limits_{\Delta\Omega} \frac{\mathrm{d}\sigma}{\mathrm{d}\Omega}\,\mathrm{d}\Omega \ . \tag{1.123}$$

Nach dem Mittelwertsatz der Integralrechnung gilt zwar immer

$$\Delta N_\mathrm{f} = L_\mathrm{int} \overline{\frac{\mathrm{d}\sigma}{\mathrm{d}\Omega}} \int\limits_{\Delta\Omega} \mathrm{d}\Omega \ , \tag{1.124}$$

aber nur in besonders einfachen Fällen wird der so festgelegte Mittelwert des Wirkungsquerschnitts mit dem Wert an der Mitte des Integrationsintervalls zusammenfallen, so daß man (1.124) direkt benutzen kann. In den meisten Experimenten müssen Auflösungskorrekturen berechnet werden. Eine Alternative besteht darin, über eine Modellrechnung die Stelle des Intervalls zu bestimmen, an der der Mittelwert mit dem tatsächlichen Wert übereinstimmt.

Bei der bisherigen Diskussion haben wir vorausgesetzt, daß die Ansprechwahrscheinlichkeit des Detektors im gesamten Integrationsbereich den konstanten Wert von 100 % hat. Dies ist natürlich fast nie der Fall. Unter Berücksichtigung einer vom Winkel und anderen Parametern r abhängigen Akzeptanzfunktion $\varepsilon(\Omega, r)$ ist der Zusammenhang zwischen Teilchenzahl im Detektor ΔN_f und differentiellem Wirkungsquerschnitt durch

$$\Delta N_\mathrm{f} = L_\mathrm{int} \int\limits_{\Delta\Omega} \frac{\mathrm{d}\sigma}{\mathrm{d}\Omega} \varepsilon(\Omega, r)\,\mathrm{d}\Omega \tag{1.125}$$

gegeben. Es ist offensichtlich, daß die Extraktion des differentiellen Wirkungsquerschnitts $\mathrm{d}\sigma/\mathrm{d}\Omega$ in Abhängigkeit vom Streuwinkel Θ aus einem Ausdruck der Art (1.125) kein einfaches Problem darstellt. Seine Lösung gehört zu den zentralen Aufgaben der Experimentalphysiker.

1.3.2 Zerfallsraten

Das radioaktive Zerfallsgesetz hat im Einheitensystem der Teilchenphysik die Form

$$N = N_0 \mathrm{e}^{-\Gamma t} \ . \tag{1.126}$$

[29] Der indische Physiker Homi Jehangir Bhabha (1909–1966) berechnete als erster den Wirkungsquerschnitt für diese Reaktion.

Es bestimmt die Zahl N instabiler Teilchen, die nach einer Zeit t noch von der ursprünglichen Zahl N_0 zur Zeit $t = 0$ übrig geblieben sind. Die differentielle Zerfallsrate

$$\frac{\mathrm{d}N}{N\,\mathrm{d}t} = -\Gamma \tag{1.127}$$

ist daher direkt durch die Zerfallsbreite Γ gegeben, die ihren Namen von der damit verknüpften Energieunschärfe (Halbwertsbreite) der zugehörigen Spektrallinien in der Atom- und Kernphysik hat. In der Teilchenphysik können sehr große Linienbreiten auftreten, ein Beispiel ist in Abb. 2.14 zu sehen. Der Kehrwert

$$\tau = \frac{1}{\Gamma} \tag{1.128}$$

wird Lebensdauer eines Teilchens genannt. Nach dieser Zeit ist $N/N_0 = 1/\mathrm{e}$. Für $\Gamma < 1$ keVwird mit Hilfe der Umrechnungsformel

$$\tau = \frac{6{,}582 \cdot 10^{-16}}{\Gamma} \text{ eV s} \tag{1.129}$$

in SI-Einheiten gewöhnlich die Lebensdauer in Sekunden angegeben. Für größere Breiten macht dies keinen Sinn, da eine Messung sowieso nur über die Bestimmung der Massenunschärfe möglich ist.

Sehr häufig zerfallen Elementarteilchen nicht nur in einen bestimmten Endzustand, sondern in mehrere verschiedene Endzustände. Das π^+ zerfällt zum Beispiel in $\mu^+\nu_\mu$, aber auch zu einem kleinen Bruchteil in $e^+\nu_e$. Zusätzlich zur totalen Breite Γ (der inversen Lebensdauer) wird dann über

$$\frac{1}{N}\frac{\mathrm{d}N(P \to f)}{\mathrm{d}t} = -\Gamma_f \tag{1.130}$$

die Partialbreite Γ_f für den Zerfall eines Teilchens P in einen bestimmten Endzustand f bestimmt. Die totale Breite ist mit den Partialbreiten durch

$$\Gamma = \sum \Gamma_f \tag{1.131}$$

verknüpft. Der Bruchteil der Zerfälle in einen bestimmten Kanal ist durch Γ_f/Γ festgelegt. Er wird auch mit Verzweigungsverhältnis bezeichnet und meist mit B für *branching ratio* abgekürzt.

Auch bei den Zerfällen gewinnt man mehr Information durch das Studium differentieller Verteilungen, wie z.B. der Zerfallswinkelverteilung,

$$\frac{\mathrm{d}^2N}{N\,\mathrm{d}t\,\mathrm{d}\Omega} = -\frac{\mathrm{d}\Gamma}{\mathrm{d}\Omega} \quad . \tag{1.132}$$

Die Winkelverteilungen dienen v.a. zum Bestimmen des Spins der zerfallenden Teilchen. Die zugehörigen Methoden werden in Kap. 2 diskutiert. Ein klassisches Beispiel für die Bedeutung der Energieverteilung einer Zerfallsreaktion haben wir schon in Abschn. 1.2.2 bei der Behandlung des β-Zerfalls kennengelernt.

Übungen

1.11 Schätzen Sie die Reichweite niederenergetischer Neutrinos in Eisen ab. Benutzen Sie dazu die Definition $\lambda = 1/\kappa$. Diskutieren Sie nun die Reichweite von Pionen der kinetischen Energie $E = 320\,\text{MeV}$ in Kernmaterie und in Eisen.

1.12 Leiten Sie die Beziehung (1.121) für die Luminosität eines Speicherrings her.

1.13 a) Bestimmen Sie die Luminosität eines e^-e^+-Speicherrings mit einer Strahlenergie von 20 GeV unter den Annahmen, daß Sie die Bhabha-Streuung mit einem zylindersymmetrischen Detektor bzgl. der Strahlachse im Polarwinkelbereich Θ von 1° bis 3° messen und die gemessene Zählrate 5 Hz beträgt. Der differentielle Wirkungsquerschnitt ist gegeben durch

$$\frac{\mathrm{d}\sigma(e^-e^+ \to e^-e^+)}{\mathrm{d}\Omega} = \frac{\alpha^2}{s}\frac{1}{\sin^4(\Theta/2)} .$$

(Relativistische Kleinwinkelnäherung)

b) Welche Zählrate für die Reaktion $e^-e^+ \longrightarrow \mu^-\mu^+$ erwarten Sie im gleichen Raumwinkelbereich?

$$\frac{\mathrm{d}\sigma(e^-e^+ \to \mu^-\mu^+)}{\mathrm{d}\Omega} = \frac{\alpha^2}{4s}\left(1+\cos^2\Theta\right) .$$

(Relativistische Näherung)

In den Formeln bedeuten s das Quadrat der Schwerpunktsenergie und Θ den Streuwinkel im Schwerpunktssystem.

1.4 Teilchenbeschleuniger

Zur Herstellung von Teilchenstrahlen hoher Energie werden Teilchenbeschleuniger benötigt. Dabei ist das Wort „Beschleuniger" höchstens für die Anfangsphase des Prozesses zutreffend. Schon ab $E/mc^2 = 4$, also für Elektronen z.B. ab einer kinetischen Energie von 1,5 MeV, findet praktisch keine Änderung der Geschwindigkeit mehr statt, da diese schon bis auf 3 % an die Lichtgeschwindigkeit herangekommen ist. Trotzdem verwenden wir auch für die größten Geräte das Wort „Beschleuniger". Dies zeigt, daß auch Physiker gerne an Begriffen festhalten, die sich historisch eingebürgert haben.
Hinweis: Da in diesem und dem nächsten Abschnitt experimentelle und technische Probleme behandelt werden, sind die Formeln wieder im internationalen SI-Einheitensystem zu verstehen.

1.4.1 Linearbeschleuniger

Zur Beschleunigung von Teilchen werden elektrische Felder benutzt. Ein Teilchen der Ladung e gewinnt beim Durchlaufen eines Kondensators, an dessen Platten die Spannung U liegt, die Energie

$$\Delta E = eU \ . \tag{1.133}$$

Nach diesem Prinzip des Durchlaufens eines statischen Feldes wurden zu Anfang der dreißiger Jahre Beschleuniger entwickelt (Cockroft-Walton, van de Graaff), mit denen sich Energiegewinne von einigen MeV erreichen ließen. Schon hierzu bedarf es besonderer Maßnahmen gegen Spannungsdurchbrüche an den Kondensatoren, wie z.B. die Verwendung eines gasgefüllten Drucktanks.

Höhere Energien lassen sich nur erzielen, wenn eine kleinere Spannung mehrfach durchlaufen wird. Am einfachsten ist dieses Prinzip im Driftröhren-Linearbeschleuniger verwirklicht. Hier wird ein Wechselspannungsgenerator der Scheitelspannung U_0 und der Frequenz f in der in Abb. 1.19 gezeigten Weise mit sog. Driftröhren aus Metall verbunden. Ein elektrisch geladenes Teilchen (z.B. ein Proton) wird im Spalt zwischen der Ionenquelle und der ersten Driftröhre einen Energiezuwachs

$$\Delta E = eU_0 \sin \Psi_{\rm s} \tag{1.134}$$

erfahren, wobei $\Psi_{\rm s}$ die mittlere Phase (Sollphase) der Wechselspannung beim Passieren des Teilchens ist. In diesem Augenblick hat der Spalt zwischen der ersten und zweiten Röhre die falsche Polarität, würde also bei Verwendung einer Gleichspannungsquelle zum Abbremsen führen. Wenn aber die Länge der Röhren so gewählt wird, daß die Zeit, die das Proton mit der Geschwindigkeit v_i zum Durchlaufen der feldfreien Driftröhre der Länge l_i benötigt, gerade einer halben Periodendauer des Generators entspricht,

$$l_i = \frac{v_i}{2f} \ , \tag{1.135}$$

findet auch im zweiten (und jedem darauf folgenden) Spalt wieder ein Energiezuwachs um den gleichen Wert statt. Wie in der Abbildung angedeutet, wird so durch Variation der Längen der Driftröhren eine Anpassung an die sich ändernde Geschwindigkeit des Protons vorgenommen.

Typische Frequenzen eines solchen Linearbeschleunigers sind etwa 10 MHz. Zur Erzielung wirklich hoher Energien ist er daher nicht geeignet, weil für $v_i \to c$ bei einer Frequenz von 10 MHz die Länge einer Driftröhre

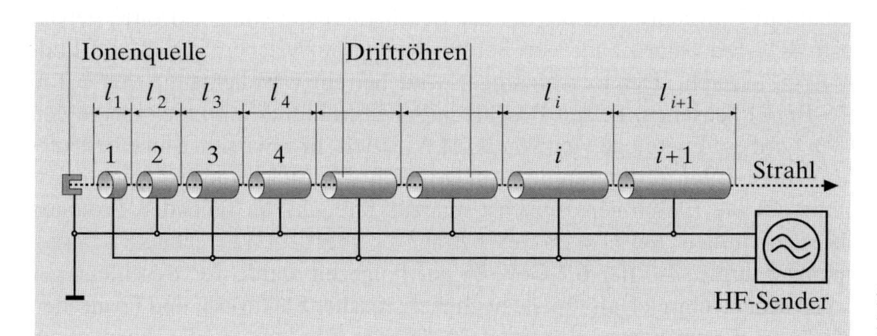

Abb. 1.19
Ein Linearbeschleuniger nach dem von Wideröe erfundenen Driftröhren-Prinzip

schon 15 m wird. Bei höheren Frequenzen reicht es aber nicht mehr aus, die Anordnung als Wechselspannungskreis zu betrachten.

Hochfrequente Linearbeschleuniger nutzen die Ausbreitung elektromagnetischer Wellen in einem Hohlleiter oder in einer Anordnung von Hohlraumresonatoren. Elektromagnetische Wellen im Vakuum sind transversal, d.h. die elektrische Feldstärke steht immer senkrecht auf der Ausbreitungsrichtung. In einem metallischen Hohlleiter ist aber oberhalb einer bestimmten Grenzfrequenz auch die Ausbreitung longitudinaler elektromagnetischer Wellen möglich. Diese können zur Beschleunigung von Teilchen benutzt werden.

Es gibt sehr viele erlaubte Konfigurationen (Moden) der Felder, für die Beschleunigerphysik ist die sog. TM_{01}-Mode besonders wichtig. Die magnetischen Felder dieser Mode sind transversal, während es auf der Mittelachse des Hohlleiters (der z-Achse) nur ein longitudinales elektrisches Feld E_z gibt. Die zugehörige Grenzwellenlänge ist für einen zylindrischen Hohlleiter des Durchmessers D durch

$$\lambda_{\text{gr}} = \frac{\pi D}{2{,}4048} \tag{1.136}$$

festgelegt.

Besonderes Interesse verdient der Hohlraumresonator (*cavity*), der typischerweise als Beschleunigungsstrecke in einem Kreisbeschleuniger (Synchrotron) dient. Ein solcher Resonator ist mechanisch im einfachsten Fall eine metallische Dose (Abb. 1.20) mit einer Ein- und Austrittsöffnung für den Teilchenstrahl. In dieser Dose lassen sich mit Hilfe einer Induktionsschleife für bestimmte Resonanzwellenlängen λ_{r} stehende elektromagnetische Wellen anregen. Im TM_{01}-Mode ist λ_{r} ebenfalls durch die rechte Seite von (1.136) gegeben. Die Beschleunigungsstruktur des DORIS-Speicherrings am Deutschen Elektronen Synchrotron (DESY, Hamburg) benutzt z.B. $D = 462$ mm, d.h. $\lambda_{\text{r}} = 0{,}60354$ m entsprechend einer Resonanzfrequenz von 496,7 MHz. Die Länge des Resonators ist im TM_{01}-Mode immer noch relativ frei wählbar. Im Beispiel von DORIS entschied man sich für $l = 276$ mm. Die Beschleunigungsspannung betrug etwa 500 kV.

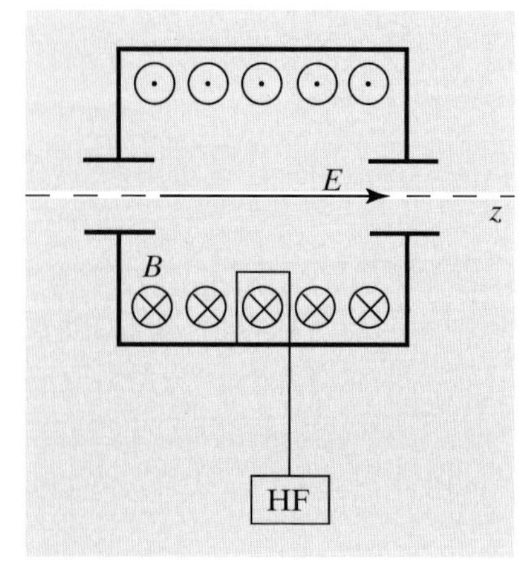

Abb. 1.20
Prinzip eines Hohlraumresonators. Im TM_{01}-Mode besteht auf der Strahlachse ein longitudinales elektrisches Feld, das außen von einem transversalen magnetischen Feld umgeben wird

Einzelne Resonatoren lassen sich zu komplizierteren Beschleunigungsstrukturen für den Einsatz in Synchrotrons oder Linearbeschleunigern kombinieren. Eine ausführliche Diskussion findet sich z.B. in dem Buch von K. Wille [Wil92]. Der größte existierende Linearbeschleuniger wurde an der Stanford University in den USA zur Beschleunigung von Elektronen gebaut (SLAC). Bei einer Länge von 3,1 km werden inzwischen 50 GeV als Endenergie erreicht. Der Beschleuniger wird bei einer Wellenlänge von 0,1 m (S-Band) betrieben. In den Beschleunigungsstrukturen mit einer Länge von 3 m wird ein Energiegewinn von 60 MeV erzielt. In gewissem Sinne bedeutet die schon 1966 fertiggestellte Anlage auch das Ende einer Entwicklungslinie, da die Elektronen zunächst nur zur Streuung an ruhenden Protonen benutzt wurden. Bei $E = 20$ GeV beträgt die über (1.33) berechnete Schwerpunktsenergie also nur 6,1 GeV. In der Folgezeit wurde der Beschleuniger auch sehr erfolgreich als Quelle hochenergetischer Elektronen und Positronen für e^-e^+-Speicherringe eingesetzt. In jüngster Zeit konnten die Physiker am

SLAC zeigen, daß sich auch mit Linearbeschleunigern kollidierende Strahlen erzeugen lassen.

Ein gravierender Nachteil der Linearbeschleuniger besteht darin, daß ihre Länge linear mit der Endenergie zunimmt. Es liegt also nahe, die Teilchenbahn in einem Magnetfeld aufzuwickeln. Ein Teilchen der Ladung e trete mit dem Impuls $\boldsymbol{p}$ in ein Magnetfeld ein, dessen Feldlinien senkrecht zu $\boldsymbol{p}$ verlaufen. Es wird dort auf eine Kreisbahn mit dem Radius

$$R = \frac{|\boldsymbol{p}|}{e|\boldsymbol{B}|} \tag{1.137}$$

gezwungen, wobei die magnetische Induktion $\boldsymbol{B}$ senkrecht auf der Kreisfläche steht. Zu einem Impuls von 1 GeV/c gehört in einem Magnetfeld von 1 T demnach ein Radius von 3,33 m. Jetzt gibt es wieder zwei Möglichkeiten: Im Zyklotron wächst der Radius mit steigender Teilchenenergie bei konstantem Magnetfeld. Im Synchrotron dagegen wächst das Magnetfeld mit steigender Teilchenenergie bei konstantem Radius. Historisch wurden zuerst Zyklotrons gebaut. Aus Gründen, die gleich klar werden, sind aber zur Erzielung sehr hoher Energien nur Synchrotrons geeignet.

1.4.2 Das Zyklotron

Das Zyklotron wurde von E.O. Lawrence und M.S. Livingston in den 30er Jahren in den USA entwickelt.[30] Zwei flache D-förmige Dosen (Abb. 1.21) bilden die Elektroden der Beschleunigungsstruktur, die sich in einem homogenen Magnetfeld befindet. Die beiden Dosen werden mit der Wechselspannungsquelle verbunden. Ein Teilchen, das in dem schmalen Spalt zwischen den Elektroden die Energie ΔE gewinnt, verläuft innerhalb einer Dose auf einem Halbkreis mit einem durch (1.137) gegebenen Radius. Dieser Radius wird nach jedem Durchgang durch den Spalt zwischen den Dosen größer. Ein Teilchen, das also in der Mitte des Magnetfeldes startet, läuft mit steigender Energie kontinuierlich nach außen. Für nichtrelativistische Teilchen gilt $\boldsymbol{p} = m\boldsymbol{v}$ und daher ist die Zeit $t = \pi R/|\boldsymbol{v}|$, die zwischen zwei Durchgängen durch die Beschleunigungsstrecke vergeht, unabhängig vom

[30] Der Amerikaner Ernest Orlando Lawrence (1901 - 1958) erhielt für die Entwicklung des Zyklotrons und die damit durchgeführten Forschungsarbeiten 1939 den Nobelpreis für Physik.

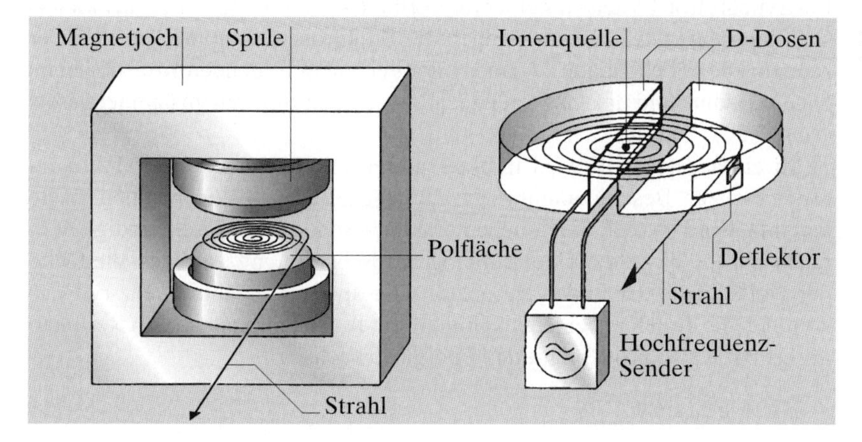

Abb. 1.21
Der prinzipielle Aufbau eines Zyklotrons

Impuls der Teilchen,

$$t = \frac{\pi m}{e|\boldsymbol{B}|} \quad , \tag{1.138}$$

wie sich mit Hilfe von (1.137) leicht nachrechnen läßt. Diese Konstanz der Umlaufzeit ist der große Vorteil des Zyklotrons, da der Hochfrequenz-Sender mit einer festen Frequenz (der Zyklotronfrequenz)

$$f_{\mathrm{Z}} = \frac{e|\boldsymbol{B}|}{2\pi m} \tag{1.139}$$

betrieben werden kann. Für Protonen beträgt sie 15,28 MHz bei einem Magnetfeld von 1 T. Andererseits wird auch unmittelbar der große Nachteil klar. Schon bei einem Impuls von 1 GeV/c, das entspricht einer kinetischen Energie von 430 MeV, wird bei der gleichen Feldstärke der Durchmesser des benötigten homogenen Magnetfeldes 6,6 m. Man muß also riesige Magnete bauen. Zusätzlich darf man bei diesen Energien das Zyklotron schon nicht mehr mit einer konstanten Frequenz betreiben. In einer relativistischen Rechnung wird nämlich (1.139) durch

$$f = \frac{e|\boldsymbol{B}|}{2\pi\gamma m} \tag{1.140}$$

mit $\gamma = E/mc^2$ ersetzt, die Frequenz muß also mit wachsender Strahlenergie verringert werden. Das ist aufwendig und teuer. Aus all diesen Erwägungen sind daher Zyklotrons zum Beschleunigen von Protonen nur bis zu kinetischen Energien von etwa 500 MeV gebaut worden.

1.4.3 Das Synchrotron

Alle großen *collider* benutzen heute Synchrotrons zum Beschleunigen der Teilchen. Diesen Beschleunigertyp wollen wir daher etwas ausführlicher besprechen.

a) Prinzip

Ein Synchrotron besteht aus einer ringförmigen Anordnung von relativ kleinen sog. Dipolmagneten, die im Bereich des Strahlrohrs ein homogenes Feld erzeugen. Die Teilchenbahn ist daher aus aufeinander folgenden Kreisbögen mit festem Radius und dazwischen liegenden geraden Stücken zusammengesetzt (Abb. 1.22).

Im einfachsten Fall wird in eines dieser geraden Stücke ein Hohlraumresonator zur Beschleunigung der Teilchen gesetzt. Wir nehmen weiter vereinfachend an, daß die Teilchen praktisch schon Lichtgeschwindigkeit erreicht haben. Wenn dann der Umfang der Bahn ein ganzzahliges Vielfaches der Wellenlänge der in den Resonator eingespeisten Hochfrequenz (HF) ist, kommen die Teilchen bei jedem Umlauf mit fester Sollphase Ψ_{s} im Resonator an, erfahren also pro Umlauf den Energiezuwachs

$$\Delta E = eU_0 \sin\Psi_{\mathrm{s}} \quad . \tag{1.141}$$

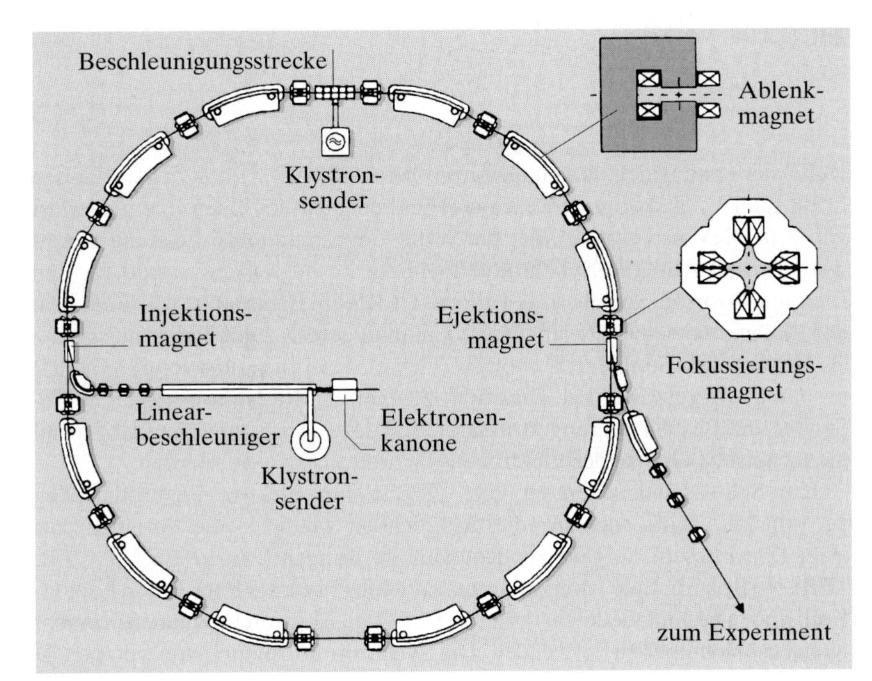

Abb. 1.22
Prinzip eines Synchrotrons. Man erkennt die Ablenkmagnete, die magnetischen Linsen zur Fokussierung des Strahls (Quadrupole) und die Beschleunigungsstrecken

Um den Bahnradius konstant zu halten, muß das Magnetfeld synchron mit diesem Energiezuwachs erhöht werden. Jetzt sieht es so aus, als ob diese Synchronisierung für ein Paket von Teilchen, die ja alle etwas unterschiedliche Bahnen haben, schwierig zu erreichen sein wird. Das ist aber nicht so, da die sog. Phasenfokussierung Abweichungen in gewissen Grenzen automatisch korrigiert. Das Prinzip ist in Abb. 1.23 erläutert. Nehmen wir an, ein Teilchen läuft auf einer Bahn mit einem Radius, der etwas kleiner ist als der Radius der Sollbahn ($\Delta|\boldsymbol{p}|/|\boldsymbol{p}| < 0$ der Abb. 1.23a). Dies wird passieren, wenn das Teilchen beim Umlauf einen Energieverlust erlitten hat oder das Magnetfeld zu schnell angestiegen ist. Da diese Bahn kürzer ist als die Sollbahn, kommt es früher in der Beschleunigungsstrecke an und durchläuft dort also eine höhere Spannung als die Teilchen auf der Sollbahn. Damit wird seine Bahn also wieder der Sollbahn angenähert. Die umgekehrte Überlegung gilt für Teilchen auf einer Bahn mit einem zu großen Radius. Im Phasendiagramm der Abb. 1.23b führen die Teilchen im Effekt Schwingungen um die Sollphase aus, die sog. Synchrotronschwingung. Ihre mathematische Behandlung wird z.B. in [Wil92] durchgeführt.

Mit Protonensynchrotrons wurden Strahlenergien bis fast 1 TeV erzielt (1 TeV = 1000 GeV). Der im Bau befindliche *Large Hadron Collider* (LHC) des CERN in Genf wird eine Energie von 7 TeV pro Strahl haben. Solche Energien sind für Elektronen nicht erreichbar. Durch die Ablenkung auf eine Kreisbahn im Magnetfeld werden geladene Teilchen transversal zur Bahn beschleunigt. Diese Beschleunigung führt zu einer charakteristischen elektromagnetischen Strahlung, der sog. Synchrotronstrahlung. Für die auf einem Umlauf einer Bahn mit dem Ablenkradius R abgestrahlte Energie

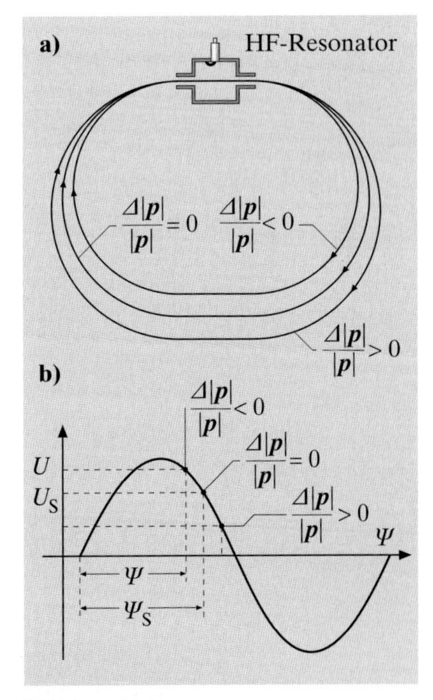

Abb. 1.23a,b
Zur Phasenfokussierung. (**a**) Schematisierte Bahn der Teilchen im Synchrotron. (**b**) Lage der Teilchen bezüglich der Phase der Spannung im Resonator

gilt [Jac99, Wil92]

$$P = \frac{4\pi\alpha\hbar c}{3}\frac{\gamma^4}{R} , \tag{1.142}$$

wobei der erste Bruch den numerischen Wert $6{,}03 \cdot 10^{-12}$ keV m hat. Für den in Beispiel 1.2 diskutierten Beschleuniger bedeutet dies einen Energieverlust von 3,68 MeV pro Umlauf, der durch die eingestrahlte HF-Leistung ersetzt werden muß. Um die Synchrotronstrahlung zu begrenzen, wurde für den Elektron-Positron-Speicherring LEP des CERN ein Bahnradius von 3000 m in den Ablenkmagneten gewählt. Trotzdem muß gemäß dem Skalierungsgesetz (1.142) bei einer Strahlenergie von 100 GeV ein Energieverlust von 2,3 GeV (!) pro Umlauf ersetzt werden. Dies führt zu enormen Investitionskosten in HF-Sender und Beschleunigungsstrukturen und deswegen ist mit dem LEP wohl die technische Grenze der Elektronensynchrotrons erreicht worden.

Um Schwerpunktsenergien über 200 GeV in Elektron-Positron-Stößen zu erhalten, wird intensiv die Möglichkeit studiert, die Strahlen aus zwei Linearbeschleunigern zur Kollision zu bringen (*Linear Collider*, z.B. TESLA [Bri97]). Eine Alternative zur Erzielung höchster Energien in Lepton-Kollisionen besteht vielleicht darin, an Stelle von Elektronen Myonen in einem Kreisbeschleuniger zu verwenden. Die Synchrotronstrahlung von Myonen ist aufgrund der höheren Masse nach (1.142) bei gleicher Energie um einen Faktor 207^4, also etwa $1{,}8 \cdot 10^9$, unterdrückt und daher völlig vernachlässigbar. Bei Protonenbeschleunigern beträgt der Unterdrückungsfaktor sogar 10^{13}.

Beispiel 1.2

Die Festlegung der Parameter eines Synchrotrons erfordert, wie immer bei der Lösung technischer Fragen, das Abwägen von Vor- und Nachteilen. Man wird z.B. gerne hohe Felder in den Ablenkmagneten haben, weil dann der Radius klein und die Maschine damit kompakt wird. Andererseits ist die Herstellung von Magneten mit hohem Feld schwierig und für Elektronen kann die Synchrotronstrahlung ein ernstes Problem werden.

Für ein Synchrotron mit der Endenergie von 5 GeV wählen wir ein Ablenkfeld von 1,11 T. Konventionelle Eisenmagnete mit diesem Feld lassen sich noch gut herstellen. Der zugehörige Radius (1.137) ist 15 m. Der Umfang der Maschine wird aber viel größer als $2\pi R$ sein, da neben den Resonatoren noch magnetische Linsen zur Fokussierung des Strahls in die geraden Stücke zwischen den Magneten eingebaut werden müssen. Bei einem Umfang von 240 m ist auf jeden Fall genügend Platz vorhanden. Unser Beispiel-Resonator habe eine Frequenz f_r von 500 MHz. Die Wellenlänge von 0,6 m entspricht einem vierhundertstel des Umfangs und erlaubt also maximal 400 Pakete im Ring zu halten. Meist wird man nur einen Bruchteil q_p dieser Zahl von Paketen im Ring wählen, wenigstens z.B. $q_p = 1/400$ entsprechend einem Paket pro Umfang. Da der mittlere Strom $I = n f_p$ in der Maschine durch die vorhandene HF-Leistung begrenzt wird, ist es nämlich häufig günstiger, eine hohe Anzahl n von Teilchen im Paket, anstelle einer hohen Frequenz

$f_p = f_r q_p$ der Pakete anzustreben. Unmittelbar einleuchtend ist dieses Argument beim Speicherring. Die Luminosität (1.121) steigt quadratisch mit n an, aber nur linear mit f_p.

Während der Beschleunigung wird das Magnetfeld kontinuierlich erhöht. Wenn die Maschine nur als Synchrotron zur Herstellung eines am Ende der Beschleunigung ejizierten Strahls benutzt wird, liegt es nahe, den Magnetring als Schwingkreis mit der Frequenz des örtlichen Netzes, also 50 Hz zu betreiben. Es stehen dann 5 ms zur Beschleunigung zur Verfügung, da nur in einem Viertel der Periode das Feld richtig gepolt ist und anwächst. Daraus ergeben sich bei einem Umfang von 240 m 6250 Umläufe von Teilchen mit Lichtgeschwindigkeit bis zum Erreichen der Endenergie. Die Beschleunigungsstrecken müssen daher so ausgelegt werden, daß sie mindestens den Energiegewinn von 0,8 MeV pro Umlauf ermöglichen. Bei einem Elektronensynchrotron müssen sie außerdem gemäß (1.142) die Strahlungsverluste von 3,68 MeV/Umlauf kompensieren. Mit einer zusätzlichen Gleichstromquelle können die Magnete auf die halbe Maximalfeldstärke vormagnetisiert werden. Dadurch verdoppelt sich die zur Beschleunigung verfügbare Zeit.

b) Fokussierung

In der Beispielmaschine des letzten Abschnitts wird während der Beschleunigung eine Wegstrecke von 1500 km zurückgelegt. Bei einer so langen Laufstrecke werden auch Teilchen mit extrem geringer Winkelabweichung zur Sollbahn an den Wänden der Vakuumkammer verloren gehen. Ohne den Einbau fokussierender Elemente ist also der Betrieb eines Synchrotrons oder Speicherrings nicht möglich.

Zur Fokussierung lassen sich magnetische Quadrupolfelder verwenden. Ein solches Feld wird z.B. zwischen den vier Polen eines Eisenmagneten mit hyperbelförmiger Oberfläche der Pole erzeugt (Abb. 1.24). Da bei nicht zu großen Feldstärken die Oberfläche des Eisens eine magnetische Äquipotentialfläche darstellt, steigen die Feldkomponenten in x- und y-Richtung linear mit einem Gradienten g an,

$$B_x = gy \qquad (1.143)$$
$$B_y = gx \ ,$$

während das Feld in z-Richtung verschwindet, $B_z = 0$; Teilchen auf der Strahlachse (der z-Achse der Abb. 1.24) sehen also kein Magnetfeld.

Um die fokussierende Wirkung dieses Feldes zu beweisen, betrachten wir die Bahn eines Teilchens in der xz-Ebene (Abb. 1.25). Die x-Komponente der Lorentz-Kraft $\boldsymbol{F} = e(\boldsymbol{v} \times \boldsymbol{B})$ ist durch

$$F_x = -ecB_y \qquad (1.144)$$

gegeben, da nach Voraussetzung $B_z = 0$ ist und wir für relativistische Teilchen mit kleiner Neigung zur Strahlachse v_z durch c ersetzen können. Aufgrund der Beziehung $B_y = gx$ wirkt auf Protonen eine rücktreibende Kraft in x-Richtung, falls der Gradient g des Feldes positiv ist (wie im Beispiel

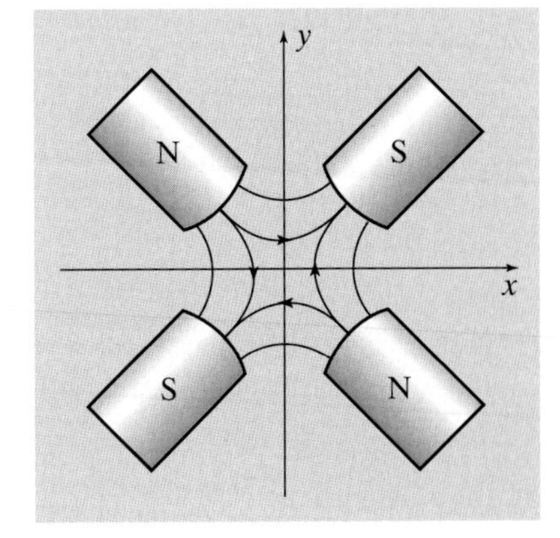

Abb. 1.24
Ansicht eines Quadrupols aus Eisen mit einer Skizze seiner Feldverteilung. Die Polung ist so gewählt, daß g in (1.143) positiv wird

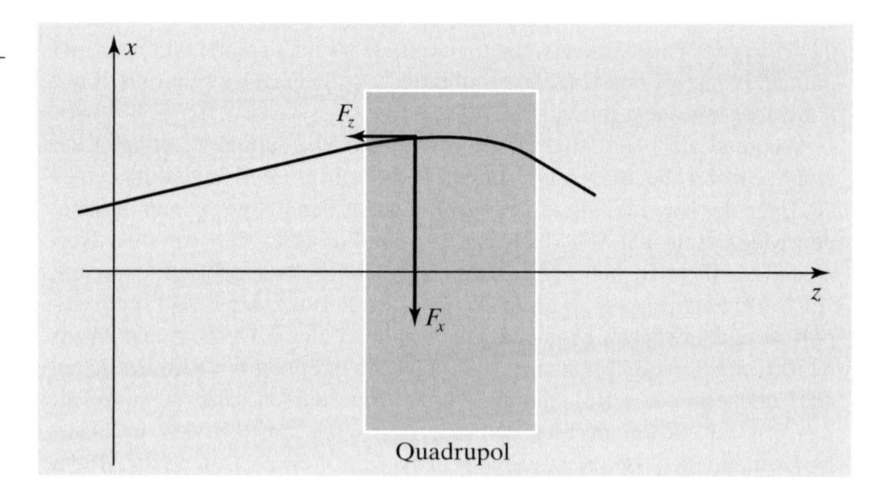

Abb. 1.25
Wirkung des Quadrupolfeldes auf ein geladenes Teilchen

der Abb. 1.24). Wegen $F_y = ecB_x$ sieht man aber sofort ein, daß mit einer Fokussierung in der x-Richtung eine Defokussierung in der y-Richtung (und umgekehrt) verknüpft ist.

Aus (1.144) folgt unmittelbar die Bewegungsgleichung

$$\frac{\mathrm{d}p_x}{\mathrm{d}t} = -ecgx \ . \tag{1.145}$$

Die Steigung $x' = \mathrm{d}x/\mathrm{d}z$ der Bahn ist durch v_x/v_z gegeben und kann für kleine Werte von x' durch $p_x/|\boldsymbol{p}|$ angenähert werden. Ebenso kann $\mathrm{d}t$ durch $\mathrm{d}z/c$ ersetzt werden, da die kleine Kraft in z-Richtung die Geschwindigkeit relativistischer Teilchen kaum ändert. Aus der Bewegungsgleichung (1.145) wird also die Bahngleichung

$$x'' \equiv \frac{\mathrm{d}x'}{\mathrm{d}z} = -kx \ , \tag{1.146}$$

wobei noch die als Quadrupolstärke bezeichnete Abkürzung

$$k = \frac{eg}{|\boldsymbol{p}|} \tag{1.147}$$

benutzt wurde. Der Quadrupol wirkt in der xz-Ebene fokussierend für $k > 0$ und defokussierend für $k < 0$. Das Umgekehrte gilt in der yz-Ebene. Mit $y'' = ky$ erhalten wir Defokussierung für $k > 0$ und Fokussierung für $k < 0$. Das Vorzeichen von k wird offensichtlich durch die Vorzeichen der Ladung und des Feldgradienten g festgelegt.

Wir untersuchen nun vereinfachend einen Quadrupol, dessen Feldgradient im Inneren unabhängig von der z-Koordinate ist, während er außen abrupt verschwindet (sog. Rechteckverteilung des Feldes). Die Lösungen der Bahngleichung sind für einen solchen Quadrupol der Länge L elementar. Für $k > 0$ ist (1.146) eine Schwingungsgleichung, also sind Ortskoordinate und Steigung der Teilchenbahn am Ende des Quadrupols durch

$$\begin{aligned} x &= x_0 \cos \Omega + \left(x_0'/\sqrt{|k|}\right) \sin \Omega \\ x' &= -x_0 \sqrt{|k|} \sin \Omega + x_0' \cos \Omega \end{aligned} \tag{1.148}$$

gegeben. Hierin sind x_0 und x'_0 Ort und Winkel am Eintritt des Quadrupols. Das Symbol Ω steht für $\sqrt{|k|}L$. Für $k < 0$ erhält man hingegen

$$\begin{aligned} x &= x_0 \cosh \Omega + \left(x'_0/\sqrt{|k|}\right) \sinh \Omega \\ x' &= x_0\sqrt{|k|} \sinh \Omega + x'_0 \cosh \Omega \ . \end{aligned} \tag{1.149}$$

Diese Beziehungen lassen sich sehr schön in der Matrixform

$$\begin{pmatrix} x \\ x' \end{pmatrix} = \boldsymbol{M} \begin{pmatrix} x_0 \\ x'_0 \end{pmatrix} \tag{1.150}$$

anschreiben, wobei die Matrix $\boldsymbol{M}$ für einen fokussierenden Quadrupol offenbar durch

$$\boldsymbol{M}_\mathrm{F} = \begin{pmatrix} \cos \Omega & \sqrt{|k|^{-1}} \sin \Omega \\ -\sqrt{|k|} \sin \Omega & \cos \Omega \end{pmatrix} \tag{1.151}$$

und für einen defokussierenden Quadrupol durch

$$\boldsymbol{M}_\mathrm{D} = \begin{pmatrix} \cosh \Omega & \sqrt{|k|^{-1}} \sinh \Omega \\ \sqrt{|k|} \sinh \Omega & \cosh \Omega \end{pmatrix} \tag{1.152}$$

festgelegt ist.

In einer feldfreien Region (Länge l) ändert sich die Steigung der Bahn nicht und daher wird sie durch die Matrix

$$\boldsymbol{M}_\mathrm{O} = \begin{pmatrix} 1 & l \\ 0 & 1 \end{pmatrix} \tag{1.153}$$

repräsentiert. Solche Regionen sind z.B. die geraden Stücke zwischen den Quadrupolen eines Beschleunigers. Wenn man von der sog. schwachen Fokussierung absieht, kann man aber auch die Ablenkmagnete als Strecken ohne Fokussierung behandeln. Natürlich bezeichnen dann x, x' Ort und Winkel des Teilchens bezüglich einer gekrümmten Sollbahn, also eines Kreisbogens mit dem Radius R in einem Ablenkmagneten.

Die Transfermatrix einer im Prinzip beliebig komplizierten Folge von fokussierenden bzw. defokussierenden Quadrupolen und freien Strecken läßt sich nun durch einfache Matrixmultiplikation erhalten. Ein Teilchen durchlaufe z.B. zunächst einen fokussierenden Quadrupol, dann eine freie Strecke und dann einen defokussierenden Quadrupol. Dazu gehört die Transfermatrix

$$\boldsymbol{M}_\mathrm{FOD} = \boldsymbol{M}_\mathrm{D}\boldsymbol{M}_\mathrm{O}\boldsymbol{M}_\mathrm{F} \ . \tag{1.154}$$

Die genannten Matrizen berechnen die Koordinaten eines Teilchens am Ende einer Strecke aus den Koordinaten am Anfang. Die Matrizenmethode kann man aber auch dazu verwenden, die Bahn innerhalb eines Quadrupols zu verfolgen, indem man einfach einen Quadrupol der Länge L aufteilt in n Quadrupole der Länge L/n. Damit lassen sich dann auch Effekte an den Rändern von Magneten studieren, bei denen im Gegensatz zu unserem Rechteckmodell der Feldverteilung das Feld nicht abrupt verschwindet.

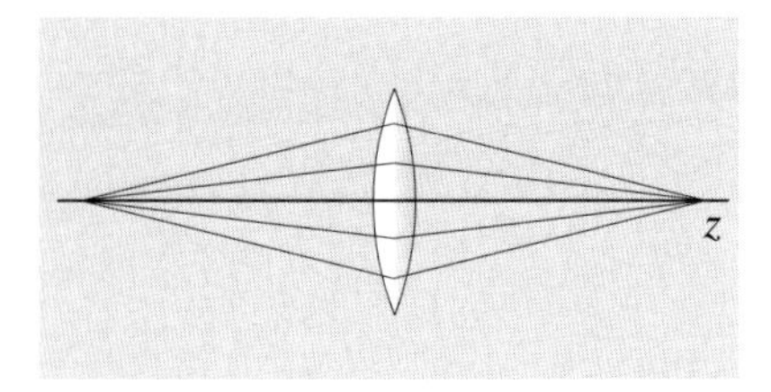

Abb. 1.26
Abbildung eines Punktes durch eine bikonvexe Linse

Wir wollen noch kurz besprechen, daß sich Quadrupole als magnetische Linsen im Sinne der geometrischen Optik verwenden lassen. Die Ausgangskoordinaten x_f, x'_f einer beliebigen Anordnung sind ja in unserer Näherung immer lineare Funktionen der Eingangskoordinaten x_i, x'_i, also z.B.

$$x_f = Ax_i + Bx'_i \ , \tag{1.155}$$

wobei die Koeffizienten A und B aus der ersten Zeile der Transfermatrix entnommen werden. Eine Abbildung bedeutet nun in der Optik, daß alle Strahlen, die von einem Punkt ausgehen, wieder in einem Punkt gesammelt werden (Abb. 1.26). Mathematisch bedeutet dies, daß der Koeffizient B verschwinden muß, da dann x_f unabhängig von x'_i wird. Man kann zeigen, daß die Kombination eines fokussierenden mit einem defokussierenden Quadrupol eine gleichzeitige Abbildung in der x- und der y-Ebene ermöglicht. Sehr zu empfehlen ist hier wieder die Untersuchung numerischer Beispiele mit Hilfe algebraischer Programme.

Vertiefung

Sehr häufig ist $\Omega \ll 1$ erfüllt. Für einen Quadrupol von 1 m Länge und einem Gradienten von 1 Tm^{-1} finden wir z.B. $\Omega \leq 0{,}15$ für $|\boldsymbol{p}| \geq 10\,\mathrm{GeV}/c$. Dann kann man die Matrix (1.151) durch die Näherung

$$\begin{pmatrix} 1 & L \\ -\frac{1}{f} & 1 \end{pmatrix} \tag{1.156}$$

ersetzen, wobei noch die Abkürzung $1/f = |k|L$ benutzt wurde. Diese Matrix ist aber (bei Vernachlässigung von Termen $\sim \Omega^2$) gleich dem Produkt

$$\begin{pmatrix} 1 & \frac{L}{2} \\ 0 & 1 \end{pmatrix} \begin{pmatrix} 1 & 0 \\ -\frac{1}{f} & 1 \end{pmatrix} \begin{pmatrix} 1 & \frac{L}{2} \\ 0 & 1 \end{pmatrix} \ . \tag{1.157}$$

Physikalisch bedeutet dies, daß der Quadrupol der Länge L durch eine freie Strecke mit der Länge $L/2$, eine dünne Linse und wieder eine freie Strecke der Länge $L/2$ repräsentiert wird. Daß die Matrix

$$\begin{pmatrix} 1 & 0 \\ -\frac{1}{f} & 1 \end{pmatrix} \tag{1.158}$$

wirklich eine dünne Linse der Brennweite f darstellt, sieht man sofort, wenn man sie mit einem freien Stück a vor der Linse und einem freien Stück b nach der Linse kombiniert. Der Koeffizient B in (1.155) genügt nun offenbar der Gleichung

$$B = a + b - \frac{ab}{f} \ . \tag{1.159}$$

Aus der Bedingung $B = 0$ resultiert unmittelbar die bekannte Linsengleichung

$$\frac{1}{f} = \frac{1}{a} + \frac{1}{b} \tag{1.160}$$

der geometrischen Optik.

Aus dem bisher Gesagten ergibt sich, daß es möglich ist, in einem Kreisbeschleuniger jede Teilchenbahn numerisch zu verfolgen. Wenn man dann findet, daß eine gewählte Anordnung von Quadrupolen die Amplitude aller Bahnen an jeder Stelle des Umfangs innerhalb der Vakuumkammer hält, hat man eine notwendige Bedingung für einen stabilen Betrieb erfüllt. Eine solche Durchrechnung aller möglichen Bahnen über viele Umläufe ist aber viel zu kompliziert und aufwendig. Es ist daher vorteilhaft, die theoretische Diskussion noch etwas weiter zu vertiefen.

In einem Kreisbeschleuniger wird für einen Strahl monoenergetischer Teilchen die Bahngleichung (1.146) durch

$$x''(s) + k(s)x(s) = 0 \tag{1.161}$$

ersetzt. Mit s bezeichnen wir die Koordinate entlang der Sollbahn, die aus geraden Stücken und Kreisbögen zusammengesetzt ist und durch die Bahn eines Teilchens mit $x_0 = 0$ und $x_0' = 0$ festgelegt wird. Die Quadrupolstärke $k(s)$ variiert nun entlang der Bahn (in einem freien Stück oder in der hier betrachteten Näherung auch in einem Ablenkmagneten gilt z.B. $k = 0$). In einem Kreisbeschleuniger ist $k(s)$ eine periodische Funktion mit einem unterschiedlichen Verlauf in der x- und y-Richtung.

In der Bahngleichung (1.161) haben alle Teilchen den gleichen Impuls, sie kann aber auch auf den Fall $\Delta|\boldsymbol{p}|/|\boldsymbol{p}| \neq 0$ erweitert werden. Hier beschränken wir uns jedoch auf (1.161). Die Lösung dieser Differentialgleichung vom Hillschen Typ wurde von Courant und Snyder [Cou58] in einer sehr kompakten Form angeben,

$$x(s) = \sqrt{\varepsilon\beta(s)}\cos\left(\Psi(s) + \Phi\right) \ . \tag{1.162}$$

Hierin sind ε und Φ Integrationskonstanten. Die Phase $\Psi(s)$ wird aus der β-Funktion $\beta(s)$ über

$$\Psi(s) = \int_0^s \frac{\mathrm{d}\sigma}{\beta(\sigma)} \tag{1.163}$$

berechnet. Da die Kosinusfunktion immer auf Werte ≤ 1 beschränkt ist, sieht man unmittelbar, daß die Einhüllende aller möglichen Bahnen durch $\sqrt{\varepsilon\beta(s)}$ gegeben wird. Es kommt also beim Entwurf eines Synchrotrons alles darauf an, die β-Funktion jeweils für die x- und y-Koordinate zu berechnen. In der Literatur wird gezeigt, wie diese an jeder Stelle des Umfangs eines Beschleunigers auf relativ einfache Weise aus den Transfermatrizen bestimmt werden kann.

Die einzelnen Bahnen innerhalb der Einhüllenden (Abb. 1.27) unterscheiden sich durch den Wert von Φ. Wenn $\Psi(s)$ um 2π angewachsen ist, hat das

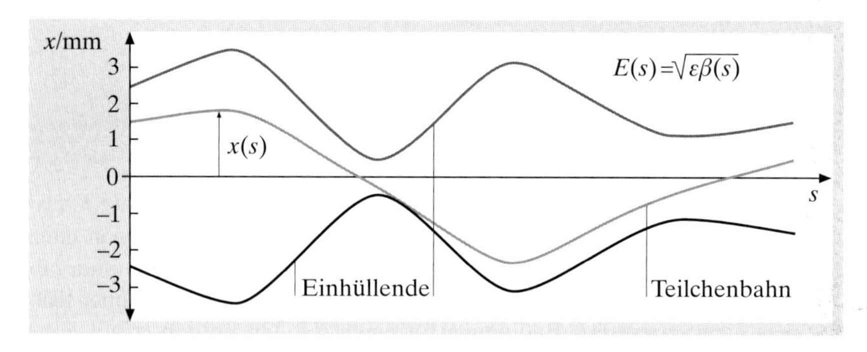

Abb. 1.27
Ein Beispiel für die β-Funktion zusammen mit einer Teilchenbahn, die immer innerhalb der durch die β-Funktion vorgegebenen Einhüllenden liegt

betrachtete Teilchen eine sog. Betatronschwingung um die Sollbahn vollendet. Die β-Funktion ist periodisch,

$$\beta(s+L) = \beta(s) \ , \tag{1.164}$$

wobei L jetzt der Umfang des Beschleunigers ist. Es ist aber wichtig, diese Funktion so auszuwählen, daß die Zahl Q_β der Betatronschwingungen pro Umlauf (der sog. Arbeitspunkt), also

$$Q_\beta = \frac{1}{2\pi} \int_s^{s+L} \frac{d\sigma}{\beta(\sigma)} \ , \tag{1.165}$$

nicht etwa ganzzahlig wird. In diesem Fall kommt nämlich ein Teilchen an einer bestimmten Stelle s_0 des Umfangs bei jedem Umlauf mit den exakt gleichen Koordinaten x, x' an. Ein Feldfehler an dieser Stelle, der z.B. eine zusätzliche Ablenkung hervorruft, wirkt also immer in die gleiche Richtung, so daß der gesamte Strahl nach wenigen Umläufen verloren geht. Es gibt noch mehr verbotene Werte von Q_β. Die Festlegung des Arbeitspunkts in x- und y-Richtung ist daher eine besonders wichtige Entscheidung in der Entwurfsphase eines Synchrotrons.

Jetzt wollen wir noch die physikalische Bedeutung der Konstanten ε behandeln. An jeder Stelle der Bahn füllen die Teilchen des Strahls eine bestimmte Fläche der x, x'-Ebene aus. Dies ist die sog. Phasenraum-Ellipse (Abb. 1.28). Der Name Phasenraum für die x, x'-Ebene ist berechtigt, da wir gesehen haben, daß x' proportional zur Impulskomponente p_x ist. Die mathematische Behandlung der Gleichung (1.161) zeigt, daß die sog. Emittanz ε mit der Fläche A dieser Ellipse verknüpft ist, $\varepsilon = A/\pi$. Da nach dem Liouvilleschen Satz der statistischen Mechanik die Fläche der Phasenraum-Ellipse für ein Ensemble von Teilchen während einer Bahnbewegung (unter bestimmten Bedingungen) konstant bleibt, bewirken die optischen Elemente eines Beschleunigers nur eine Transformation der Form der Ellipse, aber verändern nicht ihre Fläche.

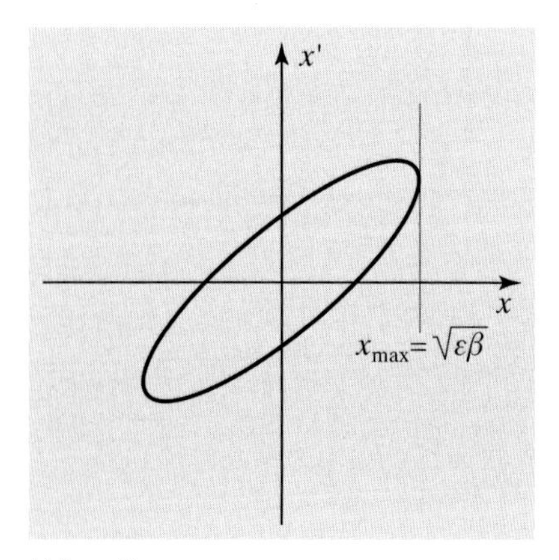

Abb. 1.28
Die Phasenraumellipse der Teilchen in einem Synchrotron

Die letzten vier Absätze enthalten eine Menge von wichtigen physikalischen Informationen, die im Text nicht bewiesen werden. Dies ist im Rahmen einer gewollt kurzen Einführung in die Physik der Beschleuniger auch nicht anders möglich. Es gibt aber inzwischen eine umfangreiche, auch deutschsprachige Lehrbuchliteratur (z.B. [Wil92, Hin97]), in der dieses hochinteressante Gebiet der angewandten Physik ausführlich behandelt wird.

c) Magnete

Ein großes Synchrotron enthält sehr viele Ablenkmagnete und Quadrupole. (Hinzu kommen noch Sextupole zur Korrektur von Abbildungsfehlern.) Es lohnt sich daher, auf die Entwurfsprinzipien der Magnete näher einzugehen.

In Eisenmagneten wird zunächst die Tatsache ausgenutzt, daß aufgrund der hohen Permeabilität μ_r des Eisens eine Eisenoberfläche eine magnetische Potentialfläche darstellt. Zwischen den flachen Polschuhen eines Dipolmagneten (Abb. 1.29a) herrscht daher ein homogenes Feld, während zu den hyperbelförmigen Polschuhen eines Quadrupols (Abb. 1.24) das magnetische Potential gxy mit den daraus resultierenden Feldern (1.143) gehört. Die Felder werden durch eine auf die Polschuhe der Magnete aufgewickelte Spule erzeugt. Die nötige Stromstärke I wird aus der Maxwellschen Gleichung

$$\int \boldsymbol{H}\,\mathrm{d}s = nI \tag{1.166}$$

berechnet, worin n die Windungszahl der Spule und $\boldsymbol{H}$ die magnetische Feldstärke bedeutet.

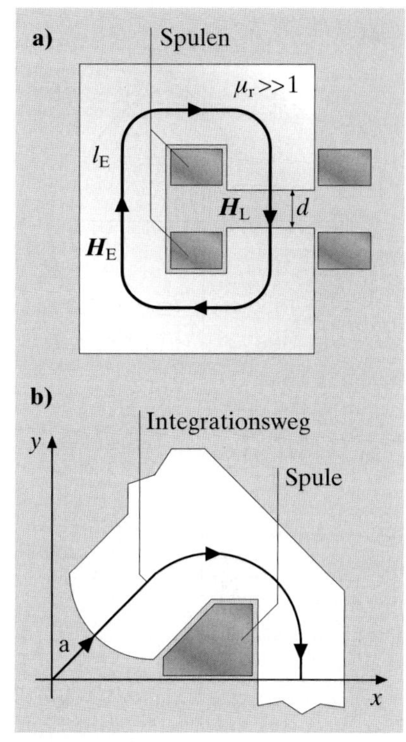

Abb. 1.29a,b
(**a**) Dipol- und (**b**) Quadrupolmagnete aus Eisen

Als einfachstes Beispiel behandeln wir zuerst den Ablenkmagneten. Der Integrationsweg s ist in Abb. 1.29a angegeben. Aufgrund der Geometrie der Anordnung zerfällt das Integral (1.166) in zwei Teile

$$nI = |\boldsymbol{H}_\mathrm{L}|d + |\boldsymbol{H}_\mathrm{E}|l_\mathrm{E} \ . \tag{1.167}$$

Jetzt werden die H-Felder im Luftspalt (Index L) und im Eisen (Index E) durch die B-Felder ersetzt. Mit $|\boldsymbol{B}_\mathrm{L}| = \mu_0|\boldsymbol{H}_\mathrm{L}|$ und $|\boldsymbol{B}_\mathrm{E}| = \mu_0\mu_\mathrm{r}|\boldsymbol{H}_\mathrm{E}|$ und der Randbedingung $|\boldsymbol{B}_\mathrm{L}| = |\boldsymbol{B}_\mathrm{E}|$ sieht man sofort ein, daß wegen der hohen Permeabilität des Eisens ($\mu_\mathrm{r} > 1000$) der zweite Term in (1.167) verschwindet. Damit wird das Ergebnis

$$|\boldsymbol{B}_\mathrm{L}| = \frac{\mu_0 nI}{d} \tag{1.168}$$

abgeleitet.[31] Ganz ähnlich erhält man mit dem Integrationsweg der Abb. 1.29b für einen Quadrupol mit Spulen der Windungszahl n auf jedem Polschuh

$$g = \frac{2\mu_0 nI}{a^2} \ , \tag{1.169}$$

worin a der Abstand der Polschuhoberfläche zum Zentrum des Quadrupols ist. Bei der Herleitung wurde noch die Tatsache benutzt, daß auf dem Weg im Luftspalt $|\boldsymbol{H}_\mathrm{L}| = gr/\mu_0$ mit $r = \sqrt{x^2+y^2}$ gilt und der Anteil des Integrals (1.166) auf der x-Achse nicht beiträgt, weil dort das Magnetfeld senkrecht auf dem Weg steht.

Bei Feldstärken oberhalb von 1 T treten Sättigungseffekte im Eisen auf, so daß die Permeabilität rasch kleiner wird ($\mu_\mathrm{r} \to 1$). Zur Erreichung höherer Felder macht es also keinen Sinn mehr, Eisenmagnete zu verwenden. Bei der Konstruktion der heute allgemein benutzten Spulen ohne Eisen wird die

[31] μ_0 ist die magnetische Permeabilitätskonstante $\mu_0 = 4\pi \cdot 10^{-7}\,\mathrm{Vs\,A^{-1}m^{-1}}$.

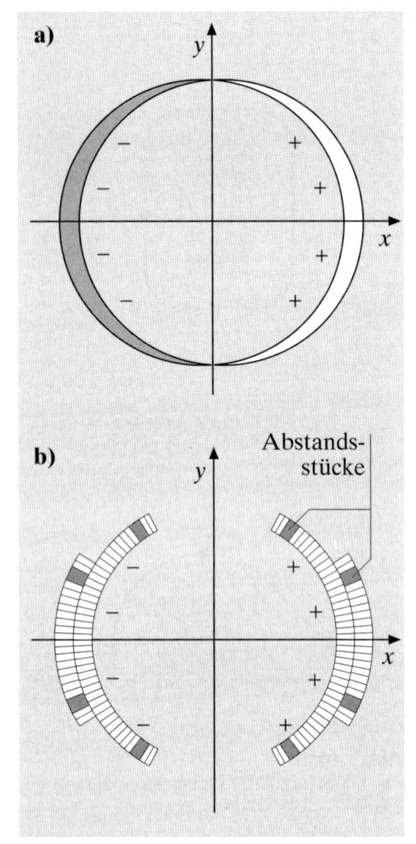

Abb. 1.30a,b
Erzeugung von Multipolfeldern durch eine Stromverteilung auf einem Zylinder. (**a**) Skizze der Stromverteilung für ein Dipolfeld ($B_y = \text{const}$). (**b**) Realisierung durch supraleitende Spulen

Tatsache ausgenutzt, daß eine Stromverteilung, die auf einem Zylindermantel mit dem Radius a gemäß

$$\frac{\mathrm{d}I}{\mathrm{d}\Phi} = I_0 \cos(m\Phi) \tag{1.170}$$

von ganzzahligen Vielfachen m des Azimutwinkels Φ abhängt (siehe Abb. 1.30), für $m = 1$ ein Feld mit den Komponenten

$$B_y = -\frac{\mu_0 I_0}{2a} \tag{1.171}$$

und $B_x = 0$ erzeugt. Für $m = 2$ erhält man das Quadrupolfeld (1.143) mit

$$g = -\frac{\mu_0 I_0}{2a^2} \quad . \tag{1.172}$$

Die höheren Multipolfelder werden entsprechend durch $m > 2$ realisiert. Die theoretischen Grundlagen findet der Leser z.B. wieder in [Wil92].

Die nötige Annäherung an die theoretisch erforderliche Stromverteilung wird beim Bau der Spulen u.a. durch Einfügen von Abstandsstücken erreicht (Abb. 1.30). Wegen der hohen notwendigen Stromdichten werden diese Spulen meistens in supraleitender Technik gebaut, da sonst die Ohmschen Verluste zum Schmelzen des Leiters führen würden. An den Beschleunigerlaboratorien der Teilchenphysik sind daher die vielfältigen Probleme, die bei der Konstruktion supraleitender Magnete und beim großtechnischen Einsatz der Supraleitung auftreten, besonders intensiv studiert worden.

1.4.4 Speicherringe

In einem Speicherring wird nach dem Ende der Beschleunigungsperiode das Magnetfeld zeitlich konstant gehalten. Die eingestrahlte HF-Leistung ersetzt dann nur noch die unvermeidlichen Energieverluste z.B. durch Streuung der Strahlteilchen am Restgas in der Vakuumkammer oder infolge der Synchrotronstrahlung. Es gelingt auf diese Weise, Pakete von Teilchen über viele Stunden zu speichern. Voraussetzung ist allerdings, die gesamte Vakuumkammer, in der die Strahlen umlaufen, in Ultra-Hochvakuum-Technik zu konstruieren. Nur bei Drücken unter 10^{-7} Pa macht sich der Einfluß der Streuung des Strahls am Restgas nicht mehr störend bemerkbar.

Die zu speichernden Teilchen werden in den Ring von einem anderen Beschleunigersystem aus schon mit relativ hoher Energie injiziert. Manchmal findet im eigentlichen Speicherring gar keine weitere Beschleunigung mehr statt. Die Injektion wird so gesteuert, daß die schon im Speicherring umlaufenden Teilchen beim Einfüllen neuer Pakete nicht verloren gehen. Dadurch lassen sich im Endeffekt sehr hohe Ströme akkumulieren.

Speicherringe werden benutzt, um Streuexperimente mit zwei kollidierenden Strahlen durchzuführen. Teilchen und Antiteilchen (z.B. Elektronen und Positronen oder Protonen und Antiprotonen) lassen sich dabei sogar in einer einzigen Vakuumkammer speichern, da die Pakete der Teilchen und Antiteilchen mit ihren entgegengesetzt gleichen Ladungen die gleiche Bahn in umgekehrter Richtung durchlaufen.

Die Luminosität eines solchen *colliders* ist durch

$$L = \frac{n_B f_u n_1 n_2}{4\pi\sigma_x\sigma_y} \qquad (1.173)$$

gegeben. Verglichen mit (1.121) wurde hier f_p durch das Produkt $n_B f_u$ aus der Zahl der umlaufenden Pakete und der Umlauffrequenz ersetzt. Für die Fläche A der Strahlen im Wechselwirkungspunkt wurde $4\pi\sigma_x\sigma_y$ benutzt. Diesem Ansatz liegt die Annahme einer gaußförmigen Dichteverteilung der Teilchen transversal zur Strahlachse zugrunde, die Dichteverteilung in x-Richtung ist also z.B. proportional zu $\exp(-x^2/2\sigma_x^2)$. Die mit der Standardabweichung σ verknüpfte Emittanz des Strahls ist dann gemäß (1.162) durch

$$\varepsilon_{\text{STD}} = \frac{\sigma^2}{\beta(s)} \qquad (1.174)$$

bestimmt.

Die erzielten Luminositäten reichen inzwischen von $10^{31}\,\text{cm}^{-2}\text{s}^{-1}$ bis $10^{34}\,\text{cm}^{-2}\text{s}^{-1}$. Insbesondere bei $p\bar{p}$-Speicherringen ist dies aber nicht ohne weitere grundsätzliche Maßnahmen möglich. Die Antiprotonen werden in einem Vorbeschleuniger erzeugt. Beim $p\bar{p}$-Ring des CERN wurden dazu Protonen mit einer Energie von 26 GeV auf eine Metallfolie gelenkt. Der auf diese Art erzeugte Antiproton-Strahl mit einer Energie von etwa 3 GeV hat aber eine relativ hohe Emittanz. Die damit verknüpften großen Strahlquerschnitte begrenzen die erreichbare Luminosität empfindlich. Abhilfe schafft hier die von S. van der Meer erfundene stochastische Kühlung.[32]

Das Prinzip dieser Methode zur Verkleinerung der Emittanz ist in Abb. 1.31 erläutert. An der Stelle S mißt eine Sonde die Ablage eines Ensembles von Teilchen vom Sollwert $x = 0$. Ein sog. Kickermagnet korrigiert diese Abweichung, indem er an der Stelle K eine zusätzliche Winkelablenkung zur Korrektur der Teilchenbahn hervorruft. Dies ist möglich, da das Signal der Sonde, das den Stromimpuls im Magneten steuert, einen kürzeren Weg zurücklegt als das Teilchenpaket. Außerdem müssen Sonde und Magnet so angeordnet sein, daß der Phasenunterschied der Betatronschwingung

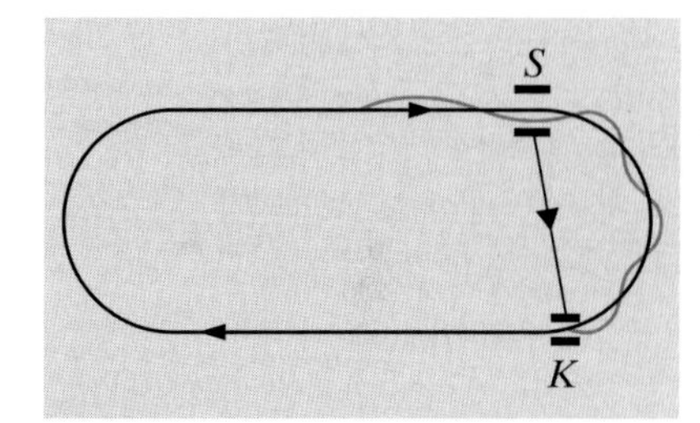

Abb. 1.31
Schema der stochastischen Kühlung

$$\delta\Psi = \frac{\pi}{2} \pmod{\pi} \qquad (1.175)$$

beträgt. Das Verfahren der stochastischen Kühlung ist ständig weiter entwickelt worden und wird mit großem Erfolg an verschiedenen Speicherringen benutzt.

Falls die kollidierenden Strahlen nicht aus Teilchen und Antiteilchen bestehen, müssen zwei getrennte Speicherringe gebaut werden. Ein markantes Beispiel ist der Elektron-Proton-*collider* HERA am DESY in Hamburg. Dort werden Elektronen von 28 GeV mit Protonen von 920 GeV zur Kollision gebracht. Die höchsten Reaktionsenergien werden etwa ab 2006 im *Large Hadron Collider* des CERN erreicht werden. Im LHC sind zwei Magnetringe in supraleitender Technik nebeneinander angeordnet, um zwei gegenläufige Protonenstrahlen von je 7 TeV zu speichern.

[32] Ohne diese Erfindung wäre der Bau eines $p\bar{p}$-*colliders* zum Nachweis der W- und Z-Bosonen am CERN nicht sinnvoll gewesen. Der Holländer Simon van der Meer (geb. 1925) erhielt für seine Entdeckung 1984 den Nobelpreis.

Übung

1.14 Ein Quadrupol von 1 m Länge und dem Feldgradienten 10 T/m werde einem achsenparallelen Strahl von Elektronen mit einem Impuls von 5 GeV ausgesetzt.
a) In welcher Entfernung hinter dem Quadrupol gibt es einen Fokus für eine Koordinate? Tragen Sie zusätzlich den gesuchten Abstand zwischen Quadrupol und Fokus als Funktion des Feldgradienten auf.
b) Betrachten Sie eine sog. OFDO Anordnung aus freier Strecke, fokussierendem Quadrupol, defokussierendem Quadrupol und freier Strecke. Die Quadrupole seien 1 m lang. Diskutieren Sie die Bahnen von Elektronen der Energie 5 GeV, die bei $z = 0$ m starten. Besitzt die Anordnung in beiden Ebenen eine fokussierende Wirkung? Suchen Sie für einen gegebenen Feldgradienten (z.B. $g = 10{,}20\,\mathrm{Tm}^{-1}$) die Länge l der freien Driftstrecken, bei der in beiden Ebenen eine Punkt-zu-Punkt-Abbildung vorliegt.

1.5 Detektoren

Das in Abb. 1.18 skizzierte Schema eines Streuexperiments wurde in vielen Untersuchungen der Kern- und Teilchenphysik realisiert. Es hat heute an Bedeutung verloren, da die meisten Experimente an *collidern* aufgebaut sind, die andere Nachweistechniken erfordern. Mit den dort verwendeten, neuartigen Detektoren wollen wir uns daher zunächst beschäftigen. Dann wird aber noch die Blasenkammer besprochen, die mehr als 30 Jahre eine Hauptquelle experimenteller Ergebnisse der Teilchenphysik war.

1.5.1 Detektoren an *collidern*

Ein Detektor in der Wechselwirkungszone eines Speicherrings ist so konstruiert, daß er den gesamten Raumwinkel möglichst vollständig überdeckt (4π-Geometrie). Damit wird es möglich, auch komplizierte, inelastische Reaktionen mit vielen Teilchen im Endzustand zu analysieren. Der prinzipielle Aufbau eines solchen Detektors ist in Abb. 1.32 dargestellt. Die einlaufenden Strahlen verlaufen entlang der z-Achse, die senkrecht zur Papierebene steht. Der Schnitt ist also in der $r\varphi$-Ebene eines zylindrischen Koordinatensystems. Die Abb. 1.33 zeigt als konkretes Beispiel den H1-Detektor am Elektron-Proton-Speicherring HERA.

Der Wechselwirkungspunkt wird häufig von einem sog. *Vertexdetektor* umgeben. Das ist eine spurenempfindliche Kammer mit besonders guter Ortsauflösung (z.B. 20 μm), die direkt das Strahlrohr am Wechselwirkungspunkt umschließt. Das Strahlrohr soll in dieser Region einen möglichst geringen Durchmesser haben, typisch etwa 10 cm. Der Vertexdetektor erlaubt zusammen mit den anderen Spurendetektoren eine genaue Festlegung des Wechselwirkungspunkts, aber auch das Auffinden des Zerfallsvertex insta-

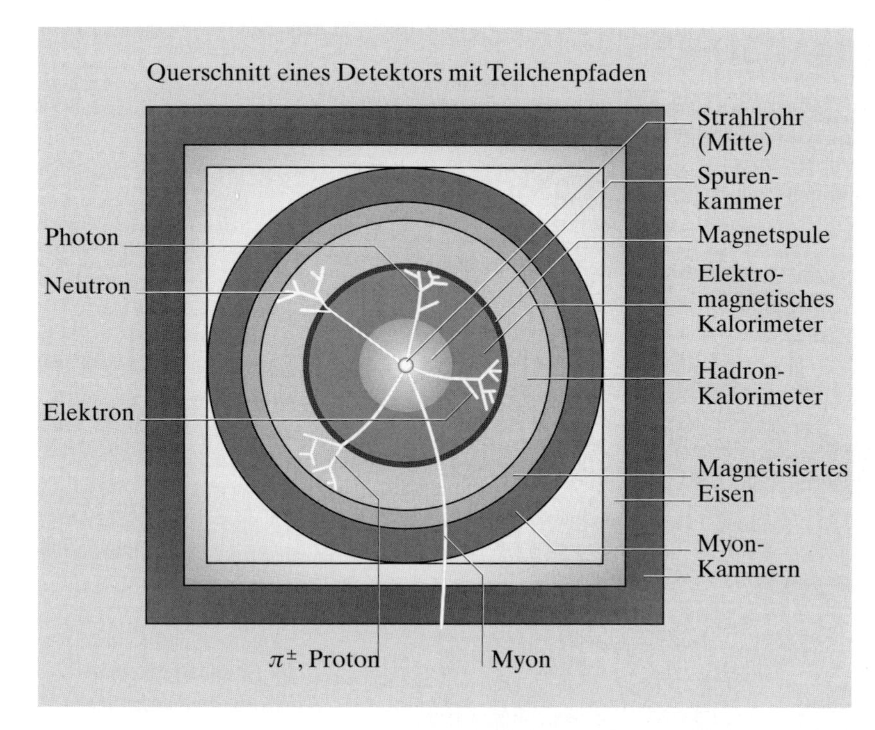

Abb. 1.32
Schnitt durch einen *collider*-Detektor. Die z-Achse, die die Richtung der einlaufenden Teilchen festlegt, steht senkrecht auf der Papierebene. Die Abmessungen betragen etwa 8 m mal 8 m

biler Teilchen. Das B^0-Meson mit einer Masse von 5,28 GeV z.B. hat eine Lebensdauer von $1{,}56 \cdot 10^{-12}$ s. Wenn es mit einer Energie von 22,5 GeV erzeugt wird, entspricht der durch die Zeitdilatation vergrößerten Lebensdauer im Labor eine Flugstrecke von 2 mm. Solche Abstände von Hauptvertex und Sekundärvertex können mit Hilfe eines Vertexdetektors vermessen werden. Damit wird es möglich, instabile Teilchen zu identifizieren oder die Lebensdauer neuer, instabiler Teilchen zu bestimmen.

Auf den Vertexdetektor folgt die zentrale Spurenkammer. Sie hat eine typische Ortsauflösung von 100–500 μm und erfüllt ein relativ großes Volumen. Vertexdetektor und zentrale Spurenkammer befinden sich in einem Magnetfeld. Das Magnetfeld wird von einer zylindrischen Spule erzeugt. Es steht in Richtung der z-Achse, also in Richtung der einlaufenden Strahlen und hat daher keinen Einfluß auf die Strahloptik des Speicherrings.

Die spurenempfindlichen Kammern erlauben es, die Trajektorien der geladenen Teilchen zu vermessen, um so ihren Impuls zu bestimmen. In der $r\varphi$-Ebene sind die Teilchenbahnen Kreise mit einem Radius R, der analog zu (1.137) aus

$$R = \frac{p_\mathrm{T}}{e|\boldsymbol{B}|} \tag{1.176}$$

ermittelt wird, worin p_T die Impulskomponente des Teilchens senkrecht zur z-Achse ist. Aus den Ortsmessungen entlang der Bahn wird die Krümmung $1/R$ des Kreisbogens berechnet. In der $z\Theta$-Ebene sind die Teilchenbahnen

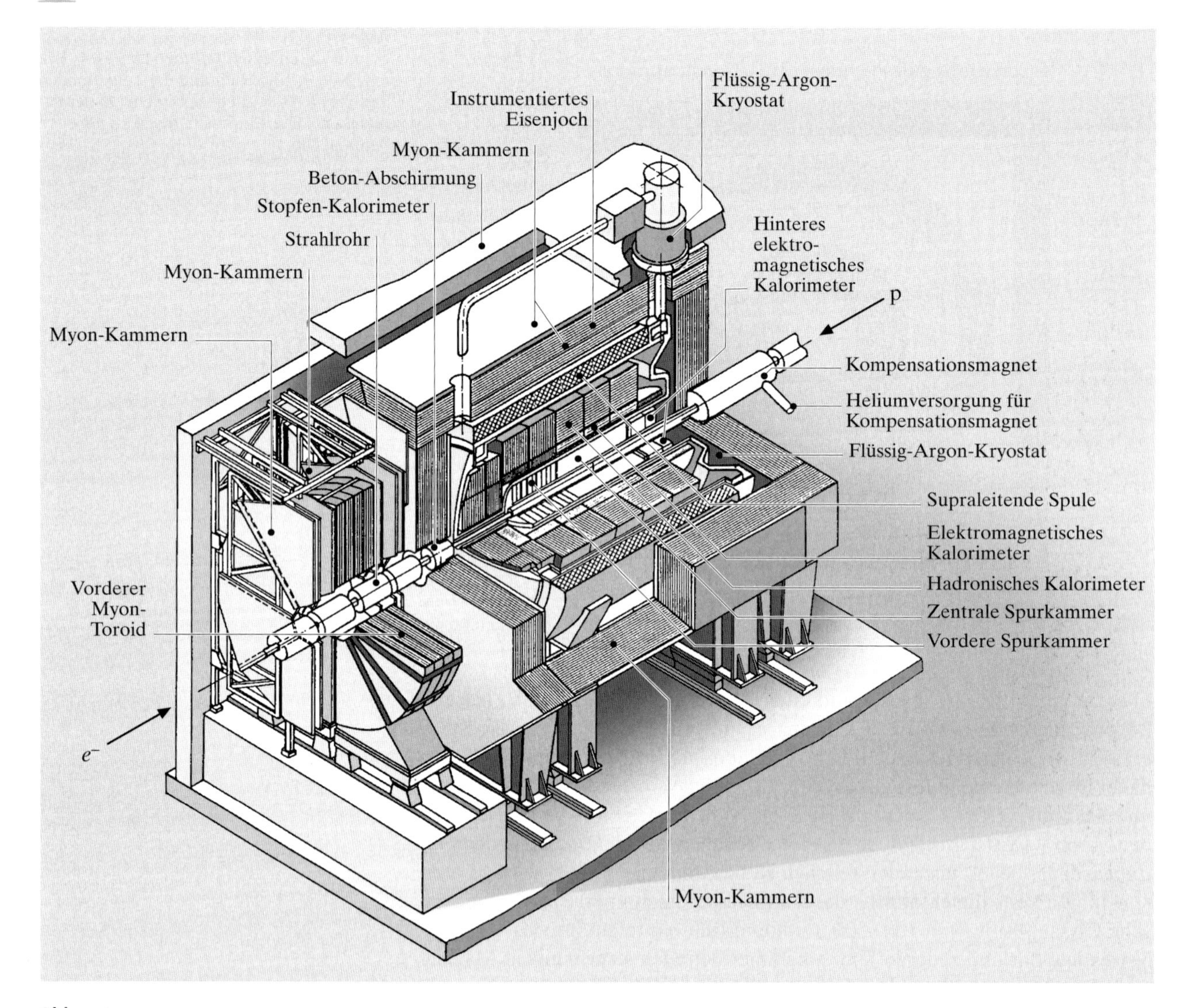

Abb. 1.33
Ansicht des H1-Detektors am Speicherring HERA. An seiner Verwirklichung arbeiteten etwa 300 Physiker mehr als fünf Jahre

Geraden. Nach Messung des Polarwinkels Θ läßt sich dann der Impuls aus

$$|\boldsymbol{p}| = \frac{p_{\mathrm{T}}}{\sin\Theta} \tag{1.177}$$

bestimmen.

Wir wollen kurz auf die erreichbare Impulsauflösung eingehen. Zur Festlegung eines Kreises sind ja mindestens drei Punkte erforderlich. In der Literatur wird gezeigt [Glü63], daß bei N Ortsmessungen entlang eines Kreisbogens der Länge L der Fehler der Krümmung für $N \geq 10$

$$\sigma(1/R) = \frac{\sigma_x}{L^2}\sqrt{\frac{720}{N+4}} \tag{1.178}$$

beträgt. Hierbei ist σ_x der Einzelfehler der Ortsmessung senkrecht zur Spur. Daraus wird dann mit Hilfe von (1.176) der Fehler in der Impulsmessung zu

$$\frac{\sigma(p_\mathrm{T})}{p_\mathrm{T}} = \frac{\sigma_x p_\mathrm{T}}{e|\boldsymbol{B}|L^2}\sqrt{\frac{720}{N+4}} \tag{1.179}$$

abgeleitet. Zu dem hier betrachteten Fehler infolge der fehlerhaften Ortsmessung muß noch der Fehler aufgrund der Vielfachstreuung hinzugezählt werden. Eine ähnliche Diskussion ist auch noch für den Fehler des Polarwinkels erforderlich. Da der dominante Fehler aber meistens $\sigma(p_\mathrm{T})$ ist, verzichten wir hier auf eine weitere Behandlung, zumal ausführliche Darstellungen in Lehrbüchern zu finden sind (z.B. [Gru93, Kle97]).

Beispiel 1.3

Wir betrachten einen Detektor mit einem Magnetfeld von 1,6 T. Ein Kreisbogen von 1 m Länge wird an 15 Stellen mit einer Ortsauflösungvon 400 μm gemessen. Wenn (1.179) den dominanten Fehler darstellt, folgt für den relativen Fehler der Impulsmessung

$$\frac{\sigma(|\boldsymbol{p}|)}{|\boldsymbol{p}|} = 0{,}5\,\%|\boldsymbol{p}| \ , \tag{1.180}$$

wobei der Impuls auf der rechten Seite in der Einheit GeV einzusetzen ist. Ein Impuls von 200 GeV wird also mit einem Fehler von 100% bestimmt. Man hat sich angewöhnt, diesen Impuls als den maximal nachweisbaren Impuls zu bezeichnen, d.h. als den Wert, bei dem gerade noch das Vorzeichen der Ladung bestimmt werden kann.

An die Spurenkammern schließen sich die Kalorimeter an. Sie messen die von den auftreffenden Teilchen deponierte kinetische Energie. Elektronen, Positronen und Photonen bilden in einer dicken Materieschicht einen elektromagnetischen Schauer aus. Das ist ein Kaskade von Photonen und Elektron-Positron-Paaren. Weil auch unterhalb der Schwelle der Paarerzeugung die Photonen über den Photoeffekt und die Compton-Streuung Energie auf die Elektronen des Materials übertragen, wird letztlich die gesamte Energie des eintreffenden Teilchens in Ionisations- und Anregungsenergie des Detektormaterials überführt und kann daher über das dabei erzeugte Licht oder die freigesetzte Ladung gemessen werden.

Hochenergetische Hadronen bilden in einem Block von Materie einen sog. hadronischen Schauer aus. In dieser Kaskade von Teilchen befinden sich besonders viele Pionen, aber auch K-Mesonen, Protonen, Neutronen, Kernbruchstücke usw. Wie beim elektromagnetischen Schauer ist die beim Abbremsen des Teilchenensembles freigesetzte Licht- oder Ladungsmenge proportional zur kinetischen Energie des auf den Detektor treffenden Hadrons.

Wenn auch die Schauerbildung typisch für die Reaktionen hochenergetischer Teilchen in Materie ist, gibt es doch gewichtige Unterschiede zwischen hadronischen und elektromagnetischen Schauern. Die für die longitudinale und laterale Ausbreitung eines elektromagnetischen Schauers bestimmende Materialkonstante ist die sog. Strahlungslänge X_0. Sie bezeichnet die Weglänge, auf der die Energie eines Elektrons durch Strahlungsprozesse auf den Bruchteil $1/e$ der ursprünglichen Energie abgefallen ist. In Blei z.B. beträgt die Strahlungslänge 0,56 cm, in Eisen 1,76 cm. Die theoretischen Grundlagen werden in Abschn. 3.3.1 behandelt. Im Gegensatz hierzu ist die Dimension eines hadronischen Schauers durch die schon in Abschn. 1.3.1 eingeführte Wechselwirkungslänge λ gekennzeichnet. In Blei ist sie 17,1 cm, in Eisen 16,7 cm.

Da X_0 viel kleiner als λ ist, sind elektromagnetische Schauer sehr viel schmaler und kürzer als hadronische Schauer. Dies bildet ein sehr nützliches Kriterium zur Unterscheidung von Elektronen und Photonen einerseits, von Protonen, Neutronen und geladenen Pionen andererseits. Neutrale Pionen spielen eine Sonderrolle: da sie unmittelbar in zwei Photonen zerfallen, bilden sie elektromagnetische Schauer. Beim Entwurf eines Kalorimeters wird man jetzt so vorgehen, daß die ersten Schichten für den Nachweis elektromagnetischer Schauer optimiert werden, während die tiefer liegenden Schichten dem Nachweis der hadronischen Schauer angepaßt werden.

Einer besonderen Überlegung wert ist hierbei immer die Plazierung der Spule zur Erzeugung des Magnetfeldes. Da der Bau sowie der Betrieb eines großen Magneten sehr teuer ist, stellt eine Spule zwischen den Spurenkammern und den Kalorimetern sicher eine kostengünstige Lösung dar. Der gravierende Nachteil dieser Anordnung ist jedoch, daß sich jetzt eine Schicht toten Materials vor dem Kalorimeter befindet, deren Dicke sich auch bei Verwendung der Supraleitung kaum unter 0,8 Strahlungslängen drücken läßt. Auf der anderen Seite wird eine Spule außerhalb des Hadron-Kalorimeters sehr groß und demnach teuer. Ein gern gewählter Kompromiß ist daher eine Spule zwischen dem elektromagnetischen und dem hadronischen Sektor des Kalorimeters.

Die erzielbaren Energieauflösungen sind je nach Bauart der Kalorimeter sehr unterschiedlich. Elektronen von 100 GeV können heute schon mit einer Genauigkeit von 1,5 GeV nachgewiesen werden, während für Pionen der gleichen Energie 5 GeV als ein guter Wert gilt. Eine genauere Diskussion folgt weiter unten.

Der magnetische Fluß der Spule wird durch einen Eisenmantel geschlossen, der die äußerste Schicht des Detektors bildet. Damit wird erreicht, daß im Inneren einer vom Strom I durchflossenen Spule der Länge L und der Windungszahl n im wesentlichen ein homogenes Magnetfeld der Stärke

$$|\boldsymbol{B}| = \frac{\mu_0 n I}{L} \ , \tag{1.181}$$

also das Feld einer langen Spule, herrscht. Dieser Eisenmantel wird i.a. instrumentiert, d.h. die innere und äußere Fläche des Mantels wird mit spurenempfindlichen Kammern belegt, und es werden Spurenkammern in dafür vorgesehene Schlitze des Eisenkörpers gelegt. Damit kann man aus dem Kalorimeter entweichende Restenergie nachweisen und somit die Kalorimetrie verbessern. Wichtiger ist jedoch die Verwendung des instrumentierten

Eisenmantels als Myon-Detektor. Myonen nehmen nicht an der starken Wechselwirkung teil und sie bilden aufgrund ihrer hohen Masse praktisch keine elektromagnetischen Schauer. Da sie also ihre Energie nur durch Ionisations- und Anregungsprozesse verlieren, durchdringen sie leicht die Kalorimeter und hinterlassen auch in den äußersten Detektorschichten klar erkennbare, lange Spuren.

Soviel zunächst zu den Entwurfsprinzipien moderner *collider*-Detektoren. Ganz offenbar spielen Spurenkammern und Kalorimeter eine besonders wichtige Rolle in diesen Instrumenten. Sie werden daher in den nächsten beiden Unterabschnitten noch etwas genauer betrachtet. Andere herausragende Themen wie die elektronische Auslese, die Rekonstruktion der Spuren aus Bahnpunkten, usw. können im Rahmen dieser kurzen Einführung nicht behandelt werden. Der Leser findet aber gute Darstellungen in neueren Lehrbüchern [Gru93, Ren92].

1.5.2 Spurenkammern

Eines der einfachsten Geräte zum Nachweis geladener Teilchen ist die Ionisationskammer. Sie besteht aus einem Plattenkondensator, der mit einem Edelgas als Isolator gefüllt ist. Die beim Durchgang eines geladenen Teilchens entstehenden Ladungen aus Elektronen und Ionen des Edelgases wandern zu den Platten und erzeugen so einen Stromimpuls, der zum Nachweis des Teilchendurchgangs dient.

Diese Anordnung hat aber mehrere Nachteile. Die Ortsauflösung ist durch die meist relativ großen Platten beschränkt und die geringe Driftgeschwindigkeit der Ionen bedingt lange Sammelzeiten. Am meisten stört jedoch das kleine Signal aufgrund der geringen Ionisation durch das einlaufende Teilchen (typisch 100 Elektronen/cm). Es ist eine Vielzahl von Detektoren entwickelt worden, die diese Nachteile vermeiden. Wir teilen sie in zwei Gruppen ein, je nachdem sie ein hohes Signal durch Gasverstärkung oder durch Verwendung eines Festkörpers als Isolator erzielen.

a) Detektoren mit Gasverstärkung

Die heute noch am häufigsten verwendeten spurenempfindlichen Kammern lassen sich alle auf das seit den 30er Jahren des letzten Jahrhunderts bekannte Proportionalzählrohr (Abb. 1.34) zurückführen. Es besteht aus einem gasgefüllten Metallrohr, zwischen dessen isolierenden Endkappen auf der Mittelachse des Rohres ein dünner Draht gespannt ist. Zwischen Draht und Metallwand wird eine Spannung U_0 angelegt, so daß der Draht als Anode und das Rohr als Kathode wirkt.

Ionisierende Strahlung, die von außen in das Zählrohr eindringt, bewirkt im Zählgas (meist Argon) die Bildung von Elektron-Ionen-Paaren. Die Ionen driften zur Kathode, die Elektronen zur Anode. Das elektrische Feld in diesem Zählrohr steigt in Richtung zur Achse gemäß

$$|\boldsymbol{E}(r)| = \frac{U_0}{r \ln(r_a/r_i)} \tag{1.182}$$

an, wobei r_a der Radius des Rohres, r_i der Radius des Drahtes und r der Abstand eines Teilchens von der Mittelachse ist. In der Nähe eines dünnen

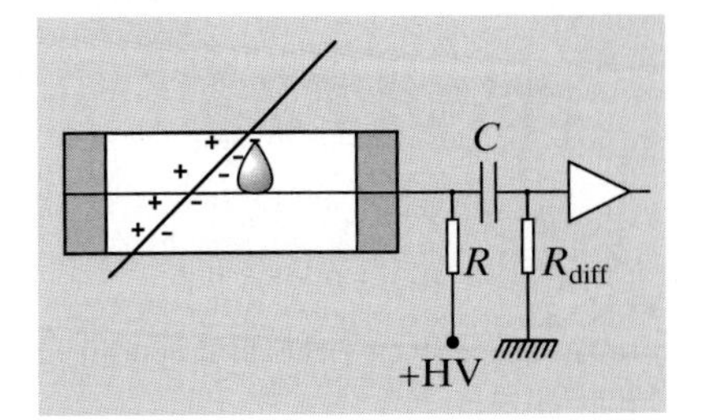

Abb. 1.34
Prinzip eines Proportionalzählrohrs. Von den primär erzeugten Elektronen breiten sich tropfenförmige Elektronenlawinen aus

Drahtes können daher die primär erzeugten Elektronen so beschleunigt werden, daß ihre kinetische Energie zur Bildung neuer Elektron-Ionen-Paare ausreicht. Die Durchrechnung des Problems zeigt, daß die Zahl der auf diese Art erzeugten Sekundärelektronen exponentiell ansteigt, es entsteht in unmittelbarer Nähe des Drahtes ($\approx 20\,\mu$m) eine Lawine aus Elektron-Ionen-Paaren. Dieser Mechanismus wird als Gasverstärkung bezeichnet. Sie läßt sich durch die geeignete Wahl von U_0 so einstellen, daß die Anzahl der sekundären Ladungen proportional zur Zahl der durch das einfallende Teilchen primär erzeugten Elektron-Ionen-Paare bleibt. Diese Eigenschaft ist besonders wichtig, wenn der Energieverlust der einfallenden Teilchen im Zählgas gemessen werden soll.

Da die Spannung U_0 über einen Ladewiderstand angeschlossen wird, erzeugt der Strom im Zählrohr einen Spannungsabfall am Widerstand, der über einen Verstärker an die nachfolgende Ausleseelektronik weitergeleitet wird. Ein Elektron bewegt sich im Feld des Zählrohres aufgrund seiner höheren Driftgeschwindigkeit etwa tausendmal schneller als ein Ion. Mit $r_a = 1$ cm und einer Driftgeschwindigkeit von $5\,\text{cm}/\mu\text{s}$ dauert das gesamte von den Elektronen erzeugte Signal etwa 200 ns. Die Anstiegszeit ist noch wesentlich geringer. Das Signal wird mit dem Differenzierglied aus Kondensator und Widerstand R_{diff} (Abb. 1.34), dessen Zeitkonstante der Anstiegszeit angepaßt ist, von dem viel langsameren Ionensignal abgetrennt.

In der Frühzeit der Kernphysik konnte man immer nur einzelne Zählrohre benutzen, weil die elektronische Verstärkung und Signalverarbeitung mit Hilfe der Vakuumröhren die Verwendung von großen und teuren Geräten erzwang. Die durch die Begriffe Miniaturisierung und Integrierung gekennzeichnete enorme Entwicklung der Halbleiterelektronik seit etwa 1965 erlaubte dann den Einsatz von vielen Zählern in einem Detektor. Einen besonderen Fortschritt in diesem Zusammenhang bildete die Entwicklung der Vieldrahtproportionalkammer durch G. Charpak.[33] In dieser Kammer sind die Zählrohre nicht mehr getrennt, sondern die Anodendrähte sind in einem gemeinsamen Gasvolumen zwischen den Kathodenebenen aufgespannt (Abb. 1.35). Der Feldverlauf (1.182) wird in dieser Kammer etwas modifiziert.

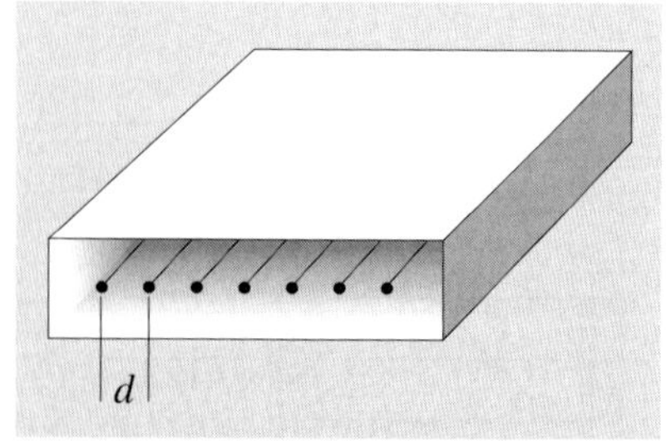

Abb. 1.35
Prinzip einer ebenen Vieldraht-Proportionalkammer

Die Ortsauflösung einer solchen Kammer ist durch den Drahtabstand d festgelegt. Nach den Regeln der Fehlerrechnung beträgt sie

$$\sigma_x = \frac{d}{\sqrt{12}} \,, \tag{1.183}$$

also z.B. $\sigma_x = 2{,}9$ mm bei $d = 1$ cm. Eine entscheidende Verbesserung dieser Auflösung wird in der Driftkammer durch Messen der Zeit zwischen dem Teilchendurchgang und dem Einsetzen des Signals erreicht. Diese Zeit ist bei konstanter Driftgeschwindigkeit proportional zum Abstand zwischen der Teilchentrajektorie und dem Anodendraht. Mit der oben benutzten Driftgeschwindigkeit und einer Genauigkeit der Zeitmessung von 2 ns ergibt sich eine Ortsauflösung von $100\,\mu$m!

Für die Entwicklung der Detektoren an Speicherringen war es schließlich von Bedeutung, daß es gelang, Driftkammern und Vieldraht-Proportionalkammern auch in Zylinder-Geometrie zu bauen, wobei zur Bestimmung der

[33] Der am CERN tätige französische Physiker Georges Charpak (geb. 1924) wurde für seine Beiträge zur Detektorentwicklung 1992 mit dem Nobelpreis belohnt.

$r\varphi$-Koordinate die Drähte entlang der z-Achse gespannt sind. Eine solche Geometrie ist natürlich für den oben besprochenen Vertexdetektor und die zentrale Spurkammer vorteilhaft. In einem modernen *collider*-Detektor befinden sich heute zylindrische und planare Kammern mit weit über 100 000 elektronischen Kanälen.

b) Festkörperzähler

Anstelle der Gasverstärkung lassen sich große Signale auch durch hohe Primärionisation in einem dichten Material zwischen den Elektroden einer Ionisationskammer erzielen. In einem Isolator sitzen aber die Ionen fest und auch die Beweglichkeit der Elektronen ist viel zu gering, um einen meßbaren Strom zu erzeugen. In Metallen und Halbleitern fließen schon ohne Durchgang eines Teilchens große Ströme. Als Ausweg bietet sich die Verwendung einer in Sperrichtung gepolten Halbleiterdiode an. Das Prinzip ist in Abb. 1.36 gezeigt.

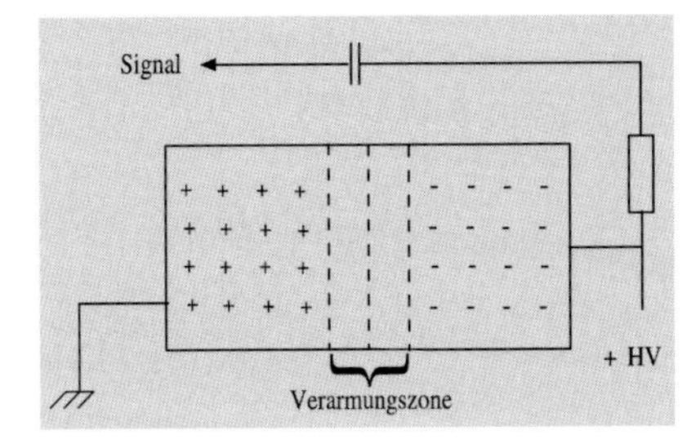

Abb. 1.36
Prinzip eines Halbleiterzählers mit negativen und positiven Ladungsträgern

Mit Phosphor oder Arsen dotiertes Silizium ist ein sog. n-Halbleiter. Die für die Stromleitung verantwortlichen freien Ladungsträger sind die negativ geladenen Elektronen. Mit Bor oder Indium dotiertes Silizium wird als p-Halbleiter bezeichnet. Die vom Dotierungsmaterial eingefangenen Elektronen des Siliziums erzeugen Fehlstellen in der elektronischen Struktur des Siliziums. Diese Löcher verhalten sich beim Stromtransport wie positive Ladungen. Fügt man eine p- und eine n-Schicht zusammen, rekombinieren die Löcher und Elektronen in der Grenzschicht und es entsteht eine Zone mit sehr wenigen freien Ladungsträgern, die Verarmungszone. Durch Anlegen einer Spannung mit dem Plus-Pol am n-Typ wird die Verarmungszone stark verbreitert, da die negativen Ladungen des n-Typs zur Anode und die positiven Ladungen des p-Typs zur Kathode wandern. Es fließt nur noch ein sehr geringer Strom (Sperrstrom), der dem Diffusionsstrom von Löchern aus dem n-Leiter in den p-Leiter entspricht. Bei Umpolen der Spannung fließt ein hoher Strom, da die jeweiligen Majoritätsladungen sich nun aufeinander zubewegen und rekombinieren können. Eine pn-Verbindung wirkt demnach als Diode.

Die Verarmungszone einer in Sperrichtung geschalteten Diode kann nun als Detektor eingesetzt werden. Die von einem das Material durchquerenden Teilchen erzeugten Elektron-Loch-Paare finden in der Verarmungszone kaum Partner zur Rekombination. Sie werden im Gegenteil durch das hohe Feld der über der Verarmungszone abfallenden Sperrspannung rasch abgesaugt und der dadurch erzeugte Strom dient als Signal für den Durchgang des ionisierenden Teilchens. Die Empfindlichkeit eines solchen Zählers ist durch den Sperrstrom begrenzt.

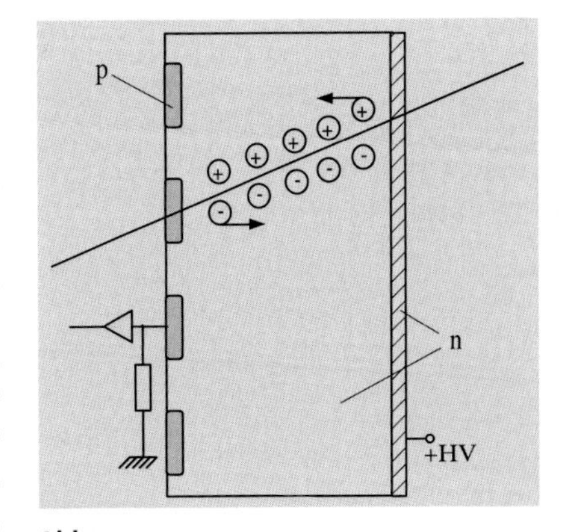

Abb. 1.37
Praktische Ausführung eines Halbleiterzählers mit Streifenauslese

Eine praktische Ausführung ist in Abb. 1.37 zu sehen. Als n-Schicht dient gering dotiertes Silizium mit einer Breite von ca. 300 μm. Zusammen mit der Sperrspannung von etwa 100 V wird so eine relativ dicker, stark verarmter Detektor erzeugt. Die p-Schicht ist in Form von Streifen mit einer Breite von typisch 20 μm in einem Abstand von 80 μm angelegt. Auf diese Weise wird eine hohe Ortsauflösung gemäß (1.183) erzielt. Die geringe Schichtdicke ergibt zusammen mit der relativ hohen Feldstärke Sammelzeiten, die nur 20 ns betragen. Die Rückseite des Detektors ist mit einer hochdotierten n-Schicht zur Erzielung guter Kontakte versehen.

Aufgrund des hohen Preises wurden Halbleiterdetektoren in der Elementarteilchenphysik bisher nur im Bereich der Vertexdetektoren eingesetzt. Die hohen Teilchenflüsse am LHC erzwingen aber die Verwendung von Halbleiterdetektoren mit großen Flächen. Im CMS-Experiment z. B. werden daher solche Instrumente mit einer Gesamtfläche von ca. 200 m^2 und mehr als 10 Millionen elektronischen Kanälen eingesetzt.

1.5.3 Kalorimeter

a) Elektromagnetische Kalorimeter.

Die Ausbreitung eines elektromagnetischen Schauers in Materie wird im wesentlichen durch zwei Parameter bestimmt: 1. die schon eingeführte Strahlungslänge X_0 und 2. die kritische Energie E_c. Ein Elektron mit $E > E_c$ verliert mehr Energie durch Bremsstrahlung als durch Prozesse der Ionisation und Anregung.

Wir können ein stark vereinfachtes Modell eines Schauers bilden, indem wir ansetzen, daß z.B. ein einfallendes Photon der Energie E im Mittel nach einer Strahlungslänge in ein Elektron-Positron-Paar konvertiert ist, wobei das Elektron und das Positron jeweils die Energie $E/2$ tragen. Nach einer weiteren Strahlungslänge haben das Elektron und das Positron jeweils die Hälfte ihrer Energie in Form eines γ-Quants abgestrahlt. Jetzt gibt es also ein Elektron, ein Positron und zwei Photonen mit einer Energie von je $E/4$. Dieser Prozeß setzt sich fort, bis die Energie aller Teilchen unter E_c gefallen ist. In unserem Modell gilt offenbar

$$E_c = \frac{E}{2^{n_{max}}} \quad , \tag{1.184}$$

wobei n_{max} die Anzahl der Strahlungslängen ist, bei der die Zahl der Teilchen im Schauer (also Elektronen, Positronen und Photonen) ihr Maximum erreicht. Die Auflösung von (1.184) ergibt

$$n_{max} = \frac{\ln(E/E_c)}{\ln 2} \quad , \tag{1.185}$$

die in Strahlungslängen gemessene Tiefe des Schauers steigt also nur logarithmisch mit der Energie der einfallenden Elektronen an. Die Zahl der geladenen Teilchen im Schauer ist hingegen proportional zu E und daher ist auch die gesamte von allen Teilchen zurückgelegte Wegstrecke proportional zu E. Wenn wir weiter ansetzen, daß das emittierte Licht oder die Zahl der erzeugten Elektron-Ionen-Paare proportional zu dieser Wegstrecke ist, erwarten wir, daß die Energie-Auflösung eines solchen Detektors der Zählstatistik folgt, also

$$\frac{\sigma(E)}{E} \sim \frac{1}{\sqrt{E}} \quad . \tag{1.186}$$

Natürlich ist das gerade skizzierte Modell sehr primitiv und man möchte ein besseres Verständnis der Schauerentwicklung haben. Intensive analytische Untersuchungen unter Zuhilfenahme der Transporttheorie führten hier zu wichtigen Ergebnissen. Sie sind z.B. in [Ros65] dargestellt. Das logarithmische Anwachsen der Schauerlänge mit der Energie und das $1/\sqrt{E}$-Gesetz der Energie-Auflösung bleibt in den komplizierteren Modellen jedoch erhalten. Besonders erwähnenswert ist, daß auch die laterale Ausdehnung des Schauers durch X_0 und E_c beschrieben wird. In einem Zylinder mit dem Radius $2R_M$ sind 95 % der Schauerenergien enthalten, wobei R_M der durch

$$R_M = \frac{21X_0}{E_c} \tag{1.187}$$

definierte Molière-Radius (Abschn. 3.3.1) ist. Die kritische Energie ist hier in MeV einzusetzen.

Es hat sich im Laufe dieser Forschungen auch gezeigt, daß ein elektromagnetischer Schauer ein außerordentlich komplexes Gebilde darstellt und letztlich nur mit Hilfe der Computer-Simulation theoretisch beherrschbar wird. Das Programmpaket EGS4 ist heute an allen Labors der Teilchenphysik verfügbar [Nel85] und wird bei der Entwicklung von Kalorimetern intensiv benutzt.

Die bisher gebauten Kalorimeter unterscheiden sich wesentlich durch das verwendete Material und damit zusammenhängend durch die Methode der Signalerzeugung. In homogenen Kalorimetern wird gerne Bleiglas als Detektormaterial benutzt. Gemessen wird das von geladenen Teilchen abgestrahlte Čerenkov-Licht.[34] Diese Strahlung tritt immer dann auf, wenn die Geschwindigkeit der Teilchen größer als die Lichtgeschwindigkeit im Medium ist. Bei einer Detektorlänge von mehr als 20 Strahlungslängen kann eine relative Auflösung von

$$\frac{\sigma(E)}{E} = \frac{a}{\sqrt{E}} \tag{1.188}$$

mit $a = 0{,}05\sqrt{\text{GeV}}$ erzielt werden. Noch bessere Auflösungen werden mit homogenen Kalorimetern aus szintillierendem Material erreicht. Als Beispiel sei das Kalorimeter aus Wismutgermanat-Kristallen (BGO) des L3-Detektors am LEP mit $a = 0{,}025\sqrt{\text{GeV}}$ genannt. In sog. *sampling*-Kalorimetern werden abwechselnd Schichten aus Absorbern (z.B. Blei oder Eisen) und Nachweiselementen aufgebaut. Zum Nachweis dienen u.a. das Szintillationslicht in flüssigen oder festen Szintillatoren oder die durch Ionisation erzeugte Ladung in flüssigem Argon. Die erreichbare Auflösung wird durch $a = 0{,}07\sqrt{\text{GeV}}$ charakterisiert.

Die Form der experimentell ermittelten Auflösung folgt der theoretischen Erwartung (1.186). Auffallend ist, daß sie im Gegensatz zur Impulsauflösung (1.180) im Magnetfeld mit höherer Energie immer besser wird. Dies ist allerdings nur in gewissen Grenzen der Fall. Zusätzliche Fehlerquellen, wie Kalibrationsfehler, elektronisches Rauschen, entweichende Energie usw. führen zu einem konstanten Term der Energieauflösung, die i.a. in der Form

$$\frac{\sigma(E)}{E} = \frac{a}{\sqrt{E}} \oplus b \tag{1.189}$$

[34] Der russische Physiker Pavel Alekseyewich Čerenkov (1904-1990) erhielt zusammen mit seinen Landsleuten Ilja Mikhailovich Frank und Igor Yevgenyevich Tamm 1958 für die Entdeckung und Interpretation dieser Strahlung den Nobelpreis für Physik.

angegeben wird. Das Zeichen $\oplus$ bedeutet, daß die beiden Terme im Sinne der Fehlerrechnung quadratisch zu addieren sind. Mit b-Werten zwischen 0,01 und 0,02 wird klar, daß auch bei den besten Kalorimetern oberhalb von $E = 100\,\text{GeV}$ die Energie-Auflösung durch den konstanten Term dominiert wird. Diese Details sind theoretisch nur noch in einer Computer-Simulation nachvollziehbar.

b) Hadronische Kalorimeter.

Auch bei der Kalorimetrie der Hadronen wird der Energieverlust durch Ionisation und Anregung aller Schauerteilchen aufintegriert. Da die Dimensionen dieses Schauers durch die Wechselwirkungslänge λ bestimmt werden, sind sehr große Kalorimeter nötig. Sie werden daher fast ausschließlich in *sampling*-Technik gebaut, z.B. aus Schichten von Eisen und flüssigem Argon oder Uran und festem Szintillatormaterial. Typische Kalorimeter enthalten 10 λ Absorbermaterial, wobei es sich bei *collider*-Detektoren anbietet, das zur Erzeugung eines homogenen Magnetfeldes benötigte Eisen in die Kalorimetrie einzubeziehen.

Die Schauerlänge folgt auch hier grob einem logarithmischen Anstieg und die Auflösung dem $1/\sqrt{E}$-Gesetz. Aufgrund der viel größeren Fluktuationen der hadronischen Schauer erreichen auch die besten Kalorimeter nur eine Auflösung von $0{,}35/\sqrt{E}$ (mit E in GeV). Die hohen Fluktuationen sind z.T. durch das Auftreten von π^0 Mesonen im Schauer begründet. Da diese prompt in zwei Photonen zerfallen, treten also elektromagnetische Schauer lokal im hadronischen Schauer auf. Ein weiterer Grund besteht darin, daß ein großer Teil der Energie des Schauers (bis zu 20 %) nicht nachgewiesen werden kann, da sie durch Neutronen und langlebige K^0-Mesonen weggetragen wird oder Fragmente von Kernreaktionen im Absorbermaterial steckenbleiben. Diese fehlende Energie kann teilweise durch Verwendung von Uran als Absorbermaterial kompensiert werden. Man macht sich hierbei die Tatsache zunutze, daß bei der Kernspaltung von Uran Energie freigesetzt wird.

Es ist einleuchtend, daß Entwicklung und Bau eines großen Kalorimeters für Elektronen, Photonen und Hadronen schwierige, aber auch sehr interessante Aufgaben darstellen. Nicht zuletzt müssen die Entwickler bei ihren Überlegungen immer wieder die Kosten im Auge behalten und werden daher häufig physikalisch wünschenswerte Eigenschaften finanziellen Argumenten opfern.

1.5.4 Blasenkammer

Die Blasenkammer war viele Jahre lang der klassische 4π-Detektor für Experimente mit ruhendem *target* am externen Strahl eines Synchrotrons. Verglichen mit Abb. 1.18 sind in einer Blasenkammer *target* und Detektor in einem einzigen Gerät zusammengefaßt.

Das Prinzip der Blasenkammer geht auf D.A. Glaser zurück.[35] Ein verflüssigtes Gas (z.B. Wasserstoff oder Freon) wird in einem Druckbehälter nahe dem Siedepunkt gehalten. Kurz vor dem erwarteten Teilchendurchgang wird das Kammervolumen mit Hilfe eines Kolbens rasch expandiert. Dadurch wird die Siedetemperatur erniedrigt, die Flüssigkeit befindet sich in einem

[35] Diese sehr weitreichende Entdeckung des amerikanischen Physikers Donald A. Glaser (geb. 1926) wurde 1960 mit dem Nobelpreis anerkannt.

überhitzten Zustand. Die beim Durchgang elektrisch geladener Teilchen erfolgende Ionenbildung in der überhitzten Flüssigkeit führt zum Entstehen kleiner Blasen entlang der Teilchenspur. Bei der Expansion vergrößern sich diese Blasen schnell soweit, daß sie photographiert werden können. Da die gesamte Kammer sich meist in einem homogenen Magnetfeld befindet, ist es möglich, die Impulse aller Reaktionsprodukte genau zu vermessen.

Die Expansionszyklen einer Blasenkammer werden i.allg. der Impulsfolge des Synchrotrons, an dem sie aufgebaut sind, angepaßt (z.B. etwa 25 s beim *Super-Proton-Synchrotron* des CERN). Damit werden viele uninteressante Ereignisse registriert. Im Gegensatz zu den *collider*-Detektoren läßt sich eine Blasenkammer nicht *triggern*, d.h. es ist nicht möglich, sie nur für bestimmte Ereignistypen elektronisch scharf zu machen. Ein weiterer Nachteil besteht darin, daß die photographische Registriertechnik einen hohen Zeit- und Personalaufwand erfordert, um aus den Spuren Orte und Impulse der Teilchen zu rekonstruieren. Die an den Blasenkammerexperimenten beteiligten Arbeitsgruppen haben dazu eigene Techniken der Verteilung und Auswertung der Filme sowie der Zusammenführung der Ergebnisse entwickelt.

Die Entwicklung der Teilchenphysik wurde weitgehend durch die mit Blasenkammern erzielten Resultate bestimmt. Als Beispiel sollen hier die Aufnahmen und Faksimiles auf S. 31, 272 und 381 dienen.

2 Die Streumatrix und ihre Symmetrien

Die Streumatrix und ihre Symmetrien

Einführung

Mit Hilfe des Konzepts der Streumatrix S lassen sich Reaktionen der Quantenmechanik in sehr allgemeiner Form beschreiben. Wenn man eine Theorie zur Berechnung der Matrixelemente zur Hand hat, interessiert besonders der Zusammenhang zwischen diesen Matrixelementen und den physikalischen Observablen wie dem Wirkungsquerschnitt und der Zerfallsrate. Damit wollen wir uns zunächst beschäftigen. Unabhängig von einer spezifischen Theorie muß die S-Matrix aber gewissen Symmetriebedingungen genügen, die allein ausreichen, die Form des Wirkungsquerschnitts festzulegen. Das bekannteste Beispiel ist der Zusammenhang zwischen Teilchenspins und Winkelverteilung. Daher wird im Anschluß an die Formeln für Wirkungsquerschnitte und Zerfallsraten das Symmetriekonzept vorgestellt. Die anschließenden Abschnitte behandeln die Symmetrien der Streumatrix und die daraus folgenden experimentellen Konsequenzen.[1]

Inhalt

2.1 Die Streumatrix

Die Idee der Streumatrix führen wir ganz pragmatisch am Beispiel eines Streuexperimentes zwischen zwei einlaufenden und zwei auslaufenden Teilchen (Abb. 2.1) ein. Am besten halten wir uns immer das Beispiel der πp-Streuung vor Augen. Das Pion-Nukleon-System vor der Streuung beschreiben wir durch den quantenmechanischen Zustandsvektor $|i\rangle$. In $|i\rangle$ ($i =$ *initial*) sind also alle Quantenzahlen des Systems zur Zeit $t \to -\infty$ enthalten. Zur Zeit $t \to +\infty$ sei das System im Zustand $|i'\rangle$. Der Übergang wird durch den Streuoperator S beschrieben:

$$|i'\rangle = S|i\rangle \ . \tag{2.1}$$

Der Detektor präpariert aus allen möglichen in $|i'\rangle$ enthaltenen Zuständen einen bestimmten Endzustand $|f\rangle$ ($f =$ *final*) heraus. Die Wahrscheinlichkeitsamplitude, $|f\rangle$ in $|i'\rangle$ zu finden, ist durch das Skalarprodukt

$$\langle f|i'\rangle = \langle f|S|i\rangle = S_{fi} \ , \tag{2.2}$$

also durch die Matrixelemente des S-Operators, gegeben.

In $|i'\rangle$ sind natürlich auch die ohne Wechselwirkung durchlaufenden Zustände enthalten, wir können daher einen Reaktionsoperator R über

$$S = 1 + R \tag{2.3}$$

einführen. Auf diese Weise wird S in zwei Anteile zerlegt, von denen nur einer (R) den einlaufenden Zustand $|i\rangle$ ändert. Gemäß einer häufig

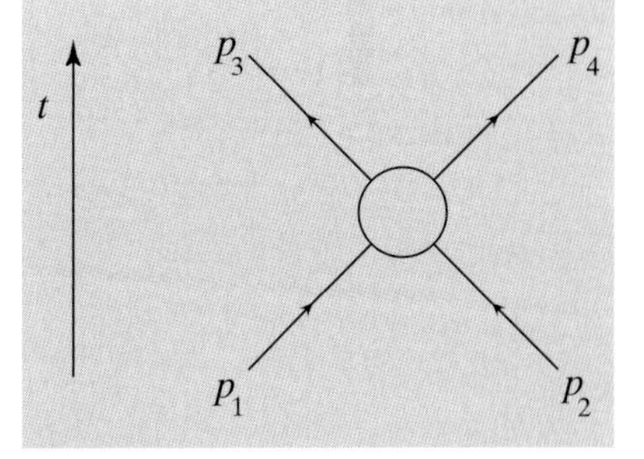

Abb. 2.1
Allgemeines Diagramm einer Zwei-Körper-Streureaktion $1+2 \to 3+4$. Als Beispiel wird in diesem Abschnitt die Pion-Proton-Streuung betrachtet, $\pi + p \to \pi + p$

[1] Formal ist dieses Kapitel sicherlich wesentlich schwieriger als das vorangegangene. Viele der in den späteren Abschnitten des Buches abgeleiteten Ergebnisse lassen sich auch ohne genaues Durcharbeiten von Kap. 2 verstehen.

benutzten Konvention definieren wir die Übergangsamplitude oder Streuamplitude T_{fi} durch Abspalten weiterer Faktoren von $R_{fi} = \langle f|R|i\rangle$. Diese Amplitude enthält die gesamte Dynamik des Prozesses. Falls man eine Theorie der betrachteten Reaktion hat, erlauben die zu den Feynman-Graphen gehörenden Rechenvorschriften die Berechnung von T_{fi}. Der Zusammenhang mit R_{fi} ist durch

$$R_{fi} = -\mathrm{i}(2\pi)^4 N_1 N_2 N_3 N_4 \delta^4(p_1 + p_2 - p_3 - p_4) T_{fi} \tag{2.4}$$

festgelegt. Hierin sind p_n die Viererimpulse der beteiligten Teilchen ($n = 1, 2, 3, 4$) und N_n die Normierungsfaktoren ihrer Wellenfunktionen.

Das Symbol δ^4 bezeichnet das Produkt von vier Diracschen δ-Funktionen mit jeweils einer Komponente der Viererimpulse als Argument. Damit wird explizit die Energie-Impuls-Erhaltung im Prozeß zum Ausdruck gebracht. Dies wird klar, wenn man sich nochmal an die Eigenschaften dieser Funktion erinnert. Für den interessierten Leser enthält der Anhang zu diesem Abschnitt eine Zusammenstellung der wichtigsten Definitionen und Rechenregeln.

2.1.1 Wirkungsquerschnitte und Streuamplitude

Zur weiteren theoretischen Behandlung unseres Streuexperimentes stellen wir uns einen Kasten mit dem Volumen V, der Länge Δz und dem Querschnitt A vor. In seiner Mitte liege das Target-Proton, und während des Zeitintervalls T trete ein Pion in den Kasten ein. Es handelt sich bei diesem Kasten um das *target* der Abb. 1.18, aber mit nur noch einem Proton als Inhalt. Das zugehörige Reaktionsdiagramm ist in Abb. 2.1 angegeben. Die abgeleiteten Formeln gelten zunächst für alle Reaktionen mit zwei einlaufenden und zwei auslaufenden Teilchen, also z.B. für die elastische Streuung (1.106) und die inelastische Reaktion (1.112). Angaben von Winkeln und Impulskomponenten beziehen sich auf ein Koordinatensystem, dessen z-Achse in Richtung des einlaufenden Pions liegt. Zur einfacheren Handhabung sehen wir zunächst vom Spin des Protons ab und behandeln alle Teilchen als Bosonen.

In unserem Gedankenexperiment ist $n_0 = 1/V$. Das einlaufende Pion habe die Geschwindigkeit $|\boldsymbol{v}_1|$. Da im Zeitintervall T ein Pion im Kasten sein soll, ist $N_{\mathrm{in}} = T|\boldsymbol{v}_1|/\Delta z$ und daher läßt sich (1.117) in

$$\mathrm{d}\sigma = \frac{V\,\mathrm{d}N_{\mathrm{f}}}{T|\boldsymbol{v}_1|} \tag{2.5}$$

umformen. Jetzt muß $\mathrm{d}N_{\mathrm{f}}$ berechnet werden. In der hier betrachteten Konfiguration ist $\mathrm{d}N_{\mathrm{f}}$ gleich der Wahrscheinlichkeit für die Streuung des Pions. Zu ihrer Berechnung benutzen wir die „goldene Regel" der Quantenmechanik:

$$\mathrm{d}N_{\mathrm{f}} = |R_{fi}|^2 \cdot (\text{Zahl der Endzustände}) \;. \tag{2.6}$$

Ein Teilchen in einem Kasten mit dem Volumen V und mit Impulsen zwischen $\boldsymbol{p}$ und $\boldsymbol{p} + \mathrm{d}\boldsymbol{p}$ kann

$$\mathrm{d}Z = \frac{V\,\mathrm{d}^3 p}{(2\pi)^3} \tag{2.7}$$

Zustände einnehmen, da man nach Fermi das Volumen des Phasenraumes (also $V\,\mathrm{d}^3p$) in Zellen der Größe $h^3 = (2\pi\hbar)^3$ aufteilen muß. Eine genauere Begründung dieser Abzählung findet sich in den Lehrbüchern der Quantenmechanik oder Kernphysik, z.B. in [Bet01]. Für die untersuchte Streureaktion gelangen wir so zu

$$\mathrm{d}N_\mathrm{f} = |R_{fi}|^2 \frac{V\,\mathrm{d}^3p_3}{(2\pi)^3}\frac{V\,\mathrm{d}^3p_4}{(2\pi)^3} \quad . \tag{2.8}$$

Ein Vergleich mit (2.4) zeigt, daß in $|R_{fi}|^2$ das Quadrat einer δ-Funktion enthalten ist. Das sieht nun wirklich gefährlich aus, aber mit Hilfe der im Anhang zu diesem Abschnitt abgeleiteten Formeln (2.79) und (2.80) läßt sich in *einer* Dimension

$$[\delta(\omega)]^2 = \delta(\omega)\delta(0) \tag{2.9}$$

ausnutzen.[2] Jetzt wird noch $\delta(0)$ durch (2.82) ersetzt. In der Verallgemeinerung auf vier Dimensionen gilt daher die Beziehung

$$(\delta^4)^2 = \frac{VT}{(2\pi)^4}\delta^4 \quad , \tag{2.10}$$

womit schließlich die wichtige Beziehung

$$|R_{fi}|^2 = VT(2\pi)^4\delta^4(p_1+p_2-p_3-p_4)(N_1N_2N_3N_4)^2|T_{fi}|^2 \tag{2.11}$$

zwischen $|R_{fi}|$ und $|T_{fi}|$ festgelegt wird.

Von der nichtrelativistischen Quantenmechanik sind wir gewohnt, für die Normierungskonstanten N_n ebener Wellen in einem Kasten $1/\sqrt{V}$ anzusetzen. In der relativistischen Quantenmechanik wird aber die Schrödinger-Gleichung für freie Bosonen durch

$$(\Delta - m^2)\psi = \frac{\partial^2\psi}{\partial t^2} \tag{2.12}$$

ersetzt. Diese sog. Klein-Gordon-Gleichung entspricht der relativistischen Energie-Impuls-Beziehung (1.36).[3] Sie ist auch in der Ableitung nach der Zeit von zweiter Ordnung, und daher muß der nichtrelativistische Ausdruck für die Wahrscheinlichkeitsdichte durch

$$\rho = \mathrm{i}\left(\psi^*\frac{\partial\psi}{\partial t} - \frac{\partial\psi^*}{\partial t}\psi\right) \tag{2.13}$$

ersetzt werden, wobei das Symbol „*“ wie üblich „konjugiert komplex“ bedeutet. Die Lösung für ebene Wellen lautet

$$\psi = N\mathrm{e}^{-\mathrm{i}p\cdot x} \tag{2.14}$$

mit dem aus dem Energie-Impuls-Vektor p^μ und dem Ortsvektor

$$x^\mu = \begin{pmatrix} t \\ \boldsymbol{x} \end{pmatrix} \tag{2.15}$$

gebildeten Skalarprodukt

$$p\cdot x = Et - \boldsymbol{px} \quad . \tag{2.16}$$

[2] Was bedeutet das Quadrat einer Funktion, die überall verschwindet, aber an einer Stelle unendlich groß wird?

[3] Benannt nach dem Schweden Oskar Benjamin Klein (1894–1977) und dem Deutschen Walter Gordon (1893–1939), die diese Gleichung unabhängig voneinander fanden. Auch W. Gordon gehört zu den vielen bedeutenden Forschern, die in der Nazizeit emigrierten.

Für die Normierungskonstanten leiten wir aus dieser Lösung (wegen $\int \rho \, dV = 1$) sofort

$$N_n = \frac{1}{\sqrt{2E_n V}} \tag{2.17}$$

ab und bekommen damit für den Wirkungsquerschnitt

$$d\sigma = \frac{1}{4E_1 E_2 |\boldsymbol{v}_1|} |T_{fi}|^2 (2\pi)^4 \delta^4(p_1 + p_2 - p_3 - p_4) \frac{d^3 p_3}{2E_3 (2\pi)^3} \frac{d^3 p_4}{2E_4 (2\pi)^3} \quad . \tag{2.18}$$

Bei der Auswertung in einem System mit ruhenden Target-Teilchen erhalten wir

$$4E_1 E_2 |\boldsymbol{v}_1| = 4|\boldsymbol{p}_1| m_2 \quad . \tag{2.19}$$

In einer vom Bezugssystem unabhängigen (d.h. relativistisch invarianten) Form läßt sich der letzte Ausdruck mit Hilfe der in (1.43) definierten Größe S_{12} ebenfalls einfach angeben:

$$4E_1 E_2 |\boldsymbol{v}_1| = 2S_{12} \quad , \tag{2.20}$$

da ja die Auswertung von S_{12} im Ruhesystem des Teilchens 2 den Wert $2m_2|\boldsymbol{p}_1|$ ergibt. Die Formel für den differentiellen Wirkungsquerschnitt lautet daher schließlich

$$d\sigma = \frac{1}{2S_{12}} |T_{fi}|^2 \, dL \quad , \tag{2.21}$$

worin das sog. lorentz-invariante Phasenraumelement dL durch

$$dL = (2\pi)^4 \delta^4(p_1 + p_2 - p_3 - p_4) \frac{d^3 p_3}{(2\pi)^3 2E_3} \frac{d^3 p_4}{(2\pi)^3 2E_4} \tag{2.22}$$

definiert ist. Der Beweis der Lorentz-Invarianz von $d^3 p/E$, d.h. der Unabhängigkeit von der Wahl des Bezugssystem, wird in Abschn. 2.4.1 nachgeholt.

Mit (2.21) ist ein wichtiger Zwischenschritt in einer relativistisch korrekten Behandlung des Wirkungsquerschnitts erreicht. Er wird durch diese Formel in drei explizit lorentz-invariante Anteile zerlegt: den Flußfaktor der einlaufenden Teilchen, das Quadrat des Matrixelements und das Intervall des zur Verfügung stehenden Phasenraumes. Um weiter zu kommen, müssen wir jetzt dL über nicht benötigte Variablen integrieren. Am einfachsten geht das im *Schwerpunktssystem* der Reaktion. Über den Rückstoßimpuls des auslaufenden Protons kann mit Hilfe der δ-Funktion sofort integriert werden. Damit wird aus (2.22)

$$\int dL = d\Omega_3 \int \frac{1}{4(2\pi)^2} \delta(E_1 + E_2 - E_3 - E_4) \frac{|\boldsymbol{p}_3|^2 \, d|\boldsymbol{p}_3|}{E_3 E_4} \quad , \tag{2.23}$$

worin $d\Omega_3$ das Raumwinkelelement des auslaufenden Pions bedeutet.[4] Jetzt können wir noch über den Impulsbetrag des Pions integrieren, der ja auch durch die übrigbleibende δ-Funktion festgelegt ist. Dies ist insofern nicht ganz einfach, als diese δ-Funktion nur implizit vom Pionimpuls abhängt.

[4] Eine kleine Nachlässigkeit in der Bezeichnungsweise sei hier erlaubt: Das Integralzeichen auf der linken Seite der Gleichung verlangt nur die Integration über nicht mehr benötigte Variable.

Unter Heranziehung der analog zum Rechnen mit gewöhnlichen Funktionen gebildeten Regel

$$\int \delta[f(\omega)]g(\omega)\,\mathrm{d}\omega = \left(g\left|\frac{\mathrm{d}f}{\mathrm{d}\omega}\right|^{-1}\right)_{f=0} \tag{2.24}$$

läßt sich jedoch mit

$$f = \sqrt{s} - \sqrt{\boldsymbol{p}_3^2 + m_3^2} - \sqrt{\boldsymbol{p}_3^2 + m_4^2} \tag{2.25}$$

die Relation

$$\left|\frac{\mathrm{d}f}{\mathrm{d}|\boldsymbol{p}_3|}\right|_{f=0} = \frac{|\boldsymbol{p}_3|\sqrt{s}}{E_3 E_4} \tag{2.26}$$

ableiten. Mit $f = 0$ wird der Energiesatz erfüllt, $\sqrt{s}$ bedeutet nämlich – wie immer in diesem Buch – die Gesamtenergie im Schwerpunktssystem. Mit (2.24) und (2.26) wird (2.23) in

$$\int \mathrm{d}L = \mathrm{d}\Omega_3 \frac{1}{16\pi^2} \frac{|\boldsymbol{p}_3|}{\sqrt{s}} \tag{2.27}$$

umgeformt. Dieses Ergebnis hat eine klare anschauliche Bedeutung, die wir sofort sehen, wenn wir $|\boldsymbol{p}_3|$ aus den Massen der auslaufenden Teilchen berechnen (siehe Kasten auf S. 16),

$$|\boldsymbol{p}_3| = \frac{S_{34}}{2\sqrt{s}} \ . \tag{2.28}$$

Ganz unabhängig von einer möglichen Massenabhängigkeit des Matrixelementes ist die Produktionswahrscheinlichkeit von Teilchen mit hoher Masse vom Phasenraum her unterdrückt, da $|\boldsymbol{p}_3|$ Werte zwischen 0 (für $m_3 + m_4 = \sqrt{s}$) und $\sqrt{s}/2$ (bei verschwindenden Massen der auslaufenden Teilchen) annehmen kann.

Wenn wir auch S_{12} in (2.21) durch $|\boldsymbol{p}_1|$ ausdrücken, lautet die endgültige Formel für den differentiellen Wirkungsquerschnitt

$$\frac{\mathrm{d}\sigma}{\mathrm{d}\Omega_3} = \frac{1}{64\pi^2 s} \frac{|\boldsymbol{p}_3|}{|\boldsymbol{p}_1|} |T_{fi}|^2 \ , \tag{2.29}$$

woraus für die elastische Streuung einfach

$$\frac{\mathrm{d}\sigma^{\mathrm{el}}}{\mathrm{d}\Omega_3} = \frac{1}{64\pi^2 s} |T_{fi}|^2 \tag{2.30}$$

folgt. Das Quadrat des Viererimpuls-Übertrags $q^2 = t$ ist durch $t = (p_1 - p_3)^2$ definiert (1.9). Mit Hilfe von

$$\mathrm{d}t = 2|\boldsymbol{p}_1||\boldsymbol{p}_3|\,\mathrm{d}\cos\Theta_3 \ , \tag{2.31}$$

worin Θ_3 den Winkel zwischen den ein- und auslaufenden Pionen bezeichnet, formen wir (2.29) und (2.30) in die vielbenutzte Beziehung

$$\frac{\mathrm{d}\sigma}{\mathrm{d}t} = \frac{1}{16\pi S_{12}^2} |T_{fi}|^2 \tag{2.32}$$

um.[5] In dieser Formel treten nur noch explizit invariante Größen auf.

[5] Eine von den meisten Physikern gemiedene pedantische Genauigkeit in der Behandlung der Vorzeichen verlangt die Anschrift $\mathrm{d}\sigma/\mathrm{d}|t|$ auf der linken Seite der Gleichung, da $\mathrm{d}\Omega$ durch $\sin\Theta\,\mathrm{d}\Theta\,\mathrm{d}\phi$ definiert ist.

Zur Ableitung von (2.32) wurde über den Azimutwinkel ϕ_3 integriert. Dies ist erlaubt, da wegen der Drehimpulserhaltung die Impulse der Reaktionspartner eine Ebene aufspannen, und das Matrixelement nicht von der Orientierung dieser Ebene abhängen darf. Jetzt soll aber nicht der allgemeinen Diskussion von Symmetrien vorgegriffen werden. Der neugierige Leser findet eine andere Begründung für die erlaubten Argumente von T_{fi} in Abschn. 2.4.1.

Schließlich diskutieren wir die Erweiterung der Formeln auf Fermionen und andere Teilchen mit Spin. Die „magnetischen" Spinquantenzahlen der ein- und auslaufenden Teilchen bezeichnen wir mit $j_{(n),z}$ oder $j_{(n),3}$. Sie bilden im Gegensatz zu den Energien und Impulsen einen Satz von diskreten Quantenzahlen. Die z- oder 3-Achse im Ruhesystem der Teilchen dient hier als Quantisierungsachse. Für jede erlaubte Kombination dieser Zahlen müssen wir T_{fi} berechnen, die Indizes i und f beziehen sich jetzt also auch auf die Spineinstellungen der Reaktionsteilchen.

Wir werden später die Normierungsfaktoren der Fermionwellenfunktionen so wählen, daß (2.29) auch für Fermionen einer gegebenen Orientierung der Spins den Zusammenhang zwischen Streuamplitude und Wirkungsquerschnitt wiedergibt. Eine sehr häufig vorkommende experimentelle Anordnung ist nun, daß die einlaufenden Teilchen unpolarisiert sind, und die Spineinstellungen der auslaufenden Teilchen nicht gemessen werden. Nach den Regeln der Quantenmechanik wird dann der Wirkungsquerschnitt durch Mittelung über die einlaufenden und Summation über die auslaufenden Spins berechnet,

$$\frac{\mathrm{d}\sigma}{\mathrm{d}\Omega_3} = \frac{1}{64\pi^2 s} \frac{|\boldsymbol{p}_3|}{|\boldsymbol{p}_1|} \overline{\sum} |T_{fi}|^2 \quad . \tag{2.33}$$

Die Mittelung kann durch ein statistisches Gewicht g in

$$\overline{\sum} |T_{fi}|^2 = g \sum_{j_{(n),z}} |T_{fi}|^2 \tag{2.34}$$

berücksichtigt werden. Die Summe auf der rechten Seite läuft über alle kombinatorischen Möglichkeiten der Spineinstellungen der Reaktionspartner. Das Gewicht g berechnet man durch Abzählen der möglichen Spinkombinationen der *einlaufenden* Teilchen und anschließende Inversion, also $g = 1/2$ für die Pion-Nukleon-Streuung und $g = 1/4$ für die besonders häufig vorkommenden $e^- e^+$- und pp-Reaktionen, aber auch für die Streuung von Photonen an Photonen.

Beim nochmaligen Durchlesen der Ableitung der Formeln zur Berechnung des Wirkungsquerschnitts aus der Streuamplitude wird der Leser feststellen, daß eine Erweiterung auf mehr als zwei Teilchen im Endzustand leicht möglich ist. Sie besteht für jedes zusätzliche Teilchen einfach im Hinzufügen weiterer Faktoren $\mathrm{d}^3 p_i/(2\pi)^3 2E_i$ an das Phasenraumelement (2.22). Die Berechnung des Integrals über den Phasenraum kann je nach der funktionalen Abhängigkeit des Matrixelementes allerdings ziemlich kompliziert werden, ein besonders einfaches Beispiel werden wir gleich im nächsten Abschnitt untersuchen.

2.1.2 Zerfallsraten

Zunächst betrachten wir die sog. Zwei-Körper-Zerfälle, also z.B. den Zerfall $\pi^+ \to \mu^+ \nu_\mu$. Der Energie-Impuls-Satz lautet

$$P = p_1 + p_2 \ . \tag{2.35}$$

Das Differential der Zerfallsbreite wird aus (1.127) unter Verwendung von $\mathrm{d}N = -N_\mathrm{f}$ berechnet,

$$\mathrm{d}\Gamma = \frac{\mathrm{d}N_\mathrm{f}}{VT\, n_0} \ . \tag{2.36}$$

Für $|R_{fi}|^2$ gilt jetzt entsprechend (2.11)

$$|R_{fi}|^2 = VT(2\pi)^4\delta^4(P - p_1 - p_2)(N_P N_1 N_2)^2 |T_{fi}|^2 \ . \tag{2.37}$$

Bei der Auswertung von (2.36) im Ruhesystem eines Zerfallsteilchens der Masse M leitet man mit $n_0 = 1/V$ und

$$(P^\mu) = \begin{pmatrix} M \\ 0 \end{pmatrix} \tag{2.38}$$

über[6]

$$\mathrm{d}\Gamma = \frac{1}{2M}|T_{fi}|^2 \int \mathrm{d}L \tag{2.39}$$

die Formel

$$\frac{\mathrm{d}\Gamma}{\mathrm{d}\Omega_1} = \frac{1}{32\pi^2}\frac{|\boldsymbol{p}_1|}{M^2}|T_{fi}|^2 \tag{2.40}$$

ab, worin natürlich $|\boldsymbol{p}_1| = |\boldsymbol{p}_2|$, der Impuls eines der auslaufenden Teilchen im Ruhesystem des Zerfallsteilchens, wieder aus (1.42) berechnet wird. Falls das zerfallende Teilchen keinen Spin hat oder falls man nur den Zerfall unpolarisierter Teilchen mit Spin J betrachtet, ist keine Achse im Ruhesystem ausgezeichnet, und $\mathrm{d}\Gamma$ kann daher nicht von einem Winkel abhängen. Wir dürfen deshalb die Integration über $\mathrm{d}\Omega$ sofort ausführen und erhalten als allgemeines Ergebnis

$$\Gamma = \frac{|\boldsymbol{p}_1|}{8\pi M^2}\overline{\sum}|T_{fi}|^2 \ . \tag{2.41}$$

Das zur Ausführung der rechten Seite benötigte statistische Gewicht für ein zerfallendes Teilchen mit dem Spin J ist klarerweise durch

$$g = \frac{1}{2J+1} \tag{2.42}$$

definiert.

Bei der Untersuchung der Strahlungszerfälle von Hadronen ist es manchmal einfacher, analog zu dem Vorgehen der Atomphysik und Kernphysik eine nichtrelativistische Rechnung (Index NR) durchzuführen. Unter Verwendung einer nichtrelativistischen Normierung der Hadronwellenfunktionen (Normierungskonstante $1/\sqrt{V}$) bekommen wir bei Vernachlässigung des Energieunterschiedes zwischen ein- und auslaufendem Hadron

$$\frac{\mathrm{d}\Gamma}{\mathrm{d}\Omega_1} = \frac{|\boldsymbol{p}_1|}{8\pi^2}|T_{fi}^{\mathrm{NR}}|^2 \ . \tag{2.43}$$

[6] Das Integralzeichen bezeichnet wieder nur die Integration über nicht benötigte Variablen.

Besonders wichtig sind auch die Drei-Körper-Zerfälle, man denke nur an das klassische Beispiel des β-Zerfalls. Der Energie-Impuls-Satz lautet nun

$$P = p_1 + p_2 + p_3 \tag{2.44}$$

und für das Phasenraumelement in (2.39) gilt

$$\mathrm{d}L = (2\pi)^4 \delta^4(P - p_1 - p_2 - p_3) \frac{\mathrm{d}^3 p_1}{(2\pi)^3 2E_1} \frac{\mathrm{d}^3 p_2}{(2\pi)^3 2E_2} \frac{\mathrm{d}^3 p_3}{(2\pi)^3 2E_3} \ . \tag{2.45}$$

Wir bleiben im Ruhesystem des Mutterteilchens. Die Integration über $\boldsymbol{p}_3$ ist wieder sofort möglich, und die verbleibende δ-Funktion $\delta(M - E_1 - E_2 - E_3)$ erlaubt im Prinzip noch eine weitere Integration ohne Beachtung der Argumente des Matrixelementes. Bei Summierung bzw. Mittelung über die Spins der aus- und einlaufenden Teilchen kann dieses Matrixelement nur von den Impulskomponenten der Teilchen im Endzustand abhängen. Wieviele unabhängige Komponenten gibt es? Um diese Frage zu beantworten, bedenken wir, daß die Impulse der auslaufenden Teilchen in einer Ebene liegen. Wir haben noch die Freiheit, das Koordinatensystem so zu legen, daß z.B. die x-Achse mit einem der Impulse zusammenfällt. Dann stehen noch fünf Komponenten (nämlich drei Impulsbeträge und zwei relative Winkel) zur Verfügung, die aber durch drei Erhaltungssätze der Energie und des Impulses miteinander verknüpft sind. Wir wählen als unabhängige Komponenten die Energien E_1, E_2 und ziehen die zugehörigen Differentiale vor das Integral. Das Ergebnis lautet daher zunächst

$$\int \mathrm{d}L = \mathrm{d}E_1\, \mathrm{d}E_2 \frac{|\boldsymbol{p}_1||\boldsymbol{p}_2|}{8(2\pi)^5} \int \delta(M - E_1 - E_2 - E_3) \frac{1}{E_3}\, \mathrm{d}\Omega_1\, \mathrm{d}\Omega_2 \ , \tag{2.46}$$

wobei noch

$$\mathrm{d}|\boldsymbol{p}| = \frac{E}{|\boldsymbol{p}|}\, \mathrm{d}E \tag{2.47}$$

benutzt wurde. Wir legen nun den Impuls $\boldsymbol{p}_1$ in die z-Achse eines räumlichen Koordinatensystems und integrieren über alle möglichen Orientierungen der z-Achse, d.h. über $\mathrm{d}\Omega_1$ und anschließend über den Azimutwinkel des zweiten Teilchens. Insgesamt ergibt dies einen Faktor $8\pi^2$. Die verbleibende Integration über $\mathrm{d}\cos\Theta_2$ ist nicht so einfach, weil die δ-Funktion nur implizit von Θ_2 abhängt. Hier hilft wieder die Formel (2.24), deren Anwendung das Endergebnis

$$\int \mathrm{d}L = \frac{1}{32\pi^3}\, \mathrm{d}E_1\, \mathrm{d}E_2 \tag{2.48}$$

für den Drei-Teilchen-Phasenraum liefert. Mit der oben beschriebenen Summation und Mittelung über die Spins erhalten wir somit das bemerkenswerte Resultat

$$\frac{\mathrm{d}^2\Gamma(E_1, E_2)}{\mathrm{d}E_1\, \mathrm{d}E_2} = \frac{1}{64\pi^3 M} \overline{\sum} |T_{fi}(E_1, E_2)|^2 \ . \tag{2.49}$$

Jedes Zerfallsereignis läßt sich als Punkt in der E_1, E_2-Ebene darstellen. Die Punktdichte in dieser Ebene ist offenbar ein direktes Maß für das

Betragsquadrat des Matrixelements. Diese Auftragung nach Dalitz oder „Dalitz-Plot“-Methode hat sich als enorm nützlich in der Untersuchung der Drei-Körper-Zerfälle erwiesen. Die Abb. 2.2 demonstriert, wie die höhere Punktdichte an bestimmten Stellen direkt die Bildung neuer Resonanzen anzeigt.

Im Fall verschwindender Masse der Teilchen im Endzustand sind die Grenzen des Dalitz-Plots einfach durch das Dreieck der Abb. 2.3 gegeben, i. allg. ist aber die Berechnung der Grenzen ziemlich kompliziert. Man erhält sie durch Auswertung der Bedingung

$$|\cos\Theta_2| \leq 1 \quad , \tag{2.50}$$

wobei $\cos\Theta_2$ sich wegen $\sum \boldsymbol{p}_n = 0$ aus

$$2|\boldsymbol{p}_1||\boldsymbol{p}_2|\cos\Theta_2 = \boldsymbol{p}_3^2 - \boldsymbol{p}_1^2 - \boldsymbol{p}_2^2 \tag{2.51}$$

ermitteln läßt. Zur Bestimmung dieser Grenzen sind numerische Methoden besonders geeignet, ein Beispiel ist in dem Programm `dalitz.txt` auf der Web-Seite angegeben, dessen Parameter der Leser nach eigenem Belieben verändern sollte.

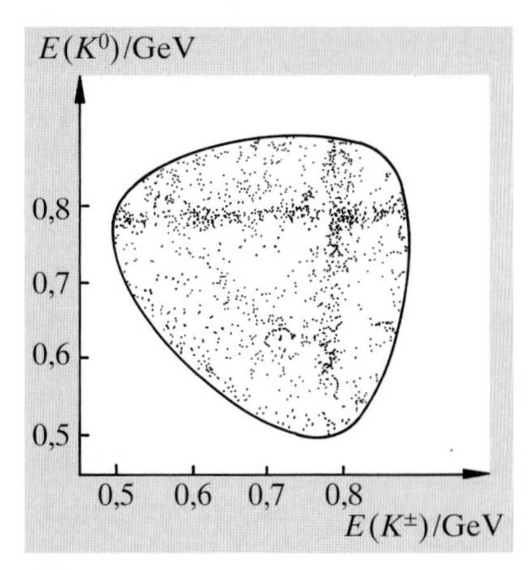

Abb. 2.2
Beispiel für eine Dalitz-Auftragung. Untersucht wurde die Reaktion $p + \bar{p} \to \overset{(-)}{K}{}^0 + K^{\mp} + \pi^{\pm}$. Die erhöhte Punktdichte beweist die Bildung von Kaon-Resonanzen

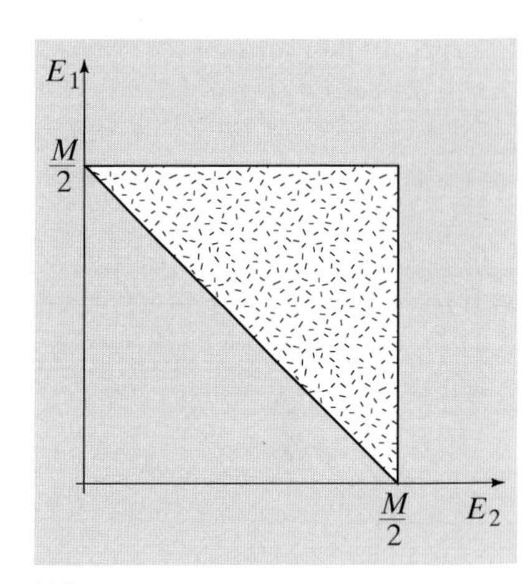

Abb. 2.3
Grenzen des Dalitz-Plots für den Drei-Körper-Zerfall in masselose Teilchen

2.1.3 Symmetrien der S-Matrix

Die Erforschung von Symmetrien in den Naturgesetzen ist einer der schönsten Zweige der Physik. Die Symmetrien führen uns zu Erhaltungssätzen und Aussagen über die Struktur der Streuamplitude, deren Gültigkeit nicht an ein bestimmtes Modell einer Wechselwirkung geknüpft ist. In der Teilchenphysik liefert das S-Matrix-Konzept einen besonders einfachen Zugang zu diesen Überlegungen. Historisch spielten sie eine besonders wichtige Rolle in der Zeit vor der Etablierung des Standardmodells. Da heute Feynman-Regeln für alle Wechselwirkungen bekannt sind, treten Betrachtungen über die Symmetrien der Streumatrix naturgemäß in den Hintergrund. Der Leser kann daher im Prinzip die folgenden Abschnitte zunächst übergehen. Das Symmetriekonzept der Quantenmechanik wird in den entsprechenden Lehrbüchern ausführlich diskutiert [Gre05, Mes90]. Wem die folgende Zusammenfassung zu schnell geht, sollte diese Bücher konsultieren.

Die S-Matrix (bzw. der S-Operator) ist unitär, d.h. es gilt

$$SS^\dagger = S^\dagger S = 1 \tag{2.52}$$

oder

$$S^{-1} = S^\dagger \quad . \tag{2.53}$$

Die Matrixelemente des adjungierten Operators $S^\dagger$ sind hierbei wie üblich durch

$$S^*_{fi} = S^\dagger_{if} \tag{2.54}$$

definiert. Für das System zur Zeit $t \to -\infty$ und das System zur Zeit $t \to +\infty$ gilt damit der Zusammenhang

$$\langle i'|i'\rangle = \langle i|S^\dagger S|i\rangle = \langle i|i\rangle \quad . \tag{2.55}$$

Physikalisch bedeutet die Unitarität der S-Matrix die Erhaltung der Wahrscheinlichkeit im Streuprozeß: „Was hineinläuft, muß auch wieder herauskommen“.

Im Hilbertraum der Zustände $|i\rangle$ und $|f\rangle$ betrachten wir nun die Wirkung einer beliebigen unitären Transformation U, wobei die transformierten Zustände mit dem „$\tilde{\ }$“-Symbol bezeichnet werden:

$$\begin{aligned} U|i\rangle &= |\tilde{i}\rangle \ , \\ U|f\rangle &= |\tilde{f}\rangle \ . \end{aligned} \tag{2.56}$$

Der S-Operator transformiert sich unter U gemäß der allgemeinen Transformationsregel für Operatoren

$$\tilde{S} = USU^\dagger \ , \tag{2.57}$$

und daher gilt trivialerweise

$$\langle\tilde{f}|\tilde{S}|\tilde{i}\rangle = \langle f|U^\dagger USU^\dagger U|i\rangle = \langle f|S|i\rangle \ . \tag{2.58}$$

Uns interessieren besonders die Fälle, bei denen S invariant unter U ist, also $\tilde{S} = S$, was die Bedingung

$$USU^\dagger = S \tag{2.59}$$

ergibt. Nach Multiplikation dieser Gleichung mit U jeweils von rechts und anschließender Subtraktion der linken von der rechten Seite folgt hieraus wegen $U^\dagger U = 1$

$$SU - US = 0 \ , \tag{2.60}$$

was mit

$$[S, U] = 0 \tag{2.61}$$

abgekürzt wird. Um die Bedeutung dieses Resultats zu verstehen, untersuchen wir infinitesimale Transformationen. Eine infinitesimale unitäre Transformation läßt sich als Abweichung von der Einheitsmatrix 1 schreiben,

$$U = 1 - \mathrm{i}\ \mathrm{d}\alpha F \ , \tag{2.62}$$

wobei (2.62) den einfachsten Fall mit *einem* reellen Parameter $\mathrm{d}\alpha$ und *einem* sog. Generator F der unitären Transformation U darstellt. Kompliziertere Beispiele werden wir später kennenlernen, aber das Wesentliche sieht man schon bei der Beschränkung auf (2.62). Beim Sammeln der in $\mathrm{d}\alpha$ linearen Terme gilt nämlich

$$\begin{aligned} U^\dagger U &= (1 + \mathrm{i}\ \mathrm{d}\alpha F^\dagger)(1 - \mathrm{i}\ \mathrm{d}\alpha F) \\ &\approx 1 + \mathrm{i}\ \mathrm{d}\alpha (F^\dagger - F) \end{aligned} \tag{2.63}$$

und daher

$$F^\dagger = F \ . \tag{2.64}$$

Das heißt, die Generatoren F sind Hermitesche Operatoren. Solche Operatoren repräsentieren bekanntlich die meßbaren Größen in der Quantenmechanik. Aus (2.61) folgt dann mit (2.62) sofort

$$[S, F] = 0 \ , \tag{2.65}$$

und dies ist ein höchst wichtiges Resultat. Es bedeutet, daß die Eigenwerte von F im Streuprozeß erhalten bleiben, d.h. es gibt einen Erhaltungssatz für die durch die Operatoren F repräsentierten Meßgrößen.

Am einfachsten sehen wir das an einem Beispiel ein. Es sei F die z-Komponente des Gesamtimpulses der Reaktionspartner, $F = P_z$, mit den Eigenwerten $P_{i,z}$ und $P_{f,z}$ im Anfangs- bzw. Endzustand der Reaktion. Dann gilt

$$\langle f|[S, P_z]|i\rangle = (P_{i,z} - P_{f,z})S_{fi} \tag{2.66}$$

und wegen (2.65)

$$P_{f,z} = P_{i,z} \ . \tag{2.67}$$

Wir haben also gezeigt, daß die Impulserhaltung identisch zu einer Symmetrie der S-Matrix unter der Transformation

$$U = 1 - \mathrm{i}\, \mathrm{d}\alpha P_z \tag{2.68}$$

ist. Jetzt wollen wir die physikalische Bedeutung dieser Transformation noch etwas näher untersuchen.[7] Wir werden zeigen, daß U die durch eine Verschiebung des Koordinatensystems induzierte Transformation ist. Ein Teilchen mit der Ortskoordinate z wird durch einen Zustandsvektor $|z\rangle$ beschrieben. In $|i\rangle$ sind natürlich auch die Ortskoordinaten aller Teilchen enthalten, $|i\rangle = |\ldots, z_1, z_2, \ldots\rangle$, wofür wir vereinfachend $|z\rangle$ schreiben. Wenn wir nun unsere Apparatur um ein Stück Δz verschieben, wird der Zustandsvektor zu $|z + \Delta z\rangle$ mit der Verknüpfung

$$|z + \Delta z\rangle = U_z(\Delta z)|z\rangle \ . \tag{2.69}$$

Wegen (2.62) gilt für den Generator F_z der Verschiebung

$$F_z|z\rangle = \frac{-\mathrm{i}}{\Delta z}(|z + \Delta z\rangle - |z\rangle) \ . \tag{2.70}$$

Hierbei haben wir $\mathrm{d}\alpha = -\Delta z$ gesetzt. Im Grenzfall $\Delta z \to 0$ folgt

$$F_z|z\rangle = -\mathrm{i}\frac{\mathrm{d}}{\mathrm{d}z}|z\rangle \ , \tag{2.71}$$

also

$$F_z = P_z \ , \tag{2.72}$$

wobei die Operatorbeziehung

$$P_z = -\mathrm{i}\frac{\mathrm{d}}{\mathrm{d}z} \tag{2.73}$$

schon aus der elementaren Quantenmechanik geläufig ist.

Mit den einfachen Mitteln des S-Matrix-Formalismus haben wir so das berühmte Noethersche Theorem der Feldtheorie gefunden: Einer Symmetrie der Wechselwirkung entspricht ein Erhaltungssatz physikalischer Observablen.[8]

[7] Immer wieder lesenswert in diesem Zusammenhang ist Diracs Buch über Quantenmechanik [Dir81].

[8] Amalie Emmy Noether (1882–1935) gilt als die bisher bedeutendste deutsche Mathematikerin. Sie emigrierte 1933 in die USA.

Beispielsweise folgt die Impulserhaltung aus der Invarianz der Theorie gegenüber räumlichen Verschiebungen, Energieerhaltung aus der Invarianz gegenüber zeitlichen Verschiebungen, Drehimpulserhaltung aus der Invarianz unter Drehungen. Die Zustände $|i\rangle$ und $|f\rangle$ geben wir als Eigenzustände zu den erhaltenen Operatoren an. Das Studium der Symmetrien zeigt uns daher auch einen geeigneten Satz von Quantenzahlen der Elementarteilchen. Mit diesen Quantenzahlen und den Methoden ihrer experimentellen Bestimmung werden wir uns daher noch eine Weile beschäftigen.

2.1.4 Das optische Theorem

Wir haben im letzten Abschnitt die Unitarität als Erhaltung der Wahrscheinlichkeit im Streuprozeß interpretiert. Mathematisch läßt sich allein aus der Unitaritätsbedingung eine fundamentale Beziehung zwischen dem Imaginärteil der Streuamplitude und ihrem Betrag begründen. Zur Herleitung folgern wir zunächst aus $SS^\dagger = 1$

$$RR^\dagger = -2\,\mathrm{Re}\,R = -2(2\pi)^4 N_1 N_2 N_3 N_4 \delta^4\,\mathrm{Im}\,T \quad , \tag{2.74}$$

worin Re und Im für Realteil bzw. Imaginärteil stehen. Nun schieben wir die Vollständigkeitsrelation $\sum_f |f\rangle\langle f| = 1$ zwischen R und $R^\dagger$ auf der linken Seite und multiplizieren die gesamte Gleichung von links mit $\langle i|$ und von rechts mit $|i\rangle$. Das Ergebnis lautet

$$\sum_f |R_{fi}|^2 = -2(2\pi^4) N_1^2 N_2^2 \delta^4\,\mathrm{Im}\,T_{fi}^{el}(0) \quad . \tag{2.75}$$

Auf der rechten Seite wurde hierbei noch $T_{ii} = T_{fi}^{el}(0)$ benutzt, T_{ii} ist also durch die *elastische* Streuamplitude in Vorwärtsrichtung ($\Theta = 0$) gegeben. Dies entspricht anschaulich dem Grenzübergang $|f\rangle \to |i\rangle$. Außerdem gilt in diesem Fall $N_1 = N_3$ und $N_2 = N_4$. Die formale Summe über f auf der linken Seite muß im Fall der kontinuierlich verteilten Impulse durch das Integral $\int \frac{V\,\mathrm{d}^3 p_3}{(2\pi)^3} \frac{V\,\mathrm{d}^3 p_4}{(2\pi)^3}$ ersetzt werden. Unter Benutzung von (2.4) und der Definition (2.22) ergibt dies

$$\sum_k \int |T_{fi}|^2\,\mathrm{d}L = -2\,\mathrm{Im}\,T_{fi}^{el}(0) \quad , \tag{2.76}$$

wobei die Summe auf der linken Seite über die verschiedenen möglichen Reaktionskanäle, also auch über die möglichen Werte des Spins der Endzustände läuft. Das Integral erstreckt sich hier über den gesamten Bereich der Impulse $\boldsymbol{p}_3$ und $\boldsymbol{p}_4$. Durch Vergleich mit (2.18) lernen wir daher, daß $\sum_k \int |T_{fi}|^2\,\mathrm{d}L$ bis auf einen Faktor $2S_{12}$ der totale Wirkungsquerschnitt σ_t für eine bestimmte Konfiguration der Spins der einlaufenden Teilchen ist,

$$\sigma_t = \frac{-1}{S_{12}}\,\mathrm{Im}\,T_{fi}^{el}(0) \quad . \tag{2.77}$$

Damit ist das optische Theorem formuliert. Ihm werden wir noch an verschiedenen Stellen des Buches begegnen. Aus der Art der Herleitung wird klar, daß es auch für Endzustände mit beliebig vielen Teilchen gültig ist. Immer ist der totale Wirkungsquerschnitt durch die elastische Streuamplitude der zwei einlaufenden Teilchen in Vorwärtsrichtung gegeben, wobei *elastisch* auch bedeutet, daß die Spineinstellungen der Teilchen erhalten bleiben.

Die Namensgebung des Theorems erinnert daran, daß in der Optik die Abschwächung der Intensität einer Welle in Materie durch den Imaginärteil des Brechungsindex beschrieben wird. In dem Lehrbuch *Collision Theory* von Goldberger und Watson [Gol64] aber auch in dem schon häufig erwähnten Buch von Jackson [Jac99] findet man eine ausführliche und tiefgehende Diskussion dieses für die Streutheorie eminent wichtigen Zusammenhangs.

2.1.5 Anhang über die δ-Funktion

Die von Dirac gefundene δ-Funktion hat sich als besonders hilfreich beim Rechnen mit den ebenen Wellen der Quantenmechanik erwiesen. In *einer* Dimension (z.B. der Kreisfrequenz ω) ist die δ-Funktion durch folgende Eigenschaften festgelegt: Falls ω_0 außerhalb des Integrationsintervalls liegt, gilt

$$\int \delta(\omega-\omega_0)\,\mathrm{d}\omega = 0 \ . \tag{2.78}$$

Hingegen gilt, falls ω_0 innerhalb des Integrationsintervalls liegt,[9]

$$\int \delta(\omega-\omega_0)\,\mathrm{d}\omega = 1 \ . \tag{2.79}$$

Man kann sich $\delta(\omega-\omega_0)$ als eine Funktion vorstellen, die überall verschwindet, außer bei ω_0, wo sie unendlich groß wird. Der damit arg strapazierte Funktionsbegriff zeigt den lockeren Umgang der Physiker mit unendlichen Größen, aber in der mathematischen Distributionstheorie wird gezeigt, daß sich mit solchen Distributionen wie mit gewöhnlichen Funktionen rechnen läßt. Eine elementare Zusammenfassung findet man in [Ber80]. Aus den angegebenen Eigenschaften folgt sofort die sehr wichtige Wirkung der δ-Funktion auf gewöhnliche Funktionen $g(\omega)$

$$\int_{-\infty}^{+\infty} \delta(\omega-\omega_0)g(\omega)\,\mathrm{d}\omega = g(\omega_0) \ . \tag{2.80}$$

Für sehr große Werte eines Parameters T mit der Dimension der Zeit kann man die δ-Funktion durch

$$\varphi(\omega) = \frac{\sin(\omega T/2)}{\pi\omega} \tag{2.81}$$

annähern. Dies sollte sich der Leser am besten durch numerische Konstruktion klarmachen. Die Abb. 2.4 zeigt ein Beispiel für $T = 20$ s. Aus der letzten Gleichung läßt sich durch Betrachtung des Grenzübergangs $\omega \to 0$ die für die Manipulation von Formeln mit Potenzen der δ-Funktion nützliche Beziehung

$$2\pi\delta(0) = T \tag{2.82}$$

ableiten. Da $\varphi(\omega)$ andererseits die Lösung des Integrals

$$\frac{1}{2\pi}\int_{-T/2}^{+T/2} \mathrm{e}^{\mathrm{i}\omega t}\,\mathrm{d}t \tag{2.83}$$

[9] Diese beiden Eigenschaften charakterisieren die δ-Funktion noch nicht eindeutig. Auch hier sei wieder ein Blick in das Buch von J.D. Jackson und die dort genannten mathematischen Lehrbücher empfohlen [Jac99].

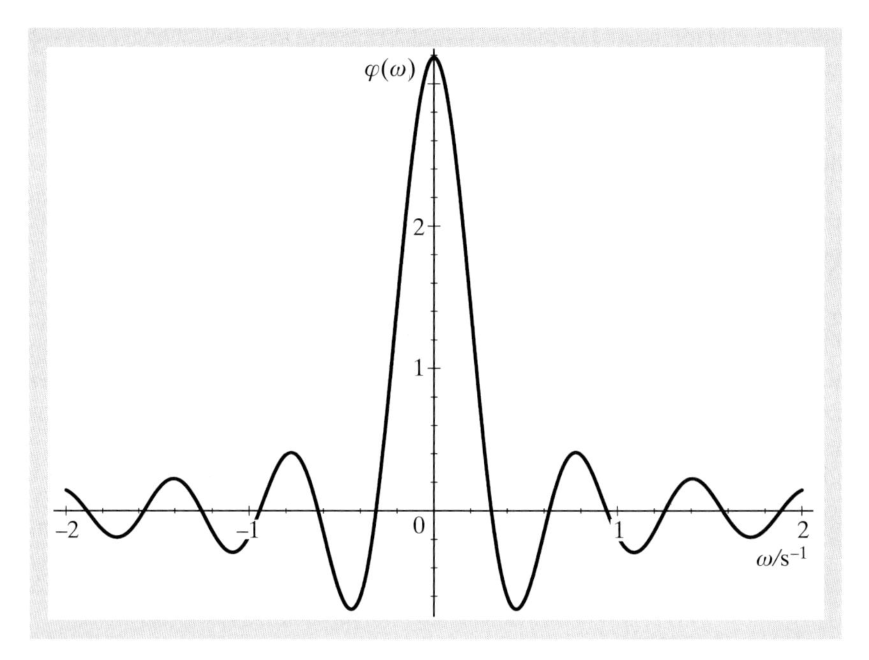

Abb. 2.4
Die Funktion $\sin(\omega T/2)/\pi\omega$ stellt für $T = 20\,\mathrm{s}$ offenbar schon eine recht gute Annäherung an die δ-Funktion dar

ist, ergibt sich daraus

$$\delta(\omega) = \frac{1}{2\pi} \int\limits_{-\infty}^{+\infty} \mathrm{e}^{\mathrm{i}\omega t}\,\mathrm{d}t \qquad (2.84)$$

als Integraldarstellung der δ-Funktion.

2.2 Drehungen in drei Dimensionen

Die im letzten Abschnitt begonnenen Überlegungen werden wir nun zuerst am Beispiel der Drehungen in einem dreidimensionalen kartesischen Koordinatensystem fortsetzen und dann auf Lorentz-Transformationen und Poincaré-Transformationen erweitern. Dabei ist es unvermeidlich, daß einige neue Begriffe eingeführt werden. Sie werden sich für die Diskussion komplizierterer Transformationsgruppen aber als unentbehrlich erweisen.

2.2.1 Drehungen

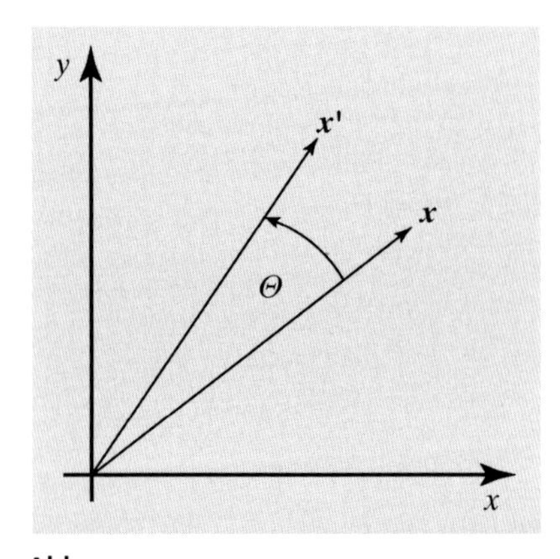

Abb. 2.5
Aktive Drehung eines Vektors. In den mathematischen Formeln werden die Komponenten (x, y, z) durch (x_1, x_2, x_3) ersetzt

Für die weiteren Diskussionen ist es nützlich, alle Transformationen aktiv aufzufassen, d.h. wir verschieben oder drehen Objekte in einem festen Koordinatensystem. Betrachten wir z.B. die Drehung des Ortsvektors $\boldsymbol{x}$ in Abb. 2.5. Die z-Achse des Koordinatensystems bildet die Drehachse. Nach der Drehung um einen Winkel Θ haben wir den neuen Vektor $\boldsymbol{x}'$. Die Komponenten des neuen Vektors lassen sich aus den alten Komponenten durch

$$x'_k = R_{kl} x_l \qquad (2.85)$$

berechnen. Hierin sind die Komponenten x_1, x_2, x_3 mit den kartesischen Komponenten x, y, z zu identifizieren und die R_{kl} sind die Elemente der Drehmatrix R. Im euklidischen Raum gibt es keinen Unterschied zwischen oberen und unteren Indizes, und wie üblich wird über gleichlautende Indizes summiert.

Für den Fall einer aktiven Drehung um die z-Achse (3-Achse) des Koordinatensystems hat R die einfache Form

$$R^{(3)} = \begin{pmatrix} \cos\Theta_3 & -\sin\Theta_3 & 0 \\ \sin\Theta_3 & \cos\Theta_3 & 0 \\ 0 & 0 & 1 \end{pmatrix} . \tag{2.86}$$

Für beliebige Drehungen ist die explizite Form von R natürlich viel komplizierter, aber alle Drehmatrizen erfüllen die Orthogonalitätsrelationen

$$R^{-1} = R^{\mathrm{tr}} , \tag{2.87}$$

wobei das Symbol „tr" Transponieren – also Vertauschen von Zeilen- und Spaltenindizes – bedeutet. Wegen $R^{-1}R = 1$ (1 steht wieder für die Einheitsmatrix) lassen sich die Orthogonalitätsrelationen auch in Komponentenform angeben,

$$R_{ik}R_{il} = \delta_{kl} .^{10} \tag{2.88}$$

Anschaulich besagen die Orthogonalitätsrelationen, daß die Länge eines Vektors, oder allgemeiner das Skalarprodukt zweier Vektoren, sich bei Drehungen nicht ändert. Das kann man mit Hilfe von (2.88) auch leicht formal beweisen.

Für die spätere Verwendung geben wir noch die Drehmatrizen für Drehungen um die 1- bzw. 2-Achse des Koordinatensystems an:

$$R^{(1)} = \begin{pmatrix} 1 & 0 & 0 \\ 0 & \cos\Theta_1 & -\sin\Theta_1 \\ 0 & \sin\Theta_1 & \cos\Theta_1 \end{pmatrix} , \tag{2.89}$$

und

$$R^{(2)} = \begin{pmatrix} \cos\Theta_2 & 0 & \sin\Theta_2 \\ 0 & 1 & 0 \\ -\sin\Theta_2 & 0 & \cos\Theta_2 \end{pmatrix} . \tag{2.90}$$

Für praktische Rechnungen braucht man manchmal die passiven Transformationen, also z.B. die Koordinaten des Punktes P in einem gedrehten Koordinatensystem (Abb. 2.6). Die zugehörigen Matrizen hängen auf elementare Weise miteinander zusammen,

$$R^{\mathrm{pass}} = R^{\mathrm{tr}} . \tag{2.91}$$

Wir haben bisher als Beispiel immer die Drehung des Ortsvektors behandelt, es ist aber ohne weiteres klar, daß ein zu (2.85) analoges Transformationsgesetz mit der gleichen Drehmatrix für alle Vektoren des euklidischen Raumes (also z.B. Teilchenimpulse) gilt.

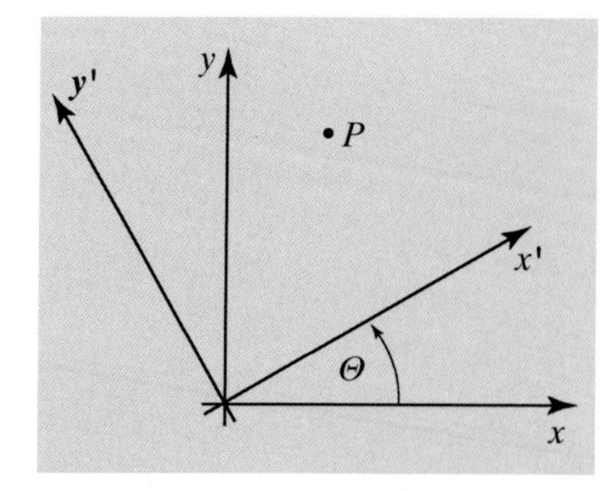

Abb. 2.6
Passive Drehung, d.h. Drehung des Koordinatensystems bei festen Punkten

[10] Das Kronecker-Symbol δ_{kl} nimmt die Werte 0 für $k \neq l$ und 1 für $k = l$ an.

2.2.2 Die Drehgruppe

Die soeben definierten Matrizen bilden eine Gruppe. Es läßt sich einfach beweisen, daß sie die Gruppenaxiome erfüllen, d.h. also:

1. Es existiert ein Produkt: Das Produkt zweier Drehmatrizen ist wieder eine Drehmatrix. Anschaulich entsprechen ihm zwei hintereinander ausgeführte Drehungen.
2. Es existiert ein Einselement, die Einheitsmatrix. Anschaulich entspricht dem Einselement eine Drehung um $0, 2\pi, 4\pi, \ldots$.
3. Es existiert das inverse Element $R^{-1} = R^{\text{tr}}$. Anschaulich gehört hierzu die Drehung zurück um den gleichen Winkel.
4. Es gilt das assoziative Gesetz, man kann also Drehungen beliebig zusammenfassen z. B.$(R_1 R_2) R_3 = R_1 (R_2 R_3)$.

Aus den Orthogonalitätsrelationen läßt sich für die Determinante der orthogonalen Matrizen R die Relation

$$\det R = \pm 1 \tag{2.92}$$

ableiten. Matrizen mit $\det R = -1$ beschreiben Drehungen mit einer zusätzlichen Spiegelung am Koordinatenursprung. Diese schließen wir zunächst aus und bezeichnen als Drehgruppe die Gruppe der speziellen ($\det R = +1$) orthogonalen Matrizen in drei Dimensionen. Sie hat die Bezeichnung $SO3$.

$SO3$ ist nicht kommutativ. Das Resultat zweier hintereinander ausgeführter Transformationen ist i.allg. von ihrer Reihenfolge bestimmt. Solche Gruppen bezeichnet man als Nicht-Abelsche Gruppen. $SO3$ hängt von drei kontinuierlichen Parametern ab. Wegen der geometrischen Bedeutung der Drehungen ist dies sofort klar. Formal folgt die Behauptung aus der Tatsache, daß es sechs linear unabhängige Orthogonalitätsrelationen für die neun Matrixelemente gibt. Als Parameter kann man z.B. die Richtung der Drehachse (zwei Richtungswinkel) und den Drehwinkel um diese Achse wählen. Manchmal ist es aber auch vorteilhaft, die in der klassischen Mechanik vielbenutzten drei Eulerschen Winkel zu nehmen. Gruppen, die wie $SO3$ von endlich vielen kontinuierlichen Parametern abhängen, heißen Lie-Gruppen. $SO3$ ist also eine Nicht-Abelsche Lie-Gruppe.

Wir betrachten nun infinitesimale Drehungen, diese müssen sich als kleine Abweichungen von der Einheitsmatrix darstellen lassen. Eine infinitesimale Drehung um die 3-Achse hat daher z. B.die Form:

$$R^{(3)}(\mathrm{d}\Theta) = 1 - \mathrm{i}\ \mathrm{d}\Theta D_3 \ . \tag{2.93}$$

Wir bezeichnen D_3 als Generator der Drehung. Durch Anwendung der Kleinwinkel-Näherung kann man durch Vergleich mit (2.86) sofort die Relation

$$D_3 = \mathrm{i} \begin{pmatrix} 0 & -1 & 0 \\ 1 & 0 & 0 \\ 0 & 0 & 0 \end{pmatrix} \tag{2.94}$$

ableiten. Analog folgt für die Generatoren D_1, D_2

$$D_1 = \mathrm{i}\begin{pmatrix} 0 & 0 & 0 \\ 0 & 0 & -1 \\ 0 & 1 & 0 \end{pmatrix} \tag{2.95}$$

und

$$D_2 = \mathrm{i}\begin{pmatrix} 0 & 0 & 1 \\ 0 & 0 & 0 \\ -1 & 0 & 0 \end{pmatrix} \quad . \tag{2.96}$$

Eine infinitesimale Drehung um eine beliebige Achse, die durch den Richtungsvektor $\boldsymbol{n}$ gegeben ist, schreibt sich dann

$$\begin{aligned} R^{(\boldsymbol{n})}(\,\mathrm{d}\Theta) &= 1 - \mathrm{i}\,\mathrm{d}\Theta n_i D_i \\ &= 1 - \mathrm{i}\,\mathrm{d}\Theta \boldsymbol{nD} \quad . \end{aligned} \tag{2.97}$$

In (2.97) sind die $\mathrm{d}\Theta n_i = \mathrm{d}\Theta_i$ die drei Parameter der Drehung. Wenn wir m infinitesimale Drehungen hintereinander ausführen, ist die zugehörige Drehmatrix durch $R^{(\boldsymbol{n})}(m\ \mathrm{d}\Theta) = (R^{(\boldsymbol{n})}(\,\mathrm{d}\Theta))^m$ gegeben. Man erhält so im Grenzfall $m \to \infty$ für eine endliche Drehung um den Winkel $\Theta = m\,\mathrm{d}\Theta$ infolge der Identität

$$\lim_{m\to\infty}\left(1 - \mathrm{i}\frac{\Theta}{m}\boldsymbol{nD}\right)^m = \mathrm{e}^{-\mathrm{i}\Theta\boldsymbol{nD}} \tag{2.98}$$

das wichtige Resultat

$$R^{(\boldsymbol{n})}(\Theta) = \mathrm{e}^{-\mathrm{i}\Theta\boldsymbol{nD}} \quad , \tag{2.99}$$

auf welches wir noch häufig zurückgreifen werden.

Da $SO3$ keine Abelsche Gruppe ist, sind auch die Matrizen D_i nicht vertauschbar. Sie genügen aber einfachen Vertauschungsrelationen

$$[D_i, D_j] = \mathrm{i}\varepsilon_{ijk} D_k \quad , \tag{2.100}$$

wobei ε_{ijk} der total antisymmetrische Tensor ist, d.h. $\varepsilon_{123} = 1$ und $\varepsilon_{ijk} = 0$, wenn zwei Indizes gleich sind, $\varepsilon_{ijk} = 1$ bei einer geraden Permutation von $(1, 2, 3)$ und $\varepsilon_{ijk} = -1$ bei einer ungeraden Permutation von $(1, 2, 3)$. Damit gilt z.B.

$$\begin{aligned} [D_1, D_2] &= D_1 D_2 - D_2 D_1 \\ &= \mathrm{i} D_3 \quad . \end{aligned} \tag{2.101}$$

Wegen der Nichtvertauschbarkeit der D_i ist auch die vom Rechnen mit gewöhnlichen Zahlen geläufige Regel $\mathrm{e}^{a+b} = \mathrm{e}^a\mathrm{e}^b$ *nicht* erfüllt, also

$$\mathrm{e}^{-\mathrm{i}(\Theta_1 D_1 + \Theta_2 D_2)} \neq \mathrm{e}^{-\mathrm{i}\Theta_1 D_1}\mathrm{e}^{-\mathrm{i}\Theta_2 D_2} \quad . \tag{2.102}$$

2.2.3 Darstellungen der Drehgruppe

Ein System von Teilchen, das wir z.B. durch die Angabe seiner Ortskoordinaten $\boldsymbol{x}_i$ kennzeichnen, wird im quantenmechanischen Zustandsraum durch einen Vektor beschrieben, der u.a. auch die Information über diese Koordinaten enthält,

$$|\psi\rangle = |\ldots, \boldsymbol{x}_i, \ldots\rangle \ . \tag{2.103}$$

Nach einer Drehung R gehört zu dem System ein neuer Zustandsvektor $|\psi'\rangle$ mit

$$|\psi'\rangle = U(R)|\psi\rangle \ . \tag{2.104}$$

Man sagt, durch R wird eine unitäre Transformation $U(R)$ induziert. Insbesondere gelten folgende Abbildungsregeln:
Aus

$$R \to U(R) \tag{2.105}$$

folgt

$$\begin{aligned} R_1 R_2 &\to U(R_1)U(R_2) \\ R^{-1} &\to U(R^{-1}) = U^{-1}(R) \\ 1 &\to 1 \ . \end{aligned} \tag{2.106}$$

Die letzte Beziehung besagt, daß die Einheitsmatrix im Ortsraum auf die Einheitsmatrix im quantenmechanischen Zustandsraum abgebildet wird.

Die Gesamtheit der unitären Matrizen U bildet eine Darstellung der Drehgruppe $SO3$. Die Basisvektoren des Vektorraums, in dem U wirkt, spannen den Darstellungsraum auf. Wir wollen nun zunächst diese Basisvektoren finden.

Aus der Isomorphie der oben definierten Abbildung folgt für eine infinitesimale Drehung

$$U(\boldsymbol{n}, \, \mathrm{d}\Theta) = 1 - \mathrm{i}\, \mathrm{d}\Theta n_i \hat{\jmath}_i \tag{2.107}$$

und für die Generatoren $\hat{\jmath}_i$ der Transformation U

$$[\hat{\jmath}_i, \hat{\jmath}_j] = \mathrm{i}\varepsilon_{ijk}\hat{\jmath}_k \ . \tag{2.108}$$

Die physikalische Bedeutung der Operatoren $\hat{\jmath}_i$ kann man sofort erkennen. Da (2.108) die wohlbekannten Vertauschungsrelationen des Drehimpulses sind, identifizieren wir die $\hat{\jmath}_i$ mit den drei Komponenten des Drehimpulsoperators $\hat{\boldsymbol{\jmath}}$. Um Verwechslungen zu vermeiden, kennzeichnen wir Drehimpulsoperatoren mit dem Hut-Symbol und ihre Eigenwerte mit Normalschrift. Zur Konstruktion der möglichen Darstellungsräume können wir die Ergebnisse der Quantenmechanik des Drehimpulses übernehmen. Da der Operator

$$\hat{\jmath}^2 = \hat{\jmath}_1^2 + \hat{\jmath}_2^2 + \hat{\jmath}_3^2 \tag{2.109}$$

mit jeder seiner kartesischen Komponenten $\hat{\jmath}_i$ kommutiert, lassen sich zu $\hat{\jmath}^2$ und *einer* der miteinander nicht vertauschbaren Komponenten (wir wählen $\hat{\jmath}_3$) gemeinsame Eigenvektoren $|j; j_3\rangle$ finden. Diese Eigenvektoren spannen den Darstellungsraum auf. Die Dimension d des Vektorraumes bzw. der Darstellung ist durch

$$d = 2j + 1 \tag{2.110}$$

gegeben, wobei j die Werte

$$j = 0, \frac{1}{2}, 1, \frac{3}{2}, \ldots \tag{2.111}$$

annehmen kann. Das zu einem festen Wert von j gehörende *Multiplett* von Vektoren $|j;\, j_3\rangle$ enthält die $2j+1$ möglichen Werte von j_3,

$$j_3 = -j, -j+1, \ldots, j \ . \tag{2.112}$$

Die Eigenwertgleichungen lauten für den Operator des Betragsquadrats des Drehimpulses

$$\hat{j}^2 |j;\, j_3\rangle = j(j+1)|j;\, j_3\rangle \tag{2.113}$$

und für die z-Komponente

$$\hat{j}_3 |j;\, j_3\rangle = j_3 |j;\, j_3\rangle \ . \tag{2.114}$$

Aus den beiden übrigen Operatoren $\hat{j}_1$ und $\hat{j}_2$ bildet man die Linearkombinationen

$$\hat{j}_\pm = \hat{j}_1 \pm \mathrm{i}\,\hat{j}_2 \ . \tag{2.115}$$

Diese haben die schöne Eigenschaft, als „Leiteroperatoren" im Multiplett zu wirken, d.h. sie transformieren die einzelnen Basisvektoren eines gegebenen Vektorraumes ineinander. Physikalisch sind sie daher unentbehrlich zur Beschreibung von Wechselwirkungen. Im einzelnen gilt für den Drehimpuls

$$\hat{j}_\pm |j;\, j_3\rangle = \alpha_\pm |j;\, j_3 \pm 1\rangle \tag{2.116}$$

mit

$$\alpha_\pm = \sqrt{(j \mp j_3)(j \pm j_3 + 1)} \ . \tag{2.117}$$

Die Herleitung der letzten Gleichung ist in den Lehrbüchern der Quantenmechanik (z.B. [Mes90, Gre05, Rol02]) im Kapitel über die Quantentheorie des Drehimpulses zu finden.

Verallgemeinerung

Die Gleichungen (2.107)–(2.117) gelten in ähnlicher Form für viel kompliziertere Lie-Gruppen, insbesondere für $SU2$, $SU3$, $SU5$. Dies sind die Gruppen spezieller unitärer Transformationen in zwei, drei und fünf Dimensionen. Sie spielen in der Teilchenphysik eine zentrale Rolle. Ausgehend von der infinitesimalen Transformation

$$U = 1 - \mathrm{i}\,\mathrm{d}\alpha_k F_k \tag{2.118}$$

gewinnt man die Vertauschungsrelationen

$$[F_i, F_j] = c_{ijk} F_k \tag{2.119}$$

der Generatoren F_k. In (2.118) und (2.119) kann k die Werte $1, 2, ..., p$ annehmen, wobei p die Anzahl der reellen Parameter α_k ist, von denen die Gruppe abhängt. (Für $SO3$ gilt $p = 3$.)

Durch (2.119) ist eine Lie-Algebra der p Generatoren F_k definiert, die c_{ijk} sind die Strukturkonstanten der Lie-Algebra. Für die von uns betrachteten Beispiele sind sie total antisymmetrisch, solche Lie-Algebren und die dazugehörigen Gruppen heißen halbeinfach und kompakt. Der Begriff „kompakt" bezieht sich auf die Tatsache, daß die Parameter der Gruppe reell und beschränkt sind.

Von den p Generatoren werden i.allg. r miteinander vertauschbar sein, d.h. die rechte Seite von (2.119) verschwindet. Wir bezeichnen diese Generatoren, die physikalisch wieder die gleichzeitig meßbaren Größen repräsentieren, mit F_q, $q = 1, ..., r$. Die Zahl r heißt der Rang der Lie-Algebra ($r = 1$ für $SO3$). Das Racah-Theorem der Gruppentheorie sagt aus, daß halbeinfache und kompakte Gruppen daneben r sog. Casimir-Operatoren C_q besitzen. Diese Casimir-Operatoren sind ähnlich dem Operator $\hat{j}^2$ in (2.109) aus den F_k gebildete Bilinearformen, die miteinander und mit den F_q kommutieren.

Die simultanen Basisvektoren zu den C_q und den F_q spannen den Vektorraum der Darstellung auf. Wie im Fall von $SO3$ ist die Dimension des Raumes eindeutig durch die Eigenwerte der Casimir-Operatoren gegeben. Innerhalb einer gegebenen Darstellung (Multiplett) unterscheiden sich die Eigenvektoren durch die Eigenwerte zu den F_q.

Tabelle 2.1
Tabelle der $d^J_{M'M}(\Theta)$-Funktionen

J	M'	M	$d^J_{M'M}$
0	0	0	1
$\frac{1}{2}$	$\frac{1}{2}$	$\frac{1}{2}$	$\cos\frac{\Theta}{2}$
$\frac{1}{2}$	$\frac{1}{2}$	$-\frac{1}{2}$	$-\sin\frac{\Theta}{2}$
1	1	1	$\frac{1}{2}(1+\cos\Theta)$
1	1	0	$-\frac{1}{\sqrt{2}}\sin\Theta$
1	1	-1	$\frac{1}{2}(1-\cos\Theta)$
1	0	0	$\cos\Theta$
$\frac{3}{2}$	$\frac{3}{2}$	$\frac{3}{2}$	$\frac{1}{2}(1+\cos\Theta)\cos\frac{\Theta}{2}$
$\frac{3}{2}$	$\frac{3}{2}$	$\frac{1}{2}$	$-\frac{\sqrt{3}}{2}(1+\cos\Theta)\sin\frac{\Theta}{2}$
$\frac{3}{2}$	$\frac{3}{2}$	$-\frac{1}{2}$	$\frac{\sqrt{3}}{2}(1-\cos\Theta)\cos\frac{\Theta}{2}$
$\frac{3}{2}$	$\frac{3}{2}$	$-\frac{3}{2}$	$-\frac{1}{2}(1-\cos\Theta)\sin\frac{\Theta}{2}$
$\frac{3}{2}$	$\frac{1}{2}$	$\frac{1}{2}$	$\frac{1}{2}(3\cos\Theta-1)\cos\frac{\Theta}{2}$
$\frac{3}{2}$	$\frac{1}{2}$	$-\frac{1}{2}$	$-\frac{1}{2}(3\cos\Theta+1)\sin\frac{\Theta}{2}$
2	2	2	$\frac{1}{4}(1+\cos\Theta)^2$
2	2	1	$-\frac{1}{2}(1+\cos\Theta)\sin\Theta$
2	2	0	$\frac{\sqrt{6}}{4}\sin^2\Theta$
2	2	-1	$-\frac{1}{2}(1-\cos\Theta)\sin\Theta$
2	2	-2	$\frac{1}{4}(1-\cos\Theta)^2$
2	1	1	$\frac{1}{2}(1+\cos\Theta)(2\cos\Theta-1)$
2	1	0	$-\sqrt{\frac{3}{2}}\sin\Theta\cos\Theta$
2	1	-1	$\frac{1}{2}(1-\cos\Theta)(2\cos\Theta+1)$
2	0	0	$\frac{3}{2}\cos^2\Theta-\frac{1}{2}$

Jetzt wollen wir uns der Aufgabe zuwenden, die Matrizen $U(R)$ explizit zu konstruieren. Die Abbildungsgesetze (2.106) haben die unmittelbare Konsequenz, daß eine endliche unitäre Transformation sich wegen (2.99) als

$$U(\boldsymbol{n}, \Theta) = \mathrm{e}^{-\mathrm{i}\Theta \boldsymbol{n}\hat{\boldsymbol{j}}} \tag{2.120}$$

schreiben läßt. In den Gleichungen (2.107)–(2.117) sind alle Informationen enthalten, die wir zur Berechnung der Komponenten

$$\langle j;\, j_3'|\psi'\rangle = \sum_{j_3} \langle j;\, j_3'|U(R)|j;\, j_3\rangle\langle j;\, j_3|\psi\rangle \tag{2.121}$$

der Transformation (2.104) benötigen. Besonders einfach berechnet man die Elemente von $U(R^{(3)})$, d.h. der unitären Transformation, die durch eine Drehung um die z-Achse induziert wird:

$$\langle j;\, j_3'|\mathrm{e}^{-\mathrm{i}\Theta_3 \hat{j}_3}|j;\, j_3\rangle = \mathrm{e}^{-\mathrm{i}\, j_3\Theta_3}\delta_{j_3' j_3} \ . \tag{2.122}$$

Für praktische Rechnungen werden ebenso die

$$d^j_{j_3' j_3}(\Theta_2) = \langle j;\, j_3'|\mathrm{e}^{-\mathrm{i}\Theta_2 \hat{j}_2}|j;\, j_3\rangle \tag{2.123}$$

immer wieder benötigt. Es sind reelle Funktionen eines Winkels Θ, die durch drei Indizes gekennzeichnet sind. Eine Zusammenstellung dieser Funktionen in der Notation $d^J_{M'M}$ ist in der Tabelle 2.1 zu finden. Die $d^J_{M'M}$ genügen den

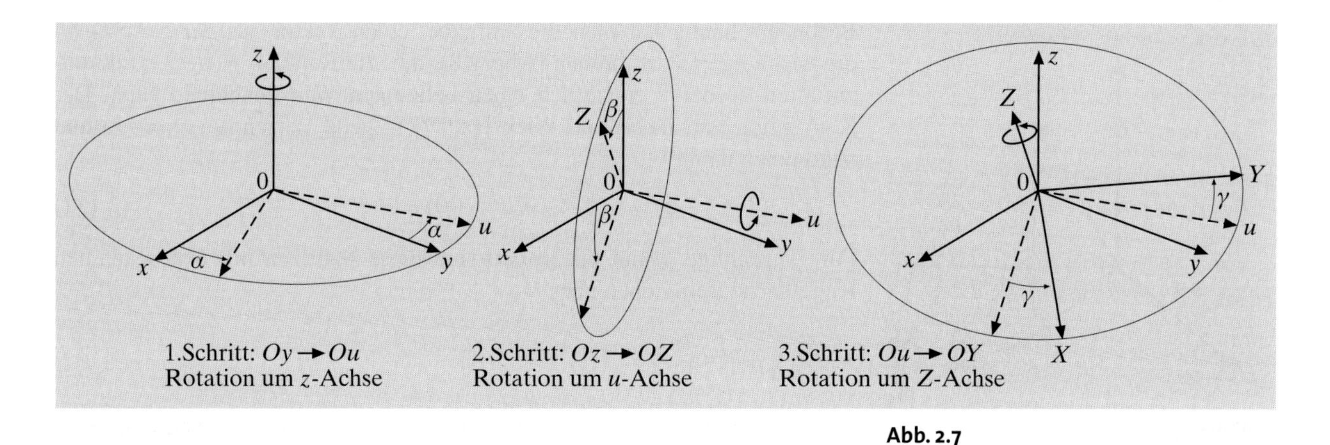

Abb. 2.7
Konstruktion einer beliebigen Drehung aus drei aufeinander folgenden Drehungen

Orthogonalitätsrelationen

$$\int d^J_{M_1 M_2} d^{J'}_{M'_1 M'_2} \, \mathrm{d}\cos\Theta = \frac{2}{2J+1} \delta_{JJ'} \delta_{M_1 M'_1} \delta_{M_2 M'_2} \tag{2.124}$$

und erfüllen die Symmetrierelationen

$$d^J_{M'M} = (-1)^{M-M'} d^J_{MM'} \tag{2.125}$$

und

$$d^J_{M'M} = d^J_{-M-M'} \quad . \tag{2.126}$$

Es ist sehr beeindruckend, daß mit Hilfe dieser Funktionen alle $U(R)$ berechnet werden können. Dazu schauen wir uns die Abb. 2.7 an. Eine beliebige Rotation des ungestrichenen Koordinatensystems in das gestrichene System kann mit Hilfe der drei Euler-Winkel (α, β, γ) in drei aufeinanderfolgende Rotationen zerlegt werden. Begonnen wird mit einer Drehung um den Winkel α um die z-Achse, d.h. Oy wird nach Ou gedreht. Eine Drehung um die neue Hilfsachse u mit dem Drehwinkel β bringt Oz nach OZ. Schließlich folgt die Rotation γ um die Z-Achse, diese bringt Ou nach OY. Die zugehörige unitäre Transformation

$$U(R) = \mathrm{e}^{-\mathrm{i}\gamma \hat{j}_Z} \mathrm{e}^{-\mathrm{i}\beta \hat{j}_u} \mathrm{e}^{-\mathrm{i}\alpha \hat{j}_z} \tag{2.127}$$

ist natürlich nicht sehr nützlich, aber nach einigen Umformungen [Mes90] gelangt man zu dem schönen Resultat

$$U(R) = \mathrm{e}^{-\mathrm{i}\alpha \hat{j}_z} \mathrm{e}^{-\mathrm{i}\beta \hat{j}_y} \mathrm{e}^{-\mathrm{i}\gamma \hat{j}_z} \quad . \tag{2.128}$$

Für die Matrixelemente von U wird die Abkürzung

$$\langle j; j'_3 | U | j; j_3 \rangle = D^j_{j'_3 j_3}(\alpha, \beta, \gamma) \tag{2.129}$$

benutzt und mit Hilfe von (2.123) ergibt sich

$$D^j_{j'_3 j_3}(\alpha, \beta, \gamma) = \mathrm{e}^{-\mathrm{i}\alpha j'_3} d^j_{j'_3 j_3}(\beta) \mathrm{e}^{-\mathrm{i}\gamma j_3} \quad . \tag{2.130}$$

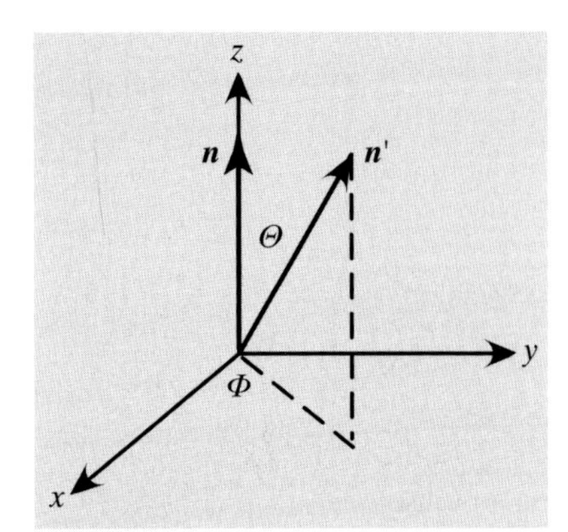

Abb. 2.8
Drehung eines Vektors $\boldsymbol{n}$ aus der z-Achse in die Richtung Θ, ϕ

Tabelle 2.2
Tabelle der Kugelflächenfunktionen

l	m	Y_l^m
0	0	$\frac{1}{\sqrt{4\pi}}$
1	0	$\sqrt{\frac{3}{4\pi}}\cos\Theta$
1	1	$-\sqrt{\frac{3}{8\pi}}\sin\Theta\mathrm{e}^{\mathrm{i}\phi}$
2	0	$\sqrt{\frac{5}{4\pi}}\left(\frac{3}{2}\cos^2\Theta-\frac{1}{2}\right)$
2	1	$-\sqrt{\frac{15}{8\pi}}\sin\Theta\cos\Theta\mathrm{e}^{\mathrm{i}\phi}$
2	2	$\sqrt{\frac{15}{32\pi}}\sin^2\Theta\mathrm{e}^{\mathrm{i}2\phi}$

Besonders häufig hat man die Aufgabe, einen Vektor aus der z-Achse in die Richtung Θ, ϕ zu drehen (Abb. 2.8), d.h. die Rotation $R(\phi, \Theta, \gamma)$ durchzuführen, wobei γ ersichtlich einen beliebigen Wert annehmen kann. Der Konvention von Jacob und Wick [Jac59] folgend, setzen wir $\gamma = -\phi$ und bekommen damit

$$D^j_{j_3' j_3}(\phi, \Theta, -\phi) = \mathrm{e}^{-\mathrm{i}\phi(j_3'-j_3)} d^j_{j_3' j_3}(\Theta) \ . \tag{2.131}$$

Für ganzzahlige j und mit $j_3 = 0$ sind diese Matrizen mit den bekannten Kugelflächenfunktionen über

$$D^j_{j_3',0} = \sqrt{\frac{4\pi}{2j+1}} Y_j^{*j_3'}(\Theta, \phi) \tag{2.132}$$

verknüpft. Eine Zusammenstellung der niedrigsten Kugelflächenfunktionen in der von der Kernphysik gewohnten Notation $Y_l^m(\Theta, \phi)$ findet sich in Tabelle 2.2. Die Symmetrierelation

$$Y_l^{-m} = (-1)^m Y_l^{*m} \tag{2.133}$$

wird sich noch als besonders wichtig bei der Diskussion der Parität (Abschn. 2.5) herausstellen.

Damit sind nun einige Hilfsmittel für die in den folgenden Kapiteln durchgeführten Rechnungen zusammengestellt, und wir beweisen zum Schluß noch die bekannte Tatsache, daß alle Zustände eines Multipletts energetisch entartet sind. Wenn S mit $\hat{\boldsymbol{\jmath}}$ vertauscht, gilt wegen der engen Verwandtschaft des Hamiltonoperators H mit dem Streuoperator S auch

$$[H, \hat{\boldsymbol{\jmath}}] = 0 \ . \tag{2.134}$$

Energie und Drehimpuls haben also simultane Eigenvektoren $|E, j, j_3\rangle$. Für den Energieeigenwert eines Zustandes $|E', j, j_3 - 1\rangle$ gilt

$$H|E', j, j_3 - 1\rangle = \frac{1}{\alpha_-} H \hat{\jmath}_- |E, j, j_3\rangle \tag{2.135}$$

und wegen (2.134)

$$E = E' \ . \tag{2.136}$$

Ganz ähnlich läuft der Beweis auch im Fall komplizierterer Lie-Gruppen.

2.2.4 Drehgruppe und halbzahlige Spins

Die Quantisierungsbedingung (2.111) kann man allein aus den Vertauschungsrelationen (2.108) gewinnen. Dies wird in der Quantenmechanik des Drehimpulses [Gre05, Mes90] ausführlich diskutiert. Die unitären Transformationen (2.120) wirken also in Vektorräumen geradzahliger und ungeradzahliger Dimension, d.h. in Räumen, die zu halbzahligen bzw. ganzzahligen Werten von j gehören. Die Matrizen D^j zu halbzahligem j sind aber eigentlich gar keine Darstellungen der Drehgruppe. Dies sieht man am einfachsten durch Studium der Darstellung (2.122) für $\Theta_3 = 2\pi$,

$$\langle j; j_3'|\mathrm{e}^{-\mathrm{i}2\pi \hat{\jmath}_3}|j; j_3\rangle = \mathrm{e}^{-\mathrm{i}2\pi j_3}\delta_{j_3' j_3} \ . \tag{2.137}$$

Für ganzahlige Werte von j_3 ist dies die Einheitsmatrix, wie es wegen der Abbildungseigenschaft (2.106) auch sein muß! Für halbzahlige j_3 tritt aber ein Vorzeichenwechsel auf, und wir müssen streng genommen die dazu gehörenden D^j als Darstellungen der Drehgruppe ausschließen. Wenn auch diese Matrizen keine Darstellungen der Drehgruppe sind, haben sie jedoch immer noch eine große physikalische Relevanz, da halbzahlige Spins ja offenbar in der Natur realisiert sind.

Als Physiker könnte man nun sagen, daß die Physik des Drehimpulses durch die Angabe der Lie-Algebra (2.108) vollständig beschrieben ist. Die Frage nach der Zuordnung der Matrizen (2.129) zu Darstellungen der Drehgruppe erscheint dann von zweitrangiger Bedeutung. Es ist aber trotzdem sehr interessant zu untersuchen, ob eine Gruppe existiert, zu der alle D^j eine Darstellung bilden. Eine solche Gruppe gibt es in der Tat, es ist die $SU2$, die Gruppe der speziellen unitären Transformationen in zwei Dimensionen. Wir werden sie in Abschn. 2.8 noch gründlich diskutieren. Zur Erläuterung des Zusammenhanges zwischen $SU2$ und $SO3$ dient ohne weitere formale Beweise Abb. 2.9. Jeder Matrix aus $SU2$ wird *eindeutig* eine Drehmatrix zugeordnet, zu je einer Matrix aus $SO3$ gehören aber zwei Elemente von $SU2$. Näheres hierzu findet man in der mathematischen Literatur [Wae74]. Die Zuordnung zwischen $SO3$ und den D^j zu ganzzahligem j ist umkehrbar eindeutig, ebenso die zwischen $SU2$ und den D-Matrizen zu beliebigen Werten von j.

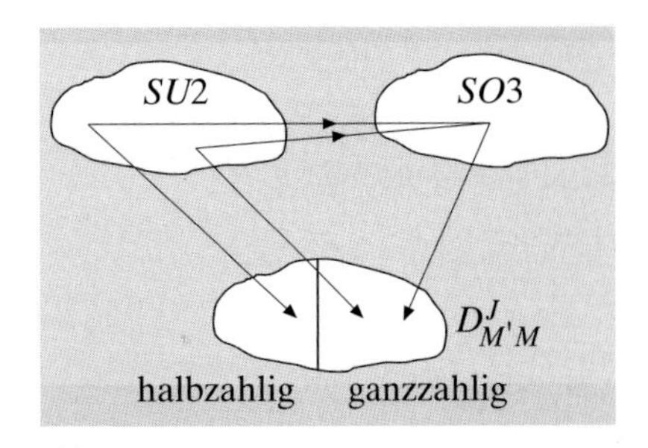

Abb. 2.9
Der Zusammenhang von $SU2$, $SO3$ und den Matrizen D^j

Unentbehrlich ist die Kenntnis der Darstellungsmatrizen zu $j = 1/2$. Aus der Definition

$$\hat{\boldsymbol{j}} \equiv \frac{1}{2}\boldsymbol{\sigma} \tag{2.138}$$

lassen sich die berühmten Paulischen Spinmatrizen

$$\sigma_1 = \begin{pmatrix} 0 & 1 \\ 1 & 0 \end{pmatrix}, \qquad \sigma_2 = \begin{pmatrix} 0 & -\mathrm{i} \\ \mathrm{i} & 0 \end{pmatrix}, \qquad \sigma_3 = \begin{pmatrix} 1 & 0 \\ 0 & -1 \end{pmatrix} \tag{2.139}$$

gewinnen. Die Darstellung der Leiteroperatoren

$$\hat{j}_\pm = \frac{1}{2}(\sigma_1 \pm \mathrm{i}\sigma_2) \equiv \sigma_\pm \tag{2.140}$$

ist dann durch

$$\hat{j}_+ = \begin{pmatrix} 0 & 1 \\ 0 & 0 \end{pmatrix}, \qquad \hat{j}_- = \begin{pmatrix} 0 & 0 \\ 1 & 0 \end{pmatrix} \tag{2.141}$$

gegeben. Die Drehmatrizen (2.120) genügen einer Form

$$\mathrm{e}^{-\mathrm{i}\frac{\Theta}{2}\boldsymbol{n\sigma}} = \cos\left(\frac{\Theta}{2}\right)1 - \mathrm{i}\sin\left(\frac{\Theta}{2}\right)\boldsymbol{n\sigma} \;, \tag{2.142}$$

die sehr an das Rechnen mit gewöhnlichen komplexen Zahlen erinnert. Sie läßt sich mit Hilfe von

$$(\boldsymbol{\sigma n})^2 = 1 \tag{2.143}$$

leicht beweisen. In diesen Formeln bedeutet 1 wieder die zweidimensionale Einheitsmatrix. Für die Drehmatrizen (2.131) erhalten wir unter Benutzung der Funktionen $d^{1/2}_{M'M}$ mit M', $M = \pm 1/2$ aus Tabelle 2.1

$$D^{1/2} = \begin{pmatrix} \cos(\Theta/2) & -\mathrm{e}^{-\mathrm{i}\phi}\sin(\Theta/2) \\ \mathrm{e}^{\mathrm{i}\phi}\sin(\Theta/2) & \cos(\Theta/2) \end{pmatrix} . \tag{2.144}$$

Ein wichtiges Beispiel ist die Drehung um $\phi = \pi/2$, $\Theta = \pi/2$, die einer Rotation der z-Achse in die y-Achse entspricht. Zustände, deren Spin entlang der y-Achse quantisiert ist, bezeichnen wir mit $|\uparrow\rangle$ bzw. $|\downarrow\rangle$ und erhalten so als Zusammenhang mit den Zuständen, deren Spin entlang der z-Achse eingestellt ist,

$$\begin{aligned} |\uparrow\rangle &= \tfrac{1}{\sqrt{2}}\left(|\tfrac{1}{2}\rangle + \mathrm{i}|\tfrac{-1}{2}\rangle\right) \\ |\downarrow\rangle &= \tfrac{1}{\sqrt{2}}\left(\mathrm{i}|\tfrac{1}{2}\rangle + |\tfrac{-1}{2}\rangle\right) , \end{aligned} \tag{2.145}$$

d.h. die Transformation der Basisvektoren ist durch die Spalten der Drehmatrix gegeben.

2.2.5 Produkte von Darstellungen

Ausgangspunkt unserer Überlegungen war die Tatsache, daß zu einer Symmetrie der S-Matrix erhaltene Operatoren gehören. Für das Beispiel des Drehimpulses bedeutet dies, daß bei der Reaktion zweier Teilchen mit den Drehimpulsen $\hat{\boldsymbol{j}}_{(1)}$ und $\hat{\boldsymbol{j}}_{(2)}$ der Gesamtdrehimpuls

$$\hat{\boldsymbol{J}} = \hat{\boldsymbol{j}}_{(1)} + \hat{\boldsymbol{j}}_{(2)} \tag{2.146}$$

in einer Reaktion erhalten ist, also gilt für die Matrixelemente T_{fi} die Bedingung

$$\langle J_f;\, J_{3,f}|T|J_i;\, J_{3,i}\rangle = \delta_{J_f J_i}\delta_{J_{3,f}J_{3,i}}\langle J;\, J_3|T|J;\, J_3\rangle . \tag{2.147}$$

Hierin sind die $|J;\, J_3\rangle$ Eigenzustände zu $\hat{\boldsymbol{J}}^2$ und $\hat{J}_3$, wobei nach den Gesetzen der Drehimpulsaddition

$$J = j_{(1)} + j_{(2)},\, j_{(1)} + j_{(2)} - 1,\, \dots,\, |j_{(1)} - j_{(2)}| \tag{2.148}$$

und

$$J_3 = j_{(1),3} + j_{(2),3} \tag{2.149}$$

erfüllt sein muß. Die Symbole $j_{(i)}$ und $j_{(i),3}$ in (2.148) und (2.149) bezeichnen die Betrags- und Richtungsquantenzahlen der Einzeldrehimpulse.

Systeme wechselwirkender Teilchen werden durch Produkte von Darstellungen beschrieben. Im Fall des Drehimpulses sind die Basisvektoren des Produktraumes durch die direkten Produkte $|j_{(1)};\, j_{(1),3}\rangle|j_{(2)};\, j_{(2),3}\rangle$ gegeben, die Dimension dieses Raumes ist also $d = (2j_{(1)} + 1)(2j_{(2)} + 1)$. Das Ergebnis (2.148) besagt dann, daß der Produktraum in (irreduzible) Teilräume zu jeweils einem festem Wert von J zerfällt. Betrachten wir als Beispiel die Streuung eines ρ-Mesons (Spin 1) an einem Proton (Spin 1/2) bei verschwindendem Bahndrehimpuls. Da J die Werte 3/2 und 1/2 annehmen kann, zerfällt die

Produktdarstellung also in eine zwei- und eine vierdimensionale Darstellung, in Formeln

$$2 \otimes 3 = 2 \oplus 4 \ . \tag{2.150}$$

Für die Darstellungsmatrizen bedeutet dies, daß sie in Blöcken diagonalisierbar sind, die Abb. 2.10 macht dies für das von uns gewählte Beispiel klar. Die zu den einzelnen Blöcken mit festem J gehörenden Transformationsmatrizen sind wieder durch (2.129) gegeben. Mit ihrer Hilfe kann man jeden Vektor im Unterraum erreichen. Auch die direkte Anwendung der Leiteroperatoren auf die Basisvektoren der Darstellung ist sehr lehrreich. Die Leiteroperatoren führen konstruktionsbedingt Vektoren mit unterschiedlichen Werten von J nicht ineinander über. Die Unterräume sind irreduzibel.

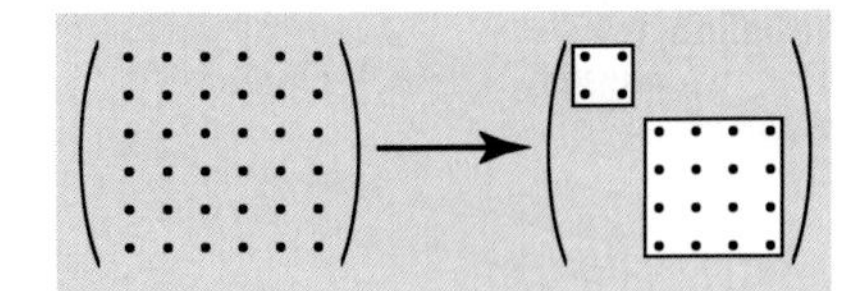

Abb. 2.10
Blockdiagonale Produktdarstellung

Jeder Zustand $|J;\, J_3\rangle$ kann als Linearkombination der direkten Produkte $|j_{(1)};\, j_{(1),3}\rangle|j_{(2)};\, j_{(2),3}\rangle$ angegeben werden,

$$|J; J_3\rangle = \sum_{j_{(1),3}} C(J, J_3; j_{(1)}, j_{(1),3}, j_{(2)}, j_{(2),3})|j_{(1)}; j_{(1),3}\rangle|j_{(2)}; j_{(2),3}\rangle \ , \tag{2.151}$$

wobei $j_{(2),3}$ durch (2.149) festgelegt ist. Die Koeffizienten C sind die sog. Clebsch-Gordan-Koeffizienten, die für alle praktisch wichtigen Fälle in den Veröffentlichungen der PDG tabelliert sind. Die wichtigsten Koeffizenten sind in Tabelle 2.3 zu finden.

Das einfachste Beispiel ist hier natürlich die schon in der Atomphysik viel benutzte Zusammensetzung zweier Spin 1/2-Zustände zu $J = 1, 0$. Darstellungstheoretisch untersucht man die Ausreduktion

$$2 \otimes 2 = 1 \oplus 3 \ . \tag{2.152}$$

Die Basisvektoren der irreduziblen Unterräume der Produktdarstellung sind hier durch

$$|0; 0\rangle = \frac{1}{\sqrt{2}}\left(|\tfrac{1}{2}\rangle|\tfrac{-1}{2}\rangle - |\tfrac{-1}{2}\rangle|\tfrac{1}{2}\rangle\right) \tag{2.153}$$

und

$$\begin{aligned} |1; 1\rangle &= |\tfrac{1}{2}\rangle|\tfrac{1}{2}\rangle \\ |1; 0\rangle &= \frac{1}{\sqrt{2}}\left(|\tfrac{1}{2}\rangle|\tfrac{-1}{2}\rangle + |\tfrac{-1}{2}\rangle|\tfrac{1}{2}\rangle\right) \\ |1; -1\rangle &= |\tfrac{-1}{2}\rangle|\tfrac{-1}{2}\rangle \end{aligned} \tag{2.154}$$

gegeben, wobei wir zur Vereinfachung die Spin 1/2-Zustände nur durch ihre j_3-Quantenzahl gekennzeichnet haben.

Die Ausreduktion führt zu einer starken Einschränkung der Anzahl der möglichen Matrixelemente T_{fi}. Es gilt nämlich der wichtige Satz, daß der Wert des Matrixelements $\langle J;\, J_3|T|J;\, J_3\rangle$ in (2.147) nicht von J_3 abhängt. Es ist ja

$$\langle J;\, J_3 - 1|T|J;\, J_3 - 1\rangle = \frac{1}{\alpha_-(J_3)}\langle J;\, J_3 - 1|TJ_-|J;\, J_3\rangle \ , \tag{2.155}$$

und wegen

$$\hat{J}_+^\dagger = \hat{J}_- \tag{2.156}$$

Tabelle 2.3
Die wichtigsten Clebsch-Gordan-Koeffizienten

Die Notation folgt dem Schema:

	J J J_3 J_3
$j_{(1),3}$ $j_{(2),3}$ $j_{(1),3}$ $j_{(2),3}$	Koeffizienten

Jeder Koeffizient ist mit einem Wurzelzeichen zu versehen, also wird z.B. $-1/2$ zu $-\sqrt{1/2}$

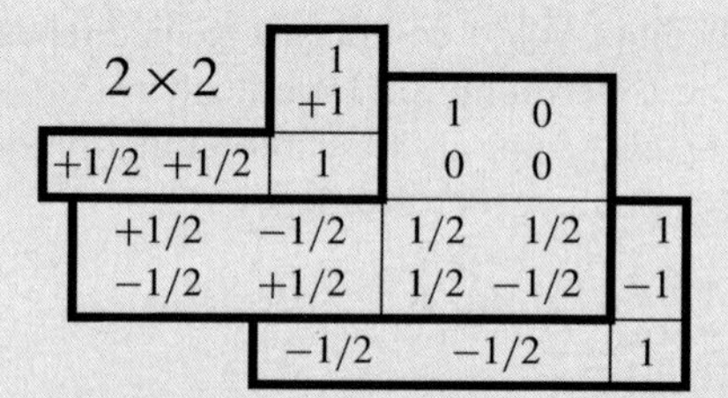

2×2

$j_{(1),3}$	$j_{(2),3}$	$J=1$, $J_3=+1$
+1/2	+1/2	1

$j_{(1),3}$	$j_{(2),3}$	$J=1$, $J_3=0$	$J=0$, $J_3=0$
+1/2	−1/2	1/2	1/2
−1/2	+1/2	1/2	−1/2

$j_{(1),3}$	$j_{(2),3}$	$J=1$, $J_3=-1$
−1/2	−1/2	1

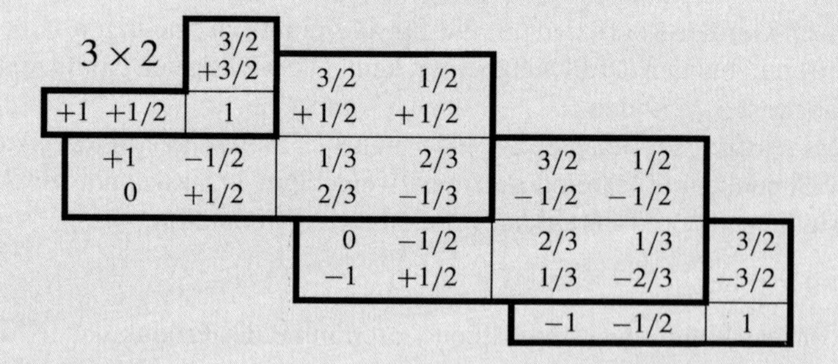

3×2

$j_{(1),3}$	$j_{(2),3}$	$J=3/2$, $J_3=+3/2$
+1	+1/2	1

$j_{(1),3}$	$j_{(2),3}$	$J=3/2$, $J_3=+1/2$	$J=1/2$, $J_3=+1/2$
+1	−1/2	1/3	2/3
0	+1/2	2/3	−1/3

$j_{(1),3}$	$j_{(2),3}$	$J=3/2$, $J_3=-1/2$	$J=1/2$, $J_3=-1/2$
0	−1/2	2/3	1/3
−1	+1/2	1/3	−2/3

$j_{(1),3}$	$j_{(2),3}$	$J=3/2$, $J_3=-3/2$
−1	−1/2	1

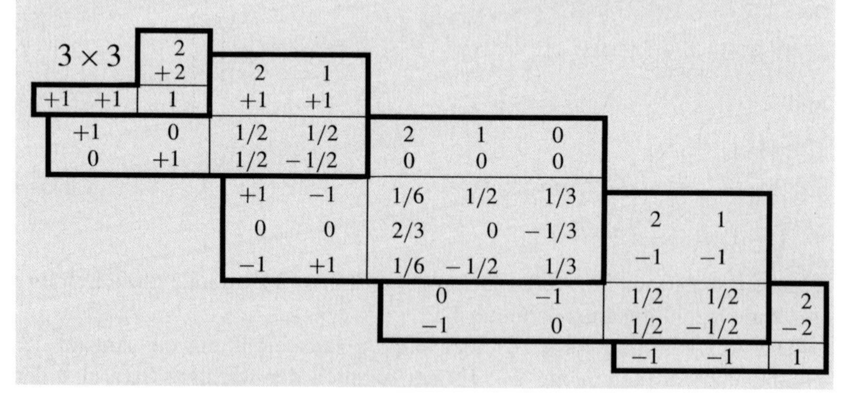

3×3

$j_{(1),3}$	$j_{(2),3}$	$J=2$, $J_3=+2$
+1	+1	1

$j_{(1),3}$	$j_{(2),3}$	$J=2$, $J_3=+1$	$J=1$, $J_3=+1$
+1	0	1/2	1/2
0	+1	1/2	−1/2

$j_{(1),3}$	$j_{(2),3}$	$J=2$, $J_3=0$	$J=1$, $J_3=0$	$J=0$, $J_3=0$
+1	−1	1/6	1/2	1/3
0	0	2/3	0	−1/3
−1	+1	1/6	−1/2	1/3

$j_{(1),3}$	$j_{(2),3}$	$J=2$, $J_3=-1$	$J=1$, $J_3=-1$
0	−1	1/2	1/2
−1	0	1/2	−1/2

$j_{(1),3}$	$j_{(2),3}$	$J=2$, $J_3=-2$
−1	−1	1

gilt

$$\frac{1}{\alpha_-(J_3)}\langle J;\, J_3-1|TJ_-|J;\, J_3\rangle = \frac{1}{\alpha_-(J_3)}(\langle J;\, J_3-1|\hat{J}_+^\dagger)T|J;\, J_3\rangle$$

$$= \frac{\alpha_+(J_3-1)}{\alpha_-(J_3)}\langle J;\, J_3|T|J;\, J_3\rangle \ .$$

Aus (2.117) liest man aber $\alpha_+(J_3-1) = \alpha_-(J_3)$ ab, und daher folgt

$$\langle J;\, J_3-1|T|J;\, J_3-1\rangle = \langle J;\, J_3|T|J;\, J_3\rangle \ . \tag{2.157}$$

In unserem Beispiel der ρp-Streuung braucht man also anstelle von sechs nur zwei Matrixelemente zu berechnen, da es nur die Multipletts mit $J = 3/2$ und $J = 1/2$ gibt. Auch dieses wichtige Ergebnis reicht weit über die Drehgruppe hinaus. Für die noch zu besprechenden Gruppen SUN gilt ebenfalls, daß die T-Matrixelemente nur von den Eigenwerten der die Darstellung kennzeichnenden Casimir-Operatoren abhängen.

Übungen

2.1 Zeigen Sie, daß Skalarprodukte von Vektoren im euklidischen Raum invariant gegenüber Drehungen sind.

2.2 Berechnen Sie die Elemente $d^j_{j_3',j_3}$ für $j = 1/2$ mit Hilfe der Gleichung (2.142).

2.3 Zeigen Sie durch Anwendung der Leiteroperatoren $\hat{J}_\pm$ auf den Zustand $|0;\, 0\rangle$, daß dieser nicht in einen Zustand mit $J = 1$ überführt werden kann.

2.3 Drehungen und Verschiebungen in vier Dimensionen

2.3.1 Lorentz-Transformationen

Die spezielle Relativitätstheorie untersucht die Transformationen zwischen bewegten Koordinatensystemen. Zur Bestimmung der aktiven Transformation betrachten wir ein Teilchen, das sich in einer Apparatur mit der Geschwindigkeit u entlang der z-Achse eines Koordinatensystems bewegt. Die zunächst ruhende Apparatur wird jetzt mit der Geschwindigkeit β in z-Richtung verschoben. Dadurch erfährt das Teilchen einen Geschwindigkeitszuwachs. Für die neue Geschwindigkeit u' nach diesem sog. „Lorentz-Boost" gilt – entsprechend dem Additionstheorem der speziellen Relativitätstheorie –

$$u' = \frac{u+\beta}{1+u\beta} \ . \tag{2.158}$$

Daraus folgt dann für die Gesamtenergie E' bzw. den Impuls p_z'

$$E' = \gamma(E+\beta p_z) \tag{2.159}$$

$$p_z' = \gamma(\beta E + p_z) \tag{2.160}$$

mit

$$\gamma = \frac{1}{\sqrt{1-\beta^2}} \ . \tag{2.161}$$

Für die anderen Impulskomponenten gilt trivialerweise

$$p_y' = p_y \tag{2.162}$$

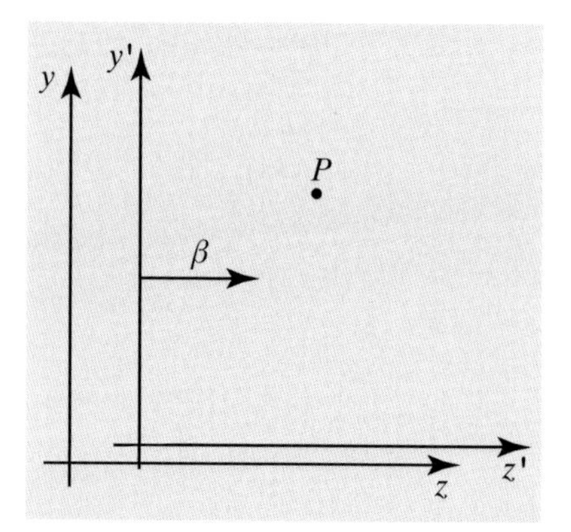

Abb. 2.11
Zur passiven Lorentz-Transformation. Die Koordinaten des Punktes P im bewegten System werden aus den Koordinaten im unbewegten System durch eine Lorentz-Transformation bestimmt

und

$$p'_x = p_x \quad . \tag{2.163}$$

Aufgrund (2.159)–(2.163) sind die Komponenten Λ^μ_ν der Transformationsmatrix einer aktiven Lorentz-Transformation für eine Verschiebung entlang der z-Achse festgelegt. Der obere Index bezeichne die Zeile, der untere die Spalte. Für irgendeinen Vierervektor (als Beispiel nehmen wir den Viererimpuls p^μ mit der Identifikation $p^0 = E$, $p^1 = p_x$ usw.) gilt also

$$p'^\mu = \Lambda^\mu_\nu p^\nu \tag{2.164}$$

mit

$$\Lambda = \begin{pmatrix} \gamma & 0 & 0 & \beta\gamma \\ 0 & 1 & 0 & 0 \\ 0 & 0 & 1 & 0 \\ \beta\gamma & 0 & 0 & \gamma \end{pmatrix} \quad . \tag{2.165}$$

Den meisten Lesern ist wohl die passive Lorentz-Transformation vertrauter. Ein Koordinatensystem (x', z') bewege sich mit der Geschwindigkeit β entlang der z-Achse eines Systems (x, z) (Abb. 2.11). Dann gilt z.B. für die Zeit-Raum-Koordinaten eines Punktes P

$$x'^\mu = \tilde{\Lambda}^\mu_\nu x^\nu \quad . \tag{2.166}$$

Aktive und passive Transformationen hängen auf sehr einfache Weise miteinander zusammen:

$$\tilde{\Lambda}^\mu_\nu = (\Lambda^{-1})^\mu_\nu \quad , \tag{2.167}$$

also in unserem Beispiel

$$\tilde{\Lambda} = \begin{pmatrix} \gamma & 0 & 0 & -\beta\gamma \\ 0 & 1 & 0 & 0 \\ 0 & 0 & 1 & 0 \\ -\beta\gamma & 0 & 0 & \gamma \end{pmatrix} \quad . \tag{2.168}$$

Beispiel 2.1

Mit Hilfe der Matrix (2.168) folgt für die Transformation von Energie und Impuls zwischen bewegtem (Index ′) und unbewegtem System:

$$\begin{aligned} E' &= \gamma E - \gamma\beta p_z \\ p'_x &= p_x \\ p'_y &= p_y \\ p'_z &= -\gamma\beta E + \gamma p_z \quad . \end{aligned} \tag{2.169}$$

Umgekehrt gilt

$$
\begin{aligned}
E &= \gamma E' + \gamma\beta p'_z \\
p_x &= p'_x \\
p_y &= p'_y \\
p_z &= \gamma\beta E' + \gamma p'_z \ .
\end{aligned}
\tag{2.170}
$$

2.3.2 Die Poincaré-Gruppe

Unter dem Begriff der allgemeinen Lorentz-Transformationen werden alle Matrizen Λ zusammengefaßt, die das Skalarprodukt zweier Vierervektoren invariant lassen,

$$
a' \cdot b' = a \cdot b \ . \tag{2.171}
$$

Diese Transformationen lassen sich also als Drehungen in einem vierdimensionalen Raum betrachten.

Beim Rechnen mit Vierervektoren müssen wir sorgfältig zwischen kontravarianten (Index oben) und kovarianten Komponenten (Index unten) unterscheiden. Ihr Zusammenhang ist durch

$$
a_\mu = g_{\mu\nu} a^\nu \tag{2.172}
$$

gegeben. $g_{\mu\nu}$ ist der metrische Tensor, der sich in einem Zeilen- und Spalten-Schema als

$$
(g_{\mu\nu}) = (g^{\mu\nu}) = \begin{pmatrix} 1 & 0 & 0 & 0 \\ 0 & -1 & 0 & 0 \\ 0 & 0 & -1 & 0 \\ 0 & 0 & 0 & -1 \end{pmatrix} \tag{2.173}
$$

schreiben läßt. Das Skalarprodukt ist definiert als

$$
\begin{aligned}
a \cdot b &= a^\mu b_\mu \\
&= a^\mu b^\nu g_{\mu\nu} \ ,
\end{aligned}
\tag{2.174}
$$

und daher folgt für $a' \cdot b'$

$$
a' \cdot b' = g_{\mu\nu} \Lambda^\mu_\alpha \Lambda^\nu_\beta a^\alpha b^\beta \ . \tag{2.175}
$$

Die Invarianzbedingung (2.171) bringen wir in die Form

$$
a' \cdot b' = a_\beta b^\beta \ , \tag{2.176}
$$

was zur Bedingung

$$
g_{\mu\nu} \Lambda^\mu_\alpha \Lambda^\nu_\beta = g_{\alpha\beta} \tag{2.177}
$$

führt.

Diese Relationen entsprechen den Orthogonalitätsrelationen (2.88) des letzten Abschnitts, und in der Tat bilden die Drehmatrizen R eine Teilmenge der Lorentz-Transformationen:

$$\Lambda_R = \begin{pmatrix} 1 & 0 \\ 0 & (R) \end{pmatrix} \quad , \tag{2.178}$$

wobei in der letzten Gleichung (R) eine dreidimensionale Matrix bedeutet. Die Transformationen der speziellen Relativitätstheorie bezeichnet man in diesem Zusammenhang als eigentliche Lorentz-Transformationen, genauer gesagt als orthochrone eigentliche Lorentz-Transformationen, da für sie neben

$$\det \Lambda = +1 \tag{2.179}$$

noch

$$\Lambda_0^0 \geq 1 \tag{2.180}$$

gilt. Die letzte Bedingung folgt unmittelbar aus $\gamma \geq 1$. Die Poincaré-Transformationen schließlich sind die allgemeinsten linearen Transformationen in vier Dimensionen, die hier betrachtet werden. Sie enthalten neben den Lorentz-Transformationen zusätzlich die Verschiebungen, also

$$x'^\mu = \Lambda^\mu_\nu x^\nu + a^\mu \quad . \tag{2.181}$$

Den Zusammenhang der Verschiebungen mit Impuls- und Energieoperatoren haben wir schon im einführenden Abschn. 2.1.3 diskutiert.

2.3.3 Darstellungen der Poincaré-Gruppe

Auf einen formalen Beweis der Gruppeneigenschaften der Poincaré-Transformationen wird hier verzichtet. Ebenso führt eine systematische Diskussion der Darstellungen der Poincaré-Gruppe weit über den Rahmen dieses Buches hinaus, und ich muß den interessierten Leser daher auf die Literatur [Gas75, Wei00] verweisen. Glücklicherweise kann man aber das Resultat intuitiv als Erweiterung der Ergebnisse des letzten Abschnitts verstehen.

Es gibt zwei Casimir-Operatoren, die Masse m und $\boldsymbol{J}^2$, das Betragsquadrat des Spins. Jedes Teilchen wird demnach in Multipletts eingeordnet, die eindeutig durch die zugehörigen Quantenzahlen m und j gekennzeichnet sind. Teilchen mit endlicher Masse unterscheiden sich innerhalb des Multipletts durch ihren Impuls $\boldsymbol{p}$ und der j_3-Komponente des Spins entlang einer willkürlich gewählten Achse, z.B. der z-Achse im Ruhesystem des Teilchens. Sie werden also durch

$$|\psi\rangle = |m, j;\ \boldsymbol{p}, j_3\rangle \tag{2.182}$$

beschrieben. Dies sind sechs Quantenzahlen. Der Impuls $\boldsymbol{p}$ wird entweder durch die drei kartesischen Koordinaten p_x, p_y, p_z oder durch Betrag und Richtung $(|\boldsymbol{p}|, \Theta, \phi)$ in einem Kugelkoordinatensystem beschrieben. Der physikalischen Fragestellung besser angepaßt, ist häufig eine Basis, die durch $|\boldsymbol{p}|$ und die Quantenzahlen l, l_3 des Bahndrehimpulses charakterisiert wird,

$$|\psi\rangle = |m, j;\ |\boldsymbol{p}|, l, l_3, j_3\rangle \quad . \tag{2.183}$$

Der Übergang zwischen der durch $|\boldsymbol{p}\rangle$ und $||\boldsymbol{p}|, l, l_3\rangle$ gekennzeichneten Basis bedeutet physikalisch die Entwicklung eines Impulszustandes nach Drehimpulsen. Die Entwicklungskoeffizienten werden durch die Kugelflächenfunktion $Y_l^{l_3}(\Theta, \phi)$ (Tabelle 2.2) bestimmt, da dieser Reihe im Ortsraum die Entwicklung einer ebenen Welle nach Kugelflächenfunktionen entspricht. In Formeln erhalten wir also das Resultat

$$|\boldsymbol{p}\rangle = \sum_{l,l_3} c_{ll_3} ||\boldsymbol{p}|, l, l_3\rangle \tag{2.184}$$

mit

$$c_{ll_3} = Y_l^{*l_3}(\Theta, \phi) \ . \tag{2.185}$$

Ein für die Teilchenphysik besonders geeignetes Verfahren zur Behandlung der Drehimpulse besteht darin, anstelle der festen Koordinatenachse im Ruhesystem die Flugrichtung der Teilchen als Quantisierungsachse zu nehmen. Die Helizität λ ist als Projektion des *Gesamtdrehimpulses* eines Teilchens auf seine Flugrichtung definiert. Quantenmechanisch folgt daraus, daß es einen Helizitätsoperator

$$\lambda^{\text{op}} = \frac{\hat{\boldsymbol{j}}\,\hat{\boldsymbol{p}}}{|\boldsymbol{p}|} \tag{2.186}$$

mit den Eigenwerten λ gibt. Da der Bahndrehimpuls $\boldsymbol{L} = \boldsymbol{x} \times \boldsymbol{p}$ keine Komponente in Richtung von $\boldsymbol{p}$ hat, sind diese Eigenwerte durch die $2j+1$ Spinkomponenten bezüglich der Achse $\boldsymbol{p}$ gegeben.

Einer der Vorteile des Helizitätsformalismus besteht in der Anwendung auf masselose Teilchen. Für solche Teilchen existiert kein Ruhesystem. Photonen und Neutrinos beschreibt man daher immer durch die Helizitätszustände

$$|\psi\rangle = |0, j;\ \boldsymbol{p}, \lambda\rangle \ . \tag{2.187}$$

Die theoretische Untersuchung zeigt nun, daß für masselose Teilchen λ nur die Werte $\pm j$ annehmen kann, also $\pm 1/2$ für Neutrinos und ± 1 für Photonen. Die an sich vom Spin 1 des Photons her erwartete dritte Einstellmöglichkeit ($\lambda = 0$) fehlt. Dieses formale Resultat ist in Übereinstimmung mit der aus der klassischen Physik gewohnten Tatsache, daß elektromagnetische Wellen nur in zwei transversalen Polarisationsrichtungen auftreten. Rechts- bzw. linkszirkular polarisierten Wellen entsprechen Photonen mit $\lambda = +1$ und $\lambda = -1$.

Auch für Teilchen mit Masse ist der Helizitätsformalismus in vielen Anwendungen vorteilhaft, da gemäß der Definition (2.186) λ rotationsinvariant ist und auch bei der Transformation ins Ruhesystem seinen Wert nicht ändert. Zu beachten ist allerdings, daß das Vorzeichen von λ wechselt, falls sich das Vorzeichen von $\boldsymbol{p}$ ändert: Für den überholenden Beobachter ändert sich die Helizität des überholten Teilchens von λ zu $-\lambda$.

Zuständen aus zwei Teilchen ohne Spin ordnen wir zunächst Wellenfunktionen $|m_1, m_2;\ \boldsymbol{p}_1, \boldsymbol{p}_2\rangle$ zu. Wie in der klassischen Mechanik wird aber die (triviale) Bewegung des Schwerpunkts abgespalten und nur der Anteil $|\sqrt{s};\ \boldsymbol{p}\rangle$ weiter betrachtet, wobei jetzt $\boldsymbol{p}$ der Impuls eines der beiden Teilchen im Schwerpunktssystem der Reaktion ist (z.B. $\boldsymbol{p}_1 = \boldsymbol{p}$, $\boldsymbol{p}_2 = -\boldsymbol{p}$). Für

Zweiteilchenzustände mit Spin muß man die beiden Spins mit dem relativen Bahndrehimpuls kombinieren. Eine nützliche Alternative ist auch hier wieder der Helizitätsformalismus. Unter Weglassung der Werte der Casimir-Operatoren wird jetzt ein Einteilchenzustand durch $|\boldsymbol{p}, \lambda\rangle$ und Zweiteilchenzustände durch die direkten Produkte $|\boldsymbol{p}_1, \lambda_1\rangle|\boldsymbol{p}_2, \lambda_2\rangle$ beschrieben. Im Schwerpunktssystem bilden die Zustände $||\boldsymbol{p}|, \Theta, \phi, \lambda_1, \lambda_2\rangle$ eine geeignete Basis zur Diskussion von Systemen aus zwei Teilchen. Für viele Rechnungen ist jedoch der Wechsel zu einer Basis $|\sqrt{s}, J; |\boldsymbol{p}|, J_3, \lambda_1, \lambda_2\rangle$ von Helizitätszuständen sinnvoll, die zusätzlich Eigenzustände des Gesamtdrehimpulses sind. Die beiden Beschreibungen sind durch

$$
\begin{aligned}
&||\boldsymbol{p}|, \Theta, \phi, \lambda_1, \lambda_2\rangle \\
&\quad = \sum_{J, J_3} \sqrt{\frac{2J+1}{4\pi}} D^J_{J_3\lambda}(\phi, \Theta, -\phi)|\sqrt{s}, J; |\boldsymbol{p}|, J_3, \lambda_1, \lambda_2\rangle
\end{aligned}
\tag{2.188}
$$

miteinander verknüpft [Jac59], wobei zusätzlich

$$
\lambda = \lambda_1 - \lambda_2 \tag{2.189}
$$

benutzt wurde. Für ganzzahlige J und $\lambda = 0$ sind die Entwicklungskoeffizienten natürlich identisch zu den c_{ll_3} der Gleichung (2.185).

Soviel zur Kinematik im Helizitätsformalismus. Wir werden später sehen, daß mit Hilfe der Helizität auch die Dynamik einer Reaktion einfacher zu beschreiben ist, da im Grenzfall hoher Energien die uns bekannten Wechselwirkungen die Helizität an den Vertices der Feynman-Graphen erhalten!

2.4 Anwendungen

Eine andere Überschrift dieses Abschnitts könnte „Die Poincaré-Gruppe in der Praxis“ lauten. Es werden in loser Folge typische Probleme der Teilchenphysik behandelt, bei denen es immer wieder um Koordinatentransformationen und Ausnutzung der Lorentz-Invarianz geht. Eine zentrale Bedeutung hat hier die Bestimmung des Spins von Teilchen aus Winkelverteilungen.

2.4.1 Kinematik der Zwei-Körper-Reaktionen

Die Viererimpulse der Streureaktion in Abb. 2.1 sind nicht unabhängig voneinander, sondern unterliegen der Energie-Impulserhaltung

$$
p_1 + p_2 = p_3 + p_4 \quad . \tag{2.190}
$$

Die 16 Komponenten p_i^μ werden durch diese vier Bedingungen also auf zwölf reduziert. Meistens liegt die Identität der Teilchen fest, d.h. die Massen sind bekannt und die Energien werden über $E = \sqrt{\boldsymbol{p}^2 + m^2}$ berechnet. Es bleiben daher noch acht unabhängige Komponenten. In einem typischen Streuexperiment sind aber auch die einlaufenden Impulse $\boldsymbol{p}_1$ und $\boldsymbol{p}_2$ bekannt, es reicht also aus, die Winkel Θ, ϕ des Teilchens 3 zu messen, um die Streureaktion kinematisch vollständig festzulegen. Das Koordinatensystem wird i.allg. so angeordnet, daß die Streuebene durch $\phi = 0$ definiert ist. Der Experimentalphysiker mißt also nur den Streuwinkel Θ (des Pions in unserer Beispielreaktion) und kann die anderen Impulskomponenten daraus berechnen.

Die Durchführung dieser Rechnung ist leider oft ziemlich kompliziert. Einfache Formeln gelten für den Fall, daß die Massen m_1 und m_3 vernachlässigt werden können, wie z.B. in der Reaktion

$$e^- + p \rightarrow e^- + \Delta^+ \ . \tag{2.191}$$

Durch Quadrieren von $p_1 + p_2 - p_3 = p_4$ erhält man bei Vernachlässigung der Elektronenmasse

$$(p_1 - p_3)^2 + 2p_2 \cdot (p_1 - p_3) = M_\Delta^2 - M_p^2 \ . \tag{2.192}$$

Das Quadrat des Viererimpulsübertrags zwischen ein- und auslaufendem Elektron wird (1.13) entnommen. Im Fall eines ruhenden Target-Protons ($\boldsymbol{p}_2 = 0$) gilt dann für die Energie des auslaufenden Elektrons

$$E_3 = \frac{2E_1 M_p + M_p^2 - M_\Delta^2}{2M_p + 2E_1(1 - \cos\Theta_3)} \ . \tag{2.193}$$

Bei Streureaktionen mit mehr als zwei Teilchen im Endzustand müssen infolge der o.a. Abzählung für jedes zusätzliche Teilchen bei bekannter Masse alle drei Impulskomponenten gemessen werden, um die Reaktion kinematisch vollständig festzulegen. Dies wird auch aus der Struktur des invarianten Phasenraumelements (2.22) klar, und es ist jetzt an der Zeit, die Invarianz von d^3p/E zu beweisen.

Für die Umrechnung von Differentialen in verschiedenen Bezugssystemen gilt bekanntlich

$$\mathrm{d}p'_x \, \mathrm{d}p'_y \, \mathrm{d}p'_z = D_J \, \mathrm{d}p_x \, \mathrm{d}p_y \, \mathrm{d}p_z \ . \tag{2.194}$$

Hierin ist D_J die Jacobi-Determinante, also hier

$$D_J = \begin{vmatrix} \dfrac{\partial p'_x}{\partial p_x} & \dfrac{\partial p'_y}{\partial p_x} & \dfrac{\partial p'_z}{\partial p_x} \\ \dfrac{\partial p'_x}{\partial p_y} & \dfrac{\partial p'_y}{\partial p_y} & \dfrac{\partial p'_z}{\partial p_y} \\ \dfrac{\partial p'_x}{\partial p_z} & \dfrac{\partial p'_y}{\partial p_z} & \dfrac{\partial p'_z}{\partial p_z} \end{vmatrix} \ . \tag{2.195}$$

Bei Drehungen ist $D_J = 1$, dies ist unmittelbar anschaulich klar, da das Volumen eines Körpers sich bei Drehungen nicht ändert. Es kann aber auch unter Verwendung der Rotationsmatrizen, z.B. (2.86), schnell formal bewiesen werden. Wir konzentrieren uns daher auf spezielle Lorentz-Transformationen. Auch hier reicht es aus, die Transformation (2.169) zu untersuchen, mit dem Resultat

$$D_J = \gamma - \gamma\beta \frac{\partial E}{\partial p_z} \ . \tag{2.196}$$

Wegen $\partial E/\partial p_z = p_z/E$ wird daraus $D_J = E'/E$, also

$$\frac{\mathrm{d}^3 p'}{E'} = \frac{\mathrm{d}^3 p}{E} \ . \tag{2.197}$$

Aus dieser Invarianz folgt zunächst

$$\mathrm{d}E'\,\mathrm{d}\Omega' = \frac{|\boldsymbol{p}|}{|\boldsymbol{p}'|}\,\mathrm{d}E\,\mathrm{d}\Omega \tag{2.198}$$

und daher

$$\frac{\mathrm{d}\Omega}{\mathrm{d}\Omega'} = \frac{|\boldsymbol{p}'|\,\mathrm{d}E'}{|\boldsymbol{p}|\,\mathrm{d}E} \ . \tag{2.199}$$

Die letzte Beziehung hilft uns, die Umrechnung der Raumwinkel einer Zwei-Körper-Reaktion in gegeneinander bewegten Bezugssystemen zu finden. Nach dem Ersetzen von p_z in (2.169) durch $|\boldsymbol{p}|\cos\Theta$ findet man sehr schnell

$$\frac{\mathrm{d}\Omega}{\mathrm{d}\Omega'} = \frac{\gamma|\boldsymbol{p}'|}{\boldsymbol{p}^2}(|\boldsymbol{p}| - E\beta\cos\Theta) \ . \tag{2.200}$$

Wenn das System mit den gestrichenen Impulsen das Schwerpunktssystem ist und das ungestrichene ein System mit ruhendem Target, wird $|\boldsymbol{p}'|$ über (1.42) einfach aus den Massen berechnet und $|\boldsymbol{p}|$ wird als Funktion von Θ, z.B. aus (2.193), gewonnen.

Die Lorentz-Invarianz läßt sich auch bei Überlegungen über die allgemeine Form der Streuamplitude heranziehen. Da diese selbst invariant ist, kann sie (u.U. separat für jede Einstellung der Spins oder Helizitäten) auch nur von Invarianten, die aus den Impulsen p_i gebildet werden, abhängen. Die möglichen Invarianten sind

$$p_1^2,\ p_2^2,\ p_3^2,\ p_4^2,\ p_1\cdot p_2,\ p_1\cdot p_3,\ p_1\cdot p_4,\ p_2\cdot p_3,\ p_2\cdot p_4,\ p_3\cdot p_4 \ . \tag{2.201}$$

Die ersten vier Größen sind die Massen der beteiligten Teilchen. Wir fassen diese nicht als Variable auf, sondern als diskrete Parameter der Reaktion. Von den verbleibenden sechs Skalarprodukten sind wegen der Energie- und Impulserhaltung nur zwei linear unabhängig, wir wählen $p_1 \cdot p_2$ und $p_1 \cdot p_3$, oder das Quadrat der Schwerpunktsenergie

$$s = (p_1 + p_2)^2 \tag{2.202}$$

und das Quadrat des Viererimpuls-Übertrags

$$t = q^2 = (p_1 - p_3)^2 \ . \tag{2.203}$$

Der Viererimpuls-Übertrag auf das Rückstoßteilchen

$$u = (p_1 - p_4)^2 \tag{2.204}$$

ist davon nach Voraussetzung nicht unabhängig. Zwischen diesen sog. Mandelstam-Variablen besteht die nützliche Beziehung

$$s + t + u = \sum_i m_i^2 \ . \tag{2.205}$$

Im Schwerpunktssystem und in einem System mit ruhendem Target lassen sich s und t als Funktionen von E_1 und dem Streuwinkel Θ_3 angeben, man schreibt daher oft

$$T_{fi} = f(E_1, \Theta_3) \ . \tag{2.206}$$

2.4.2 Zwei-Körper-Zerfälle

Besonders einfache Verhältnisse liegen vor, falls ein Teilchen in einen Zwei-Körper-Endzustand zerfällt. Die auslaufenden Teilchen haben im Ruhesystem des Zerfallsteilchens entgegengesetzt gleiche Impulse, $\boldsymbol{p}_1 = -\boldsymbol{p}_2$. Die Kugelkoordinaten von $\boldsymbol{p}_1$ werden wie üblich durch $|\boldsymbol{p}|$, Θ, ϕ bezeichnet. Die Quantisierungsachse des Spins des zerfallenden Teilchens ist die z-Achse (3-Achse) im Ruhesystem.

Wenn das zerfallende Teilchen keinen Spin hat oder sich nicht in einem definierten Polarisationszustand befindet, ist der Zerfall im Ruhesystem isotrop. Für die Zerfallswinkelverteilung in diesem System gilt dann

$$\frac{\mathrm{d}\Gamma}{\mathrm{d}\Omega} = \text{const} \ . \tag{2.207}$$

Meistens zerfallen die untersuchten Teilchen im Fluge. Um die isotrope Winkelverteilung im Ruhesystem nachzuweisen, muß man noch nicht einmal die Laborimpulse in dieses System transformieren, da (2.207) zu einem sog. Kastenspektrum der Energie im Laborsystem (Abb. 2.12) führt.

Man kann ja ohne Beschränkung der Allgemeinheit annehmen, daß die Lorentz-Transformation (Abb. 2.12a) in das Laborsystem entlang der z-Achse erfolgt. Dann berechnen wir gemäß (2.159) die Energie E_1 eines der Zerfallsteilchen im Laborsystem

$$E_{1,\mathrm{Lab}} = \gamma E_1 + \gamma\beta|\boldsymbol{p}|\cos\Theta \ , \tag{2.208}$$

differenziert bedeutet dies

$$\mathrm{d}E_{1,\mathrm{Lab}} = \gamma\beta|\boldsymbol{p}|\,\mathrm{d}\cos\Theta \ . \tag{2.209}$$

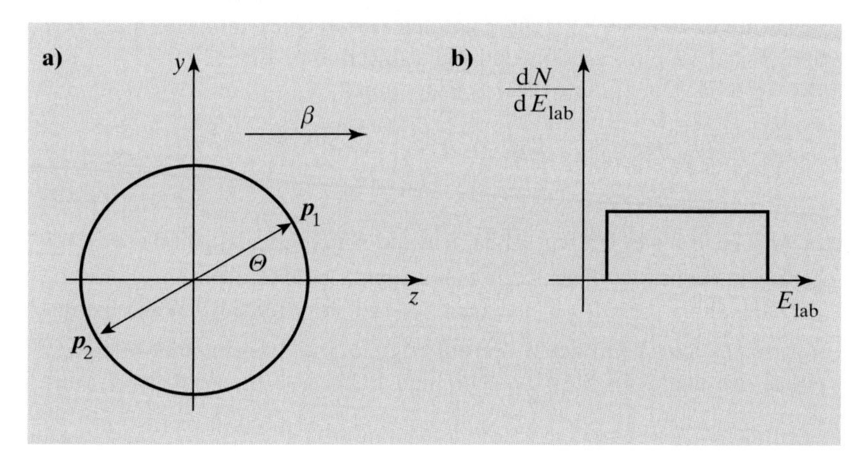

Abb. 2.12a,b
(**a**) Definition des Koordinatensystems und der Lorentz-Transformation. (**b**) Energieverteilung im Laborsystem bei isotroper Winkelverteilung im Ruhesystem

Damit ergibt sich

$$\frac{\mathrm{d}\Gamma}{\mathrm{d}E_{1,\mathrm{Lab}}} = \mathrm{const} \ , \tag{2.210}$$

also ein Kastenspektrum (Abb. 2.12b) der Zählrate $\mathrm{d}N/\mathrm{d}E_{\mathrm{lab}}$ innerhalb der Grenzen

$$E_{\mathrm{max,min}} = \gamma E_1 \pm \gamma\beta|\boldsymbol{p}| \ . \tag{2.211}$$

Zur Berechnung der Winkelverteilung beim Zerfall eines Teilchens, das sich im Zustand $|J; J_3\rangle$ befindet, muß man die Amplitude

$$T_{fi} = \langle|\boldsymbol{p}|, \Theta, \phi, \lambda_1, \lambda_2|T|m, J; J_3\rangle \tag{2.212}$$

kennen. Nun ziehen wir die Entwicklung (2.188) heran. Wegen der Drehimpulserhaltung schrumpft die Summe auf einen Term und das Resultat lautet

$$T_{fi} = \sqrt{\frac{2J+1}{4\pi}} D^{*J}_{J_3\lambda}(\phi, \Theta, -\phi)\langle J_3, \lambda_1, \lambda_2|T|J_3\rangle \ . \tag{2.213}$$

Hierbei wurde die Notation etwas vereinfacht, da J, $|\boldsymbol{p}|$ und m Konstanten sind, die weggelassen werden können. Das Matrixelement auf der rechten Seite hängt wegen der Rotationsinvarianz nicht mehr von J_3 ab, es wird daher mit $t_{\lambda_1\lambda_2}$ abgekürzt. Normalerweise wird die Polarisation der auslaufenden Teilchen nicht beobachtet, so daß die Winkelverteilung aus

$$\frac{\mathrm{d}\Gamma}{\mathrm{d}\Omega} \sim \sum_{\lambda_1\lambda_2} [d^J_{J_3\lambda}(\Theta)]^2 |t_{\lambda_1\lambda_2}|^2 \tag{2.214}$$

berechnet werden muß. Als Beispiel betrachten wir den Zerfall in spinlose Teilchen: ihre Winkelverteilung ist aufgrund der Beziehung (2.132) einfach durch $|Y^{J_3}_J|^2$ bestimmt. Beim Zerfall eines ρ^0 in $\pi^+\pi^-$ ist die Winkelverteilung daher $\sim \sin^2\Theta$ für $J_3 = \pm 1$ und $\sim \cos^2\Theta$ für $J_3 = 0$.

Beispiel 2.2

Als weiteres Beispiel betrachten wir den Zerfall eines Teilchens mit $J = 1$ und $J_3 = 1$ in ein Fermion und ein Antifermion, z.B. $\rho^0 \to e^- e^+$ oder $W^- \to e^- \bar{\nu}_e$. Die Summe (2.214) lautet nun

$$\frac{\mathrm{d}\Gamma}{\mathrm{d}\Omega} \sim (d^1_{11})^2 \left|t_{\frac{1}{2}\frac{-1}{2}}\right|^2 + \left(d^1_{1-1}\right)^2 \left|t_{\frac{-1}{2}\frac{1}{2}}\right|^2 + (d^1_{10})^2 \left(\left|t_{\frac{1}{2}\frac{1}{2}}\right|^2 + \left|t_{\frac{-1}{2}\frac{-1}{2}}\right|^2\right) \ . \tag{2.215}$$

In Abschn. 3.2 werden wir sehen, daß die Amplituden $t_{\frac{1}{2}\frac{1}{2}}$ und $t_{\frac{-1}{2}\frac{-1}{2}}$ bei geringen Massen der Fermionen unterdrückt sind. Für elektromagnetische Zerfälle gilt $|t_{\frac{1}{2}\frac{-1}{2}}| = |t_{\frac{-1}{2}\frac{1}{2}}|$ und daher zerfällt das ρ mit einer Winkelverteilung $\sim (1 + \cos^2\Theta)$. Zum W-Zerfall trägt aufgrund der Paritätsverletzung (siehe Abschn. 2.5) nur $t_{\frac{-1}{2}\frac{1}{2}}$ bei, und daher ist die Winkelverteilung $\sim (1 - \cos\Theta)^2$.

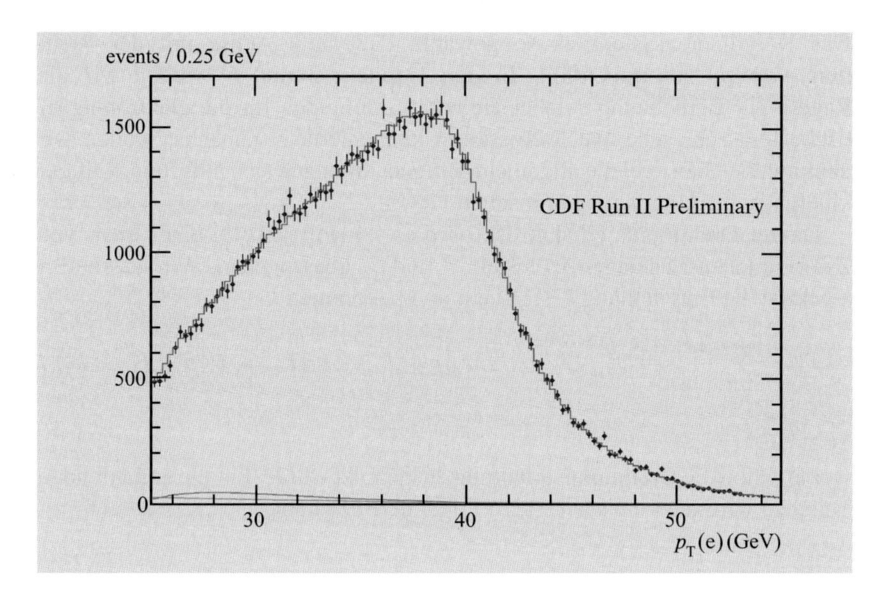

Abb. 2.13
Die p_T-Verteilung der Elektronen beim Zerfall von W-Bosonen im Fluge. Da die Masse des Elektrons sehr klein im Vergleich zur W-Masse ist, wird der maximale Wert der p_T-Verteilung bei $M_W/2$ erreicht. Die beiden Linien ganz unten zeigen die noch mögliche Beimischung aus W-Zerfällen in τ-Leptonen oder Hadronen an

Wenn man, wie schon oben angenommen, die Richtung der z-Achse im Ruhesystem mit der Flugrichtung des Teilchens im Laborsystem zusammenfallen läßt, nehmen die Transversalimpulse

$$p_T = |\boldsymbol{p}| \sin \Theta = |\boldsymbol{p}_{\text{Lab}}| \sin \Theta_{\text{Lab}} \tag{2.216}$$

in beiden Systemen den gleichen Wert an. Die p_T-Verteilung hat eine interessante kinematische Eigenschaft. Mit Hilfe der Beziehung

$$\left| \frac{\mathrm{d}p_T}{\mathrm{d}\cos \Theta} \right| = \frac{|\boldsymbol{p}^2 \cos \Theta|}{p_T} = \frac{|\boldsymbol{p}|}{p_T} \sqrt{\boldsymbol{p}^2 - p_T^2} \tag{2.217}$$

läßt sich $\mathrm{d}\Gamma/\mathrm{d}\Omega$ in $\mathrm{d}\Gamma/\mathrm{d}p_T$ umrechnen. Man sieht dann, daß $\mathrm{d}\Gamma/\mathrm{d}p_T$ an der Stelle des maximalen Transversalimpulses $p_T = |\boldsymbol{p}|$, d.h. bei $\Theta = \pi/2$, einen Pol hat, wobei die Zählrate natürlich endlich bleibt. Dieses Maximum heißt „Jacobi-Spitze", nach der Jacobi-Determinante zur Umrechnung von Differentialen in mehrdimensionalen Integralen. Da $|\boldsymbol{p}|$ nur von den Massen der beteiligten Teilchen abhängt, läßt sich aus der Lage des Maximums die Masse des instabilen Teilchens bestimmen, wenn wie z.B. im Zerfall

$$W \to e\nu \tag{2.218}$$

eines der Zerfallsprodukte nicht nachgewiesen werden kann (Abb. 2.13).

2.4.3 Partialwellenentwicklung der Streuamplitude

Der Helizitätsformalismus erlaubt eine elegante Formulierung der Zwei-Körper-Streuung von Teilchen beliebiger Massen und Spins im Anfangs- und Endzustand der Reaktion. Gesucht sind die Matrixelemente

$$T_{fi} = \langle |\boldsymbol{p}_3|, \Theta, \phi, \lambda_3, \lambda_4 | T | |\boldsymbol{p}_1|, 0, 0, \lambda_1, \lambda_2 \rangle \ . \tag{2.219}$$

Das Koordinatensystem ist so gewählt, daß die z-Achse mit der Richtung von $\boldsymbol{p}_1$ zusammenfällt. In den Kapiteln 3 und 6 werden wir die Regeln zur Berechnung solcher Helizitätsamplituden für die elektromagnetische und schwache Wechselwirkung kennenlernen. Zunächst wollen wir aber untersuchen, welche allgemeingültigen Aussagen sich aufgrund weiterer kinematischer Überlegungen machen lassen.

Da der Drehimpuls erhalten ist, wird es sinnvoll sein, zu einer Basis von Zwei-Teilchen-Zuständen zu festem J und J_3 überzugehen. Wir setzen also zweimal die Entwicklung (2.188) ein und bekommen

$$T_{fi} = \sum_{J,J_3} \frac{2J+1}{4\pi} D^J_{J_3\lambda} D^{*J}_{J_3\mu} \langle \sqrt{s}, J; |\boldsymbol{p}_3|, J_3, \lambda_3, \lambda_4 | T | \sqrt{s}, J; |\boldsymbol{p}_1|, J_3, \lambda_1, \lambda_2 \rangle \,, \tag{2.220}$$

wobei schon die Drehimpulserhaltung ausgenutzt wurde. Für die einlaufenden Teilchen wird jetzt die aus (2.123) folgende Beziehung

$$d^J_{j'_3 j_3}(0) = \delta_{j'_3 j_3} \tag{2.221}$$

eingesetzt, und daher gelangt man zu dem Ergebnis

$$T_{fi} = \sum_J \frac{2J+1}{4\pi} d^J_{\lambda\mu}(\Theta) \mathrm{e}^{\mathrm{i}\phi(\lambda-\mu)} T^J_{\lambda_3\lambda_4,\lambda_1\lambda_2}(\sqrt{s}) \tag{2.222}$$

für die Helizitätsamplituden, welches eine klare Trennung der Winkel- und Energieabhängigkeit aufweist. Bei einem festen Wert von J ist die Abhängigkeit von Θ vollständig durch die Funktionen $d^J_{\lambda\mu}$ bestimmt, wobei

$$\lambda = \lambda_1 - \lambda_2 \tag{2.223}$$

und

$$\mu = \lambda_3 - \lambda_4 \tag{2.224}$$

anzusetzen ist. Das Matrixelement auf der rechten Seite hängt neben den diskreten Parametern J und λ_i nur noch von $\sqrt{s}$ ab. Bei gegebenen Massen können die Impulse $|\boldsymbol{p}_1|$ und $|\boldsymbol{p}_3|$ aus s berechnet werden und wegen der Drehinvarianz gibt es keine Abhängigkeit von J_3 innerhalb des J-Multipletts. In den Funktionen $T^J_{\lambda_1\lambda_2,\lambda_3\lambda_4}$ ist die gesamte Dynamik der Wechselwirkung enthalten. Es ist einsichtig, daß die Darstellung (2.222) besonders wichtig wird, falls nur wenige Partialwellenamplituden T^J zum Wirkungsquerschnitt beitragen.

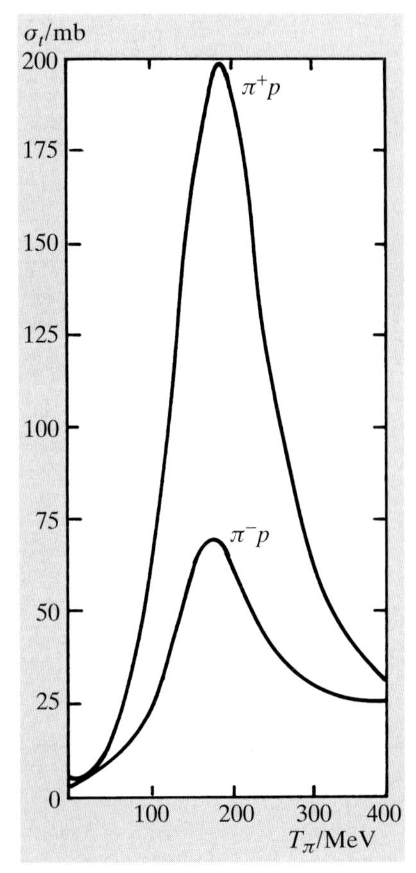

Abb. 2.14
Der totale Wirkungsquerschnitt der Pion-Proton-Streuung im Bereich der Δ-Resonanz

2.4.4 Resonanzen in Formationsexperimenten

Betrachten wir nochmals die Reaktion

$$\pi^+ + p \to \pi^+ + p \tag{2.225}$$

bei kinetischen Energien des Pions im Laborsystem im Bereich von 200 MeV. Bei 180 MeV (Abb. 2.14) wird der totale Querschnitt sehr groß, und es liegt nahe, diese resonanzartige Überhöhung durch die Erzeugung (Formation) eines neuen Teilchens zu erklären:

$$\pi^+ + p \to \Delta^{++} \to \pi^+ + p \ . \tag{2.226}$$

Durch Umrechnen der Resonanzenergie in das Schwerpunktssystem findet man eine Δ^{++}-Masse von 1232 MeV. Der Halbwertsbreite der Resonanzkurve entspricht im Schwerpunktssystem eine Halbwertsbreite von $\Gamma = 120\,\mathrm{MeV}$, das ist schon etwa 10 % des Massenwertes!

Wir wollen jetzt Energie- und Winkelabhängigkeit des Wirkungsquerschnitts etwas genauer untersuchen. Das Beispiel der Pion-Proton-Streuung läßt sich später auf andere Formationsexperimente, wie z.B. die Z^0-Erzeugung in der Elektron-Positron-Annihilation, übertragen. Vereinfachend sehen wir zunächst vom Spin des Protons ab, betrachten also die Resonanzstreuung zweier spinloser Teilchen. Es ist zweckmäßig, die einlaufenden Impulse im Schwerpunktssystem mit $\boldsymbol{p}$ und die auslaufenden mit $\boldsymbol{p}'$ zu bezeichnen.

Der Konvention der Kernphysik folgend, führen wir eine Streuamplitude f ein, deren Zusammenhang mit dem differentiellen Wirkungsquerschnitt durch

$$\frac{\mathrm{d}\sigma}{\mathrm{d}\Omega} = |f(\Theta, \sqrt{s})|^2 \tag{2.227}$$

festgelegt ist. Diese Definition entspricht der Beziehung

$$f(\Theta, \sqrt{s}) = \frac{-1}{8\pi\sqrt{s}}\sqrt{\frac{|\boldsymbol{p}'|}{|\boldsymbol{p}|}}T_{fi} \tag{2.228}$$

zwischen den Amplituden f und T_{fi}.

Aus (2.222) gewinnen wir im Fall der Streuung spinloser Teilchen die Entwicklung der *elastischen* Streuamplitude nach Bahndrehimpulsen l, also

$$f^{\mathrm{el}}(\Theta, \sqrt{s}) = \frac{1}{|\boldsymbol{p}|}\sum_l (2l+1)t_l(\sqrt{s})P_l(\cos\Theta) \ , \tag{2.229}$$

wobei noch die Abkürzungen

$$t_l = \frac{-|\boldsymbol{p}|}{32\pi^2\sqrt{s}}T^l \tag{2.230}$$

und $d^l_{00} = P^l$ (P^l sind die Legendre-Polynome) benutzt wurden. Hierdurch nimmt (2.229) die von der Kernphysik gewohnte Form an. Normalerweise läuft die Summe über l von 0 bis ∞, aber bei der Erzeugung einer Resonanz als Zwischenzustand kann nur der Term mit $l = J$ übrigbleiben, wobei J der Spin der Resonanz ist.

Falls nur elastische Streuprozesse möglich sind, existiert für die Partialwellenamplitude die Parametrisierung

$$t_l = \frac{\mathrm{e}^{2\mathrm{i}\delta_l} - 1}{2\mathrm{i}} \ . \tag{2.231}$$

Hierin ist die Streuphase δ_l eine reelle Funktion von $\sqrt{s}$ mit einem Wertebereich zwischen 0 und π. Die gezeigte Parametrisierung geht von der Vorstellung aus, daß die Kugelwellen, die vom Streuzentrum auslaufen, sich von den Kugelwellen, in welche die einlaufende ebene Welle zerlegt wird, um einen Phasenfaktor $\exp(2\mathrm{i}\delta_l)$ unterscheiden. Genauere Angaben findet man in den Lehrbüchern der Kernphysik, z. B. [Bet01].

Bei $\sqrt{s} = 1232\,\mathrm{MeV}$ kann man in der $\pi^+ p$-Streuung schon Endzustände mit mehr als einem Pion erzeugen, es sind also im Prinzip inelastische Kanäle offen. Wir wollen aber für die weitere Diskussion eine rein elastische Streuung annehmen, rechnen also weiter mit dem Ansatz (2.231). Dieser läßt sich zu

$$t_l = \mathrm{e}^{\mathrm{i}\delta_l} \sin\delta_l \tag{2.232}$$

umformen. Unter Ausnutzung der Orthogonalitätsrelation

$$\int_{-1}^{1} P_l P_{l'} \,\mathrm{d}\cos\Theta = \frac{2}{2l+1}\delta_{ll'} \tag{2.233}$$

der Legendre-Polynome erhält man den einfachen Ausdruck

$$\sigma = \frac{4\pi}{|\boldsymbol{p}|^2} \sum_l (2l+1)\sin^2\delta_l \tag{2.234}$$

für den integrierten Wirkungsquerschnitt. Aus (2.232) lesen wir für den Imaginärteil (Im) der Partialwellenamplitude

$$\mathrm{Im}\, t_l = \sin^2\delta_l \tag{2.235}$$

ab, und das daraus folgende optische Theorem

$$\sigma = \frac{4\pi}{|\boldsymbol{p}|} \,\mathrm{Im}\, f^{\mathrm{el}}(\Theta = 0) \ , \tag{2.236}$$

ist in Übereinstimmung mit der allgemeinen Herleitung in (2.77), die nur auf der Unitarität der S-Matrix basierte. Gleichzeitig sehen wir, daß die beiden Versionen des Theorems konsistent mit der in (2.228) festgelegten Phase zwischen f und T_{fi} sind.

Auch ohne Kenntnis der Dynamik lassen sich jetzt interessante Folgerungen ziehen. Gemäß (2.234) kann der Wirkungsquerschnitt für jede Partialwelle maximal den Wert

$$\sigma^l_{\max} = (2l+1)\frac{4\pi}{|\boldsymbol{p}|^2} \tag{2.237}$$

für $\delta_l = \pi/2$ annehmen. Diese Unitaritätsgrenze wird bei der Bildung einer Resonanz erreicht, falls keine inelastischen Kanäle offen sind. Um die Kurvenform eines resonanten Wirkungsquerschnitts zu finden, formen wir (2.232) zu

$$t_l = \frac{1}{\cot\delta_l - \mathrm{i}} \tag{2.238}$$

um und entwickeln den cot in der Umgebung der Resonanzstelle R

$$\delta_l(M_\mathrm{R}) = \frac{\pi}{2} \;. \tag{2.239}$$

Diese Entwicklung lautet

$$\cot\delta_l(\sqrt{s}) = \cot\delta_l(M_\mathrm{R}) + (\sqrt{s} - M_\mathrm{R})\frac{\mathrm{d}}{\mathrm{d}\sqrt{s}}\cot\delta_l(\sqrt{s})|_{\sqrt{s}=M_\mathrm{R}} \;. \tag{2.240}$$

Mit der Abkürzung

$$\frac{2}{\Gamma} \equiv \frac{\mathrm{d}}{\mathrm{d}\sqrt{s}}\cot\delta_l(\sqrt{s})|_{\sqrt{s}=M_\mathrm{R}} \tag{2.241}$$

folgt dann für die Partialwellenamplitude

$$t_l = \frac{\Gamma/2}{(\sqrt{s} - M_\mathrm{R}) - \mathrm{i}\,\Gamma/2} \tag{2.242}$$

und daher für den differentiellen Wirkungsquerschnitt einer Partialwelle in Resonanz

$$\left.\frac{\mathrm{d}\sigma}{\mathrm{d}\Omega}\right|_\mathrm{Res} = \frac{1}{|\boldsymbol{p}|^2}(2J+1)^2 P_J^2(\cos\Theta)\frac{\Gamma^2/4}{(\sqrt{s} - M_\mathrm{R})^2 + \Gamma^2/4} \;. \tag{2.243}$$

Nach Integration erhalten wir für den totalen Querschnitt

$$\sigma_\mathrm{Res} = \frac{4\pi}{|\boldsymbol{p}|^2}(2J+1)\frac{\Gamma^2/4}{(\sqrt{s} - M_\mathrm{R})^2 + \Gamma^2/4} \;. \tag{2.244}$$

Dies ist die bekannte (nichtrelativistische) Breit-Wigner-Formel, die die Energieabhängigkeit des Wirkungsquerschnitts im Bereich einer Resonanz mit dem Spin J beschreibt.[11] Eine Kurvendiskussion überzeugt uns sehr schnell davon, daß der Parameter Γ die anschauliche Bedeutung der Halbwertsbreite der Kurve hat. Die Fourier-Analyse des radioaktiven Zerfallsgesetzes führt auf die gleiche Verteilung der Energien, die in der Atomphysik als Lorentz-Kurve bekannt ist. Damit ist die Gleichsetzung der Halbwertsbreite der Breit-Wigner-Kurve mit der Zerfallskonstanten Γ gerechtfertigt.

Eine Resonanz kann in unterschiedlichen Reaktionen erzeugt werden und wird meistens mehrere Zerfallsmoden haben. Das Δ^0 kann z.B. in $\pi^- p$-, $\pi^0 n$- und γn-Reaktionen erzeugt werden und kann daher ebenso in diese Kanäle zerfallen. Auch dies läßt sich leicht in den Resonanzformalismus einbauen. Die Partialbreite Γ_f definieren wir über die Zerfallswahrscheinlichkeit w_f in einen bestimmten Kanal f,

$$w_f = \frac{\Gamma_f}{\Gamma} \;. \tag{2.245}$$

Für w_f schreibt man auch oft B als Abkürzung von *branching ratio* (Verzweigungsverhältnis). Wegen $\sum_f w_f = 1$ gilt natürlich

$$\sum_f \Gamma_f = \Gamma \;. \tag{2.246}$$

[11] Gregory Breit (1899–1981) und Eugene P. Wigner (1902–1995) wirkten hauptsächlich in Amerika und haben die Entwicklung der Kernphysik entscheidend mitgestaltet. Wigner erhielt 1963 den Nobelpreis v.a. für seine Behandlung der Symmetrie-Prinzipien.

Die gleichen Überlegungen gelten für die einlaufenden Teilchen und daher ist die Wahrscheinlichkeit, daß eine Resonanz im Kanal i erzeugt wird und in den Kanal f zerfällt, dann durch

$$w_f w_i = \frac{\Gamma_f \Gamma_i}{\Gamma^2} \tag{2.247}$$

gegeben. Deshalb muß (2.244) zu

$$\sigma_{\text{Res}} = \frac{4\pi}{|\boldsymbol{p}|^2}(2J+1)\Gamma_i \Gamma_f f_{\text{BW}} \tag{2.248}$$

erweitert werden, wobei noch die Abkürzung

$$f_{\text{BW}} \equiv \frac{1}{4(\sqrt{s}-M_{\text{R}})^2+\Gamma^2} \tag{2.249}$$

für die Breit-Wigner-Funktion benutzt wurde. Zu beachten ist, daß sich gegenüber (2.244) nur die Höhe der Kurve geändert hat, die Halbwertsbreite ist vollständig durch den Wert von Γ bestimmt.

Die Erweiterung (2.248) des Resonanz-Formalismus auf verschiedene Reaktionskanäle entspricht dem Ansatz

$$t_l = \frac{\sqrt{w_i w_f}}{\cot\delta_l - \mathrm{i}} \tag{2.250}$$

für die Partialwellenamplitude der Streuung. Für die elastische Streuung gilt $w_i = w_f$ und das optische Theorem liefert dann das Ergebnis

$$\sigma_t = \frac{4\pi}{|\boldsymbol{p}|^2}(2J+1)\Gamma\Gamma_i f_{\text{BW}} \tag{2.251}$$

für den über alle möglichen Kanäle summierten totalen Querschnitt, welches natürlich auch durch Summation von (2.248) über die Endzustände f hergeleitet werden kann.

Durch (2.243) wird eindeutig der Zusammenhang zwischen dem Spin der Resonanz und der Winkelverteilung des Formationsexperimentes für den Fall der Streuung spinloser Teilchen festgelegt. Wir wollen nun die Beschränkung auf ein- und auslaufende Teilchen ohne Spin aufgeben. Für jeden kombinatorisch erlaubten Satz der λ_i wird (2.227) durch die Beziehung

$$\frac{\mathrm{d}\sigma}{\mathrm{d}\Omega}(\sqrt{s},\Theta) = |f_{\lambda_3\lambda_4,\lambda_1\lambda_2}|^2 \tag{2.252}$$

ersetzt. Bei Nichtbeobachtung der Helizitätseinstellungen wird wieder in der üblichen Weise über die einlaufenden Zustände gemittelt und über die auslaufenden summiert. Gleichung (2.252) ist für elastische und unelastische Streuprozesse, also z.B. für die Reaktion

$$\pi^- + p \to \pi^0 + n \ , \tag{2.253}$$

definiert. Die Erhaltung des Drehimpulses in der Reaktion erlaubt keine Reduktion der Zahl der Helizitätsamplituden $f_{\lambda_3\lambda_4,\lambda_1\lambda_2}$, wohl aber die später noch zu besprechende Spiegelinvarianz (Abschn. 2.5).

Anstelle von (2.229) tritt nun die aus (2.222) folgende Entwicklung

$$f_{\lambda_3\lambda_4,\lambda_1\lambda_2} = \frac{1}{|\boldsymbol{p}|}\sum_J (2J+1) t^J_{\lambda_3\lambda_4,\lambda_1\lambda_2}(\sqrt{s})\, d^J_{\lambda\mu}(\Theta) \mathrm{e}^{\mathrm{i}(\lambda-\mu)\phi} \quad . \tag{2.254}$$

Im Fall der Resonanzstreuung kann J wieder nur den Wert des Spins der Resonanz annehmen.

Der Bahndrehimpuls hat keine Komponente in der Flugrichtung eines Teilchens. Die Drehimpulserhaltung verlangt daher $\lambda = \mu$ bei $\Theta = 0°$ bzw. $\lambda = -\mu$ bei $\Theta = 180°$. Diese Drehimpulserhaltung ist in die Entwicklung (2.254) eingebaut, da die durch die Drehimpulserhaltung verbotenen d-Funktionen bei 0° bzw. 180° verschwinden.

Jetzt wollen wir an einem konkreten einfachen Beispiel erläutern, wie die Winkelverteilung einer resonanten Streuung zur Bestimmung des Spins der Resonanz benutzt werden kann. Im Beispiel der Pion-Nukleon-Streuung gibt es offenbar vier Helizitätsamplituden,

$$\begin{aligned} f_{0\,\frac{1}{2},0\,\frac{1}{2}} &= f_{++} \ , \\ f_{0\,\frac{1}{2},0\,-\frac{1}{2}} &= f_{+-} \ , \\ f_{0\,-\frac{1}{2},0\,-\frac{1}{2}} &= f_{--} \ , \\ f_{0\,-\frac{1}{2},0\,\frac{1}{2}} &= f_{-+} \ . \end{aligned} \tag{2.255}$$

Man bezeichnet die in der ersten und dritten Gleichung definierten Größen als *helicity no flip*- und die beiden anderen als *helicity flip*-Amplituden. Wir werden im Abschn. 2.5 mit Hilfe der Spiegelinvarianz beweisen, daß nur die beiden ersten Amplituden linear unabhängig sind, während die beiden letzten aus ihnen durch einfache Phasenbeziehungen hervorgehen. Ebenso werden wir für die zugehörigen Partialwellenamplituden die Bedingung

$$|t^J_{++}| = |t^J_{+-}| \tag{2.256}$$

kennenlernen. Daher folgt aus (2.254) für den differentiellen Wirkungsquerschnitt unter der Annahme, daß die Δ-Resonanz den Spin $3/2$ hat, die Beziehung

$$\frac{\mathrm{d}\sigma}{\mathrm{d}\Omega} \sim \left| d^{\frac{3}{2}}_{\frac{1}{2}\frac{1}{2}} \right|^2 + \left| d^{\frac{3}{2}}_{\frac{1}{2}-\frac{1}{2}} \right|^2 \ , \tag{2.257}$$

wobei wir schon die Symmetrierelation

$$d^J_{\lambda\mu} = d^J_{-\mu-\lambda} \tag{2.258}$$

ausgenutzt haben. Der Tabelle 2.1 entnimmt man

$$d^{\frac{3}{2}}_{\frac{1}{2}\frac{1}{2}} = \frac{3\cos\Theta - 1}{2}\cos\frac{\Theta}{2} \tag{2.259}$$

und

$$d^{\frac{3}{2}}_{\frac{1}{2}-\frac{1}{2}} = -\frac{3\cos\Theta + 1}{2}\sin\frac{\Theta}{2} \ , \tag{2.260}$$

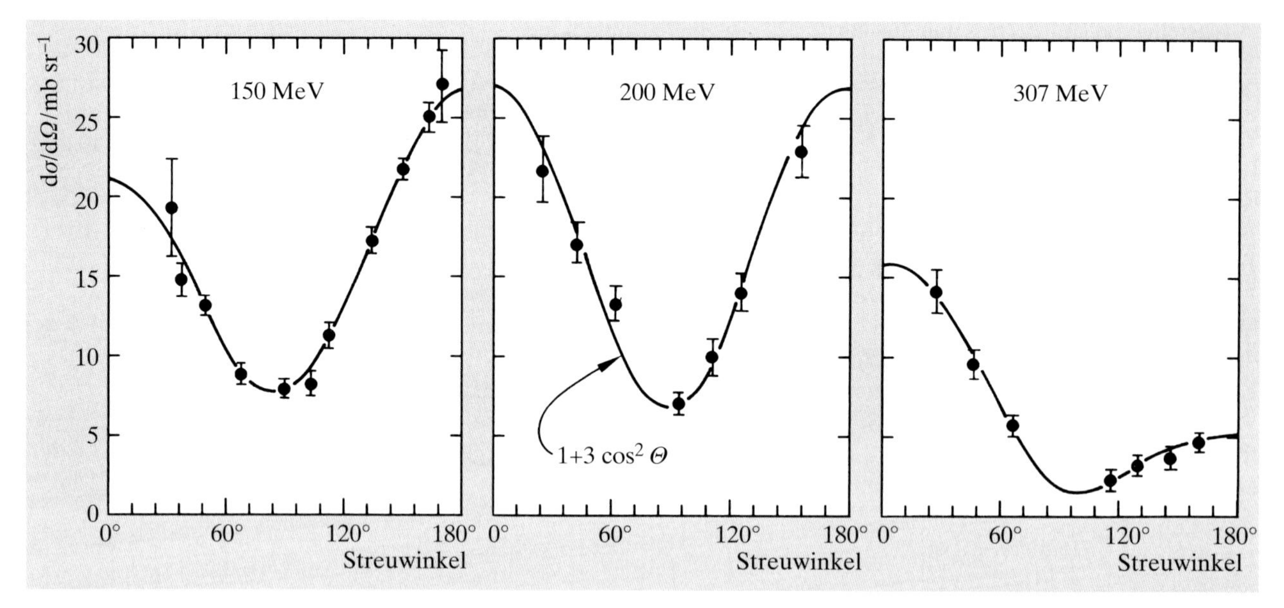

Abb. 2.15
Differentielle Wirkungsquerschnitte für πp-Streuung. Die Kurve auf dem Maximum der Resonanz (bei einer kinetischen Energie von 200 MeV) ist eine Anpassung gemäß (2.261) an die Daten, die anderen Kurven außerhalb der Resonanz sind empirisch durch die Meßpunkte gelegt

woraus sich für die Winkelverteilung

$$\frac{d\sigma}{d\Omega} \sim 1 + 3\cos^2\Theta \tag{2.261}$$

ergibt. Dies entspricht sehr gut den experimentellen Resultaten der Abb. 2.15 bei einer kinetischen Energie des Pions von 200 MeV. Die Δ-Resonanz hat also den Spin 3/2.

In den meisten Experimenten wird die Orientierung des Spins der ein- und auslaufenden Teilchen nicht gemessen. Die Formeln (2.248) und (2.251) für den Wirkungsquerschnitt in einer bestimmten Reaktion und den totalen Wirkungsquerschnitt werden dann durch

$$\sigma_{\mathrm{Res}} = g(2J+1)\frac{4\pi}{|\boldsymbol{p}|^2}\Gamma_f\Gamma_i f_{\mathrm{BW}} \tag{2.262}$$

und

$$\sigma_t = g(2J+1)\frac{4\pi}{|\boldsymbol{p}|^2}\Gamma\Gamma_i f_{\mathrm{BW}} \tag{2.263}$$

ersetzt, wobei g der in Abschn. 2.1 eingeführte statistische Wichtungsfaktor ist, also $g = 1/2$ in unserem Beispiel. Die Partialbreiten enthalten die Summe über die Spins der beteiligten Teilchen.

Die letzte Formel läßt sich auch wieder aus dem optischen Theorem ableiten. Unter Einbeziehung des Spins ist das optische Theorem nun so zu verstehen, daß die elastische Streuamplitude Reaktionen beschreibt, in denen sich die Helizität der Teilchen nicht ändert. Der totale Querschnitt σ_t wird für die gewählte Helizitätskombination im Anfangszustand bestimmt, aber es wird über alle im Endzustand möglichen Helizitäten und Reaktionsprodukte summiert. Jetzt liegt es nahe, die verschiedenen Kombinationen der Helizität als unterschiedliche Reaktionskanäle zu behandeln. Das Vorgehen läßt sich wieder am einfachsten am Beispiel der elastischen Pion-Proton-Streuung mit einem Proton der Helizität $\lambda = +1/2$ erläutern. Für die Amplitude t^J_{++} machen wir den Ansatz

$$t^J_{++} = \frac{1}{2} \frac{w_i}{\cot \delta^J_{++} - \mathrm{i}} \,, \tag{2.264}$$

wobei der aus (2.256) folgende Faktor $1/2$ die Aufteilung in den *helicity no flip-* und *helicity flip*-Kanal berücksichtigt. Die Anwendung des optischen Theorems reproduziert dann unmittelbar die Gleichung (2.263) im Spezialfall $g = 1/2$.

In der Literatur werden noch andere Möglichkeiten diskutiert, einen resonanten Wirkungsquerschnitt zu beschreiben. Besonders häufig wird die sog. relativistische Breit-Wigner-Funktion

$$f^{\mathrm{r}}_{\mathrm{BW}} = \frac{1}{(s - M^2_{\mathrm{R}})^2 + M^2_{\mathrm{R}} \Gamma^2} \tag{2.265}$$

benutzt, mit deren Hilfe (2.262) durch

$$\sigma_{\mathrm{Res}} = g(2J + 1) 16\pi s \frac{\Gamma_f \Gamma_i}{M^2_{\mathrm{R}}} f^{\mathrm{r}}_{\mathrm{BW}} \tag{2.266}$$

ersetzt wird. Auch hier wird wie bei der nichtrelativistischen Funktion angenommen, daß die Breite relativ gering verglichen mit der Masse des Zustands ist. Bei sehr „breiten“ Resonanzen darf Γ nicht ohne weiteres als konstant angesetzt werden. Umgekehrt können bei genügend kleinem Γ die Breit-Wigner-Funktionen durch die sehr nützlichen Näherungen

$$f_{\mathrm{BW}} \approx \frac{\pi}{2\Gamma} \delta(\sqrt{s} - M_{\mathrm{R}}) \tag{2.267}$$

bzw.

$$f^{\mathrm{r}}_{\mathrm{BW}} \approx \frac{\pi}{M_{\mathrm{R}} \Gamma} \delta(s - M^2_{\mathrm{R}}) \tag{2.268}$$

ersetzt werden.

Jetzt sind wir soweit, noch ganz kurz auf Experimente mit polarisierten Teilchen einzugehen. Aufgrund der Lage der Quantisierungsachse in der Streuebene hängen alle Winkelverteilungen bisher nur von Θ und nicht von ϕ ab. Dies ändert sich, falls die Teilchen in einer Richtung senkrecht zur Streuebene polarisiert sind. Dann kann die Interferenz zwischen verschiedenen Helizitätsamplituden zu einer Abhängigkeit des Wirkungsquerschnitts vom Azimutwinkel ϕ führen.

Beispiel 2.3

Auch hier hilft ein einfaches Beispiel wahrscheinlich unmittelbar, die wesentlichen Züge der Argumentation zu verstehen. Wir betrachten die Streuung von Pionen an Protonen, deren Spin mit Hilfe eines Magnetfeldes entlang der y-Achse ausgerichtet ist. Spinzustände mit dieser Achse als Quantisierungsachse hängen mit den Helizitätszuständen über

$$|\uparrow\rangle = \frac{1}{\sqrt{2}}(|+\rangle + \mathrm{i}|-\rangle) \tag{2.269}$$

zusammen, wie in (2.145) gezeigt wurde. Da die Polarisation des auslaufenden Protons nicht gemessen wird, tragen die Amplituden

$$\langle +|T|\uparrow\rangle = \frac{1}{2}(f_{++} + \mathrm{i}\, f_{+-}) \tag{2.270}$$

und

$$\langle -|T|\uparrow\rangle = \frac{1}{2}(f_{-+} + \mathrm{i}\, f_{--}) \tag{2.271}$$

zur Streuung bei. Im nächsten Abschnitt werden wir sehen, wie die Invarianz unter Spiegelungen Relationen zwischen den Amplituden f festlegt. Die Ausnutzung von (2.306) und die Entwicklung (2.254) führen zu den Beziehungen

$$\begin{aligned} f_{++} &= f_{--} \\ f_{+-} &= f_{+-}(\phi = 0)\mathrm{e}^{-\mathrm{i}\phi} \\ f_{-+} &= -f_{+-}(\phi = 0)\mathrm{e}^{\mathrm{i}\phi} \quad , \end{aligned} \tag{2.272}$$

wobei ϕ der Azimutwinkel der gestreuten Pionen ist. Die xz-Ebene entspricht $\phi = 0$. Mit Hilfe dieser Relationen ergibt sich nach einigen Rechenschritten

$$\frac{\mathrm{d}\sigma}{\mathrm{d}\Omega} = \frac{\mathrm{d}\sigma_u}{\mathrm{d}\Omega} + 2\cos\phi\, \mathrm{Im}\,[f_{++}(0)\, f^*_{+-}(0)] \ . \tag{2.273}$$

Der erste Term ist der unpolarisierte Wirkungsquerschnitt $|f_{++}|^2 + |f_{+-}|^2$. Der zweite Term zeigt, daß Polarisationsexperimente uns Informationen über die Phase zwischen den Amplituden einer Wechselwirkung verschaffen können. Im Interferenzterm müssen die Helizitätsamplituden an der Stelle $\phi = 0$ eingesetzt werden.

2.4.5 Pion-Resonanzen

Die Pion-Nukleon-Streuung dient auch als einfaches Mittel zur Erzeugung von mesonischen Resonanzen, z.B. in der Reaktion

$$\pi^- + p \rightarrow \pi^+ + \pi^- + n \ . \tag{2.274}$$

Im Gegensatz zur gerade besprochenen Δ-Resonanz handelt es sich hierbei um ein Produktionsexperiment, d.h. die Pion-Resonanzen werden nur in den

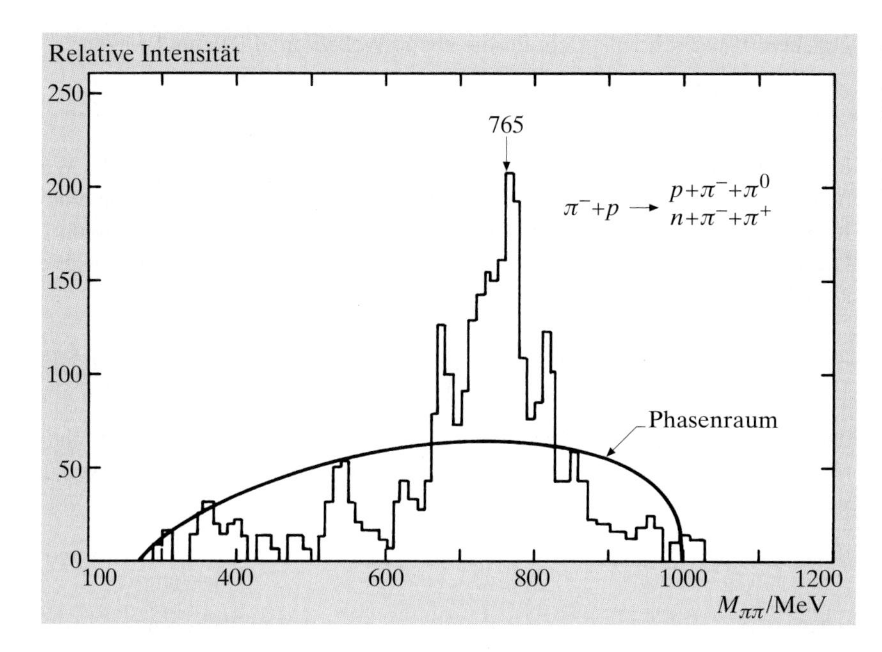

Abb. 2.16
Verteilung der invarianten Massen der Pionen im Endzustand der Reaktion (2.274). Bei einem Matrixelement, das nicht von $M_{\pi\pi}$ abhängt, wird eine Verteilung erwartet, die der mit „Phasenraum" bezeichneten Kurve folgt. Das ist offenbar nicht der Fall

Endzuständen der Reaktion (2.274) gefunden. Wenn man die invariante Masse der π-Paare berechnet, findet man z.B. eine klare Häufung bei einer Masse um 770 MeV. Die Häufigkeitsverteilung (Abb. 2.16) hat die typische Form einer Breit-Wigner-Kurve, und man kann sie tatsächlich als Wirkungsquerschnitt einer resonanten Pion-Pion-Streuung interpretieren. Das einlaufende π^- streut an einem vom Proton abgestrahlten π^+, bildet einen resonanten Zwischenzustand, das ρ-Meson, welcher anschließend wieder in zwei Pionen zerfällt (Abb. 2.17). Für den winkelabhängigen Teil des Wirkungsquerschnitts der $\pi\pi$-Streuung gilt gemäß (2.243)

$$\frac{\mathrm{d}\sigma}{\mathrm{d}\Omega} \sim |d_{00}^J|^2 = P_J^2(\Theta) \ , \tag{2.275}$$

wobei Θ der Winkel zwischen dem ein- und auslaufenden π^- im Schwerpunktssystem der beiden Pionen ist. Das ρ-Meson z.B. zeigt eine zu $\cos^2\Theta$ proportionale Winkelverteilung der Zerfallspionen, hat also den Spin 1.

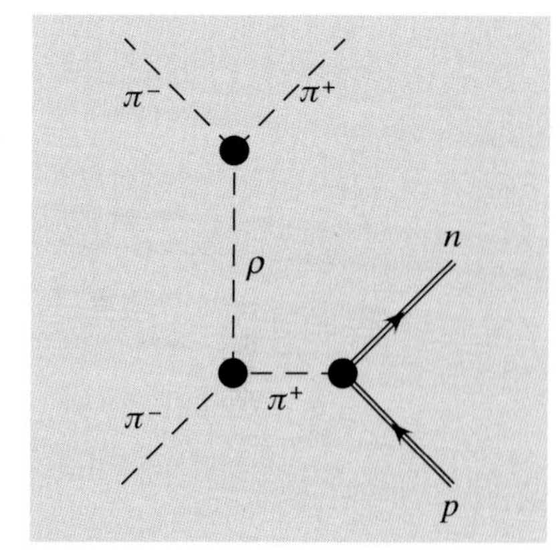

Abb. 2.17
Sog. peripheres Diagramm für die Erzeugung zweier Pionen in der Pion-Nukleon-Streuung. In solchen Diagrammen soll der dicke schwarze Vertex den Einfluß der theoretisch nicht beherrschten Kernkraft andeuten

2.4.6 Der Spin des Photons

Aus den Auswahlregeln der Atomphysik folgt $J = 1$ für den Spin des Photons. Dies ist in Übereinstimmung mit den Transformationseigenschaften eines Vektorfeldes unter Rotationen, was wir jetzt in einer vereinfachten Form beweisen möchten.

Photonenzustände mit Impuls $\boldsymbol{k}$ und Helizität λ kann man durch $|\boldsymbol{k}, \lambda\rangle$ beschreiben. Eine alternative Möglichkeit ist $|\boldsymbol{k}, \boldsymbol{\varepsilon}\rangle$, wobei $\boldsymbol{\varepsilon}$ der Polarisationsvektor des Photons ist. Die zu den Zuständen $|\boldsymbol{k}, \boldsymbol{\varepsilon}\rangle$ gehörende Wellenfunktion ist durch

$$\boldsymbol{A} = \frac{1}{\sqrt{2\omega V}} \boldsymbol{\varepsilon} \mathrm{e}^{-\mathrm{i}k\cdot x} \tag{2.276}$$

gegeben. Klassisch entspricht ihr die ebene Welle von (1.21), und wegen

$$\boldsymbol{E} = -\frac{1}{c}\frac{\partial \boldsymbol{A}}{\partial t} \tag{2.277}$$

hat der Polarisationsvektor $\boldsymbol{\varepsilon}$ die Richtung des elektrischen Feldes $\boldsymbol{E}$. Wir betrachten nun eine elektromagnetische Welle, die entlang der z-Achse eines Koordinatensystems läuft. Die Basisvektoren der Polarisation seien ε_x und ε_y. Dieses System von Basisvektoren wird jetzt um den Winkel Θ um die z-Achse gedreht. Für die neuen Basisvektoren gilt

$$\begin{aligned} \varepsilon'_x &= \cos\Theta\varepsilon_x + \sin\Theta\varepsilon_y \\ \varepsilon'_y &= -\sin\Theta\varepsilon_x + \cos\Theta\varepsilon_y \ , \end{aligned} \tag{2.278}$$

da man ja für die Transformation von Basisvektoren mit den transponierten Matrizen R^{tr} rechnen muß. Rechts- und linkszirkular polarisierte Wellen werden durch

$$\varepsilon_\pm = \frac{1}{\sqrt{2}}(\varepsilon_x \pm \mathrm{i}\varepsilon_y) \tag{2.279}$$

beschrieben, und daher folgt mit (2.278) für die rotierten Vektoren

$$\varepsilon'_\pm = \mathrm{e}^{\mp \mathrm{i}\Theta}\varepsilon_\pm \tag{2.280}$$

oder für die quantenmechanischen Zustände

$$|\varepsilon'_\pm\rangle = \mathrm{e}^{\mp \mathrm{i}\Theta}|\varepsilon_\pm\rangle \ . \tag{2.281}$$

Diese Beziehung entspricht aber genau dem Transformationsverhalten von Basisvektoren $|1;\pm 1\rangle$ zum Spin 1, was sich mit Hilfe von (2.120) leicht einsehen läßt. Zusätzlich folgt aus der Herleitung, daß den zirkular polarisierten Wellen der klassischen Theorie die Helizitätszustände des Photons entsprechen. Eine rechtszirkular polarisierte Welle entspricht einem Photon mit $\lambda = +1$. Wir nennen es rechtshändig und übernehmen diesen Sprachgebrauch auch für Spin 1/2-Teilchen. Fermionen mit $\lambda = \pm 1/2$ heißen daher „rechts-“ bzw. „linkshändig“. Für die Feynman-Regeln des Abschnitts 3.1.3 werden wir vierdimensionale Polarisationsvektoren brauchen. Diese lauten für rechts- bzw. linkshändige Photonen mit einer Flugrichtung entlang der z-Achse

$$\varepsilon^\mu_\pm = \frac{1}{\sqrt{2}}(0, 1, \pm\mathrm{i}, 0) \ . \tag{2.282}$$

Die Polarisationsvektoren von Photonen mit einer Flugrichtung im Winkel (Θ, ϕ) zur z-Achse

$$\varepsilon^\mu_\pm = \frac{1}{\sqrt{2}}(0, \cos\Theta\cos\phi \mp \mathrm{i}\sin\phi, \cos\Theta\sin\phi \pm \mathrm{i}\cos\phi, -\sin\Theta) \tag{2.283}$$

folgen hieraus wieder durch eine entsprechende Drehung. Der Ansatz $\varepsilon^0 = 0$ entspricht der sog. Coulomb-Eichung der Elektrodynamik für elektromagnetische Wellen im Vakuum [Jac99].

2.4.7 Der Spin des neutralen Pions

Die leichtesten Mesonen haben alle den Spin $J = 0, 1$. Dies entspricht den Erfahrungen der Atom- und Kernphysik, wo die Zustände mit $J = 0$ ebenfalls energetisch am tiefsten liegen. Wir werden im folgenden Yangs Theorem beweisen, das besagt, daß ein Teilchen mit Spin 1 nicht in zwei Photonen zerfallen kann.[12] Wenn also das π^0 nicht ein ganz ungewöhnliches Teilchen sein soll, muß die Spinzuordnung $J = 0$ gelten.

Die beim Beweis des Theorems benutzte Vorgehensweise zeigt beispielhaft, wie mächtig Argumente sind, die nur auf allgemeinen Prinzipien wie Kausalität und Invarianz beruhen. Das Matrixelement T_{fi} für den Zerfall eines Teilchens mit Spin in zwei Photonen kann wegen des Prinzips der Kausalität nur von den Observablen der beteiligten Teilchen abhängen. Es muß invariant unter Drehungen sein und wird daher im Ruhesystem die Gestalt

$$T_{fi} \sim \boldsymbol{J}\boldsymbol{M} \tag{2.284}$$

haben. Hierin ist $\boldsymbol{J}$ der Spinvektor; $\boldsymbol{M}$ ist ein Vektor, der linear aus den Polarisationen $\boldsymbol{\varepsilon}_1$, $\boldsymbol{\varepsilon}_2$ der beiden Photonen und $\boldsymbol{k}$, dem Impuls eines der Photonen im Ruhesystem des Pions, aufgebaut werden muß, da die Streumatrix ein linearer Operator ist. Betrachten wir nun mögliche Formen von $\boldsymbol{M}$:

$$\boldsymbol{M} = \boldsymbol{\varepsilon}_1 \times \boldsymbol{\varepsilon}_2 \tag{2.285}$$

$$\boldsymbol{M} = (\boldsymbol{\varepsilon}_1 \boldsymbol{\varepsilon}_2)\boldsymbol{k} \tag{2.286}$$

und

$$\boldsymbol{M} = \boldsymbol{k} \times (\boldsymbol{\varepsilon}_1 \times \boldsymbol{\varepsilon}_2) \ . \tag{2.287}$$

Damit sind schon alle Möglichkeiten, die gemäß den Voraussetzungen erlaubt sind, erschöpft. Der Ansatz (2.285) scheidet nun aus, da sich beim Vertauschen der Photonen das Vorzeichen ändert. Die Wellenfunktion zweier Photonen muß aber unter Vertauschung gerade sein. Mit demselben Argument scheidet auch (2.286) aus. Der Vorzeichenwechsel folgt hier aus der Tatsache, daß man beim Vertauschen $\boldsymbol{k}$ durch $-\boldsymbol{k}$ ersetzen muß. Die Form (2.287) schließlich ist untauglich, da die rechte Seite identisch verschwindet. Dies ist eine Folge der Identität

$$\boldsymbol{k} \times (\boldsymbol{\varepsilon}_1 \times \boldsymbol{\varepsilon}_2) = \boldsymbol{\varepsilon}_1(\boldsymbol{k}\boldsymbol{\varepsilon}_2) - \boldsymbol{\varepsilon}_2(\boldsymbol{k}\boldsymbol{\varepsilon}_1) \tag{2.288}$$

und der Transversalität $\boldsymbol{k}\boldsymbol{\varepsilon}_i = 0$ der Photonen. Dies bedeutet, daß es nicht möglich ist, ein Matrixelement der Form (2.284) zu konstruieren. Das neutrale Pion kann also nicht den Spin 1 haben.

[12] Der chinesisch-amerikanische Theoretiker Chen Ning Yang (geb. 1922) ist natürlich viel berühmter durch seine Entdeckung der Paritätsverletzung in der schwachen Wechselwirkung, die er zusammen mit seinem Landsmann Tsung-Dao Lee (geb. 1926) machte. Sie erhielten beide 1957 den Nobelpreis für Physik.

Übungen

2.4 Bestimmen Sie die Winkelverteilung beim Zerfall polarisierter ρ-Mesonen in zwei Pionen. Zeigen Sie explizit, daß der Zerfall unpolarisierter ρs isotrop ist.

2.5 Bestimmen Sie die Helizitätsamplituden und die zugehörigen Winkelverteilungen der e^-e^+ Annihilation in $\mu^-\mu^+$ Paare. Nehmen Sie hierzu an, daß die Elektron-Positron-Paare im Zustand $J = 1$ sind.

2.6 Wiederholen Sie die letzte Aufgabe mit der zusätzlichen Annahme, daß Amplituden mit $\lambda = 0$ und $\mu = 0$ verschwinden und daß die übrig bleibenden Partialwellenamplituden t den gleichen Betrag haben. Wie lautet dann die Winkelverteilung für unpolarisierte einlaufende Teilchen?

2.7 Wiederholen Sie die letzte Aufgabe für Elektronen und Positronen, die senkrecht zur Flugrichtung polarisiert sind.

2.8 Wie groß kann der Wirkungsquerschnitt der Annihilation unpolarisierter Elektronen und Positronen in beliebige Endzustände maximal werden ($J = 1$)?

2.9 Vergleichen Sie numerisch den Wirkungsquerschnitt für die Erzeugung einer Resonanz mit $J = 1$, $M_\mathrm{R} = 2\,\mathrm{GeV}$, $\Gamma = 100\,\mathrm{MeV}$ und $\Gamma_i = 6\,\mathrm{keV}$ in der Elektron-Positron-Annihilation bei Benutzung der nichtrelativistischen und der relativistischen Breit-Wigner-Funktion.

2.10 Tragen Sie für die Resonanz der vorigen Aufgabe den Wert der elastischen Streuamplitude in der komplexen Ebene auf (Argand-Diagramm). Lassen Sie dabei $\sqrt{s}$ Werte zwischen $M_\mathrm{R} - \Gamma$ und $M_\mathrm{R} + \Gamma$ annehmen.

2.11 Beweisen Sie die Relation (2.267), indem Sie die Fläche der Breit-Wigner-Kurve bestimmen.

2.12 Berechnen Sie die Polarisationsvektoren für Photonen mit einer beliebigen Flugrichtung aus (2.282).

2.5 Spiegelungen und Paritätsinvarianz

2.5.1 Die Paritätstransformation

Neben den Drehungen sind in der Gruppe $O3$ auch die Spiegelungen enthalten. Diese hatten wir bisher ausdrücklich ausgeschlossen. Es läßt sich leicht einsehen, daß Spiegelungen an einer Ebene sich als Produkt aus einer Drehung und einer Spiegelung am Koordinatenursprung beschreiben lassen. Wir befassen uns daher nur mit den zuletzt genannten Spiegelungen und formulieren sie durch

$$x'_k = R^P_{kl} x_l \tag{2.289}$$

mit

$$R^P = \begin{pmatrix} -1 & 0 & 0 \\ 0 & -1 & 0 \\ 0 & 0 & -1 \end{pmatrix} . \tag{2.290}$$

Im euklidischen Raum müssen wir zwischen polaren und axialen Vektoren unterscheiden. Polare Vektoren transformieren sich bei Drehungen gemäß (2.85) und bei Spiegelungen nach (2.289). Zu ihnen gehört neben dem Ortsvektor beispielsweise der Impuls $\boldsymbol{p}$ eines Teilchens, also $\boldsymbol{p}' = -\boldsymbol{p}$. Daneben gibt es aber noch die über das Kreuzprodukt definierten axialen Vektoren, z.B. den Bahndrehimpuls, $\boldsymbol{L} = \boldsymbol{x} \times \boldsymbol{p}$. Für ihn gilt ersichtlich

$$\boldsymbol{L}' = \boldsymbol{L} \tag{2.291}$$

bei einer Spiegelung von $\boldsymbol{x}$ und $\boldsymbol{p}$, während für Drehungen wieder das Gesetz (2.85) anzuwenden ist.

Eine Spiegelung induziert im quantenmechanischen Zustandsraum eine unitäre Transformation

$$U(R^P) = P \ . \tag{2.292}$$

Zunächst untersuchen wir die Wirkung des sog. Paritätsoperators P auf Zustände $|\psi\rangle = |m, j; j_3\rangle$, die ein Teilchen in seinem Ruhesystem beschreiben. Unter der Annahme, daß das Transformationsverhalten (2.291) auch für den Spin gültig ist, folgt

$$P|m, j; j_3\rangle = \eta |m, j; j_3\rangle \ . \tag{2.293}$$

Hierin ist η ein Phasenfaktor (also eine komplexe Zahl mit $|\eta| = 1$), den wir natürlich immer zulassen müssen. Wegen der Abbildungseigenschaften der Spiegelung gilt aber auch

$$P^2|m, j; j_3\rangle = |m, j; j_3\rangle \tag{2.294}$$

und daher

$$\eta = \pm 1 \ . \tag{2.295}$$

Dies bedeutet, daß (2.293) eine Eigenwertsgleichung des Paritätsoperators ist. Die Eigenwerte $\eta = \pm 1$ des Paritätsoperators P nennen wir die innere Parität eines Teilchens.[13] Die Eigenzustände sind gemeinsame Eigenzustände zu Spin *und* Parität, und wir bezeichnen sie daher präziser mit $|m, j; j_3, \eta\rangle$. Die Tatsache, daß es gemeinsame Eigenzustände zu $|\hat{\boldsymbol{j}}|$, $\hat{j}_3$ und P gibt, ist eine direkte Folge der Vertauschbarkeit von Spiegelungen und Drehungen.

Man kann also jedes Teilchen in ein Spin-Paritäts-Multiplett einordnen, das wir in der Tradition der Atom- und Kernphysik durch das Symbol J^P kennzeichnen. Die Wahl des großen Buchstabens J für den Spin erinnert uns daran, daß dieser sich häufig aus der Addition der Bahndrehimpulse und der Spins der Konstituenten ergibt.

Aus den Spiegelungseigenschaften der Kugelflächenfunktionen

$$Y_l^{l_3}(\pi - \Theta, \phi + \pi) = (-1)^l Y_l^{l_3}(\Theta, \phi) \tag{2.296}$$

folgt für die Parität von Einteilchen-Zuständen (2.183) mit definiertem Bahndrehimpuls

$$P|m, j; l, l_3, j_3, \eta\rangle = \eta(-1)^l |m, j; l, l_3, j_3, \eta\rangle \ . \tag{2.297}$$

Die Gesamtparität ergibt sich demnach aus dem Produkt der Eigenparität des Teilchens und der Parität des Drehimpulszustandes. Die Parität ist eine multiplikative Quantenzahl. Der tiefere Grund hierfür liegt in der diskreten

[13] Gerade weil die Worte sehr ähnlich klingen, muß man sorgfältig zwischen dem Operator und seinen Eigenwerten unterscheiden.

Natur der Spiegelungen. Im Gegensatz dazu folgt aus der Abhängigkeit der Drehungen von kontinuierlichen Parametern die Addition der Drehimpulse.

Als Konsequenz dieser Überlegungen wird die Parität eines Zustandes zweier Teilchen mit dem relativen Bahndrehimpuls l und den inneren Paritäten η_1 und η_2 zu

$$\eta = \eta_1 \eta_2 (-1)^l \tag{2.298}$$

festgelegt. Paritätseigenzustände haben also einen wohl definierten Bahndrehimpuls. Das Arbeiten mit Eigenzuständen zur Parität ist natürlich deswegen nützlich, weil die Invarianz der S-Matrix unter Spiegelungen,

$$[S, P] = 0 \ , \tag{2.299}$$

die Erhaltung des Paritätseigenwertes in Reaktionen garantiert. Der formale Beweis ist wegen der diskreten Natur der Spiegelungsoperation von dem Beweis in Abschn. 2.1.3 verschieden. Zunächst wird die letzte Gleichung in

$$S = P^{-1} S P \tag{2.300}$$

umgeformt, woraus mit

$$\begin{aligned} \langle f|S|i\rangle &= \langle f|P^{-1} S P|i\rangle \\ &= \eta_f \eta_i \langle f|S|i\rangle \end{aligned} \tag{2.301}$$

unmittelbar

$$\eta_f = \eta_i \tag{2.302}$$

folgt.

Der Definition der Paritäten haftet eine gewisse Willkür an. Wir kennen z.B. keine Reaktion, aus der sich die Parität des Protons eindeutig ermitteln läßt, d.h. sowohl die Zuordnung $\eta_p = 1$ wie $\eta_p = -1$ ist widerspruchsfrei möglich. Wir wählen – der historischen Konvention folgend – eine positive Parität für Protonen.

Eine Diskussion des Verhaltens der Lösungen der Dirac-Gleichung bei Spiegelungen zeigt nun [Bjo90], daß die inneren Paritäten von Fermionen und Antifermionen ein unterschiedliches Vorzeichen haben müssen, Antiprotonen bekommen daher $\eta_{\bar{p}} = -1$. Protonen und Neutronen können als zwei Erscheinungsformen des Nukleons gedeutet werden, es ist daher nur natürlich auch $\eta_n = 1$ anzusetzen. Ebenso läßt sich für die Leptonen keine Reaktion finden, die ihre Paritäten eindeutig festlegt, man gibt daher in Übereinstimung mit der Dirac-Gleichung allen Fermionen gerade $(+)$ und allen Antifermionen ungerade $(-)$ Parität.

Für Mesonen, die z.B. in Nukleon-Nukleon-Stößen erzeugt werden, ist die innere Parität dann nicht mehr frei wählbar. Die Tabelle 2.4 listet die niedrigsten Multipletts neben den für sie gebräuchlichen Kurzbezeichnungen auf.

Tabelle 2.4
J^P-Multipletts der Mesonen

J^P	Name
0^+	Skalar
0^-	Pseudoskalar
1^-	Vektor
1^+	Axialvektor, Pseudovektor
2^+	Tensor
2^-	Tensor

Die Zustände (2.182) und Helizitätszustände sind keine Eigenzustände zum Paritätsoperator. Ihr Transformationsverhalten ist durch

$$P|\boldsymbol{p}, j_3\rangle = \eta|-\boldsymbol{p}, j_3\rangle \tag{2.303}$$

und

$$P|\boldsymbol{p}, \lambda\rangle = \eta|-\boldsymbol{p}, -\lambda\rangle \tag{2.304}$$

definiert. Der Phasenfaktor kann auch hier wegen $P^2 = 1$ die Werte ± 1 annehmen.

Zwei-Teilchen-Zustände zu definiertem *Bahn*drehimpuls sind – wie wir gesehen haben – gleichzeitig Eigenzustände des Paritätsoperators. Demgegenüber haben die sonst so nützlichen Helizitätszustände ein wesentlich komplizierteres Transformationsverhalten. Besonders wichtig sind die schon in (2.188) benutzten Helizitätszustände eines Zwei-Teilchen-Systems, die gleichzeitig Eigenzustand des Gesamtdrehimpulses sind. Für sie gilt die Transformationsgleichung

$$P|J; J_3, \lambda_1\lambda_2\rangle = \eta_1\eta_2(-1)^{J-j_{(1)}-j_{(2)}}|J; J_3, -\lambda_1 - \lambda_2\rangle \ , \tag{2.305}$$

die nicht ohne weiteres einsichtig ist. Zwar ist sofort klar, daß die Helizitäten ihr Vorzeichen ändern und daß der Phasenfaktor die inneren Paritäten η_1, η_2 der beiden Teilchen enthält; der weitere Phasenfaktor in (2.305) wird aber über eine etwas längere Rechnung ermittelt, die in der Literatur [Jac59] zu finden ist. Aus (2.305) läßt sich aber dann mit (2.299) ohne allzu große Schwierigkeiten die sehr wichtige Symmetriebeziehung [Jac59]

$$f_{-\lambda_3-\lambda_4,-\lambda_1-\lambda_2}(\sqrt{s}, \Theta, \phi) = \eta_g f_{\lambda_3\lambda_4,\lambda_1\lambda_2}(\sqrt{s}, \Theta, \pi - \phi) \tag{2.306}$$

für die Helizitätsamplituden herleiten. Hierin hängt

$$\eta_g = \eta_1\eta_2\eta_3\eta_4(-1)^{j_{(1)}+j_{(2)}-j_{(3)}-j_{(4)}} \tag{2.307}$$

nur von den inneren Paritäten η_i und den Spin-Quantenzahlen $j_{(i)}$ der beteiligten Teilchen ab. Der Beweis von (2.306) wird in den Übungen am Ende dieses Abschnitts angegangen.

Angewandt auf die Pion-Nukleon-Streuung erhält man aus (2.306) für die Helizitätsamplituden von (2.255) sofort

$$|f_{++}| = |f_{--}| \tag{2.308}$$

und

$$|f_{+-}| = |f_{-+}| \ , \tag{2.309}$$

da die ϕ-Abhängigkeit der Helizitätsamplituden gemäß (2.254) nur durch einen Phasenfaktor beschrieben wird.

Sehr häufig erweist sich das Rechnen mit Eigenzuständen zu Drehimpuls *und* Parität als sehr sinnvoll. Offenbar sind die Linearkombinationen

$$|J; J_3, \eta_g\rangle = \frac{1}{\sqrt{2}}(|J; J_3, \lambda_1, \lambda_2\rangle \pm |J; J_3, -\lambda_1, -\lambda_2\rangle \tag{2.310}$$

Eigenzustände zu $|\hat{\boldsymbol{J}}|^2$ und $\hat{J}_3$ mit der Parität $\pm\eta_g$, wobei η_g der Phasenfaktor von (2.307) ist. Der Beweis dieser Behauptung erfolgt einfach durch

Anwendung der Drehimpulsoperatoren und des Paritätsoperators auf die Zustände von (2.310). Bezogen auf die Pion-Nukleon-Streuung bedeutet dieses Ergebnis, daß die Linearkombinationen der Partialwellenamplituden

$$t^J_{++} + t^J_{+-} \equiv t^{J^+} \tag{2.311}$$

und

$$t^J_{++} - t^J_{+-} \equiv t^{J^-} \tag{2.312}$$

zu Zuständen mit Spin J und positiver bzw. negativer Parität führen. Da Resonanzen eine definierte Parität haben, muß eine der beiden Kombinationen verschwinden, und daraus folgt die schon benutzte Relation (2.256)

$$|t^J_{++}| = |t^J_{+-}| \quad . \tag{2.313}$$

Ähnliche Beziehungen lassen sich auch für andere Streureaktionen der Teilchenphysik ableiten.

2.5.2 Die Parität des Photons, des ρ-Mesons und der Pionen

Die Parität $\eta_\gamma = -1$ des Photons folgt theoretisch aus dem Vektorcharakter des Photonfeldes $\boldsymbol{A}$. Sie ist in Übereinstimmung mit den Auswahlregeln der Atomphysik.

Die Parität des ρ-Mesons bestimmt man am einfachsten durch Ausnutzung der Paritätserhaltung beim starken Zerfall $\rho \to \pi^-\pi^+$. Allgemein gilt wegen (2.298)

$$P|2\pi\rangle = \eta_\pi^2 (-1)^l |2\pi\rangle \quad . \tag{2.314}$$

Der Spin 1 des ρ-Mesons kann nur durch den Bahndrehimpuls l des $\pi\pi$-Systems aufgebaut werden, und da für eine positive oder negative Parität der Pionen $\eta_\pi^2 = 1$ gilt, folgt $\eta_\rho = -1$.

Das Vertauschen zweier Teilchen in ihrem Schwerpunktsystem ist äquivalent zu einer Spiegelung der Teilchen am Koordinatenursprung. Es existiert daher ein enger Zusammenhang zwischen der Vertauschungs- und der Paritätsoperation. Gleichung (2.298) bestimmt damit auch die Symmetrie eines Zustandes mit definiertem Bahndrehimpuls unter Vertauschung der Ortskoordinaten der beiden Teilchen,

$$|\psi_2, \psi_1\rangle = (-1)^l |\psi_1, \psi_2\rangle \quad , \tag{2.315}$$

d.h. die Wellenfunktion von zwei identischen Teilchen ist symmetrisch unter Vertauschung bei geraden Werten von l und antisymmetrisch bei ungeraden l. Nun sind nicht mehr alle Kombinationen J^P für einen solchen Zustand erlaubt, da das grundlegende Spin-Statistik-Theorem der Quantenfeldtheorie aussagt, daß ein System identischer Fermionen eine unter Vertauschung zweier Teilchen antisymmetrische Wellenfunktion haben muß (Pauli-Prinzip), während identische Bosonen durch eine symmetrische Wellenfunktion beschrieben werden.

Dieses Theorem wurde schon im letzten Abschnitt benutzt, um die Matrixelemente (2.286) und (2.287) auszuschließen, und ebenso nützlich ist es zum Beweis der Tatsache, daß der Zerfall

$$\rho \to \pi^0 + \pi^0 \tag{2.316}$$

verboten ist: da die beiden π^0-Mesonen identische Bosonen sind, müssen sie in einem unter Vertauschung geraden Zustand sein, d.h für l sind nur die Werte 0, 2, 4, ... erlaubt. Dies ist aber im Widerspruch zum Spin 1 des ρ-Mesons.

Wir wollen uns nun der Bestimmung der Parität der (geladenen) Pionen zuwenden. Hierzu betrachten wir die Reaktion

$$\pi^- + d \to n + n \quad , \tag{2.317}$$

d.h. die Deuteronspaltung beim π^- Einfang. Die Parität des $\pi^- d$-Systems berechnet sich wegen der Paritätserhaltung aus $\eta_{\pi d} = \eta_{nn}$, und unter Ausnutzung von (2.298) wird die Beziehung

$$\eta_\pi \eta_d (-1)^l = \eta_{nn} \tag{2.318}$$

erhalten. Aus langen und sorgfältigen Studien des Abbremsens von negativen Pionen in Materie folgt, daß diese am Ende ihres Weges von den Kernen eingefangen werden und pionische Atome mit verschwindendem Bahndrehimpuls bilden ($l = 0$). Dies ist die entscheidende experimentelle Information, mit deren Hilfe η_π aus (2.318) bestimmt wird. Das Deuteron ist ein pn-System mit $l = 0$, $J = 1$, daher ist nach den soeben entwickelten Regeln $\eta_d = 1$. Insgesamt haben wir damit

$$\eta_\pi = \eta_{nn} \tag{2.319}$$

abgeleitet.

Bei den beiden Neutronen auf der rechten Seite von (2.317) handelt es sich um identische Fermionen. Nach dem Pauli-Prinzip muß ihre Wellenfunktion also antisymmetrisch bei Vertauschung sein. Die beiden Neutronen haben den Gesamtspin $S = 0$ oder 1 und den Bahndrehimpuls l. Die Spinwellenfunktion zu $S = 0$ ist ungerade und die zu $S = 1$ gerade bei Vertauschung der beiden Teilchen, wie man aus (2.153) und (2.154) direkt ablesen kann. Die Symmetrie der Bahnwellenfunktion wird durch (2.315) bestimmt, und daher muß für die Quantenzahlen des Bahndrehimpulses und des Gesamtspins im nn-System

$$(-1)^{l+S} = 1 \tag{2.320}$$

gelten. Nur aus $l = 1$ und $S = 1$ läßt sich der Drehimpuls $J = 1$ des πd-Systems unter gleichzeitiger Erfüllung dieser Bedingung aufbauen. Wegen $\eta_{nn} = -1$ lautet also das Resultat dieser Überlegungen

$$\eta_\pi = -1 \quad , \tag{2.321}$$

die geladenen Pionen sind pseudoskalare Teilchen (Tabelle 2.4).

Das π^0-Meson ist das neutrale Mitglied des Pion-Ladungstripletts, und wir setzen daher $\eta_{\pi^0} = -1$ an. Ein direkter Beweis der ungeraden π^0-Parität ist aber nicht so einfach. Wir benutzen wieder die sog. Tensormethode des letzten

Abschnitts, um die allgemeinste Form der Zerfallsamplitude aufzubauen. Für ein skalares π^0 bleibt nur eine zu

$$\boldsymbol{\varepsilon}_1 \boldsymbol{\varepsilon}_2 \tag{2.322}$$

proportionale Amplitude übrig, während sie für $J^P = 0^-$ proportional zu

$$\boldsymbol{k}(\boldsymbol{\varepsilon}_1 \times \boldsymbol{\varepsilon}_2) \tag{2.323}$$

sein muß. Daraus läßt sich ablesen, daß für skalare Pionen die Polarisationsvektoren der Photonen nicht orthogonal aufeinander stehen können, da dann die Amplitude verschwinden würde. Umgekehrt können für pseudoskalare Pionen die Polarisationsvektoren der Photonen nicht parallel zueinander stehen.

Ein kleiner Bruchteil der neutralen Pionen zerfällt in zwei e^-e^+-Paare. Diese Zerfälle werden als innere Konversion der Zerfallsphotonen in Elektron-Positron-Paare gedeutet. Eine solche Interpretation ist in bester Übereinstimmung mit dem Verzweigungsverhältnis von $3{,}14 \cdot 10^{-5}$, das ungefähr um einen Faktor α^2 gegenüber dem dominanten Zerfall unterdrückt sein sollte. Beim Übergang eines Photons in ein e^-e^+-Paar liegen die Polarisationsvektoren der Photonen bevorzugt in der durch dieses Paar aufgespannten Ebene, was der anschaulichen Vorstellung von der Ladungstrennung durch ein elektrisches Feld entspricht. Das Experiment zeigt, daß die Ebenen der Elektron-Positron-Paare senkrecht zueinander korreliert sind. Dies ist ein direkter Beweis dafür, daß auch die π^0-Mesonen eine negative Parität haben.

2.5.3 Spin und Parität des K-Mesons

Kaonen zerfallen nur aufgrund der schwachen Wechselwirkung (siehe hierzu Abschn. 1.2.3), wobei der Zerfall der geladenen K-Mesonen in $\mu\nu_\mu$ das größte Verzweigungsverhältnis hat ($B = 63{,}5\,\%$). Zum Studium der Parität der K-Mesonen sind die Zerfälle in Pionen besonders interessant. Aus dem Zerfall in zwei Pionen schließen wir unmittelbar

$$\eta_K = (-1)^J \ . \tag{2.324}$$

Detailliertere Informationen über das K-Meson kann man aus dem Studium des Drei-Körper-Zerfalls

$$K^+ \to \pi^+ + \pi^+ + \pi^- \tag{2.325}$$

erhalten, über den $5{,}6\,\%$ der Zerfälle erfolgen, verglichen mit $B = 21{,}2\,\%$ für $K^+ \to 2\pi$. Das hierbei benutzte „Dalitz-Plot“-Verfahren wurde schon in Abschn. 2.1.2 vorgestellt.

Beim 3π-Zerfall des Kaons haben die Pionen relativ geringe Impulse, da der Massenunterschied zwischen Anfangs- und Endzustand (die „Wärmetönung“ Q des Prozesses) nur 75 MeV beträgt. Wir bezeichnen mit T_i die kinetischen Energien der Pionen und schreiben den Energiesatz in der Form

$$T_1 + T_2 + T_3 = Q \tag{2.326}$$

an. Dann ist es naheliegend, eine Variante der Dalitz-Analyse zu benutzen, bei der die kinetischen Energien als Abstände zu den Seiten eines gleichseitigen

Dreiecks aufgetragen werden (Abb. 2.18). Dies ist in Übereinstimmung mit dem Energiesatz, weil für jeden Punkt innerhalb eines gleichseitigen Dreiecks $T_1 + T_2 + T_3 = \text{const}$ gilt. Eine genauere Analyse zeigt, daß die Punkte sogar innerhalb des in Abb. 2.18 gezeichneten einbeschriebenen Kreises mit dem Radius $Q/3$ liegen müssen, solange die Pionen nichtrelativistisch behandelt werden können.

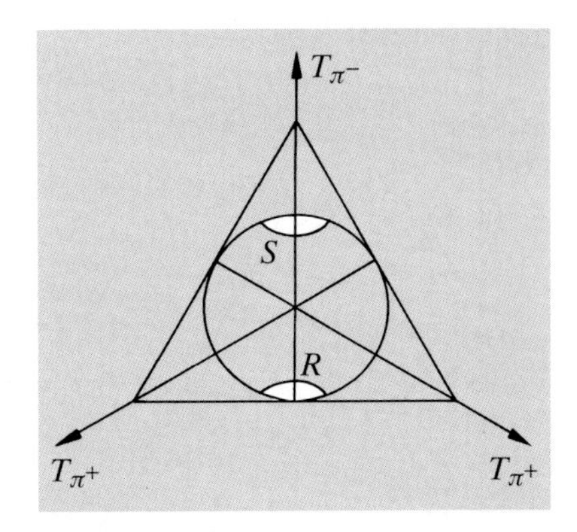

Abb. 2.18
Prinzip der Dalitz-Analyse für den Zerfall $K^+ \to \pi^+ + \pi^+ + \pi^-$

Um die Abhängigkeit der Dichteverteilung vom Spin des Kaons zu studieren, überlegen wir uns zunächst die erlaubten J^P-Zuordnungen eines $\pi^+\pi^+\pi^-$-Systems. Der relative Bahndrehimpuls der beiden positiven Mesonen sei l_+. Die Wellenfunktion zweier identischer Bosonen muß gerade unter Vertauschung sein und daher kann l_+ nur gerade Werte annehmen. Relativ zum $\pi^+\pi^+$-System hat das π^- den Bahndrehimpuls l_- und aus beiden l Werten baut man die möglichen Spins des Kaons nach den Regeln der Drehimpulsaddition auf. Die Parität des Endzustandes errechnet sich aus

$$\begin{aligned}\eta_{3\pi} &= (\eta_\pi)^3(-1)^{l_+}(-1)^{l_-} \\ &= (-1)^{l_-+1} \ .\end{aligned} \tag{2.327}$$

Tabelle 2.5
Mögliche J^P-Werte bei gegebenem l_-, l_+

	$l_+ = 0$	$l_+ = 2$
$l_- = 0$	0^-	2^-
$l_- = 1$	1^+	$3^+, 2^+, 1^+$
$l_- = 2$	2^-	$4^-, 3^-, 2^-, 1^-, 0^-$

Die Tabelle 2.5 enthält die möglichen J^P Werte für $l_+, l_- \leq 2$. Es sei T_2 die kinetische Energie des negativen Pions. Für $l_- \geq 1$ muß dann die Region R der Abb. 2.18 leer sein, da dort die Ereignisse mit verschwindendem Impuls, also auch verschwindendem Bahndrehimpuls des π^-, liegen. Für $l_+ = 2$ hingegen muß die Region S weniger Einträge haben, da sie Ereignissen mit maximalem π^--Impuls entspricht, der durch kollineare π^+-Impulse kompensiert wird (Abb. 2.19). Die positiven Pionen in einer solchen Konfiguration können aber keinen relativen Bahndrehimpuls haben. Der experimentelle Befund einer völlig homogenen Punktdichte (Abb. 2.20) erlaubt daher nur noch $l_-, l_+ = 0$, also die Zuordnung $J^P = 0^-$ für die K-Mesonen.[14]

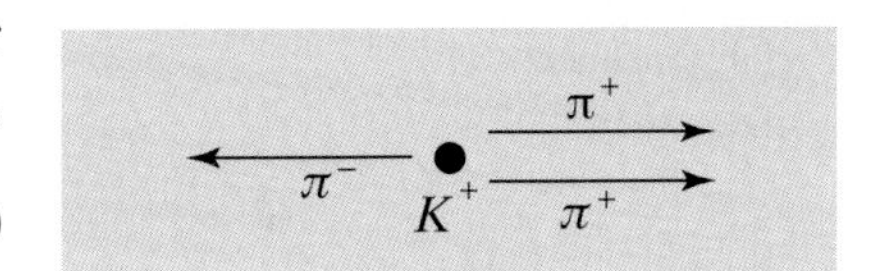

Abb. 2.19
Kollinearer Zerfall des K^+ in drei Pionen

Hiermit steht man aber vor einem ernsten Widerspruch, weil mit $J = 0$ aus (2.324) $\eta_K = 1$ folgt, d.h. die Analyse des 2π-Zerfalls führt zu einer anderen K-Parität als die Analyse des 3π-Zerfalls. Man hat lange versucht, dies durch die Existenz zweier Arten (θ, τ) ansonsten identischer K-Mesonen zu deuten. Dies ist natürlich sehr unbefriedigend. Eine Klärung brachte erst der radikale Vorschlag von Lee und Yang, daß die S-Matrix der schwachen Wechselwirkung nicht paritätsinvariant ist und deswegen paritätsverletzende Zerfälle erlaubt sind. In der paritätserhaltenden Reaktion

$$K^- + {}^4_2\text{He} \to {}^4_2\text{He}_\Lambda + \pi^- \tag{2.328}$$

der starken Wechselwirkung wird das K^- von einem Heliumkern eingefangen und bildet einen Hyperkern ${}^4_2\text{He}_\Lambda$, in welchem ein Neutron durch das Λ ersetzt wird. Diese und ähnliche Reaktionen wurden in Blasenkammern beobachtet. Ihre Analyse ergab $\eta_K = -1$, d.h. die K-Mesonen gehören – wie die Pionen – zu den pseudoskalaren Mesonen. Mit dieser Festlegung der Parität ist auch klar, daß der 2π-Zerfall die Paritätserhaltung verletzt.

2.5.4 Paritätsverletzung in der schwachen Wechselwirkung

Die Verletzung der Paritätserhaltung im Zerfall der Kaonen zeigt, daß (2.300) für den S- bzw. T-Operator der schwachen Wechselwirkung nicht mehr gül-

[14] In [Nik68] findet der Leser eine weitaus ausführlichere Diskussion der Dichteverteilung im Dalitz-Plot für verschiedene Spin-Paritäts-Kombinationen.

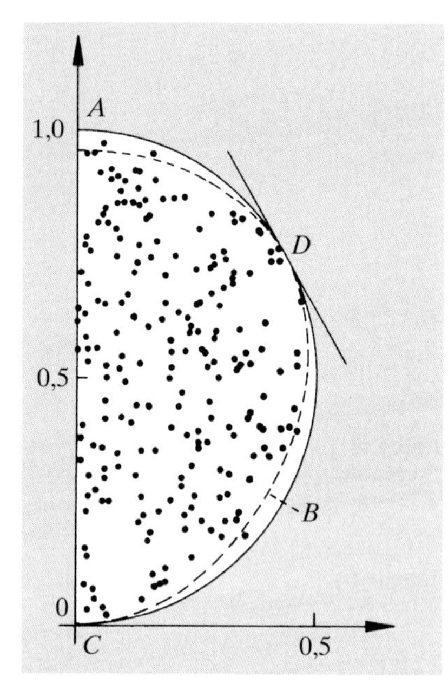

Abb. 2.20
Dalitz-Analyse des 3π-Zerfalls geladener Kaonen. Um die Punktdichte zu erhöhen, wurde der Kreis der Abb. 2.18 um die vertikale durch A verlaufende Achse gefaltet. Die gestrichelte Kurve B ist die Grenzlinie bei relativistischer Berechnung der Zerfallskinematik

tig ist. Am einfachsten beschreibt man das Auftreten der beiden Arten von K-Zerfällen durch Zerlegen des Übergangsoperators T^W in einen skalaren und einen pseudoskalaren Anteil

$$T^W = T^{\mathrm{S}} + T^{\mathrm{PS}} \tag{2.329}$$

mit

$$P^{-1} T^{\mathrm{S}} P = T^{\mathrm{S}} \tag{2.330}$$

und

$$P^{-1} T^{\mathrm{PS}} P = -T^{\mathrm{PS}} \ . \tag{2.331}$$

Ersichtlich gilt dann für die 2π-Zerfälle

$$\langle 2\pi | T^W | K^+ \rangle = \langle 2\pi | T^{\mathrm{PS}} | K^+ \rangle \tag{2.332}$$

und für die 3π-Zerfälle

$$\langle 3\pi | T^W | K^+ \rangle = \langle 3\pi | T^{\mathrm{S}} | K^+ \rangle \ . \tag{2.333}$$

An der zu (2.332) gehörenden Zerfallsrate läßt sich aber die pseudoskalare Natur der Amplitude nicht nachweisen, da sie durch Quadrieren der Übergangsamplitude errechnet wird. Um zwischen der θ-τ-Hypothese und dem Vorschlag von Lee und Yang unterscheiden zu können, muß man also einen Prozeß der schwachen Wechselwirkung untersuchen, an dem beide Anteile der Amplitude mitwirken können. Wegen

$$|T^W_{fi}|^2 = |T^{\mathrm{S}}_{fi}|^2 + |T^{\mathrm{PS}}_{fi}|^2 + 2\,\mathrm{Re}(T^{\mathrm{S}}_{fi} T^{\mathrm{PS}*}_{fi}) \tag{2.334}$$

wird die Verletzung der Spiegelinvarianz aus dem Auftreten des pseudoskalaren Interferenzterms in einem differentiellen Wirkungsquerschnitt oder einer differentiellen Zerfallsrate gefolgert.[15] Wirkungsquerschnitte lassen sich immer als Funktionen der die einzelnen Teilchen kennzeichnenden Größen, also der Impulse und Spins, angeben. Das Skalarprodukt $\boldsymbol{jp}$ ist invariant unter Drehungen und wechselt bei einer Spiegelung sein Vorzeichen. Wenn man daher in einem Prozeß eine Korrelation zwischen einem Impuls und einem Spin der beteiligten Teilchen, also z.B. eine Winkelverteilung der Art

$$\frac{\mathrm{d}\sigma}{\mathrm{d}\Omega} = A + B \cos \Theta_{j,p} \tag{2.335}$$

findet, ist das Auftreten eines paritätsverletzenden pseudoskalaren Terms in (2.334) direkt bewiesen.

Lee und Yang schlugen die Untersuchung der Winkelverteilung in der β-Zerfallsreaktion

$${}^{60}_{27}\mathrm{Co} \to {}^{60}_{28}\mathrm{Ni} + e^- + \bar{\nu}_e \tag{2.336}$$

vor. Hierbei handelt es sich um einen sog. erlaubten Gamow-Teller-Übergang bei dem der Spin des Mutterkerns und des Tochterkerns sich um eine Einheit unterscheidet [Bet01, May94].[16] ^{60}Co hat den Kernspin $J = 5$, ^{60}Ni hat $J = 4$. In dem berühmten Experiment von Wu et al. wurden die Spins eines

[15] Die Schreibweise Re bezeichnet den Realteil des Produkts der Amplituden.

[16] Die Namensgebung stammt aus der Zeit, in der die Auswahlregeln des β-Zerfalls untersucht wurden. George Gamow (1904–1968) machte viele bedeutende Beiträge zur Kernphysik und Kosmologie. Er wurde auch durch seine populärwissenschaftlichen Bücher sehr bekannt. Edward Teller (1908–2003) gilt als der Vater des amerikanischen Wasserstoffbombenprogramms.

^{60}Co-Präparats im starken Magnetfeld einer Helmholtz-Spule ausgerichtet.[17] Die Experimentatoren fanden tatsächlich eine asymmetrische Winkelverteilung. Die Elektronen wurden bevorzugt *entgegengesetzt* zur Spinrichtung des Mutterkerns emittiert (Abb. 2.21).

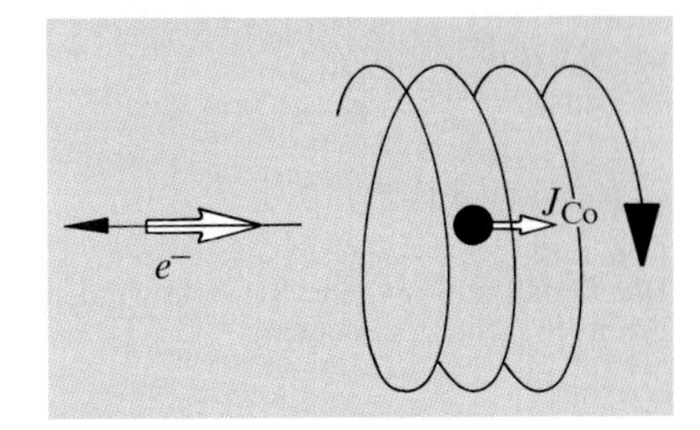

Abb. 2.21
Prinzip des ^{60}Co-Experiments. Die nichtausgefüllten Pfeile in solchen und ähnlichen Diagrammen zeigen die Lage der Spins an. Normale Pfeile geben die Impulse wieder, und ein Punkt bedeutet, daß das Teilchen in Ruhe ist

Zur Ausrichtung der Spins in der in Abb. 2.21 gezeigten Weise muß der sog. technische Strom (also die positiven Ladungen) die Spule im Sinne einer Rechtsschraube durchfließen. Damit bietet also das ^{60}Co-Experiment eine Meßvorschrift zur absoluten Bestimmung von „rechts" und „links". Ebenfalls kann aus diesem Experiment ganz anschaulich die Verletzung der Spiegelinvarianz abgelesen werden. Wir denken uns einen Spiegel parallel zur Achse der Spule. Im Spiegel betrachtet, dreht sich der Wickelsinn der Spule, also auch der Spin des Mutterkerns, um. Dies gilt nicht für die Impulskomponenten in der Ebene des Spiegels. Ein Beobachter des „gespiegelten" Experiments würde also zu dem Ergebnis kommen, daß die Elektronen bevorzugt *entlang* der Richtung des ^{60}Co-Spins emittiert werden.

Man kann noch andere Spin-Impuls-Korrelationen untersuchen, z.B. den Erwartungswert der Helizität des Elektrons. Für paritätsinvariante Wechselwirkungen muß er verschwinden, d.h. es gibt gleichviel rechtshändige und linkshändige Elektronen. Im Experiment findet man jedoch den Zusammenhang

$$\langle\lambda_e\rangle = -\frac{1}{2}\beta_e \tag{2.337}$$

zwischen dem Erwartungswert der Helizität und der Geschwindigkeit β_e der Elektronen, schon bei relativ kleinen Elektronenenergien sind diese praktisch vollständig linkshändig polarisiert. Der Ausschluß einer Polarisationsrichtung bedeutet eine *maximale* Verletzung der Paritätsinvarianz, d.h. die Amplituden T^{S} und T^{PS} werden gleich groß,

$$|T^{\mathrm{PS}}| = |T^{\mathrm{S}}| \ . \tag{2.338}$$

Eine (2.337) entsprechende Beziehung gilt auch für Neutrinos. Masselose Neutrinos haben mit $\beta_\nu = 1$ daher immer die Helizität $\lambda = -1/2$. Experimentell wurde die Helizität der Neutrinos durch Studium der Reaktion

$${}^{152}_{63}\mathrm{Eu} + e^- \to {}^{152}_{62}\mathrm{Sm}^* + \nu_e \tag{2.339}$$

bestimmt. Das Europium hat den Kernspin $J = 0$. Aus seiner K-Schale ($l = 0$) wird ein Elektron eingefangen. Der angeregte Samariumkern Sm* kehrt anschließend unter Emission eines Photons in den Grundzustand ($J = 0$) zurück, $\mathrm{Sm}^* \to \mathrm{Sm} + \gamma$. Der Impuls des beim Elektroneneinfang entstehenden Sm*-Kerns definiert eine z-Achse. In dem klassischen Experiment [Gro58, Bod78] von Goldhaber wurde bewiesen, daß Photonen aus dem Zerfall des Sm*, die entlang der z-Ache laufen, eine negative Helizität haben, also gilt $j_{z,\gamma} = -1$. Dann muß aber $j_{z,\nu} = +1/2$ sein, weil sonst $j_{z,e} = -3/2$ folgen würde, im Widerspruch zum halbzahligen Spin der Elektronen. Da das Neutrino in den betrachteten Zerfällen entlang der negativen z-Richtung läuft, hat es demnach die Helizität $-1/2$.

[17] Chien Shiung Wu (1912–1997), eine der wenigen prominenten Physikerinnen, arbeitete an der Columbia University in New York.

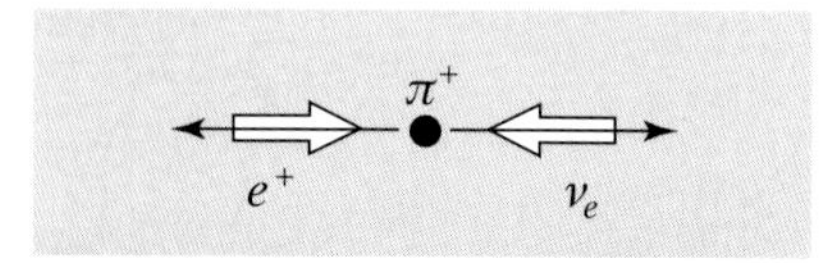

Abb. 2.22
Der Zerfall $\pi \to e\nu$. Die Symbole wurden bereits in Abb. 2.21 erläutert

Was gilt für die Helizität von Antifermionen? Um diese Frage zu beantworten, studieren wir den Zerfall $\pi^+ \to e^+\nu_e$ (Abb. 2.22). Dieser Zerfall hat nur ein Verzweigungsverhältnis von 10^{-4}, ist also im Vergleich zum dominanten Kanal $\pi \to \mu\nu$ fast vollständig unterdrückt. Neutrinos sind aber immer linkshändig. Die Drehimpulserhaltung verlangt dann, daß das emittierte Positron ebenfalls linkshändig ist. Nimmt man nun an, daß für die Helizität von Antifermionen

$$\langle\lambda\rangle_{\bar f} = \frac{1}{2}\beta_{\bar f} \tag{2.340}$$

gilt, also masselose Antifermionen immer rechtshändig sind, folgt die Unterdrückung aus der Drehimpulserhaltung, denn verglichen mit Myonen sind Elektronen praktisch masselos. Linkshändige Positronen werden also durch (2.340) sehr viel stärker verboten als linkshändige μ^+.

Die bevorzugte Konfiguration im Zerfall

$$\mu^- \to e^- + \nu_\mu + \bar\nu_e \tag{2.341}$$

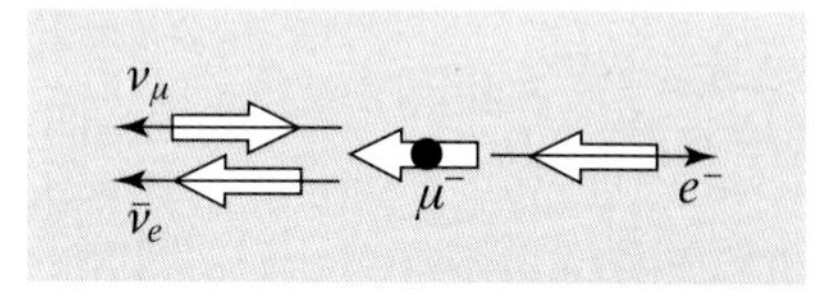

Abb. 2.23
Der Zerfall $\mu^- \to e^-\nu_\mu\bar\nu_e$

läßt sich in diesem Schema qualitativ ebenfalls leicht verstehen (Abb. 2.23). Hochenergetische Elektronen werden diesem Bild entsprechend am häufigsten entgegen der Richtung des Myon-Spins emittiert. Drehimpuls- und Impulserhaltung ist dann nur möglich, wenn Neutrino und Antineutrino kollinear laufen. Dies entspricht der kinematischen Konfiguration des Zwei-Körper-Zerfalls. Die Energieverteilung der emittierten Elektronen wird also eine Überhöhung bei der maximal möglichen Energie von $m_\mu/2 \approx 52$ MeV zeigen.

Eine quantitative Diskussion des schwachen Zerfalls von Neutronen, Pionen und Myonen kann erst in Kap. 6 unternommen werden. Dort wird auch gezeigt, daß die schwache Wechselwirkung in zwei Klassen zerfällt, die als Reaktionen geladener bzw. neutraler Ströme bezeichnet werden. Alle radioaktiven Zerfälle gehören zur Klasse der geladenen Ströme, und in diesem Sinne kann das wesentliche Ergebnis dieses Abschnitts festgehalten werden:

Die P-Invarianz ist in der schwachen Wechselwirkung geladener Ströme maximal verletzt. Im Grenzfall $\beta \to 1$ nehmen nur linkshändige Fermionen und rechtshändige Antifermionen an dieser Form der schwachen Wechselwirkung teil.

2.6 Die Zeitumkehr

2.6.1 Zeitumkehr und das Prinzip des detaillierten Gleichgewichts

Als letzte Transformationsoperation der inhomogenen Lorentz-Gruppe betrachten wir die Zeitspiegelungen, also die Transformation des Ortsvektors x^μ, die durch

$$t' = -t \tag{2.342}$$

und

$$\boldsymbol{x}' = \boldsymbol{x} \tag{2.343}$$

gegeben ist. Für sie ist offenbar die Bedingung (2.180) nicht erfüllt. Aus (2.342) und (2.343) kann man ohne weiteres das Transformationsverhalten anderer Vektoren unter der Zeitumkehr ableiten, z.B. gilt wegen $\boldsymbol{p} = m\,\mathrm{d}\boldsymbol{x}/\mathrm{d}t$

$$\boldsymbol{p}' = -\boldsymbol{p} \tag{2.344}$$

und daher

$$\boldsymbol{j}' = -\boldsymbol{j} \ , \tag{2.345}$$

während aus der Definition (2.186) der Helizität unmittelbar

$$\lambda' = \lambda \tag{2.346}$$

einzusehen ist.

Die Gesetze der klassischen Physik sind invariant gegenüber der Zeitumkehroperation. Für eine Kugel, die von A nach B fliegt, ist grundsätzlich auch die Bahn von B nach A erlaubt, die formal aus der ersten Bahn durch Umkehrung der Zeitrichtung hervorgeht. In der Quantenmechanik ist die Sachlage komplizierter. Bisher hatten wir jeder Symmetrieoperation einen unitären Operator im Hilbertraum der quantenmechanischen Zustände zugeordnet. Die Bedeutung der unitären Transformationen liegt, wie wir aus Abschn. 2.1.3 wissen, darin, daß sie die Invarianz der Skalarprodukte, also

$$\langle a'|b'\rangle = \langle a|b\rangle \ , \tag{2.347}$$

garantieren. Streng genommen reicht physikalisch aber auch

$$\langle b'|a'\rangle = \langle a|b\rangle \tag{2.348}$$

aus, da die beobachtbaren Größen aus dem Betragsquadrat der Amplituden berechnet werden. Diese Gleichung ist dann erfüllt, wenn die gestrichenen und die ungestrichenen Zustände durch eine sog. antiunitäre Transformation ineinander überführt werden. Es stellt sich nun heraus, daß gerade der zur Zeitspiegelung gehörende Operator O^T ein solcher antiunitärer Operator ist. Da ich hier auf die damit zusammenhängenden mathematischen Fragen nicht eingehen kann, muß ich den Leser auf die Lehrbuchliteratur verweisen, z.B. auf das klassische Lehrbuch von Messiah [Mes90] oder das neuere Buch von Rollnik [Rol02].

Die Wirkung des Operators der Zeitumkehr auf den Zustand $|i\rangle$ ist durch

$$O^T|i\rangle = \langle i_T| \tag{2.349}$$

definiert. Aus $|i\rangle = |\boldsymbol{p}, j, j_3\rangle$ wird z.B. $\langle i_T| = \langle -\boldsymbol{p}, j, -j_3|$ mit entsprechenden Beziehungen für die Transformation von $|f\rangle$. Die Elemente der S-Matrix transformieren sich gemäß [Rol02]

$$\begin{aligned}\langle f|S|i\rangle &= \langle f|(O^T)^{-1}SO^T|i\rangle \\ &= \langle i_T|S|f_T\rangle \ .\end{aligned} \tag{2.350}$$

Durch Studium des Transformationsverhalten der Helizitätsamplituden (2.254) konnten Jacob und Wick [Jac59] die Beziehung

$$t^J_{\lambda_3\lambda_4,\lambda_1\lambda_2}(\sqrt{s}) = t^J_{\lambda_1\lambda_2,\lambda_3\lambda_4}(\sqrt{s}) \tag{2.351}$$

für die Partialwellenamplituden der ein- und auslaufenden Zustände beweisen. Diese Beziehung wollen wir jetzt anwenden, um das Prinzip des detaillierten Gleichgewichts abzuleiten. Dazu gehen wir zurück zur Formel (2.33) und ersetzen die Streuamplituden T_{fi} durch die Helizitätsamplituden $f_{\lambda_3\lambda_4,\lambda_1\lambda_2}$. Da das statistische Gewicht g für massive Teilchen durch $1/(2j_{(1)}+1)(2j_{(2)}+1)$ gegeben ist, gelangen wir für die Streuung unpolarisierter Teilchen im Schwerpunktssystem zu

$$\frac{\mathrm{d}\sigma}{\mathrm{d}\Omega_3}(1+2\to 3+4) = \frac{1}{(2j_{(1)}+1)(2j_{(2)}+1)}\sum_{\lambda_i}|f_{\lambda_3\lambda_4,\lambda_1\lambda_2}(\sqrt{s},\Theta)|^2 \ , \tag{2.352}$$

wobei die Summe über die möglichen Helizitäten läuft. Daraus folgt dann wegen (2.351) unter Verwendung von (2.254) sogleich

$$\frac{\frac{\mathrm{d}\sigma}{\mathrm{d}\Omega}(1+2\to 3+4)}{\frac{\mathrm{d}\sigma}{\mathrm{d}\Omega}(3+4\to 1+2)} = \frac{|\boldsymbol{p}_3|^2(2j_{(3)}+1)(2j_{(4)}+1)}{|\boldsymbol{p}_1|^2(2j_{(1)}+1)(2j_{(2)}+1)} \ . \tag{2.353}$$

Hierin sind die Wirkungsquerschnitte bei der gleichen Energie $\sqrt{s}$ und dem gleichen Streuwinkel Θ im Schwerpunktssystem zwischen Teilchen 1 und 3 bzw. zwischen Teilchen 3 und 1 zu nehmen.

Die Gleichung (2.353) wird das Prinzip des detaillierten Gleichgewichts genannt. Sie beschreibt präzise, in welchem Sinne physikalische Streureaktionen umkehrbar sind. Eine sehr schöne Anwendung fand sie bei der Bestimmung des Spins geladener Pionen. Dazu wurde die Deuteronspaltung

$$\pi^+ + d \to p + p \tag{2.354}$$

und die Umkehrreaktion

$$p + p \to \pi^+ + d \tag{2.355}$$

studiert. Die beiden Wirkungsquerschnitte werden mit Hilfe von (2.353) miteinander verglichen, wobei $\boldsymbol{p}_3$ mit dem Protonimpuls $\boldsymbol{p}_p$ aus (2.354) und $\boldsymbol{p}_1$ mit dem Pionimpuls $\boldsymbol{p}_\pi$ aus (2.355) identifiziert wird. Damit erhalten wir für das Verhältnis der Wirkungsquerschnitte

$$\frac{\frac{\mathrm{d}\sigma}{\mathrm{d}\Omega}(\pi^+ d\to pp)}{\frac{\mathrm{d}\sigma}{\mathrm{d}\Omega}(pp\to \pi^+ d)} = \frac{4|\boldsymbol{p}_p|^2}{3(2J_\pi+1)|\boldsymbol{p}_\pi|^2} \ . \tag{2.356}$$

Das gemessene Verhältnis ließ sich gut durch $4|\boldsymbol{p}_p|^2/(3|\boldsymbol{p}_\pi|^2)$ beschreiben, also muß $J_\pi = 0$ gelten. Wir haben dieses Ergebnis schon oft benutzt. Wie der Leser aber an diesem Beispiel wohl einsieht, bedarf es eines erheblichen experimentellen und theoretischen Aufwands, um den Spin eines der wichtigsten Hadronen zu bestimmen.

2.6.2 Invarianz der Wechselwirkungen unter Zeitspiegelungen

Gewarnt durch die Erfahrungen mit der Spiegelinvarianz nahmen die Physiker in der Folgezeit auch Invarianz unter Zeitumkehr nicht mehr kritiklos an. Tatsächlich wurde 1964 im Sektor der K^0-Mesonen ein kleiner Effekt gefunden, der die Invarianz unter Zeitumkehr verletzt. Diese hochinteressanten

Experimente werden wir im nächsten Abschnitt, der sich mit den sog. inneren Symmetrien befaßt, besprechen. Stellvertretend für viele andere Untersuchungen behandeln wir an dieser Stelle noch eine besonders raffinierte Methode zur Bestimmung der Zeitumkehr-Invarianz der S-Matrix, die Messung des elektrischen Dipolmomentes des Neutrons.

Zur Vorbereitung dieser Diskussion machen wir uns zunächst einmal klar, daß Eigenzustände zum Paritätsoperator P, als welche wir ja Elementarteilchen beschreiben, kein elektrisches Dipolmoment haben dürfen. Der Operator des elektrischen Dipolmomentes ist durch

$$\boldsymbol{d} = e\boldsymbol{x} \tag{2.357}$$

definiert, worin e die Ladung bezeichnet. Wegen

$$P\boldsymbol{d}P^{-1} = -\boldsymbol{d} \tag{2.358}$$

führt die Identität

$$\langle\psi|\boldsymbol{d}|\psi\rangle = \langle\psi|P^{-1}P\boldsymbol{d}P^{-1}P|\psi\rangle \tag{2.359}$$

sofort zu

$$\langle\psi|\boldsymbol{d}|\psi\rangle = 0 \ , \tag{2.360}$$

also einem verschwindenden Erwartungswert des elektrischen Dipolmomentes in Eigenzuständen der Parität. Zusammengesetzte Systeme können i.allg. ein Dipolmoment besitzen (man denke an das für uns lebenswichtige Wasser mit seinem großen elektrischen Dipolmoment), da ihr Grundzustand entartet ist, d.h. zum gleichen Energiewert gehören Zustände verschiedener Parität.

Bei spektroskopischen Untersuchungen ersetzen wir den Streuoperator durch die Wechselwirkungsenergie H_{W}. Die Wechselwirkungsenergie eines Dipols im elektrischen Feld ist $\boldsymbol{dE}$, wobei die Achse des Dipols für Moleküle einfach aus dem Bau der Moleküle hervorgeht. Die einzige denkbare Achse für Elementarteilchen ist aber der Spin, so daß wir als Wechselwirkungsterm

$$H_{\mathrm{W}} = |\boldsymbol{d}|\frac{\boldsymbol{jE}}{|\boldsymbol{j}|} \tag{2.361}$$

anzusetzen haben.

Das elektrische Feld ist ein polarer Vektor. Also ist $\boldsymbol{jE}$ pseudoskalar und damit (2.361) paritätsverletzend. Bei Zeitumkehr gilt für das Vektorpotential

$$\boldsymbol{A}' = -\boldsymbol{A} \tag{2.362}$$

und wegen $\boldsymbol{E} \sim \partial\boldsymbol{A}/\partial t$

$$\boldsymbol{E}' = \boldsymbol{E} \ . \tag{2.363}$$

Da also bei Zeitumkehr wegen

$$(\boldsymbol{jE})' = -\boldsymbol{jE} \tag{2.364}$$

die Wechselwirkungsenergie ihr Vorzeichen umkehrt, ist ein nichtverschwindendes elektrisches Dipolmoment eines Elementarteilchens gleichbedeutend mit einer Verletzung der Paritätsinvarianz und der Invarianz unter Zeitumkehr.

Zur Bestimmung des elektrischen Dipolmomentes des Neutrons wird eine Abwandlung des Rabi-Experiments zur Messung des magnetischen Momentes von Kernen eingesetzt. Die obere Schranke liegt heute bei

$$|\boldsymbol{d}_n| < 0{,}63 \cdot 10^{-12} \tag{2.365}$$

in Einheiten von Elementarladung · fm. Ein Dipol der Länge 1 fm im Neutron kann also nur eine Ladung haben, die kleiner als $10^{-12}e$ ist.

Das elektrische Dipolmoment des Neutrons wird in einer Fülle von theoretischen Modellen untersucht. Es könnte z.B. von einer Verletzung der T-Invarianz in der elektromagnetischen Wechselwirkung herrühren. Die im nächsten Abschnitt zu besprechende CP-Verletzung im System der neutralen K-Mesonen kann ebenfalls mit $|\boldsymbol{d}_n| \neq 0$ verknüpft werden. Im Standard-Modell der Teilchenphysik erlauben die Parameter der sog. CKM-Matrix (Abschn. 7.8) einen Wert des elektrischen Dipolmomentes von ca. $10^{-20}\,e{\cdot}$fm. Dieser Wert ist so klein, daß er sich wahrscheinlich nie messen lassen wird. Weitere Literaturhinweise zu diesen experimentell und theoretisch hochinteressanten Fragen finden sich z.B. in dem Übersichtsartikel von N. Ramsey [Ram90].

Übungen

2.13 Diskutieren Sie den Dalitz-Plot für den Zerfall $K \to 3\pi$, und zeigen Sie, daß bei nichtrelativistischer Kinematik die Grenzen durch den einbeschriebenen Kreis der Abb. 2.18 gegeben sind.

2.14 Beweisen Sie die Relation (2.306).

2.7 Innere Symmetrien I

Bisher haben wir nur Transformationen im Raum der quantenmechanischen Zustände betrachtet, die durch Raum-Zeit-Symmetrien induziert wurden. Man nennt sie äußere Symmetrien. In den nächsten Abschnitten werden Transformationen untersucht, die direkt im quantenmechanischen Zustandsraum definiert sind. Man nennt sie innere Symmetrien.

2.7.1 Globale Phasentransformationen

Die einfachste Transformation eines Zustandes $|\psi\rangle$, die einem in den Sinn kommt, ist die aus der elementaren Quantenmechanik geläufige Multiplikation mit einem komplexen Phasenfaktor

$$|\psi'(\boldsymbol{x},t)\rangle = \mathrm{e}^{-\mathrm{i}\delta}|\psi(\boldsymbol{x},t)\rangle \ , \tag{2.366}$$

wobei δ Werte zwischen 0 und 2π annehmen kann. Die Gruppe der Transformationen

$$U = \mathrm{e}^{-\mathrm{i}\delta} \tag{2.367}$$

hat den Namen $U1$, genauer globale Eichtransformation $U1$. Die „1“ besagt, daß die Transformation in *einer* Dimension stattfindet und δ daher ein Skalar ist, während das Wort „global“ zum Ausdruck bringt, daß δ für alle Raum-Zeit-Punkte den gleichen Wert annimmt.

Betrachten wir nun den Ladungsoperator $\hat{Q}$. In Einheiten der Elementarladung hat er die Eigenwerte $Q = ..., 2, 1, 0, -1, ...$. Seine Eigenwertgleichung für Elektronen z.B. lautet trivialerweise

$$\hat{Q}|e^-\rangle = -1|e^-\rangle \ . \tag{2.368}$$

Der Ladungsoperator vertauscht mit allen bisher diskutierten Observablen, daher bildet die Ladung zusammen mit Masse, Spin usw. einen Satz simultaner Quantenzahlen für ein Teilchen, dessen Zustandsvektor wieder allgemein mit $|\psi\rangle$ bezeichnet wird. Wegen

$$\mathrm{e}^{-\mathrm{i}\alpha\hat{Q}}|\psi\rangle = \mathrm{e}^{-\mathrm{i}\alpha Q}|\psi\rangle \tag{2.369}$$

wird unmittelbar klar, daß die Wirkung des Ladungsoperators identisch zur Multiplikation mit einem Phasenfaktor ist. Eine Reihenentwicklung der linken Seite zeigt im Vergleich mit (2.62), daß $\hat{Q}$ die Erzeugende einer globalen $U1$-Transformation ist. Aus der Vertauschbarkeit von S mit U leitet man nun wie üblich

$$[S, \hat{Q}] = 0 \ , \tag{2.370}$$

also die Ladungserhaltung in Streuprozessen, ab. Die experimentell sehr genau gesicherte Tatsache der Ladungserhaltung haben wir somit auf eine Invarianz der S-Matrix gegenüber einer globalen Phasentransformation zurückgeführt.

Die hier betrachteten Transformationen hängen von einem kontinuierlichen Parameter α ab; dies stimmt mit der Tatsache überein, daß die Ladung eine additive Quantenzahl ist. In Abschn. 1.2 haben wir noch andere additive Quantenzahlen wie die Baryonenzahl B, die Leptonenzahl L oder die *strangeness* S eingeführt. Auch diese könnten wir jetzt natürlich mit $U1$-Eichtransformationen verknüpfen. Wir wollen uns jedoch zunächst fragen, ob es eine Hierarchie innerhalb dieser erhaltenen additiven Quantenzahlen gibt. In einem wesentlichen Punkt unterscheidet sich offensichtlich die Ladung von L, B und S. Nur die Ladung ist zusätzlich die Quelle eines Kraftfelds, nämlich des elektromagnetischen Feldes. Man spricht hier von der „dualen“ Natur der Ladung: Sie ist eine erhaltene Quantenzahl und Quelle eines Feldes. Dies ist entscheidend für die Formulierung der Rechenregeln der Feynman-Graphen. Wir haben in Abschn. 1.2.5 gesehen, daß an den Vertices der Graphen die Erhaltungssätze gelten. Gleichzeitig ist aber z.B. im Fall der elektromagnetischen Wechselwirkung die Stärke der Kopplung der ausgetauschten Photonen an die Teilchenströme proportional zur (erhaltenen) Ladung. Genauer werden wir dies in Abschn. 3.1.3 formulieren.

Die Erhaltung der *strangeness* gilt nur in starken und elektromagnetischen Prozessen, sie ist also offenbar weniger streng garantiert als die Baryon- und Leptonzahlerhaltung. Bisher wurden noch keine Reaktionen gefunden, in denen die Erhaltung dieser Quantenzahlen nicht gültig ist. Trotzdem vermutet man, daß nur Quantenzahlen, die gleichzeitig die Quelle eines Feldes sind, also eine ähnlich „duale“ Natur wie die Ladung haben, im strengen Sinn erhalten sind. Dies ist ein Hauptmotiv für die immer genauere Suche nach Prozessen, welche die B- und L-Erhaltung verletzen, wie z.B. der Zerfall des Protons, $p \to e^+ + \pi^0$.

Man kann zeigen, daß sich die gerade diskutierte duale Natur der Ladung mit einer sehr einfachen Variation der zugehörigen Eichtransformation verknüpfen läßt. Anstelle der globalen Transformationen wird die lokale Transformation

$$U = \mathrm{e}^{-\mathrm{i}\alpha(\boldsymbol{x},t)\hat{Q}} \tag{2.371}$$

betrachtet, bei der zu jedem Raum-Zeit-Punkt x^μ eine andere Phase gehört. Im Prinzip bedeutet dies, daß jeder Beobachter die Phase seiner quantenmechanischen Zustände frei wählen kann. Aus der Forderung der Invarianz der S-Matrix gegenüber diesen *lokalen* Eichtransformationen läßt sich die Existenz der Photonen zusammen mit der richtigen Kopplung an die Ladungen ableiten. Dieses Prinzip der lokalen Eichinvarianz hat sich zu einer der wichtigsten Methoden der theoretischen Physik beim Versuch der Entwicklung einer vereinheitlichten Theorie der Materie entwickelt. Dem einführenden Charakter des Buches entsprechend, können wir diese Diskussion hier nicht vertiefen. Es gibt eine Reihe von ausgezeichneten Lehrbüchern über Eichtheorien [Qui83, Pes95], die dieses Thema mit unterschiedlichem Schwierigkeitsgrad behandeln.

2.7.2 Die Teilchen-Antiteilchen-Konjugation

Die Ersetzung (Konjugation) von Teilchen durch ihre Antiteilchen in einer Streureaktion hat interessante Konsequenzen. Um sie studieren zu können, behandeln wir zunächst die Wirkung des Operators der Teilchen-Antiteilchen-Konjugation C auf Einteilchen-Zustände, z.B. ein einzelnes Elektron

$$C|e^-\rangle = \eta_C|e^+\rangle \ , \tag{2.372}$$

oder ausführlicher

$$C|e^-; \boldsymbol{p}, j_3\rangle = \eta_C|e^+; \boldsymbol{p}, j_3\rangle \ , \tag{2.373}$$

worin η_C wieder ein Phasenfaktor, d.h. eine komplexe Zahl vom Betrag 1, ist. Man kann C als eine Spiegelungsoperation im Raum der Teilchen und Antiteilchen auffassen. Da die Impuls- und Spinkoordinaten durch die Operation C nicht geändert werden, lassen wir sie für die weitere Diskussion vereinfachend weg.

Weil eine zweifache Anwendung von C wieder auf das ursprüngliche Teilchen führt, kann η_C nur die Werte ± 1 haben. Wir wählen der Konvention folgend $\eta_C = 1$ für alle Fermionen und Antifermionen. Die Phase der geladenen Pionen ist aber nicht mehr frei wählbar, sondern es gilt

$$C|\pi^\pm\rangle = -|\pi^\mp\rangle \ , \tag{2.374}$$

wobei die negative Phase durch die im nächsten Abschnitt zu besprechende $SU2$-Symmetrie erzwungen wird. Die gleiche Phasenwahl treffen wir auch für die geladenen K-Mesonen.

Die Anwendung von C auf neutrale Mesonen ohne weitere *flavor*-Quantenzahl, z.B.

$$C|\pi^0\rangle = \eta_C(\pi^0)|\pi^0\rangle \ , \tag{2.375}$$

ergibt offensichtlich eine Eigenwertgleichung. Das π^0 ist sein eigenes Antiteilchen. Teilchen oder Teilchensysteme ohne zusätzliche *flavor*-Merkmale werden also durch eine neue Quantenzahl, die C-Parität η_C, gekennzeichnet.

Die C-Invarianz der S-Matrix

$$[C, S] = 0 \tag{2.376}$$

hat zwei Konsequenzen: Erstens gilt die Erhaltung der C-Parität in Streureaktionen, bei denen der Anfangszustand ein Eigenzustand zu C ist; zweitens folgt, daß Wirkungsquerschnitte invariant gegenüber einer Ersetzung von Teilchen durch ihre Antiteilchen sein müssen. Die C-Invarianz hat im Sektor der elektromagnetischen und der starken Wechselwirkung einer genauen Überprüfung standgehalten.

Die Erhaltung der C-Parität in elektromagnetischen Zerfällen wird benutzt, um die C-Parität des π^0-Mesons festzulegen. Das Photon hat eine negative C-Parität; dies wird über einen kleinen Umweg begründet: In der Schrödinger-Gleichung mit äußerem Feld wird die Wechselwirkung eines Teilchens der Ladung e mit einer elektromagnetischen Welle durch einen Term $e\boldsymbol{pA}$ beschrieben. Beim Übergang zu Antiteilchen wechselt dieser Term daher sein Vorzeichen. Für die Übergangsamplitude an einem Elektron-Photon-Vertex muß daher

$$\langle e^-|T|e^-\gamma\rangle = -\langle e^+|T|e^+\gamma\rangle \tag{2.377}$$

gelten. Wegen der C-Invarianz der elektromagnetischen Wechselwirkung kann man dies nur erreichen, wenn für das Photon $\eta_C(\gamma) = -1$ gilt.

Das π^0-Meson zerfällt in zwei Photonen. Aufgrund der Erhaltung der C-Parität läßt sich daraus sofort

$$\eta_C(\pi^0) = +1 \tag{2.378}$$

ableiten, wobei wieder die Tatsache ausgenutzt wurde, daß Paritäten multiplikative Quantenzahlen sind. Für n Photonen gilt demnach

$$\eta_C(n\gamma) = (-1)^n \ . \tag{2.379}$$

Die Quantenelektrodynamik (QED) ist die Theorie der Wechselwirkung von Leptonen und Photonen. In dieser ist die C-Invarianz automatisch erfüllt, da z.B. Diagramme mit einer ungeraden Anzahl von Photonen, die an eine Schleife ankoppeln (Abb. 2.24), identisch verschwinden. Dies ist das sog. Fury-Theorem der QED. Der Zusammenhang mit der C-Invarianz läßt sich sofort herstellen, wenn der innere Teil dieses Diagramms als Streureaktion virtueller Photonen interpretiert wird. Wegen der Erhaltung der C-Parität ist ein Übergang von zwei in drei Photonen verboten.

Auch in hadronischen Zerfällen aufgrund der elektromagnetischen Wechselwirkung ist die C-Invarianz garantiert. Betrachten wir z.B. das η-Meson, das

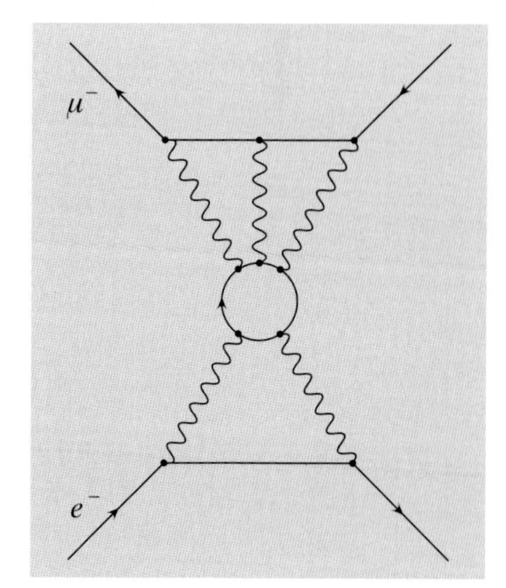

Abb. 2.24
Die Elektron-Positron-Paarvernichtung in Myonen über eine innere Schleife mit einer ungeraden Anzahl von ankoppelnden Photonen ergibt keinen Beitrag

wie das π^0-Meson elektromagnetisch zerfällt. Das η-Meson ist ein neutrales Teilchen mit einer Masse von 547,3 MeV. Der dominante Zerfall ($B = 39{,}3\,\%$) in zwei Photonen legt wieder $\eta_C(\eta) = 1$ fest. Das η-Meson kann also als ein schweres π^0 angesehen werden. Aufgrund seiner Masse kann es auch in $\pi^+\pi^-\pi^0$ zerfallen ($B = 23{,}0\,\%$). Die C-Invarianz der S-Matrix ergibt nun die Bedingung

$$\langle \pi^+\pi^-\pi^0|T|\eta\rangle = \langle \pi^+\pi^-\pi^0|C^{-1}TC|\eta\rangle = \langle C(\pi^+\pi^-\pi^0)|T|\eta\rangle \ . \tag{2.380}$$

Die C-Operation führt einen $\pi^+\pi^-\pi^0$-Zustand in sich selbst über. Als gutes Beispiel für die zweite Art von Konsequenzen der C-Invarianz erwarten wir daher, daß das Energie- und Winkelspektrum der π^+- und der π^--Mesonen in diesem Zerfall identisch ist. Diese Tatsache wurde in einer Serie von Experimenten verifiziert.

Ganz anders liegen die Verhältnisse bei der schwachen Wechselwirkung. Wir haben in Abschn. 2.5.4 den schwachen Zerfall des π^+ in ein linkshändiges Neutrino und ein linkshändiges μ^+ besprochen. Die zugehörige Zerfallsamplitude wollen wir mit

$$T_{fi} = \langle \mu_{\mathrm{L}}^+ \nu_{\mu,\mathrm{L}}|T|\pi^+\rangle \tag{2.381}$$

bezeichnen, wobei der Index L eine besonders eingängige Notation für die negative Helizität darstellt. Rechtshändige Teilchen bekommen entsprechend den Index R. Die Invarianz der schwachen Wechselwirkung unter Teilchen-Antiteilchen-Spiegelung würde nun

$$\langle \mu_{\mathrm{L}}^+ \nu_{\mu,\mathrm{L}}|T|\pi^+\rangle = \langle \mu_{\mathrm{L}}^+ \nu_{\mu,\mathrm{L}}|C^{-1}TC|\pi^+\rangle \tag{2.382}$$

verlangen. Mit

$$\langle \mu_{\mathrm{L}}^+ \nu_{\mu,\mathrm{L}}|C^{-1} = \langle \mu_{\mathrm{L}}^- \bar{\nu}_{\mu,\mathrm{L}}| \tag{2.383}$$

und unserer Phasenwahl für die geladenen Pionen folgt

$$\langle \mu_{\mathrm{L}}^+ \nu_{\mu,\mathrm{L}}|T|\pi^+\rangle = -\langle \mu_{\mathrm{L}}^- \bar{\nu}_{\mu,\mathrm{L}}|T|\pi^-\rangle \ . \tag{2.384}$$

Das π^- müßte also in ein linkshändiges μ^- und ein linkshändiges Antineutrino zerfallen. Dieser Zerfall ist aber wegen der P-Verletzung verboten, es gibt keine linkshändigen Antineutrinos. Wir sehen unmittelbar, daß die maximale P-Verletzung mit einer maximalen Verletzung der C-Invarianz einhergeht. Genau das kommt in der früher gefundenen Regel, daß (für $\beta \to 1$) nur linkshändige Fermionen und rechtshändige Antifermionen an der schwachen Wechselwirkung geladener Ströme teilnehmen, zum Ausdruck.

Den erlaubten Zerfall in ein *rechts*händiges Antineutrino bekommt man, wenn man die Invarianz unter dem Produkt CP fordert,

$$\begin{aligned}\langle \mu_{\mathrm{L}}^+ \nu_{\mu,\mathrm{L}}|T|\pi^+\rangle &= \langle \mu_{\mathrm{L}}^+ \nu_{\mu,\mathrm{L}}|(CP)^{-1}T(CP)|\pi^+\rangle \\ &= \langle \mu_{\mathrm{R}}^- \bar{\nu}_{\mu,\mathrm{R}}|T|\pi^-\rangle \ .\end{aligned} \tag{2.385}$$

Damit wird klar, daß die schwache Wechselwirkung geladener Ströme sowohl die P-Invarianz als auch die C-Invarianz der S-Matrix verletzt, aber in einer

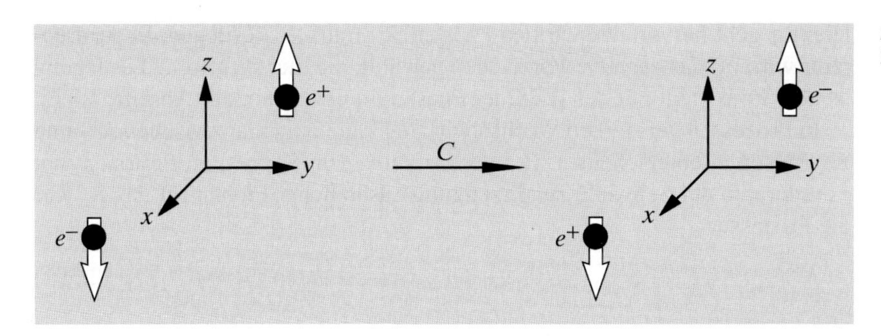

Abb. 2.25
Zur C-Parität eines $e^- e^+$-Systems

solchen Weise, daß das Produkt aus C und P die Streumatrix offenbar invariant läßt.

Wir wollen nun noch die C-Parität von Teilchensystemen besprechen. Ein $\pi^+\pi^-$-Zustand hat die C-Parität $(-1)^l$, da die Teilchen-Antiteilchen-Konjugation hier mit der Paritätsoperation (2.314) identisch ist. Etwas schwieriger ist die Bestimmung der C-Parität von Fermion-Antifermion-Systemen.

Betrachten wir z.B. das e^-e^+-System auf der linken Seite der Abb. 2.25. Bei Anwenden von C geht es in den Zustand der rechten Seite über. Die zugehörigen Orts- und Spinkoordinaten werden der Einfachheit halber mit (1) und (2) bezeichnet. Mit unserer Wahl der Phasen gilt dann

$$\begin{aligned} C|e^-(1)e^+(2)\rangle &= |e^+(1)e^-(2)\rangle \\ &= \eta_C(e^-e^+)|e^-(1)e^+(2)\rangle \ . \end{aligned} \tag{2.386}$$

Andererseits können wir die ursprüngliche Wellenfunktion auch durch Spiegelung am Koordinatenursprung und Vertauschen der Spinkoordinaten erhalten. Die Parität eines Fermion-Antifermion-Systems ist $(-1)^{l+1}$, die Vertauschung der Spins gibt einen Faktor $(-1)^{S+1}$, wie wir schon bei der Herleitung von (2.320) gesehen haben. Zusammengefaßt folgt daraus

$$|e^+(1)e^-(2)\rangle = (-1)^{l+S}|e^-(1)e^+(2)\rangle \ , \tag{2.387}$$

also

$$\eta_C(f\bar{f}) = (-1)^{l+S} \tag{2.388}$$

für die C-Parität eines Zustandes aus Fermion und Antifermion mit dem Gesamtspin S und dem relativen Bahndrehimpuls l.

2.7.3 Lang- und kurzlebige neutrale K-Mesonen

Neutrale K-Mesonen werden als Eigenzustände der starken Wechselwirkung mit wohldefinierter *strangeness* S erzeugt. Im Abschn. 1.2.3 wurde $S = +1$ für das K^0 und $S = -1$ für das $\bar{K}^0$ festgelegt. Da sie sich in der Quantenzahl S unterscheiden, sind auch die neutralen Kaonen keine Eigenzustände zu C, sondern es gilt

$$C|K^0\rangle = |\bar{K}^0\rangle \tag{2.389}$$

und

$$C|\bar{K}^0\rangle = |K^0\rangle \ . \tag{2.390}$$

Hieraus geht hervor, daß wir den Phasenfaktor auf $+1$ festlegen. In der Literatur wird oft das negative Vorzeichen gewählt, die hier getroffene Festlegung ist aber konsistent mit der Wahl der Phasen im Quarkmodell (Abschn. 4.3.2).

In Prozessen der starken Wechselwirkung kann man klar zwischen K^0- und $\bar{K}^0$-Mesonen unterscheiden. Bei der Streuung von Kaonen an Protonen gibt es unterhalb der Schwelle zur Erzeugung zusätzlicher Pionen für das K^0 nur die Prozesse

$$K^0 + p \to K^0 + p \tag{2.391}$$

und

$$K^0 + p \to K^+ + n \quad . \tag{2.392}$$

Im Gegensatz dazu sind die durch Ladungs- und *strangeness*-Erhaltung erlaubten Prozesse für das $\bar{K}^0$ durch

$$\bar{K}^0 + p \to \bar{K}^0 + p \tag{2.393}$$

und

$$\bar{K}^0 + p \to \pi^+ + \Lambda \tag{2.394}$$

gegeben. Das Auftreten eines Λ-Teilchens gilt daher als eindeutige Signatur einer $\bar{K}^0$-induzierten Streureaktion.

Die schwache Wechselwirkung erhält die *strangeness* nicht. Daher können beide Sorten neutraler K-Mesonen z.B. in $\pi^+\pi^-$-Paare zerfallen ($\Delta S = 1$). Damit eröffnen sich aber neue, überraschende Möglichkeiten: Schwache Zerfälle wie der β-Zerfall des Neutrons oder der K^0-Zerfall in zwei Pionen lassen sich störungstheoretisch in erster Ordnung der schwachen Wechselwirkung behandeln. In einem Prozeß zweiter Ordnung in der schwachen Wechselwirkung kann sich ein K^0 in ein $\bar{K}^0$ verwandeln ($\Delta S = 2$).[18] Das zugehörige Diagramm ist in Abb. 2.26 gezeigt. Im Raum der neutralen K-Mesonen gibt es also Übergänge, die durch die T-Matrix

$$T = \begin{pmatrix} \langle K^0|T|K^0\rangle & \langle K^0|T|\bar{K}^0\rangle \\ \langle \bar{K}^0|T|K^0\rangle & \langle \bar{K}^0|T|\bar{K}^0\rangle \end{pmatrix} \tag{2.395}$$

beschrieben werden.

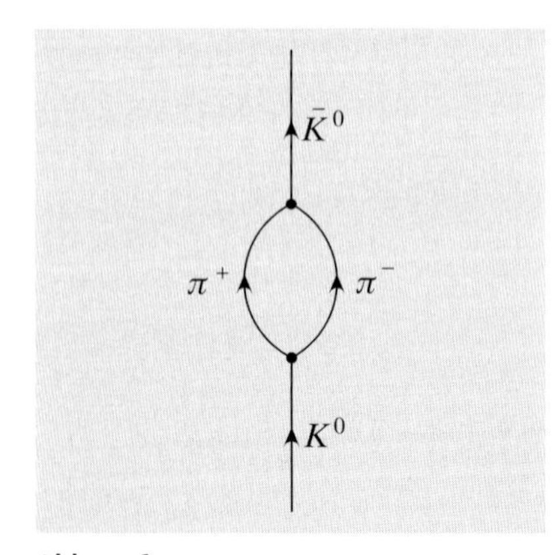

Abb. 2.26
Der Übergang $K^0 \to \bar{K}^0$

Im allgemeinsten Fall sind alle vier Matrixelemente unabhängig voneinander. Das sog. CPT-Theorem der Quantenfeldtheorie besagt nun, daß unter noch immer sehr allgemeinen Bedingungen die S-Matrix invariant gegenüber dem Produkt der Transformationen C, P und O^T ist. Eine Wechselwirkung, die eine dieser drei Symmetrien verletzt, muß dies auch für das Produkt der beiden übrig bleibenden tun, damit insgesamt Invarianz unter CPO^T (oder kürzer CPT) garantiert ist. Verletzung der Zeitumkehr-Invarianz z.B. ist also gleichbedeutend mit der Verletzung der CP-Invarianz. Wir haben gerade gesehen, daß die schwache Wechselwirkung in den bisher studierten Prozessen erster Ordnung C und P verletzt, aber auf eine Weise, daß sie gegenüber dem Produkt aus räumlichen Spiegelungen und Teilchen-Antiteilchen-Konjugation symmetrisch ist. Demnach ist sie in diesen Prozessen auch invariant unter O^T.

[18] Wir müssen leider wieder die Symbole S und T in verschiedenen Bedeutungen kurz hintereinander verwenden. Wie schon in der Einleitung betont, erscheint mir dies besser als die Einführung neuer ungebräuchlicher Symbole.

Schon aus der schwächsten Bedingung, nämlich der Gültigkeit der CPT-Invarianz, folgt, daß die Diagonalelemente der Matrix (2.395) gleich sein müssen. Für die Gleichheit der beiden Elemente außerhalb der Diagonalen benötigt man Invarianz unter CP. Wir können dies für die betrachteten $\Delta S = 2$ Prozesse nicht *a priori* fordern, schreiben also die T-Matrix im Raum der K-Meson-Zustände

$$|K^0\rangle = \begin{pmatrix} 1 \\ 0 \end{pmatrix} \quad , \quad |\bar{K}^0\rangle = \begin{pmatrix} 0 \\ 1 \end{pmatrix} \tag{2.396}$$

in der Form

$$T = \begin{pmatrix} A & B \\ C & A \end{pmatrix} \tag{2.397}$$

an. Die Eigenwerte dieser Matrix und ihre Eigenvektoren lassen sich mit den üblichen Verfahren der linearen Algebra schnell finden. Sie sind durch

$$\lambda_{1,2} = A \pm \sqrt{BC} \tag{2.398}$$

und durch

$$\begin{pmatrix} p \\ q \end{pmatrix}, \begin{pmatrix} p \\ -q \end{pmatrix} \tag{2.399}$$

mit den Abkürzungen $p^2 = B$ und $q^2 = C$ gegeben. Physikalisch entsprechen diesen Vektoren Eigenzustände der schwachen Wechselwirkung mit wohl definierten Massen und Lebensdauern. Wir wollen sie mit K_S und K_L bezeichnen, wobei die Indizes L und S für *long* und *short* stehen, also lange und kurze Lebensdauern bedeuten. Der Grund für diese Bezeichnungen wird gleich klar werden.

Für die folgenden Betrachtungen nehmen wir zunächst die CP-Invarianz der T-Matrix an. Mit $p = q$ erhalten wir besonders einfache, orthogonale normierte Eigenzustände der T-Matrix (2.397), nämlich

$$|K_1\rangle = \frac{1}{\sqrt{2}}(|K^0\rangle + |\bar{K}^0\rangle) \tag{2.400}$$

und

$$|K_2\rangle = \frac{1}{\sqrt{2}}(|K^0\rangle - |\bar{K}^0\rangle) \quad , \tag{2.401}$$

wobei wir noch die Freiheit der Wahl einer gemeinsamen Phase der Zustände (2.399) ausgenutzt haben. K_1 und K_2 sind offenbar Eigenzustände zu CP mit

$$CP|K_1\rangle = -1|K_1\rangle \tag{2.402}$$

und

$$CP|K_2\rangle = +1|K_2\rangle \quad . \tag{2.403}$$

Die C-Parität eines 2π-Systems mit $l = 0$ wurde im letzten Abschnitt zu $\eta_C(2\pi) = 1$ bestimmt, daher kann nur das K_2 in $\pi^+\pi^-$ oder $\pi^0\pi^0$ zerfallen, für das K_1 ist dieser Zerfall verboten.

Das π^0 hat eine positive C-Parität. Daher hat auch ein $\pi^0\pi^+\pi^-$-System im Grundzustand, also mit verschwindenden relativen Bahndrehimpulsen l_i, die C-Parität $+1$ und ist Eigenzustand zu CP mit dem Eigenwert $\eta_{CP} = -1$. Nur das K_1 kann in diesen Zustand zerfallen. Da 3π-Zerfälle vom Phasenraum her unterdrückt sind, erwarten wir für das K_2-Meson eine kürzere Lebensdauer als für das K_1-Meson. Wir machen also den Ansatz

$$|K_\mathrm{L}\rangle = |K_1\rangle \tag{2.404}$$

und

$$|K_\mathrm{S}\rangle = |K_2\rangle \ . \tag{2.405}$$

Dieser Ansatz muß im nächsten Abschnitt nochmals modifiziert werden. Zunächst drücken wir aber K^0 und $\bar{K}^0$ durch K_S und K_L aus,

$$|K^0\rangle = \frac{1}{\sqrt{2}}(|K_\mathrm{L}\rangle + |K_\mathrm{S}\rangle) \tag{2.406}$$

und

$$|\bar{K}^0\rangle = \frac{1}{\sqrt{2}}(|K_\mathrm{L}\rangle - |K_\mathrm{S}\rangle) \ . \tag{2.407}$$

Die in Reaktionen der starken Wechselwirkung erzeugten neutralen K-Mesonen sind also Überlagerungen von K_S und K_L, und daher sollte ihr 2π-Zerfall eine kürzere Lebensdauer als der 3π-Zerfall haben.

Dieses merkwürdige Phänomen des Zerfalls mit unterschiedlichen Lebensdauern ist tatsächlich beobachtet worden. Die gemessenen Lebensdauern sind

$$\tau_\mathrm{S} = (0{,}8953 \pm 0{,}0006) \cdot 10^{-10}\ \mathrm{s} \tag{2.408}$$

und

$$\tau_\mathrm{L} = (5{,}18 \pm 0{,}04) \cdot 10^{-8}\ \mathrm{s} \ . \tag{2.409}$$

Das K_S zerfällt zu praktisch 100 % in zwei Pionen. Der im Prinzip mögliche Zerfall in 3π mit höheren Werten der relativen Bahndrehimpulse ist also sehr stark unterdrückt. Die wichtigsten Zerfallsarten des K_L sind die semileptonischen Kanäle $\pi e \nu$ und $\pi\mu\nu$ mit Verzweigungsverhältnissen von $B = 38{,}78\ \%$ und $B = 27{,}18\ \%$. Der Zerfall in $\pi^0\pi^0\pi^0$ hat ein Verzweigungsverhältnis von $21{,}13\ \%$. Für den Zerfall in $\pi^+\pi^-\pi^0$ wurde $B = 12{,}55\ \%$ gemessen.

Die unterschiedlichen Lebensdauern der kurz- und langlebigen Kaonen bieten die Möglichkeit ein neues Phänomen, die sog. *strangeness*-Oszillationen, zu beobachten. Aus einem reinen K^0-Strahl z.B. wird nach einigen Lebensdauern τ_S ein fast reiner K_L-Strahl, d.h. ein Strahl, in dem K^0- und $\bar{K}^0$-Mesonen gleich häufig auftreten. Wir wollen dies etwas präziser diskutieren. Die zeitliche Entwicklung eines K_L-Zustandes ist in seinem Ruhesystem durch

$$|K_{\mathrm{L}}(t)\rangle = |K_{\mathrm{L}}(0)\rangle \mathrm{e}^{-\mathrm{i}M_{\mathrm{L}}t}\mathrm{e}^{-\Gamma_{\mathrm{L}}t/2} \tag{2.410}$$

gegeben. Ganz entsprechend gilt für das kurzlebige Kaon

$$|K_{\mathrm{S}}(t)\rangle = |K_{\mathrm{S}}(0)\rangle \mathrm{e}^{-\mathrm{i}M_{\mathrm{S}}t}\mathrm{e}^{-\Gamma_{\mathrm{S}}t/2} \ . \tag{2.411}$$

Hierin haben wir wieder $\Gamma = 1/\tau$ benutzt und zusätzlich unterschiedliche Massen für die beiden Sorten neutraler Kaonen zugelassen. Die Begründung für diesen Ansatz kommt aus der Quantenmechanik instabiler Teilchen. Hier sei nur angemerkt, daß das Betragsquadrat dieser Gleichungen offenbar zum richtigen radioaktiven Zerfallsgesetz führt.

Die Eigenwerte des Hamilton-Operators H im Ruhesystem der Kaonen betragen daher (wegen $H = \mathrm{i}\partial/\partial t$)

$$M_{\mathrm{S,L}} - \frac{\mathrm{i}}{2}\Gamma_{\mathrm{S,L}} \ , \tag{2.412}$$

was sich elegant in der Matrixform

$$H = \begin{pmatrix} M_{\mathrm{S}} - \frac{\mathrm{i}}{2}\Gamma_{\mathrm{S}} & 0 \\ 0 & M_{\mathrm{L}} - \frac{\mathrm{i}}{2}\Gamma_{\mathrm{L}} \end{pmatrix} \tag{2.413}$$

schreiben läßt. In H sind die starke, elektromagnetische und schwache Wechselwirkung enthalten. Der Massenunterschied zwischen K_{S} und K_{L} ist jedoch ein Effekt der schwachen Wechselwirkung.

Die Amplitude zur Zeit t in einem ursprünglichen K^0-Strahl ein $\bar{K}^0$ zu finden, wird aus dem Skalarprodukt der Zustände $|\bar{K}^0(t)\rangle$ und $|K^0(0)\rangle$ berechnet, also gilt

$$A(t) = \frac{1}{\sqrt{2}}\left(\langle K_{\mathrm{L}}(t)| - \langle K_{\mathrm{S}}(t)|\right)\frac{1}{\sqrt{2}}\left(|K_{\mathrm{L}}(0)\rangle + |K_{\mathrm{S}}(0)\rangle\right) \ . \tag{2.414}$$

Wegen der Orthogonalität der Zustände $|K_{\mathrm{L}}\rangle$ und $|K_{\mathrm{S}}\rangle$ führt dies nach kurzer Rechnung zur Wahrscheinlichkeit

$$AA^* \equiv P(t) = \frac{1}{4}\left(\mathrm{e}^{-\Gamma_{\mathrm{L}}t} + \mathrm{e}^{-\Gamma_{\mathrm{S}}t} - 2\cos(\Delta M t)\mathrm{e}^{-(\Gamma_{\mathrm{L}}+\Gamma_{\mathrm{S}})t/2}\right) \tag{2.415}$$

mit

$$\Delta M = M_{\mathrm{L}} - M_{\mathrm{S}} \ . \tag{2.416}$$

Die *strangeness* oszilliert also mit einer Frequenz, die vom Massenunterschied zwischen lang- und kurzlebigen Kaonen abhängt. Die Existenz von $\bar{K}^0$ im Strahl weist man über die Reaktion (2.394) nach. Eine quantitative Auswertung ergab zusammen mit den weiter unten besprochenen Experimenten $|\Delta M| = (3{,}483 \pm 0{,}007) \cdot 10^{-6}$ eV.

Nach einer Flugzeit im Laborsystem, die einigen Lebensdauern τ_{S} im Ruhesystem entspricht, ist aus dem K^0-Strahl ein K_{L}-Strahl geworden. Man kann aber noch einen Schritt weiter gehen und den Zustand $|K_{\mathrm{L}}\rangle$ wieder teilweise

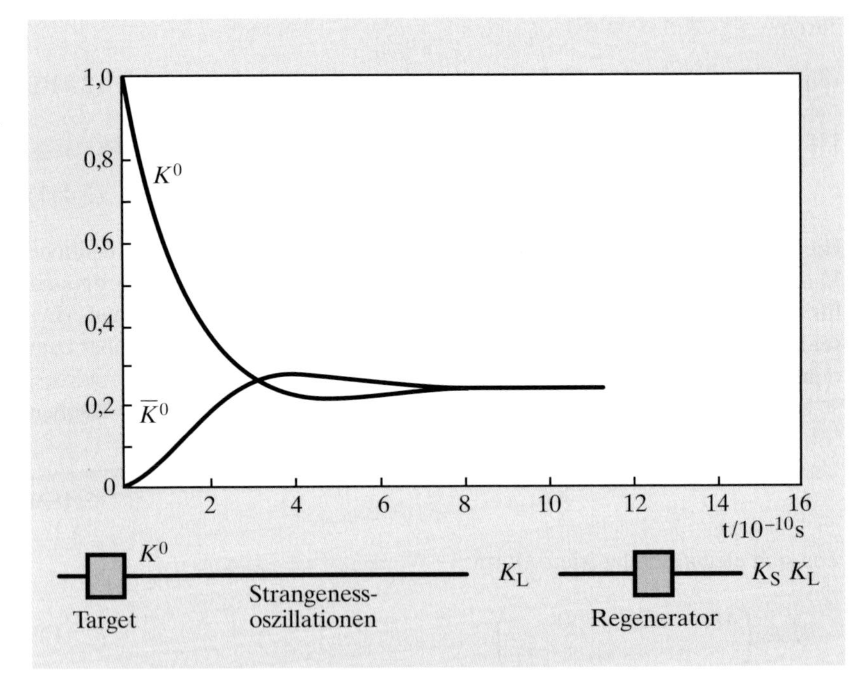

Abb. 2.27
Anteil der K^0- und $\bar{K}^0$-Mesonen in einem ursprünglichen K^0-Strahl aufgrund von *strangeness*-Oszillationen und Regeneration. Die Zeit wird im Ruhesystem der K-Mesonen gemessen

in den Zustand $|K^0\rangle$ zurücktransformieren. Ein solches Regenerations-Experiment besteht einfach darin, in den K_L-Strahl ein Stück Absorber zu stellen. Wegen des hohen Wirkungsquerschnitts der inelastischen Reaktion (2.394) werden die $\bar{K}^0$-Mesonen aus dem K_L-Strahl stärker herausgefiltert, und man hat hinter dem Absorber wieder eine Erhöhung des prozentualen Anteils der K^0-Mesonen. Die Einzelheiten hängen von dem verwendeten Absorbermaterial ab und sollen hier nicht weiter diskutiert werden. Das Prinzip solcher Oszillations- und Regenerationsexperimente mit dem dazugehörigen qualitativen Verlauf der Intensitäten ist in Abb. 2.27 gezeigt. Eine ausführliche Diskussion ist u.a. in [Com83] zu finden. Mit Hilfe dieser Experimente gelang es, das Vorzeichen des Massenunterschiedes festzulegen: Das K_L- ist schwerer als das K_S-Meson.

2.7.4 CP-Verletzung im K_L-Zerfall

Im letzten Abschnitt wurden die lang- und kurzlebigen K^0-Mesonen mit den Zuständen K_1 und K_2 identifiziert. Dies bedeutet, daß der Zerfall $K_L \to 2\pi$ verboten ist. In einem berühmten Experiment im Jahr 1964 [Chr64] wurde jedoch gezeigt, daß der Zerfall

$$K_L \to \pi^+ + \pi^- \tag{2.417}$$

mit einem zwar kleinen, aber doch endlichen Verzweigungsverhältnis von etwa 0,2 % stattfindet. Dieses Schlüsselexperiment der Teilchenphysik ist im folgenden Kasten erläutert.

Schlüsselexperiment

Das Experiment zum Nachweis des Zerfalls $K^0 \to \pi^+\pi^-$ wurde von J.H. Christenson, J.W. Cronin, V.L. Fitch und R. Turlay durchgeführt. Die Autoren benutzten das 30 GeV-Protonen-Synchrotron in Brookhaven (USA) zur Herstellung eines Strahls neutraler K-Mesonen mit einer kinetischen Energie von etwa 1,1 GeV. In einer Entfernung vom Entstehungsort, die 30 mal größer war, als die Strecke, welche die K_S-Mesonen während einer Lebensdauer durchlaufen konnten, wurde die in Abb. 2.28 dargestellte Apparatur aufgebaut. Man konnte also sicher sein, daß nur K_L-Mesonen den Detektor erreichten. In zwei identischen magnetischen Spektrometern wurden mit Hilfe von Funkenkammern, Szintillationszählern und Čerenkov-Zählern die Impulse von geladenen Pionen aus dem K_L-Zerfall rekonstruiert. Der Heliumsack vor den Spektrometern reduzierte die Materiedichte so stark, daß keine K_S-Mesonen durch Regeneration erzeugt werden konnten. Die aus den Pion-Impulsen rekonstruierte invariante Masse war für praktisch alle Ereignisse innerhalb der Auflösung verträglich mit der K^0-Masse. Die Pionen mußten also aus dem 2π-Zerfall des K_L-Mesons stammen. Als weiterer Beweis diente die Tatsache, daß die Summe der Pionimpulse in der Richtung des einfallenden K^0, $\bar{K}^0$-Strahls lag.

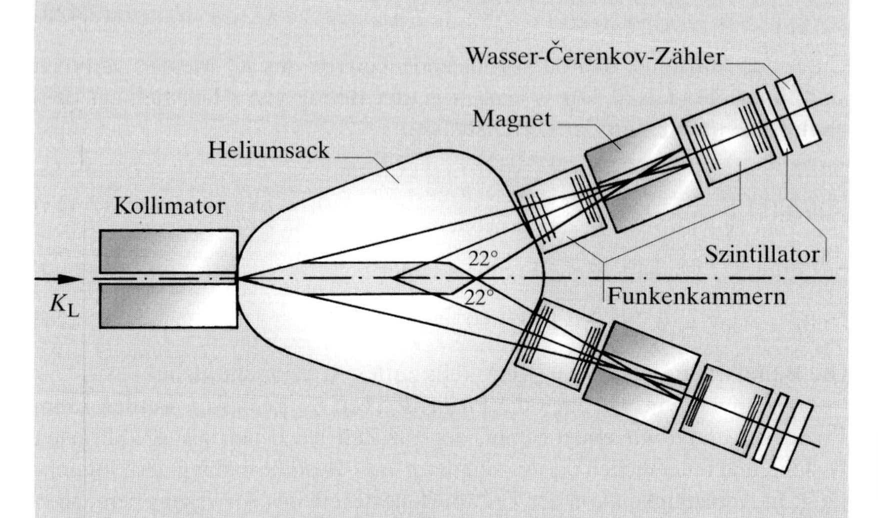

Abb. 2.28
Das Experiment von Christenson et al. zum Nachweis des Zerfalls $K_L \to \pi^+\pi^-$

Die Leiter dieses Experiments, James W. Cronin und Val L. Fitch, erhielten 1980 für ihren fundamentalen Beitrag den Nobelpreis für Physik.

Eine attraktive Möglichkeit das Ergebnis zu deuten, besteht darin, Eigenzustände $|K_L\rangle$ und $|K_S\rangle$ der T-Matrix (2.395) zu konstruieren, die nicht Eigenzustände von CP sind. Dies läßt sich erreichen, wenn man die CP-Invarianz aufgibt, also $C \neq B$ in (2.395) zuläßt. Für die weitere Rechnung ist es einfacher q/p durch $(1-\varepsilon)/(1+\varepsilon)$ zu ersetzen, worin ε ein neuer komplexer Parameter ist. Die neuen Eigenvektoren lauten nun:

$$|K_\mathrm{L}\rangle = \frac{1}{\sqrt{2(1+|\varepsilon|^2)}}\Big[(1+\varepsilon)|K^0\rangle + (1-\varepsilon)|\bar{K}^0\rangle\Big] \tag{2.418}$$

bzw.

$$|K_\mathrm{S}\rangle = \frac{1}{\sqrt{2(1+|\varepsilon|^2)}}\Big[(1+\varepsilon)|K^0\rangle - (1-\varepsilon)|\bar{K}^0\rangle\Big] \ . \tag{2.419}$$

Diese Zustände lassen sich sofort als Mischung der CP-Eigenzustände K_1, K_2 schreiben,

$$\begin{aligned} |K_\mathrm{L}\rangle &= \tfrac{1}{\sqrt{1+|\varepsilon|^2}}\big(|K_1\rangle + \varepsilon|K_2\rangle\big) \\ |K_\mathrm{S}\rangle &= \tfrac{1}{\sqrt{1+|\varepsilon|^2}}\big(\varepsilon|K_1\rangle + |K_2\rangle\big) \ . \end{aligned} \tag{2.420}$$

Der Parameter ε kann gemessen werden. Um das Vorgehen zu verstehen, führen wir zunächst das Verhältnis der Amplituden

$$\eta_\pm = \frac{\langle\pi^+\pi^-|T|K_\mathrm{L}\rangle}{\langle\pi^+\pi^-|T|K_\mathrm{S}\rangle} \tag{2.421}$$

ein. Diese komplexe Zahl hat einen Betrag und eine Phase,

$$\eta_\pm = |\eta_\pm|\mathrm{e}^{\mathrm{i}\Phi_\pm} \ . \tag{2.422}$$

Unter der Annahme, daß CP-verletzende Zerfälle des K_1-Mesons verboten sind, folgt aber mit (2.420) $\varepsilon = \eta_\pm$, d.h. der Betrag von ε läßt sich aus dem gemessenen Verhältnis der Zerfallsbreiten

$$|\eta_\pm| = \sqrt{\frac{\Gamma_\mathrm{L}(\pi^+\pi^-)}{\Gamma_\mathrm{S}(\pi^+\pi^-)}} \tag{2.423}$$

bestimmen. Das numerische Ergebnis lautet

$$|\eta_\pm| = |\varepsilon| = (2{,}288 \pm 0{,}014)\cdot 10^{-3} \ . \tag{2.424}$$

Die Beimischung des $CP = +1$ Anteils zu K_L ist also sehr klein.

Nun zeigen wir, wie auch die Phase $\Phi_\pm$ von $\eta_\pm$ gemessen werden kann. Dazu betrachten wir einen Strahl, der zur Zeit $t = 0$ nur aus K^0-Mesonen besteht, und untersuchen die Anzahl der $\pi^+\pi^-$-Zerfälle entlang der Flugrichtung. In Abhängigkeit von der Zeit im Ruhesystem des K-Mesons berechnen wir die Amplitude für das Auftreten eines $\pi^+\pi^-$-Paares zu

$$A(\pi^+\pi^-) \sim \mathrm{e}^{-\mathrm{i}M_\mathrm{S}t}\mathrm{e}^{-\Gamma_\mathrm{S}t/2} + \eta_\pm \mathrm{e}^{-\mathrm{i}M_\mathrm{L}t}\mathrm{e}^{-\Gamma_\mathrm{L}t/2} \ . \tag{2.425}$$

Dieses Resultat läßt sich relativ einfach nachvollziehen, wenn zunächst (2.418) und (2.419) nach $|K^0\rangle$ aufgelöst werden ($|K^0\rangle \sim |K_\mathrm{S}\rangle + |K_\mathrm{L}\rangle$) und danach die Zeitabhängigkeit von (2.410) und (2.411) zusammen mit der Definition von $\eta_\pm$ benutzt wird. Die zeitabhängige Wahrscheinlichkeit des Zerfalls in $\pi^+\pi^-$-Paare ergibt sich aus dem Betragsquadrat der Amplitude zu

$$P(t) \sim \mathrm{e}^{-\Gamma_\mathrm{S}t} + |\eta_\pm|^2\mathrm{e}^{-\Gamma_\mathrm{L}t} + 2|\eta_\pm|\mathrm{e}^{-(\Gamma_\mathrm{S}+\Gamma_\mathrm{L})t/2}\cos(\Delta M t - \Phi_\pm) \ . \tag{2.426}$$

Die Abb. 2.29 zeigt das Ergebnis eines Experiments am CERN [Car90]. Diese Abbildung ist ein besonders anschauliches Beispiel für ein quantenmechanisches Interferenz-Experiment. Die Parameter der Kurve legen gleichzeitig ΔM und $\Phi_{\pm}$ fest und erlauben eine von (2.423) unabhängige Messung von $\eta_{\pm}$. Der aus solchen und anderen Experimenten bestimmte Wert [PDG04] von $\Phi_{\pm}$ beträgt $(43{,}52 \pm 0{,}06)°$.

Die Phase $\Phi_{\pm}$ läßt sich zu den Parametern der Massenmatrix in Beziehung setzen. Wenn wir CP-Verletzung in T zulassen, nimmt nämlich die Matrix (2.413) in der K_1, K_2-Basis die Gestalt

$$H = \begin{pmatrix} M_{\mathrm{S}} - \frac{\mathrm{i}}{2}\Gamma_{\mathrm{S}} & \mathrm{i}m' \\ -\mathrm{i}m' & M_{\mathrm{L}} - \frac{\mathrm{i}}{2}\Gamma_{\mathrm{L}} \end{pmatrix} \tag{2.427}$$

an. Aufgrund des geringen Betrages des reellen Parameters m' ändern sich nach der Diagonalisierung die Eigenwerte praktisch nicht. Durch Vergleich der Eigenvektoren mit der Darstellung (2.420) gewinnen wir für ε die Beziehung

$$\varepsilon = \frac{\mathrm{i}m'}{\Delta M + \mathrm{i}\Gamma_{\mathrm{S}}/2} , \tag{2.428}$$

bei deren Ableitung noch $\Gamma_{\mathrm{S}} \gg \Gamma_{\mathrm{L}}$ ausgenutzt wurde. Hieraus folgt unmittelbar für die Phase

$$\tan \Phi_{\pm} = \frac{2\Delta M}{\Gamma_{\mathrm{S}}} . \tag{2.429}$$

Der numerische Wert von $(43{,}5 \pm 0{,}1)°$ stimmt sehr gut mit der Phasenmessung aus den Interferenzexperimenten überein.

Da die lang- und kurzlebigen neutralen Kaonen als Mischung von CP-Eigenzuständen beschrieben werden, ist der 2π-Zerfall des K_{L} nicht *direkt*

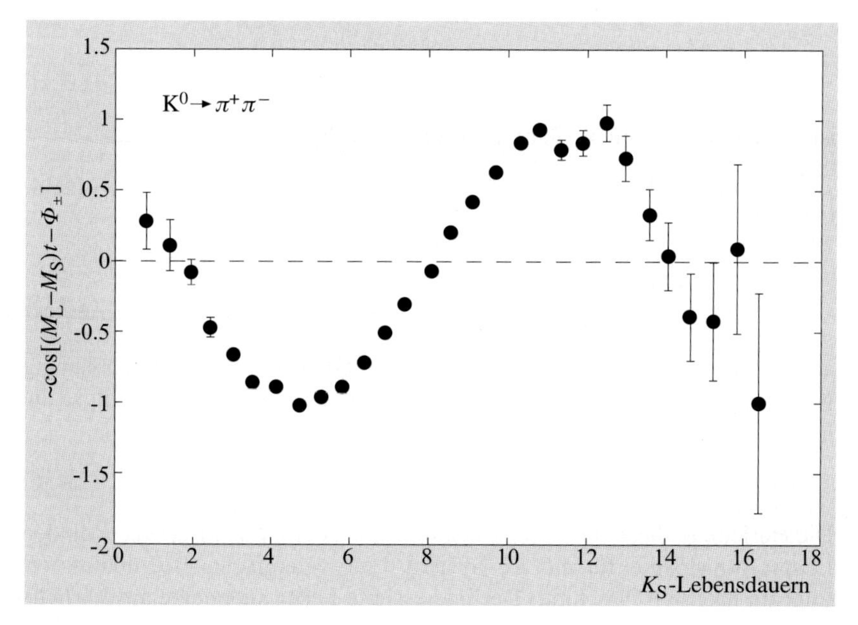

Abb. 2.29
Interferenz von K_{S} und K_{L} im $\pi^-\pi^+$-Zerfall des K^0-Mesons

CP-verletzend. Diese Verletzung wird vielmehr einfacher damit begründet, daß die Zustände (2.420) eine Mischung von CP-geraden und CP-ungeraden Zuständen darstellen. Nach Wolfenstein kann diese Mischung infolge einer neuen *superschwachen* Wechselwirkung auftreten, während die eigentlichen Zerfallsreaktionen der *schwachen* Wechselwirkung CP-invariant bleiben.

Die immer größere Genauigkeit der Experimente erlaubt jedoch die detaillierte Untersuchung der Frage, ob es neben der besprochenen CP-Verletzung in der Mischung nicht doch eine kleine direkte CP-Verletzung in *Zerfällen* gibt. Wenn wir

$$\langle\pi^+\pi^-|T|K_1\rangle \neq 0 \tag{2.430}$$

zulassen, folgt mit Hilfe von (2.420) in der Näherung für kleine ε die Beziehung

$$\eta_\pm = \varepsilon + \frac{\langle\pi^+\pi^-|T|K_1\rangle}{\langle\pi^+\pi^-|T|K_2\rangle} \quad , \tag{2.431}$$

die wir in der Form

$$\eta_\pm = \varepsilon + \varepsilon' \tag{2.432}$$

anschreiben. Die Amplitude besteht also aus der Summe eines CP-verletzenden Terms in der Mischung ($\Delta S = 2$) und eines CP-verletzenden Terms im Zerfall ($\Delta S = 1$). Um beide Anteile zu trennen, muß eine zusätzliche unabhängige Messung herangezogen werden. Neben dem Zerfall des K_L in $\pi^+\pi^-$ gibt es glücklicherweise noch den Zerfall in $\pi^0\pi^0$. Er stellt allerdings experimentell viel größere Probleme, da nach dem Zerfall der π^0-Mesonen der Endzustand aus vier Photonen besteht, aus denen die Kinematik der Reaktion rekonstruiert werden muß.

Das Amplitudenverhältnis

$$\eta_{00} = \frac{\langle\pi^0\pi^0|T|K_\mathrm{L}\rangle}{\langle\pi^0\pi^0|T|K_\mathrm{S}\rangle} \tag{2.433}$$

ist wieder eine komplexe Zahl mit Betrag und Phase,

$$\eta_{00} = |\eta_{00}|\mathrm{e}^{\mathrm{i}\Phi_{00}} \quad , \tag{2.434}$$

und analog zu (2.431) kann die Beziehung

$$\eta_{00} = \varepsilon + \frac{\langle\pi^0\pi^0|T|K_1\rangle}{\langle\pi^0\pi^0|T|K_2\rangle} \tag{2.435}$$

abgeleitet werden. Der zweite Term in dieser Gleichung ist nicht unabhängig vom zweiten Term in (2.431). In der Tat liefert eine theoretische Analyse die Beziehung

$$\eta_{00} = \varepsilon - 2\varepsilon' \quad . \tag{2.436}$$

Die Herleitung dieser Gleichung benutzt neben der CPT-Invarianz noch den Isospinformalismus für das $\pi\pi$-System. Eine vereinfachte Begründung erfolgt im nächsten Abschnitt. Der interessierte Leser findet eine ausführliche

Darstellung im Buch von Commins und Bucksbaum [Com83] und in einem Übersichtsartikel von Y. Nir [Nir92].

Eine CP-Verletzung im Zerfall des K_1 läßt sich also durch Vergleich der Raten der K_S- und K_L-Zerfälle in $\pi^+\pi^-$ bzw. $\pi^0\pi^0$ beweisen. Unter der Annahme $\varepsilon' \ll \varepsilon$ wird aus (2.432) und (2.436) die Beziehung

$$\mathrm{Re}(\varepsilon'/\varepsilon) = \frac{1}{6}\left(1 - \frac{\Gamma_L(\pi^0\pi^0)\Gamma_S(\pi^+\pi^-)}{\Gamma_S(\pi^0\pi^0)\Gamma_L(\pi^+\pi^-)}\right) \tag{2.437}$$

abgeleitet, ε' wird demnach aus der Interferenz der CP-Verletzung in Mischung und Zerfall bestimmt. Die zu (2.432) und (2.436) führenden theoretischen Überlegungen legen die Phase von ε' auf einen Wert $48° \pm 4°$ fest, was sehr nahe bei dem experimentellen Wert von $\Phi_\pm$ liegt. Der Realteil von ε'/ε kann also praktisch dem Betrag $|\varepsilon'/\varepsilon|$ gleichgesetzt werden.

Ein 1988 am CERN durchgeführtes Experiment [Bur88] konnte zum erstenmal ein von null verschiedenes Ergebnis

$$\mathrm{Re}(\varepsilon'/\varepsilon) = (33 \pm 11) \cdot 10^{-4} \tag{2.438}$$

nachweisen. Es hat aber weitere zwölf Jahre gedauert, bis neue Experimente am CERN und am Fermilab diesen Effekt mit höherer Präzision bestätigten. Der Mittelwert der Messungen beträgt nun

$$\mathrm{Re}(\varepsilon'/\varepsilon) = (16{,}7 \pm 2{,}6) \cdot 10^{-4} \ . \tag{2.439}$$

Diese Experimente gehören sicher zu den schwierigsten Präzisionsmessungen der Teilchenphysik. Sie haben fundamentale Bedeutung, allein schon weil in theoretischen Rechnungen auf der Grundlage des Standard-Modells $\varepsilon' \neq 0$ wird, während im superschwachen Ansatz von Wolfenstein ε' verschwindet.

Der kleine Betrag von ε' ist äquivalent mit der Beziehung

$$|\eta_{00}| \approx |\eta_\pm| \ . \tag{2.440}$$

Aus (2.432) und (2.436) folgt

$$\varepsilon' = \frac{1}{3}\eta_\pm\left(1 - \frac{\eta_{00}}{\eta_\pm}\right) \tag{2.441}$$

und wegen (2.440) kann dieser Ausdruck durch

$$\varepsilon' = \frac{1}{3}\varepsilon\left(1 - \mathrm{e}^{\mathrm{i}\Delta\Phi}\right) \tag{2.442}$$

angenähert werden, wobei $\Delta\Phi$ der Unterschied der Phasen von $\eta_\pm$ und η_{00} ist. Ein kleiner Wert von $|\varepsilon'|$ ist also nur möglich, falls dieser Phasenunterschied sehr gering ist. Die Phase Φ_{00} kann z.B. durch Messung der Oszillationen im Zerfall $K^0 \to \pi^0\pi^0$ analog zu (2.426) bestimmt werden. Sie ist innerhalb $\pm 0{,}5°$ mit dem Wert von $\Phi_\pm$ verträglich. Weil (2.432) und (2.436) nur unter Benutzung des Überlagerungsprinzips und der CPT-Invarianz abgeleitet wurden, kann die Gleichheit der Phasen als Test dieser fundamentalsten Symmetrie der Quantentheorie angesehen werden.

Die Eigentümlichkeiten des $K^0\bar{K}^0$-Systems bieten zusätzlich die Möglichkeit, experimentell zwischen Materie und Antimaterie zu unterscheiden. Wir

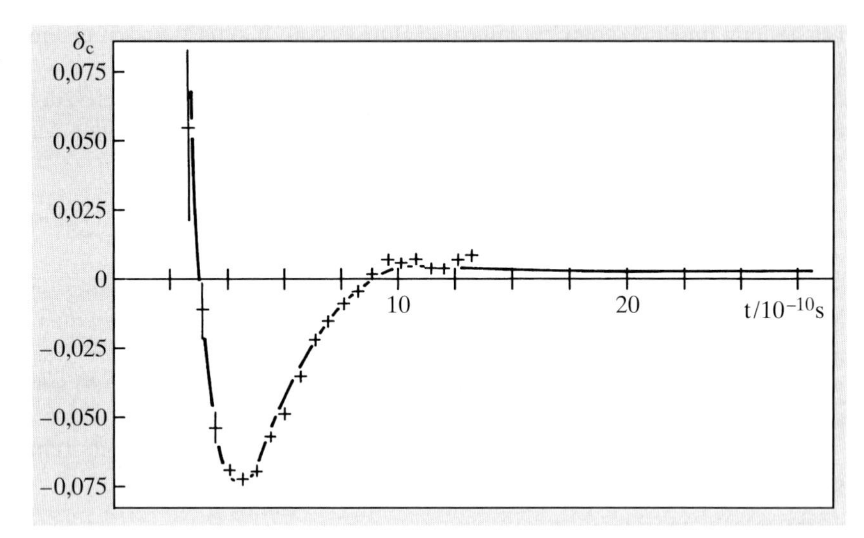

Abb. 2.30
Die Ladungsasymmetrie beim semileptonischen Zerfall neutraler Kaonen

haben schon weiter oben gesagt, daß das K_L bevorzugt in die sog. semileptonischen Endzustände $\pi e \nu$ und $\pi \mu \nu$ zerfällt. In einem K_L-Strahl können nun z.B. die Zerfallsraten $R^\pm$ für die Prozesse $K_\mathrm{L} \to \pi^\mp e^\pm \overset{(-)}{\nu}_e$ gemessen werden. Aus diesen Raten kann man die Ladungsasymmetrie

$$\delta_C = \frac{R^+ - R^-}{R^+ + R^-} \tag{2.443}$$

bestimmen. Sie ist in Abb. 2.30 als Funktion der Zeit t im Ruhesystem der K-Mesonen dargestellt. Nach einem „Einschwingvorgang" aufgrund der *strangeness*-Oszillationen sieht man deutlich, daß für große t die Asymmetrie nicht verschwindet, sondern einen positiven Wert annimmt. Neutrale Kaonen zerfallen also häufiger in Antimaterie (Positronen) als in Materie (Elektronen). Um dieses wichtige Ergebnis besser zu verstehen, machen wir uns anhand der Abb. 2.31 zunächst klar, daß im Quarkmodell semielektronisch nur die Zerfälle $K^0 \to \pi^- e^+ \nu_e$ und $\bar{K}^0 \to \pi^+ e^- \bar{\nu}_e$ erlaubt sind.[19] Dies stimmt mit dem empirischen Befund der Zerfälle von Teilchen mit *strangeness* überein und wird als $\Delta S = \Delta Q$-Regel bezeichnet: Die am Zerfallsprozeß beteiligten Hadronen ändern in semileptonischen Zerfällen ihre *strangeness* und ihre Ladung

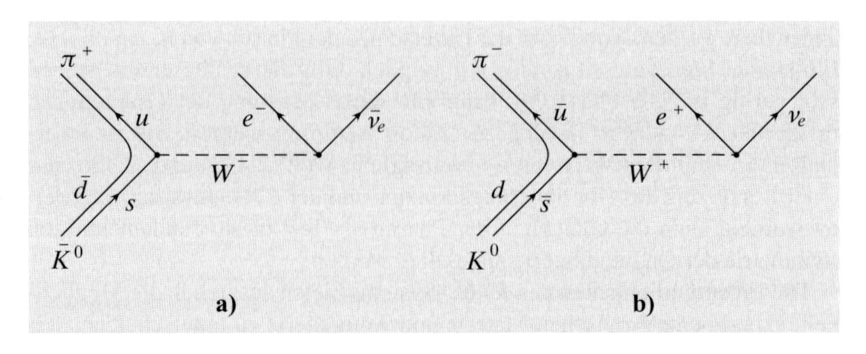

Abb. 2.31a,b
Die erlaubten semielektronischen Zerfälle neutraler K-Mesonen. (**a**) Der Zerfall $\bar{K}^0 \to \pi^+ e^- \nu_e$, (**b**) der Zerfall $K^0 \to \pi^- e^+ \nu_e$

[19] Die Abbildung entspricht dem β-Zerfalls-Diagramm 1.15.

um eine Einheit. Unter Zuhilfenahme von (2.418) hat man damit aber sofort

$$\langle \pi^+ e^- \bar{\nu}_e | T | K_L \rangle = \frac{1}{\sqrt{2(1+|\varepsilon|^2)}} (1-\varepsilon) \langle \pi^+ e^- \bar{\nu}_e | T | \bar{K}^0 \rangle \tag{2.444}$$

bzw.

$$\langle \pi^- e^+ \nu_e | T | K_L \rangle = \frac{1}{\sqrt{2(1+|\varepsilon|^2)}} (1+\varepsilon) \langle \pi^- e^+ \nu_e | T | K^0 \rangle \ . \tag{2.445}$$

Die CPT-Invarianz garantiert auf jeden Fall die Gleichheit der Zerfallsraten $K^0 \to \pi^- e^+ \nu_e$ und $\bar{K}^0 \to \pi^+ e^- \bar{\nu}_e$ und deshalb folgt aus diesen Beziehungen

$$R^+ = \text{const}|1+\varepsilon|^2 \ , \tag{2.446}$$

$$R^- = \text{const}|1-\varepsilon|^2 \tag{2.447}$$

und schließlich unter Vernachlässigung von $2|\varepsilon|^2$

$$\delta_C = 2 \ \text{Re} \ \varepsilon \ . \tag{2.448}$$

Die Ladungsasymmetrie ist also durch den Realteil des Parameters ε der CP-Verletzung bestimmt. Als Mittelwert der verschiedenen Experimente sei

$$\delta_C = (3{,}33 \pm 0{,}14) \cdot 10^{-3} \tag{2.449}$$

angegeben. Der daraus ermittelte Wert von Re ε stimmt gut mit den oben diskutierten Messungen von $\eta_\pm$ und $\Phi_\pm$ überein.

Bei Gültigkeit des CPT-Theorems entspricht die gerade diskutierte CP-Verletzung einer kleinen Verletzung der Zeitumkehrinvarianz im $K^0\bar{K}^0$-System. Dies kann man direkt an der Struktur der T-Matrix (2.395) studieren. Die Elemente B und C sind auch durch die Operation O^T miteinander verknüpft. Das Element B beschreibt den Übergang eines zur Zeit $t = t_i$ erzeugten $\bar{K}^0$ in ein K^0 zur Zeit $t = t_f$. Das Element C hingegen beschreibt den zeitinvertierten Übergang von einem zur Zeit t_i erzeugten K^0 in ein $\bar{K}^0$ zum Zeitpunkt t_f. Ein Experiment am Proton-Antiproton-Speicherring LEAR des CERN [Ang98] wird als erster direkter Nachweis der Verletzung der Zeitumkehr-Invarianz im $K^0\bar{K}^0$-System angesehen. Neutrale K-Mesonen mit definierter *strangeness* S wurden in den Reaktionen $p\bar{p} \to K^-\pi^+K^0$ bzw. $p\bar{p} \to K^+\pi^-\bar{K}^0$ erzeugt, während S im *Zerfall* durch die Beobachtung der semileptonischen Zerfälle gemessen wurde.[20]

Der lange Abschnitt über die CP-Verletzung ermüdet den Leser hoffentlich nicht. Ich habe versucht, das Ergebnis von mehr als 40 Jahren Forschung in möglichst knapper Form darzustellen. Das Thema ist auch heute noch hochaktuell. Eine ausführliche, zusammenfassende Darstellung findet der Leser z. B. in der Monographie von K. Kleinknecht [Kle03].

Nach all den Überraschungen, die das System der neutralen K-Mesonen bietet, ist es natürlich von grundlegender Bedeutung, andere Systeme zu studieren, bei denen ebenfalls *flavor*-Oszillationen und CP-Verletzung auftreten können. Die D^0, $\bar{D}^0$-Mesonen sind Bindungszustände von $c\bar{u}$ bzw $\bar{c}u$. Mit Hilfe der b-Quarks lassen sich die B-Mesonen $B^0 = d\bar{b}$ und $B_s^0 = s\bar{b}$ bzw.

[20] Eine genaue theoretische Diskussion des Experiments ist in [Alv99] zu finden.

ihre Antiteilchen konstruieren. *Flavor*-Oszillationen sind umso leichter zu beobachten, je größer der Wert von $\Delta M/\Gamma$ ist, da dieses Verhältnis die Zahl der Oszillationen während einer mittleren Lebensdauer

$$\frac{1}{\Gamma} = \frac{2}{\Gamma_{\mathrm{S}} + \Gamma_{\mathrm{L}}} \tag{2.450}$$

festlegt. Eine Diskussion der Beziehung (2.415), die in den Übungen verlangt wird, soll dieses anschauliche Argument verdeutlichen. Theoretische Abschätzungen mit Hilfe der sog. CKM-Matrix (Abschn. 7.8) ließen das $(B^0, \bar{B}^0)$-Paar als relativ günstig erscheinen, und tatsächlich sind *bottom*-Oszillationen 1987 in einem Experiment am e^-e^+-Speicherring DORIS am DESY entdeckt worden [Alb87]. In neuester Zeit ist es sogar gelungen, mit Hilfe von eigens dafür gebauten Speicherringen die CP-Verletzung im Sektor der B-Mesonen nachzuweisen. Auch darauf werden wir im Abschn. 7.8 noch einmal zurückkommen.

Im Standard-Modell der Kosmologie ist das Weltall aus einem Urknall, dem *big bang*, entstanden. Naiverweise würde daraus folgen, daß es heute im Weltall gleichviel Materie wie Antimaterie geben muß. Wir wissen aber sicher, daß dies nicht der Fall ist, der Kosmos besteht praktisch vollständig aus Materie. Wahrscheinlich birgt die gerade diskutierte CP-Verletzung den Schlüssel zum Verständnis dieser Asymmetrie, die sich zu dem sehr frühen Zeitpunkt von etwa 10^{-35} Sekunden nach dem Urknall eingestellt haben muß [Kol90].

2.8 Innere Symmetrien II, Isospin und $SU2$

Im folgenden diskutieren wir Transformationen zwischen quantenmechanischen Systemen, die zwei Zustände einnehmen können. Das bekannteste Beispiel sind wohl Spin 1/2-Teilchen. Zur Vorbereitung auf die späteren Ausführungen über das Quarkmodell betrachten wir aber als konkreten Fall das pn-System. Proton $|p\rangle$ und Neutron $|n\rangle$ werden als zwei Einstellungen eines Nukleonzustandes $|N\rangle$ angesehen. Formal bilden sie also die Basisvektoren eines zweidimensionalen komplexen Vektorraumes. Häufig ist es nützlich, sie direkt als Spaltenvektoren zu schreiben, z.B.

$$|p\rangle = \begin{pmatrix} 1 \\ 0 \end{pmatrix} . \tag{2.451}$$

Ein beliebiger Nukleon-Zustand in diesem zweidimensionalen Raum ist durch

$$|N\rangle = p|p\rangle + n|n\rangle \tag{2.452}$$

bzw.

$$|N\rangle = \begin{pmatrix} p \\ n \end{pmatrix} \tag{2.453}$$

gegeben, d.h. p und n sind die protonartigen bzw. neutronartigen Komponenten des Zustandes $|N\rangle$.

Durch unitäre Transformationen kann man verschiedene Nukleon-Zustände ineinander überführen,

$$|N'\rangle = U|N\rangle \ . \tag{2.454}$$

Wir werden uns nun auf unitäre Matrizen mit $\det U = 1$ beschränken. Sie bilden die Gruppe der unitären, unimodularen Transformationen in zwei Dimensionen, abgekürzt $SU2$. Hiermit lernen wir das erste Beispiel der für die Teilchenphysik so wichtigen speziellen unitären Gruppen kennen (siehe Kasten auf S. 97f.).

2.8.1 Die Form der $SU2$-Matrizen

Aus der Unitaritätsbedingung kann man die allgemeinste Gestalt

$$U = \begin{pmatrix} \alpha & \beta \\ -\beta^* & \alpha^* \end{pmatrix} \tag{2.455}$$

der $SU2$-Matrizen, mit der aus der Unimodularität folgenden Nebenbedingung

$$\alpha\alpha^* + \beta\beta^* = 1 \ , \tag{2.456}$$

leicht ableiten. Die Durchführung dieser Aufgabe wird in den Übungen verlangt. Unitäre Matrizen lassen sich, wie wir gesehen haben, immer in der Art

$$U = \mathrm{e}^{-\mathrm{i}\Theta A} \tag{2.457}$$

anschreiben, wobei die Matrizen A hermitesch sein müssen. Wegen

$$\det U = 1 \tag{2.458}$$

muß die Spur der Matrizen A verschwinden. Dies wird beim Betrachten einer infinitesimalen Transformation U (Abschn. 2.1.3) sofort klar. Ein allgemeiner Ausdruck für die Matrizen A ist demnach durch

$$A = \begin{pmatrix} a & b \\ b^* & -a \end{pmatrix} \tag{2.459}$$

gegeben. Da a reell und b komplex ist, hängen die Elemente von $SU2$ von drei reellen Parametern ab. Wir können nun A nach drei linear unabhängigen Basismatrizen τ_i entwickeln,

$$\begin{aligned} A &= n_1\frac{\tau_1}{2} + n_2\frac{\tau_2}{2} + n_3\frac{\tau_3}{2} \\ &= \boldsymbol{n}\frac{\boldsymbol{\tau}}{2} \ . \end{aligned} \tag{2.460}$$

Die Abspaltung eines Faktors $1/2$ entspricht der Konvention. Die drei reellen Parameter sind demnach durch Θn_i definiert, wir haben also die Freiheit benutzt, den Vektor $\boldsymbol{n}$ auf 1 zu normieren. Die Matrizen τ_i sind die sog. Paulischen Spinmatrizen, die wir schon im Abschn. 2.2.4 kennengelernt haben,

$$\tau_1 = \begin{pmatrix} 0 & 1 \\ 1 & 0 \end{pmatrix}, \quad \tau_2 = \begin{pmatrix} 0 & -\mathrm{i} \\ \mathrm{i} & 0 \end{pmatrix}, \quad \tau_3 = \begin{pmatrix} 1 & 0 \\ 0 & -1 \end{pmatrix} \quad . \tag{2.461}$$

Hiermit läßt sich jedes Element von $SU2$ in die Form

$$U = \mathrm{e}^{-\mathrm{i}\Theta \boldsymbol{n}\boldsymbol{\tau}/2} \tag{2.462}$$

bringen. Es liegt nahe, $\boldsymbol{n}$ als Richtungsvektor in einem zum R_3 isomorphen, abstrakten Vektorraum, dem Isoraum, und Θ als Drehwinkel um diese Richtung zu interpretieren.

Die Pauli-Matrizen erfüllen die Vertauschungsrelationen des Drehimpulses

$$\left[\frac{\tau_i}{2}, \frac{\tau_j}{2}\right] = \mathrm{i}\epsilon_{ijk}\frac{\tau_k}{2} \quad .\text{[21]} \tag{2.463}$$

Zum praktischen Rechnen ist die Kenntnis der Antivertauschungs-Relationen

$$\tau_i\tau_j + \tau_j\tau_i = 2\delta_{ij} \tag{2.464}$$

von Vorteil. Dabei wird die linke Seite oft mit $\{\tau_i, \tau_j\}$ abgekürzt.

Unter Benutzung der Ergebnisse des Abschn. 2.2.3 ist die Berechnung von $SU2$-Matrizen nicht schwierig. Betrachten wir erneut eine Drehung um die 2-Achse des Isoraums als ein wichtiges Beispiel. Wegen $n_2 = 1$ und $n_{1,3} = 0$ folgt aus (2.142) sofort

$$U = \begin{pmatrix} \cos(\Theta/2) & -\sin(\Theta/2) \\ \sin(\Theta/2) & \cos(\Theta/2) \end{pmatrix} \quad , \tag{2.465}$$

also z.B.

$$p' = p\cos(\Theta/2) - n\sin(\Theta/2) \quad . \tag{2.466}$$

Die Elemente von U sind natürlich die schon früher eingeführten Funktionen $d^{1/2}(\Theta)$.

Manchmal interessiert man sich für die gedrehten Basisvektoren $|p'\rangle$ und $|n'\rangle$. Diese gewinnt man durch Summation über die Spalten von U, z.B.

$$|p'\rangle = |p\rangle\cos(\Theta/2) + |n\rangle\sin(\Theta/2) \quad . \tag{2.467}$$

2.8.2 Darstellungen

Eine N-dimensionale Darstellung der $SU2$ wird wieder wie üblich durch die Konstruktion der Darstellungsmatrizen zu den Transformationen

$$U = \mathrm{e}^{-\mathrm{i}\Theta \boldsymbol{n}\hat{\boldsymbol{I}}} \tag{2.468}$$

gegeben, wobei die Generatoren $\hat{I}_i$ die sog. Isospin-Operatoren sind. Der Name folgt natürlich aus der Gleichheit der Lie-Algebra

$$[\hat{I}_i, \hat{I}_j] = \mathrm{i}\epsilon_{ijk}\hat{I}_k \tag{2.469}$$

mit der Algebra der Drehimpulsoperatoren (2.108). Alle Ausführungen des

[21] Es sei wieder daran erinnert, daß über gleiche Indizes summiert werden muß.

Abschn. 2.2.3, z.B. über die Quantisierung von $\hat{J}^2$ und $\hat{J}_3$ oder über die Dimensionen der Darstellungen, gelten entsprechend für den Isospin.

Die Fundamentaldarstellung hat die Dimension $N = 2$. Es sind die $SU2$-Matrizen selbst. Der zugehörige Darstellungsraum wird durch $|p\rangle$ und $|n\rangle$ aufgespannt. Dadurch wird Proton und Neutron jeweils der Isospin 1/2 zugeordnet,

$$|p\rangle = |1/2;\, 1/2\rangle\,, \qquad |n\rangle = |1/2;\, -1/2\rangle\ . \tag{2.470}$$

Hierin stehen die beiden Zahlen wiederum für die Betragsquantenzahl I und die dritte Komponente I_3 des Isospins. Die physikalische Bedeutung dieser Zuordnung liegt darin, daß Proton und Neutron als zwei Erscheinungsformen eines einzigen Teilchens, nämlich des Nukleons, aufgefaßt werden. Die Ladungsmultipletts der Teilchen, können also mit Hilfe des Isospins gruppentheoretisch klassifiziert werden. Dieses auf Heisenberg zurückgehende Konzept ist jedoch viel mehr als eine Abzählhilfe, da die Kernkraft invariant unter $SU2$-Transformationen ist. Bevor wir die Konsequenzen dieser neuen Symmetrie behandeln, müssen wir jedoch die Klassifikation der Teilchen als Isospin-Multipletts weiter studieren.

Dem Pionentriplett π^+, π^0, π^- können wir zwanglos den Isospin 1 zuordnen, d.h. die drei Pionzustände entsprechen den Isospinzuständen $|1;\,1\rangle, |1;\,0\rangle$ und $|1;\,-1\rangle$. Der Zusammenhang zwischen der Ladung und dem Isospin von Nukleonen und Pionen wird durch die berühmte Gell-Mann-Nishijima-Relation

$$Q = I_3 + \frac{B}{2} \tag{2.471}$$

formuliert.[22]

Auch die K-Mesonen bilden Isodubletts. Das K^+- und das K^0-Meson haben die *strangeness* $S = +1$ und den Isospin $I_3 = +1/2$ bzw. $I_3 = -1/2$. Die Gell-Mann-Nishijima-Relation muß jetzt zu

$$Q = I_3 + \frac{B+S}{2} \tag{2.472}$$

erweitert werden. Sie beschreibt damit auch das Dublett der Antiteilchen K^- und $\bar{K}^0$ korrekt.

Einem System mit zwei Nukleonen wird die vierdimensionale Produktdarstellung zugeordnet. Entsprechend den Verhältnissen beim Drehimpuls zerfällt sie in ein Singulett und ein Triplett. Auch hier seien die Wellenfunktionen nochmals explizit angegeben. Das Singulett wird durch

$$|0;\,0\rangle = \frac{1}{\sqrt{2}}(|pn\rangle - |np\rangle) \tag{2.473}$$

und das Triplett durch

$$\begin{aligned} |1;\,1\rangle &= |pp\rangle \\ |1;\,0\rangle &= \frac{1}{\sqrt{2}}(|pn\rangle + |np\rangle) \\ |1;\,-1\rangle &= |nn\rangle \end{aligned} \tag{2.474}$$

beschrieben.

[22] Siehe hierzu auch Abschn. 1.2.4.

Die speziellen unitären Transformationen, insbesondere die Gruppen$SU2$, $SU3$ und $SU5$, sind – wie bereits erwähnt – sehr wichtig für die Teilchenphysik. Daher werden nun noch ganz kurz einige die Klassifizierung der Gruppen erleichternde Relationen angeben. Die Matrizen der $SU2$ haben die Dimension $N = 2$. Wir haben gesehen, daß sie von drei reellen Parametern abhängen, d.h. für ihre Ordnung gilt $m = 3$. Der Rang der Gruppe ist $r = 1$, da nur ein Generator, z.B. (I_3), diagonalisiert werden kann. Die daraus abzulesenden Relationen

$$m = N^2 - 1 \tag{2.475}$$

und

$$r = N - 1 \tag{2.476}$$

gelten interessanterweise auch für unitäre unimodulare Gruppen höherer Dimension, also für alle SUN.

2.8.3 Antiteilchen in der $SU2$

Um die Gell-Mann-Nishijima-Relation (2.471) zu erfüllen, sollte das Antineutron $I_3 = +1/2$ und das Antiproton $I_3 = -1/2$ haben. Die Zuordnung $|\bar{n}\rangle = |1/2;\, 1/2\rangle$ und $|\bar{p}\rangle = |1/2;\, -1/2\rangle$ führt aber zu Problemen. Deren Ursache ist darin zu sehen, daß Isotransformationen und die Teilchen-Antiteilchen-Konjugation C nicht unabhängig voneinander sind. Um diese Feststellung besser zu verstehen, betrachten wir wieder eine Rotation der Nukleonen um die $\hat{I}_2$-Achse. Gemäß (2.465) ist sie durch

$$\begin{aligned} p' &= p\cos(\Theta/2) - n\sin(\Theta/2) \\ n' &= p\sin(\Theta/2) + n\cos(\Theta/2) \end{aligned} \tag{2.477}$$

definiert. Die Anwendung des Operators C erzeugt Zustände von Antinukleonen

$$\begin{aligned} \bar{p}' &= \bar{p}\cos(\Theta/2) - \bar{n}\sin(\Theta/2) \\ \bar{n}' &= \bar{p}\sin(\Theta/2) + \bar{n}\cos(\Theta/2) \ , \end{aligned} \tag{2.478}$$

wobei entsprechend der Wahl des Abschn. 2.7.2 keine zusätzliche Phase zwischen Nukleonen und Antinukleonen auftritt. Nach Umordnung der einzelnen Terme kann dieses Gleichungssystem wiederum als $SU2$-Transformation (2.465) angeschrieben werden

$$\begin{pmatrix} \bar{n}' \\ -\bar{p}' \end{pmatrix} = \begin{pmatrix} \cos(\Theta/2) & -\sin(\Theta/2) \\ \sin(\Theta/2) & \cos(\Theta/2) \end{pmatrix} \begin{pmatrix} \bar{n} \\ -\bar{p} \end{pmatrix} \ . \tag{2.479}$$

Damit ist bewiesen, daß das Isodublett im Raum der Antinukleonen durch

$$\psi = \begin{pmatrix} \bar{n} \\ -\bar{p} \end{pmatrix} \tag{2.480}$$

dargestellt wird.

Isospin-Wellenfunktionen für Nukleon-Antinukleonsysteme kann man nun aus (2.473) und (2.474) durch die Ersetzung $p \to \bar{n}$ und $n \to -\bar{p}$ z.B.

für das zweite Nukleon gewinnen. Der Konvention folgend wird die Singulettwellenfunktion mit einem Phasenfaktor -1 multipliziert und lautet somit

$$|0;0\rangle = \frac{1}{\sqrt{2}}(|p\bar{p}\rangle + |n\bar{n}\rangle) \ , \tag{2.481}$$

während die Triplettfunktionen die Form

$$\begin{aligned} |1;1\rangle &= |p\bar{n}\rangle \\ |1;0\rangle &= \frac{1}{\sqrt{2}}(|n\bar{n}\rangle - |p\bar{p}\rangle) \\ |1;-1\rangle &= -|n\bar{p}\rangle \end{aligned} \tag{2.482}$$

annehmen. Auffällig ist hierbei das negative Vorzeichen in der letzten Zeile. Da wir die Pionen ebenfalls mit einem Isotriplett der Baryonenzahl 0 identifiziert haben, folgt jetzt zwingend

$$C|\pi^{\pm}\rangle = -|\pi^{\mp}\rangle \ . \tag{2.483}$$

Diesen Zusammenhang zwischen der Operation C und dem Isospin kann man sehr schön durch Vertauschungsrelationen ausdrücken. Mit der von uns getroffenen Phasenwahl gilt für die Isodubletts und Tripletts

$$C\hat{I}_3 = -\hat{I}_3 C \tag{2.484}$$

bzw.

$$C\hat{I}_{\pm} = -\hat{I}_{\mp} C \ . \tag{2.485}$$

Die genaue Berücksichtigung der Phasenfaktoren ist allerdings für viele Zwecke nicht nötig, und in der Literatur finden sich daher auch häufig Wellenfunktionen für Teilchen-Antiteilchen-Systeme ohne das negative Vorzeichen in der letzten Zeile von (2.482).[23]

2.8.4 Die Isoinvarianz der Kernkraft

Die Massen der leichten Hadronen sind im wesentlichen durch die Feldenergie der starken Wechselwirkung bestimmt. Aus der ungefähren Gleichheit der Massen im Multiplett schließen wir daher auf die Vertauschbarkeit der S-Matrix oder des Hamiltonoperators der starken Wechselwirkung mit den Transformationen U. Dies ist ein entscheidender Fortschritt gegenüber einer reinen Klassifizierung der Hadronen in Isospin-Multipletts. Die verbleibenden kleinen Massenunterschiede werden u.a. auf elektromagnetische Effekte zurückgeführt, womit gleichzeitig gesagt ist, daß die elektromagnetische Wechselwirkung nicht isoinvariant sein kann.

Die Wechselwirkung von Nukleonen bei niedrigen Energien kann man durch ein Nukleon-Nukleon-Potential beschreiben. Aus der Invarianz unter $SU2$ folgt dann sofort die sog. Ladungsunabhängigkeit der Kernkraft, falls

[23] In einer Vorlesung von G. Einhorn fand ich das folgende „Theorem“: These phases will drive you crazy if you worry about them. My advice: Don’t worry!

sich die beiden Nukleonen im Isotriplett-Zustand befinden:

$$V_{pp} = V_{nn} = V_{pn} \quad . \tag{2.486}$$

Die Isoinvarianz läßt noch zu, daß das Potential zwischen Proton und Neutron im Isosingulett-Zustand sich von V_{pn} im Isotriplett-Zustand unterscheidet. Damit wird ein wesentlicher Unterschied zur naiveren Annahme der Ladungsunabhängigkeit deutlich. Aus dieser in der Anfangszeit der Kernphysik verfolgten Idee würde man z.B. schließen, daß es Kerne aus zwei Protonen oder zwei Neutronen geben muß, da ja auch ein gebundener pn-Zustand, das Deuteron existiert. Die pp und nn-Zustände gehören jedoch zu einem Isotriplett (2.474). Aufgrund des Pauli-Prinzips haben sie im Grundzustand bei verschwindendem Bahndrehimpuls den Spin 0. Das Deuteron mit Spin 1 wird dann dem Isosingulett zugeordnet und kann daher nicht zum Studium der Bindung im Zustand mit $I = 1$ benutzt werden.

Streureaktionen lassen sich ebenfalls sehr elegant im Isospin-Formalismus behandeln, weil aus der Invarianz der S-Matrix unmittelbar die Isospin-Erhaltung

$$[S, \hat{\boldsymbol{I}}] = 0 \tag{2.487}$$

folgt. Als Beispiel betrachten wir eine typische Reaktion der Kernphysik: die Deuteron-Spaltung durch Pionstoß

$$\begin{aligned} \pi^+ + d &\to p + p \\ \pi^0 + d &\to p + n \\ \pi^- + d &\to n + n \quad . \end{aligned} \tag{2.488}$$

Die Zustände der linken Seite sind im Isotriplett, da für das Deuteron $I = 0$ gilt. Unter Zuhilfenahme von (2.474) wird z.B. die erste Reaktion durch das Matrixelement

$$T_{fi}^{\pi^+ d} = \langle 1; 1|T|1; 1\rangle \tag{2.489}$$

beschrieben. Für einen Proton-Neutron-Zustand folgt aus der Umkehrung von (2.473) und (2.474)

$$|pn\rangle = \frac{1}{\sqrt{2}}(|1; 0\rangle + |0; 0\rangle) \quad , \tag{2.490}$$

und wegen der Isospin-Erhaltung gilt deshalb für die Deuteronspaltung durch Stoß mit neutralen Mesonen

$$T_{fi}^{\pi^0 d} = \frac{1}{\sqrt{2}}\langle 1; 0|T|1; 0\rangle \quad . \tag{2.491}$$

Die Matrixelemente sind aber von der Stellung im Multiplett unabhängig (Abschn. 2.2.5), und daher sind die Wirkungsquerschnitte durch

$$\sigma_{\pi^+ d\to pp} = \sigma_{\pi^- d\to nn} \tag{2.492}$$

und

$$\sigma_{\pi^0 d\to pn} = \frac{1}{2}\sigma_{\pi^+ d\to pp} \tag{2.493}$$

miteinander verknüpft. Der Faktor $1/2$ zeigt nochmals sehr deutlich den Unterschied zwischen Ladungsunabhängigkeit und Isoinvarianz der Kernkräfte. Da bei der Zusammensetzung von Isospins die gleichen Clebsch-Gordan-Koeffizienten wie bei der Drehimpulsaddition benötigt werden, lassen sich auch kompliziertere Aufgaben mit Hilfe der Tabelle 2.3 lösen.

2.8.5 Isospin und Quarks

Ein einfaches Modell der Kernkraft führt diese auf den Austausch von π-Mesonen zwischen den Nukleonen zurück. Die Abb. 1.17 enthält ein typisches Beispiel dafür, wie man den Pion-Austausch durch die fundamentale starke Wechselwirkung, also den Austausch von Gluonen zwischen Quarks erklären kann. Es wird daher häufig kein Unterschied zwischen Kernkraft und starker Wechselwirkung gemacht. Die im Bereich der aus u- und d-Quarks aufgebauten Hadronen experimentell bestätigte Isoinvarianz der Kernkraft möchte man natürlich aus einer $SU2$-Invarianz im Sektor der Quarks herleiten. Dies ist aber so einfach nicht möglich, es ist genau genommen sogar im Widerspruch mit den Befunden über die Quarkmassen. Mit den Quarkmassen werden wir uns im übernächsten Kapitel noch ausführlich beschäftigen. An dieser Stelle brauchen wir nur das Ergebnis, daß das u- und das d-Quark als Konstituenten der Hadronen etwa die gleiche Masse von 300 MeV haben, das d-Quark ist ca. 5 MeV schwerer als das u-Quark. Die Quarks der zweiten und dritten Familie haben dagegen stark unterschiedliche Massen, z.B. gilt $m_c - m_s \approx 1050\,\text{MeV}$.

Die moderne Auffassung geht nun dahin, die Isoinvarianz der Kernphysik als Folge der zufälligen ungefähren Gleichheit der u- und d-Massen anzusehen. Es ist daher nur erlaubt, u und d in ein Isospin-Dublett einzubauen, wobei $I_3 = 1/2$ wegen (2.471) die natürliche Wahl für das u-Quark ist. Mit $2I_3 = F$ und $B = 1/3$ wird hiermit die grundlegende Beziehung (1.99)

$$Q = \frac{F}{2} + \frac{1}{6} \tag{2.494}$$

zwischen Ladung und *flavor*-Quantenzahlen der Quarks mit der Gell-Mann-Nishijima-Relation (2.471) identifiziert.

Die verbleibenden Massendifferenzen in den Multipletts der Hadronen hatten wir auf elektromagnetische Effekte zurückgeführt. In der Tat haben die geladenen Pionen eine etwas größere Masse als das π^0-Meson. Nach der gleichen Überlegung sollte das Proton schwerer als das Neutron sein, da es ja eine zusätzliche Energie von seinem elektrischen Feld hat. Das Neutron ist aber schwerer als das Proton. Dieses große Rätsel der Kernphysik findet im Quarkmodell seine fast triviale Erklärung durch den Massenunterschied zwischen u- und d-Quark, der den Effekt des elektrischen Feldes überkompensiert.

Die in Kap. 1 eingeführten Familiendubletts von Quarks und Leptonen werden im Standard-Modell ebenfalls über eine $SU2$-Symmetrie erklärt. Die linkshändigen Mitglieder dieser Familien werden in Dubletts eines neuen Isospins eingeordnet, der mit der *schwachen* Wechselwirkung verknüpft ist. Auch hier verlangt die Symmetrie natürlich Gleichheit der Massen im Multiplett. Im Rahmen der spontan gebrochenen Eichtheorien konnte aber ein verblüffend einfacher Ausweg aus diesem Problem gefunden werden [Qui83].

2.8.6 Reguläre Darstellung und G-Parität

Wir studieren noch einmal die dreidimensionale Darstellung von $SU2$. In der Basis der Eigenzustände $|1;1\rangle$, $|1;0\rangle$, $|1;-1\rangle$ ist $\hat{I}_3$ diagonal,

$$\hat{I}_3 = \begin{pmatrix} 1 & 0 & 0 \\ 0 & 0 & 0 \\ 0 & 0 & -1 \end{pmatrix} , \tag{2.495}$$

und auch $\hat{I}_1$ und $\hat{I}_2$ lassen sich einfach ermitteln (Übung 2.19 auf S. 171). Wir gehen nun zu einer neuen orthonormierten Basis

$$\begin{aligned} |\pi_1\rangle &= \frac{1}{\sqrt{2}}(-|\pi^+\rangle + |\pi^-\rangle) \\ |\pi_2\rangle &= \frac{\mathrm{i}}{\sqrt{2}}(|\pi^+\rangle + |\pi^-\rangle) \\ |\pi_3\rangle &= |\pi^0\rangle \end{aligned} \tag{2.496}$$

über. Um eine größere Anschaulichkeit zu gewähren, haben wir zur Bezeichnung der Basisvektoren die Teilchensymbole gewählt. In dieser sog. kartesischen Basis wird die Darstellung der Generatoren besonders einfach. Man kann nämlich z.B. durch explizites Berechnen der Matrixelemente

$$\langle \pi_j | \hat{I}_i | \pi_k \rangle = (\hat{I}_i)_{jk} \tag{2.497}$$

zeigen, daß diese durch

$$(\hat{I}_i)_{jk} = -\mathrm{i}\varepsilon_{ijk} , \tag{2.498}$$

also durch die Strukturkonstanten der Gruppe gegeben sind. Dies ist wieder eine allgemeine Eigenschaft der Gruppen SUN: die reguläre Darstellung der Generatoren ist in der Art von (2.498) durch die Strukturkonstanten bestimmt. Die Dimension der regulären Darstellung ist gleich der Ordnung der Gruppe.

Im Fall der $SU2$ hat die reguläre Darstellung eine sehr anschauliche Bedeutung. Wie man sofort sieht, sind die Matrizen von (2.498) identisch zu den Generatoren der Drehungen (2.94) – (2.96). Dies bedeutet, daß der Darstellungsraum isomorph zum R_3 ist. Die Vektoren $|\pi_i\rangle$ spannen in ihm ein kartesisches Koordinatensystem auf (Abb. 2.32). Isotransformationen sind Drehungen in diesem Raum. Wir untersuchen die Transformation $U = \mathrm{e}^{-\mathrm{i}\pi\hat{I}_2}$. Da sie einer Drehung um 180° um die 2-Achse entspricht, ist ihre Wirkung auf die Zustände $|\pi_i\rangle$ sofort klar:

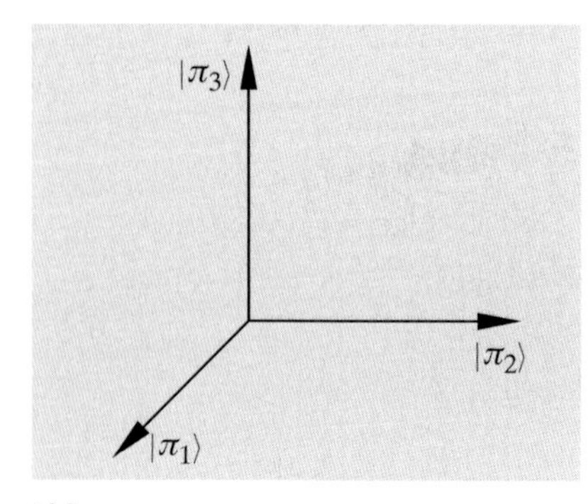

Abb. 2.32
Kartesische Basis im Isoraum der Pionen

$$\begin{aligned} \mathrm{e}^{-\mathrm{i}\pi\hat{I}_2}|\pi_1\rangle &= -|\pi_1\rangle \\ \mathrm{e}^{-\mathrm{i}\pi\hat{I}_2}|\pi_2\rangle &= |\pi_2\rangle \\ \mathrm{e}^{-\mathrm{i}\pi\hat{I}_2}|\pi_3\rangle &= -|\pi_3\rangle . \end{aligned} \tag{2.499}$$

Der Operator der sog. G-Parität ist als

$$G = C\mathrm{e}^{-\mathrm{i}\pi\hat{I}_2} \tag{2.500}$$

definiert. Er verknüpft also eine Transformation im Isospin-Raum mit der Teilchen-Antiteilchen-Konjugation. Wegen

$$C|\pi^\pm\rangle = -|\pi^\mp\rangle \tag{2.501}$$

und unter Zuhilfenahme der Beziehung (2.496) läßt sich leicht zeigen, daß alle Pionen unabhängig von ihrer Ladung Eigenzustand zu G mit dem Eigenwert -1 sind. Auch die G-Parität ist eine multiplikative Quantenzahl und damit haben wir für n Pionen

$$\eta_G(n\pi) = (-1)^n \ . \tag{2.502}$$

Wegen der C-Invarianz und der Isoinvarianz der starken Wechselwirkung ist diese auch invariant unter der Operation G. Als Konsequenz gilt ein Erhaltungssatz der G-Parität in Reaktionen der starken Wechselwirkung. Als Beispiel betrachten wir das η-Meson.

Das schon in Abschn. 2.7.2 eingeführte η-Meson, hat eine Masse von 547,3 MeV, das ist mehr als die dreifache Pionmasse. Trotzdem ist seine Zerfallsbreite nur 1,18 keV. Die kleine Zerfallsbreite und die etwa gleichen Verzweigungsverhältnisse des Zerfalls in zwei Photonen bzw. drei Pionen beweisen, daß das η-Meson elektromagnetisch zerfällt. Warum tut es das nicht aufgrund der starken Wechselwirkung mit der dafür typischen Breite von etwa 100 MeV, wie wir sie beim ρ gefunden haben? Die Ursache liegt in der Erhaltung der G-Parität in Reaktionen der starken Wechselwirkung. Das η-Meson hat nur einen Ladungszustand, ist also ein Isosingulett. Die Spin-Paritätszuordnung für das η-Meson ist 0^-. Dies genügt, um den Zerfall in zwei Pionen auszuschließen. Aus der Definition (2.500) berechnet man $\eta_G(\eta) = 1$ und daher ist der Zerfall in drei Pionen über die starke Wechselwirkung verboten, während er elektromagnetisch möglich ist. Der G-erlaubte Zerfall in vier Pionen kann wegen der zu geringen Masse des η-Mesons nicht auftreten.

Die Erhaltung der G-Parität führt schließlich für (vielleicht hypothetische) Streuprozesse, an denen nur π-Mesonen beteiligt sind, zu einem dem Fury-Theorem der QED analogen Theorem: Reaktionen mit n einlaufenden und m auslaufenden Pionen sind verboten, falls $n - m$ eine ungerade Zahl ergibt.

2.8.7 Isospin und K-Zerfälle

Die schwache Wechselwirkung ist nicht isoinvariant. Betrachten wir z. B. den Zerfall $K^+ \to \pi^+\pi^0$. Hier können die Pionen nur in einem Multiplett mit einem ganzzahligen Wert des starken Isospins sein, während das K^+ zu einem Isodublett gehört, also durch $I = 1/2$ charakterisiert wird. Obwohl der Isospin demnach nicht erhalten ist, hilft eine Isospin-Analyse, die Gesetze der schwachen Wechselwirkung zu verstehen.

Es fällt z.B. unmittelbar auf, daß die Partialbreite im Zerfall $K^+ \to \pi^+\pi^0$ 650 mal kleiner ist als im 2π-Zerfall des K_S. Dieser große Unterschied kann durch eine Auswahlregel des Isospins erklärt werden. Das $\pi^+\pi^0$-System muß $I_3 = 1$ haben. Dann bleiben für den Betrag des Isospins nur die Werte $I = 2$ oder $I = 1$ übrig. Der $I = 1$-Zustand scheidet jedoch aus, weil dann die Gesamtwellenfunktion (also das Produkt aus der Isospin-Wellenfunktion und der Bahnwellenfunktion) antisymmetrisch bei Vertauschen der beiden Pionen wird. Das Spin-Statistik-Theorem verlangt aber, daß diese Funktion symmetrisch ist. Die Anwendbarkeit des Theorems resultiert aus der Tatsache, daß in der Gesamtwellenfunktion das π^+ und das π^0 als identische Teilchen – die Pionen – behandelt werden. Die 2π-Zustände des K_S-Zerfalls können hingegen mit $I_3 = 0$ im Gegensatz zum K^+ auch den Wert $I = 0$ annehmen. Aus der viel kürzeren Lebensdauer des K_S schließen wir daher, daß die schwache Wechselwirkung Übergänge mit $\Delta I = 1/2$ bevorzugt, wobei das Verhältnis der Amplituden etwa 25 beträgt.

Diese berühmte $\Delta I = 1/2$-Regel der hadronischen Zerfälle bewährt sich auch bei einer Analyse des K_S-Zerfalls selbst. Mit Hilfe der Tabelle 2.3 wird der $\pi^0\pi^0$-Zustand in die Isospin-Anteile

$$|\pi^0\pi^0\rangle = \sqrt{\frac{2}{3}}|2,0\rangle - \sqrt{\frac{1}{3}}|0,0\rangle \tag{2.503}$$

zerlegt. Wenn noch bedacht wird, daß das $\pi^+\pi^-$-System aus der normierten Summe von $|1,1\rangle$ und $|1,-1\rangle$ besteht, folgt andererseits die Beziehung

$$|\pi^+\pi^-\rangle = \sqrt{\frac{1}{3}}|2,0\rangle + \sqrt{\frac{2}{3}}|0,0\rangle \quad . \tag{2.504}$$

Die Zerfälle des K^0-Mesons werden also durch die Überlagerung

$$\begin{aligned} \langle\pi^+\pi^-|T|K^0\rangle &= \sqrt{\tfrac{1}{3}}T_2 + \sqrt{\tfrac{2}{3}}T_0 \\ \langle\pi^0\pi^0|T|K^0\rangle &= \sqrt{\tfrac{2}{3}}T_2 - \sqrt{\tfrac{1}{3}}T_0 \end{aligned} \tag{2.505}$$

von Amplituden, die zu Endzuständen mit $I = 2$ bzw. $I = 0$ führen, beschrieben. Die entsprechenden Amplituden für das $\bar{K}^0$ sind davon nicht unabhängig. Wegen des CPT-Theorems gilt zunächst

$$\langle\pi^+\pi^-|T|K^0\rangle = \langle\pi^+\pi^-|(CPO^T)^{-1}T(CPO^T)|K^0\rangle \quad . \tag{2.506}$$

Die rechte Seite wird aufgrund der Wirkung der Operation CPO^T in den Ausdruck $-\langle\bar{K}^0|T|\pi^+\pi^-\rangle$ umgeformt und daher ergibt sich schließlich

$$\langle\pi^+\pi^-|T|K^0\rangle = -\langle\pi^+\pi^-|T|\bar{K}^0\rangle^* \quad . \tag{2.507}$$

Jetzt können die entsprechenden Beziehungen für K_2 und K_1 aufgestellt werden. Für das K_2 erhalten wir

$$\begin{aligned} \langle\pi^+\pi^-|T|K_2\rangle &= \sqrt{\tfrac{1}{3}}(T_2 + T_2^*) + \sqrt{\tfrac{2}{3}}(T_0 + T_0^*) \\ \langle\pi^0\pi^0|T|K_2\rangle &= \sqrt{\tfrac{2}{3}}(T_2 + T_2^*) - \sqrt{\tfrac{1}{3}}(T_0 + T_0^*) \quad . \end{aligned} \tag{2.508}$$

Wenn man nun wieder die Dominanz des Übergangs mit $\Delta I = 1/2$ annimmt, gilt die Relation

$$\frac{\Gamma(K_S \to \pi^+\pi^-)}{\Gamma(K_S \to \pi^0\pi^0)} = 2 \quad , \tag{2.509}$$

welche gut den gemessenen Werten entspricht.

Nun sind wir soweit, auch ε' zu berechnen. Dazu werden zunächst die (2.508) entsprechenden Gleichungen für das K_1 ermittelt. Dann wird wieder das Argument benutzt, daß es nur auf die relative Phase zwischen T_2 und T_0 ankommt. Eine globale Phase ist frei wählbar, am einfachsten ist es,

T_0 reell anzunehmen. Dann kann aber mit Hilfe von $T_0 \gg T_2$ in wenigen Rechenschritten (2.432) und (2.436) bewiesen werden, wobei ε' durch

$$\varepsilon' = \frac{\mathrm{i}}{\sqrt{2}} \operatorname{Im} \frac{T_2}{T_0} \tag{2.510}$$

gegeben ist. Die direkte CP-Verletzung beruht daher auf einer Interferenz der Amplituden T_2 und T_0. In unserer vereinfachten Ableitung ist ε' rein imaginär. Erst bei Berücksichtigung der Endzustands-Wechselwirkung der auslaufenden Pionen wird die Phase auf einen Wert von $(48 \pm 4)°$ verschoben [Com83, Kle03].

Übungen

2.15 Finden sie eine Matrix, mit deren Hilfe sich die T-Matrix der Gleichung (2.397) in Diagonalform bringen läßt. Wiederholen Sie die Aufgabe für die Massenmatrix (2.427).

2.16 Berechnen Sie die mittlere Wahrscheinlichkeit dafür, daß ein K^0 sich in ein $\bar{K}^0$ verwandelt.

2.17 Leiten Sie die allgemeinste Form der $SU2$-Matrizen aus der Unitarität und Unimodularität ab.

2.18 Die Δ-Resonanz bildet ein Isospin-Quartett. Bestimmen Sie Beziehungen zwischen den Wirkungsquerschnitten für die Resonanzproduktion in Pion-Nukleon-Reaktionen.

2.19 Bestimmen Sie die dreidimensionalen Isospinmatrizen in der Basis der Eigenzustände.

2.20 Führen Sie die zur Ableitung von (2.510) fehlenden Rechenschritte aus.

3 Elementare Quantenelektrodynamik

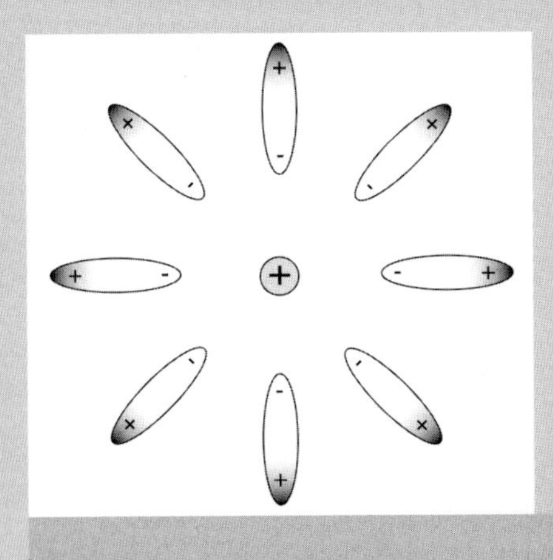

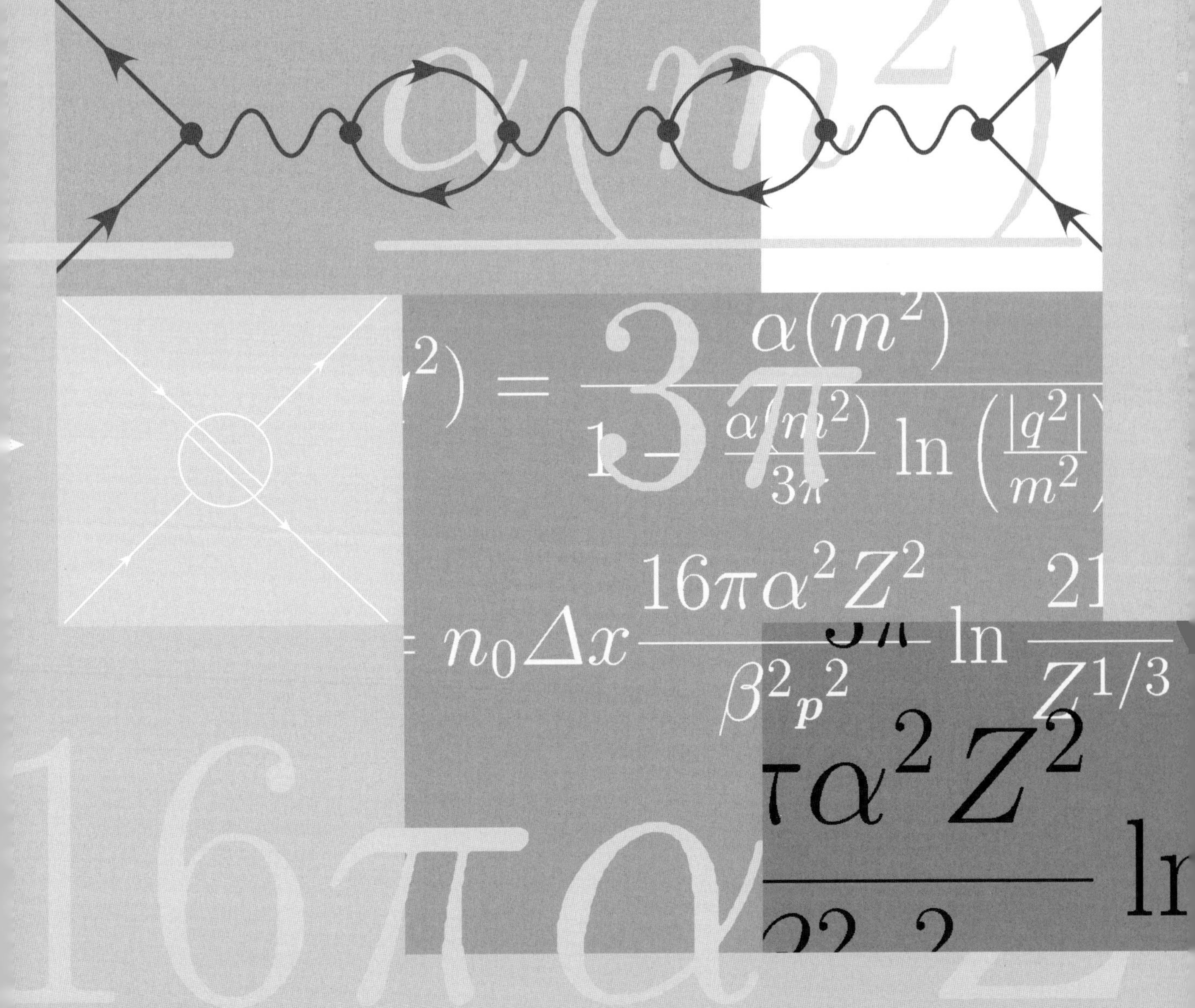

Elementare Quantenelektrodynamik

Einführung

Die Quantenelektrodynamik (QED) wurde zunächst als Theorie der Wechselwirkung von Elektronen, Positronen und Photonen entwickelt. Es hat sich aber gezeigt, daß sie die elektromagnetische Wechselwirkung aller geladenen Leptonen mit hoher Präzision beschreibt. Da die Quarks geladene Fermionen sind, lag es nahe, die Formeln der QED auf Streuprozesse, an denen Quarks beteiligt sind, zu übertragen. Darüber hinaus ist die QED das Modell für weitergehende Theorien der Wechselwirkung von Fermionen unter Austausch von Bosonen (Kap. 1). Es ist also klar, daß am Anfang jeder quantitativen Reaktionenlehre in der Teilchenphysik eine Einführung in die Quantenelektrodynamik erforderlich ist. Bei dem hier vorgestellten Zugang zur QED handelt es sich nicht um eine systematische Begründung, sondern um eine Bereitstellung des benötigten Handwerkszeugs zur Berechnung von Formeln, die sich mit dem Experiment vergleichen lassen. Auf solche Vergleiche und auf die Anwendung der erarbeiteten Ergebnisse lege ich besonderen Wert. Man findet eine ausführliche Behandlung der theoretischen Grundlagen in vielen Textbüchern der relativistischen Quantentheorie [Sch61, Jau76], v.a. aber in dem bekannten Buch von Bjorken und Drell [Bjo90] oder in dem schönen neueren Buch von Peskin und Schroeder [Pes95].

Inhalt

3.1 Dirac-Gleichung und Feynman-Regeln

Die relativistische Wellengleichung für Fermionen wurde von Dirac gefunden. Wir beginnen daher im ersten Teil mit einer Diskussion der Dirac-Gleichung für freie Fermionen und untersuchen ihre Lösungen im zweiten Abschnitt. Im dritten Abschnitt werden dann Feynman-Regeln für wechselwirkende Teilchen anhand des Beispiels der elektromagnetischen Wechselwirkung erläutert. Schließlich wird im vierten Abschnitt der Versuch unternommen, eine anschauliche Diskussion der sog. Renormierung durchzuführen.

3.1.1 Die Dirac-Gleichung

Die nichtrelativistische Quantenmechanik wird bekanntlich durch die Schrödinger-Gleichung beherrscht. Für freie Teilchen ist diese berühmte Gleichung nichts anderes als die Energie-Impuls-Beziehung

$$\frac{\boldsymbol{p}^2}{2m} = E \tag{3.1}$$

in Operatorform

$$\hat{H}\psi = \hat{E}\psi \ , \tag{3.2}$$

wobei der Energieoperator durch

$$\hat{E} = \mathrm{i}\frac{\partial}{\partial t} \tag{3.3}$$

definiert ist. Der Hamilton-Operator $\hat{H}$ ist wegen

$$\hat{\boldsymbol{p}} = -\mathrm{i}\nabla \tag{3.4}$$

in der üblichen Weise durch

$$\hat{H} = -\frac{\Delta}{2m} \tag{3.5}$$

festgelegt, und die Wellenfunktion ψ hängt hier vom Ortsvektor und der Zeit ab, $\psi = \psi(\boldsymbol{x}, t)$.

Die Dirac-Gleichung entstand historisch aus dem Wunsch, eine relativistische Wellengleichung zu haben, die ebenfalls linear in der Ableitung nach der Zeit ist,

$$\hat{H}^{\mathrm{rel}}\psi = \mathrm{i}\frac{\partial}{\partial t}\psi \quad . \tag{3.6}$$

Der relativistische Zusammenhang zwischen Energie und Impuls lautet bekanntlich

$$E^2 = \boldsymbol{p}^2 + m^2 \quad , \tag{3.7}$$

jedoch führt der naheliegende Ansatz

$$\hat{H}^{\mathrm{rel}} = \sqrt{-\Delta + m^2} \tag{3.8}$$

nicht zum gewünschten Erfolg, da die daraus vielleicht ableitbare Wellengleichung Orts- und Zeitkoordinaten unterschiedlich behandelt. Damit würde sie in jedem Lorentz-System eine andere Form bekommen. Schon wegen dieser fehlenden relativistischen Kovarianz muß man (3.8) ablehnen.

Dirac wählte als linearen Ansatz

$$\hat{H}^{\mathrm{rel}} = \boldsymbol{\alpha}\hat{\boldsymbol{p}} + \beta m \quad , \tag{3.9}$$

wobei der Koeffizientenvektor

$$\boldsymbol{\alpha} = \begin{pmatrix} \alpha_1 \\ \alpha_2 \\ \alpha_3 \end{pmatrix} \tag{3.10}$$

und der Koeffizient β noch zu bestimmen sind. Dazu schreiben wir die Diracsche Wellengleichung erst einmal explizit an,

$$-\mathrm{i}\left(\alpha_1\frac{\partial\psi}{\partial x^1} + \alpha_2\frac{\partial\psi}{\partial x^2} + \alpha_3\frac{\partial\psi}{\partial x^3}\right) + \beta m\psi = \mathrm{i}\frac{\partial\psi}{\partial t} \quad . \tag{3.11}$$

Im nächsten Schritt iterieren wir diese Gleichung, d.h. wir wenden auf die linke Seite nochmals $\hat{H}^{\mathrm{rel}}$ und auf die rechte Seite $\mathrm{i}\partial/\partial t$ an. Dies ergibt

$$-\sum_{i,j=1}^{3}\left(\frac{\alpha_j\alpha_i + \alpha_i\alpha_j}{2}\right)\frac{\partial^2\psi}{\partial x^i\partial x^j} - \mathrm{i}m\sum_{i=1}^{3}(\alpha_i\beta + \beta\alpha_i)\frac{\partial\psi}{\partial x^i} + \beta^2 m^2\psi = -\frac{\partial^2\psi}{\partial t^2} \quad . \tag{3.12}$$

Wir lassen dieses Ergebnis für einen Moment auf sich beruhen. Ganz ähnlich wie beim Ableiten der Schrödinger-Gleichung kann man eine relativistische Wellengleichung auch direkt aus der Energie-Impuls-Beziehung (3.7) gewinnen,

$$-\frac{\partial^2 \phi}{\partial t^2} = -\Delta\phi + m^2\phi \ . \tag{3.13}$$

Natürlich müssen die Lösungen ψ des linearisierten Hamilton-Operators dieser Klein-Gordon-Gleichung genügen.[1] Dies gibt uns jetzt ein Mittel an die Hand, die Koeffizienten α_i und β zu bestimmen. Offenbar ist (3.12) nur dann identisch mit der Klein-Gordon-Gleichung für ψ, falls

$$\alpha_i\alpha_j + \alpha_j\alpha_i = 2\delta_{ij} \tag{3.14}$$

$$\alpha_i\beta + \beta\alpha_i = 0 \tag{3.15}$$

$$\beta^2 = 1 \tag{3.16}$$

gilt. An der Nichtvertauschbarkeit der Koeffizienten α_i und β sieht man sofort, daß diese keine Zahlen sein können. Dirac schlug vor, sie als Matrizen und die Lösungen ψ als Spaltenvektoren zu behandeln. Das ist gewissermaßen der Preis, den man für die Linearisierung der Klein-Gordon-Gleichung bezahlen muß.

Zunächst untersuchen wir die Eigenschaften dieser Matrizen etwas detaillierter. Aus (3.14) folgt ganz analog zur Beziehung (3.16) für die α_i unmittelbar

$$\alpha_i^2 = 1 \ . \tag{3.17}$$

Weiter müssen die Koeffizientenmatrizen hermitesch und spurfrei sein. Die erste Eigenschaft folgt aus der Hermitezität des Hamilton-Operators, die zweite ist schnell bewiesen. Wegen (3.15) und (3.16) gilt

$$\alpha_i = -\beta\alpha_i\beta \ . \tag{3.18}$$

Jetzt wird von beiden Seiten die Spur berechnet. Unter der Spur lassen sich Matrizen jedoch vertauschen, $\mathrm{Sp}\ \beta\alpha_i\beta = \mathrm{Sp}\ \beta^2\alpha_i$. Dies führt unmittelbar zu der Relation $\mathrm{Sp}\ \alpha_i = -\mathrm{Sp}\ \alpha_i$, die nur erfüllt sein kann, wenn die Spur der α-Matrizen verschwindet. Ganz ähnlich verläuft der Beweis für β.

Die Gleichung (3.14) wird durch die Paulischen Spinmatrizen σ_i erfüllt. Diese haben wir in Abschn. 2.2.4 diskutiert. Sie lassen sich aber nicht mit den α_i identifizieren, da es keine vierte linear unabhängige Matrix zur Erfüllung der Bedingung (3.15) gibt. Elementare algebraische Überlegungen zeigen nun, daß die benötigten Matrizen mindestens die Dimension vier haben müssen. Demnach sind auch die ψ-Funktionen vierdimensionale Spaltenvektoren. Eine Standarddarstellung der Matrizen läßt sich aus den Pauli-Matrizen und der zweidimensionalen Einheitsmatrix aufbauen:

$$\beta = \begin{pmatrix} 1 & 0 \\ 0 & -1 \end{pmatrix} \tag{3.19}$$

[1] Diese Gleichung wurde schon im Abschn. 2.1 bei der Diskussion der Normierungsfaktoren benutzt.

und

$$\alpha_i = \begin{pmatrix} 0 & \sigma_i \\ \sigma_i & 0 \end{pmatrix} \quad , \tag{3.20}$$

wobei auch die Symbole „0“ und „1“ selbst wieder als 2×2-Matrizen interpretiert werden müssen.

Um zu einer modernen Schreibweise der Dirac-Gleichung zu gelangen, führen wir zunächst formal die vier γ-Matrizen ein. Sie sind durch

$$\begin{aligned} \gamma^0 &= \beta \\ \gamma^i &= \beta\alpha_i \end{aligned} \tag{3.21}$$

definiert. Aus den Vertauschungsrelationen für α_i und β lassen sich für die γ^μ die wichtigen Vertauschungsrelationen

$$\gamma^\mu\gamma^\nu + \gamma^\nu\gamma^\mu = 2g^{\mu\nu} \tag{3.22}$$

ableiten. Die eigentlich benötigte vierdimensionale Einheitsmatrix auf der rechten Seite wurde wieder zur Vereinfachung der Notation weggelassen. Der metrische Tensor $g^{\mu\nu}$ wurde schon in Abschn. 2.3.2 eingeführt.

Die γ-Matrizen mit einem unteren Index (also γ_ν) sind ähnlich wie normale Vierervektoren durch

$$\gamma_\nu = g_{\nu\mu}\gamma^\mu \tag{3.23}$$

definiert. Der Vollständigkeit halber sei auch noch die explizite Darstellung der γ^i angegeben,

$$\gamma^i = \begin{pmatrix} 0 & \sigma_i \\ -\sigma_i & 0 \end{pmatrix} \quad . \tag{3.24}$$

Mit Hilfe dieser neuen Matrizen nimmt die Beziehung (3.11) die Gestalt

$$\mathrm{i}\left(\gamma^0\frac{\partial}{\partial x^0} + \gamma^1\frac{\partial}{\partial x^1} + \gamma^2\frac{\partial}{\partial x^2} + \gamma^3\frac{\partial}{\partial x^3}\right)\psi - m\psi = 0 \tag{3.25}$$

an, worin ganz im Sinne einer konsistenten relativistischen Notation $x^0 = t$ benutzt wurde. Unter Verwendung der beliebten *dagger*-Abkürzung für das Produkt von γ-Matrizen und Vierervektoren

$$\not{a} = \gamma^\mu a_\mu \tag{3.26}$$

wird diese Gleichung schließlich unter Beachtung von

$$\partial_\mu = \frac{\partial}{\partial x^\mu} \tag{3.27}$$

zu

$$(\mathrm{i}\,\not{\partial} - m)\psi = 0 \tag{3.28}$$

bzw.

$$(\not{p} - m)\psi = 0 \tag{3.29}$$

umgeformt.[2] Das Hut-Symbol soll nochmal darauf hinweisen, daß hier der Impuls*operator* gemeint ist. An den letzten beiden Schreibweisen der Dirac-Gleichung für freie Fermionen der Masse m meint man, ihre relativistische Kovarianz sozusagen mit Händen greifen zu können, da $\gamma^\mu p_\mu$ wie ein Skalarprodukt von Vierervektoren aussieht. Es muß aber gesagt werden, daß die γ^μ keinen Vierervektor bilden, sondern in jedem Lorentz-System die gleiche oben angegebene Darstellung haben. Der Beweis der relativistischen Kovarianz der Dirac-Gleichung ist daher auch etwas komplizierter [Bjo90].

Vertiefung

Algebraische Manipulationen von Ausdrücken mit γ-Matrizen sind zu einer hohen Kunst entwickelt worden. Als einfachstes Beispiel betrachten wir $\not{a}\,\not{b}$:

$$\not{a}\,\not{b} = \gamma^\mu \gamma^\nu a_\mu b_\nu = (2g^{\mu\nu} - \gamma^\nu \gamma^\mu) a_\mu b_\nu \ , \tag{3.30}$$

wobei der letzte Schritt mit Hilfe von (3.22) erfolgte. Dieses Ergebnis wird unmittelbar zu

$$\not{a}\,\not{b} = 2a \cdot b - \not{b}\,\not{a} \tag{3.31}$$

mit dem Spezialfall

$$\not{a}\,\not{a} = a \cdot a = a^2 \tag{3.32}$$

umgeformt.

3.1.2 Lösungen der freien Dirac-Gleichung

Wir beginnen mit der Lösung für ein ruhendes Elektron (Fermion). Für $\boldsymbol{p} = 0$ wird die Dirac-Gleichung besonders einfach,

$$\mathrm{i}\gamma^0 \frac{\partial}{\partial t}\psi - m\psi = 0 \ . \tag{3.33}$$

Durch Einsetzen läßt sich verifizieren, daß die vier linear unabhängigen Funktionen

$$\begin{aligned} \psi_1 &= N N_\mathrm{S} \begin{pmatrix} 1 \\ 0 \\ 0 \\ 0 \end{pmatrix} \mathrm{e}^{-\mathrm{i}mt} & \psi_2 &= N N_\mathrm{S} \begin{pmatrix} 0 \\ 1 \\ 0 \\ 0 \end{pmatrix} \mathrm{e}^{-\mathrm{i}mt} \\ \psi_3 &= N N_\mathrm{S} \begin{pmatrix} 0 \\ 0 \\ 1 \\ 0 \end{pmatrix} \mathrm{e}^{+\mathrm{i}mt} & \psi_4 &= N N_\mathrm{S} \begin{pmatrix} 0 \\ 0 \\ 0 \\ 1 \end{pmatrix} \mathrm{e}^{+\mathrm{i}mt} \end{aligned} \tag{3.34}$$

Lösungen dieser Gleichung sind. Sie bilden eine Basis, aus der jede beliebige Lösung der Dirac-Gleichung für ruhende Elektronen durch Linearkom-

[2] Die Eindeutschung englischer Fachwörter bleibt immer problematisch. Am Ende ist es bequemer, *dagger* oder *slash* zu benutzen als z.B. das schon fast poetisch klingende Wort „Feynman-Dolch“.

bination gewonnen werden kann. Die vierdimensionalen Spaltenvektoren heißen *Spinoren*. Die Faktoren N und N_S sind Normierungskonstanten, die wir gleich diskutieren werden. Die ersten beiden Lösungen genügen der Eigenwertgleichung

$$\hat{E}\psi_{1,2} = m\psi_{1,2} \ , \tag{3.35}$$

während die letzten beiden Lösungen

$$\hat{E}\psi_{3,4} = -m\psi_{3,4} \tag{3.36}$$

erfüllen. Es gibt also offenbar zwei Lösungen positiver und zwei Lösungen negativer Energie!

Die zu einem bestimmten Energiewert gehörenden Lösungen lassen sich zwanglos den beiden möglichen Spineinstellungen $j_3 = \pm 1/2$ entlang der z-Achse im Ruhesystem des Fermions zuordnen. Die formale Begründung geht davon aus, daß die Matrizen $\hat{j}_i = \Sigma_i/2$ mit

$$\Sigma_i = \begin{pmatrix} \sigma_i & 0 \\ 0 & \sigma_i \end{pmatrix} \tag{3.37}$$

die Vertauschungsrelationen (2.108) erfüllen. Solche Beweise verlangen immer wieder das Umformen von Ausdrücken, die Produkte von γ- und σ-Matrizen enthalten. Die Manipulation dieser Matrizen gewinnt enorm an Anschaulichkeit, wenn sie in einer expliziten Darstellung durchgeführt wird. Dazu eignen sich algebraische Programme hervorragend.[3]

Durch Anwenden der Matrix Σ_3 auf die Lösungen ψ_i, z.B.

$$\Sigma_3\psi_1 = \psi_1 \ , \tag{3.38}$$

findet man sofort die richtige physikalische Interpretation der ψ-Funktionen: ψ_1 ist eine Lösung positiver Energie mit $j_3 = 1/2$, ψ_2 eine Lösung positiver Energie mit $j_3 = -1/2$, ψ_3 eine Lösung negativer Energie mit $j_3 = 1/2$ und ψ_4 eine Lösung negativer Energie mit $j_3 = -1/2$. Die für diese kurze Einführung zu umfangreiche Behandlung der Dirac-Gleichung für Elektronen in einem Magnetfeld zeigt, daß das magnetische Moment der Elektronen $e/2m$, also ein Bohrsches Magneton, beträgt. Für den sog. g-Faktor der Fermionen findet man daher $g = 2$. Die Tatsache, daß der Spin der Elektronen mit dem richtigen magnetischen Moment in einer relativistisch korrekten Wellengleichung enthalten ist, wird immer eine der schönsten Entdeckungen der Physik bleiben.

Lösungen für Fermionen, die sich mit einem beliebigen Impuls $\boldsymbol{p}$ bewegen, findet man aus den ruhenden Lösungen durch Lorentz-Transformation [Bjo90]. Im einzelnen gilt

$$\begin{aligned} \psi_1 &= Nu_1\mathrm{e}^{-\mathrm{i}p\cdot x} & \psi_2 &= Nu_2\mathrm{e}^{-\mathrm{i}p\cdot x} \\ \psi_3 &= Nv_1\mathrm{e}^{+\mathrm{i}p\cdot x} & \psi_4 &= Nv_2\mathrm{e}^{+\mathrm{i}p\cdot x} \ . \end{aligned} \tag{3.39}$$

Hierin wurde wie üblich

$$p\cdot x = p^\mu x_\mu = Et - \boldsymbol{px} \tag{3.40}$$

[3] In dem MAPLE-Paket `heppack.txt` werden u.a. Darstellungen dieser Matrizen und der Dirac-Spinoren zur Verfügung gestellt. Die Lehrbeispiele `dirac1.txt` und `dirac2.txt` sollen die im Text behandelten Beweise und Ableitungen erweitern und vertiefen. Der so wichtige Spinoperator der Dirac-Theorie wird z.B. in `dirac1.txt` diskutiert. Zum Runterladen der Routinen folgen Sie den Hinweisen auf das Buch auf meiner Homepage `http://mozart.physik.rwth-aachen.de/`

benutzt. E ist positiv definit, steht also hier und in den folgenden Formeln als Abkürzung für $+\sqrt{\boldsymbol{p}^2+m^2}$. Die Spinoren u und v gehören zu den Lösungen positiver bzw. negativer Energie. u_1 beschreibt demnach z.B. ein Elektron positiver Energie und mit dem Impuls $\boldsymbol{p}$, dessen Spin entlang der z-Achse des Ruhesystems die Komponente $j_3 = +1/2$ hat; v_1 beschreibt ein Elektron negativer Energie mit dem Impuls $\boldsymbol{p}$ und $j_3 = +1/2$.

Im Abschn. 1.2.1 haben wir die Diracsche Interpretation der Zustände negativer Energie diskutiert: Das Fehlen eines Elektrons im See negativer Energie ist gleichbedeutend mit der Anwesenheit eines Positrons mit positiver Energie. Es ist jetzt an der Zeit, Feynmans neue Interpretation der Lösungen mit negativer Energie aus Abschn. 1.2.5 wieder aufzugreifen. Sie hat den Vorteil, sich gleichermaßen für Fermionen (Dirac-Gleichung) wie für Bosonen (Klein-Gordon-Gleichung) verwenden zu lassen. Feynman läßt nur Lösungen positiver Energie, die in der Zeit vorwärts laufen $p^\mu = (E, \boldsymbol{p})$, und Lösungen negativer Energie, die in der Zeit rückwärts laufen $p'^\mu = (-E, -\boldsymbol{p})$, zu. Wie üblich gehören die Lösungen positiver Energie zu den Teilchen; die genannten Zustände mit negativer Energie beschreiben jetzt aber Antiteilchen mit dem Viererimpuls $-p'^\mu$, d.h. also positiver Energie und einem vorwärts gerichteten Impuls $+\boldsymbol{p}$, wie in der Abb. 3.1 erläutert wird. Die Spinoren v werden in einer ganz bestimmten Weise den Antiteilchen zugeordnet: v_1 gehört jetzt zu einem Antiteilchen mit Impuls $\boldsymbol{p}$ und der Spinkomponente im Ruhesystem $j_3 = -1/2$, während v_2 ein Antiteilchen mit Impuls $\boldsymbol{p}$ und $j_3 = +1/2$ beschreibt. (Auch in der Diracschen Interpretation entspricht ein Loch mit der Ladung $-e$ und Spin abwärts im See negativer Energie einem Teilchen positiver Ladung und positiver Energie mit Spin aufwärts.) Diese Zuordnung kommt anschaulich in der vielbenutzten Notation

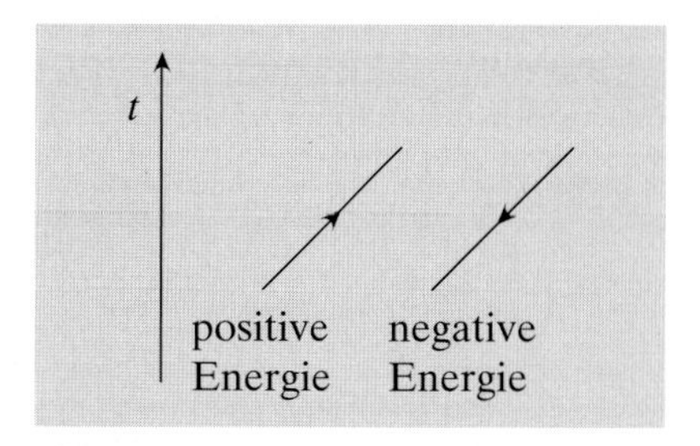

Abb. 3.1
Fermion- und Antifermionlinien. Die Pfeile geben die Richtung des Impulses an. Die Zeitachse verläuft von unten nach oben. Wenn der Pfeil nach unten deutet, handelt es sich um ein Fermion negativer Energie, das rückwärts läuft. Dies ist gleichbedeutend mit einem vorwärts laufenden Antifermion positiver Energie

$$\begin{aligned} u_1 &= u(p, 1/2) \\ u_2 &= u(p, -1/2) \\ v_1 &= v(p, -1/2) \\ v_2 &= v(p, 1/2) \end{aligned} \tag{3.41}$$

zum Ausdruck, wobei das Symbol p als Kurzform für E und $\boldsymbol{p}$ steht. Die explizite Darstellung der Spinoren wird durch die beiden Formelsätze

$$u_1 = N_S \begin{pmatrix} 1 \\ 0 \\ \frac{p_z}{E+m} \\ \frac{p_+}{E+m} \end{pmatrix} \qquad u_2 = N_S \begin{pmatrix} 0 \\ 1 \\ \frac{p_-}{E+m} \\ \frac{-p_z}{E+m} \end{pmatrix} \tag{3.42}$$

und

$$v_1 = N_S \begin{pmatrix} \frac{p_z}{E+m} \\ \frac{p_+}{E+m} \\ 1 \\ 0 \end{pmatrix} \qquad v_2 = N_S \begin{pmatrix} \frac{p_-}{E+m} \\ \frac{-p_z}{E+m} \\ 0 \\ 1 \end{pmatrix} \tag{3.43}$$

festgelegt, in denen die Abkürzung

$$p_{\pm} = p_x \pm \mathrm{i}\, p_y \tag{3.44}$$

mit der interessanten Eigenschaft

$$p_+ p_- = p_x^2 + p_y^2 \tag{3.45}$$

verwendet wurde. Durch Einsetzen (auch z.B. mit Hilfe algebraischer Programme) läßt sich verifizieren, daß diese Spinoren u und v die Relationen

$$(\not{p} - m)u = 0 \tag{3.46}$$

und

$$(\not{p} + m)v = 0 \tag{3.47}$$

erfüllen, wobei wieder die Abkürzung $\not{p} = \gamma^\mu p_\mu$ benutzt wurde. Diese Beziehungen lassen sich als Dirac-Gleichungen im Spinorraum auffassen. Sie können durch Anwendung der Dirac-Gleichung auf die Lösungen (3.39) abgeleitet werden.

Den Spinornormierungsfaktor N_S wählen wir zu

$$N_\mathrm{S} = \sqrt{E + m} \quad . \tag{3.48}$$

Aus der in der Dirac-Theorie wichtigen Definition der adjungierten („quergestrichenen“) ψ-Funktion

$$\bar{\psi} = \psi^\dagger \gamma^0 \tag{3.49}$$

folgt für die Spinoren

$$\bar{u} = u^\dagger \gamma^0 \tag{3.50}$$

und daraus wegen (3.48) die Normierungsrelationen

$$\bar{u}_i u_j = 2m\delta_{ij} \tag{3.51}$$

bzw.

$$\bar{v}_i v_j = -2m\delta_{ij} \quad . \tag{3.52}$$

Von vielen Autoren, so z.B. im Buch von Bjorken und Drell [Bjo90], wird

$$N_\mathrm{S} = \sqrt{(E + m)/2m} \tag{3.53}$$

gewählt. Damit sind die Spinoren „auf 1“ normiert. Die Form (3.48) hat aber den Vorteil, daß die Normierung der Wellenfunktionen für Bosonen und Fermionen identisch wird, was zu den gleichen Faktoren für den Zusammenhang zwischen Matrixelement und Wirkungsquerschnitt führt (siehe dazu Abschn. 2.1). Der Vierervektor des Teilchenstroms ist ja in der Diracschen Theorie durch

$$j^\mu = \bar{\psi}(\boldsymbol{x}, t)\gamma^\mu \psi(\boldsymbol{x}, t) \tag{3.54}$$

definiert [Bjo90], und deswegen erhält man für die Teilchendichte (mit $j^0 = \rho$)

$$\rho = \psi^\dagger \psi \tag{3.55}$$

und weiter z.B. für die Lösung ψ_1

$$\rho = N^2 u_1^\dagger u_1 = N^2 2E \ . \tag{3.56}$$

Das gleiche Resultat ergibt sich auch für die anderen drei Lösungen. Die Bedingung

$$\int \rho \, \mathrm{d}V = 1 \tag{3.57}$$

läßt sich damit also durch

$$N = \frac{1}{\sqrt{2EV}} \tag{3.58}$$

wie bei den Bosonen erfüllen.

Der Spin des bewegten Elektrons ist natürlich nicht entlang der z-Richtung quantisiert, sondern entlang einer Richtung $\boldsymbol{n}'$, die aus der z-Achse des Ruhesystems durch die entsprechende Lorentz-Transformation hervorgeht. Eine Ausnahme liegt vor, falls der Lorentz*boost* vom Ruhesystem in das Laborsystem entlang der z-Achse läuft. In diesem Fall liegen Flugrichtung und Quantisierungsachse des Teilchens auf der z-Achse des Laborsystems. Die Spinoren beschreiben nun offenbar spezielle Helizitätszustände $|\boldsymbol{p}, \lambda = \pm 1/2\rangle$ mit $\boldsymbol{p}$ in der z-Achse. Fermionen und Antifermionen mit der Helizität $+1/2$ bezeichnen wir als *rechtshändig*, solche mit $\lambda = -1/2$ als *linkshändig*. Ein Elektron mit $\lambda = +1/2$ bekommt also das Symbol e_R. Zur Darstellung der Helizitätszustände im Spinorraum gilt für Teilchen

$$\begin{aligned} u_\mathrm{R} &= |\boldsymbol{p}, \lambda = +1/2\rangle \\ u_\mathrm{L} &= |\boldsymbol{p}, \lambda = -1/2\rangle \end{aligned} \tag{3.59}$$

und für die Antiteilchen

$$\begin{aligned} v_\mathrm{L} &= |\boldsymbol{p}, \lambda = -1/2\rangle \\ v_\mathrm{R} &= |\boldsymbol{p}, \lambda = +1/2\rangle \ . \end{aligned} \tag{3.60}$$

An die Stelle der Indizes 1, 2 treten nun die Indizes R, L für rechtshändige bzw. linkshändige Teilchen. Zunächst geben wir die explizite Darstellung der Spinoren an, die zu Helizitätszuständen mit Impulsen entlang der z-Achse gehören. Es gilt offenbar für die Fermionen

$$u_\mathrm{R} = N_\mathrm{S} \begin{pmatrix} 1 \\ 0 \\ \frac{|\boldsymbol{p}|}{E+m} \\ 0 \end{pmatrix} \qquad u_\mathrm{L} = N_\mathrm{S} \begin{pmatrix} 0 \\ 1 \\ 0 \\ \frac{-|\boldsymbol{p}|}{E+m} \end{pmatrix} \tag{3.61}$$

und für die Antifermionen

$$v_\mathrm{L} = N_\mathrm{S} \begin{pmatrix} \frac{|\boldsymbol{p}|}{E+m} \\ 0 \\ 1 \\ 0 \end{pmatrix} \qquad v_\mathrm{R} = N_\mathrm{S} \begin{pmatrix} 0 \\ \frac{-|\boldsymbol{p}|}{E+m} \\ 0 \\ 1 \end{pmatrix} \ . \tag{3.62}$$

Diese Spinoren werden besonders einfach im Grenzfall $m/E \to 0$, d.h. verschwindender Masse (Neutrinos!) oder sehr hoher Energie der Fermionen,

$$u_\mathrm{R} = N_\mathrm{S}\begin{pmatrix}1\\0\\1\\0\end{pmatrix} \qquad u_\mathrm{L} = N_\mathrm{S}\begin{pmatrix}0\\1\\0\\-1\end{pmatrix} \tag{3.63}$$

mit $N_\mathrm{S} = \sqrt{E}$. Der Normierungsfaktor kann also sehr große Werte annehmen. Im gleichen Grenzfall erhält man für die Lösungen der Antifermionen

$$v_\mathrm{L} = N_\mathrm{S}\begin{pmatrix}1\\0\\1\\0\end{pmatrix} \qquad v_\mathrm{R} = N_\mathrm{S}\begin{pmatrix}0\\-1\\0\\1\end{pmatrix} . \tag{3.64}$$

Da die Helizitätszustände außerordentlich angenehm für praktische Rechnungen sind, möchten wir im folgenden Darstellungen für beliebige Quantisierungsrichtungen ableiten. Dazu müssen wir allerdings etwas weiter ausholen.

Mit Hilfe der Pauli-Spinoren

$$\chi_1 = \begin{pmatrix}1\\0\end{pmatrix}, \quad \chi_2 = \begin{pmatrix}0\\1\end{pmatrix} \tag{3.65}$$

lassen sich die Spinoren (3.42) und (3.43) in die kompakte Form

$$u_r = N_\mathrm{S}\begin{pmatrix}\chi_r\\ \frac{\boldsymbol{\sigma p}}{E+m}\chi_r\end{pmatrix} \tag{3.66}$$

und

$$v_r = N_\mathrm{S}\begin{pmatrix}\frac{\boldsymbol{\sigma p}}{E+m}\chi_r\\ \chi_r\end{pmatrix} \tag{3.67}$$

bringen. Der Index r kann naturgemäß die Werte $1, 2$ annehmen. Zustände mit dem Impuls $\boldsymbol{p}$ im Laborsystem und einer beliebigen Quantisierungsachse $\boldsymbol{n}$ im Ruhesystem (siehe Abb. 3.2) lassen sich genauso anschreiben, nur muß man dann die Spinoren χ_r in (3.66) und (3.67) durch gedrehte Spinoren χ'_r ersetzen. Durch die Drehung

$$R = R_z(\phi)R_y(\Theta) \tag{3.68}$$

wird ein beliebiger Vektor aus der z-Achse eines Koordinatensystems in die Richtung $\boldsymbol{n}$ gedreht (Abb. 3.2). Um mit den Phasenkonventionen von Jacob und Wick [Jac59] übereinzustimmen, benutzen wir die zu (3.68) äquivalente Drehung

$$R = R_z(\phi)R_y(\Theta)R_z(-\phi) . \tag{3.69}$$

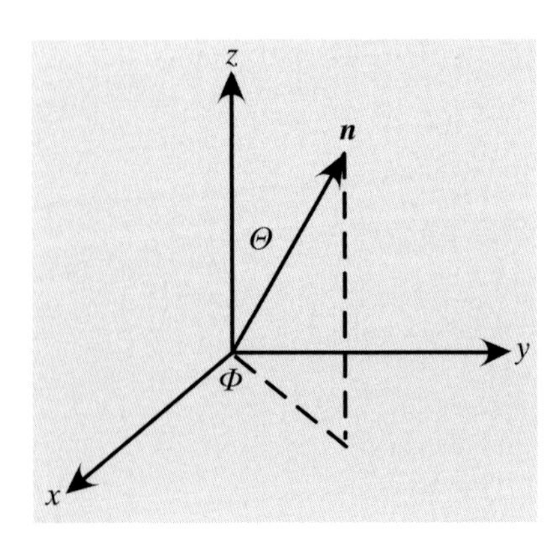

Abb. 3.2
Die Quantisierungsachse $\boldsymbol{n}$ im Ruhesystem eines Teilchens

Die Elemente $D^{1/2}_{m'm}$ der zugehörigen Matrix $U(R)$ im Raum der Spinoren haben wir schon in (2.144) ausgerechnet,

$$U(R) = \begin{pmatrix}\cos(\Theta/2) & -\mathrm{e}^{-\mathrm{i}\phi}\sin(\Theta/2)\\ \mathrm{e}^{\mathrm{i}\phi}\sin(\Theta/2) & \cos(\Theta/2)\end{pmatrix} , \tag{3.70}$$

woraus die Darstellung der gedrehten Pauli-Spinoren für „Spin auf“

$$\chi_1' = \begin{pmatrix} \cos(\Theta/2) \\ e^{i\phi} \sin(\Theta/2) \end{pmatrix} \tag{3.71}$$

bzw. für „Spin ab“

$$\chi_2' = \begin{pmatrix} -e^{-i\phi} \sin(\Theta/2) \\ \cos(\Theta/2) \end{pmatrix} \tag{3.72}$$

folgt. Wenn wir jetzt den Lorentz*boost* entlang dem Richtungsvektor $\boldsymbol{n}$ im Ruhesystem des Teilchens durchführen, erhalten wir Helizitätszustände der Dirac-Theorie für Teilchen bzw. Antiteilchen, die mit dem Impuls $|\boldsymbol{p}|$ in der Richtung Θ, ϕ des Laborsystems laufen. Ihre explizite Darstellung wird durch Einsetzen der gedrehten Pauli-Spinoren in (3.66) und (3.67) abgeleitet, also

$$\begin{aligned} u_R &= u_1 \\ u_L &= u_2 \\ v_L &= v_1 \\ v_R &= v_2 \ . \end{aligned} \tag{3.73}$$

Im Grenzfall $m/E \to 0$ lautet ihre Form für die Fermionen

$$u_R = N_S \begin{pmatrix} \chi_1' \\ \chi_1' \end{pmatrix}, \quad u_L = N_S \begin{pmatrix} \chi_2' \\ -\chi_2' \end{pmatrix} \tag{3.74}$$

und für die Antifermionen

$$v_L = N_S \begin{pmatrix} \chi_1' \\ \chi_1' \end{pmatrix}, \quad v_R = N_S \begin{pmatrix} -\chi_2' \\ \chi_2' \end{pmatrix} \ . \tag{3.75}$$

Die zuletzt gewonnenen Helizitätszustände von masselosen Teilchen haben eine sehr hübsche Eigenschaft, sie sind nämlich Eigenzustände der Matrix

$$\gamma^5 = i\gamma^0\gamma^1\gamma^2\gamma^3 \ . \tag{3.76}$$

Dargestellt durch die 2×2-Matrizen 0 und 1 hat diese Matrix die Form

$$\gamma^5 = \begin{pmatrix} 0 & 1 \\ 1 & 0 \end{pmatrix} \ , \tag{3.77}$$

unabhängig von der Stellung des Index, $\gamma^5 = \gamma_5$. Die Eigenwertgleichungen lauten

$$\gamma^5 u_R = u_R \qquad \gamma^5 u_L = -u_L \tag{3.78}$$

bzw.

$$\gamma^5 v_R = -v_R \qquad \gamma^5 v_L = v_L \ . \tag{3.79}$$

Masselose Fermionen bilden also Eigenzustände zum Chiralitätsoperator[4] γ^5 mit den Eigenwerten ± 1.

Spinoren von massiven Teilchen sind nicht Eigenzustände der Chiralität, aber die Anwendung von γ^5 auf diese Spinoren ist ebenfalls interessant. Durch

[4] Die Bezeichnung geht auf das griechische Wort $\chi\epsilon\iota\rho$ (cheir) für „Hand“ zurück.

explizite Konstruktion überzeugen wir uns davon, daß γ^5 einen Teilchenspinor positiver Helizität in den Spinor eines Antiteilchens negativer Helizität (und umgekehrt) verwandelt, also z.B.

$$\gamma^5 u_\mathrm{R} = v_\mathrm{L} \ . \tag{3.80}$$

Anhand von (3.74) und (3.75) kann man diese Identität für masselose Teilchen unmittelbar ablesen.

Vertiefung

Der Leser sollte sich mit den Eigenschaften der Matrix γ^5 vertraut machen. Es gilt offenbar $(\gamma^5)^2 = 1$, $\gamma^{5\dagger} = \gamma^5$ und

$$\gamma^5 \gamma^\mu = -\gamma^\mu \gamma^5 \ . \tag{3.81}$$

Die letzte Relation wird zum Beweis von

$$\overline{\gamma^5 u} = -\bar{u}\gamma^5 \tag{3.82}$$

benutzt.

Aus γ^5 lassen sich die Operatoren

$$\Pi^\pm = \frac{1 \pm \gamma^5}{2} \tag{3.83}$$

gewinnen. Da die Helizitätszustände (3.74) und (3.75) masseloser Fermionen und Antifermionen Eigenzustände zu γ^5 sind, erfüllen sie trivialerweise die Relationen

$$\begin{aligned} \Pi^+ u_\mathrm{R} &= u_\mathrm{R} & \Pi^+ u_\mathrm{L} &= 0 \\ \Pi^- u_\mathrm{L} &= u_\mathrm{L} & \Pi^- u_\mathrm{R} &= 0 \ , \end{aligned} \tag{3.84}$$

bzw.

$$\begin{aligned} \Pi^- v_\mathrm{R} &= v_\mathrm{R} & \Pi^- v_\mathrm{L} &= 0 \\ \Pi^+ v_\mathrm{L} &= v_\mathrm{L} & \Pi^+ v_\mathrm{R} &= 0 \ . \end{aligned} \tag{3.85}$$

Die $\Pi^\pm$ genügen offenbar den Vollständigkeitsrelationen von Projektionsoperatoren

$$\Pi^+ + \Pi^- = 1 \qquad \Pi^\pm \Pi^\mp = 0 \qquad \Pi^\pm \Pi^\pm = \Pi^\pm \tag{3.86}$$

und erzeugen daher auch bei Anwendung auf eine *beliebige* Lösung der Dirac-Gleichung Zustände definierter *Chiralität*

$$\Pi^+ \psi = R \ , \qquad \Pi^- \psi = L \ . \tag{3.87}$$

Die chiralen Zustände R und L haben die Chiralität $+1$ bzw. -1, wie man durch Anwendung von γ^5 auf die Definitionsgleichung (3.87) sofort sieht. Auch diese Zustände werden oft als rechtshändig bzw. linkshändig bezeichnet. Im Grenzfall $m/E \to 0$ ist die Chiralität eines Teilchens gleich seiner Helizität und die Chiralität eines Antiteilchens gleich dem Negativen seiner Helizität.

Wir sollten noch einen Moment bei diesem Thema verweilen. Wie wir gerade gelernt haben, läßt sich jede Lösung der Dirac-Gleichung gemäß

$$\psi = R + L \tag{3.88}$$

zerlegen. Offenbar sind aber diese einzelnen Zustände *keine* Lösungen der Dirac-Gleichung. Denn mit $(R, L) = \Pi^{\pm}\psi$ und (3.81) beweist man sofort

$$\mathrm{i}\gamma^{\mu}\partial_{\mu}R = mL \tag{3.89}$$

und entsprechend für L

$$\mathrm{i}\gamma^{\mu}\partial_{\mu}L = mR \ . \tag{3.90}$$

Nur im Grenzfall $m \to 0$ – oder genauer $m/E \to 0$ – erfüllen diese Wellenfunktionen die Dirac-Gleichung

$$\mathrm{i}\gamma^{\mu}\partial_{\mu}R = 0 \qquad \mathrm{i}\gamma^{\mu}\partial_{\mu}L = 0 \ . \tag{3.91}$$

Wenn man eine physikalische Theorie hat, in der nur Lösungen der Dirac-Gleichung mit einer bestimmten Chiralität vorkommen, bedeutet dies notwendigerweise, daß bei verschwindender Masse nur ein Helizitätszustand übrig bleibt. Wir haben in Abschn. 2.5 die Paritätsverletzung so interpretiert, daß Neutrinos immer linkshändig und Antineutrinos immer rechtshändig sind. Dies heißt ebenfalls $m_\nu = 0$. Denn es ist nun so, daß nur für ein masseloses Teilchen die Aussage, es habe negative Helizität, lorentz-invariant ist. Um ein Neutrino rechtshändig zu sehen, müßte nämlich ein Beobachter sich in einem Bezugssystem befinden, das sich schneller als das Neutrino bewegt. Dies ist aber für $m_\nu = 0$ nicht möglich.

Jetzt zu den Strömen! Zu einer bestimmten Lösung ψ der freien Dirac-Gleichung kann man immer einen Vektorstrom

$$j^{\mu}_{\mathrm{V}} = \bar{\psi}\gamma^{\mu}\psi \tag{3.92}$$

und einen Axialvektorstrom

$$j^{\mu}_{\mathrm{A}} = \bar{\psi}\gamma^{\mu}\gamma^{5}\psi \tag{3.93}$$

bilden. Diese Ströme sind nun invariant gegen die Ersetzung von ψ durch

$$\psi' = \gamma^{5}\psi \ . \tag{3.94}$$

Man spricht von einer *chiralen* Invarianz der Ströme. Der Beweis erfolgt einfach durch Einsetzen unter Benutzung von (3.81). Daraus folgt, daß Vektor- und Axialvektorströme aus Lösungen unterschiedlicher Chiralität verschwinden, z.B.

$$\overline{R}\gamma^{\mu}L = 0 \ . \tag{3.95}$$

Beweis

Wir benutzen die Identität

$$\overline{R}\gamma^{\mu}L = \overline{\Pi^{+}R}\gamma^{\mu}\Pi^{-}L \ . \tag{3.96}$$

Mit Hilfe von (3.81) und (3.82) läßt sich die rechte Seite zu $\overline{R}\gamma^\mu \Pi^+ \Pi^- L$ umformen und verschwindet daher aufgrund der Orthogonalität der Projektionsoperatoren.

Anstelle der Vektor- und Axialvektorströme arbeitet man häufig mit sog. linkshändigen und rechtshändigen Strömen. Sie sind durch

$$j_\mathrm{L}^\mu = \bar{\psi}\gamma^\mu \Pi^- \psi \tag{3.97}$$

und

$$j_\mathrm{R}^\mu = \bar{\psi}\gamma^\mu \Pi^+ \psi \tag{3.98}$$

definiert und wegen (3.95) identisch mit $\bar{L}\gamma^\mu L$ und $\bar{R}\gamma^\mu R$. Aus den beiden Definitionsgleichungen folgt sofort die Umrechnung

$$\begin{aligned} j_\mathrm{L}^\mu &= \tfrac{1}{2}(j_\mathrm{V}^\mu - j_\mathrm{A}^\mu) \\ j_\mathrm{R}^\mu &= \tfrac{1}{2}(j_\mathrm{V}^\mu + j_\mathrm{A}^\mu) \ . \end{aligned} \tag{3.99}$$

Neben den Strömen ist auch noch die Norm $\bar{\psi}\psi$ interessant. Sie ist offenbar nicht chiral-invariant, sondern es gilt

$$\bar{\psi}'\psi' = -\bar{\psi}\psi \ , \tag{3.100}$$

und daher treten in einer chiral-invarianten Theorie Produkte wie $\bar{R}R$ nicht auf, während Bilinearformen wie $\bar{R}L$ erlaubt sind.

Nun noch ein paar Überlegungen zur Stromerhaltung. Auch für den Vektorstrom (3.92) gilt der klassische Erhaltungssatz der Elektrodynamik

$$\partial_\mu j_\mathrm{V}^\mu(x) = 0 \ , \tag{3.101}$$

dessen räumliches Integral mit der Ladungserhaltung identifiziert werden kann. (Das Argument x steht als Abkürzung für die vier Komponenten des Vektors x^μ.) Der Beweis der Stromerhaltung gelingt sehr schnell unter der Voraussetzung, daß ψ eine Lösung der freien Dirac-Gleichung ist. Außerdem muß man noch beachten, daß die Dirac-Gleichung für adjungierte Spinoren

$$\mathrm{i}\bar{\psi}(\overleftarrow{\not\partial} + m) = 0 \tag{3.102}$$

lautet, wobei die Differentiation nach links wirkt. Die Stromerhaltung bleibt auch gültig, wenn ψ und $\bar{\psi}$ ebene Wellen zu unterschiedlichen Impulsen p und p' bilden. In der Sprache der Feldtheorie ist dann $\bar{\psi}\gamma^\mu\psi$ das Übergangsmatrixelement des Vektorstromoperators. Wenn wir nun einen Vektorstrom aus Spinoren ψ_1, ψ_2 bilden, die zu Teilchen verschiedener Masse gehören, geht (3.101) in

$$\partial_\mu j_\mathrm{V}^\mu = \mathrm{i}(m_1 - m_2)\bar{\psi}\psi \tag{3.103}$$

über. Der Vektorstrom ist also nur erhalten, wenn beide Teilchen die gleiche Masse haben. Umgekehrt folgt für die Divergenz des Axialvektorstroms sofort

$$\partial_\mu j_\mathrm{A}^\mu = \mathrm{i}(m_1 + m_2)\bar{\psi}\psi \ . \tag{3.104}$$

Für diesen Strom kann ein Erhaltungssatz demnach nur im Grenzfall verschwindender Massen formuliert werden. Die zusätzliche Matrix γ^5 in (3.93) hat offenbar dramatische Konsequenzen.

3.1.3 Feynman-Regeln

Wir führen die Feynman-Regeln zum Berechnen der Streuamplituden T_{fi} am Beispiel der elektromagnetischen Wechselwirkung ein. Mit Hilfe dieser in der QED begründeten Regeln lassen sich elektromagnetische Prozesse von Leptonen und Photonen im Prinzip mit beliebiger Genauigkeit berechnen. Die spätere Entwicklung hat gezeigt, daß auch die Theorien der starken und schwachen Wechselwirkung wie die QED aus dem Prinzip einer lokalen Eichinvarianz abgeleitet werden können. Eine elementare und gut lesbare Einführung in diese Zusammenhänge ist in dem Buch von Atchison und Hey zu finden [Atc96].

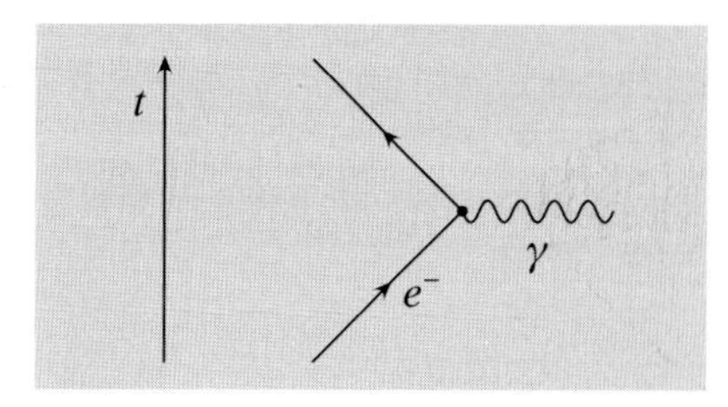

Abb. 3.3
Strom-Feld-Kopplung in der QED

Die QED führt alle elektromagnetischen Prozesse auf die Kopplung von Photonen an Ströme geladener Teilchen zurück. Die Amplitude für die Emission eines Photons durch ein Elektron am Raum-Zeit-Punkt x (Abb. 3.3) ist proportional zur Dichte der elektromagnetischen Wechselwirkungsenergie

$$H^{\text{elm}} = Qej^{\mu}A_{\mu} \ , \tag{3.105}$$

wobei

$$A^{\mu}(x) = [\Phi(x), \boldsymbol{A}(x)] \tag{3.106}$$

der Vierervektor des elektromagnetischen Potentials ist.

Wie in Abschn. 1.2.5 festgelegt wurde, verläuft die Zeitachse in allen Feynman-Diagrammen von unten nach oben. Die Streuung von Elektronen an Myonen ($e\mu \to e\mu$) wird daher in einer störungstheoretischen Rechnung niedrigster Ordnung (der sog. Bornschen Näherung) durch das Diagramm der Abb. 3.4 beschrieben. Für die zugehörige Streuamplitude gilt

$$T_{fi} \sim e^2 \int j^{\mu}(x_1)A_{\mu}(x_1)j^{\nu}(x_2)A_{\nu}(x_2)\,\mathrm{d}^4x_1\,\mathrm{d}^4x_2 \ , \tag{3.107}$$

wobei über alle Wege, die das ausgetauschte Photon nehmen kann, integriert wird. Die Durchführung der Theorie zeigt, daß für T_{fi} in dieser Näherung ein sehr einfacher Ausdruck übrig bleibt:

$$\begin{aligned} T_{fi} &= -e^2\bar{u}(p')\gamma^{\mu}u(p)\frac{g_{\mu\nu}}{q^2}\bar{u}(k')\gamma^{\nu}u(k) \\ &= -e^2\bar{u}(p')\gamma^{\mu}u(p)\frac{1}{q^2}\bar{u}(k')\gamma_{\mu}u(k) \ . \end{aligned} \tag{3.108}$$

Hierin tragen die Spinoren u natürlich noch die im letzten Abschnitt diskutierten Spinindizes $1, 2$ bzw. R, L. Die Argumente p und p' bezeichnen wieder die Viererimpulse des ein- bzw. auslaufenden Elektrons und entsprechend k und k' die Viererimpulse des ein- und auslaufenden μ^-. Wegen der Energie-Impuls-Erhaltung am Vertex gilt für den Viererimpuls des ausgetauschten Photons

$$q^{\mu} = (p' - p)^{\mu} = (k - k')^{\mu} \tag{3.109}$$

mit $q^2 < 0$. Im nichtrelativistischen Grenzfall eines nahezu ruhenden Myons geht (3.108) in die Amplitude für die Elektronenstreuung im Coulomb-Potential über.

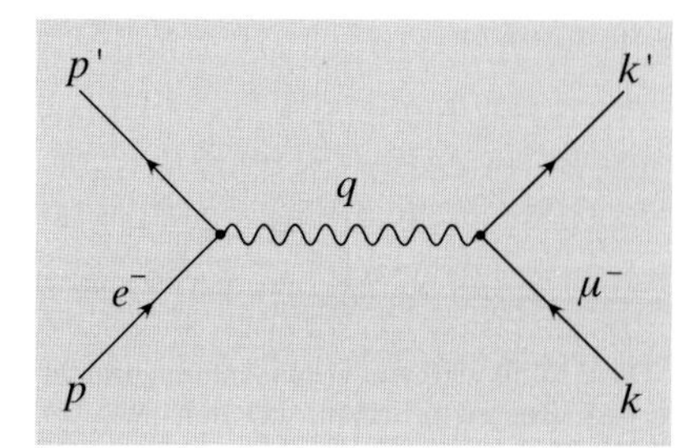

Abb. 3.4
Die Elektron-Myon-Streuung in Bornscher Näherung

Die Streuamplitude für die Elektron-Myon-Streuung oder für andere Prozesse, die Fermionen, Antifermionen und Photonen enthalten, läßt sich aus den Feynman-Regeln multiplikativ zusammensetzen. Wir geben die Regeln für

$$-\mathrm{i}T_{fi} \tag{3.110}$$

an, da auf diese Weise in Übereinstimmung mit den Konventionen der Kernphysik die Streuamplitude in der Bornschen Näherung reell wird.[5]

Zunächst betrachten wir die sog. äußeren Linien, d.h. die Teilchen, die in den Streuprozeß ein- oder auslaufen. Jedem einlaufenden Fermion mit Impuls $p^\mu = (E, \boldsymbol{p})$ wird der Spinor

$$u(p, s) \tag{3.111}$$

zugeordnet, wobei der Spinindex die Helizität oder die z-Komponente des Spins im Ruhesystem bezeichnen kann. Jedes auslaufende Fermion wird durch

$$\bar{u}(p, s) \tag{3.112}$$

beschrieben. Die Spinoren u, $\bar{u}$ müssen hierbei rechts bzw. links wie in (3.108) angebracht werden. Einlaufende Antifermionen mit Impuls $(E, \boldsymbol{p})$ erhalten einen Faktor

$$\bar{v}(p, s) \tag{3.113}$$

und auslaufende Antifermionen einen Faktor

$$v(p, s) \ . \tag{3.114}$$

Diese Zuordnung entspricht der Übereinkunft, in den Feynman-Graphen Antiteilchen durch in der Zeit rückwärts laufende Pfeile zu kennzeichnen. Die Elektron-Positron-Vernichtung in ein Paar von Myonen ($e^-e^+ \to \mu^-\mu^+$) wird in diesem Sinne durch das Feynman-Diagramm auf der rechten Seite der Abb. 3.5 repräsentiert. Wir werden aber öfters Antiteilchen in Feynman-Graphen explizit durch Symbole wie e^+, μ^+ benennen. Dann werden die zugehörigen Pfeile auch wie wie bei den Teilchen angebracht.

Für die Absorption bzw. Emission äußerer Photonen muß man einen Faktor

$$\varepsilon_\mu = (0, \boldsymbol{\varepsilon}) \tag{3.115}$$

bzw. ε^*_μ anbringen, wobei die explizite Form des Polarisationsvektors ε^μ durch (2.283) festgelegt ist. Diese Feynman-Regel wird besonders wichtig bei der Berechnung der Elektron-Photon-Streuung (Compton-Effekt) und der Bremsstrahlung.

Inneren Linien (Propagatoren) mit Impuls q^μ wird für Photonen ein Faktor

$$-\mathrm{i}\,\frac{g_{\mu\nu}}{q^2} \tag{3.116}$$

und für Spin 1/2-Teilchen mit Impuls p^μ und Masse m ein Faktor

$$\mathrm{i}\,\frac{\not{p}+m}{p^2-m^2} \tag{3.117}$$

[5] Diese Wahl wird von vielen Autoren benutzt. Es ist aber zu beachten, daß nun zwischen T_{fi} und der Streuamplitude der nichtrelativistischen Quantenmechanik ein Vorzeichenunterschied besteht, wie er in (2.228) zum Ausdruck kommt.

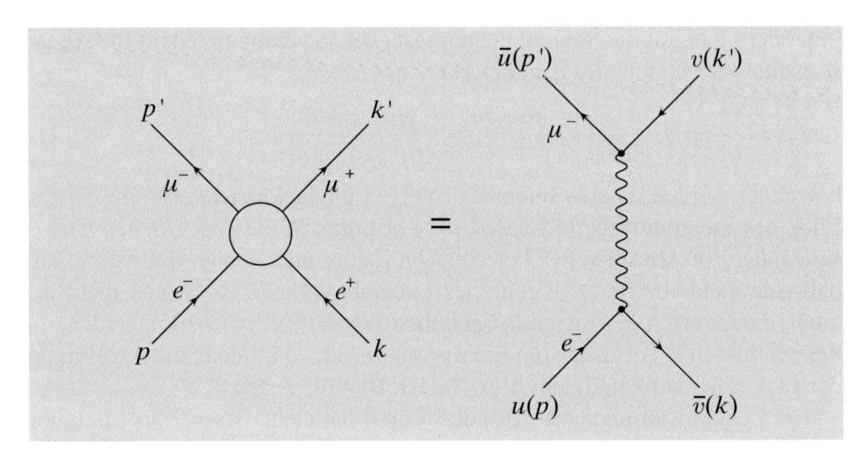

Abb. 3.5
Allgemeines Diagramm für den Prozeß $e^- e^+ \to \mu^- \mu^+$ und seine Verwandlung in ein Feynman-Diagramm niedrigster Ordnung

zugeordnet. Jeder Vertex mit der Ladung Qe erhält schließlich einen Faktor

$$-\mathrm{i}Qe\gamma^\mu \ , \tag{3.118}$$

worin Q die Ladungsquantenzahl und e die Elementarladung ($\sqrt{4\pi\alpha}$) ist. Damit haben wir alle Regeln, die zur Berechnung von Baumgraphen benötigt werden, zusammen. Die Feynman-Diagramme stellen bildlich Glieder einer Störungsreihe dar, deren Ordnung durch die Potenz der Kopplungskonstanten e in den zugehörigen Ausdrücken gegeben ist. Einige der Diagramme, die dann in der Ordnung e^4 zur Amplitude der Elektron-Myon-Streuung beitragen können, sind in der Abb. 3.6 zu sehen. Das Auftreten geschlossener Schleifen (*loops*) ist für solche Diagramme höherer Ordnung typisch. Nur die Summe der beiden Impulse p_1, p_2 ist durch die Energie-Impuls-Erhaltung am Vertex festgelegt, einer der Impulse bleibt frei wählbar. Als wichtigste zusätzliche Regel bei der Berechnung von Schleifendiagrammen gilt, daß über jede innere Linie, deren Impuls p_i^μ frei ist, gemäß

$$\int \frac{\mathrm{d}^4 p_i}{(2\pi)^4} \tag{3.119}$$

integriert werden muß. Der folgende Abschnitt ist ganz der Diskussion der in solchen Schleifendiagrammen auftretenden Integrale gewidmet.

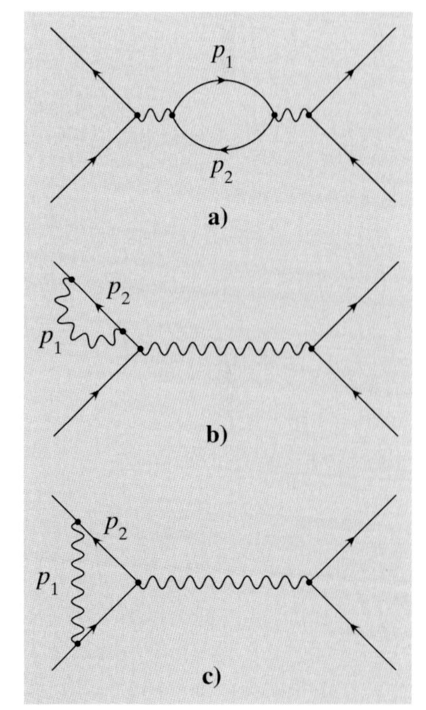

Abb. 3.6a–c
Einige Beiträge der Ordnung e^4 zur Elektron-Myon-Streuung. (**a**) Graph der Vakuumpolarisation. Zum Selbstenergie-Graph (**b**) müssen noch die Graphen hinzugezählt werden, bei denen das Photon an einer der drei anderen Fermionlinien angebracht wird. Zur Vertexkorrektur (**c**) kommt noch der Graph mit der Photonlinie am rechten Vertex hinzu

3.1.4 Die Renormierung und die laufende Kopplung

Wir beginnen unsere Diskussion mit dem Graphen der Abb. 3.6a. Die Anwendung der Feynman-Regeln ergibt wieder eine Formel für die Amplitude wie in der ersten Zeile von (3.108), wobei aber der Photonpropagator $-\mathrm{i}g_{\mu\nu}/q^2$ durch das sehr komplizierte Integral

$$\int \frac{\mathrm{d}^4 p_1}{(2\pi)^4} \left(\frac{-\mathrm{i}g_{\mu\rho}}{q^2} (-\mathrm{i}e)\gamma^\rho \mathrm{i} \frac{\not{p}_1 + m}{p_1^2 - m^2} (-\mathrm{i}e)\gamma^\sigma \mathrm{i} \frac{\not{p}_2 + m}{p_2^2 - m^2} \frac{-\mathrm{i}g_{\sigma\nu}}{q^2} \right) \tag{3.120}$$

ersetzt werden muß. Jetzt benutzen wir $p_2 = p_1 - q$ und multiplizieren mit einem Faktor (-1), der für geschlossene Fermionen-Schleifen zusätzlich anzubringen ist. Wenn wir außerdem beachten, daß von den Matrixprodukten unter dem Integral die Spur zu nehmen ist (nur so gehört zu jedem Indexpaar μ, ν eine Zahl), muß also das Integral

$$I_{\mu\nu} = \frac{e^2}{q^4}\mathrm{Sp}\int \frac{\mathrm{d}^4 p_1}{(2\pi)^4}\gamma_\mu \frac{\not p_1 + m}{p_1^2 - m^2}\gamma_\nu \frac{\not p_1 - \not q + m}{(p_1 - q)^2 - m^2} \tag{3.121}$$

berechnet werden. Dieses Integral divergiert unglücklicherweise am oberen Ende des Integrationsbereichs, ($p_1^\lambda \to +\infty$), das ist die sog. *Ultraviolettkatastrophe*. Ein Abzählen der Potenzen im Zähler und Nenner läßt vermuten, daß eine quadratische Divergenz des Integrals vorliegt. Es ist nun nicht erlaubt, die Grenzen des Integrals bei hohen Werten von p_1^λ abzuschneiden, da der resultierende Ausdruck die Eichinvarianz, d.h. ein fundamentales Prinzip der Elektrodynamik und der QED [Jac99, Bjo90], verletzt.[6]

Die Regularisierung nach Pauli und Villars hat nicht dieses Problem. In ihr wird der Elektronpropagator durch die Differenz

$$\mathrm{i}\frac{\not p + m}{p^2 - m^2} - \mathrm{i}\frac{\not p + \Lambda}{p^2 - \Lambda^2} \tag{3.122}$$

ersetzt. Die sehr große Masse Λ übernimmt die Funktion eines Abschneideparameters, da für Schleifenimpulse $p_i^2 > \Lambda^2$ durch den modifizierten Propagator eine stärkere Konvergenz der Integrale erzwungen wird. Die Rechnung zeigt [Bjo90], daß damit $I_{\mu\nu}$ effektiv den Wert

$$I_{\mu\nu} = \frac{-\mathrm{i}g_{\mu\nu}}{q^2}\left(-\frac{e^2}{12\pi^2}\ln\frac{\Lambda^2}{m^2} + e^2 f(q^2)\right) \tag{3.123}$$

annimmt. Es bleibt also eine logarithmische Divergenz übrig, die durch Λ parametrisiert wird. Die Funktion $f(q^2)$ hat die wichtige Eigenschaft, bei $q^2 = 0$ zu verschwinden. Nach Addition der Beiträge erster und zweiter Ordnung (Abb. 3.4 und 3.6a) findet man also, daß der Photonpropagator (3.116) durch

$$P_{\mu\nu} = \frac{-\mathrm{i}g_{\mu\nu}}{q^2}\left(1 - \frac{e^2}{12\pi^2}\ln\frac{\Lambda^2}{m^2} + e^2 f(q^2)\right) \tag{3.124}$$

ersetzt werden muß. Zwar hängt dieser Propagator nur logarithmisch von der Abschneideenergie Λ ab, das bedeutet aber immer noch, daß die QED in der ursprünglichen Form bei sehr hohen Energien (oder sehr kleinen Abständen) nicht mehr gültig ist. Wenn man einen begrenzten Gültigkeitsbereich auch verschmerzen könnte – welche Theorie ist schon überall gültig? – beweist das Ergebnis doch, daß durch das nächste Glied der Störungsreihe ein neuer Parameter Λ nötig wird. Es steht daher zu befürchten, daß sich dies mit jedem weiteren Glied fortsetzt, was die Theorie vollends wertlos machen würde.

Eine auf physikalischen Argumenten beruhende Überlegung, die wir hier an den Amplituden bis zur Ordnung e^4 durchführen, die aber in jeder Ordnung gültig ist, zeigt den Ausweg aus diesem Problem. Wir nehmen als Photonpropagator wieder den ursprünglichen Ausdruck $-\mathrm{i}g_{\mu\nu}/q^2$. Den Faktor in der Klammer von (3.124) multiplizieren wir zur Ladung hinzu, d.h. e^2 in (3.108) muß durch

$$e^2\left(1 - \frac{e^2}{12\pi^2}\ln\frac{\Lambda^2}{m^2} + e^2 f(q^2)\right) \tag{3.125}$$

[6] Schon in der klassischen Elektrodynamik gibt es eine Eichinvarianz, die mit einer bestimmten Freiheit in der Wahl des Vektorpotentials zusammenhängt.

ersetzt werden. Jetzt wird eine *renormierte* Ladung über

$$e_{\text{ren}}^2 = e^2 \left(1 - \frac{e^2}{12\pi^2} \ln \frac{\Lambda^2}{m^2}\right) \tag{3.126}$$

definiert, und damit wird aus (3.125)

$$e_{\text{ren}}^2 \left[1 + e_{\text{ren}}^2 f(q^2) + \mathcal{O}(e^4)\right] \ . \tag{3.127}$$

Entscheidend ist, daß auch der Ladungsfaktor vor der Funktion $f(q^2)$ durch e_{ren}^2 festgelegt wird, der dadurch nötige Korrekturterm in der Klammer ist proportional zur vierten Ordnung der Kopplungskonstanten, $\mathcal{O}(e^4)$, und damit taucht bis zur Ordnung e_{ren}^4 der Parameter Λ in (3.127) nicht mehr auf. Die physikalische Bedeutung dieses Vorgehens ist darin zu sehen, daß die renormierte Ladung mit der experimentell gemessenen Ladung eines Teilchens identifiziert wird. Eine solche Ladungsmessung kann z.B. durch das betrachtete Streuexperiment stattfinden, und die theoretische Beschreibung dieses Streuexperimentes muß auf jeden Fall die Diagramme höherer Ordnung enthalten. Wir haben also nur voreilig den Parameter e in den Feynman-Regeln mit der gemessenen Ladung identifiziert. Wir legen jetzt fest, daß das Ergebnis aller Rechnungen durch die renormierte Ladung ausgedrückt wird. Diese wird mit der bei $q^2 = 0$ gemessenen Ladung identifiziert und der Einfachheit halber mit e bezeichnet. Mit dieser Änderung der Indizes gilt also der Zusammenhang

$$e^2 = e_0^2 \left(1 - \frac{e_0^2}{12\pi^2} \ln \frac{\Lambda^2}{m^2}\right) \tag{3.128}$$

zwischen der renormierten (gemessenen) Ladung e und der unrenormierten Ladung e_0. Numerisch gilt wie immer $e = \sqrt{4\pi\alpha}$ mit $\alpha^{-1} = 137{,}035$.

Als meßbarer Beitrag des Diagramms der Abb. 3.6a bleibt dann bis zur Ordnung e^4 nur der Faktor

$$e^2 \left[1 + e^2 f(q^2)\right] \tag{3.129}$$

in der Streuamplitude übrig. Die Funktion $f(q^2)$ wird für die beiden Grenzfälle $|q^2| \ll m^2$ bzw. $|q^2| \gg m^2$ sehr unterschiedlich. Wir interessieren uns für hohe Energien, also den zweiten Fall, und entnehmen dem Buch von Bjorken und Drell [Bjo90] die Näherung

$$f(q^2) = \frac{1}{12\pi^2} \ln \frac{|q^2|}{m^2} \ . \tag{3.130}$$

Diese Modifikation der Streuamplitude wird gerne so interpretiert, daß nach der Renormierung alle Ladungen gemäß

$$e^2(q^2) = e^2 \left(1 + \frac{e^2}{12\pi^2} \ln \frac{|q^2|}{m^2}\right) \tag{3.131}$$

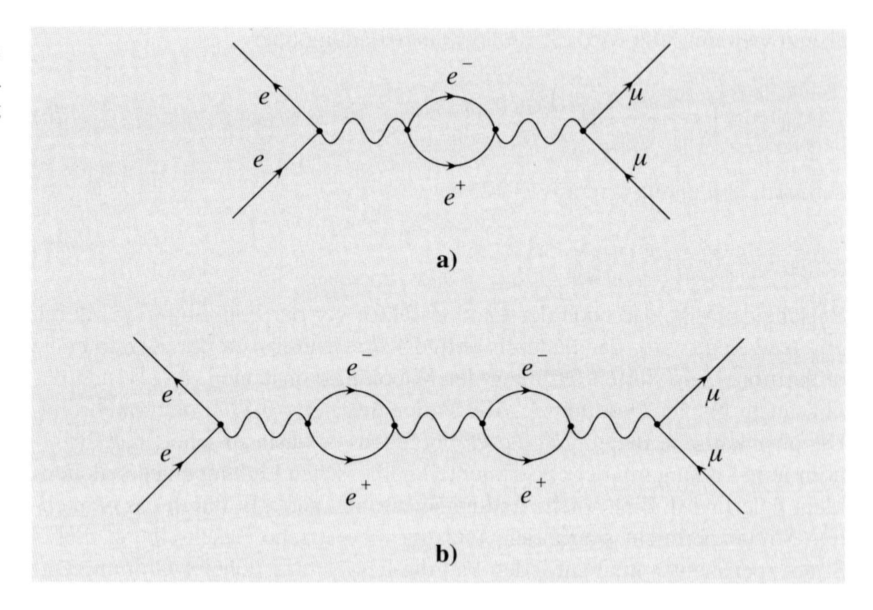

Abb. 3.7a,b
Diagramme, die (**a**) in der Ordnung e^4 und (**b**) in der Ordnung e^6 zur Vakuumpolarisation in der Elektron-Myon-Streuung beitragen

von q^2 abhängen. Große Werte von $|q^2|$ bedeuten kleine Abstände, d.h. die Ladung als Maß der elektromagnetischen Kopplung wird jetzt abstandsabhängig.

Die anschauliche Deutung der Rechnung über eine Abstandsabhängigkeit der Ladung ist natürlich nicht zwingend. Auf der anderen Seite sind solche Effekte im Prinzip schon aus der klassischen Physik vertraut. Bekanntlich ist das elektrische Feld einer Ladung e_0 im Dielektrikum um den Faktor ε_r reduziert, wobei ε_r die Dielektrizitätskonstante ist. Dies läßt sich auch in der Weise interpretieren, daß die Ladung im Dielektrikum abgeschirmt wird,

$$e = \frac{e_0}{\sqrt{\varepsilon_r}} \; . \tag{3.132}$$

Wenn im klassischen Dielektrikum der Abstand der beiden Testladungen klein gegenüber dem Durchmesser der polarisierten Moleküle wird, verschwindet naturgemäß die abschirmende Wirkung, die Abschirmung ist also abstandsabhängig.

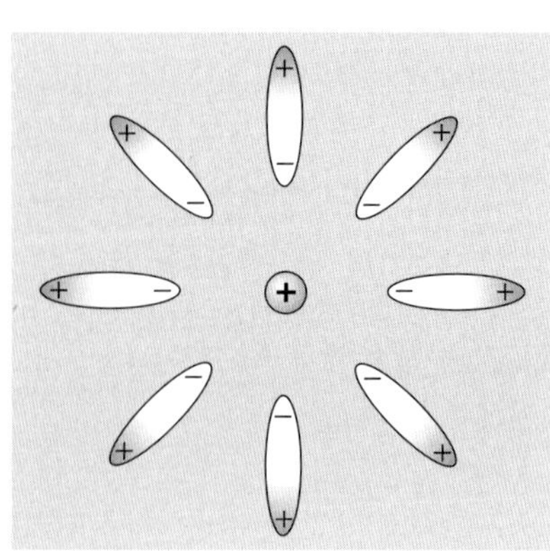

Abb. 3.8
Statisches Modell der Vakuumpolarisation in der QED

Die Graphen der Abb. 3.7 werden daher auch als Graphen der Vakuumpolarisation bezeichnet. Ersichtlich lassen sich zur Abb. 3.6a topologisch ähnliche Graphen höherer Ordnung hinzufügen. Die zwischen dem Elektron und dem Myon erzeugten e^-e^+-Paare schirmen ganz anschaulich die Ladungen der Reaktionspartner voneinander ab. Man kann daher das Vakuum der QED als ein dielektrisches Medium auffassen, das durch das Vorhandensein einer Ladung polarisiert wird. Im statischen Potentialbild entspricht dies dann der in Abb. 3.8 gezeigten Anordnung.

Aus (3.131) läßt sich unmittelbar $e^2(m^2) = e^2$ ablesen. Im Rahmen dieser Hochenergierechnung – die eigentlich $|q^2| \gg m^2$ voraussetzt – wird also $\alpha(m^2)$ mit der gemessenen Feinstrukturkonstanten $\alpha = 1/137{,}035$ identifiziert. Für $|q^2|$-Werte, die groß gegenüber der Elektronenmasse m sind, ergibt nun die Summation aller führenden Beiträge der Diagramme in der Art der Abb. 3.7

$$\alpha(q^2) = \frac{\alpha(m^2)}{1 - \left(\alpha(m^2)/3\pi\right) \ln\left(|q^2|/m^2\right)} , \tag{3.133}$$

d.h. (3.131) stellt den ersten Term in einer Reihenentwicklung dieser Formel dar. Das Ergebnis wird oft als *leading-log*-Näherung für $\alpha(q^2)$ bezeichnet, da der dominante Term eines Diagramms mit l Schleifen proportional zu $\alpha^l \ln^l(|q^2|/m^2)$ ist. In Übereinstimmung mit der anschaulichen Erklärung beschreibt (3.133) quantitativ die Vergrößerung der elektromagnetischen Kopplung bei kleineren Abständen.

Aufgrund des geringen Wertes von α ist der numerische Einfluß der Beziehung (3.133) nicht bedeutend: Für den schon sehr hohen Wert von $|q^2| = 1000\,\text{GeV}^2$ errechnet man eine Änderung der Kopplungskonstanten von $\approx 2\,\%$. In der Ableitung von (3.133) wurde allerdings nur der Beitrag der Elektronen berücksichtigt. Als ein realistisches Beispiel betrachten wir jetzt noch die e^-e^+-Annihilation in Z^0-Bosonen mit einer Masse von rund 90 GeV. Diese Reaktion mit $|q^2| \approx 8100\,\text{GeV}^2$ wurde besonders intensiv experimentell und theoretisch untersucht. Zur Berechnung von $\alpha(M_Z^2)$ müssen auch die Beiträge von μ und τ und der u-, d-, c-, s-, b-Quarks berücksichtigt werden. Formal geschieht dies näherungsweise, indem in (3.133) der logarithmische Term durch $\sum_i \ln(|q^2|/m_i^2)$ ersetzt wird. Summiert wird über die beitragenden Leptonen und Quarks, wobei jeder neue Summand erst für $|q^2| \gg m_i^2$ gezählt wird. Daher trägt das *top*-Quark mit seiner Masse von 175 GeV nicht bei.[7] Vorausgesetzt wird hier ohne Ableitung, daß (3.133) auch für Annihilationsprozesse gültig bleibt. Die numerische Auswertung ergibt $\alpha(M_Z^2) \approx 1/128$, das sind immerhin schon 7 % Abweichung vom klassischen Wert der Feinstrukturkonstanten.

In (3.133) ist aber auch eine nicht umgehbare Gültigkeitsgrenze der QED verborgen, nämlich die Polstelle beim Verschwinden des Nenners für sehr hohe Werte von $|q^2|$, die zu einer unendlich großen Kopplungskonstanten führt. Dieser sog. Landau-Pol tritt in einer Welt aus Elektronen und Photonen aber erst bei einer Energie von ungefähr 10^{277} GeV auf, was mit dem Energie-Inhalt des Weltalls von ca. 10^{80} GeV verglichen werden muß.[8] Der Landau-Pol stellt also vielleicht wirklich nur ein sehr theoretisches Problem dar.

Aus (3.133) soll jetzt noch eine Beziehung zwischen dem Wert der elektromagnetischen Kopplungskonstanten bei zwei beliebigen Skalen q^2 und q_0^2 abgeleitet werden. Nach Voraussetzung müssen die Beträge beider Skalen $\gg m^2$ sein. Die einfache Rechnung hat das Ergebnis

$$\alpha(q^2) = \frac{\alpha(q_0^2)}{1 - \left(\alpha(q_0^2)/3\pi\right) \ln\left(q^2/q_0^2\right)} , \tag{3.134}$$

welches fast identisch zu (3.133) ist, wenn dort m^2 durch q_0^2 ersetzt wird. Dieser allgemeinen Form werden wir bei der Behandlung der Kopplungskonstanten der QCD (Abschn. 4.2.1) wieder begegnen.

[7] In der QCD (siehe Kap. 4) wird gezeigt, daß jede Quarksorte mit dem dreifachen statistischen Gewicht eingeht. Außerdem muß noch die drittelzahlige Ladung der Quarks berücksichtigt werden.

[8] Er ist nach dem russischen Theoretiker Lev Landau (1908–1968) benannt. Dieser hat darin ein wirklich fundamentales Problem für die Feldtheorie gesehen, während v.a. die mehr pragmatisch orientierten amerikanischen Physiker das nicht so streng sahen.

Nachdem wir aus gutem Grund die Vakuumpolarisation ausführlich diskutiert haben, können wir uns bei der Behandlung der Graphen in Abb. 3.6b,c kürzer fassen. Der Graph 3.6b heißt Selbstenergiegraph, da er eine Wechselwirkung des Elektrons mit sich selbst beschreibt. Auch hier ist das zugehörige Integral am oberen Ende divergent. Eine Diskussion, die nicht so einfach nachvollzogen werden kann wie die Ladungsrenormierung, zeigt, daß diese Divergenz durch eine Renormierung der Masse beseitigt wird. Im Ergebnis aller Rechnungen bedeutet also m die renormierte (gemessene) Masse, die mit der unrenormierten Masse m_0 über

$$m = m_0 \left(1 + \frac{3\alpha}{4\pi} \ln \frac{\Lambda^2}{m_0^2} \right) \tag{3.135}$$

zusammenhängt.

Das Problem der Selbstenergie ist ebenfalls schon aus der klassischen Physik bekannt. Ein Elektron mit dem Radius a hat die Feldenergie α/a. Diese Feldenergie kann als zusätzliche Masse aufgefaßt werden. Sie divergiert linear für $a \to 0$. Wenn der Abschneideparameter Λ als inverser Radius des Gültigkeitsbereichs der Theorie interpretiert wird, zeigt (3.135), wie die Quantenfeldtheorie die lineare Divergenz der klassischen Physik in eine logarithmische abmildert. Numerisch bedeutet ein Radius von 1/1000 fm erst eine Massenrenormierung von 4,5 %.

Der divergente Anteil des Selbstenergieintegrals enthält noch einen weiteren Faktor, der zur Ladungsrenormierung hinzugerechnet werden müßte. Dieser hebt sich aber gegen einen entsprechenden Faktor im ebenfalls divergenten Integral zur Vertexkorrektur (Abb. 3.6c) weg, so daß nur die Vakuumpolarisation zur Ladungsrenormierung beiträgt. Diese Aufhebung zusätzlicher Beiträge zur Ladungsrenormierung ist kein glücklicher Zufall, sondern beruht auf der Stromerhaltung. Formal läßt sich zeigen, daß durch die Diagramme der Abb. 3.6b,c der ursprüngliche Strom $\bar{u}\gamma^\mu u$ in einen verallgemeinerten Vektorstrom abgeändert wird, für den aber auch der Erhaltungssatz (3.101) gilt.

Die Absorption von im Prinzip unendlich großen Korrekturtermen in die Definition der gemessenen Werte von Ladung und Masse funktioniert – wie bereits oben erwähnt – nicht nur zur Ordnung e^4, sondern in allen Ordnungen. Die QED als Theorie der Elektronen und Photonen hat nur zwei Parameter, die gemessene Ladung und die gemessene Masse des Elektrons. Man sagt, die QED ist renormierbar. Dieser Erfolg hatte einen ungeheuren Einfluß auf die weitere Entwicklung der Teilchenphysik. Auch die schwache und die starke Wechselwirkung werden im Standardmodell durch renormierbare Theorien beschrieben.

Die bis hierher geführte Diskussion lehrt uns, daß wir beim Ersetzen der Feinstrukturkonstanten durch die laufende Kopplungskonstante im Ergebnis einer Rechnung, die nur in Bornscher Näherung ausgeführt wurde, schon einen großen Teil der Effekte höherer Ordnung auf einfache Weise berücksichtigt haben. Man spricht daher oft von einer „verbesserten Bornschen Näherung“. Trotzdem läßt sich die Diskussion an dieser Stelle nicht beenden, da die in

Frage kommenden Feynman-Diagramme noch weitere Überraschungen für uns bereithalten.

Die Integrale zur Selbstenergie und Vertexkorrektur sind nämlich auch am unteren Ende, d.h. für kleine Energien des ausgetauschten Photons divergent! Die formale Behandlung dieses Problems ist eng an ein konkretes Beispiel gebunden. Im einfachsten Fall wird z.B. die Streuung eines Elektrons der Energie E im Coulomb-Feld untersucht. Die nach der Renormierung verbleibende Summe der zur Selbstenergie und Vertexkorrektur gehörenden Ausdrücke wird dann proportional zu $\alpha \ln(\lambda_{\min}/E)$, wobei $\lambda_{\min}$ die untere Grenze der Photonenenergie in den Integralen darstellt. Die hier zum Ausdruck kommende *Infrarotkatastrophe*, d.h. die offensichtliche Divergenz beim Grenzübergang $\lambda_{\min} \to 0$, wird wieder durch ein scharfsinniges physikalisches Argument vermieden.

Die berechneten Korrekturen beziehen sich auf die elastische Elektronenstreuung. Die Messung der Winkelverteilung in diesem Streuprozeß wird mit einem Detektor durchgeführt, der die in einem bestimmten Winkelintervall ankommenden Elektronen zählt. Ein solcher Detektor hat aber immer eine endliche Energieauflösung ΔE, d.h. er kann prinzipiell die elastische Streuung in all den Fällen nicht von der inelastischen Streuung (Bremsstrahlung) abtrennen, in welchen das Elektron ein Photon mit Energien zwischen 0 und ΔE abgestrahlt hat. Die Berechnung der Bremsstrahlung ergibt nun, daß der Wirkungsquerschnitt nach Integration über das Spektrum der weichen Photonen einen divergenten Anteil proportional zu $\ln(\Delta E/\lambda_{\min})$ enthält. Nach einer geeigneten Addition dieser beiden Anteile (virtuelle und reelle Strahlungskorrekturen), die wir im Abschn. 3.3.2 genauer diskutieren werden, bleibt dann nur eine endliche Korrektur proportional zu $\ln(\Delta E/E)$ zum elastischen Querschnitt übrig.

Die in diesem Abschnitt des Buches zum Vorschein kommende Behebung der mathematischen Divergenzprobleme durch tiefschürfende physikalische Argumente ist nicht ohne Widerspruch geblieben. Dirac z.B. war zeit seines Lebens unzufrieden mit der Entwicklung, welche die Feldtheorie genommen hatte. Letztlich entscheidet vielleicht ein ganz pragmatisches Argument über die Berechtigung der zugrunde liegenden Ideen. Die Berechnung der endlichen Anteile der Graphen der Abb. 3.6 bei kleinen Energien sagt u.a. eine Änderung des magnetischen Momentes des Elektrons voraus. Hierfür ist v.a. die Vertexkorrektur verantwortlich. Der g-Faktor des Elektrons (und der anderen Leptonen) weicht also ein klein wenig von 2 ab, $g = 2 + \alpha/\pi + \ldots$. Experiment und Theorie stimmen für den g-Faktor des Elektrons mittlerweile auf 11 Stellen überein! Was soll man dem noch hinzufügen?

Der Vollständigkeit halber wird zum Abschluß noch die einzig verbleibende Klasse von Diagrammen der Ordnung e^4 eingeführt. Es sind die sog. Boxdiagramme. Die Abb. 3.9 enthält als Beispiel einen Graphen, der die Elektron-Myon-Streuung unter Austausch von zwei Photonen beschreibt. Er ist hier ans Ende der Betrachtungen gestellt, da er keine Divergenzen enthält und der numerische Beitrag zum Wirkungsquerschnitt sehr klein ist.

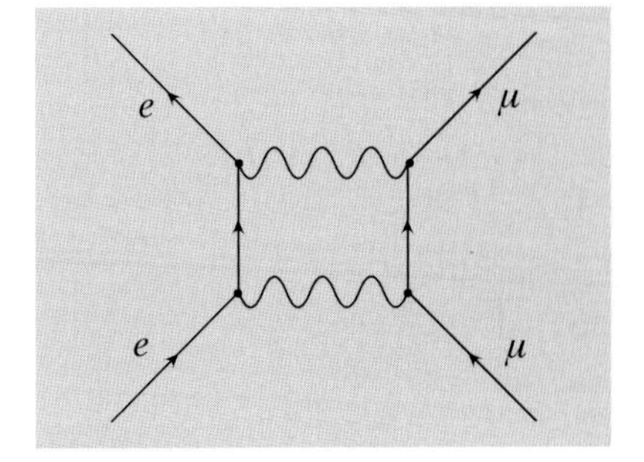

Abb. 3.9
Der Zwei-Photon-Austausch in der Streuung von Elektronen an Myonen

Übungen

3.1 Beweisen Sie die Vertauschungsrelationen (3.22) und (3.81).

3.2 Finden Sie eine Darstellung von γ_5 durch γ-Matrizen mit unterem Index.

3.3 Beweisen Sie die Vollständigkeitsrelationen (3.86) der Projektionsoperatoren.

3.4 Beweisen Sie (3.134) mit Hilfe von (3.133). Gewinnen Sie dann aus dem Ergebnis eine Differentialgleichung für die Kopplung e, und vergleichen Sie Ihr Resultat mit der Literatur [Pes95].

3.2 Basis-Reaktionen der QED

3.2.1 e^-e^+-Vernichtung in $\mu^-\mu^+$-Paare

Die Erzeugung von Myon-Paaren in der Elektron-Positron-Vernichtung

$$e^- + e^+ \to \mu^- + \mu^+ \tag{3.136}$$

ist eine der einfachsten Reaktionen, die man untersuchen kann. Sie ist die Modellreaktion für die später zu behandelnde Erzeugung von Quark-Antiquark-Paaren in der e^-e^+-Vernichtung. Die Reaktion wird in der Bornschen Näherung durch das Feynman-Diagramm auf der rechten Seite der Abb. 3.5 beschrieben. Das Diagramm besagt anschaulich, daß das e^-e^+-Paar ein virtuelles Photon der Masse $\sqrt{s}$ erzeugt. Dieser Zwischenzustand zerfällt in ein $\mu^-\mu^+$-Paar. Es gibt natürlich noch andere Möglichkeiten, solche Paare in der Elektron-Positron-Annihilation zu erzeugen, z.B. durch Produktion von Vektormesonen (Abschn. 4.6.1) oder des Z^0-Bosons (Abschn. 7.2). Hier beschränken wir uns aber auf die QED-Reaktion der Abb. 3.5.

Die Vierervektoren der ein- und auslaufenden Teilchen werden wieder mit p, k bzw. p', k' bezeichnet. Die an den Vertices durchlaufenden Teilchen in der Abb. 3.5 sind das Elektron und das Myon. Der Ladungsfaktor am Vertex ist daher jeweils $Q = -1$. Mit Hilfe der Feynman-Regeln leitet man (mit der Abkürzung $q^2 = (p+k)^2$) den Ausdruck

$$T_{fi} = -e^2 \bar{v}(k)\gamma^\mu u(p) \frac{1}{q^2} \bar{u}(p')\gamma_\mu v(k') \tag{3.137}$$

für die Amplitude ab. Zu ihrer Berechnung muß man die Spins der beteiligten Teilchen spezifizieren. Kombinatorisch gibt es $2^4 = 16$ verschiedene Möglichkeiten (zwei Spineinstellungen für jedes ein- und auslaufende Teilchen). Die Berechnung dieser Amplituden erscheint als ein sehr langwieriges und vielleicht auch langweiliges Unterfangen. Die meisten Lehrbücher diskutieren daher zunächst Spinsummationsverfahren, die es erlauben, aufgrund der algebraischen Eigenschaften der γ-Matrizen analytische Ausdrücke für die in (2.33) auftretende Summe der Amplitudenquadrate anzugeben. Es ist aber häufig (z.B. bei der Untersuchung der Reaktionen polarisierter Teilchen) von Vorteil, die Amplituden für ganz bestimmte Spinkombinationen zu kennen. Hinzu kommt, daß in einer Zeit, in der man algebraische Rechenprogramme wie REDUCE, MATHEMATICA und MAPLE praktisch überall zur Verfügung hat, eine explizite Berechnung selbst komplizierter Produkte von γ-Matrizen und Spinoren relativ einfach geworden ist.[9] Daher möchte ich diesen Weg beschreiten. Mit Hilfe des für MAPLE geschriebenen Pakets `heppack.txt` läßt sich die Amplitude (3.137) direkt berechnen, es ist aber sicher nützlich, die folgenden Formeln einzeln nachzuvollziehen. Diese Formeln lassen sich mit vertretbarem Aufwand auch noch von Hand nachrechnen.

Die Rechnung wird am besten im Schwerpunktssystem der Reaktion und in der Helizitätsbasis durchgeführt. Für Experimente an symmetrischen Elektron-Positron-Speicherringen ist das Laborsystem mit dem Schwerpunktssystem identisch und die Formeln können daher direkt mit den Messungen verglichen werden. Im Hochenergielimes $m/E \to 0$ vereinfachen sich die Ausdrücke erheblich. Da die Massen in dieser Näherung vernachlässigt werden, haben die ein- und auslaufenden Teilchen die gleiche Energie E im Schwerpunktssystem. Der Streuwinkel Θ wird dem auslaufenden μ^- zugeordnet. Wir wählen zunächst linkshändige Teilchen (e^-, μ^-) und rechtshändige Antiteilchen (e^+, μ^+). Wegen der Struktur des Stromes braucht man die Produkte $\gamma^0\gamma^\mu$. In der 2×2-Schreibweise gilt

$$\gamma^0\gamma^i = \begin{pmatrix} 0 & \sigma_i \\ \sigma_i & 0 \end{pmatrix} , \tag{3.138}$$

während $\gamma^0\gamma^0$ die Einheitsmatrix ist. Das einlaufende Elektron läuft entlang der z-Achse, das einlaufende Positron in der dazu am Koordinatenursprung gespiegelten Richtung. Allgemein bedeutet eine solche Spiegelung in Polarkoordinaten die Ersetzung von Θ durch $\pi - \Theta$ und die Ersetzung von ϕ durch $\pi + \phi$. Mit $\Theta, \phi = 0$ folgt dann mit Hilfe von (3.74) und (3.75)

$$u_\mathrm{L}(p) = \sqrt{E}\begin{pmatrix} 0 \\ 1 \\ 0 \\ -1 \end{pmatrix} \quad v_\mathrm{R}(k) = \sqrt{E}\begin{pmatrix} -1 \\ 0 \\ 1 \\ 0 \end{pmatrix} , \tag{3.139}$$

und daher nehmen bei expliziter Berechnung die vier Komponenten des Stromes im Impulsraum

$$\bar{v}_\mathrm{R}(k)\gamma^\mu u_\mathrm{L}(p) \tag{3.140}$$

die Werte

$$0, 2E, -2\mathrm{i}E, 0 \tag{3.141}$$

an. In der gleichen Weise berechnet man die Spinoren der auslaufenden Teilchen zu

$$u_\mathrm{L}(p') = \sqrt{E}\begin{pmatrix} -\sin(\Theta/2) \\ \cos(\Theta/2) \\ \sin(\Theta/2) \\ -\cos(\Theta/2) \end{pmatrix} \quad v_\mathrm{R}(k') = \sqrt{E}\begin{pmatrix} -\cos(\Theta/2) \\ -\sin(\Theta/2) \\ \cos(\Theta/2) \\ \sin(\Theta/2) \end{pmatrix} , \tag{3.142}$$

[9] In den Naturwissenschaften beschränkte sich die Anwendung von Computern lange Zeit auf die Lösung numerischer Probleme. Heute gewinnt jedoch die Anwendung algebraischer Programme immer mehr an Bedeutung. Das älteste, REDUCE von A. Hearn, enthielt schon einen Abschnitt mit Rechenregeln der Teilchenphysik. An den meisten Universitäten sind diese Programme über das jeweilige Rechenzentrum oder die Institute zugänglich.

woraus

$$0, 2E\cos\Theta, 2\mathrm{i}E, -2E\sin\Theta \tag{3.143}$$

für die vier Komponenten von $j^\mu = \bar{u}_\mathrm{L}(p')\gamma^\mu v_\mathrm{R}(k')$ folgt. Im Schwerpunktssystem gilt

$$q^2 = 4E^2 \ , \tag{3.144}$$

und so erhält man für die Amplitude den sehr einfachen Ausdruck

$$T_{fi} = e^2(1+\cos\Theta) \ . \tag{3.145}$$

Tabelle 3.1
Die Amplituden der Elektron-Positron-Annihilation im Schwerpunktssystem der Reaktion

Prozeß	T_{fi}/e^2
$e^-_\mathrm{L} e^+_\mathrm{R} \to \mu^-_\mathrm{L}\mu^+_\mathrm{R}$	$1+\cos\Theta$
$e^-_\mathrm{L} e^+_\mathrm{R} \to \mu^-_\mathrm{R}\mu^+_\mathrm{L}$	$1-\cos\Theta$
$e^-_\mathrm{R} e^+_\mathrm{L} \to \mu^-_\mathrm{L}\mu^+_\mathrm{R}$	$1-\cos\Theta$
$e^-_\mathrm{R} e^+_\mathrm{L} \to \mu^-_\mathrm{R}\mu^+_\mathrm{L}$	$1+\cos\Theta$

Außer der gerade besprochenen sind nur noch drei weitere Helizitätsamplituden von 0 verschieden. Sie sind in Tabelle 3.1 angegeben. Diese Tabelle kann der Leser mit Hilfe von `heppack.txt` sehr einfach verifizieren. Ersichtlich sind die Amplituden invariant gegen die Ersetzung R $\leftrightarrow$ L der Helizitätsindizes. Dies ist eine Folge der Paritätsinvarianz der QED. Es hätte also genügt, nur die beiden ersten Zeilen der Tabelle zu berechnen und für den Rest (2.306) anzuwenden.

Das gemeinsame Merkmal der Amplituden ist offenbar, daß am Vertex kein Umklappen der Helizität (*Helizitätsflip*) stattfindet. Das einlaufende Antiteilchen bezeichnen wir im Feynman-Diagramm der Annihilation durch ein in der Zeit rückwärts laufendes Teilchen. Für diese durchlaufenden Teilchenströme gilt „Helizitätserhaltung am Vertex“ (Abb. 3.10). Dies ist die schon in Abschn. 3.1.2 besprochene Eigenschaft der γ^μ-Kopplung. Aus der Chiralitätserhaltung (3.95) wird im Grenzfall $m/E \to 0$ die Erhaltung der Helizität am Vertex, falls Teilchen und Antiteilchen nicht getrennt behandelt werden.

Die Winkelverteilung bringt explizit die Erhaltung des Drehimpulses in der Reaktion zum Ausdruck. Die erste Amplitude verschwindet z.B. für $\Theta = \pi$. Dies ist auch nötig, da sonst die Amplitude im Widerspruch zur Drehimpulserhaltung steht. Die Helizität ist ja identisch mit der Projektion des *Gesamt*drehimpulses eines Teilchens auf seine Flugrichtung (Abschn. 2.3.3). Für das einlaufende Elektron ist die Flugrichtung mit der positiven und für das einlaufende Positron mit der negativen z-Achse identisch. Für einen Anfangszustand aus e^-_L und e^+_R ist daher die z-Komponente des Gesamtdrehimpulses durch $J_z = -1$ gegeben. Bei einer Streuung um 180° gilt für den Endzustand aus μ^-_L und μ^+_R entsprechend $J_z = +1$. Die zugehörige Amplitude muß daher verschwinden.

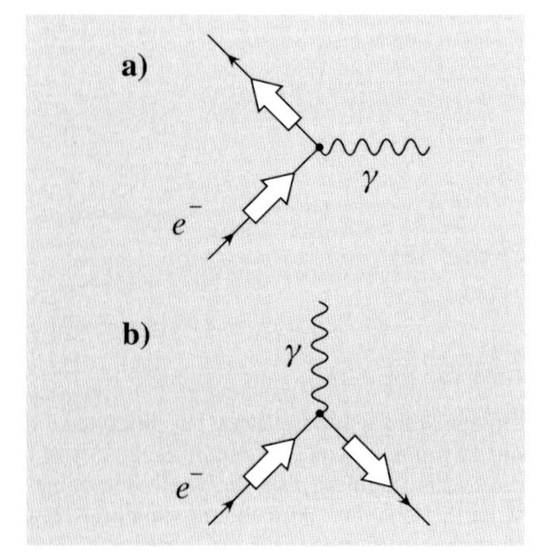

Abb. 3.10a,b
Helizitätserhaltung am Elektron-Photon-Vertex. Die großen Pfeile deuten die Richtung der Spins der Elektronen an. (**a**) Elektronenstreuung, (**b**) e^-e^+-Vernichtung

Die Winkelverteilung der Annihilation hätten wir sogar ohne explizite Rechnung erhalten können. Die Verteilungen $1 \pm \cos\Theta$ entsprechen ja genau den beiden möglichen Funktionen $d^1_{1,1}$ und $d^1_{-1,1}$, die durch (2.254) bei der Streuung zweier Fermionen über einen Zwischenzustand mit $J = 1$ zugelassen werden, falls man sich auf die Kombinationen der Tabelle 3.1 beschränkt.

Der Zusammenhang zwischen Streuamplitude und Wirkungsquerschnitt wurde ausführlich in Abschn. 2.1 diskutiert. Durch Anwenden der Formel (2.29) erhalten wir demnach unmittelbar

$$\frac{\mathrm{d}\sigma}{\mathrm{d}\Omega}(e^-_\mathrm{L} e^+_\mathrm{R} \to \mu^-_\mathrm{L}\mu^+_\mathrm{R}) = \frac{\alpha^2}{16E^2}(1+\cos\Theta)^2 \ . \tag{3.146}$$

Aus den Regeln des Abschn. 2.1.1 folgt für den spingemittelten Querschnitt ebenso einfach

$$\frac{d\sigma}{d\Omega}(e^-e^+ \to \mu^-\mu^+) = \frac{\alpha^2}{16E^2}(1+\cos^2\Theta) \tag{3.147}$$

und daraus nach Integration über den Raumwinkel der totale Querschnitt der Elektron-Positron-Annihilation in Myon-Paare

$$\sigma = \frac{\pi\alpha^2}{3E^2} = \frac{4\pi\alpha^2}{3s} \quad . \tag{3.148}$$

Die typische Energieabhängigkeit ($1/E^2$) läßt sich ebenfalls aus allgemeineren Prinzipien verstehen. Wir haben im Grenzfall verschwindender Massen gerechnet. Der einzige dimensionsbehaftete Parameter, von dem der totale Wirkungsquerschnitt punktförmiger Teilchen dann noch abhängen kann, ist die Schwerpunktsenergie $\sqrt{s} = 2E$. Da Wirkungsquerschnitte die Dimension cm^2 bzw. GeV^{-2} haben, muß also σ proportional zu $1/E^2$ sein. Die numerische Auswertung der Beziehung (3.148) ergibt

$$\sigma = \frac{21{,}17\ \text{nb}}{E^2} \quad , \tag{3.149}$$

wobei E in GeV gemessen wird.[10] Die Formel zeigt, daß man bei den heute üblichen Strahlenergien der Speicherringe von 20 bis 50 GeV selbst bei einer als hoch angesehenen Luminosität von $200\ \text{pb}^{-1}\text{a}^{-1}$ nur noch einige tausend Ereignisse im Jahr erhält!

Durch Überprüfen des $1/E^2$-Abfalls des totalen Wirkungsquerschnitts kann die Gültigkeit der QED über große Energiebereiche getestet werden. Eine Abweichung von diesem Verhalten läßt sich durch eine Modifikation des Photonpropagators in Art einer Taylorreihe

$$\frac{1}{q^2} \to \frac{1}{q^2}(1+aq^2+bq^4+\ldots) \tag{3.150}$$

parametrisieren. Diese Reihe brechen wir nach dem zweiten Glied ab und schreiben für den Wirkungsquerschnitt

$$\sigma = \frac{4\pi\alpha^2}{3s}F^2 \tag{3.151}$$

mit

$$F = 1 + as \tag{3.152}$$

an. Der Koeffizient a kann positiv oder negativ sein. Dies wird in der Schreibweise

$$F = 1 \pm \frac{s}{\Lambda_\pm^2} \tag{3.153}$$

berücksichtigt. Experimentelle Untersuchungen der Elektron-Positron-Paarvernichtung in Myon-Paare wurden in einem weiten Energiebereich durchgeführt. Die Abb. 3.11 zeigt ein typisches experimentelles Ergebnis. Die besten Messungen [Ber88] schränken $\Lambda_\pm$ auf Werte größer als 250 GeV ein.

[10] 1 nanobarn(nb) $= 10^{-9}$ b. Siehe hierzu auch S. 44.

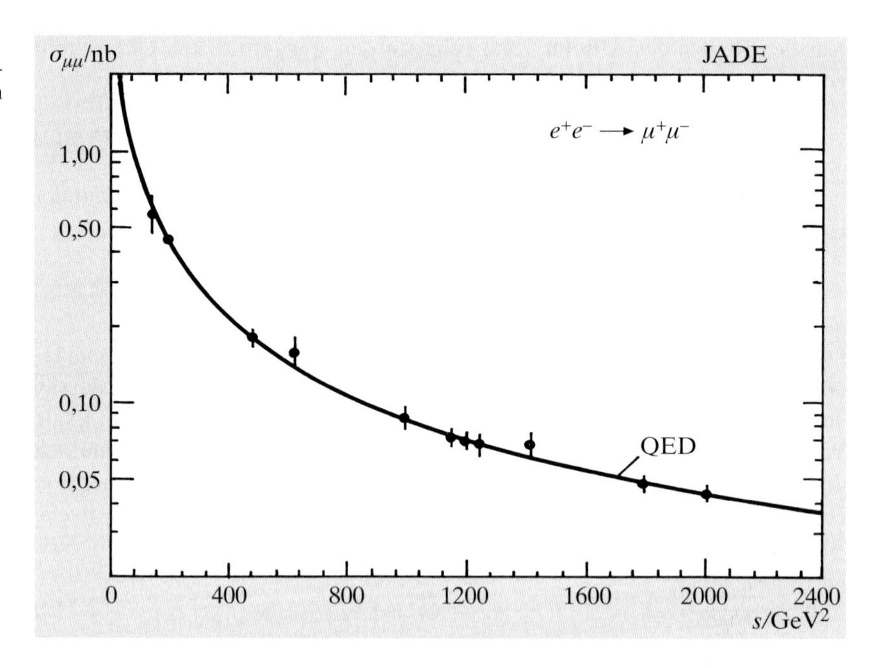

Abb. 3.11
Die Energieabhängigkeit des totalen Querschnitts der Elektron-Positron-Annihilation in Myon-Paare

Anschaulich bedeutet dieses Resultat, daß das Coulomb-Gesetz bis zu einem extrem kleinen Abstand von 10^{-3} fm gültig ist! Der Faktor F kann andererseits auch anschaulich als Formfaktor gedeutet werden, der die Abweichung der Leptonen von einem punktförmigen Verhalten beschreibt. Ähnlich wie bei den Formfaktoren der Atom- und Kernphysik, die eingeführt wurden, um die Unterschiede zwischen den gemessenen Streuquerschnitten und der Streuung im Coulomb-Feld zu parametrisieren, spielt Λ jetzt die Rolle eines inversen Radius der Leptonen. Mit $\Lambda > 250$ GeV ist dieser Radius demnach kleiner als 10^{-3} fm, das ist etwa ein Tausendstel des sog. klassischen Elektronenradius!

Für Schwerpunktsenergien > 60 GeV wird die quantitative Analyse dadurch erschwert, daß der zusätzliche Beitrag des Z^0-Bosons nicht mehr vernachlässigbar ist und zu einer veränderten Energie- und Winkelabhängigkeit des Wirkungsquerschnitts führt. Damit verlassen wir aber den Bereich der reinen QED; wir werden daher diese Thematik erst wieder in Abschn. 7.2 aufgreifen.

3.2.2 Die Elektron-Myon-Streuung

Als weiteren elementaren Prozeß der elektromagnetischen Wechselwirkung betrachten wir nun die Streuung von Elektronen an Myonen,

$$e^- + \mu^+ \rightarrow e^- + \mu^+ \ . \tag{3.154}$$

Sie läßt sich experimentell nicht direkt in Speicherring-Experimenten untersuchen, da wir nicht über Myonstrahlen genügender Intensität verfügen. Wir behandeln die $e\mu$-Streuung trotzdem an dieser Stelle als Modellprozeß für Elektronenstreuung an punktförmigen Fermionen.

Den Wirkungsquerschnitt der elastischen $e^-\mu^+$-Streuung erhalten wir durch Berechnen des Feynman-Diagramms der Abb. 3.4 ganz ähnlich dem Vorgehen im letzten Abschnitt.[11] Im Gegensatz zu Tabelle 3.1 werden die Amplituden jetzt nicht als Funktion des Streuwinkels im Schwerpunktssystem angegeben, sondern in explizit invarianter Form als Funktion der schon in Abschn. 2.4.1 vorgestellten Mandelstam-Variablen. Diese sind das Quadrat der Schwerpunktsenergie

$$s = (p+k)^2 \ , \tag{3.155}$$

das Quadrat des Viererimpulsübertrags

$$t = (p-p')^2 \tag{3.156}$$

und das Quadrat des Viererimpulsübertrags auf das Rückstoßteilchen

$$u = (p-k')^2 \ . \tag{3.157}$$

Unter Vernachlässigung der Massen gilt im Schwerpunktssystem $s = 4E^2$ und

$$t = -2E^2(1-\cos\Theta) = -\frac{s}{2}(1-\cos\Theta) \ . \tag{3.158}$$

Wegen (2.205) kann u durch s und t ausgedrückt werden, also

$$u = -(s+t) \tag{3.159}$$

im Grenzfall verschwindender Massen. In Abhängigkeit von der Energie und dem Streuwinkel berechnen wir daraus sofort

$$u = -\frac{s}{2}(1+\cos\Theta) \ . \tag{3.160}$$

Als wichtige physikalische Ergebnisse könnten wir anhand der Tabelle 3.2 auch hier wieder die Helizitätserhaltung am Vertex, die Drehimpulserhaltung und die Paritätsinvarianz der Amplituden studieren. Wir wollen uns jedoch nicht damit aufhalten, sondern uns einer interessanten Symmetrierelation zwischen den Streu- und Vernichtungsreaktionen zuwenden, die es erlaubt, die Amplituden und den Wirkungsquerschnitt der Streureaktion aus einer Substitutionsregel zu erhalten. Um nun zur Substitutionsregel der Streuamplitude zu gelangen, geben wir in Tabelle 3.3 zunächst die Amplituden der Reaktion $e^-e^+ \to \mu^-\mu^+$ als Funktion der Mandelstam-Variablen an. Bei Vergleich der Abb. 3.12a mit 3.12b fällt auf, daß man die Elektron-Myon-Streuung offenbar aus der e^-e^+-Annihilation erhält, indem man die Zeitachse in der Abb. 3.12a gedanklich von links nach rechts laufen läßt. Mit der dort angegebenen Bezeichnung der Teilchenimpulse trifft jetzt das einlaufende Elektron auf ein linkshändiges μ^- mit dem Impuls $-p'^\mu$, d.h. auf ein auslaufendes linkshändiges μ^- mit negativer Energie. In der Interpretation Feynmans ist das aber gleichbedeutend mit einem einlaufenden rechtshändigen μ^+ positiver Energie. Im Endzustand gibt es neben dem μ^+ ein e^+ mit dem Viererimpuls $-k'^\mu$. Dieses wird als auslaufendes Elektron interpretiert. Falls wir die einlaufenden Viererimpulse der jeweils betrachteten Reaktion mit p, k und die auslaufenden mit p', k' bezeichnen, erfolgt

Tabelle 3.2 Die Amplituden der $e^-\mu^+$-Streuung in invarianter Schreibweise. Bei der Streuung von Elektronen (e^-) an Myonen (μ^-) müssen diese Amplituden mit (-1) multipliziert werden

Prozeß	T_{fi}/e^2
$e^-_L\mu^+_R \to e^-_L\mu^+_R$	$-2u/t$
$e^-_L\mu^+_L \to e^-_L\mu^+_L$	$2s/t$
$e^-_R\mu^+_R \to e^-_R\mu^+_R$	$2s/t$
$e^-_R\mu^+_L \to e^-_R\mu^+_L$	$-2u/t$

Tabelle 3.3 Die Amplituden der Elektron-Positron-Annihilation in invarianter Schreibweise

Prozeß	T_{fi}/e^2
$e^-_Le^+_R \to \mu^-_L\mu^+_R$	$-2u/s$
$e^-_Le^+_R \to \mu^-_R\mu^+_L$	$-2t/s$
$e^-_Re^+_L \to \mu^-_L\mu^+_R$	$-2t/s$
$e^-_Re^+_L \to \mu^-_R\mu^+_L$	$-2u/s$

[11] Besonders einfach wird das Ergebnis der Tabelle 3.2 mit Hilfe eines algebraischen Programms nachgerechnet.

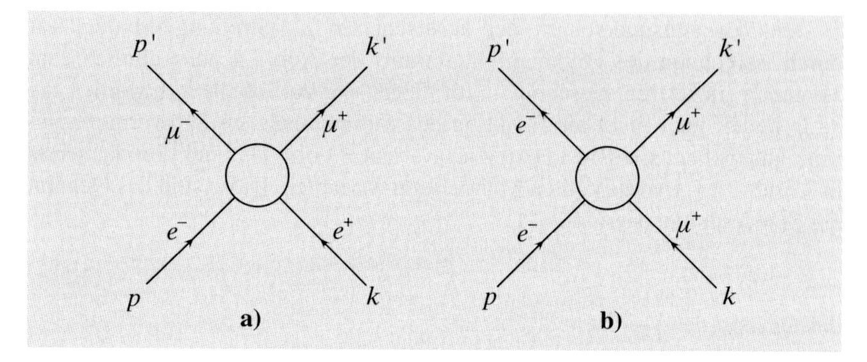

Abb. 3.12a,b
(**a**) Reaktionsdiagramm der Elektron-Positron-Vernichtung $e^-e^+ \to \mu^-\mu^+$,
(**b**) Reaktionsdiagramm der Elektron-Myon-Streuung $e^-\mu^+ \to e^-\mu^+$

der Übergang von der Annihilation $e^-(p)+e^+(k) \to \mu^-(p')+\mu^+(k')$ zur Streuung $e^-(p)+\mu^+(k) \to e^-(p')+\mu^+(k')$ durch die Vertauschung (*crossing*) $k \leftrightarrow -p'$. Diese Verknüpfung zwischen den beiden Reaktionen durch Überkreuzen zweier äußerer Linien wird in Abb. 3.13 nochmals anschaulich klar gemacht.

Auch in der Streureaktion bedeutet s physikalisch das Quadrat der Schwerpunktsenergie und t bzw. u das Quadrat des Viererimpulsübertrags zwischen dem einlaufenden Elektron und dem auslaufenden Elektron bzw. Myon. Für die Mandelstam-Variablen der *Streureaktion* gilt daher – ausgedrückt durch die Viererimpulse der *Annihilation* –

$$\begin{aligned} s &= (p-p')^2 \\ t &= (p+k)^2 \\ u &= (p-k')^2 \ . \end{aligned} \tag{3.161}$$

Verglichen mit der Annihilation haben demnach kinematisch die Variablen t und s ihre Bedeutung vertauscht.

Wie aus den Tabellen 3.2 und 3.3 abzulesen ist, können die Helizitätsamplituden der Streuung tatsächlich bis auf die Vorzeichen mit dieser Substitutionsregel aus den Amplituden der Annihilation erhalten werden. Falls die Massen der beteiligten Teilchen berücksichtigt werden, schaut die Substitutionsregel nicht mehr so einfach aus. Es zeigt sich aber, daß für die Summe der Amplitudenquadrate wirklich nur die kinematische Ersetzung

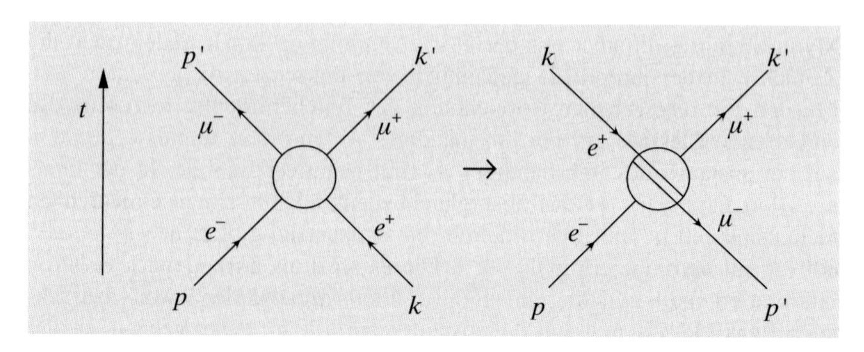

Abb. 3.13
Zur *Crossing*-Technik. *Links* ist das allgemeine Diagramm der e^-e^+-Vernichtung in $\mu^-\mu^+$-Paare. Das Überkreuzen oder Umklappen der Linien (*rechts*) bringt das μ^- mit dem Viererimpuls p' nach unten, macht also daraus ein μ^- mit dem Viererimpuls $-p'$. Dies entspricht einem einlaufenden μ^+. Ebenso bringt es ein e^+, das mit k einläuft, nach oben. Dieses ist einem auslaufendem e^- äquivalent. Das Diagramm beschreibt also die Streuung eines e^- an einem μ^+

$s \leftrightarrow t$ durchzuführen ist! Dies verifizieren wir sofort im masselosen Fall anhand der Tabellen 3.2 und 3.3. Für die spingemittelten Amplitudenquadrate der Streuung gilt

$$\overline{\sum}|T_{fi}|^2_{\text{Str}} = 2e^4 \frac{s^2+u^2}{t^2} \ , \tag{3.162}$$

während wir für die Annihilation

$$\overline{\sum}|T_{fi}|^2_{\text{Ann}} = 2e^4 \frac{t^2+u^2}{s^2} \tag{3.163}$$

erhalten. Später werden wir noch eine Modifikation dieser Regel benötigen: Jede Kreuzung einer Fermionlinie (d.h. das Vertauschen eines Fermions mit einem Antifermion) ergibt einen Faktor -1. In unserem Beispiel ist wegen der zwei gekreuzten Linien kein Vorzeichenwechsel für die Summe der Amplitudenquadrate erforderlich.

Der spingemittelte differentielle Wirkungsquerschnitt $\mathrm{d}\sigma/\,\mathrm{d}t$ der Streuung kann nun durch Anwenden von (2.33) und Umrechnen der Differentiale ermittelt werden, das Endresultat lautet – unabhängig vom Ladungsvorzeichen der beteiligten Fermionen –

$$\frac{\mathrm{d}\sigma}{\mathrm{d}t}(e\mu \to e\mu) = \frac{4\pi\alpha^2}{t^2}\frac{1}{2}\left(\frac{s^2+u^2}{s^2}\right) \ . \tag{3.164}$$

Manchmal ist eine Darstellung als Funktion von Energie und Winkel nützlich. Die Umrechnung auf $\mathrm{d}\sigma/\,\mathrm{d}\Omega$ erfordert eine Transformation der Differentiale. Sie ist in diesem Fall besonders einfach aus (3.158) zu erhalten,

$$\mathrm{d}t = \frac{s}{4\pi}\,\mathrm{d}\Omega \ , \tag{3.165}$$

und führt zum Ergebnis

$$\frac{\mathrm{d}\sigma}{\mathrm{d}\Omega} = \frac{\alpha^2}{8E^2}\frac{1+\cos^4(\Theta/2)}{\sin^4(\Theta/2)} \ . \tag{3.166}$$

Es sei nochmal darauf hingewiesen, daß hier E die Energie der Teilchen und Θ den Streuwinkel des auslaufenden Elektrons im Schwerpunktssystem kennzeichnet.

Das Quadrat des Viererimpulsübertrags ist mit dem Massenquadrat des ausgetauschten Photons identisch, $t = q^2$, daher werden in der Literatur Streuquerschnitte der elektromagnetischen Wechselwirkung meistens als Funktion von q^2 angegeben. Die Winkelverteilung der Streureaktion – das schon von Rutherford gefundene $1/\sin^4(\Theta/2)$ Gesetz! – ist vollständig durch den Photonpropagator dominiert, der eingeklammerte Faktor in (3.164) variiert nur zwischen 1 und 2.

Jetzt liegt es nahe, den differentiellen Streuquerschnitt zu integrieren, um den totalen Wirkungsquerschnitt σ zu bekommen. Das ist aber nicht so einfach, da der differentielle Wirkungsquerschnitt für kleine Streuwinkel zu stark divergiert. Man kann also immer nur den totalen Querschnitt ab einem bestimmten minimalen Streuwinkel oder minimalen Impulsübertrag bestimmen. Der Grund für diese lästige Divergenz ist die unendliche

Reichweite des Coulomb-Potentials, das Elektron „spürt" das Myon auch noch in unendlich großem Abstand. Die unendliche Reichweite ist mit der verschwindenden Masse des Photons verknüpft, man spricht daher auch von einer Massensingularität. In vielen praktischen Fällen ergibt sich ein natürlicher Abschneideparameter aus äußeren Bedingungen, so wird z.B. bei der Elektron-Kern-Streuung das Coulomb-Potential bei großen Abständen (d.h. kleinen Impulsüberträgen) durch die Elektronenhülle des Atoms abgeschirmt.

Wir wollen uns zum Abschluß noch mit nützlichen Umformungen der Formel (3.164) für den Wirkungsquerschnitt befassen. Der hierin enthaltene Faktor

$$\frac{1}{2}\frac{s^2+u^2}{s^2} \tag{3.167}$$

läßt sich in eine Form bringen, die wir noch häufig gebrauchen werden. Unter Benutzung der Bezeichnungen in Abb. 3.4 definieren wir zunächst eine neue Variable y,

$$y = \frac{q\cdot k}{p\cdot k} \ , \tag{3.168}$$

für die im Fall vernachlässigbarer Massen die Relation

$$y = -\frac{t}{s} = \frac{1-\cos\Theta}{2} \tag{3.169}$$

gilt. Diese neue Variable ist dimensionslos und auf den Wertebereich

$$0 \le y \le 1 \tag{3.170}$$

beschränkt. Der Faktor (3.167) wird damit einfach zu $1-y+y^2/2$, und der Wirkungsquerschnitt nimmt die Form

$$\frac{\mathrm{d}\sigma}{\mathrm{d}y} = \frac{4\pi\alpha^2}{sy^2}\left(1-y+\frac{y^2}{2}\right) \tag{3.171}$$

an. In dieser Formel wird die Trennung von Energie- und Winkelvariablen besonders klar. Aus den gerade diskutierten Gründen wird – in nicht ganz konsequenter Schreibweise – gerne der Rutherford-Querschnitt mit seinem $1/q^4$-Gesetz herausfaktorisiert,

$$\frac{\mathrm{d}\sigma}{\mathrm{d}q^2} = \frac{4\pi\alpha^2}{q^4}\left(1-y+\frac{y^2}{2}\right) \ . \tag{3.172}$$

Der Ausdruck in der Klammer beschreibt dann die Modifikation der Rutherford-Streuformel durch die Spins der beteiligten Teilchen.[12]

[12] Die Rutherford-Streuung wird in Abschn. 5.2.1 nochmals betrachtet.

Vertiefung

Manchmal ist es wichtig, die Formeln zur Berechnung der Wirkungsquerschnitte der Elektron-Positron-Paarvernichtung in Myonen oder der Elektron-Myon-Streuung auch ohne Vernachlässigung der Massenterme zu kennen. Die Berechnung ist dann nicht mehr auf ganz elementare Weise möglich, aber das Resultat

$$\overline{\sum}|T_{fi}|^2_{\text{Ann}} = 2e^4 \frac{2t_0^2 + s^2 + 2ts}{s^2} \tag{3.173}$$

nimmt doch eine sehr einfache Form an, die sich sofort wieder auf (3.163) zurückführen läßt, wenn in der Definitionsgleichung $t_0 = t - m^2 - M^2$ die Elektronenmasse m und die Myonmasse M zu Null gesetzt wird. Für den Wirkungsquerschnitt folgt aus (3.173) die Beziehung

$$\frac{\mathrm{d}\sigma_{\text{Ann}}}{\mathrm{d}t} = \frac{2\pi\alpha^2}{s^2} \frac{1}{1 - 4m^2/s} \left(1 + \frac{2t_0^2}{s^2} + \frac{2t}{s}\right) . \tag{3.174}$$

Unter Vernachlässigung der Elektronenmasse kann man mit wenigen Rechenschritten diesen Ausdruck wieder in eine Formel für den Wirkungsquerschnitt in Abhängigkeit von Energie und Winkel des Myons im Schwerpunktssystem umformen,

$$\frac{\mathrm{d}\sigma_{\text{Ann}}}{\mathrm{d}\Omega} = \frac{\alpha^2 \beta_\mu}{16E^2} \left(1 + \frac{M^2}{E^2} + \beta_\mu^2 \cos^2\Theta\right) . \tag{3.175}$$

Die Geschwindigkeit β_μ des Myons wird aus $\beta_\mu = \sqrt{(1 - M^2/E^2)}$ berechnet und offensichtlich verschwindet der Querschnitt an der Schwelle der Paarerzeugung und geht für hohe Energien in (3.147) über.

Die entsprechenden Formeln für die Streuung werden ohne weitere Mühe durch Ersetzen von $s \leftrightarrow t$ in (3.173) gewonnen, also

$$\overline{\sum}|T_{fi}|^2_{\text{Str}} = 2e^4 \frac{2s_0^2 + t^2 + 2ts}{t^2} \tag{3.176}$$

mit $s_0 = s - m^2 - M^2$. Die Ableitung der zugehörigen Formel für den Wirkungsquerschnitt sei dem Leser überlassen, das Ergebnis ist aber auch im übernächsten Abschnitt zu finden.

3.2.3 Bhabha- und Møller-Streuung

Unter Bhabha-Streuung versteht man die Reaktion

$$e^- + e^+ \to e^- + e^+ \ , \tag{3.177}$$

die der indische Physiker H.J. Bhabha als erster theoretisch untersucht hat. Sie wird durch eine Überlagerung des Annihilationsgraphen und des Streugraphen, die jetzt natürlich beide beitragen können, beschrieben (Abb. 3.14),

$$T_{fi} = T_{\text{Ann}} + T_{\text{Streu}} \ . \tag{3.178}$$

Der Wirkungsquerschnitt der Bhabha-Streuung kann ohne weiteres aus den Tabellen 3.2 und 3.3 abgeleitet werden. Es muß dabei jedoch beachtet werden, daß nur die jeweils erste und vierte Amplitude beider Tabellen identische Helizitätsindizes der beteiligten Teilchen aufweist. Daher müssen auch nur

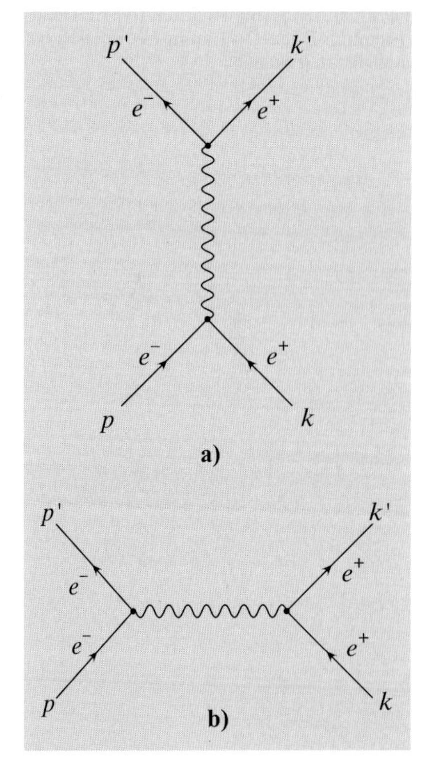

Abb. 3.14a,b
Feynman-Graphen der Elektron-Positron-Streuung (Bhabha-Streuung). (**a**) Annihilations-Diagramm mit Austausch eines zeitartigen Photons, (**b**) Streu-Diagramm mit Austausch eines raumartigen Photons

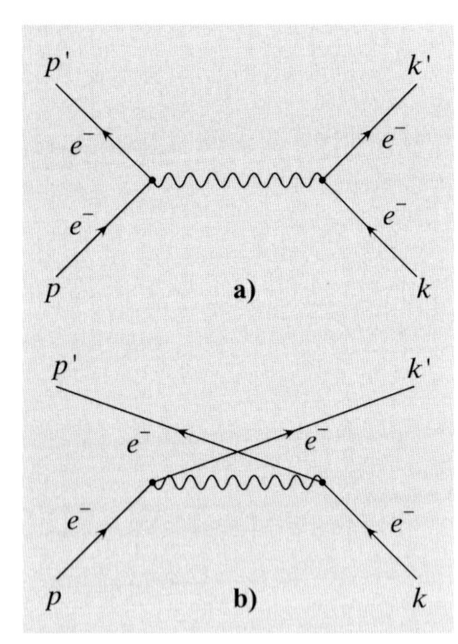

Abb. 3.15a,b
Feynman-Graphen der Elektron-Elektron-Streuung. Streu-Diagramm (**a**) im t-Kanal und (**b**) im u-Kanal

diese Amplituden kohärent summiert, d.h. erst addiert und dann quadriert werden. Diesem Ergebnis werden die Quadrate der jeweils zweiten und dritten Zeile der Tabellen hinzugefügt. Das Resultat lautet

$$\frac{\mathrm{d}\sigma}{\mathrm{d}t}(e^-e^+ \to e^-e^+) = \frac{2\pi\alpha^2}{s^2}\left(\frac{u^2+t^2}{s^2} + \frac{u^2+s^2}{t^2} + \frac{2u^2}{ts}\right) . \tag{3.179}$$

Hierin beschreibt der erste Term in der Klammer den Austausch eines zeitartigen ($q^2 > 0$, Annihilation) und der zweite den Austausch eines raumartigen Photons ($q^2 < 0$, Streuung). An dritter Stelle steht der Interferenzterm zwischen Annihilation und Streuung.

Die Bhabha-Streuung ist experimentell an Elektron-Positron-Speicherringen ausführlich untersucht worden. Bei den höchsten Schwerpunktsenergien macht sich auch hier wieder der Einfluß des Z^0-Bosons bemerkbar. Aufgrund des Streuterms ist der Wirkungsquerschnitt der Bhabha-Streuung für kleine Winkel viel größer als der Querschnitt der Elektron-Positron-Annihilation in Myonen. Da auch die Korrekturen aus Diagrammen höherer Ordnung der QED bekannt sind, wird die e^-e^+-Streuung bei kleinen Winkeln als Eichreaktion mit hoher Zählrate zur Messung der Luminosität von Elektron-Positron-Speicherringen benutzt.

Um den Wirkungsquerschnitt für die Elektron-Elektron-Streuung (Møller-Streuung) zu bekommen, berechnen wir nicht die Diagramme der Abb. 3.15, sondern wenden wieder eine Substitutionsregel an. Die kinematische Analyse der Abb. 3.16 zeigt, daß die Elektron-Elektron-Streuung aus der Elektron-Positron-Streuung durch die Vertauschung von k mit $-k'$ hervorgeht. In (3.179) für den Bhabha-Querschnitt bedeutet dies eine Ersetzung von s durch u (und umgekehrt) im Klammerausdruck auf der rechten Seite mit dem Resultat

$$\frac{\mathrm{d}\sigma}{\mathrm{d}t}(e^-e^- \to e^-e^-) = \frac{2\pi\alpha^2}{s^2}\left(\frac{s^2+t^2}{u^2} + \frac{u^2+s^2}{t^2} + \frac{2s^2}{tu}\right) . \tag{3.180}$$

Der Versuch, die Elektron-Elektron-Streuung direkt aus den Feynman-Diagrammen der Abb. 3.15 zu berechnen, gelingt nur, falls die beiden Amplituden *subtrahiert* werden. Dieses extra „–“-Zeichen ist eine Konsequenz des Pauli-Prinzips für die Berechnung der Reaktionen identischer Fermionen. Die Ununterscheidbarkeit der Elektronen kommt auch klar in der

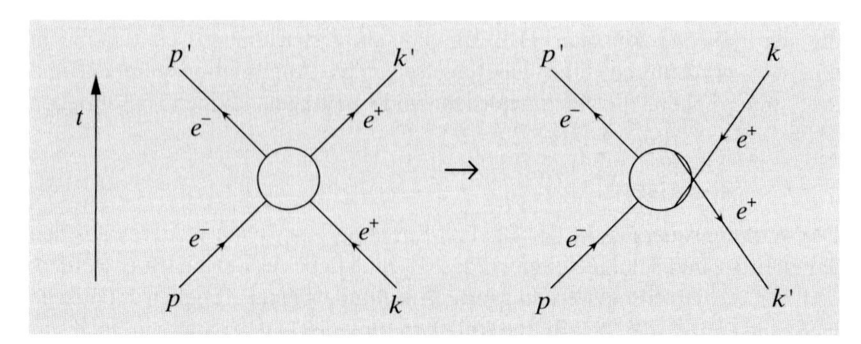

Abb. 3.16
Von der Bhabha-Streuung zur Møller-Streuung gelangt man durch Kreuzen (Umklappen) der Linien mit den Viererimpulsen k und k'

Vorwärts-Rückwärts-Symmetrie

$$\frac{d\sigma}{d\Omega}(\Theta) = \frac{d\sigma}{d\Omega}(\pi - \Theta) \tag{3.181}$$

des Wirkungsquerschnitts (3.180) zum Ausdruck, der nach seinem ersten Berechner auch Møller-Querschnitt genannt wird.

Dieser Prozeß wurde experimentell nur bei relativ niedrigen Energien mittels der Elektronenstreuung an Elektronen der Atomhülle ausgewählter Materialien und mit Hilfe von speziellen Speicherringen untersucht. Die Elektronenstreuung an den Elektronen der Atomhülle läßt sich kinematisch einfach von der Streuung am Kern unterscheiden. Bei der Streuung an ruhenden Teilchen wird die kinetische Energie T des Target-Teilchens nach dem Stoß aus

$$T = \frac{-q^2}{2M} \tag{3.182}$$

berechnet. Falls wir M mit der Kernmasse identifizieren, ist die Rückstoßenergie für moderate Impulsüberträge also vernachlässigbar klein, wir haben praktisch Potentialstreuung vorliegen. Bei der Elektron-Elektron-Streuung wird aber immer ein beträchtlicher Energieübertrag stattfinden, der es erlaubt, die Prozesse der Elektron-Elektron-Streuung und der Elektron-Kern-Streuung kinematisch voneinander zu trennen.

Vertiefung

Mancher Leser wird sicherlich die Formeln für die Elektron-Positron- bzw. die Elektron-Elektron-Streuung ohne Vernachlässigung der Elektronenmasse m suchen. Im Fall der Elektron-Positron-Streuung muß (3.179) durch die vollständige Bhabha-Formel

$$\frac{d\sigma}{dt}(e^-e^+ \to e^-e^+) = \frac{2\pi\alpha^2}{s(s-4m^2)}(A+B+C) \tag{3.183}$$

mit

$$\begin{aligned} A &= \frac{1}{t^2}[s^2+u^2+8m^2(t-m^2)] \\ B &= \frac{1}{u^2}[s^2+t^2+8m^2(u-m^2)] \\ C &= \frac{1}{tu}(s-2m^2)(s-6m^2) \end{aligned} \tag{3.184}$$

ersetzt werden. Für die Elektron-Elektron-Streuung werden die Koeffizienten A, B, C durch A', B', C' ersetzt, die wir wieder durch Anwendung der *crossing*-Technik, d.h. durch die Vertauschung von $s \leftrightarrow u$ in (3.184) gewinnen können. Offenbar gilt $A' = A$ und

$$\begin{aligned} B' &= \frac{1}{s^2}[u^2+t^2+8m^2(s-m^2)] \\ C' &= \frac{1}{ts}(u-2m^2)(u-6m^2) \ . \end{aligned} \tag{3.185}$$

3.2.4 Anwendungen der Streuformeln

Beim Durchgang durch ein dickes Stück Materie wird ein geladenes Teilchen mehrfach an den Elektronen und an den Kernen des Materials gestreut. Aufgrund ihrer kleinen Masse nehmen die Elektronen dabei eine merkliche Energie auf, was einen Energieverlust des einfallenden Teilchens zur Folge hat. Die Streuung an den Kernen bewirkt dagegen praktisch nur eine Ablenkung des einlaufenden Teilchens. Diese beiden Phänomene werden jetzt nacheinander behandelt.

a) Energieverlust geladener Teilchen

Der kinematische Effekt einer merklichen Übertragung von Rückstoßenergie (3.182) auf die Atomelektronen ist generell verantwortlich für den Energieverlust von geladenen Teilchen beim Durchgang durch Materie. Betrachten wir z.B. ein hochenergetisches Myon der Energie E auf seinem Weg durch eine Eisenplatte. Es wird auf diesem Weg viele Stöße mit relativ kleinen Werten von y erleiden. Für die Streuung an den als ruhend angenommenen Atomelektronen ergibt die Auswertung von (3.168)

$$y = \frac{E - E'}{E} \quad , \tag{3.186}$$

wobei E' die Energie des Myons nach der Streuung ist, demnach bezeichnet y also den relativen Energieverlust des Myons. Der gesamte Energieverlust ΔE auf der Strecke Δx ist durch

$$\Delta E = \bar{y} E \tag{3.187}$$

gegeben, worin sich der Mittelwert $\bar{y}$ von y aus dem Integral

$$\bar{y} = n_0 Z \Delta x \int\limits_{y_{\text{min}}}^{y_{\text{max}}} y \frac{\text{d}\sigma}{\text{d}y} \, \text{d}y \tag{3.188}$$

berechnen läßt. $n_0 Z$ ist die Elektronendichte in einem Material der Ordnungszahl Z mit n_0 Kernen pro Volumeneinheit.[13] Leider kann man für $\text{d}\sigma/\text{d}y$ nicht (3.171) verwenden, da diese Formel für masselose Teilchen hergeleitet wurde. Bei Berücksichtigung der Teilchenmassen m des Elektrons und M des Myons muß sie durch

$$\frac{\text{d}\sigma}{\text{d}y} = \frac{4\pi\alpha^2}{s_0 y^2} \frac{1}{1 - 4m^2 M^2/s_0^2} \left(1 - y\frac{s}{s_0} + \frac{y^2}{2} \right) \tag{3.189}$$

ersetzt werden. Hierin ist s_0 eine Abkürzung für $s - m^2 - M^2$. Für die betrachtete kinematische Situation der Streuung an ruhenden Elektronen gilt $s = 2Em + m^2 + M^2$. Aus der Definition von y (3.168) wird bei Berücksichtigung der Massen

$$y = -\frac{t}{s_0} \quad . \tag{3.190}$$

Der maximal mögliche y-Wert y_{max} wird beim zentralen Stoß mit einem Streuwinkel von 180° erreicht. Eine kurze Rechnung führt zu der Relation

$$y_{\text{max}} = \beta^2 \frac{s_0}{s} \quad , \tag{3.191}$$

[13] Durch die Multiplikation mit $n_0 Z \Delta x$ wird der differentielle Wirkungsquerschnitt in die zur Berechnung von Mittelwerten benötigte differentielle Wahrscheinlichkeit verwandelt (Abschn. 1.3).

wobei β die Geschwindigkeit des Myons ist, $\beta^2 = 1 - M^2/E^2$. Einsetzen dieser Beziehungen in (3.189) ergibt

$$\frac{\mathrm{d}\sigma}{\mathrm{d}y} = \frac{2\pi\alpha^2}{Em\beta^2 y^2}\left(1 - y\frac{\beta^2}{y_{\max}} + \frac{y^2}{2}\right) \tag{3.192}$$

als Ausgangspunkt für die Integration zur Ermittlung von $\bar{y}$. Es ist üblich, bei der Berechnung des Integrals den Term $y^2/2$ in der Klammer auf der rechten Seite zu vernachlässigen, da er i.allg. wenig beiträgt. Die resultierende Formel

$$\bar{y} = n_0 Z \Delta x \frac{2\pi\alpha^2}{\beta^2 Em}\left(\ln\frac{y_{\max}}{y_{\min}} - \beta^2\right) \tag{3.193}$$

ist dann auch für den elektromagnetischen Energieverlust von Spin 0-Teilchen, wie z.B. $\pi^{\pm}$-Mesonen, gültig.

Bei der Berechnung dieser Formel wurde $y_{\min}$ als sehr klein angenommen. Die Formel wird man aber nur sinnvoll anwenden können, wenn der zugehörige Energieverlust der Myonen, $T_{\min} = Ey_{\min}$, groß verglichen mit der Ionisationsenergie der Elektronen des Atoms ist, denn nur dann kann man von einer Streuung an freien Elektronen sprechen. Hiermit zeigt sich aber, daß unser Ergebnis nur von beschränktem Nutzen ist, denn wir wollen natürlich auch den Einfluß von Reaktionen kennen, die zu Anregung und Ionisation führen. Dieses Problem wurde schon früh von H.A. Bethe gelöst [Bet32], der den Mittelwert von y für Stöße mit Energieverlusten kleiner als $T_{\min}$ zu

$$\bar{y}_{\mathrm{ion}} = n_0 Z \Delta x \frac{2\pi\alpha^2}{\beta^2 Em}\left(\ln\frac{2m\beta^2 T_{\min} E^2}{I^2 M^2} - \beta^2\right) \tag{3.194}$$

berechnete. I bezeichnet hier die über alle Elektronen des Atoms gemittelte Anregungs- und Ionisationsenergie.

Zusammengefaßt gilt dann für den Energieverlust bei gleichzeitigem Übergang von den Differenzen zu den Differentialen

$$\frac{\mathrm{d}E}{\rho\,\mathrm{d}x} = \frac{KZ}{M_r\beta^2}\left(\frac{1}{2}\ln\frac{2mc^2\beta^2\gamma^2 T_{\max}}{I^2} - \beta^2\right) , \tag{3.195}$$

mit den Abkürzungen $\gamma = E/Mc^2$ und $T_{\max} = Ey_{\max}$. Es wurde zusätzlich die in Abschn. 1.3 eingeführte Relation $n_0 = \rho N_{\mathrm{A}}/M_{\mathrm{r}}$ mol g^{-1} benutzt, $\rho\,\mathrm{d}x$ ist die durchlaufene Materiedicke gemessen als Massenbelegung, z.B. in der Einheit g cm^{-2}. In diesem letzten Schritt sind wir außerdem zum SI-Einheitensystem zurückgekehrt, in welchem die Konstante K die Form

$$K = \frac{4\pi\alpha^2 N_{\mathrm{A}}\hbar^2}{m}\frac{\mathrm{mol}}{\mathrm{g}} \tag{3.196}$$

annimmt. Sie hat den numerischen Wert $0{,}307\,\mathrm{MeV cm^2 g^{-1}}$. Wenn die kinetische Energie des einfallenden Teilchens gegenüber seiner Ruheenergie vernachlässigt werden kann, reduziert sich (3.195) auf die sog. Bethe–Bloch-Formel

$$\frac{\mathrm{d}E}{\rho\,\mathrm{d}x} = \frac{KZ}{M_r\beta^2}\left(\ln\frac{2mc^2\beta^2\gamma^2}{I} - \beta^2\right) . \tag{3.197}$$

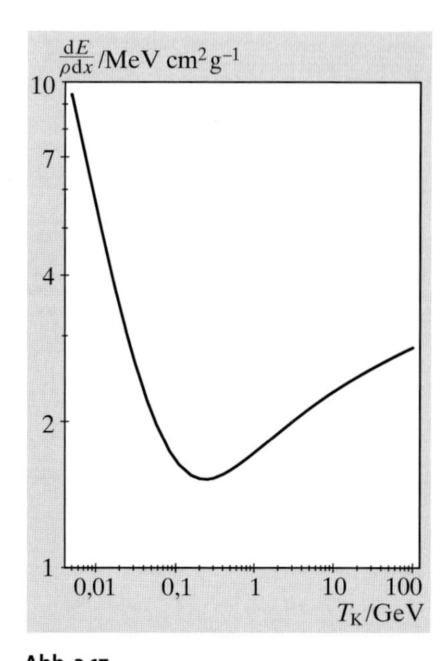

Abb. 3.17
Der Energieverlust von Myonen durch Ionisation und Anregung in Eisen als Funktion der kinetischen Energie der Myonen nach (3.195)

Der typische Verlauf der Energieverlustkurve (3.195) in Abhängigkeit von der kinetischen Energie $T_K = E - M$ ist in Abb. 3.17 gezeigt. Für kleine Energien steigt der Energieverlust scharf an, ($\sim \beta^{-2}$), bei $T_K \approx 2M$ durchläuft er ein flaches Minimum („minimal ionisierende Teilchen"), um bei höheren Energien wieder langsam anzusteigen. Die Identifikation von I mit der mittleren Ionisationsenergie des untersuchten Atoms oder Moleküls ist nicht allzu wörtlich zu nehmen. Die genauesten Werte von I wurden aus Anpassungsrechnungen des gemessenen Energieverlustes bestimmt. Für atomaren Wasserstoff ergab sich so z.B. $I = 15$ eV (bei einer Ionisationsenergie von 13,6 eV) und für H_2 in gasförmigem Zustand $I = 19{,}2$ eV. Für Elemente mit einer Ordnungszahl $Z > 20$ gilt in guter Näherung $I = 10Z$ eV.

Beispiel 3.1

Als Beispiel berechnen wir den Energieverlust von Myonen der Gesamtenergie $E = 1$ GeV in Eisen. Mit $Z = 26$, $M_r = 55{,}8$ und $I = 260$ eV gibt die Auswertung von (3.195) einen Energieverlust von 1,68 MeVcm^{2}g^{-1}. Das ist nur wenig mehr als der minimale Energieverlust von 1,45 MeVcm^{2}g^{-1}. Pro Zentimeter Wegstrecke im Eisen ($\rho = 7{,}8$ g cm^{-3}) haben Myonen mit einer Energie von 1 GeV also nur einen Energieverlust von 13,2 MeV. Wenn man den Energieverlust in Abhängigkeit von der Geschwindigkeit des einfallenden Teilchens berechnet, erhält man praktisch den gleichen Wert auch für Protonen und Pionen, da bis zu einer Energie von etwa 10 GeV die Näherung $T_{max} = 2m\beta^2\gamma^2$ gültig ist und der elektromagnetische Energieverlust damit nur noch zu einer Funktion von β wird. In der Praxis ist die Reichweite von Pionen und Protonen in Materie natürlich viel geringer, da sie im Gegensatz zu den Myonen an der starken Wechselwirkung mit den Kernen teilnehmen.

Die Materialabhängigkeit des Energieverlustes wird durch das Verhältnis Z/M_r und den Wert von I bestimmt. In unserem Beispiel variiert der Energieverlust von Kohlenstoff bis Blei zwischen 1,8 und 1,2 MeVcm^{2}g^{-1}. Für grobe Abschätzungen des Energieverlustes hochenergetischer Teilchen ist also 1,5 bis 2 MeVcm^{2}g^{-1} ein guter Ausgangswert.

In der experimentellen Teilchenphysik wird die Messung des Energieverlustes zur Bestimmung der Teilchengeschwindigkeit und damit bei Kenntnis des Impulses zur Teilchenidentifikation benutzt. Es gibt aber auch viele andere Anwendungen der Energieverlustkurve, z.B. in der medizinischen Strahlentherapie. Eine genaue Kenntnis der Zusammenhänge ist daher von grundsätzlichem und praktischem Wert. Unsere Behandlung ist noch nicht vollständig, es fehlt noch die bei sehr hohen Energien wichtig werdende Korrektur aufgrund der Polarisation der Materie. Der interessierte Leser kann eine ausführliche Diskussion dieses Effektes in dem schon oft zitierten Lehrbuch von J.D. Jackson [Jac99] finden.

b) Der mittlere Winkel der Vielfachstreuung

Bei der Streuung an den Kernen des durchquerten Materials erleidet das gestreute Teilchen (als Beispiel stellen wir uns wieder ein Myon vor) wegen der großen Kernmasse i.allg. keinen Energieverlust, sondern nur eine Winkelablenkung. Die Streuung ist so stark durch kleine Impulsüberträge dominiert, daß bei der Berechnung des mittleren Streuwinkels nur der erste Term in der Klammer von (3.189) beachtet werden muß. Nach Berücksichtigung der Kernladungszahl Z durch einen Faktor Z^2 lautet das Resultat

$$\frac{d\sigma}{dt} = \frac{4\pi\alpha^2 Z^2}{\beta^2 t^2} \quad .^{14} \tag{3.198}$$

Es ist identisch mit Rutherfords Formel der Potentialstreuung. (Durch einen Faktor z^2 ließe sich auch noch eine von 1 abweichende Ladungszahl z des gestreuten Teilchens einarbeiten.) Die Streuformel gilt für alle Sorten geladener Teilchen, die hier behandelte Theorie der Vielfachstreuung ist also für Elektronen, Myonen, Pionen, usw. anwendbar.

Die Anwendung des schon im letzten Abschnitt benutzten Verfahrens zum Berechnen von Mittelwerten führt zu

$$\overline{|t|} = n_0 \Delta x \frac{4\pi\alpha^2 Z^2}{\beta^2} \ln \frac{|t|_{\max}}{|t|_{\min}} \quad . \tag{3.199}$$

Zunächst müssen wir wieder mit dem Problem der Divergenz bei kleinen Impulsüberträgen fertig werden, das sich für das kinematisch mögliche $|t|_{\min} = 0$ ergibt. Kleine Impulsüberträge bedeuten aber große Abstände. Wenn diese den Atomdurchmesser überschreiten, wird die Ladung des Kerns vollkommen durch die Elektronenhülle abgeschirmt. Wir schneiden daher die Integration bei

$$|t|_{\min} = \frac{1}{a^2} \tag{3.200}$$

ab, wobei a der z.B. im Thomas-Fermi-Modell bestimmte Radius des Atoms ist,

$$a = 1.4\, a_0 Z^{-1/3} \quad . \tag{3.201}$$

Hierin ist a_0 der Bohrsche Radius $a_0 = 1/(\alpha m)$, der numerische Wert beträgt $5{,}3 \cdot 10^{-11}$ m. Eine obere Abschneidegrenze ergibt sich für Impulsüberträge, die zu Abständen nahe am Kern führen,

$$|t|_{\max} = 1/R_K^2 \quad . \tag{3.202}$$

Für den Radius eines Kerns mit A Nukleonen wird wie üblich $R_K = r_0 A^{1/3}$ angesetzt, mit $r_0 = 1{,}3$ fm.

Das die Materie durchquerende Teilchen habe den Impuls $|\boldsymbol{p}|$. Für sehr kleine Streuwinkel gilt der einfache Zusammenhang

$$|t| = \boldsymbol{p}^2 \Theta^2 \quad , \tag{3.203}$$

und daher hat unter Benutzung der gerade abgeleiteten Beziehungen für $|t|_{\max}$ und $|t|_{\min}$ und dem Ansatz $A = 2Z$ der mittlere quadratische Streuwinkel den Wert

$$\overline{\Theta^2} = n_0 \Delta x \frac{16\pi\alpha^2 Z^2}{\beta^2 \boldsymbol{p}^2} \ln \frac{213}{Z^{1/3}} \quad . \tag{3.204}$$

[14] Als Variable wählen wir jetzt t, da wir uns für die Winkel des gestreuten Teilchens interessieren.

Wenn in diesem Ausdruck Z^2 durch $Z(Z+1)$ ersetzt wird, läßt sich angenähert sogar die Vielfachstreuung an den Elektronen des Streumaterials berücksichtigen. Es erweist sich nun als praktisch, die als Strahlungslänge X_0 bekannte Materialkonstante aus dieser Formel herauszufaktorisieren. Wir greifen auf Abschn. 3.3.1b vor und bekommen mit Hilfe von (3.264) als Ergebnis für den mittleren quadratischen Streuwinkel in dem für den Anwender praktischeren SI-Einheitensystem

$$\overline{\Theta^2} = \frac{4\pi m^2 c^2}{\alpha \beta^2 \boldsymbol{p}^2} \frac{\Delta x}{X_0} \, , \tag{3.205}$$

wobei der Unterschied zwischen 213 und 192 im Logarithmus vernachlässigt wurde. Die gemessenen Winkel Θ der auslaufenden Teilchen folgen einer Gauß-Verteilung, deren Streuung durch $\sigma_\Theta^2 = \overline{\Theta^2}$ bestimmt ist. Dies bedeutet, daß 68 % der Teilchen Winkel zwischen 0 und σ_Θ haben. Die numerische Auswertung von (3.205) lautet

$$\sigma_\Theta = \frac{21{,}2\,\text{MeV}}{\beta |\boldsymbol{p}| c} \sqrt{\frac{\Delta x}{X_0}} \, . \tag{3.206}$$

Sehr häufig interessiert sich der Experimentalphysiker nicht für den räumlichen Streuwinkel, sondern für den sog. projizierten Streuwinkel Θ_{pr}. Wenn der Strahl z.B. in der z-Achse verläuft, sind die Projektionen auf die z, x- und z, y-Ebene wichtig. Die quadratischen Mittelwerte dieser projizierten Winkel sind um einen Faktor 2 kleiner, so daß sich

$$\sigma_{\Theta_{\text{pr}}} = \frac{15\,\text{MeV}}{\beta |\boldsymbol{p}| c} \sqrt{\frac{\Delta x}{X_0}} \tag{3.207}$$

ergibt.

Die Vielfachstreuung ist experimentell und theoretisch sorgfältig untersucht worden. Die Experimente sind in sehr guter Übereinstimmung mit der Theorie von Molière [Bet53], deren Resultat für den mittleren Streuwinkel aber unserem Ansatz sehr ähnlich ist. Es muß nur der Faktor 15 MeV in (3.207) durch 13,6 MeV ersetzt werden [PDG04].

Beispiel 3.2

Als Beispiel betrachten wir wieder ein Myon mit der Energie von 1 GeV in Eisen. Die Strahlungslänge von Eisen beträgt 1,76 cm und mit $\beta|\boldsymbol{p}|c \approx$ 1 GeV bekommen wir $\bar{\Theta}_{\text{pr}} = 11/1000$, also etwa 0,6° als Streuung des projizierten Winkels nach Durchlaufen einer Eisenplatte von 1 cm Dicke.

3.2.5 Die Compton-Streuung

Als einen der letzten einfachen, elektromagnetischen Prozesse behandeln wir noch die Compton-Streuung, d.h. die Reaktion

$$\gamma + e^- \to \gamma + e^- \tag{3.208}$$

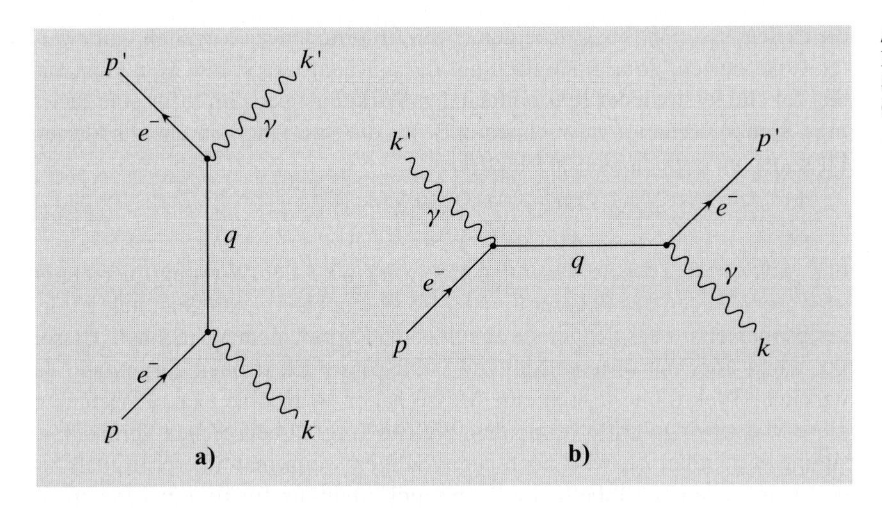

Abb. 3.18a,b
Feynman-Graphen für die Compton-Streuung. (**a**) s-Kanal-Graph mit $q^2 = s$, (**b**) u-Kanal-Graph mit $q^2 = u$

genauer.[15] In der Ordnung e^2 gehören hierzu die Feynman-Graphen der Abb. 3.18. Im Unterschied zu den bisher betrachteten Prozessen ist die innere Linie nun ein Elektron, im ersten Graph zeitartig ($q^2 = s$), im zweiten raumartig ($q^2 = u$). Für das Matrixelement leiten wir daraus den Ausdruck

$$T_{fi} = e^2 \bar{u}(p') \left(\not{\varepsilon}'^* \frac{\not{p} + \not{k} + m}{(p+k)^2 - m^2} \not{\varepsilon} + \not{\varepsilon} \frac{\not{p} - \not{k}' + m}{(p-k')^2 - m^2} \not{\varepsilon}'^* \right) u(p) \quad (3.209)$$

ab. Das sieht nun wirklich schon nach einer komplizierten Rechnung aus. Die Berechnung kann man sich aber wenigstens für den zeitartigen Graphen ersparen, der auch s-Kanal-Graph genannt wird, da der Propagator proportional zu $s - m^2$ ist. Wir bleiben wie bisher in der Hochenergienäherung. Wegen der Helizitätserhaltung am Vertex und wegen des Spins $1/2$ des Austauschteilchens sind nur die Amplituden für $e_R^- \gamma_R \to e_R^- \gamma_R$ bzw. $e_L^- \gamma_L \to e_L^- \gamma_L$ von null verschieden. Diese Amplituden müssen proportional zu $d^{\frac{1}{2}}_{\frac{1}{2}\frac{1}{2}}$ sein, mit einem Proportionalitätsfaktor $2e^2$, den wir schon bei der Annihilation abgeleitet haben, also

$$T^s_{fi} = 2e^2 \cos\frac{\Theta}{2} = 2e^2 \sqrt{\frac{-u}{s}} \ . \quad (3.210)$$

Im zweiten Teil der Gleichung wird wieder der Cosinus des Streuwinkels Θ im Schwerpunktssystem durch die Invarianten $s = (k+p)^2$ und $u = (k-p')^2$ ausgedrückt. Die Amplitude des raumartigen oder u-Kanal-Graphen kann nicht aus so anschaulichen Argumenten abgeleitet werden. Für die Summe $T^s_{fi} + T^u_{fi}$ beider Graphen liefert die Rechnung aber den einfachen Ausdruck

$$T^{s+u}_{fi} = \frac{2e^2}{\cos(\Theta/2)} = 2e^2 \sqrt{\frac{-s}{u}} \ . \quad (3.211)$$

Die nichtverschwindenden Amplituden der Compton-Streuung sind in Tabelle 3.4 zusammengefaßt. Auch diese Tabelle läßt sich mit Hilfe eines algebraischen Programms mit wenig Mühe nachvollziehen.[16] Die beiden letzten Zeilen müssen nicht einmal explizit berechnet werden, da sie wieder über

Tabelle 3.4 Die Amplituden der Compton-Streuung in der Näherung $m^2/s \to 0$

Prozeß	T_{fi}/e^2
$\gamma_L e_L^- \to \gamma_L e_L^-$	$2\sqrt{-s/u}$
$\gamma_R e_L^- \to \gamma_R e_L^-$	$2\sqrt{-u/s}$
$\gamma_R e_R^- \to \gamma_R e_R^-$	$2\sqrt{-s/u}$
$\gamma_L e_R^- \to \gamma_L e_R^-$	$2\sqrt{-u/s}$

[15] Arthur Holly Compton (1892–1962), amerikanischer Physiker, erhielt 1927 den Nobelpreis für die Entdeckung des nach ihm benannten Effektes.

[16] z.B mit dem MAPLE-Paket `compton.txt`

die Paritätsinvarianz aus den beiden ersten Amplituden hervorgehen. Zur zweiten (und vierten) Amplitude trägt nur der u-Kanal-Graph bei. Man kann aus der Tabelle jetzt wieder sehr einfach den Wirkungsquerschnitt für eine beliebige Spinkombination ausrechnen, z.B. für die Streuung von unpolarisierten Photonen an unpolarisierten Elektronen

$$\frac{d\sigma}{dt}(\gamma e^- \to \gamma e^-) = \frac{2\pi\alpha^2}{s^2}\left(\frac{-u}{s} + \frac{-s}{u}\right) \ . \tag{3.212}$$

Für rückwärts gestreute Photonen ($\Theta \to \pi$) wird der Wirkungsquerschnitt sehr groß. Wegen des Pols für $u = 0$ (also $\Theta = \pi$) kann man den totalen Wirkungsquerschnitt aus der gerade abgeleiteten Formel nicht ausrechnen. Dieser Pol hängt aber mit unserer Näherung masseloser Elektronen zusammen, da wirkliche Elektronen jedoch eine Masse haben, wird eine exakte Rechnung diese Massensingularität vermeiden. Welche Sorgfalt bei solchen Vernachlässigungen geboten ist, wird noch augenfälliger, wenn man überprüft, daß für die Amplituden der Tabelle die Drehimpulserhaltung für $\Theta = \pi$ verletzt ist, die Amplituden müssen an dieser Stelle verschwinden. In unserer Näherung ist dies offenbar für die erste (und dritte) Zeile der Tabelle nicht der Fall.

Eine Wiederholung der Rechnung mit nichtverschwindenden Massen ergibt, daß (3.211) in sehr guter Näherung durch

$$T_{fi} = 2e^2\sqrt{\frac{-u_0}{s}}\frac{s - m^2}{m^2 - u_0} \tag{3.213}$$

ersetzt werden muß, wobei $-u_0$ als Abkürzung für $s\cos^2(\Theta/2)$ steht. Ersichtlich ist dieses Ergebnis für verschwindende Elektronenmasse ($m = 0$) mit (3.211) identisch, hat aber für $m \neq 0$ keinen Pol bei $u_0 = 0$, sondern sogar eine Nullstelle! Diese drastische Änderung der Winkelabhängigkeit wird für Werte um $-u_0 \approx m^2$ wirksam.

Außer den bisher betrachteten Amplituden tragen jetzt zur Compton-Streuung alle weiteren kombinatorisch möglichen Amplituden bei. Eine Berechnung des totalen Wirkungsquerschnitts durch explizites Aufsummieren führt zu ziemlich unübersichtlichen Ausdrücken. Mit der Methode der Spurbildung, wie sie in den meisten Lehrbüchern vorgeführt wird, kommt man schneller zu Resultaten. Das Ergebnis nimmt eine besonders einfache Form für die Streuung von Photonen an *ruhenden* Elektronen an, es ist die sog. Klein-Nishina-Formel

$$\frac{d\sigma}{d\Omega} = \frac{\alpha^2}{2m^2}\left(\frac{\omega'}{\omega}\right)^2\left(\frac{\omega'}{\omega} + \frac{\omega}{\omega'} - \sin^2\Theta\right) \ . \tag{3.214}$$

Wie bereits erwähnt, bedeuten hierin ω bzw. ω' die Energien des ein- und auslaufenden Photons und Θ seinen Streuwinkel in einem Bezugssystem, in dem die Elektronen des Anfangszustands ruhen. Dies ist das Laborsystem für die sehr häufig benutzte experimentelle Anordnung, in der hochenergetische Photonen an den Elektronen eines Target-Materials gestreut werden.

Die beiden ersten Terme in der Klammer entsprechen genau den beiden ersten Termen in (3.212), denn es gilt ja

$$\frac{\omega'}{\omega} = \frac{p\cdot k'}{p\cdot k} \ . \tag{3.215}$$

Die rechte Seite wird aber zu $-u/s$ im masselosen Limes. Auch der dritte Term in (3.214) verschwindet in diesem Grenzübergang.

Vertiefung

Es ist eine lohnende kinematische Übung, diese Formel in die viel komplizierter aussehende explizit invariante Form in Abhängigkeit von den Mandelstam-Variablen s und t zu überführen. Das Ergebnis lautet:

$$\frac{d\sigma}{dt} = \frac{2\pi\alpha^2}{(s-m^2)^2}\left(\frac{s+t-m^2}{s-m^2} + \frac{s-m^2}{s+t-m^2} - g(s,t)\right) , \tag{3.216}$$

mit

$$g(s,t) = 1 - \left(\frac{s+m^2}{s-m^2} - \frac{2m^2}{s+t-m^2}\right)^2 . \tag{3.217}$$

Der Zusammenhang mit (3.212) wird besonders klar, wenn man $s+t-m^2$ durch m^2-u ersetzt.

Für die weitere Diskussion müssen wir beachten, daß natürlich ω' eine Funktion des Streuwinkels Θ ist. Die dazu nötige kinematische Rechnung geht am besten vom Impuls-Energie-Satz in der Form

$$k + p - k' = p' \tag{3.218}$$

aus. Eine Quadrierung dieser Gleichung führt mit $k^2 = k'^2 = 0$ und $p^2 = p'^2 = m^2$ unmittelbar zu

$$k \cdot p - k \cdot k' - k' \cdot p = 0 . \tag{3.219}$$

Die Auswertung für ein ruhendes Target-Elektron ergibt den gesuchten Zusammenhang

$$\omega' = \frac{\omega}{1 + (\omega/m)(1-\cos\Theta)} . \tag{3.220}$$

Bei kleinen Energien ω des einfallenden Photons reduziert sich daher die Klein-Nishina-Formel (3.214) zu

$$\frac{d\sigma}{d\Omega} = \frac{\alpha^2}{2m^2}\left(2 - \sin^2\Theta\right) \tag{3.221}$$

mit dem dazugehörigen totalen Wirkungsquerschnitt

$$\sigma = \frac{8\pi}{3}\frac{\alpha^2}{m^2} , \tag{3.222}$$

der genau dem Ergebnis der klassischen Rechnung (Formel von Thomson) entspricht. Für hohe Energien läßt sich das Ergebnis der Integration durch

$$\sigma(\gamma e^- \to \gamma e^-) = \frac{2\pi\alpha^2}{s}\left(\ln\left(\frac{s}{m^2}\right) + \frac{1}{2}\right) \tag{3.223}$$

annähern. Der $1/s$-Abfall wird also durch einen logarithmisch mit der Schwerpunktsenergie ansteigenden Term kompensiert.[17]

[17] Wie schon weiter oben erwähnt, macht die nichtverschwindende Masse des Elektrons den Wirkungsquerschnitt integrabel. Für $m \to 0$ hat auch der Compton-Wirkungsquerschnitt eine Massensingularität.

Die Compton-Streuung ist eine der Basisreaktionen der Quantenmechanik. Sie wurde daher insbesondere bei Photonenergien im MeV-Bereich sehr sorgfältig untersucht.[18] Am Anfang stand die klassisch nicht erklärbare Verschiebung der Wellenlänge λ des gestreuten Photons. Die berühmte Formel

$$\Delta\lambda = \frac{2\pi}{m}(1-\cos\Theta) \tag{3.224}$$

für die Wellenlängenverschiebung ist natürlich nichts anderes als eine unmittelbare Konsequenz der Streukinematik (3.220).

Eine wichtige praktische Anwendung hat die Compton-Streuung bei der Herstellung eines Strahls hochenergetischer polarisierter Photonen gefunden. Hierzu werden hochenergetische Elektronen an einem polarisierten Laserstrahl gestreut. Im Laborsystem ruht jetzt also das Elektron nicht mehr, sondern trifft mit sehr hoher Energie ($E \approx 20\,\text{GeV}$) auf Photonen extrem niedriger Energie ($\omega \approx 2\,\text{eV}$). Die relativistische Kinematik führt nun zur Produktion hochenergetischer Photonen in Rückwärtsrichtung, d.h. bei Winkeln nahe $\Theta = \pi$. Das läßt sich leicht einsehen. Die Auswertung von (3.219) für die hier betrachtete kinematische Situation liefert die Energie der Photonen zu

$$\omega' = \frac{E\omega(1+\beta)}{\omega(1-\cos\Theta)+E(1+\beta\cos\Theta)} \, , \tag{3.225}$$

wobei alle Energien und Winkel sowie die Geschwindigkeit β des Elektrons im Laborsystem aufzufassen sind. Nur ganz in der Nähe von $\Theta = \pi$ werden die rückgestreuten Photonen hochenergetisch, es ist daher praktisch, den Winkel Θ durch $\pi - \chi$ zu ersetzen und eine Näherung für kleine χ und $\beta \to 1$ durchzuführen,

$$\omega' = \frac{E\omega}{\omega + \frac{m^2}{4E} + \frac{E\chi^2}{4}} \, . \tag{3.226}$$

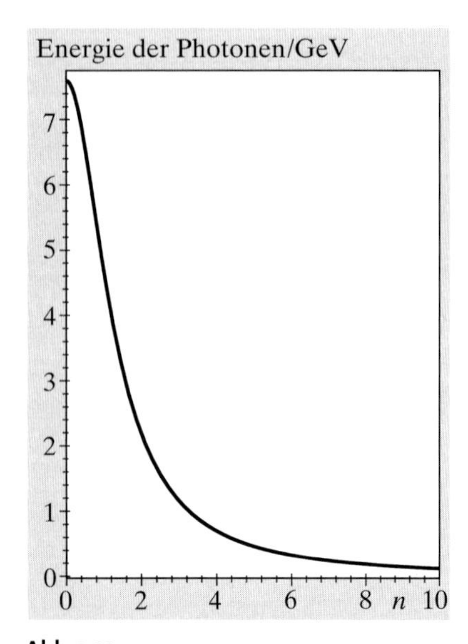

Abb. 3.19
Die Energie der rückgestreuten Photonen bei der Streuung von Laserlicht ($\omega = 2\,\text{eV}$) an 20 GeV-Elektronen. Der Streuwinkel χ ist in Vielfachen n von m/E aufgetragen. Siehe dazu die Erläuterungen im Text.

Die Abb. 3.19 zeigt ein numerisches Beispiel für $E = 20\,\text{GeV}$ und $\omega = 2\,\text{eV}$. Man sieht deutlich, daß für Winkel in der Größenordnung m/E Photonen im GeV-Bereich erzeugt werden können.

Laserstrahlen lassen sich sehr leicht zirkular oder linear polarisieren, daher werden i.allg. auch die rückgestreuten Photonen polarisiert. Im klassischen Grenzfall (Thomson-Streuung) bleibt die lineare Polarisation erhalten. Da für unser Rechenbeispiel die Photonenergie im Ruhesystem des Elektrons immer noch relativ klein ist ($2E\omega/m = 80\,\text{keV}$), sind quantenmechanische Effekte noch nicht dominant und wir erwarten bei der Streuung von linear polarisiertem Laserlicht in Rückwärtsrichtung hochenergetische, linear polarisierte Photonen. Dies ist auch das Resultat einer quantenmechanischen Rechnung [Mil63], und so wurden z.B. am SLAC hochenergetische, linear polarisierte Photonenstrahlen erzeugt [Bal69].

Um die Rechnungen nachzuvollziehen, reicht es nicht aus, die Tabelle 3.4 zu konsultieren. Betrachten wir z.B. rechtshändige Photonen. Aus der Tabelle geht hervor, daß die Streuamplitude an rechtshändigen Elektronen in der Rückwärtsrichtung einen Pol hat, während die Amplitude für linkshändige

[18] Der deutsche Physiker Walter Bothe (1891–1957) erhielt 1954 den Nobelpreis für die Technik der Koinzidenzmessungen, die er im Zusammenhang mit der Untersuchung der Compton-Streuung entwickelte.

Elektronen in dieser Richtung verschwindet. In Rückwärtsrichtung würde man also hochenergetische rechtshändige Photonen erwarten. Dieser Schluß ist aber wieder voreilig. Wir haben ja schon weiter oben diskutiert, daß die fragliche Amplitude der Tabelle 3.4 nur oberhalb eines bestimmten Grenzwinkels eine gute Näherung an die exakte Rechnung darstellt. Dieser Grenzwinkel ist ebenfalls von der Ordnung $\mathcal{O}(m/E)$. Es stellt sich nun heraus, daß unterhalb des Grenzwinkels nur die *helicity-flip*-Amplitude $T(\gamma_\mathrm{R} e_\mathrm{L}^- \to \gamma_\mathrm{L} e_\mathrm{R}^-)$ überlebt, da nur diese Amplitude die Drehimpulserhaltung für $\chi = 0$ garantiert. Im einzelnen sind die Verhältnisse der Amplituden verwickelt. Bei sehr hohen Energien $(2E\omega/m \gg m)$ dominiert die helicity-flip-Amplitude unterhalb $\chi = m/E$, während oberhalb dieses Winkels die *no-flip*-Amplitude den Querschnitt bestimmt.

Mit der Compton-Streuung eng verwandt sind die Prozesse der Paarerzeugung durch zwei Photonen

$$\gamma + \gamma \to e^- + e^+ \tag{3.227}$$

und der Elektron-Positron-Vernichtung in zwei Photonen

$$e^- + e^+ \to \gamma + \gamma \; . \tag{3.228}$$

Die *crossing*-Analyse zeigt wieder, daß in der Summe der Amplitudenquadrate die Ersetzung $t \leftrightarrow s$ vorgenommen werden muß. Das Ergebnis muß mit -1 multipliziert werden, da nur *eine* Fermion-Antifermion-Vertauschung stattfindet. Demnach gilt für den Wirkungsquerschnitt

$$\frac{\mathrm{d}\sigma}{\mathrm{d}t}(\gamma\gamma \to e^- e^+) = \frac{2\pi\alpha^2}{s^2}\left(\frac{u}{t} + \frac{t}{u}\right) \; . \tag{3.229}$$

Dieselbe Formel beschreibt auch die Zerstrahlung eines Elektron-Positron-Paares in zwei Photonen. Dies ist in Übereinstimmung mit dem Prinzip des detaillierten Gleichgewichts (Abschn. 2.6), da das statistische Gewicht für Photonen und Elektronen gleich groß wird. Die gleiche Ersetzung in der Klammer von (3.216) erlaubt nach entsprechender Änderung des kinematischen Vorfaktors eine ebenso einfache Herleitung der Formeln ohne die Näherung verschwindender Massen.

Vertiefung

Der Vollständigkeit halber seien hier die Formeln für die Reaktionen (3.228) und (3.227) ohne Vernachlässigung der Elektronenmasse angegeben. Für den Prozeß $e^- e^+ \to \gamma\gamma$ erhalten wir

$$\frac{\mathrm{d}\sigma}{\mathrm{d}t} = \frac{2\pi\alpha^2}{s(s-4m^2)}\left(\frac{s+t-m^2}{m^2-t} + \frac{m^2-t}{s+t-m^2} + g(s,t)\right) \tag{3.230}$$

mit

$$g(s,t) = 1 - \left(\frac{t+m^2}{t-m^2} - \frac{2m^2}{s+t-m^2}\right)^2 \; . \tag{3.231}$$

Für die Reaktion $\gamma\gamma \to e^- e^+$ muß nur der Faktor vor der Klammer von (3.230) durch $2\pi\alpha^2/s^2$ ersetzt werden.

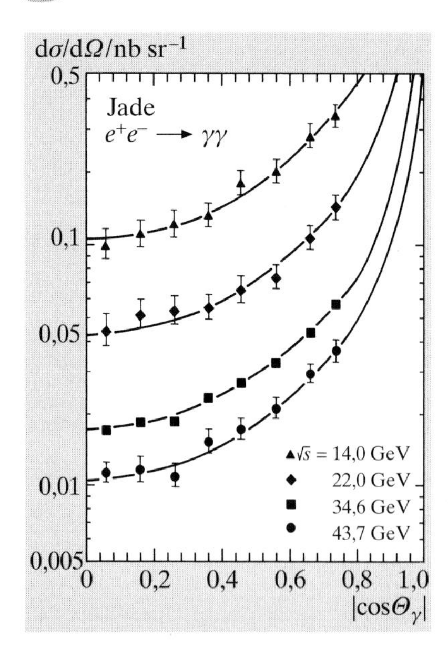

Abb. 3.20
Der differentielle Wirkungsquerschnitt der Elektron-Positron-Vernichtung in zwei Photonen

Die Reaktion (3.228) kann direkt an Elektron-Positron-Speicherringen experimentell untersucht werden. Auch hier ergaben die Messungen wieder eine glänzende Bestätigung der Vorhersagen der QED (Abb. 3.20). Die Umkehrreaktion (3.227) ist ebenfalls dem Experiment zugänglich. Auf sie werden wir nochmal im Abschn. 5.4 über Zwei-Photonen-Prozesse zurückkommen.

Die Elektron-Positron-Paarerzeugung ist wahrscheinlich dafür verantwortlich, daß das Weltall für Photonen höchster Energie undurchsichtig wird. Der totale Wirkungsquerschnitt der Reaktion (3.227) ist in guter Näherung für hohe Schwerpunktsenergien durch

$$\sigma(\gamma\gamma \to e^- e^+) = \frac{4\pi\alpha^2}{s}\left(\ln\frac{s}{m^2} - 1\right) \tag{3.232}$$

gegeben. Die Formel für niedrige Energien ist komplizierter. Der Querschnitt hat ein Maximum der Größenordnung $\pi\alpha^2/m^2$ bei $\sqrt{s} \approx 2\sqrt{2}m$, das ist kurz oberhalb der Schwelle der Reaktion. Die kosmische (2,7-Kelvin-) Hintergrundstrahlung stellt ein Photonengas mit einer Dichte von etwa 410 Photonen cm^{-3} dar. Photonen einer Energie von 10^6 GeV, die mit der Hintergrundstrahlung wechselwirken, überschreiten die Schwelle zur Paarerzeugung und können daher absorbiert werden. Die numerische Auswertung zeigt, daß im Maximum des Wirkungsquerschnitts die freie Weglänge für hochenergetische Photonen etwa 10^4 Lichtjahre beträgt, das entspricht ungefähr dem Durchmesser einer Galaxie. Da das Spektrum der hochenergetischen kosmischen Photonen stärker als $1/E_\gamma$ abfällt, wird der zugehörige Photonenfluß auf Abstandsskalen, die groß sind im Vergleich zum Durchmesser einer Galaxie, sehr stark abgeschwächt.

Der totale Querschnitt der Elektron-Positron-Paarvernichtung in zwei Photonen bei hohen Energien wird aus (3.232) durch Multiplikation mit einem Faktor 1/2 erhalten,

$$\sigma(e^- e^+ \to \gamma\gamma) = \frac{2\pi\alpha^2}{s}\left(\ln\frac{s}{m^2} - 1\right) \ . \tag{3.233}$$

Der statistische Wichtungsfaktor 1/2 berücksichtigt die Tatsache, daß im Endzustand zwei identische Teilchen, nämlich die beiden Photonen, auftreten. Im Experiment wird man i.a. t aus dem Photon mit dem kleineren Streuwinkel Θ im Schwerpunktssystem berechnen. Dann darf zur Berechnung des totalen Querschnitts die Winkelverteilung nur bis $\pi/2$ aufintegriert werden.

Vertiefung

Reelle Photonen haben keine Masse ($k^2 = 0$) und zwei transversale Polarisationsrichtungen, z.B. die Helizitätszustände ($\lambda = \pm 1$) des Abschn. 2.4.6. Virtuelle Photonen ($k^2 \neq 0$) bekommen zusätzlich eine longitudinale Polarisationsrichtung, d.h. einen Helizitätszustand mit $\lambda = 0$. Für ein ruhendes Spin 1-Teilchen (Vektormeson) lautet dieser Polarisationsvektor $\varepsilon^\mu = (0, 0, 0, 1)$, falls die z-Achse die Quantisierungsachse ist. Polarisationsvektoren für einen beliebigen Impuls des Vektormesons werden daraus wieder durch eine Lorentz-Transformation gewonnen. Ihre explizite Darstellung lautet

$$\varepsilon^{\mu} = \frac{E}{M}\left(\frac{|\boldsymbol{p}|}{E}, \sin\Theta\cos\phi, \sin\Theta\sin\phi, \cos\Theta\right) \ , \tag{3.234}$$

wobei für Photonen dann als Masse $M = \sqrt{k^2}$ eingesetzt werden muß. Mit Hilfe dieses Polarisationsvektors kann jetzt formal auch die Comptonstreuung virtueller Photonen berechnet werden. Das Ergebnis der unkomplizierten Rechnung wird hier unter Vernachlässigung der Elektronenmasse für die Summe der Quadrate der Matrixelemente angegeben,

$$\sum |T_{fi}|^2 = -8e^4\left(\frac{u}{s} + \frac{s}{u} + \frac{2k^2 t}{su}\right) \ . \tag{3.235}$$

Der dritte Term in der Klammer verschwindet für reelle Photonen.

Übungen

3.5 Bestimmen Sie die Winkelverteilung der Paarvernichtung in Photonen bei hohen Energien im Schwerpunktssystem. Wie wird sie bei kleinen Energien modifiziert?

3.6 Berechnen Sie die Energie der Photonen bei der Streuung von rotem Laserlicht an 100 GeV-Elektronen in Rückwärtsrichtung.

3.7 Leiten Sie den Wirkungsquerschnitt für die Thomson-Streuung (3.222) mit Methoden der klassischen Physik ab.

3.8 In einem e^--Speicherring läuft ein Strahl der Energie 30 GeV um. Das Vakuum in der Kammer werde als beliebig gut angenommen. Die Elektronen werden an den thermischen Photonen der Vakuumkammer gestreut ($T = 300\,\mathrm{K}$). Wie groß ist die Lebensdauer des Strahls?

3.3 Prozesse höherer Ordnung

3.3.1 Die Bremsstrahlung

Hochenergetische Elektronen verlieren sehr leicht Energie durch Abstrahlung von Photonen. Schon in der klassischen Elektrodynamik kann die Strahlung beschleunigter Ladungen berechnet werden. Die Wahrscheinlichkeit für diese Strahlung stellt sich als proportional zu $1/m^2$ heraus und wird daher besonders hoch für Elektronen. Quantenmechanisch läßt sich dieser Prozeß mit vertretbarem Aufwand behandeln, falls wir die Abstrahlung von Photonen bei der Elektronenstreuung an schweren Teilchen (z.B. Myonen) untersuchen,

$$e^- + \mu^- \to e^- + \mu^- + \gamma \ . \tag{3.236}$$

Hierzu gehören in niedrigster Ordnung die in Abb. 3.21 gezeigten Feynman-Diagramme. Es wurden nur Elektron-Photon-Vertices berücksichtigt, da die Abstrahlung auf der Myonenseite unterdrückt ist. Dies haben wir gerade mit

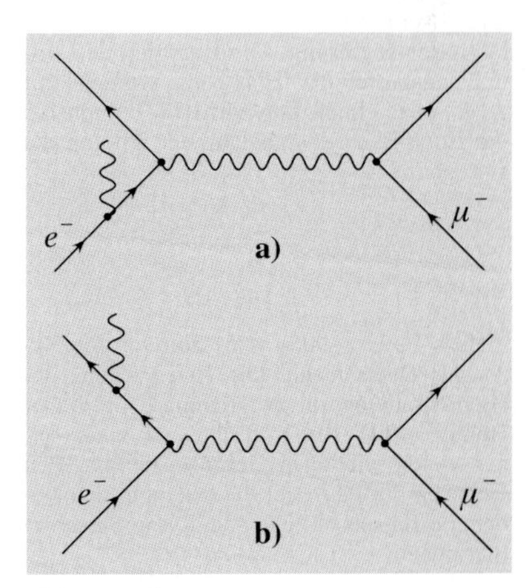

Abb. 3.21a,b
Feynman-Graphen der Bremsstrahlung, falls nur die Abstrahlung von den (**a**) ein- und (**b**) auslaufenden Elektronenlinien berücksichtigt wird

Argumenten der klassischen Physik begründet. Den Feynman-Regeln kann man es in der Tat nicht direkt ansehen. Eine Rechnung unter Einschluß der Myon-Photon-Vertices wird jedoch ziemlich kompliziert, so daß wir schon aus diesem Grunde darauf verzichten müssen.

Die Bremsstrahlung wurde zuerst von Bethe und Heitler für die Elektronenstreuung im Feld schwerer Kerne untersucht.[19] Der differentielle Wirkungsquerschnitt wurde als Bethe-Heitler-Formel bekannt. Die z.B. in dem Buch von Jauch und Rohrlich [Jau76] zu findende Formel zeigt, wie kompliziert die Berechnung schon dieses einfachsten Strahlungsprozesses wird, wenn sie ohne Vernachlässigungen durchgeführt wird. Wir wollen daher in diesem Abschnitt zunächst eine andere Methode zur Berechnung solcher Prozesse vorstellen und dann zwei besonders interessante kinematische Situationen behandeln. An keiner Stelle der Ableitung wird dabei auf die Amplituden zurückgegriffen. Alle Ergebnisse gelten daher für beliebige Ladungsvorzeichen der Elektronen und Myonen.

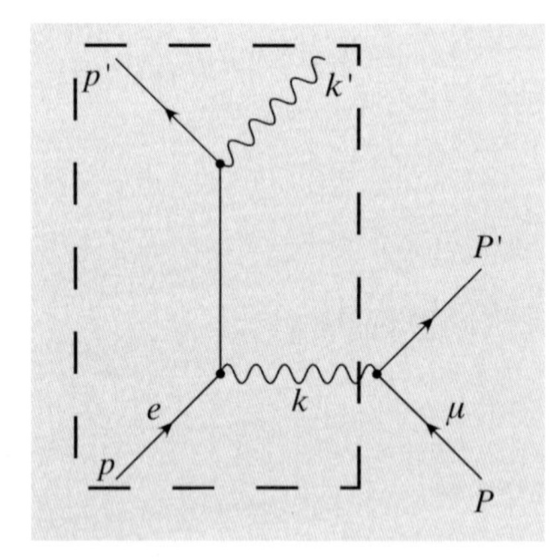

Abb. 3.22
Die Bremsstrahlung in der Weizsäcker-Williams-Näherung. Die Energien des ein- und auslaufenden Elektrons werden mit E, E' bezeichnet. Das virtuelle Photon hat die Energie ω, das auslaufende Photon die Energie ω'

a) Die Weizsäcker-Williams-Methode

Eine vereinfachte Behandlung des Problems ist mit Hilfe eines in der Teilchenphysik sehr beliebten Verfahrens möglich, das von C.F. von Weizsäcker und E.J. Williams zuerst am Beispiel der Bremsstrahlung von Elektronen mit sehr hoher Energie entwickelt wurde [Wei34].[20]

Betrachten wir die Abb. 3.22. In einem Bezugssystem, in dem auch die Myonen hohe Impulse haben, also z.B. im Schwerpunktssystem der Reaktion, kann das einlaufende Myon der Energie E_μ als eine Quelle zum Myon kollinearer Photonen aufgefaßt werden. Das Energiespektrum der Photonen wird durch die Verteilungsfunktion $f_{\gamma/\mu}(z)$ charakterisiert, wobei $z = \omega/E_\mu$ der Bruchteil der Energie ist, den die Photonen vom Myon wegtragen. Die Zahl der Photonen im Intervall $\mathrm{d}z$ ist durch $\mathrm{d}N_\gamma = f_{\gamma/\mu}\,\mathrm{d}z$ definiert. Die Bremsstrahlung läßt sich nun als Compton-Streuung der Elektronen an den vom Myon abgestrahlten Photonen deuten. Dies wird durch den Kasten in Abb. 3.22 symbolisiert. Die Formel für den Wirkungsquerschnitt wird also einfach aus dem Produkt des Compton-Querschnitts mit der Anzahl der Photonen

$$\frac{\mathrm{d}\sigma}{\mathrm{d}\hat{t}} = \frac{\mathrm{d}\sigma_{\text{Compton}}}{\mathrm{d}\hat{t}}\,\mathrm{d}N_\gamma \tag{3.237}$$

berechnet, was unmittelbar zu der Ausgangsgleichung

$$\frac{\mathrm{d}^2\sigma}{\mathrm{d}\hat{t}\,\mathrm{d}z} = \frac{\mathrm{d}\sigma_{\text{Compton}}}{\mathrm{d}\hat{t}}\,f_{\gamma/\mu} \tag{3.238}$$

führt. Hierin sind die mit dem Dach-Symbol versehenen Größen die Mandelstam-Variablen im Elektron-Photon-Subsystem. Wenn wir es schaffen, die resultierende Formel durch Invarianten auszudrücken, kann sie trotz der Ableitung in einem Bezugssystem hoher Impulse des Myons (man spricht oft von einem *infinite momentum frame*) in jedem System ausgewertet werden.

Zunächst muß die Aufgabe gelöst werden, die Verteilungsfunktion $f_{\gamma/\mu}(z)$ zu finden. Dieses Problem wird schon in der klassischen Elektrodynamik behandelt. Wieder ziehen wir das Lehrbuch von Jackson [Jac99] zu Rate und

[19] Hans Bethe (1906–2005) floh vor den Nazis aus Deutschland. Die Untersuchung der Bremsstrahlung, die er zusammen mit Walter Heitler (1904–1981) machte, ist einer seiner vielen wichtigen Beiträge zu fast allen Gebieten der Physik. 1967 bekam er den Nobelpreis für seine Theorie der Kernprozesse im Sterninnern.

[20] Carl Friedrich von Weizsäcker (geb. 1912) führte diese Rechnungen nach einem Vorschlag von E. Fermi durch. Unabhängig von ihm publizierte E.J. Williams etwas später das gleiche Ergebnis.

finden, daß ein elektrisch geladenes Teilchen der Masse M, das an einem anderen Teilchen vorbeifliegt, dort ein Strahlungsfeld erzeugt, dessen Spektrum für kleine z nach Integration über alle möglichen Bahnen durch die Verteilungsfunktion

$$f(z) = \frac{\alpha}{\pi z}\left(\ln \frac{1}{M^2 z^2 b_{\min}^2} - 1\right) \tag{3.239}$$

beschrieben wird. In dieser Formel ist $b_{\min}$ der minimale Abstand (Stoßparameter) beider Teilchen. Bei der Übersetzung dieser Formel in die Quantenmechanik wird zunächst

$$b_{\min}^2 = \frac{1}{|k^2|_{\max}} \tag{3.240}$$

benutzt, wobei $|k^2|_{\max}$ der Maximalbetrag des quadrierten Viererimpulsübertrags zwischen dem ein- und dem auslaufenden Myon darstellt.

Der Logarithmus in (3.239) wird in der quantenmechanischen Rechnung durch $\ln(|k^2|_{\max}/|k^2|_{\min})$ ersetzt, wobei sich der minimale Impulsübertrag für ein Myon mit dem Streuwinkel $\Theta = 0$ zu

$$k_{\min}^2 = 2M^2 - 2E_\mu E'_\mu + 2|\boldsymbol{p}_\mu||\boldsymbol{p}'_\mu| \tag{3.241}$$

ergibt. Hieraus folgt im Grenzfall hoher Energien nach Ersetzen der Impulsbeträge durch die relativistische Impuls-Energie-Beziehung angenähert

$$|k^2|_{\min} = \frac{M^2 z^2}{1-z} \quad . \tag{3.242}$$

Damit erhalten wir

$$f_{\gamma/\mu}(z, k_{\max}^2) = \frac{\alpha}{\pi z}\left(\ln \frac{|k^2|_{\max}(1-z)}{M^2 z^2} - 1\right) \quad , \tag{3.243}$$

was sowohl mit dem klassischen Ergebnis (3.239) als auch mit der vollständigen quantenmechanischen Rechnung [Kes60]

$$f_{\gamma/\mu}(z, k_{\max}^2) = \frac{\alpha}{2\pi z}\left((1+(1-z)^2) \ln \frac{|k^2|_{\max}(1-z)}{M^2 z^2} - 2(1-z)\right) \tag{3.244}$$

übereinstimmt, falls der Grenzfall $z \to 0$ betrachtet wird. Das Ergebnis (3.244) ist von grundlegender Bedeutung in der QED. Es gilt natürlich nicht nur für Myonen, sondern auch für Elektronen und andere punktförmige geladene Spin 1/2-Teilchen. Wir sehen zunächst, daß die klassische Rechnung durch den schon vertrauten Spinfaktor wie in (3.171) modifiziert wird. In vielen Anwendungen wird nur der Term mit dem Logarithmus in der Klammer von (3.244) berücksichtigt, mit der Schreibweise

$$f_{\gamma/l}(z, k_{\max}^2) = \frac{\alpha}{2\pi} P^{\gamma l} \ln \frac{|k^2|_{\max}(1-z)}{M^2 z^2} \quad , \tag{3.245}$$

worin durch $P^{\gamma l}$ die sog. *Splitting*-Funktion

$$P^{\gamma l} = \frac{1}{z}\left(1+(1-z)^2\right) \tag{3.246}$$

definiert ist. Diese Splitting-Funktion beschreibt die Aufspaltung der Energie zwischen dem auslaufenden Lepton l und dem abgestrahlten Photon.

Wir bleiben noch eine Weile bei diesen allgemeinen Betrachtungen. Häufig wird auch die zweifach differentielle Wahrscheinlichkeitsverteilung

$$\frac{d^2 W}{dk^2\, dz} = \Gamma_t \tag{3.247}$$

für die Abstrahlung transversal polarisierter Photonen mit dem Impulsbruchteil z und der Masse k^2 von einem schnellen Lepton der Masse M benötigt. Für Γ_t wurde das Ergebnis [Kes60, Bud75]

$$\Gamma_t = \frac{\alpha}{2\pi |k^2| z} \left(1 + (1-z)^2 - \frac{2M^2 z^2}{|k^2|} \right) \tag{3.248}$$

(mit der Nebenbedingung $|k^2| \ll z^2 E^2$) abgeleitet. Der dritte Summand in der Klammer ist für Impulsüberträge $|k^2| \gg |k^2|_{\min}$ (also fast immer für $\Theta_{\min} \neq 0$) vernachlässigbar. Wir rechnen daher gewöhnlich mit der Standardform

$$\Gamma_t = \frac{\alpha}{2\pi |k^2| z} \left(1 + (1-z)^2 \right) \ . \tag{3.249}$$

Die Integration von (3.248) über k^2 ergibt mit $|k^2|_{\min}$ aus (3.242) und bei Vernachlässigung des Terms $\sim 1/|k^2|_{\max}$ das Energiespektrum der Gleichung (3.244).

Virtuelle Photonen treten auch mit longitudinaler Polarisation auf. In der Näherung der Standardform für Γ_t gilt für den Fluß der longitudinalen Photonen

$$\Gamma_\ell = \epsilon \Gamma_t \tag{3.250}$$

mit

$$\epsilon = \frac{2(1-z)}{1 + (1-z)^2} \ . \tag{3.251}$$

Die hiermit zusammengestellten Formeln sind nicht nur bei der Berechnung der Bremsstrahlung von großem Nutzen, sondern werden häufig bei einer allgemeinen Diskussion der Elektronenstreuung benutzt (Abschn. 5.3.2).

b) Der Wirkungsquerschnitt der Bremsstrahlung

Jetzt wird es aber Zeit, uns der Berechnung des Wirkungsquerschnitts (3.238) zuzuwenden. Die Durchsicht der Formeln (3.249) für den Photonenfluß und (3.212) für den Compton-Querschnitt zeigt, daß die Strahlungsprozesse vollständig durch sehr kleine Werte von $|k^2|$ und z dominiert werden. Die Photonen werden also im wesentlichen kollinear mit den einlaufenden Elektronen und mit sehr kleinen Energien abgestrahlt. Dies ist der besonders wichtige Grenzfall der Bremsstrahlung.[21] Zu seiner Berechnung hätte die klassische Näherung (3.239) genügt, wie sie auch von von Weizsäcker und Williams benutzt wurde.

[21] Häufig werden alle Strahlungsprozesse der Elektronen als Bremsstrahlung bezeichnet. Die Übernahme dieses deutschen Wortes in die englische wissenschaftliche Sprache zeigt, wie intensiv diese Prozesse in Deutschland in den Anfangsjahren der Quantenmechanik untersucht wurden.

Zunächst setzen wir für den Vierervektor k

$$k^\mu = zP^\mu \tag{3.252}$$

an. Wegen $k^2 = z^2M^2$ sieht man unmittelbar, daß $k^2 \to 0$ nur für kleine Werte von z erfüllt ist. Das ist aber keine Einschränkung, da wir ja gerade festgestellt haben, daß der Flußfaktor $f_{\gamma/\mu}$ einen Pol bei $z = 0$ hat. Auch der Compton-Querschnitt ist durch kleine z-Werte dominiert. In der Formel (3.216) denken wir uns die Symbole s und t durch $\hat{s}$ und $\hat{t}$ ersetzt. Mit $(k+p)^2 = \hat{s}$ ergibt sich sofort $\hat{s} - m^2 = s_0 z$, wobei s_0 wiederum die Abkürzung für $s - m^2 - M^2$ und s das Quadrat der Schwerpunktsenergie im $e\mu$-System bedeuten. Nun definieren wir ähnlich wie bei der Diskussion der elastischen Elektron-Myon-Streuung die dimensionslose Variable y,

$$y = \frac{q \cdot P}{p \cdot P} \ , \tag{3.253}$$

die natürlich wegen (3.252) identisch zu $q \cdot k/(p \cdot k)$ ist. q^μ ist wie immer $(p - p')^\mu$ mit $q^2 = \hat{t}$. Im Grenzfall $k^2 \to 0$ wird aus (3.190) die Relation

$$y = \frac{-\hat{t}}{\hat{s} - m^2} \tag{3.254}$$

abgeleitet. Damit läßt sich (3.216) in eine Funktion von z und y umschreiben.

Hauptsächlich sind wir am Energiespektrum der abgestrahlten Photonen interessiert, da wir dann den Energieverlust der Elektronen beim Durchqueren von Materie berechnen können. Wir setzen daher den in den Variablen y und z formulierten Compton-Querschnitt und den Flußfaktor (3.243) in (3.238) ein und integrieren sofort über z. Hierbei wird die z-Abhängigkeit im Logarithmus-Faktor von (3.243) vernachlässigt und zusätzlich $1/z_{\text{min}} \gg 1/z_{\text{max}}$ beachtet. Das Resultat lautet

$$\frac{d\sigma}{dy} = \frac{2\alpha^3}{s_0 z_{\text{min}}} \left(\frac{1 + (1-y)^2}{1-y} \right) \left(\ln \frac{|k^2|_{\text{max}}}{M^2 z_{\text{min}}^2} - 1 \right) \ . \tag{3.255}$$

Um die Formeln an dieser Stelle nicht allzu kompliziert werden zu lassen, wurde hier erstmal die Integration des Terms $g(s,t)$ in (3.216) weggelassen. Nun müssen wir nach einem passenden Ausdruck für z_{min} suchen, das zwar sehr klein werden, aber eben nicht völlig verschwinden kann. Aus der Definition (3.253) von y folgt, daß in einem System mit ruhendem Myon $y = (E - E')/E$ gilt, y also einen Energiebruchteil wie z darstellt. Demnach wird in einem solchen System analog zu (3.242) die Bedingung

$$|\hat{t}|_{\text{min}} = \frac{m^2 y^2}{1-y} \tag{3.256}$$

abgeleitet. Da sie invariant formuliert ist, gilt sie in dieser Form allgemein und kann in jedem System eingesetzt werden. Jetzt formen wir noch (3.254) in

$$|\hat{t}| = yzs_0 \tag{3.257}$$

um, haben also $|\hat{t}|_{\text{min}} = yz_{\text{min}}s_0$ und deshalb

$$z_{\text{min}} = \frac{m^2 y}{(1-y)s_0} \ . \tag{3.258}$$

Dies setzen wir nun in (3.255) ein und machen uns gleichzeitig klar, daß $|k^2|_{\max}$ durch m^2 angenähert werden muß, da sonst eine wesentliche Voraussetzung unserer kinematischen Näherungen verloren geht. Somit wird das Endresultat

$$\frac{\mathrm{d}\sigma}{\mathrm{d}y} = \frac{4\alpha^3}{m^2 y}\left(1 + (1-y)^2 - \frac{2}{3}(1-y)\right)\left(\ln\frac{s_0(1-y)}{Mmy} - \frac{1}{2}\right) \tag{3.259}$$

gewonnen. Der Term $2(1-y)/3$, der hier zusätzlich auftaucht, ist das Ergebnis einer komplizierten, aber nicht eigentlich schwierigen Wiederholung der Ableitung unter Mitnahme des g-Terms in Gleichung (3.216).

Dieses Ergebnis kann auch für ruhende oder bewegte *Protonen* übernommen werden, wobei dann M natürlich die Protonmasse bedeutet. Der physikalische Grund ist darin zu sehen, daß bei den winzigen auftretenden Impulsüberträgen eine eventuelle Struktur des Protons nicht aufgelöst werden kann. In der Tat wird (3.259) für ruhende Protonen

$$\frac{\mathrm{d}\sigma}{\mathrm{d}\omega'} = \frac{4\alpha^3}{m^2\omega'}\left(1 - \frac{2E'}{3E} + \frac{E'^2}{E^2}\right)\left(\ln\frac{2EE'}{m(E-E')} - \frac{1}{2}\right) \tag{3.260}$$

identisch zur Näherung der Bethe-Heitler-Formel für die Bremsstrahlung extrem relativistischer Elektronen in einem Coulomb-Feld. Aufgrund der verschwindenden Impulsüberträge zwischen ein- und auslaufendem Proton haben wir hier $E - E' = \omega'$ benutzt, wobei ω' die Energie der abgestrahlten Photonen ist.

Die gleichen physikalischen Überlegungen überzeugen uns, daß (3.259) auch die richtige Formel für die Bremsstrahlung bei der Streuung von hochenergetischen Elektronen an hochenergetischen Protonen ist. Im HERA-Speicherring des DESY in Hamburg treffen Elektronen von etwa 30 GeV auf Protonen mit einer Energie von 920 GeV. Die Bestimmung der Luminosität wird durch Messung der Bremsstrahlung und Vergleich mit (3.259) durchgeführt.

Bei dem in der praktischen Anwendung besonders wichtigen Fall der Bremsstrahlung im Coulomb-Feld von Atomen mit der Kernladungszahl Z muß die gerade gemachte Betrachtung etwas modifiziert werden. Bei sehr kleinen Impulsüberträgen ist der Abstand des gestreuten Elektrons vom Atomkern so groß, daß das Coulomb-Feld des Kerns von der Elektronenhülle abgeschirmt wird. Man wird also jetzt $k^2_{\max}/k^2_{\min}$ durch $m^2 a^2$ annähern, wobei a der Abstand des Elektrons vom Atomkern ist, bei dem die Abschirmung wirksam wird. Er kann z.B. mit dem Atomradius im Thomas-Fermi-Modell identifiziert werden. Mit Hilfe von (3.201) bekommen wir schließlich nach Einfügen eines Faktors Z^2 für die Ladung des Kerns

$$\frac{\mathrm{d}\sigma}{\mathrm{d}\omega'} = \frac{4Z^2\alpha^3}{m^2\omega'}\left(1 - \frac{2E'}{3E} + \frac{E'^2}{E^2}\right)\ln\frac{192}{Z^{1/3}}\ . \tag{3.261}$$

Die beiden letzten Formeln zeigen, daß das über alle Winkel integrierte Energiespektrum einen Faktor $1/m^2$ enthält, so daß die Bremsstrahlung für alle Teilchen, die schwerer als das Elektron sind, stark unterdrückt wird. Dies entspricht dem klassischen Resultat. Das ist aber nicht weiter verwunderlich, da der Querschnitt ja durch Photonen großer Wellenlängen dominiert ist.

c) Energieverlust durch Bremsstrahlung

Das wichtigste Ergebnis dieser Betrachtungen ist, daß das Spektrum der Photonen bei der Bremsstrahlung proportional zu $1/\omega'$ verläuft. Der Pol bei $\omega' = 0$ hängt wieder mit der verschwindenden Masse der Photonen zusammen. Aufgrund dieses Pols ist es (in der Bornschen Näherung) nicht möglich, einen totalen Wirkungsquerschnitt auszurechnen. Es ist aber wohl möglich, den Energieverlust eines Elektrons beim Durchqueren eines Stücks Materie anzugeben. Analog zum Vorgehen im Abschn. 3.2.4 wird der Energieverlust über den Ansatz

$$\Delta E = -n_0 \Delta x \int\limits_0^E \omega' \frac{\mathrm{d}\sigma}{\mathrm{d}\omega'} \,\mathrm{d}\omega' \tag{3.262}$$

berechnet. Das Ergebnis lautet

$$\frac{\mathrm{d}E}{\mathrm{d}x} = -\frac{E}{X_0} \ , \tag{3.263}$$

wobei (beim Übergang zum SI-Einheitensystem) die sog. Strahlungslänge X_0 durch

$$\frac{1}{X_0} = \frac{4Z^2 n_0 \alpha^3 \hbar^2}{m^2 c^2} \ln \frac{192}{Z^{1/3}} \tag{3.264}$$

definiert ist. Numerisch gilt

$$\rho X_0 = \frac{716.4\,\mathrm{g\,cm^{-2}}\, M_\mathrm{r}}{Z(Z+1) \ln 192/Z^{1/3}} \ , \tag{3.265}$$

wobei wir noch zusätzlich den Faktor Z^2 in (3.264) durch $Z(Z+1)$ ersetzt haben, um – wie schon bei der Behandlung der Vielfachstreuung – den Einfluß der Elektronenhülle grob zu berücksichtigen.

Beispiele und Vertiefung

Numerisch erhält man $\rho X_0 = 5{,}6\,\mathrm{g\,cm^{-2}}$ für Blei. Nach Division durch die Dichte von Blei ($11{,}35\,\mathrm{g\,cm^{-3}}$) folgt daraus die Strahlungslänge in cm, also $X_0 = 0{,}49\,\mathrm{cm}$. Als weiteres Beispiel wird Aluminium gewählt. Hier ergibt die Auswertung von (3.265) die Werte $\rho X_0 = 23{,}6\,\mathrm{g\,cm^{-2}}$ bzw. $X_0 = 8{,}72\,\mathrm{cm}$. Die PDG empfiehlt, die Beziehung

$$\rho X_0 = \frac{716,4\,\mathrm{g\,cm^{-2}}\, M_\mathrm{r}}{Z(Z+1) \ln 287/Z^{1/2}} \tag{3.266}$$

zur Berechnung der Strahlungslänge zu benutzen [PDG04]. Sie stellt eine Näherung an die Untersuchungen von Tsai [Tsa74] dar. Unser Ergebnis für Aluminium liegt 0,5 % und das für Blei 9 % unter diesem genaueren Wert. Sehr häufig wird die Strahlungslänge für ein Stoffgemisch gesucht. Hier gilt ein reziprokes Additionsgesetz,

$$\frac{1}{X_0} = \sum \frac{f_i}{X_{0,i}} \ , \tag{3.267}$$

wobei f_i die Gewichtsprozente des Elements i im untersuchten Stoff angibt.

Die Beziehung (3.263) läßt sich als Differentialgleichung für den Energieverlust eines Elektrons in Abhängigkeit von der Schichttiefe x auffassen. Diese hat die Lösung

$$E_x = E\mathrm{e}^{-x/X_0} \ , \tag{3.268}$$

d.h. nach Durchqueren einer Schicht der Tiefe X_0 ist die Energie des einfallenden Elektrons auf den Bruchteil $1/\mathrm{e}$ abgefallen.

Der Energieverlust durch die Bremsstrahlung (3.263) ist proportional zur Einfallsenergie E, während der Energieverlust durch Ionisation und Anregung nur schwach von der Energie des Teilchens abhängt. Bei hohen Energien werden also immer die Strahlungsverluste überwiegen, während bei kleinen Energien die Verluste durch Ionisation und Anregung dominieren. Einer Überlegung von Rossi folgend [Ros65] bezeichnet man oft diejenige Energie E_c als kritische Energie, bei der die beiden Verluste gleich groß werden, also

$$\left|\frac{\mathrm{d}E}{\mathrm{d}x}\right|_{\mathrm{ion}} = \frac{E_\mathrm{c}}{X_0} \ . \tag{3.269}$$

Leider läßt sich (3.195) nicht zur Berechnung des Energieverlustes durch Ionisation und Anregung heranziehen, da sie nur für einfallende Teilchen abgeleitet wurde, die weitaus schwerer als Elektronen sind. Immerhin kann man sie zu einer groben Abschätzung des Energieverlustes einfallender Elektronen benutzen. Wenn wir als Energieverlust der Elektronen den eines minimal ionisierenden Myons annehmen, können wir E_c zu $\approx 500\,\mathrm{MeV}/(Z+1)$ abschätzen. Dieser Wert entspricht grob der von der PDG empfohlenen Näherung [PDG04]

$$E_\mathrm{c} = \frac{800\,\mathrm{MeV}}{Z+1.2} \ . \tag{3.270}$$

Mit Hilfe von X_0 und E_c kann die longitudinale Ausbreitung eines elektromagnetischen Schauers beschrieben werden. Diese wurde schon in Abschn. 1.5.3 behandelt. Dort wurde auch festgestellt, daß die laterale Ausdehnung eines Schauers durch den Molière-Radius

$$R_\mathrm{M} = \frac{21{,}2\,\mathrm{MeV}\,X_0}{E_\mathrm{c}} \tag{3.271}$$

bestimmt wird. Diesen Molière-Radius kann man mit Hilfe der Beziehung (3.206) als das Produkt der Strahlungslänge mit dem mittleren Streuwinkel eines Elektrons der kritischen Energie nach Durchqueren einer Schicht der Dicke X_0 interpretieren.

3.3.2 Strahlungskorrekturen zur Mott-Streuung

Jetzt soll noch ein weiterer interessanter Strahlungsprozeß untersucht werden, nämlich die Abstrahlung von Photonen in den Fällen, bei denen das Elektron eine große Winkelablenkung erfährt. Im hochenergetischen Grenzfall bedeutet dies, daß das zwischen dem Elektron und dem Myon ausgetauschte Photon weit von der Massenschale entfernt ist, $|k^2| \gg m^2$. Betrachten wir zunächst die Abb. 3.21a. Im $e\mu$-Schwerpunktssystem habe das abgestrahlte Photon die Energie ω', es trägt also den Bruchteil $z = \omega'/E$ der Elektronenenergie E davon. Die Ausführungen des vorletzten Abschnitts lehren uns, daß die Photonen im wesentlichen kollinear zum Elektron abgestrahlt werden. Das Elektron läuft also mit dem reduzierten Impuls $\hat{p}^\mu = (1-z)\,p^\mu$ in den Streuprozeß ein. Der Wirkungsquerschnitt für die Streuung eines Elektrons in das Raumwinkelelement $\mathrm{d}\Omega$ unter Abstrahlung eines Photons mit dem Energiebruchteil zwischen z und $z + \mathrm{d}z$ kann daher durch

$$\frac{\mathrm{d}^2\sigma}{\mathrm{d}\Omega\,\mathrm{d}z} = f_{\gamma/e}(z, (p-\hat{p})^2_{\max})\frac{\mathrm{d}\sigma^{e\mu}}{\mathrm{d}\Omega}(\hat{s}, \Theta) \tag{3.272}$$

angenähert werden. Hierbei muß auf der rechten Seite der Wirkungsquerschnitt (3.166) für die elastische Elektron-Myon-Streuung mit der reduzierten Schwerpunktsenergie $\hat{s} = (1-z)s$ eingefügt werden. Dies wird durch die Ersetzung $E^2 \to (1-z)E^2$ in (3.166) erreicht.

Zur Berechnung von $f_{\gamma/e}$ adaptieren wir (3.245) und erhalten

$$f_{\gamma/e} = \frac{\alpha}{2\pi} P^{\gamma e} \ln \frac{|(p-\hat{p})^2|_{\max}(1-z)}{m^2 z^2} \quad . \tag{3.273}$$

Am schwierigsten ist hier die Diskussion des maximal erlaubten Impulsübertrages. Mit dem Argument, daß die maximale Virtualität des abgestrahlten Photons durch die Energieskala festgelegt wird, erhält man $|(p-\hat{p})^2|_{\max} = \omega^2$, also einen Logarithmus-Faktor proportional zu $\ln(E^2/m^2)$ bei nicht zu großen Werten von z. Da wir nur logarithmische Genauigkeit anstreben, ersetzen wir diesen Faktor durch

$$L = \ln \frac{|q^2|}{m^2} \quad , \tag{3.274}$$

also

$$f_{\gamma/e} = \frac{\alpha}{2\pi} P^{\gamma e} L \quad . \tag{3.275}$$

Hierin ist $q^2 = (p-p')^2$ wie üblich durch den Impulsübertrag zwischen ein- und auslaufendem Elektron in der Reaktion (3.236) definiert. Eine andere invariante Näherung für den Logarithmus-Faktor in (3.275) ist $\ln(s/m^2)$, unsere Wahl stimmt aber besser mit dem Ergebnis exakter Berechnungen des Wirkungsquerschnitts überein. Auf jeden Fall kann der Logarithmus-Term in hochenergetischen Reaktionen große Werte annehmen und so teilweise die kleine Feinstrukturkonstante kompensieren. Das Produkt αL wird daher oft „effektive Kopplung" genannt. Unsere Diskussion macht auch klar, daß die Strahlung auf der Myon-Seite jetzt nur noch logarithmisch unterdrückt ist. Die Vernachlässigung dieser Diagramme ist also nur für sehr schwere Targetteilchen eine gute Näherung, wie sie v.a. im Grenzfall der Potentialstreuung im Feld schwerer Kerne realisiert ist. Das ist die sog. Mott-Streuung. Zu ihr liegen viele experimentelle Ergebnisse vor, da sich die Versuchsanordnung (Durchgang hochenergetischer Elektronen durch dünne Metallfolien) leicht realisieren läßt.

Die Abstrahlung im Endzustand (Abb. 3.21b) wird analog zu (3.272) angesetzt, wobei jetzt der $e\mu$-Streuquerschnitt bei der nominalen Schwerpunktsenergie zu berechnen ist. Für den gesamten Strahlungsprozeß müssen beide

Beiträge addiert werden. Im Grenzfall weicher Photonen ($\omega' \to 0$) vereinfacht sich nicht nur die Splitting-Funktion, sondern es kann auch die Reduktion der Schwerpunktsenergie in (3.272) vernachlässigt werden, mit dem Resultat

$$\frac{\mathrm{d}^2\sigma}{\mathrm{d}\Omega\,\mathrm{d}\omega'} = \frac{2\alpha}{\pi\omega'} L\sigma_0 \ , \tag{3.276}$$

worin σ_0 als Abkürzung für den differentiellen Wirkungsquerschnitt $\mathrm{d}\sigma/\mathrm{d}\Omega$ der Elektron-Myon-Streuung ohne Strahlung steht.

Wieder sehen wir hier das $1/\omega'$-Spektrum der Bremsstrahlung und wiederum sind wir mit der Infrarot-Singularität konfrontiert, die hier besonders lästig ist, da sie eine unendliche Korrektur zur Mott-Streuung darstellt. Jeder Detektor zum Nachweis der elastischen Elektron-Myon-Streuung hat natürlich ein endliches Auflösungsvermögen ΔE für die Energie der gestreuten Elektronen. Man wird also die elastische Streuung $e^-\mu^- \to e^-\mu^-$ von der inelastischen Reaktion (3.236) nur unterscheiden können, falls die Energie des abgestrahlten Photons $> \Delta E$ ist. Zum Wirkungsquerschnitt σ_0 muß also auch das Integral von (3.276) über ω' von ω'_{min} bis ΔE dazugezählt werden, also

$$\frac{\mathrm{d}\sigma}{\mathrm{d}\Omega} = \sigma_0(1+\delta_{\mathrm{reell}}) \tag{3.277}$$

mit

$$\delta_{\mathrm{reell}} = \frac{2\alpha}{\pi} L \ln \frac{\Delta E}{\omega'_{\mathrm{min}}} \ . \tag{3.278}$$

Die Strahlungskorrektur δ steigt über alle Grenzen für $\omega'_{\mathrm{min}} \to 0$. Diese Divergenz wird beseitigt, wenn man dem Photon eine kleine fiktive Masse λ_{min} gibt, da dann $\omega'_{\mathrm{min}} = \lambda_{\mathrm{min}}$ gilt. Auf den ersten Blick erscheint dieses Abschneideverfahren willkürlich. Jetzt greifen wir aber noch einmal einen Gedankengang auf, der schon bei der allgemeinen Diskussion des Abschnitts 3.1.4 in umgekehrter Reihenfolge benutzt wurde. Bei der theoretischen Behandlung der elastischen Streuung müssen dem Diagramm der Abb. 3.23a in nächsthöherer Ordnung die virtuellen Korrekturen hinzugefügt werden. Stellvertretend steht hierfür die Vertexkorrektur der Abb. 3.23b. Zur Berechnung des Wirkungsquerschnitts wird das Betragsquadrat der Summe gebildet, d.h. bis zur Ordnung α^3 muß der Interferenzterm des Born-Diagramms (Amplitude A) mit den virtuellen Korrekturen (Amplitude B) berücksichtigt werden, also $\delta_{\mathrm{virt}} \sim 2\,\mathrm{Re}(A \cdot B^*)$. Die hier nicht durchgeführte Rechnung [Bjo90] zeigt nun, daß δ_{virt} ebenfalls divergiert,

$$\delta_{\mathrm{virt}} = \frac{2\alpha}{\pi} L \ln \frac{\lambda_{\mathrm{min}}}{E} \ , \tag{3.279}$$

aber für die Summe wird damit offenbar der von λ_{min} unabhängige, endliche Ausdruck

$$\frac{\mathrm{d}\sigma}{\mathrm{d}\Omega}(e^-\mu^- \to e^-\mu^-) = \sigma_0(1+\delta) \tag{3.280}$$

mit

$$\delta = \frac{2\alpha}{\pi} L \ln \frac{\Delta E}{E} \tag{3.281}$$

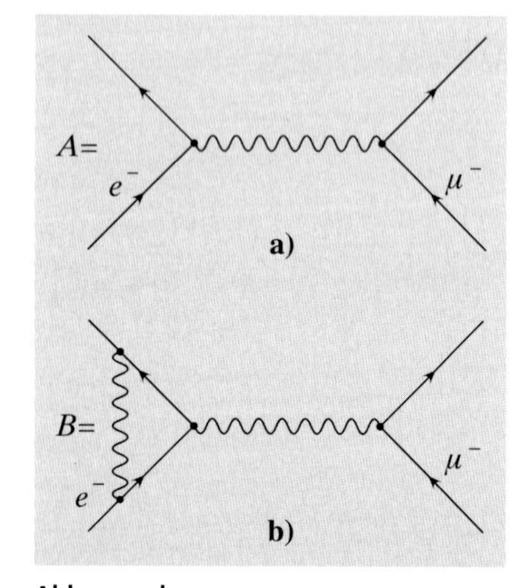

Abb. 3.23a,b
Die elastische Elektron-Myon-Streuung in (**a**) niedrigster Ordnung und (**b**) nächsthöherer Ordnung. Stellvertretend für die virtuellen Korrekturen wird nur die Vertexkorrektur gezeigt

erhalten. Die wichtigste Erkenntnis hieraus ist, daß zur Aufhebung der Infrarot-Divergenz die Einbeziehung eines experimentellen Parameters, nämlich des Auflösungsvermögens der Apparatur, unumgänglich wird!

Weiter wird klar, daß die Strahlungskorrektur δ negativ ist, der Wirkungsquerschnitt für elastische Streuung wird daher kleiner! Die Diskussion der höheren Terme der Störungsreihe beweist sogar, daß $1+\delta$ in (3.280) als der Anfang einer Reihenentwicklung von e^{δ} aufgefaßt werden kann, so daß

$$\frac{\mathrm{d}\sigma}{\mathrm{d}\Omega} = \sigma_0 \left(\frac{\Delta E}{E}\right)^{2\alpha L/\pi} \tag{3.282}$$

der genauere Ausdruck für den elastischen Streuquerschnitt ist. Dieser verschwindet für $\Delta E \to 0$, die rein elastische Elektronenstreuung ohne zusätzliche Abstrahlung weicher Photonen ist demnach nicht möglich!

Die gerade behandelte Regularisierung der Infrarotdivergenz hat eine sehr anschauliche Bedeutung, da sie einer Ersetzung der Verteilungsfunktion $2\alpha L/\pi\omega'$ der Photonenergie in (3.276) durch eine auf die Fläche 1 normierte Funktion entspricht. Am einfachsten läßt sich dies durch eine Abschneidevorschrift

$$\begin{aligned} f_{\gamma/e} &= \frac{2\alpha}{\pi\omega'} L \quad \text{für } \omega' > \omega_{\min} \\ f_{\gamma/e} &= \frac{1}{\omega'_{\min}} \left(1 - \frac{2\alpha}{\pi} L \ln \frac{E}{\omega'_{\min}}\right) \quad \text{für } \omega' < \omega'_{\min} \end{aligned} \tag{3.283}$$

erreichen. Die Abschneideenergie $\omega'_{\min}$ ist im Prinzip beliebig und soll nur die Bedingung $\omega'_{\min} \ll \Delta E$ erfüllen. Man überzeugt sich leicht davon, daß mit dieser Funktion sowohl der strahlungskorrigierte elastische Querschnitt (3.280) ($\omega' < \Delta E$) als auch die Formel (3.276) für die Bremsstrahlung ($\omega' > \Delta E$) erhalten wird.

Vertiefung

Die Behandlung der reellen und virtuellen Korrekturen durch Abschneiden und Normieren funktioniert auch für die allgemeine Verteilungsfunktion (3.275). Dies gibt uns ein enorm nützliches Hilfsmittel für die häufig erforderliche numerische Behandlung der Strahlungskorrekturen im Anfangszustand einer harten Streureaktion in die Hand. Analytisch entspricht sie der Ersetzung

$$f_{\gamma/e} \to \delta(z) + \frac{\alpha}{2\pi} P_{+}^{\gamma e} L \ , \tag{3.284}$$

wobei die Wirkung der Distribution $P_{+}^{\gamma e}$ auf eine Funktion $g(z)$ durch

$$\int_0^1 P_{+}^{\gamma e}(z) g(z)\, \mathrm{d}z = \int_0^1 P^{\gamma e}(z)[g(z) - g(0)]\, \mathrm{d}z \tag{3.285}$$

definiert ist.

Die Verteilungsfunktion der Elektronenenergien in einem Strahl ist durch

$$f_{e/e} = \frac{\alpha}{2\pi} P^{ee}(z')L \tag{3.286}$$

mit

$$P^{ee}(z') = \frac{1+z'^2}{1-z'} \tag{3.287}$$

gegeben, da $z' = 1 - z$ gilt. Dazu gehört die Distribution P_+^{ee} mit

$$\int\limits_0^1 P_+^{ee}(z')g(z')\,\mathrm{d}z' = \int\limits_0^1 P^{ee}(z')[g(z') - g(1)]\,\mathrm{d}z' \ . \tag{3.288}$$

Die in diesem Abschnitt vorgestellte Behandlung der Infrarotdivergenzen steht exemplarisch für das Vorgehen in einer Fülle von Prozessen, in denen ganz ähnliche Probleme auftauchen. Der Leser, der sich am Beispiel der Mott-Streuung mit den grundsätzlichen Prinzipien vertraut gemacht hat, wird anderen Anwendungen relativ leicht folgen können.

4 Hadronen in der Quantenchromodynamik

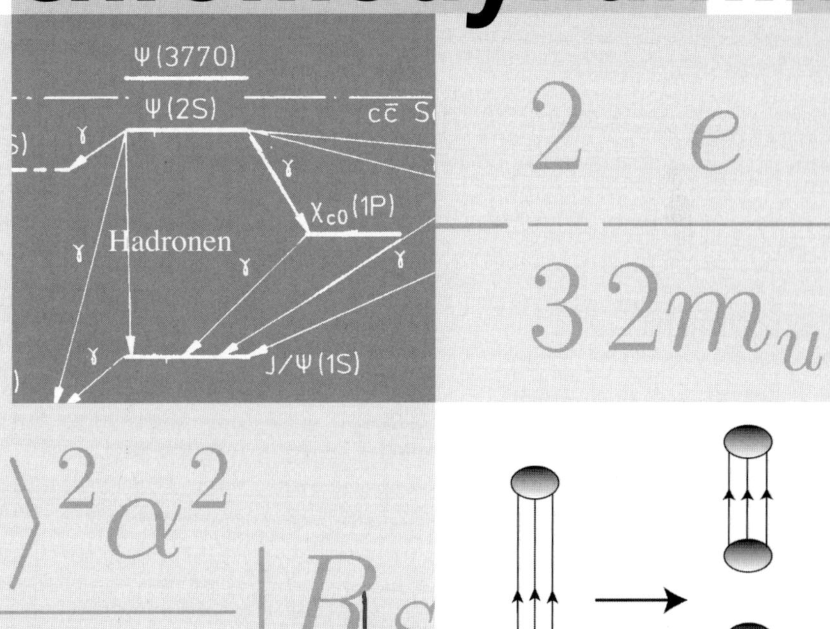

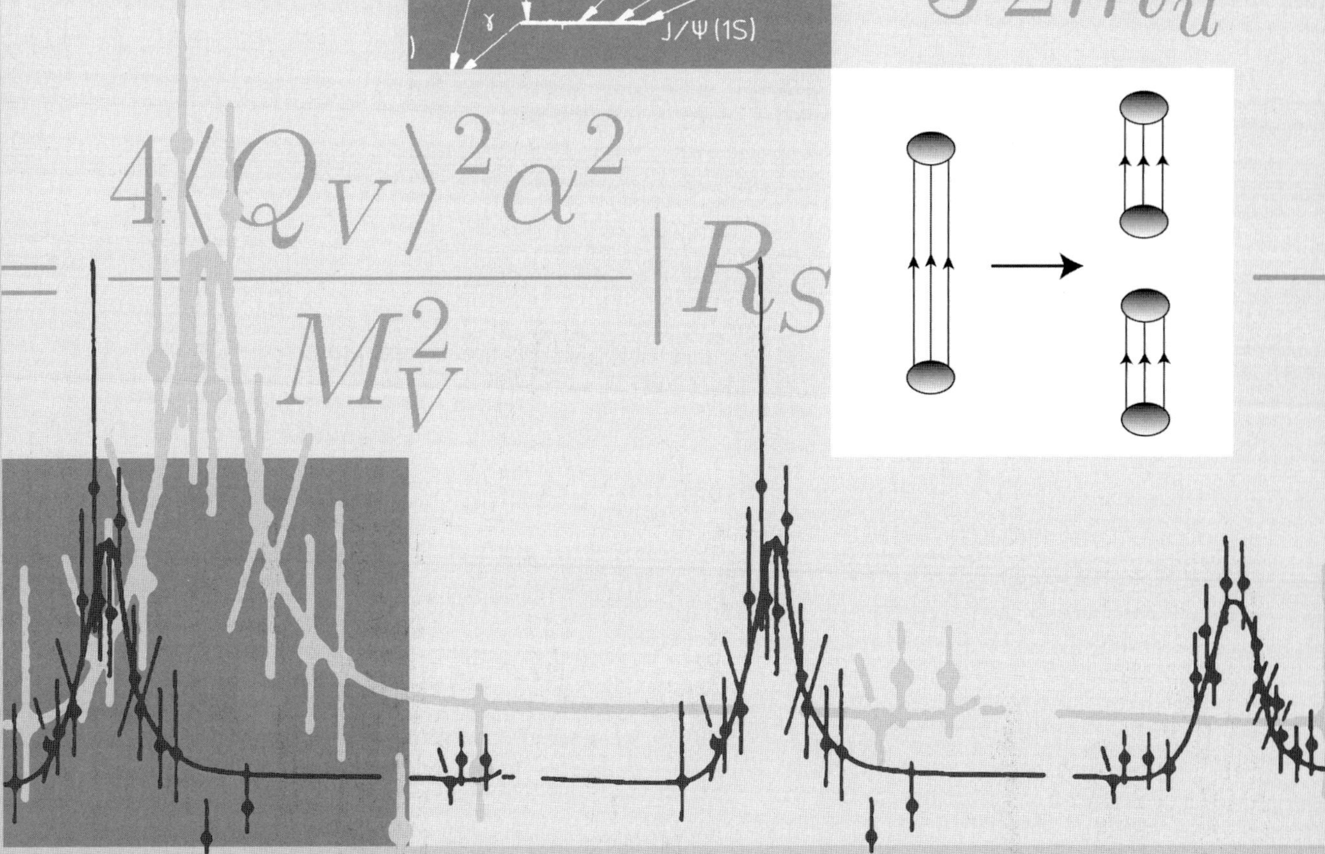

Hadronen in der Quantenchromodynamik

Einführung

Das Quarkmodell war von Anfang seiner Entwicklung an sehr erfolgreich in der Erklärung des Spektrums der Hadronen. Mit Hilfe von nur drei Konstituenten (den *u*-, *d*-, *s*-Quarks) gelang es, Ordnung in den sog. „Zoo der Elementarteilchen" zu bringen. Zur Zeit der Erfindung des Modells, also in den 1960er Jahren, bestand dieser Zoo allerdings nur aus etwa 20 Baryonen und 20 Mesonen, von denen einige sich durch die neue Quantenzahl S (Seltsamkeit, *strangeness*) von den anderen abhoben.

Diesem Erfolg standen auf der anderen Seite scheinbar unüberwindliche Probleme gegenüber. Wenn Baryonen und Mesonen wirklich aus Quarks aufgebaut sein sollten, dann mußte es doch möglich sein, sie in diese Konstituenten zu zerlegen, genauso wie das vorher mit den aus Konstituenten aufgebauten Atomen und Kernen gelungen war. Alle Experimente dieser Art sind aber fehlgeschlagen. Ebenso schien es, daß eine dynamische Erklärung der Quarkbindung in Widerspruch zum Pauli-Prinzip geriet, das sich bisher als unentbehrlich zur Aufklärung der Struktur der Atome und Kerne erwiesen hatte.

Aus all diesen Schwierigkeiten hat uns schließlich die Quantenchromodynamik (QCD) befreit. Diese Quantenmechanik von Quarks mit Farbladung soll jetzt näher betrachtet werden. Wir folgen also nicht der historischen Entwicklung des Quarkmodells und der dahinter stehenden gruppentheoretischen Diskussion der *flavor*-Symmetrie, sondern beginnen in den ersten beiden Abschnitten mit der Einführung der Farbladung und der Gluonen. Hierzu gehört notwendigerweise eine genaue Diskussion der zugehörigen Symmetriegruppe. Im dritten Abschnitt folgt eine Behandlung des Spektrums der Hadronen. Der vierte und fünfte Abschnitt soll zeigen, wie selbst Details des Massenspektrums und der Zerfallsraten verständlich werden. Im sechsten Abschnitt wird dann die Entdeckung langlebiger massereicher Hadronen und ihre Erklärung als Bindungszustände neuer schwerer Quarks behandelt. Diese experimentelle Entdeckung hat ganz entscheidend zur Entwicklung des Standardmodells beigetragen. Die Entdeckung des *top*-Quarks im Jahre 1995 markiert einen weiteren Höhepunkt dieser Entwicklung.

Inhalt

4.1 Quarks mit Farbe

4.1.1 Das Statistik-Problem

Das in Abschn. 1.2.4 eingeführte Konstruktionsprinzip, Baryonenzustände aus drei Quarks aufzubauen, führt uns bei näherem Studium in eine Sackgasse. Um dies einzusehen, betrachten wir die Wellenfunktion der Δ^{++}-Resonanz im Zustand $J_3 = 3/2$,

$$|\Delta^{++}\rangle = |uuu\rangle|\uparrow\uparrow\uparrow\rangle \ . \tag{4.1}$$

Wir haben wieder die *ket*-Notation für die Zustände gewählt, die wir etwas großzügig auch als Wellenfunktion bezeichnen werden. Für die Spinzustände wurde hier eine eingängige Bezeichnungsweise benutzt, bei der jedem Wert $j_3 = \pm 1/2$ ein aufwärts bzw. abwärts gerichteter Pfeil zugeordnet wird. Die Bahnwellenfunktion der Quarks wird nicht explizit angegeben. Da die Δ-Resonanz das leichteste Spin 3/2-Baryon bildet, liegt es sehr nahe anzunehmen, daß die relativen Bahndrehimpulse aller Quarks verschwinden, $l_{(i)} = 0$. Auch in der Atom- und Kernphysik haben die energetisch niedrigsten Zustände zusammengesetzter Systeme einen verschwindenden Bahndrehimpuls. Die Wellenfunktion (4.1) ist damit symmetrisch beim Vertauschen zweier Quarks und deshalb im Widerspruch zum Pauli-Prinzip, das zwingend eine total antisymmetrische Wellenfunktion für Systeme identischer Fermionen fordert.

Dieses wirklich fundamentale Problem läßt sich sehr elegant umgehen, falls wir verlangen, daß die Quarks sich in einer weiteren neuen Eigenschaft unterscheiden. Baryonen sind aus drei Quarks aufgebaut, es muß daher drei Einstellungen dieser Eigenschaft geben.[1] In Anlehnung an die Farbentheorie mit ihren drei Grundfarben Rot (R), Grün (G) und Blau (B) wird dieser neue innere Freiheitsgrad der Quarks als Farbe (*color*) bezeichnet. Es wird sich in der quantitativen Diskussion des nächsten Abschnitts zeigen, daß die antisymmetrischen Baryonenzustände gruppentheoretisch zu Farbsinguletts gehören, d.h. sie sind farbneutral oder in der Sprache der Farbentheorie weiß. Diese Tatsache ist von größter Wichtigkeit, da im Spektrum der Hadronen kein zusätzlicher Freiheitsgrad beobachtet wird, der sich mit der Farbe identifizieren läßt.

Man muß zugeben, daß die Einführung eines neuen inneren Freiheitsgrades der Quarks *nur* zur Behebung der Schwierigkeiten mit der Wellenfunktion der Δ-Resonanz problematisch ist. Es wurde daher intensiv nach Auswegen gesucht. Die Zuordnung von antisymmetrischen Bahnwellenfunktionen z.B. hatte aber keine überzeugenden Erfolge vorzuweisen. Es wurde auch diskutiert, das Pauli-Prinzip im Quarksektor aufzugeben, also eine neue Statistik für die Quarks einzuführen. Es hat sich jedoch schließlich erwiesen, daß die Farbhypothese der einfachste Weg zur Behebung der diskutierten Schwierigkeiten ist, da sie in Verbindung mit der Forderung nach weißen Hadronen das Bauprinzip des Abschn. 1.2.4 für Mesonen und Baryonen theoretisch begründet: Wir werden zeigen, daß *nur* die Zustände $|q\bar{q}\rangle$ und $|qqq\rangle$ farbneutral sind. Neben den Quarks selbst sind also z.B. Diquarks $|qq\rangle$ oder Kombinationen wie $|qq\bar{q}\rangle$ als beobachtbare Hadronen verboten.

[1] Mit einer zweiwertigen Quantenzahl wie z.B. dem Spin läßt sich eine total antisymmetrische Wellenfunktion für drei Quarks nicht aufbauen.

4.1.2 Die Gruppe $SU3$

Die folgenden Betrachtungen sind für den ungeübten Leser nicht ganz einfach. Es hilft sicher, zur Vorbereitung nochmals Abschn. 2.2 über die Drehgruppe und Abschn. 2.8 über $SU2$ durchzuarbeiten.

Einführung der Gruppe. Die Farbzustände $|R\rangle$, $|G\rangle$ und $|B\rangle$ sind die orthonormierten Basisvektoren $|\boldsymbol{e}_i\rangle$ in einem dreidimensionalen, komplexen Vektorraum. Ein beliebiger Zustand in diesem Raum ist durch

$$|\psi\rangle = q^i |\mathbf{e}_i\rangle \tag{4.2}$$

gegeben. Wir benutzen wieder die Summenkonvention, daß über gleiche Indizes summiert wird. Die Matrizen U der unitären, unimodularen (d.h. $\det U = 1$) Koordinatentransformationen

$$q'^i = U^i_k q^k \tag{4.3}$$

in diesem Raum bilden eine Gruppe, nämlich die Gruppe $SU3_\mathrm{C}$. Der Index C soll darauf hinweisen, daß es sich um Farbtransformationen handelt. Im Laufe der historischen Entwicklung der Teilchenphysik wurde die genannte Gruppe allerdings zuerst im Sortenraum der drei Quarks u, d, s untersucht. Wie immer drücken wir die Matrizen U durch ihre Generatoren λ_i aus,

$$U = \mathrm{e}^{-\mathrm{i}\Theta_i \lambda_i/2} \ . \tag{4.4}$$

Mit Hilfe der Relation (2.475) folgt für die Ordnung der Gruppe $m = 8$, d.h. es gibt acht linear unabhängige, hermitesche, spurfreie 3×3-Matrizen λ_i und acht reelle Parameter Θ_i. In der Wahl einer speziellen Darstellung für die Generatoren λ_i ist man an sich relativ frei. Historisch hat sich aber infolge der Diskussion der $SU3_\mathrm{F}$[2] im Sortenraum eine Konvention durchgesetzt, bei der die ersten drei Generatoren durch Ergänzen der τ_i-Matrizen (2.139) gewonnen werden,

$$\lambda_1 = \begin{pmatrix} 0 & 1 & 0 \\ 1 & 0 & 0 \\ 0 & 0 & 0 \end{pmatrix}, \quad \lambda_2 = \begin{pmatrix} 0 & -\mathrm{i} & 0 \\ \mathrm{i} & 0 & 0 \\ 0 & 0 & 0 \end{pmatrix}, \quad \lambda_3 = \begin{pmatrix} 1 & 0 & 0 \\ 0 & -1 & 0 \\ 0 & 0 & 0 \end{pmatrix} \ . \tag{4.5}$$

Die Matrizen λ_4, λ_5 bzw. λ_6, λ_7 werden ebenso nach dem Muster von $\tau_{1,2}$ gebildet, nur erfolgt die Ergänzung in der zweiten bzw. ersten Spalte und Zeile, also

$$\lambda_4 = \begin{pmatrix} 0 & 0 & 1 \\ 0 & 0 & 0 \\ 1 & 0 & 0 \end{pmatrix}, \quad \lambda_5 = \begin{pmatrix} 0 & 0 & -\mathrm{i} \\ 0 & 0 & 0 \\ \mathrm{i} & 0 & 0 \end{pmatrix} \tag{4.6}$$

und

$$\lambda_6 = \begin{pmatrix} 0 & 0 & 0 \\ 0 & 0 & 1 \\ 0 & 1 & 0 \end{pmatrix}, \quad \lambda_7 = \begin{pmatrix} 0 & 0 & 0 \\ 0 & 0 & -\mathrm{i} \\ 0 & \mathrm{i} & 0 \end{pmatrix} \ . \tag{4.7}$$

[2] Der Index F steht hier für *flavor*, bezeichnet also die Gruppenstruktur bezüglich der Sorte der Quarks und nicht der Farbe.

Tabelle 4.1
Die Strukturkonstanten der $SU3$

ijk	f_{ijk}
123	1
147	1/2
156	−1/2
246	1/2
257	1/2
345	1/2
367	−1/2
458	$\sqrt{3}/2$
678	$\sqrt{3}/2$

$SU3$ hat gemäß (2.476) den Rang 2, es gibt also zwei diagonalisierbare Generatoren. Über einen davon, λ_3, haben wir schon verfügt, der zweite wird durch

$$\lambda_8 = \frac{1}{\sqrt{3}} \begin{pmatrix} 1 & 0 & 0 \\ 0 & 1 & 0 \\ 0 & 0 & -2 \end{pmatrix} \tag{4.8}$$

festgelegt. Der Faktor $1/\sqrt{3}$ ist eine Folge der Normierungsbedingung. Diese verlangt, daß die Spur der Quadrate der einzelnen Generatoren den gleichen Wert (hier also 2 !) hat. Dieses Maß für das relative Gewicht der Generatoren macht auch anschaulich einen Sinn, da die Quadrate der λ-Matrizen ebenso wie die Quadrate der τ_i, nach deren Muster sie konstruiert wurden, Diagonalmatrizen sind.

Die Vertauschungsrelationen der λ-Matrizen definieren eine Algebra

$$\left[\frac{\lambda_i}{2}, \frac{\lambda_j}{2}\right] = \mathrm{i}\, f_{ijk} \frac{\lambda_k}{2} \tag{4.9}$$

mit total antisymmetrischen Strukturkonstanten f_{ijk}, auch die $SU3$ ist also halbeinfach und kompakt. Die aus den Vertauschungsrelationen folgenden nichtverschwindenden Werte der Strukturkonstanten sind in Tabelle 4.1 aufgelistet.

Darstellungen der $SU3$. Die Darstellungen der $SU3$ sind $n \times n$-Matrizen U, die in einem n-dimensionalen Vektorraum operieren. Der Einfachheit halber wird das gleiche Symbol U für die Darstellungen wie für die Matrizen der Gruppe selbst gewählt. Diese Darstellungen haben die allgemeine Form

$$U = \mathrm{e}^{-\mathrm{i}\Theta_i F_i} \ , \tag{4.10}$$

und zu ihrer expliziten Konstruktion kann man sich wieder der Algebra der F-Spin-Operatoren

$$[F_i, F_j] = \mathrm{i}\, f_{ijk} F_k \tag{4.11}$$

bedienen.[3] Im Unterschied zu $SU2$ und $SO3$ ist jede Darstellung jetzt durch die Eigenwerte von zwei Casimir-Operatoren und damit durch die Angabe von zwei ganzen Zahlen p und q charakterisiert, da $SU3$ den Rang 2 hat. Einer dieser beiden Operatoren ist ganz analog zum Fall der $SU2$ gebildet, wobei die Summe jetzt aber von 1 bis 8 läuft:

$$\boldsymbol{F}^2 = \sum_i F_i^2 \ . \tag{4.12}$$

Die Eigenwerte lassen sich aus der Formel

$$f^2 = \frac{1}{3}(p^2 + q^2 + pq) + p + q \tag{4.13}$$

berechnen, und die Dimension $n = D(p, q)$ der Darstellungen ist mit p und q über

$$D(p, q) = \frac{1}{2}(p+1)(q+1)(p+q+2) \tag{4.14}$$

[3] Die Physiker bezeichnen die Operatoren F_i gerne mit F-Spin, in Anlehnung an die Gruppe $SU2$, bei der die entsprechenden Operatoren wirklich mit dem Spin oder Isospin identifiziert werden können.

verknüpft. Wir haben hier leider nicht die Möglichkeit, diese Relationen zu beweisen und die Darstellungen aus der F-Spin-Algebra zu konstruieren; in dem klassischen Lehrbuch von Gasiorowicz [Gas75] oder in dem neueren Buch von Georgi [Geo82] findet der Leser aber eine sehr schöne Diskussion dieser Zusammenhänge.

In der Tabelle 4.2 sind die niedrigsten Dimensionen $D(p,q)$ mit den zugehörigen Wertepaaren von p und q angegeben. Als wichtigste Merkregel lesen wir aus dieser Tabelle ab, daß $SU3$ neben dem (trivialen[4]) Singulett auf jeden Fall noch drei-, sechs-, acht- und zehndimensionale Darstellungen besitzt.

Tabelle 4.2
Die niedrigsten Darstellungen von $SU3$

Symbol	Name	p, q	$D(p,q)$
1	Singulett	0, 0	1
3	Triplett	1, 0	3
3*	Antitriplett	0, 1	3
8	Oktett	1, 1	8
6	Sextett	2, 0	6
10	Dekuplett	3, 0	10

Die Fundamentaldarstellung, das Triplett, ist wieder durch die Matrizen der Gruppe selbst gegeben, also gilt für die Generatoren

$$F_i = \lambda_i/2 \ . \tag{4.15}$$

Die zugehörigen Basisvektoren innerhalb des Multipletts, in unserem Fall also die Farbzustände $|R\rangle$, $|G\rangle$, $|B\rangle$, unterscheiden sich durch die Eigenwerte zu F_3 und F_8. Man stellt sie graphisch in einem sog. Gewichtsdiagramm (Abb. 4.1) dar, das entsprechend dem Rang 2 der Gruppe die Ebene ausfüllt.

Analog zum Vorgehen bei $SU2$ faßt man auch bei $SU3$ die neben den Eigenwertoperatoren verbleibenden Generatoren zu Leiteroperatoren zusammen. Durch sie kann man Zustände ineinander überführen. Ihre Wirkung läßt sich sehr anschaulich durch die Pfeile in Abb. 4.1 verdeutlichen.

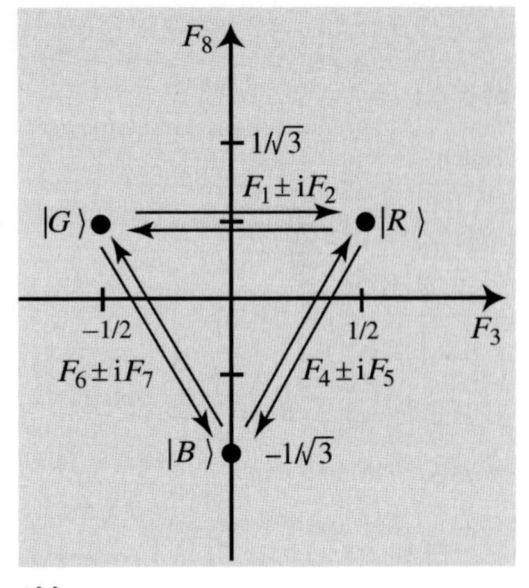

Abb. 4.1
Gewichtsdiagramm für das Quark-Farbtriplett

Beispiel 4.1

Als Darstellung der Basisvektoren $|R\rangle, |G\rangle, |B\rangle$ wählen wir die Spaltenvektoren

$$\begin{pmatrix}1\\0\\0\end{pmatrix}, \begin{pmatrix}0\\1\\0\end{pmatrix}, \begin{pmatrix}0\\0\\1\end{pmatrix} .$$

Dann verifiziert man mit Hilfe von (4.15) sofort

$$F_3|R\rangle = \frac{1}{2}|R\rangle$$

oder

$$F_8|B\rangle = \frac{-1}{\sqrt{3}}|B\rangle \ .$$

Weiterhin ist es leicht, die Wirkung der Leiteroperatoren zu überprüfen. Als Beispiel wird

$$F_1 + iF_2 = \begin{pmatrix}0&1&0\\0&0&0\\0&0&0\end{pmatrix}$$

betrachtet. Offenbar gilt $(F_1 + iF_2)|G\rangle = |R\rangle$, wie es auch zu erwarten war.

[4] $U = 1$, $F_i = 0$

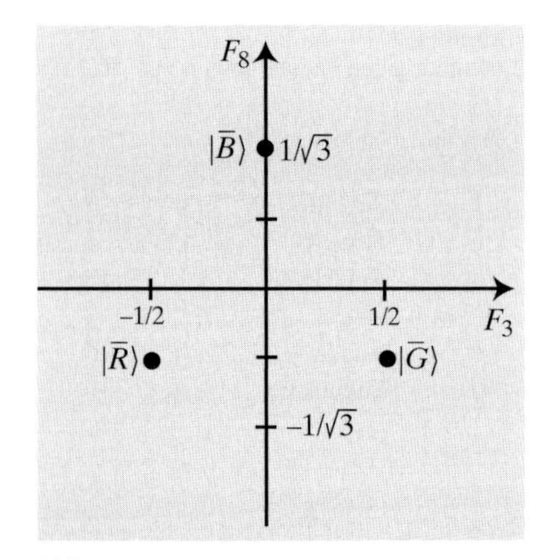

Abb. 4.2
Gewichtsdiagramm für das Antiquark-Farbtriplett

Neben der Fundamentaldarstellung bilden auch die Matrizen der zu (4.3) konjugiert komplexen Gleichung

$$q'^{*i} = (U^*)^i_k q^{*k} \tag{4.16}$$

eine von der Fundamentaldarstellung linear unabhängige Darstellung in drei Dimensionen. Dies ist ein wichtiger Unterschied zu $SU2$. Wir hatten bereits in Abschn. 2.8 festgestellt, daß Isospin-Transformationen und Teilchen-Antiteilchen-Konjugation nicht unabhängig voneinander sind. Daher sind auch dort die Matrizen U^* linear abhängig von den Matrizen U.

Wegen

$$U^* = \mathrm{e}^{-\mathrm{i}\Theta_i(-\lambda_i^*/2)} \tag{4.17}$$

kehren sich die Vorzeichen der Eigenwerte von F_3 und F_8 um, und der Darstellungsraum wird daher durch die Antiteilchen $|\bar{R}\rangle$, $|\bar{G}\rangle$, $|\bar{B}\rangle$ aufgespannt (siehe Abb. 4.2). Hier tritt die lineare Unabhängigkeit noch einmal klar zutage: Ein Zustand mit den Eigenwerten $1/\sqrt{3}$ und 0 zu F_8 und F_3 läßt sich nicht durch eine unitäre Transformation im Raum der Quarks erreichen.

Weil die konjugiert komplexen Komponenten eines Vektors gleich den mit einem unteren Index gekennzeichneten kovarianten Komponenten sind, transformiert sich ein beliebiger Antiteilchen-Zustand gemäß

$$q'_i = (U^*)^i_k q_k = (U^{-1})^k_i q_k \quad . \tag{4.18}$$

Häufig benutzt man in der Mathematik den Querstrich über einem Symbol zur Bezeichnung der Operation „konjugiert komplex". In der Teilchenphysik ist dies besonders anschaulich, da die Antiteilchen den konjugiert komplexen Vektorkomponenten zugeordnet werden.

Produkte von Darstellungen. Unser Ziel ist es, Mesonen als $|q\bar{q}\rangle$- und Baryonen als $|qqq\rangle$-Zustände zu beschreiben. Das Studium der Produkte von Darstellungen ist daher von besonderem Interesse. Von den in der Literatur diskutierten Methoden führt die Untersuchung des Transformationsverhaltens von Tensoren, wenigstens für Produktdarstellungen niedriger Dimension, zu schnellen Erfolgen bei der Ausreduktion der Darstellungen.

Wir haben bisher Quarkzustände durch kontravariante Vektoren und Antiquarks durch kovariante Vektoren bezeichnet. Die Komponenten eines beliebigen Zustandes im Produktraum von r Quarks und s Antiquarks werden deshalb durch Tensoren

$$T^{\alpha_1 \ldots \alpha_r}_{\beta_1 \ldots \beta_s} = q^{\alpha_1} \ldots q^{\alpha_r} q_{\beta_1} \ldots q_{\beta_s} \tag{4.19}$$

gebildet. Aufgrund der Transformationsgesetze (4.3) und (4.18) gilt für die Transformation der Produktzustände

$$T'^{\alpha_1 \ldots \alpha_r}_{\beta_1 \ldots \beta_s} = U^{\alpha_1}_{\gamma_1} \ldots U^{\alpha_r}_{\gamma_r} (U^{-1})^{\delta_1}_{\beta_1} \ldots (U^{-1})^{\delta_s}_{\beta_s} T^{\gamma_1 \ldots \gamma_r}_{\delta_1 \ldots \delta_s} \quad . \tag{4.20}$$

Besonders interessant sind die irreduziblen Darstellungen. Diese bilden eine Teilmenge der Tensoren auf sich selbst ab. Die Darstellungsmatrizen U

zerfallen daher in blockdiagonale Matrizen, wie es in Abschn. 2.2.5 am Beispiel der Drehgruppe erläutert wurde. Die Transformationsmatrizen selbst sind für uns nicht so wichtig, sondern wir suchen das Bildungsgesetz für die irreduziblen Tensoren. Wenn man dieses gefunden hat, folgt daraus natürlich auch das Bildungsgesetz für die zugehörigen Basisvektoren. Glücklicherweise gelten für alle SUN-Gruppen die gleichen Regeln zum Auffinden der irreduziblen Darstellungen [Geo82]. Die Aufgabe besteht im wesentlichen darin, vom ursprünglichen Tensor symmetrische Tensoren abzuspalten, solange es geht. Symmetrische Tensoren sind invariant unter der Vertauschung von zwei beliebigen oberen Indizes oder zwei beliebigen unteren Indizes. Wenn sie obere und untere Indizes enthalten, muß man sie auch noch spurfrei machen, d.h. man muß dafür sorgen, daß die Summe über Elemente mit jeweils einem gleichen oberen und unteren Index verschwindet. Wenn sich von dem Produkt keine weiteren symmetrischen Tensoren abspalten lassen, gehört auch der Rest zu einer irreduziblen Darstellung.

Das sieht alles komplizierter aus, als es ist. Wie so oft in der Physik reichen aber die einfachsten Beispiele zunächst aus. Dies wird in den beiden folgenden Abschnitten klarer werden. Wir hätten auch die Ergebnisse des Abschn. 2.8.2 schon mit der Tensormethode ableiten können, wollen das aber jetzt nicht wiederholen, sondern den Übungen vorbehalten.

4.1.3 Mesonen als $q\overline{q}$-Zustände

Zur Konstruktion der Farbwellenfunktion von Mesonen, die ja aus Quark-Antiquark-Paaren bestehen, müssen wir offenbar den Tensor

$$T^i_k = q^i q_k \tag{4.21}$$

in irreduzible Tensoren zerlegen. Durch die Identität

$$T^i_k = \left(T^i_k - \frac{1}{N}\delta^i_k T^m_m \right) + \frac{1}{N}\delta^i_k T^m_m \tag{4.22}$$

wird dieser in einen symmetrischen spurfreien Tensor und die durch N geteilte Spur $(T^1_1 + T^2_2 + T^3_3)$ zerlegt (δ^i_k bezeichnet wie üblich das Kroneckersymbol). T^i_k ist eine $N \times N$ Matrix mit N^2 Komponenten. Durch die Spurfreiheit wird eine Nebenbedingung festgelegt, also hat der erste Tensor

$$n = N^2 - 1 \tag{4.23}$$

linear unabhängige Komponenten. Er erfüllt unsere Bedingungen und bildet deshalb eine irreduzible Darstellung mit der Dimension n. Die Spur ist der triviale Tensor ohne Indizes und daher ein Singulett unter SUN. Sie ist demnach geeignet, den farbneutralen oder weißen Zuständen zugeordnet zu werden. Für $SU3$ haben wir also die Zerlegung

$$3 \otimes 3^* = 1 \oplus 8 \tag{4.24}$$

in ein farbneutrales Singulett und in ein Farboktett gewonnen. Zunächst ist damit bewiesen, daß man aus Quarks und Antiquarks farblose Zustände aufbauen kann. Für die normierte Singulett-Wellenfunktion muß ersichtlich

$$|1\rangle = \frac{1}{\sqrt{3}}(|R\bar{R}\rangle + |G\bar{G}\rangle + |B\bar{B}\rangle) \tag{4.25}$$

Tabelle 4.3
Das Singulett (Zeile 1) und das Oktett (Zeilen 2 bis 9) aus Farb-Antifarb-Zuständen der Gruppe $SU3_C$

$\frac{1}{\sqrt{3}}(\vert R\bar{R}\rangle + \vert G\bar{G}\rangle + \vert B\bar{B}\rangle)$
$\vert G\bar{B}\rangle$
$\vert R\bar{B}\rangle$
$-\vert G\bar{R}\rangle$
$\frac{1}{\sqrt{2}}(\vert G\bar{G}\rangle - \vert R\bar{R}\rangle)$
$\frac{1}{\sqrt{6}}(\vert R\bar{R}\rangle + \vert G\bar{G}\rangle - 2\vert B\bar{B}\rangle)$
$\vert R\bar{G}\rangle$
$-\vert B\bar{R}\rangle$
$\vert B\bar{G}\rangle$

angesetzt werden. Auch die Oktettzustände sind physikalisch sehr interessant. Wir werden sie bald mit den Gluonen identifizieren. Gemäß der Zerlegung (4.22) bestehen sie aus den sechs Zuständen

$$|R\bar{G}\rangle, |R\bar{B}\rangle, |G\bar{R}\rangle, |G\bar{B}\rangle, |B\bar{R}\rangle, |B\bar{G}\rangle \tag{4.26}$$

und einer orthonormierten Linearkombination von zwei der drei Diagonalelemente

$$\begin{aligned} &\frac{1}{3}(2|R\bar{R}\rangle - |G\bar{G}\rangle - |B\bar{B}\rangle) \\ &\frac{1}{3}(-|R\bar{R}\rangle + 2|G\bar{G}\rangle - |B\bar{B}\rangle) \\ &\frac{1}{3}(-|R\bar{R}\rangle - |G\bar{G}\rangle + 2|B\bar{B}\rangle) \ . \end{aligned} \tag{4.27}$$

Es ist üblich, den $SU2$-Zustand

$$\frac{1}{\sqrt{2}}(|R\bar{R}\rangle - |G\bar{G}\rangle) \tag{4.28}$$

als eine der Wellenfunktionen zu wählen, dieser ergibt sich aus der Differenz der ersten beiden Zeilen von (4.27). Dann wird aus der Summe

$$\frac{1}{\sqrt{6}}(|R\bar{R}\rangle + |G\bar{G}\rangle - 2|B\bar{B}\rangle) \tag{4.29}$$

die achte Wellenfunktion gebildet. In der Tabelle 4.3 ist die vollständige Zerlegung $3 \otimes 3^*$ nochmals zusammengefaßt. Die gegenüber dem Text auftretenden Vorzeichenunterschiede entsprechen einer Konvention, die sich als sinnvoll erweisen wird, wenn wir die $SU3$-Symmetrie im Sortenraum (uds) der Quarks behandeln.

4.1.4 Baryonen als qqq-Zustände

Zur Konstruktion der Farbwellenfunktion von Baryonen müssen wir zunächst untersuchen, ob in der Produktdarstellung $3 \otimes 3 \otimes 3$ ein Singulett enthalten ist, da die beobachteten Baryonen natürlich farblos sein müssen. Wir beginnen mit dem Produkt von zwei Quarks. Der zugehörige Tensor T^{ik} läßt sich sofort in zwei Tensoren zerlegen, die symmetrisch bzw. antisymmetrisch bezüglich einer Indexvertauschung sind:

$$T^{ik} = \frac{1}{2}(T^{ik} + T^{ki}) + \frac{1}{2}(T^{ik} - T^{ki}) \ . \tag{4.30}$$

Der erste Tensor hat $(N^2 + N)/2$ linear unabhängige Komponenten, da bei einem symmetrischen Tensor die oberhalb und unterhalb der Diagonale stehenden Elemente identisch sind. Er erfüllt offenbar die Symmetriebedingung und bildet daher eine irreduzible Darstellung der Dimension

$$n = \frac{1}{2}(N^2 + N) \tag{4.31}$$

unter SUN, während zum zweiten eine irreduzible Darstellung der Dimension

$$n' = \frac{1}{2}(N^2 - N) \tag{4.32}$$

gehört, da er sich ebenfalls nicht weiter reduzieren läßt. In $SU3$ erfüllt sogar der zweite Tensor explizit die Symmetriebedingung. Dies sehen wir durch einen kleinen Umweg ein. Im Fall der $SU3$ ist das Bildungsgesetz des zweiten Tensors sichtlich mit

$$V_i = \frac{1}{2}\varepsilon_{ijk}T^{jk} \tag{4.33}$$

identisch, wobei ε_{ijk} der schon in Abschn. 2.2 eingeführte total antisymmetrische Tensor ist. Hiermit gilt dann z.B. für $i = 1$

$$V_1 = \frac{1}{2}(T^{23} - T^{32}) \tag{4.34}$$

und eine entsprechende Beziehung für $i = 2, 3$. Die drei Komponenten bilden also einen Tensor mit nur einem (unteren) Index und erfüllen daher das Symmetrieprinzip. Dieser Trick der Kontraktion der Indizes läßt sich auch bei komplizierteren Produkten anwenden.

Tensoren mit nur einem Index nennen wir Vektoren. Die besondere Eigenschaft, daß der gemäß (4.30) gebildete antisymmetrische Tensor wieder ein Vektor ist, hat $SU3$ mit $O3$ gemeinsam. Dort ist dieser Tensor als das Kreuzprodukt zweier Vektoren bekannt. Denken Sie z.B. an die Komponenten des Drehimpulses, $\boldsymbol{L} = \boldsymbol{r} \times \boldsymbol{p}$.

Die Darstellung $3 \otimes 3$ ist nun ausreduziert. Es gilt

$$3 \otimes 3 = 3^* \oplus 6 \ . \tag{4.35}$$

Ein Singulett läßt sich also aus zwei Quarks nicht bilden. Aber wegen

$$3 \otimes 3^* = 1 \oplus 8 \tag{4.36}$$

ist sofort klar, daß in $3 \otimes 3 \otimes 3$ ein Singulett enthalten ist. Mit Hilfe von (4.33) und (4.22) läßt sich der zugehörige Tensor

$$T_0^0 = \varepsilon_{ijk}q^i q^j q^k \tag{4.37}$$

leicht konstruieren. Farblose Baryonen werden daher durch die $SU3_C$-Singulettwellenfunktion

$$|1\rangle = \frac{1}{\sqrt{6}}(|RGB\rangle - |RBG\rangle + |BRG\rangle - |BGR\rangle + |GBR\rangle - |GRB\rangle) \tag{4.38}$$

beschrieben. Sie ist antisymmetrisch bei Vertauschung von zwei beliebigen Farbindizes und garantiert damit die Erfüllung der im ersten Abschnitt dieses Kapitels geforderten Bedingung zur Erfüllung des Pauli-Prinzips.

Der Vollständigkeit halber soll noch die komplette Zerlegung der Produktdarstellung von drei Quarks in irreduzible Darstellungen angegeben werden. Das in (4.36) enthaltene Oktett gewinnen wir aus den Zuständen der Tabelle 4.3, indem wir entsprechend der Vorschrift (4.33) jede Antifarbe durch die passende Vertauschung zweier Farben ersetzen, also z.B. $\bar{R}$ durch $GB - BG$. Die Zustände müssen anschließend noch normiert werden. Das Ergebnis ist in der Tabelle 4.4 angegeben, die der Leser ohne allzu große Schwierigkeiten nachrechnen können sollte.

Tabelle 4.4
Das Singulett (Zeile 1) und Oktett (Zeile 2 bis 9) aus drei Quarks in der Gruppe $SU3_C$

$\frac{1}{\sqrt{6}}(\vert RGB\rangle - \vert RBG\rangle + \vert BRG\rangle - \vert BGR\rangle + \vert GBR\rangle - \vert GRB\rangle)$
$\frac{1}{\sqrt{2}}(\vert GRG\rangle - \vert GGR\rangle)$
$\frac{1}{\sqrt{2}}(\vert RRG\rangle - \vert RGR\rangle)$
$\frac{1}{\sqrt{2}}(\vert GBG\rangle - \vert GGB\rangle)$
$\frac{1}{2}(\vert RBG\rangle - \vert RGB\rangle + \vert GBR\rangle - \vert GRB\rangle)$
$\frac{1}{\sqrt{12}}(\vert RGB\rangle - \vert RBG\rangle + \vert GBR\rangle - \vert GRB\rangle + 2\vert BGR\rangle - 2\vert BRG\rangle)$
$\frac{1}{\sqrt{2}}(\vert RBR\rangle - \vert RRB\rangle)$
$\frac{1}{\sqrt{2}}(\vert BBG\rangle - \vert BGB\rangle)$
$\frac{1}{\sqrt{2}}(\vert BBR\rangle - \vert BRB\rangle)$

Es läßt sich ebenfalls relativ leicht abzählen, daß sich aus den Produkten $T^{ijk} = q^i q^j q^k$ genau zehn Zustände konstruieren lassen, die vollständig symmetrisch in den oberen Indizes sind. Zunächst gibt es drei Zustände mit drei identischen Quarks, also $|RRR\rangle$, $|GGG\rangle$ und $|BBB\rangle$. Dann kommen die Zustände, in denen zwei Quarks identisch sind. Dazu gehört z.B. $|RGG\rangle$, welcher durch Symmetrisierung und Normierung zu

$$\frac{1}{\sqrt{3}}(|RGG\rangle + |GRG\rangle + |GGR\rangle) \tag{4.39}$$

wird. Auf diese Art lassen sich sechs Zustände konstruieren. Der zehnte Zustand $|RGB\rangle$ ist in allen drei Quarks unterschiedlich und nimmt nach Symmetrisierung und Normierung die Gestalt

$$\frac{1}{\sqrt{6}}(|RGB\rangle + |RBG\rangle + |BRG\rangle + |BGR\rangle + |GBR\rangle + |GRB\rangle) \tag{4.40}$$

Tabelle 4.5
Das Dekuplett aus drei Quarks in der Gruppe $SU3_C$

$\vert RRR\rangle$
$\frac{1}{\sqrt{3}}(\vert RRG\rangle + \vert RGR\rangle + \vert GRR\rangle)$
$\frac{1}{\sqrt{3}}(\vert RGG\rangle + \vert GRG\rangle + \vert GGR\rangle)$
$\vert GGG\rangle$
$\frac{1}{\sqrt{3}}(\vert RRB\rangle + \vert RBR\rangle + \vert BRR\rangle)$
$\frac{1}{\sqrt{6}}(\vert RGB\rangle + \vert RBG\rangle + \vert BRG\rangle + \vert BGR\rangle + \vert GBR\rangle + \vert GRB\rangle)$
$\frac{1}{\sqrt{3}}(\vert GGB\rangle + \vert GBG\rangle + \vert BGG\rangle)$
$\frac{1}{\sqrt{3}}(\vert RBB\rangle + \vert BRB\rangle + \vert BBR\rangle)$
$\frac{1}{\sqrt{3}}(\vert GBB\rangle + \vert BGB\rangle + \vert BBG\rangle)$
$\vert BBB\rangle$

$\frac{1}{\sqrt{6}}(|GGR\rangle + |GRG\rangle - 2|RGG\rangle)$
$\frac{1}{\sqrt{6}}(-|RRG\rangle - |RGR\rangle + 2|GRR\rangle)$
$\frac{1}{\sqrt{6}}(|GGB\rangle + |GBG\rangle - 2|BGG\rangle)$
$\frac{1}{\sqrt{12}}(|RGB\rangle + |RBG\rangle + |GRB\rangle + |GBR\rangle - 2|BRG\rangle - 2|BGR\rangle)$
$\frac{1}{\sqrt{6}}(|RRB\rangle + |RBR\rangle - 2|BRR\rangle)$
$\frac{1}{\sqrt{6}}(-|BGB\rangle - |BBG\rangle + 2|GBB\rangle)$
$\frac{1}{\sqrt{6}}(-|BRB\rangle - |BBR\rangle + 2|RBB\rangle)$
$\frac{1}{2}(|GRB\rangle + |GBR\rangle - |RGB\rangle - |RBG\rangle)$

Tabelle 4.6
Das alternative Oktett aus drei Quarks in der Gruppe $SU3_C$

Die 18 Zustände des Produkts $3 \otimes 6$ folgen offenbar dem Bildungsgesetz

$$T^{ijk} = q^i(q^j q^k + q^k q^j) \ . \tag{4.41}$$

Um diese Produkte in irreduzible Darstellungen zu zerlegen, wird das Dekuplett der Tabelle 4.5 abgespalten. Das läßt sich z.B. dadurch erledigen, daß man eine Liste der 18 Zustände anfertigt. In dieser Liste erkennt der fleißige Leser sofort, daß die vollständig symmetrischen Zustände der zehndimensionalen Darstellung entweder direkt auftauchen oder durch einfache Linearkombinationen zu erhalten sind. Die Linearkombinationen werden so konstruiert, daß sie jeweils orthogonal zueinander sind. Nach Abtrennen des Dekupletts bleiben acht Zustände übrig. Sie bilden eine alternative Darstellung der Dimension acht und sind in der Tabelle 4.6 – wieder unter Verwendung einer für spätere Zwecke nützlichen Phasenkonvention – ebenfalls zusammengestellt.

Unter Benutzung von

$$3 \otimes 6 = 8 \oplus 10 \tag{4.42}$$

sind wir nun bei der gesuchten Zerlegung

$$3 \otimes 3 \otimes 3 = 1 \oplus 8 \oplus 8 \oplus 10 \tag{4.43}$$

angelangt.

In $3 \otimes 3 \otimes 3$ ist also genau ein Singulett enthalten. Daneben können drei Quarks noch Farboktetts und Dekupletts bilden. Natürlich lassen sich auch aus drei Antiquarks oder aus Produkten von $|q\bar{q}\rangle$, $|qqq\rangle$ und $|\bar{q}\bar{q}\bar{q}\rangle$ Farbsinguletts konstruieren. Dies ist z. B.für den Einbau der Kernphysik in das Quarkmodell sehr wichtig. In $SU3$ ist es aber auf *keine* andere Art und Weise möglich, ein Singulett durch Produkte dreidimensionaler Darstellungen zu erhalten. Mit der Forderung, daß Hadronen farblos sind, bleiben also nur zwei fundamentale Möglichkeiten, nämlich $|q\bar{q}\rangle$ und $|qqq\rangle$, um Hadronen aus Quarks aufzubauen.

Übungen

4.1 Rechnen Sie die Werte der Tabelle 4.1 nach und überprüfen Sie die Normierung der λ-Matrizen. Besonders einfach geht das wieder bei Verwendung algebraischer Programme.

4.2 Benutzen Sie die Tensormethode zur Bestimmung der Darstellungen eines Quark-Quark- bzw. Quark-Antiquark-Zustandes in $SU2$.

4.3 Beweisen Sie durch explizite Konstruktion, daß die unitäre Transformation $U_1 = \mathrm{e}^{-\mathrm{i}\Theta F_1}$ das Singulett (4.25) invariant läßt.

4.2 Farbdynamik

Wir haben im letzten Abschnitt gezeigt, wie farbneutrale Hadronen aus farbigen Quarks konstruiert werden können. Neben den Farb-Singuletts sind gruppentheoretisch Mesonen und Baryonen in Oktetts und Dekupletts erlaubt. Bisher ist es jedoch noch nicht gelungen, den Freiheitsgrad „Farbe" im Spektrum der Teilchen zu beobachten. Es gibt keine farbigen Hadronen. Wie würde sich eine solche Quantenzahl bemerkbar machen? Die einfachsten Zustände mit Farbe sind natürlich die Quarks selbst. Eine intensive Suche nach freien Quarks, d.h. Teilchen mit drittelzahliger Ladung, verlief vollkommen erfolglos. Diese experimentelle Tatsache ist sehr wichtig für die weitere Entwicklung des Modells. Sie bedeutet offenbar, daß Quarks nur in farbneutralen Bindungszuständen existieren können. Jede Theorie der starken Wechselwirkung, die Quarks als Bausteine der Hadronen akzeptiert, muß das Fehlen freier Quarks erklären.

Experimente zum Nachweis freier Quarks zerfallen im wesentlichen in zwei Klassen. Zum einen wird versucht, sie in Stoßreaktionen an Teilchenbeschleunigern zu erzeugen [Lyo85]. Zum anderen werden Materieproben z.B. mit einer Variante des bekannten Millikanschen Öltropfenversuchs zur Messung der Elementarladung oder in anderen raffinierten Versuchsanordnungen auf das Vorhandensein von drittelzahligen Ladungen untersucht [Mar82]. Diese Experimente sind schöne Beispiele physikalischer Experimentierkunst. Sie sind mittlerweile so genau, daß sie *ein* Teilchen der Ladung $e/3$ in etwa 1 mg Materie finden könnten.

4.2.1 Gluonen und das Potential der QCD

Das negative Resultat aller Experimente zur Suche nach freien Quarks oder Hadronen mit Farbe kann man als Verbot formulieren, wie z.B. „Zustände mit Farbe sind nicht erlaubt". Das ist aber sehr unbefriedigend und wir suchen nach einer dynamischen Erklärung. In der Quantenelektrodynamik (QED) wird die Wechselwirkung zwischen geladenen Teilchen durch den Austausch von Photonen beschrieben, siehe z.B. Abb. 3.4. Die erhaltene Ladung der Teilchen ist die Quelle eines Kraftfelds. Wir kommen auch im Bereich der starken Wechselwirkung zwischen Quarks einen wesentlichen Schritt weiter, wenn wir die Farbe als erhaltene Farbladung interpretieren. Auch sie ist die Quelle eines Kraftfelds. Die zugehörigen Feldquanten werden als Gluonen bezeichnet. Die Wechselwirkung zwischen Quarks erfolgt also durch den Austausch von Gluonen (Abb. 1.10b). Die QCD ist die Theorie der starken Wechselwirkung zwischen Quarks durch Austausch von Gluonen. Wir werden sehen, daß sie eine dynamische Erklärung für das Fehlschlagen aller Versuche liefert, freie Quarks zu beobachten.

Welche Eigenschaften müssen die Gluonen haben? In enger Anlehnung an die QED sollen sie zunächst einmal masselos wie die Photonen sein. Sie müssen $J = 1$ haben, da nur dann über ihren Austausch die unterschiedlichen Massen von $q\bar{q}$-Systemen mit Spin 1 (ρ-Meson) oder Spin 0 (π-Meson) erklärt werden. Skalare Felder, also Felder, deren Quanten Spin 0 haben, können ja keine Information über die Orientierung der Quarkspins weitertragen. Da ein- und auslaufende Quarks verschiedene Farben haben können, müssen wegen der Erhaltung der Farbladung auch die Gluonen farbig sein. Am Diagramm der Quark-Antiquark-Vernichtung in Gluonen (Abb. 4.3) sieht man sofort, daß die Gluonen in der Darstellung $3 \otimes 3^*$ der Farb-$SU3$ enthalten sind. Weil farblose Gluonen nicht zwischen den Farben der Quarks unterscheiden, können sie auch nicht dafür sorgen, daß gebundene Zustände von Quarks nur als Farbsinguletts auftreten. Daher muß das Farbsingulett der Zerlegung (4.24) als Gluon-Wellenfunktion ausgeschlossen werden. Es bleiben demnach acht Gluonen übrig, deren Wellenfunktionen durch (4.26), (4.28) und (4.29) festgelegt sind (siehe auch Tabelle 4.3). Gluonen tragen keine *flavor*-Quantenzahlen, sie sind Sorten-Singuletts. Demnach muß an einem Quark-Gluon-Vertex die Erhaltung der Ladung und der Quantenzahlen S, C, B, T garantiert sein. Für die Abb. 4.3 folgt daraus, daß $u\bar{u} \to g$ erlaubt, aber z.B. $u\bar{c} \to g$ verboten ist. Für ein Austauschdiagramm in der Art der Abb. 4.4 darf sich die Quarksorte an einem Vertex nicht ändern, links laufen also z.B. u-Quarks und rechts d-Quarks ein und aus.

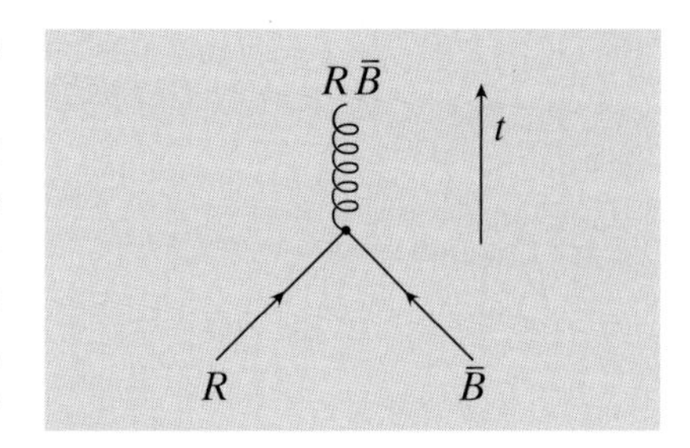

Abb. 4.3
Quark-Antiquark-Vernichtung in ein Gluon. Im Beispiel zerstrahlt ein rotes Quark mit einem antiblauen Quark in ein rot-antiblaues Gluon. Es gibt insgesamt acht verschiedene Kombinationen

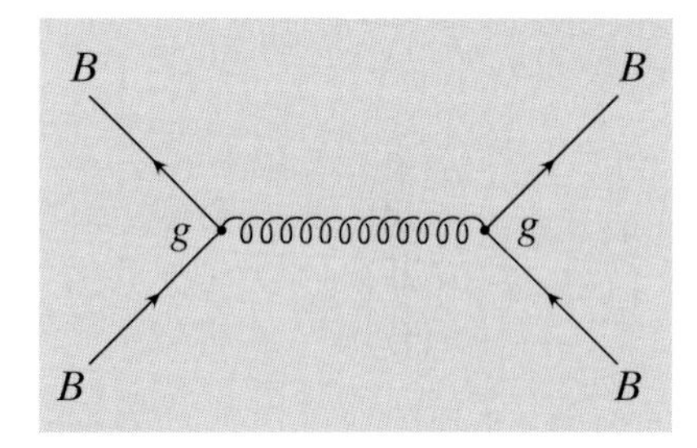

Abb. 4.4
Gluon-Austausch zwischen zwei blauen Quarks. Die zugehörige Gluonwellenfunktion ist $1/\sqrt{6}\left(|R\bar{R}\rangle + |G\bar{G}\rangle - 2|B\bar{B}\rangle\right)$

Der Photonaustausch zwischen geladenen Teilchen führt im nichtrelativistischen Grenzfall zur potentiellen Energie (1.14)

$$V = \pm\frac{\alpha}{r} \ . \tag{4.44}$$

Ganz ähnlich entspricht dem Gluonaustausch eine potentielle Energie

$$V = c_\mathrm{F}\frac{\alpha_\mathrm{S}}{r} \ . \tag{4.45}$$

Analog zur Konvention der QED ist die Feinstrukturkonstante α_S der starken Wechselwirkung mit der Kopplungskonstanten g am Quark-Gluon-Vertex durch

$$\alpha_\mathrm{S} = \frac{g^2}{4\pi} \tag{4.46}$$

verknüpft. An die Stelle des Vorzeichens, das in der Elektrodynamik zwischen den verschieden Ladungskombinationen unterscheidet, tritt aber bei der starken Wechselwirkung ein komplizierterer Farbfaktor c_F. An jedem Vertex eines Feynman–Diagramms mit Quarks und Gluonen (z.B. Abb. 4.4) wird die Kopplungsstärke durch $gc_{1,2}/\sqrt{2}$ festgelegt, wobei $c_{1,2}$ die durch die Gruppenstruktur bestimmten Koeffizienten (Clebsch-Gordan-Koeffizienten) für die Ankopplung der Quarks an das Gluon-Oktett sind. Der zusätzliche Faktor $1/\sqrt{2}$ kommt von der Normierung der λ-Matrizen, deren Norm wir zu 2 gewählt hatten. Der Farbfaktor c_F ist daher durch

$$c_\mathrm{F} = \frac{1}{2}c_1c_2 \tag{4.47}$$

definiert. Um Berechnungen von Baumgraphen der QCD möglichst eng an das Beispiel der QED anzulehnen, formulieren wir die Feynman-Regeln der QCD so, daß zu jedem Quark-Gluon-Vertex ein Faktor

$$-\mathrm{i}g\gamma^{\mu} \tag{4.48}$$

gehört. Dem coulomb-artigen Potential (4.45) entspricht der Propagator

$$-\mathrm{i}\frac{g_{\mu\nu}}{q^2} \tag{4.49}$$

eines Gluons. Am Schluß der Rechnung wird das Ergebnis mit dem Farbfaktor c_{F} multipliziert, den wir gleich für einige Beispiele bestimmen werden. Diese Vorgehensweise ist natürlich nicht so elegant, wie die Formulierung in den Lehrbüchern der QCD [Qui83], aber sie erleichtert vielleicht dem Anfänger das Verständnis.

Wechselwirkung zwischen gleichfarbigen Quarks. Die Abb. 4.4 behandelt den Gluonaustausch zwischen zwei blauen Quarks. Welche Farbindizes darf das Gluon tragen? Nach dem *crossing*-Prinzip aus Abschn. 3.2.2 beschreibt das Diagramm Abb. 4.4 nach einer Drehung um 90° die Annihilation eines blauen Quarks mit einem Antiquark der Farbe Antiblau ($\bar{B}$). Die Farberhaltung verlangt dann, daß die Gluonwellenfunktion die Kombination $|B\bar{B}\rangle$ enthält. Diese ist nur in (4.29) mit der Amplitude

$$c_{1,2} = -\frac{2}{\sqrt{6}} \tag{4.50}$$

enthalten und deshalb gilt

$$c_{\mathrm{F}} = \frac{1}{3} \ . \tag{4.51}$$

Durch kohärente Addition der beiden Wellenfunktionen (4.28) und (4.29) leitet man den gleichen Faktor auch für das Potential zwischen zwei grünen bzw. zwei roten Quarks ab.

Wechselwirkung zwischen ungleichfarbigen Quarks. Auch hier ist der Farbfaktor für alle Quarkkombinationen gleich groß, und wir bestimmen ihn für die Kraft zwischen roten und blauen Quarks (Abb. 4.5) am besten wieder durch Übergang zu den Annihilationsreaktionen. Für den Graphen der Abb. 4.5a ist nur die Wellenfunktion (4.29) möglich, und daher ist $c_1 = 1/\sqrt{6}$, $c_2 = -2/\sqrt{6}$, also $c_{\mathrm{F}} = -1/6$. Für den Graphen der Abb. 4.5b gilt natürlich $c_{\mathrm{F}} = 1/2$.

Mit Hilfe dieser Faktoren lassen sich nun die Farbgewichte bestimmter Prozesse berechnen, an denen Quarks mit unterschiedlichen Farben teilnehmen.

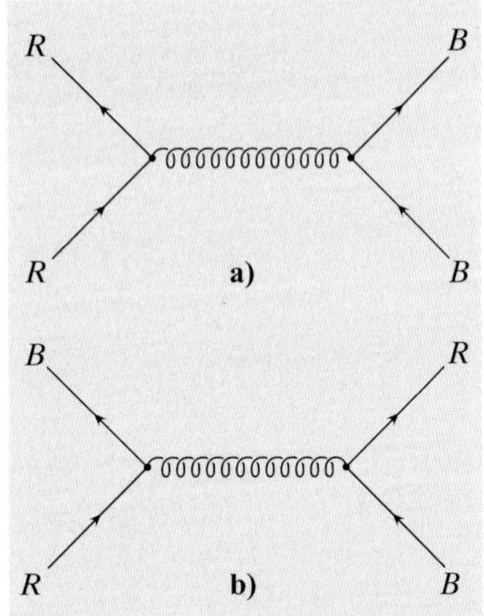

Abb. 4.5a,b
Gluon-Austausch zwischen ungleichfarbigen Quarks. Das Beispiel zeigt die beiden Möglichkeiten für die Streuung von roten an blauen Quarks. (**a**) Direktes Diagramm (**b**) Austausch-Diagramm

Beispiel 4.2

Wir betrachten die Streuung eines Strahls von u-Quarks an d-Quarks, d.h. wir tun so, als gäbe es freie Quarks, mit denen man Streuexperimente durchführen kann. Wir legen eine Tabelle der aufgrund der Erhaltung der Farbladung erlaubten Prozesse und der zugehörigen Farbfaktoren an.

Reaktion	c_F
$u_B d_B \to u_B d_B$	$\frac{1}{3}$
$u_B d_R \to u_B d_R$	$\frac{-1}{6}$
$u_B d_R \to u_R d_B$	$\frac{1}{2}$
$u_B d_G \to u_B d_G$	$\frac{-1}{6}$
$u_B d_G \to u_G d_B$	$\frac{1}{2}$

Eine entsprechende Tabelle gilt für rote und grüne u-Quarks im einlaufenden Strahl. Für die Summe der Quadrate der Farbfaktoren bekommt man daher $3 \times 2/3 = 2$. Ganz ähnlich wie bei der in (2.33) enthaltenen Mittelung über die Spins muß hier über die *Farben* der einlaufenden Quarks gemittelt werden. Das gibt offensichtlich einen Faktor $1/9$, und damit erhält man $2/9$ als resultierenden Gewichtsfaktor im Wirkungsquerschnitt der Streuung von u-Quarks an d-Quarks.

Beispiel 4.3

Eine andere Situation liegt vor, wenn z.B. die *Bindung* zweier Quarks unterschiedlicher Farbe untersucht werden soll. Jetzt müssen die zwei zu Abb. 4.5 gehörenden Amplituden kohärent addiert werden. Dazu muß man wissen, ob die Farbwellenfunktion der beiden Quarks symmetrisch oder antisymmetrisch bezüglich der Vertauschung der Quarks ist. Es gilt entsprechend

$$c_F = -\frac{1}{6} \pm \frac{1}{2} \;, \tag{4.52}$$

also $c_F = 1/3$ für die symmetrische (Sextett) und $c_F = -2/3$ für die antisymmetrische (Antitriplett) Farbwellenfunktion des $|qq\rangle$-Systems. Zwei Quarks in einem Antitriplett-Zustand ziehen sich also an.

Quark-Antiquark-Potential in einem Meson. Dieses besonders wichtige Potential untersuchen wir zunächst anhand der Wechselwirkung zwischen einem B- und einem $\bar{B}$-Quark. Zu dieser gehören die drei Diagramme der Abb. 4.6. Genau wie im Fall der elektrischen Ladung haben die Faktoren $c_{1,2}$ bei der Kopplung an Antiquarks ein negatives Vorzeichen. Die Summe der drei Graphen führt daher zu

$$c_{F_{B\bar{B}}} = -\frac{1}{3} - \frac{1}{2} - \frac{1}{2} = -\frac{4}{3} \;. \tag{4.53}$$

Man muß jetzt noch beachten, daß die ein- und auslaufenden Quarks in einem Farbsingulettzustand sind, von der Wellenfunktion (4.25) kommt also ein Wichtungsfaktor $(1/\sqrt{3})^2$. Andererseits müssen wir noch die Wechselwirkung zwischen einem R- und $\bar{R}$-Quark bzw. einem G- und $\bar{G}$-Quark bestimmen.

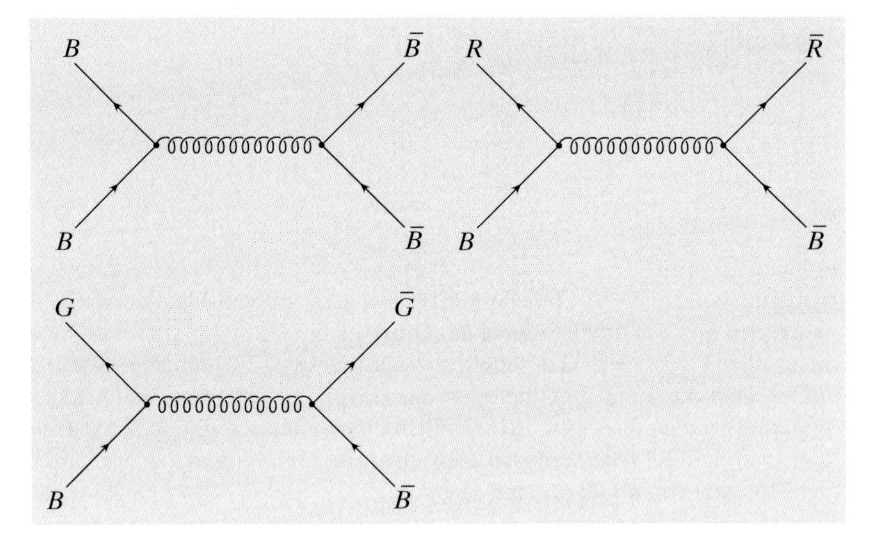

Abb. 4.6
Gluon-Austausch in einem Meson. Das Beispiel zeigt die drei möglichen Diagramme für die Wechselwirkung zwischen blauen und antiblauen Quarks

Auch hier bekommen wir $c_F = -4/3$, so daß wir für die potentielle Energie in einem Meson

$$V_{q\bar{q}} = -\frac{4}{3}\frac{\alpha_S}{r} \tag{4.54}$$

erhalten. Dies ist ein sehr wichtiges Ergebnis, zeigt es uns doch, daß sich Quark und Antiquark im Farbsingulett anziehen, also Bindungszustände möglich sind. Die gleiche Rechnung für ein Farboktett liefert $+1/6$ als Farbfaktor in (4.54) und damit eine abstoßende Kraft.

Natürlich kann die starke Wechselwirkung eines Quarks mit einem Antiquark nicht allein durch einen Ausdruck nach Art der Coulomb-Energie beschrieben werden. Im Coulomb-Feld sind Ionisationszustände möglich, und man müßte daher auch freie Quarks beobachten können. Am einfachsten läßt sich dies durch die Addition eines Terms σr zur potentiellen Energie (4.54) verhindern, also

$$V_{q\bar{q}} = -\frac{4}{3}\frac{\alpha_S}{r} + \sigma r \quad . \tag{4.55}$$

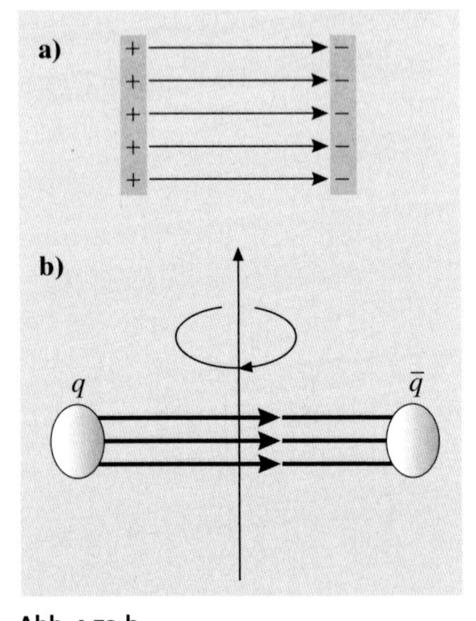

Abb. 4.7a,b
(**a**) Elektrisches Feld im Plattenkondensator und (**b**) chromoelektrisches Feld zwischen Quark-Antiquark-Paaren. Der Spin des Mesons entsteht durch Rotation um die gezeigte Achse

Der zweite Term entspricht einer mit wachsendem Abstand über alle Grenzen ansteigenden potentiellen Energie. Er sorgt daher für den Einschluß (*confinement*) der Quarks. Da die Kraft durch den Gradienten des Potentials gegeben ist, herrscht also bei großen Abständen eine konstante Kraft, $F = \sigma$, zwischen den Quarks. Aus den noch zu besprechenden experimentellen Befunden über die Massen der Mesonen (Abschn. 4.6.3) kann man $\sigma \approx 1\,\mathrm{GeVfm}^{-1}$ bestimmen, das sind $1{,}4 \cdot 10^5$ N!

Ein klassisches Modell für eine konstante Kraft bei wachsendem Abstand wird durch den elektrischen Plattenkondensator (Abb. 4.7a) realisiert. Bei einem solchen Kondensator befinden sich Platten der Fläche A im Abstand d. In unseren Einheiten hat das elektrische Feld E im Kondensator den Betrag e_K/A, wobei e_K die Ladung auf den Platten ist. Die Energiedichte des elektrischen Feldes ist $E^2/2$, und daher bekommen wir für die im Feld gespeicherte Energie

$$V = \frac{e_K^2}{2A} d \ . \tag{4.56}$$

Die Platten eines Kondensators ziehen sich demnach mit der konstanten Kraft $e_K^2/(2A)$ an.

Im sog. *string*-Modell (oder Saiten-Modell) der Teilchen bilden die chromoelektrischen Feldlinien ganz analog eine gespannte Saite von einem Quark zu einem Antiquark (Abb. 4.7b). Wir bauen diese Vorstellung weiter aus, indem wir den Spin der Mesonen durch Rotation der Saite um die in der Abb. 4.7b gezeigte Achse entstehen lassen. Die Masse der Mesonen ist mit der in der Saite der Länge L gespeicherten Energie identisch. Ein Element $\mathrm{d}r$ der Saite hat die Ruheenergie $\sigma\,\mathrm{d}r$. Da es schnell rotiert, trägt es zur Gesamtenergie, d.h. zur Masse des Mesons, den Anteil $\sigma\,\mathrm{d}r/\sqrt{1-\beta^2}$ bei. Durch Integration folgt also

$$M_{\mathrm{Mes}} = 2 \int\limits_0^{L/2} \frac{\sigma\,\mathrm{d}r}{\sqrt{1-\beta^2}} \ . \tag{4.57}$$

Nun wird r durch die Geschwindigkeit β ersetzt, $r = \beta/\omega$, wobei ω die Winkelgeschwindigkeit ist. Mit der Integrationsgrenze $\beta = 1$ (!) ergibt sich

$$M_{\mathrm{Mes}} = \sigma L \int\limits_0^1 \frac{\mathrm{d}\beta}{\sqrt{1-\beta^2}} = \frac{\pi}{2}\sigma L \ . \tag{4.58}$$

Ganz ähnlich berechnet man für den Drehimpuls der Mesonen

$$J_{\mathrm{Mes}} = 2 \int\limits_0^{L/2} \frac{\sigma\beta r\,\mathrm{d}r}{\sqrt{1-\beta^2}} = \frac{\pi}{8}\sigma L^2 \ . \tag{4.59}$$

Daraus können wir den Zusammenhang

$$M_{\mathrm{Mes}}^2 = 2\pi\sigma J_{\mathrm{Mes}} \tag{4.60}$$

zwischen Spin und Masse der Mesonen ableiten. Eine lineare Beziehung der Art $M^2 = M_0^2 + \alpha' J$ zwischen dem Massenquadrat der Hadronen und ihrer Spinquantenzahl J wurde in den 1950er und 1960er Jahren experimentell gesucht („Chew-Frautschi-Plot") und als sog. Regge-Trajektorie gedeutet [Fel69].[5] Die Steigung α' dieser Geraden von $\approx 1{,}1\ \mathrm{GeV}^2$ stimmt gut mit dem gerade im Potential-Modell (4.55) festgelegten Wert von $\sigma = 1\ \mathrm{GeVfm}^{-1}$ überein.

Auch der Quark-Einschluß (*quark confinement*), also die Tatsache, daß man freie Quarks nicht finden kann, läßt sich anschaulich im Saiten-Modell (Abb. 4.8) deuten. Um Quarks zu befreien, muß man sie auf große Abstände voneinander bringen. Dazu ist aber wegen der konstanten Kraft eine praktisch unendlich hohe Energie nötig. Es wird also etwas ganz anderes passieren. Schon bei einer Dehnung von 0,2 fm wird die zusätzliche Energie in der Saite

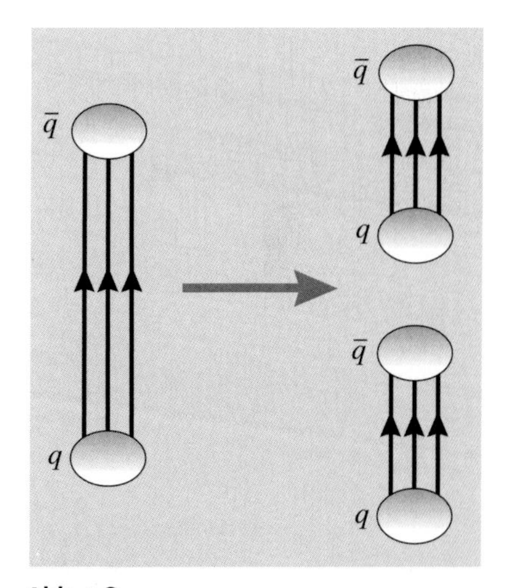

Abb. 4.8
Hadronisierung durch Aufbrechen der gluonischen Saite

[5] Diese Zeit war gekennzeichnet durch die Suche nach möglichst allgemeinen Aussagen, die sich über die Kernkraft, d.h. die starke Wechselwirkung bei relativ großen Abständen, machen ließen. Der Italiener Tullio Eugene Regge (geb. 1931) und der Amerikaner Geoffrey Foucar Chew (geb. 1924) lieferten hierzu besonders wichtige Beiträge.

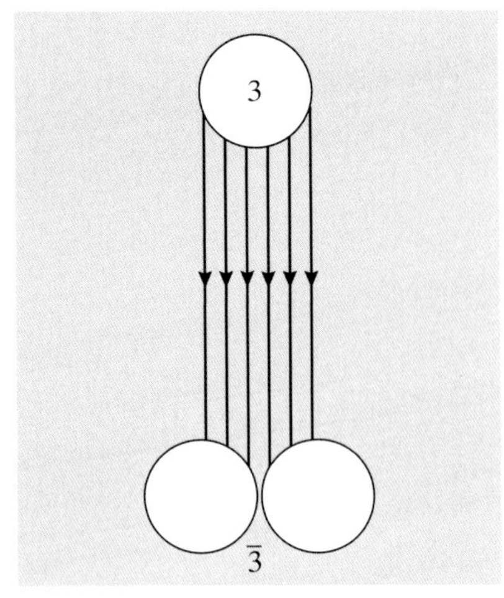

Abb. 4.9
Ein denkbares Saitenmodell für Baryonen. Die beiden unteren Quarks ordnen sich zu einem Farb-Antitriplett, wodurch insgesamt ein farbloses Baryon erzeugt wird. Auch zwischen den beiden Quarks im Antitriplett bestehen anziehende Kräfte (4.52)

größer als die Masse eines Pions. Die Saite zerreißt, und die energetisch günstigere Konfiguration ist durch zwei Mesonen gegeben. Man kann auf die gerade diskutierte Weise auch versuchen, Baryonen im Stringmodell zu deuten, etwa durch Konfigurationen entsprechend der Abb. 4.9. Hier ordnen sich zwei Quarks im Nukleon zu einem Farb-Antitriplett (4.33), und die Saite ist wieder zwischen dem Triplett und dem Antitriplett gespannt. Ausgefeilte QCD-Modelle erlauben es sogar, die am Beispiel der zerreißenden Saite qualitativ behandelte Hadronisierung von Quarks quantitativ durch Simulation in Computer-Programmen zu beschreiben. Darauf werden wir in Abschn. 5.1.3 nochmals zurückkommen.

Ein exakter analytischer Beweis der Quark-Gefangenschaft in der QCD steht noch aus, aber mit Hilfe numerischer Methoden außerhalb der Störungstheorie („QCD auf dem Gitter") konnte die Existenz des linearen Anteils im Potential (4.55) gezeigt werden. Siehe hierzu z. B. den Übersichtsartikel von E. Laerman [Lae92]. Im Lehrbuch von W. Greiner, S. Schramm und E. Stein [Gre02] findet man eine kurze Einführung in die nichtperturbative QCD und das Ergebnis einer neueren Berechnung des QCD-Potentials. Die von uns besprochenen, einfachen Modelle lassen sich also in den Rahmen einer fundamentalen Theorie einbetten.

4.2.2 Die laufende Kopplungskonstante

Bei kleinen Abständen überwiegt der Coulomb-Term in (4.55). Dementsprechend werden Berechnungen der Streuquerschnitte bei hohen Werten von $|q^2|$ mit den im letzten Abschnitt erläuterten Feynman-Regeln durchgeführt. Es ist jedoch wichtig zu wissen, daß α_S und damit die Quark-Gluon-Kopplung g selbst eine Funktion des Abstandes ist. Bei der quantitativen Diskussion dieser Abstandsabhängigkeit hat sich eingebürgert, α_S und nicht g als Kopplungskonstante der starken Wechselwirkung zu bezeichnen.

Worum geht es? Wie in der QED tragen neben dem Diagramm der Abb. 4.10 auch Graphen höherer Ordnung zur Streuung zweier Quarks bei. Die Abb. 4.11 enthält die Graphen der Vakuumpolarisation mit dem Beitrag der Quarkschleife und der Gluonschleife. Auch jetzt werden die auftretenden Divergenzen in einer Renormierung der Kopplungskonstanten aufgefangen. In der QED ist die renormierte Ladung immer die Ladung des freien Teilchens. In der QCD gibt es infolge der Quark-Gefangenschaft keinen solchen natürlichen Bezugspunkt, und die Renormierung kann bei einer beliebigen Skala μ_R durchgeführt werden, wie sie z.B. durch den Impulsübertrag eines Streuexperimentes festgelegt wird.

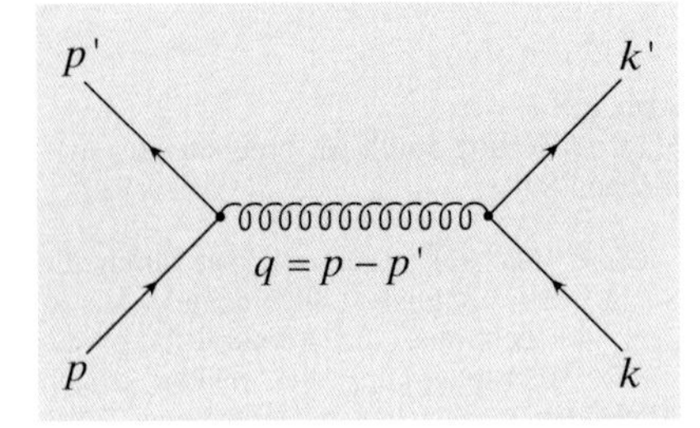

Abb. 4.10
Quark-Quark-Streuung durch Austausch von Gluonen

Nach der Renormierung der Kopplungskonstanten bleibt als Ergebnis dieser Graphen und der Graphen mit mehr Schleifen in der *leading-log*-Näherung eine Abstandsabhängigkeit von α_S übrig, die quantitativ analog zu (3.134) durch

$$\alpha_S(q^2) = \frac{\alpha_S(\mu_R^2)}{1 + \left(\alpha_S(\mu_R^2)(33 - 2n_f)/12\pi\right) \ln\left(|q^2|/\mu_R^2\right)} \tag{4.61}$$

beschrieben wird [Qui83]. Hierin bedeutet n_f die Zahl der mitgezählten Quarkarten, deren Massen zunächst als vernachlässigbar klein gegenüber den beiden Energieskalen $\sqrt{|q^2|}$ und μ_R angesetzt werden. Die Quarksorten werden hier nach der Flavorquantenzahl abgezählt, also $n_f = 3$, falls u-,d- und s-Quarks beitragen. Für Vernichtungsprozesse von Quark-Antiquark-Paaren erhalten wir das gleiche Ergebnis, nur bedeutet q^2 dann das Quadrat der Schwerpunktsenergie.

Die physikalische Aussage von (4.61) ist klar. Zunächst erlaubt es diese Beziehung, Messungen der Kopplungskonstanten, die bei einem Streuexperiment an der Stelle $|q^2| = \mu_R^2$ gewonnen wurden, auf einen beliebigen Wert von $|q^2|$ umzurechnen. Der entscheidende Punkt ist aber das Verhalten bei großem $|q^2|$,

$$\lim_{|q^2|\to\infty} \alpha_S(q^2) = 0 \ , \tag{4.62}$$

solange die Zahl der Quark-Sorten nicht größer als 16 wird. Für den Prozeß der Quark-Quark-Streuung bedeuten hohe Impulsüberträge kleine Abstände. Wir haben demnach das merkwürdige Phänomen, daß bei Abständen, die klein sind gegenüber 1 fm, also z.B. innerhalb eines Nukleons, Quarks sich wie schwach gebundene Teilchen verhalten, sie sind „asymptotisch frei". Für diese Abstände zeigt uns also die QCD, daß man die Reaktionen von Quarks mit Quarks oder anderen elementaren Konstituenten störungstheoretisch berechnen kann. Bei großen Abständen verhindert dann der zweite Term im Potential (4.55) die Beobachtung freier Quarks. Wir werden in Kap. 5 die grundlegenden Experimente zur Beobachtung quasifreier Quarks innerhalb der Nukleonen und zur Paarerzeugung von Quarks aus dem Vakuum besprechen.

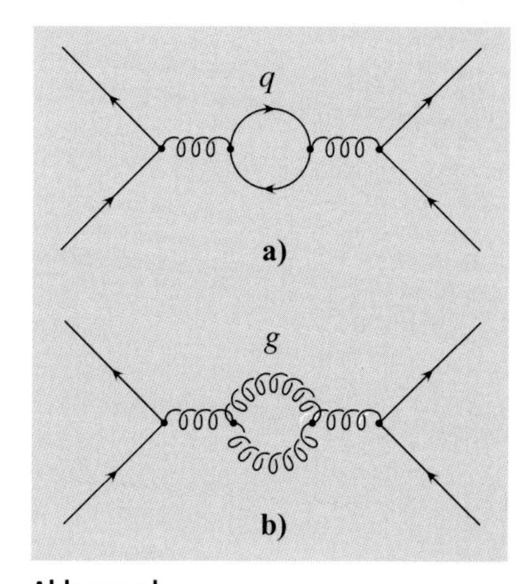

Abb. 4.11a,b
Zwei Graphen zur Vakuumpolarisation in der QCD. (**a**) Quark-Schleife analog zur QED, (**b**) Gluon-Schleife aufgrund der Drei-Gluon-Kopplung der QCD

In der QCD liegt offenbar Antiabschirmung vor, da α_S gemäß (4.62) zu kleinen Abständen hin abnimmt (asymptotische Freiheit) im Gegensatz zur QED. Dieser entscheidende Unterschied zwischen QCD und QED läßt sich auf die Tatsache zurückführen, daß die Gluonen selbst Farbladungen tragen. Daher gibt es neben dem der QED entsprechenden Graphen der Abb. 4.11a auch Graphen wie in Abb. 4.11b mit der für die QCD typischen Drei-Gluon-Kopplung. Die Berechnung ihres Beitrags zeigt, daß genau diese Selbstkopplung der Gluonen zu einer Umkehrung der Abstandsabhängigkeit führt. Die asymptotische Freiheit ist eine sehr wünschenswerte Eigenschaft einer Wechselwirkung, da sie ein vernünftiges Verhalten der Kopplungskonstanten bei höchsten Energien erzwingt. Der in Abschn. 3.1.4 behandelte Landau-Pol tritt hier nicht auf. Interessanterweise ist die QCD die einfachste Theorie mit asymptotischer Freiheit für Quarks mit drei Farbladungen.

Es ist eine alte Gewohnheit, den Wert von $\sqrt{|q^2|}$, bei dem der Nenner von (4.61) verschwindet, mit Λ zu bezeichnen. Aus dieser Definition folgt sogleich

$$\ln \frac{\Lambda^2}{\mu_R^2} = \frac{-12\pi}{(33 - 2n_f)\alpha_S(\mu_R^2)} \ , \tag{4.63}$$

und in Abhängigkeit von dieser neuen Skala nimmt α_S die Form

$$\alpha_S(q^2) = \frac{12\pi}{(33 - 2n_f)\ln(|q^2|/\Lambda^2)} \tag{4.64}$$

an. Man bezeichnet Λ als den Abschneideparameter der QCD. Sein Wert kann theoretisch nicht vorhergesagt werden, sondern muß den Experimenten entnommen werden. Da Λ in etwa die Trennlinie zwischen eingeschlossenen und quasifreien Quarks markiert, ist es nicht überraschend, daß die Messungen einen Wert von ungefähr 200 MeV ergeben, also den Kehrwert des Radius eines Nukleons. Diesen Wert setzen wir in (4.64) ein und berechnen damit $\alpha_S = 0,16$ bei $|q^2| = 1000\,\text{GeV}^2$ und $n_f = 5$. Dies ist sehr viel größer als die Feinstrukturkonstante der QED, aber immer noch klein gegenüber 1, so daß Störungsrechnungen möglich sind.

Auf den ersten Blick sieht es so aus, als ob (4.64) auch den Quark-Einschluß richtig beschreibt, da α_S für Werte von $|q^2| \to \Lambda^2$, also bei großen Abständen, über alle Grenzen ansteigt. Quantitativ ist dieser Schluß nicht erlaubt, weil die Formel mit Methoden der Störungstheorie abgeleitet wurde, also prinzipiell auf α_S-Werte < 1 beschränkt bleibt. Dennoch markiert $|q^2| \approx \Lambda^2$ ungefähr die Grenze zwischen der perturbativen und nichtperturbativen QCD.

Experimente mit Quarks und Gluonen geben einen Wert von α_S bei der für das jeweilige Experiment gültigen Skala $|q^2|$. Dies geschieht i.allg. durch Vergleich mit der theoretischen Vorhersage, wobei α_S als freier Parameter behandelt wird. Im einfachsten Fall genügt der Vergleich mit einer Rechnung in niedrigster Ordnung der QCD. Streng genommen ist in einer solchen Rechnung $\alpha_S = g^2/4\pi$ eine Konstante, jedoch können – wie in der QED – die höheren Ordnungen weitgehend dadurch berücksichtigt werden, daß im Sinne einer verbesserten Bornschen Näherung die laufende Kopplungskonstante $\alpha_S(|q^2|)$ in die Rechnungen eingesetzt wird.

Um nun die verschiedenen Messungen miteinander vergleichen zu können, ist es sinnvoll, anstelle des etwas künstlichen QCD-Parameters Λ direkt den Wert der starken Kopplungskonstanten bei einer bestimmten Skala μ_R anzugeben. Man hat sich darauf geeinigt, die Masse des Z-Bosons als diesen Eichpunkt zu wählen, also $\mu_R = M_Z$. Die Umrechnung kann mit Hilfe von (4.61) durchgeführt werden. Mit $M_Z = 91,2\,\text{GeV}$ erhalten wir z.B. aus (4.64) $\alpha_S(M_Z^2) = 0,133$ für $\Lambda = 200\,\text{MeV}$. Der experimentelle Wert der Kopplungskonstanten ist derzeit $\alpha_S(M_Z^2) = 0,1187 \pm 0,002$. Es macht hier aber keinen Sinn, dies mit Hilfe von (4.64) in einen Λ-Wert umzurechnen, da die Auswertung der Experimente theoretische Korrekturen höherer Ordnung berücksichtigt, die in der *leading-log*-Näherung (4.64) nicht enthalten sind.

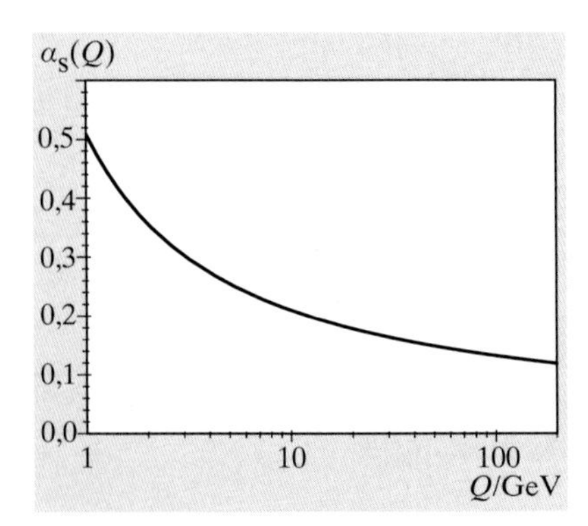

Abb. 4.12
Die laufende Kopplungskonstante α_S der starken Wechselwirkung, berechnet nach (4.64) in führender Ordnung der QCD für fünf Quarks und $\Lambda = 200$ MeV

Es fällt auf, daß der experimentelle Wert der Kopplungskonstanten noch immer mit einem Fehler von etwa 2 % behaftet ist, das ist viele Größenordnungen schlechter als bei der Feinstrukturkonstanten der elektromagnetischen Wechselwirkung. Wir werden in Abschn. 5.1 und 5.3 die Elektron-Positron-Vernichtung in Hadronen und die inelastische Elektron-Proton-Streuung ausführlich behandeln. Aus diesen Experimenten stammen auch unsere besten Messungen von α_S mit dem besagten Fehler von etwa 2 %. Da wir aber nicht mit freien Quarks experimentieren können, wird eine wirklich präzise Messung der starken Kopplung wohl nie möglich sein.

Der Verlauf von $\alpha_S(|q^2|)$ ist in Abb. 4.12 in Abhängigkeit von einer linearen Energieskala $Q = \sqrt{|q^2|}$ aufgetragen. Die Parameter in (4.64) sind $n_f = 5$ und

$\Lambda = 200$ MeV. Bisher haben wir die Quarkmassen m_q als verschwindend klein angenommen. Dies kann man auch so auffassen, daß die entwickelten Formeln nur für $|q^2| \gg m_q^2$ gültig sind. Auf Grund der hohen Masse z.B. des b-Quarks von etwa 5 GeV ist aber die Näherung $|q^2| \gg m_b^2$ in vielen Experimenten nicht erfüllt. Daher wird in einer etwas willkürlichen Festlegung oft $n_f = 4$ für $|q^2| < m_b^2$ und $n_f = 5$ für $|q^2| > m_b^2$ angesetzt. Jetzt taucht das Problem auf, daß $\alpha_S(|q^2|)$ aus (4.61) und (4.64) beim Überschreiten einer Massenschwelle unstetig wird! Dieser physikalisch unsinnige Sprung kann durch Umdefinition des Parameters Λ ausgeglichen werden. Wenn z.B. verlangt wird, daß (4.64) an der b-Quark-Schwelle, also etwa bei $|q^2| \approx 25\,\text{GeV}^2$, stetig ist, dann folgt aus der Bedingung

$$\frac{12\pi}{23 \ln (m_b^2/\Lambda_5^2)} = \frac{12\pi}{25 \ln (m_b^2/\Lambda_4^2)} \tag{4.65}$$

nach kurzer Rechnung die Beziehung

$$\Lambda_4 = \Lambda_5 \left(\frac{m_b}{\Lambda_5} \right)^{2/25} \tag{4.66}$$

zwischen den QCD-Parametern für vier und fünf Quarksorten.

Gegen die letzten Betrachtungen läßt sich einwenden, daß damit eigentlich der Bereich der *leading-log*-Näherung verlassen wurde. Diese beruht gerade darauf, daß nur Terme berücksichtigt werden, die mindestens $\sim \ln |q^2|$ anwachsen. Eine Umdefinition von Λ ist aber äquivalent zur Addition eines konstanten Terms im Nenner von (4.64) und sollte daher erst in einer Rechnung höherer Ordnung berücksichtigt werden. Tatsächlich ist (4.66) der erste Term in einer solchen Berechnung. Hier sowie an anderen Stellen des Buches, aber auch in der Literatur, wird der Leser immer wieder feststellen, daß die *leading-log*-Näherung für viele Probleme nicht ausreicht.

Übung

4.4 Berechnen Sie den Farbfaktor für das Potential eines $q\bar{q}$-Systems im $SU3_C$-Oktett.

4.3 Der Aufbau der Hadronen

In der QCD wird die Farbe als Quelle des Gluonfeldes aufgefaßt. Die starke Wechselwirkung zwischen den Quarks wird somit auf den Austausch von Gluonen zurückgeführt. Mit Hilfe der QCD gelingt es, das Spektrum der Hadronen in erstaunlich vielen Details zu verstehen. Es wird allerdings auch reichhaltiger als im ursprünglichen Quarkmodell. Denn neben den Zuständen $|qqq\rangle$ und $|q\bar{q}\rangle$ und geeigneten Vielfachen davon gibt es nun noch weitere Farbsinguletts. Die gruppentheoretische Analyse zeigt, daß auch in $8 \otimes 8$ ein Singulett enthalten ist. Wir erwarten daher die Existenz von Gluonium, d.h. Hadronen, die aus zwei Gluonen aufgebaut sind. Man konnte zeigen, daß ihre

Masse nicht allzu groß sein darf. Bis heute ist es jedoch noch nicht gelungen, solche Zustände zweifelsfrei nachzuweisen. Die zur Zeit bekannten Hadronen sind in der Tabelle der *Particle Data Group* [PDG04] aufgeführt. Sie lassen sich relativ sicher in Quarkmultipletts einbauen oder als Quarkmoleküle (z. B. $q\bar{q}q'\bar{q}'$) deuten. Wir werden uns daher in den folgenden Abschnitten nur mit Quark-Bindungszuständen befassen.

4.3.1 Die Werte von Spin und Parität im Quarkmodell

Nachdem wir uns über die Farbwellenfunktion der Hadronen Klarheit verschafft haben, untersuchen wir jetzt die Konfiguration der Drehimpulse der Quarks in den Hadronen. Dazu müssen wir die Zusammensetzung der Drehimpulse zu einem resultierenden Spin des Mesons oder Baryons diskutieren. Schließlich kann auch noch eine radiale Wellenfunktion spezifiziert werden, die wir in einigen Fällen sogar aus einem nichtrelativistischen Potentialmodell der Bindung berechnen werden.

Analog zum Vorgehen in der Atom- und Kernphysik addieren wir zunächst die Spins der Quarks zu einem Gesamtspin $\boldsymbol{S}$

$$\boldsymbol{S} = \sum_k \boldsymbol{j}_k \quad . \tag{4.67}$$

Die Summe läuft hier über die drei Quarks in den Baryonen bzw. über Quark und Antiquark in den Mesonen. Ganz ähnlich gilt für den Bahndrehimpuls

$$\boldsymbol{L} = \sum_i \boldsymbol{l}_i \quad , \tag{4.68}$$

wobei $\boldsymbol{l}_i$ die relativen Bahndrehimpulse bedeutet, die Summe verkürzt sich also in einem Meson zu einem einzigen Glied. Der Spin $\boldsymbol{J}$ der Hadronen ist dann durch

$$\boldsymbol{J} = \boldsymbol{L} + \boldsymbol{S} \tag{4.69}$$

festgelegt. Die möglichen Eigenwerte $J(J+1)$ des Operators $\hat{\boldsymbol{J}}^2$ folgen aus den Additionsregeln der Quantenmechanik. Die erlaubten Wellenfunktionen sind auch Eigenwerte zum Paritätsoperator P, und wir benutzen zu ihrer Kennzeichnung die Notation J^P, worin die Symbole für die Eigenwerte der Operatoren stehen. Ungeladene *flavor*-neutrale Mesonen sind zusätzlich noch Eigenzustände zur C-Parität (siehe Abschn. 2.7.2). Wir kennzeichnen sie durch J^{PC}.

Mesonen. Ein Quark-Antiquark-System kann den Gesamtspin $S = 0$ oder $S = 1$ haben. Die zugehörigen Spinwellenfunktionen sind in (2.153) und (2.154) explizit angegeben. Quarks und Antiquarks haben unterschiedliche Paritäten (Abschn. 2.5), und daher gilt für die Parität der Mesonwellenfunktion

$$\eta_P = (-1)^L(-1) \quad . \tag{4.70}$$

Für die C-Parität *neutraler* Systeme entnehmen wir (2.388)

$$\eta_C = (-1)^{L+S} \quad . \tag{4.71}$$

Auch unter Beschränkung auf die niedrigsten Bahndrehimpulse $L = 0$ und $L = 1$ kann man nun schon ein reiches Spektrum erlaubter Zustände konstruieren. Der Tradition folgend charakterisieren wir die Mesonen-Multipletts durch J^{PC}, obwohl die Quantenzahl C nur für ungeladene sortenneutrale Mesonen definiert ist. Die erlaubten Kombinationen sind in Tabelle 4.7 für $L = 0$ und in Tabelle 4.8 für $L = 1$ zusammengefaßt. (Wie aus Tabelle 2.4 hervorgeht, werden die Namen *Pseudoskalar* und *Vektor* für die 0^{-+}- und 1^{--}-Mesonen verwendet.) Die letzte Zeile der Tabellen enthält die aus der Atomphysik bekannte spektroskopische Kennzeichnung der Wellenfunktionen.

Tabelle 4.7
Mesonen mit $L = 0$ im Quarkmodell

S	0	1
P	-1	-1
C	$+1$	-1
J^{PC}	0^{-+}	1^{--}
$^{2S+1}L_J$	$^1S_0$	$^3S_1$

Tabelle 4.8
Mesonen mit $L = 1$ im Quarkmodell

S	0	1		
P	$+1$	$+1$	$+1$	$+1$
C	-1	$+1$	$+1$	$+1$
J^{PC}	1^{+-}	0^{++}	1^{++}	2^{++}
$^{2S+1}L_J$	$^1P_1$	$^3P_0$	$^3P_1$	$^3P_2$

Ganz offenbar sind im Quarkmodell nicht alle kombinatorisch möglichen Zustände erlaubt. Es darf keine Mesonen mit den Quantenzahlen

$$J^{PC} = 0^{--}, 0^{+-}, 1^{-+} \tag{4.72}$$

geben. Sie tauchen auch im Spektrum der beobachteten Mesonen nicht auf. Das Fehlen dieser sog. exotischen Zustände war historisch eine entscheidende Stütze bei der Entwicklung des Quarkmodells. Heute würde man versuchen, ein ungeladenes 1^{-+} Meson als Gluonium zu interpretieren. Leider tragen die vorhandenen Kandidaten für Gluonium keine dieser verbotenen Quantenzahl-Kombinationen.

Baryonen. Wir nehmen an, daß für die energetisch tiefsten Zustände der Baryonen alle Quarks zueinander in einer s-Welle sind, also ist auch $L = 0$. Die Spins der drei Quarks addieren sich zu $1/2$ oder $3/2$. Daher gilt für die Grundzustände der Baryonen

$$J^P = \frac{1}{2}^+ \tag{4.73}$$

bzw.

$$J^P = \frac{3}{2}^+ \quad . \tag{4.74}$$

Die Spinwellenfunktion der $\frac{3}{2}^+$-Baryonen ist symmetrisch gegenüber Vertauschung der Quarks (siehe Abschn. 4.1.1). Die $\frac{1}{2}^+$-Baryonen haben eine gemischte Symmetrie. Wir werden die zugehörige Wellenfunktion bald konstruieren.

Die nächsthöheren Zustände baut man in naheliegender Weise aus zwei Quarks in einer relativen s-Welle auf, zu denen das dritte sich in einer p-Welle befindet, also ist auch $L = 1$. Die möglichen Baryonzustände sind in der Tabelle 4.9 angegeben. Damit hat man schon eine große Anzahl erlaubter Spin-Paritäts-Zuordnungen für Baryonen.

In der Notation der Atomphysik gilt für die Bahnwellenfunktion der Quarks der Baryonen aus Tabelle 4.9

$$|qqq\rangle = |1s^2 1p\rangle \quad . \tag{4.75}$$

Hierbei deutet die 1 vor dem Drehimpulssymbol an, daß die Hauptquantenzahl $n = 1$ ist. Wenn man radiale Anregungen zuläßt ($n > 1$), gibt es mehrere Mesonen bzw. Baryonen mit dem gleichen Wert von J^{PC} bzw. J^P. In Abschn. 4.6.1 werden wir wenigstens für Mesonen auch solche radiale Anregungen kennenlernen.

Tabelle 4.9
Baryonen mit $L = 1$

S	1/2		3/2		
P	-1	-1	-1	-1	-1
J^P	$1/2^-$	$3/2^-$	$1/2^-$	$3/2^-$	$5/2^-$
$^{2S+1}L_J$	$^2P_{1/2}$	$^2P_{3/2}$	$^4P_{1/2}$	$^4P_{3/2}$	$^4P_{5/2}$

4.3.2 Hadronen aus u- und d-Quarks

Als erstes konkretes Beispiel werden wir nun die *flavor*-Wellenfunktionen der aus u- und d-Quarks aufgebauten Hadronen untersuchen. Diese Hadronen sind besonders wichtig, da sie die Konstituenten der Kernphysik (Nukleonen) und die Austauschteilchen der Kernkraft (z.B. die π- und ρ-Mesonen) bilden. Es sei nochmals daran erinnert, daß das u-Quark die Ladung $2/3$ und das d-Quark die Ladung $-1/3$ trägt.

Mesonen. Kombinatorisch sind die vier Zustände

$$|u\bar{d}\rangle,\ |d\bar{u}\rangle,\ |u\bar{u}\rangle,\ |d\bar{d}\rangle \tag{4.76}$$

möglich. Die beobachteten leichten Mesonen sind Eigenzustände zum Isospin der starken Wechselwirkung (Abschn. 2.8). Um dies im Quarkmodell zu berücksichtigen, werden die u- und d-Quarks in ein Isodublett des starken Isospins eingeordnet, $I_3 = +1/2$ für das u-Quark und $I_3 = -1/2$ für das d-Quark. Analog zu (2.481) ist dann die Wellenfunktion des Isosinguletts durch

$$|0;0\rangle = \frac{1}{\sqrt{2}}(|u\bar{u}\rangle + |d\bar{d}\rangle) \tag{4.77}$$

gegeben. Ebenso folgt aus (2.482) für das Isotriplett

$$\begin{aligned} |1;1\rangle &= |u\bar{d}\rangle \\ |1;0\rangle &= \frac{1}{\sqrt{2}}(|d\bar{d}\rangle - |u\bar{u}\rangle) \\ |1;-1\rangle &= -|d\bar{u}\rangle\ . \end{aligned} \tag{4.78}$$

Tabelle 4.10
Die leichtesten 0^{-+}-Mesonen. Im Quarkmodell werden sie aus u- und d-Quarks aufgebaut

Teilchen	I	Masse/GeV
η	0	0,547
$\pi^{0,\pm}$	1	0,138

Tabelle 4.11
Die leichtesten 1^{--}-Mesonen. Im Quarkmodell werden sie aus u- und d-Quarks aufgebaut

Teilchen	I	Masse/GeV
$\omega(782)$	0	0,782
$\rho(770)^{0,\pm}$	1	0,770

Tabelle 4.12
Die Zustände mit $L = 1$ im u-, d-Sektor, d.h. für Mesonen ohne *strangeness* oder andere Sorten-Quantenzahlen. Die Zahl in den Klammern des Teilchensymbols gibt die Masse in MeV an

J^{PC}	I	Teilchen
0^{++}	0	$f_0(980)$
	1	$a_0(980)$
1^{++}	0	$f_1(1285)$
	1	$a_1(1260)$
2^{++}	0	$f_2(1270)$
	1	$a_2(1320)$
1^{+-}	0	$h_1(1170)$
	1	$b_1(1235)$

Wir erwarten also für jeden der in den Tabellen 4.7 und 4.8 auftauchenden Spin-Paritäts-Zustände vier Mesonen, ein Isotriplett mit den Ladungen $+1$, 0, -1 und ein neutrales Isosingulett. In der Tat lassen sich die leichtesten acht Mesonen zwanglos in ein solches Schema einordnen (siehe Tabellen 4.10 und 4.11). Die Zuordnung der Wellenfunktionen (4.78) zu π- und ρ-Mesonen und der Wellenfunktion (4.77) zum ω-Meson wird durch eine Fülle experimenteller Ergebnisse, z.B. aus dem Studium von Teilchenzerfällen, gestützt. Die Massen des Isosinguletts und des Isotripletts sind zwar im Prinzip voneinander unabhängig. Es ist aber intuitiv einsichtig, daß den gleichen Quarkinhalten von ρ- und ω-Meson etwa gleiche Massen entsprechen. Im Gegensatz dazu sind die Massen von π- und η-Meson grob unterschiedlich. Es zeigt sich, daß das η-Meson nicht durch die einfache Isosingulett-Wellenfunktion (4.77) beschrieben wird. Wir müssen dieses Problem weiter unten nochmals aufgreifen.

Auch die Zustände mit $L = 1$ sind besetzt. Wir geben eine weitgehend akzeptierte Zuordnung in Tabelle 4.12 an. Hierbei folgen wir dem allgemeinen Brauch, die Ladungszustände nicht mehr explizit aufzuzählen. Außerdem steht die Masse des Teilchens, wie schon bei den 1^{--}-Mesonen, in Klammern hinter dem Symbol. Am problematischsten sind die skalaren 0^{++}-Mesonen. Z.B. zerfällt das $f_0(980)$ zu 22% in $K\bar{K}$-Paare. Dies ist nur schwer verständlich, wenn man annimmt, daß diese Mesonen aus u- und d-Quarks aufgebaut sind. Ein alternativer Vorschlag sieht daher in den 0^{++}-Mesonen der Tabelle 4.12 Kandidaten für Vier-Quark-Zustände, z.B. $|u\bar{u}s\bar{s}\rangle$. In der Teilchentabelle der PDG gibt es unterhalb einer Masse von 1800 MeV mindestens vier etablierte isoskalare (d.h. $I = 0$) 0^{++}-Mesonen. Zusätzliche Möglichkeiten, diese Mesonen einzuordnen, sind also sogar erwünscht. Es gibt aber keine weiteren Kandidaten mit dem Isospin $I = 1$.

Die Beschreibung der Mesonen durch Quark-Antiquark-Zustände läßt sich noch weiter verfeinern. Die Wellenfunktionen (4.77) und (4.78) sind Eigenzustände zum Isospin, aber keine Eigenzustände zur G-Parität. Dies läßt sich jedoch relativ leicht erreichen. Der Einfachheit halber haben wir bisher das Quark immer an die erste und das Antiquark an die zweite Stelle geschrieben. Streng genommen muß man aber die Wellenfunktionen auch bezüglich der Stellung von Quarks und Antiquarks symmetrisieren bzw. antisymmetrisieren. Der Zustand $|1;\,1\rangle = |u\bar{d}\rangle$ z.B. wird dann durch

$$|1;\,1\rangle = \frac{1}{\sqrt{2}}(|u\bar{d}\rangle \pm |\bar{d}u\rangle) \tag{4.79}$$

ersetzt. Wir untersuchen nun diese Beziehung näher auf ihr Transformationsverhalten bezüglich $G = C\mathrm{e}^{-\mathrm{i}\pi\hat{I}_2}$. Mit unserer Phasenwahl für Fermionen gilt

$$C|u\rangle = |\bar{u}\rangle \tag{4.80}$$

und

$$C|\bar{d}\rangle = |d\rangle \ . \tag{4.81}$$

Aus (2.465) folgt aber mit $\theta = \pi$ unter Benutzung von (2.480)

$$\mathrm{e}^{-\mathrm{i}\pi\hat{I}_2}|u\rangle = |d\rangle \tag{4.82}$$

und

$$\mathrm{e}^{-\mathrm{i}\pi\hat{I}_2}|\bar{d}\rangle = -|\bar{u}\rangle \ . \tag{4.83}$$

Hiermit leiten wir leicht die Relation

$$G\frac{1}{\sqrt{2}}(|u\bar{d}\rangle \pm |\bar{d}u\rangle) = \mp\frac{1}{\sqrt{2}}(|u\bar{d}\rangle \pm |\bar{d}u\rangle) \tag{4.84}$$

ab. Die beiden Alternativen in (4.79) werden daher dem π^+-Meson mit positivem und dem ρ^+-Meson mit negativem Vorzeichen in der Klammer zugeordnet, da Pionen eine negative und ρ-Mesonen eine positive G-Parität haben. Also gilt z.B.

$$|\rho^+\rangle = \frac{1}{\sqrt{2}}(|u\bar{d}\rangle - |\bar{d}u\rangle) \ . \tag{4.85}$$

Ganz ähnlich verfährt man für alle weiteren in (4.77) und (4.78) enthaltenen $q\bar{q}$-Kombinationen und hat damit die in allen Quantenzahlen richtigen *flavor*-Wellenfunktionen für die Zustände mit $L = 0$ gewonnen.

Wir haben nun die nötigen Hilfsmittel beisammen, um die Gesamtwellenfunktion eines Mesons im Quarkmodell zu konstruieren. Als Beispiel nehmen wir das ρ^+-Meson mit $J_3 = 0$,

$$|\rho^+\rangle = \frac{1}{\sqrt{3}}(|R\bar{R}\rangle + |B\bar{B}\rangle + |G\bar{G}\rangle)\frac{1}{\sqrt{2}}(|u\bar{d}\rangle - |\bar{d}u\rangle) \times \frac{1}{\sqrt{2}}(|\uparrow\downarrow\rangle + |\downarrow\uparrow\rangle)\frac{|R(r)\rangle}{\sqrt{4\pi}} \quad . \tag{4.86}$$

Beim Ausmultiplizieren muß die Antifarbe immer mit der Antisorte kombiniert werden. (Insofern ist unsere Schreibweise, in der die Antifarbe immer an zweiter Stelle steht, noch nicht ganz konsequent.) Außerdem soll nicht vergessen werden, daß die Radialwellenfunktion $R(r)$ stark vom verwendeten Quark-Antiquark-Potential abhängt. Darauf werden wir im Zusammenhang mit Mesonen aus schweren Quarks wieder zurückkommen.

Tabelle 4.13
Die leichtesten Baryonen. Im Quarkmodell lassen sie sich zwanglos als Zustände mit $L = 0$ aus u- und d-Quarks deuten

Teilchen	J	I	Masse/GeV
p, n	1/2	1/2	0,939
Δ	3/2	3/2	1,232

Baryonen. In der Tabelle der Baryonen findet man als leichteste Teilchen das Ladungsdublett der Nukleonen, Proton p und Neutron n, sowie das Quartett der sog. Δ-Baryonen (Tabelle 4.13). Die Konstruktion der zugehörigen Quark-Zustände wollen wir jetzt durchführen.

Kombinatorisch lassen sich aus u- und d-Quarks die vier $|qqq\rangle$-Zustände

$$|uuu\rangle, |uud\rangle, |udd\rangle, |ddd\rangle \tag{4.87}$$

bilden, also Baryonen mit den Ladungen $+2, +1, 0$ und -1. Die möglichen Eigenwerte des Betrages des Isospins sind 3/2 und 1/2. Die Wellenfunktionen zum Isospin 3/2 sind symmetrisch bezüglich der Vertauschung von Quarks. Wir erwarten also zunächst ein Ladungs- bzw. Isospinquartett von Teilchen mit den *flavor*-Wellenfunktionen

$$\begin{aligned} |3/2; 3/2\rangle &= |uuu\rangle \\ |3/2; 1/2\rangle &= \tfrac{1}{\sqrt{3}}(|uud\rangle + |udu\rangle + |duu\rangle) \\ |3/2; -1/2\rangle &= \tfrac{1}{\sqrt{3}}(|udd\rangle + |dud\rangle + |ddu\rangle) \\ |3/2; -3/2\rangle &= |ddd\rangle \quad . \end{aligned} \tag{4.88}$$

Es sind die sog. $\Delta(1232)$-Resonanzen. Sie haben den Spin 3/2. Dies muß auch so sein, da nur so in Übereinstimmung mit dem verallgemeinerten Pauli-Prinzip das Produkt aus Farb-, Sorten- und Spinwellenfunktion antisymmetrisch unter Vertauschung zweier Quarks wird.[6] Die zu den vier möglichen Spineinstellungen gehörenden Wellenfunktionen lassen sich aus (4.88) gewinnen, indem u durch $\uparrow$ und d durch $\downarrow$ ersetzt wird.

Nun ist auch unmittelbar klar, warum es nur zwei *Nukleonen*, d.h. Spin 1/2-Baryonen aus u- und d-Quarks gibt: Die Kombinationen $|uuu\rangle$ und $|ddd\rangle$ sind symmetrisch bei der Vertauschung zweier Quarks. Da die Farbwellenfunktion nach Voraussetzung antisymmetrisch ist, muß die Spinwellenfunktion symmetrisch sein. Das ist nur für $J = 3/2$ möglich.

Wir können jetzt die Wellenfunktion von Proton und Neutron im Detail konstruieren. Aus drei Spin 1/2-Teilchen läßt sich z.B. ein Zustand

[6] Das verallgemeinerte Pauli-Prinzip besagt, daß ein System beliebiger Fermionen durch eine antisymmetrische Wellenfunktion beschrieben wird. Es müssen dann aber alle Unterscheidungsmerkmale in die Wellenfunktion mit einbezogen werden. Vgl. hierzu die Diskussion der Δ^{++}-Resonanz im ersten Abschnitt dieses Kapitels.

$|J=1/2;\, J_3=1/2\rangle$ dadurch aufbauen, daß zwei Teilchen den Gesamtspin 0 haben und das dritte mit dem Spin nach oben dazu kommt:

$$|\chi_{\mathrm{M,A}}\rangle = \frac{1}{\sqrt{2}}|\uparrow\rangle(|\uparrow\downarrow\rangle - |\downarrow\uparrow\rangle) \ . \tag{4.89}$$

Der Index M,A besagt, daß diese Gleichung antisymmetrisch (Index A) bezüglich einer Vertauschung der letzten beiden Fermionen ist, aber keine definierte (Index M für *mixed*) Symmetrie bezüglich einer Vertauschung des ersten und zweiten bzw. des ersten und dritten Fermions hat. Ganz analog können wir einen gemischt-symmetrischen *flavor*-Zustand mit dem Quarkinhalt und Isospin des Protons,

$$|\phi^p_{\mathrm{M,A}}\rangle = \frac{1}{\sqrt{2}}|u\rangle(|ud\rangle - |du\rangle) \tag{4.90}$$

bzw. des Neutrons

$$|\phi^n_{\mathrm{M,A}}\rangle = \frac{1}{\sqrt{2}}|d\rangle(|ud\rangle - |du\rangle) \tag{4.91}$$

gewinnen. Die gemischt-symmetrische Produktwellenfunktion für das Proton ist dann

$$\begin{aligned}|\psi^p_{\mathrm{M,A}}\rangle = \ &\tfrac{1}{2}(|u\uparrow u\uparrow d\downarrow\rangle - |u\uparrow u\downarrow d\uparrow\rangle \\ &-|u\uparrow d\uparrow u\downarrow\rangle + |u\uparrow d\downarrow u\uparrow\rangle) \ .\end{aligned} \tag{4.92}$$

Diese Funktion läßt sich aber einfach symmetrisieren. Man vertauscht in (4.92) das erste und dritte Quark bzw. das erste und zweite Quark und addiert die so gewonnenen Anteile zu (4.92) hinzu. Bitte beachten Sie, daß die ursprüngliche gemischte Symmetrie der Sorten und Spins durch dieses Verfahren nicht verloren geht. Nach Normierung gewinnt man somit für ein Proton mit $J_3 = +1/2$ die Darstellung

$$\begin{aligned}|p\rangle = \frac{1}{\sqrt{18}}&(2|u\uparrow d\downarrow u\uparrow\rangle + 2|u\uparrow u\uparrow d\downarrow\rangle + 2|d\downarrow u\uparrow u\uparrow\rangle \\ &-|u\uparrow u\downarrow d\uparrow\rangle - |u\downarrow d\uparrow u\uparrow\rangle - |u\uparrow d\uparrow u\downarrow\rangle \\ &-|d\uparrow u\downarrow u\uparrow\rangle - |d\uparrow u\uparrow u\downarrow\rangle - |u\downarrow u\uparrow d\uparrow\rangle)\end{aligned} \tag{4.93}$$

und schließlich für ein Neutron mit $J_3 = +1/2$

$$\begin{aligned}|n\rangle = \frac{1}{\sqrt{18}}&(-2|d\uparrow u\downarrow d\uparrow\rangle - 2|d\uparrow d\uparrow u\downarrow\rangle - 2|u\downarrow d\uparrow d\uparrow\rangle \\ &+|u\uparrow d\downarrow d\uparrow\rangle + |d\downarrow u\uparrow d\uparrow\rangle + |d\uparrow u\uparrow d\downarrow\rangle \\ &+|d\uparrow d\downarrow u\uparrow\rangle + |u\uparrow d\uparrow d\downarrow\rangle + |d\downarrow d\uparrow u\uparrow\rangle) \ .\end{aligned} \tag{4.94}$$

Die Zustände für $J_3 = -1/2$ wollen wir hier nicht im einzelnen angeben. Ihre Konstruktion sollte aber mit dem gerade eingeführten Verfahren ohne weiteres nachvollziehbar sein. Die hiermit gewonnenen Wellenfunktionen haben eine relativ komplizierte Gestalt, folgen aber dennoch aus einfachen Prinzipien. Wegen der gemischten Symmetrie der Beziehung (4.92) ist keine einfache

Faktorisierung der Nukleonwellenfunktion in Spin- und Sortenanteil möglich. In der Literatur [Clo79] finden sich auch andere Abzählverfahren, die aber zu äquivalenten Zuständen führen.

Damit einsichtig wird, wieviel physikalische Information in diesen Wellenfunktionen enthalten ist, wollen wir mit ihrer Hilfe das magnetische Moment der Nukleonen aus denjenigen der Quarks ausrechnen. Quarks sind Fermionen, ihr magnetisches Moment ist daher (wie für die Elektronen in der Atomphysik) durch

$$\boldsymbol{\mu}_q = g\boldsymbol{j}\frac{Q_q e}{2m_q} \tag{4.95}$$

mit $g = 2$ definiert. Hierin ist Q_q die Quarkladung in Einheiten der Elementarladung e und m_q die Masse des betrachteten Quarks. Anstelle des Betrages des magnetischen Momentes eines Teilchens wird im allgemeinen die Projektion auf die Achse eines Magnetfeldes angegeben, in dem es sich ausrichtet. Mit $j_3 = 1/2$ ist das magnetische Moment der Quarks demnach durch

$$\mu_q = \frac{Q_q e}{2m_q} \tag{4.96}$$

festgelegt.

Zur Berechnung des magnetischen Moments des Protons im Quarkmodell müssen wir nun den Erwartungswert

$$\mu_p = \frac{e}{2m_u}\langle p|\sum_i Q_i\sigma_{(i),3}|p\rangle \tag{4.97}$$

bestimmen, wobei σ_3 die dritte Paulische Spinmatrix ist. Die Masse der u- und d-Quarks wurde als gleich angesetzt ($m_u = m_d$). Die Summation läuft über die drei Quarks des Protons.

Die einzelnen Terme des Zustandes (4.93) sind aufeinander orthogonal. Wir können also für jeden von ihnen den Erwartungswert des Operators $\sum_i Q_i\sigma_{(i),3}$ separat berechnen, das ergibt z.B. für den ersten Term

$$\begin{aligned}\langle u\uparrow d\downarrow u\uparrow|Q_1\sigma_{(1),3}+Q_2\sigma_{(2),3}+Q_3\sigma_{(3),3}|u\uparrow d\downarrow u\uparrow\rangle &= Q_u - Q_d + Q_u \\ &= \frac{5}{3}\ .\end{aligned} \tag{4.98}$$

Dasselbe Verfahren – auf die anderen Terme angewandt – führt nach kurzer Rechnung zu

$$\mu_p = \frac{e}{2m_u}\frac{1}{18}\left(4\frac{5}{3}+4\frac{5}{3}+4\frac{5}{3}-6\frac{1}{3}\right) = \frac{e}{2m_u} \tag{4.99}$$

und

$$\mu_n = -\frac{2}{3}\frac{e}{2m_u}\ . \tag{4.100}$$

Zunächst einmal hat also das ungeladene Neutron in unserem Konstituentenmodell ein magnetisches Moment! Darüber hinaus wird das Verhältnis der magnetischen Momente zu

$$\mu_p/\mu_n = -3/2 \qquad (4.101)$$

bestimmt. Diese Zahl liegt sehr dicht bei dem experimentellen Wert von $-1{,}46$, der sich aus dem Verhältnis der gemessenen magnetischen Momente von $2{,}79$ Kernmagnetonen für das Proton und $-1{,}91$ Kernmagnetonen für das Neutron ergibt.[7] Es war immer klar, daß diese Meßwerte im Widerspruch zur Auffassung der Nukleonen als elementare Fermionen stehen. Im Rahmen der Kernphysik war aber eine tiefergehende Erklärung nicht möglich. Das Quarkmodell liefert mit der durch die QCD erzwungenen Symmetrie der Wellenfunktion auf einfache Weise die lange gesuchte Deutung einer fundamentalen Meßgröße der Kernphysik.

4.3.3 Die Massen der Quarks

Die Gleichungen (4.99) und (4.100) des letzten Abschnitts haben wir bisher nur benutzt, um das Verhältnis der magnetischen Momente von Proton und Neutron zu berechnen. Der einzige freie Parameter in diesen Gleichungen ist die Masse der u- und d-Quarks, die wir als gleich groß angesetzt haben. Aus dem gemessenen magnetischen Moment des Protons oder Neutrons gewinnen wir damit im Mittel

$$m_{u,d} = 331\,\mathrm{MeV}\ . \qquad (4.102)$$

Wie läßt sich diese Zahl interpretieren? Eigentlich ist die Masse nur für freie Teilchen wohl definiert, da nur dann die Trägheit gegenüber beschleunigenden Feldern gemessen werden kann, wie es ungezählte Male in den Massenspektrometern der Kernphysik geschehen ist. In der QED werden diese Meßwerte mit der renormierten Masse der Theorie identifiziert (Abschn. 3.1.4). Die (renormierte) Quarkmasse $m_{q,0}$, wie sie in den Strömen und in den Feynman-Regeln der perturbativen QCD auftritt, wird als Strom- bzw. Polmasse bezeichnet und hier zur Unterscheidung von (4.102) mit dem Index „0“ versehen. Sie wurde im Rahmen einer gründlichen QCD-Analyse für die leichten Quarks zu $m_{u,0} \approx 5\,\mathrm{MeV}$ und $m_{d,0} \approx 8\,\mathrm{MeV}$ bestimmt [Gas82]. Einen kleinen Einblick in die zugrunde liegenden Ideen gewinnt der Leser im Einschub auf Seite 268.

Im Gegensatz dazu bezeichnen wir (4.102) als Konstituentenmasse. In einem einfachen Atommodell der Nukleonen sollte ihre Masse $3m_{u,d}$ abzüglich der Bindungsenergie betragen. Mit (4.102) ergibt sich eine Bindungsenergie von 55 MeV. Die Konstituentenmasse kann somit als effektive Masse der eingeschlossenen Quarks interpretiert werden. In der Tat zeigt eine Analyse der Dirac-Gleichung, daß die Energie des Grundzustandes eines in einer Kugel mit dem Radius R eingeschlossenen Quarks durch

$$E_0 = \sqrt{m_{q,0}^2 + \frac{6}{R^2}} \qquad (4.103)$$

[7] Ein Kernmagneton ist die Einheit $e/2m_\mathrm{N}$ des magnetischen Momentes der Nukleonen. Als Nukleonenmasse m_N wird i.allg. die Masse des Protons gewählt.

angenähert werden kann [Clo79]. Dieser Wert wird mit der Masse des eingeschlossenen Quarks identifiziert. Mit $m_{q,0} = 0$ folgt $m_q = 500$ MeV für $R = 1$ fm.

Wegen der kleinen Strommasse der u- und d-Quarks ist die Konstituentenmasse vollständig durch das *confinement* bestimmt. Auch andere Betrachtungen führen auf Werte zwischen 300 und 400 MeV. Für quantitative Rechnungen eignet sich $m_{u,d} = 330$ MeV unter Vernachlässigung des Unterschieds zwischen den Strommassen. Eine genauere Analyse macht keinen Sinn, da sonst elektromagnetische Korrekturen berücksichtigt werden müßten. Jetzt verstehen wir auch, warum die $SU2$-Symmetrie der Kernphysik eine gute Symmetrie ist. Da die Konstituentenmassen von u- und d-Quark fast gleich sind, können sie ein Isospin-Dublett bilden.

Für die schwereren Quarks machen wir den Ansatz

$$m_q = m_C + m_{q,0} \ , \tag{4.104}$$

wobei der durch das *confinement* erzwungene Term m_C wieder 300 bis 400 MeV beträgt. Mit Hilfe der Konstituentenmassen lassen sich nun die Eigenschaften der Hadronen wie Masse und magnetisches Moment berechnen, entsprechend dem Vorgehen in der Atom- und Kernphysik in nichtrelativistischen Modellen, obwohl sich die Hadronen nicht in ihre Konstituenten zerlegen lassen. Im einfachsten theoretischen Ansatz, dem sog. additiven Quarkmodell, sind die Massen der Grundzustände der Hadronen ($L = 0$) einfach durch die Summe der Konstituenten-Quark-Massen gegeben,

$$M_{\text{Hadron}} = \sum_q m_q \ . \tag{4.105}$$

Man erwartet also im u, d-Sektor Mesonmassen von etwa 700 MeV neben den Nukleonmassen von etwa 1000 MeV. Dies trifft für die ρ, ω-Mesonen auch zu. Durch Hinzufügen einer Wechselwirkungsenergie zwischen den Quarks gelingt es dann, weitere Details im Massenspektrum der Hadronen relativ gut zu verstehen. Die Erfolge und die Schranken des Modells werden in den nächsten Abschnitten näher erläutert werden.

Tabelle 4.14
Die leichtesten 0^{-+}- und 1^{--}-Mesonen bei Berücksichtigung der Quantenzahl *strangeness*. Bei Ladungsmultipletts wird die mittlere Masse angegeben. Im Quarkmodell werden diese Mesonen als Zustände mit $L = 0$ aus u-, d-, s-Quarks gedeutet

Teilchen	S	J	I	Masse/GeV
η	0	0	0	0,547
η'	0	0	0	0,958
π	0	0	1	0,137
ω	0	1	0	0,782
Φ	0	1	0	1,020
ρ	0	1	1	0,770
K^+, K^0	1	0	1/2	0,496
K^{*+}, K^{*0}	1	1	1/2	0,892
$K^-, \bar{K}^0$	−1	0	1/2	0,496
$K^{*-}, \bar{K}^{*0}$	−1	1	1/2	0,892

4.3.4 Hadronen aus u-, d- und s-Quarks

Das s-Quark hat die *strangeness* $S = -1$ und die Ladung $-1/3$. Es wird benötigt, um die Hadronen mit $S \neq 0$ aufzubauen.[8]

Mesonen. In den Tabellen der PDG findet man außer den bisher besprochenen noch weitere 0^{-+}- und 1^{--}-Mesonen mit Massen bis etwa 1 GeV. Es sind zunächst die K- und K^*-Mesonen mit $S \neq 0$, aber auch zwei weitere Mesonen mit $S = 0$, das $\eta'(958)$ und das $\Phi(1020)$. Sie sind in Tabelle 4.14 zusammengefaßt.

Die Einordnung in das Quarkmodell ist nicht weiter schwierig. Neben den Zuständen (4.77) und (4.78) gibt es nun noch die weiteren fünf Kombinationen

$$|u\bar{s}\rangle, |s\bar{u}\rangle, |d\bar{s}\rangle, |s\bar{d}\rangle, |s\bar{s}\rangle \ . \tag{4.106}$$

Beginnen wir mit den 1^{--}-Mesonen. Die ω, ρ-Mesonen werden wieder durch (4.77) und (4.78) beschrieben. Die ersten vier Zustände von (4.106) lassen sich

[8] Vorsicht! In diesem Abschnitt benutzen wir das Symbol S wieder für die Quantenzahl *strangeness*.

sofort mit den angeregten K-Mesonen K^{*+}, K^{*-}, $\bar{K}^{*0}$ und K^{*0} identifizieren, da Seltsamkeit, Ladung und Isospin richtig wiedergegeben werden. Den sortenneutralen ($S = 0$) Zustand $|s\bar{s}\rangle$ ordnen wir versuchsweise dem leichtesten verbleibenden Vektormeson der Teilchentabelle, dem $\Phi(1020)$, zu,

$$|\Phi\rangle = |s\bar{s}\rangle \ . \tag{4.107}$$

Dies macht durchaus Sinn, denn wir benutzen jetzt die Massenformel des additiven Quarkmodells, um Relationen zwischen den Massen der Hadronen in einem Multiplett abzuleiten. Mit dem Ansatz $m_u = m_d$ folgt aus (4.105) sofort

$$M_{K^*} = \frac{1}{2}(M_\Phi + M_{\rho,\omega}) \ , \tag{4.108}$$

wobei $M_{\rho,\omega}$ die mittlere Masse des ρ, ω-Systems ist. Mit den Werten $M_\Phi = 1020$, $M_\rho = 770$, $M_\omega = 783$ und $M_{K^*} = 892$ MeV ist diese Relation fast zu gut erfüllt, da eine einprozentige Genauigkeit viel mehr ist, als wir in einem solch simplen Modell erwarten können.

Mit $m_C = 330$ MeV in (4.104) können wir aus dem Quarkinhalt des Φ-Mesons die Konstituenten- und Strommasse des s-Quarks zu 510 und 180 MeV abschätzen. Als ein vernünftiger Wert der Masse eines freien s-Quarks gilt auch 150 MeV. Die effektive Masse des *strange*-Quarks ist also ebenfalls durch das einschließende Gluonfeld dominiert, wir zählen es zusammen mit den u- und d-Quarks zu den leichten Quarks.

Man kann sich nun natürlich fragen, ob die aus den leichten Quarks aufgebauten Zustände trotz des schon relativ großen Unterschieds der Massen von s- und u-, d-Quarks nicht wenigstens näherungsweise einer *flavor*-$SU3$-Symmetrie unterliegen.[9] Als Fundamentaldarstellung einer solchen $SU3_F$ wird man die u-, d-, s-Quarks wählen. Die Eigenwertoperatoren F_3 und F_8 werden mit dem Isospin I_3 und $\frac{\sqrt{3}}{2}Y$ identifiziert, wobei

$$Y = B + S \tag{4.109}$$

der Operator der sog. *starken* Hyperladung ist. (In Abschn. 6.3.2 werden wir noch eine schwache Hyperladung kennenlernen.) Die Ladung Q der Mitglieder des $SU3_F$-Multipletts läßt sich dann aus

$$Q = I_3 + \frac{Y}{2} \tag{4.110}$$

berechnen. Dies ist eine Verallgemeinerung der Gell-Mann-Nishijima-Gleichung (2.471).

Aus der *flavor*-Symmetrie folgt nun sofort, daß die neun Mesonen eines J^{PC}-Multipletts (Abb. 4.13) in ein *flavor*-Oktett und ein *flavor*-Singulett zerfallen. Die zugehörigen Wellenfunktionen erhält man aus Tabelle 4.3, indem man dort die Farben R, G, B durch die Sorten u, d, s ersetzt. Die Zustände der sortenneutralen ($S = 0$) Isosingulett-Mesonen ($I = 0$) lassen sich zum Beispiel demnach durch

$$|\omega_1\rangle = \frac{1}{\sqrt{3}}(|u\bar{u}\rangle + |d\bar{d}\rangle + |s\bar{s}\rangle) \tag{4.111}$$

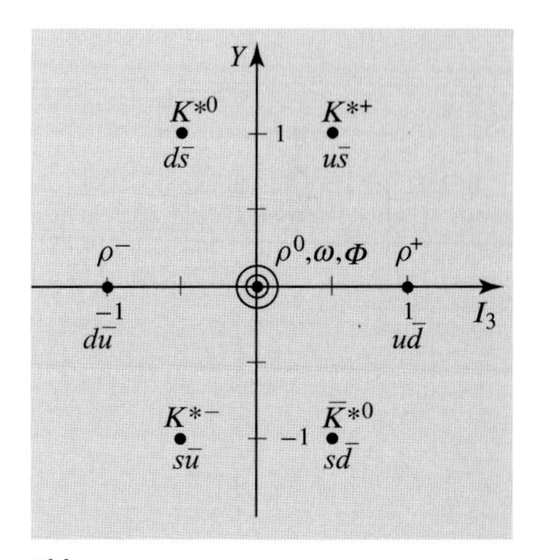

Abb. 4.13
Das Nonett der 1^{--}-Mesonen. Zusätzlich zu den Namen der Teilchen sind die Quarkinhalte angegeben. Auf dem Mittelplatz sitzen drei Teilchen, deren Quarkzustände im Text diskutiert werden. Bei den Mesonen ist es üblich, das gesamte Multiplett durch J^{PC} zu kennzeichnen, obwohl nur die Mesonen mit Y, $I_3 = 0$ eine definierte C-Parität haben

[9] Historisch folgte die Entwicklung des Quarkmodells diesem Weg.

und

$$|\omega_8\rangle = \frac{1}{\sqrt{6}}(|u\bar{u}\rangle + |d\bar{d}\rangle - 2|s\bar{s}\rangle) \tag{4.112}$$

darstellen. Ganz offensichtlich ist $SU3_F$ zumindest für die Vektormesonen nur näherungsweise gültig, denn die Zustände ω und Φ werden eben gerade *nicht* durch diese Wellenfunktionen, sondern durch (4.77) und (4.107) repräsentiert, da nur die alte Zuordnung zu gleichen Massen von ρ und ω führt. Formal lassen sich die Wellenfunktionen (4.77) und (4.107) durch eine Drehung der Sorten-Zustände in die Vektormesonen (V) erreichen,

$$|\Phi\rangle = \cos\Theta_V|\omega_1\rangle - \sin\Theta_V|\omega_8\rangle \tag{4.113}$$

und

$$|\omega\rangle = \sin\Theta_V|\omega_1\rangle + \cos\Theta_V|\omega_8\rangle \tag{4.114}$$

mit $\cos\Theta_V = \sqrt{1/3}$ und $\Theta_V = 54{,}7°$. Man bezeichnet dies als „ideale Mischung"[10]. Physikalisch bedeutet diese Mischung, daß schon das *strange*-Quark bei der Bildung der neutralen Vektormesonen nichts von den u- und d-Quarks „weiß" und ein dem Positronium analoges $s\bar{s}$-Atom bildet. Solche sog. Quarkonium-Zustände sind für die schweren Quarks typisch, und wir werden uns am Ende dieses Kapitels noch ausführlich mit ihnen beschäftigen.

Im Bereich der *pseudoskalaren* Mesonen ist die $SU3_F$-Symmetrie besser realisiert (Abb. 4.14) als bei den Vektormesonen. Die ersten vier Zustände der Aufzählung (4.106) sind hier die K-Mesonen. In Tabelle 4.14 findet man zwei leichte *flavor*-neutrale pseudoskalare Mesonen, das $\eta(549)$ und das $\eta'(958)$. Wir fragen uns, ob diese Mesonen sich mit den Sorteneigenzuständen $|\eta_8\rangle$ und $|\eta_1\rangle$ identifizieren lassen, deren Wellenfunktionen durch die rechten Seiten von (4.112) und (4.111) definiert sind. Dazu berechnen wir die Masse des η_8 im additiven Quarkmodell. Da die Wellenfunktion des η_8 aus verschiedenen Anteilen zusammengesetzt ist, müssen diese gewichtet werden. Das geschieht am einfachsten durch die Bestimmung des Erwartungswerts $\langle\eta_8|M_{\text{op}}|\eta_8\rangle$ des Massenoperators M_{op}. Für den $u\bar{u}$-Anteil gilt offenbar

$$\langle u\bar{u}|M_{\text{op}}|u\bar{u}\rangle = 2m_u \quad . \tag{4.115}$$

[10] In der Literatur wird häufig $\Theta_V = 35{,}3°$ als ideale Mischung bezeichnet. Dies erreicht man durch Vertauschen von $|\omega_1\rangle$ und $|\omega_8\rangle$ in (4.113) und (4.114). Allerdings ändert dann Φ seine Phase, $|\Phi\rangle = -|s\bar{s}\rangle$.

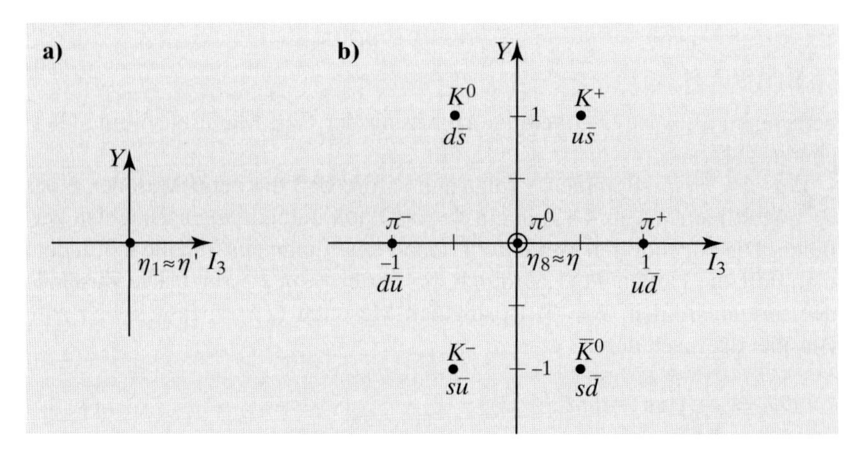

Abb. 4.14a,b
(**a**) Das Singulett und (**b**) das Oktett der 0^{-+}-Mesonen

Unter Benutzung der analog gebildeten Beziehungen für die anderen Anteile und mit Hilfe von $m_u = m_d$ folgt daraus

$$\langle \eta_8 | M_{\mathrm{op}} | \eta_8 \rangle = \frac{4}{3} m_s + \frac{2}{3} m_u \quad . \tag{4.116}$$

Auch diese Beziehung wird nicht zu einer absoluten Vorhersage, sondern nur zur Bestimmung einer Beziehung zwischen den Massen im *flavor*-Oktett der pseudoskalaren Mesonen benutzt, also

$$3M_{\eta_8} = 4m_s + 2m_u = 4M_K - M_\pi \quad . \tag{4.117}$$

Numerisch ergibt dies $M_{\eta_8} = 612\,\mathrm{MeV}$, das ist nicht sehr weit weg von der η-Masse. Wir vermuten daher, daß die physikalischen Zustände η und η' wieder eine Mischung der *flavor*-Zustände η_8 und η_1 sind, aber diesmal mit einem kleinen Mischungswinkel. Nach Aufstellung der zu (4.114) und (4.113) analogen Mischungsgleichungen invertieren wir diese und erhalten für den Zusammenhang zwischen den Sorten-Zuständen und den pseudoskalaren Mesonen (P)

$$|\eta_8\rangle = \cos\Theta_P |\eta\rangle - \sin\Theta_P |\eta'\rangle \quad . \tag{4.118}$$

Damit gilt

$$M_{\eta_8} = \cos^2\Theta_P M_\eta + \sin^2\Theta_P M_{\eta'} \quad , \tag{4.119}$$

also $\cos\Theta_P = 0.92$. Auch die noch zu behandelnden radiativen Zerfälle der η-Mesonen (Abschn. 4.5) ergeben einen kleinen Mischungswinkel.

Mit diesem Mischungswinkel wird die Masse des η_1 zu 0,89 GeV berechnet, während die der Beziehung (4.117) entsprechende Massenrelation für das *flavor*-Singulett

$$3M_{\eta_1} = 2M_K + M_\pi \tag{4.120}$$

lautet. Die numerische Auswertung ergibt $M_{\eta_1} = 375\,\mathrm{MeV}$. Die beiden Massenwerte des η_1 erscheinen auf den ersten Blick in krassem Widerspruch zueinander zu stehen. Was läßt sich dazu sagen? Zunächst einmal werden in der Literatur die Massenformeln der Mesonen häufig für die Quadrate der Massen formuliert. Formal wird dies damit begründet, daß Spin 0-Teilchen durch die Klein-Gordon-Gleichung (2.12) beschrieben werden, die in der Tat quadratisch in der Teilchenmasse ist. Damit erhält man $\cos\Theta_P = 0{,}98$, also einen ziemlich kleinen Mischungswinkel ($|\Theta_P| = 11°$) und auch eine etwas höhere Masse für das η_1 aus (4.120).

Eine rein numerische Verbesserung ist an dieser Stelle aber nicht so wichtig. Wie schon betont wurde, müssen an der Massenformel noch grundlegende Verbesserungen vorgenommen werden. Diese können im Hinzufügen einer Wechselwirkungsenergie zwischen den Quarks bestehen, wie im nächsten Abschnitt diskutiert wird. Aber selbst dann gelingt noch keine zufriedenstellende Erklärung der η-Massen. Hierzu muß man weitere QCD-Terme berücksichtigen. Da nämlich das η_1 ein Sortensingulett ist, können die Quarks in Zwischenzustände aus zwei Gluonen annihilieren. Der Beitrag dieser Gluoniumzustände erhöht die Masse des η_1-Mesons.

Die numerischen Probleme im Sektor der pseudoskalaren Mesonen wären ebenfalls geringer, falls das Pion eine höhere Masse hätte. Es muß zugegeben werden, daß im Quarkmodell keine befriedigende Deutung der sehr kleinen Masse der Pionen möglich ist. Diese Tatsache soll jedoch nicht als Widerspruch zu den grundlegenden Annahmen des Modells aufgefaßt werden, sondern eher als Hinweis darauf, daß (vielleicht durch eine übergeordnete Symmetrie) die Masse eines zusammengesetzten Systems sehr viel kleiner als die Summe der Konstituentenmassen werden kann.

Vertiefung

Proton und Neutron bilden ein Isospin-Dublett positiver Parität. Nehmen wir einmal an, daß die $SU2$-Symmetrie getrennt für Nukleonen positiver und negativer Chiralität (3.87) gültig ist. Eine solche Symmetrie wird *chiral* genannt. Aus den Zuständen R, L ruhender Nukleonen bilden wir die Linearkombinationen

$$\psi_\pm = \frac{1}{\sqrt{2}}(R \pm L) \ , \tag{4.121}$$

die ersichtlich Eigenzustände positiver und negativer Parität mit gleicher Masse sind. Offenbar ist die chirale $SU2$-Symmetrie in der Natur nicht realisiert, da es kein Nukleonendublett negativer Parität gibt. Hinzu kommt, daß in einer solchen Theorie die Nukleonen masselos sein müßten (Abschn. 3.1.2).

Diese Tatsachen können so interpretiert werden, daß die an sich vorhandene chirale Symmetrie eine sog. verborgene Symmetrie ist, man sagt, sie wird *spontan* gebrochen. Damit soll ausgedrückt werden, daß der Grundzustand der Theorie diese Symmetrie nicht aufweist, es gibt nur Nukleonen positiver Parität und diese haben eine Masse. Das berühmte Goldstone-Theorem der Feldtheorie [Pes95, Qui83] stellt fest, daß jede kontinuierliche, globale Symmetrietransformation ein masseloses Boson erzeugt, wenn sie spontan gebrochen wird. $SU2$ hängt von drei Parametern ab. Die spontan gebrochene chirale $SU2$-Symmetrie erzeugt also ein Triplett von masselosen pseudoskalaren Bosonen, das mit den Pionen identifiziert werden kann, wenn wir eine Masse von 140 MeV als vernachlässigbar klein ansehen. Hiermit wird die kleine Masse der Pionen auf ein fundamentales Prinzip zurückgeführt [Nam61].

Die QCD ist zunächst für masselose u- und d-Quarks formuliert. Diese bilden also automatisch eine Darstellung der chiralen $SU2$. Ein Massenterm $m_{q,0}$ in der Dirac-Gleichung bricht die chirale Symmetrie, wie wir in Abschn. 3.1.2 gezeigt haben. Mit Hilfe der Methoden der sog. Stromalgebra kann die Beziehung

$$m^2_{\pi^0} = \frac{M^2}{f_\pi}(m_{u,0} + m_{d,0}) \tag{4.122}$$

abgeleitet werden [Pes95], worin M eine Massenskala von ≈ 430 MeV und f_π die Pion-Zerfallskonstante darstellt. Diese wird in Abschn. 6.2 genauer diskutiert und hat den Wert 130,7 MeV. Damit folgt etwa 13 MeV für die Summe der sog. nackten Massen von u- und d-Quarks.

Baryonen. Die leichtesten – nichtseltsamen ($S = 0$) – Baryonen sind die Nukleonen und die Δ-Resonanzen. Neben diesen wurden noch Baryonen mit $S = -1, -2, -3$ gefunden. Auch sie treten mit dem Spin $1/2$ und $3/2$ auf. Die Tabelle 4.15 faßt die Zustände mit den niedrigsten Massen zusammen.

Die theoretische Diskussion beginnen wir mit den $\frac{3}{2}^+$-Baryonen. Bei Berücksichtigung des s-Quarks gibt es neben den Zuständen (4.88) jetzt noch Zustände mit den Quarkinhalten

$$|uus\rangle, |uds\rangle, |dds\rangle, |uss\rangle, |dss\rangle, |sss\rangle \ . \tag{4.123}$$

Die ersten drei Zustände entsprechen dem Isotriplett der $\Sigma(1385)$-Resonanzen, die nächsten zwei dem Isodublett $\Xi(1530)$. Man bezeichnet sie auch als Hyperonen. Der Zustand $|sss\rangle$ schließlich gehört zum Ω^--Teilchen. Zusammen mit den Δ-Resonanzen haben wir also ein Dekuplett von $\frac{3}{2}^+$-Teilchen vorliegen. Dieses Dekuplett kann man natürlicherweise als die Realisierung einer zehndimensionalen Darstellung von $SU3_F$ interpretieren. Das zugehörige Y, I_3-Diagramm ist in Abb. 4.15 zu sehen.

Die *flavor*-Symmetrie gilt nicht exakt, sonst müßten ja alle Massen im Dekuplett gleich sein. Umgekehrt kann man aus den Massenunterschieden der Isomultipletts auf den Massenunterschied zwischen s-Quark und u-, d-Quarks schließen. Beim Durchlaufen der Y-Eigenwerte von 1 bis -2 wird jeweils ein u-, d- durch ein s-Quark ersetzt. Gleichzeitig steigt die Masse der Teilchen um ziemlich genau 150 MeV an. Dies ist in Übereinstimmung mit unserer früheren Festlegung der sog. nackten Masse des „seltsamen" Quarks.

Die Einordnung der $\frac{3}{2}^+$-Resonanzen in ein $SU3_F$-Dekuplett bedeutete historisch einen wunderbaren Triumph für die Idee der *flavor*-Symmetrie. Zu dieser Zeit war das Ω^- noch nicht bekannt, dessen Eigenschaften ($S = -3$, $Q = -1$, $M = 1672$ MeV) aber von Gell-Mann durch die Identifikation mit dem fehlenden Dekuplettzustand genau vorausgesagt werden konnten. Dadurch wurde eine gezielte Suche möglich. Das Experiment gehört zu den Schlüsselexperimenten der Teilchenphysik, es wird daher auf S. 271 genauer beschrieben. Bis heute ist die Spin-Paritäts-Zuordnung $J^P = \frac{3}{2}^+$ experimentell nicht endgültig bewiesen. Sie wird aber auch nicht wirklich bezweifelt, woran man wieder die Überzeugungskraft von Argumenten, die auf Symmetrieüberlegungen beruhen, sieht.

Wir können natürlich auch die Wellenfunktionen der einzelnen Zustände im Dekuplett explizit konstruieren. Die Spinwellenfunktionen sind die symmetrischen Kombinationen aus drei Spin 1/2-Zuständen, wie wir sie schon für die Δ-Resonanzen diskutiert haben. Auch die Sortenwellenfunktionen sind die symmetrischen Kombinationen der beitragenden Quarks. Sie wurden für die Δ-Resonanz in (4.88) konstruiert. Für das gesamte Dekuplett werden sie wieder am einfachsten durch Ersatz der Farben durch die Sorten in der Tabelle 4.5 gewonnen.

Tabelle 4.15
Die leichtesten nichtseltsamen und seltsamen Baryonen. Im Quarkmodell werden sie als Zustände mit $L = 0$ aus u-, d- und s-Quarks erklärt. Es wird die mittlere Masse eines Ladungsmultipletts angegeben

Teilchen	S	J	I	Masse/GeV
p, n	0	1/2	1/2	0,939
Δ	0	3/2	3/2	1,232
Λ	−1	1/2	0	1,116
Σ	−1	1/2	1	1,191
$\Sigma(1385)$	−1	3/2	1	1,385
Ξ	−2	1/2	1/2	1,318
$\Xi(1530)$	−2	3/2	1/2	1,530
Ω^-	−3	3/2	0	1,672

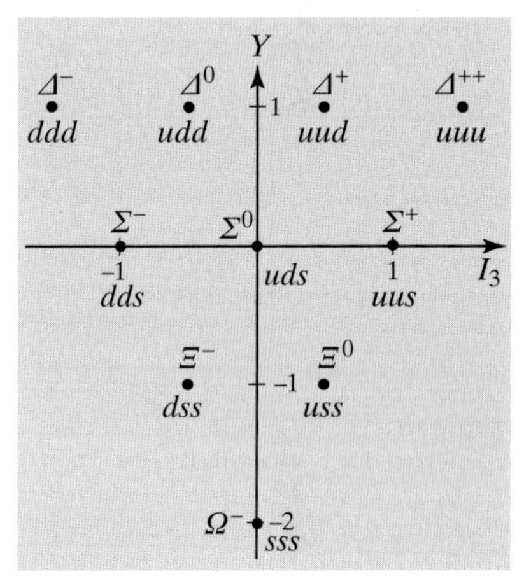

Abb. 4.15
Das Dekuplett der $\frac{3}{2}^+$-Baryonresonanzen

Beispiel 4.4

Aus $|BBR\rangle + |BRB\rangle + |RBB\rangle$ wird durch diese Ersetzung die Wellenfunktion des Ξ^0 berechnet:

$$|\Xi^0\rangle = \frac{1}{\sqrt{3}}(|ssu\rangle + |sus\rangle + |uss\rangle) \ . \qquad (4.124)$$

Der totalsymmetrische Zustand mit drei unterschiedlichen Farben ist das Muster für das Σ^0, das neutrale Baryon mit $S = -1$:

$$|\Sigma^0\rangle = \frac{1}{\sqrt{6}}(|sud\rangle + |sdu\rangle + |uds\rangle + |dus\rangle + |usd\rangle + |dsu\rangle) \ . \qquad (4.125)$$

Beachten Sie, daß die u- und d-Quarks hier immer in der Kombination $ud + du$ auftauchen, sich also in einem Isotriplett-Zustand ($I = 1$) befinden, wie es ja für die Σ-Baryonen sein muß.

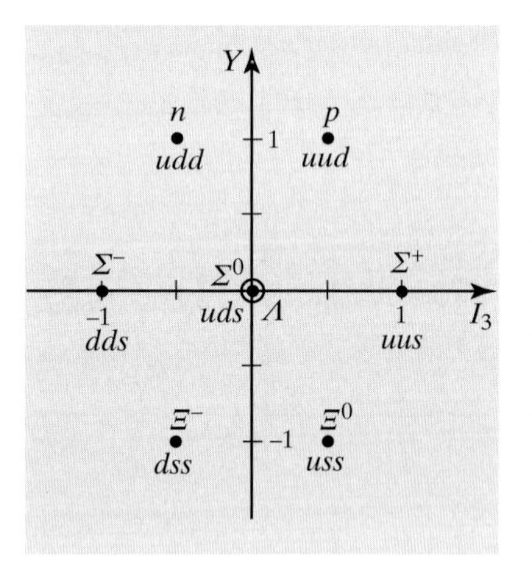

Abb. 4.16
Das Oktett der $\frac{1}{2}^+$-Baryonen

Nun wenden wir uns den $\frac{1}{2}^+$-Baryonen zu. Neben Proton und Neutron sind noch Zustände mit den Quarkinhalten $|uus\rangle$, $|uds\rangle$, $|dds\rangle$, $|uss\rangle$ und $|dss\rangle$ möglich. Zusammen sind dies nicht sieben, sondern acht Zustände, da wir der Tabelle 4.4 entnehmen, daß die gemischtsymmetrische Wellenfunktion mit drei unterschiedlichen Quarks auf zwei Arten gebildet werden kann, je nachdem ob das ud-Subsystem den Isospin 0 oder 1 hat. Physikalisch gehören zu diesen beiden Möglichkeiten das Λ-Teilchen mit einer Masse von 1115 MeV und das Σ^0 mit einer Masse von 1192 MeV. Es ist natürlich sehr beeindruckend, daß die experimentell gefundenen $\frac{1}{2}^+$-Baryonen sich genau in ein Oktett, d.h. in eine erlaubte Darstellung von $SU3_F$, einordnen lassen (Abb. 4.16).

Aus dem additiven Quarkmodell folgt sofort die Beziehung

$$M_\Lambda + M_\Sigma = M_N + M_\Xi \qquad (4.126)$$

zwischen den Massen im Oktett. Sie ist offenbar sehr gut erfüllt, da die linke Seite 2306 MeV und die rechte Seite 2257 MeV ergibt. Den Massenunterschied zwischen s-Quark und u-, d-Quarks kann man jetzt auch aus dem halben Massenunterschied von Nukleonen und Ξ-Teilchen zu 189 MeV bestimmen. Dieses Ergebnis liegt nahe bei dem Wert, den wir soeben aus einer Analyse der Dekuplettmassen (Tabelle 4.15) gewonnen haben.

Die Wellenfunktion der Nukleonen haben wir schon berechnet. Nach genau dem gleichen Schema kann man auch die Wellenfunktionen von $\Sigma^\pm$, Ξ^0 und Ξ^- gewinnen, da diese Teilchen jeweils zwei identische Quarks enthalten. Am einfachsten werden die gemischt symmetrischen *flavor*-Zustände wieder aus der Tabelle 4.4 durch die nun schon gewohnte Ersetzung der Farben durch die Sorten gewonnen.

Die leichtesten Baryonen lassen sich also in ein *flavor*-Oktett und ein Dekuplett einbauen. Jetzt wird auch einsichtig, warum bei den Baryonen das Sortensingulett fehlt: Die $SU3_F$-Singulett-Wellenfunktion für drei Quarks ist antisymmetrisch (Abschn. 4.1.4), und daher ergibt das Produkt von Farb- und Sortenanteil eine total symmetrische Wellenfunktion für Baryonen im Widerspruch zum Pauli-Prinzip. Gerade an diesem Detail kann man noch einmal die Macht der Farbsymmetrie bewundern. Vor der Einführung dieser Idee war es sehr schwierig zu erklären, warum die Natur die Baryonen im Grundzustand in Sortenoktetts und -dekupletts einbaut, aber nicht in ein Sortensingulett.

Die Liste der Baryonen ist sehr reich. Neben den gerade behandelten Teilchen sind auch Baryonen mit *strangeness* $S = 0$ und $S \neq 0$ in allen durch Tabelle 4.9 erlaubten J^P-Zuordnungen gefunden worden. Darüber hinaus gibt es Baryonen bis zum Spin $J = 11/2$, die im Quarkmodell nur durch hohe Bahndrehimpulse der Quarks erklärt werden können. Zusätzlich gibt es auch Repliken der Nukleonen, d. h. Isospindubletts mit $J^P = (1/2)^+$. Diese können als angeregte Zustände der Nukleonen interpretiert werden. Ähnlich wie bei den Mesonen wurde auch diskutiert, ob nicht einige dieser Zustände besser als Quarkmoleküle zu beschreiben wären. So könnte z. B. das geladene $N(1710)$, das bevorzugt in ein Nukleon und zwei Pionen zerfällt, ein $udd\bar{d}$-Molekül oder allgemeiner ein *Pentaquark* sein. Diese Zuordnung ist natürlich nicht zwingend. Es galt sogar bisher, daß alle Baryonen mit $S = 0$ und $S \neq 0$ nur in den durch ein uds-Triplett erlaubten Kombinationen von Flavorquantenzahlen auftreten. Inzwischen gibt es aber Kandidaten, die nicht in ein solches Triplett passen. Am prominentesten ist das Θ^+-Teilchen, eine schmale Resonanz im nK^+-System, mit einer Masse von 1530 MeV und einer Breite von nur 0,9±0,3 MeV. Mit $S = 1$ hat es eine klare exotische Signatur, der minimale Quarkinhalt ist $uudd\bar{s}$. Eine typische Erzeugungsreaktion ist das Produktionsexperiment [Nak03, Ste03] $\gamma n \rightarrow nK^+K^-$. Da diese Resonanz inzwischen in sechs Experimenten gesehen wurde, sollte sie alle Kriterien der Aufnahme in die Tabelle der Elementarteilchen erfüllen. Skepsis ist dennoch angebracht, da neue Experimente mit verbesserter Auflösung und wesentlich höherer statistischer Genauigkeit die Resonanz nicht finden. Als Ausgangspunkt für eine vertiefte Diskussion werden die Anmerkungen in dem von der PDG veröffentlichten Tabellenwerk [PDG04] empfohlen.

Schlüsselexperiment

Die Entdeckung des Ω^- gelang 1964 einer Arbeitsgruppe am *Brookhaven National Laboratory* in den USA [Bar64] unter Benutzung der klassischen Experimentiertechnik jener Zeit. Eine mit flüssigem Wasserstoff gefüllte Blasenkammer von etwa 2 m Durchmesser wurde einem Strahl von K^- Mesonen mit einer Energie von 5 GeV ausgesetzt. Unter den etwa 100 000 Bildern dieses Versuchs befand sich eines, das besonders interessant war (Abb. 4.17). Neben den vielen Spuren von durchlaufenden K-Mesonen und niederenergetischen Teilchen, die sich im Magnetfeld der Kammer zu Spiralen aufwickeln, enthält es miteinander verknüpfte Spuren, die als die Erzeugung eines Ω^- mit anschließendem Zerfall interpretiert werden mußten. Betrachten Sie dazu die Wiedergabe der Fotografie und das dazu passende Diagramm, das nur die zusammengehörenden Spuren zeigt. Gestrichelte Linien bedeuten ungeladene Teilchen, die aufgrund der fehlenden Ionisation nicht direkt beobachtet werden können.

Bei einem schwachen Zerfall ändert sich die *strangeness* um eine Einheit, $|\Delta S| = 1$. (Diese Regel wird im Abschn. 6.2 durch das Quarkmodell erklärt.) Es sind also drei schwache Zerfälle nötig, um vom Ω^- zu Hadronen mit $S = 0$ zu gelangen. Man spricht hier von einer Zerfallskaskade.

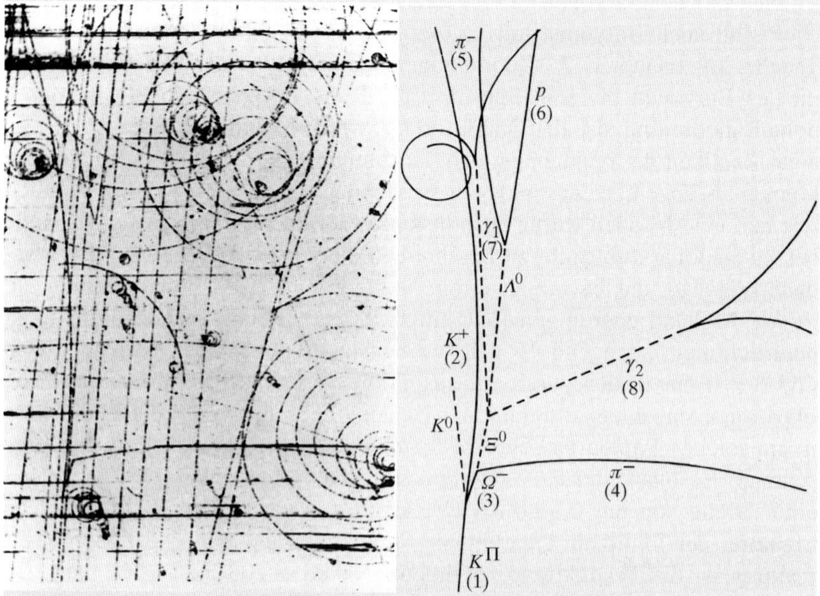

Abb. 4.17
Blasenkammeraufnahme und Faksimile des ersten eindeutigen Ereignisses der Ω^--Produktion

Die Autoren [Bar64] konnten zeigen, daß das Ereignis hervorragend durch die Hypothese

$$K^- + p \to \Omega^- + K^+ + K^0 \tag{4.127}$$

mit der Kaskade

$$\begin{aligned} \Omega^- &\to \Xi^0 + \pi^- \\ \Xi^0 &\to \Lambda + \pi^0 \\ \Lambda &\to \pi^- + p \end{aligned} \tag{4.128}$$

beschrieben wurde.

Die Spuren 5 und 6 deuten auf einen Entstehungspunkt (Vertex), in den kein Teilchen einläuft. Es muß sich also hier um den Zerfall eines neutralen Teilchens handeln. Aus den gemessenen Energien und Impulsen der Zerfallsprodukte wurde die Masse dieses Teilchens zu 1116 ± 2 MeV bestimmt, und es konnte daher sicher mit dem Λ identifiziert werden. Der Impuls dieses Teilchens kann natürlich auch bestimmt werden, die zugehörige Spur ist als gestrichelte Linie eingetragen.

Das Ereignis zeichnet sich durch zwei klar erkennbare e^-e^+-Paare aus, die aus der Wechselwirkung von Photonen (Elektron-Positron-Paarerzeugung im Kernfeld) mit der Materie in der Blasenkammer stammen. Aus ihnen wurden die Photonenspuren 7 und 8 rekonstruiert. Die invariante Masse der beiden e^-e^+ Paare ist $135{,}1 \pm 1{,}5$ MeV, die Photonen stammen also aus einem π^0-Zerfall.

Die rekonstruierten Spuren der Photonen und des Λ treffen sich in einem gemeinsamen Vertex, in den keine weitere sichtbare Spur hineinläuft. Auch hier muß also ein neutrales Teilchen zerfallen sein. Seine Masse wurde aus den Impulsen und Energien der Photonen und des Λ zu 1316 ± 4 MeV bestimmt, was hervorragend mit der Masse des Ξ^0-Hyperons übereinstimmt.

Die rekonstruierte Spur des Ξ^0 deutet auf einen Vertex hin, in den ein negativ geladenes Teilchen (Spur 3) hineinläuft, und aus dem ein π^- herausläuft. Auf die übliche Weise konnte die zur Spur 3 gehörende invariante Masse berechnet werden, sie betrug 1686 ± 12 MeV in wirklich beeindruckender Übereinstimmung mit der Vorhersage von Gell-Mann.

Aus der Länge der Spur 3 wurde eine Lebensdauer des neuen Teilchens von $7 \cdot 10^{-11}$ s bestimmt. Es handelt sich daher um einen schwachen Zerfall. Damit liegt auch $S = -3$ fest. Die $|\Delta S| = 1$-Regel würde auch ein neues Teilchen (Hyperonresonanz) mit $S = -1$ erlauben. Solche Resonanzen zerfallen aber über die starke Wechselwirkung nach einer Lebensdauer von etwa 10^{-22} s in bekannte Hyperonen.

Übungen

4.5 Berechnen Sie das magnetische Moment des Σ^+ im Quarkmodell.
4.6 Beweisen Sie die Massenrelation (4.120).
4.7 Wie lautet die *flavor*-Wellenfunktionen des Λ-Baryons?

4.4 Die chromodynamische Hyperfeinstruktur

Als Hyperfeinstruktur bezeichnet man in der Atomphysik die Aufspaltung der Spektrallinien aufgrund der Wechselwirkung der Spins von Kern und Elektronenhülle. Im einfachsten Fall, dem Wasserstoffatom, liegt im Grundzustand ein Dublett von zwei Termen mit dem Gesamtdrehimpuls $J = 1$ bzw. $J = 0$ vor. Die Spin-Spin-Wechselwirkungsenergie H_{W} von Proton und Elektron ist proportional zum Produkt der zugehörigen magnetischen Momente $\boldsymbol{\mu}$. Damit gilt für ein System mit Bahndrehimpuls 0 und der Wellenfunktion $\psi(x, y, z)$

$$H_{\mathrm{W}} = -\frac{8\pi\alpha^2}{3}\left(\frac{Qg}{2m}\right)_1\left(\frac{Qg}{2m}\right)_2 \langle \hat{\boldsymbol{j}}_{(1)} \hat{\boldsymbol{j}}_{(2)} \rangle |\psi(0)|^2 \ . \tag{4.129}$$

Entsprechend diesem nichtrelativistischen Ansatz ist hier die Wellenfunktion auf $1/\sqrt{V}$ normiert, wobei V wiederum das Reaktionsvolumen bedeutet. Die Indizes 1 und 2 beziehen sich auf Elektron und Proton, insbesondere bedeuten $\hat{\boldsymbol{j}}_{(1)}$ und $\hat{\boldsymbol{j}}_{(2)}$ die Spinoperatoren dieser beiden Teilchen. Die g-Faktoren, die auch gyromagnetische Verhältnisse genannt werden, sind analog zu (4.95) definiert. Jetzt muß der Erwartungswert des Produkts $\hat{\boldsymbol{j}}_{(1)} \hat{\boldsymbol{j}}_{(2)}$ bestimmt werden. Aufgrund der Beziehung $\hat{\boldsymbol{J}} = \hat{\boldsymbol{j}}_{(1)} + \hat{\boldsymbol{j}}_{(2)}$ folgt

$$\hat{\boldsymbol{j}}_{(1)} \hat{\boldsymbol{j}}_{(2)} = \frac{1}{2}\left(\hat{\boldsymbol{J}}^2 - \hat{\boldsymbol{j}}^2_{(1)} - \hat{\boldsymbol{j}}^2_{(2)}\right) \ , \tag{4.130}$$

und die Erwartungswerte $\langle \hat{\boldsymbol{j}}_{(1)} \hat{\boldsymbol{j}}_{(2)} \rangle$ lassen sich demnach einfach aus

$$\langle \hat{\boldsymbol{j}}_{(1)} \hat{\boldsymbol{j}}_{(2)} \rangle = \frac{1}{2} \left(J(J+1) - \tfrac{3}{2} \right) \tag{4.131}$$

für $J = 1$ zu $1/4$ bzw. für $J = 0$ zu $-3/4$ berechnen. Da das Produkt der Ladungen von Elektron und Proton negativ ist, liegt der Zustand mit $J = 1$ energetisch höher als der Zustand mit $J = 0$.

4.4.1 Die Aufspaltung für Hadronen aus u- und d-Quarks

Im Quarkmodell unterscheiden sich π- und ρ-Mesonen im wesentlichen durch ihre Spins. Durch Umklappen eines Quarkspins kann man also aus einem Pion ein ρ-Meson machen. Auf die gleiche Weise wird aus einem Nukleon eine Δ-Resonanz. Wir können daher versuchen, den Massenunterschied innerhalb der Mesonen- bzw. Baryonenmultipletts auf die mit dem Spinumklappen verbundene Änderung der Wechselwirkungsenergie zwischen den Quarks zurückzuführen. Diese chromomagnetische Hyperfeinaufspaltung ist offenbar viel stärker als im elektromagnetischen Beispiel. Im Fall der Mesonen ist sie sogar dreimal größer als die Pionmasse selbst. Für die folgenden Überlegungen ersetzen wir den einfachen Ansatz (4.105) des additiven Quarkmodells durch

$$M = \sum m_q + H_\mathrm{W} \tag{4.132}$$

mit universellen Quarkmassen m_q. Dem Ansatz

$$H_\mathrm{W} = -\frac{b}{m_u^2} c_\mathrm{F} \langle \hat{\boldsymbol{j}}_{(1)} \hat{\boldsymbol{j}}_{(2)} \rangle \tag{4.133}$$

liegt die Idee zugrunde, daß die Hyperfeinstruktur der QCD durch den Anteil des Gluonaustauschs im Potential (4.55) bestimmt wird. In (4.133) ist c_F der Farbfaktor des Abschn. 4.2.1 und die Konstante b enthält alle weiteren Faktoren, wie sie auch in (4.129) auftauchen, insbesondere also die unbekannte räumliche Wellenfunktion des Zwei-Quark-Systems. Zusätzlich haben wir wieder gleiche Konstituentenmassen für u- und d-Quarks angenommen. Im Fall der Mesonen ($c_\mathrm{F} = -4/3$) errechnet man daher mit Hilfe von (4.131) sofort

$$H_\mathrm{W} = \begin{cases} b/3m_u^2 & \text{falls } J = 1 \\ -b/m_u^2 & \text{falls } J = 0 \ . \end{cases} \tag{4.134}$$

Jedes Quarkpaar der Darstellung (4.38) in einem Baryon befindet sich in einem Farb-Antitriplett-Zustand, daher hat c_F den Wert $-2/3$, wie im Abschn. 4.2.1 bei der Diskussion von (4.52) begründet wurde. Für die Wechselwirkungsenergie bekommt man dann unter Berücksichtigung der möglichen Kombinationen der Quarkpaare

$$H_\mathrm{W} = \frac{2b}{3m_u^2} (\langle \hat{\boldsymbol{j}}_{(1)} \hat{\boldsymbol{j}}_{(2)} + \hat{\boldsymbol{j}}_{(1)} \hat{\boldsymbol{j}}_{(3)} + \hat{\boldsymbol{j}}_{(2)} \hat{\boldsymbol{j}}_{(3)} \rangle) \ . \tag{4.135}$$

Wegen $\hat{\boldsymbol{J}} = \hat{\boldsymbol{j}}_{(1)} + \hat{\boldsymbol{j}}_{(2)} + \hat{\boldsymbol{j}}_{(3)}$ ist aber die Summe der Produkte der Spinoperatoren auf der rechten Seite durch $(\hat{\boldsymbol{J}}^2 - \hat{\boldsymbol{j}}_{(1)}^2 - \hat{\boldsymbol{j}}_{(2)}^2 - \hat{\boldsymbol{j}}_{(3)}^2)/2$ gegeben, und deswegen gelangt man zu

$$H_W = \frac{b}{3m_u^2}\left(J(J+1) - \frac{9}{4}\right) , \tag{4.136}$$

woraus sich das Resultat

$$H_W = \begin{cases} b/2m_u^2 & \text{falls } J = \frac{3}{2} \\ -b/2m_u^2 & \text{falls } J = \frac{1}{2} \end{cases} \tag{4.137}$$

ableiten läßt. Die wichtigste qualitative Aussage in den beiden Gleichungen für H_W ist, daß die Aufspaltung der Massen in den Baryonen und Mesonen das gleiche Vorzeichen hat! Dies heißt konkret, daß sowohl bei den Baryonen wie bei den Mesonen die Teilchen mit höherem Spin die größeren Massen haben. Hierin kommt ganz deutlich die Gruppenstruktur der Farbladung zum Ausdruck. Denn wenn die starke Wechselwirkung genau wie die elektromagnetische nur *eine* Ladungsart kennen würde, hätte H_W für Teilchen-Teilchen-Wechselwirkungen ein anderes Vorzeichen als für Teilchen-Antiteilchen, siehe (4.129). Quantitativ gewinnen wir aus (4.134) und (4.137) die Vorhersage

$$M_\rho - M_\pi = \frac{4}{3}(M_\Delta - M_N) , \tag{4.138}$$

die nicht sehr gut erfüllt ist. Es ist eben eine zu große Vereinfachung, die Wechselwirkungsenergie von Baryonen und Mesonen mit der gleichen Konstanten b zu beschreiben. Man erzielt numerisch bessere Resultate, wenn für die Mesonen- bzw. Baryonenmultipletts mit $L = 0$ zwei unterschiedliche Konstanten b und b' benutzt werden.

4.4.2 Hyperfeinstruktur und „seltsame" Quarks

Für Mesonen, bei denen ein u-, d-Quark durch ein s-Quark ersetzt ist, muß (4.134) in

$$H_W = \begin{cases} \dfrac{b}{3m_u m_s} & \text{falls } J = 1 \\ -\dfrac{b}{m_u m_s} & \text{falls } J = 0 \end{cases} \tag{4.139}$$

abgeändert werden. Ganz allgemein erhält man für den Massenunterschied zwischen pseudoskalaren (P) und Vektormesonen (V) aus den Quarksorten a, b, c, d

$$\frac{(M_V - M_P)_{ab}}{(M_V - M_P)_{cd}} = \frac{m_c m_d}{m_a m_b} . \tag{4.140}$$

Hieraus errechnen wir für die K-Mesonen

$$M_{K^*} - M_K = \frac{330}{500}(M_\rho - M_\pi) , \tag{4.141}$$

also 420 MeV, was sehr gut den experimentellen Befunden entspricht. Die Beziehung (4.140) ist von großer Bedeutung für die noch zu besprechenden Mesonen aus schweren Quarks.

Als weiteres Beispiel betrachten wir jetzt noch die *Baryonen* mit einem s-Quark, also die Σ- und Λ-Teilchen, genauer das $\Sigma^0(1385)$, das Σ^0 ($M = 1192$ MeV) und das Λ mit 1115 MeV. Wenn wir dem s-Quark den Index 1 geben, gilt für die Wechselwirkungsenergie

$$H_\mathrm{W} = \frac{2b'}{3m_u^2}\langle \hat{\boldsymbol{j}}_{(2)} \hat{\boldsymbol{j}}_{(3)}\rangle + \frac{2b'}{3m_u m_s}\langle \hat{\boldsymbol{j}}_{(1)} \hat{\boldsymbol{S}}_{ud}\rangle \ , \tag{4.142}$$

wobei die Abkürzung $\hat{\boldsymbol{S}}_{ud} = \hat{\boldsymbol{j}}_{(2)} + \hat{\boldsymbol{j}}_{(3)}$ benutzt wurde. Wegen $\hat{\boldsymbol{J}} = \hat{\boldsymbol{S}}_{ud} + \hat{\boldsymbol{j}}_{(1)}$ erhält man nach kurzer Umrechnung

$$H_\mathrm{W} = \frac{b'}{3m_u^2}\left(S_{ud}(S_{ud}+1) - \tfrac{3}{2}\right) + \frac{b'}{3m_u m_s}\left(J(J+1) - S_{ud}(S_{ud}+1) - \tfrac{3}{4}\right) \ . \tag{4.143}$$

Bei der Konstruktion der Baryonen in Abschn. 4.3.2 haben wir die *flavor*-Wellenfunktion nach dem Rezept der Spinwellenfunktion aufgebaut, um ein symmetrisches Produkt zu erhalten. Dadurch wird eine Spin-Isospin-Symmetrie der u-, d-Quarks begründet, also $S_{ud} = 1$ für die ungeladenen Σ-Hyperonen und $S_{ud} = 0$ für das Λ-Hyperon. Das $\Sigma(1385)$ gehört zum $J = \frac{3}{2}^+$-Dekuplett (Abb. 4.15), während das Λ und das Σ Mitglieder des $J = \frac{1}{2}^+$-Oktetts (Abb. 4.16) sind. Damit folgt für die Wechselwirkungsenergie

$$H_\mathrm{W} = \begin{cases} \dfrac{b'}{6m_u^2} + \dfrac{b'}{3m_u m_s} & \Sigma(1385) \\[2ex] \dfrac{b'}{6m_u^2} - \dfrac{2b'}{3m_u m_s} & \Sigma \\[2ex] -\dfrac{b'}{2m_u^2} & \Lambda \ , \end{cases} \tag{4.144}$$

also

$$M_{\Sigma(1385)} - M_\Sigma = \frac{m_u}{m_s}(M_\Delta - M_N) \tag{4.145}$$

und

$$M_\Sigma - M_\Lambda = \frac{2}{3}\left(1 - \frac{m_u}{m_s}\right)(M_\Delta - M_N) \ . \tag{4.146}$$

Mit den schon früher eingeführten Werten für die Massen von s- und u-Quarks von 510 und 330 MeV erhalten wir 192 MeV bzw. 70 MeV als Vorhersage des Quarkmodells für die linken Seiten der beiden letzten Gleichungen. Dies entspricht wiederum in sehr schöner Weise der experimentellen Erfahrung.

Übung

4.8 Suchen Sie einen geeigneten Satz von Konstituentenmassen m_u, m_d, m_s und Konstanten b, b', mit dem die Massen der beiden Mesonennonetts und des Oktetts und Dekupletts der Baryonen möglichst gut beschrieben werden.

4.5 Elektromagnetische und starke Zerfälle von Hadronen

Die Lebensdauer von Hadronen, die elektromagnetisch oder stark zerfallen, ist bei ähnlicher Masse um viele Größenordnungen geringer als die der schwach zerfallenden. Die schwachen Zerfälle werden in Abschn. 6.2 ausführlich diskutiert. Sie lassen sich in den meisten Fällen auf die Instabilität eines Quarks im Hadron zurückführen. Die elektromagnetischen und starken Zerfälle der Hadronen erfolgen hingegen aufgrund von Reaktionen der Konstituenten. Diese Zerfälle werden jetzt behandelt.

4.5.1 Radiative Zerfälle der Vektormesonen

Wir haben gerade gelernt, daß die 0^-- und die 1^--Mesonen sich, anschaulich gesprochen, in der Orientierung eines Quarkspins unterscheiden. Das gleiche trifft für den Unterschied zwischen den Baryonen im $SU3_F$-Dekuplett und -Oktett zu. Als Konsequenz müssen dann auch Zerfälle wie

$$\rho^0, \omega^0 \to \pi^0 + \gamma \tag{4.147}$$

bzw.

$$\Delta^+ \to p + \gamma \tag{4.148}$$

vorkommen. Bei diesen Zerfällen ändert sich der Spin des Hadrons um eine Einheit, während die Parität sich nicht ändert. Sie heißen in der Terminologie der Kernphysik magnetische Dipolübergänge (M1). Sie sollen jetzt in Analogie zur Atomphysik im nichtrelativistischen Quarkmodell untersucht werden.

Die Wechselwirkungsenergie eines Dipols im magnetischen Feld $\boldsymbol{B}$ des Photons ist $\boldsymbol{\mu B}$ und daher gilt für die magnetische Wechselwirkungsenergie eines Quarks mit der elektromagnetischen Welle (2.276)

$$H_\mathrm{W} = \mathrm{i}\boldsymbol{\mu}_q(\boldsymbol{k} \times \boldsymbol{\varepsilon}) \frac{1}{\sqrt{2|\boldsymbol{k}|V}} \mathrm{e}^{-\mathrm{i}(|\boldsymbol{k}|t - \boldsymbol{kx})} \; . \tag{4.149}$$

Hierin ist $\boldsymbol{\mu}_q$ das in (4.95) definierte magnetische Moment eines Quarks. Für die folgende Berechnung der Zerfallsbreite $\Gamma(\omega \to \pi^0\gamma)$ führen wir die Abkürzungen $k = |\boldsymbol{k}|$ und $\mu = e/2m_u$ ein. Im Ruhesystem des Vektormesons fliege das Photon entlang der positiven z-Achse (Abb. 4.18). Seine Helizität sei $\lambda = +1$. Wegen der Drehimpulserhaltung muß dann $J_{(\omega),3} = 1$ gelten.

Der nichtrelativistische Übergangsoperator im Spinraum entspricht einfach der Wechselwirkungsenergie (4.149) ohne den Normierungs- und Exponentialfaktor der Wellenfunktion auf der rechten Seite. Wir müssen also im Spinraum die Amplitude

$$T_{fi} = \mathrm{i}\mu \langle \frac{1}{\sqrt{2}} (\uparrow\downarrow - \downarrow\uparrow) | \sum_l Q_l \boldsymbol{\sigma}_l (\boldsymbol{k} \times \boldsymbol{\varepsilon}) | \uparrow\uparrow \rangle \tag{4.150}$$

berechnen. Die Summation erstreckt sich hier über das Quark und das Antiquark des Vektormesons. Der Polarisationsvektor für ein rechtszirkular

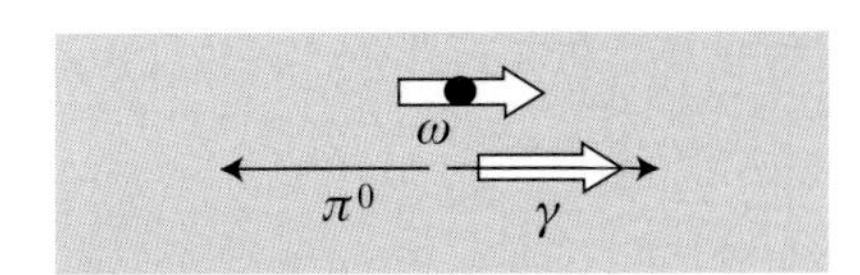

Abb. 4.18
Der Zerfall des ω-Mesons in π^0 und γ

polarisiertes Photon wurde schon in (2.279) angegeben. Aus ihr folgt sofort unter Benutzung der Abkürzung $\sigma_\pm = (\sigma_x \pm \mathrm{i}\sigma_y)/2$

$$\boldsymbol{\sigma}(\boldsymbol{k} \times \boldsymbol{\varepsilon}_+) = \frac{\sqrt{2}}{\mathrm{i}} k\sigma_- \tag{4.151}$$

und daher

$$T_{fi} = \mu(\Delta Q)k \ , \tag{4.152}$$

worin $\Delta Q = Q_1 - Q_2$ die Differenz der Ladungen von Quark und Antiquark bedeutet. Ähnlich dem Vorgehen bei der Berechnung der magnetischen Momente der Baryonen müssen wir diese Formel für jeden Flavoranteil des Matrixelements auswerten. Die Sortenzustände von π^0 und ω^0 sind aber gerade das Isotriplett (4.78)

$$|\pi^0\rangle = \frac{1}{\sqrt{2}}(|d\bar{d}\rangle - |u\bar{u}\rangle) \tag{4.153}$$

und das Isosingulett (4.77)

$$|\omega\rangle = \frac{1}{\sqrt{2}}(|d\bar{d}\rangle + |u\bar{u}\rangle) \ , \tag{4.154}$$

und mit dieser Zuordnung erhalten wir ohne weiteres das Resultat

$$\langle\pi^0\gamma|T|\omega\rangle = -\mu k \frac{1}{2}(\langle u\bar{u}|\Delta Q|u\bar{u}\rangle - \langle d\bar{d}|\Delta Q|d\bar{d}\rangle) \ . \tag{4.155}$$

Wegen der entgegengesetzt gleichen Ladungen von Quark und Antiquark in den neutralen Mesonen bekommt man schließlich das Endergebnis

$$\langle\pi^0\gamma|T|\omega\rangle = \frac{-\mu k}{2}\left(\frac{4}{3} + \frac{2}{3}\right) = -\mu k \ . \tag{4.156}$$

Der Leser sollte sich noch davon überzeugen, daß das gleiche Resultat auch für die andere mögliche Helizitätseinstellung des Photons erhalten wird. Die Farbwellenfunktion der Quarks muß hier nicht explizit berücksichtigt werden. Die Mesonen des Anfangs- und des Endzustandes sind Farbsinguletts, und daher muß wegen (4.25) die Amplitude

$$\langle 1|T|1\rangle = \frac{1}{3}\Big(\langle R\bar{R}|T|R\bar{R}\rangle + \langle G\bar{G}|T|G\bar{G}\rangle + \langle B\bar{B}|T|B\bar{B}\rangle\Big) \tag{4.157}$$

berechnet werden. Da alle Farbkombinationen auf der rechten Seite den gleichen Beitrag wie in (4.156) liefern, wird der Faktor $1/3$ vor der Klammer kompensiert.

Es ist reizvoll, von (4.156) zu einer absoluten Berechnung der Zerfallsrate weiterzugehen. Dazu muß das Quadrat der Amplitude in (2.43) eingesetzt werden. Diese Formel wurde unter der Voraussetzung abgeleitet, daß die Massen der Hadronen im Anfangs- und Endzustand der Reaktion etwa gleich groß sind. Diese Annahme ist natürlich im betrachteten Beispiel grob falsch, aber Becchi und Morpurgo [Bec59] beweisen, daß das Resultat

$$\frac{\mathrm{d}\Gamma}{\mathrm{d}\Omega} = \frac{\mu^2 k^3}{8\pi^2} \tag{4.158}$$

auch in einer streng relativistischen Rechnung gültig bleibt. Unsere Wahl der Flugrichtung des Photons als z-Achse eines sich mitdrehenden Koordinatensystems und als Quantisierungsachse erweist sich nun als sehr hilfreich. Zunächst einmal ist die Integration über den Raumwinkel trivial. Weiter verschwindet in diesem System die Zerfallsamplitude eines ω-Mesons mit $J_{(\omega),3} = 0$. Wir bekommen also von der Mittelung über die Spins einen Faktor $2/3$, zusammengefaßt demnach

$$\Gamma(\omega \to \pi^0\gamma) = \frac{\mu^2 k^3}{3\pi} \ . \tag{4.159}$$

Numerisch ergibt sich $\Gamma = 1{,}16\,\text{MeV}$, wenn man – (4.99) folgend – $\mu = \mu_p$ beachtet. Das experimentelle Ergebnis von $\Gamma = 0{,}85 \pm 0{,}05\,\text{MeV}$ stimmt also mit der Vorhersage der Formel (4.159) innerhalb von 30 % überein.

Die hiermit gewonnene Verknüpfung des magnetischen Momentes des Protons mit der Zerfallsrate des ω-Mesons ist ein sehr bemerkenswertes Ergebnis des Quarkmodells. In gleicher Weise läßt sich die Amplitude für den Zerfall geladener und ungeladener ρ-Mesonen in $\pi + \gamma$ berechnen. Ihr Wert ist $\mu k/3$. Aus dem Quarkmodell wird damit die Vorhersage

$$\frac{\Gamma(\rho \to \pi\gamma)}{\Gamma(\omega \to \pi\gamma)} = \frac{1}{9} \tag{4.160}$$

abgeleitet, die vom gemessenen Verhältnis innerhalb eines Fehlers von etwa 25 % bestätigt wird.

Die Zerfallsbreite des $\Phi(1020)$ in den Kanal $\pi^0\gamma$ beträgt nur 5,2 keV. Im Abschn. 4.3.4 wurde dem Φ-Meson die Wellenfunktion $|s\bar{s}\rangle$ zugeordnet. Damit ist der Zerfall in Pion und Photon in unserem Modell verboten, da die π^0-Wellenfunktion kein s-Quark enthält. Die geringe verbleibende Zerfallsbreite muß man dann auf andere Prozesse zurückführen.

In den betrachteten Beispielen bestehen die Mesonen aus Quarks gleicher Masse. Ein anderer Fall sind Mesonen aus einem leichten und einem schweren Quark, für sie gilt beim radiativen Zerfall $V \to P + \gamma$ eines Vektormesons in ein pseudoskalares Meson ersichtlich $T_{fi} \sim (Q/m)_{\text{leicht}}$, da die Amplitude für das Umklappen des Spins des schweren Quarks ($\sim 1/m_{\text{schwer}}$) unterdrückt ist.

4.5.2 Zerfälle der Vektormesonen in Leptonenpaare

Der dominante Zerfallsmodus der neutralen Vektormesonen ρ, ω und Φ ist hadronisch. Es wird jedoch neben den gerade besprochenen radiativen Übergängen zusätzlich ein kleiner Anteil von Zerfällen in e^-e^+- bzw. $\mu^-\mu^+$-Paare beobachtet. Diese Zerfälle können nur elektromagnetischen Ursprungs sein, und auch für sie läßt sich ein einfaches Modell formulieren. Da das Photon die Quantenzahlen $J^{PC} = 1^{--}$ hat, können die Quark-Antiquark-Paare in den 1^{--}-Mesonen in ein Photon annihilieren, und demnach ist der Zerfall von ρ^0, ω- und Φ-Mesonen in e^-e^+- bzw. $\mu^-\mu^+$-Paare gemäß dem Annihilations-Diagramm der Abb. 4.19 möglich. Die Umkehrreaktion, nämlich die Erzeugung von Vektormesonen in der Elektron-Positron-Annihilation, ist der beste Weg zur Untersuchung der Vektormesonen schwerer Quarks.

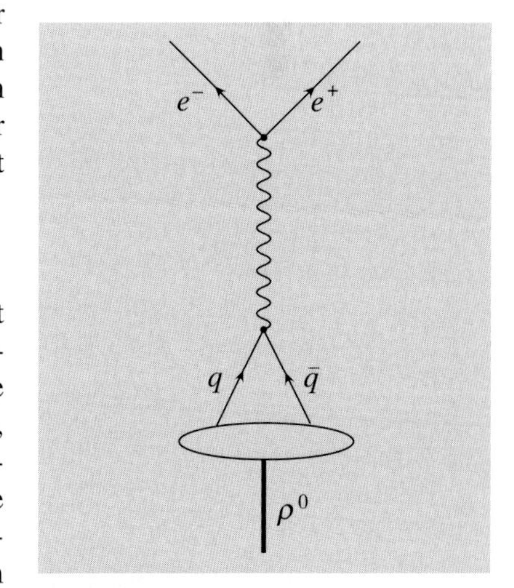

Abb. 4.19
Der Zerfall der Vektormesonen in Leptonpaare durch Annihilation des $q\bar{q}$-Paares im Meson

Die quantitative Berechnung der Zerfallsbreite führen wir hier am Beispiel $\rho \to e^- e^+$ durch. Für das Matrixelement des Zerfalls eines ρ-Mesons im Zustand $|J; J_3\rangle$ in Elektron und Positron mit den Helizitäten λ_3, λ_4 und den Impulsen $\boldsymbol{p}', -\boldsymbol{p}'$ im ρ-Ruhesystem wird der Ansatz

$$\langle \boldsymbol{p}', \lambda_3, \lambda_4 | T | J; J_3 \rangle = \int \langle \boldsymbol{p}', \lambda_3, \lambda_4 | T | \boldsymbol{p}, \lambda_1, \lambda_2 \rangle \phi(\boldsymbol{p}) \, \mathrm{d}^3 \boldsymbol{p} \tag{4.161}$$

einer $q\bar{q}$-Annihilation aus dem Zustand $|J, J_3\rangle$ gemacht. Hierin ist der erste Faktor auf der rechten Seite die Amplitude für die Vernichtung freier Quarks in $e^- e^+$-Paare und $\phi(\boldsymbol{p}) \, \mathrm{d}^3 \boldsymbol{p}$ die Amplitude, eine solche Quarkkonfiguration im Impulsintervall zwischen $\boldsymbol{p}$ und $\boldsymbol{p} + \mathrm{d}^3 \boldsymbol{p}$ im Meson vorzufinden. Wir werden gleich sehen, daß das Matrixelement für die Annihilation freier Quarks nur vom Streuwinkel Θ zwischen den Quarks abhängt. Wir können es also vor das Integral ziehen und wollen zunächst einen Ausdruck für $\int \phi(\boldsymbol{p}) \, \mathrm{d}^3 \boldsymbol{p}$ finden. Dazu drücken wir $\phi(\boldsymbol{p})$ durch seine Fouriertransformierte $\tilde{\phi}(\boldsymbol{x})$ aus,

$$\int \phi(\boldsymbol{p}) \, \mathrm{d}^3 \boldsymbol{p} = \frac{1}{(2\pi)^{3/2}} \int \int \mathrm{e}^{-\mathrm{i} \boldsymbol{p} \boldsymbol{x}} \tilde{\phi}(\boldsymbol{x}) \, \mathrm{d}^3 \boldsymbol{x} \, \mathrm{d}^3 \boldsymbol{p} \tag{4.162}$$

$$= (2\pi)^{3/2} \tilde{\phi}(0) \quad . \tag{4.163}$$

Hierin folgt der zweite Schritt mit Hilfe der Definition der δ-Funktion (2.84). Im nichtrelativistischen Quarkmodell liegt es nahe, mit nichtrelativistischen Mesonwellenfunktionen zu arbeiten. Am Beispiel der auf das Reaktionsvolumen V normierten Lösung der Schrödingergleichung für eine ebene Welle

$$\psi(\boldsymbol{x}) = \frac{1}{\sqrt{V}} \mathrm{e}^{\mathrm{i} \boldsymbol{p} \boldsymbol{x}} \tag{4.164}$$

sieht man sofort den Zusammenhang zwischen der Wellenfunktion ψ und $\tilde{\phi}$

$$\tilde{\phi}(0) = \frac{\sqrt{V}}{(2\pi)^{3/2}} \psi(0) \quad . \tag{4.165}$$

Die Berechnung der Annihilation der Quarks beginnen wir nun für den Spin-Zustand $|J; J_3\rangle = |1; 1\rangle$ des ρ-Mesons. Wir legen die z-Achse des Koordinatensystems in die Flugrichtung des einlaufenden Quarks q und müssen daher offenbar die Amplituden für die Prozesse

$$q_\mathrm{R} + \bar{q}_\mathrm{L} \to e^-_\mathrm{L} + e^+_\mathrm{R} \tag{4.166}$$

bzw.

$$q_\mathrm{R} + \bar{q}_\mathrm{L} \to e^-_\mathrm{R} + e^+_\mathrm{L} \tag{4.167}$$

berechnen. Hierin haben wir wieder die Symbole R, L für rechtshändige und linkshändige Teilchen, d.h. für die Helizitäten $\lambda = +1/2$ oder $\lambda = -1/2$ benutzt. Im Abschn. 3.2.1 wurden diese Amplituden ausführlich im Grenzfall hoher Impulse und verschwindender Massen abgeleitet. Unter Benutzung der gleichen Methoden kann man aber zeigen, daß das Ergebnis

$$T_{fi}^{\mathrm{frei}} = e^2 Q_l (1 \pm \cos \Theta) \tag{4.168}$$

für Quarks der Sorte l auch für langsame Quarks ($|\boldsymbol{p}| \to 0$) mit einer Masse $m_q \approx M_V/2$ gültig bleibt, wobei zu (4.166) und (4.167) das positive bzw. negative Vorzeichen in der Klammer von (4.168) gehört.

Die entsprechende Amplitude für den Zustand $|1; -1\rangle$ unterscheidet sich nur im Vorzeichen der Beziehung (4.168). Für den Zustand $|1; 0\rangle$ erhält man

$$T_{fi}^{\text{frei}} = e^2 Q_l \sqrt{2} \sin \Theta \tag{4.169}$$

für beide Helizitätskombinationen des Endzustandes. Bei einem Vektormeson, welches wie das Φ aus nur einer Sorte Quarks (mit dem dazugehörigen Antiquark) besteht, ist Q_l einfach die Ladungs-Quantenzahl dieses Quarks. Für das ρ-Meson ist die Lage aber komplizierter. Aufgrund der Flavorwellenfunktion (4.78) tragen das u- bzw. das d-Quark mit den Gewichten $1/\sqrt{2}Q_q$ bei, so daß Q_l durch den Ladungsfaktor

$$\langle Q_\rho \rangle = \frac{-1}{\sqrt{2}} \left(\frac{1}{3} + \frac{2}{3} \right) \tag{4.170}$$

ersetzt werden muß.

Die Amplituden (4.168) und (4.169) gelten zunächst für eine Farbe. Wegen der Farbwellenfunktion (4.25) sind sie mit einem Faktor $\sqrt{3}$ zu multiplizieren. Der daraus resultierende Faktor 3 im Quadrat der Amplituden hebt sich aber gegen den Faktor 1/3 von der Mittelung über die Spins des einlaufenden Vektormesons weg, was daher zur Beziehung

$$\overline{\sum} |T_{fi}^{\text{frei}}|^2 = 8e^4 \langle Q_V \rangle^2 \tag{4.171}$$

führt. Jetzt ist noch der Zusammenhang zwischen der Streuamplitude des Prozesses $q\bar{q} \to e^- e^+$ und der Zerfallsrate des Vektormesons zu diskutieren. Den Ausführungen in Abschn. 2.1.2 entsprechend wird für die Übergangsrate der Streureaktion

$$\frac{\mathrm{d}N_f}{VT} = \frac{1}{V^2 M_V^2} \overline{\sum} |T_{fi}|^2 \,\mathrm{d}L \tag{4.172}$$

angesetzt, wobei schon $4E_1 E_2 = M_V^2$ benutzt wurde. Der Rest ist reine Routine: Zur Berechnung von $\mathrm{d}\Gamma$ muß diese Rate durch die Dichte $1/V$ des einlaufenden Vektormesons geteilt werden (2.36). Mit

$$|T_{fi}|^2 = 2\pi^3 |T_{fi}^{\text{frei}}|^2 |\phi(0)|^2 \tag{4.173}$$

folgt unter Zuhilfenahme von (4.165) und (2.27)

$$\frac{\mathrm{d}\Gamma}{\mathrm{d}\Omega} = \frac{1}{32\pi^2 M_V^2} \overline{\sum} |T_{fi}^{\text{frei}}|^2 |\psi(0)|^2 \ , \tag{4.174}$$

woraus mit wenigen Rechenschritten das Resultat

$$\Gamma_{e^-e^+}^{\rho} = 2 \frac{\alpha^2}{M_\rho^2} |R_S(0)|^2 \tag{4.175}$$

für das ρ-Meson bzw.

$$\Gamma_{e^-e^+}^{V} = \frac{4 \langle Q_V \rangle^2 \alpha^2}{M_V^2} |R_S(0)|^2 \tag{4.176}$$

Tabelle 4.16
e^-e^+-Zerfälle der leichtesten Vektormesonen

Meson	$\Gamma^V_{e^-e^+}$/keV	Wellenfunktion	$\langle Q_V\rangle^2$	$\gamma_V^2/4\pi$
ρ	$7{,}02 \pm 0{,}11$	$\frac{1}{\sqrt{2}}(\|d\bar{d}\rangle - \|u\bar{u}\rangle)$	$\frac{1}{2}$	0,49
ω	$0{,}60 \pm 0{,}02$	$\frac{1}{\sqrt{2}}(\|d\bar{d}\rangle + \|u\bar{u}\rangle)$	$\frac{1}{18}$	5,78
Φ	$1{,}27 \pm 0{,}02$	$\|s\bar{s}\rangle$	$\frac{1}{9}$	3,56

für ein beliebiges neutrales Vektormeson bewiesen werden kann. $R_S(0)$ ist der Radialanteil der Wellenfunktion des Quark-Antiquark-Zustandes in einer s-Welle ($L = 0$), also $\psi = R_S/\sqrt{4\pi}$.

In der Herleitung wurde die Masse der Elektronen vernachlässigt, das Ergebnis ist also nicht ohne weiteres auf den Zerfall in Myonen zu übertragen. Unter Berücksichtigung der endlichen Masse m der Leptonen wird die Formel (4.176) geringfügig zu

$$\Gamma^V_{l^-l^+} = \frac{4\langle Q_V\rangle^2\alpha^2}{M_V^2}|R_S(0)|^2\left(1 - \frac{2m^2}{M_V^2}\right)\left(1 - \frac{4m^2}{M_V^2}\right)^{1/2} \tag{4.177}$$

modifiziert. In dieser Form ist sie als van Royen-Weisskopf-Formel bekannt [Roy59].[11] Was wir hier besprochen haben, ist ein wesentliches Ergebnis der sog. Quarkonium-Theorie, in der man die neutralen Mesonen als ein entsprechend dem Positronium zusammengesetztes System behandelt. Diese Analogie ist natürlich besonders berechtigt für solche Mesonen, die nur aus *einer* Sorte Quarks bestehen, also Mesonen mit Massen oberhalb des ρ, ω-Systems. An den experimentellen Ergebnissen der Tabelle 4.16 sieht der Leser sofort, daß die gemessenen Zerfallsbreiten mit einer Genauigkeit von 10 bis 20 % dem Verhältnis der Quarkladungen (9 : 1 : 2) folgen und sich durch

$$\Gamma^V_{ee} = 12\langle Q_V\rangle^2 \text{ keV} \tag{4.178}$$

annähern lassen. Insbesondere aus dem Vergleich der Einträge für das ρ- und das Φ-Meson läßt sich entnehmen, daß der Faktor $|R_S(0)|^2/M_V^2$ in (4.176) nur wenig variiert. Für das $q\bar{q}$-Potential hat dies Konsequenzen, die wir bei der Besprechung des Charmoniums im nächsten Abschnitt weiter ausführen werden.

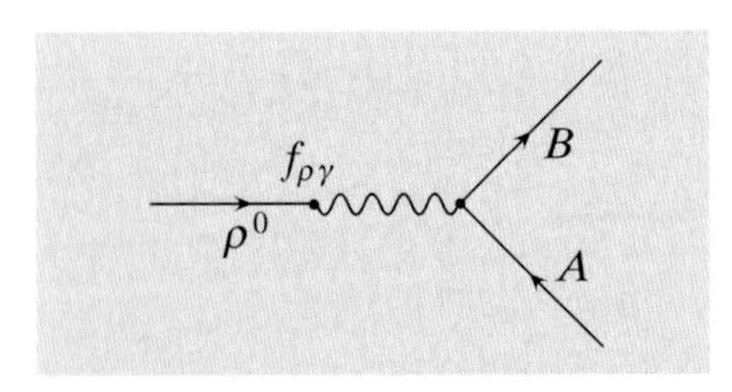

Abb. 4.20
Die Photon-Hadron-Kopplung im Modell der Vektor-Meson-Dominanz

Wir können die Zerfallsbreite der Vektormesonen auch ohne Benutzung des Quarkmodells behandeln (Abb. 4.20). Das ρ-Meson des Beispiels koppelt mit einer Stärke $f_{\rho\gamma}$ an Photonen. Aus den Feynman-Regeln für solche Prozesse (Abschn. 3.1.3) berechnen wir die Partialbreite in Elektron-Positron-Paare zu

$$\Gamma^\rho_{e^-e^+} = \frac{1}{12\pi}\frac{f_{\rho\gamma}^2 e^2}{M_\rho^3} \quad . \tag{4.179}$$

Die Kopplungskonstante hat demnach hier die Dimension einer Energie zum Quadrat. Wir führen der Konvention folgend eine dimensionslose Kopplungskonstante γ_ρ über

$$\gamma_\rho = \frac{M_\rho^2 e}{2 f_{\rho\gamma}} \tag{4.180}$$

[11] Victor Weisskopf (1908-2002) hat als Forscher, Lehrer und Organisator die Teilchenphysik geprägt.

ein, womit sich

$$\Gamma^{\rho}_{e^-e^+} = \alpha^2 \frac{M_\rho}{12(\gamma_\rho^2/4\pi)} \tag{4.181}$$

ergibt. Numerische Werte für die Konstanten $\gamma_V^2/4\pi$ sind in der Tabelle 4.16 ebenfalls angegeben. Die Kenntnis dieser Kopplungskonstanten ist besonders im Rahmen der Theorie von der Vektor-Meson-Dominanz (VMD) wichtig [Sak69]. In diesem Ansatz werden alle Photon-Hadron-Wechselwirkungen auf die Wechselwirkung von Vektormesonen mit Hadronen zurückgeführt. Genauer gilt für die Streuung eines Photons einer gegebenen Helizität λ_γ

$$T_{\lambda_\gamma}(\gamma A \to B) = \sum_V f_{V\gamma} T_{\lambda_V}(VA \to B) \frac{1}{q^2 - M_V^2} \quad . \tag{4.182}$$

A und B bezeichnen hierin beliebige hadronische Systeme. Der letzte Faktor stammt von der üblichen Ausbreitungsfunktion eines Teilchens mit Viererimpuls q und Masse M_V (siehe Abschn. 3.1.3). Für reelle Photonen ($q^2 = 0$) wird daher (4.182) zu

$$T_{\lambda_\gamma}(\gamma A \to B) = -\sum_V \frac{e}{2\gamma_V} T_{\lambda_V}(VA \to B) \tag{4.183}$$

vereinfacht. Als eine typische Anwendung schätzen wir jetzt den totalen Querschnitt der Photoproduktion ($\gamma + p \to$ Hadronen) bei hohen Energien ab. Wirkungsquerschnitte sind proportional zum Quadrat der Streuamplitude. Wenn in der Summe auf der rechten Seite von (4.183) nur der Term mit dem ρ-Meson berücksichtigt wird, kann diese Gleichung daher zu

$$\sigma_{\gamma p} = \frac{\alpha\pi}{\gamma_\rho^2} \sigma_{\rho p} \tag{4.184}$$

umgeformt werden. Den ρ-Nukleon-Querschnitt identifizieren wir im Sinn des Quarkmodells mit dem experimentell leichter zugänglichen Wirkungsquerschnitt für die Pion-Nukleon-Streuung. Mit dem numerischen Wert von 30 mb ergibt sich eine Vorhersage von 88 μb für den Wirkungsquerschnitt der Photoproduktion. Durch den Beitrag des ω- und Φ-Mesons muß diese Zahl um etwa 30 % nach oben korrigiert werden, was zu einer sehr guten Übereinstimmung mit dem gemessenen Wert von ca. 115 μb führt.

Die VMD-Theorie verknüpft die Photon-Hadron-Wechselwirkung mit der Wechselwirkung von Hadronen untereinander. Die grundlegende Idee ist typisch für weitere Materiemodelle mit Substruktur (*compositeness*). In diesen erfolgt die Ankopplung des Photons an zusammengesetzte Systeme über Vektormesonen, die aus den gleichen Konstituenten bestehen.

4.5.3 Radiative Zerfälle der pseudoskalaren Mesonen

Die neutralen π-Mesonen zerfallen zu praktisch 100 % in zwei Photonen mit einer Breite von $7{,}74 \pm 0{,}55$ eV. Auch η- und η'-Mesonen können in Photonpaare zerfallen. Die gemessenen Werte der Zerfallsbreiten betragen 508 ± 27 eV bzw. 4283 ± 430 eV.

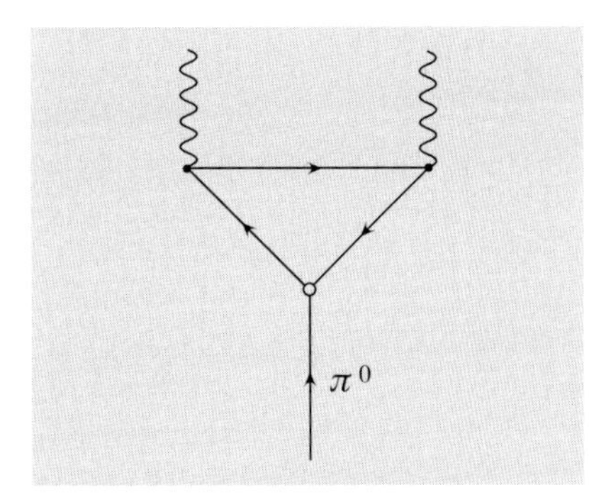

Abb. 4.21
Der Zerfall $\pi^0 \to \gamma\gamma$ im Quarkmodell

Die Massen von η- und η'- Meson sind von der Größenordnung der ρ-Masse. Wir wollen daher auch hier den Quarkonium-Ansatz versuchen, d.h. also den Prozeß analog zum Positronium-Zerfall in $\gamma\gamma$ beschreiben. Das Ergebnis lautet:

$$\Gamma^P_{\gamma\gamma} = 12\langle Q_P^2\rangle^2 \frac{\alpha^2|R_S(0)|^2}{M_P^2} \quad . \tag{4.185}$$

Der Unterschied zur entsprechenden Formel für das Positronium besteht in einem zusätzlichen Faktor 3 für die drei Quarkfarben und dem Ladungsfaktor $\langle Q_P^2\rangle$, den man wieder aus der Flavorwellenfunktion des betrachteten Mesons – entsprechend dem Vorgehen im letzten Abschnitt – berechnen muß. Aus dem Diagramm der Abb. 4.21 wird sofort klar, daß im Unterschied zum Zerfall der Vektormesonen in Leptonpaare die Quarkladung in der Amplitude quadratisch auftritt. Die Wellenfunktionen von η_1 und η_8 sind nach dem Muster von (4.111) und (4.112) aufgebaut. Daher gilt

$$\langle Q^2_{\eta_1}\rangle = \frac{1}{\sqrt{3}}(Q_u^2 + Q_d^2 + Q_s^2) = \frac{2}{3\sqrt{3}} \quad . \tag{4.186}$$

Auf die gleiche Weise berechnet man

$$\langle Q^2_{\eta_8}\rangle = \frac{1}{3\sqrt{6}} \quad . \tag{4.187}$$

Wir haben schon in Abschn. 4.3.4 besprochen, daß η und η' eine Mischung dieser *flavor*-Zustände darstellen. Also gilt

$$\langle Q^2_{\eta'}\rangle = -\frac{1}{3\sqrt{6}}\sin\Theta_P + \frac{2}{3\sqrt{3}}\cos\Theta_P \tag{4.188}$$

und

$$\langle Q^2_{\eta}\rangle = \frac{1}{3\sqrt{6}}\cos\Theta_P + \frac{2}{3\sqrt{3}}\sin\Theta_P \quad . \tag{4.189}$$

Wir nehmen nun wieder – wie im letzten Abschnitt – an, daß $(|R_S(0)|/M_P)^2$ unabhängig vom betrachteten Meson ist. Dies führt unmittelbar zu einem Verhältnis der Zerfallsbreiten von

$$\frac{\Gamma^{\eta'}_{\gamma\gamma}}{\Gamma^{\eta}_{\gamma\gamma}} = \left(\frac{2\sqrt{2}\cos\Theta_P - \sin\Theta_P}{2\sqrt{2}\sin\Theta_P + \cos\Theta_P}\right)^2 \quad . \tag{4.190}$$

Aus den experimentellen Werten berechnet man $\Theta_P \approx -0{,}5°$, also einen kleinen (negativen) Mischungswinkel in – zumindest qualitativer – Übereinstimmung mit dem Ergebnis des Abschn. 4.3.4. Die Auswertung von (4.185) ergibt schließlich $|R_S(0)|^2/M_P^2 \approx 4{,}2\cdot 10^{-2}$ GeV für das η-Meson bzw. $4{,}6\cdot 10^{-2}$ GeV für das η'-Meson. Diese Zahlen sind in etwa vergleichbar mit dem Wert von $5{,}6\cdot 10^{-2}$ GeV, wie er aus der Analyse des e^-e^+-Zerfalls der Vektormesonen bestimmt wurde.

Das Quarkonium-Modell wurde ursprünglich für Mesonen aus schweren Quarks (Q) entwickelt. In diesem Bild sind die Mesonen Bindungszustände $|Q\bar{Q}\rangle$ von Quarks, die sich mit nichtrelativistischen Geschwindigkeiten im Meson bewegen. Aus der bisherigen Diskussion ergibt sich, daß in diesem Rahmen sogar relativ leichte Mesonen wie das ρ oder das η behandelt werden können, die darüber hinaus auch noch aus verschiedenen Quarksorten zusammengesetzt sind. Die elektromagnetischen Zerfälle werden durch Reaktionen von Quarks mit einer Masse von $M_{\text{Meson}}/2$ offenbar vernünftig beschrieben. Für die genannten Mesonen führt das auf Quarkmassen zwischen 300 und 500 MeV, wie wir sie auch schon früher als Konstituentenmassen gefunden haben.

Es ist aber andererseits auch klar, daß die Anwendung der Quarkonium-Formeln auf den Zerfall des neutralen Pions in zwei Photonen problematisch ist, da jetzt die Quarkmasse nur noch 70 MeV sein darf. In der Tat berechnet man aus (4.185) eine Zerfallsbreite, die etwa 20mal zu groß ist, falls $|R_S(0)|^2/M_P^2$ von den η, η'-Mesonen übernommen wird. Für den Zerfall $\pi^0 \to \gamma\gamma$ haben wir jedoch glücklicherweise eine fundamentale Theorie, PCAC (*partially conserved axial current*), die Theorie vom teilweise erhaltenen Axialvektorstrom [Com83]. Sie liefert das Resultat [Hua92]

$$\Gamma_{\gamma\gamma}^{\pi^0} = N_C^2 \langle Q_{\pi^0}^2 \rangle^2 \frac{\alpha^2 M_\pi^3}{16\pi^3 f_\pi^2} \ . \tag{4.191}$$

Die Anzahl der Quarkfarben ($N_C = 3$) geht hier quadratisch ein, $\langle Q_{\pi^0}^2 \rangle$ hat den Wert $1/(3\sqrt{2})$ und f_π ist die sog. Pion-Zerfallskonstante. Sie wird aus dem Zerfall $\pi \to \mu\nu$ bestimmt (Abschn. 6.2). Ähnlich wie $|R_S(0)|$ beschreibt sie den störungstheoretisch nicht erfaßbaren Anteil der starken Wechselwirkung im schwachen Zerfall der $\pi^\pm$-Mesonen. Ihr numerischer Wert ist $(130{,}7 \pm 0{,}4)$ MeV [PDG04]. Damit bekommt man $\Gamma = 7{,}7$ eV, also eine hervorragende Übereinstimmung zwischen theoretischer und experimenteller Zerfallsbreite des π^0-Mesons in zwei Photonen. Diese Übereinstimmung ist eine besonders gute Bestätigung der Tatsache, daß die Quarks in drei Farbzuständen auftreten, da ohne Berücksichtigung der Farbe die Vorhersage um einen Faktor 9 geringer ausfällt.

Ausgehend von (4.191) wird der 2γ-Zerfall der anderen pseudoskalaren Mesonen in der Literatur meistens über den Ansatz diskutiert, daß sich die $\gamma\gamma$-Breiten wie $M_P^3 \langle Q_P^2 \rangle^2$ verhalten sollen. Auch eine solche Analyse führt zu einem relativ kleinen Mischungswinkel ($\Theta_P = 19°$) der η-Mesonen. Es darf aber nicht übersehen werden, daß das PCAC-Resultat (4.191) eigentlich nur im Grenzfall nahezu verschwindender Massen der pseudoskalaren Mesonen abgeleitet wurde und deswegen nicht ohne weiteres auf die η, η'-Mesonen anzuwenden ist.

4.5.4 Zerfälle in Hadronen

Instabile Mesonen, wie z.B. das ρ-Meson, zerfallen nur zu einem sehr geringen Anteil ($\approx 0{,}01$ %) über elektromagnetische Prozesse. Die totale Breite von 150 MeV ist durch den Zerfall in $\pi^+\pi^-$-Paare aufgrund der starken Wechselwirkung bestimmt. Bisher verstehen wir aber diese Zerfälle nur qualitativ. Die

Ursache hierfür wollen wir uns zunächst im Saiten-Modell des Abschn. 4.2.1 klar machen.

Die Abb. 4.8 kann auch zur Erklärung des Zerfalls $\rho \to \pi^-\pi^+$ im Saitenmodell dienen. Links laufen die Konstituenten-Quarks des ρ-Mesons mit etwa gleichen Impulsen parallel nebeneinander her. Infolge einer statistischen Fluktuation der Impulskomponenten senkrecht zur Flugrichtung beginnen sie auseinanderzulaufen. Das zwischen ihnen aufgebaute Bündel chromoelektrischer Feldlinien wird immer weiter gedehnt. Wenn die in diesem *string* gespeicherte Energie zu groß wird, zerreißt er, und der Endzustand eines $\pi^-\pi^+$-Paares ist erreicht.

Bei den großen Abständen, wie sie zwischen den Quarks im Zerfall eines Mesons auftreten, nimmt die Kopplungskonstante α_S so hohe Werte an, daß sich der Prozeß nicht mehr störungstheoretisch berechnen läßt. Man kann trotzdem versuchen, das Bild der zerreißenden Saite in die Sprache der Feynman-Graphen zu übersetzen. Die Abb. 4.22a zeigt ein Beispiel aus einer im Prinzip unendlich großen Summe beitragender Terme. Daher werden im allgemeinen in solchen Diagrammen die Gluonlinien weggelassen (Abb. 4.22b), und man zeichnet sie ohne scharfe Vertices. Wichtig ist nur ihre topologische Struktur. Es sind verbundene Diagramme, die Quarks des zerfallenden Hadrons laufen durch.

Das Φ-Meson hat eine totale Breite von 4,26 MeV und zerfällt mit einem Verzweigungsverhältnis von etwa 83 % in Kaon-Paare (K^+K^- und $K^0\bar{K}^0$). Der Zerfall in zwei Pionen ist verboten, da bei Berücksichtigung des Isospins die Gesamtwellenfunktion symmetrisch gegenüber einer Vertauschung der π's sein muß. Der Isospinteil ist symmetrisch, da das Φ ein Isosingulett ist, dann bleibt für den Bahnanteil nur $l = 0, 2$. Dies bedeutet aber, daß die C-Parität eines Isosingulett-π-Paares positiv ist. Außerdem kann es nicht den Gesamtdrehimpuls $J = 1$ haben. Beide Ergebnisse stehen im Widerspruch zu den Quantenzahlen des Φ-Mesons.

Ein Zerfall des Φ in $\pi^+\pi^-\pi^0$ ist erlaubt, da drei Pionen im Zustand $J^{PC} = 1^{--}$ sein können und auch sonst kein Erhaltungssatz diesem Zerfall im Wege steht. Die Partialbreite des ω in diesem Kanal ist 7,55 MeV. Weil die zur Verfügung stehende Energie noch um 150 MeV größer ist als beim

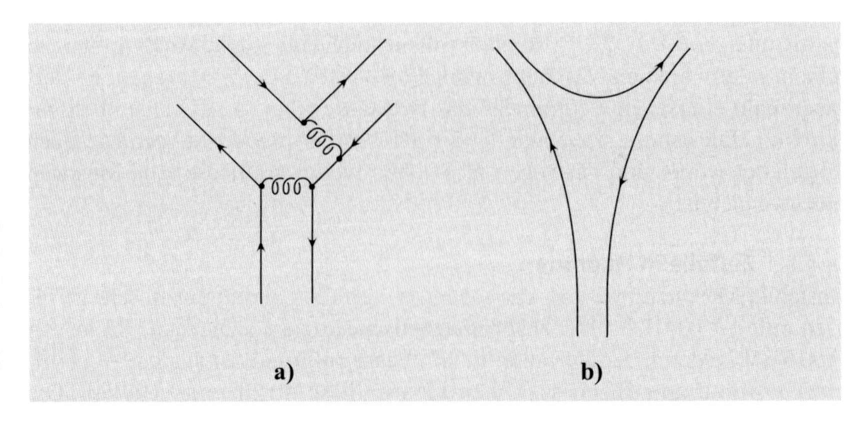

Abb. 4.22a,b
(**a**) Ein typisches Feynman-Diagramm für den Zerfall eines Mesons über die starke Wechselwirkung. (**b**) Quark-Diagramm des Zerfalls $\rho \to \pi\pi$ ohne Festlegung auf einen bestimmten Beitrag der Störungsrechnung. Da die Linien der Konstituenten-Quarks durchlaufen, wird es als „verbundenes" Diagramm bezeichnet

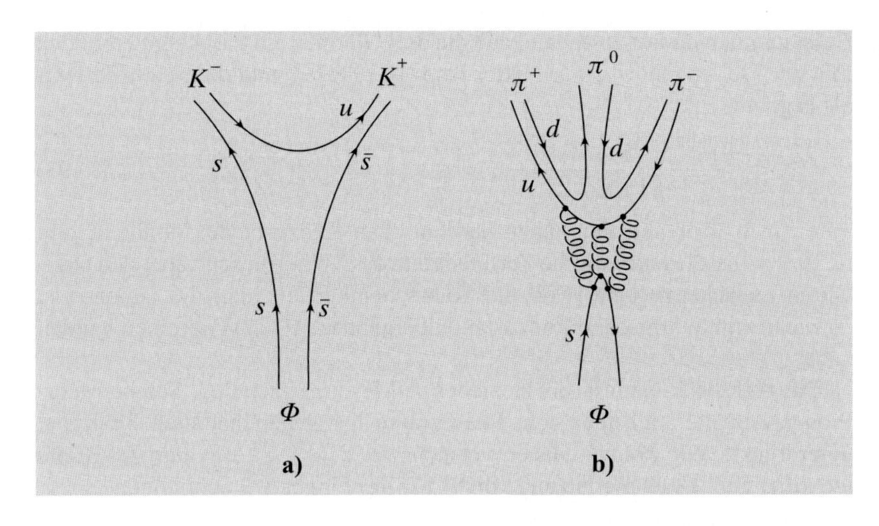

Abb. 4.23a,b
Die Zerfälle des Φ-Mesons. (**a**) Verbundenes Diagramm des Zerfalls $\Phi \to K^+K^-$, (**b**) unverbundenes Diagramm des Zerfalls $\Phi \to 3\pi$

ω-Meson, erwarten wir im Φ-Zerfall eine größere hadronische Partialbreite. Das experimentelle Ergebnis ist aber nur $0{,}66 \pm 0{,}02$ MeV! Wie läßt sich dies interpretieren?

Bei einem Blick auf Abb. 4.23a wird sofort klar, daß in solchen Diagrammen ein Zerfall des Φ-Mesons in Pionen verboten ist, weil natürlich die Linien der *strange*-Quarks von unten nach oben durchlaufen müssen. Ein Zerfall in Pionen über die starke Wechselwirkung ist nur möglich, falls s und $\bar{s}$ in einen gluonischen Zwischenzustand annihilieren (Abb. 4.23b). Dieser muß jedoch mindestens aus drei Gluonen bestehen. Ein einzelnes Gluon trägt eine Farbladung und gehört einem Farboktett an, während die Hadronen des Anfangs- und Endzustandes natürlich Farbsinguletts sind. Die Erhaltung der Farbladung verbietet daher solche Zerfälle. Zwei Gluonen können zwar ein Farbsingulett bilden, sie haben aber die C-Parität $\eta_C = +1$. Mit dem etwas langatmigen Beweis möchten wir uns hier nicht weiter beschäftigen; er läuft ganz analog zur gerade geführten Diskussion der positiven C-Parität eines Pion-Paares in einem Isosingulett-Zustand. Da die neutralen Vektormesonen die C-Parität -1 haben, scheidet auch die Annihilation in zwei Gluonen aus, und als einfachste Möglichkeit von Diagrammen ohne durchlaufende Quarklinien bleibt die Annihilation in drei Gluonen.

Die Quarklinien in der oberen und unteren Hälfte der Abb. 4.23b sind voneinander getrennt. Man nennt diese Diagramme „unverbunden". Sie lassen sich zumindest für schwere Vektormesonen störungstheoretisch berechnen, da die Skala von α_S durch die Masse der Vektormesonen bestimmt wird. Auch hier kann die Rechnung nach dem Muster des Positroniums durchgeführt werden. Positronium im Zustand 1^{--} (das sog. Ortho-Positronium) zerfällt mit einer Breite von

$$\Gamma^{\text{Pos}}_{\gamma\gamma\gamma} = \frac{16(\pi^2-9)\alpha^3|R_S(0)|^2}{9\pi M_V^2} \tag{4.192}$$

in drei Photonen. Um von hier zur Zerfallsrate von Vektormesonen in drei Gluonen zu gelangen, reicht es nun nicht aus, einfach α durch α_S zu ersetzen.

Es ist nämlich darauf zu achten, daß die drei Gluonen ein Farbsingulett bilden müssen. Der zugehörige Farbfaktor ist 5/18 [Clo79], und daher erhalten wir als Ergebnis

$$\Gamma_{ggg}^{V} = \frac{40(\pi^2 - 9)\alpha_S^3 |R_S(0)|^2}{81\pi M_V^2} \quad . \tag{4.193}$$

Wenn man über alle möglichen hadronischen Endzustände summiert, gibt (4.193) sogar die hadronische Zerfallsbreite des Vektormesons über den Drei-Gluon-Zwischenzustand, weil die Wahrscheinlichkeit, daß die Gluonen in *irgendeinen* hadronischen Endzustand übergehen, zu 1 angenommen werden kann.

Das Φ-Meson kann in bis zu sieben π-Mesonen zerfallen. Solche Mehr-Pionen-Zerfälle sind aber vom Phasenraum her gegenüber dem 3π-Kanal unterdrückt. Wir können daher versuchsweise (4.193) mit der 3π-Breite identifizieren. Unter Benutzung von (4.176) gewinnen wir schließlich

$$\frac{\Gamma_{\mathrm{had}}^{V}}{\Gamma_{e^-e^+}^{V}} = \frac{10(\pi^2 - 9)\alpha_S^3}{81\pi\alpha^2 \langle Q_V \rangle^2} \quad , \tag{4.194}$$

also ein Ergebnis, das unabhängig von der Wellenfunktion und der Masse des Vektormesons ist. Die numerische Auswertung für das Φ läßt eine Bestimmung von $\alpha_S(M_\Phi^2)$ zu. Man erhält einen Wert von $\alpha_S = 0{,}45$. Dies zeigt abschließend, daß die störungstheoretische Berechnung der 3π-Breite des Φ-Mesons gerade noch gerechtfertigt ist.

Die Unterdrückung der hadronischen Zerfälle in unverbundenen Diagrammen ist intuitiv verständlich, weil die Zerfallsrate proportional zu α_S^3 ist. Diese Unterdrückung war aber schon vor der Durchführung der gerade skizzierten QCD-Rechnung bekannt. Sie wurde durch Okubo, Zweig und Ikzhiham untersucht und wird seitdem als OZI-Regel bezeichnet.

Übungen

4.9 Bestimmen Sie $|R_S(0)|$ aus den radiativen Zerfällen der Vektormesonen und pseudoskalaren Mesonen. Wie stark ändert sich $|R_S(0)|^2/M_V^2$?

4.10 Diskutieren Sie die $\gamma\gamma$-Zerfallsbreiten der pseudoskalaren Mesonen, indem Sie $\Gamma_{\gamma\gamma}^{\eta}$ und $\Gamma_{\gamma\gamma}^{\eta'}$ aus der π^0-Breite nach der Vorschrift des letzten Absatzes des Abschn. 4.5.3 berechnen.

4.6 Neue schwere Quarks

4.6.1 Das Vektormeson $J/\psi(1S)$

Die im letzten Abschnitt ausführlich besprochene Kopplung der Vektormesonen an Leptonenpaare läßt Elektron-Positron-Speicherringe als ideale Instrumente erscheinen, solche Mesonen zu untersuchen. In diesen Speicherringen bringt man an geeigneten Wechselwirkungszonen e^-- und e^+-Strahlen mit genau gleicher Energie E, aber mit Impulsen $\boldsymbol{p}$ bzw. $-\boldsymbol{p}$ zur Kollision.

Damit liegt das Schwerpunktssystem der Reaktion im Laborsystem. Es ist möglich, die Energie der Strahlen in feinen Schritten zu ändern, um so die Anregungskurve der Mesonen zu durchfahren, wobei die Masse des Mesons durch $2E$ gegeben ist. Als Beispiel gibt die Abb. 4.24 den totalen Querschnitt für die Reaktion

$$e^- + e^+ \to \Phi \to K_S^0 + K_L^0 \tag{4.195}$$

wieder.

Bei höheren Energien findet man eine Reihe scharfer Resonanzen im Massenbereich von 3 GeV und 9 GeV. Als Beispiel sind in Abb. 4.25 die Hadronraten bei Schwerpunktsenergien bis 3,7 GeV aufgetragen. Insbesondere die Entdeckung der ersten dieser Resonanzen, des $J/\psi(1S)$ mit einer Masse von 3097 MeV, markierte historisch einen Wendepunkt der Teilchenphysik, der schließlich zur Entwicklung des Standard-Modells führte. Die Zeit der Entdeckung (Nov. 1974) wird daher auch oft als „Novemberrevolution" bezeichnet.[12]

Eine Ausmessung der Anregungskurve des $J/\psi(1S)$ zeigt, daß ihre Halbwertsbreite durch die Energieunschärfe der umlaufenden Elektronen- und Positronenstrahlen bestimmt wird, d.h. die totale Zerfallsbreite der Resonanz ist kleiner als diese Unschärfe, die typischerweise etwa 3–5 MeV beträgt. Man kann aber die Gesamtbreite Γ und die Partialbreiten auch aus der Fläche der Anregungskurve bestimmen. Der totale Querschnitt in einem bestimmten Kanal wird nämlich durch die Breit-Wigner-Formel (2.262) beschrieben. Unter Ausnutzung der Beziehung

$$\int f_{\mathrm{BW}}\, \mathrm{d}\sqrt{s} = \frac{\pi}{2\Gamma} \tag{4.196}$$

gewinnen wir für die Reaktion

$$e^- + e^+ \to J/\psi(1S) \to f \tag{4.197}$$

mit $J = 1$ und $g = 1/4$ die Relationen

$$\int \sigma(\sqrt{s})\, \mathrm{d}\sqrt{s} = \begin{cases} \dfrac{6\pi^2 \Gamma_{ee}^2}{M_R^2 \Gamma} & \text{falls } f = e^- e^+ \\ \dfrac{6\pi^2 \Gamma_{ee} \Gamma_{\mu\mu}}{M_R^2 \Gamma} & \text{falls } f = \mu^- \mu^+ \\ \dfrac{6\pi^2 \Gamma_{ee} \Gamma_{\mathrm{had}}}{M_R^2 \Gamma} & \text{falls } f = \text{Hadronen} \ . \end{cases} \tag{4.198}$$

Die hierin auftretenden Breiten sind nicht unabhängig voneinander. Mit Hilfe von

$$\Gamma = \Gamma_{\mathrm{had}} + \Gamma_{ee} + \Gamma_{\mu\mu} \tag{4.199}$$

hat man demnach vier Gleichungen für vier Unbekannte, welche zur Bestimmung der Partialbreiten verwendet werden können. Der Ansatz $\Gamma_{ee} = \Gamma_{\mu\mu}$ vereinfacht die Rechnung erheblich und verkleinert den statistischen Fehler. Das Ergebnis lautet:

$$\Gamma_{\mathrm{tot}}^{J/\psi} = (91{,}0 \pm 3{,}2)\ \mathrm{keV} \tag{4.200}$$

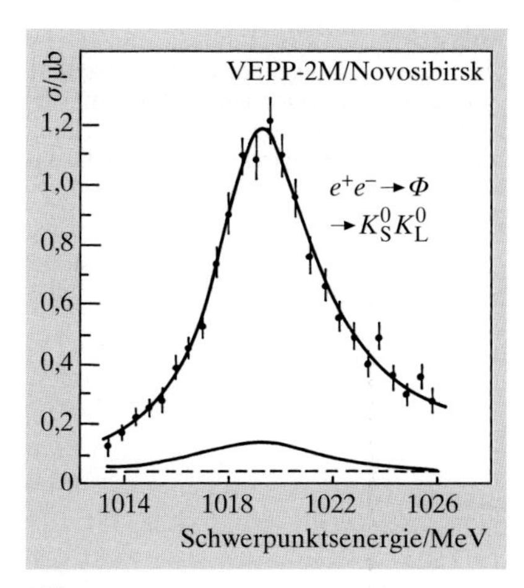

Abb. 4.24
Der totale Wirkungsquerschnitt der Reaktion $e^-e^+ \to K_S^0 K_L^0$ für Schwerpunktsenergien im Massenbereich des Φ-Mesons

[12] In der hier besprochenen Elektron-Positron-Vernichtung wurde das J/ψ von einer Arbeitsgruppe unter der Leitung von Burton Richter (geb. 1931) am SLAC entdeckt. Gleichzeitig wurde es jedoch auch von einer Gruppe unter Leitung von Samuel C.C. Ting (geb. 1936) in der Reaktion $pN \to e^-e^+X$ am Protonensynchrotron in Brookhaven gefunden. Richter und Ting erhielten hierfür 1976 den Nobelpreis. Die Dramatik dieses Entdeckungswettlaufs hat großen Einfluß auf das weitere Verhalten konkurrierender Forschergruppen in der Teilchenphysik gehabt.

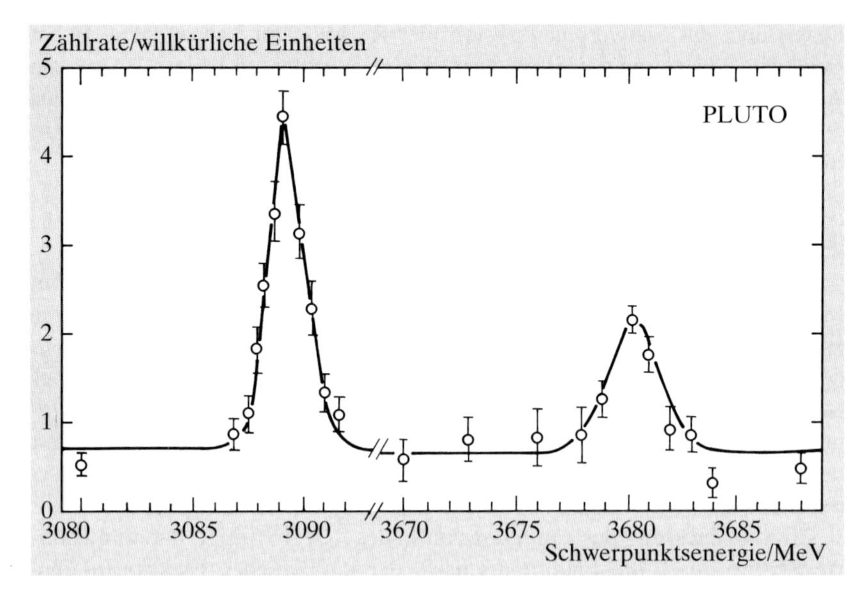

Abb. 4.25
Die Rate der hadronischen Ereignisse (im PLUTO-Detektor am DESY) im Verhältnis zur Rate der Bhabha-Streuung für Schwerpunktsenergien der Elektron-Positron-Annihilation im Bereich der J/ψ- und der $\psi(2S)$-Resonanz [Cri75]

und

$$\Gamma_{ee}^{J/\psi} = (5{,}4 \pm 0{,}16)\ \text{keV} \quad . \tag{4.201}$$

Daraus folgt eine hadronische Breite von nur (80 ± 3) keV. Dieses Ergebnis muß man mit den hadronischen Zerfallsbreiten von 150–250 MeV aller anderen *flavor*-neutralen Mesonen mit Massen oberhalb der Φ-Masse vergleichen, um einzusehen, daß hier etwas völlig Neuartiges vorliegt.

Das J/ψ wird als ein einzelner Zustand in der Elektron-Positron-Annihilation erzeugt und trägt daher die Quantenzahlen des Photons. Die Deutung

$$|J/\psi\rangle = |c\bar{c}\rangle \quad , \tag{4.202}$$

d.h. als gebundener Zustand eines neuen *charm*-Quarks mit seinem Antiquark, führt zu einer widerspruchsfreien Erklärung aller experimentellen Resultate. Die folgenden Ausführungen und der Abschnitt über Quarkonium sollen diese Behauptung auf ein sicheres Fundament stellen.

Aus der Zerfallsrate in Leptonen läßt sich die Ladung des neuen Quarks bestimmen. Wir haben bei der Ableitung von (4.178) im letzten Abschnitt diskutiert, daß die leptonische Breite der leichten Vektormesonen ρ, ω, Φ praktisch nur durch den Quarkladungsfaktor Q_V bestimmt ist. Der gleiche Ansatz liefert zwanglos $Q = 2/3$ für die Ladung des c-Quarks.

Die hadronische Breite ist sehr klein verglichen mit 150 MeV, aber nur etwa einen Faktor 8 kleiner als die Zerfallsbreite des Φ-Mesons in drei Pionen, die 655 keV beträgt. Dies legt die Vermutung nahe, daß der Zerfall über unverbundene Diagramme nach Art der Abb. 4.23b erfolgt. Wir erwarten eine kleinere hadronische Zerfallsbreite als beim Φ-Meson, da α_S in (4.194) nun bei der viel höheren Masse des J/ψ eingesetzt werden muß. Die Auswertung von (4.194) führt zu einem Wert von $\alpha_S(M^2_{J/\psi}) = 0{,}22$ in bester Übereinstimmung mit (4.64), aus der wir $\alpha_S = 0{,}25$ mit $n_f = 3$ und $\Lambda = 200$ MeV berechnen.

Der Abfall der Kopplungskonstante von 0,44 bei $M_V \approx 1$ GeV auf 0,22 bei 3 GeV in dieser Analyse ist gleichzeitig eine geeignete Demonstration der asymptotischen Freiheit der QCD, also des Abfalls der Kopplungskonstanten bei einer Vergrößerung der Energieskala.

Damit die gerade gegebene Erklärung der hadronischen Breite konsistent ist, darf es die verbundenen Diagramme der Abb. 4.23a nicht geben. Die den K-Mesonen entsprechenden leichtesten Mesonen $|D^+\rangle = |c\bar{d}\rangle$ und $|D^0\rangle = |c\bar{u}\rangle$ haben in der Tat eine Masse von 1869,4 bzw. 1864,6 MeV mit einem Fehler von jeweils 0,5 MeV. Der Zerfall des $J/\psi(1S)$ in D^+D^-- bzw. $D^0\bar{D}^0$-Mesonen ist daher aus energetischen Gründen verboten.

Neben dem $J/\psi(1S)$ wurde eine weitere scharfe Resonanz, das $\psi(2S)$, mit einer Masse von 3686 MeV gefunden (Abb. 4.25). Seine gesamte Zerfallsbreite ist (281 ± 17) keV bei einem Wert von $(2,12 \pm 0,12)$ keV für Γ_{ee}. Die Nomenklatur der Zustände zeigt an, daß ihnen die Quantenzahl $n = 1$ bzw. $n = 2$ zugeordnet wird. Das $\psi(2S)$ wird demnach als radiale Anregung des Grundzustandes $J/\psi(1S)$ interpretiert. Dicht auf das $\psi(2S)$ folgt das $\psi(3770)$ mit einer Masse von 3770 MeV, dies ist knapp oberhalb der zweifachen Masse des D-Mesons. Der Zerfall des $\psi(3770)$ in $D\bar{D}$ entspricht vollständig dem Zerfall $\Phi \to K\bar{K}$. Er hat eine Breite von $(23,6 \pm 2,7)$ MeV.

Das c-Quark trägt die neue *flavor*-Quantenzahl *charm* (C), die in der starken und der elektromagnetischen Wechselwirkung erhalten ist. Es wurde die Konvention $C = 1$ für $|c\rangle$ und $C = -1$ für $|\bar{c}\rangle$ gewählt. Vergleichen Sie damit $S = -1$ für das *strange*-Quark. Dies ist sinnvoll, denn damit stimmt das Vorzeichen der *flavor*-Quantenzahl der Quarks mit dem Ladungsvorzeichen überein. Das positive Ladungsvorzeichen ist konsistent mit (1.99). Experimentell wird es v.a. durch die Systematik der schwachen Zerfälle belegt, die in Abschn. 6.2 behandelt werden.

Die Konstituentenmasse des c-Quarks schätzen wir im additiven Quarkmodell bei Vernachlässigung einer eventuellen Bindungsenergie zunächst mit $m_c = \frac{1}{2} M_{J/\psi}$ zu 1550 MeV ab. Auch die Masse der D-Mesonen von 1870 MeV stimmt wegen

$$M_D = m_c + m_u \tag{4.203}$$

mit diesem Ansatz überein. Für viele Rechnungen wählt man einfach $m_c \approx 1500$ MeV. Bei einer so hohen Masse ist die Korrektur aufgrund der chromomagnetischen Hyperfeinstruktur (Abschn. 4.4) vernachlässigbar klein, falls man nicht einen völlig anderen Wert des Parameters b als in (4.133) annehmen will. Da die durch das Gluonfeld erzeugte Masse von der Quarksorte unabhängig ist, kann dem *charm*-Quark eine sog. nackte Masse von etwa 1200 MeV zugeordnet werden. Der Vergleich mit den entsprechenden Werten für die u-, d- und s-Quarks zeigt, warum die neuen Quarks als „schwer" bezeichnet werden.

4.6.2 Die Υ-Mesonen

Das physikalische Szenario des letzten Abschnitts hat sich mit der Entdeckung der b-Quarks nochmals bei einer Massenskala von 5 GeV wiederholt. Am Beginn stand die Entdeckung der Ypsilon-Resonanz (Υ) mit einer Masse von 9460 MeV. Dieses Meson, das heute die genauere Bezeichnung $\Upsilon(1S)$ trägt, wurde 1977 von Lederman und Mitarbeitern im Massenspektrum der Myon-Paare in der Reaktion

$$p + (\text{Cu, Pb}) \to \mu^- \mu^+ X \tag{4.204}$$

entdeckt. Die Gruppe stellte dazu ein *target* aus Blei und Kupfer in den externen 400 GeV-Protonenstrahl des *Fermilab* bei Chicago. Die bald darauf durchgeführten Experimente am e^-e^+-Speicherring DORIS des DESY erlaubten die Bestimmung der Eigenschaften des neuen Teilchens, das sofort als gebundener Zustand (*Bottomonium*)

$$|\Upsilon\rangle = |b\bar{b}\rangle \tag{4.205}$$

eines neuen Quarks mit der Bezeichnung b (für *bottom*) gedeutet wurde. Wie das J/ψ hat auch das Υ eine Zerfallsbreite, die kleiner als die Energieauflösung des Beschleunigers ist. Die Gesamtbreite von $(53{,}0 \pm 1{,}5)$ keV zeigt wieder, daß die Zerfälle in Hadronen nur über unverbundene Diagramme erfolgen können. Die Auswertung von (4.194) ergibt einen Wert von $\alpha_S(M_\Upsilon^2) = 0{,}19$, also ein Resultat, das sich aus (4.64) mit $n_f = 4$ und $\Lambda = 200$ vorhersagen läßt. Die elektronische Zerfallsbreite von $1{,}314 \pm 0{,}029$ keV ist in bester Übereinstimmung mit (4.178), falls der Betrag der Ladung des b-Quarks $1/3$ beträgt. Mit der in der starken und der elektromagnetischen Wechselwirkung erhaltenen Quantenzahl $B = -1$ für das b-Quark legt (1.99) die Ladung zu $-1/3$ fest. Auch dies ist wieder konsistent mit den Auswahlregeln der schwachen Wechselwirkung.

Die Untersuchungen an den Elektron-Positron-Speicherringen zeigten, daß es unterhalb der Erzeugungsschwelle von Hadronen mit offenem *bottom* noch zwei weitere 1^{--}-Resonanzen gibt, die als radiale Anregungen $\Upsilon(2S)$ und $\Upsilon(3S)$ des Bottomoniums im Zustand $L = 0$ und $J = 1$ interpretiert werden. Die Abb. 4.26 zeigt ein Ergebnis vom Speicherring CESR der Cornell-Universität in USA. Die Massen dieser Resonanzen betragen 10,02

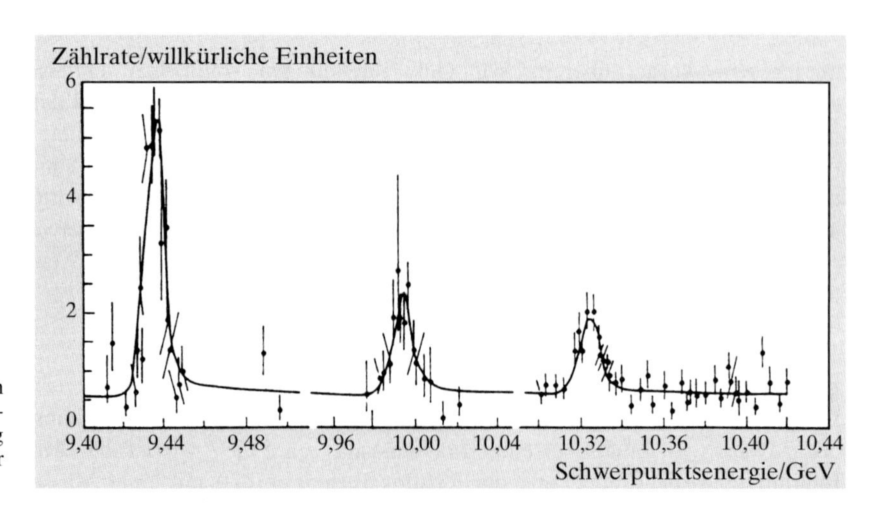

Abb. 4.26
Die Rate der hadronischen Ereignisse in der Elektron-Positron-Annihilation im Verhältnis zur Rate der Bhabha-Streuung für Schwerpunktsenergien im Bereich der Υ-Resonanzen

bzw. 10,35 GeV. Das $\Upsilon(4S)$ hat eine Masse von 10,58 GeV. Es zerfällt zu fast 100 % in Paare von B-Mesonen, d.h. in B^+B^- und $B^0\bar{B}^0$. Die Massen dieser leichtesten Mesonen mit offenem *bottom* betragen $(5\,279{,}0 \pm 0{,}5)$ MeV für die geladenen bzw. $(5\,279{,}4 \pm 0{,}5)$ MeV für die neutralen Mesonen. Die Angabe des Fehlers zeigt, mit welch hoher Präzision diese Massen bestimmt werden konnten.

Aus der Υ-Masse und der Masse der B-Mesonen bestimmen wir schließlich mit Hilfe des additiven Quarkmodells die Konstituenten-Masse der b-Quarks zu 4,8 GeV. Dies entspricht einer sog. nackten Masse des b-Quarks von etwa 4,5 GeV. Das b-Quark zählt also mit den c-Quarks zu den schweren Quarks.

4.6.3 Quarkonium, $c\bar{c}$ und $b\bar{b}$

Atome aus Quark und Antiquark der gleichen Sorte nennen wir Quarkonium. Im Bereich der u- und d-Quarks tritt es in dieser reinen Form nicht auf, die Quarks der ersten Generation bilden vielmehr $SU2$-Multipletts. Das erste Beispiel für Quarkonium ist das $s\bar{s}$, das uns aber nur als Vektormeson Φ begegnet, während die pseudoskalaren Mesonen eher $SU3_F$-Multipletts bilden, wie wir gesehen haben. Die Massen der c- und b-Quarks sind nun so verschieden von denen der leichten Quarks, daß wir nicht erwarten können, sie zusammen mit den leichten Quarks in *flavor*-Multipletts zu finden. Charmonium und Bottomonium werden vielmehr isolierte Systeme bilden, die in allen durch die Tabellen 4.7 und 4.8 erlaubten Zuständen und darüber hinaus in höheren Anregungen auftreten.

In der e^-e^+-Annihilation werden nur die Vektormesonen $(J^{PC} = 1^{--})$ auf direktem Weg erzeugt, da nur sie die Quantenzahlen des Photons tragen. Aber auch die meisten anderen Zustände sind in diesen Experimenten durch Strahlungsübergänge erreichbar. Strahlungszerfälle der Vektormesonen (Abschn. 4.5.1) führen z.B. über den magnetischen Dipolübergang zu den pseudoskalaren Mesonen $(J^{PC} = 0^{-+})$, die hier η_c heißen. Die sog. χ-Mesonen mit den Quantenzahlen $0^{++}, 1^{++}, 2^{++}$ lassen sich hingegen durch *elektrische* Dipolübergänge erreichen. Somit sind bis auf die 1^{+-}-Mesonen alle erlaubten Zustände des Quarkmodells in der Elektron-Positron-Annihilation direkt oder indirekt zugänglich. Dies erklärt u.a. die enorme Bedeutung dieser Experimentiermethode in der modernen Teilchenphysik. Der Nachweis des 1^{+-}-Charmoniums ist bis heute auch in hadronischen Reaktionen noch nicht sicher gelungen.

Die Abb. 4.27 zeigt die experimentelle Situation für das Charmonium in der von der Atomphysik her gewohnten Auftragung als Termschema mit den dazugehörigen Übergängen. Die genauen Energien der Terme, d.h. die Massen der Charmonium-Mesonen, sind in der Tabelle 4.17 zusammengestellt. Die Massen des η_c- und der χ-Mesonen werden aus der Masse der Vektormesonen und der Energie der zugehörigen Photonen berechnet. Die Bestimmung der Quantenzahlen J^P für die η- und χ-Mesonen war natürlich die entscheidende Aufgabe für die korrekte Einordnung dieser Teilchen in das Charmonium-Termschema. Das Studium der Winkelverteilung der χ's in der Reaktion

$$\psi(2S) \to \gamma + \chi \tag{4.206}$$

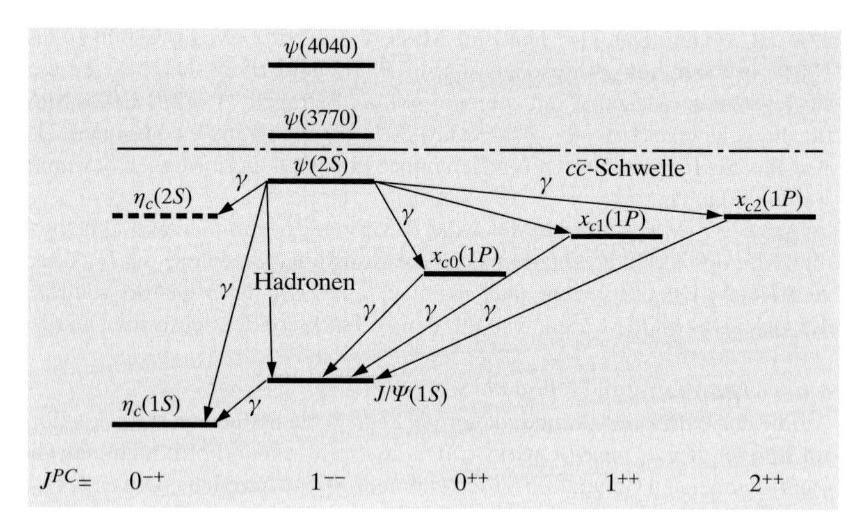

Abb. 4.27
Das Termschema des Charmoniums mit Angabe der wichtigsten Übergänge zwischen den Termen. Es sind nur die in e^-e^+-Reaktionen erreichbaren Zustände eingezeichnet. Eine gestrichelte Linie besagt, daß das Teilchen noch nicht sicher beobachtet wurde. Oberhalb der Schwelle für die Erzeugung von Mesonen mit *charm* sind nicht alle gefundenen $c\bar{c}$-Resonanzen eingezeichnet

Tabelle 4.17
Die Massen der Charmonium-Zustände

Resonanz	Masse/MeV
$\eta_c(1S)$	2979,6 ± 1,2
$J/\psi(1S)$	3096,916 ± 0,011
$\chi_{c0}(1P)$	3415,0 ± 0,34
$\chi_{c1}(1P)$	3510,59 ± 0,10
$\chi_{c2}(1P)$	3556,26 ± 0,11
$\psi(2S)$	3686,093 ± 0,034
$\psi(3770)$	3770,0 ± 2,4
$\psi(4040)$	4040 ± 10
$\psi(4160)$	4159 ± 20
$\psi(4415)$	4415 ± 6

ist ein schönes Beispiel für die Anwendung von (2.214) unter Ausnutzung der Paritätsinvarianz elektromagnetischer Zerfälle. Eine genauere Diskussion findet sich in dem Buch von Close [Clo79]. Ein ähnliches Vorgehen ist auch für das η_c möglich. Der Spin 1 kann allerdings sofort aufgrund des Theorems von Yang (Abschn. 2.4.7) ausgeschlossen werden, da dieses Meson über den Zerfall in zwei Photonen entdeckt wurde.

Besonders reizvoll ist ein Vergleich der Energieniveaus der Abb. 4.27 mit den Ergebnissen von Rechnungen in Potentialmodellen ganz ähnlich zum Vorgehen beim Wasserstoffatom. Im einfachsten Fall vernachlässigt man auch hier alle relativistischen Korrekturen und Spineffekte und beginnt mit der Schrödingergleichung

$$\Delta\psi + 2m'(E - V)\psi = 0 \ . \tag{4.207}$$

Wie gewöhnlich ist m' die sog. reduzierte Masse zweier Körper,

$$m' = \frac{m_1 m_2}{m_1 + m_2} \ , \tag{4.208}$$

also gilt hier $m' = m_q/2$. Mit der üblichen Faktorisierung der ψ-Funktion in einen Radialanteil und einen winkelabhängigen Teil, $\psi = R(r)Y_l^m(\Theta, \phi)$, und der Ersetzung $R = u(r)/r$ folgt

$$\frac{\mathrm{d}^2 u}{\mathrm{d}r^2} + \left(2m'(E - V) - \frac{l(l+1)}{r^2}\right) u = 0 \ . \tag{4.209}$$

Diese Gleichung hat analytische Lösungen, u.a. für zwei bekannte Potentiale, das Coulomb-Potential und das Oszillatorpotential

$$V = \frac{1}{2} k r^2 \ . \tag{4.210}$$

Aus der Lage der Energieniveaus ist sofort klar, daß das Potential nicht coulombartig sein kann, weil für ein solches Potential P- und S-Zustände energetisch entartet sind.[13] Das Oszillatorpotential, das mit großem Erfolg in der Kernphysik benutzt wird, hilft hier weiter. Die Energieniveaus folgen der sehr einfachen Formel

$$E = \left(\lambda + \frac{3}{2}\right)\omega \ , \tag{4.211}$$

wobei ω aus $k = m'\omega^2$ berechnet werden kann. Die Hauptquantenzahl λ durchläuft die Werte 0, 1, 2 usw. Bei geraden Werten von λ kann die Quantenzahl des Bahndrehimpulses auch nur gerade sein, also $l = 0, 2, ..., \lambda$. Entsprechend gilt $l = 1, 3..., \lambda$ bei ungeraden Werten von λ. Die radiale Quantenzahl n wird über die Gleichung

$$\lambda = 2(n-1) + l \tag{4.212}$$

definiert. Die Energieniveaus werden i.allg. durch den Wert von n und die Symbole für den Bahndrehimpuls gekennzeichnet. Die Tabelle 4.18 gibt die niedrigsten Zustände an.

Tabelle 4.18
Die niedrigsten Zustände im Oszillatorpotential

λ	n	l	Energie
0	1	0	$E_{1S} = \frac{3}{2}\omega$
1	1	1	$E_{1P} = \frac{5}{2}\omega$
2	2	0	$E_{2S} = \frac{7}{2}\omega$
2	1	2	$E_{1D} = \frac{7}{2}\omega$

Beim Vergleich der Tabelle mit der Abb. 4.27 fällt sofort auf, daß das Oszillatormodell in zwei wesentlichen Eigenschaften den experimentellen Befund qualitativ richtig wiedergibt:

- Die Wellenfunktion des ersten angeregten Zustandes über dem Grundzustand ist eine p-Welle. Da wir die Spin-Bahn-Kopplung in unserem einfachen Modell nicht berücksichtigen, entspricht die Energie E_{1P} dem Massenmittelwert der drei χ-Mesonen, also 3493 MeV.
- Der nächsthöhere Zustand ist doppelt besetzt, $E_{2S} = E_{1D}$. Ein Quark-Antiquark-Paar in einer d-Welle hat die gleichen Eigenwerte von P und C wie in einer s-Welle. In der Tat findet man im Charmonium-Spektrum zwei Vektormesonen sehr dicht beieinander, nämlich das $\psi(2S)$ und das $\psi(3770)$. Das $\psi(3770)$-Meson läßt sich versuchsweise als $1D$-Zustand deuten. Aus dem Massenmittelwert der beiden Mesonen und der Masse des Grundzustandes bestimmen wir ω zu 315 MeV.

Dieser Wert von ω führt mit (4.211) zu einem Massenmittelwert der χ-Mesonen von 3417 MeV, was gar nicht so schlecht mit dem Experiment übereinstimmt.

Das Modell liefert sogar die richtige Größenordnung von Γ_{ee}. Es gilt nämlich [Sha63]

$$|R_{1S}(0)|^2 = \frac{4(m'\omega)^{3/2}}{\sqrt{\pi}} \tag{4.213}$$

und

$$|R_{2S}(0)|^2 = \frac{6(m'\omega)^{3/2}}{\sqrt{\pi}} \ . \tag{4.214}$$

Diese radialen Wellenfunktionen erfüllen zwar nicht die durch (4.178) nahegelegte Forderung, proportional zu m' zu sein, kommen ihr aber ziemlich nahe. Die Masse $m' = m_c/2$ setzen wir nun zu 750 MeV an, woraus mit Hilfe von (4.176) $\Gamma_{ee} = 2{,}6$ keV für das J/ψ und 2,7 keV für das $\psi(2S)$ folgen. Der

[13] Wir benutzen hier wieder die Notation der Atomphysik, bezeichnen also Zustände mit $l = 0, 1, 2...$ als $S, P, D...$-Niveaus.

Radialteil der Wellenfunktion im $1D$-Zustand verschwindet am Ursprung. Im Oszillatormodell bekommen wir also $\Gamma_{ee} = 0$ für das $\psi(3770)$. Der experimentelle Wert von $0,26 \pm 0,04$ keV ist ja wirklich fast eine Größenordnung kleiner als im Fall der S-Zustände und unterstützt daher die Zuordnung der d-Welle zu dieser Resonanz.

Man könnte versucht sein, die Masse des Grundzustandes durch die Beziehung $M_{J/\psi} = 2m_c + E_{1S}$ festzulegen. Damit würde in unserer Rechnung eine c-Quarkmasse von $1,31$ GeV herauskommen. In den Potentialrechnungen wird dies jedoch i.allg. nicht getan, sondern sie werden nur dazu benutzt, den energetischen Abstand der höheren Terme zum Grundzustand zu untersuchen. Man hat also noch eine gewisse Freiheit in der Festlegung der Quarkmasse, wie wir sie gerade bei der Berechnung der leptonischen Zerfallsbreite im Oszillatormodell benutzt haben.

Falls man an Stelle des Oszillatorpotentials das QCD-Potential (4.55) wählt, verbessert sich die Übereinstimmung zwischen Theorie und Experiment erheblich. Insbesondere liegt der $1D$-Zustand über dem $2S$, und der $1P$-Zustand liegt näher am $2S$. Der qualitative Vergleich der Energieniveaus im Coulomb-Potential, linearen und Oszillatorpotential (Abb. 4.28) zeigt, daß die *charm*-Spektroskopie im wesentlichen durch den linearen Teil des QCD-Potentials bestimmt ist. Leider hat dieses Potential keine analytischen, sondern nur numerisch faßbare Lösungen. In der Arbeit von Eichten et al. [Eic80] findet man alle nötigen Ergebnisse. Mit den Parametern

$$\begin{aligned} m_c &= 1,5 \text{ GeV} \\ \alpha_S(M_{J/\psi}) &= 0,32 \\ \sigma &= 1,0 \text{ GeV/fm} \end{aligned} \tag{4.215}$$

werden die Abstände des $\psi(2S)$ und des Massenschwerpunkts der χ-Mesonen zum Grundzustand mit einer Genauigkeit von etwa 20 MeV wiedergegeben.

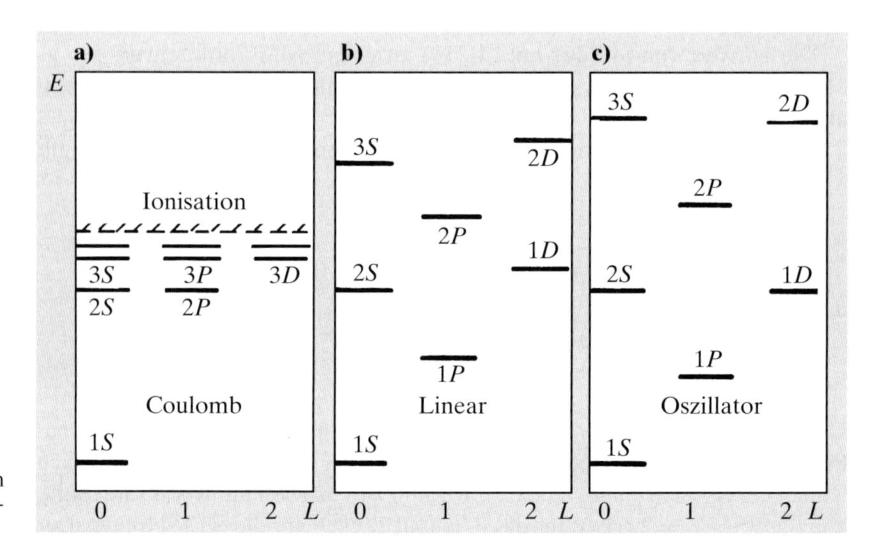

Abb. 4.28a–c
Qualitative Lage der Energieniveaus im (**a**) Coulomb-Potential, (**b**) linearen Potential und im (**c**) Oszillatorpotential

Die berechnete leptonische Zerfallsbreite des Grundzustandes ist zweimal so groß wie im Experiment. Da in diese Rechnung $|\psi(0)|^2$ eingeht, reagiert sie sehr empfindlich auf Details der Physik bei kleinen Abständen. Der Leser sollte sich daher über die vermeintlich schlechte Übereinstimmung nicht wundern. Es hat sich eingebürgert, das Verhältnis der Zerfallsbreiten im Anregungs- und Grundzustand der Vektormesonen zur quantitativen Beurteilung heranzuziehen. Dieses wird mit unseren Parametern mit einer Genauigkeit von 20 % reproduziert.

Mit dem Bottomonium liegt ein weiteres Quarkonium-System vor, dessen Zustände im Potentialmodell analysiert werden können. Die Tabelle 4.19 und die Abb. 4.29 geben die experimentelle Situation wieder. Die Anordnung der Niveaus ist auch hier ein Beweis für den starken Einfluß des linearen Terms im QCD-Potential, obwohl das Spektrum schon etwas ähnlicher zum Wasserstoff wird. Da es jetzt drei Vektormesonen mit $L = 0$ unterhalb der Schwelle der Erzeugung von *bottom*-Hadronen gibt, werden zwei Tripletts von χ-Mesonen gefunden. Einen Kandidaten für ein Vektormeson mit $L = 2$ gibt es nicht. Es ist sehr beeindruckend, daß die Massenabstände der zwei χ-Tripletts und der beiden angeregten Vektormesonen zum Grundzustand mit den gleichen Werten für α_S und σ wie in (4.215) mit einer Genauigkeit von 10 MeV reproduziert werden. Die passende Quarkmasse beträgt 4,5 GeV.

Tabelle 4.19
Die Massen der Bottomonium-Zustände

Resonanz	Masse/MeV
$\Upsilon(1S)$	$9460,30 \pm 0,26$
$\chi_{b0}(1P)$	$9859,9 \pm 1,0$
$\chi_{b1}(1P)$	$9892,7 \pm 0,6$
$\chi_{b2}(1P)$	$9912,6 \pm 0,5$
$\Upsilon(2S)$	$10\,023,26 \pm 0,31$
$\chi_{b0}(2P)$	$10\,232,1 \pm 0,6$
$\chi_{b1}(2P)$	$10\,255,2 \pm 0,5$
$\chi_{b2}(2P)$	$10\,268,5 \pm 0,4$
$\Upsilon(3S)$	$10\,355,2 \pm 0,5$
$\Upsilon(4S)$	$10\,580,0 \pm 3,5$
$\Upsilon(10860)$	$10\,865 \pm 8$
$\Upsilon(11020)$	$11\,019 \pm 8$

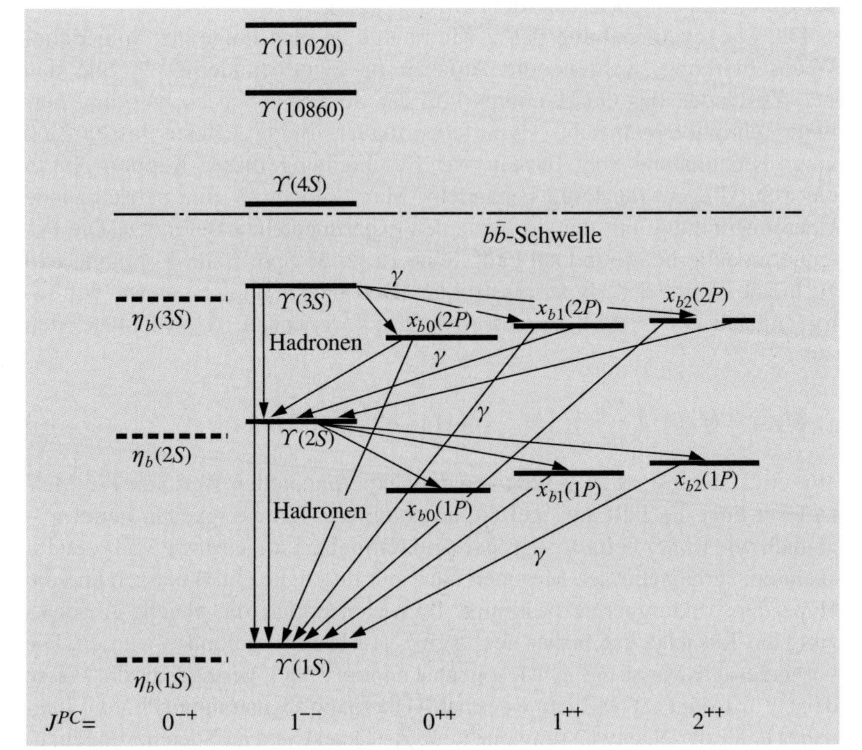

Abb. 4.29
Das Termschema des Bottomoniums. Die Bezeichnung der Zustände und Übergänge entspricht derjenigen des Charmoniums. Die gestrichelt eingetragenen Teilchen sind noch nicht gefunden worden

Ebenso werden die relativen Zerfallsbreiten in Elektron-Positron-Paare mit einem Fehler von weniger als 10 % wiedergegeben.

Durch diese erfolgreiche Ausdehnung auf das Bottomonium gewinnen die Potentialmodelle erheblich an Gewicht, da jetzt die Zahl der berechneten Größen weit über der Zahl der Parameter des Modells liegt. Auffällig ist, daß die Übereinstimmung schlechter wird, wenn die laufende Kopplungskonstante $\alpha_S(q^2)$ anstelle des festen (und hohen) Wertes von 0,32 eingesetzt wird. Das ist aber wieder nicht als eine grundsätzliche Kritik anzusehen. Es ist sogar im Gegenteil so, daß wir eigentlich nicht verstehen, warum die Potentialrechnungen so *gut* funktionieren. Aus den Lösungen der Schrödingergleichung läßt sich nämlich auch die Geschwindigkeit v der Quarks im Grundzustand des Quarkoniums ermitteln [Eic80]. Die relativistischen Korrekturen sind $\sim \langle v^2 \rangle$, und mit $\langle v^2 \rangle \approx 0{,}3$ sind sie sicherlich sehr groß beim Charmonium, aber mit $\langle v^2 \rangle \approx 0{,}08$ beim Bottomonium schon weniger einflußreich.

Die gleichen Argumente lassen zunächst erwarten, daß die *Toponium*-Spektroskopie eine ideale Umgebung zum Studium der Dynamik schwerer Quarks darstellen könnte. Ein schweres *top*-Quark sollte nämlich ein nichtrelativistisches Quarkonium-System mit einem wasserstoffartigen Spektrum aufgrund des kleinen Abstandes der Quarks ausbilden. Das *top*-Quark hat jedoch eine Masse von $(174{,}3 \pm 5{,}1)$ GeV, und daher wird seine Lebensdauer sehr klein. Sie beträgt etwa $4 \cdot 10^{-25}$ s (Abschn. 6.2.4) und ist damit viel kleiner als die Zeit, die benötigt wird, ein Atom aus einem Quark und einem Antiquark aufzubauen. Diese Zeit sollte etwa ausreichen, um einige Bahnumläufe der Quarks zu erlauben, das sind ca. 10^{-22} s.

Die Massenaufspaltung der χ-Multipletts ist eine Folge der Spin-Bahn-Wechselwirkung, während die Aufspaltung zwischen den 0^{-+}- und den 1^{--}-Zuständen des Quarkoniums von der Spin-Spin-Wechselwirkung herrührt (chromodynamische Hyperfeinstruktur). Beide Effekte lassen sich unter Hinzunahme von Termen zur Beschreibung dieser Kopplungen in die Schrödinger-Gleichung behandeln. Man erreicht so eine befriedigende Übereinstimmung mit den vorliegenden experimentellen Befunden. Die Potentialmodelle liefern jedoch i.allg. eine zu große Spin-Bahn-Kopplung und zu kleine Werte der Hyperfeinstruktur. Den letzten Punkt können wir sofort anhand der Diskussion des Abschn. 4.4 verstehen. Aus (4.140) leiten wir

$$M_{J/\psi} - M_{\eta_c} = \left(\frac{m_u}{m_c}\right)^2 (M_\rho - M_\pi) \ , \tag{4.216}$$

also etwa 30 MeV, ab, was weit von dem experimentellen Wert von 115 MeV entfernt liegt. Es fällt auf, daß die quantitativen Schwierigkeiten beim η_c – ähnlich wie früher beim η' – größer sind. Offenbar ist die Masse von pseudoskalaren, sortenneutralen Mesonen nicht nur durch die Quarkmassen und die Hyperfeinstrukturenergie bestimmt. Immerhin erklärt die gleiche Abschätzung die Tatsache, daß bisher noch keine η_b-Mesonen gefunden wurden. Die vorhergesagte Masse der η_b-Mesonen ist nur um 3 MeV geringer als die Masse der 1^{--}-Zustände. Die Energie des beim Übergang abgestrahlten Photons liegt daher unter der Nachweisschwelle heutiger Detektoren an Speicherringen.

4.6.4 Hadronen mit *charm* und *bottom*

Die leichtesten Mesonen mit $C \neq 0$ sind aus einem c-Quark und einem u-, d- oder s-Antiquark (und umgekehrt) zusammengesetzt. Die Flavorwellenfunktionen dieser Mesonen sind einfach durch die kombinatorischen Möglichkeiten gegeben, z.B. $|c\bar{u}\rangle$ oder $|s\bar{c}\rangle$, da – wie schon im letzten Abschnitt erwähnt – die schweren Quarks keine Sortenmultipletts mit den leichten Quarks bilden. Wir erwarten daher als Mesonen mit $C = 1$

$$|c\bar{u}\rangle, |c\bar{d}\rangle, |c\bar{s}\rangle \tag{4.217}$$

und ihre Antiteilchen. Die Zustände mit $L = 0$ sind alle gefunden worden. Es sind in der Anordnung von (4.217) die pseudoskalaren Mesonen (0^-)

$$D^0, D^+, D_s^+ \tag{4.218}$$

und die Vektormesonen (1^-)

$$D^{*0}(2010), D^{*+}(2010), D_s^{*+} \ . \tag{4.219}$$

Die Quantenzahl *charm* ist wie die anderen *flavor*-Quantenzahlen in der starken und der elektromagnetischen Wechselwirkung erhalten. Die D-Mesonen können daher in diesen Wechselwirkungen nur assoziiert erzeugt werden (Abschn. 1.2.3), ihr Zerfall ist nur über die schwache Wechselwirkung möglich. In der Nomenklatur der PDG zählen sie zu den stabilen Teilchen. Das $D^\pm$ hat eine Lebensdauer von $(1{,}040 \pm 0{,}007)$ ps, für das D^0 bzw. $D_s^\pm$ wurden $(0{,}4103 \pm 0{,}0015)$ ps und $(0{,}490 \pm 0{,}009)$ ps gemessen. Die Lebensdauer der D-Mesonen ist damit etwa vier Größenordnungen kleiner als diejenige der K-Mesonen. Die detaillierte Untersuchung der schwachen Zerfälle von Mesonen mit offenem *charm* hat sehr viel zum Verständnis der Physik der schweren Quarks und der Struktur der schwachen Wechselwirkung beigetragen [Com83]. Im Abschn. 6.2 werden wir dieses Thema noch einmal kurz aufgreifen.

Die Masse der $D^{\pm,0}$-Mesonen entspricht mit rund 1,87 GeV der einfachen Erwartung des additiven Quarkmodells (4.105), die Masse des D_s^+ (1,967 GeV) ist um 100 MeV größer, da in ihm ein d-Quark durch ein s-Quark ersetzt wird. Der Massenunterschied von 140 MeV zwischen pseudoskalaren und Vektormesonen folgt qualitativ der durch die chromodynamische Hyperfeinstruktur vorgegebenen Ordnung (4.140). Numerisch ist

$$M_{D^*} - M_D = \frac{m_u}{m_c}(M_\rho - M_\pi) \tag{4.220}$$

sehr gut erfüllt. Man erwartet daher

$$M_{D_s^*} - M_{D_s} \approx \frac{330}{500}(M_{D^*} - M_D) \ , \tag{4.221}$$

also etwa 90 MeV. Da diese berechnete Massendifferenz unterhalb der π-Masse liegt, kann der magnetische Dipolübergang $D_s^{*+} \to D_s^+ + \gamma$ als dominanter Zerfallsmodus auftreten. Die D^*-Mesonen zerfallen ansonsten bevorzugt im Kanal $D\pi$.

Baryonen mit *charm* sind ebenfalls nachgewiesen worden. In offensichtlicher Erweiterung der Nomenklatur des Abschn. 4.3.4 werden sie als Λ_c, Σ_c

und Ξ_c klassifiziert. Auf eine genauere Diskussion müssen wir an dieser Stelle verzichten.

Einige kurze Bemerkungen zu den Hadronen mit $B \neq 0$ sind aber jetzt noch angebracht. Die Massen der pseudoskalaren ($J^P = 0^-$) B-Mesonen mit der Quantenzahl $B = -1$

$$|B^-\rangle = |b\bar{u}\rangle \qquad (4.222)$$
$$|\overline{B^0}\rangle = |b\bar{d}\rangle$$

(bzw. ihrer Antiteilchen B^+ und B^0) entsprechen mit 5,279 GeV den Erwartungen des additiven Quarkmodells. Das B_s-Meson mit dem Quarkinhalt $s\bar{b}$ ist 90 MeV schwerer. Die B^*-Mesonen haben eine Masse von 5,325 GeV. Der Massenunterschied zu den B-Mesonen beträgt also nur noch 46 MeV. Dieses Schrumpfen der Massenaufspaltung entspricht vollkommen der Massenformel (4.140) der chromodynamischen Hyperfeinstruktur.

Die $\Upsilon(4S)$-Resonanz stellt eine ideale Quelle von B-Mesonen dar, da sie zu praktisch 100 % in B^+B^- bzw. $B^0\bar{B}^0$ zerfällt. In diesem starken Zerfall wird wieder das Szenario der assoziierten Produktion sichtbar. Beim schwachen Zerfall der B-Mesonen ist hingegen die *bottom*-Quantenzahl nicht erhalten. Die Lebensdauern sind $\tau(B^\pm) = (1{,}671 \pm 0{,}018)$ ps und $\tau(B^0) = (1{,}536 \pm 0{,}014)$ ps. Sie sind also sehr ähnlich zu den Zerfallszeiten der D-Mesonen. Wegen der hohen Masse gibt es eine große Fülle von Zerfallsmoden im schwachen Zerfall der B-Mesonen. Diese sind in den letzten Jahren sehr detailliert erforscht worden. Das Hauptinteresse liegt dabei in der Untersuchung der schwachen Wechselwirkung des b-Quarks. Bei der Interpretation der Daten müssen also die Effekte der starken Wechselwirkung aufgrund des Einbaus der b-Quarks in die Mesonen abgetrennt werden. Hier hat sich mit der sog. B-Physik ein eigener Zweig der Teilchenphysik entwickelt. Im Rahmen dieses einführenden Lehrbuchs werden wir im Kapitel über die schwache Wechselwirkung (Abschn. 6.2) einige der Ergebnisse aufgreifen.

Die so erfolgreiche Charmonium- und Bottomonium-Spektroskopie hat, wie zuvor schon angedeutet, keine Fortsetzung in der Toponium-Spektroskopie gefunden. Gerade die lange Suche nach dem Toponium und dem *top*-Quark, die häufig von unrichtigen Vorhersagen der Masse begleitet wurde, beweist uns aber, daß ein zentrales Problem der Quark-Physik, nämlich das merkwürdige Massenspektrum, völlig ungelöst ist. Wir können auf die Dauer nicht damit zufrieden sein, die sog. nackten Massen der u-, d-, s-, c-, b- und t-Quarks von 5, 8, 150, 1200, 4500 MeV und 174 GeV als äußere Parameter des Quarkmodells hinzunehmen.

Übungen

4.11 Ändern sich die Formeln für die Partialbreiten von Quarkonium, falls die relativistische Breit-Wigner-Funktion zur Beschreibung des Wirkungsquerschnitts benutzt wird?

4.12 Schätzen Sie die Geschwindigkeiten der Quarks im Grundzustand des Charmoniums und Bottomoniums ab. Benutzen Sie dazu das Oszillatorpotential.

4.13 Das Υ-Meson zerfällt mit einer Breite von $(1{,}31 \pm 0{,}03)$ keV in Elektron-Positron-Paare. Bestimmen Sie daraus die Ladung des b-Quarks. Welchen Wert erwarten Sie für die Gesamtbreite?

4.14 Welche Masse erwarten Sie für das $\eta_b(1S)$-Meson?

5 Elektronen und Quarks

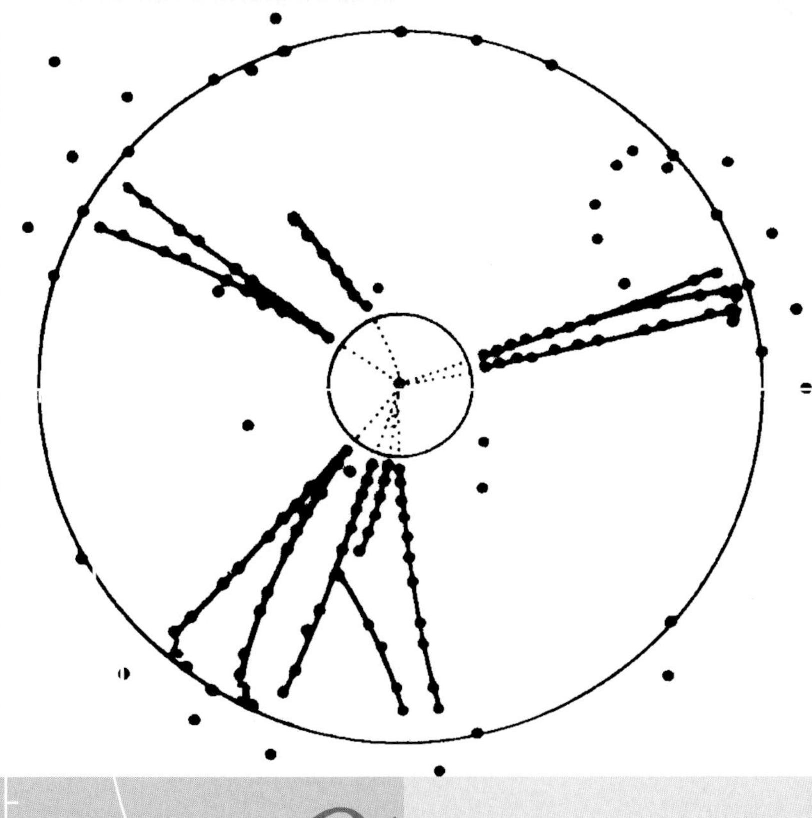

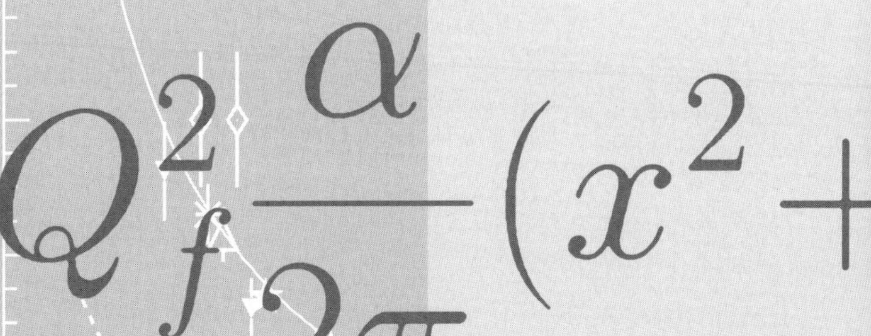

Elektronen und Quarks

Einführung

Dieses Kapitel behandelt elektromagnetische Reaktionen von Elektronen und Hadronen, also die Prozesse, die durch den Austausch von Photonen beschrieben werden können. Das ist v.a. die Elektron-Positron-Paarvernichtung in Hadronen bei Schwerpunktsenergien weit unterhalb der Masse des Z^0-Bosons. Genauso wichtig ist die (inelastische) Elektron-Proton-Streuung bei Werten von $\sqrt{|q^2|}$, die klein gegenüber der Masse der W- und Z-Bosonen sind. Im Quarkmodell werden diese Reaktionen als elektromagnetische Streuprozesse zwischen Elektronen und Quarks interpretiert. Sobald Quarks im Spiel sind, kann die elektromagnetische Wechselwirkung nicht mehr ohne Beachtung der Quantenchromodynamik behandelt werden. Die QCD kommt auf zwei Weisen ins Spiel: erstens über störungstheoretisch erfaßbare Korrekturen der elektromagnetischen Querschnitte, zweitens über die Beschreibung der Hadronisierung der Quarks und Gluonen; letztere ist störungstheoretisch nicht berechenbar.

Inhalt

5.1 Elektron-Positron-Annihilation in Hadronen

5.1.1 Der Wirkungsquerschnitt

Falls freie Quarks beobachtet werden könnten, wäre die Reaktion

$$e^- + e^+ \to q + \bar{q} \tag{5.1}$$

nur eine fast triviale Variante der in Abschn. 3.2.1 behandelten Myon-Paarerzeugung in Elektron-Positron-Stößen mit einem totalen Wirkungsquerschnitt

$$\sigma = \sum_f Q_f^2 \frac{4\pi\alpha^2}{s} \quad . \tag{5.2}$$

Die Summe läuft hier über alle Quarksorten f, die bei einer Schwerpunktsenergie von $\sqrt{s} = 2E$ erzeugt werden können. Die Summation über die drei Farbfreiheitsgrade ergibt einen Faktor drei, der in (5.2) schon enthalten ist.

Die Reaktion (5.1) kann nicht direkt beobachtet werden, da es keine freien Quarks gibt. Die Erzeugung von Hadronen in Elektron-Positron-Stößen, also die Reaktion $e^-e^+ \to X$, wobei X ein beliebiger hadronischer Endzustand ist, kann jedoch im Quarkmodell als ein Zwei-Stufen-Prozeß interpretiert werden. In der ersten Stufe werden Quark-Antiquark-Paare erzeugt, die anschließend hadronisieren. Man könnte nun zunächst vermuten, daß die durch den Einschluß der Quarks erzwungene Hadronisierung die Amplitude auf eine solche Weise verändert, daß jede Ähnlichkeit mit dem Wirkungsquerschnitt (5.2) verlorengeht. Das ist aber nicht so, da Paarerzeugung und Hadronisierung bei zwei ganz verschiedenen Abstandsskalen d stattfinden.

Um dieses Argument in voller Schärfe zu sehen, nehmen wir als Beispiel eine Strahlenergie E von 5 GeV an. Das bei der Annihilation von Elektron und Positron entstehende Photon hat den Spin 1. Wenn er durch den relativen Bahndrehimpuls von Quark und Antiquark aufgebaut werden soll, gilt $Ed \approx 1$, so daß die Paarerzeugung bei einem Abstand von $d \approx 1/25$ fm passiert.[1] Bei einem solchen Abstand sind die Quarks praktisch frei und können gemäß der Kinematik freier Teilchen auseinanderlaufen. Das Einschluß-Potential der QCD verhindert die Separation der Quarks auf Abstände, die wesentlich größer als 1 fm sind. Im Prinzip müßte jetzt der Querschnitt (5.2) mit der Wahrscheinlichkeit W_f multipliziert werden, einen bestimmten hadronischen Endzustand zu erreichen. Wenn man aber nicht einen speziellen hadronischen Endzustand betrachtet, sondern über alle möglichen Konfigurationen summiert, gilt natürlich $\sum W_f = 1$, so daß (5.2) die theoretische Vorhersage des Quarkmodells für die Hadronerzeugung in der Elektron-Positron-Vernichtung ist. Mit diesem Trick werden die Probleme der Hadronisierung sehr elegant ausgeschaltet.

Die Skala der Hadronerzeugung ist also durch den Wirkungsquerschnitt zur Erzeugung von $\mu^-\mu^+$-Paaren definiert. Man gibt daher i.allg. als Vorhersage des Quarkmodells das Verhältnis

$$R = \frac{\sigma(e^-e^+ \to \text{Hadronen})}{\sigma(e^-e^+ \to \mu^-\mu^+)} = 3\sum_f Q_f^2 \tag{5.3}$$

an. Das ist eine sehr bemerkenswerte Voraussage, bedeutet sie doch, daß dieses Verhältnis in Stufen anwächst, z.B. $\Delta R = 4/3$ beim Überschreiten der *charm*-Schwelle.

Die Abb. 5.1 zeigt die gute Übereinstimmung des Experiments mit der Theorie über einen sehr weiten Bereich der Schwerpunktsenergie $\sqrt{s}$. Das Erstaunliche ist, daß schon bei sehr niedrigen Energien oberhalb der Schwelle für die Erzeugung von ρ, ω, Φ-Mesonen die Hadronproduktion durch das Quarkmodell weitgehend richtig wiedergegeben wird. Andererseits darf nicht übersehen werden, daß im Bereich von 5 GeV $< \sqrt{s} <$ 8 GeV die Daten deutlich oberhalb der theoretischen Vorhersage liegen. Eine Nachmessung wäre hier sehr wünschenswert.

Die Formel (5.3) beschreibt die Hadronproduktion über den Mechanismus der Erzeugung schneller Quarks mit anschließender Hadronisierung, wobei alle Schwelleneffekte (siehe z. B. (3.175)) vernachlässigt wurden. Beim Überschreiten einer neuen Schwelle ist die Relativbewegung der neuen Quarks zunächst sogar so langsam, daß auch gebundene Zustände, die Vektormesonen, erzeugt werden können. Diese Reaktionen wurden schon in Abschn. 4.6.1 behandelt. Der Bereich zwischen den Vektormesonen wird häufig als *Kontinuum* bezeichnet. Es gibt demnach zwei Möglichkeiten, eine weitere Sorte Quarks zu finden: Beobachtung eines neuartigen Vektormesons oder eine Stufe von R im Kontinuum.

Eine Schwelle in R muß allerdings nicht unbedingt von einer neuen Quarksorte herrühren. Auch andere neue Teilchen, die in Hadronen übergehen, erhöhen dieses Verhältnis. Die τ-Leptonen z.B. zerfallen zu ca. 70 % in Hadronen und tragen daher mit $\Delta R \approx 0{,}9$ zur Hadronerzeugung

[1] Diese halbklassische Abschätzung wurde schon in den Übungen zu Abschn. 1.1 benutzt. Sie vernachlässigt den Spin der Quarks.

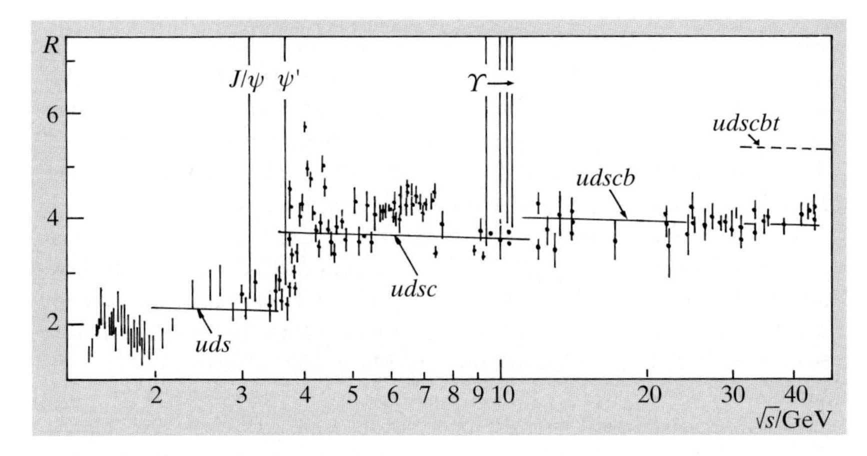

Abb. 5.1
Die inklusive Hadronerzeugung in der e^-e^+-Annihilation. Die Meßwerte stammen von 14 verschiedenen Experimenten mit Normierungsfehlern, die bis zu 20 % betragen können. Die fast waagerechten Linien sind die Vorhersagen gemäß (5.3) nach Berücksichtigung der QCD-Korrekturen aus (5.18)

in Elektron-Positron-Stößen oberhalb einer Schwerpunktsenergie von etwa 4 GeV bei. Beim Erstellen der Abb. 5.1 wurden aber Ereignisse mit Hadronen aus τ-Zerfällen in der Bestimmung der Raten nicht berücksichtigt. Sie zeigt daher nur die Produktion von Hadronen über Quarks, ist also sozusagen „theoretisch vorbelastet". Man sieht daran vielleicht am deutlichsten, wie sehr wir inzwischen von der Richtigkeit des Modells überzeugt sind.

Schlüsselexperiment

Das τ-Lepton wurde 1975 mit dem gleichen Detektor entdeckt, mit dem schon die ψ-Resonanzen in der e^-e^+-Vernichtung gefunden wurden [Per75]. Das Vorgehen der Experimentatoren kann als Musterbeispiel für viele ähnliche, spätere Experimente auf der Suche nach neuen Teilchen gelten. Die Aufgabe war besonders schwierig, da im Bereich einer Schwerpunktsenergie von 4 GeV auch die Paarerzeugung von c-Quarks möglich ist. Die Autoren wählten zunächst Ereignisse mit genau zwei entgegengesetzt geladenen Spuren in einem ansonsten leeren Detektor aus. Sie benutzten dann zu ihrer Suche nach neuen Leptonen die Signatur

$$e^- + e^+ \to e^\pm + \mu^\mp + \text{fehlende Energie} \ . \tag{5.4}$$

Auf den ersten Blick verletzen solche Ereignisse die Erhaltung der Elektronen- und Myonenzahl. Der gewählten Signatur liegt jedoch die Hypothese zugrunde, daß die in der Reaktion

$$e^- + e^+ \to \tau^- + \tau^+ \tag{5.5}$$

erzeugten τ-Paare Zerfallskanäle wie das Myon haben, also z.B. $\tau^+ \to \bar{\nu}_\tau \mu^+ \nu_\mu$ oder $\tau^- \to \nu_\tau e^- \bar{\nu}_e$. Die auslaufenden Neutrinos sind demnach für die fehlende Energie im Detektor und für die scheinbare Verletzung der L_e- und L_μ-Erhaltung verantwortlich. Es ist klar, daß der in einem solchen Experiment verwendete Detektor eine sehr gute Erkennung von Elektronen, Photonen und Myonen über einen großen Bereich des Raumwinkels erlauben muß. Auf diese Weise kann man dann z.B. beweisen, daß ein Elektron nicht durch eine Myonspur vorgetäuscht wird, die zufällig mit einem durch ein Photon ausgelösten elektromagnetischen Schauer zusammenfällt. Die Autoren führten diesen Beweis, indem sie zeigten, daß der Impuls der Elektronkandidaten aus der Vermessung der Spur mit der Energie des zugehörigen kalorimetrischen Signals übereinstimmte.

Die Eigenschaften und die Rate der so ausgewählten Ereignisse konnten mit der Hypothese (5.5) erklärt werden, während keine andere Annahme auf die Daten paßte. Eine typische Quelle von Untergrund, die studiert werden muß, sind z.B. Zwei-Photonen-Reaktionen $e^-e^+ \to e^-e^+\mu^-\mu^+$, bei denen jeweils ein Elektron und ein Myon, den Detektor entlang der Strahlröhre verlassen.

Martin L. Perl, der Leiter dieser Analyse, erhielt 1995 den Nobelpreis für Physik. Zusammen mit ihm wurde Frederick Reines für die Entdeckung des Elektron-Neutrinos (Beschreibung auf S. 24f.) geehrt.

5.1.2 QCD-Korrekturen

Sobald Quarks im Spiel sind, macht es keinen Sinn, die elektromagnetische Wechselwirkung von der starken Wechselwirkung getrennt zu behandeln. In niedrigster Ordnung der Störungstheorie z.B. kann die elektromagnetische Paarerzeugung von Quarks (Abb. 5.2a) durch die Abstrahlung eines zusätzlichen Gluons modifiziert werden (Abb. 5.2b,c). Die Berechnung des differentiellen Wirkungsquerschnitts für die Reaktion

$$e^- + e^+ \to q + \bar{q} + g \tag{5.6}$$

soll jetzt besprochen werden. Ein wichtiges Problem, das die Autoren der ersten Rechnung [Ell76] lösen mußten, war die Bestimmung des Phasenraumintegrals für den Drei-Körper-Endzustand dieser Reaktion, das im allgemeinsten Fall noch von fünf Variablen abhängt (Abschn. 2.1.2). Wir werden dies hier nicht nachvollziehen, sondern den teilweise integrierten Wirkungsquerschnitt auf eine einfachere Art finden.

Dazu interpretieren wir die Annihilationsreaktion $e^-e^+ \to q\bar{q}g$ als Erzeugung und Zerfall eines virtuellen Photons der Masse $\sqrt{s}$. Der Wirkungsquerschnitt läßt sich in der Gestalt der Breit-Wigner-Formel (2.266) anschreiben, wobei im kinematischen Vorfaktor $M_{\mathrm{R}}^2 = s$ gesetzt wird. Die relativistische Breit-Wigner-Funktion $f_{\mathrm{BW}}^{\mathrm{r}}$ kann als das Betragsquadrat des Propagators eines instabilen Teilchens aufgefaßt werden. Wir ersetzen sie daher durch das Betragsquadrat $1/s^2$ des Photonpropagators und bekommen

$$\sigma = \frac{12\pi \Gamma_{ee} \Gamma_f}{s^2} . \tag{5.7}$$

In diesem Formalismus wird die Annihilation $e^-e^+ \to \mu^-\mu^+$ durch $\sigma = 12\pi\Gamma_{ee}^2/s^2$ beschrieben, da Myonen und Elektronen mit der gleichen Stärke an Photonen koppeln. Der Vergleich mit (3.148) liefert dann das Resultat

$$\Gamma_{ee} = \frac{\alpha\sqrt{s}}{3} . \tag{5.8}$$

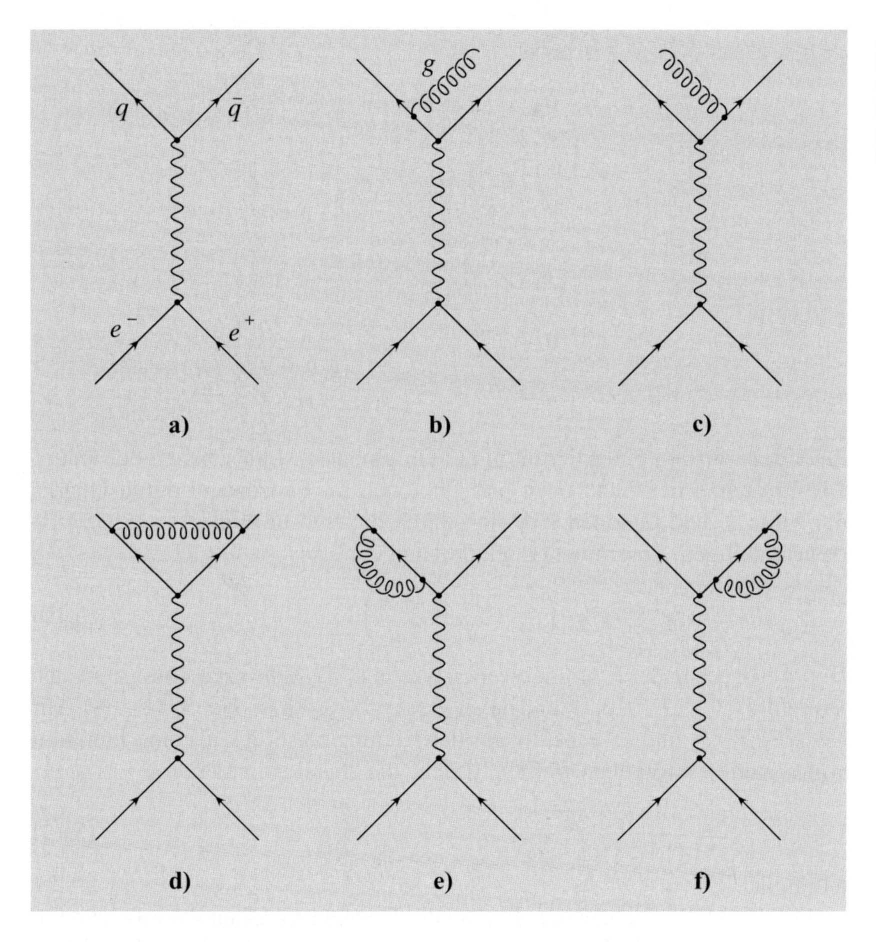

Abb. 5.2a–f
Feynman-Diagramme der Elektron-Positron-Annihilation bis zur Ordnung α_S der QCD. (**a**) Bornsche Näherung, (**b**), (**c**) reelle QCD-Korrekturen, (**d**)–(**f**) virtuelle QCD-Korrekturen

Die Behandlung des Drei-Körper-Zerfalls eines Teilchens in Abschn. 2.1.2 lehrt uns, daß die Energien und relativen Winkel der drei Teilchen im Endzustand vollständig durch die Angabe von zwei Energien definiert sind. Es ist praktisch, dimensionslose Variablen zu wählen, z.B. $x_1 = E_q/E$ und $x_2 = E_{\bar{q}}/E$. Um den differentiellen Querschnitt

$$\frac{\mathrm{d}^2\sigma}{\mathrm{d}x_1\,\mathrm{d}x_2}(e^-e^+ \to q\bar{q}g) = \frac{4\pi\alpha}{s\sqrt{s}}\frac{\mathrm{d}^2\Gamma_f}{\mathrm{d}x_1\,\mathrm{d}x_2} \tag{5.9}$$

zu erhalten, müssen wir die differentielle Zerfallsbreite $\mathrm{d}^2\Gamma_f/\,\mathrm{d}x_1\,\mathrm{d}x_2$ eines virtuellen Photons in ein Quark-Antiquark-Paar und ein Gluon berechnen. Dieser Zerfall ist mit dem virtuellen Compton-Effekt (siehe Kasten auf S. 220f.) durch eine *crossing*-Relation verwandt, die in Abb. 5.3 erläutert wird. Die Summe der Amplitudenquadrate für den Zerfall des virtuellen Photons kann also sehr schnell aus (3.235) gewonnen werden. Die Mandelstam-Variablen s, t, u werden zunächst mit einem Dachsymbol versehen, da es sich um die Berechnung eines Subprozesses handelt. Wie bei der Comptonstreuung gilt $\hat{u} = (k-p')^2$ und $\hat{t} = (k-k')^2$. Entsprechend der Vorschrift der Abb. 5.3 wird aber $\hat{s}$ durch $\hat{s}_2 = (k-\bar{p})^2$ ersetzt. Außerdem muß beachtet werden, daß

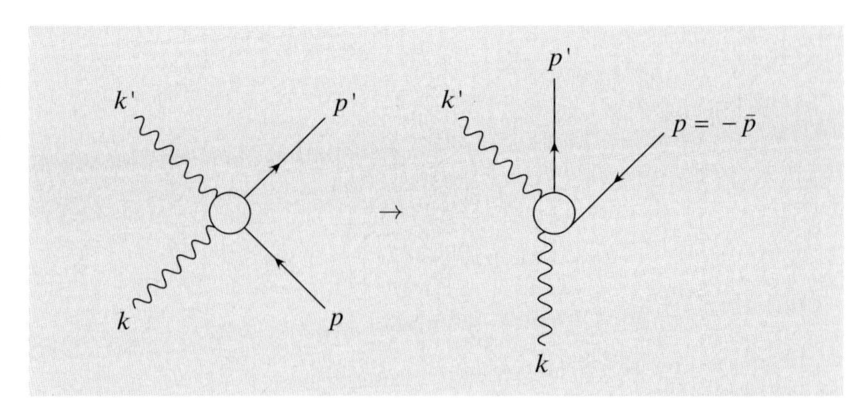

Abb. 5.3
Der Zusammenhang zwischen dem virtuellen Compton-Effekt und dem Zerfall eines virtuellen Photons durch Kreuzen einer Fermionlinie. Die Symbole bezeichnen die Viererimpulse der Teilchen

die Überkreuzung einer Fermionlinie ein globales Minuszeichen beisteuert. Die Ersetzung der Elektronen und Photonen im Endzustand durch Quarks der Sorte f und Gluonen läßt sich durch die Substitution $e^4 \to e^2 Q_f^2 g^2 c_\mathrm{F}$ bewerkstelligen. Zusammengefaßt erhalten wir also

$$\sum |T_{fi}|^2 = 8e^2 Q_f^2 g^2 c_\mathrm{F} \left(\frac{\hat{u}}{\hat{s}_2} + \frac{\hat{s}_2}{\hat{u}} + \frac{2k^2 \hat{t}}{\hat{s}_2 \hat{u}} \right) \quad . \tag{5.10}$$

Den Ausdruck in der Klammer werten wir im $e^- e^+$-Schwerpunktssystem aus. Dort gilt $k^\mu = (2E, 0, 0, 0)$ und daher $\hat{u} = k^2(1 - x_1)$ bzw. $\hat{s}_2 = k^2(1 - x_2)$. Mit $\hat{t} = k^2 - \hat{u} - \hat{s}_2$ und $k^2 = 4E^2$ kann der Klammerausdruck als eine Funktion von x_1 und x_2 angegeben werden, welche die übersichtliche Form

$$f(x_1, x_2) = \frac{x_1^2 + x_2^2}{(1 - x_1)(1 - x_2)} \tag{5.11}$$

annimmt.

Mit den Methoden der Berechnung des Farbfaktors haben wir uns schon in Abschn. 4.2.1 befaßt. Ihre Anwendung ergibt im Fall der Abstrahlung eines Gluons von einem Quark einer bestimmten Farbe einen Faktor 4/3, der Beweis wird als Übungsaufgabe gestellt. Nach Summation über die drei Farben folgt demnach $c_\mathrm{F} = 4$.

Zur Mittelung über die Spins des zerfallenden virtuellen Photons wird die Summe der quadrierten Amplituden durch drei geteilt. Die Anwendung von (2.49) führt dann zum Resultat

$$\frac{\mathrm{d}^2 \Gamma_f}{\mathrm{d}x_1 \, \mathrm{d}x_2} = \frac{2}{3\pi} \sqrt{s} \alpha \alpha_\mathrm{S} Q_f^2 f(x_1, x_2) \quad , \tag{5.12}$$

das in (5.9) eingesetzt werden muß. Wenn wir jetzt über alle Quarksorten summieren und die Abkürzung

$$\sigma_0 = \sum_f Q_f^2 \frac{4\pi\alpha^2}{s} \tag{5.13}$$

benutzen, erhalten wir das Endergebnis

$$\frac{\mathrm{d}^2 \sigma}{\mathrm{d}x_1 \, \mathrm{d}x_2} = \sigma_0 \frac{2\alpha_\mathrm{S}}{3\pi} f(x_1, x_2) \quad . \tag{5.14}$$

Diese berühmte Formel [Ell76] beschreibt demnach die Abstrahlung von Gluonen als Produkt des Querschnitts (5.2) der Elektron-Positron-Paarvernichtung in $q\bar{q}$-Paare mit einem Faktor, der die Kopplung α_S und die Verteilungsfunktion der Energien enthält. Die gleiche Struktur haben wir schon bei der Behandlung der Bremsstrahlung (3.276) vorgefunden und es überrascht nicht, daß auch hier die Energie- und Winkelverteilung der Gluonen sehr ähnlich zu den Verteilungen der Photonen bei der Bremsstrahlung sind. Die meisten Gluonen haben eine kleine Energie und einen kleinen Winkel relativ zum Quark, von dem sie abgestrahlt werden. Sie machen sich daher nur in einer Modifikation des totalen Querschnitts (5.2) bemerkbar. Um diese Modifikation in der Ordnung α_S zu bekommen, müssen wir (5.14) über x_1, x_2 in den Grenzen von 0 bis 1 integrieren und sind wieder mit dem Divergenzproblem konfrontiert.

Die Struktur der Divergenz ist hier noch komplizierter als bei der Bremsstrahlung. Auch hier finden wir die Infrarot-Divergenz, da mit der Definition $x_3 = E_g/E$ der Energiesatz die Form

$$x_1 + x_2 + x_3 = 2 \tag{5.15}$$

annimmt und daher ein verschwindender Wert von x_3 gleichzeitig $x_1 \to 1$ und $x_2 \to 1$ erzwingt. Zusätzlich haben wir aber noch die separaten kollinearen Divergenzen $x_1 \to 1$ bzw. $x_2 \to 1$, die auftreten, wenn das Gluon parallel zum Antiquark oder Quark abgestrahlt wird. In der Bremsstrahlung tauchen diese Divergenzen bei Berücksichtigung der Masse der Elektronen nicht auf.

Vertiefung

Um zu verstehen, daß ein kollinear mit dem Antiquark abgestrahltes Gluon mit $x_1 = 1$ gleichbedeutend ist, formen wir $\hat{u} = (k - p')^2$ mit Hilfe der Viererimpulserhaltung zu $\hat{u} = (k' + \bar{p})^2$ um. In der hier verwendeten masselosen Kinematik wird daraus $\hat{u} = 2k' \cdot \bar{p}$, also

$$\hat{u} = 2E_g E_{\bar{q}}(1 - \cos\theta_{g\bar{q}}) \ . \tag{5.16}$$

Hieraus ergibt sich unmittelbar $\hat{u} \to 0$ bzw. $x_1 \to 1$ für $\theta_{g\bar{q}} \to 0$. Eine ähnliche Rechnung muß für $\hat{s}_2$ durchgeführt werden.

Auch jetzt lassen sich die Divergenzen durch Hinzunahme der virtuellen Korrekturen der Abb. 5.2 beheben. Genau wie bei der Behandlung der Bremsstrahlung muß man die Werte aus Abb. 5.2b,c quadrieren und die Interferenz von a) mit d) bis f) der Abb. 5.2 berechnen. In einer durchsichtigen Schreibweise läßt sich diese Vorgehensweise in die Form

$$\sigma \sim |A|^2 + |B + C|^2 + 2\,\mathrm{Re}[A^*(D + E + F)] \tag{5.17}$$

bringen. Das Ergebnis dieser Rechnung lautet

$$\sigma(e^- e^+ \to \text{Hadronen}) = \sigma_0 \left(1 + \frac{\alpha_S(s)}{\pi}\right) \ , \tag{5.18}$$

wobei im Sinne der verbesserten Bornschen Näherung die laufende Kopplungskonstante $\alpha_S(q^2)$ mit $q^2 = s$ eingesetzt wurde. Bei $s = 1000\,\text{GeV}^2$ gilt aber $\alpha_S \approx 0{,}16$, die Korrektur aufgrund der starken Wechselwirkung beträgt daher etwa fünf Prozent. Die Genauigkeit moderner Annihilationsexperimente reicht aus, den Einfluß dieser Korrektur zu sehen. Dies ist in Abb. 5.1 angedeutet, in der die zu hohen Energien abnehmende Kurve mit Hilfe der Formel (5.18) gewonnen wurde. Die inklusive Hadronerzeugung in der Elektron-Positron-Paarvernichtung gilt trotz des numerisch kleinen Effektes als attraktiver Weg zur Bestimmung der Kopplungskonstanten α_S, da es hier keine theoretischen Unsicherheiten infolge von Hadronisierungskorrekturen gibt. Nicht zuletzt aus diesem Grunde wurden die störungstheoretischen Rechnungen zu höheren Ordnungen hin erweitert. Heute ist die Reihe bis zur Ordnung α_S^3 bekannt. Bei Berücksichtigung von fünf Quarksorten lautet das Ergebnis

$$\sigma(e^- e^+ \to \text{Hadronen}) = \sigma_0 \left(1 + \frac{\alpha_S}{\pi} + 1{,}409\left(\frac{\alpha_S}{\pi}\right)^2 - 12{,}805\left(\frac{\alpha_S}{\pi}\right)^3\right) , \qquad (5.19)$$

eine wirklich bewundernswerte Leistung [Sur91] der theoretischen Physiker, wenn man die große Zahl der beitragenden Diagramme bedenkt.

5.1.3 Der Endzustand

Den Übergang von Quarks (und Gluonen) zu Hadronen im Kontinuumsbereich bezeichnen wir häufig als Fragmentierung. Diese Fragmentierung ist störungstheoretisch nicht berechenbar, da sie bei großen Abständen stattfindet. Der Endzustand der Reaktion (5.1) besteht aber trotzdem nicht in einer statistischen Gleichverteilung von Hadronen über den Raumwinkel, sondern zeigt ganz handgreiflich die $q\bar{q}$-Natur der Ereignisse. Die Hadronen sind nämlich in sog. *Jets* gebündelt, deren Gesamtenergie durch die Energie E_q des Quarks, aus dem sie hervorgehen, festgelegt wird. Jets zeichnen sich dadurch aus, daß in ihnen alle Hadronen bezüglich der Jetachse einen relativ kleinen Transversalimpuls von $p_T \approx 300\,\text{MeV}$ haben. Die Longitudinalimpulse p_L skalieren bis auf logarithmische Korrekturen mit der Energie E_q der Jets, werden also durch eine Verteilungsfunktion $D^h(z)$ beschrieben, die nur von der dimensionslosen Variablen

$$z = \frac{p_L}{E_q} \qquad (5.20)$$

abhängt. Die logarithmischen Korrekturen am Skalenverhalten der Longitudinalimpulse sind so zu verstehen, daß ein kleiner Teil der zur Verfügung stehenden Energie zur Produktion neuer Teilchen verbraucht wird, die Teilchenmultiplizität steigt logarithmisch mit der Energie an. Eine unmittelbare Konsequenz des Skalenverhaltens besteht darin, daß die Öffnungswinkel der Jets, die natürlich proportional zu p_T/p_L sind, bei höheren Energien wie $1/E$ schrumpfen.

Die Reaktion (5.1) sollte infolge dieser qualitativen Überlegungen zu sog. Zwei-Jet-Ereignissen führen, bei denen E_q mit der Strahlenergie E identisch

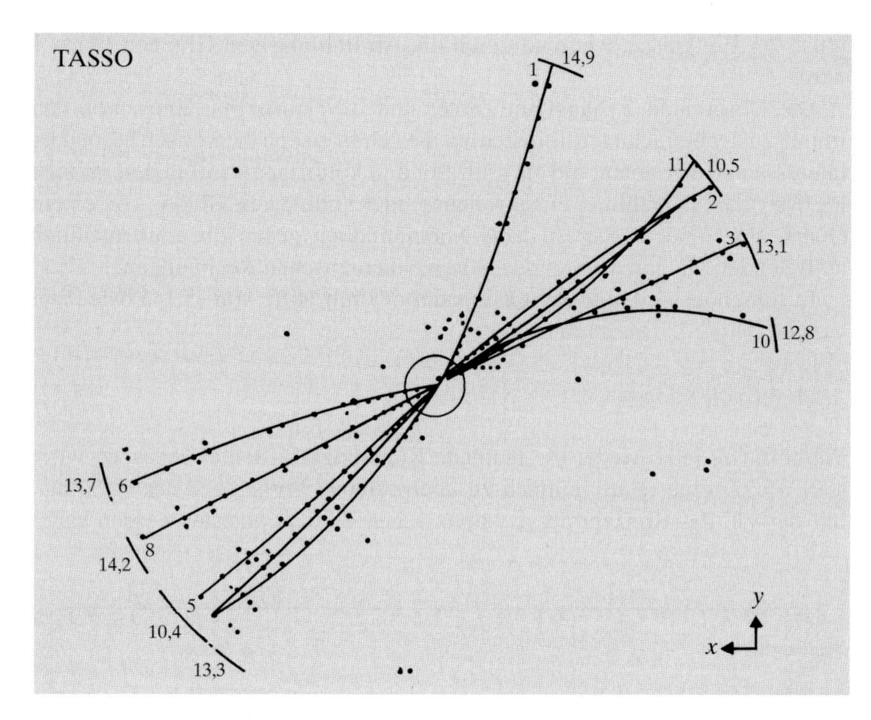

Abb. 5.4
Ein Zwei-Jet-Ereignis der e^-e^+-Vernichtung im TASSO-Detektor am Speicherring PETRA des DESY. Gezeigt ist die Projektion der Spuren auf eine Ebene, die senkrecht zu den einfallenden Strahlen durch den Wechselwirkungspunkt geht

wird und die Jetachse der Richtung der Quarks entspricht. Ein Beispiel eines solchen Zwei-Jet-Ereignisses in der e^-e^+-Annihilation zeigt Abb. 5.4. Aufgetragen sind die Spuren der Teilchen in einer Ansicht senkrecht zur Achse der einfallenden Elektronen bzw. Positronen.

Experimentell läßt sich die Jetachse für Ereignisse der Reaktion (5.1) mit Hilfe der *thrust*-Variablen T finden,

$$T = \max \frac{\sum_i |\boldsymbol{p}_i \boldsymbol{n}|}{\sum_i |\boldsymbol{p}_i|} \quad . \tag{5.21}$$

Summiert wird über alle Hadronen eines Ereignisses. Man sucht hiermit also eine Richtung $\boldsymbol{n}$, bezüglich der die Summe der Longitudinalimpulse der Hadronen maximal wird. Wenn die Gleichsetzung der Jets mit den Quarks richtig ist, muß die Winkelverteilung der T-Achse in der Annihilation dem Gesetz (3.147) folgen. Dies wurde in der Tat gefunden und bedeutete eine wesentliche Unterstützung für die Beschreibung der Elektron-Positron-Annihilation in Hadronen durch das Quarkmodell.

Die *thrust*-Variable T ist auch sehr gut zur Charakterisierung der Ereignistopologie geeignet. Ihr Wert beträgt naturgemäß 1 für Ereignisse mit zwei unendlich gut kollimierten Jets und 0,5, falls die auslaufenden Hadronen eine isotrope Winkelverteilung haben. Es ist nun besonders reizvoll, die Mittelwerte $\langle T \rangle$ aus vielen vermessenen hadronischen Reaktionen im Detektor mit den theoretischen Vorhersagen auf dem sog. *Parton*-Niveau zu vergleichen, wobei nun die Summation in (5.21) über die Quarks und Gluonen des Endzustandes läuft.[2] Bei der Betrachtung der Partonen gilt $\langle T \rangle = 1$ im Grenzfall

[2] Das Wort Parton wird oft als Sammelbegriff für Quarks und Gluonen verwendet.

reiner $q\bar{q}$ Ereignisse, während durch die Abstrahlung von Gluonen $\langle T \rangle < 1$ wird.

Die Observable T hängt im Zähler und im Nenner nur linear von den Impulsen der betrachteten Teilchen ab. Sie gehört zu den theoretisch besonders interessanten Variablen, die als „infrarot und kollinear" stabil gelten, da sich ihr Wert bei Abstrahlung eines weichen oder kollinearen Gluons von einem Quark nicht ändert. Sie ist daher unempfindlich gegen die unvermeidlich auftretenden Divergenzen in den störungstheoretischen Rechnungen.

In führender Ordnung der QCD kann $\langle T \rangle$ mit Hilfe von (5.14) berechnet werden [Ruj78], das Ergebnis lautet

$$\langle 1 - T \rangle = 0{,}335\alpha_S \ . \tag{5.22}$$

Wenn für α_S jetzt wieder die laufende Kopplungskonstante eingesetzt wird, stellt (5.22) eine relativ einfach zu überprüfende Vorhersage der QCD dar, mit der v.a. das Konzept der asymptotischen Freiheit getestet werden kann:

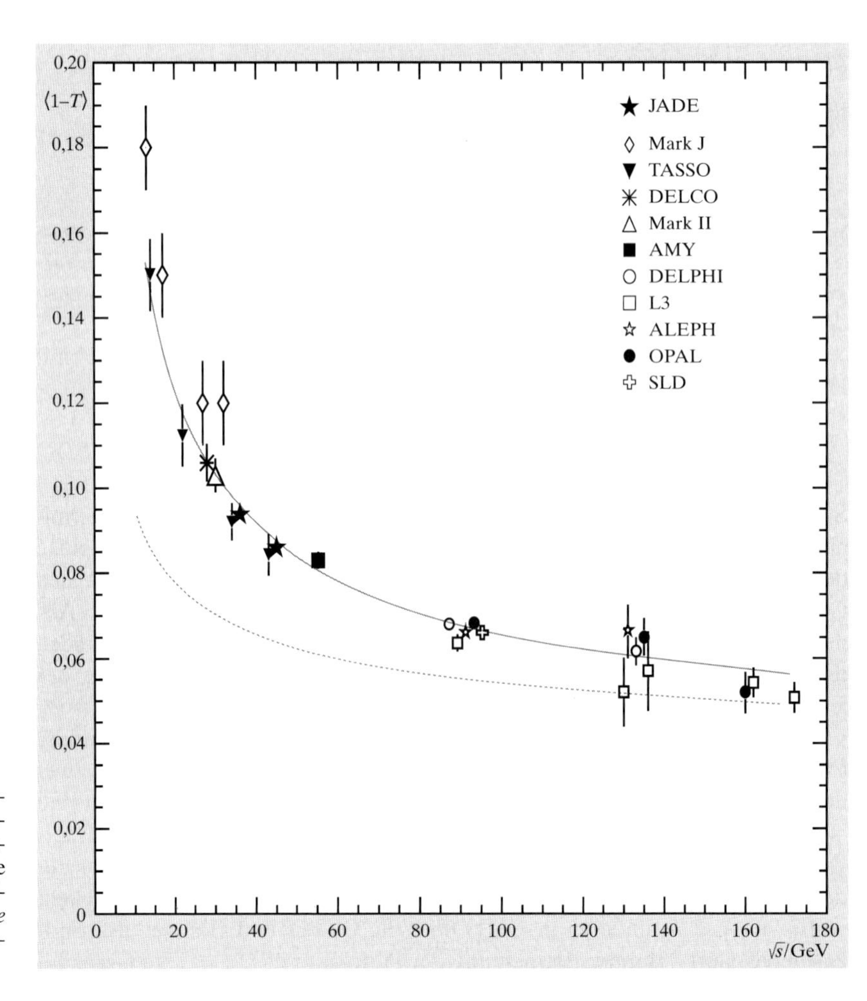

Abb. 5.5
Der Mittelwert von $1-T$ in der e^-e^+-Vernichtung in Hadronen. Es sind Daten verschiedener Experimente zusammengefaßt. Die *gestrichelte Kurve* gibt eine perturbative QCD-Rechnung höherer Ordnung wieder, die *durchgezogene Kurve* berücksichtigt zusätzlich die Hadronisierungskorrekturen nach [Sti96]

$\langle 1-T \rangle$ muß in einer wohldefinierten Weise für hohe Werte von s gegen Null streben.

Natürlich darf (5.22) nicht direkt mit dem hadronischen Wert verglichen werden. Aufgrund der Fragmentierungseffekte wird auch ein Zwei-Jet-Ereignis $T < 1$ haben. Auf die numerischen Verfahren zur Berechnung der Hadronisierung gehen wir am Schluß dieses Abschnitts nochmal ein. Da die einzelnen Hadronen in den Jets bevorzugt die Richtung des ursprünglichen Quarks beibehalten und häufig nur kleine Bruchteile des Quarkimpulses übernehmen, erwarten wir, daß T ebenfalls relativ unempfindlich gegen Details des Fragmentierungsprozesses ist. Aufgrund sehr allgemeiner Überlegungen [Sti96] wurde gezeigt, daß die Korrekturen vom Hadron-Niveau auf das Parton-Niveau umgekehrt proportional zur Schwerpunktsenergie abnehmen, so daß

$$\langle 1-T \rangle_{\text{Hadronen}} = 0{,}335\alpha_S + \frac{\lambda}{\sqrt{s}} \tag{5.23}$$

mit $\lambda \approx 1$ GeV angesetzt werden kann.

Das Verhalten der *thrust*-Observablen und anderer sog. *event shape*-Variablen wurde ausführlich an den e^-e^+-Speicherringen untersucht. Von diesen Experimenten stammen grundlegende Tests der asymptotischen Freiheit und präzise Messungen der starken Kopplungskonstanten. Für genaue Analysen reicht (5.22) zum Vergleich mit der Theorie nicht aus, sondern es werden auch zu dieser Formel die Beiträge höherer Ordnung benötigt. Ebenso ist die Behandlung der Fragmentierungskorrekturen in keiner Weise

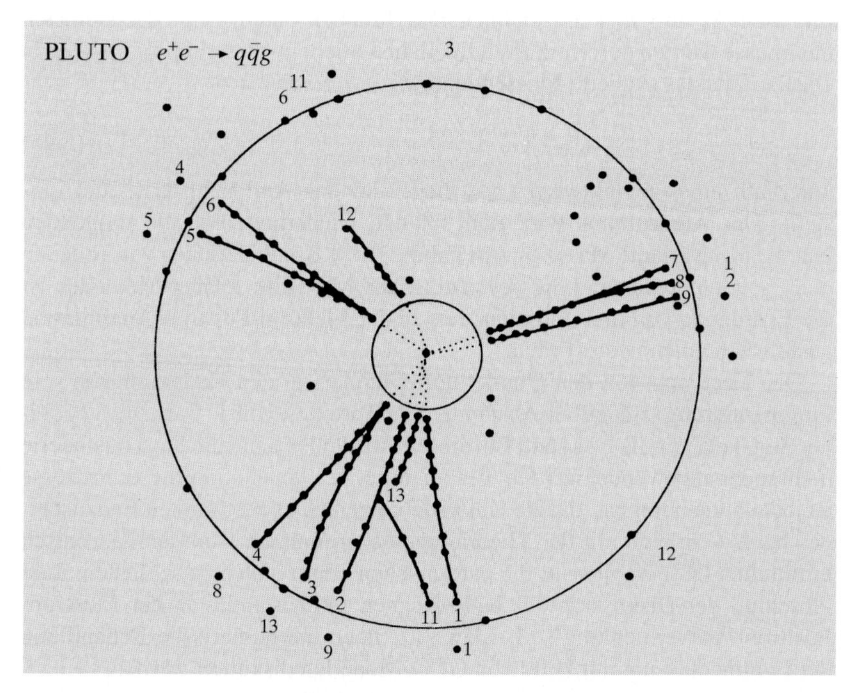

Abb. 5.6
Ein typisches Drei-Jet-Ereignis im PLUTO-Detektor, wie es kurz nach Beginn der Experimente am Speicherring PETRA gefunden wurde

einfach. In Abb. 5.5 ist ein neueres Ergebnis einer zusammenfassenden Studie wiedergegeben, in welcher der Leser die erreichte Präzision und die gute Übereinstimmung von Theorie und Experiment bewundern kann.

In einem kleinen Bruchteil aller Fälle führt die Abstrahlung von Gluonen zu spektakulären Drei-Jet-Ereignissen (Abb. 5.6). Diese wurden am Elektron-Positron-Speicherring PETRA des DESY entdeckt. Die kinematischen Eigenschaften der Drei-Jet-Ereignisse entsprechen den theoretischen Vorhersagen. Die Energien der beiden energiereichsten Jets werden mit E_q und $E_{\bar{q}}$ identifiziert, und ihre Verteilung wird mit (5.14) verglichen. Die hierbei gefundene quantitative Übereinstimmung manifestiert eine Art objektiver Evidenz für Gluonen, die natürlich als farbige Feldquanten ebenfalls dem Einschluß (*confinement*) unterliegen und daher nicht als freie Teilchen im Detektor auftreten.

Da ein Ereignis mit einem zusätzlichen weichen oder kollinearen Gluon sich nicht von einem $q\bar{q}$-Ereignis unterscheiden läßt, muß (wie bei der Behandlung der Bremsstrahlung auf S. 230) ein Auflösungskriterium eingeführt werden. Dieses Argument gilt auch für die Hadronen des Detektors. Die Analyse von Ereignissen mit mehr als zwei Jets macht also die Entwicklung allgemeiner Algorithmen zur Rekonstruktion der Jets aus den Impulsen der Reaktionsprodukte nötig.

Weit verbreitet ist ein Verfahren [Bar86b], welches zunächst die invarianten Massen aller Paare von Teilchen (oder Partonen) eines Ereignisses nach der Vorschrift

$$M_{kl}^2 = 2E_k E_l (1 - \cos\Theta_{kl}) \tag{5.24}$$

berechnet, in der Θ_{kl} den Winkel zwischen den beiden Teilchen mit den Energien E_k und E_l kennzeichnet. Die Teilchen i und j mit der kleinsten Paarmasse werden durch ein Pseudoteilchen mit dem Viererimpuls $(p_i^\mu + p_j^\mu)$ ersetzt, falls das skalierte Massenquadrat

$$y_{ij} = \frac{M_{ij}^2}{s} \tag{5.25}$$

unterhalb eines Schnittwertes y_{cut} liegt, der das Auflösungskriterium darstellt. Der Algorithmus wird nun solange wiederholt, bis alle möglichen Paare eine invariante Masse $\geq y_{\text{cut}}s$ haben. Diese Kombinationen von Teilchen und Pseudoteilchen sind die gesuchten Jets. Mit Hilfe solcher Methoden ist die Erzeugung von drei und mehr Jets in der Elektron-Positron-Annihilation ausführlich untersucht worden.

Der Übergang von den Quarks und Gluonen zu den Hadronen (die sog. Fragmentierung) findet bei Abständen der Partonen von 1–3 fm, also bei einer Zeitskala von 10^{-23} s statt. Bei diesen Abständen kann die Störungstheorie nicht mehr angewendet werden. Ein quantitatives Verständnis dieser Prozesse ist jedoch unabdingbar, da alle Untersuchungen eines bestimmten Endzustandes beim Vergleich mit der Theorie versuchen müssen, von den hadronisch ermittelten Observablen auf die partonischen Observablen zu schließen. Zum Abschluß der Diskussion des hadronischen Endzustandes in der Elektron-Positron-Paarvernichtung soll daher jetzt noch die numerische Behandlung der Fragmentierung mit Hilfe von QCD-Modellen diskutiert werden.

In Abschn. 4.2.1 haben wir den Einschluß der Quarks im Saitenmodell behandelt. Die Fragmentierung entspricht dem Zerreißen des Bündels der Farbfeldlinien zwischen den Quarks. Die in der Gluonfeld-Saite gespeicherte Energie ist im betrachteten Fall so groß, daß sie die Bildung vieler $q\bar{q}$-Paare erlaubt. Diesen Vorgang kann man mittels einer „Monte-Carlo"-Rechnung rekonstruieren.[3] Das *string*-Modell der Hadronisierung wurde v.a. an der Universität Lund entwickelt und steht heute in Form des Programm-Pakets JETSET [Sjo82] an allen Forschungszentren zur Verfügung. Für einen $q\bar{q}$-Zustand liefert es sehr ähnliche Resultate wie das zuvor von Field und Feynman [Fie78] entwickelte Modell der unabhängigen Fragmentierung (*independent fragmentation*). Letzteres hat für uns den Vorteil, daß seine Grundzüge sich leichter beschreiben lassen.

Dazu nehmen wir an (siehe Abb. 4.8), daß in dem von den auseinanderlaufenden Quarks produzierten Farbfeld zunächst ein Paar $q_1\bar{q}_1$ produziert wird. Das nach rechts laufende ursprüngliche Quark q mit dem Impuls $|\boldsymbol{p}_q|$ formt mit dem Quark $\bar{q}_1$ ein Meson $(q\bar{q}_1)$. Der Longitudinalimpuls dieses Mesons, also die Impulskomponente in Richtung $\boldsymbol{p}_q$, sei $z_1|\boldsymbol{p}_q|$, das übrigbleibende Quark q_1 hat dann den Longitudinalimpuls $p_{1,\mathrm{L}} = (1 - z_1)|\boldsymbol{p}_q|$. Nun wird ein Paar $q_2\bar{q}_2$ erzeugt, $\bar{q}_2$ bildet mit q_1 ein Meson mit dem Longitudinalimpuls $z_2|\boldsymbol{p}_1|$, und so geht es immer weiter, bis der gesamte Impuls aufgebraucht ist. Für die Monte-Carlo-Rechnung muß man also nur eine universale Verteilungsfunktion $f(z_i)$ bestimmen, welche die Aufteilung der Longitudinalimpulse in den oben besprochenen Prozessen festlegt. Die Verteilung der Zufallszahlen $z_1, z_2, \ldots$ wird entsprechend dieser Funktion erzeugt. Es ist klar, daß ein solches Verfahren eine Verteilungsfunktion D^h der Longitudinalimpulse der Hadronen erzeugt, die nur von der in Formel (5.20) definierten Variablen z abhängt und damit die weiter oben geforderte Qualität erfüllt. Die Hadronen bilden also *Jets*. Zusätzlich simuliert man im Rechenprogramm auch noch den Transversalimpuls der Mesonen (bezüglich der Richtung $\boldsymbol{p}_q$) mit einem Mittelwert von etwa 300 MeV, die *flavor*-Quantenzahlen der Quarks, die Spins der Mesonen usw.

Es läßt sich denken, daß moderne Hadronisierungsprogramme technisch sehr kompliziert sind, obwohl sie auf relativ einfachen Prinzipien beruhen. Die Entwicklung dieser Verfahren ging Hand in Hand mit der Entstehung eines neuen Zweiges der Physik, der sog. *computational physics*, bei der nur noch die Grundannahmen analytisch formuliert werden, während die quantitative Lösung einer bestimmten Fragestellung ausschließlich numerisch bestimmt wird.

Übungen

5.1 Berechnen Sie den Farbfaktor, der für Quarks einer bestimmten Farbe im Prozeß $q \to q + g$ anzuwenden ist.

5.2 Zeigen Sie, daß für einen Endzustand $q\bar{q}g$ aus drei masselosen Partonen der *thrust* durch $T = \max(x_1, x_2, x_3)$ gegeben ist.

5.3 Berechnen Sie den Mittelwert von T für eine isotrope Verteilung der auslaufenden Teilchen.

[3] Als „Monte-Carlo"-Methode wird das Nachbilden zufälliger Prozesse auf einem Computer bezeichnet. Der Name erinnert daran, daß die Zahlenfolge im Roulette ebenfalls zufällig ist.

5.2 Die elastische Elektron-Nukleon-Streuung

Bei der Behandlung der QED haben wir die enge Verwandtschaft der Elektron-Positron-Paarvernichtung in Myonen und der Elektron-Myon-Streuung studiert. Ein Übergang von der e^-e^+-Annihilation in Quark-Antiquark-Paare zur Elektron-Quark-Streuung ist aber zunächst nur auf dem Papier möglich, da es offensichtlich keine freien Quarks gibt. Um besser zu verstehen, welche Revolution des physikalischen Denkens die Interpretation der inelastischen Elektron-Proton-Streuung im Sinne des Quarkmodells bedeutete, betrachten wir erst einmal die elastische Streuung

$$e + p \to e + p \ , \tag{5.26}$$

auf die sich auch über viele Jahre hinweg die Anstrengungen der Experimentalphysiker konzentrierten.

5.2.1 Der Wirkungsquerschnitt

Für die nun folgende Diskussion der elastischen Elektron-Nukleon-Streuung ist es nützlich, die Formeln in einem System anzugeben, in dem das Zielteilchen (*target*) ruht. Alle Experimente wurden in einer solchen Anordnung durchgeführt.

Wir gehen zurück zur elastischen $e\mu$-Streuung, d.h. zur Streuung an einem punktförmigen Teilchen der Masse M. In einem System mit ruhendem *target* bekommt die in Abschn. 3.2.2 eingeführte Variable y eine anschauliche Bedeutung. Mit

$$y = \frac{E - E'}{E} \tag{5.27}$$

wird sie zum *relativen* Energieverlust des gestreuten Elektrons, wie schon bei der Behandlung der Ionisation und Anregung auf S. 210f. ausgeführt wurde. Die Variable $t = q^2$ hat in diesem System bei Vernachlässigung der Elektronenmasse m eine ähnlich einfache Form wie im Schwerpunktssystem

$$t = -2EE'(1 - \cos\Theta) = -4EE'\sin^2(\Theta/2) \ , \tag{5.28}$$

man muß aber beachten, daß die Energie E' des auslaufenden Elektrons eine Funktion des Streuwinkels Θ im Laborsystem ist. Die Formel (2.193) vereinfacht sich hier zu

$$E' = \frac{E}{1 + (2E/M)\sin^2(\Theta/2)} \ . \tag{5.29}$$

Mit $m = 0$ nimmt (3.189) die Gestalt

$$\frac{\mathrm{d}\sigma}{\mathrm{d}q^2} = \frac{4\pi\alpha^2}{q^4}\left(1 - y\frac{s}{s_0} + \frac{y^2}{2}\right) \tag{5.30}$$

an. Hierin ist $s = 2EM + M^2$ und $s_0 = 2EM$. Wie schon bei der Herleitung der QED-Formel in Abschn. 3.2.2 betont wurde, ist y in der elastischen Streuung keine unabhängige Variable. Die Darstellung (5.30) eignet sich aber besonders gut zur Vorbereitung der Behandlung der inelastischen Streuung. Zunächst bringen wir jedoch unter Beachtung von

$$\frac{\mathrm{d}t}{\mathrm{d}\Omega} = \frac{E'^2}{\pi} \tag{5.31}$$

(5.30) in eine Form, die von der Invarianten q^2 und den Variablen des Laborsystems abhängt. Dazu klammern wir – der Tradition folgend – einen Faktor $(1-y)$ aus und gewinnen nach einigen weiteren Umformungen

$$\frac{\mathrm{d}\sigma^{ep}}{\mathrm{d}\Omega} = \frac{4\alpha^2 E'^2}{q^4} \frac{1}{1+(2E/M)\sin^2(\Theta/2)} \left(\cos^2(\Theta/2) - \frac{q^2}{2M^2}\sin^2(\Theta/2)\right). \tag{5.32}$$

Hierin haben wir M mit der Masse des Protons gleichgesetzt und somit eine Formel für die Streuung relativistischer Elektronen an einem „Dirac-Proton", d.h. einem Spin 1/2-Teilchen mit der Masse eines Protons und dem magnetischen Moment von genau *einem* Kernmagneton, abgeleitet. Die Darstellung ist sicherlich nicht ganz konsequent, da auf der rechten Seite neben den unabhängigen Variablen E und Θ auch die noch von E' abhängende Invariante q^2 auftaucht. Es kommt uns aber auch darauf an, dem Leser zu helfen, vielbenutzte Gleichungen der Lehrbücher (z.B. Formel (7.46) des Buches von Bjorken und Drell [Bjo90]) wiederzuerkennen.

In der Literatur kann man noch manch andere Darstellung des Wirkungsquerschnitts der elastischen Elektronenstreuung finden. Es sind Variationen des gleichen Themas. Eine sinnvolle Umformung von (5.32) besteht z.B. darin, den Faktor $\cos^2(\Theta/2)$ auszuklammern,

$$\frac{\mathrm{d}\sigma^{ep}}{\mathrm{d}\Omega} = \frac{4\alpha^2 E'^2\cos^2(\Theta/2)}{q^4} \frac{1}{1+(2E/M)\sin^2(\Theta/2)} \left(1 - \frac{q^2}{2M^2}\tan^2(\Theta/2)\right), \tag{5.33}$$

weil dann der erste Faktor dem Wirkungsquerschnitt für die Streuung eines relativistischen Elektrons im Coulomb-Potential entspricht, wie man durch den Grenzübergang $M \to \infty$ sieht. Die sog. Mottsche Streuformel

$$\frac{\mathrm{d}\sigma}{\mathrm{d}\Omega} = \frac{\alpha^2}{4\boldsymbol{p}^2\beta^2\sin^4(\Theta/2)}[1-\beta^2\sin^2(\Theta/2)] \tag{5.34}$$

behandelt dieses Problem für *beliebige* Elektronengeschwindigkeiten β, also ohne Vernachlässigung der Elektronenmasse.[4] Für $\beta \to 1$ entspricht sie dem ersten Faktor in (5.33), wenn berücksichtigt wird, daß bei der Potentialstreuung $E = E'$ gilt. Der Term $\cos^2(\Theta/2)$ bringt wieder die Drehimpulserhaltung zum Ausdruck. Bei einem Streuwinkel von 180° führt die Helizitätserhaltung am Vertex (Abb. 5.7) zu $|\Delta J_z| = 1$, daher muß der Wirkungsquerschnitt für diesen Streuwinkel verschwinden. Es ist auch anschaulich klar, daß dieser Spinterm nur bei hohen Geschwindigkeiten relevant wird. Im Ruhesystem des Elektrons erscheint das Streuzentrum nämlich als sich bewegende Ladung. Neben dem elektrischen Feld tritt daher auch ein Magnetfeldanteil proportional

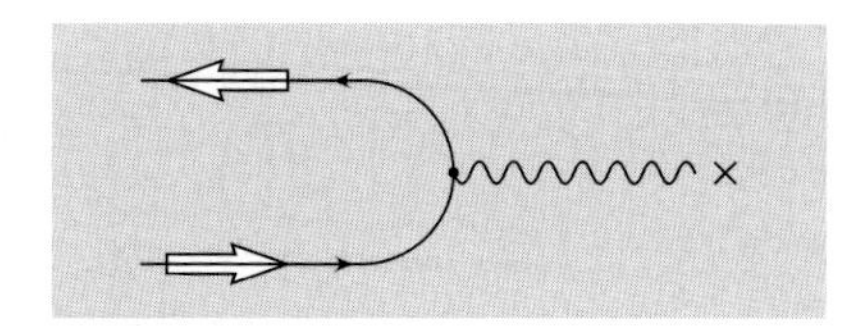

Abb. 5.7
Erläuterung der Helizitätserhaltung bei der Rückwärtsstreuung von Elektronen im Coulomb-Potential

[4] Diese Streuformel wird in dem Buch von Mott und Massey [Mot65] ausführlich diskutiert.

zu β auf. Dieses Magnetfeld koppelt an den Spin des Elektrons. Im Umkehrschluß wird damit auch einsichtig, daß Spineffekte für $\beta \to 0$ verschwinden. Die Mottsche Streuformel geht in

$$\frac{\mathrm{d}\sigma}{\mathrm{d}\Omega} = \frac{\alpha^2 m^2}{4\boldsymbol{p}^4 \sin^4(\Theta/2)} , \tag{5.35}$$

über, dem Rutherfordschen Wirkungsquerschnitt für die Streuung eines spinlosen nichtrelativistischen Teilchens der Masse m im Coulomb-Potential. Die berühmte Winkelabhängigkeit wurde von Rutherford durch Betrachtung der Bahnen geladener Teilchen im Coulomb-Feld ohne Verwendung der Quantenmechanik gefunden.[5] In unserer Interpretation kommt sie durch den Photonpropagator $1/q^2$ zustande, der als Faktor $(1/q^2)^2$ im Wirkungsquerschnitt aller elektromagnetischen Streuprozesse von den niedrigsten bis zu den höchsten Energien auftritt.

5.2.2 Experimente zur elastischen Elektronenstreuung

Zunächst werfen wir einen Blick auf die Streuung im Coulomb-Potential. Sie läßt sich experimentell durch Streuung niederenergetischer ($E \approx 2$ MeV) Elektronen an schweren Kernen studieren. Hierzu gibt es ausgedehnte Untersuchungen der Elektronenstreuung an dünnen Metallfolien. Die genauesten Messungen zeigten, daß alle Abweichungen von der Mott-Formel auf Beiträge höherer Ordnung, wie die in Abschn. 3.3.2 diskutierten Strahlungskorrekturen, zurückgeführt werden können [Ber70].

Bei der Diskussion der Experimente zur Elektron-Positron-Annihilation im letzten Abschnitt haben wir gesehen, daß Elektronen und Myonen sich wie punktförmige Teilchen verhalten. Eine Überprüfung der QED-Resultate im raumartigen Bereich, also durch Elektron-Myon-Streuung, ist leider nicht möglich, da sich Myonen noch nicht in genügender Anzahl herstellen lassen. Das einzige geladene Spin 1/2-Teilchen, das man als Target für Streuversuche benutzen kann, ist das Proton. Da es aber ein anomales magnetisches Moment von 2,79 Kernmagnetonen hat, erwarten wir von vornherein, daß (5.33) modifiziert werden muß. Man könnte nun versuchen, eine zu (5.33) analoge Formel für die Streuung an einem punktförmigen Teilchen mit anomalem magnetischen Moment abzuleiten. Weil das Proton aber einen Radius von etwa 1 fm hat, erwarten wir zusätzliche Abweichungen von (5.33) schon bei $|q^2| \approx 0{,}04\,\mathrm{GeV}^2$, typisch also bei Streuwinkeln von 10° für Elektronenstrahlen der Energie 1 GeV.

Den Einfluß der endlichen Ausdehnung des Protons parametrisiert man durch Einführung zweier Formfaktoren, G_E und G_M, dem elektrischen und magnetischen Formfaktor des Protons. Beide hängen von $|q^2|$ ab. Solange man den Energieübertrag auf das Proton vernachlässigen kann, gilt aber auch $|q^2| = \boldsymbol{q}^2$, und der elektrische Formfaktor G_E läßt sich als Fourier-Transformierte der Ladungsverteilung $\rho(r)$

$$G_\mathrm{E}(\boldsymbol{q}^2) = \int \rho(r) \mathrm{e}^{\mathrm{i}\boldsymbol{qr}} \,\mathrm{d}^3\boldsymbol{r} \tag{5.36}$$

interpretieren. Ebenso beschreibt G_M die Verteilung des magnetischen Momentes. Eine genauere Diskussion dieser Zusammenhänge führt uns zu weit

[5] E. Rutherford (1871–1937) entdeckte auf diese Weise den Atomkern. Er erhielt 1908 den Chemie-Nobelpreis für seine Forschungen zur Radioaktivität.

von unserem eigentlichen Thema, der Wechselwirkung von Leptonen und Quarks, weg.[6] Im Buch von Bjorken und Drell [Bjo90] findet man eine ausführliche Herleitung der Rosenbluth-Formel

$$\frac{d\sigma}{d\Omega} = \frac{4\alpha^2 E'^2 \cos^2(\Theta/2)}{q^4[1+(2E/M)\sin^2(\Theta/2)]} \left(\frac{G_E^2 + \tau G_M^2}{1+\tau} + 2\tau G_M^2 \tan^2(\Theta/2) \right) , \tag{5.37}$$

die für die Elektronenstreuung an ruhenden Protonen *und* Neutronen gültig ist. Das Symbol τ ist eine Abkürzung für $|q^2|/4M^2$, wobei M die Nukleonenmasse bedeutet.

Für Protonen lauten die Randbedingungen

$$G_E^p(0) = 1 \qquad G_M^p(0) = 2{,}79 \tag{5.38}$$

und für Neutronen

$$G_E^n(0) = 0 \qquad G_M^n(0) = -1{,}91 \ , \tag{5.39}$$

d.h. $G_M^{p,n}(0)$ sind die magnetischen Momente der Nukleonen in Einheiten eines Kernmagnetons. Mit $G_E = G_M = 1$ für alle Werte von $|q^2|$ erhält man (5.33) zurück, wie es auch sein muß.

Die Rosenbluth-Formel enthält die Aussage, daß man bei festem $|q^2|$ durch Variation des Streuwinkels die beiden Formfaktoren G_E und G_M gemeinsam bestimmen kann. Eine Änderung des Winkels bei festem $|q^2|$ bedeutet natürlich, daß die Einfallsenergie E der Elektronen an die geänderten kinematischen Bedingungen angepaßt werden muß. Die so gemessenen Wirkungsquerschnitte teilt man durch den ersten Faktor von (5.37) und trägt dann das Ergebnis gegen $\tan^2(\Theta/2)$ auf. Die damit erhaltenen Werte sollten auf der „Rosenbluth-Geraden" liegen, deren Achsenabschnitt durch $(G_E^2 + \tau G_M^2)/(1+\tau)$ und deren Steigung durch $2\tau G_M^2$ gegeben ist. Messungen der Formfaktoren der Nukleonen wurden über einen großen Wertebereich von $|q^2|$ durchgeführt. Aus der Normierung der Formfaktoren und aus den in der Rosenbluth-Formel auftretenden Vorfaktoren ist zu entnehmen, daß schon für relativ kleine $|q^2|$-Werte von etwa 2 GeV^2 der Wirkungsquerschnitt durch G_M dominiert ist. Die Meßwerte des elektrischen Formfaktors sind daher i.a. mit einem größeren Fehler behaftet.

Das experimentelle Resultat kann sehr einfach zusammengefaßt werden. Sowohl der Verlauf von G_E^p als auch von G_M^p/μ_p läßt sich durch die sog. Dipolformel

$$G_E^p = \frac{G_M^p}{\mu_p} = \frac{1}{(1+|q^2|/a)^2} \tag{5.40}$$

beschreiben, worin der Parameter a empirisch zu $a = 0{,}71$ GeV^2 bestimmt wurde. Das Merkwürdige dabei ist, daß dieses Resultat schon von Hofstadter [Hof56] bei der Untersuchung der Ladungsverteilung des Protons bei sehr kleinen Impulsüberträgen gefunden wurde. Auch der magnetische Formfaktor des *Neutrons* folgt diesem universellen Verlauf, während $G_E^n(|q^2|)$ auch für große $|q^2|$ nur wenig von 0 abweicht.

[6] Die Radien der Kerne wurden durch die Messung des elektrischen Formfaktors bestimmt. Das Verfahren wird daher ausführlich in den Lehrbüchern der Kernphysik behandelt [Bet01, May94].

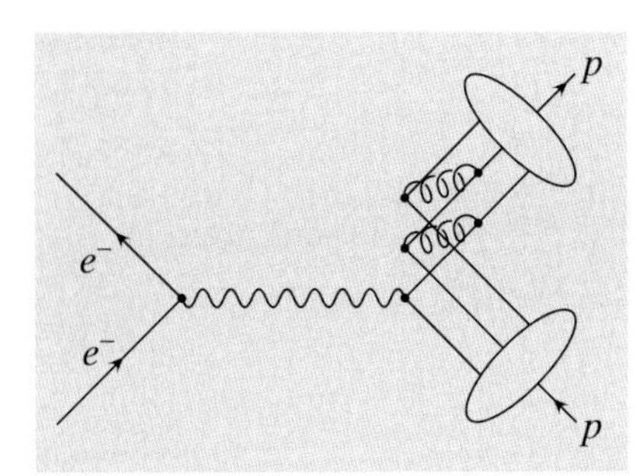

Abb. 5.8
Die elastische Elektron-Nukleon-Streuung (ep) in der QCD. Hier müssen sich die Quarks nach der Streuung wieder zu einem Nukleon arrangieren

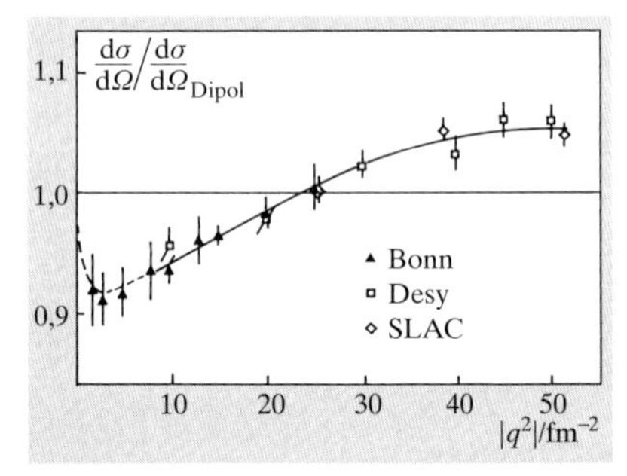

Abb. 5.9
Das Verhältnis des Wirkungsquerschnitts der elastischen Elektron-Proton-Streuung zu einer Vorhersage, die aus der Dipolformel für die Formfaktoren gewonnen wurde

Für hohe Impulsüberträge bedeutet (5.40) auf jeden Fall einen starken Abfall des Wirkungsquerschnitts, $\sigma \sim 1/q^{12}$ verglichen mit $1/q^4$ für ein punktförmiges Teilchen. Dies ist ein wirklich dramatischer Effekt, und mit diesem Hintergrund muß man die im Abschn. 5.3 zu besprechenden Ergebnisse der inelastischen Elektron-Nukleon-Streuung sehen. Das Potenzgesetz $1/q^4$ des Formfaktors läßt sich wenigstens qualitativ im Rahmen der QCD deuten (Abb. 5.8). Wenn die Streuung des Elektrons an einem einzelnen Quark stattfindet, müssen die beiden anderen Quarks wieder in die ursprüngliche Konfiguration gedrängt werden, damit das Proton zusammenhält. Dies geschieht durch Austausch von Gluonen. Die dabei auftretenden Gluon-Propagatoren $1/q_1^2$ und $1/q_2^2$ skalieren mit $|q^2|$, und daher wird die Streuamplitude mit einem Faktor $1/q^4$ multipliziert.

Das in (5.40) beschriebene Gesetz gibt die experimentellen Resultate mit einer Genauigkeit von etwa 10 % wieder. In sehr sorgfältigen Untersuchungen wurden Abweichungen von der Dipolformel im Verlauf des elektrischen und magnetischen Formfaktors festgestellt (Abb. 5.9). Diese Details und der in (5.40) auftretende Wert der Konstanten a sind bis heute unverstanden. Gemessen an dem großen experimentellen Aufwand erscheint das Ergebnis etwas dürftig. Der Vergleich mit den völlig neuartigen Phänomenen, die beim Übergang zur inelastischen Elektronenstreuung gefunden wurden, zeigt uns, wie wichtig es in der Teilchenphysik ist, zunächst einmal die groben Effekte zu entdecken und zu verstehen.

Vertiefung

Das Resultat (5.40) kann für kleine q^2-Werte anschaulich interpretiert werden. Dazu wird zunächst (5.36) weiter ausgewertet. Die z-Achse des Koordinatensystems der Integration legen wir in die Richtung des $\boldsymbol{q}$-Vektors. Die Integration über θ und ϕ ergibt

$$G_{\mathrm{E}}(\boldsymbol{q}^2) = 4\pi \int \rho(r) \frac{\sin |\boldsymbol{q}| r}{|\boldsymbol{q}| r} r^2 \, \mathrm{d}r \; . \tag{5.41}$$

Für kleine Werte von $\boldsymbol{q}^2$ wird nun die Sinusfunktion in eine Reihe entwickelt. Unter Beachtung der Normierung der Ladungsverteilung und der Definition des Mittelwertes $\langle r^2 \rangle$ erhalten wir

$$G_{\mathrm{E}}(\boldsymbol{q}^2) \approx 1 - \frac{|\boldsymbol{q}^2| \langle r^2 \rangle}{6} \; . \tag{5.42}$$

Bei den kleinen Impulsüberträgen, wie sie in den Experimenten von Hofstadter vorlagen, gilt $|q^2| = \boldsymbol{q}^2$ und das Ergebnis (5.40) wird durch $G_{\mathrm{E}}(\boldsymbol{q}^2) \approx 1 - 2|\boldsymbol{q}^2|/a$ angenähert. In einem Modell des Protons als einer homogen geladenen Kugel mit dem Radius R berechnet man $\langle r^2 \rangle = 3R^2/5$, woraus mit $a = 0.71\ \mathrm{GeV}^2$ $R = 1{,}05$ fm folgt.

5.2.3 Das $e\pi$-System

Die Feynman-Regeln des Abschn. 3.1.3 behandeln nur die Kopplung von Fermionen an Photonen. Dies ist u.a. dadurch gerechtfertigt, daß die elementaren Bausteine der Materie eben Fermionen sind. Es ist trotzdem reizvoll, die elektromagnetische Wechselwirkung von skalaren Teilchen zu untersuchen. Als Beispiel diskutieren wir das Elektron-Pion-System, obwohl es sich bei den Pionen natürlich nicht um elementare punktförmige Konstituenten der Materie handelt.

Ein- und auslaufende Spin 0-Teilchen werden in den Feynman-Graphen einfach durch einen Faktor 1 beschrieben, während jedem Vertex ein Faktor

$$-\mathrm{i}eQ(p^\mu + p'^\mu) \tag{5.43}$$

zugeordnet wird (Abb. 5.10). Die Amplitude für die Paarerzeugung

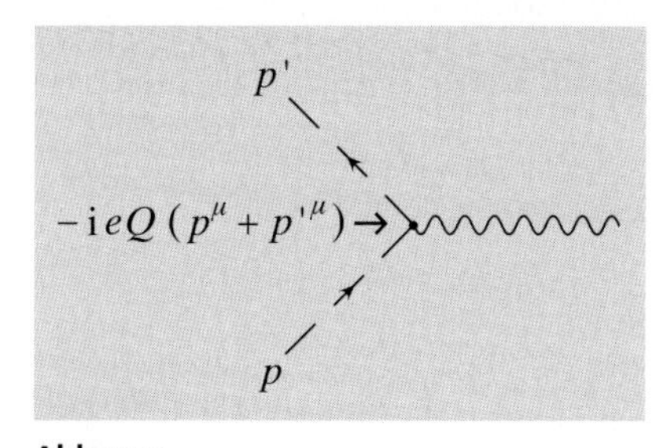

Abb. 5.10
Die elektromagnetische Kopplung an skalare Teilchen

$$e^- + e^+ \to \pi^- + \pi^+ \tag{5.44}$$

lautet demnach (mit den in Abb. 5.11a angegebenen Bezeichnungen der Impulse)

$$T_{fi} = -e^2 \bar{v}(k)\gamma^\mu u(p) \frac{1}{q^2}(p'_\mu - k'_\mu) \ . \tag{5.45}$$

Die Auswertung im *Schwerpunktssystem* der Reaktion ergibt z.B. für linkshändige Elektronen und rechtshändige Positronen unter Benutzung der Resultate des Abschn. 3.1.3

$$T_{fi} = -e^2 \sin\Theta \ , \tag{5.46}$$

wobei Θ der Winkel zwischen dem einlaufenden Elektron und dem auslaufenden π^+ ist. Die Winkelverteilung ist also proportional zu $d^1_{1,0}$, wie es durch die Bilanz der Spins und Helizitäten gefordert wird. Ausgedrückt durch die Mandelstam-Variablen lautet die Streuamplitude

$$T_{fi} = -2e^2\sqrt{\frac{tu}{s^2}} \ . \tag{5.47}$$

Das (im Betrag) gleiche Ergebnis wird für die Annihilation rechtshändiger Elektronen und linkshändiger Positronen erhalten, und es ist eine sehr einfache

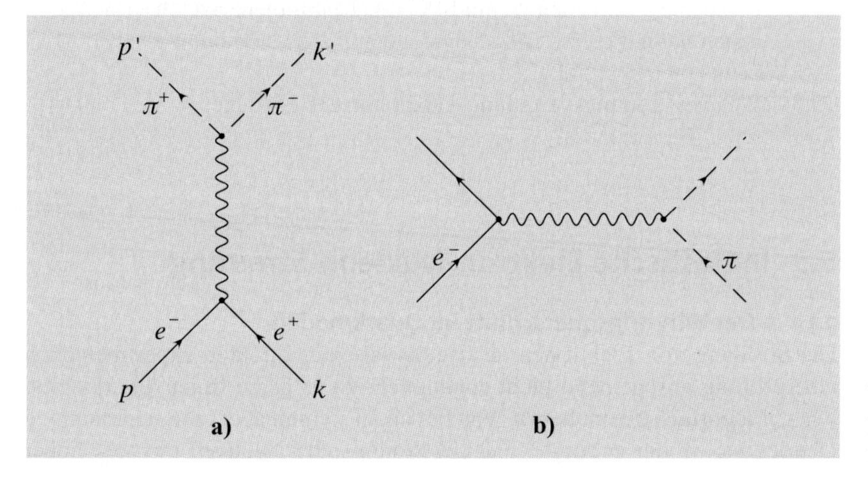

Abb. 5.11a,b
(**a**) Die e^-e^+-Annihilation in Pionen, (**b**) die Elektron-Pion-Streuung in niedrigster Ordnung der QED

Aufgabe, aus diesen Amplituden nach den üblichen Verfahren

$$\frac{d\sigma}{d\Omega}(e^-e^+ \to \pi^-\pi^+) = \frac{\alpha^2}{8s}\sin^2\Theta \tag{5.48}$$

als den spingemittelten Wirkungsquerschnitt im Schwerpunktssystem abzuleiten.

Der Wirkungsquerschnitt der Streureaktion $e\pi \to e\pi$ kann wieder durch die Substitution $s \leftrightarrow t$ im Quadrat der Amplitude (5.47) berechnet werden und lautet in invarianter Form

$$\frac{d\sigma}{dq^2}(e\pi \to e\pi) = \frac{4\pi\alpha^2}{q^4}(1-y) \ . \tag{5.49}$$

Experimentell sind die Abweichungen von diesen Vorhersagen aufgrund der hadronischen Natur der Pionen am interessantesten. Auch diese werden durch Formfaktoren beschrieben, mit denen die Streuamplitude multipliziert wird. Da die π-Mesonen Spin 0-Teilchen sind, gibt es nur *einen* Formfaktor, der für den zeitartigen Prozeß mit $F_\pi(s)$ und für den raumartigen Prozeß mit $F_\pi(q^2)$ bezeichnet wird.

Qualitativ ist klar, daß im Bereich von $s \approx m_\rho^2$ die Größe $|F_\pi(s)|^2$ die Gestalt einer Breit-Wigner-Resonanzkurve annimmt. Wenn andererseits die Elektron-Pion-Streuung durch ein QCD-Bild analog zur Abb. 5.8 beschrieben wird, erwartet man

$$F_\pi(q^2) \sim \frac{1}{|q^2|} \ , \tag{5.50}$$

da nur *eine* Quarklinie umgebogen werden muß. Beide Überlegungen werden im Experiment bestätigt; für die vielen wichtigen Details muß ich jedoch den Leser auf die Literatur [Wij79] verweisen.

Übungen

5.4 Stellen Sie sich vor, Sie erhalten die Aufgabe, die Formfaktoren des Protons für $|q^2| = 1\,\text{GeV}^2$ durch Messen der Winkelverteilung der Elektronen zwischen 5° und 90° zu bestimmen. Welche Energien haben dann die ein- und auslaufenden Elektronen beim größten und kleinsten Streuwinkel?

5.5 Welcher Ladungsverteilung entspricht das Dipolgesetz des elektrischen Formfaktors?

5.3 Inelastische Elektron-Nukleon-Streuung

5.3.1 Der Wirkungsquerschnitt im Quarkmodell

Die Streuung von Elektronen an Quarks ist einer direkten experimentellen Überprüfung anscheinend nicht zugänglich, da es keine freien Quarks gibt, wie wir mehrfach betont haben. Von Feynman stammt aber eine scharfsinnige Überlegung, in der er zeigte, daß ein Proton (oder Neutron) mit sehr hoher

Energie als ein Strahl kollinearer freier Quarks angesehen werden kann. Der Energieunterschied zwischen einem Proton und einer Anzahl von Quarks, deren Impulssumme durch den Impuls des Protons gegeben ist, beträgt

$$\Delta E = \sqrt{\boldsymbol{P}^2 + M^2} - \sum_i \sqrt{k_{\mathrm{L},i}^2 + k_{\mathrm{T},i}^2 + m_i^2} \ . \tag{5.51}$$

Der erste Term auf der rechten Seite ist die Energie eines Protons mit dem Impuls $\boldsymbol{P}$. Im zweiten Term wird über die beitragenden Quarks summiert, und die Impulse der Quarks werden in Komponenten k_L parallel und k_T senkrecht zum Impuls des Protons aufgespalten. Im Grenzfall sehr hoher Werte von $|\boldsymbol{P}|$ werden auch die einzelnen $k_{\mathrm{L},i}$ sehr groß. Dann kann die Wurzel in eine Reihe entwickelt werden, und es folgt

$$\Delta E = \frac{M^2}{2|\boldsymbol{P}|} - \sum_i \frac{k_{\mathrm{T},i}^2 + m_i^2}{2k_{\mathrm{L},i}} \ . \tag{5.52}$$

Dies bedeutet aber, daß ΔE in einem Bezugssystem sehr hoher Impulse des Protons, dem sog. *infinite momentum frame*, unmeßbar klein wird. Eine verschwindende Verletzung des Energieerhaltungssatzes bedingt aber nach der Heisenbergschen Unschärferelation eine große Lebensdauer des Zwischenzustandes kollinearer Quarks. Es ist also sehr wahrscheinlich, daß das Proton in einen solchen Zustand übergeht. Die Elektron-Proton-Streuung wird daher durch das Diagramm der Abb. 5.12 beschrieben. Das in der Abbildung rechts unten einlaufende Proton geht im *infinite momentum frame* in einen Zustand kollinearer Quarks über (im Bild werden nur die drei Linien der Konstituentenquarks gezeigt). Das Elektron streut an einem dieser Quarks. Es handelt sich hier um eine typische Weizsäcker-Williams-Näherung, wie wir sie bei der Behandlung der Bremsstrahlung ausführlich diskutiert haben (Abschn. 3.3.1). Nach der Streuung hat eines der Quarks einen großen Transversalimpuls bekommen, die Quarks laufen auseinander, der Fragmentierungsprozeß beginnt. Genau wie bei der Annihilation erfolgen also ein Streuprozeß zwischen punktförmigen Teilchen bei einem Abstand $d \ll 1$ fm und die Hadronisierung bei einem Abstand $d \gg 1$ fm nacheinander. Auch jetzt wird nicht versucht, die Übergangswahrscheinlichkeiten in einzelne Endzustände zu berechnen, sondern es werden alle Endzustände X zugelassen. Zusammengefaßt sehen wir also, daß gerade in der inklusiven Streureaktion

$$e + p \to e + X \tag{5.53}$$

die zugrunde liegende Elektron-Quark-Streuung sichtbar wird.

Wir führen die quantitative Berechnung – wie bereits erwähnt – im *infinite momentum frame* durch. Bei hohen Werten von s ist das z.B. das Schwerpunktssystem. Bei einem Elektron-Proton-*collider* wie HERA, in dem Protonen von 920 GeV auf Elektronen von 28 GeV treffen, kann sogar das Laborsystem ganz anschaulich als ein solches Bezugssystem gelten. Da das einlaufende Nukleon als Strahl kollinearer Quarks aufgefaßt wird, bekommt jedes Quark mit dem Viererimpuls k^μ einen bestimmten Bruchteil x des Nukleon-Impulses P^μ

$$k^\mu = x P^\mu \tag{5.54}$$

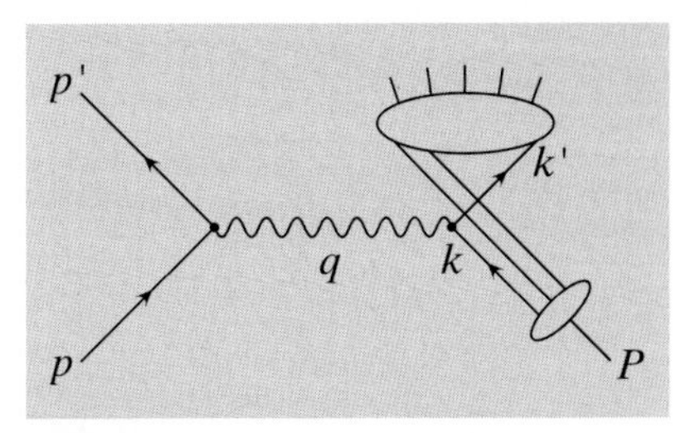

Abb. 5.12
Die inelastische Elektron-Nukleon-Streuung $e + p \to e + X$ im Quarkmodell. Der Graph enthält die im Text benötigte Definition der Viererimpulse der beteiligten Teilchen. Die Blase im oberen Teil der Abbildung symbolisiert die störungstheoretisch nicht erfaßbare Verwandlung der Quarks in die Hadronen des Endzustandes

mit $0 \leq x \leq 1$. Da wir weiter in der Hochenergienäherung verschwindender Quarkmassen bleiben, folgt aus $k^2 = x^2 P^2$, daß im Ansatz (5.54) auch die Masse des Nukleons im Viererimpuls P^μ vernachlässigt wird.

Es soll nun $q_f(x)$ die Verteilungsfunktion der Impulse eines Quarks der Sorte f im Nukleon sein, d.h. $q_f(x)\,\mathrm{d}x$ ist die Anzahl von Quarks der Sorte f mit relativen Impulsen zwischen x und $x + \mathrm{d}x$, $(f = u, d, ...)$. Entsprechend beschreibt $\bar{q}_f$ die Verteilung der Antiquarks. Der Wirkungsquerschnitt der Elektronenstreuung an den Quarks und Antiquarks im Nukleon folgt nun unmittelbar mit Hilfe von (3.172)

$$\frac{\mathrm{d}\sigma^{eq}}{\mathrm{d}q^2} = \frac{4\pi\alpha^2}{q^4}\left(1 - y + \frac{y^2}{2}\right)\sum_f Q_f^2[q_f(x) + \bar{q}_f(x)]\,\mathrm{d}x \ . \tag{5.55}$$

Wenn wir jetzt, wie gerade besprochen, über alle Übergangswahrscheinlichkeiten in bestimmte Endzustände summieren, gibt (5.55) den zweifach differentiellen Wirkungsquerschnitt für die Elektron-Nukleon-Streuung

$$\frac{\mathrm{d}^2\sigma^{eN}}{\mathrm{d}q^2\,\mathrm{d}x} = \frac{4\pi\alpha^2}{q^4}\left(1 - y + \frac{y^2}{2}\right)\frac{F_2(x)}{x} \tag{5.56}$$

wieder. Hierin wurde gleichzeitig die sog. Strukturfunktion F_2 als Abkürzung für

$$F_2(x) = x\sum_f Q_f^2[q_f(x) + \bar{q}_f(x)] \tag{5.57}$$

eingeführt. Zunächst erscheint diese Formel aber noch wenig hilfreich, da die Variable y gemäß (3.168) im Elektron-Quark-System definiert ist. Außerdem wird der Wirkungsquerschnitt als Funktion des Quarkimpulses in einem bestimmten Bezugssystem angegeben, während man experimentell gewohnt ist, ihn in Abhängigkeit von q^2 und W, der invarianten Masse der erzeugten Hadronen zu messen.

Die beiden dimensionslosen Variablen x und y lassen sich aber problemlos durch Invarianten des Elektron-Nukleon-Streuprozesses ausdrücken. Aufgrund der Relation $k^\mu = xP^\mu$ folgt aus (3.168) unmittelbar

$$y = \frac{q \cdot P}{p \cdot P} \ , \tag{5.58}$$

und damit bleibt insbesondere die Beziehung (5.27) für ein ruhendes *target* weiterhin richtig. Aus der Viererimpulserhaltung $q + k = k'$ am Photon-Quark-Vertex berechnet man sofort

$$q^2 + 2q \cdot k = 0 \tag{5.59}$$

und daher

$$x = \frac{|q^2|}{2q \cdot P} \ . \tag{5.60}$$

Da die invariante Masse der erzeugten Hadronen aber durch

$$W^2 = (q+P)^2 \tag{5.61}$$

definiert ist, wird die Variable x sehr einfach aus den Observablen q^2 und W^2 zu

$$x = \frac{|q^2|}{W^2 + |q^2| - M^2} \tag{5.62}$$

berechnet. Hieraus ergibt sich, daß der Wertebereich von x auf

$$0 \leq x \leq 1 \tag{5.63}$$

eingeschränkt ist, wie es sein muß, da x ja anschaulich dem Impulsbruchteil der Quarks im *infinite momentum frame* entspricht. Der Grenzfall $x \to 1$ wird für die elastische Streuung, $W = M$, erreicht.

Aus (5.58) und (5.60) können wir noch einen nützlichen Zusammenhang zwischen x und y ableiten,

$$|q^2| = 2xyp \cdot P = xys_0 \ , \tag{5.64}$$

wobei $s_0 = s - M^2$ in s übergeht, wenn M^2 vernachlässigt wird. Insbesondere gilt $s_0 = 2EM$ für Experimente mit ruhendem Target und $s_0 = 4EE_p$ an einem Elektron-Proton-Speicherring wie HERA.

Die Beziehung (5.56) enthält einige sehr wichtige physikalische Aussagen:

- Da $1 - y + y^2/2$ auf Werte zwischen 0,5 und 1 beschränkt ist, fällt der inelastische Wirkungsquerschnitt bei festem x nur wie etwa $1/q^4$ ab. Vergleichen Sie dies mit dem $1/q^{12}$ Gesetz der elastischen Streuung!
- Die durch den „punktförmigen" Querschnitt (3.172) geteilten Meßwerte hängen nur noch von x also dem Verhältnis von $|q^2|$ zu $(|q^2| + W^2)$ und nicht separat von q^2 und W^2 ab. Man nennt dies „Skalenverhalten". Ein besonders schönes Beispiel aus der Frühzeit der Experimente zur Elektron-Proton-Streuung zeigt das Skalenverhalten der Strukturfunktion F_2 in eindrucksvoller Weise (Abb. 5.13).
- Durch Messungen der inelastischen Elektron-Nukleon-Streuung kann man experimentell die Impulsverteilung der Quarks im Nukleon bestimmen. Die Bewegung der Quarks im Nukleon läßt sich fast wie in einem Mikroskop beobachten.

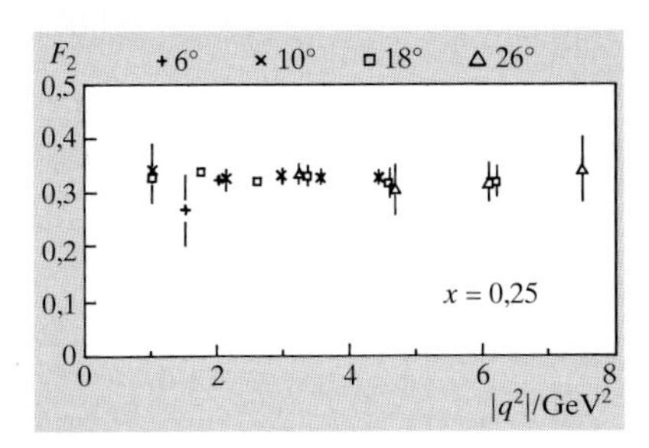

Abb. 5.13
Das Skalenverhalten der Strukturfunktion F_2 bei $x = 0{,}25$ und $1 \leq |q^2| < 8\ \mathrm{GeV}^2$, wie es in den Experimenten am SLAC gefunden wurde

Das Skalenverhalten der Strukturfunktion F_2 wurde 1968 am SLAC durch Messungen der Elektronenstreuung an Wasserstoff entdeckt.[7] Die Größe des Wirkungsquerschnitts und der schwache Abfall mit dem Impulsübertrag waren ungeheuer überraschend. Sehr allgemeine theoretische Überlegungen von Bjorken ließen skalierende Strukturfunktionen für große $|q^2|$ und W^2 erwarten [Bjo79]. Die Variable x ist deshalb auch als Bjorkensche Skalenvariable bekannt. Die Elektronenstreuung bei großen $|q^2|$ und großen W^2, aber nicht zu kleinen x-Werten, wird häufig als „tief inelastisch" bezeichnet.[8] Ähnlich wie bei der Elektron-Positron-Annihilation zeigen sich aber die wesentlichen Züge der durch die Quarks bestimmten Physik schon bei relativ geringen Werten von $|q^2|$ und W^2.

[7] Die Amerikaner Jerome F. Friedmann (geb. 1930) und Henry W. Kendall (1926–1999) sowie der Kanadier Richard E. Taylor (geb. 1929) erhielten für diese Entdeckung 1990 den Nobelpreis für Physik.

[8] Wahrscheinlich eine unpassende Übersetzung des englischen *deeply inelastic scattering*.

5.3.2 Allgemeine Form des Wirkungsquerschnitts

Bevor wir die Messungen von F_2 diskutieren, müssen wir uns noch weiter mit der wichtigen Kinematik der Elektron-Nukleon-Streuung beschäftigen.

Bei der Diskussion der elastischen Streuung haben wir gesehen, daß es zwei Formfaktoren gibt. Ebenso ist i.allg. die inelastische Elektron-Nukleon-Streuung durch zwei Strukturfunktionen F_1 und F_2 bestimmt. Ihre Definition erfolgte historisch durch Berechnung der allgemeinsten Form des Produkts von zwei elektromagnetischen Hadronströmen [Bar97]. In der hier verwendeten modellmäßigen Ableitung bekommt man eine zweite Strukturfunktion, wenn man neben den Quarks als weitere elementare Konstituenten (*Partonen*) des Protons noch geladene Spin 0-Teilchen zuläßt. Denn es ist a priori nicht sicher, daß es im Nukleon nur Fermionen als Konstituenten gibt. Mit Hilfe der Beziehung (5.49) berechnet man – entsprechend dem Vorgehen bei der Ableitung von (5.56) – den Beitrag der skalaren Partonen zu

$$\frac{\mathrm{d}^2\sigma^{eN}}{\mathrm{d}q^2} = \frac{4\pi\alpha^2}{q^4}(1-y)\sum_g Q_g^2 p_g(x)\,\mathrm{d}x \ , \tag{5.65}$$

wobei $p_g(x)$ die Verteilungsfunktion der skalaren Partonen im Nukleon ist. Die Flavorsorte g dieser hypothetischen Partonen hat natürlich nichts mit den schon bekannten Quarks zu tun, und die Summe erstreckt sich über Teilchen und Antiteilchen. Mit den Definitionen

$$F_2 = \sum_f Q_f^2 x[q_f(x) + \bar{q}_f(x)] + \sum_g Q_g^2 x p_g(x) \tag{5.66}$$

und

$$F_1 = \sum_f \frac{1}{2} Q_f^2 [q_f(x) + \bar{q}_f(x)] \tag{5.67}$$

folgt bei gleichzeitigem Übergang zu den Differentialen $\mathrm{d}q^2$ und $\mathrm{d}x$ die Basisformel der inelastischen Elektron-Nukleon-Streuung

$$\frac{\mathrm{d}^2\sigma^{eN}}{\mathrm{d}q^2\,\mathrm{d}x} = \frac{4\pi\alpha^2}{q^4 x}\Big((1-y)F_2(x,q^2) + xy^2 F_1(x,q^2)\Big) \ . \tag{5.68}$$

Hierin haben wir noch eine Abhängigkeit der Strukturfunktionen von q^2 zugelassen, die im ursprünglichen Quarkmodell nicht auftritt. Dieses entspricht offenbar dem Spezialfall

$$p_g(x) = 0 \tag{5.69}$$

für alle g, also

$$F_2(x) = 2xF_1(x) \ . \tag{5.70}$$

Die letzte Beziehung ist als Callan-Gross-Relation bekannt. Die Abb. 5.14 demonstriert in wohl überzeugender Weise, daß die geladenen Partonen im Nukleon den Spin 1/2 tragen! Genauere Messungen zeigen geringfügige, aber systematische Abweichungen von der Callan-Gross-Relation auf. Im Rahmen

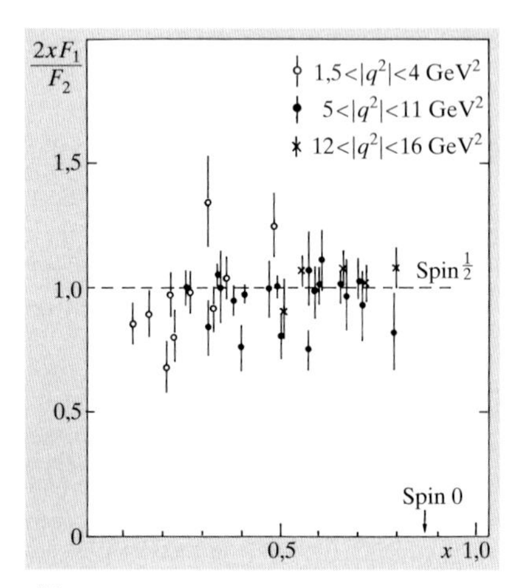

Abb. 5.14
Experimenteller Test der Callan-Gross-Relation

der QCD ist es jedoch nicht mehr nötig, auf Spin 0-Partonen zurückzugreifen. Die Abstrahlung von Gluonen, also eine typische QCD-Korrektur, wie sie schon bei der Elektron-Positron-Vernichtung besprochen wurde, führt zu einer kleinen, berechenbaren Modifikation der Beziehung (5.70). Eine weitere Möglichkeit, die Callan-Gross-Relation zu ändern, besteht darin, die strikte Kollinearität der einlaufenden Quarks aufzugeben. Diese bekommen also den typischen mittleren Transversalimpuls von 300 MeV, der dem Einschluß der Quarks in einem Nukleon mit dem Radius 1 fm entspricht.

Die inelastische Elektron-Nukleon-Streuung läßt sich auch als Absorption virtueller Photonen interpretieren. In dieser Interpretation nimmt z.B. der Querschnitt für die Streuung von Elektronen an einem Proton oder Neutron die intuitiv ansprechende Form

$$\frac{\mathrm{d}^2\sigma^{eN}}{\mathrm{d}q^2\,\mathrm{d}y} = \Gamma_{\mathrm{t}}\sigma_{\mathrm{t}}(q^2, W^2) + \Gamma_\ell\sigma_\ell(q^2, W^2) \tag{5.71}$$

an. Hierin ist $\Gamma_{\mathrm{t}}\,\mathrm{d}q^2\,\mathrm{d}y$ die Anzahl transversal polarisierter Photonen, die von einem Elektron abgestrahlt werden, das im Intervall $\mathrm{d}q^2\,\mathrm{d}y$ beobachtet wird. Entsprechend ist der Flußfaktor Γ_ℓ für die longitudinalen Photonen definiert. σ_{t} und σ_ℓ sind die zugehörigen totalen Photoabsorptionsquerschnitte der Reaktion $\gamma^* + N \to X$, worin γ^* ein virtuelles Photon bedeutet.

Unter Ausnutzung der Definitionen

$$2xF_1 = \frac{|q^2|}{4\pi^2\alpha}\sigma_{\mathrm{t}} \tag{5.72}$$

und

$$F_2 = \frac{|q^2|}{4\pi^2\alpha}(\sigma_{\mathrm{t}} + \sigma_\ell) \tag{5.73}$$

finden wir durch Vergleich von (5.68) mit (5.71) unter Zuhilfenahme von $\Gamma_\ell = \epsilon\Gamma_{\mathrm{t}}$

$$\Gamma_{\mathrm{t}} = \frac{\alpha}{2\pi|q^2|y}(1 + (1-y)^2) \tag{5.74}$$

bzw.

$$\epsilon = \frac{2(1-y)}{1 + (1-y)^2} \quad . \tag{5.75}$$

Diese Gleichungen sind in der Form identisch zum Flußfaktor (3.249) und zum Polarisationsparameter (3.251) der QED, in denen z der Impulsbruchteil des von einem schnellen Elektron abgestrahlten Photons war. Mit $q^\mu = zp^\mu$ folgt aus (5.58) in der Tat $y = z$.

Viele Anwender bevorzugen die Darstellung des Querschnitts (5.71) in Abhängigkeit von den Differentialen $\mathrm{d}\Omega'$ und $\mathrm{d}E'$. Die Umrechnung ist mit Hilfe der Beziehung

$$\frac{\mathrm{d}q^2\,\mathrm{d}x}{\mathrm{d}\Omega'\,\mathrm{d}E'} = \frac{E'x}{\pi y} \tag{5.76}$$

leicht möglich. Diese ist sowohl im Ruhesystem des Protons als auch in einem Bezugssystem hoher Nukleon-Impulse (also z.B. im HERA-System oder im Schwerpunktssystem) gültig.

Vertiefung

Der in (5.72) und (5.73) definierte Zusammenhang zwischen Strukturfunktionen und Wirkungsquerschnitten ist nicht zwingend. Die von L. Hand ursprünglich für die Elektronenstreuung an ruhenden Protonen abgeleiteten Flußfaktoren [Han63] lauten

$$\Gamma_t' = \frac{\alpha K E'}{2\pi^2 |q^2| E} \frac{1}{1-\epsilon'}$$
$$\frac{1}{\epsilon'} = 1 + 2\frac{|q^2| + \nu^2}{|q^2|} \tan^2(\Theta/2) \ . \quad (5.77)$$

Sie beschreiben das Spektrum der Photonen, die von einem im Phasenraumelement $d\Omega\, dE'$ nachgewiesenen Elektron stammen. In diesen Formeln sind die Größen ν und K durch

$$\nu = E - E' \ , \quad (5.78)$$

bzw.

$$K = \nu - \frac{|q^2|}{2M} \quad (5.79)$$

definiert. Ersichtlich ist K die Energie eines virtuellen Photons, die für ruhende Nukleonen zum selben Wert von W führt wie die Absorption eines reellen Photons der Energie ν. Sie wird daher äquivalente Photonenergie genannt. Die Handschen Formeln führen zum Zusammenhang

$$2xF_1 = \frac{|q^2|}{4\pi^2\alpha}\sigma_t(1-x) \quad (5.80)$$

und

$$F_2 = \frac{|q^2|}{4\pi^2\alpha}(\sigma_t + \sigma_\ell)(1-x) \quad (5.81)$$

zwischen Wirkungsquerschnitten und Strukturfunktionen, falls Terme mit $M \ll \sqrt{s}$ vernachlässigt werden.

Die totalen Querschnitte σ_t und σ_ℓ (und damit auch F_1 und F_2) hängen neben der Schwerpunktsenergie W natürlich im allgemeinen Fall noch von der Masse $\sqrt{q^2}$ der virtuellen Photonen ab. Wir haben hingegen schon weiter oben abgeleitet, daß im Quarkmodell die Wirkungsquerschnitte nur noch Funktionen der Skalenvariablen x sind. Beim Übergang vom einfachen Quarkmodell zur QCD wird jedoch das Skalenverhalten durch die Abstrahlung von Gluonen in einer wohldefinierten Weise gebrochen. Eine ausführlichere Behandlung der QCD-Korrekturen muß jedoch noch bis zum übernächsten Abschnitt warten.

In (5.71) ist auch der Übergang zur sog. Photoproduktion enthalten, d.h. zur Erzeugung von Hadronen durch Reaktionen der Art

$$\gamma + N \to X \ , \tag{5.82}$$

wie sie an Beschleunigern, die Strahlen hochenergetischer Photonen erzeugen, gemessen werden. Im Grenzfall $|q^2| \to 0$ verschwindet σ_ℓ, da reelle Photonen keine longitudinale Feldkomponente haben. Der transversale Querschnitt $\sigma_t(W^2, q^2)$ geht in den Wirkungsquerschnitt $\sigma_{\gamma N}(W^2)$ der Photoproduktion über. In dieser Näherung gilt $W^2 = ys$ bei Vernachlässigung der Nukleonenmasse, und es kann über $|q^2|$ in (5.71) integriert werden. So wird die für Experimente mit Elektronenstrahlen wichtige Beziehung

$$\frac{\mathrm{d}\sigma}{\mathrm{d}y} = f_{\gamma/e}\sigma_{\gamma N}(y) \tag{5.83}$$

gewonnen. Der hier auftauchende Flußfaktor $f_{\gamma/e}$, also die Verteilungsfunktion der Photonen im Elektron, ist identisch zur QED-Formel (3.244) mit den Ersetzungen $z \to y$ und $k^2 \to q^2$.[9] Der Maximalwert von $|q^2|$ in der Integration muß den jeweils aktuellen experimentellen Bedingungen entnommen werden, die festlegen, bis zu welchen Winkeln die gestreuten Elektronen berücksichtigt werden.

5.3.3 Modelle und Ergebnisse für F_2^{eN}

Da das Proton die Wellenfunktion $|uud\rangle$ hat, könnte man ganz naiv erwarten, daß jedes der drei Quarks ein Drittel des Impulses trägt. Dieser Vorstellung entspricht die δ-funktionsartige Strukturfunktion der Abb. 5.15a. Ganz ähnlich wie in der Kernphysik bewirkt die Bindung im Potential jedoch eine Verschmierung dieser Linie durch die Fermi-Bewegung, so daß F_2^{ep} vielleicht eher wie in Abb. 5.15b aussehen wird. Die Verteilung ist stark asymmetrisch, was zum Teil darauf zurückzuführen ist, daß F_2 proportional zum Produkt $xq_f(x)$ ist.

Die Bindung wird durch Gluonaustausch zwischen den Quarks bewirkt. Neben den Prozessen der Abb. 5.16a werden im Nukleon dann aber auch Reaktionen der Art der Abb. 5.16b ablaufen. Dies bedeutet, daß die Wellenfunktion $|uud\rangle$ zu einfach ist und durch

$$|p\rangle = |uud(1 + u\bar{u} + d\bar{d} + s\bar{s} + ...)\rangle \tag{5.84}$$

ersetzt werden muß. Die ursprünglichen u- und d-Quarks (die Konstituentenquarks) nennen wir in Anlehnung an den chemischen Sprachgebrauch Valenzquarks, die durch Gluonabstrahlung erzeugten hingegen „Seequarks". Natürlich erwarten wir, daß diese ein relativ weiches Impulsspektrum haben werden, da sie durch Strahlungsprozesse erzeugt werden. Eine Verteilungsfunktion $q_s(x) \sim 1/x$ der Seequarks, wie sie dem Spektrum (3.260) der Bremsstrahlung entspricht, führt zu einem konstanten Beitrag zu F_2 und daher zu einer Gestalt der Strukturfunktion (Abb. 5.15c), die ungefähr den Messungen bei kleinen $|q^2|$ und x-Werten $\geq 10^{-2}$ entspricht. Wir werden bald sehen, wie dieses Modell durch QCD-Korrekturen entscheidend modifiziert wird.

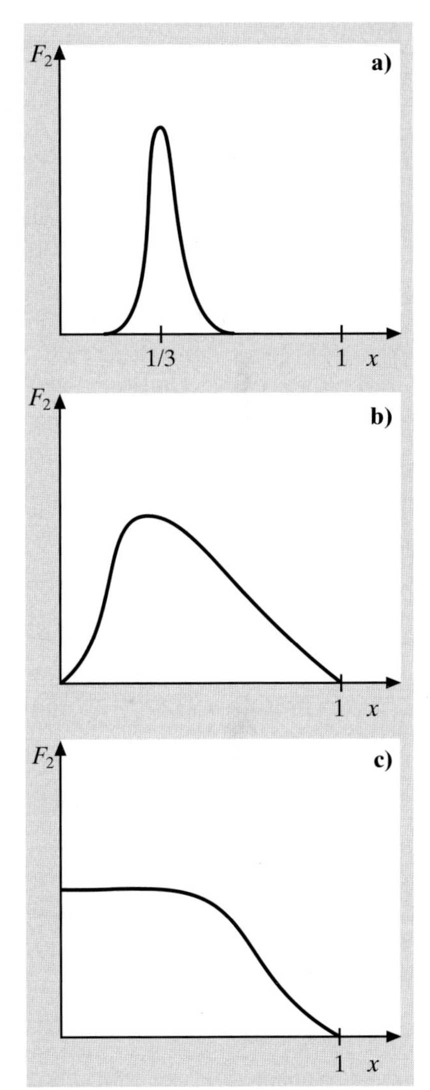

Abb. 5.15a–c
Der qualitative Verlauf der Strukturfunktion F_2 als Funktion von x. Die einzelnen Figuren werden im Text erläutert

[9] Natürlich gilt wegen der Universalität der Photon-Lepton-Wechselwirkung auch $f_{\gamma/e} = f_{\gamma/\mu}$.

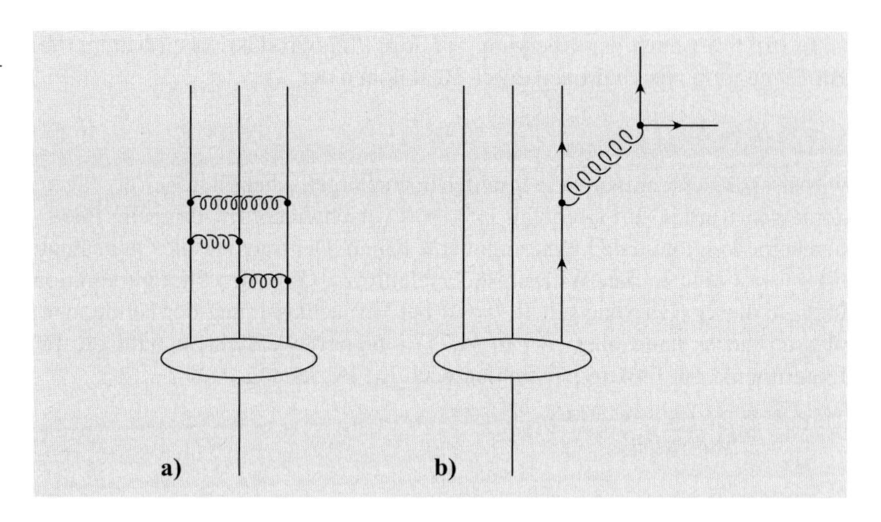

Abb. 5.16a,b
(**a**) Gluonaustausch und (**b**) Gluonabstrahlung im Nukleon

Der Zusammenhang (5.57) zwischen F_2 und den Verteilungsfunktionen der Quarks erlaubt uns, aus den Messungen wichtige Schlüsse über diese Funktionen zu ziehen. Unter Vernachlässigung der Beiträge schwerer Quarks können wir für die Protonstrukturfunktion zunächst

$$F_2^{ep} = x\left\{4/9[u(x)+\bar{u}(x)]+1/9[d(x)+\bar{d}(x)]+1/9[s(x)+\bar{s}(x)]\right\} \quad (5.85)$$

ansetzen. Die Normierungsbedingung der Quarkverteilungsfunktionen wird durch die Wellenfunktion des Protons zu

$$\begin{aligned}
&\int (u-\bar{u})\,\mathrm{d}x = 2\\
&\int (d-\bar{d})\,\mathrm{d}x = 1\\
&\int (s-\bar{s})\,\mathrm{d}x = 0
\end{aligned} \quad (5.86)$$

festgelegt. Damit wird garantiert, daß im Proton im Mittel zwei u- und ein d-Quark vorhanden sind.

Wir bezeichnen nun mit $\langle u|p\rangle$ die Amplitude, ein u-Quark im Proton zu finden. Die Verteilungsfunktion $u(x)$ ist proportional zum Quadrat dieser Amplitude. Entsprechende Relationen gelten auch für die anderen Funktionen $d(x)$, $s(x)$ usw. Die $SU2$-Transformation $U = U_2(\pi)$ verwandelt ein Proton in ein Neutron und ein u-Quark in ein d-Quark. Mit

$$\begin{aligned}
\langle u|p\rangle &= \langle u|U^{-1}U|p\rangle\\
&= \langle d|n\rangle
\end{aligned} \quad (5.87)$$

gilt also $u^p = d^n$, oder, da die nichtindizierten Verteilungsfunktionen für das Proton gelten sollen,

$$d^n(x) = u(x) \ . \quad (5.88)$$

Die Strukturfunktion des Neutrons wird aufgrund dieser Rotationen in die Form

$$F_2^{en} = x\left\{1/9[u(x)+\bar{u}(x)]+4/9[d(x)+\bar{d}(x)]+1/9[s(x)+\bar{s}(x)]\right\} \quad (5.89)$$

gebracht.

Aus den Parametrisierungen (5.85) und (5.89) wird klar, daß durch Messung der Elektron-Nukleon-Streuung *allein* die einzelnen Anteile $u, \bar{u}, \ldots$ nicht ohne weitere Annahmen voneinander getrennt werden können. Aus der Differenz $F_2^{ep} - F_2^{en}$ läßt sich aber mit Hilfe solcher Annahmen der Beitrag der Valenzquarks bestimmen. Dazu teilen wir die u- und d-Funktionen in einen Valenz- und einen Seeanteil auf,

$$\begin{aligned} u &= u_\mathrm{v} + u_\mathrm{s} \\ d &= d_\mathrm{v} + d_\mathrm{s} \ . \end{aligned} \quad (5.90)$$

Die *strange*-Quarks und alle Antiquarks finden wir nur im See. Mit der zusätzlichen Annahme, daß die Verteilung der Seequarks für alle Quarksorten gleich ist, folgt jetzt sofort

$$F_2^{ep} - F_2^{en} = \frac{x}{3}(u_\mathrm{v} - d_\mathrm{v}) \ , \quad (5.91)$$

und wenn wir weiter vereinfachend ansetzen, daß der Unterschied zwischen u_v und d_v nur in der Normierung liegt, ist die rechte Seite dieser Gleichung durch $xu_\mathrm{v}/6$ gegeben. Die experimentellen Ergebnisse der Abb. 5.17 folgen sehr schön den qualitativen Überlegungen, die wir schon weiter oben angestellt haben (Abb. 5.15).

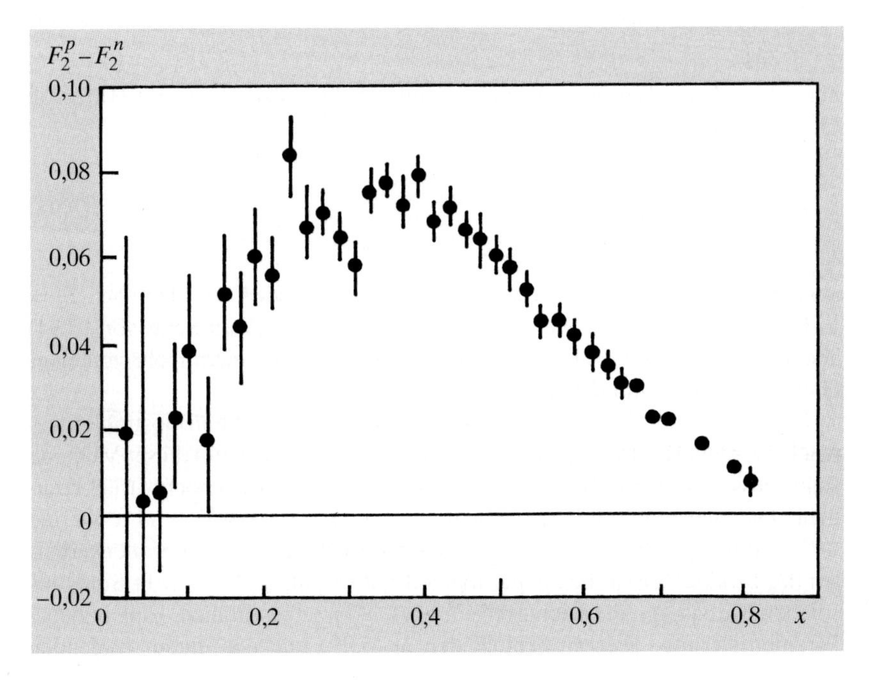

Abb. 5.17
Der aus den Proton- und Neutrondaten gewonnene Beitrag der Valenzquarks zu F_2

Besonders interessant ist das Integral der Strukturfunktionen. Da die Summe der Partonen-Impulse gleich dem Nukleon-Impuls sein muß, gilt

$$\int_0^1 x(u+\bar{u}+d+\bar{d}+s+\bar{s})\,\mathrm{d}x = 1-\varepsilon \ , \tag{5.92}$$

wobei ε der Bruchteil des Impulses ist, der von neutralen Partonen, also z.B. den Gluonen, getragen wird. Weil die *strange*-Quarks nur im See vorkommen, sollten sie sehr wenig zur Impulssumme beitragen. Messungen der inelastischen Neutrino-Nukleon-Streuung (Abschn. 6.2.6) zeigen, daß der Anteil der *strange*-Quarks zur Impulssumme (5.92) nur etwa 6 % beträgt. Aus der Summe von (5.85) und (5.89) erhalten wir daher bei Vernachlässigung der *strange* Quarks

$$\frac{9}{5}\int (F_2^{ep}+F_2^{en})\,\mathrm{d}x = 1-\varepsilon \ . \tag{5.93}$$

Die experimentellen Untersuchungen dieser Summenregel geben einen Wert von etwa $0{,}54 \pm 0{,}04$ für die linke Seite der Gleichung. Fast die Hälfte des Nukleon-Impulses steckt also in den Gluonen. Dieses überraschende Ergebnis zeigt beispielhaft, wie sich aus den Experimenten der inelastischen Lepton-Nukleon-Streuung fundamentale Aussagen über Quarks und Gluonen im Inneren der Nukleonen gewinnen lassen.

Auch aus der Differenz von F_2^{ep} und F_2^{en} kann eine interessante Summenregel gewonnen werden, die auf Gottfried zurückgeht. Dazu wird das Integral

$$I_{\mathrm{G}} = \int_0^1 (F_2^{ep}-F_2^{en})\,\frac{\mathrm{d}x}{x} \tag{5.94}$$

betrachtet. Nach Einsetzen von (5.85) und (5.89) wird daraus mit Hilfe von (5.86) die Beziehung

$$I_{\mathrm{G}} = \frac{1}{3}+\frac{2}{3}\int_0^1 (\bar{u}-\bar{d})\,\mathrm{d}x \tag{5.95}$$

abgeleitet. Falls wieder $\bar{u}(x)=\bar{d}(x)$ angenommen wird, gilt demnach $I_{\mathrm{G}} = 1/3$. Da der gemessene Wert des Integrals auf der rechten Seite von (5.94) aber deutlich unter $1/3$ liegt, wird in neueren Analysen nicht mehr von einer Gleichheit der $\bar{u}$- und $\bar{d}$-Verteilungen ausgegangen.

Messungen der Strukturfunktionen können auch mit Neutrinostrahlen gemacht werden. Der Beitrag einzelner Quarksorten läßt sich mit dieser Methode sogar besser isolieren. Darauf werden wir in Abschn. 6.2.6 noch zurückkommen. Die meisten Experimente wurden bei $|q^2| < 10\,\mathrm{GeV}^2$ und x-Werten $> 0{,}05$ durchgeführt. In diesem kinematischen Bereich ist das Skalenverhalten der Strukturfunktionen experimentell gut erfüllt, und es macht Sinn, aus solchen Messungen die Dichteverteilungen $q(x)$ zu bestimmen. Eine beliebte Parametrisierung [Eic86] benutzt den in (5.90) und den darauf folgenden

Zeilen beschriebenen Ansatz. Das Ergebnis ist in Abb. 5.18 zusammen mit der Gluondichte, auf deren Bestimmung wir im nächsten Abschnitt eingehen, wiedergegeben. In Formeln lautet es:

$$\begin{aligned} xu_\mathrm{v} &= 1{,}78\,x^{0,5}(1-x^{1,51})^{3,5} \\ xd_\mathrm{v} &= 0{,}67\,x^{0,4}(1-x^{1,51})^{4,5} \\ xu_\mathrm{s} &= 0{,}182\,(1-x)^{8,54} \\ xd_\mathrm{s} &= xu_\mathrm{s} \\ xs_\mathrm{s} &= 0{,}081\,(1-x)^{8,54} \\ xg &= (2{,}62+9{,}17x)(1-x)^{5,9} \quad . \end{aligned} \tag{5.96}$$

Diese empirischen Darstellungen dienen u.a. zur Abschätzung der Zählraten von Reaktionen, an denen Quarks und Gluonen beteiligt sind.

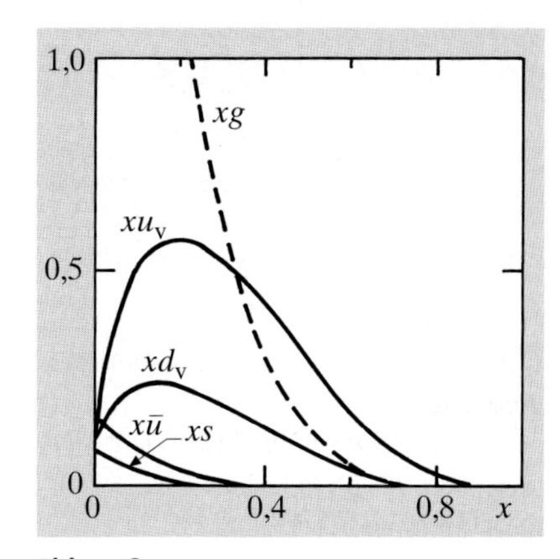

Abb. 5.18
Die Dichteverteilungen von Quarks und Gluonen nach Eichten et al. [Eic86]. Aufgetragen wurde $xq(x)$ bzw. $xg(x)$ als Funktion von x

5.3.4 QCD-Korrekturen

Die Korrekturen niedrigster Ordnung der QCD zur Elektronenstreuung im Quarkmodell berücksichtigen die Abstrahlung von Gluonen von dem am harten Streuprozeß teilnehmenden Quark. Die zugehörigen Diagramme sind in Abb. 5.19 zu sehen. Der harte Subprozeß ist jetzt die inelastische Streuung

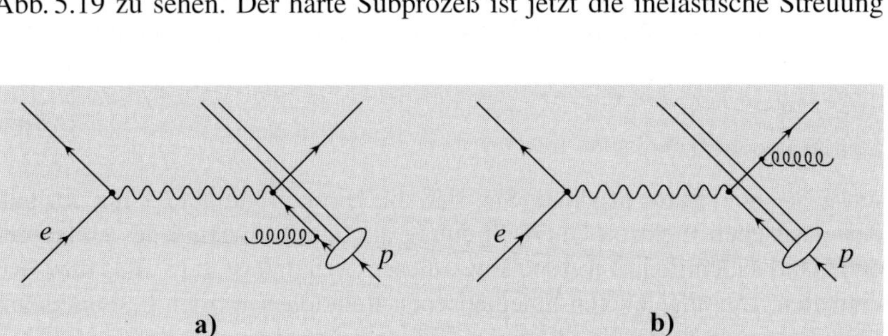

Abb. 5.19a,b
QCD-Korrekturen zur inelastischen Elektronenstreuung im Quarkmodell. Die Diagramme beschreiben die Abstrahlung eines Gluons vom (**a**) ein- bzw. (**b**) auslaufenden Quark

$e+q \to e+q+g$ (Gluonstrahlung) eines Elektrons an einem Quark der Sorte f mit dem Impulsbruchteil ξ. Der Beitrag dieser Diagramme zum Gesamtwirkungsquerschnitt kann analog zu (5.71) formuliert werden,

$$\frac{\mathrm{d}^2\sigma^{eN}}{\mathrm{d}q^2\,\mathrm{d}y} = \Gamma_\mathrm{t} \int\limits_{\hat{t}} \int\limits_{\xi=x}^{1} q_f(\xi) \frac{\mathrm{d}\sigma_\mathrm{t}}{\mathrm{d}\hat{t}}\,\mathrm{d}\hat{t}\,\mathrm{d}\xi + \Gamma_\ell \int\limits_{\hat{t}} \int\limits_{\xi=x}^{1} q_f(\xi) \frac{\mathrm{d}\sigma_\ell}{\mathrm{d}\hat{t}}\,\mathrm{d}\hat{t}\,\mathrm{d}\xi \quad . \tag{5.97}$$

Hierin sind $\mathrm{d}\sigma_\mathrm{t}/\,\mathrm{d}\hat{t}$ bzw. $\mathrm{d}\sigma_\ell/\,\mathrm{d}\hat{t}$ die differentiellen Wirkungsquerschnitte für den virtuellen QCD-Compton-Effekt

$$\gamma^* + q \to g + q \tag{5.98}$$

im $\gamma^* q$ Subsystem. Im entsprechenden Ausdruck für die Antiquarks werden die Dichten $q_f(\xi)$ durch die Antiquarkdichten $\bar{q}_f(\xi)$ ersetzt. Um die Formeln aber einigermaßen übersichtlich zu halten, beschränken wir uns in der Herleitung der QCD-Formeln auf die Quarks.

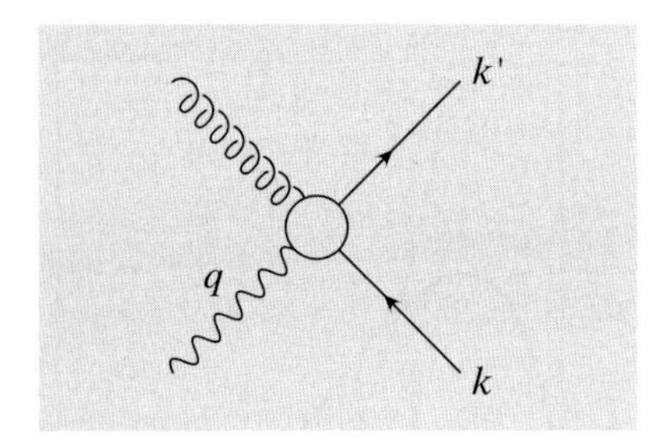

Abb. 5.20
Die QCD-Compton-Streuung $\gamma^* q \to gq$

Zunächst beschäftigen wir uns noch etwas mit der Kinematik dieser Reaktion und betrachten dazu das allgemeine Diagramm der Abb. 5.20. Aus der Erhaltung des Viererimpulses folgt sofort

$$(q+k)^2 = \hat{s} \ , \tag{5.99}$$

wobei wie immer mit masselosen Quarks gerechnet wurde.[10] Wir definieren nun die dimensionslose Variable

$$x_p = \frac{|q^2|}{2q \cdot k} \tag{5.100}$$

und erhalten mit (5.99)

$$x_p = \frac{|q^2|}{\hat{s} + |q^2|} \ . \tag{5.101}$$

Aus dem Vergleich mit (5.62) für $M = 0$ ergibt sich der Wertebereich von x_p,

$$x \leq x_p \leq 1 \ , \tag{5.102}$$

da $\hat{s}$ Werte zwischen 0 und W^2 annehmen kann.

Wir haben mit ξ den Bruchteil des Nukleonen-Impulses bezeichnet, den das einlaufende Quark übernimmt. Einsetzen in (5.60) und Vergleich mit (5.100) ergibt

$$\xi = \frac{x}{x_p} \tag{5.103}$$

mit $x \leq \xi \leq 1$. Bitte beachten Sie, daß die Bjorken-Variable x nur im Fall der elastischen Elektron-Quark-Streuung als Impulsbruchteil des einlaufenden Quarks identifiziert werden kann, dieser Grenzfall ist in (5.103) für $\hat{s} = 0$ enthalten. Die abgeleiteten kinematischen Relationen werden besonders anschaulich im Falle der Strahlung im Anfangszustand (*initial state radiation*), wie sie in Abb. 5.19a zu sehen ist. Das Quark mit dem Impulsbruchteil $\xi > x$ strahlt ein Gluon ab. Danach hat das mit dem Elektron *wechselwirkende* Quark einen Impulsbruchteil x_p vom einlaufenden Quark oder x vom Proton übernommen.

Der Wirkungsquerschnitt $\mathrm{d}\sigma_\mathrm{t}/\,\mathrm{d}\hat{t}$ kann nicht unmittelbar aus (3.235) entnommen werden, da in dieser Summe auch die Anteile von longitudinal polarisierten Photonen enthalten sind. Dieser Anteil beträgt

$$T_\ell^2 = \frac{4|q^2|\hat{t}}{(\hat{s} + |q^2|)^2} \tag{5.104}$$

und muß daher abgezogen werden. Mit $q^2 = -|q^2|$ lautet das Resultat

$$\frac{\mathrm{d}\sigma_\mathrm{t}}{\mathrm{d}\hat{t}} = \frac{8\pi Q_f^2 \alpha\alpha_\mathrm{S}}{3} \frac{1}{(\hat{s} + |q^2|)^2} \left(\frac{\hat{u}}{\hat{s}} + \frac{\hat{s}}{\hat{u}} + \frac{2q^2\hat{t}}{\hat{s}\hat{u}} + \frac{4q^2\hat{t}}{\hat{s} + |q^2|} \right) \ . \tag{5.105}$$

Beim Nachrechnen beachten Sie bitte, daß die Summe der Amplitudenquadrate zur Mittelung über die Polarisation der transversalen Photonen durch vier geteilt wurde und außerdem e^4 wieder durch $e^2 Q_f^2 g^2 c_\mathrm{F}$ zu ersetzen ist. Im

[10] Das Symbol q bezeichnet hier wie immer den Viererimpuls des ausgetauschten Photons, in der Reaktionsgleichung (5.98) steht es als Abkürzung für „Quark". Das zeigt nochmal den Konflikt der Wahl zwischen gängigen Bezeichnungen und Eindeutigkeit der verwendeten Symbole.

Gegensatz zur Annihilation müssen wir jetzt über die Farben der einlaufenden Quarks mitteln. Der Farbfaktor c_F beträgt daher 4/3 und nicht 4.

Die folgende Diskussion der Integrale in (5.97) wird durchsichtiger, wenn $\hat{s}$ durch x_p und $\hat{t}$ durch

$$z = \frac{k \cdot k'}{q \cdot k} = \frac{\hat{t}}{\hat{s} + |q^2|} \tag{5.106}$$

ersetzt wird. Man überzeugt sich leicht davon, daß z gemäß

$$z = \frac{1 - \cos \Theta^*}{2} \tag{5.107}$$

durch den Streuwinkel zwischen dem Gluon und dem Photon im γq-Schwerpunktsystem ausgedrückt werden kann. Damit sind auch die Integrationsgrenzen $0 \leq z \leq 1$ unmittelbar einsichtig.

Mit Hilfe dieser Variablen nimmt (5.105) die Gestalt

$$\frac{d\sigma_t}{dz} = \frac{8\pi Q_f^2 \alpha \alpha_S}{3} \frac{x_p}{|q^2|} \left(\frac{1 + x_p^2 z^2}{(1 - x_p)(1 - z)} + (1 - x_p)(1 - z) \right) \tag{5.108}$$

an. Die zur Berechnung von (5.97) nötigen Integrale lassen sich nun nicht ohne weiteres ermitteln, da in (5.108) wiederum die uns inzwischen vertrauten Divergenzen auftauchen. Die Divergenz für $z \to 1$ entspricht dem u-Pol der Compton-Streuung mit reellen Photonen, das bedeutet hier $\Theta^* = \pi$ oder im eq-System die Abstrahlung eines Gluons kollinear mit dem einlaufenden Quark. Der Pol bei $x_p \to 1$ entspricht $\hat{s} \to 0$ und bedeutet, daß das Gluon entweder sehr niederenergetisch (Infrarot-Divergenz) oder (im eq-System) kollinear mit dem auslaufenden Quark wird.

In der *leading-log*-Näherung (LL) werden nur die Terme berücksichtigt, die für $x_p \to 1$ und $z \to 1$ groß werden, (5.108) wird also durch

$$\frac{d\sigma_t}{dz} = \frac{8\pi Q_f^2 \alpha \alpha_S}{3} \frac{x_p}{|q^2|} \left(\frac{1 + x_p^2}{(1 - x_p)(1 - z)} \right) \tag{5.109}$$

ersetzt. Die Divergenz bei $z \to 1$ ist nicht vorhanden, wenn die Masse μ der Quarks berücksichtigt wird, da dann die obere Grenze von z durch $1 - 2\mu^2 x_p/|q^2|$ definiert ist. Die Masse eingeschlossener Quarks ist insbesondere für die u- und d-Quarks keine wohldefinierte Größe, und wir fassen daher μ als eine relativ frei wählbare Energieskala auf, die zur Regularisierung des divergenten Integrals über z dient. Die Durchführung der Integration hat nun

$$\sigma_t = 2\pi Q_f^2 \alpha \alpha_S \frac{x_p}{|q^2|} P^{qq} \ln \left(\frac{|q^2|}{\mu^2} \right) \tag{5.110}$$

mit

$$P^{qq} = \frac{4}{3} \frac{1 + x_p^2}{1 - x_p} \tag{5.111}$$

zum Ergebnis. Die Splitting-Funktion P^{qq} der Quarks ist auch schon altbekannt. Sie wird hier als Funktion des Impulsbruchteils x_p angegeben und ist – bis auf den Farbfaktor 4/3 – mit der Splitting-Funktion P^{ee} der QED aus (3.287) identisch. Genau genommen sollte das Argument des Logarithmus noch einen Faktor $2x_p$ enthalten, der aber ebenfalls vernachlässigt wird, da P^{qq} nur für $x_p \to 1$ große Beiträge liefert und μ frei wählbar ist.

Der longitudinale Querschnitt σ_ℓ enthält keine Divergenzen und kann in der LL-Näherung vernachlässigt werden. Den Zusammenhang (5.73) zwischen Wirkungsquerschnitt und Strukturfunktion bedenkend, liefert (5.110) für jede Quarksorte den Beitrag

$$\Delta F_2 = \frac{\alpha_S}{2\pi} Q_f^2 \ln \frac{|q^2|}{\mu^2} \int_x^1 x_p P^{qq}(x_p) q_f(\xi)\, \mathrm{d}\xi \tag{5.112}$$

der Diagramme in Abb. 5.19 zu F_2. Die verbleibende kollineare und infrarote Divergenz bei $x_p = 1$ wird wieder durch Hinzunahme der virtuellen Korrekturen behoben. Die Diskussion ist ziemlich kompliziert, aber wie in der QED läuft die Berücksichtigung dieser Korrekturen auf die Substitution von P^{qq} durch die regularisierte Splitting-Funktion P_+^{qq} hinaus. Diese ist im Kasten auf S. 231f. erläutert. Unter dem Integral von (5.112) ersetzen wir noch ξ durch x_p und wechseln von der Strukturfunktion direkt zu den Quarkdichten, die demnach jetzt durch

$$q_f(x, q^2) = q_f(x) + \frac{\alpha_S}{2\pi} \ln \frac{|q^2|}{\mu^2} \int_x^1 q_f\left(\frac{x}{x_p}\right) P_+^{qq}(x_p) \frac{\mathrm{d}x_p}{x_p} \tag{5.113}$$

gegeben sind.

Intuitiv scheint es nun vielversprechend zu sein, die Dichten $q_f(x)$ auf der rechten Seite mit den bei kleinen $|q^2|$ gemessenen Verteilungen zu identifizieren, da diese ja empirisch gut das Skalenverhalten erfüllen und sich relativ einfach parametrisieren lassen (5.96). Dies ist aber nicht konsequent, da wir nicht wissen, bei welcher Skala die Gluonabstrahlung beginnt. Es ist im Gegenteil sogar so, daß $q_f(x)$ in (5.113) eine prinzipiell nichtmeßbare „nackte" Partondichte ist, ganz ähnlich wie die nackte Ladung der QED aus Abschn. 3.1.4. Wir identifizieren daher jetzt die Ausgangsverteilungen mit den *renormierten* Quarkdichten $q_f(x, \mu_\mathrm{F}^2)$, die mit den nackten Verteilungen gemäß (5.113)

$$q_f(x, \mu_\mathrm{F}^2) = q_f(x) + \frac{\alpha_S}{2\pi} \ln \frac{\mu_\mathrm{F}^2}{\mu^2} \int_x^1 q_f\left(\frac{x}{x_p}\right) P_+^{qq}(x_p) \frac{\mathrm{d}x_p}{x_p} \tag{5.114}$$

verknüpft sind. Diese Renormierung wird so interpretiert, daß die Divergenzen der Integrale bei der sog. Faktorisierungsskala μ_F in die Definition der Partondichten absorbiert werden. Der Vergleich mit (5.113) zeigt nun, daß bis auf Terme der Ordnung α_S^2 die Partondichte $q_f(x, q^2)$ aus der Dichte $q_f(x, \mu_\mathrm{F}^2)$ mit Hilfe von

$$q_f(x, q^2) = q_f(x, \mu_\mathrm{F}^2) + \frac{\alpha_S}{2\pi} \ln \frac{|q^2|}{\mu_\mathrm{F}^2} \int_x^1 q_f\left(\frac{x}{x_p}, \mu_\mathrm{F}^2\right) P_+^{qq}(x_p) \frac{\mathrm{d}x_p}{x_p} \tag{5.115}$$

berechnet werden kann.

Die letzte Gleichung stellt eine fundamentale Vorhersage der QCD dar. Ausgehend von gemessenen Verteilungen bei einem beliebigen Wert $|q^2| = \mu_F^2$ sind die Quarkdichten bei jedem anderen $|q^2|$ berechenbar! Man sagt, die Evolution der Quarkdichten ist durch die QCD festgelegt. Formal entspricht (5.115) vollständig der Formel (3.131) für die renormierten Ladungen. Diese Analogie läßt sich noch weiter treiben. Die laufenden Kopplungen genügen einer Differentialgleichung (Übung auf S. 198). Für $q_f(x, q^2)$ kann ebenfalls eine Differentialgleichung gewonnen werden, wenn zunächst die führenden Logarithmen der Beiträge höherer Ordnung zu (5.115) berechnet werden. Die gesuchte Integro-Differentialgleichung lautet dann

$$\frac{q^2\,\mathrm{d}q_f(x, q^2)}{\mathrm{d}q^2} = \frac{\alpha_S(q^2)}{2\pi} \int_x^1 q_f\left(\frac{x}{x_p}, q^2\right) P_+^{qq}(x_p) \frac{\mathrm{d}x_p}{x_p} \quad . \tag{5.116}$$

Sie ist in der Struktur identisch zu der Gleichung, die durch Differenzieren von (5.115) erhalten werden kann, aber auf der rechten Seite finden wir jetzt die laufende Kopplungskonstante $\alpha_S(q^2)$ und die Partondichte q_f bei der Skala q^2. Die Gleichung enthält daher die bemerkenswerte Feststellung, daß die starke Kopplungskonstante durch Messung der Steigung der Partondichten, also auch der Steigung von $F_2(x, q^2)$, bestimmt werden kann.

Für eine quantitative Analyse der Verletzung des Skalenverhaltens reicht (5.116) noch nicht aus. Es muß nämlich bedacht werden, daß die Gluonen im Nukleon und das virtuelle Photon über die Paarerzeugung $\gamma^* g \to q\bar{q}$ zusätzliche Quarks und Antiquarks produzieren, an denen die Elektronen streuen können. Die Berücksichtigung dieser Photon-Gluon-Fusion ergibt einen weiteren Term in (5.115), dessen Struktur aber sehr ähnlich zum quarkinduzierten Term ist. Die Quarkdichte wird durch die Gluondichte g ersetzt, und an die Stelle der Splittingfunktion P_+^{qq} tritt die Splittingfunktion P^{qg}, welche die Aufspaltung eines Gluons in ein Quark-Antiquark-Paar beschreibt. Der zusätzliche Term läßt sich vermeiden, wenn Differenzen von Quarkdichten, wie z.B. $u - d$, betrachtet werden. Diese sog. *non singlet*-Verteilungen q^{NS} bekommen keine Beiträge von der Photon-Gluon-Fusion, da P^{qg} unabhängig von der Quarksorte ist.[11]

Experimentell kann die Entwicklung einer Quarkdichte q^{NS} durch die Betrachtung der *non singlet*-Strukturfunktion

$$F_2^{\mathrm{NS}} = F_2^p - F_2^n \tag{5.117}$$

studiert werden, da die zugehörige Partondichte gemäß (5.91) mit

$$q^{\mathrm{NS}} = u_{\mathrm{v}} - d_{\mathrm{v}} \tag{5.118}$$

angesetzt werden kann.

Die Evolution von q^{NS} ist durch (5.116) bestimmt. Dies ist eine der berühmten Altarelli-Parisi-Gleichungen [Bar97, Qui83], die häufig auch als DGLAP-Gleichungen (für Dokshitzer, Gribov, Lipatov, Altarelli und Parisi) bezeichnet werden.[12] Sie stehen ganz im Zentrum quantitativer Analysen der Nukleonstruktur. Wenn die Beschränkung auf q^{NS} aufgegeben wird, erhält man ein System gekoppelter Integro-Differentialgleichungen für die

[11] Der Name *non singlet* bezieht sich auf das Verhalten einer solchen Kombination von Quarkdichten unter Transformationen der *flavor*-Symmetriegruppe.

[12] Die bahnbrechende Arbeit [Alt77] von G. Altarelli und G. Parisi gehört mit über 2000 Zitaten zu den am häufigsten genannten wissenschaftlichen Veröffentlichungen. Durch den Namen „DGLAP-Gleichung" werden auch die Beiträge der russischen Theoretiker Y.N. Dokshitzer, V.N. Gribov und L.N. Lipatov gewürdigt.

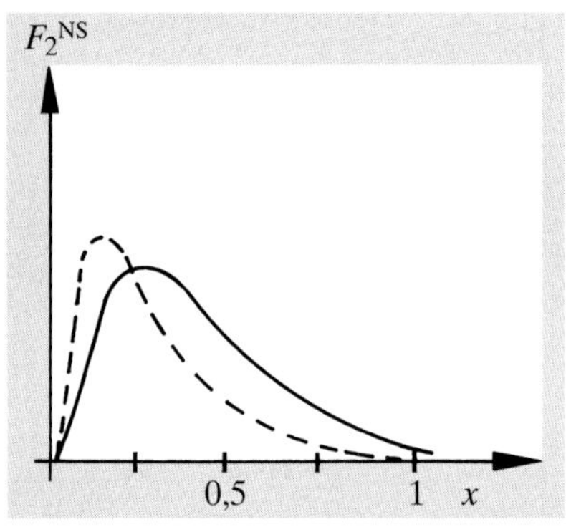

Abb. 5.21
Qualitative Änderung der Strukturfunktion F_2^{NS} mit $|q^2|$. Die *durchgezogene* Kurve zeigt den Verlauf bei kleinen Impulsüberträgen, während die *gestrichelte* Kurve für hohe Werte von $|q^2|$ gilt

Quarkdichten $q, \bar{q}$ und die Gluondichte g oder für die Linearkombinationen q^{NS}, q^{S} und g, wobei q^{S} als Singulett-Dichte bezeichnet wird. Dieses Gleichungssystem wird in vielen Lehrbüchern, z.B. [Bar97] ausführlich diskutiert.

Infolge der Vernachlässigung aller kleinen Terme ist in der LL-Näherung automatisch die Callan-Gross-Relation (5.70) erfüllt. In dieser Näherung gilt also $F_\ell = 0$ und

$$F_2 = x \sum_f Q_f^2 [q_f(x, q^2) + \bar{q}_f(x, q^2)] \ . \tag{5.119}$$

Es ist aber auch klar, daß ohne diese Vernachlässigung der kleinen Terme eine QCD-Vorhersage für die longitudinale Strukturfunktion

$$F_\ell = F_2 - 2xF_1 \tag{5.120}$$

erhalten werden kann. Der longitudinale Anteil der QCD-Compton-Streuung kann z.B. mit Hilfe von (5.104) berechnet werden. Hinzu kommt noch der Anteil der Photon-Gluon-Fusionsprozesse. Mit einer quantitativen Behandlung wollen wir aber jetzt ein ohnehin mit Theorie überladenes Kapitel nicht weiter befrachten, sondern uns noch der anschaulichen Interpretation der Strukturfunktion und den Meßergebnissen zuwenden.

Die $|q^2|$-Abhängigkeit der Strukturfunktion ist intuitiv einsichtig, da mit wachsenden Werten von $|q^2|$ ein immer größerer Phasenraum für Strahlungsprozesse zur Verfügung steht. Die Abstrahlung bewirkt, daß es weniger Quarks mit hohen Impulsen gibt und die Quarks bei kleinen x angereichert werden. Das Integral der Quarkdichten bleibt dabei konstant, da die Normierungsbedingungen (5.86) auch für die laufenden Quarkdichten gültig bleiben. Formal kann dies in unserer Näherung mit Hilfe von $\int_0^1 P_+^{qq}(x_p)\,\mathrm{d}x_p = 0$ bewiesen werden. Man erwartet also qualitativ ein Verhalten, wie es in Abb. 5.21 skizziert ist. Dies wird durch die Messungen glänzend bestätigt. Die Abb. 5.22 zeigt die Zusammenfassung der früheren Messungen an Beschleunigern mit einem externen Elektronen- oder Myonenstrahl und der am *ep-collider* HERA gewonnenen Resultate, diesmal aufgetragen als Funktion von $|q^2|$ mit x als Parameter zur Unterscheidung der Kurven. Die Präzision der Daten und der riesige überdeckte Bereich in der $|q^2|$, x-Ebene ist beeindruckend. Die eingezeichneten Kurven sind das Resultat einer QCD-Evolutionsanalyse in *next to leading order* (NLO), die nicht nur die Beiträge der führenden Logarithmen berücksichtigt. Bei den höchsten x-Werten sieht man eine schwache Verletzung des Skalenverhaltens, also ein langsames Abfallen der Strukturfunktion F_2 für $|q^2|$-Werte zwischen 5 und 20 000 GeV^2. Bei $x = 0{,}25$, das ist in der Nähe der Überkreuzung der beiden Kurven in Abb. 5.21, ist F_2 praktisch konstant. Interessanterweise wurde das Skalenverhalten der Strukturfunktion gerade bei diesen x-Werten entdeckt (Abb. 5.13). Schließlich wird für $x \leq 5 \cdot 10^{-3}$ eine deutliche Zunahme der Strukturfunktion bei wachsendem $|q^2|$ gefunden. Die x-Abhängigkeit widerspricht völlig dem Modell einer konstanten Strukturfunktion. Je größer $|q^2|$ wird, umso steiler steigt F_2 zu kleinen x-Werten hin an. Auch diese relativ starke Verletzung des Skalenverhaltens wird hervorragend von der perturbativen QCD beschrieben.

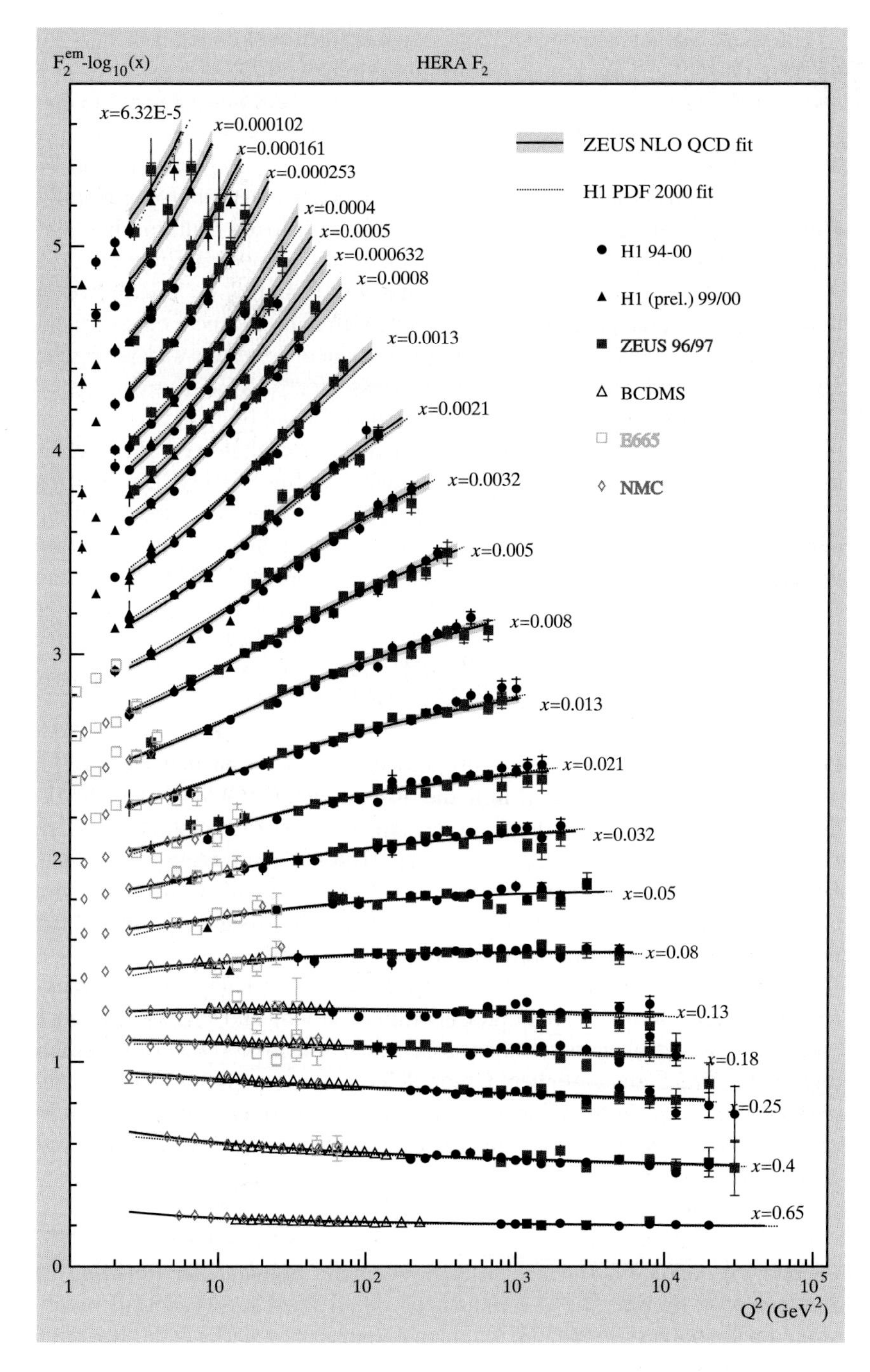

Abb. 5.22
Resultate der Experimente H1 und ZEUS am *ep-collider* HERA für die Strukturfunktion F_2 zusammen mit Ergebnissen früherer Experimente am ruhenden Proton. Mit Q^2 wird hier unsere Variable $|q^2|$ bezeichnet. Der bei hohen $|q^2|$-Werten mögliche Beitrag des Z^0-Bosons wurde rechnerisch abgezogen

Um diese Vorhersage der QCD besser würdigen zu können, machen wir uns klar, daß der im Quarkmodell bestimmte Grenzwert $F_2 \to \text{const}$ für $x \to 0$ auch der Erwartung für das Verhalten hadronischer Wirkunsquerschnitte entspricht. Bei festem $|q^2|$ bedeutet $x \to 0$ nach (5.62) $W^2 \to \infty$ und bei der üblichen Vernachlässigung von σ_ℓ in (5.73) erzwingt die Konstanz von F_2 einen konstanten Wirkungsquerschnitt σ_t bei hohen Schwerpunktsenergien W. Dies ist aber genau das Verhalten, das ein einfaches Modell hadronischer Wirkungsquerschnitte ergibt, wie es in Abschn. 7.6 erläutert wird. Ein moderater Anstieg mit W^2 (z. B. $\sigma_t \sim (W/W_0)^{2\epsilon}$ mit $\epsilon \approx 0.08$ und $W_0 = 1$ GeV), wie er in den Experimenten gefunden wurde, sollte sich dann in einem entsprechenden Anstieg $1/x^\epsilon$ der Strukturfunktion bei kleinen x-Werten widerspiegeln, falls dieser Bereich durch hadronische Prozesse dominiert wird.

Schon kurz nach der Entdeckung der asymptotischen Freiheit wurde darauf hingewiesen, daß die QCD ein ganz anderes Verhalten von F_2 vorhersagt [Ruj74]. Der tiefere Grund ist darin zu sehen, daß es in der QCD neben den QED-artigen Splitting-Funktionen P_{qq}, P_{gq}, P_{qg} aufgrund der Selbstkopplung der Gluonen auch noch eine Splitting Funktion P_{gg} gibt. Diese bestimmt im wesentlichen die Evolution der Gluondichte bei kleinen x-Werten mit dem Ergebnis [Sti96]

$$g(x, q^2) \sim \frac{1}{x} \exp \sqrt{\frac{144}{33 - 2n_f} \ln \frac{\ln |q^2|/\Lambda^2_{\text{QCD}}}{\ln \mu_F^2/\Lambda^2_{\text{QCD}}} \ln \frac{1}{x}} \ . \tag{5.121}$$

Diese Gluondichte steigt für $x \to 0$ stärker als $1/x^{1+\epsilon}$ an und zwar umso mehr, je größer $|q^2|$ wird. Durch die Kopplung der Gluon- und Quarkdichten wird so der beobachtete starke Anstieg von F_2 quantitativ erklärt. Die in Abb. 5.22 dokumentierte, von den HERA-Experimenten gefundene Übereinstimmung zwischen Theorie und Experiment über mehr als vier Größenordnungen in x und $|q^2|$ ist die vielleicht beste Bestätigung der perturbativen Quantenchromodynamik.

Wir haben gezeigt, daß die Brechung des Skalenverhaltens der Strukturfunktionen eine unmittelbare Folge der Gluonstrahlung und anderer gluonisch induzierter Reaktionen ist. Daher lassen sich die in der Elektronenstreuung nicht direkt zugänglichen Gluondichten $g(x, q^2)$ durch Analyse der q^2-Evolution von F_2 berechnen. Eine direktere und vielleicht anschaulichere Methode besteht in der Messung der inklusiven Photoproduktion von ψ-Mesonen,

$$\gamma + p \to \psi + X \tag{5.122}$$

in Strahlen reeller Photonen. Die experimentelle Signatur der Reaktion ist ziemlich klar, da man die ψ-Resonanzen durch ihren $\mu^-\mu^+$-Zerfall rekonstruieren kann. Die Gluonen im Nukleon erzeugen $c\bar{c}$-Quarks in der Reaktion der Paarerzeugung (Abb. 5.23a)

$$\gamma + g \to c + \bar{c} \ , \tag{5.123}$$

die man häufig auch „Gamma-Gluon-Fusion" nennt. Da das ψ ein Farbsingulett ist, muß zusätzlich ein (weiches) Gluon abgestrahlt werden (Abb. 5.23b).[13]

[13] Außerdem wird auf diese Weise ein Konflikt mit Yangs Theorem, Abschn. 2.4.7, vermieden, das den Übergang von zwei Photonen in ein Vektormeson verbietet.

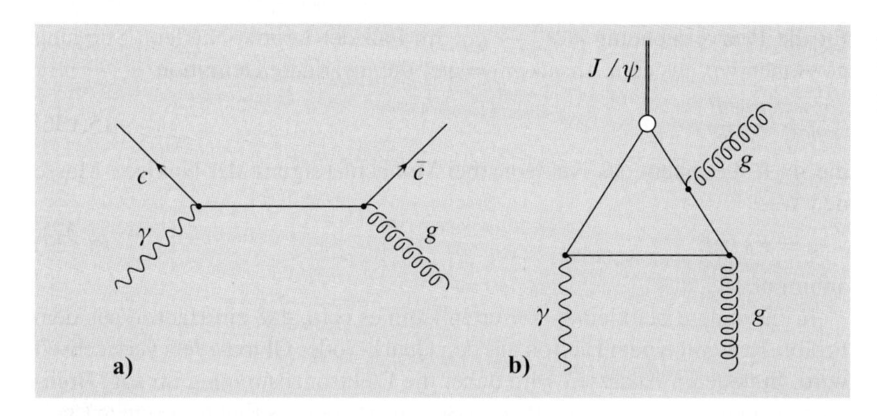

Abb. 5.23a,b
Die Erzeugung von (**a**) *charm*-Quarks und (**b**) J/ψ-Mesonen in der Gamma-Gluon-Fusion

In der Diskussion des letzten Abschnitts haben wir uns vom engen Zusammenhang der Photoproduktion und der Elektronenstreuung bei kleinen Impulsüberträgen überzeugt. Die Photoerzeugung von $c\bar{c}$ oder $b\bar{b}$ in der Gamma-Gluon-Fusion studiert man daher praktischerweise in der inelastischen Elektronenstreuung bei sehr kleinen Werten von $|q^2|$. Solche Untersuchungen werden z.B. am Elektron-Proton-Speicherring HERA in Hamburg durchgeführt.

5.3.5 Der Endzustand

Wie in der Elektron-Positron-Vernichtung formieren sich auch im Endzustand der tief inelastischen Lepton-Nukleon-Streuung die Hadronen zu *Jets*. Entsprechend der Abb. 5.12 besteht der Endzustand in der niedrigsten Ordnung aus einem Quark-Jet mit dem Transversalimpuls des gestreuten Elektrons und einem aus dem Protonrest gebildeten Jet, der im ep-Schwerpunktssystem entlang der Richtung des einfallenden Protons läuft. Um zwischen dem Jet vom Protonrest und dem Jet aus der harten Streuung zu unterscheiden, werden solche Topologien als $(1+1)$-Ereignisse bezeichnet. Ein bestimmter Bruchteil der Strahlungsprozesse der Abb. 5.19 und der $\gamma^* g \to q\bar{q}$ Prozesse führt dann zu $(2+1)$-Jet Ereignissen. Die genaue Zahl dieser Ereignisse hängt natürlich wieder vom Auflösungskriterium des Klassifizierungsalgorithmus ab.

Die in der Lepton-Nukleon-Streuung erzeugten Jets aus der harten Streureaktion sollten sich nach dem zugrundeliegenden Modell nicht von den Jets der e^-e^+-Annihilation unterscheiden. Ein wichtiger Test darauf besteht in der Untersuchung der in Abschn. 5.1.3 eingeführten Fragmentierungsfunktionen $D^h(z)$. Der Bruchteil z des Longitudinalimpulses, den ein Hadron (h) vom fragmentierenden Quark (q) übernimmt, kann durch

$$z = \frac{E_h}{E_q} \tag{5.124}$$

angenähert werden. Damit gilt im e^-e^+-Schwerpunktssystem

$$z = E_h/E \tag{5.125}$$

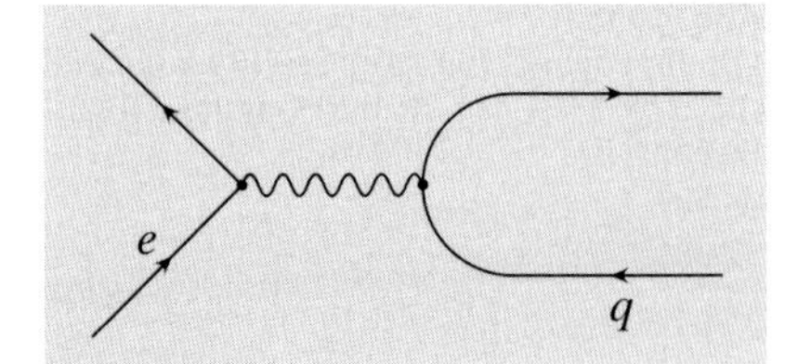

Abb. 5.24
Die Elektron-Quark-Streuung im Breit-System

für die Paarvernichtung $e^-e^+ \to q\bar{q}$. Im Fall der Lepton-Nukleon-Streuung gewinnen wir aus dem Ansatz $p_h^\mu = zk^\mu$ die invariante Definition

$$z = \frac{p_h \cdot P}{k \cdot P} \quad , \tag{5.126}$$

die im Ruhesystem des Nukleons bei Vernachlässigung der Nukleon-Masse den Wert

$$z = E_h/yE \tag{5.127}$$

annimmt.

Insbesondere bei kleinen z-Werten kann es sein, daß ein Hadron aus dem Proton-Rest mit einem Hadron aus den Quark- (oder Gluon-) Jets verwechselt wird. In neueren Analysen wird daher die Elektronenstreuung im sog. Breit-System analysiert. In diesem Bezugssystem erleidet das Elektron keinen Energieverlust, sondern nur eine Richtungsänderung. Es gilt also $q^2 = -\boldsymbol{q}_{\mathrm{B}}^2$ bzw.

$$q_{\mathrm{B}}^\mu = \left(0, 0, 0, \sqrt{|q^2|}\right) \quad . \tag{5.128}$$

Aus der Energie-Impuls-Erhaltung folgt, daß das einlaufende Quark in sich selbst reflektiert wird (Abb. 5.24), $\boldsymbol{k}' = -\boldsymbol{k}$ und

$$k'^\mu = \left(\sqrt{|q^2|}/2, 0, 0, \sqrt{|q^2|}/2\right) \quad . \tag{5.129}$$

Hierdurch wird eine maximale Trennung des Protonrests vom gestreuten Quark bewirkt. Dieses befindet sich in der sog. Strom-Hemisphäre des Koordinatensystems, während die Bruchstücke des Protons in die Rest-Hemisphäre fliegen. Aus (5.129) folgt unmittelbar

$$z = \frac{2E_h}{\sqrt{|q^2|}} \quad , \tag{5.130}$$

wobei E_h jetzt die Energie des Hadrons im Breit-System ist.

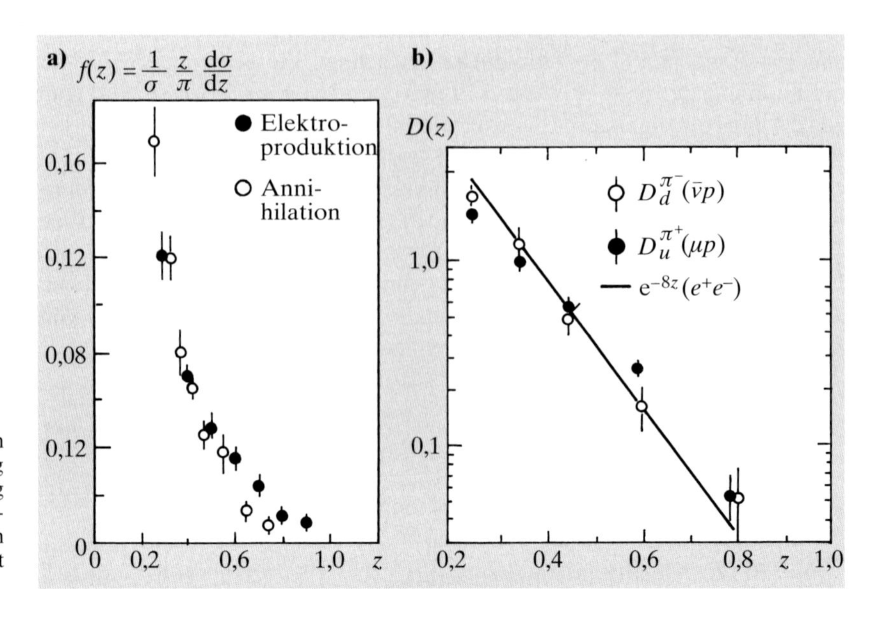

Abb. 5.25a,b
(**a**) Verteilung der Longitudinalimpulse von Pionen in der Elektron-Proton-Streuung und der e^-e^+-Annihilation. (**b**) Verteilung der Longitudinalimpulse in der Lepton-Nukleon-Streuung bei höheren Werten von $|q^2|$. Die *durchgezogene* Linie repräsentiert die Daten der Annihilation

Schon die Daten eines frühen Experiments [Ber77] (Abb. 5.25a) zeigten eine überraschend gute Übereinstimmung der Verteilungsfunktionen $D^h(z)$ bei noch sehr geringen Werten von $|q^2|$. Wir bemerken also auch hier wieder, wie schnell hadronische Korrekturen bei inklusiven Prozessen mit $|q^2|$ abklingen. Genaue Untersuchungen der Jeteigenschaften aus ganz unterschiedlichen Streuprozessen wurden in großer Zahl durchgeführt. Sie beweisen, daß die Hadronisierung der Quarks und Gluonen in der Tat universell ist (Abb. 5.25b).

Übungen

5.6 Drücken Sie x und y in Abhängigkeit von Energie und Winkel des gestreuten Elektrons in einem Elektron-Proton-Speicherringexperiment aus.

5.7 Leiten Sie (5.76) ab.

5.4 Zwei-Photonen-Physik

Die Elektron-Positron-Paarvernichtung und die Elektron-Myon-Streuung sind Prozesse mit zwei einlaufenden und zwei auslaufenden Teilchen. In der Störungstheorie niedrigster Ordnung werden die Querschnitte proportional zu α^2. Mit der Bremsstrahlung haben wir einen Prozeß proportional zu α^3 kennengelernt, und nun diskutieren wir die Reaktion

$$e^- + e^+ \to e^- + e^+ + X \ , \tag{5.131}$$

deren Wirkungsquerschnitt für Baumgraphen proportional zu α^4 ist. In dieser Gleichung steht X für einen beliebigen Endzustand, z.B. ein Meson oder ein Myon-Paar (Abb. 5.26a bzw. 5.26b). Die Abbildungen zeigen, daß der Endzustand X im Gegensatz zur e^-e^+-Annihilation aus *zwei* virtuellen Photonen erzeugt wird, daher hat dieser Teil der Elektron-Positron-Reaktionen den Namen Zwei-Photonen-Physik erhalten. Naiverweise würde man vielleicht vermuten, daß die Wirkungsquerschnitte der Zwei-Photonen-Reaktionen um einen Faktor α^2 (d.h. etwa 20 000) gegenüber der e^-e^+-Annihilation unterdrückt sind und daher völlig vernachlässigt werden können. Eine so pauschale Argumentation ist aber nicht ohne weiteres zulässig, da man zeigen kann, daß der Wirkungsquerschnitt in bestimmten kinematischen Situationen große

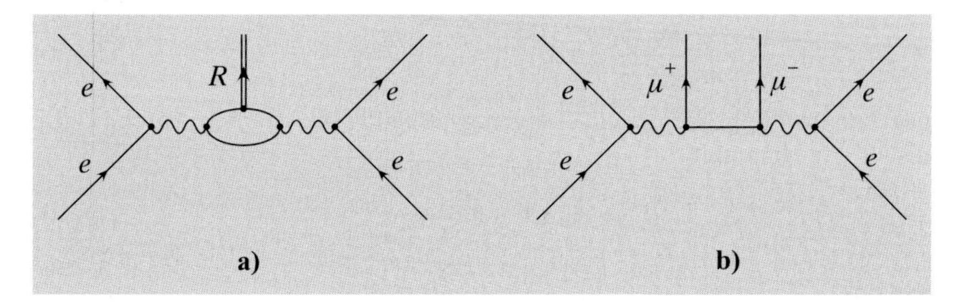

Abb. 5.26a,b
Beispiele für Prozesse der Zwei-Photonen-Physik: (**a**) Produktion einer Mesonresonanz, (**b**) Produktion von $\mu^-\mu^+$-Paaren

Logarithmen enthält, die bei hohen Elektron- und Positron-Energien E den Faktor α^2 teilweise kompensieren.

5.4.1 Resonanzerzeugung

Als erstes Beispiel betrachten wir die Erzeugung von Mesonen oder Mesonresonanzen (R) in Zwei-Photonen-Reaktionen, also den Prozeß

$$e^- + e^+ \to e^- + e^+ + R \ . \tag{5.132}$$

Dieser wird experimentell an Elektron-Positron-Speicherringen untersucht, und explizite Angaben von Energien und Winkeln in den folgenden Formeln beziehen sich daher immer auf das Schwerpunktssystem der einlaufenden Elektronen und Positronen. Die Amplitude der Reaktion (5.132) ist wegen des Beitrags der beiden Photonpropagatoren proportional zu $1/(q_1^2 q_2^2)$. Sie wird also groß, wenn die beiden Photonen fast reell sind, daher berechnen wir den Querschnitt in der Weizsäcker-Williams-Näherung.

Der Wirkungsquerschnitt für die Resonanzproduktion in Zwei-Photonen-Reaktionen läßt sich demnach in der Form

$$\mathrm{d}^2\sigma(e^-e^+ \to e^-e^+R) = \sigma^R_{\gamma\gamma}(\hat{s})\, f_{\gamma/e}(z_1, |q_1^2|_{\max})\,\mathrm{d}z_1\, f_{\gamma/e}(z_2, |q_2^2|_{\max})\,\mathrm{d}z_2 \tag{5.133}$$

anschreiben, wobei $\sigma^R_{\gamma\gamma}$ der totale Querschnitt für die Erzeugung einer Resonanz in Abhängigkeit von der Schwerpunktsenergie $\sqrt{\hat{s}}$ im System der beiden quasireellen Photonen ist. Im Sinne der Weizsäcker-Williams-Näherung sind in diesem Querschnitt keine Korrekturen enthalten, welche die Virtualität der Photonen berücksichtigen.

Die Verteilungsfunktionen $f_{\gamma/e}$ der Photonen entnehmen wir (3.245)

$$f_{\gamma/e} = \frac{\alpha}{2\pi} P^{\gamma e} L \ , \tag{5.134}$$

worin der Logarithmus

$$L = \ln \frac{|q_i^2|_{\max}(1-z_i)}{m^2 z_i^2} \tag{5.135}$$

sich in der sogenannten *antitag*-Konfiguration besonders einfach darstellen läßt. In dieser Anordnung wird sichergestellt, daß nur solche Ereignisse berücksichtigt werden, bei denen die auslaufenden Elektronen und Positronen im Strahlrohr verbleiben. Die zugehörigen maximalen Streuwinkel sind klein (z.B. $\leq 3°$), so daß mit $|q_i^2|_{\max} \approx E^2(1-z_i)\Theta^2_{i,\max}$ der Logarithmus durch

$$L = 2 \ln \frac{E(1-z_i)\Theta_{i,\max}}{m z_i} \tag{5.136}$$

gegeben ist. Für grobe Abschätzungen wird häufig die schon in Abschn. 3.3.2 diskutierte Näherung

$$L = 2 \ln \frac{E}{m} \tag{5.137}$$

benutzt.

Um den totalen Wirkungsquerschnitt der Reaktion (5.132) zu erhalten, muß man (5.133) integrieren. Dazu nimmt man zweckmäßigerweise eine Variablentransformation vor. Mit der Definition $z = \hat{s}/s$ und der Beziehung

$$z = z_1 z_2 \tag{5.138}$$

wird (5.133) zu

$$\frac{d\sigma}{dz}(e^-e^+ \to e^-e^+R) = \sigma^R_{\gamma\gamma}(zs) \int\limits_z^1 f_{\gamma/e}\left(\frac{z}{z_2}\right) f_{\gamma/e}(z_2)\frac{dz_2}{z_2} \tag{5.139}$$

umgeformt. Die Argumente $|q_i^2|$ der Photondichten $f_{\gamma/e}$ wurden hier der Einfachheit halber nicht explizit angegeben. Das Integral

$$L_{\gamma\gamma}(z) = \int\limits_z^1 f_{\gamma/e}\left(\frac{z}{z_2}\right) f_{\gamma/e}(z_2)\frac{dz_2}{z_2} \tag{5.140}$$

wird als Luminositätsfunktion bezeichnet. Beachten Sie die formale Ähnlichkeit zu den Integralen der perturbativen QCD, wie z. B. (5.113). Die Luminositätsfunktion wurde zuerst von Low [Low60] in der Näherung (5.137) für den Logarithmus berechnet. Das Standardresultat lautet

$$L_{\gamma\gamma} = \left(\frac{\alpha}{\pi}\ln\frac{E}{m}\right)^2 g(z) \ , \tag{5.141}$$

worin die Funktion $g(z)$ durch

$$g(z) = \frac{1}{z}\Big((2+z)^2\ln(1/z) - 2(1-z)(3+z)\Big) \tag{5.142}$$

definiert ist. Für kleine z-Werte wird $g(z)$ sehr groß. In dieser Region können wir die Luminositätsfunktion durch

$$L_{\gamma\gamma} = \left(\frac{\alpha}{\pi}\ln\frac{E}{m}\right)^2 \frac{4}{z}\ln\frac{1}{z} \tag{5.143}$$

approximieren. Wichtig ist die Kompensation des Faktors $(\alpha/\pi)^2$ für große E und kleine z in diesem Ausdruck. Auch hier begegnet man wieder der schon in Abschn. 3.3.2 behandelten effektiven Kopplung αL, die nur schwach von der Strahlenergie E abhängt. Die Luminositätsfunktion ist in Abb. 5.27 für eine Strahlenergie von 20 GeV als Funktion von z aufgetragen. Man erkennt $L_{\gamma\gamma} = 1$ bei $z \approx 0{,}008$, d.h. $\sqrt{\hat{s}} = 3{,}6$ GeV. Bei dieser Schwerpunktsenergie wird also die Photon-Photon-Luminosität gleich groß wie die Luminosität des Speicherrings.

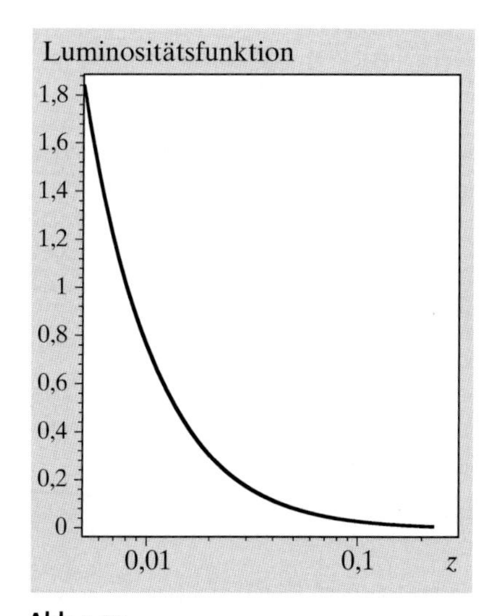

Abb. 5.27
Die $\gamma\gamma$-Luminosität eines e^-e^+-Speicherringes als Funktion von $z = \hat{s}/s$ bei einer Strahlenergie von $E = 20$ GeV

Mit diesen Kenntnissen wollen wir jetzt die Formel für den totalen Wirkungsquerschnitt weiter auswerten. Die verbleibende Integration über z wird für relativ schmale Resonanzen vereinfacht, da dann $L_{\gamma\gamma}$ praktisch nur an der Stelle $z_R = M_R^2/s$ beiträgt,

$$\sigma(e^-e^+ \to e^-e^+R) = L_{\gamma\gamma}(z_R) \int \sigma^R_{\gamma\gamma}(zs)\,dz \ . \tag{5.144}$$

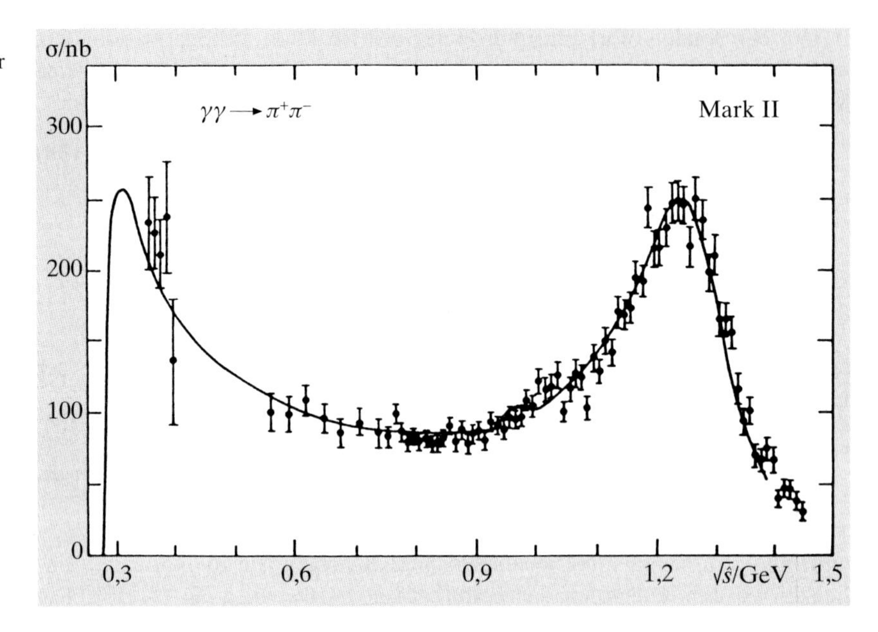

Abb. 5.28
Produktion von $f_2(1270)$-Mesonen in der Photon-Photon-Streuung

Mit Hilfe von (2.266) und (2.268) und der Tatsache, daß das statistische Gewicht für zwei einlaufende Photonen 1/2 beträgt,[14] lautet das über alle Endzustände summierte Ergebnis für die Produktion eines Mesons mit dem Spin J und der Zwei-Photonen-Partialbreite $\Gamma_{\gamma\gamma}$

$$\sigma(e^-e^+ \to e^-e^+R) = L_{\gamma\gamma}(z_R)\frac{8\pi^2(2J+1)\Gamma_{\gamma\gamma}}{4E^2M_R} \ . \tag{5.145}$$

Unter Benutzung der Näherung (5.143) erreichen wir schließlich

$$\sigma(e^-e^+ \to e^-e^+R) = 64\alpha^2\frac{(2J+1)\Gamma_{\gamma\gamma}}{M_R^3}\ln^2\frac{E}{m}\ln\frac{2E}{M_R} \ , \tag{5.146}$$

eine v.a. für Zählratenabschätzungen gut brauchbare Formel.

Die $\gamma\gamma$-Zerfallsbreite von Mesonen ist selbst wieder proportional zu α^2, und damit wird der totale Wirkungsquerschnitt proportional zu α^4. In Abschn. 4.5.3 hatten wir gesehen, daß diese Zerfallsbreite für viele Mesonen Werte von einigen eV bis zu einigen keV hat. Eine experimentelle Bestimmung durch Analyse der Zwei-Photonen-Reaktionen an Elektron-Positron-Speicherringen ist wegen des Faktors $1/M_R^3$ in (5.146) daher nur für nicht zu große Massen der Resonanzen sinnvoll. In den letzten Jahren wurde hier eine Reihe von schönen Ergebnissen erzielt und ein neuer Zweig der Meson-Spektroskopie begründet. Natürlich darf die Berechnung des Photonenflusses nicht die vielen Näherungen der Beziehung (5.146) benutzen. Eine Integration von (5.133) ist aber mit numerischen Methoden gut möglich. Die Abb. 5.28 zeigt die Rekonstruktion von in Zwei-Photonen-Reaktionen erzeugten f_2-Mesonen in ihrem dominanten Zwei-Pionen-Zerfallskanal über einem nicht resonanten Untergrund. Die Experimente ergeben einen Wert von $\Gamma_{\gamma\gamma} = 2{,}60 \pm 0{,}24$ keV, der gut mit Quarkmodell-Rechnungen übereinstimmt [Ber87a].

[14] Der Gewichtungsfaktor 1/4 der Spins muß mit 2 multipliziert werden, da $\Gamma_{\gamma\gamma}$ für zwei *auslaufende* Photonen berechnet wird und daher einen Faktor 1/2 als Gewicht für zwei identische Teilchen im Endzustand enthält.

5.4.2 Die Strukturfunktion des Photons

Die Berechnung des Wirkungsquerschnitts für die Paarerzeugung von Myonen (Abb. 5.26b) in der Reaktion

$$e^- + e^+ \to e^- + e^+ + \mu^- + \mu^+ \tag{5.147}$$

birgt in der Näherung, daß beide Photonen beinahe auf der Massenschale sind, ($q_1^2, q_2^2 \approx 0$) keine großen Schwierigkeiten. Man muß offenbar entsprechend zum Vorgehen im letzten Abschnitt zwei Flußfaktoren f_1 und f_2 mit dem in Abschn. 3.2.5 angegebenen Querschnitt für die Myon-Paarerzeugung durch reelle Photonen falten. Dies wollen wir hier nicht weiter verfolgen, sondern uns einer interessanteren kinematischen Situation zuwenden.

Wir betrachten eine Versuchsanordnung, in der nur *eines* der beiden Photonen, sagen wir das vom Positron abgestrahlte, quasireell ist, während das andere beliebige virtuelle Massen annehmen kann. Experimentell wird dies erreicht, indem die Streuwinkel für das Positron möglichst klein gehalten werden (typisch $< 3°$), das gestreute Elektron jedoch im gesamten Raumwinkelbereich untersucht wird. Der zugehörige Wirkungsquerschnitt läßt sich offenbar aus einer Multiplikation des Photonenspektrums $f_{\gamma/e}$ mit dem inelastischen Elektron-Photon-Streuquerschnitt bestimmen,

$$d\sigma(e^-e^+ \to e^-e^+X) = d\sigma(e^-\gamma \to e^-X)\, f_{\gamma/e}(z_2, \Theta_2)\, dz_2 \ . \tag{5.148}$$

Das Symbol X steht zunächst für ein Myonpaar. Wir ersetzen aber die Myonen sofort durch Quarks und nehmen wie früher an, daß die Quarks in einen beliebigen Endzustand X fragmentieren. Die Formel (5.148) beschreibt dann die Hadronproduktion in Zwei-Photonen-Reaktionen, wobei eines der Photonen eine große virtuelle Masse besitzt (Abb. 5.29).

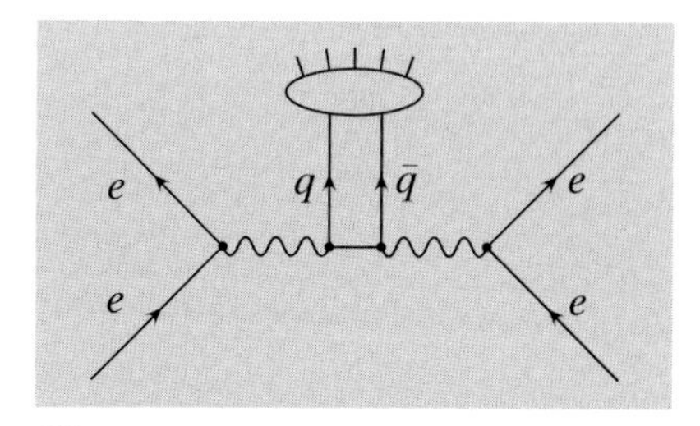

Abb. 5.29
Feynman-Diagramm der Hadron-Produktion in der Elektron-Photon-Streuung

Den Wirkungsquerschnitt für die inelastische Elektronen-Streuung, $e\gamma \to eX$, können wir direkt aus (5.68) übernehmen, wenn wir in Gedanken das einlaufende Proton durch ein einlaufendes Photon ersetzen. Das Resultat lautet

$$\frac{d^2\sigma^{e\gamma}}{dq^2\, dx} = \frac{4\pi\alpha^2}{q^4 x}\left((1-y)F_2^\gamma + xy^2 F_1^\gamma\right) \ . \tag{5.149}$$

Die Variablen x und y lassen sich aus den Definitionen (5.60) und (5.58) unmittelbar für den Fall der Elektron-Photon-Streuung auswerten (wobei P jetzt den Viererimpuls des kollinear mit dem Positron abgestrahlten reellen Photons bezeichnet),

$$x = \frac{-q^2}{W^2 - q^2} \tag{5.150}$$

und

$$y = 1 - \frac{E_1'}{E}\cos^2(\Theta_1/2) \ . \tag{5.151}$$

In der letzten Gleichung sind E_1' und Θ_1 Energie und Winkel des auslaufenden Elektrons. Die Strukturfunktion ist wiederum durch die Zahl der Quarks mit dem Bruchteil x des Photon-Impulses definiert. Im Gegensatz zur Nukleon-Strukturfunktion werden bei der Summation die Antiquarks aber nicht als eine eigene Sorte gezählt, und somit gilt für den Zusammenhang mit der Verteilungsfunktion $f_{q/\gamma}$

$$F_2^\gamma(x, q^2) = 2x \sum_f 3 Q_f^2 f_{q/\gamma}(x, q^2) \ . \tag{5.152}$$

Der Faktor 3 in der Summe kommt von den drei Farbfreiheitsgraden, damit wird $f_{q/\gamma}(x, q^2)\,\mathrm{d}x$ die Zahl der Quarks einer bestimmten Farbe und einer bestimmten Sorte mit Impulsbruchteilen zwischen x und $x + \mathrm{d}x$.

Der Leser, welcher der Diskussion bis hierhin gefolgt ist, wird sich vielleicht fragen, wieso das Photon als elementares Feldteilchen jetzt eine Strukturfunktion bekommt, die bisher nur für zusammengesetzte Teilchen definiert war. Der Name ist nur durch die formale Ähnlichkeit der Streuformeln begründet. Die Funktion $f_{q/\gamma}$ beschreibt nicht einen wirklichen Quarkinhalt, sondern die Wechselwirkung des Photons mit den elektrisch geladenen Quarks und ist ähnlich wie die mit ihr eng verwandte Funktion $f_{\gamma/e}$ in der QED berechenbar.

Vertiefung

Eine Analyse der Berechnung von $f_{\gamma/e}$ in der QED zeigt, daß die in Abschn. 3.3.1a eingeführte Splitting-Funktion $P^{\gamma e}$ proportional zu $|T_{fi}|^2$ für den Übergang $e \to e\gamma$ wird, wobei $|T_{fi}|^2$ einen Faktor

$$\frac{E^2 + E'^2}{\omega} \tag{5.153}$$

enthält. E, E' und ω sind die Energien des ein- und auslaufenden Elektrons bzw. des Photons in einem Bezugssystem hoher Impulse für das einlaufende Elektron. Mit $z = \omega/E$ wird die angegebene Abhängigkeit der Splitting-Funktion $P^{\gamma e}$ vom Impulsbruchteil z verständlich. Die Splitting-Funktion $P^{e\gamma}$ ist mit $P^{\gamma e}$ über eine *crossing*-Relation verwandt, da der Prozeß $\gamma \to e^- e^+$ mit dem Prozeß $e \to e\gamma$ durch Vertauschen des Photons mit dem Elektron verknüpft ist. Dies bedeutet die Ersetzung $E \leftrightarrow \omega$ in (5.153) und daher erhält man

$$P^{e\gamma} = z^2 + (1-z)^2 \ . \tag{5.154}$$

Diese Splitting-Funktion ist ersichtlich symmetrisch in den Impulsbruchteilen der auslaufenden Elektronen und Positronen. Es fällt außerdem auf, daß sie keine Divergenz aufweist. Genau wie bei der Berechnung von $f_{\gamma/e}$ in Abschn. 3.3.1a müssen wir noch den Logarithmus des Verhältnisses des maximalen und minimalen Impulsübertrages bestimmen. Diese Analyse führt dann zum Resultat

$$f_{e/\gamma} = \frac{\alpha}{2\pi} P^{e\gamma} \ln \frac{|k^2|_{\max}(1-z)}{m^2 z} \tag{5.155}$$

für die spektrale Verteilung der Elektronen und Positronen in einem Photon.

Das Ergebnis, dessen Herleitung im Kasten erläutert ist, lautet

$$f_{q/\gamma}(x, q^2) = Q_f^2 \frac{\alpha}{2\pi}\left(x^2 + (1-x)^2\right) \ln \frac{q^2(x-1)}{m_q^2 x} \ , \tag{5.156}$$

wobei die Bezeichnung der Variablen des Impulsbruchteils der betrachteten Situation angepaßt wurde. Außerdem wurde ein Faktor Q_f^2 für die Ladung der Quarks eingefügt. Der maximale Impulsübertrag bei der Aufspaltung des reellen Photons in ein Quark-Antiquark-Paar ist durch $|k^2|_{\max} = |q^2|$ festgelegt. In dieser Näherung gilt demnach für die Photonstrukturfunktion

$$F_2^\gamma(x, q^2) = 3 \sum_f Q_f^4 \frac{\alpha}{\pi} x\left(x^2 + (1-x)^2\right) \ln \frac{q^2(x-1)}{m_q^2 x} \ . \tag{5.157}$$

Wie in der Elektron-Proton-Streuung wird die $e\gamma$-Streuung durch zwei Strukturfunktionen F_1^γ und F_2^γ bestimmt. Auch F_1^γ läßt sich in der QED berechnen. Da die meisten Experimente jedoch bei kleinem y durchgeführt werden, kann man den Term mit F_1^γ in (5.149) i.allg. vernachlässigen. Das Resultat (5.157) hat einige sehr bemerkenswerte Eigenschaften. Zunächst einmal hängt die Strukturfunktion explizit von q^2 ab, zeigt also auch ohne QCD-Korrekturen kein Skalenverhalten. Weiterhin steigt sie zu großen Werten von x an (Abb. 5.30), im Gegensatz zu hadronischen Strukturfunktionen. Beide Eigenschaften sind eine unmittelbare Folge der Tatsache, daß schon in niedrigster Ordnung der Störungstheorie die Strukturfunktion proportional zu $f_{q/\gamma}$ wird, während $f_{q/q}$ und $f_{q/g}$ in den hadronischen Strukturfunktionen nur als Korrekturterm aufteten.

Das Quarkmodell-Resultat (5.157) hat den entscheidenden Nachteil, daß es explizit von den Quarkmassen abhängt, die aber für eingeschlossene Quarks nicht wohldefiniert sind. Von der Natur der Herleitung ausgehend, ist es naheliegend, die Konstituentenmassen, also etwa 300 MeV für die leichtesten Quarks, einzusetzen. In einer grundlegenden Analyse hat E. Witten gezeigt [Wit77], daß die QCD-Korrekturen (5.157) bei sehr großen Werten von $|q^2|$ in

$$F_2^\gamma(x, q^2) = h(x) \ln \frac{|q^2|}{\Lambda^2} \tag{5.158}$$

abändern, wobei $h(x)$ eine berechenbare Funktion ist, die – wie im Quarkmodell – mit x ansteigt. Der wesentliche Inhalt der Beziehung (5.157), nämlich die logarithmische Abhängigkeit von q^2 und der Anstieg von F_2 mit großen x, bleibt also auch in der QCD-Rechnung, d.h. unter Berücksichtigung einer zusätzlichen Gluonabstrahlung von den Quarks, erhalten. Die Quarkmassen werden durch den QCD-Parameter Λ ersetzt. Eine detaillierte Betrachtung dieser interessanten Fragen kann der Leser in der Literatur [Ber87a, Nis00] finden.

In Abschn. 4.5.1 wurde ein hadronisches Modell der Photon-Hadron-Wechselwirkung, die Vektor-Meson-Dominanz, diskutiert. Da ein hochenergetisches reelles Photon z.B. in ein ρ-Meson fluktuieren kann, erwarten wir in den Meßergebnissen eine harte punktförmige Komponente gemäß (5.157) und eine weiche hadronische Komponente, die zu großen x hin abfällt und typisch

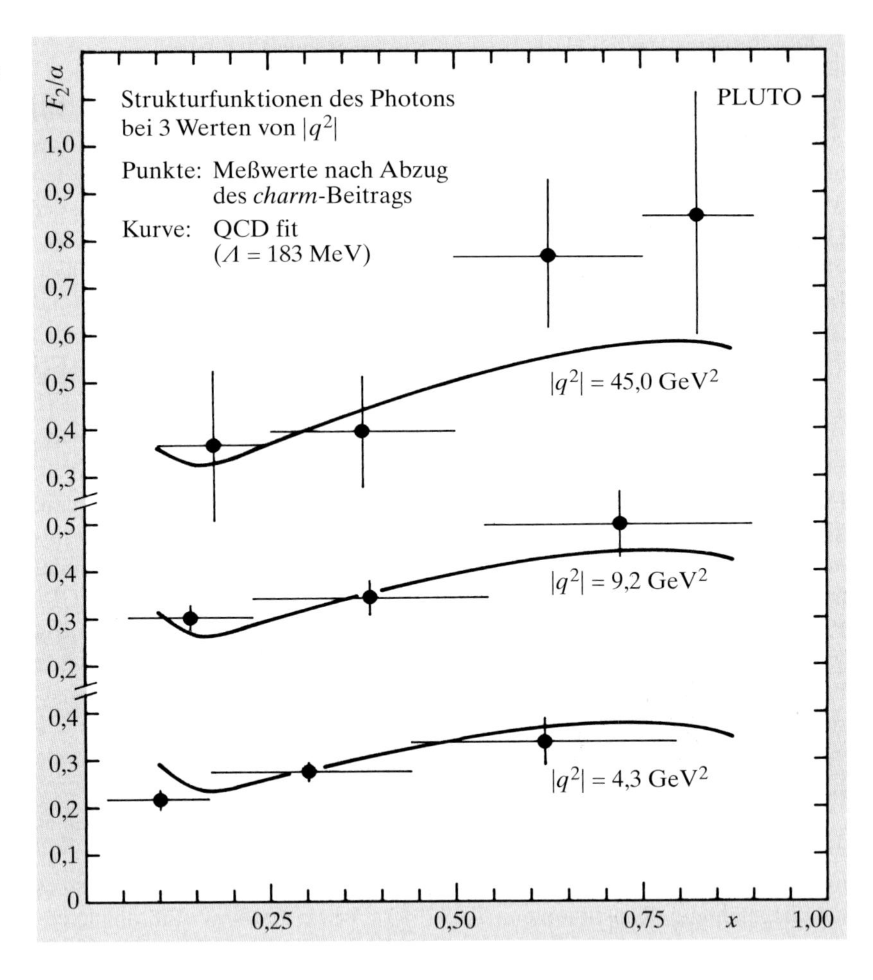

Abb. 5.30
Eine Messung von F_2^γ als Funktion von x und $|q^2|$ [Ber87b]

für das Verhalten hadronischer Strukturfunktionen ist. Experimentell konnten in der Tat beide Komponenten isoliert werden. Für große Werte von $|q^2|$ wird der punktförmige Anteil dominant. Die Abb. 5.30 zeigt das Ergebnis eines mit dem PLUTO-Detektor im DESY durchgeführten Experiments.[15] Die Kurven entsprechen den theoretischen Vorhersagen der QCD für F_2^γ.

[15]Die großen experimentellen Arbeitsgruppen der Teilchenphysik sind meist nur noch durch den Namen des Detektors bekannt. Der Name PLUTO stammt aus einer Zeit, als bei DESY noch alle großen Magnete nach Gestalten der antiken Mythologie benannt wurden.

Übung

5.8 Schätzen sie die Erzeugungsraten von π^0-, η- und η'-Mesonen in Zwei-Photonen-Reaktionen am Speicherring PETRA (Strahlenergie 15 GeV) ab.

Von der schwachen zur elektroschwachen Wechselwirkung

6

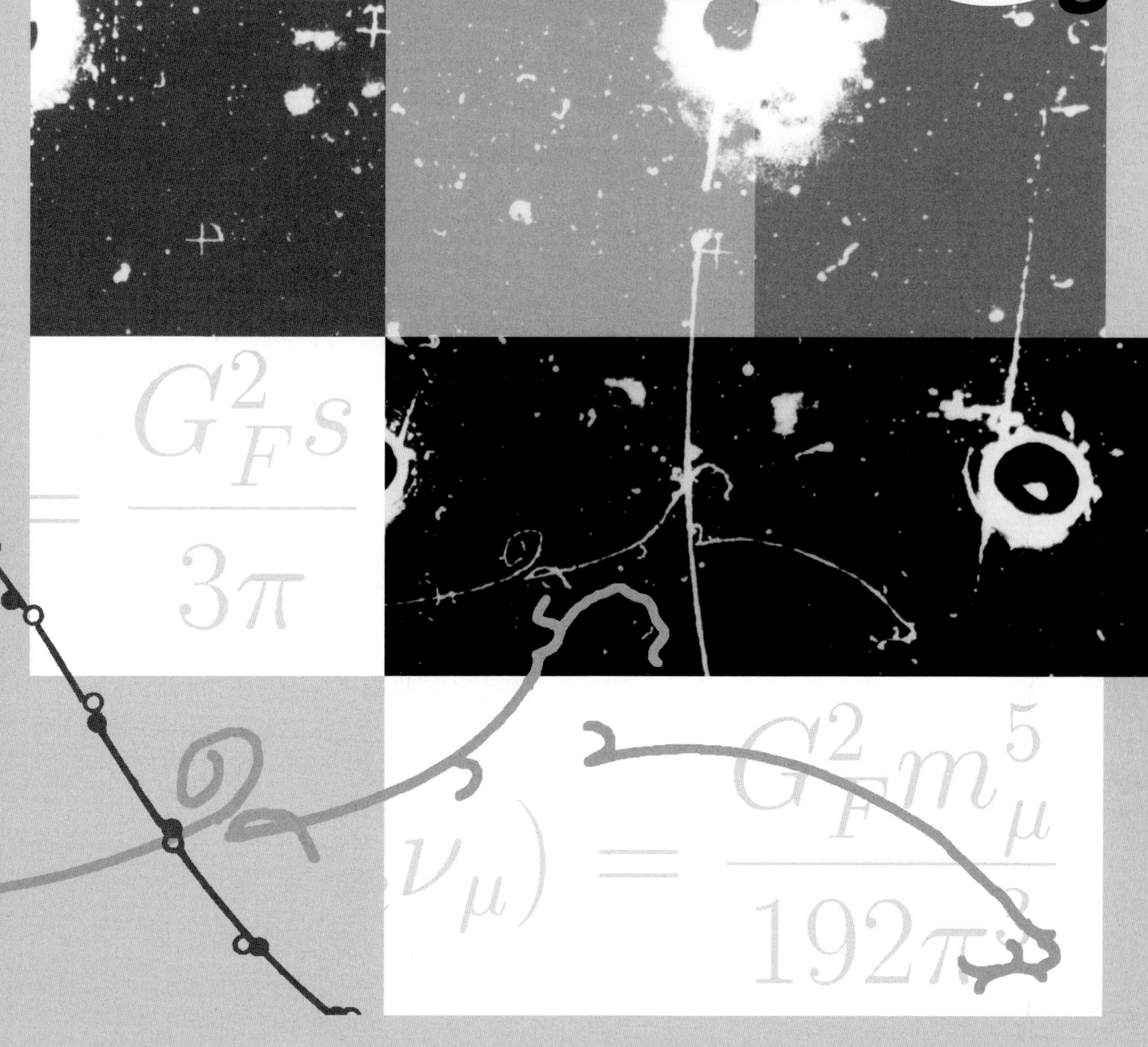

Von der schwachen zur elektroschwachen Wechselwirkung

Einführung

In den vorangegangenen Kap. 3 und 4 haben wir uns ausführlich mit der elektromagnetischen und der starken Wechselwirkung beschäftigt, wobei in Kap. 5 dargelegt wurde, daß in Prozessen mit Quarks und Hadronen beide Kräfte zusammen behandelt werden müssen. Nun wenden wir uns in Abschn. 6.1 der schwachen Wechselwirkung zu, deren Gesetze ebenfalls am klarsten in rein leptonischen Prozessen formuliert werden können. Bei der Erweiterung auf Quarks und Hadronen (Abschn. 6.2) wird erneut deutlich, wie wichtig ein quantitatives Verständnis der starken Kraft ist. Im darauffolgenden Abschnitt behandeln wir die neutralen Ströme und die Zusammenfassung der elektromagnetischen und schwachen Wechselwirkung im Modell von Glashow, Salam und Weinberg (GSW-Modell).

Inhalt

6.1 Schwache Wechselwirkung von Leptonen

Bereits im ersten Kapitel des Buches wurde betont, daß die schwache Wechselwirkung – ähnlich wie die elektromagnetische Wechselwirkung – durch Austausch von Feldquanten beschrieben wird. Wir wollen dieses Thema nun ausführlicher behandeln und uns dabei zunächst auf Prozesse beschränken, die durch Austausch der geladenen W-Bosonen behandelt werden können. Sie werden auch Reaktionen *geladener* Ströme genannt, und man hat lange Zeit geglaubt, daß die schwache Wechselwirkung nur diese Art von Reaktionen kennt.

6.1.1 Quasielastische $\nu_\mu e^-$-Streuung

Als ein konkretes Beispiel betrachten wir zunächst den Streuprozeß

$$\nu_\mu + e^- \to \mu^- + \nu_e \ , \tag{6.1}$$

den man auch als quasielastisch bezeichnet, da es sich um eine Zwei-Körperreaktion mit unterschiedlichen Teilchen im Anfangs- und Endzustand handelt. Das zugehörige Feynman-Diagramm ist in Abb. 6.1 wiedergegeben. Am $\nu_\mu\mu$-Vertex wird entweder ein W^+ emittiert oder ein W^- absorbiert. Entsprechende Regeln gelten für den $\nu_e e$-Vertex. Das W-Boson koppelt mit der Stärke $g/\sqrt{2}$ an den $(\nu_\mu\mu)$- bzw. $(\nu_e e)$-Strom. Diese Ströme ändern am Vertex ihre Ladung im Gegensatz zu den Strömen der elektromagnetischen Wechselwirkung. Sie heißen daher – vielleicht etwas irreführend – „geladene" Ströme. Die Konvention, die dimensionslose Kopplungskonstante g durch $\sqrt{2}$ zu teilen, wird sich später noch als sehr sinnvoll erweisen.

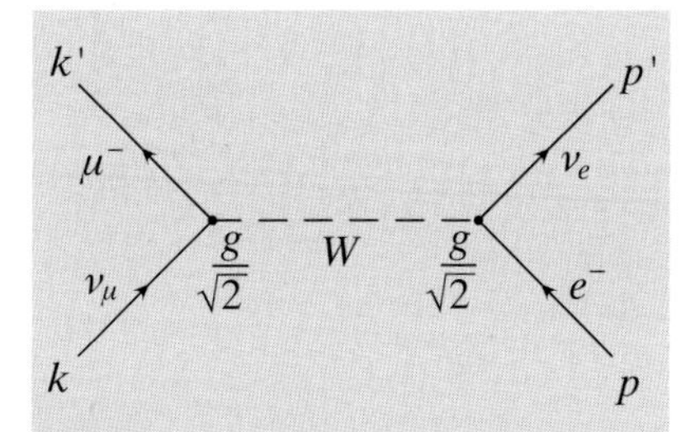

Abb. 6.1
Feynman-Diagramm der Reaktion $\nu_\mu e^- \to \mu^- \nu_e$

Der relativistischen Quantentheorie entnehmen wir, daß der Austausch von stabilen massiven Spin 1-Teilchen mit dem Viererimpuls q^μ und der Masse M

durch einen Faktor

$$-\mathrm{i}\frac{g_{\mu\nu} - q_\mu q_\nu / M^2}{q^2 - M^2} \tag{6.2}$$

beschrieben wird, der – verglichen mit dem Photonpropagator – neben dem Massenterm im Nenner noch ein weiteres Glied $q_\mu q_\nu / M^2$ im Zähler enthält.

Bei der Diskussion der Paritätsverletzung in der schwachen Wechselwirkung (Abschn. 2.5.4) haben wir gesehen, daß die Neutrinos immer linkshändig sind. Im Matrixelement dürfen daher nur linkshändige Neutrinos auftauchen. Unter Benutzung von (3.81) können wir also die Streuamplitude sofort in der Form

$$T_{fi} = -\frac{g^2}{2}\bar{u}(k')\gamma^\mu \frac{1-\gamma^5}{2} u(k) \frac{g_{\mu\nu} - q_\mu q_\nu / M_W^2}{q^2 - M_W^2} \bar{u}(p')\gamma^\nu \frac{1-\gamma^5}{2} u(p) \tag{6.3}$$

anschreiben. Um dieses Ergebnis durch Anwenden der Feynman-Regeln zu erhalten, muß offenbar für jeden Vertex der schwachen Wechselwirkung ein Faktor

$$\frac{-\mathrm{i}g}{\sqrt{2}}\gamma^\mu \frac{1-\gamma^5}{2} \tag{6.4}$$

hinzugefügt werden.

Für die hier betrachteten Teilchenzerfälle und für die meisten bisher durchgeführten Streuexperimente mit Neutrinos gilt $|q^2| \ll M_W^2$. Weiter sieht man mit Hilfe der Spinor-Gleichung (3.46) sofort ein, daß die Glieder mit $q_\mu q_\nu$ als Faktor in (6.3) proportional zu m^2/M_W^2 werden, wobei m z.B. die Masse des Myons ist. Damit werden also diese Anteile in unserem Beispiel völlig vernachlässigbar. Selbst mit $m = 5$ GeV bleibt die Korrektur $<1\,\%$. Der Wert für die Kopplungskonstante g muß dem Experiment entnommen werden. In der Näherung $|q^2| \ll M_W^2$ sind alle Zerfallsraten und Wirkungsquerschnitte proportional zum Verhältnis $(g/M_W)^4$, und dieses Verhältnis wird konventionell über die Abkürzung

$$\frac{g^2}{M_W^2} = \frac{8G_\mathrm{F}}{\sqrt{2}} \tag{6.5}$$

ausgedrückt, worin G_F die Fermi-Kopplungskonstante ist. Mit diesen Näherungen und Abkürzungen reduziert sich (6.3) zu

$$T_{fi} = \frac{4G_\mathrm{F}}{\sqrt{2}}\bar{u}(k')\gamma^\mu \frac{1-\gamma^5}{2} u(k)\bar{u}(p')\gamma_\mu \frac{1-\gamma^5}{2} u(p) \tag{6.6}$$

und entspricht nun dem Fermischen Ansatz einer Strom-Strom-Kopplung mit einer dimensionsbehafteten Kopplungskonstanten. Der genaue Zahlenwert der Fermi-Konstanten von

$$G_\mathrm{F} = 1{,}16637 \cdot 10^{-5}\ \mathrm{GeV}^{-2} \tag{6.7}$$

wurde aus der Lebensdauer der Myonen bestimmt, die wir im nächsten Abschnitt behandeln werden. Für die meisten Rechnungen genügt die praktische Näherung $G_\mathrm{F} = 10^{-5}/M_p^2$.

In Abschn. 3.1.2 wurde das Konzept der Chiralität und der links- bzw. rechtshändigen Ströme eingeführt. Mit der Definition (3.97) läßt sich (6.6) als Produkt zweier linkshändiger Ströme schreiben,

$$T_{fi} = \frac{4G_\mathrm{F}}{\sqrt{2}} j^\mu_\mathrm{L} j_{\mu,\mathrm{L}} \ . \tag{6.8}$$

Es hat allerdings lange gedauert, bis sichergestellt war, daß der geladene schwache Strom linkshändig ist, also eine $(V-A)$-Struktur besitzt.

Wir können nun sofort zur Berechnung des Wirkungsquerschnitts der $\nu_\mu e$-Streuung übergehen. Die Rechnung zeigt, daß nur die Amplitude für die Reaktion $\nu_\mu e^-_\mathrm{L} \to \nu_e \mu^-_\mathrm{L}$ von Null verschieden ist; es gilt also Helizitätserhaltung am Vertex, auch wenn die Massen des Elektrons und des Myons berücksichtigt werden. Die nötigen Stromprodukte wurden in der Hochenergienäherung, d.h. bei Vernachlässigung von Massentermen, schon in Abschn. 3.2 berechnet. Die Ergebnisse der Tabelle 3.2 wurden dort für die elektromagnetische Wechselwirkung abgeleitet, die zweite Zeile gehört zur uns im Augenblick interessierenden elastischen Streuung von linkshändigen Teilchen. Der Übergang zur schwachen Wechselwirkung wird durch die Ersetzung von Kopplungen und Propagator gemäß

$$\frac{e^2}{t} \to \frac{-4G_\mathrm{F}}{\sqrt{2}} \tag{6.9}$$

vollzogen. Damit folgt

$$T_{fi}(\nu_\mu e^-_\mathrm{L} \to \nu_e \mu^-_\mathrm{L}) = 4\sqrt{2} G_\mathrm{F} s \tag{6.10}$$

für die Amplitude und

$$\frac{\mathrm{d}\sigma}{\mathrm{d}t}(\nu_\mu e \to \nu_e \mu) = \frac{G_\mathrm{F}^2}{\pi} \tag{6.11}$$

für den Wirkungsquerschnitt an unpolarisierten Elektronen. Die Winkelverteilung ist isotrop, im Schwerpunktssystem der Reaktion gilt

$$\frac{\mathrm{d}\sigma}{\mathrm{d}\Omega}(\nu_\mu e \to \nu_e \mu) = \frac{G_\mathrm{F}^2 s}{4\pi^2} \ , \tag{6.12}$$

woraus unmittelbar der Ausdruck

$$\sigma(\nu_\mu e \to \nu_e \mu) = \frac{G_\mathrm{F}^2 s}{\pi} \tag{6.13}$$

für den totalen Querschnitt der quasielastischen Myon-Neutrino-Streuung an Elektronen berechnet werden kann.

Die gleichen Formeln sind auch für die Streuung von Elektron-Neutrinos (ν_e) an Elektronen gültig, falls man nur geladene Ströme berücksichtigt, also z.B.

$$\sigma(\nu_e e^- \to \nu_e e^-) = \frac{G_\mathrm{F}^2 s}{\pi} \ . \tag{6.14}$$

Für die Streuung von $\bar{\nu}_\mu$ an Elektronen gibt es kein Diagramm mit geladenen Strömen, während für

$$\bar{\nu}_e + e^- \to \bar{\nu}_e + e^- \tag{6.15}$$

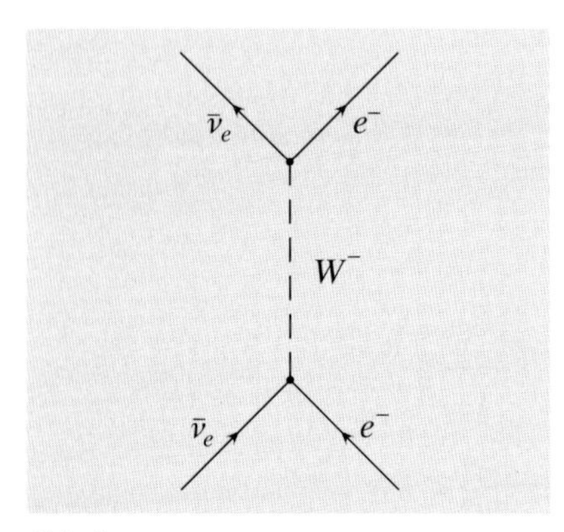

Abb. 6.2
Geladene Ströme in der $\bar{\nu}_e e$-Streuung

der Annihilationsgraph der Abb. 6.2 existiert. Wir berechnen den Wirkungsquerschnitt für diese Reaktion, obwohl wir heute wissen, daß zu dem genannten Prozeß auch der Austausch neutraler Vektorbosonen beiträgt (Abschn. 7.1). Es geht hier aber zunächst weniger um die Ableitung von Formeln, die wir mit Experimenten vergleichen können, als um eine grundsätzliche Diskussion der Neutrino-Elektron-Streuung.

Das zugehörige Matrixelement entnehmen wir der ersten Zeile der Annihilationstabelle 3.3 mit der Ersetzung von $-e^2/s$ durch $4G_\mathrm{F}/\sqrt{2}$,

$$T_{fi} = \frac{4G_\mathrm{F}s}{\sqrt{2}}(1+\cos\Theta) \ . \tag{6.16}$$

Hierin bezeichnet Θ wie üblich den Winkel zwischen dem ein- und auslaufenden $\bar{\nu}_e$ (bzw. zwischen dem ein- und auslaufenden e^-) im Schwerpunktssystem. Mit Hilfe von (6.16) wird nun der differentielle Querschnitt für unpolarisierte Elektronen zu

$$\frac{\mathrm{d}\sigma}{\mathrm{d}\Omega}(\bar{\nu}e^- \to \bar{\nu}e^-) = \frac{G_\mathrm{F}^2 s}{16\pi^2}(1+\cos\Theta)^2 \tag{6.17}$$

bzw. unter Benutzung von (3.169) zu

$$\frac{\mathrm{d}\sigma}{\mathrm{d}t}(\bar{\nu}_e e^- \to \bar{\nu}_e e^-) = \frac{G_\mathrm{F}^2}{\pi}(1-y)^2 \tag{6.18}$$

bestimmt. Die Integration der Winkelverteilung liefert für den totalen Wirkungsquerschnitt das Resultat

$$\sigma(\bar{\nu}_e e^- \to \bar{\nu}_e e^-) = \frac{G_\mathrm{F}^2 s}{3\pi} \ , \tag{6.19}$$

also $1/3$ des Wertes, der für die Streuung von Neutrinos an Elektronen gefunden wurde. Diese Unterdrückung um einen Faktor 3 ist unmittelbar anschaulich einsichtig. Die extrem kurze Reichweite der schwachen Wechselwirkung bedeutet, daß die Streuung in einer s-Welle stattfindet. Im Fall der $\bar{\nu}_e$-Streuung hat der Anfangszustand die Komponente $J_z = 1$ des Gesamtdrehimpulses, die anderen Werte $0, -1$ sind nicht möglich. Der Faktor $1/3$ entspricht offenbar dem statistischen Gewicht, während die eigentliche Stärke der Wechselwirkung für die Neutrino-Elektron- und die Antineutrino-Elektron-Streuung den gleichen Wert annimmt.

Der lineare Anstieg der hier untersuchten Wirkungsquerschnitte mit dem Quadrat der Schwerpunktsenergie ist ein charakteristisches Kennzeichen der Strom-Strom-Kopplung. Durch Vergleich der Winkelverteilung (6.17) mit (2.254) lernen wir, daß die Helizitätsamplitude der Reaktion (6.15) nur durch die Partialwelle t^1 bestimmt wird. Der Betrag der Amplituden t^J kann jedoch nie größer als 1 und ihr Realteil nie größer als $1/2$ werden. Die maximale Amplitude der elastischen Streureaktion (6.15) beträgt daher $12\pi(1+\cos\Theta)$. Diese sog. Unitaritätsgrenze wird also für die $\bar{\nu}_e e$-Streuung bei

$$s_\mathrm{max} = \frac{6\pi}{\sqrt{2}G_\mathrm{F}} \tag{6.20}$$

erreicht. Für die anderen hier diskutierten Reaktionen sind die numerischen Faktoren etwas verschieden, z.B. ist $s_{\max}$ in der $\nu_\mu e$-Streuung um einen Faktor drei kleiner. Ihre Querschnitte überschreiten aber ebenfalls die Unitaritätsgrenze bei Neutrino-Impulsen der Größenordnung $\sqrt{G_\mathrm{F}^{-1}} = 350\,\mathrm{GeV}$ im Schwerpunktssystem.

Natürlich dürfen wir bei diesen Energien nicht mehr mit der so angenehmen Näherung $q^2 \ll M_W^2$ arbeiten, sondern müssen den Vektormeson-Propagator der Beziehung (6.3) berücksichtigen. Im Fall der $\bar{\nu}_e e$-Streuung rechnet man sofort aus, daß (6.19) außerhalb des Pols des Vektormeson-Propagators durch

$$\sigma = \frac{G_\mathrm{F}^2 s}{3\pi}\left(\frac{1}{1-s/M_W^2}\right)^2 \tag{6.21}$$

ersetzt wird, was für sehr große Energien zu einem $1/s$-Verhalten des Querschnitts ähnlich der Elektron-Positron-Annihilation in Myonen führt. Der Wirkungsquerschnitt der quasielastischen Streuung (6.1), zu dem jetzt viele Partialwellen beitragen, strebt einen konstanten Wert an [Qui83]. Wir werden später sehen, daß bei Berücksichtigung der neutralen Ströme auch andere Prozesse der schwachen Wechselwirkung ein vernünftiges Hochenergieverhalten zeigen, also nicht die Unitaritätsgrenze verletzen.

Vertiefung

Auch ohne Vernachlässigung der Massen von Elektron und Myon läßt sich (6.6) einfach auswerten. Da nur eine Amplitude beiträgt, gilt für den Streuprozeß $\nu_\mu e \to \nu_e \mu$

$$|T_{fi}|^2 = \sum |T_{fi}|^2 = 32G_\mathrm{F}^2(s-m_\mu^2)(s-m_e^2) \ . \tag{6.22}$$

Den Übergang zur Annihilation haben wir früher durch die Ersetzung $s \leftrightarrow t$ vollzogen. In (6.18) bezeichnet t entsprechend der Herleitung das Quadrat des Viererimpulsübertrags zwischen ein- und auslaufendem $\bar{\nu}_e$, während im Feynmandiagramm der Abb. 6.1 t dem Impulsübertrag zwischen ν_μ und μ^- zugeordnet ist. Wir müssen daher jetzt die Ersetzung $s \leftrightarrow u$ vornehmen und erhalten

$$|T_{fi}|^2(\bar{\nu}_e e^- \to \bar{\nu}_e e^-) = 32G_\mathrm{F}^2(u-m_e^2)^2 \ . \tag{6.23}$$

6.1.2 Der Zerfall des Myons

Als weiteres Beispiel behandeln wir nun den Myonzerfall, also die Reaktion

$$\mu^- \to e^- + \bar{\nu}_e + \nu_\mu \ , \tag{6.24}$$

die durch den Feynman-Graphen der Abb. 6.3 beschrieben wird. Die zugehörige Amplitude lautet

$$T_{fi} = \frac{4G_\mathrm{F}}{\sqrt{2}}\bar{u}(k)\gamma^\mu\frac{1-\gamma^5}{2}u(p)\bar{u}(p')\gamma_\mu\frac{1-\gamma^5}{2}v(k') \ . \tag{6.25}$$

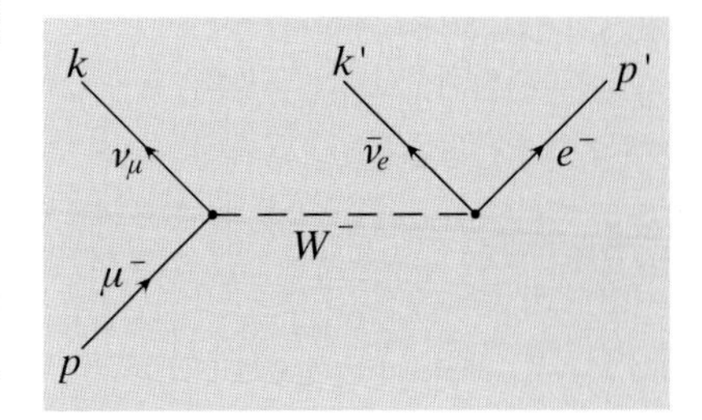

Abb. 6.3
Der Zerfall des Myons. Die kinematischen Größen sind im Ruhesystem des Myons spezifiziert

Diese Amplitude wird nun im Ruhesystem des Myons ausgewertet, wobei auch das Elektron als masseloses Teilchen angesehen wird. E' ist die Elektronenenergie, die Energie des Myon-Neutrinos wird mit ω und die des Elektron-Antineutrinos mit ω' bezeichnet. Die z-Achse des Koordinatensystems legen wir zur Vereinfachung in die Flugrichtung des auslaufenden Elektrons, dann tauchen nur noch die Winkel Θ_{ν_μ} und $\Theta_{\bar{\nu}_e}$ auf. In der Näherung verschwindender Elektronenmasse läßt sich das Matrixelement mit Hilfe der in Abschn. 3.1 angegebenen Spinoren bequem ausrechnen. Für das Myon-Neutrino und das Elektron müssen wir linkshändige ($\bar{u}_\mathrm{L}(k), \bar{u}_\mathrm{L}(p')$) und für das $\bar{\nu}_e$ rechtshändige ($v_\mathrm{R}(k')$) Spinoren wählen.

Für ein Myon, dessen Spin entlang der positiven z-Achse ausgerichtet ist, erhalten wir (z.B. mit Hilfe unseres MAPLE-Pakets)

$$T_{fi} = 16G_\mathrm{F}\sqrt{m_\mu\omega'\omega E'}\,\sin(\Theta_{\nu_\mu}/2)\cos(\Theta_{\bar{\nu}_e}/2) \ , \tag{6.26}$$

während im Matrixelement für die andere Polarisationsrichtung der letzte Cosinus-Faktor durch $-\sin(\Theta_{\bar{\nu}_e}/2)$ ersetzt werden muß. Weiter gilt die kinematische Beziehung

$$4\omega E'\sin^2(\Theta_{\nu_\mu}/2) = (k+p')^2 \ , \tag{6.27}$$

und wegen $k+p' = p-k'$ läßt sich die rechte Seite dieser Gleichung ohne weiteres auswerten. Das Resultat lautet

$$4\omega E'\sin^2(\Theta_{\nu_\mu}/2) = m_\mu^2 - 2m_\mu\omega' \ , \tag{6.28}$$

und damit gelangt man schließlich zu

$$\overline{\sum}|T_{fi}|^2 = 32G_\mathrm{F}^2 m_\mu^2\omega'(m_\mu - 2\omega') \ . \tag{6.29}$$

Dieser Ausdruck hängt nur noch von ω' ab. Die Formel (2.49) für den Drei-Körper-Zerfall läßt sich direkt anwenden und ergibt die differentielle Zerfallsrate

$$\frac{\mathrm{d}^2\Gamma}{\mathrm{d}\omega'\,\mathrm{d}E'} = \frac{G_\mathrm{F}^2}{2\pi^3}m_\mu\omega'(m_\mu - 2\omega') \ . \tag{6.30}$$

Sinnvollerweise integrieren wir noch über die Energie des $\bar{\nu}_e$, da nur das Zerfallselektron beobachtet werden kann. Die Grenzen des Dalitz-Plots für den Zerfall in drei masselose Teilchen sind besonders einfach. Sie bilden ein Dreieck in der E', ω'-Ebene (Abb. 2.3). Die Integrationsgrenzen für ω' können an diesem Dreieck sehr einfach zu

$$\frac{m_\mu}{2} - E' < \omega' < \frac{m_\mu}{2} \tag{6.31}$$

abgelesen werden. Daher wird das Energiespektrum der Elektronen für $0 \leq E' \leq m_\mu/2$ durch die Formel

$$\frac{\mathrm{d}\Gamma}{\mathrm{d}E'} = \frac{m_\mu^2 G_\mathrm{F}^2}{12\pi^3}E'^2\left(3 - \frac{4E'}{m_\mu}\right) \tag{6.32}$$

wiedergegeben. Die Abb. 6.4 demonstriert die hervorragende Übereinstimmung zwischen Theorie und Experiment. Das Spektrum zeigt eine starke

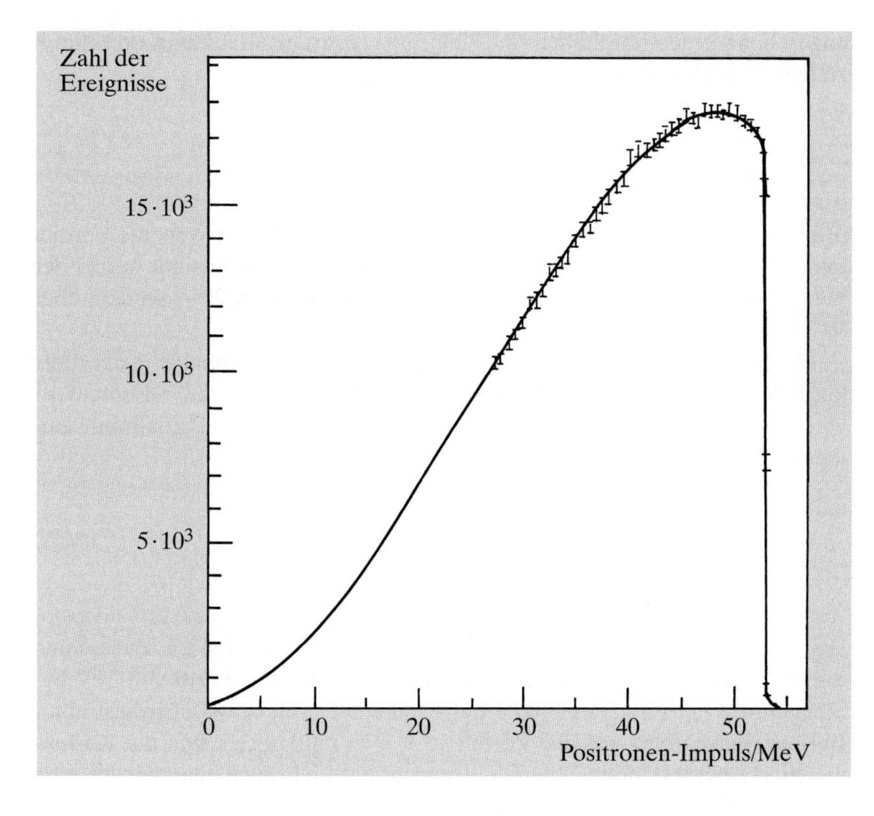

Abb. 6.4
Das Energiespektrum der Positronen im Zerfall $\mu^+ \to e^+ \bar{\nu}_\mu \nu_e$

Anhäufung bei der kinematischen Grenze $E' = m_\mu/2$, d.h. bei der in Abb. 2.23 gezeigten Konfiguration der Zerfallsteilchen. Daher kann aus der Richtung der hochenergetischen Elektronen die Richtung des Myon-Spins entnommen werden. Die Korrelation zwischen dem Impuls des Elektrons und dem Polarisationsvektor des Myons wurde in einer Serie von Experimenten am CERN zur Präzisionsmessung des magnetischen Momentes des Myons benutzt. Diese sog. $(g-2)$-Experimente sind als Musterbeispiele physikalischer Experimentierkunst bekannt geworden [Com81].

Die Zerfallsbreite des Myons gewinnen wir durch Integration von (6.32) diesmal über E' in den Grenzen von 0 bis $m_\mu/2$ mit dem bekannten Resultat

$$\Gamma(\mu \to e\bar{\nu}_e\nu_\mu) = \frac{G_F^2 m_\mu^5}{192\pi^3} \,, \tag{6.33}$$

welches von grundlegender Bedeutung für alle weiteren Untersuchungen der schwachen Wechselwirkung ist.

Falls die Elektronenmasse in der Rechnung nicht vernachlässigt wird, muß (6.33) mit einem Korrekturfaktor

$$f(x) = 1 - 8x \tag{6.34}$$

multipliziert werden. Mit $x = m_e^2/m_\mu^2$ weicht $f(x)$ nur um $\approx 2 \cdot 10^{-4}$ von 1 ab. Bei der angestrebten Genauigkeit in der Bestimmung von G_F kann auch der Term $q_\mu q_\nu/M^2$ im Zähler des Propagators nicht mehr als verschwindend klein angesehen werden. Zusätzlich sind elektromagnetische Strahlungskorrekturen zu berücksichtigen, so daß für die gesamte Korrektur nun

$$1 - 8\frac{m_e^2}{m_\mu^2} + \frac{3}{5}\frac{m_\mu^2}{M_W^2} - 1.8098\frac{\alpha}{\pi} \qquad (6.35)$$

in erster Näherung anzusetzen ist. Die genaueste heute verwendete Formel findet sich z. B. in [PDG04]. Da alle Korrekturen sehr klein sind, weicht der in (6.7) angegebene Wert der Fermi-Konstanten nur um 0,2 % von dem über (6.33) bestimmten Wert ab.

Die Formel für die Myon-Lebensdauer enthält die Myonmasse in der fünften Potenz. Damit ist sofort klar, warum die Lebensdauer des τ-Leptons so viel kürzer ist. Aus (6.33) berechnen wir unmittelbar die Partialbreite der leptonischen Zerfälle des τ zu

$$\Gamma(\tau \to l\bar{\nu}\nu) = \Gamma_\mu \left(\frac{m_\tau}{m_\mu}\right)^5 , \qquad (6.36)$$

worin das geladene Lepton l naturgemäß ein Elektron oder ein Myon sein kann. Der Zerfall $\tau \to e\bar{\nu}\nu$ hat ein Verzweigungsverhältnis von 17,84 %. Zusammen mit der τ-Lebensdauer wird daher eine Partialbreite von $4{,}040 \cdot 10^{-4}$ eV berechnet, die mit (6.36) innerhalb des Meßfehlers von 0,3 % übereinstimmt. Bei der Anwendung auf den Zerfall $\tau \to \mu\bar{\nu}\nu$ muß aber schon die Korrektur (6.34) berücksichtigt werden. Dann ergibt sich auch hier wieder eine glänzende Bestätigung der Theorie.

Die Ergebnisse der letzten beiden Abschnitte wurden unter der stillschweigenden Voraussetzung der *Universalität* der schwachen Wechselwirkung abgeleitet. Darunter verstehen wir die Tatsache, daß die W-Bosonen mit der gleichen Stärke an die drei Leptonfamilien

$$\begin{pmatrix} \nu_e \\ e \end{pmatrix}, \begin{pmatrix} \nu_\mu \\ \mu \end{pmatrix}, \begin{pmatrix} \nu_\tau \\ \tau \end{pmatrix} \qquad (6.37)$$

ankoppeln. Der Vergleich der partiellen Lebensdauern des τ-Leptons mit der Lebensdauer des Myons stellt einen besonders beeindruckenden Test dieser Hypothese dar. Die Übereinstimmung zwischen Theorie und Experiment war lange Zeit nicht befriedigend, so daß ernste Zweifel an einer universellen Kopplungsstärke für die drei Leptonfamilien aufkamen. Es hat sich aber dann gezeigt, daß der dabei benutzte Wert der τ-Masse fehlerhaft war.

Vertiefung

Es ist interessant, den inneren Zusammenhang zwischen dem μ-Zerfall und der $\nu_\mu e$-Streuung zu studieren. Unter Benutzung der Invarianten $s_2 = (p - k')^2$ wird (6.29) in

$$\sum |T_{fi}|^2 = 32 G_F^2 (m_\mu^2 - s_2) s_2 \qquad (6.38)$$

umgeformt, wobei zu beachten ist, daß jetzt die Summe der Amplitudenquadrate ohne Mittelung über die Anfangszustände berechnet wurde. Diese Formel hätten wir aber auch direkt aus (6.22) unter Anwendung der *crossing*-Relation $s \to s_2$ und Multplikation mit -1 wegen der Überkreuzung einer Fermionlinie erhalten können. Manchmal ist es aber vorteilhaft, einzelne Helizitätsamplituden zur Hand zu haben.

6.2 Schwache Wechselwirkung von Quarks

Die Gesetze der elektromagnetischen Wechselwirkung gelten universell für Leptonen und Quarks. Bei der schwachen Wechselwirkung ist dies nicht der Fall. Zunächst wird daher die nötige Modifikation der Feynman-Regeln begründet, während die weiteren Abschnitte Anwendungen dieser Regeln enthalten.

6.2.1 Der Cabibbo-Winkel

Die schwache Wechselwirkung von Quarks möchte man natürlich mit dem gleichen Konzept wie bei den Leptonen beschreiben, d.h. auch für die drei Quarkfamilien

$$\begin{pmatrix} u \\ d \end{pmatrix}, \begin{pmatrix} c \\ s \end{pmatrix}, \begin{pmatrix} t \\ b \end{pmatrix} , \qquad (6.39)$$

sollen die im letzten Abschnitt entwickelten Gesetze, also insbesondere die $(V-A)$-Kopplung, gelten. Aus dem Übergang $d \to u$ läßt sich dann die Lebensdauer des Neutrons ermitteln oder aus dem (cs)-Übergang der Zerfall von Mesonen mit *charm* in Mesonen mit *strangeness*. Es bleibt aber kein Platz für die schwachen Zerfälle der K-Mesonen oder anderer leichter Teilchen, die ein seltsames Quark enthalten. Im Prinzip wäre es natürlich möglich, daß die W-Bosonen mit einer neuen, unabhängigen Stärke an den geladenen (us)-Strom ankoppeln, die Natur hat aber einen viel ökonomischeren Weg eingeschlagen. Die Stärke, mit der die W-Bosonen an den (ud)-Strom bzw. den (us)-Strom angreifen, hängt mit der im letzten Abschnitt gefundenen universellen Konstante g (bzw. G_F) über einen Mischungswinkel zusammen, der nach seinem Entdecker Cabibbo-Winkel genannt wird.[1] Quantitativ gilt, daß wir am (ud)-Vertex einen Faktor $g \cos \Theta_\mathrm{C}$ und am (us)-Vertex einen Faktor $g \sin \Theta_\mathrm{C}$ anbringen müssen. Aus Abb. 6.5a,b folgern wir nun sofort

$$\frac{\Gamma(K^+ \to \mu^+ \nu_\mu)}{\Gamma(\pi^+ \to \mu^+ \nu_\mu)} \approx \tan^2 \Theta_\mathrm{C} \ . \qquad (6.40)$$

Unter Berücksichtigung des Einflusses der starken Wechselwirkung muß dieses Verhältnis noch etwas korrigiert werden, wie wir im übernächsten Abschnitt sehen werden. Dies bleibt auch für andere Zerfallsprozesse richtig,

[1] Nicola Cabibbo (geb. 1935), italienischer Theoretiker.

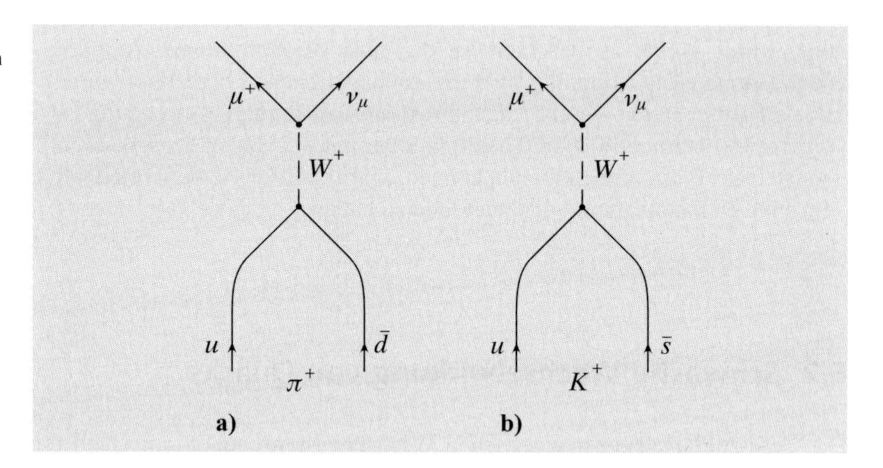

Abb. 6.5a,b
Leptonischer Zerfall (**a**) geladener Pionen und (**b**) geladener Kaonen

so daß eine quantitative Bestimmung des Cabibbo-Winkels nicht so einfach ist, wie es zunächst erscheinen könnte. Der ermittelte Wert

$$\sin \Theta_C = 0{,}22 \tag{6.41}$$

bedeutet, daß der Cabibbo-Winkel klein ist ($\Theta_C \approx 12{,}7°$) und der Cosinus nur wenig von 1 abweicht ($\cos \Theta_C = 0{,}975$). Durch die Einführung des Cabibbo-Winkels wird die Universalität der schwachen Wechselwirkung weitgehend bewahrt. Die Kopplung g_{du} und die Kopplung g_{su} ist jeweils schwächer als die Kopplung g der Leptonen, aber in einer Weise, daß der Zusammenhang

$$g_{du}^2 + g_{su}^2 = g^2 \tag{6.42}$$

gewahrt bleibt.

Die eben gewonnenen Ergebnisse lassen sich in einer sehr attraktiven Weise so uminterpretieren, daß man an einer universellen Kopplungskonstanten für alle schwachen Wechselwirkungsprozesse geladener Ströme festhalten kann. In diesem Falle müssen aber die Quarkzustände rotiert werden. Wir wollen dies zunächst nur für die beiden ersten Quarkfamilien zeigen und benutzen dabei die Abkürzungen $\sin \Theta_C = s_1$ und $\cos \Theta_C = c_1$. Eigenzustände zur schwachen Wechselwirkung sind nun die Dubletts

$$\begin{pmatrix} u \\ d' \end{pmatrix}, \begin{pmatrix} c \\ s' \end{pmatrix} \tag{6.43}$$

mit dem Zusammenhang

$$\begin{pmatrix} d' \\ s' \end{pmatrix} = \begin{pmatrix} c_1 & s_1 \\ -s_1 & c_1 \end{pmatrix} \begin{pmatrix} d \\ s \end{pmatrix} \tag{6.44}$$

zwischen den ursprünglichen und den cabibbo-rotierten Quarkzuständen. Die Rotation der Quarkzustände führt über das Resultat (6.42) hinaus, da jetzt gleichzeitig die Kopplungsstärken zwischen c- und s- bzw. c- und d-Quarks festgelegt werden. Hierbei wird sich insbesondere der durch die Rotationsmatrix erzwungene Wechsel des Vorzeichens der Kopplung beim (cd)-Vertex im Vergleich zum (us)-Vertex noch als wichtig erweisen.

6.2.2 Der β-Zerfall des Neutrons

Viele schwache Zerfälle von Hadronen lassen sich wenigstens qualitativ auf die Zerfälle der Konstituentenquarks zurückführen. Das magnetische Moment der Nukleonen haben wir erfolgreich in einem Modell behandelt, in dem die Hadronen aus schwach gebundenen Konstituentenquarks aufgebaut sind, die sich quasi-frei in den Hadronen bewegen. Wir wollen diese Idee jetzt auf den β-Zerfall des Neutrons ausdehnen. Im sog. Zuschauermodell wird er durch den β-Zerfall des d-Quarks beschrieben (Abb. 6.6), während die verbleibenden u- und d-Quarks unbeteiligt durchlaufen. Das ist für die leichten Quarks sicher eine grobe Vereinfachung, von der wir nicht wissen, ob sie berechtigt ist, aber wir wollen einmal studieren, wie weit sie uns trägt.

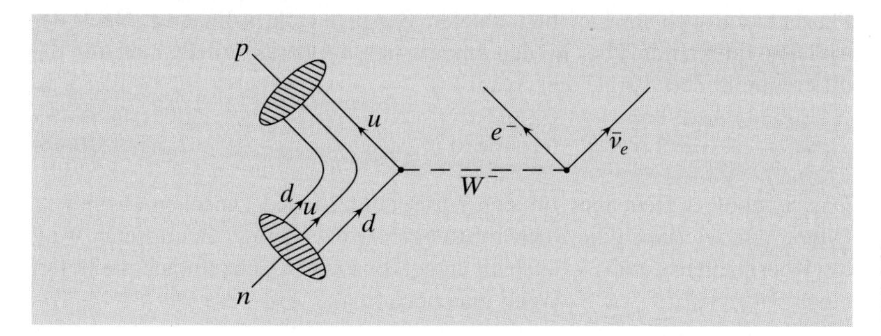

Abb. 6.6
Der β-Zerfall des Neutrons wird im Zuschauer-Modell als β-Zerfall des d-Quarks behandelt

Das Matrixelement für den d-Zerfall ist nach den Ausführungen des letzten Abschnitts bis auf den Faktor c_1 identisch zum Matrixelement (6.25) des μ-Zerfalls, da nur ein Leptonenstrom durch einen Hadronenstrom ersetzt wird. Wir nennen daher solche Zerfälle von Hadronen *semi-leptonisch*. Leider können wir aber nicht das Ergebnis (6.33) übernehmen, da die kinematische Situation eine völlig andere ist. Die Konstituentenmassen von d- und u-Quarks unterscheiden sich nur geringfügig, im Ruhesystem des d wird also auch das u praktisch keine kinetische Energie haben, so daß wir seinen Vierervektor durch $k^\mu = (m_u, 0, 0, 0)$ annähern können. Die Vierervektoren des Elektrons und des Antineutrinos werden durch $p'^\mu = (E', \boldsymbol{p}')$ und $k'^\mu = (\omega', \boldsymbol{k}')$ bezeichnet. Die z-Achse und Quantisierungsachse legen wir der Einfachheit halber in die Richtung des $\bar{\nu}_e$, und eine nicht allzu schwierige Rechnung ergibt dann für den Zerfall eines d-Quarks mit Spin entlang der z-Achse in ein u-Quark mit Spin entlang der z-Achse

$$T_{fi} = \frac{-16c_1}{\sqrt{2}} G_\mathrm{F} \sqrt{m_u m_d \omega' E'} \cos(\Theta_e/2) \ . \tag{6.45}$$

Hierin ist Θ_e der Winkel zwischen dem Elektron und dem $\bar{\nu}_e$, also der Richtung des d-Spins. Falls der Spin des u-Quarks in die negative z-Richtung deutet, wird der letzte Faktor im Matrixelement durch $\sin(\Theta_e/2)$ ersetzt.[2] Alle anderen Amplituden verschwinden für masselose Elektronen, so daß nach der Spinmittelung

$$\overline{\sum} |T_{fi}|^2 = 64 c_1^2 G_\mathrm{F}^2 m_u m_d \omega' E' \tag{6.46}$$

[2] Es ist genau diese Spin-*flip*-Amplitude, die man beim β-Zerfall polarisierter ^{60}Co-Kerne testet. ^{60}Co hat den Kernspin 5. Der Tochterkern ^{60}Ni hat $I = 4$. Der Übergang ist also nur über eine Spin-*flip*-Amplitude möglich. Die Winkelverteilung der Elektronen ist paritätsverletzend. Die Elektronen laufen bevorzugt entgegen der Richtung des d-Spins.

erhalten wird. Interessanterweise bleibt dieses Ergebnis ebenfalls gültig, wenn die Masse des Elektrons nicht vernachlässigt wird. Aus einer solchen Rechnung kann auch der Erwartungswert der Helizität des auslaufenden Elektrons bestimmt werden. Das Resultat

$$\langle\lambda_e\rangle = -\frac{1}{2}\beta_e \tag{6.47}$$

wurde schon bei der allgemeinen Diskussion der Paritätsverletzung in Abschn. 2.5 benutzt.

Zur Auswertung des Phasenraumintegrals gehen wir diesmal nicht von (2.49) aus, da die Integrationsgrenzen im Dalitz-Plot sehr kompliziert zu bestimmen sind. Glücklicherweise ist die Berechnung des Integrals über den Phasenraum auch im hier betrachteten Beispiel nicht schwierig. Nach der trivialen Integration über $\boldsymbol{k}$ (den Impuls des u-Quarks) erhält man für die differentielle Zerfallsrate den Ausdruck

$$\mathrm{d}\Gamma = \frac{4c_1^2 G_\mathrm{F}^2}{(2\pi)^5}\delta(\Delta - E' - \omega')\,\mathrm{d}^3k'\,\mathrm{d}^3p' \ . \tag{6.48}$$

Das Symbol Δ steht hier für den Massenunterschied zwischen d- und u-Quark, d.h. wir haben die Rückstoßenergie vernachlässigt. Bei unserer Wahl des Koordinatensystems ist auch die Integration über $\boldsymbol{k}'$ sehr einfach, sie liefert einen Faktor $4\pi(\Delta - E')^2$. Wenn man noch

$$\mathrm{d}^3p' = 2\pi|\boldsymbol{p}'|^2\,\mathrm{d}|\boldsymbol{p}'|\,\mathrm{d}\cos\Theta_e \tag{6.49}$$

benutzt, führt dies sofort zu

$$\frac{\mathrm{d}^2\Gamma}{\mathrm{d}|\boldsymbol{p}'|\,\mathrm{d}\cos\Theta_e} = \frac{G_\mathrm{F}^2 c_1^2}{\pi^3}(\Delta - E')^2|\boldsymbol{p}'|^2 \ . \tag{6.50}$$

Die Integration über den Winkel gibt einen Faktor zwei, und damit erhält man

$$\frac{\mathrm{d}\Gamma}{\mathrm{d}|\boldsymbol{p}'|} = \frac{2G_\mathrm{F}^2 c_1^2}{\pi^3}|\boldsymbol{p}'|^2(\Delta - E')^2 \ . \tag{6.51}$$

Das Spektrum der Elektronen fällt in einer charakteristischen Weise zur kinematischen Grenze hin ab, im Gegensatz zum μ-Zerfall. Dieses Verhalten wird in der Kernphysik in der sog. Kurie-Auftragung im β-Zerfall sorgfältig ausgewählter Kerne ausgenutzt. Die Wurzel aus dem Quotienten von differentieller Zerfallsrate und $|\boldsymbol{p}'|^2$ ist offenbar proportional zu $\Delta - E'$.[3] Aus der gemessenen Abweichung von dieser Geraden wurde die obere Grenze für die Masse des Elektron-Neutrinos bestimmt.

Um zu einer Formel für die Zerfallsbreite zu kommen, müssen wir jetzt noch über $|\boldsymbol{p}'|$ in den Grenzen von 0 bis Δ integrieren und erhalten bei Vernachlässigung der Elektronenmasse

$$\Gamma = \frac{G_\mathrm{F}^2 c_1^2 \Delta^5}{15\pi^3} \ . \tag{6.52}$$

In dieser Form ist unser Resultat für eine Berechnung der Lebensdauer des Neutrons nicht zu gebrauchen, da wir keine präzise Aussage über den Massenunterschied gebundener d- und u-Quarks machen können, andererseits

[3] Dann bedeutet Δ natürlich den Massenunterschied von Mutter- und Tochterkern.

Γ aber sehr empfindlich von diesem Massenunterschied abhängt. Wir sind also an eine Grenze des Zuschauermodells gestoßen. Ganz nutzlos war aber diese Berechnung nicht, denn bei den geringen Impulsüberträgen können wir versuchen, anstelle der Verwendung des Zuschauermodells Proton und Neutron *selbst* als punktförmige Dirac-Teilchen zu behandeln. Der Massenunterschied zwischen den beiden Nukleonen beträgt jedoch nur 1,3 MeV, und man kann daher die Masse des Elektrons nicht vernachlässigen. Die exakte Integration von (6.51) ist zwar lästig, aber letztlich elementar. Sie liefert einen Korrekturfaktor von 0,48 auf der rechten Seite von (6.52) [Beh69].

Auch mit dieser Korrektur gibt eine Auswertung von (6.52) nicht die gemessene Lebensdauer des Neutrons von 886 s. Der Grund liegt natürlich wiederum in der hadronischen Natur der Nukleonen. Eine eingehende Untersuchung des β-Zerfalls von Kernen hat gezeigt, daß man für den Strom der Nukleonen

$$J^\mu = \bar{u}_n \gamma^\mu \frac{1-\alpha\gamma^5}{2} u_p \tag{6.53}$$

ansetzen muß, wobei der Korrekturfaktor α das Verhältnis $c_\mathrm{A}/c_\mathrm{V}$ der Kopplung des Axialvektorstroms und des Vektorstroms an die W-Bosonen wiedergibt. Es ist auffällig, daß im Ansatz (6.53) der Vektorstrom mit der gleichen Stärke wie die Quarks an die W-Bosonen koppelt ($c_\mathrm{V} = 1$). Die starke Wechselwirkung renormiert hier die Kopplung nicht. Dieses Verhalten ist schon aus der Diskussion der Strahlungskorrekturen bekannt. Die Ladung wird wegen der Stromerhaltung durch die Diagramme der Abb. 3.6b und c nicht renormiert. Ein analoges Diagramm für die starke Vertexkorrektur ist in Abb. 6.7 gezeigt. Im Gegensatz zum Vektorstrom ist der Axialvektorstrom der Hadronen nicht erhalten, d.h. hier kann sich die Kopplung durch zusätzliche Beiträge ändern.

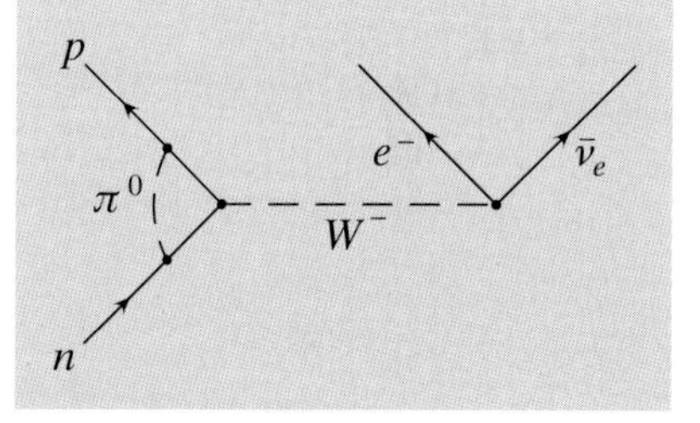

Abb. 6.7
Der Einfluß der Kernkraft auf den β-Zerfall des Neutrons

Eine Wiederholung der Rechnung mit dem Ansatz (6.53) unter Berücksichtigung der Elektronenmasse führt zu [Oku65]

$$\Gamma = \frac{G_\mathrm{F}^2 \Delta^5 c_1^2}{60\pi^3}(1+3\alpha^2) \times 0{,}48 \ , \tag{6.54}$$

woraus $\alpha = 1{,}31$ folgt. Die Korrektur aufgrund der Kernphysik ist also nicht sehr groß. Eine genaue Bestimmung von $c_\mathrm{A}/c_\mathrm{V}$ ist besonders wichtig. Dazu müssen noch weitere kleine Verbesserungen an der letzten Gleichung angebracht werden. Als genauer Wert wird von der PDG [PDG04]

$$\frac{c_\mathrm{A}}{c_\mathrm{V}} = 1{,}2695 \pm 0{,}0029 \tag{6.55}$$

angegeben. Mit $c_\mathrm{V} = 1$ liegt dann auch c_A fest.

Es ist sehr lehrreich, die Beiträge des Vektorstroms und des Axialvektorstroms in (6.53) getrennt zu analysieren. Im Grenzfall $\boldsymbol{p} \to 0$ überlebt vom Vektorstrom nur die Komponente

$$J^{\mathrm{V},0} = \chi_p^\dagger \chi_n \ , \tag{6.56}$$

während vom Axialvektorstrom die Komponenten $J^{\mathrm{A},i}$ mit $i = 1, 2, 3$

$$J^{\mathrm{A},i} = \chi_p^\dagger \sigma_i \chi_n \tag{6.57}$$

übrig bleiben.[4] Damit läßt sich explizit zeigen, daß der Vektorstrom nur zu Übergängen beiträgt, bei denen der Spin des Protons und des Neutrons in die gleiche Richtung zeigt, während der Axialvektorstrom auch Spin-Flip-Übergänge ermöglicht. Dies wird zur Klassifizierung der schwachen Zerfälle in der Kernphysik benutzt. Die über den Vektorstrom erfolgenden sog. Fermi-Übergänge erfüllen die Auswahlregel $\Delta I = 0$ des Kernspins, während für die mit dem Axialvektorstrom verknüpften Gamow-Teller-Übergänge $\Delta I = 0, 1$ gilt. Sogenannte $(0 \to 0)$-Übergänge der Kernphysik, d.h. der β-Zerfall von Mutterkernen mit Spin 0 in einen Tochterkern mit Spin 0 können aber nur über den Vektorstrom erfolgen. Ein Beispiel für einen Fermi-Übergang ist der β^+-Zerfall des ^{14}O nach ^{14}N, ein Beispiel für einen Gamow-Teller-Übergang ist der β^--Zerfall des ^{60}Co in ^{60}Ni. Der β-Zerfall

$$\pi^- \to \pi^0 e^- \bar{\nu}_e \tag{6.58}$$

des Pions ist nach den gerade behandelten Auswahlregeln nur über den Vektorstrom möglich. Er tritt zwar nur mit einem Verzweigungsverhältnis von 10^{-8} auf, ist jedoch grundsätzlich wichtig zur Bestimmung der Kopplungsstärke des hadronischen Vektorstroms an die W-Bosonen.

Nach den großen Erfolgen des Quarkmodells bei der Erklärung des magnetischen Momentes der Baryonen liegt es nahe, auch α im Quarkmodell zu berechnen. Im Flavorraum spannen Proton und Neutron bzw. u- und d-Quark ein Isospin-Dublett auf. Durch Emission eines W^--Bosons wird ein Neutron in ein Proton verwandelt. Der Vektorstromanteil im Zerfall eines Neutrons mit Spin $j_3 = 1/2$ in ein Proton mit Spin $j_3 = 1/2$ wird daher proportional zum Matrixelement $\langle p|\tau_+|n\rangle$, worin $|p\rangle$ und $|n\rangle$ aus (4.93) und (4.94) entnommen werden und τ_+ der aus Abschn. 2.2.4 vertraute Leiteroperator (des Isospins) ist, dessen Darstellung in zwei Dimensionen identisch zu (2.141) wird. Entsprechend wird der Anteil des Axialvektorstroms durch $\langle p|\tau_+\sigma_3|n\rangle$ wiedergegeben, da zum Übergang mit $\Delta I = 0$ nur die dritte Komponente dieses Stromes beiträgt. Wie in Abschn. 4.3.2 wirken die Operatoren auf jedes Quark einzeln

$$\tau_+ = \sum_{i=1,3} \tau_{+,i} \quad , \tag{6.59}$$

so daß man z.B. für den ersten Zustand in (4.94)

$$\tau_+\sigma_3(-2|d\uparrow u\downarrow d\uparrow\rangle) = -2|u\uparrow u\downarrow d\uparrow\rangle - 2|d\uparrow u\downarrow u\uparrow\rangle \tag{6.60}$$

erhält, da natürlich die Anwendung von τ_+ auf das u-Quark 0 ergibt. Unter Vernachlässigung der Normierungsfaktoren bekommen wir also

$$\langle p|\tau_+\sigma_3(-2|d\uparrow u\downarrow d\uparrow\rangle) = 4 \quad . \tag{6.61}$$

Die gleiche Rechnung wird für die anderen acht Terme und für den Anteil des Vektorstroms durchgeführt, woraus nach Normierung

$$\frac{c_{\mathrm{A}}}{c_{\mathrm{V}}} = \frac{5}{3} \tag{6.62}$$

folgt. Dieses Ergebnis ist, verglichen mit der genauen Vorhersage für μ_p/μ_n aus einer ganz ähnlichen Rechnung, erstaunlich schlecht. Es konnte gezeigt werden, daß relativistische Korrekturen zu kleineren Werten führen [Clo79], trotzdem bleibt eine Enttäuschung zurück.

[4] Die Spinoren χ sind in (3.65) definiert.

6.2.3 Der Zerfall $\pi \to \mu\nu$

Geladene Pionen zerfallen zu praktisch 100 % in ein Myon und ein Neutrino. Im Quarkmodell deuten wir diesen Zerfall als die Zerstrahlung

$$d + \bar{u} \to \mu^- + \bar{\nu}_\mu \ . \tag{6.63}$$

Nun soll daraus die Lebensdauer des Pions im Quarkmodell berechnet werden, ganz ähnlich dem Vorgehen in Abschn. 4.5 für die elektromagnetischen Zerfälle. Wir haben dort betont, daß die Anwendung dieses Modells auf den Zerfall von Pionen ziemlich problematisch ist, da nämlich jetzt die Konstituentenmassen nur noch $M_\pi/2$ betragen dürfen. Indem wir diese Bedenken im Moment einfach beiseite schieben, müssen wir zunächst die Amplitude (6.3) für die Streureaktion (6.63) freier Quarks mit verschwindendem Impuls und der Masse $M_\pi/2$ auswerten. Das $\bar{\nu}_\mu$ ist rechtshändig, dann muß wegen der Drehimpulserhaltung das μ^- ebenfalls rechtshändig sein. Die einlaufenden Quarks haben die Spinwellenfunktion des Pions. Mit der hierzu gehörenden Spinorkombination

$$\frac{1}{\sqrt{2}}(\bar{u}_\mathrm{R} d_\mathrm{R} - \bar{u}_\mathrm{L} d_\mathrm{L}) \tag{6.64}$$

und der Farbwellenfunktion (4.25) des Pions liefert die Rechnung das Ergebnis

$$|T_{fi}^\mathrm{frei}|^2 = 12 G_\mathrm{F}^2 c_1^2 m_\mu^2 M_\pi^2 \left(1 - \frac{m_\mu^2}{M_\pi^2}\right) \ , \tag{6.65}$$

wobei der Farbfaktor drei schon berücksichtigt wurde. Der Zusammenhang zwischen der Zerfallsbreite und dem Matrixelement für die Streuung freier Teilchen wurde bereits in Abschn. 4.5.2 behandelt. Die Masse des auslaufenden Myons darf jetzt nicht vernachlässigt werden und damit erhalten wir

$$\Gamma(\pi \to \mu\nu) = \frac{3 G_\mathrm{F}^2 |R_S(0)|^2}{8\pi^2} c_1^2 m_\mu^2 \left(1 - \frac{m_\mu^2}{M_\pi^2}\right)^2 \ . \tag{6.66}$$

Hierin beschreibt $R_S(0)$ wieder den Einfluß der starken Wechselwirkung. Um den Anschluß an die übliche Behandlung des Pion-Zerfalls zu finden, wie sie z.B. in [Com83] gemacht wird, definieren wir

$$f_\pi^2 = \frac{3|R_S(0)|^2}{\pi M_\pi} \ . \tag{6.67}$$

Man nennt f_π die Pion-Zerfallskonstante. Wenn man sie zur Charakterisierung der starken Wechselwirkung benutzt, lautet das Ergebnis für die Zerfallsbreite

$$\Gamma = \frac{G_\mathrm{F}^2 f_\pi^2}{8\pi} c_1^2 m_\mu^2 M_\pi \left(1 - \frac{m_\mu^2}{M_\pi^2}\right)^2 \ . \tag{6.68}$$

Eine Auswertung von (6.68) liefert $f_\pi = 131{,}7$ MeV. Das ist sehr nahe bei dem von der PDG angegebenen Wert von $130{,}7 \pm 0{,}4$ MeV [PDG04], für dessen Berechnung Strahlungskorrekturen zu (6.68) berücksichtigt wurden. Das aus diesen Werten bestimmte Ergebnis für $|R_S(0)|^2$ liegt durchaus im Bereich der bei der Diskussion der elektromagnetischen Zerfälle gefundenen Resultate. Das kann aber Zufall sein, da eine Anwendung der gleichen Gedankengänge auf den Zerfall $\pi^0 \to \gamma\gamma$ zu gänzlich anderen Zahlen führt (Abschn. 4.5.3).

Schon bei der Behandlung der Paritätsverletzung in Abschn. 2.5.4 wurde erklärt, daß der Zerfall $\pi \to e\nu$ stark unterdrückt ist. Diese Unterdrückung läßt sich jetzt quantifizieren. Eine direkte Anwendung von (6.68) führt zu einem Verhältnis der Zerfallsraten

$$\frac{\Gamma(\pi \to e\nu)}{\Gamma(\pi \to \mu\nu)} = \left(\frac{m_e}{m_\mu}\right)^2 \left(\frac{M_\pi^2 - m_e^2}{M_\pi^2 - m_\mu^2}\right)^2 , \tag{6.69}$$

welches den gemessenen Wert von $1{,}23 \cdot 10^{-4}$ mit einer Genauigkeit von etwa fünf Prozent wiedergibt!

6.2.4 Zerfälle von K-, D- und B-Mesonen

Geladene K-Mesonen zerfallen mit einem Verzweigungsverhältnis von 63,5 % in ein Myon und ein Neutrino (Abb. 6.5b). Dieser Zerfall läßt sich sofort mit der im letzten Abschnitt entwickelten Theorie beschreiben. Der entscheidende Unterschied liegt in der Ersetzung von $\cos\Theta_C$ durch $\sin\Theta_C$ in (6.68),

$$\Gamma(K^\pm \to l\nu_l) = \frac{G_F^2 f_K^2}{8\pi} s_1^2 m_l^2 M_K \left(1 - \frac{m_l^2}{M_K^2}\right)^2 . \tag{6.70}$$

Der Index l steht hier wieder für Elektron oder Myon. Ein Vergleich mit den experimentellen Resultaten führt zu

$$\frac{f_K}{f_\pi} = 1{,}22 , \tag{6.71}$$

was beweist, daß die hadronischen Korrekturen nicht sehr unterschiedlich sind. Vor Cabibbos Theorie führten ähnliche Überlegungen zu großen Abweichungen in den Zerfallskonstanten und damit zu Zweifeln an der Universalität der schwachen Wechselwirkung.

Die semileptonischen Zerfälle der K-Mesonen sind wiederum nur über den Vektorstrom möglich. Es hat sich aber gezeigt, daß die hadronischen Korrekturen hier gut beherrschbar sind, und daher dienen diese Zerfälle zur Bestimmung von g_{us}, also des Cabibbo-Winkels. Zwischen den Hadronen des Anfangs- und Endzustandes in semileptonischen Zerfällen der K-Mesonen und Hyperonen gelten die Auswahlregeln

$$\Delta Q = \Delta S \tag{6.72}$$

und

$$|\Delta I| = 1/2 . \tag{6.73}$$

Diese empirisch gefundenen Regeln über die Änderung von *strangeness*, Ladung und Isospin haben im Zuschauermodell eine natürliche Erklärung,

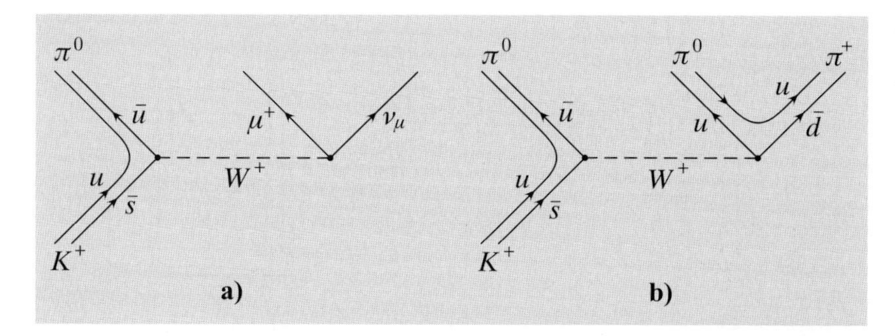

Abb. 6.8a,b
(**a**) Semileptonische und (**b**) hadronische Zerfälle des K^+-Mesons

wie man in der Abb. 6.8 sofort sieht. Sie entsprechen der Transformation der Quantenzahlen am (su)- bzw. $(\bar{s}\bar{u})$-Vertex. In hadronischen Zerfällen ist im Beispiel der Abb. 6.8b $|\Delta I| = 1/2,\ 3/2$ und $5/2$ erlaubt, da die auslaufenden Hadronen Isospin-Multipletts mit $0 < I \leq 3$ angehören können. Im Experiment wird jedoch eine deutliche Bevorzugung der Zerfälle mit $|\Delta I| = 1/2$ für alle hadronischen Zerfälle der *strange particles* beobachtet.

Ein besonders gutes Beispiel für diese Regel bilden wieder die K^0-Mesonen. Das K_S zerfällt zu praktisch 100 % in zwei Pionen $(\pi^+\pi^-, \pi^0\pi^0)$, die Zerfallsbreite beträgt $7{,}35 \cdot 10^{-6}$ eV. Demgegenüber ist die Partialbreite $K^+ \to \pi^+\pi^0$ etwa um einen Faktor 650 unterdrückt. Dieser drastische Unterschied wurde in Abschn. 2.8.7 durch ein Verhältnis der Amplituden mit $\Delta I = 1/2$ und $\Delta I = 3/2$ von etwa 25 erklärt.

Nun wird es Zeit, sich den Zerfällen der D-Mesonen zuzuwenden. Für semileptonische D-Zerfälle lesen wir aus Abb. 6.9 die Auswahlregel

$$\Delta Q = \Delta C \tag{6.74}$$

ab. Da die Masse des c-Quarks schon sehr groß ist, sind Effekte des QCD-Potentials, wie sie sich z.B. am Unterschied zwischen nackter Masse und Konstituentenmasse zeigen, weniger wichtig. Wir benutzen daher das Zuschauermodell jetzt auch für eine quantitative Behandlung der semileptonischen Zerfallsbreite, behandeln also das c-Quark im D-Meson wie ein freies Teilchen (Abb. 6.9). Bei Vernachlässigung der s-Masse $(m_s \ll m_c)$ können wir

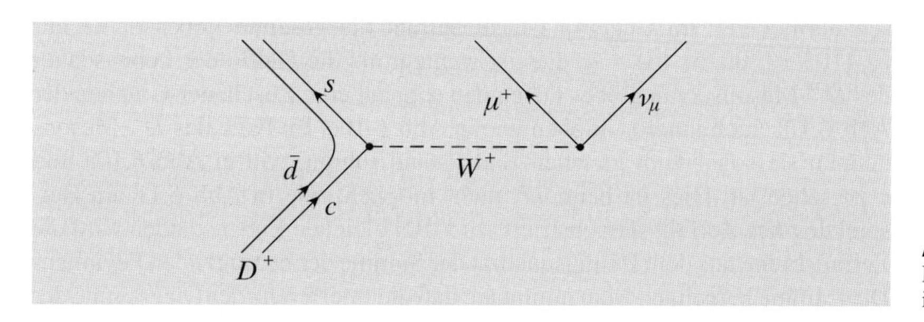

Abb. 6.9
Der semileptonische Zerfall des D-Mesons im Zuschauermodell

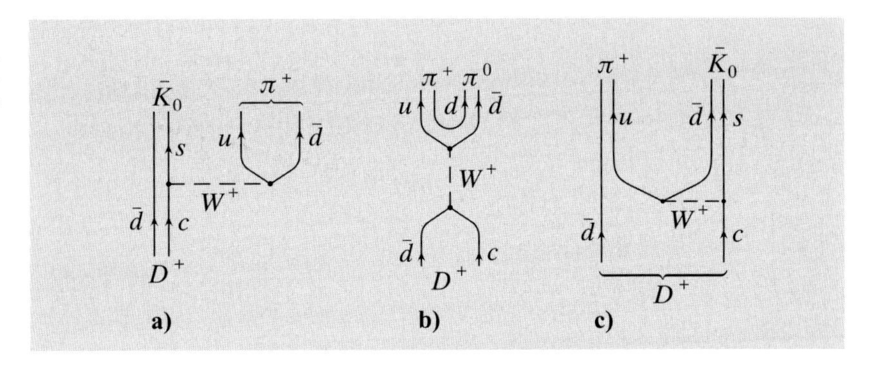

Abb. 6.10a–c
Hadronische Zerfälle des D^+-Mesons. (**a**) Äußeres Zuschauer-Diagramm, (**b**) Annihilations-Diagramm, (**c**) inneres Zuschauer-Diagramm

die Formel (6.33) für den μ-Zerfall anwenden, also

$$\Gamma(D^\pm \to e^\pm \overset{(-)}{\nu}_e X) = \frac{G_F^2 c_1^2 m_c^5}{192\pi^3} \quad . \tag{6.75}$$

Die gemessene Partialbreite von $1{,}07 \cdot 10^{-4}$ eV entspricht einer c-Quark-Masse von 1,35 GeV, was ziemlich nahe bei den Werten liegt, die wir bei der Diskussion des Charmoniums kennengelernt haben.

Das Zuschauermodell erklärt auch die hadronischen Zerfälle der D-Mesonen. Abbildung 6.10a zeigt als Beispiel den Zerfall $D^+ \to \bar{K}^0\pi^+$. Annihilationsdiagramme wie in Abb. 6.10b sind durch den Faktor s_1^2 am $c\bar{d}$-Vertex unterdrückt. Hinzu kommt die Tatsache, daß an diesem Vertex ein *helicity flip* stattfinden muß, weil sich das $c\bar{d}$-System im Zustand $J = 0$ befindet. Die cabibbo-erlaubten Zerfälle nach Art der Abb. 6.10a bekommen – verglichen mit (6.75) – ein statistisches Gewicht von drei für die drei Farben der auslaufenden $u\bar{d}$-Quarklinie. Da es also zwei leptonische und drei Quarkdiagramme gibt, erwarten wir für die Reaktion $D^+ \to e^+\nu_e X$ ein Verzweigungsverhältnis von $B \approx 20\,\%$, wobei wir wieder eine beliebige Hadronisierung des auslaufenden $u\bar{d}$-Paares zulassen. Das gemessene Verhältnis von $17{,}2 \pm 1{,}9\,\%$ liegt nahe bei dieser Abschätzung; unser Modell liefert daher auch eine einleuchtende Erklärung für die Lebensdauer des D^+-Mesons von $(1{,}040 \pm 0{,}007) \cdot 10^{-12}$ s.

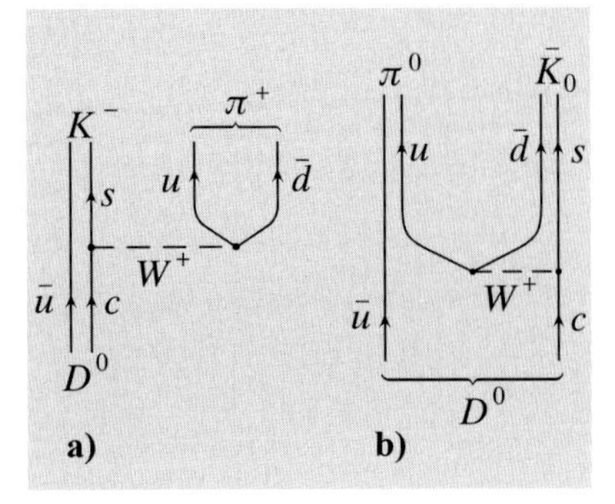

Abb. 6.11a,b
Hadronische Zerfälle des D^0-Mesons über (**a**) ein äußeres und (**b**) ein inneres Zuschauer-Diagramm

Die semileptonische Zerfallsbreite des D^0 ist praktisch gleich groß wie diejenige des D^+-Mesons. Dies entspricht der Erwartung des Zuschauermodells. Im Gegensatz dazu beträgt die gesamte Lebensdauer nur $(0{,}4103 \pm 0{,}0015) \cdot 10^{-12}$ s, dies ist weniger als die Hälfte der Lebensdauer des D^+-Mesons. Nun gibt es neben den sog. äußeren Zuschauer-Graphen der Abb. 6.10a auch innere Graphen wie in Abb. 6.10c. Im Falle des D^+-Mesons können sie sogar zum gleichen Endzustand führen, wie in Abb. 6.10a und c zu sehen ist. Dies ist beim D^0 nicht möglich, wie in Abb. 6.11 am Beispiel des $K\pi$-Zerfalls demonstriert wird. Bei gleichen Endzuständen wird die Zerfallsbreite aus dem Betragsquadrat der Summe der beitragenden Feynman-Diagramme berechnet. Man nimmt an, daß die Interferenz der Diagramme der

Abb. 6.10a und c zu einer Absenkung der D^+-Zerfallsbreite und damit zu einer längeren Lebensdauer führt.

Jetzt gehen wir von den D-Mesonen zu den B-Mesonen. Die Lebensdauern des B^+- und des B^0-Mesons sind sehr ähnlich, entsprechen also eher den theoretischen Erwartungen des Zuschauermodells. Die absoluten Werte von $(1{,}67 \pm 0{,}018) \cdot 10^{-12}$ s und $(1{,}536 \pm 0{,}014) \cdot 10^{-12}$ s zeigen, daß der zu m_b^5 proportionale Anstieg der Zerfallsbreite durch eine sehr kleine Kopplung des b-Quarks an das c-Quark oder das u-Quark kompensiert wird. Diese kleine Kopplung wird wie im Fall der s-Quarks nicht durch eine grundsätzlich neue Kopplungskonstante beschrieben, sondern es wird Cabibbos Idee nach Hinzunahme der dritten Familie von Quarks durch ein allgemeineres Konzept ersetzt. Darauf werden wir in Abschn. 7.8 noch einmal zurückkommen.

Auch in einem anderen interessanten Detail folgen die B-Zerfälle mehr den Erwartungen als die D-Zerfälle. Eigentlich sollte die Reaktion $D^0 \to \bar{K}^0\pi^0$ (Abb. 6.11b) gegenüber $D^0 \to K^-\pi^+$ (Abb. 6.11a) stark unterdrückt sein, da es für diese inneren Diagramme viel schwieriger ist, die Farben der Quarks richtig zu arrangieren. Statistisch gesehen finden die inneren $u\bar{d}$-Quarks nur in einem Neuntel aller Fälle das passende $\bar{u}$- und s-Quark. Hinzu kommt von der π^0-Wellenfunktion (4.78) noch ein Faktor $1/(\sqrt{2})^2$, was zusammen mit der Farbunterdrückung

$$\frac{\Gamma(D^0 \to \bar{K}^0\pi^0)}{\Gamma(D^0 \to K^-\pi^+)} \approx \frac{1}{18} = 0{,}055 \tag{6.76}$$

ergibt. Der gemessene Wert für dieses Verhältnis beträgt aber 0,60, ist also etwa zehnmal größer. Die den D^0-Zerfällen entsprechenden Diagramme der B^0-Zerfälle $\bar{B}^0 \to D^0\pi^0$ und $\bar{B}^0 \to D^+\pi^-$ sind in Abb. 6.12a,b gezeigt. Hier scheint die Farbunterdrückung besser realisiert zu sein, die zugehörigen Partialbreiten verhalten sich wie 1 : 10.

Wir haben in diesem Abschnitt immer wieder qualitative Überlegungen zum Einfluß der hadronischen Korrekturen auf die Zerfälle der Quarks benutzt; eine genaue quantitative Berechnung dieser Effekte ist sehr wichtig, da wir natürlich an den grundlegenden Parametern wie der schwachen Kopplung der Quarks und deren Masse interessiert sind. Auf diesem Feld hat es in den letzten Jahren enorme Fortschritte gegeben, da mit Hilfe der QCD qualitative Regeln ($\Delta I = 1/2$, Zuschauermodell, Farbunterdrückung) quantitativ erklärt werden konnten. Insbesondere die Beobachtung, daß die schweren Quarks besser den Erwartungen folgen als die leichten, hat in der QCD eine präzise Formulierung gefunden. Hier ist ein neuer Zweig der Theorie entstanden, der oft mit dem Begriff *Heavy Quark Effective Theory* (HQET) umschrieben wird. Natürlich bieten die B-Mesonen mit ihrer sehr großen Anzahl von möglichen Zerfällen auch dem Experimentalphysiker ein weites Betätigungsfeld. Eine Behandlung dieser Themen kann allein ein Lehrbuch füllen, z. B.das neue Buch von A.G. Grozin [Gro04]. Der interessierte Leser findet eine kürzere Darstellung in dem Übersichtsartikel von Browder, Honscheid und Pedrini [Hon96].

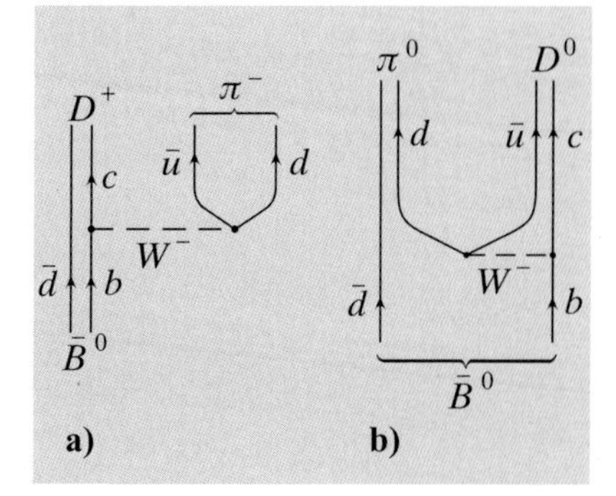

Abb. 6.12a,b
Hadronische Zerfälle des $\bar{B}^0$-Mesons über (**a**) ein äußeres und (**b**) ein inneres Zuschauer-Diagramm

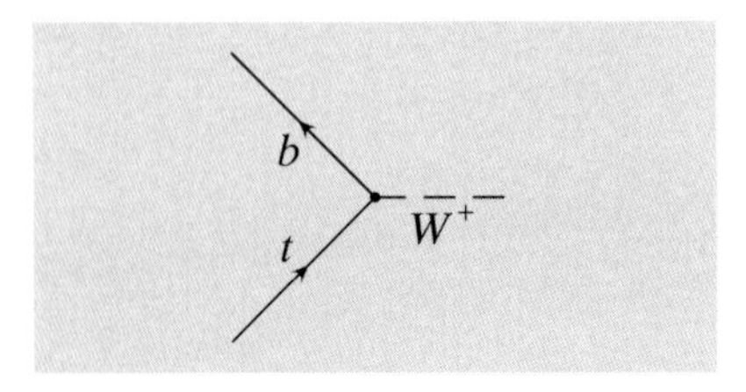

Abb. 6.13
Feynman-Diagramm des Zerfalls des t-Quarks in ein b-Quark und ein reelles W-Boson

6.2.5 Der Zerfall des *top*-Quarks

Bei allen bisher behandelten Zerfällen tritt das W-Boson nur als virtuelles Teilchen auf, wobei sogar beim b-Quark die Näherung $q^2 \ll M_W^2$ noch sehr gut erfüllt ist. Ganz anders sind die Verhältnisse beim *top*-Quark. Seine Masse ist wesentlich größer als die Summe der Massen des b-Quarks und des W-Bosons. Die Lebensdauer berechnen wir daher aus dem Zerfall

$$t^+ \to b^- + W^+ \quad . \tag{6.77}$$

Das zu Abb. 6.13 gehörende Matrixelement

$$T_{fi} = \frac{g}{\sqrt{2}} \bar{u}(p')\gamma^\mu \frac{1-\gamma^5}{2} u(p)\epsilon_\mu^*(k') \tag{6.78}$$

kann im Ruhesystem des *top*-Quarks leicht ausgewertet werden. Das Resultat lautet nach der üblichen Quadrierung und Summierung über die Spins

$$\sum |T_{fi}|^2 = \frac{g^2}{4} \frac{m_t^4}{M_W^2} \left(1 - \frac{M_W^2}{m_t^2}\right) \left(1 + 2\frac{M_W^2}{m_t^2}\right) \quad . \tag{6.79}$$

Hierin sind m_t und M_W die Massen des t-Quarks und des W-Bosons. Die Kopplung des t-Quarks an das b-Quark wurde einfach mit $g/\sqrt{2}$ angesetzt. Dies ist eine sehr gute Näherung, die ausführliche Diskussion in Abschn. 7.8 wird zeigen, daß die Kopplungen an d- und s-Quark für unsere Zwecke zu vernachlässigen sind. Aus (6.79) wird durch Spinmittelung (Faktor 1/2) und Anwendung von (2.41) die Zerfallsbreite

$$\Gamma = \frac{G_\mathrm{F}}{8\pi\sqrt{2}} m_t^3 \left(1 - \frac{M_W^2}{m_t^2}\right)^2 \left(1 + 2\frac{M_W^2}{m_t^2}\right) \tag{6.80}$$

berechnet. Die numerische Auswertung mit $m_t = 175\,\mathrm{GeV}$ gibt $\Gamma = 1{,}55\,\mathrm{GeV}$, das entspricht einer Lebensdauer von nur $4{,}2 \cdot 10^{-25}$ s. Als typische Zeit für die Hadronisierung haben wir schon früher 10^{-23} s abgeschätzt, was einer Laufstrecke der Quarks von einigen fm entspricht. Das *top*-Quark zerfällt demnach – im Unterschied zu allen anderen Quarks – weit vor der Zeit, die es benötigt, um Hadronen zu bilden. Das gleiche Argument wurde auch schon in Abschn. 4.6.3 benutzt, um zu erklären, daß es kein Toponium gibt.

6.2.6 Inelastische Neutrino-Nukleon-Streuung

Allgemeine Diskussion. Ein großer Teil unserer heutigen Kenntnisse über die Quarkverteilungen im Nukleon wurde durch die Verwendung von Neutrinos als Sonden erzielt. Hochenergetische Neutrinostrahlen bestehen praktisch nur aus Myon-Neutrinos, da sie über den Zerfall energiereicher Pionen und Kaonen erzeugt werden. Die Experimente werden immer durch Streuung an einem ruhenden *target* durchgeführt. Im folgenden Abschnitt bezeichnet daher E die Energie der Neutrinos bzw. Antineutrinos im Laborsystem dieser Experimente.

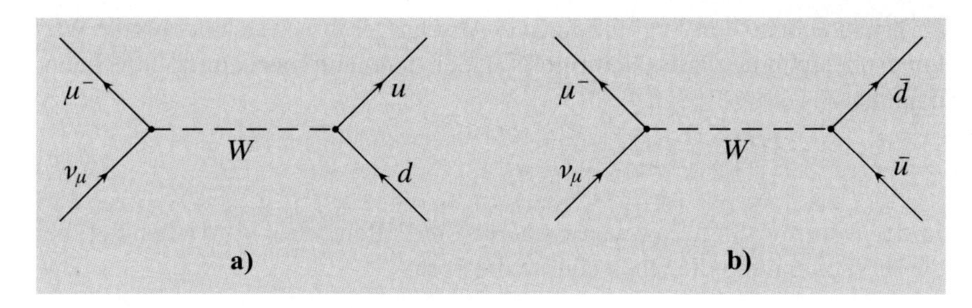

Abb. 6.14a,b
Die Streuung von Myon-Neutrinos an (**a**) Quarks und (**b**) Antiquarks

Wir diskutieren nun die Reaktionen

$$\nu_\mu + N \to \mu^- + X \tag{6.81}$$

und

$$\bar{\nu}_\mu + N \to \mu^+ + X \ . \tag{6.82}$$

Die Bezeichnungen stimmen mit denen der inelastischen Elektronenstreuung überein, insbesondere bedeutet also q^2 das Quadrat des Viererimpulsübertrages zwischen einlaufendem Neutrino und auslaufendem Myon. Wir vernachlässigen zunächst die Cabibbo-Struktur, setzen also vereinfachend $\Theta_C = 0$ an. Dann sind für die Reaktion (6.81) nur die „harten" Streuprozesse der Abb. 6.14 möglich mit den analog zu (6.11) aus der Auswertung von (6.3) abgeleiteten Querschnitten

$$\frac{d\sigma}{dq^2}(\nu_\mu d \to \mu^- u) = \frac{G_F^2}{\pi} \ , \tag{6.83}$$

bzw.

$$\frac{d\sigma}{dq^2}(\nu_\mu \bar{u} \to \mu^- \bar{d}) = \frac{G_F^2}{\pi}(1-y)^2 \ . \tag{6.84}$$

Für die Antineutrino-Streuung (Abb. 6.15) leiten wir in gleicher Weise die Beziehungen

$$\frac{d\sigma}{dq^2}(\bar{\nu}_\mu u \to \mu^+ d) = \frac{G_F^2}{\pi}(1-y)^2 \tag{6.85}$$

und

$$\frac{d\sigma}{dq^2}(\bar{\nu}_\mu \bar{d} \to \mu^+ \bar{u}) = \frac{G_F^2}{\pi} \tag{6.86}$$

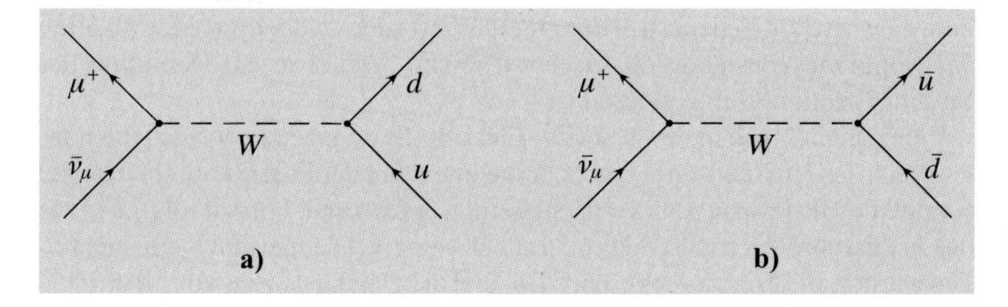

Abb. 6.15a,b
Die Streuung von Myon-Antineutrinos an (**a**) Quarks und (**b**) Antiquarks

ab. Entsprechend den Ausführungen in Abschn. 5.3 lassen sich daraus die Wirkungsquerschnitte für die Neutrino-Nukleon-Streuung sehr schnell berechnen, nämlich

$$\frac{d^2\sigma^{\nu}}{dq^2\,dx} = \frac{G_F^2}{\pi}(q(x)+\bar{q}'(x)(1-y)^2) \ . \tag{6.87}$$

In der Neutrino-Streuung werden gerne die Differentiale $dx\,dy$ benutzt, bei deren Verwendung die Querschnitte die Form

$$\frac{d^2\sigma^{\nu}}{dx\,dy} = \frac{2EMG_F^2}{\pi}\left[xq(x)+x\bar{q}'(x)(1-y)^2\right] \tag{6.88}$$

und

$$\frac{d^2\sigma^{\bar{\nu}}}{dx\,dy} = \frac{2EMG_F^2}{\pi}\left[xq(x)(1-y)^2+x\bar{q}'(x)\right] \tag{6.89}$$

annehmen. In diesen Formeln ist M die Nukleonenmasse, und $q(x)$ bzw. $\bar{q}'(x)$ bezeichnen die Quarkdichteverteilungen im Nukleon, also $u(x)$, $d(x)$ bzw. $\bar{u}(x)$, $\bar{d}(x)$. Die für die einzelnen Prozesse in Frage kommenden Verteilungen werden wir weiter unten spezifizieren.

Die allgemeine Form des Wirkungsquerschnitts wird – wie bei der elektromagnetischen Streuung – durch Strukturfunktionen parametrisiert, die im Quarkmodell durch

$$\begin{aligned} 2xF_1 &= F_2 \\ F_2 &= 2x[q(x)+\bar{q}'(x)] \\ F_3 &= 2[q(x)-\bar{q}'(x)] \end{aligned} \tag{6.90}$$

gegeben sind. Verglichen mit der Elektron-Nukleon-Streuung taucht eine neue Strukturfunktion F_3 auf, da Neutrino und Antineutrino unterschiedlich an Materie koppeln. Ausgedrückt durch die Strukturfunktionen erhalten wir die Formel

$$\frac{d^2\sigma^{\nu,\bar{\nu}}}{dx\,dy} = \frac{EMG_F^2}{\pi}\left[F_2(1-y+y^2/2)\pm xF_3(y-y^2/2)\right] \tag{6.91}$$

für den Wirkungsquerschnitt, wobei das positive Vorzeichen für die Neutrino- und das negative für die Antineutrino-Streuung steht. Nun wollen wir auch die s-Quarks in den Nukleonen behandeln, d.h. wir lassen z.B. harte Streuprozesse $\nu_\mu s \to \mu^- u$ zu. Damit wir nicht verschiedene Formeln für cabibbo-erlaubte ($\Delta S = 0$) und cabibbo-unterdrückte ($\Delta S = 1$) Reaktionen verwenden müssen, werden die Ausdrücke für die Strukturfunktionen entsprechend abgeändert. Dies ist für Tabelle 6.1 durchgeführt worden, wobei die Modifikation der Kopplungskonstanten durch den Cabibbo-Winkel in die Definition der Strukturfunktionen eingeflossen ist.

Ganz ähnlich wie in der Neutrino-Elektron-Streuung steigen auch die totalen Neutrino-Nukleon-Streuquerschnitte linear mit der Energie an, solange der Einfluß des W-Propagators vernachlässigt werden kann. Formal folgt dies aus der Integration von (6.88) und (6.89) über x und y. Die meisten Untersuchungen wurden an Eisen durchgeführt. Da $^{56}_{28}$Fe die gleiche Anzahl von Neutronen

		F_2	xF_3
	$\nu_\mu p \to \mu^- X$	$2x(d+\bar{u})\cos^2\Theta_C$	$2x(d-\bar{u})\cos^2\Theta_C$
$\Delta S = 0$	$\nu_\mu n \to \mu^- X$	$2x(u+\bar{d})\cos^2\Theta_C$	$2x(u-\bar{d})\cos^2\Theta_C$
	$\bar{\nu}_\mu p \to \mu^+ X$	$2x(u+\bar{d})\cos^2\Theta_C$	$2x(u-\bar{d})\cos^2\Theta_C$
	$\bar{\nu}_\mu n \to \mu^+ X$	$2x(d+\bar{u})\cos^2\Theta_C$	$2x(d-\bar{u})\cos^2\Theta_C$
	$\nu_\mu p \to \mu^- X$	$2x(s+\bar{u})\sin^2\Theta_C$	$2x(s-\bar{u})\sin^2\Theta_C$
$\Delta S = 1$	$\nu_\mu n \to \mu^- X$	$2x(s+\bar{d})\sin^2\Theta_C$	$2x(s-\bar{d})\sin^2\Theta_C$
	$\bar{\nu}_\mu p \to \mu^+ X$	$2x(u+\bar{s})\sin^2\Theta_C$	$2x(u-\bar{s})\sin^2\Theta_C$
	$\bar{\nu}_\mu n \to \mu^+ X$	$2x(d+\bar{s})\sin^2\Theta_C$	$2x(d-\bar{s})\sin^2\Theta_C$

Tabelle 6.1
Die Strukturfunktionen der inelastischen Neutrino-Nukleon-Streuung, ausgedrückt durch die Quarkdichten im Proton. Hierbei wurden die Isopin-Symmetrien wie z. B. $u^n = d$ schon benutzt

und Protonen hat, kann das Ergebnis in guter Näherung als Streuung an einem isoskalaren Nukleon

$$N \equiv \frac{1}{2}(p+n) \tag{6.92}$$

interpretiert werden. Die Abb. 6.16 zeigt, daß der Wirkungsquerschnitt bis zu Neutrinoenergien von 200 GeV linear anwächst. Mit der zusätzlichen Annahme, daß die Zahl der Antiquarks in den Nukleonen gegenüber der Zahl der Quarks zu vernachlässigen ist, läßt sich über (6.88) und (6.89) sofort

$$\frac{\sigma(\nu N)}{\sigma(\bar{\nu} N)} = 3:1 \tag{6.93}$$

beweisen. Experimentell gilt aber näherungsweise

$$\begin{aligned} &\sigma(\nu_\mu N)/E \approx 7\cdot 10^{-39}\,\mathrm{cm^2GeV^{-1}} \\ &\sigma(\bar{\nu}_\mu N)/E \approx 3{,}5\cdot 10^{-39}\,\mathrm{cm^2GeV^{-1}}\ , \end{aligned} \tag{6.94}$$

d.h. die Vernachlässigung des Antiquarkbeitrages ist eine zu grobe Vereinfachung.

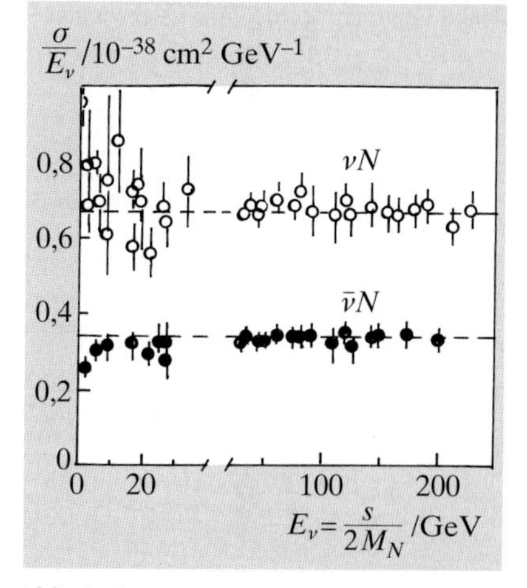

Abb. 6.16
Die Energieabhängigkeit der inelastischen Neutrino-Nukleon-Streuung

Ein bemerkenswerter Erfolg des Quarkmodells ist die Verknüpfung der Neutrinostreuung mit der Elektronenstreuung. Mit der Verwendung von Neutrinos oder Elektronen als Sonden zur Untersuchung des Nukleons mißt man offenbar unterschiedliche Kombinationen von Quarkdichteverteilungen. Das hat zur Konsequenz, daß die in den betrachteten Streureaktionen auftretenden Strukturfunktionen nicht unabhängig voneinander sind. Um dies quantitativ zu formulieren, setzen wir näherungsweise $\Theta_C = 0$ und vernachlässigen außerdem den Beitrag der s- und $\bar{s}$-Quarks in der Elektronenstreuung. Wegen

$$F_2^N = \frac{1}{2}(F_2^p + F_2^n) \tag{6.95}$$

folgt in dieser Näherung

$$F_2^{\nu N}(x) = x\big[u(x) + \bar{u}(x) + d(x) + \bar{d}(x)\big] \tag{6.96}$$

bzw.

$$F_2^{eN}(x) = \frac{x}{2}\frac{5}{9}\big[u(x) + \bar{u}(x) + d(x) + \bar{d}(x)\big]\ . \tag{6.97}$$

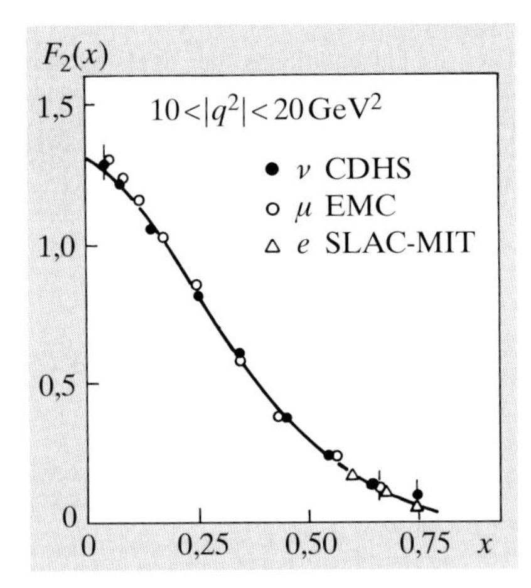

Abb. 6.17
Die Strukturfunktion F_2 in der Elektronen- und Neutrinostreuung. Die Daten der geladenen Leptonen wurden mit $\frac{18}{5}$ gewichtet

Auch bei der Herleitung der letzten beiden Gleichungen wurden die schon früher eingeführten Isospin-Relationen wie z. B. $u^n = d^p$ (mit $d^p \equiv d$) zwischen den Quarkdichten im Neutron und im Proton benutzt. Die Division dieser Gleichungen ergibt schließlich

$$\frac{F_2^{eN}}{F_2^{\nu N}} = \frac{5}{18} \; . \tag{6.98}$$

Die Abb. 6.17 beweist, wie gut diese Relation erfüllt ist.

Die Partondichteverteilungen. Zusammen mit der Elektronenstreuung wird die tief inelastische Neutrino-Nukleon-Streuung dazu benutzt, möglichst präzise Informationen über die einzelnen Quarkdichten zu erhalten. Der Vorteil der Verwendung von Neutrinos ist darin zu sehen, daß man mit ihrer Hilfe den Beitrag einzelner Quarksorten leichter isolieren kann. So wird nach Tabelle 6.1 z.B. die Neutrino-Proton-Streuung durch $d(x)$ dominiert, während im Antineutrino-Experiment $u(x)$ den dominanten Beitrag liefert. Die kleinen Wirkungsquerschnitte können nur durch große *target*-Massen kompensiert werden. Die Detektoren werden in das *target* integriert. Ein typischer Detektor besteht deshalb aus einer Schichtung von Eisenplatten und spurenempfindlichen Kammern mit einer Masse von ca. 1000 Tonnen. Für die Neutrinophysik wurden gigantische Blasenkammern entwickelt, deren aktives Volumen z.B. bei der europäischen Blasenkammer BEBC einen Durchmesser von 3,7 m hatte.

Auch in der Neutrinostreuung werden die Strukturfunktionen und Quarkdichten durch QCD-Korrekturen abhängig vom Impulsübertrag q^2. Diese Korrekturen wurden schon in Abschn. 5.3.4 diskutiert. Die Messungen der Strukturfunktionen in der Lepton-Nukleon-Streuung durch die einzelnen Experimente werden weltweit von mehreren Arbeitsgruppen theoretisch analysiert, um z.B. x- und q^2-abhängige Partondichten (Quarks und Gluonen) zu extrahieren. Dies hat sich zu einem hochspezialisierten Arbeitsgebiet entwickelt. Die Ergebnisse werden in den sog. *parton density functions* (PDFs) in Form von Programmbibliotheken zur Verfügung gestellt.

Übungen

6.1 Bestimmen Sie mit Hilfe der Partialwellenentwicklung des Abschn. 2.4.3 den maximalen Querschnitt der $\nu_\mu e$- und der $\nu_e e$-Streuung.

6.2 Beweisen Sie die Beziehungen (6.26) und (6.45).

6.3 Begründen Sie mit Hilfe des Quarkmodells, daß die Zerfallsbreite des τ-Leptons etwa fünfmal größer ist als seine elektronische Breite.

6.4 Bestimmen Sie explizit die Komponenten des hadronischen Vektorstroms und Axialvektorstroms beim Zerfall des Neutrons im Grenzfall verschwindender Impulse.

6.5 Berechnen Sie $\overline{\sum}|T_{fi}|^2$ in (6.46) ohne Vernachlässigung der Elektronenmasse.

6.6 Integrieren Sie (6.51) ohne Vernachlässigung der Elektronenmasse.
6.7 Berechnen Sie die Polarisation des Elektrons beim Zerfall des Neutrons.
6.8 Beweisen Sie (6.80).

6.3 Die elektroschwache Wechselwirkung

6.3.1 Die Entdeckung der neutralen Ströme

Das physikalisch nicht akzeptable Hochenergieverhalten der Neutrinostreuung in der älteren Theorie der schwachen Wechselwirkung wird, wie wir in den beiden letzten Abschnitten gelernt haben, durch die Einführung der W-Bosonen behoben. Ein ausführliches Studium der Vektorboson-Theorie zeigt jedoch, daß damit nicht alle Divergenzen ausgeräumt sind.

Die W-Paarerzeugung durch Neutrinos

$$\nu + \bar{\nu} \to W^- + W^+ \tag{6.99}$$

wird nämlich in der niedrigsten Ordnung durch das Feynman-Diagramm der Abb. 6.18a beschrieben. Die Polarisationsvektoren von W-Bosonen der Helizität ± 1 sind – wie bei den Photonen – durch (2.283) gegeben. Da die W-Bosonen eine Masse besitzen, kann auch die dritte Spineinstellung realisiert werden. Die Komponenten des zugehörigen Polarisationsvektors (3.234) eines Spin 1-Teilchens mit Helizität 0, d.h. in der Sprache der Elektrodynamik im Zustand *longitudinaler* Polarisation des Feldvektors, sind proportional zur Energie E bzw. zum Impuls $\boldsymbol{p}$ des Teilchens. Im Gegensatz zur e^-e^+-Vernichtung in zwei Photonen wird also der Wirkungsquerschnitt nicht proportional zu $1/s$ abfallen, sondern mit s ansteigen. Eine kurze Rechnung, die auf die Übungen verschoben wird, ergibt, für Energien weit oberhalb der Erzeugungsschwelle für W-Boson-Paare,

$$T_{fi}(\nu\bar{\nu} \to W_0^- W_0^+) = -g^2 \sin\Theta \frac{s}{4M_W^2} \ , \tag{6.100}$$

wobei Θ wie üblich den Streuwinkel im Schwerpunktssystem bedeutet.

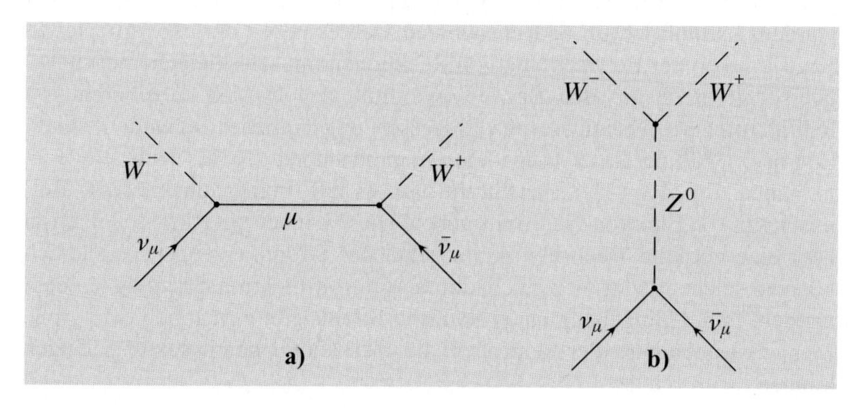

Abb. 6.18a,b
Paarerzeugung von W-Bosonen in der $\nu\bar{\nu}$-Annihilation. (**a**) Lepton-Austausch im t-Kanal, (**b**) Z^0-Austausch im s-Kanal

In der Winkelverteilung erkennt man den Koeffizienten d^1_{10} der Partialwelle zum Drehimpuls $J = 1$ aus Tabelle 2.1 wieder. Die Amplitude steigt monoton mit s an, was bei hohen Energien unweigerlich zum Überschreiten der Unitaritätsgrenze der Partialwelle führt. Diese Divergenz kann durch Austausch eines Spin 1-Teilchens im s-Kanal aufgehoben werden. Das neue Teilchen in Abb. 6.18b bekommt den Namen Z^0. Die Kopplungen des Z^0-Bosons an die Neutrinos und die W-Bosonen lassen sich so einstellen, daß die Summe der Austauschamplitude und der s-Kanal-Resonanz bei hohen Energien verschwindet.

Der Prozeß

$$e^- + e^+ \to W^- + W^+ \tag{6.101}$$

enthält ähnliche Divergenzen, die ebenfalls durch den Beitrag des Z^0-Austausches kompensiert werden. Nach einer Energieerhöhung des Speicherrings LEP am CERN ist diese Reaktion erstmals experimentell zugänglich geworden. Die Messung der Paarerzeugung von W-Bosonen (Abschn. 7.7) stellt somit einen ganz wichtigen Test der hier besprochenen physikalischen Ideen dar.

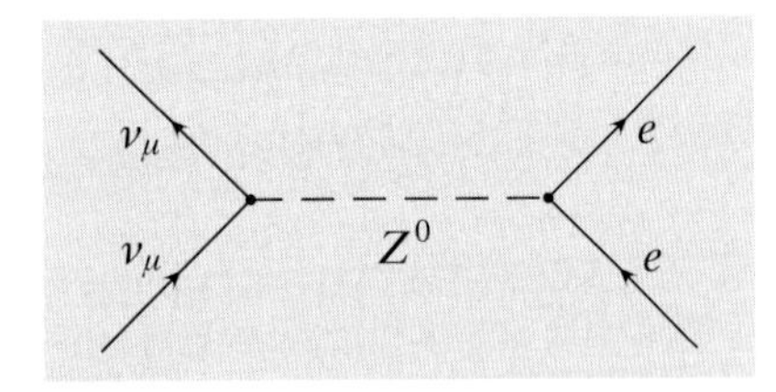

Abb. 6.19
Elastische ν_μ-Streuung an Elektronen

Diese Art der Erzwingung eines vernünftigen Hochenergieverhaltens hat aber eine unvermeidliche Konsequenz. Wenn das Z^0-Boson an Elektronen und Myon-Neutrinos koppelt, muß es auch die elastische Neutrino-Elektron-Streuung (Abb. 6.19)

$$\nu_\mu + e^- \to \nu_\mu + e^- \tag{6.102}$$

geben mit einem Niederenergie-Wirkungsquerschnitt, der nicht wesentlich kleiner als (6.13) sein darf. Die Forderung nach der inneren Konsistenz einer Theorie bei hohen Energien führt so zu einer neuen Klasse von Reaktionen der schwachen Wechselwirkung bei niedrigen Energien. Die experimentelle Aufgabe ist klar: Neben den quasi-elastischen Reaktionen geladener Ströme (6.1), muß es auch die $\nu_\mu e$-Streuung ohne ein Myon im Endzustand geben!

Eine intensive Suche nach Ereignissen der elastischen Neutrinostreuung hatte im Jahre 1973 am CERN Erfolg [Has73]. Die „Gargamelle"-Blasenkammer wurde einem Strahl von $\bar{\nu}_\mu$ ausgesetzt. Die Abb. 6.20 zeigt die erste myonlose Neutrinoreaktion. Beobachtet wird nur der vom Rückstoßelektron ausgelöste elektromagnetische Schauer. Heute kann man sich vielleicht fragen, warum Ereignisse dieses Typs nicht schon früher zufällig beobachtet wurden. Es muß jedoch bedacht werden, daß es neben der experimentellen Schwierigkeit der Beobachtung von Reaktionen mit sehr kleinem Wirkungsquerschnitt noch auf den Beweis ankommt, daß es sich dabei nicht um fehlinterpretierte Ereignisse aus Prozessen mit ähnlicher Signatur handelt. Erst nach Klärung dieser Frage kann man behaupten, etwas Neues entdeckt zu haben. Im Myon-Neutrino-Strahl wird es z.B. immer eine gewisse Beimischung von Elektron-Neutrinos geben. Diese können ein Rückstoßelektron über eine normale Wechselwirkung geladener Ströme erzeugen. Zusätzlich können solche Elektronen auch durch Neutron-Elektron-Streuung erzeugt werden. In der Umgebung eines Neutrino-Strahls gibt es nämlich eine große Menge vagabundierender Neutronen, die unerkannt in den Detektor gelangen können.

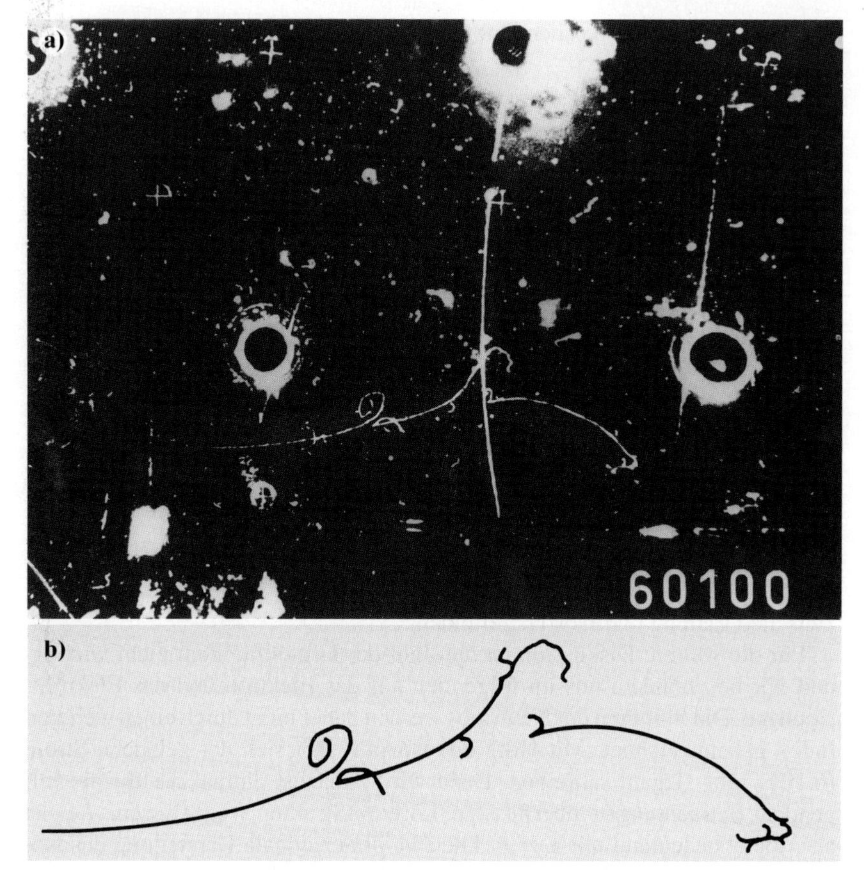

Abb. 6.20a,b
Ein myonloses Neutrinoereignis in der Blasenkammer. Der Neutrinostrahl kommt von links. Die hellen Flecke und großen Striche sind Reflexe von Lampen und Spiegeln. (**a**) Originalaufnahme und (**b**) Faksimile des elektromagnetischen Schauers

6.3.2 Elektroschwache Wechselwirkung der Leptonen

Das Matrixelement (6.6) der $\nu_\mu e$-Streuung läßt sich, wie wir gesehen haben, als Produkt zweier linkshändiger Ströme

$$T_{fi} = \frac{4G_\mathrm{F}}{\sqrt{2}} j_\mathrm{L}^\mu j_{\mu,\mathrm{L}} \tag{6.103}$$

anschreiben. Dies gilt auch für alle anderen Prozesse der schwachen Wechselwirkung geladener Ströme. Die bei hohen Energien nötige Berücksichtigung des Propagators des W-Bosons ändert diese Struktur nicht. Mit der in Abschn. 3.1.2 eingeführten Nomenklatur nimmt der linkshändige Strom mit einem einlaufenden Neutrino in unserem Beispiel die Gestalt

$$j_\mathrm{L}^\mu = \bar{L}_e(k')\gamma^\mu L_\nu(k) \tag{6.104}$$

an.

Die Familien der Leptonen und Quarks haben wir schon häufig als Dubletts angeschrieben. Wir fassen nun ihre Mitglieder linkshändiger *Chiralität* als Basisdarstellung einer neuen Gruppe $SU2_\mathrm{L}$ auf, die durch die Eigenwerte I_L, $I_{3,\mathrm{L}}$ des *schwachen* Isospins charakterisiert sind. Für die Eigenwerte von $\hat{I}_{3,\mathrm{L}}$ in den Dubletts mit $I_\mathrm{L} = 1/2$, gilt $I_{3,\mathrm{L}} = +1/2$ für das Neutrino bzw. $I_{3,\mathrm{L}} = -1/2$ für das geladene Lepton.

Neben dem elektronischen Dublett

$$D_e = \begin{pmatrix} \nu_e \\ e \end{pmatrix}_{\mathrm{L}} = \begin{pmatrix} L_\nu \\ L_e \end{pmatrix} \tag{6.105}$$

gibt es noch die μ- und τ-Dubletts

$$\begin{pmatrix} \nu_\mu \\ \mu \end{pmatrix}_{\mathrm{L}}, \begin{pmatrix} \nu_\tau \\ \tau \end{pmatrix}_{\mathrm{L}} \tag{6.106}$$

mit einer entsprechenden Zuordnung der Isospinquantenzahlen und Spinoren. Zusätzlich charakterisieren wir die linkshändigen Dubletts durch eine *schwache* Hyperladung

$$Y = -1 \ , \tag{6.107}$$

und so haben wir – ebenso wie bei der starken Wechselwirkung – den elementaren Zusammenhang

$$Q = I_{3,\mathrm{L}} + \frac{Y}{2} \tag{6.108}$$

zwischen Ladung und Isospin gefunden.

Für die weitere Diskussion ist die Zahl der Leptonfamilien nicht wichtig, und wir beschränken uns im folgenden auf das Elektron und das Elektron-Neutrino. Die Spinoren der Neutrinos werden daher nicht durch einen weiteren Index gekennzeichnet. Mit Hilfe des Isospins läßt sich der geladene Strom (6.104) sehr elegant schreiben. Dazu wird zunächst einmal die für die folgenden Betrachtungen überflüssige Lorentz-Struktur weggelassen, $\bar{L}L$ ist also gleichbedeutend mit $\bar{L}\gamma^\mu L$. Die zweidimensionale Darstellung des Isospinoperators mit Hilfe der Pauli-Matrizen τ_i aus Abschn. 2.8.2 lautet wie üblich

$$\hat{\boldsymbol{I}}_{\mathrm{L}} = \frac{1}{2}\boldsymbol{\tau} \tag{6.109}$$

und (2.141)

$$\hat{I}_{\pm,\mathrm{L}} = \tau_\pm = \frac{1}{2}(\tau_1 \pm \mathrm{i}\,\tau_2) \ . \tag{6.110}$$

Damit beweist man sehr einfach die Relation

$$j_{\mathrm{L}}^- = \bar{D}_e \hat{I}_{-,\mathrm{L}} D_e = \bar{L}_e L_\nu \tag{6.111}$$

für den Strom mit dem einlaufenden Neutrino bzw.

$$j_{\mathrm{L}}^+ = \bar{D}_e \hat{I}_{+,\mathrm{L}} D_e = \bar{L}_\nu L_e \tag{6.112}$$

für den Strom, der das auslaufende Neutrino enthält.

Aus der Schreibweise von (6.111) und (6.112) wird klar, daß die geladenen Ströme die Komponenten $j_{\mathrm{L}}^\pm$ des Isovektorstroms

$$\boldsymbol{j}_{\mathrm{L}} = \bar{D}_e \hat{\boldsymbol{I}}_{\mathrm{L}} D_e \tag{6.113}$$

darstellen. Wir fragen uns natürlich sofort nach der physikalischen Bedeutung der dritten Komponente

$$j_{\mathrm{L}}^{3}=\frac{1}{2}(\bar{L}_{\nu}L_{\nu}-\bar{L}_{e}L_{e}) \tag{6.114}$$

dieses Stromes. Dazu erinnern wir uns, daß die Feynman-Regeln der elektromagnetischen Wechselwirkung aus der Betrachtung der Dichte der elektromagnetischen Wechselwirkungsenergie

$$H^{\mathrm{elm}}=e\,j^{\mathrm{elm},\mu}A_{\mu} \tag{6.115}$$

gewonnen wurden. Die schwache Wechselwirkung geladener Ströme wird dann offenbar durch

$$H^{\mathrm{schw,\,gel}}=\frac{g}{\sqrt{2}}\bar{D}_{e}\gamma^{\mu}(\hat{I}_{+,\mathrm{L}}W_{\mu}^{+}+\hat{I}_{-,\mathrm{L}}W_{\mu}^{-})D_{e} \tag{6.116}$$

oder in der verkürzten Schreibweise durch

$$H^{\mathrm{schw,\,gel}}=\frac{g}{\sqrt{2}}\bar{D}_{e}(I_{+,\mathrm{L}}W^{+}+I_{-,\mathrm{L}}W^{-})D_{e} \tag{6.117}$$

beschrieben. Es liegt nun sehr nahe, für die schwache Wechselwirkung geladener *und* neutraler Ströme die Wechselwirkungsenergie

$$H^{\mathrm{schw}}=g\boldsymbol{j}_{\mathrm{L}}\boldsymbol{W} \tag{6.118}$$

als das Produkt eines linkshändigen Isovektorstroms mit einem dreikomponentigen W-Bosonfeld anzusetzen. Mit

$$W^{\pm}=\frac{1}{\sqrt{2}}(W_{1}\mp\mathrm{i}W_{2}) \tag{6.119}$$

sieht man zunächst, daß die Faktoren $1/\sqrt{2}$ in den Feynman-Regeln geladener Ströme aus der Algebra der $SU2$ stammen, also nicht willkürlich gewählt wurden. Die Wechselwirkungsenergie enthält nun aber neben dem Anteil (6.116) noch den Term

$$g j_{\mathrm{L}}^{3}W_{3}\ . \tag{6.120}$$

Das hier auftretende Boson W_3 bildet zusammen mit den $W^{\pm}$ ein Isospin-Triplett. Es kann jedoch nicht mit dem Z^0 der Abb. 6.19 identifiziert werden, da die Experimente zeigen, daß z.B. der Wirkungsquerschnitt der elastischen Neutrino-Elektron-Streuung auch Anteile *rechtshändiger* Elektronen enthält. Wir müssen daher den Ansatz (6.118) verwerfen.

Auf der anderen Seite sehen wir unmittelbar, daß der elektromagnetische Strom

$$j^{\mathrm{elm}}=-\bar{L}_{e}L_{e}-\bar{R}_{e}R_{e} \tag{6.121}$$

sowohl einen Anteil des Isovektorstroms j_{L}^{3} enthält, als auch rechtshändige Elektronen berücksichtigt. Vielleicht läßt sich also ein Ausdruck für die Wechselwirkungsenergie finden, der elektromagnetische und schwache Wechselwirkung *gemeinsam* beschreibt. Dazu müssen wir zunächst die rechtshändigen Elektronen R_e dem Teilchenspektrum der Theorie hinzufügen. Sie bilden offenbar ein Singulett unter $SU2_L$ und haben daher bei Beachtung von (6.108) die Quantenzahlen

$$\begin{aligned} I_L, I_{3,L} &= 0 \\ Y &= -2 \ . \end{aligned} \tag{6.122}$$

Mit der schwachen Hyperladung Y ist ein Strom

$$\begin{aligned} j^Y &= \bar{\psi}\hat{Y}\psi \\ &= \bar{D}_e Y D_e + \bar{R}_e Y R_e \\ &= -\bar{L}_\nu L_\nu - \bar{L}_e L_e - 2\bar{R}_e R_e \end{aligned} \tag{6.123}$$

verknüpft, so daß für den elektromagnetischen Strom die zu (6.108) analoge Beziehung

$$j^{\text{elm}} = j_L^3 + \frac{1}{2} j^Y \tag{6.124}$$

besteht. Der Strom der Hyperladung ist nach Konstruktion ein Skalar unter Isospin-Transformationen. Durch Vergleich von (6.114) und $-(\bar{L}_\nu L_\nu + \bar{L}_e L_e)$ in (6.123) mit (4.78) und (4.77) sieht man intuitiv ein, daß diese Ströme sich wie ein Isotriplett bzw. Isosingulett transformieren. Es erweist sich hier als sehr praktisch, daß die adjungierten Spinoren durch Überstreichung gekennzeichnet werden.

Im GSW-Modell wird nun für die Energiedichte der *elektroschwachen* Wechselwirkung der Ansatz

$$H^{\text{el.schw}} = g\boldsymbol{j}_L \boldsymbol{W} + \frac{1}{2} g' j^Y B \tag{6.125}$$

gemacht.[5] Der Strom der Hyperladung koppelt also mit der Stärke $g'/2$ an ein neues Teilchen, das sog. B-Boson. Im ersten Summanden steckt natürlich zunächst die schwache Wechselwirkung geladener Ströme (6.116), während der neutrale Anteil von $H^{\text{el.schw}}$,

$$H^{\text{neutr}} = g j_L^3 W_3 + \frac{1}{2} g' j^Y B \ , \tag{6.126}$$

die Kopplung des Isovektorstroms an ein W_3-Boson und des Stromes der Hyperladung an das B-Boson beschreibt. Diese beiden hypothetischen Teilchen sind mit dem in den Experimenten beobachteten Z^0-Boson und dem Photon A durch eine Drehung

$$\begin{aligned} W_3 &= Z^0 \cos\Theta_W + A \sin\Theta_W \\ B &= -Z^0 \sin\Theta_W + A \cos\Theta_W \end{aligned} \tag{6.127}$$

um den nach S. Weinberg benannten Winkel Θ_W verknüpft. Einsetzen in (6.126) und Sammeln der Terme mit A liefert zunächst die Dichte der elektromagnetischen Wechselwirkungsenergie

$$H^{\text{elm}} = g \sin\Theta_W j_L^3 A + \frac{1}{2} g' \cos\Theta_W j^Y A \ . \tag{6.128}$$

[5] GSW steht als Abkürzung für die Namen der Physiker Sheldon Lee Glashow (geb. 1932), Abdus Salam (1926–1996) und Steven Weinberg (geb. 1933). Sie erhielten 1979 den Nobelpreis für diese vereinheitlichte Theorie der elektroschwachen Wechselwirkung.

Durch Vergleich mit (6.115) und (6.124) lassen sich die wichtigen Beziehungen

$$g \sin \Theta_{\mathrm{W}} = e$$
$$g' \cos \Theta_{\mathrm{W}} = e \tag{6.129}$$

ablesen, wodurch die Kopplungskonstanten g und g' mit Hilfe des Weinberg-Winkels an die Elementarladung e angeschlossen werden.

Das Sammeln der Terme mit Z^0 führt uns zur Energiedichte der neutralen schwachen Wechselwirkung

$$H^{\mathrm{NC}} = g \cos \Theta_{\mathrm{W}} j_{\mathrm{L}}^3 Z^0 - \frac{1}{2} g' \sin \Theta_{\mathrm{W}} j^Y Z^0 \ . \tag{6.130}$$

Der Index NC steht hier für *neutral current*. Den Ausdruck für H^{NC} bringen wir in die Form

$$H^{\mathrm{NC}} = \frac{g}{\cos \Theta_{\mathrm{W}}} j^{\mathrm{NC}} Z^0 \ , \tag{6.131}$$

wobei für den neutralen schwachen Strom

$$j^{\mathrm{NC}} = j_{\mathrm{L}}^3 - \sin^2 \Theta_{\mathrm{W}} j^{\mathrm{elm}} \tag{6.132}$$

gilt. Eine Auswertung der letzten Formel ergibt

$$j^{\mathrm{NC}} = \frac{1}{2} \bar{L}_\nu L_\nu + \left(\sin^2 \Theta_{\mathrm{W}} - \tfrac{1}{2}\right) \bar{L}_e L_e + \sin^2 \Theta_{\mathrm{W}} \bar{R}_e R_e \ . \tag{6.133}$$

Hiermit haben wir die Feynman-Regeln für die Kopplung der Z^0-Bosonen an Neutrinos und geladene links- bzw. rechtshändige Leptonen gewonnen. An jedem Vertex (Abb. 6.21) müssen wir einen Faktor

$$-\mathrm{i} \frac{g}{\cos \Theta_{\mathrm{W}}} \gamma^\mu c \tag{6.134}$$

mit

$$c = I_{3,\mathrm{L}} - Q \sin^2 \Theta_{\mathrm{W}} \tag{6.135}$$

anbringen. Die Auswertung für ν_e, ν_μ, ν_τ und die links- bzw. rechtshändigen Ströme der e, μ, τ ergibt

$$c_\nu = \frac{1}{2}$$
$$c_{\mathrm{L}} = -\frac{1}{2} + \sin^2 \Theta_{\mathrm{W}}$$
$$c_{\mathrm{R}} = \sin^2 \Theta_{\mathrm{W}} \ . \tag{6.136}$$

Anstelle der links- und rechtshändigen Kopplungen kann man auch die Vektor- und Axialvektorkopplungen benutzen, die über

$$c_{\mathrm{V}} = c_{\mathrm{L}} + c_{\mathrm{R}}$$
$$c_{\mathrm{A}} = c_{\mathrm{L}} - c_{\mathrm{R}} \tag{6.137}$$

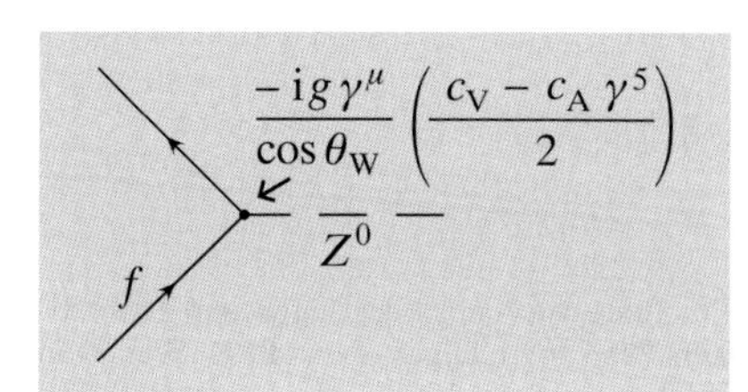

Abb. 6.21
Feynman-Regel für neutrale Ströme

definiert sind. Damit läßt sich die Regel für die Kopplung des Z^0 an Spinoren geladener Leptonen mit beliebiger Einstellung des Spins entsprechend zu (6.4) als

$$-\mathrm{i}\frac{g\gamma^\mu}{\cos\Theta_\mathrm{W}}\left(\frac{c_\mathrm{V}-c_\mathrm{A}\gamma^5}{2}\right) \tag{6.138}$$

bzw.

$$-\mathrm{i}\frac{g\gamma^\mu}{\cos\Theta_\mathrm{W}}\left(\frac{1+\gamma^5}{2}c_\mathrm{R}+\frac{1-\gamma^5}{2}c_\mathrm{L}\right) \tag{6.139}$$

anschreiben. Diese Beziehungen sind besonders wichtig, da wir in unseren expliziten Rechnungen immer mit Spinoren definierter Helizität arbeiten.

Bevor wir zu einer Anwendung dieser Formeln kommen, muß ein grundsätzliches Problem angesprochen werden. Die hier angegebenen Feynman-Regeln gelten für Fermionen beliebiger Masse. Wir sind jedoch von linkshändigen Isodubletts ausgegangen, und die Symmetrie unter $SU2_\mathrm{L}$ verlangt, daß die Massen im Dublett gleich sind. Hinzu kommt, daß die rechtshändigen Komponenten der Teilchen sich formal wie Isosinguletts unter $SU2_\mathrm{L}$ transformieren. Ihre Masse ist vom Standpunkt der Symmetrie aus frei wählbar. Der enorme Massenunterschied zwischen dem Z^0-Boson und dem Photon widerspricht ebenfalls dem Mischungsansatz (6.127). Nur mit $m = 0$ für alle Fermionen und für die Bosonen der Wechselwirkung kann die Theorie widerspruchsfrei formuliert werden. Trotzdem bleiben alle unsere Regeln auch für Teilchen mit Masse richtig. Die theoretische Begründung kann im Rahmen des GSW-Modells, d.h. einer Eichtheorie mit sog. *spontaner* Symmetriebrechung gegeben werden. Der Preis, der dafür gezahlt werden muß, ist die Einführung eines neuen fundamentalen Teilchens, nämlich des skalaren Higgs-Bosons.[6] Eine genauere Diskussion wird auf Abschn. 7.7 verschoben.

Da die W- und Z-Bosonen schwache Ladungen tragen, koppeln sie auch untereinander. Neben der von uns selbstverständlich erwarteten Kopplung der $W^\pm$ an Photonen gibt es auch noch die Kopplung des Z^0 an die $W^\pm$-Bosonen. Darüber hinaus zeigt die theoretische Behandlung, daß es auch noch direkte Kopplungen von vier Bosonen gibt. Die entsprechenden Feynman-Regeln sind in vielen Lehrbüchern (z.B. [Qui83, Bar97]) zu finden.

6.3.3 Elektroschwache Wechselwirkung von Quarks

Das im letzten Abschnitt entwickelte Modell läßt sich einfach auf den Quarksektor übertragen. Wir studieren die Konsequenzen zunächst für die Familie der u, d-Quarks. Sie wird gebildet durch das linkshändige Isodublett

$$\begin{pmatrix} u \\ d' \end{pmatrix}_\mathrm{L} = \begin{pmatrix} L_u \\ L_{d'} \end{pmatrix} \tag{6.140}$$

mit

$$Y = \frac{1}{3} \tag{6.141}$$

und die rechtshändigen Isosinguletts

$$R_u \text{ mit } Y = \frac{4}{3} \tag{6.142}$$

[6] Es führt den Namen des englischen Theoretikers Peter Ware Higgs (geb. 1929). Wie oft in der Entwicklung der Physik, wurde diese Lösung fast zeitgleich auch von anderen Autoren gefunden.

und

$$R_d \text{ mit } Y = -\frac{2}{3} \ . \tag{6.143}$$

Zu beachten ist, daß die Basiszustände der $SU2_\mathrm{L}$, entsprechend den in Abschn. 6.2 angestellten Überlegungen, durch die u-Quarks und die cabibbo-rotierten d'-Quarks gebildet werden (6.44). Die Energiedichte der Wechselwirkung

$$H^{\text{el.schw}} = g \boldsymbol{j}_\mathrm{L} \boldsymbol{W} + \frac{1}{2} g' j^Y B \tag{6.144}$$

enthält zunächst die schwache Wechselwirkung geladener Ströme

$$H^{\text{schw, gel}} = \frac{g}{\sqrt{2}} (\bar{L}_u (c_1 L_d + s_1 L_s) W^+ + k.k) \ , \tag{6.145}$$

wie sie in Abschn. 6.2 eingeführt wurde. Das Symbol $k.k$ bedeutet „konjugiert komplex" und entspricht dem zweiten Summanden auf der rechten Seite der Beziehung (6.117).

Der nach der Vorschrift (6.124) konstruierte elektromagnetische Strom

$$\begin{aligned} j^{\text{elm}} =& \frac{2}{3} (\bar{R}_u R_u + \bar{L}_u L_u) \\ & - \frac{1}{3} [\bar{R}_d R_d + c_1^2 \bar{L}_d L_d + s_1^2 \bar{L}_s L_s + s_1 c_1 (\bar{L}_d L_s + \bar{L}_s L_d)] \end{aligned} \tag{6.146}$$

bringt aber unerwünschte, den Erhaltungssatz der *strangeness* verletzende Terme, wie z.B. $\bar{L}_d L_s$, ins Spiel. Wenn man jedoch nach dem Vorschlag von Glashow, Iliopoulos und Maiani [GIM70] auch die Familie der c- und s'-Quarks mitnimmt, deren Mitglied s' mit $I_{3,\mathrm{L}} = -1/2$ entsprechend (6.44) cabibbo-rotiert ist, fallen die gemischten Glieder weg, und der elektromagnetische Strom erhält die gewohnte Gestalt

$$\begin{aligned} j^{\text{elm}} =& \frac{2}{3} (\bar{R}_u R_u + \bar{L}_u L_u) - \frac{1}{3} (\bar{R}_d R_d + \bar{L}_d L_d) \\ & + \frac{2}{3} (\bar{R}_c R_c + \bar{L}_c L_c) - \frac{1}{3} (\bar{R}_s R_s + \bar{L}_s L_s) \ . \end{aligned} \tag{6.147}$$

Die dritte Komponente des Vektorstroms hat die Form

$$j_\mathrm{L}^3 = \frac{1}{2} (\bar{L}_u L_u - \bar{L}_d L_d + \bar{L}_c L_c - \bar{L}_s L_s) \ , \tag{6.148}$$

und der Aufbau des neutralen schwachen Stromes aus den Anteilen (6.147) und (6.148)

$$j^{\text{NC}} = j_\mathrm{L}^3 - \sin^2 \Theta_\mathrm{W} j^{\text{elm}} \tag{6.149}$$

beweist nun sofort, daß die Quarks wie die Leptonen mit der Stärke

$$c = I_{3,\mathrm{L}} - Q \sin^2 \Theta_\mathrm{W} \tag{6.150}$$

an die Z^0-Bosonen koppeln. Aus der Umkehrung von (6.44) folgt unmittelbar, daß auch d_L und s_L den Isospin $I_{3,\mathrm{L}} = -1/2$ tragen.

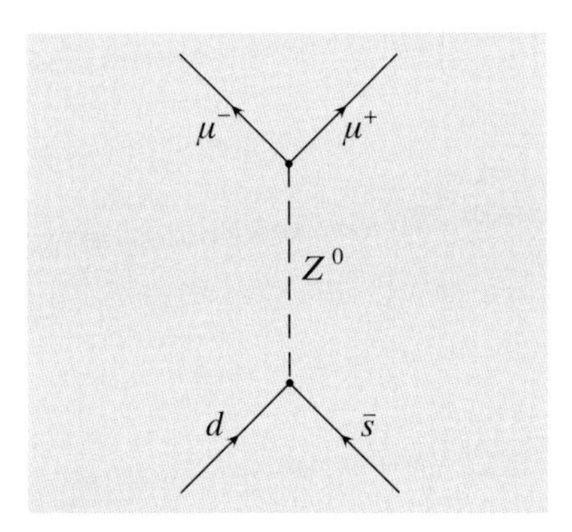

Abb. 6.22
Der verbotene Zerfall $K^0 \to \mu^+\mu^-$ über neutrale Ströme, die die Quarksorte ändern (*flavor changing neutral currents*)

Weiter zeigt die Struktur des Stromes (6.149), daß die Z^0-Bosonen nicht mit Quarks unterschiedlicher Flavor-Quantenzahlen wechselwirken. Insbesondere ist damit ein Feynman-Diagramm wie in Abb. 6.22, d.h. also der Zerfall $K^0 \to \mu^-\mu^+$, verboten. Die geringe Zerfallsbreite der K^0-Mesonen in Myon-Paare galt früher als Beweis, daß es überhaupt keine neutralen Ströme gibt. Wir verstehen jetzt, daß man einen Unterschied zwischen neutralen Stromreaktionen mit $|\Delta S| = 1$ und $\Delta S = 0$ machen muß.

Die Idee, die beiden Quarkfamilien in der oben diskutierten Weise zusammenzufassen, hat aber eine noch viel weiterreichende Bedeutung. Die Wechselwirkung geladener Ströme wird für die zweite Familie nämlich durch

$$H^{\text{schw, gel}} = \frac{g}{\sqrt{2}}(\bar{L}_c(-s_1 L_d + c_1 L_s)W^+ + k.k) \tag{6.151}$$

beschrieben, d.h. die cabibbo-erlaubten Zerfälle des c-Quarks gehen in s-Quarks über, während (cd)-Übergänge unterdrückt sind. Besonders wichtig ist jetzt das von der Rotationsmatrix (6.44) stammende negative Vorzeichen für die cd-Kopplung in (6.151). Das gemessene Verzweigungsverhältnis des langlebigen K^0-Mesons in μ-Paare ist nämlich so klein ($\approx 10^{-8}$), daß sogar ein Diagramm der zweiten Ordnung in der schwachen Wechselwirkung geladener Ströme (Abb. 6.23a) zu einer größeren Zerfallsrate führt, als sie beobachtet wird. Neben dem Feynman-Graphen der Abb. 6.23a kann jedoch der Zerfall auch über den Graphen der Abb. 6.23b gehen. Die beiden Amplituden haben ein unterschiedliches Vorzeichen und heben sich somit gegenseitig auf. Damit diese negative Interferenz voll wirksam wird, dürfen sich die Massen von u- und c-Quarks allerdings nicht allzu sehr unterscheiden. Aus dem beobachteten Verzweigungsverhältnis gelang es Gaillard und Lee schon vor der Entdeckung des ψ-Mesons, die Masse des *charm*-Quarks relativ genau vorherzusagen [Gai74].

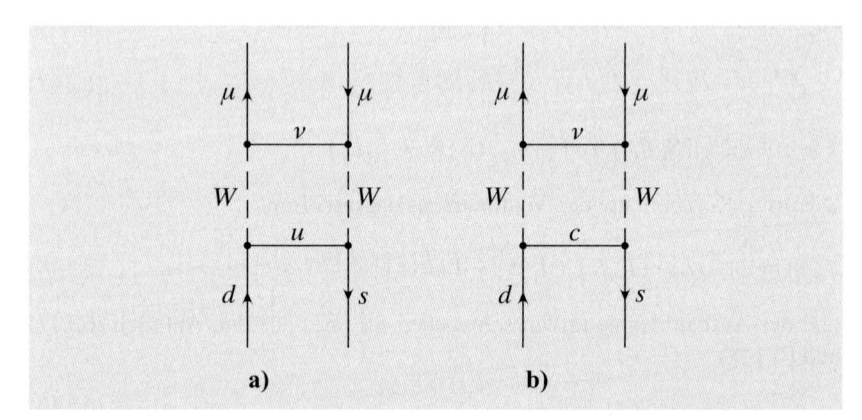

Abb. 6.23a,b
Der Zerfall $K^0 \to \mu^+\mu^-$ über geladene Ströme in zweiter Ordnung der schwachen Wechselwirkung. In (**a**) wird zwischen dem d- und dem $\bar{s}$-Quark ein u-Quark ausgetauscht, während es in (**b**) ein c-Quark ist

Übung

6.9 Diskutieren Sie die Erzeugung longitudinal polarisierter W-Bosonen und beweisen Sie (6.100).

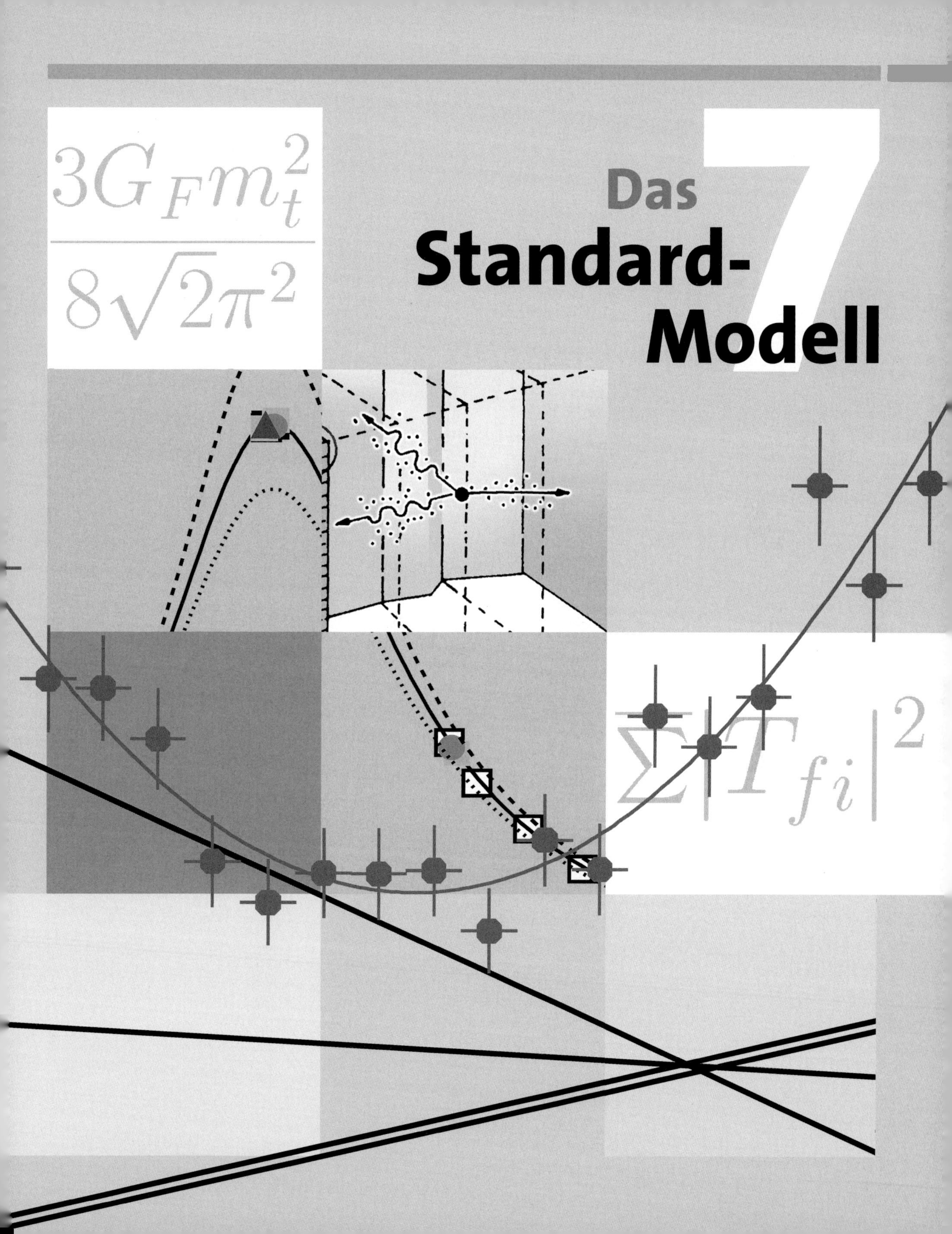

$\frac{3G_F m_t^2}{8\sqrt{2}\pi^2}$
Das
Standard-
Modell
7
$\sum|T_{fi}|^2$

Das Standard-Modell

Einführung

Das ganze Buch behandelt im Grunde genommen das Standard-Modell der Teilchenphysik. In einem Kapitel, das diesen Namen als Überschrift trägt, befassen wir uns noch einmal mit einigen wichtigen und teilweise neuen Aspekten des Modells, dessen physikalischer Inhalt sich in wenigen Sätzen formulieren läßt: Die Materie wird aus je drei Familien von Leptonen

$$\begin{pmatrix} \nu_e \\ e \end{pmatrix}, \begin{pmatrix} \nu_\mu \\ \mu \end{pmatrix}, \begin{pmatrix} \nu_\tau \\ \tau \end{pmatrix} \tag{7.1}$$

und Quarks

$$\begin{pmatrix} u \\ d \end{pmatrix}, \begin{pmatrix} c \\ s \end{pmatrix}, \begin{pmatrix} t \\ b \end{pmatrix} \tag{7.2}$$

aufgebaut. Wie bereits im letzten Abschnitt besprochen, sind Leptonen und Quarks Basiszustände der Gruppe $SU2_{\mathrm{L}} \otimes U1$, deren Erzeugende der schwache Isospin und die schwache Hyperladung sind. Die Quark-Eigenzustände zu $SU2_{\mathrm{L}}$ mit $I_{3,\mathrm{L}} = -1/2$ gehen aus einer verallgemeinerten Cabibbo-Rotation der d-, s- und b-Quarks hervor (Abschn. 7.8). Die Quarks tragen zusätzlich Farbladungen, sie sind Eigenzustände der Gruppe $SU3_{\mathrm{C}}$. Man bezeichnet das Standard-Modell daher oft als das $SU3_{\mathrm{C}} \otimes SU2_{\mathrm{L}} \otimes U1$-Modell.

Wechselwirkungen zwischen den Konstituenten sind vom Strom-Feld-Typ. Die zwischen den einzelnen Mitgliedern der Gruppe $SU2_{\mathrm{L}} \otimes U1$ ausgetauschten Kraftquanten der elektroschwachen Wechselwirkung sind das Photon und die W^+-, W^-- und Z^0-Bosonen. Die starke Wechselwirkung beruht auf dem Austausch von Gluonen zwischen den Basiszuständen der Gruppe $SU3_{\mathrm{C}}$.

Im weiteren Verlauf der Diskussion werden wir genauer als im letzten Abschnitt begründen, daß es noch ein weiteres fundamentales Teilchen, das skalare Higgs-Boson, geben muß. Dieses ist bisher allerdings noch nicht entdeckt worden, und vielleicht müssen wir bis zu seinem Nachweis auf die Fertigstellung des *Large Hadron Colliders* (LHC) am CERN warten. Um so wichtiger ist es daher, die derzeitige Generation von Beschleunigern (z.B. Tevatron und HERA) zu präzisen Tests des Modells zu benutzen.

Inhalt

7.1 Die Neutrino-Elektron-Streuung

Als erster Anwendung der gerade entwickelten Feynman-Regeln wenden wir uns der Berechnung des Wirkungsquerschnitts der elastischen $\nu_\mu e$-Streuung (Abb. 6.19) unter Austausch eines Z^0-Bosons zu. Wir beginnen mit den Elektronen negativer Helizität. In der Hochenergienäherung erhalten wir für das Matrixelement den Ausdruck

$$T_{fi}(\nu_\mu e_\mathrm{L} \to \nu_\mu e_\mathrm{L})$$
$$= \frac{-g^2}{\cos^2 \Theta_\mathrm{W}} \frac{1}{q^2 - M_Z^2} \frac{c_{\mathrm{L},e}}{2} \bar{u}_\mathrm{L}(p')\gamma^\nu u_\mathrm{L}(p)\bar{u}_\mathrm{L}(k')\gamma_\nu u_\mathrm{L}(k) \quad . \tag{7.3}$$

Wir benutzen wie üblich die Näherung $|q^2| \ll M_Z^2$ und führen die Abkürzung

$$\varrho = \frac{M_W^2}{M_Z^2 \cos^2 \Theta_\mathrm{W}} \tag{7.4}$$

ein. Damit gelangt man – analog zum Vorgehen in Abschn. 6.1 – zu

$$T_{fi}(\nu_\mu e_\mathrm{L}) = 4\sqrt{2} c_{\mathrm{L},e} G_\mathrm{F} \varrho s \quad . \tag{7.5}$$

Für die Streuung an rechtshändigen Elektronen gilt andererseits

$$T_{fi}(\nu_\mu e_\mathrm{R}) = -4\sqrt{2} c_{\mathrm{R},e} G_\mathrm{F} \varrho u \quad . \tag{7.6}$$

Daraus läßt sich ohne weitere Schwierigkeiten der differentielle Wirkungsquerschnitt nach den üblichen Vorschriften zu

$$\frac{\mathrm{d}\sigma}{\mathrm{d}\Omega}(\nu_\mu e \to \nu_\mu e) = \frac{1}{4\pi^2} \varrho^2 G_\mathrm{F}^2 s \left(c_\mathrm{L}^2 + \frac{c_\mathrm{R}^2 (1 + \cos \Theta)^2}{4} \right) \tag{7.7}$$

ableiten, woraus nach Integration über den Streuwinkel Θ

$$\sigma(\nu_\mu e \to \nu_\mu e) = \frac{1}{\pi} \varrho^2 G_\mathrm{F}^2 s \left(c_\mathrm{L}^2 + \frac{1}{3} c_\mathrm{R}^2 \right) \tag{7.8}$$

folgt. Zur Vereinfachung der Notation wurden die Abkürzungen $c_{\mathrm{L},e} = c_\mathrm{L}$ und $c_{\mathrm{R},e} = c_\mathrm{R}$ für die Kopplungen der Elektronen benutzt. Die letzte Formel können wir noch im Laborsystem für die Streuung von Neutrinos der Energie E an ruhenden Elektronen der Masse m auswerten, wobei wir gleichzeitig die Werte des GSW-Modells für c_L und c_R einsetzen,

$$\sigma(\nu_\mu e \to \nu_\mu e) = \frac{1}{\pi} \varrho^2 G_\mathrm{F}^2 2mE \left[\left(\sin^2 \Theta_\mathrm{W} - \frac{1}{2} \right)^2 + \frac{1}{3} \sin^4 \Theta_\mathrm{W} \right] \quad . \tag{7.9}$$

Die Rechnung für die Streuung von Antineutrinos enthält nichts Neues. Ihr Resultat lautet

$$\sigma(\bar{\nu}_\mu e \to \bar{\nu}_\mu e) = \frac{1}{\pi} \varrho^2 G_\mathrm{F}^2 s \left(\frac{1}{3} c_\mathrm{L}^2 + c_\mathrm{R}^2 \right) \quad . \tag{7.10}$$

Im Prinzip lassen sich aus der Messung der Wirkungsquerschnitte für elastische ν_μ- bzw. $\bar{\nu}_\mu$-Streuung die Parameter ϱ und $\sin^2 \Theta_\mathrm{W}$ der Theorie bestimmen. Die Experimente sind sehr gut mit

$$\sin^2 \Theta_\mathrm{W} = 0{,}230 \tag{7.11}$$

und

$$\varrho = 1 \tag{7.12}$$

verträglich. Der ϱ-Parameter mißt das Verhältnis der neutralen zur geladenen schwachen Wechselwirkung. Die gute Beschreibung der Experimente durch

$\varrho = 1$ ist sehr wichtig, da diese Beziehung im GSW-Modell im Rahmen der Bornschen Näherung vorhergesagt wird. Um das zu beweisen, muß man aber wiederum den Eichfeldcharakter der Theorie und die spontane Symmetriebrechung studieren. Da dies weit über den Rahmen dieses Buches hinausgeht, muß ich den Leser auf die Literatur verweisen [Qui83, Pes95]. Einige Anmerkungen finden sich im Kasten auf S. 419f. Es ist üblich, die Beziehung $\varrho = 1$ in Form einer neuen Definitionsgleichung

$$\sin^2 \Theta_{\rm W} = 1 - \frac{M_W^2}{M_Z^2} \tag{7.13}$$

für den Weinberg-Winkel auszudrücken.

Aus der ersten Gleichung (6.129) und (6.5) gewinnen wir nun eine Vorhersage für M_W aus der Fermi-Konstanten, der Feinstrukturkonstanten und dem Weinberg-Winkel,

$$M_W^2 = \frac{\alpha\pi}{\sqrt{2} G_{\rm F} \sin^2 \Theta_{\rm W}} \quad . \tag{7.14}$$

Hierbei ist es sehr praktisch, die Abkürzung

$$M_{\rm F}^2 = \frac{\alpha\pi}{\sqrt{2} G_{\rm F}} \tag{7.15}$$

einzuführen, in der nur präzise gemessene Naturkonstanten auftauchen. Numerisch gilt

$$M_{\rm F} = 37{,}281\ \text{GeV} \quad , \tag{7.16}$$

woraus sich mit $\sin^2 \Theta_{\rm W} = 0{,}23$ eine W-Masse von 77,7 GeV und wegen (7.13) eine Z^0-Masse von 88,6 GeV ergibt.

Die experimentellen Werte der W- und Z^0-Massen

$$\begin{aligned} M_W &= 80{,}425 \pm 0{,}038\ \text{GeV} \\ M_Z &= 91{,}1876 \pm 0{,}0021\ \text{GeV} \end{aligned} \tag{7.17}$$

sind um viele Standardabweichungen von den obigen Vorhersagen entfernt. Es gibt keinen Wert des Weinbergwinkels, mit dem man die experimentellen Massenwerte innerhalb der Fehler reproduzieren kann. Gerade dies wird aber zu einem entscheidenden Triumph der Theorie, denn die aus (7.13) und (7.14) berechneten Massenwerte sind Resultate der Bornschen Näherung, die durch die elektroschwachen Strahlungskorrekturen modifiziert werden. Die Abb. 7.1 zeigt die einfachsten Diagramme, die auf dem Ein-Schleifen-Niveau zur Modifikation der Boson-Propagatoren beitragen. Häufig wird das Schema der sehr komplizierten Berechnungen der Strahlungskorrektur so angelegt, daß (7.14) zu

$$M_W^2 = \frac{M_{\rm F}^2}{\sin^2 \Theta_{\rm W}(1 - \Delta r)} \tag{7.18}$$

abgeändert wird, während (7.13) erhalten bleibt. Das ist das sog. *on shell*-Schema. Die führenden Beiträge zu Δr sind durch

$$\Delta r = \Delta r_0 - \frac{\Delta \varrho_t}{\tan^2 \Theta_{\rm W}} \tag{7.19}$$

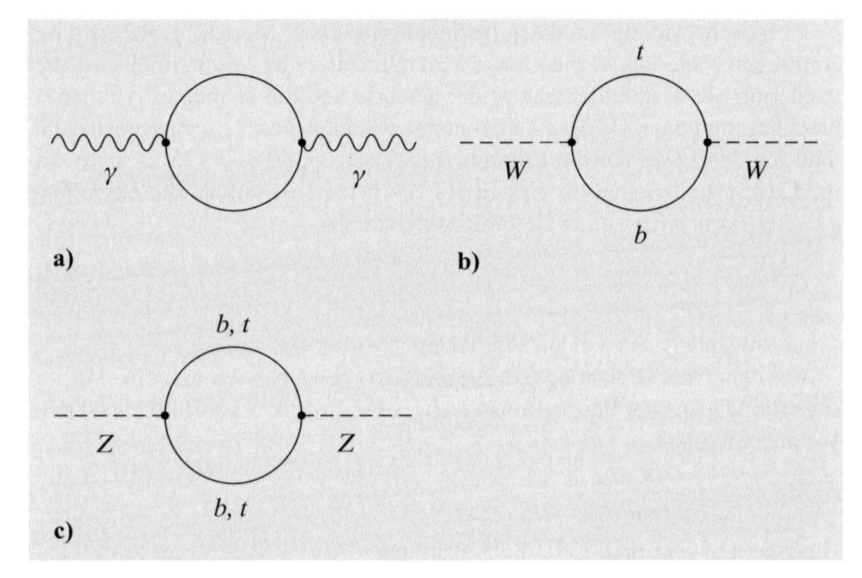

Abb. 7.1a–c
Die einfachsten elektroschwachen Strahlungskorrekturen. (**a**) Fermionen-Schleife im Photon-Propagator, (**b**) t, b-Quark-Schleife im W-Boson-Propagator, (**c**) t- und b-Quark-Schleife im Propagator des Z^0-Bosons

gegeben. Hierin beschreibt

$$\Delta r_0 = 1 - \frac{\alpha}{\alpha(M_Z^2)} \tag{7.20}$$

die Änderung der Feinstrukturkonstanten, die durch die q^2-Abhängigkeit der elektromagnetischen Kopplung hervorgerufen wird. Sie wurde in Abschn. 3.1.4 zu 0,07 abgeschätzt, eine genauere Rechnung ergibt einen Wert von 0,06654 mit einer Unsicherheit von 14 in den letzten beiden Stellen. Der Anteil des *top*-Quarks in den Schleifen der Abb. 7.1 wird durch

$$\Delta \varrho_t = \frac{3G_{\mathrm{F}} m_t^2}{8\sqrt{2}\pi^2} \tag{7.21}$$

bestimmt. Der Einfluß aller anderen Fermionen ist infolge ihrer kleinen Masse vernachlässigbar. Numerisch gilt $\Delta\varrho_t = 0{,}0096(m_t/175)^2$, worin die *top*-Masse in GeV einzusetzen ist. Damit erhalten wir $\Delta r = 0{,}038$, wobei $m_t = 175\,\mathrm{GeV}$ benutzt wurde, wie es durch die direkten Messungen der *top*-Masse nahegelegt wird.

Die Z^0-Masse ist besonders genau gemessen worden. Neben den ebenfalls sehr präzise bekannten Werten von α und G_{F} ist sie der dritte fundamentale Parameter der elektroschwachen Theorie. Wir eliminieren daher mit Hilfe von (7.13) M_W aus (7.18) und erhalten $\sin^2\Theta_{\mathrm{W}} = 0{,}2234$. Die PDG gibt unter Einschluß der Fehlerrechnung

$$\sin^2\Theta_{\mathrm{W}} = 0{,}2227 \pm 0{,}0005 \tag{7.22}$$

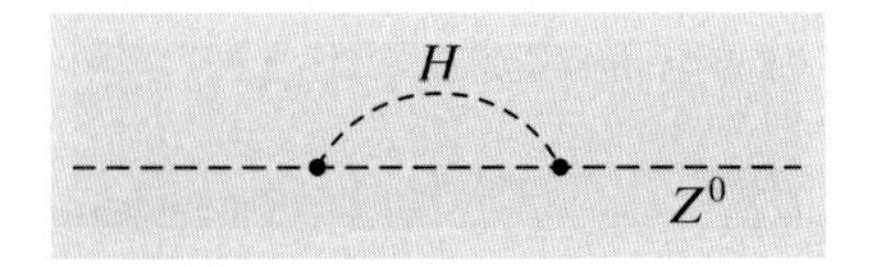

Abb. 7.2
Die Modifikation des Z^0-Propagators durch Higgs-Strahlung

an. Daraus folgt mit (7.18) $M_W = 80{,}39\,\mathrm{GeV}$ in bester Übereinstimmung mit dem experimentellen Ergebnis. In die Bestimmung von $\sin^2\Theta_{\mathrm{W}}$ wurde neben (7.21) auch der Einfluß des Higgs-Bosons (Abb. 7.2) berücksichtigt, welcher logarithmisch von M_H abhängt. Als Massenwerte wurden $m_t = 177{,}9\,\mathrm{GeV}$

und $M_H = 117\,\text{GeV}$ benutzt. Diese Werte sind selbst Ergebnis einer Anpassungsrechnung an die Observablen im Bereich der Z-Resonanz, wie sie im nächsten Abschnitt besprochen werden.

7.2 Die e^-e^+-Vernichtung in Fermion-Antifermion-Paare

Dieser Prozeß kann ohne Zweifel als die zentrale Reaktion der elektroschwachen Wechselwirkung angesehen werden. Zu ihrer Erforschung wurde eigens ein großer Elektron-Positron-Speicherring (LEP am CERN in Genf) gebaut, an dem über 1200 Physiker an vier Experimenten arbeiteten.

7.2.1 Die Bornsche Näherung

Wir berechnen den Wirkungsquerschnitt zunächst in der Bornschen Näherung. Die benötigten Feynman-Graphen sind besonders einfach. Solange auslaufende Elektron-Positron-Paare ausgeschlossen sind, müssen nur Austauschteilchen im s-Kanal berücksichtigt werden. Zusätzlich zum Photonaustausch der Abb. 3.5 kommt jetzt noch Z^0-Austausch (Abb. 7.3) hinzu. Wir beginnen mit der Streuamplitude für die Reaktion

$$e_{\mathrm{L}}^- + e_{\mathrm{R}}^+ \to f_{\mathrm{L}} + \bar{f}_{\mathrm{R}} \ , \tag{7.23}$$

worin das Symbol f ein Lepton oder ein Quark bedeuten kann.[1] Aus den Feynman-Regeln berechnet man in der Hochenergienäherung sofort

$$T_{fi} = -\bar{v}_{\mathrm{R}}(k)\gamma^\mu u_{\mathrm{L}}(p) \left(\frac{-e^2 Q_f}{q^2} + \frac{g^2}{\cos^2\Theta_{\mathrm{W}}} \frac{c_{\mathrm{L},e} c_{\mathrm{L},f}}{q^2 - M_Z^2} \right) \bar{u}_{\mathrm{L}}(p')\gamma_\mu v_{\mathrm{R}}(k') \ , \tag{7.24}$$

wobei die Symbole der Vierervektoren in Abb. 7.3 erläutert sind. Die Kopplungen $c_{\mathrm{L},e}$ und $c_{\mathrm{L},f}$ an die Elektronen bzw. an beliebige Fermionen sind in (6.150) definiert. Wir vereinfachen die Schreibweise wie im letzten Abschnitt, indem wir für die Elektronen $c_{\mathrm{L},e} = c_{\mathrm{L}}$ und $c_{\mathrm{R},e} = c_{\mathrm{R}}$ ansetzen.

Der Propagator für das Z^0-Boson muß noch modifiziert werden, um den Pol der Streuamplitude bei $s = M_Z^2$ zu vermeiden. Für ein instabiles Teilchen der Masse M_Z und der totalen Zerfallsbreite Γ_Z ist nach den Regeln der Quantenfeldtheorie der Faktor $1/(q^2 - M_Z^2)$ im Propagator durch

$$\frac{1}{q^2 - M_Z^2 + \mathrm{i} M_Z \Gamma_Z} \tag{7.25}$$

zu ersetzen. Für die Elektron-Positron-Vernichtung gilt

$$q^2 = s \ , \tag{7.26}$$

und für $s \approx M_Z^2$ wird der Wirkungsquerschnitt praktisch vollkommen durch den Z^0-Austausch bestimmt. Insbesondere hat das Betragsquadrat des Propagators die Form der relativistischen Breit-Wigner-Funktion (2.265)

$$f_{\mathrm{BW}}^r = \frac{1}{(s - M_Z^2)^2 + M_Z^2 \Gamma_Z^2} \ . \tag{7.27}$$

[1] Wie immer bezeichnen die Indizes L, R an den Teilchen und Spinoren die Helizitäten.

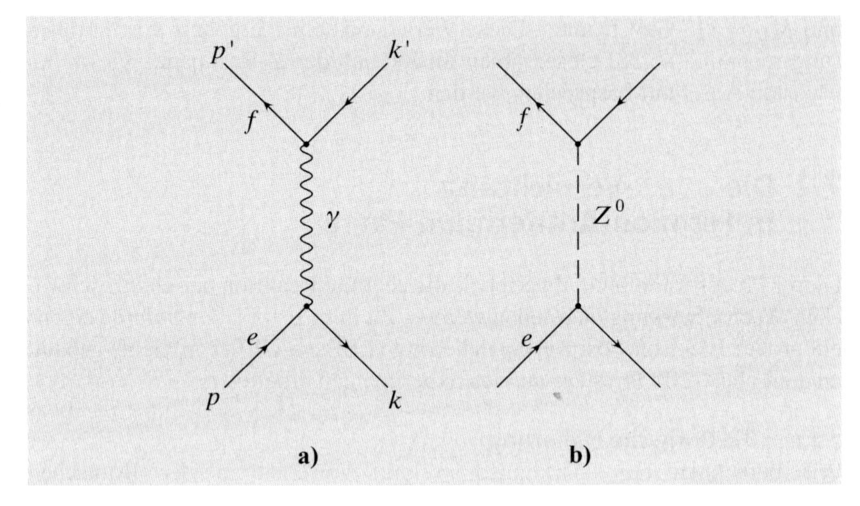

Abb. 7.3a,b
Feynman-Graphen der Elektron-Positron-Vernichtung in Fermion-Antifermion-Paare. (**a**) Photon-Austausch und (**b**) Austausch eines Z^0-Bosons

Wir bleiben weiter in der Hochenergienäherung und können daher der Tabelle 3.1

$$-\bar{v}_{\mathrm{R}}(k)\gamma^{\mu}u_{\mathrm{L}}(p)\bar{u}_{\mathrm{L}}(p')\gamma_{\mu}v_{\mathrm{R}}(k') = s(1+\cos\Theta) \tag{7.28}$$

entnehmen. Unter Berücksichtigung von (7.15) gilt dann

$$T_{fi}(e^-_{\mathrm{L}}e^+_{\mathrm{R}} \to f_{\mathrm{L}}\bar{f}_{\mathrm{R}}) = -4\pi\alpha(1+\cos\Theta)(Q_f - A_0 c_{\mathrm{L}}c_{\mathrm{L},f}) \ , \tag{7.29}$$

worin die Abkürzung

$$A_0 = \frac{sM_Z^2}{M_{\mathrm{F}}^2(s-M_Z^2+\mathrm{i}\,M_Z\Gamma_Z)} \tag{7.30}$$

benutzt wurde. Die Zusammenfassung der elektromagnetischen und schwachen Wechselwirkung in diesem Prozeß ist klar zu sehen. Bei niedrigen Energien $s/M_{\mathrm{F}}^2 \ll 1$ überwiegt die elektromagnetische Wechselwirkung, für $s \approx M_Z^2$ die schwache Wechselwirkung, während oberhalb des Z^0-Pols, $s \gg M_Z^2$, beide Amplituden die gleiche Größenordnung haben, der Ausdruck „schwache Wechselwirkung" ist dann bedeutungslos geworden.

Aus der Amplitude T_{fi} läßt sich nun ohne weiteres der Wirkungsquerschnitt

$$\begin{aligned}\frac{\mathrm{d}\sigma}{\mathrm{d}\Omega}(e^-_{\mathrm{L}}e^+_{\mathrm{R}} \to f_{\mathrm{L}}\bar{f}_{\mathrm{R}}) =& \frac{\alpha^2 N_{\mathrm{C}}}{4s}(1+\cos\Theta)^2 \\ &\cdot\left(Q_f^2 - 2\frac{M_Z^2}{M_{\mathrm{F}}^2}s(s-M_Z^2)f_{\mathrm{BW}}^r Q_f c_{\mathrm{L}}c_{\mathrm{L},f}\right.\\ &\left.+\frac{M_Z^4}{M_{\mathrm{F}}^4}s^2 f_{\mathrm{BW}}^r c_{\mathrm{L}}^2 c_{\mathrm{L},f}^2\right)\end{aligned} \tag{7.31}$$

berechnen. N_{C} ist ein Farbfaktor mit $N_{\mathrm{C}} = 3$ für Quarks und $N_{\mathrm{C}} = 1$ für Leptonen im Endzustand. Auf die gleiche Weise kann der Wirkungsquerschnitt für die anderen drei möglichen Helizitätskombinationen aus der Tabelle 7.1

Prozeß	$T_{fi}/4\pi\alpha$
$e_L^- e_R^+ \to f_L \bar{f}_R$	$(1+\cos\Theta)(-Q_f + A_0 c_L c_{L,f})$
$e_L^- e_R^+ \to f_R \bar{f}_L$	$(1-\cos\Theta)(-Q_f + A_0 c_L c_{R,f})$
$e_R^- e_L^+ \to f_L \bar{f}_R$	$(1-\cos\Theta)(-Q_f + A_0 c_R c_{L,f})$
$e_R^- e_L^+ \to f_R \bar{f}_L$	$(1+\cos\Theta)(-Q_f + A_0 c_R c_{R,f})$

Tabelle 7.1
Die Amplituden der Elektron-Positron-Vernichtung in Fermion-Antifermion-Paare in der elektroschwachen Wechselwirkung

entnommen werden. Mit ihrer Hilfe kann man nun nicht nur den spingemittelten Querschnitt, sondern auch andere interessante Meßgrößen, wie z.B. die Asymmetrie zwischen Vorwärts- und Rückwärtsstreuung oder die Polarisation der auslaufenden Fermionen, bestimmen.

Wir beginnen mit der Berechnung des spingemittelten Wirkungsquerschnitts. Dazu werden zunächst die Betragsquadrate der Amplituden der Tabelle 7.1 addiert. Das über die Spins der einlaufenden Teilchen gemittelte Resultat (der vielleicht etwas mühsamen) Rechnung lautet:

$$\overline{\sum}|T_{fi}|^2 = 32\pi^2\alpha^2\left[\left(\frac{u^2}{s^2}+\frac{t^2}{s^2}\right)G_1 + \left(\frac{u^2}{s^2}-\frac{t^2}{s^2}\right)G_2\right] \ , \tag{7.32}$$

worin die Funktionen G_1 und G_2 durch

$$G_1 = Q_f^2 - 2Q_f v v_f Bs(s-M_Z^2) f_{BW}^r + (v^2+a^2)(v_f^2+a_f^2)B^2 s^2 f_{BW}^r \tag{7.33}$$

und

$$G_2 = -2Q_f a a_f Bs(s-M_Z^2) f_{BW}^r + 4 v a v_f a_f B^2 s^2 f_{BW}^r \tag{7.34}$$

definiert sind. Hierin wurde die Abkürzung

$$B = \frac{M_Z^2}{4M_F^2} \tag{7.35}$$

mit M_F aus (7.15) benutzt. Außerdem wurden die links- und rechtshändigen Kopplungen durch die in der Literatur häufiger vorkommenden Vektor- und Axialvektor-Kopplungen (6.137) ersetzt. Zusätzlich wurden die Abkürzungen $c_{V,e} = v$, $c_{A,e} = a$ und $c_{V,f} = v_f$, $c_{A,f} = a_f$ eingeführt. Schließlich wurden die Winkelfunktionen durch die Invarianten s, t, u ausgedrückt, was sich bei der Behandlung der Elektron-Proton-Streuung als sehr nützlich erweisen wird. Als Standardformel für den Wirkungsquerschnitt leiten wir nun aus (7.32) die Beziehung

$$\frac{d\sigma}{d\Omega}(e^-e^+ \to f\bar{f}) = \frac{\alpha^2 N_C}{4s}\left[(1+\cos^2\Theta)G_1 + 2\cos\Theta G_2\right] \tag{7.36}$$

ab.

Der im Cosinus des Streuwinkels lineare Term enthält die paritätsverletzenden Anteile. Da $\sin^2\Theta_W$ nahe bei 0,25 liegt, ist dieser Term für Endzustände mit μ- oder τ-Paaren ziemlich klein. Zum totalen Querschnitt trägt er auf keinen Fall bei:

$$\sigma(e^-e^+ \to f\bar{f}) = \frac{4\pi\alpha^2 N_C}{3s} G_1 \ . \tag{7.37}$$

Tabelle 7.2
Die Kopplungen des Z^0 an Fermion-Antifermion-Paare

	$v_f^2+a_f^2$
$\nu\bar{\nu}$	$1/2$
e^-e^+	$1/2-2x_W+4x_W^2$
$u\bar{u}$	$1/2-(4/3)x_W+(16/9)x_W^2$
$d\bar{d}$	$1/2-(2/3)x_W+(4/9)x_W^2$

Das Verhältnis

$$R=\frac{\sigma(e^-e^+\to f\bar{f})}{\sigma_{\text{QED}}(e^-e^+\to\mu^-\mu^+)} \tag{7.38}$$

wird durch den starken Z^0-Pol dominiert. Der Einfluß des Z^0 läßt sich aber auch außerhalb der Resonanz durch die Interferenz des Z^0-Austausches mit dem Photonaustausch nachweisen. Am Z^0-Pol gilt in sehr guter Näherung

$$\sigma(e^-e^+\to f\bar{f})=\frac{4\pi\alpha^2N_C}{3}B^2sf^r_{\text{BW}}(v^2+a^2)(v_f^2+a_f^2)\ . \tag{7.39}$$

Dieses Ergebnis vergleichen wir mit der allgemeinen Form einer Resonanzkurve in der Elektron-Positron-Vernichtung (2.266)

$$\sigma=12\pi s\frac{\Gamma_Z^{f\bar{f}}\Gamma_Z^{e\bar{e}}}{M_Z^2}f^r_{\text{BW}} \tag{7.40}$$

und leiten daraus den Ausdruck

$$\Gamma_Z^{f\bar{f}}=\frac{N_C G_F M_Z^3}{6\sqrt{2}\pi}(v_f^2+a_f^2) \tag{7.41}$$

für die Zerfallsbreite des Z^0 in Fermion-Antifermion-Paare ab. Die benötigten Kopplungen sind in Tabelle 7.2 für die erste Generation von Teilchen (d.h. die jeweils erste Familie von Leptonen und von Quarks) angegeben, für jede weitere Generation gelten natürlich die entsprechenden Formeln. In der Tabelle wurde die Abkürzung

$$x_W=\sin^2\Theta_W \tag{7.42}$$

benutzt. Numerisch ergibt sich mit dem Wert von $x_W=0{,}23$

$$\Gamma_Z^{\nu\bar{\nu}}=0{,}166\ \text{GeV}\ , \tag{7.43}$$

bzw.

$$\Gamma_Z^{e\bar{e}}=0{,}083\ \text{GeV}\ . \tag{7.44}$$

Das Z^0-Boson ist leichter als das *top*-Quark und kann daher nicht in $\bar{t}t$ zerfallen. In unserer Näherung erhalten wir deshalb bei Berücksichtigung der drei Leptonfamilien und der u-, d-, s-, c-, b-Quarks

$$\Gamma_Z=2{,}43\ \text{GeV} \tag{7.45}$$

für die totale Zerfallsbreite. Wie wir gerade gelernt haben, trägt jede Neutrinoart 166 MeV hierzu bei. Unter der plausiblen Annahme, daß auch die Neutrinos weiterer Generationen eine geringe Masse haben, läßt eine Messung der Z^0-Lebensdauer also die Bestimmung der Zahl elementarer Fermion-Generationen zu. In der Praxis geschieht dies durch Ausmessen der Anregungskurve der Resonanz (Abb. 7.4), wobei es sich als vorteilhaft erweist, daß nicht nur die Halbwertsbreite, sondern auch die Höhe der Kurve durch Γ_Z bestimmt wird. Die Messungen am CERN und am SLAC haben

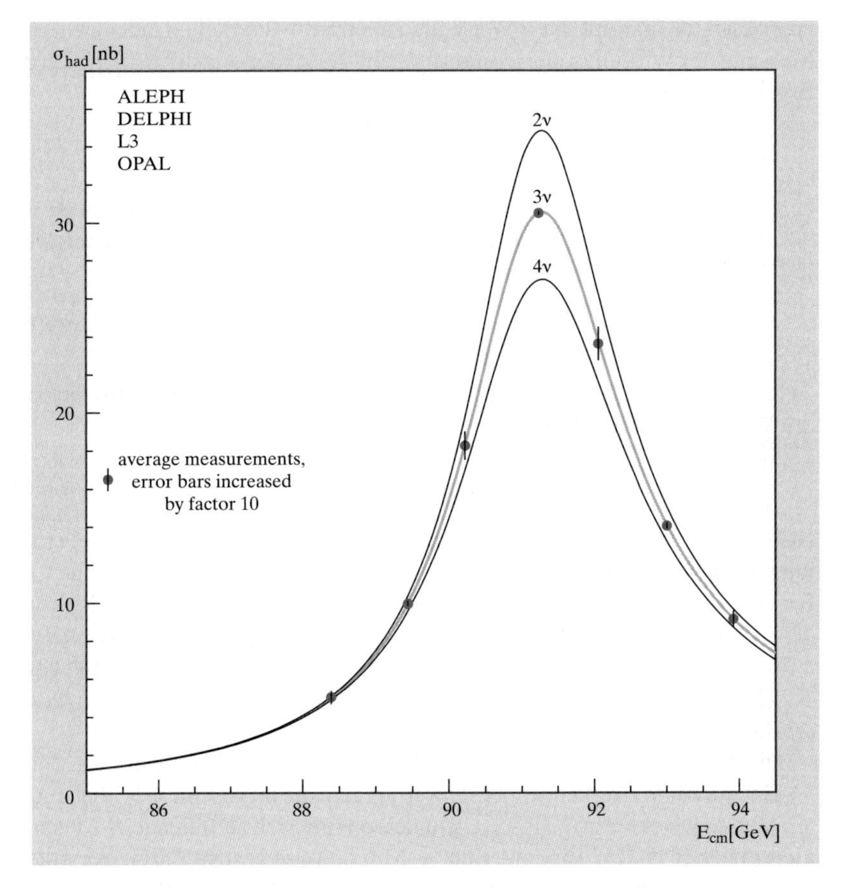

Abb. 7.4
Die Z^0-Resonanz in der Elektron-Positron-Paarvernichtung in Hadronen. Die eingezeichneten Kurven entsprechen der Vorhersage des Standard-Modells für zwei, drei und vier Generationen von Fermionen

die Übereinstimmung mit dem Standard-Modell eindrucksvoll nachgewiesen und somit die Generationenzahl auf drei festgelegt. Dies wird sehr anschaulich durch die in Abb. 7.4 eingezeichneten Vorhersagen für zwei, drei und vier Generationen von Neutrinos belegt. Der aus den Messungen bestimmte Wert von $\Gamma_Z = 2{,}4952 \pm 0{,}0023$ GeV stimmt ausgezeichnet mit dem durch elektroschwache Strahlungskorrekturen verbesserten Ergebnis des Standard-Modells überein.

Die in der Abb. 7.4 zu sehende Gestalt der Kurve bedarf noch eines Kommentars. Die eigentlich symmetrische Form der relativistischen Breit-Wigner-Kurve wird durch die Bremsstrahlung der einlaufenden Elektronen und Positronen aufgehoben. Durch diese wird nämlich die effektive Schwerpunktsenergie reduziert. Zu den Messungen bei $\sqrt{s} > M_Z$ tragen daher auch viele Ereignisse bei, die erst nach Abstrahlung von Photonen auf dem Pol der Resonanz liegen und daher einen besonders hohen Wirkungsquerschnitt haben. Dies führt zu der beobachteten asymmetrischen Kurvenform. Die theoretische Berechnung lehnt sich an das in Abschn. 3.3.2 vorgestellte Verfahren an.

Die Kopplungen v_f und a_f sind durch Auswahl der Endzustände einer experimentellen Bestimmung zugänglich. Natürlich empfiehlt es sich, diese Konstanten über die durch (7.36) festgelegte Winkelverteilung der Fermionen

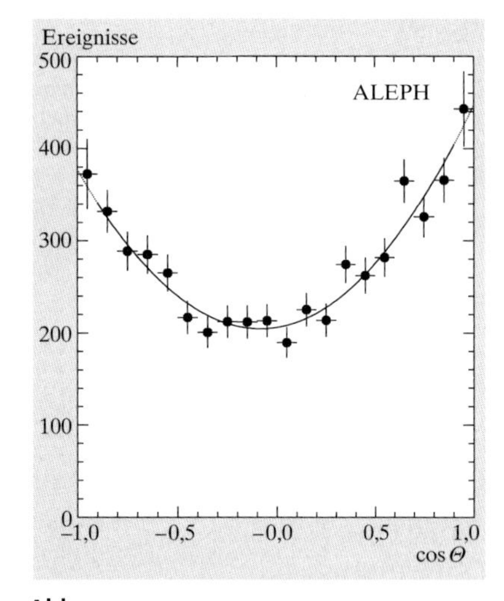

Abb. 7.5
Die Winkelverteilung von sog. $b\bar{b}$-Zerfällen der Z^0-Resonanz. Als Signatur wurden Ereignisse mit zwei Leptonen mit hohem Transversalimpuls im Endzustand gewählt. Die beobachtete Asymmetrie muß u.a. noch aufgrund der Effekte von *flavor*-Oszillationen korrigiert werden

zu messen, da man auf diese Weise die vielen Schwierigkeiten einer absoluten Messung des Wirkungsquerschnitts umgeht. Besonders einsichtig läßt sich das Ergebnis durch die sog. Vorwärts-Rückwärts-Asymmetrie

$$A_{\mathrm{FB}} = \frac{V-R}{V+R} \tag{7.46}$$

ausdrücken. Hierin ist V das Integral der Winkelverteilung zwischen 0° und 90° und R das entsprechende Integral zwischen 90° und 180°. Im Bereich der Z^0-Resonanz (Z^0-Pol) folgt aus (7.33) und (7.34) das Ergebnis

$$A_{\mathrm{FB}} = 3\frac{va}{v^2+a^2}\frac{v_f a_f}{v_f^2+a_f^2} \quad , \tag{7.47}$$

das nur noch von den Kopplungen abhängt. Mit der Definition (7.46) läßt sich die Winkelverteilung durch

$$\frac{\mathrm{d}\sigma}{\mathrm{d}\Omega}(e^-e^+ \to f\bar{f}) \sim 1+\cos^2\Theta + \frac{8}{3}A_{\mathrm{FB}}\cos\Theta \tag{7.48}$$

ausdrücken. Mit Hilfe einer Anpassungsrechnung an die Winkelverteilung kann man also die Asymmetrie bzw. die schwachen Kopplungen der Fermionen bestimmen. Historisch besonders bedeutsam war die Messung des schwachen Isospins des b-Quarks. Die Untersuchung der Winkelverteilung von $b\bar{b}$-Paaren (Abb. 7.5) am Speicherring LEP im CERN ergab $I_{3,\mathrm{L}}(b) = -1/2$, das b-Quark mußte also einen Partner mit $I_{3,\mathrm{L}} = +1/2$, das *top*-Quark haben.

Die experimentelle Aufgabe besteht bei solchen Experimenten v.a. darin, $b\bar{b}$-Endzustände zu erkennen. Dazu werden z.B. die in Abschn. 1.5.1 behandelten Vertex-Detektoren eingesetzt, mit deren Hilfe sich zerfallende B-Mesonen identifizieren lassen. Eine alternative Möglichkeit besteht darin, nur solche hadronische Ereignisse auszuwählen, die ein $\mu^-\mu^+$-Paar enthalten. Sie entstehen durch semileptonischen Zerfall des Quarks *und* des Antiquarks bzw. ihrer zugehörigen Mesonen. Nur die Lebensdauer von Mesonen mit $C \neq 0$ oder $B \neq 0$ ist so klein, daß die Mesonen innerhalb des Detektorvolumens zerfallen. Das Myonspektrum aus b-Zerfällen ist aber deutlich härter als aus c-Zerfällen, weil die semileptonischen Zerfälle der schweren Quarks kinematisch dem β-Zerfall des Myons entsprechen (Abschn. 6.1.2). Damit bekommt man ein Kriterium zur Auswahl von $b\bar{b}$-Ereignissen an die Hand, obwohl natürlich die Details wie immer komplizierter sind, als es diese Argumentation erscheinen lassen mag.

7.2.2 Strahlungskorrekturen

Die Modifikation des Wirkungsquerschnitts durch die Beiträge der Feynman-Graphen höherer Ordnung bezeichnen wir – dem Sprachgebrauch der QED folgend – als Strahlungskorrekturen. Am wichtigsten sind die schon im letzten Abschnitt eingeführten Schleifen-Diagramme der Abb. 7.1. Durch die Rechnungen höherer Ordnung wird die Formel (7.36) für den Wirkungsquerschnitt an verschiedenen Stellen geändert, wobei die genaue Form dieser Änderungen vom verwendeten Rechenschema (Renormierungsschema) abhängt. Für die Einzelheiten muß ich den Leser auf die Literatur verweisen [PDG04, Duc99].

Am einfachsten läßt sich das Ergebnis der Rechnungen höherer Ordnung für die Vorwärts-Rückwärts-Asymmetrie auf der Z^0-Resonanz diskutieren, denn in (7.47) werden nur die Kopplungen durch die sog. effektiven Kopplungen ersetzt, die ihrerseits durch den effektiven Weinberg-Winkel bestimmt werden. Die effektiven Werte kennzeichnen wir durch Überstreichung, es gilt also z.B.

$$\bar{v}_f = \sqrt{\varrho_f}(I^f_{3,\mathrm{L}} - 2Q_f \sin^2 \overline{\Theta}_\mathrm{W}) \tag{7.49}$$

$$\bar{a}_f = \sqrt{\varrho_f} I^f_{3,\mathrm{L}} \tag{7.50}$$

mit den entsprechenden Ausdrücken für v und a. Die Vorwärts-Rückwärts-Asymmetrie hängt nicht von den Normierungen $\sqrt{\varrho}$, $\sqrt{\varrho_f}$ ab, durch ihre Messung kann also der effektive Weinberg-Winkel direkt bestimmt werden. Das Ergebnis für $\sin^2 \overline{\Theta}_\mathrm{W}$ aus einer Messung der Asymmetrie kann in erster Näherung mit der Beziehung

$$\sin^2 \overline{\Theta}_\mathrm{W} = \sin^2 \Theta_\mathrm{W} \left(1 + \frac{\Delta \varrho_t}{\tan^2 \Theta_\mathrm{W}}\right) \tag{7.51}$$

(mit $\Delta\varrho_t$ aus (7.21) in den Weinberg-Winkel des *on shell*-Schemas umgerechnet werden. Der effektive Weinberg-Winkel ist also etwa 3% größer als der Winkel des *on shell*-Schemas.

Unsere gesamte bisherige Diskussion ging von der stillschweigenden Voraussetzung aus, daß die Korrekturen höherer Ordnung zu endlichen Ausdrücken ohne Benutzung neuer Parameter führen, d.h. daß die elektroschwache Theorie also wie die QED renormierbar ist. In der Tat war der Beweis der Renormierbarkeit des GSW-Modells einer der wesentlichen Schritte auf dem Weg zu einer vereinheitlichten Theorie der elektromagnetischen und schwachen Wechselwirkung.[2] Ohne diese Renormierbarkeit hätte der Ansatz von Glashow, Salam und Weinberg nur die Rolle einer Art effektiven Beschreibung der Experimente übernehmen können, ähnlich der Fermi-Theorie des β-Zerfalls. Die Tatsache, daß die Präzisionsmessungen der Elektron-Positron-Vernichtung im Bereich der Z^0-Resonanz am CERN und im SLAC alle Abweichungen von der Bornschen Näherung als Folge der Strahlungskorrekturen bewiesen haben, ist daher von fundamentaler Bedeutung.

Der dominante Parameter in der Korrektur (7.21) ist die Masse des *top*-Quarks. Ihr Wert wurde aus den Präzisionsmessungen der elektroschwachen Observablen zu etwa 170 GeV vorhergesagt und es ist beeindruckend, wie gut nach der Entdeckung des *top*-Quarks die direkte Messung ($m_t = 174{,}3 \pm 5{,}1$ GeV) und die indirekte Bestimmung aus den elektroschwachen Korrekturen ($m_t = 178 \pm 9$ GeV) übereinstimmen. Was hierbei experimentell erreicht wurde, wird klar, wenn man z.B. den relativen Fehler von 0,2 % für $\sin^2 \Theta_\mathrm{W}$ oder $2 \cdot 10^{-5}$ für die Z^0-Masse betrachtet. Um diesen Massenwert mit einer solchen Genauigkeit zu bestimmen, muß vor allem die Strahlenergie des Speicherrings LEP am CERN präzise bekannt sein. Da sie direkt vom Umfang des Rings abhängt, mußten fremdartig anmutende Korrekturen wie z.B. der Einfluß des Füllstandes des Genfer Sees oder Gezeiteneffekte aufgrund der Position des Mondes berücksichtigt werden.

[2] Die beiden niederländischen Theoretiker Gerardus t'Hooft (geb. 1946) und Martinus J.G. Veltman (geb. 1931) erhielten für diese Leistung den Physik-Nobelpreis 1999.

Übungen

7.1 Berechnen Sie das Verhältnis R der Beziehung (7.38) für die $\bar{u}u$-Erzeugung bei Schwerpunktsenergien zwischen 30 und 150 GeV.

7.2 Berechnen Sie den totalen Wirkungsquerschnitt der e^-e^+-Annihilation in Hadronen im Bereich der Z^0-Resonanz und vergleichen Sie das Ergebnis mit der durchgezogenen Linie der Abb. 7.4. Die Unterschiede zeigen den großen Einfluß der Strahlungskorrekturen.

7.3 Berechnen Sie die Polarisation der in der Elektron-Positron-Annihilation erzeugten τ-Leptonen bei Schwerpunktsenergien im Bereich der Z^0-Resonanz.

7.3 Die Elektron-Nukleon-Streuung bei Berücksichtigung des Z- und W-Austausches

Sobald die Impulsüberträge in die Nähe von $|q^2| \approx M_Z^2$ kommen, kann der Austausch von Z^0-Bosonen auch in der Elektron-Quark-Streuung $eq \to eq$ nicht mehr vernachlässigt werden. Die zugehörigen Formeln für den Wirkungsquerschnitt dieser sog. NC-Reaktion[3] können wieder sehr einfach mit Hilfe der Ersetzung $s \leftrightarrow t$ aus (7.32) abgeleitet werden. In der Annihilation wird t aus dem Impulsübertrag zwischen dem einlaufenden Elektron und dem auslaufenden Quark berechnet. Das Überkreuzen dieser beiden Linien führt demnach zur Reaktion $e^-\bar{q} \to e^-\bar{q}$. Für diese gilt

$$\overline{\sum}|T_{fi}|^2 = 32\pi^2\alpha^2 \left[\left(\frac{u^2}{t^2} + \frac{s^2}{t^2}\right) G_1' + \left(\frac{u^2}{t^2} - \frac{s^2}{t^2}\right) G_2'\right] . \tag{7.52}$$

Die Funktionen $G'_{1,2}$ erhält man ebenfalls aus den $G_{1,2}$ durch die Ersetzung $s \leftrightarrow t$. Hierbei wird aber i.allg. der Einfluß der Zerfallsbreite Γ in f^r_{BW} vernachlässigt, da man jetzt natürlich sehr weit vom Pol der Resonanz entfernt ist. Damit ergibt sich

$$G_1' = Q_f^2 - 2Q_f v v_f B' + (v^2 + a^2)(v_f^2 + a_f^2) B'^2 \tag{7.53}$$

und

$$G_2' = -2Q_f a a_f B' + 4 v a v_f a_f B'^2 \tag{7.54}$$

mit

$$B' = \frac{t}{t - M_Z^2} \frac{M_Z^2}{4M_{\mathrm{F}}^2} . \tag{7.55}$$

Die gleichen Beziehungen gelten natürlich auch für die Reaktion $e^+q \to e^+q$.

Antiteilchen werden im Standardmodell in ein rechtshändiges Isodublett und ein linkshändiges Isosingulett eingeordnet, z. B. hat das rechtshändige Positron den schwachen Isospin $I_3 = 1/2$. Da auch die Ladungen sich umkehren, gilt für die Kopplungen der Antiteilchen $\bar{c}_V = -c_V$ und $\bar{c}_A = c_A$. Für die

[3] NC ist die schon bekannte Abkürzung für *Neutral Current*.

Reaktionen $e^- q \to e^- q$ (bzw. $e^+ \bar{q} \to e^+ \bar{q}$) wird daher das Vorzeichen des G'_2-Terms in (7.52) negativ, da alle Kopplungen in (7.53) und (7.54) grundsätzlich für die Teilchen und nicht für die Antiteilchen definiert sind.

Durch Multiplikation mit den Partondichten kann jetzt der Wirkungsquerschnitt der inelastischen Elektron-Nukleon-Streuung

$$e^{\mp} + N \to e^{\mp} + X \tag{7.56}$$

berechnet werden. Als Standarddarstellung wählen wir

$$\frac{\mathrm{d}^2\sigma_{\mathrm{NC}}(e^{\mp}N)}{\mathrm{d}q^2\,\mathrm{d}x} = \frac{2\pi\alpha^2}{xq^4}\left[Y_+ F_2(x,q^2) - y^2 F_\ell(x,q^2) \pm Y_- x F_3(x,q^2)\right] \tag{7.57}$$

mit $q^2 = t$ und

$$Y_\pm = 1 \pm (1-y)^2 \ , \tag{7.58}$$

worin y die in (5.58) definierte dimensionslose Variable ist, die anschaulich den relativen Energieverlust des Elektrons im Ruhesystem des Protons kennzeichnet. Die Strukturfunktionen $F_{2,3}$ in (7.57) werden aus den Partondichten über

$$F_2(x,q^2) = x \sum_f G'_1[q_f(x,q^2) + \bar{q}_f(x,q^2)] \tag{7.59}$$

und

$$F_3(x,q^2) = \sum_f G'_2[q_f(x,q^2) - \bar{q}_f(x,q^2)] \tag{7.60}$$

berechnet. Die q^2-Abhängigkeit der Partondichten und Strukturfunktionen ist ein QCD-Effekt, wie wir ihn in Abschn. 5.3.4 studiert haben. Die Funktion F_ℓ wurde in (5.120) definiert. Im Rahmen des Quarkmodells einschließlich der *leading-log*-QCD-Korrekturen gilt $F_\ell = 0$, d.h. es gilt die Callan-Gross-Relation (5.70). QCD-Rechnungen, die über die *leading-log*-Näherung hinausgehen, ermöglichen eine theoretische Vorhersage für F_ℓ.

Gleichung (7.57) ist die allgemeine Formel für die inelastische Elektronen-Streuung bei Berücksichtigung des γ- und Z^0-Austausches (neutrale Ströme). Sie ist die Grundlage ausgedehnter experimenteller Untersuchungen am Elektron-Proton-Speicherring HERA. Die Beziehungen (7.53) und (7.54) gelten in der Bornschen Näherung der elektroschwachen Theorie, die bei der bisher erreichten Genauigkeit der Experimente ausreichend ist. Im Grenzfall kleiner Impulsüberträge gilt ersichtlich $B' \to 0$, womit der Anschluß an Abschn. 5.3 gewonnen ist, in dem nur der Photonaustausch berücksichtigt wurde.

Bei hohen Impulsüberträgen ist auch die Rate der CC-Reaktion[4] $e^{\mp}N \to \nu_e(\bar{\nu}_e)N$ von ähnlicher Größenordnung wie die Rate der NC-Reaktion. Die Formel für die Streuung linkshändiger Elektronen und rechtshändiger Positronen wird identisch zu (6.91) mit dem positiven Vorzeichen in der Klammer für einlaufende Elektronen. Für die Streuung unpolarisierter Elektronen oder Positronen muß die rechte Seite durch zwei dividiert werden. Außerdem

[4] CC ist die Abkürzung für *Charged Current*

Abb. 7.6
Der über x integrierte Wirkungsquerschnitt der inelastischen Elektron-Proton-Streuung in NC- und CC-Reaktionen. Die Messungen der beiden HERA Experimente H1 und ZEUS werden mit der elektroschwachen Theorie verglichen.

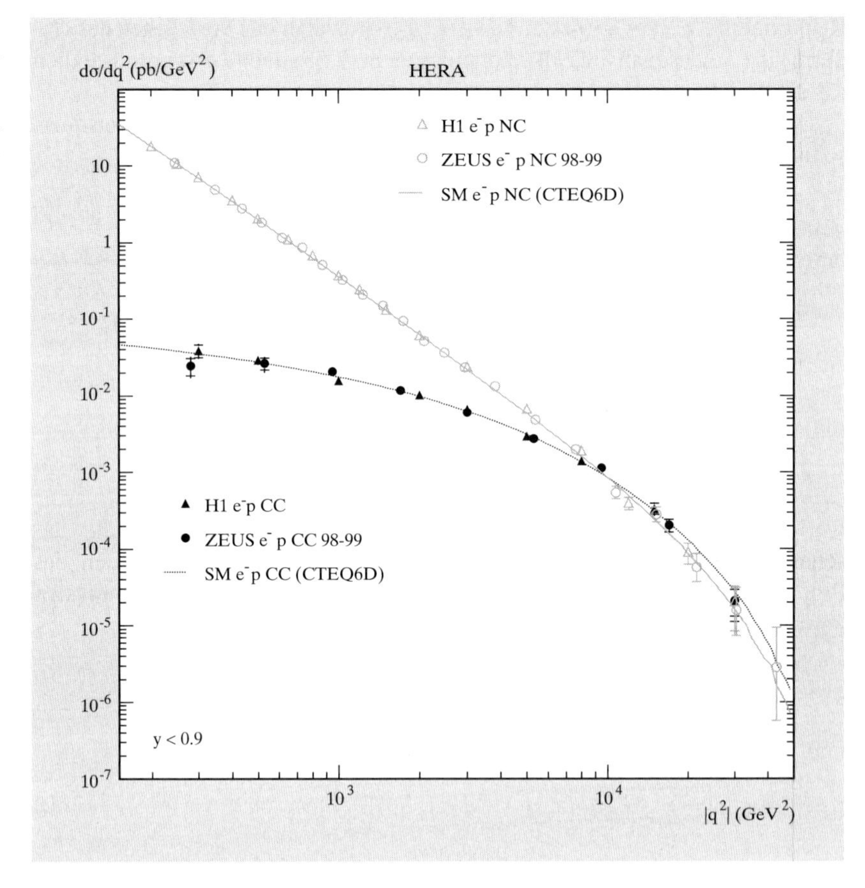

ersetzen wir EM im Vorfaktor durch $s/2$, um kinematische Situationen zu berücksichtigen, in denen das Target-Nukleon nicht ruht. Nach Umrechnung der Differentiale und Multiplikation mit dem Propagatorterm $1/(1+|q^2|/M_W^2)^2$ erhalten wir schließlich

$$\frac{\mathrm{d}^2\sigma_{\mathrm{CC}}}{\mathrm{d}q^2\,\mathrm{d}x}(e^{\mp}N) = \frac{G_{\mathrm{F}}^2}{8\pi x(1+|q^2|/M_W^2)^2}\left[Y_+F_2(x,q^2) \pm Y_-xF_3(x,q^2)\right] \quad . \tag{7.61}$$

Im Vergleich mit (6.91) wurde hier noch die Skalenabhängigkeit der Strukturfunktionen explizit zum Ausdruck gebracht und die gleichen kinematischen Faktoren wie in (7.57) benutzt. Bei höheren Ansprüchen an die Genauigkeit als im Quarkmodell mit *leading-log*-Korrekturen muß auch noch ein Term $-y^2F_\ell$ in die Klammer eingefügt werden. Die erlaubten Quarkdichten in den Strukturfunktionen F_2 und F_3 können mit der Zuordung $\bar{\nu}_\mu \to e^-$ und $\nu_\mu \to e^+$ der Tabelle 6.1 entnommen werden. Meistens wird die Cabibbo-Struktur vernachlässigt, so daß sich z. B. für die Reaktion $e^-P \to \nu_e X$ die Ausdrücke $F_2 = 2x(u+\bar{d})$ und $F_3 = 2(u-\bar{d})$ ergeben. Nach diesem Muster können auch weitere Generationen von Quarks berücksichtigt werden, wie in $F_2 = 2x(u+\bar{d}+c+\bar{s})$.

Da an HERA sehr große Impulsbeträge möglich sind, ist es erstmals gelungen, neben dem W-Austausch auch den Z^0-Austausch in der Elektron-Proton-Streuung experimentell nachzuweisen. Besonders eindrucksvoll ist der Vergleich zwischen den NC- und CC-Wirkungsquerschnitten, wie er in Abb. 7.6 zu sehen ist. In dieser ist der über x integrierte Wirkungsquerschnitt der Gleichungen (7.57) und (7.61) aufgetragen. Wie erwartet, überwiegen die NC-Reaktionen bei kleinen Werten von $|q^2|$, während bei großen $|q^2|$ die Wirkungsquerschnitte sehr ähnlich werden. Die Messungen werden hervorragend durch die elektroschwache Theorie beschrieben, wobei in der Abbildung ein Satz von Partondichten benutzt wurde, der in der Literatur unter dem Namen CTEQ6D bekannt ist.

7.4 Die Erzeugung des W-Bosons in Quark-Antiquark-Stößen

Entsprechend zum Vorgehen im vorletzten Abschnitt wird jetzt noch der Wirkungsquerschnitt für den Prozeß

$$u + \bar{d} \to e^+ + \nu_e \tag{7.62}$$

für Schwerpunktsenergien im Bereich der W-Masse berechnet. Es war dies eine der Reaktionen, in denen am CERN die Existenz des W-Bosons nachgewiesen wurde. In der Hochenergienäherung ist das einzig beitragende Diagramm der Annihilationsgraph der Abb. 7.7, wobei wir nun als einlaufende Fermionen ein u- und ein $\bar{d}$-Quark (z.B. im Farbzustand $R\bar{R}$) wählen. Die zugehörige Amplitude läßt sich leicht aufschreiben:

$$T_{fi} = \frac{-g^2 c_1}{2} \bar{v}_\mathrm{R}(k)\gamma^\mu u_\mathrm{L}(p) \frac{1}{s - M_W^2 + \mathrm{i} M_W \Gamma_W} \bar{u}_\mathrm{L}(p')\gamma_\mu v_\mathrm{R}(k') \ , \tag{7.63}$$

woraus ohne große Anstrengung

$$\frac{\mathrm{d}\sigma}{\mathrm{d}\Omega}(u\bar{d} \to e^+ \nu_e) = \frac{G_\mathrm{F}^2 c_1^2 s}{32\pi^2}(1 + \cos\Theta)^2 M_W^4 f_\mathrm{BW}^r \tag{7.64}$$

für einfallende Strahlen unpolarisierter Quarks abzuleiten ist. Das Quadrat der Schwerpunktsenergie im Quark-Antiquark-System wird wieder mit $\hat{s}$ bezeichnet. W-Bosonen tragen keine Farbe, daher muß das $u\bar{d}$-System in einem Farb-Antifarb-Zustand wie $R\bar{R}$ sein. In Strahlen farbiger Quarks kann jede erlaubte Kombination mit der Wahrscheinlichkeit $1/9$ erreicht werden, der resultierende Farbfaktor ist daher $1/3$. Durch Integration von (7.64) über den Streuwinkel Θ im Schwerpunktsystem erhält man den totalen Wirkungsquerschnitt

$$\sigma(u\bar{d} \to e^+ \nu_e) = \frac{G_\mathrm{F}^2 c_1^2 s}{18\pi} M_W^4 f_\mathrm{BW}^r \ , \tag{7.65}$$

worin der Farbfaktor schon eingearbeitet ist. In dieser Formel sind – wieder ähnlich wie im letzten Abschnitt – die Zerfallsbreiten

$$\Gamma_W^{u\bar{d}} = \frac{G_\mathrm{F} c_1^2 M_W^3}{2\pi\sqrt{2}} \tag{7.66}$$

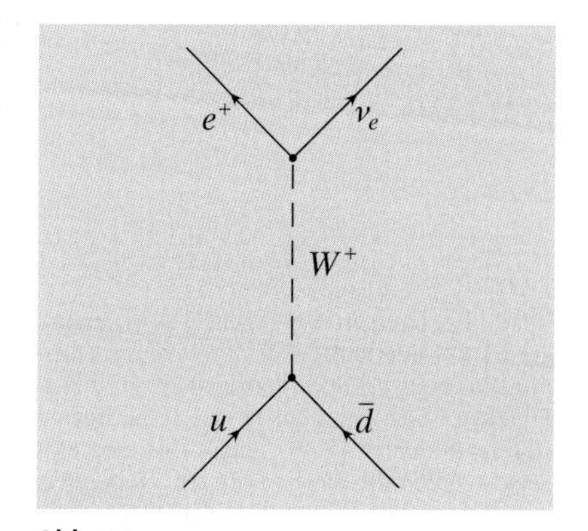

Abb. 7.7 Feynman-Graph der W-Produktion durch Annihilation von u- und $\bar{d}$-Quarks

und

$$\Gamma_W^{e\nu} = \frac{G_F M_W^3}{6\pi\sqrt{2}} \tag{7.67}$$

enthalten. Beim Vergleich mit der Breit-Wigner-Formel muß aber beachtet werden, daß jetzt das statistische Gewicht g in (2.266) einen zusätzlichen Faktor $1/9$ wegen der Mittelung über die Farben der einlaufenden Quarks enthält. Die Farbeinstellungen werden also wie die Spineinstellungen behandelt. Numerisch folgt aus diesen Formeln für jede Leptonfamilie $\Gamma_W^{\text{lept}} = 227\,\text{MeV}$.

Vertiefung

Die Zerfallsbreite des W-Bosons in ein masseloses Fermion, und ein Fermion, dessen Masse nicht vernachlässigt werden darf, kann ebenfalls schnell berechnet werden. Dazu benutzen wir wieder die *crossing*-Methode. Da nur eine Fermion-Linie gekreuzt wird, muß (6.79) mit dem Faktor -1 multipliziert werden. Sinngemäß wird anstelle von m_t die Masse des schweren auslaufenden Fermions m_f eingesetzt. Die Mittelung über die Spins des zerfallenden W-Bosons gibt einen Faktor $1/3$ und daher gilt

$$\Gamma_W^{f\bar{f}'} = \frac{N_C}{2}\Gamma_0 |V_{ff'}|^2 \left(1 - \frac{m_f^2}{M_W^2}\right)^2 \left(2 + \frac{m_f^2}{M_W^2}\right) , \tag{7.68}$$

worin Γ_0 die masselose Näherung (7.67) bedeutet und N_C der Farbfaktor ist, also 3 für Zerfälle in Quarks und 1 für Zerfälle in Leptonen. Für leptonische Zerfälle gilt $V_{ff'} = 1$, während für Zerfälle in Quarks die Cabibbo-Faktoren c_1, s_1 bzw. die allgemeineren Kopplungen des Abschn. 7.8.1 einzusetzen sind.

Auf den ersten Blick erscheint diese Rechnung vielleicht als eine rein akademische Übung, da es ja keine freien Quarks gibt, mit denen man die Reaktion experimentell untersuchen kann. Von Rubbia und Cline wurde jedoch vorgeschlagen, die Quarks und Antiquarks in Strahlen hochenergetischer Protonen bzw. Antiprotonen durch Untersuchung der Reaktion

$$p\bar{p} \to W^\pm X \tag{7.69}$$

zu benutzen.[5] Hier bezeichnet X wieder einen (im Rahmen der Erhaltungssätze) beliebigen hadronischen Zustand.

Die formale Berechnung des Querschnitts der Reaktion (7.69) erfolgt, genau wie bei den Zwei-Photonen-Reaktionen (5.133), durch

$$\mathrm{d}\sigma(p\bar{p} \to e^+\nu_e X) = u(z_1)\bar{d}(z_2)\sigma^R \,\mathrm{d}z_1\,\mathrm{d}z_2 \ , \tag{7.70}$$

wobei man für σ^R z.B. (7.65) einsetzt, falls die W-Produktion im Kanal $e^+\nu_e$ untersucht werden soll. Die Impulsbruchteile der einlaufenden Quarks werden mit z_1, z_2 bezeichnet. Mit Hilfe der in Abschn. 5.4.1 eingeführten

[5] Carlo Rubbia (geb. 1934) gelang es in der Tat, am CERN den Umbau des Protonensynchrotrons in einen $p\bar{p}$-Speicherring durchzusetzen. Er leitete dann eines der beiden Experimente (UA1), in denen die W- und Z-Bosonen entdeckt wurden. Er erhielt 1984 den Nobelpreis gemeinsam mit Simon van der Meer (geb. 1925), der für seine bahnbrechenden Beiträge zur Technologie der Speicherringe geehrt wurde.

Variablentransformation $z = z_1 z_2$ und unter Benutzung der Näherung (2.268) für die Breit-Wigner-Funktion wird daraus das Resultat

$$\sigma(p\bar{p} \to e^+ \nu_e X) = \frac{4\pi^2}{3} \frac{\Gamma_W^{u\bar{d}} \Gamma_W^{e\nu}}{\Gamma_W M_W^3} z_W L_{ud}(z_W) \tag{7.71}$$

abgeleitet. Hierbei ist die Luminositätsfunktion

$$L_{ud}(z) = \int_z^1 u\left(\frac{z}{z_2}\right) d(z_2) \frac{\mathrm{d}z_2}{z_2} \tag{7.72}$$

an der Stelle $z_W = M_W^2/s$ für einen Proton-Antiproton-Speicherring mit einer Schwerpunktsenergie von 315 GeV zu bestimmen. Die Anzahldichte der $\bar{d}$-Quarks im Antiproton ist gleich der Anzahldichte der d-Quarks im Proton. Für drei Lepton- und zwei Quarkfamilien gilt die Näherung $\Gamma_W \approx 9\Gamma_W^{e\nu}$. Unter Benutzung der Beziehungen (5.96) für die Quarkdichten berechnen wir $\sigma = 0{,}5$ nb für die $W^\pm$-Produktion in den Zerfallskanälen mit einem auslaufenden Positron bzw. Elektron.

Diese Zahl erscheint zunächst hoffnungslos klein, wenn sie mit dem totalen Querschnitt der $p\bar{p}$-Streuung von 62 mb bei der gleichen Schwerpunktsenergie verglichen wird. Glücklicherweise hat die von uns gewählte Reaktion eine sehr klare Signatur, nämlich ein Elektron mit hohem Transversalimpuls im Endzustand. Das Neutrino, das mit dem gleichen Transversalimpuls den Detektor verläßt, macht sich durch die hohe fehlende Transversalenergie in der energetischen Gesamtbilanz des Ereignisses bemerkbar. Außerdem haben die in der Kernreaktion

$$p + \bar{p} \to X \tag{7.73}$$

erzeugten Hadronen nur kleine Transversalimpulse ($\langle p_\mathrm{T} \rangle \approx 300$ MeV) gegenüber der Richtung der einfallenden Teilchen. Durch einen Schnitt in p_T lassen sich also die meisten Hadronen aus einem Ereignis beseitigen, so daß eine Fehlinterpretation als leptonischer W-Zerfall relativ unwahrscheinlich wird. Auf diese Weise konnte daher das W-Boson gefunden und seine Masse rekonstruiert werden (siehe auch Abb. 2.13).

Der experimentelle Wert des Wirkungsquerschnitts liegt mit $\sigma = 0{,}6 \pm 0{,}1$ nb sehr nahe bei dem gerade berechneten theoretischen Wert. Die besonders gute Übereinstimmung ist wahrscheinlich zufällig. Wir haben weiter oben gesehen, daß durch die QCD-Korrekturen die Verteilungen zu kleineren x-Werten verschoben werden. In der *leading-log*-Näherung der QCD wird (7.70) durch

$$\mathrm{d}\sigma(p\bar{p} \to e^+ \nu_e X) = u(z_1, \mu_\mathrm{F}^2)\bar{d}(z_2, \mu_\mathrm{F}^2)\sigma^\mathrm{R}\, \mathrm{d}z_1\, \mathrm{d}z_2 \tag{7.74}$$

ersetzt, wodurch eine zusätzliche numerische Unsicherheit je nach Wahl (z.B. $\mu_\mathrm{F} = M_W$) der Faktorisierungsskala μ_F auftritt. Zu beachten ist, daß jetzt die Skala μ_F positive Werte annimmt im Gegensatz zur Elektronenstreuung. Die Entwicklung der Partondichten hängt aber nicht vom Vorzeichen der Skala ab. Auch hier verhalten sich die Partondichten ganz ähnlich wie die laufende Kopplungskonstante $\alpha_S(q^2)$.

Bei der Behandlung der Strukturfunktionen in Abschn. 5.3 haben wir festgestellt, daß die komplette Auswertung der QCD-Diagramme erster Ordnung neben der q^2-Abhängigkeit der Partondichten eine Berechnung der longitudinalen Strukturfunktion F_ℓ erlaubt. Die Berücksichtigung der sog. kleinen Terme – also der Terme, die nicht logarithmisch mit der Energie ansteigen – führt auch im Beispiel der W-Produktion zu einer weiteren Korrektur. Der Querschnitt σ^{R} in (7.74) muß durch $K\sigma^{\mathrm{R}}$ ersetzt werden, mit

$$K = 1 + \frac{8\pi}{9}\alpha_S \ , \tag{7.75}$$

wobei auch hier α_S bei einer bestimmten Skala, z. B. $\mu^2 = M_W^2$ ausgewertet werden muß.

Die QCD-Korrekturen werden im betrachteten Beispiel offenbar relativ groß, was nicht allein dem K-Faktor zuzuschreiben ist. Wir wissen schon aus Abschn. 5.3.4 wie stark die Partondichten bei kleinen x-Werten von der Skala abhängen. Eine genaue Vermessung der Quark-Dichteverteilungen im Nukleon in Abhängigkeit von x und $|q^2|$ ist daher auch für die Planung zukünftiger Experimente an Hadron-Hadron-Collidern von großer praktischer Bedeutung.

Übungen

7.4 Bestimmen Sie numerisch die Luminositätsfunktion $L_{ud}(z)$ an einem Proton-Antiproton-Speicherring mit Hilfe der Partondichten in (5.96). Bei welchem z wird die Quark-Antiquark-Luminosität gleich der Luminosität des Speicherrings?

7.5 Bestimmen Sie das Verhältnis der Partialbreiten des W^+-Bosons in den Kanälen $W^+ \to u\bar{d}$ und $W^+ \to c\bar{b}$.

7.5 Die Produktion des *top*-Quarks in Hadron-Hadron-Stößen

Das *top*-Quark wurde in der Reaktion

$$p + \bar{p} \to t + \bar{t} + X \tag{7.76}$$

am Proton-Antiproton-Collider des Fermilab in den USA entdeckt. Der dominante Beitrag kommt von der Quark-Antiquark-Vernichtung $q\bar{q} \to t\bar{t}$ (Abb. 7.8). Obwohl insbesondere an der Schwelle der Reaktion die Transversalimpulse der auslaufenden Quarks klein sind, kann der Prozeß aufgrund der großen t-Masse störungstheoretisch berechnet werden. Die Formel (3.175) der QED läßt sich in die QCD übersetzen, indem α durch α_{S} ersetzt und der Farbfaktor 2/9 des Beispiels von S. 248f. übernommen wird. Nach Integration über den Streuwinkel lautet das Ergebnis

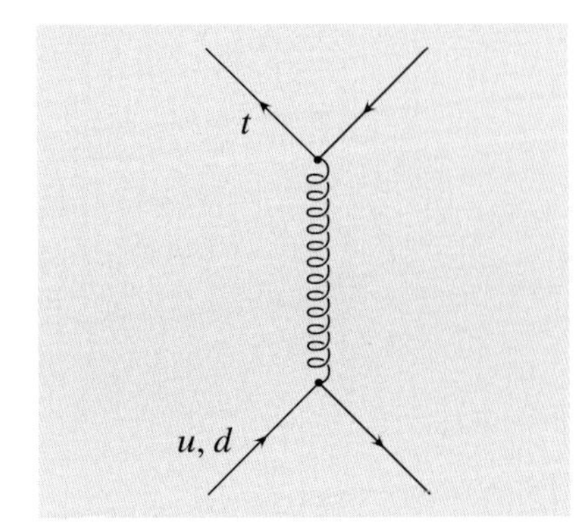

Abb. 7.8
Der dominante Beitrag zur Produktion von *top*-Quarks in Proton-Antiproton-Stößen

$$\sigma_{q\bar{q}} = \frac{\pi\alpha_{\mathrm{S}}^2}{27m_t^2}\varrho_t(2+\varrho_t)\sqrt{1-\varrho_t} \ , \tag{7.77}$$

worin die Abkürzung

$$\varrho_t = \frac{4m_t^2}{\hat{s}} \tag{7.78}$$

verwendet wurde. Das Quadrat der Schwerpunktsenergie im Quark-Antiquark-Subsystem ($\hat{s}$) wird aus den Impulsbruchteilen $z_{1,2}$ der Quarks im Proton bzw. Antiproton berechnet. Mit den Bezeichnungen des letzten Abschnitts gilt $\hat{s} = zs$ und

$$\frac{d\sigma_{p\bar{p}}}{dz} = \sigma_{q\bar{q}}(zs) L_{q\bar{q}}(z) \ . \tag{7.79}$$

Numerisch folgt daraus bei einer Schwerpunktsenergie von $\sqrt{s} = 1{,}8$ TeV nach Integration über z ein Wirkungsquerschnitt von etwa 5 pb, das ist nochmals ein Faktor 100 weniger als im Beispiel der W-Produktion aus dem letzten Abschnitt. Eine genaue Vorhersage verlangt auch hier die Berücksichtigung der QCD-Korrekturen, auf deren Diskussion wir aber verzichten.

Das t-Quark zerfällt unmittelbar in ein W-Boson und ein b-Quark, ohne die Zeit zur Hadronisierung zu haben. Da die W-Bosonen dominant in Quark-Antiquark-Paare zerfallen, erwarten wir als hauptsächlich vorliegende Signatur der t-Produktion Ereignisse mit sechs *Jets* mit hohen Transversalimpulsen im Endzustand. Diese Konfiguration ist jedoch außerordentlich schwer vom Untergrund zu trennen, da bei dem sehr kleinen Wirkungsquerschnitt auch harte QCD-Prozesse wie die Vielfachabstrahlung von Gluonen zu wesentlich mehr Endzuständen mit sechs Jets führen. Hier hilft wiederum nur, die b-Quarks zu identifizieren, z.B. durch Erkennen der Zerfallsvertices in einem Vertex-Detektor. Das Signal-Untergrund-Verhältnis wird außerdem verbessert, wenn man Reaktionen selektiert, in denen eines der W-Bosonen in ein $\mu\nu$-Paar zerfallen ist. Dies wird in den Veröffentlichungen der Arbeitsgruppen ausführlich diskutiert [Abe95]. Der Leser sieht wohl ein, wie schwierig der experimentelle Beweis für die Existenz des *top*-Quarks war. Ohne die Vorhersage der Masse aus den Präzisionsmessungen am LEP wäre die Suche noch wesentlich schwieriger gewesen.

Am Proton-Proton-Collider LHC des CERN ist die sog. Gluon-Gluon-Fusion, $gg \to t\bar{t}$, der dominante Produktionsmechanismus. Hier reicht es

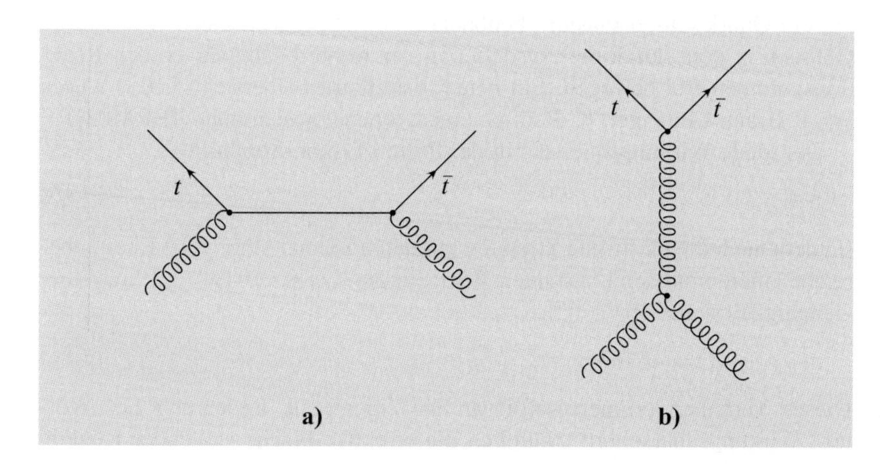

Abb. 7.9a,b
Diagramme, die zur *top*-Produktion in pp-Reaktionen beitragen. (**a**) Fermion-Austausch wie er auch in der Reaktion $\gamma\gamma \to \mu^-\mu^+$ auftaucht, (**b**) das für die QCD typische Diagramm der $t\bar{t}$-Produktion über die Drei-Gluon-Kopplung

nun nicht aus, das QED-Ergebnis (3.230) für die Elektron-Paarerzeugung in $\gamma\gamma$-Reaktionen in die QCD zu übersetzen. Neben dem zur QED analogen Diagramm der Abb. 7.9a trägt nämlich auch das Diagramm 7.9b bei, zu dem es in der QED keine Entsprechung gibt. Die Durchführung der Rechnung läßt bei $\sqrt{s} = 14$ TeV einen Produktionsquerschnitt von 800 bis 1000 pb erwarten. Die *top*-Quarks werden also am LHC bei einer Luminosität von 1000 pb^{-1}/Jahr in großer Menge produziert werden.

7.6 Intermezzo: Die Hadron-Hadron-Streuung

Bisher haben wir nur einen kleinen Ausschnitt von Hadron-Hadron-Reaktionen behandelt, nämlich solche, die sich auf Reaktionen der punktförmigen Konstituenten zurückführen ließen. Zu diesen Reaktionen gehören neben der W- und t-Erzeugung v.a. die reinen QCD-Prozesse wie $qq \to qq$ oder $gq \to ggq$, die zu Endzuständen mit zwei oder mehr Jets bei hohen Transversalimpulsen führen. Ihre theoretische Beschreibung erfolgt wie in den bisher behandelten Beispielen durch Faltung der Partondichten mit den Streuquerschnitten der Partonen. Hier ist ein reiches theoretisches und experimentelles Arbeitsgebiet entstanden, das auch in den Lehrbüchern der QCD ausführlich behandelt wird [Sti96].

Prozesse, die sich auf die Streuung punktförmiger Teilchen zurückführen lassen, haben wir schon häufig als *harte* Reaktionen bezeichnet. Die QCD-Prozesse bilden den Hauptuntergrund zu solchen elektroschwachen Reaktionen, deren Endprodukte in Hadronen zerfallen. Sie machen aber nur einen kleinen Teil des totalen Hadron-Hadron-Querschnitts aus. Dieser Querschnitt kann nicht mit perturbativen Methoden berechnet werden. Die Reaktionen aus denen er sich zusammensetzt, werden *weiche* Prozesse genannt. In den folgenden Absätzen soll in komprimierter Form dargelegt werden, was eine jahrzehntelange Erforschung dieses Gebiets erbracht hat, wobei wir uns aber auf die Proton-Proton-Streuung beschränken. In den letzten Jahren wurde die Streuung hochionisierter Kerne (*Heavy Ions*) bei hohen Energien intensiv untersucht. Hier ist ein neues Arbeitsfeld der QCD entstanden. Man vermutet, ein Quark-Gluon-Plasma beobachtet zu haben, worin sich Quarks und Gluonen in dem durch die Ausdehnung der Kerne bedingten großen Reaktionsvolumen frei bewegen. Ein neuer, detaillierter Übersichtsartikel wurde von P. Braun-Munziger, K. Redlich und J. Stachel geschrieben [BRM03].

Der totale Wirkungsquerschnitt der Proton-Proton-Streuung

$$p + p \to X \tag{7.80}$$

(in dem auch die elastische Streuung enthalten ist) hat über weite Energiebereiche einen praktisch konstanten Wert: für $5 \leq \sqrt{s} \leq 100$ GeV gilt mit einer Genauigkeit von $\pm 10\,\%$

$$\sigma(pp \to X) = 45 \text{ mb} \quad . \tag{7.81}$$

Dieses Verhalten erinnert sofort an die eigentliche Bedeutung des Wortes „Wirkungsquerschnitt“, nämlich die effektive Fläche stoßender Kugeln.

Die quantenmechanische Berechnung [Gol64] dieses Streuproblems an einer „schwarzen Scheibe“ ergibt $\sigma = 2\pi R^2$, woraus mit (7.81) $R = 0{,}84\,\mathrm{fm}$ folgt, also ungefähr der Radius des Protons. Die theoretische Behandlung des Streuproblems zeigt weiter, daß die Winkelverteilung der elastischen Streuung $(pp \to pp)$ wie die Beugung einer Welle an einer schwarzen Scheibe aussehen sollte. Tatsächlich zeigt die Winkelverteilung Diffraktionsmaxima und -minima. Die Winkelverteilung um das Hauptmaximum bei $\Theta = 0$ wird durch

$$\frac{\mathrm{d}\sigma_{\mathrm{el}}}{\mathrm{d}t} = \frac{\pi R^4}{4} \mathrm{e}^{R^2 t/4} \tag{7.82}$$

beschrieben. Der Anteil des elastischen Querschnitts an σ wird zu höheren Energien immer kleiner, dies entspricht nicht dem einfachsten Diffraktionsmodell, in dem $\sigma_{\mathrm{el}} = \sigma/2$ gilt.

Genauere Untersuchungen des totalen Querschnitts lassen eine schwache Energieabhängigkeit erkennen. Sie wird für Schwerpunktsenergien zwischen 5 und 1000 GeV sehr gut durch die einfache Parametrisierung [Don92]

$$\sigma = 21{,}7 s^{0{,}0808} + 98{,}39 s^{-0{,}4525} \tag{7.83}$$

repräsentiert, wobei σ die Einheit mb hat, wenn s in GeV^2 eingesetzt wird.[6] Der Wirkungsquerschnitt fällt also zunächst ab, durchläuft ein flaches Minimum und steigt dann wieder an, wobei er den Wert von $\sigma = 76\,\mathrm{mb}$ bei 1000 GeV erreicht. Die $\bar{p}p$- und die πp-Streuung werden auffälligerweise durch die gleichen Exponenten beschrieben, nur die Vorfaktoren sind etwas anders. Diese Zusammenhänge waren bis in die 1970er Jahre Gegenstand intensiver Forschungen. Sie wurden durch die sog. Regge-Phänomenologie gedeutet, auf deren Spuren wir schon im Zusammenhang mit dem Massenspektrum der Hadronen gestoßen sind (Abschn. 4.2.1).

Für die Pion-Proton-Streuung gilt angenähert

$$\sigma_{\pi p} = \frac{2}{3}\sigma_{pp} \ . \tag{7.84}$$

Dieses Zahlenverhältnis findet eine einfache Erklärung im Quarkmodell. Wenn auch die zum totalen Querschnitt beitragenden Prozesse perturbativ nicht berechenbar sind, ist σ_{pp} dennoch durch die Zahl der möglichen Quarkreaktionen festgelegt. Da die Mesonen aus zwei und die Nukleonen aus drei Quarks bestehen, wird (7.84) unmittelbar einsichtig.

Besonders interessant ist natürlich das Verhalten der in unelastischen Reaktionen erzeugten Hadronen, das sind zum überwiegenden Teil Pionen. Wegen der großen Zahl der möglichen Kanäle studiert man am besten die inklusive Reaktion

$$p + p \to \pi + X \ . \tag{7.85}$$

Dies geschieht durch Messung des invarianten Querschnitts

$$E\frac{\mathrm{d}^3\sigma}{\mathrm{d}^3 p} = F(s, p_{\mathrm{L}}, p_{\mathrm{T}}) \tag{7.86}$$

[6] Man sieht, daß auch Physiker immer wieder dem Vermischen von Variablen und Dimensionen der Ingenieursformeln verfallen.

als Funktion der Schwerpunktsenergie und des Longitudinal- bzw. Transversalimpulses der erzeugten Pionen. Die Impulskomponenten der Pionen beziehen sich hierbei auf eine Achse, die durch die Richtung der einfallenden Strahlen festgelegt ist. Das invariante Phasenraumelement $\mathrm{d}^3 p/E$ kann in die Form

$$\frac{\mathrm{d}^3 p}{E} = \frac{\pi \, \mathrm{d}p_\mathrm{L} \, \mathrm{d}p_\mathrm{T}^2}{E} \tag{7.87}$$

gebracht werden. Die Transversalimpulsverteilung der erzeugten Hadronen ist nun praktisch energieunabhängig durch einen exponentiellen Abfall bestimmt

$$\frac{\mathrm{d}\sigma}{\mathrm{d}p_\mathrm{T}^2} = A\mathrm{e}^{-bp_\mathrm{T}} \tag{7.88}$$

mit $b \approx 6\,\mathrm{GeV}^{-1}$. Daraus folgt für den Mittelwert des Transversalimpulses $\langle p_\mathrm{T} \rangle = 0{,}33\,\mathrm{GeV}$, dies entspricht einem Wechselwirkungsradius von 1,6 fm. Aus dieser Beschränkung des Transversalimpulses ergibt sich das einfachste Mittel zur Unterdrückung der weichen Reaktionen. Es wird verlangt, daß alle Hadronen eines Ereignisses einen Transversalimpuls haben, der deutlich größer als 0,33 GeV ist. Ein p_T-Schnitt von 2 GeV wird praktisch alle weichen Ereignisse entfernen.

Da die Transversalimpulse klein sind, kann die zur Verfügung stehende Schwerpunktsenergie entweder zur Teilchenproduktion oder zur Erzeugung hoher Longitudinalimpulse verwendet werden. Die Natur hat den zweiten Weg gewählt, die Teilchenmultiplizität wächst (in grober Näherung) nur logarithmisch mit s, während die mittleren Longitudinalimpulse im Schwerpunktssystem bis auf logarithmische Korrekturen proportional zu $\sqrt{s}$ ansteigen. Die Verteilungsfunktion hängt hier nur von der dimensionslosen Variable $p_\mathrm{L}/\sqrt{s}$ ab. Die erzeugten Hadronen bilden also Jets, genauer einen Vorwärts- und einen Rückwärtsjet entlang der Einfallsrichtung.

Besonders gut lassen sich diese Dinge mit Hilfe der als Rapidität bezeichneten Variablen

$$\eta = \frac{1}{2} \ln \frac{E + p_\mathrm{L}}{E - p_\mathrm{L}} \tag{7.89}$$

beschreiben, welche ein dimensionsloses Maß für den Longitudinalimpuls eines Teilchens darstellt. Sie hat einige interessante Eigenschaften. Zunächst einmal gilt

$$\mathrm{d}\eta = \frac{\mathrm{d}p_\mathrm{L}}{p_\mathrm{L}} \ , \tag{7.90}$$

also

$$\mathrm{d}^3 p = \pi p_\mathrm{L} \, \mathrm{d}\eta \, \mathrm{d}p_\mathrm{T}^2 \ , \tag{7.91}$$

und mit $p_\mathrm{L} \approx E$ folgt daher

$$E \frac{\mathrm{d}^3\sigma}{\mathrm{d}^3 p} = \frac{\mathrm{d}^2\sigma}{\pi \, \mathrm{d}\eta \, \mathrm{d}p_\mathrm{T}^2} \ . \tag{7.92}$$

Bei einem Wechsel des Bezugssystem entlang der Richtung der einfallenden Hadronen ist die einfache Umrechnung

$$\eta = \eta' + \frac{1}{2} \ln \frac{1+\beta}{1-\beta} \tag{7.93}$$

zu beachten, wobei β die Geschwindigkeit des gestrichenen Systems relativ zum ungestrichenen System bedeutet. Die Verteilung $\mathrm{d}\sigma / \mathrm{d}\eta$ ist demnach forminvariant.

Die inklusiven Reaktionen enthalten als Grenzfall die elastische Streuung, bei der keine zusätzlichen Teilchen produziert werden. Für die elastische Streuung gilt im Schwerpunktssystem $E - |\boldsymbol{p}_{\mathrm{el}}| \approx M^2/2E$. Mit $p_{\mathrm{L,max}} = |\boldsymbol{p}_{\mathrm{el}}|$ ist daher der Wertebereich der Rapidität im Schwerpunktssystem auf

$$-\frac{1}{2} \ln \frac{s}{M^2} \leq \eta \leq \frac{1}{2} \ln \frac{s}{M^2} \tag{7.94}$$

eingeschränkt. Da dieser Bereich logarithmisch mit s ansteigt, liegt es nahe, einen logarithmischen Anstieg der Multiplizität der Ausdehnung des Wertebereichs $\Delta\eta$ zuzuschreiben, während die Verteilungsfunktion von η eine Konstante ist oder zumindest ein ausgeprägtes Plateau, wie in Abb. 7.10 skizziert, aufweist. Solche Vorstellungen wurden von Feynman theoretisch im Quarkmodell begründet und in seinem Buch [Fey72] im Detail dargestellt. Die Wirklichkeit ist etwas komplizierter. Ein Plateau der Rapiditätsverteilung wurde zwar bei hohen Schwerpunktsenergien gefunden, aber die Multiplizität der geladenen Teilchen steigt nicht nur logarithmisch mit s an, sondern folgt empirisch dem Gesetz

$$n_{\mathrm{gel}} = 0{,}88 + 0{,}44 \ln s + 0{,}118 (\ln s)^2 \ . \tag{7.95}$$

Hierin muß s wieder in der Einheit GeV^2 eingesetzt werden. Das Auftreten eines Terms proportional zu $(\ln s)^2$ in (7.95) ist in Übereinstimmung mit Rechnungen der QCD und wird auch in den Monte-Carlo-Modellen, die zur Beschreibung der Fragmentierung entwickelt wurden, reproduziert. Auch die Höhe des Plateaus der η-Verteilung ist dann keine Konstante mehr, sondern steigt mit wachsender Schwerpunktsenergie an. Die Abb. 7.11 zeigt das Ergebnis der Messungen von $\mathrm{d}n_{\mathrm{gel}} / \mathrm{d}\eta$. Diese Multiplizitätsverteilung hängt mit der Rapiditätsverteilung über

$$\frac{\mathrm{d}n_{\mathrm{gel}}}{\mathrm{d}\eta} = \frac{1}{\sigma} \frac{\mathrm{d}\sigma}{\mathrm{d}\eta} \tag{7.96}$$

zusammen. Sie kann natürlich auch direkt durch Abzählen der erzeugten Teilchen gewonnen werden. Ein Plateau ist für alle Energien zu sehen, bei $\sqrt{s} = 540\,\mathrm{GeV}$ gilt im Plateau $\mathrm{d}n_{\mathrm{gel}} / \mathrm{d}\eta \approx 3$, bei LHC-Energien ($\sqrt{s} = 14\,\mathrm{TeV}$) erwarten wir $\mathrm{d}n_{\mathrm{gel}} / \mathrm{d}\eta \approx 6$.

Die Beschriftung der Abbildung führt die Variable Pseudorapidität ein. Diese ist durch

$$\eta' = \frac{1}{2} \ln \frac{|\boldsymbol{p}| + p_{\mathrm{L}}}{|\boldsymbol{p}| - p_{\mathrm{L}}} \tag{7.97}$$

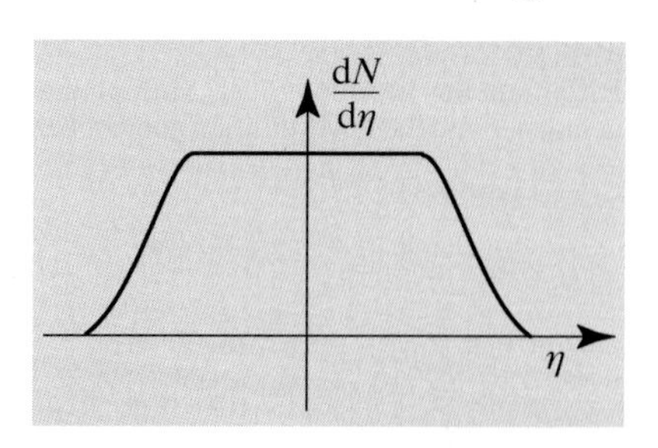

Abb. 7.10
Das qualitative Verhalten der Rapiditätsverteilung in Hadron-Hadron-Reaktionen

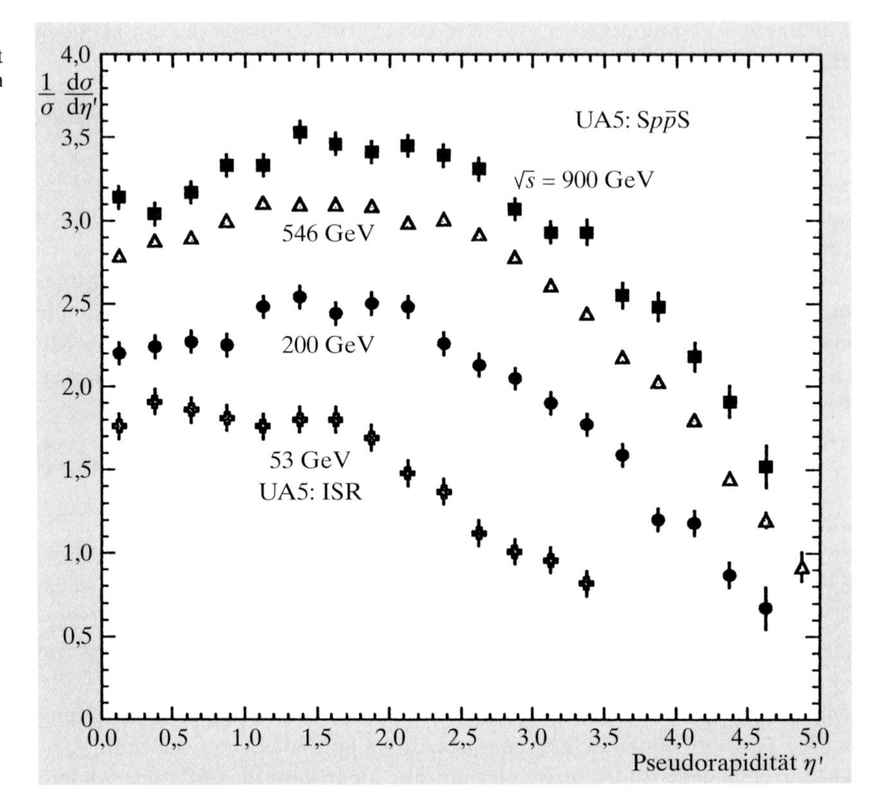

Abb. 7.11
Differentielle Verteilung der Multiplizität geladener Teilchen in Proton-Proton-Stößen

definiert. Ihre Berechnung ist also auch möglich, falls es nicht gelingt, die Identität der erzeugten Hadronen zu bestimmen, sondern nur ihre Impulse zu messen. Genau genommen reicht sogar eine Winkelmessung aus, weil sich aus der Definition von η'

$$\eta' = -\ln\left(\tan\frac{\Theta}{2}\right) \tag{7.98}$$

ergibt. Dies ist eine enorme Vereinfachung für die Experimentalphysiker. Natürlich gilt bei hohen Energien $\eta' \approx \eta$. Die Abb. 7.11 beweist, daß näherungsweise ein Plateau der Rapiditätsverteilung über einen sehr großen Winkelbereich gefunden wird, da $\eta' = 3$ schon für $\Theta = 5{,}9°$ erreicht wird.

Die Rapidität kann auch sehr sinnvoll zur Analyse harter Streuprozesse eingesetzt werden. Betrachten wir z.B. die Produktion von W-Bosonen durch masselose Quarks in $p\bar{p}$-Reaktionen. Die Quarks haben die Impulsbruchteile z_1 und z_2. Die Energie E und der Longitudinalimpuls p_L des $W-$Bosons werden daher über $E = E_p(z_1 + z_2)$ und $p_L = E_p(z_1 - z_2)$ berechnet, woraus

$$\eta = \frac{1}{2}\ln\frac{z_1}{z_2} \tag{7.99}$$

folgt. Damit gilt für die Luminositätsfunktion (7.72)

$$L_{ud}(z) = \int u(\sqrt{z}\mathrm{e}^{\eta})d(\sqrt{z}\mathrm{e}^{-\eta})\,\mathrm{d}\eta \;, \tag{7.100}$$

wobei die Integrationsgrenzen jetzt von $(\ln z)/2$ bis $(-\ln z)/2$ laufen.

Übungen

7.6 Beweisen Sie die Beziehung (7.99).

7.7 Der LHC wird eine Luminosität von $10^{34}\,\mathrm{cm}^{-2}\mathrm{s}^{-1}$ erreichen. Schätzen Sie die Zahl der pro Jahr erzeugten Hadronen ab. Welche Folgen hat dies für die Strahlenbelastung der innersten Detektorschichten?

7.7 Higgs-Bosonen

Als Leitidee beim Auffinden der richtigen Theorie der elektroschwachen Wechselwirkung hat sich in den vorangegangenen Kapiteln schon zweimal das Prinzip erwiesen, daß Wirkungsquerschnitte die Unitaritätsgrenze respektieren müssen. Die W-Bosonen garantierten solch ein vernünftiges Hochenergieverhalten der Reaktionen geladener Ströme (Abschn. 6.1). Mit der Einführung dieser Bosonen erzeugt man aber wieder ein neues Problem, da nun der Wirkungsquerschnitt für Paarerzeugung longitudinal polarisierter W-Bosonen in $\nu\bar{\nu}$-Reaktionen über alle Grenzen ansteigt. Diese Schwierigkeit wird jedoch durch die Z^0-Bosonen behoben (Abschn. 6.3.1).

W^+W^--Paare im Zustand longitudinaler Polarisation lassen sich auch in der Elektron-Positron-Vernichtung erzeugen. Die hierzu beitragenden Diagramme sind in der Abb. 7.12 gezeigt. Der Feynman-Graph der Abb. 7.12a entspricht dem Graphen der Abb. 6.18a und führt zu der mit s ansteigenden Amplitude (6.100), falls die einlaufenden Elektronen linkshändig und die einlaufenden Positronen rechtshändig polarisiert sind. Dieser Anstieg kann nun nicht – wie früher bei der W-Paarerzeugung durch Neutrinos – durch den Z^0-Beitrag (Abb. 7.12b) aufgehoben werden, da das Z^0 nämlich mit einer anderen Stärke an die Elektronen als an die Neutrinos koppelt. Der Beitrag des Photonaustausches im s-Kanal (Abb. 7.12c) ist notwendig *und* hinreichend zur Erzielung eines bei asymptotisch großen Energien verschwindenden Querschnitts. Das Modell bleibt auf eine wunderschöne Weise konsistent. Nach der Energieerhöhung des Speicherrings LEP konnte die W-Paarerzeugung experimentell untersucht werden. Das in Abb. 7.13 gezeigte Ergebnis stellt eine eindrucksvolle Bestätigung der elektroschwachen Theorie dar und ist deutlich im Widerspruch zu einer Vorhersage, die z. B. nur den Beitrag des Graphen 7.12a berücksichtigt.

Aber auch nach Hinzunahme der W- und Z-Bosonen sind noch nicht alle Divergenzen eliminiert. Elektronen haben eine kleine Masse, d.h. die Amplitude für *rechtshändige* Elektronen und rechtshändige Positronen ist zwar

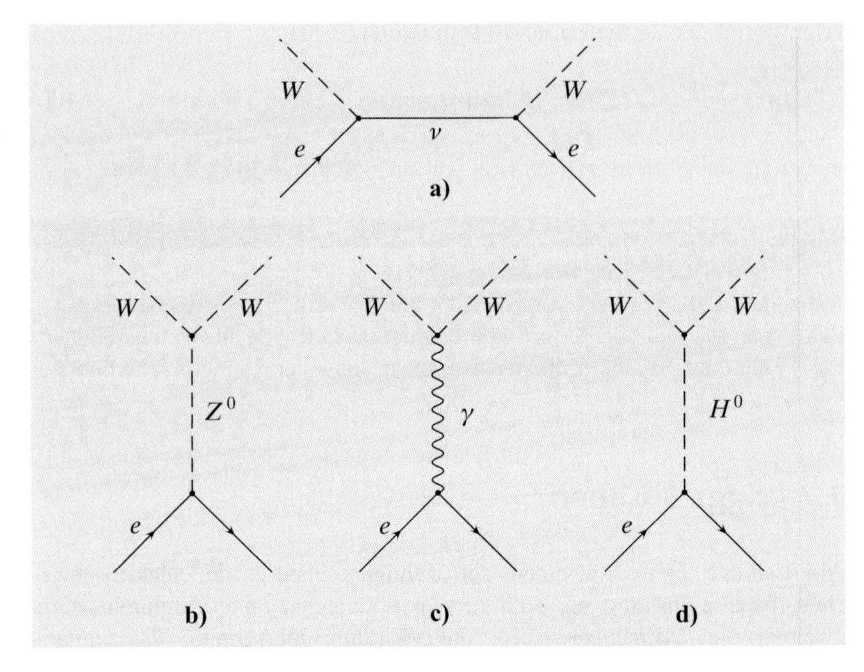

Abb. 7.12a–d
Alle Feynman-Graphen, die zur W-Paarerzeugung in der Elektron-Positron-Vernichtung in Bornscher Näherung beitragen können. Die Bedeutung der einzelnen Graphen wird im Text erläutert

proportional zu m_e/E unterdrückt, aber immer noch von Null verschieden. Im Hochenergielimes berechnet man für das Diagramm der Abb. 7.12a

$$T_{fi}(e^-_{\mathrm{R}} e^+_{\mathrm{R}} \to W^+_0 W^-_0) = \frac{4G_{\mathrm{F}}}{\sqrt{2}} m_e E(1+\cos\Theta) \ , \tag{7.101}$$

dies entspricht der Überlagerung einer s-Welle (d^0_{00}) und einer p-Welle (d^1_{00}). Die p-Welle wird durch die Z^0- und Photonterme kompensiert. Die s-Welle führt zu einem konstanten Querschnitt, der bei sehr hohen Energien ebenfalls die durch die Unitaritätsbedingung $\mathrm{Re}\, t^0 \leq \frac{1}{2}$ (der Amplituden t^J in (2.254)) gesetzte Grenze überschreitet. Dieses Problem kann wieder durch Interferenz mit einem neuen Teilchen beseitigt werden. Zur Kompensation eines Wirkungsquerschnitts mit isotroper Winkelverteilung wird ein skalares Teilchen benötigt (Abb. 7.12d), es ist das Higgs-Boson. Die dazugehörige Amplitude lautet

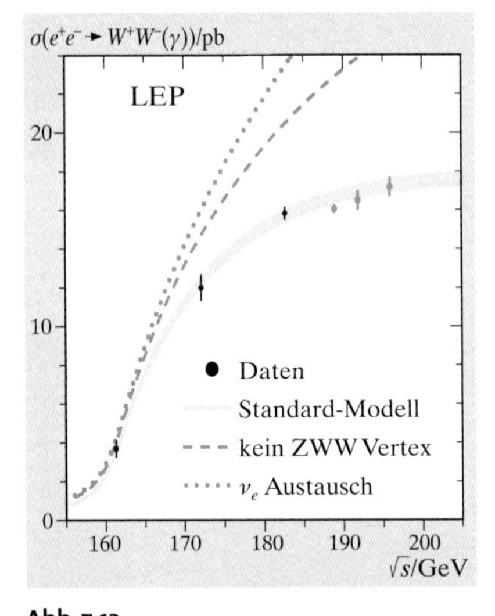

Abb. 7.13
Der Wirkungsquerschnitt für die Erzeugung von W^+W^--Paaren in der Elektron-Positron-Annihilation. Die experimentellen Resultate werden mit dem Standard-Modell und Rechnungen, die nicht alle Graphen der Abb. 7.12 berücksichtigen, verglichen

$$T_{fi}(e^-_{\mathrm{R}} e^+_{\mathrm{R}} \to W^+_0 W^-_0) = c_{Hee} c_{HWW} \bar{v}_{\mathrm{R}}(k) u_{\mathrm{R}}(p) \frac{1}{s - M_H^2} \varepsilon^*_{\mu,0} \varepsilon^*_{\nu,0} \ , \tag{7.102}$$

worin noch die Regel

$$\frac{-\mathrm{i}}{q^2 - M^2} \tag{7.103}$$

für den Propagator eines skalaren Teilchens benutzt wurde. Die Kopplung an die Fermionen wird durch eine dimensionslose Kopplungskonstante bestimmt, das ist die schon aus (1.24) bekannte Yukawa-Kopplung. Im Gegensatz zur γ^μ-Kopplung der QED ist jetzt das Produkt $\bar{v}_{\mathrm{R}}(k) u_{\mathrm{R}}(p)$ nicht helizitätsunterdrückt. Zur Kompensation der Amplitude der s-Welle in der Amplitude

(7.101) muß also die Yukawa-Kopplung selbst die Elektronenmasse enthalten, sie muß daher proportional zu gm_e/M_W sein. Die aus der GSW-Theorie folgende Kopplung des Higgs-Bosons an Fermionen (Abb. 7.14)

$$c_{Hff} = -\mathrm{i}g\frac{m_f}{2M_W} \tag{7.104}$$

erfüllt diese Forderungen. Da die Kopplung an die W-Bosonen (Abb. 7.15)

$$c_{HWW} = -\mathrm{i}gM_W g^{\mu\nu} \tag{7.105}$$

beträgt, wird aus (7.102) im Hochenergielimes das Ergebnis

$$T_{fi} = \frac{-4G_\mathrm{F}}{\sqrt{2}}m_e E \tag{7.106}$$

berechnet, die die Unitaritätsbedingung verletzende s-Welle wird daher komplett ausgelöscht.

Die Frage, ob damit alle Divergenzen der Theorie auf der Ebene der Baumgraphen ausgeräumt sind, ist sehr sorgfältig untersucht worden [Gun90]. Als wichtigsten Prozeß, der noch durch Baumgraphen beschrieben werden kann, diskutieren wir die Streuung longitudinal polarisierter W-Bosonen aneinander. Der γ- und Z^0-Austausch (Abb. 7.16a,b) führt zu einem mit s^2 ansteigenden Wirkungsquerschnitt, der durch den in den Eichtheorien geforderten Graphen der Vier-Boson-Kopplung (Abb. 7.16c) zu einem linearen Anstieg gedämpft wird. Erst nach Hinzunahme des Higgs-Bosons (Abb. 7.16d,e) erreicht man wieder ein vernünftiges Hochenergieverhalten. Die Durchführung der Theorie zeigt nun sogar [Gun90], daß zum Wirksamwerden dieser Kompensation das Higgs-Boson nicht allzu schwer sein darf. Die obere Grenze der Masse wurde zu

$$M_H = \left(\frac{8\pi\sqrt{2}}{3G_\mathrm{F}}\right)^{1/2} , \tag{7.107}$$

also etwa 1 TeV abgeschätzt.

Auch die Kopplung des Higgs-Bosons an die Eichbosonen ist proportional zu deren Masse, wie man aus (7.105) und der Kopplung (Abb. 7.17)

$$c_{HZZ} = -\mathrm{i}g\frac{M_Z}{\cos\Theta_\mathrm{W}}g^{\mu\nu} \tag{7.108}$$

an die Z-Bosonen sieht. Wahrscheinlich sind die Higgs-Teilchen auf eine tiefere Art und Weise mit dem Problem der Massenentstehung verknüpft, einige Erläuterungen werden im folgenden Kasten gegeben. Weil die Theorie alle Kopplungen des Higgs-Bosons festlegt, können Zerfallsbreiten und Produktionsquerschnitte berechnet werden. Dies ist ein unschätzbarer Vorteil auf der Suche nach dem Higgs-Boson des Standard-Modells.

Beginnen wir mit der Berechnung der Zerfallsbreiten. Da das Higgs-Boson den Spin 0 hat, sind für Zerfälle in Fermion-Antifermion-Paare nur die Helizitätskombinationen RR und LL erlaubt. Das Matrixelement hat jeweils den Wert

$$T_{fi} = \mathrm{i}\frac{gm_f|\boldsymbol{p}_f|}{M_W} , \tag{7.109}$$

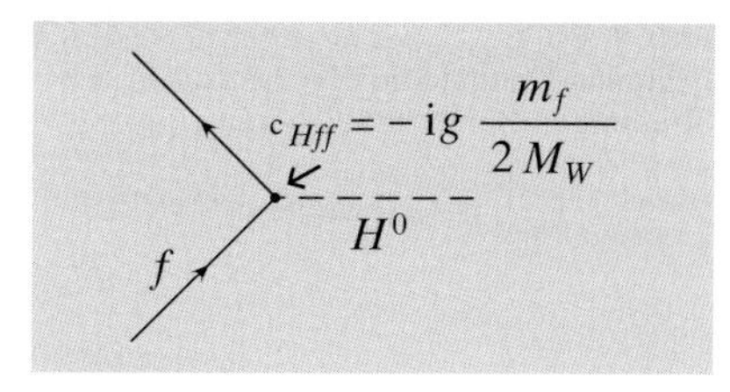

Abb. 7.14
Die Kopplung des Higgs-Bosons an die Fermionen

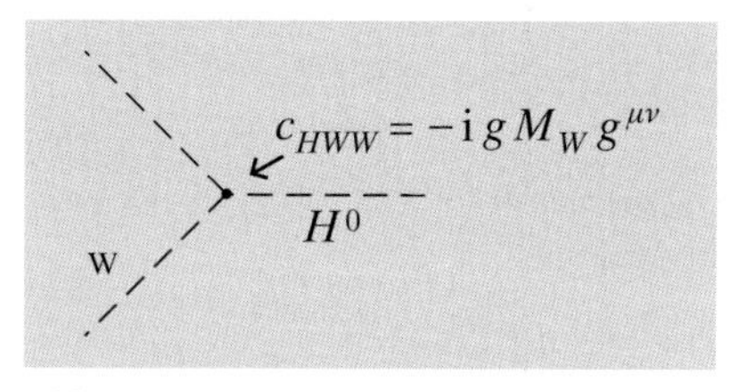

Abb. 7.15
Die Kopplung des Higgs-Bosons an die W-Bosonen

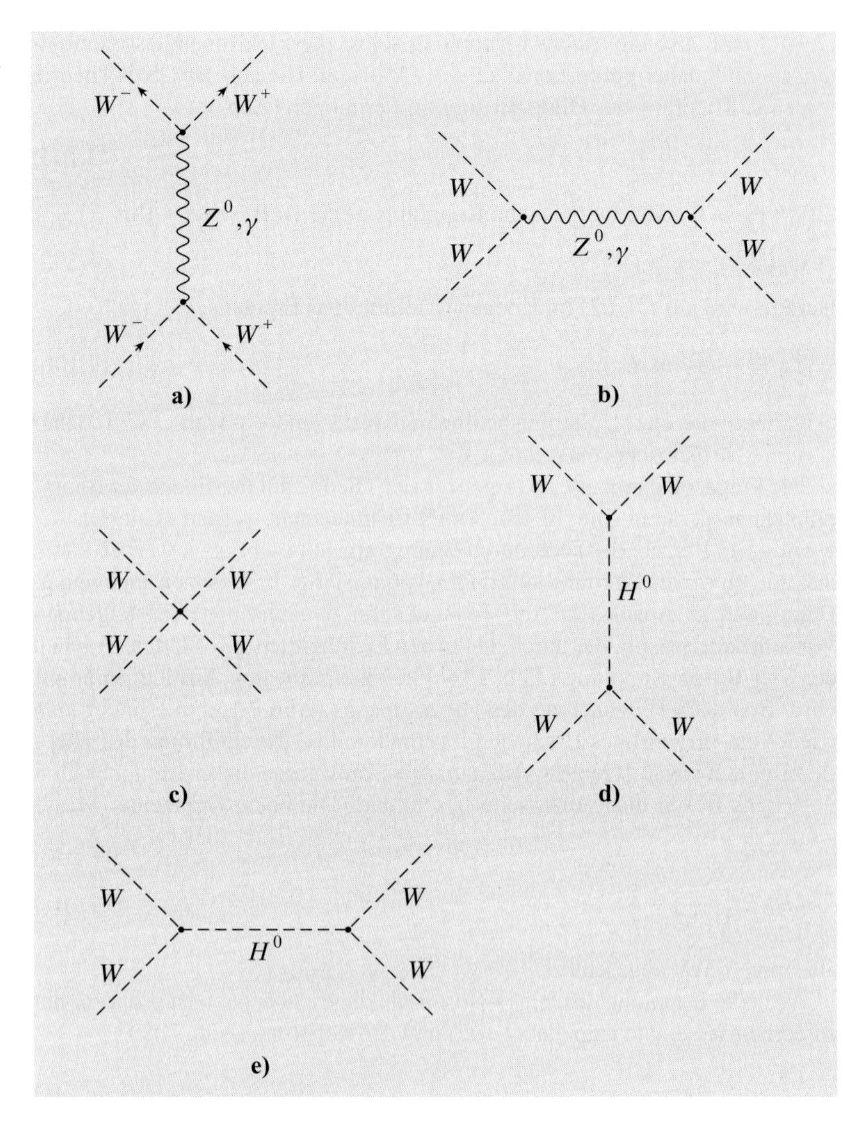

Abb. 7.16a–e
Feynman-Diagramme der elastischen WW-Streuung in Bornscher Näherung

so daß sich für die Zerfallsbreite

$$\Gamma(H \to f\bar{f}) = \frac{G_{\mathrm{F}} m_f^2 M_H}{4\pi\sqrt{2}} N_{\mathrm{C}} (1 - \varrho_f)^{3/2} \tag{7.110}$$

ergibt. Hierin wird mit dem Farbfaktor N_{C} wieder zwischen Zerfällen in Leptonen und Quarks unterschieden, und ϱ_f ist die schon aus (7.77) gewohnte Abkürzung für $4m_f^2/M_H^2$. Für Higgs-Massen von weniger als 160 GeV, also unterhalb der Schwelle des Zerfalls in zwei W-Bosonen, ist der dominante Zerfallskanal $H \to b\bar{b}$. Zahlenmäßig gilt mit $m_b = 4{,}5$ GeV $\Gamma_H^{b\bar{b}} = 3{,}9$ MeV für eine Higgs-Masse von 100 GeV.

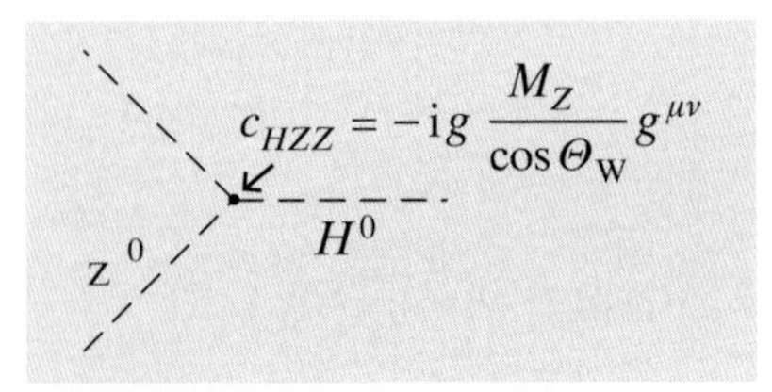

Abb. 7.17
Die Kopplung des Higgs-Bosons an das Z^0-Boson

Auch die Berechnung des Zerfalls in W-Bosonen ist völlig problemlos. Die Amplitude für den Zerfall in transversal polarisierte W-Bosonen (Helizitätskombinationen RR oder LL) ist bis auf das Vorzeichen einfach durch die Kopplung c_{HWW} bestimmt, $T_{fi} = \mathrm{i} g M_W$. Daraus berechnet man nach den üblichen Regeln sehr schnell die Zerfallsbreite für die Summe der beiden transversalen Polarisationsrichtungen

$$\Gamma_{H,t} = \frac{G_{\mathrm{F}} M_H^3}{16\pi\sqrt{2}} \varrho_W^2 \sqrt{1-\varrho_W} \ , \tag{7.111}$$

wobei der kinematische Faktor ϱ_W jetzt sinngemäß durch $4M_W^2/M_H^2$ gegeben ist. Die Rechnung für den Zerfall in longitudinal polarisierte W-Bosonen (Helizität 0) hat

$$\Gamma_{H,l} = \frac{G_{\mathrm{F}} M_H^3}{8\pi\sqrt{2}} \left(1 - \frac{\varrho_W}{2}\right)^2 \sqrt{1-\varrho_W} \tag{7.112}$$

zum Ergebnis, und damit gilt für die Partialbreite Γ_H^{WW}

$$\Gamma_H^{WW} = \frac{G_{\mathrm{F}} M_H^3}{8\pi\sqrt{2}} \left(1 - \varrho_W + \frac{3}{4}\varrho_W^2\right) \sqrt{1-\varrho_W} \ . \tag{7.113}$$

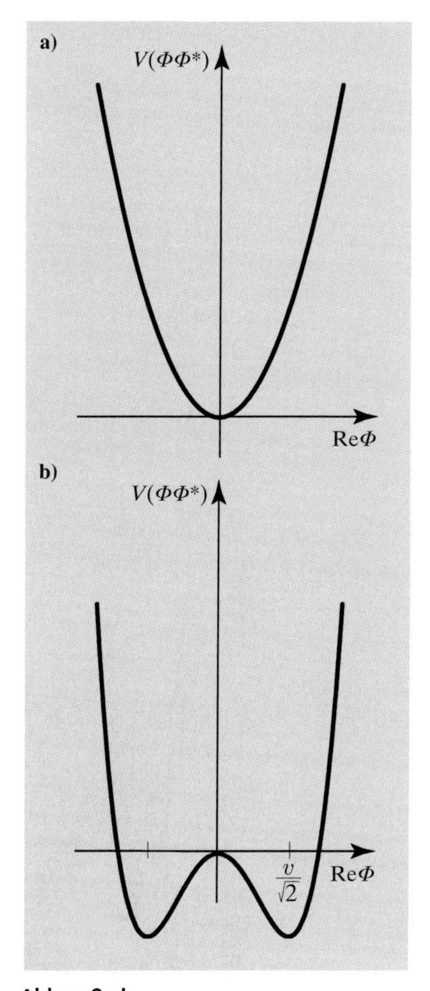

Abb. 7.18a,b
(**a**) Das Higgs-Potential im eichsymmetrischen Fall, $\mu^2 > 0, \lambda = 0$, (**b**) im Fall der spontanen Symmetriebrechung $\mu^2 < 0, \lambda > 0$

Vertiefung

Im Kasten auf S. 268 wurde das Konzept der verborgenen Symmetrie oder der spontanen Symmetriebrechung vorgestellt. Es handelt sich hierbei um Symmetrien einer Theorie, die im Grundzustand nicht realisiert sind. Ein beliebtes und viel untersuchtes Modell ist das eines komplexen, skalaren, masselosen Feldes mit einer Selbstwechselwirkung der Form

$$V(\Phi\Phi^*) = \mu^2 \Phi\Phi^* + \lambda(\Phi\Phi^*)^2 \ . \tag{7.114}$$

Dieses Potential ist ersichtlich eichinvariant, also invariant gegen die globale Transformation $\Phi \to \Phi \mathrm{e}^{\mathrm{i}\alpha}$. Für $\lambda = 0$ ist der (eichinvariante) energetische Grundzustand, das Vakuum, durch $\Phi_0 = 0$ gegeben (Abb. 7.18a). Quantenmechanisch bedeutet dies, daß der Erwartungswert $\langle 0|\Phi|0\rangle$ von Φ im Vakuum verschwindet, $\langle|\Phi_0|\rangle = 0$. Die zu $\lambda = 0$ gehörende Wellengleichung

$$(\partial^\nu \partial_\nu + \mu^2)\Phi = 0 \tag{7.115}$$

zeigt, daß die quantisierte Theorie mit Selbstwechselwirkung ein freies Teilchen der Masse μ beschreibt. Dem Feld Φ^* wird das Antiteilchen zugeordnet.

Der Fall der spontanen Symmetriebrechung wird durch $\mu^2 < 0$ und $\lambda > 0$ repräsentiert. Zu ihm gehört der Potentialverlauf der Abb. 7.18b. Im Vakuum gilt $\langle|\Phi_0|\rangle = v/\sqrt{2}$ mit

$$v = \sqrt{\frac{-\mu^2}{\lambda}} \ . \tag{7.116}$$

Es gibt also unendlich viele, energetisch entartete Vakuen (z.B. Re $\Phi_0 = \pm v/\sqrt{2}$), die Eichsymmetrie der Wechselwirkung ist im Grundzustand nicht realisiert. Die Ableitung der zugehörigen Wellengleichung beweist nun, daß der Teilcheninhalt der Theorie durch ein Teilchen der Masse $\sqrt{-2\mu^2}$ und ein weiteres Teilchen der Masse 0, eben das Goldstone-Boson, realisiert wird.

Von P. Higgs und anderen wurde die Frage untersucht, was passiert, wenn die globale Eichtransformation durch eine lokale Transformation $e^{-i\alpha(x)}$ ersetzt wird. Es ist hier nicht der Platz, diese Fragen im einzelnen zu verfolgen, sondern wir geben unmittelbar die Resultate für die elektroschwache Theorie an. Im GSW-Modell wird der Wechselwirkung masseloser W-Bosonen mit masselosen Fermionen (6.125) ein Potential (7.114) mit $\mu^2 < 0$ und $\lambda > 0$ hinzugefügt. Das Feld Φ ist jetzt ein komplexes Isodublett (mit $Y = 1$) entspricht also insgesamt vier reellen Feldern. Die Wechselwirkung bleibt damit invariant gegenüber lokalen Isospin-Transformationen der beteiligten Teilchen und Felder.

Die Rechnungen haben nun das verblüffende Ergebnis, daß das Teilchenspektrum dieser Theorie durch drei Vektorbosonen mit den Massen

$$M_{W^\pm} = \frac{gv}{2} \ , \tag{7.117}$$

$$M_{Z^0} = \sqrt{g^2 + g'^2} \ \frac{v}{2} \tag{7.118}$$

und ein zusätzliches Higgs-Boson der Masse $M_H = \sqrt{-2\mu^2}$ charakterisiert wird. Man sagt, drei der vier Φ-Felder werden durch die Massenterme der Vektorbosonen „aufgegessen". Da der Parameter v im GSW-Modell den Wert

$$v = \frac{1}{(G_F\sqrt{2})^{1/2}} \tag{7.119}$$

annimmt, lassen sich die Massenbeziehungen (7.13) und (7.14) ableiten. Numerisch gilt $v = 246{,}22$ GeV, und es wird oft angenommen, daß dies die eigentliche Massenskala der elektroschwachen Theorie ist.

Die Massenterme für die Fermionen werden in die Theorie sozusagen per Hand eingeführt, indem zur Wechselwirkungsdichte die Yukawa-Wechselwirkungen der Φ-Felder mit den Fermionen hinzugefügt werden. Alle diese Probleme werden in der Lehrbuchliteratur ausführlich und auf unterschiedlichem Niveau behandelt [Qui83, Pes95, Hua92].

Besonders interessant für die Suche nach dem Higgs-Boson des Standard-Modells ist die Tatsache, daß die Polarisation der W-Bosonen im Zerfall ebenfalls durch die Theorie festgelegt wird. Aus (7.111) und (7.112) folgern wir unmittelbar

$$\frac{\Gamma_{H,t}}{\Gamma_{H,l}} = \frac{2\varrho_W^2}{(2-\varrho_W)^2} \ . \tag{7.120}$$

Der Anteil longitudinal polarisierter W-Bosonen wächst also kontinuierlich von 33 % an der Schwelle auf 100 % bei sehr hohen Higgs-Massen an.

Oberhalb der Schwelle des Zerfalls in zwei Z^0-Bosonen muß auch die Partialbreite Γ_H^{ZZ} berücksichtigt werden. Die entsprechende Formel wird aus (7.113) gewonnen, indem man diese durch zwei teilt, da jetzt wieder zwei identische Teilchen im Endzustand vorliegen. Außerdem ist nun natürlich $\varrho_Z = 4M_Z^2/M_H^2$ anzusetzen. Die totale Breite wird in genügendem Abstand von der Schwelle vollständig durch den Zerfall in Vektorbosonen dominiert und beträgt für $M_H = 300$ GeV bereits 10 GeV. Oberhalb von $M_H = 2m_t$ setzt dann der Zerfall in $t\bar{t}$-Paare ein, und die Lebensdauer wird noch kürzer. Die Rekonstruktion des Higgs-Bosons als scharfe Resonanz über einem Untergrund aus hadronischen *Jets* wird daher bei hohen Massen immer schwieriger. Die Abhängigkeit der Zerfallsbreite von der Masse des Higgs-Bosons wird in Abb. 7.19 graphisch dargestellt. Im Bereich der Schwelle zur Erzeugung von W- oder Z^0-Paaren ist die Rechnung ungenau, da diese Bosonen sich schon unterhalb der Schwelle in Reaktionen der Art $H^0 \to Wqq'$ bemerkbar machen.

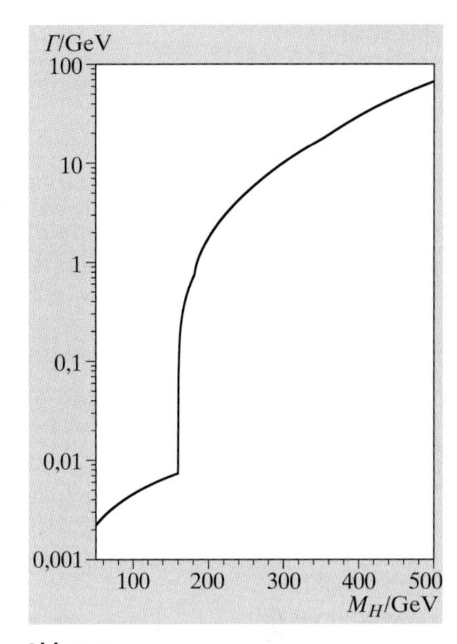

Abb. 7.19
Die Zerfallsbreite des Higgs-Bosons berechnet in Bornscher Näherung unter Einschluß der c-, b- und t-Quarks sowie der W- und Z^0-Bosonen

Wenden wir uns nun der Suche nach dem Higgs-Boson und möglichen Produktionsprozessen zu. Eine untere Schranke von 44 GeV für M_H wurde am LEP bei der Untersuchung der Z^0-Resonanz gewonnen. Das in der Elektron-Positron-Annihilation erzeugte Z^0 kann nämlich ein Higgs-Boson abstrahlen (Abb. 7.20); es wurde also nach der Reaktion

$$Z^0 \to l\bar{l} + H^0 \tag{7.121}$$

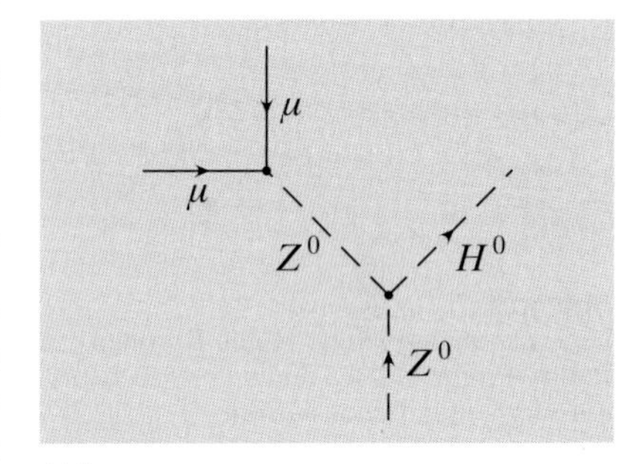

Abb. 7.20
Die Produktion von Higgs-Bosonen durch Zerfall des Z^0

gesucht, wobei $l\bar{l}$ z.B. ein e^-e^+-Paar sein kann. Da wir den Vierervektor dieses Paares kennen, ist auch die Masse des gesuchten H-Bosons festgelegt. In der letzten Ausbaustufe des LEP-Speicherrings (LEP200) konnte die Reaktion

$$e^- + e^+ \to Z^0 + H^0 \tag{7.122}$$

bis zu Schwerpunktsenergien von 209 GeV verfolgt werden. Auch hier wurde also wieder die Higgs-Strahlung herangezogen, allerdings läuft die Reaktion über einen virtuellen Z^0-Zwischenzustand ab (Abb. 7.21), während das auslaufende Z^0-Boson auf der Massenschale sitzt. Da alle Kopplungen bekannt sind, ist die Berechnung des Wirkungsquerschnitts im Rahmen der Bornschen Näherung nicht schwierig. Er wird in vielen Lehrbüchern, z.B. [Qui83], angegeben. Bei einer Schwerpunktsenergie von 200 GeV beträgt der Wirkungsquerschnitt für eine Higgsmasse von 100 GeV immerhin noch 0,4 pb. Eine Suche bis zu $M_H = \sqrt{s} - M_Z$ erscheint machbar, darüber fällt der Querschnitt rasch ab, da die Produktion von reellen Higgs- und Z^0-Bosonen energetisch nicht mehr erlaubt ist. Der Nachweis der Reaktion erfolgt über die Rekonstruktion aus dem Endzustand. Wir haben gesehen, daß Z^0-Bosonen bevorzugt in $q\bar{q}$-Paare zerfallen, während ein Higgs-Boson in diesem Massenbereich hauptsächlich in $b\bar{b}$-Paare übergeht. Der häufigste Endzustand besteht daher aus vier *Jets*, von denen zwei ein B-Meson enthalten sollten, da sie aus dem Higgs-Zerfall stammen. Der negative Ausgang[7] der direkten Suche nach dem Higgs-Boson ermöglicht die Angabe einer unteren Schranke für seine Masse. Mit einer Vertrauensgrenze von 95 % gilt $M_H > 114{,}4$ GeV.

[7] Im November 2000 wurde der LEP-Speicherring geschlossen, um dem Bau des LHC Platz zu machen. Die erreichte Schwerpunktsenergie betrug 209 GeV. Von den Experimentiergruppen wurden Ereignisse präsentiert, die sich als Erzeugung und Zerfall eines Higgs-Bosons der Masse 114 GeV interpretieren ließen. Die statistische Evidenz wurde jedoch als nicht überzeugend angesehen, sie schrumpfte schließlich auf 1,7 Standardabweichungen.

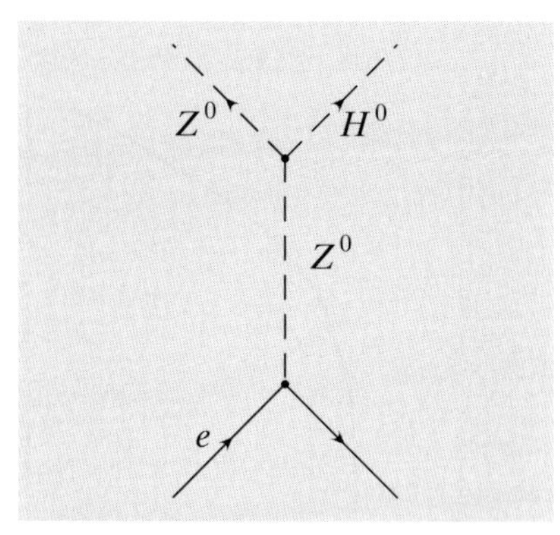

Abb. 7.21
Feynman-Diagramm zur Erzeugung von Higgs-Bosonen in der Elektron-Positron-Vernichtung bei Schwerpunktsenergien oberhalb der Z^0-Masse

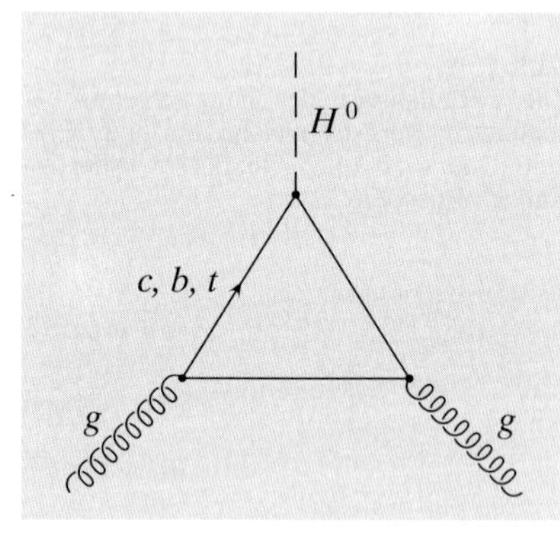

Abb. 7.22
Die Erzeugung von Higgs-Bosonen in Proton-Proton-Stößen durch den Mechanismus der Gluon-Gluon-Fusion

Es ist besonders auffallend, daß die Suche nach dem Higgs-Boson an LEP200 letztlich erfolglos war, da aus der präzisen Bestimmung der elektroschwachen Parameter und dem Vergleich mit den strahlungskorrigierten Rechnungen wie beim *top*-Quark auch für das Higgs-Boson eine indirekte Massenbestimmung möglich ist. Die beste Anpassung gelingt bei $M_H = 96^{+60}_{-38}$ GeV, mit einer Wahrscheinlichkeit von 95 % ist die Masse des Higgs-Boson kleiner als 219 GeV. Zusammengefaßt machen diese Ergebnisse die Massenregion zwischen 100 und 250 GeV besonders spannend für die weitere Suche.

Hierfür steht im Moment nur der $p\bar{p}$-Speicherring Tevatron des Fermilab in den USA, an dem schon das *top*-Quark entdeckt wurde, zur Verfügung. Das Entdeckungspotential dieses Beschleunigers für ein Higgs-Boson mit $M_H > 114{,}4$ GeV wird wegen der erforderlichen hohen Luminosität als relativ gering eingeschätzt. Der im Bau befindliche *pp*-Speicherring LHC des CERN wird bis 2007 fertiggestellt sein und mit seiner Schwerpunktsenergie von 14 TeV und einer besonders hohen Luminosität einen großen Massenbereich abdecken können.

Higgs-Bosonen in pp- bzw. $p\bar{p}$-Stößen können über den sog. Gluon-Gluon-Fusions-Mechanismus (Abb. 7.22) erzeugt werden. Da die $Hq\bar{q}$-Kopplung proportional zur Masse ist, muß nur der Beitrag der (virtuellen) t-Quarks in der Schleife berücksichtigt werden.

Analog zur Resonanzproduktion in Zwei-Photon-Reaktionen (5.144) setzen wir

$$\sigma(pp \to H^0 X) = L_{gg}(z_H) \int \sigma^H_{gg}(zs)\,\mathrm{d}z \tag{7.123}$$

mit $z_H = M_H^2/s$ an. Für den Erzeugungsquerschnitt $gg \to H^0$ gilt in der Näherung (2.268) für die Breit-Wigner-Funktion

$$\sigma^H_{gg} = \frac{\pi^2 \hat{s}}{8 M_H^3} \Gamma^{gg}_H \delta(\hat{s} - M_H^2) \ . \tag{7.124}$$

Hierin ist $\hat{s}$ wieder das Quadrat der Schwerpunktsenergie im gg-System und Γ^{gg}_H die Zerfallsbreite des Higgs-Bosons in Gluonen. Beim Nachrechnen muß beachtet werden, daß das statistische Gewicht g in (2.266) nun einen zusätzlichen Faktor $2/64$ von der Mittelung über die Farben der einlaufenden Gluonen und der Berücksichtigung der zwei identischen Teilchen in Γ^{gg} (siehe Fußnote auf S. 348) enthält. Die Berechnung von Γ^{gg}_H verlangt eine Integration über die Schleifenimpulse, die hier nicht ausführlich behandelt werden soll. Das Ergebnis [Bar97] lautet in guter Näherung für die in Frage kommenden Massenverhältnisse von Higgs-Boson und *top*-Quark

$$\Gamma^{gg}_H = \frac{G_\mathrm{F} \alpha_\mathrm{S}^2 M_H^3}{36\pi^3 \sqrt{2}} \ . \tag{7.125}$$

Damit liefert die Integration von (7.123) das Endergebnis

$$\sigma(pp \to H^0 X) = \frac{G_\mathrm{F} \alpha_\mathrm{S}^2 M_H^2}{288\pi \sqrt{2} s} L_{gg}(z_H) \ . \tag{7.126}$$

In Abb. 7.23 wird der Produktionsquerschnitt in Abhängigkeit von der Higgs-Masse für LHC und das Tevatron gezeigt. Das Ergebnis hängt von der verwendeten Gluondichte ab, hier wurde eine moderne Parametrisierung benutzt [Sti94]. Am LHC beträgt der Querschnitt bei einer Masse von $M_H = 200$ GeV immerhin noch ≈ 20 pb. Der Nachweis der erzeugten Higgs-Bosonen über ihre Zerfälle ist natürlich wegen des riesigen Untergrundes anderer harter und weicher Reaktionen problematisch. Falls ihre Masse größer als $2M_Z$ wird, hat der Zerfall

$$H^0 \to Z^0 Z^0 \to \mu^- \mu^+ \mu^- \mu^+ \tag{7.127}$$

eine sehr klare Signatur, mit deren Hilfe sich das Signal vom Untergrund hadronischer Reaktionen abtrennen läßt. Zum einen sind Myonen leicht von Hadronen im Detektor zu unterscheiden, zum anderen müssen je zwei Myonen eine dem Z^0-Boson entsprechende invariante Masse haben. Diese Ereignisse heißen daher im Jargon der Teilchenphysiker *goldplated events*.

Auch für den Zerfall $H^0 \to W^+W^-$ lassen sich eindeutige Signaturen definieren, während die Suche nach einem Higgs-Boson mit einer Masse $\leq 2M_W$ ausgesprochen schwierig wird. Der dominante Zerfall ist nun wieder $H^0 \to b\bar{b}$, aber der Wirkungsquerschnitt zur Erzeugung von $b\bar{b}$-Paaren in harten QCD-Reaktionen ist etwa 1000 mal größer. Hier kann man daran denken, ein zusätzliches W-Boson oder Z-Boson zu verlangen oder den seltenen Zerfall des Higgs-Boson in zwei Photonen zu benutzen. All diese Fragen werden im Detail untersucht, der interessierte Leser muß hierfür allerdings die Spezialliteratur heranziehen [Gun90, ATL99].

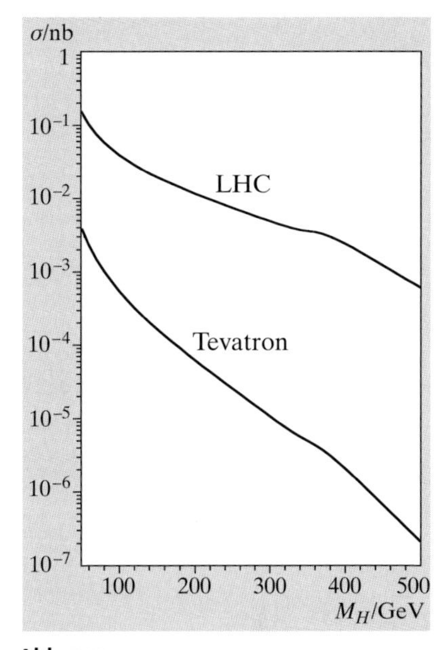

Abb. 7.23
Der Wirkungsquerschnitt für die Produktion von Higgs-Bosonen über die Gluon-Gluon-Fusion in pp-Reaktionen bei $\sqrt{s} = 14$ TeV (LHC) und 1,8 TeV (Tevatron). Die Struktur bei $M_H \approx 2m_t$ kommt von einer Berechnung des Produktionsquerschnitts, die nicht die in (7.125) enthaltenen Näherungen benutzt

Vertiefung

Im GSW-Modell werden die Massen der Elementarteilchen durch die Wechselwirkung mit dem Higgs-Feld Φ erzeugt. Das hat eine ganz anschauliche Bedeutung, da man sich vorstellen kann, daß durch diese Wechselwirkung die Reaktion der Teilchen z.B. auf elektromagnetische Felder träger wird. Leider ist mit diesen Ideen aber auch ein fundamentales Problem verknüpft. Mit $M_H^2 = -2\mu^2$ beträgt das Minimum der Potentialdichte

$$V_0 = -\frac{1}{8} M_H^2 v^2 \ . \tag{7.128}$$

Falls $M_H \geq 100$ GeV ist, bedeutet dies einen Betrag der Energiedichte ρ von mindestens $7 \cdot 10^7$ GeV^4 das entspricht $10^{55} m_p$ m^{-3}. Vergleichen Sie damit die kritische Dichte ρ_c des Weltalls [Kol90], die nur $5{,}6 m_p$ m^{-3} beträgt. Ein Hintergrundfeld wie das Higgs-Feld beeinflußt die Expansion des Weltalls. Quantitativ wird dies durch eine mit der kosmologischen Konstanten verknüpfte Energiedichte ρ_Λ beschrieben, die in jüngster Zeit mit einer Genauigkeit von 5 % zu $0.73\rho_c$ bestimmt wurde. Hier liegt also eine Diskrepanz von ca. 55 Zehnerpotenzen vor. Die erfolgreichste physikalische Theorie hat also gleichzeitig das größte numerische Problem.

In welcher Richtung die Lösung dieses Rätsels zu finden sein wird, ist im Moment völlig unklar. Natürlich könnte man daran denken, $V(0)$ nach oben zu schieben. Dieser Wert müßte aber dann mit einer Genauigkeit von 55 Stellen festgelegt werden, um den gemessenen Wert der kosmologischen Konstanten zu reproduzieren. Man hat damit das Problem nur uminterpretiert, da ein solches *fine tuning* als sehr unattraktiv angesehen wird [Wei89].

Im GSW-Modell erlauben die Higgs-Bosonen nicht nur die Regularisierung der Wirkungsquerschnitte, sondern erzeugen auch die Massen der Bausteine der Materie (Leptonen und Quarks) und der Eichbosonen. Das W-Boson legt die Massenskala fest, unterhalb derer die schwache Wechselwirkung deutlich von der elektromagnetischen Wechselwirkung abweicht. Wenn also die H-Bosonen gefunden werden, ist damit gleichzeitig der Mechanismus der elektroschwachen Symmetriebrechung aufgeklärt. Das ist sicherlich eine der zentralen Fragen der Physik unserer Zeit. Falls diese Teilchen nicht gefunden werden, läßt sich die Unitaritätsgrenze dadurch beachten, daß der Wirkungsquerschnitt für die Streuung von W-Bosonen durch Formfaktoren gedämpft wird. Die W-Bosonen verhalten sich dann im TeV-Bereich wie die Pionen im Bereich niedriger Energien. Die schwache Wechselwirkung wird „kernkraftartig“. Sie ist dann keine fundamentale Naturkraft mehr, sondern wird durch weitere Parameter beschrieben, die aus den Experimenten entnommen werden müssen.

Übungen

7.8 Beweisen Sie (7.111).

7.9 Higgs-Bosonen mit einer Masse zwischen 120 und 160 GeV zerfallen bevorzugt in $b\bar{b}$-Paare. Schätzen Sie das Verhältnis zwischen b-Jets aus der Produktion von *top*-Quarks und der Produktion von Higgs-Bosonen am LHC ab.

7.8 CP-Verletzung im Standard-Modell

In diesem Abschnitt kehren wir noch einmal zum Problem der CP-Verletzung (Abschn. 2.7.4) zurück und wollen studieren, wie es mit den Parametern des Standard-Modells, also den Massen und Mischungswinkeln der Quarks, zusammenhängt. Es handelt sich hier um ein Teilgebiet der Teilchenphysik, das manchmal im Gegensatz zur QCD als Quanten-Flavor-Dynamik (QFD) bezeichnet wird.

7.8.1 Die CKM-Matrix

In Abschn. 6.2 haben wir gelernt, daß die W-Bosonen zunächst mit unterschiedlicher Stärke an die Leptonen und Quarks zu koppeln scheinen. Es ließ sich nur dann an dem Konzept einer universellen Wechselwirkung festhalten, wenn im Quarksektor die Eigenzustände zu H^{schw} mit $I_{3,\text{L}} = -1/2$ gegenüber den *flavor*-Zuständen um den „Cabibbo-Winkel" Θ_C rotiert sind,

$$\begin{pmatrix} d' \\ s' \end{pmatrix}_\text{L} = \begin{pmatrix} \cos\Theta_\text{C} & \sin\Theta_\text{C} \\ -\sin\Theta_\text{C} & \cos\Theta_\text{C} \end{pmatrix} \begin{pmatrix} d \\ s \end{pmatrix}_\text{L} . \tag{7.129}$$

Es ist nützlich, sich klarzumachen, daß (7.129) die allgemeinste mögliche Transformation ist. Die Transformationsmatrix muß auf jeden Fall unitär sein. In zwei Dimensionen hängt sie von vier reellen Parametern ab, da die Unitarität zu vier Bedingungsgleichungen zwischen den komplexen Elementen der Matrix führt (siehe hierzu auch Abschn. 2.8.1). Von diesen Parametern können aber drei durch Phasentransformationen (2.366) der Quarkfelder absorbiert werden, da zwischen den vier Quarks u, d, c, s drei relative Phasen frei wählbar sind. Der verbleibende reelle Parameter ist der Cabibbo-Winkel.

Im nächsten Schritt erweitern wir dieses Konzept auf drei Quarkfamilien [Kob73]. Die zugehörige Transformation nimmt jetzt die Gestalt

$$\begin{pmatrix} d' \\ s' \\ b' \end{pmatrix}_\text{L} = \begin{pmatrix} V_{ud} & V_{us} & V_{ub} \\ V_{cd} & V_{cs} & V_{cb} \\ V_{td} & V_{ts} & V_{tb} \end{pmatrix} \begin{pmatrix} d \\ s \\ b \end{pmatrix}_\text{L} \tag{7.130}$$

an. Die Elemente V_{ij} dieser nach N. Cabibbo, M. Kobayashi und T. Maskawa benannten CKM-Matrix V ergeben nach Multiplikation mit $g/\sqrt{2}$ die Kopplungskonstanten der Quarks i und j an die W-Bosonen. Von den neun reellen Parametern der unitären Matrix können nun fünf in relative Phasen absorbiert werden, d.h. es bleiben vier unabhängige Parameter übrig. Anschaulich bedeutet dies, daß die Transformation nicht mehr als reine Drehung interpretiert werden kann, da eine Drehung in drei Dimensionen z.B. durch die drei Eulerschen Winkel vollständig beschrieben wird. Der vierte Parameter macht zumindest einige Elemente der CKM-Matrix komplex!

Generell ist man in der Wahl einer expliziten Darstellung weitgehend frei. Es erweist sich aber als besonders sinnvoll, die Matrix aus zwei Drehungen

$$R_1(\Theta_{12}) = \begin{pmatrix} c_{12} & s_{12} & 0 \\ -s_{12} & c_{12} & 0 \\ 0 & 0 & 1 \end{pmatrix} , \quad R_2(\Theta_{23}) = \begin{pmatrix} 1 & 0 & 0 \\ 0 & c_{23} & s_{23} \\ 0 & -s_{23} & c_{23} \end{pmatrix} \tag{7.131}$$

und der um eine Phasentransformation erweiterten Drehung

$$R_3(\Theta_{13}, \delta_{13}) = \begin{pmatrix} c_{13} & 0 & s_{13}\mathrm{e}^{-\mathrm{i}\delta_{13}} \\ 0 & 1 & 0 \\ -s_{13}\mathrm{e}^{\mathrm{i}\delta_{13}} & 0 & c_{13} \end{pmatrix} \tag{7.132}$$

nach der Vorschrift

$$V = R_2 R_3 R_1 \tag{7.133}$$

zusammenzusetzen. Die Symbole c_{ij} und s_{ij} sind Abkürzungen für $\cos\Theta_{ij}$ bzw. $\sin\Theta_{ij}$. Da Θ_{ij} den Mischungswinkel zwischen den Quarkfamilien

i und j bedeutet, sieht man sofort, daß für kleine Θ_{ij} jedes Diagonalelement der resultierenden Transformationsmatrix

$$V = \begin{pmatrix} c_{12}c_{13} & s_{12}c_{13} & s_{13}\mathrm{e}^{-\mathrm{i}\delta_{13}} \\ -c_{23}s_{12} - c_{12}s_{23}s_{13}\mathrm{e}^{\mathrm{i}\delta_{13}} & c_{12}c_{23} - s_{12}s_{23}s_{13}\mathrm{e}^{\mathrm{i}\delta_{13}} & c_{13}s_{23} \\ s_{12}s_{23} - c_{12}c_{23}s_{13}\mathrm{e}^{\mathrm{i}\delta_{13}} & -c_{12}s_{23} - c_{23}s_{12}s_{13}\mathrm{e}^{\mathrm{i}\delta_{13}} & c_{13}c_{23} \end{pmatrix} \tag{7.134}$$

durch eine 1 angenähert werden kann, während die Elemente außerhalb der Diagonalen eindeutig *einer* der Drehungen R_i zugeordnet werden können. Für $\Theta_{23} = \Theta_{13} = 0$, d.h. im Fall einer Entkopplung der dritten Quarkfamilie, wird natürlich Θ_{12} zum Cabibbo-Winkel des Abschn. 6.2. Weiter läßt sich leicht nachrechnen, daß die Darstellung (7.134) automatisch die Unitaritätsbedingungen, also z.B.

$$|V_{ud}|^2 + |V_{us}|^2 + |V_{ub}|^2 = 1 \tag{7.135}$$

erfüllt.

Experimentell werden die Beträge der Matrixelemente zum großen Teil aus dem Studium der schwachen Zerfälle der Hadronen bestimmt. Am genauesten ist V_{ud} bekannt. Der Vergleich der Lebensdauer des Myons mit der Lebensdauer des Neutrons zeigt, wie schon bei der Diskussion des Cabibbo-Winkels betont wurde, Unterschiede in der effektiven Kopplungsstärke der schwachen Wechselwirkung. Zusammen mit der Analyse des β-Zerfalls von Kernen, die über den Vektorstrom zerfallen ($0^+ \to 0^+$), führt dies zu

$$|V_{ud}| = 0{,}9738 \pm 0{,}0005 \ . \tag{7.136}$$

Aus dem Zerfall der K-Mesonen läßt sich V_{us} bestimmen. Am besten studiert man dazu nicht den dominanten Zerfall $K \to \mu\nu$, sondern die semileptonischen Zerfälle, z.B. $K^- \to \pi^0 e^- \bar{\nu}_e$, die auch K_{l3}-Zerfälle genannt werden. Der Wert von

$$|V_{us}| = 0{,}2200 \pm 0{,}0026 \tag{7.137}$$

läßt noch Raum für ein von Null verschiedenes V_{ub}. Zum Studium der B-Mesonen wurden spezielle e^-e^+-Speicherringe gebaut, die sog. *B-factories*, deren Eigenschaften weiter unten genauer vorgestellt werden. Die Untersuchung der semileptonische B-Zerfälle in Mesonen der ersten Generation (z. B. $B \to \pi e \nu$) ergab

$$|V_{ub}| = (3{,}67 \pm 0{,}47) \cdot 10^{-3} \ . \tag{7.138}$$

Das dominante Element der zweiten Reihe ist V_{cs}, da es die Übergänge innerhalb der zweiten Quarkfamilie beschreibt. Eine direkte Messung aus dem semileptonischen Zerfall $D^0 \to K^- e^+ \nu_e$ (bzw. $D^+ \to \bar{K}^0 e^+ \nu_e$) ist nicht sehr genau aufgrund theoretischer Unsicherheiten der Auswertung. Eine bessere Möglichkeit bietet die Untersuchung des W-Zerfalls in Mesonen mit *charm* und *strangeness*. Das Verhältnis von leptonischer und hadronischer Breite des W-Bosons stellt eine Randbedingung dar, die zusammen mit der Analyse des Zerfalls $W \to cs$

$$|V_{cs}| = 0{,}996 \pm 0{,}013 \tag{7.139}$$

ergibt. Die Analyse der B_{l3}-Zerfälle in Mesonen mit *charm* (z.B. $B^0 \to D^- e^+ \nu_e$) führt zu

$$|V_{cb}| = 0{,}0413 \pm 0{,}0015 \ . \tag{7.140}$$

Der Fehler dieser Messung ist kleiner als der Fehler der Bestimmung von $|V_{cs}|$ aus dem Zerfall $D^0 \to K^- e^+ \nu_e$, da hier die hadronischen Korrekturen mit Hilfe der HQET (Abschn. 6.2.4) nahezu modellunabhängig berechnet werden können.

Relativ genau kennen wir auch noch V_{cd},

$$|V_{cd}| = 0{,}224 \pm 0{,}012 \ . \tag{7.141}$$

Der Wert dieses Matrixelements wird durch die Ergebnisse der Neutrinoproduktion von Mesonen mit *charm* ($\nu_\mu d \to c\mu^-$) und nicht durch die Analyse der Zerfälle von D-Mesonen dominiert.

Die semileptonischen Zerfälle des *top*-Quarks erlauben im Prinzip den Zugriff auf V_{td}, V_{ts} und V_{tb}. Bisher ist aber nur eine Messung von $|V_{tb}|^2$ mit dem Ergebnis

$$\frac{|V_{tb}|^2}{|V_{td}|^2 + |V_{ts}|^2 + |V_{tb}|^2} = 0{,}94^{+0{,}31}_{-0{,}24} \tag{7.142}$$

gelungen.

Die Werte der Matrixelemente sind, wie gesagt, nicht unabhängig voneinander, sondern werden durch die Unitaritätsbedingungen miteinander verknüpft. Damit lassen sich auch die Werte der dritten Zeile bestimmen, ohne auf direkte Messungen aus dem Studium der Zerfälle des t-Quarks zu warten. Einer Auswertung der PDG zufolge liegen die Werte von $|V_{ij}|$ mit neunzigprozentiger statistischer Sicherheit innerhalb des durch

$$V = \begin{pmatrix} 0{,}9739\text{–}0{,}9751 & 0{,}221\text{–}0{,}227 & 0{,}0029\text{–}0{,}0045 \\ 0{,}221\text{–}0{,}227 & 0{,}9730\text{–}0{,}9744 & 0{,}039\text{–}0{,}044 \\ 0{,}0048\text{–}0{,}014 & 0{,}037\text{–}0{,}043 & 0{,}9990\text{–}0{,}9992 \end{pmatrix} \tag{7.143}$$

angegebenen Wertebereichs [PDG04].

Die CKM-Matrix weist eine hierarchische Ordnung auf. Die Beträge der Diagonalelemente liegen nahe bei 1, während für die Elemente außerhalb der Diagonalen in guter Näherung die Beziehungen

$$\begin{aligned} |V_{12}| &= |V_{21}| = \lambda \\ |V_{23}| &= |V_{32}| = \lambda^2 \\ |V_{13}| &= |V_{31}| = \lambda^3 \end{aligned} \tag{7.144}$$

gelten, worin λ mit $\sin \Theta_\mathrm{C}$ identifiziert werden kann. Diese Beobachtung ermöglichte Wolfenstein, eine perturbative Näherung der CKM-Matrix anzugeben, die wiederum von vier reellen Parametern – λ, A, ρ, η – abhängt. A und $\sqrt{\rho^2 + \eta^2}$ sollten von der Größenordnung $\mathcal{O}(1)$ sein. Der Ansatz

$$s_{12} = \lambda, \qquad s_{23} = A\lambda^2, \qquad s_{13} = A\sqrt{\rho^2 + \eta^2}\lambda^3, \qquad \tan\delta = \frac{\eta}{\rho} \tag{7.145}$$

führt nach Entwicklung der Elemente von (7.134) für kleine λ zur Wolfenstein-Darstellung der CKM-Matrix [Wol83]

$$V = \begin{pmatrix} 1-\lambda^2/2 & \lambda & A\lambda^3(\rho - \mathrm{i}\eta) \\ -\lambda & 1-\lambda^2/2 & A\lambda^2 \\ A\lambda^3(1-\rho-\mathrm{i}\eta) & -A\lambda^2 & 1 \end{pmatrix} \quad , \tag{7.146}$$

die sich in der Diskussion der CP-Verletzung als sehr nützlich erwiesen hat.

Besonders interessant ist die in einer Welt mit drei Generationen von Quarks unvermeidliche Phase δ_{13} (bzw. der Parameter η in der Wolfenstein-Darstellung). Die folgenden qualitativen Überlegungen sollen zeigen, daß eine solche Phase zur CP-Verletzung führt, d.h. die gemessenen Werte von ε und ε' (Abschn. 2.7.4) lassen sich im Standard-Modell mit den Parametern der CKM-Matrix verknüpfen!

Die Diagramme der Abb. 7.24 beschreiben den Übergang $K^0 \to \bar{K}^0$ im Quarkmodell. Die beiden Feynman-Graphen bestehen eigentlich jeweils aus einer Summe von drei Diagrammen, da die inneren Quarklinien aus u, c- und t-Quarks gebildet werden können. Wenn wir vereinfachend alle Spinoren und γ-Matrizen weglassen, enthält die Amplitude Produkte der Kopplungen mit Funktionen, die noch von der Masse der Quarks in den inneren Linien abhängen:

$$V_{ud}^* V_{ud}^* V_{us} V_{us} f(m_u) + V_{cd}^* V_{cd}^* V_{cs} V_{cs} f(m_c) + V_{td}^* V_{td}^* V_{ts} V_{ts} f(m_t) \quad . \tag{7.147}$$

Hierbei wurde schon ausgenutzt, daß die Kopplungen der Antifermionen konjugiert komplex zu denjenigen der Fermionen sind [Gas75]. Die Amplitude $\langle K^0|T|\bar{K}^0\rangle$ enthält dann die konjugiert komplexen Kopplungen der Gleichung (7.147). Sie kann also nur bei verschwindender Phase δ_{13} mit $\langle \bar{K}^0|T|K^0\rangle$ identisch werden und damit die CP-Invarianz garantieren. Qualitativ verstehen wir unmittelbar, daß ε klein wird, da nach (7.146) nur V_{td} nennenswert zur CP-Verletzung beiträgt. Die quantitative Berechnung von ε ist sehr kompliziert. Das Ergebnis demonstriert jedoch, daß der gemessene Wert von ε zwanglos durch die Parameter der CKM-Matrix erklärt werden kann [Com83, Nir92]. Das Standard-Modell sagt auch einen nichtverschwindenden Wert von ε' voraus. Das experimentelle Resultat (2.439) lag lange Zeit am oberen Ende des durch die Rechnungen erlaubten Wertebereichs. Die neueste Entwicklung hat

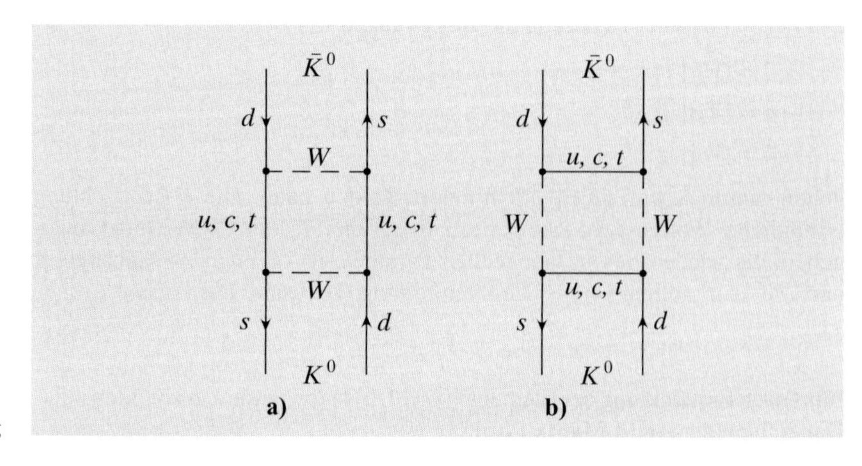

Abb. 7.24a,b
Feynman-Graphen zum $K^0 \to \bar{K}^0$-Übergang

infolge eines tieferen Verständnisses der in die Rechnung eingehenden hadronischen Parameter die Übereinstimmung wesentlich verbessert, der Fehler der Rechnungen ist aber relativ groß. Verschiedene Ansätze und Methoden grenzen den erwarteten Wertebereich von ε'/ε zwischen $0{,}5 \cdot 10^{-3}$ und $3{,}0 \cdot 10^{-3}$ ein. Genauere Angaben mit Literaturhinweisen stehen in der Monographie von K. Kleinknecht [Kle03].

7.8.2 CP-Verletzung und b-Quarks

Über viele Jahre hinweg war die Beobachtung der faszinierenden Phänomene der *flavor*-Oszillationen und der CP-Verletzung an das $K^0\bar{K}^0$-System gebunden. Seit der Entdeckung der $B^0\bar{B}^0$-Oszillationen ist aber klar, daß es ein weiteres System gibt, in dem die CP-Verletzung studiert werden kann. Im Standard-Modell kann die Größe dieser Effekte vorhergesagt werden. Dazu betrachten wir nochmals einige Eigenschaften der CKM-Matrix.

Die Unitaritätsbedingungen $V_{ik}^* V_{ij} = \delta_{kj}$ lauten für $k = 2$ und $j = 1$

$$V_{us}^* V_{ud} + V_{cs}^* V_{cd} + V_{ts}^* V_{td} = 0 \ . \tag{7.148}$$

Die hier auftretenden Produkte der Matrixelemente sind komplexe Zahlen, die sich in der üblichen Weise als Vektoren in der komplexen Zahlenebene darstellen lassen. In dieser Ebene wird (7.148) daher durch ein Dreieck repräsentiert. Bei CP-Erhaltung fällt dieses Dreieck zu einer geraden Linie zusammen, da alle Matrixelemente reell sind. Das zu (7.148) gehörige Dreieck ist sehr flach, die CP-verletzenden Effekte im $K^0\bar{K}^0$-System sind, wie wir wissen, minimal. Ganz anders ist die Lage im $B^0\bar{B}^0$-System (Abb. 7.25). Hier sind die zugehörigen Matrixelemente durch die Unitaritätsrelation ($k = 3$, $j = 1$)

$$V_{ub}^* V_{ud} + V_{cb}^* V_{cd} + V_{tb}^* V_{td} = 0 \tag{7.149}$$

miteinander verknüpft. Das dieser Relation entsprechende Dreieck ist in Abb. 7.26 gezeigt. Das Dreieck wurde so gedreht, daß $V_{cb}^* V_{cd}$ auf der reellen Achse der Zahlenebene liegt, gleichzeitig wurde die entsprechende Länge des Achsenabschnitts auf 1 normiert. Dann hat die Spitze C des Dreiecks die

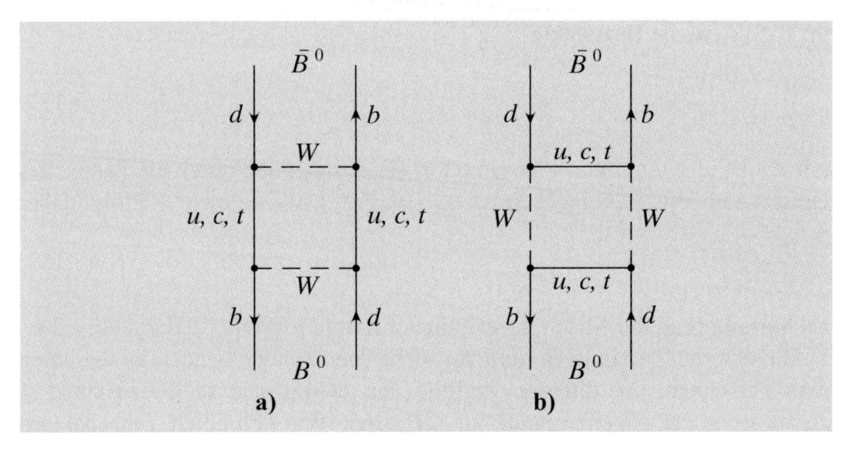

Abb. 7.25a,b
Feynman-Graphen zum $B^0 \to \bar{B}^0$-Übergang

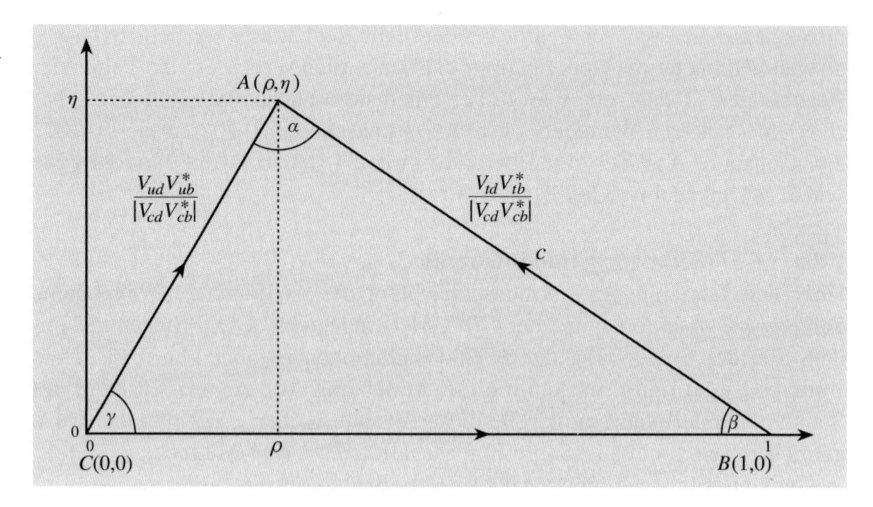

Abb. 7.26
Das Unitaritäts-Dreieck für die b-Quark-Kopplungen

Wolfenstein-Koordinaten η und ρ. Das Dreieck ist in etwa unserem heutigen Wissen über η und ρ entsprechend gezeichnet.

Die weitere Diskussion lehnt sich eng an die Behandlung des $K^0\bar{K}^0$-Systems in Abschn. 2.7.4 an. Unter Zulassung einer CP-verletzenden Mischung bilden auch die B^0-Mesonen Eigenzustände

$$\begin{aligned} |B_{\mathrm{L}}\rangle &= p|B^0\rangle + q|\bar{B}^0\rangle \\ |B_{\mathrm{H}}\rangle &= p|B^0\rangle - q|\bar{B}^0\rangle \end{aligned} \tag{7.150}$$

mit unterschiedlichen Massen und Lebensdauern. Die Indizes L und H beziehen sich jetzt auf die Worte *light* und *heavy*, also auf leichte und schwere Mesonen. Hier ist der entscheidende Unterschied zum $K^0\bar{K}^0$-System verborgen, der eine komplette Wiederholung des K_{S}, K_{L}-Szenarios unmöglich macht. Die Lebensdauern der Zustände (7.150) sind fast gleich groß, es ist also nicht möglich, sie aufgrund ihrer unterschiedlichen Zerfallszeiten zu trennen. Bisher ist es noch nicht gelungen, eine unterschiedliche Lebensdauer zu messen. Diese Tatsache wird durch eine Berechnung der Lebensdauern aus den Boxgraphen der Abb. 7.25 unterstützt. Die Rechnungen zeigen auch, daß im B-System die Beziehung

$$\frac{q}{p} = \frac{V_{tb}^* V_{td}}{V_{tb} V_{td}^*} \tag{7.151}$$

gilt. Es ist also ein reiner Phasenfaktor, der anschaulich durch die Seite c des Dreiecks in Abb. 7.26 gegeben ist, $q/p = c/c^*$. Mit $c = |c|\mathrm{e}^{\mathrm{i}(\pi-\beta)}$ folgt daher

$$\frac{q}{p} = \mathrm{e}^{2\mathrm{i}(\pi-\beta)} \tag{7.152}$$

als Verknüpfung der Mischungsparameter mit dem Winkel β der Abb. 7.26.

Da sich die Zustände B_{L} und B_{H} nicht voneinander trennen lassen, kann man versuchen, die direkten Zerfälle der B-Mesonen in Endzustände f zu messen, die Eigenzustände zu CP sind. Wir definieren zunächst das

Amplitudenverhältnis

$$\rho_B = \frac{\langle f|T|\bar{B}_0\rangle}{\langle f|T|B_0\rangle} \ , \tag{7.153}$$

welches im Fall der CP-Invarianz natürlich $|\rho_B| = 1$ erfüllt. Die Messung der partiellen Zerfallsbreiten von B^0- bzw. $\bar{B}^0$-Mesonen, die zu einem Zeitpunkt $t = 0$ erzeugt werden, gibt aber keinen direkten Zugang zu $|\rho_B|$, da auf dem Weg vom Entstehungsort zum Zerfallsort $B^0\bar{B}^0$-Oszillationen auftreten. Diese Oszillationen berechnen wir ganz ähnlich zum Vorgehen in Abschn. 2.7.4. Ein zum Zeitpunkt $t = 0$ erzeugtes B^0-Meson ist eine Überlagerung

$$|B^0\rangle = \frac{1}{2p}\left(|B_\mathrm{L}\rangle + |B_\mathrm{H}\rangle\right) \tag{7.154}$$

der Eigenzustände (7.150) zu definierter Masse und Lebensdauer. Die zeitliche Entwicklung dieser Zustände wird durch

$$\begin{aligned} |B_\mathrm{L}(t)\rangle &= |B_\mathrm{L}(0)\rangle \mathrm{e}^{-\mathrm{i}M_\mathrm{L}t}\mathrm{e}^{-\Gamma t/2} \\ |B_\mathrm{H}(t)\rangle &= |B_\mathrm{H}(0)\rangle \mathrm{e}^{-\mathrm{i}M_\mathrm{H}t}\mathrm{e}^{-\Gamma t/2} \end{aligned} \tag{7.155}$$

festgelegt, worin ein eventueller Unterschied in den Lebensdauern vernachlässigt wurde. Aus dem ursprünglichen B^0 wird also ein Zustand, in dem sowohl B^0- als auch $\bar{B}^0$-Mesonen auftreten. Den neuen Zustand bezeichnen wir mit $|B^0(t)\rangle$, da die Entwicklung von $|B^0\rangle$ aus beginnt. Wir finden

$$|B^0(t)\rangle = g(t)\left[|B^0\rangle \cos\left(\frac{\Delta M\, t}{2}\right) + \mathrm{i}\frac{q}{p}|\bar{B}^0\rangle \sin\left(\frac{\Delta M\, t}{2}\right)\right] \tag{7.156}$$

mit $g(t) = \mathrm{e}^{-\mathrm{i}Mt}\mathrm{e}^{-\Gamma t/2}$. In der Herleitung wurde $M = (M_\mathrm{H} + M_\mathrm{L})/2$ und $\Delta M = M_\mathrm{H} - M_\mathrm{L}$ benutzt. Experimentell gilt $\Delta M = (3{,}304 \pm 0{,}046) \cdot 10^{-4}$ eV. Ausgehend von

$$|\bar{B}^0\rangle = \frac{1}{2q}\left(|B_\mathrm{L}\rangle - |B_\mathrm{H}\rangle\right) \tag{7.157}$$

lautet die entsprechende Beziehung für $\bar{B}_0(t)$

$$|\bar{B}^0(t)\rangle = g(t)\left[\mathrm{i}\frac{p}{q}|B^0\rangle \sin\left(\frac{\Delta M\, t}{2}\right) + |\bar{B}^0\rangle \cos\left(\frac{\Delta M\, t}{2}\right)\right] \ . \tag{7.158}$$

Wir definieren einen neuen komplexen Parameter

$$\lambda = \rho_B \frac{q}{p} \ , \tag{7.159}$$

der die Interferenz der CP-Verletzung in der Mischung (q/p) und im Zerfall (ρ_B) enthält. Nun berechnen wir die zeitabhängigen Zerfallsamplituden mit dem Ergebnis

$$\langle f|T|B^0(t)\rangle \sim \cos\left(\frac{\Delta M\, t}{2}\right) + \mathrm{i}\lambda \sin\left(\frac{\Delta M\, t}{2}\right) \tag{7.160}$$

und

$$\langle f|T|\bar{B}^0(t)\rangle \sim \frac{p}{q}\left[\lambda \cos\left(\frac{\Delta M\, t}{2}\right) + \mathrm{i} \sin\left(\frac{\Delta M\, t}{2}\right)\right] \ . \tag{7.161}$$

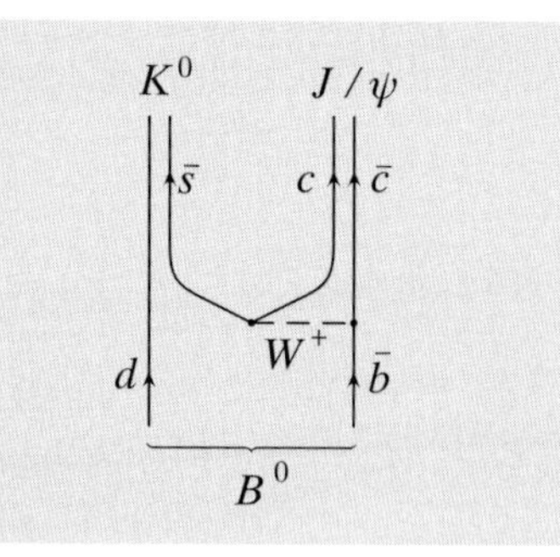

Abb. 7.27
Quark-Diagramm des Zerfalls $B^0 \to J/\psi + K^0$

Als Maß für die CP-Verletzung benutzen wir die Asymmetrie A_Γ der partiellen Zerfallsbreiten

$$A_\Gamma = \frac{\Gamma(B^0(t) \to f) - \Gamma(\bar{B}^0(t) \to f)}{\Gamma(B^0(t) \to f) + \Gamma(\bar{B}^0(t) \to f)} \ , \tag{7.162}$$

die aus der Differenz und der Summe der Betragsquadrate von (7.160) und (7.161) berechnet wird. Unter Benutzung von $|p/q| = 1$ erhalten wir

$$A_\Gamma = C_f \cos(\Delta M\, t) - S_f \sin(\Delta M\, t) \tag{7.163}$$

mit

$$C_f = \frac{1 - |\lambda|^2}{1 + |\lambda|^2} \tag{7.164}$$

und

$$S_f = \frac{2\,\mathrm{Im}\,\lambda}{1 + |\lambda|^2} \ . \tag{7.165}$$

Nur mit $\lambda = 1$ ist also die CP-Invarianz gewährleistet.

Besonders klare Verhältnisse liegen vor, wenn man den Zerfall in $J/\psi K_S$ betrachtet. Dieser Endzustand ist, wie gefordert, ein Eigenzustand zum CP-Operator. Für den Eigenwert gilt $\eta_{CP} = -1$, da das K_S- und das J/ψ-Meson aus dem Zerfall des B^0 bzw. $\bar{B}^0$ (mit dem Spin 0) den relativen Bahndrehimpuls $l = 1$ haben müssen. In Abb. 7.27 ist das Quark-Diagramm des Zerfalls $B^0 \to J/\psi K^0$ angegeben. Es ist das einzige Diagramm, das in erster Näherung beitragen kann. Aus ihm geht hervor, daß nur das Produkt $V_{cb}^* V_{cs}$ der CKM-Matrixelemente die Kopplungsstärke des Zerfalls bestimmt. Mit Hilfe von (7.146) sieht man, daß diese Elemente in sehr guter Näherung reelle Zahlen sind, daher gilt $\langle \bar{K}^0|T|\bar{B}^0\rangle\langle K^0|T|B^0\rangle = 1$. Für den betrachteten Endzustand $J/\psi K_S$ gilt in der gleichen Näherung $\rho_B = -1$, wobei die zusätzliche negative Phase durch die negative CP-Parität des Zustands festgelegt wird. Eine genaue Begründung dieses so anschaulich klingenden Argumentes ist in [Nir01] zu finden. Mit (7.152) gilt nun $|\lambda| = 1$ und $\mathrm{Im}\,\lambda = \sin(2\beta)$ und somit ergibt sich die Beziehung

$$A_\Gamma(K_S J/\psi) = -\sin(2\beta)\sin(\Delta M\, t) \ . \tag{7.166}$$

Der Nachweis dieser Asymmetrie beweist nicht nur die CP-Verletzung im Sektor der b-Quarks, sondern erlaubt eine genaue Bestimmung der in Frage kommenden Parameter der CKM-Matrix. In unserer vereinfachten Argumentation ist dies wegen

$$\lambda = -\frac{V_{td}}{V_{td}^*} \tag{7.167}$$

die Phase von V_{td}. Die hadronischen Korrekturen zu dieser Beziehung liegen höchstens im Promille-Bereich. Außerdem wird mit der Messung der Asymmetrie ein empfindlicher Test des Standard-Modells durchgeführt, da eine Bestimmung von β auch allein durch Konstruktion des Dreiecks der Abb. 7.26 aus den Beträgen $|V_{ij}|$ möglich ist.

Experimentell ist die Messsung jedoch keine leichte Aufgabe. Der gewählte Zerfall hat zwar eine klare Signatur, da sich das J/ψ aus dem $\mu^-\mu^+$- und das K_S aus dem $\pi^-\pi^+$-Zerfall rekonstruieren lassen. Das Produkt der Verzweigungsverhältnisse in den $\mu\mu\pi\pi$-Endzustand ist aber sehr klein, $\mathcal{O}(10^{-5})$. Man braucht also zunächst eine intensive Quelle von B^0, $\bar{B}^0$-Mesonen. Am SLAC und am japanischen Forschungszentrum KEK (in Tsukuba nahe Tokyo) wurde hierzu die Erzeugung der $\Upsilon(4S)$-Resonanz in einem e^-e^+-Speicherring hoher Luminosität gewählt. Diese Resonanz zerfällt fast ausschließlich in $B\bar{B}$-Paare. Der Nachweis eines $J/\psi K_S$-Endzustandes im Detektor reicht alleine noch nicht aus, da nicht feststeht, ob er im Zerfall eines B^0- oder $\bar{B}^0$-Mesons entstanden ist. Daher wird eine Markierungsmethode (*tagging*) benutzt, die eine solche Zuordnung erlaubt. Ein semileptonischer Zerfall zum Zeitpunkt t_1, wie z.B. in $B^0 \to D^-e^+\nu_e$, signalisiert, daß ein B^0 zerfallen ist. Jetzt muß das andere Teilchen ein $\bar{B}^0$ sein, da die B^0, $\bar{B}^0$-Mesonen aus dem $\Upsilon(4S)$-Zerfall sich in einem kohärenten Zustand befinden. Wenn sein Zerfall in $J/\psi K_S$ zum Zeitpunkt t_2 nachgewiesen werden kann, hat man ein sog. *goldplated event* gefunden. Nach Sammlung einer genügenden Anzahl dieser Ereignisse kann dann A_Γ bestimmt werden. Die Zeit t in (7.166) wird aus $t_2 - t_1$ bestimmt, wobei der Markierungszerfall wegen der Kohärenz der Zustände auch nach dem $J/\psi K_S$-Zerfall stattfinden kann. Durch das *tagging* wird natürlich die Anzahl verwertbarer Zerfälle weiter verkleinert. Außerdem zeigt die Diskussion, welch hohe Anforderungen an den Detektor gestellt werden. Dieser muß in der Lage sein, die komplette Zerfallskette des B^0- und des $\bar{B}^0$-Mesons zu rekonstruieren.

Die B^0-Mesonen aus dem Zerfall eines ruhenden $\Upsilon(4S)$ haben sehr kleine Impulse. Eine meßbare Laufstrecke zur Bestimmung der Zeiten t_1, t_2 im Ruhesystem der B^0-Mesonen tritt nur im Zerfall schnell bewegter $\Upsilon(4S)$-Mesonen auf. Am SLAC wurde daher ein asymmetrischer e^-e^+-Speicherring gebaut, in dem Elektronen mit einer nominellen Energie von 9 GeV auf Positronen von 3,1 GeV treffen. Das japanische Projekt hat ähnliche Parameter. Allein am Bau dieser speziellen Maschinen sieht jeder Leser unmittelbar, welch große Anstrengungen unternommen wurden, die *CP*-Verletzung im $B\bar{B}$-System nachzuweisen. Ein wichtiges Motiv dabei war natürlich, daß eventuelle Abweichungen von den Vorhersagen des Standard-Modells ein Fenster zur Erforschung neuer Phänomene eröffnen. Das gemittelte Ergebnis der beiden Experimente lautet

$$\sin(2\beta) = 0{,}731 \pm 0{,}056 \tag{7.168}$$

in bester Übereinstimmung mit dem Standard-Modell.

Die Erforschung der hier angesprochenen Effekte wird noch lange dauern. Ein besonders interessanter Kanal ist z. B. $B^0 \to \pi^+\pi^-$ (bzw. $\bar{B}^0 \to \pi^+\pi^-$). Im B^0-Zerfall enthält das einfachste Diagramm die Kopplung $V_{ub}^*V_{ud}$. Damit gilt hier $\rho_B = V_{ub}V_{ud}^*/V_{ub}^*V_{ud}$ und mit (7.151) folgt nun

$$\lambda = \frac{V_{tb}^*V_{td}}{V_{tb}V_{td}^*}\frac{V_{ub}V_{ud}^*}{V_{ub}^*V_{ud}} \approx \frac{V_{td}V_{ub}}{V_{td}^*V_{ub}^*} \tag{7.169}$$

mit der geometrischen Interpretation $\mathrm{Im}\,\lambda = \sin 2\alpha$. Hier sind die hadronischen Korrekturen größer und die experimentellen Ergebnisse zur Zeit noch mit relativ großen Fehlern behaftet. Eine besonders genaue Messung der CP-Verletzung im b-Sektor ist wahrscheinlich am LHC möglich, da die Zahl der in pp-Reaktionen pro Jahr erzeugten $B\bar{B}$-Paare noch etwa hundertmal größer als in den e^-e^+-Speicherringen sein wird.

Übungen

7.10 Leiten Sie die Wolfenstein-Darstellung (7.146) der CKM-Matrix ab, indem Sie die Elemente von (7.134) mit Hilfe von (7.145) in eine Reihe entwickeln.

7.11 Konstruieren Sie das Dreieck der Abb. 7.26 aus den Mittelwerten der Matrixelemente in (7.143).

7.9 Neutrinomassen und Neutrino-Oszillationen

Verglichen mit den übrigen Fermionen sind die Massen der Neutrinos auf jeden Fall vernachlässigbar klein. Die Summe der Massen der drei Neutrinos muß $< 0{,}71$ eV sein, um nicht in Widerspruch zu den Messungen der Energiedichte des Universums zu geraten [Spe03]. Das Energiespektrum der geladenen Teilchen in Zerfallsrektionen der schwachen Wechselwirkung hängt von der Neutrinomasse ab, wie in Abschn. 6.2.2 am Beispiel des β-Zerfalls des Neutrons erläutert wurde. Bisher sind aus solchen direkten Messungen nur obere Grenzen bekannt, wobei die genauesten Ergebnisse für das Elektron-Neutrino ν_e vorliegen. Im sog. Mainz-Experiment wurde mit einem speziellen Massenspektrometer bei einer statistischen Vertrauensgrenze von 95 % $m_{\nu_e} < 2{,}8$ eV ermittelt [Wei99]. Falls das ν_e eine Masse von etwa 1 eV haben sollte, könnte ein positiver Nachweis mit einem größeren und verbesserten Instrument erbracht werden, welches zur Zeit aufgebaut wird. Ergebnisse werden aber sicher erst in einigen Jahren vorliegen.

Im Standard-Modell werden die Massen der Neutrinos sozusagen *per definitionem* zu Null gesetzt. Für alle bisher betrachteten Reaktionen ist dies eine ausgezeichnete Näherung. Das Problem der Neutrinomassen ist aber von so grundsätzlicher Natur, daß wir uns jetzt mit diesem besonders interessanten Aspekt der QFD beschäftigen wollen.

Der eigentliche Grund für das Auftreten von *flavor*-Oszillationen der K^0- und B^0-Mesonen ist darin zu sehen, daß die Eigenzustände der Quarks zur schwachen Wechselwirkung verschieden von den physikalischen Eigenzuständen mit definierter Masse sind. Das W-Boson koppelt an die d', s'- und b'-Quarks, die mit den physikalischen Eigenzuständen d, s und b durch die CKM-Matrix (7.130) verknüpft sind. In Prozessen zweiter Ordnung der schwachen Wechselwirkung gibt es daher z. B. die Übergänge $d \to u \to s$ bzw. $\bar{s} \to \bar{u} \to \bar{d}$ der Abb. 7.24a und damit die $K^0\bar{K}^0$-Oszillationen.

Wir fragen uns jetzt, ob die in den Zerfällen $W^+ \to e^+\nu_e$ und $W^+ \to \mu^+\nu_\mu$ entstehenden Elektron- und Myon-Neutrinos mit den Eigenzuständen definierter Masse identisch sind. Wir nehmen verallgemeinernd zunächst an, daß es wie im Quarksektor physikalische Eigenzustände $|\nu_{1,2}\rangle$ definierter Masse gibt, die mit $|\nu_{e,\mu}\rangle$ durch die Drehung

$$
\begin{aligned}
|\nu_e\rangle &= |\nu_1\rangle \cos\Theta + |\nu_2\rangle \sin\Theta \\
|\nu_\mu\rangle &= -|\nu_1\rangle \sin\Theta + |\nu_2\rangle \cos\Theta
\end{aligned} \tag{7.170}
$$

zusammenhängen. Für $\Theta \neq 0$ erwarten wir daher neue, interessante Effekte, z.B. *flavor*-Oszillationen wie bei den Quarks. Es gibt aber keine komplette Wiederholung des dort vorgefundenen Szenarien, da die Neutrinos sich in wichtigen Eigenschaften von den Quarks unterscheiden. Im Gegensatz zu diesen sind die Neutrinos nämlich stabil und treten als freie Teilchen auf. Weiter werden sie immer in Zerfallsprozessen der schwachen Wechselwirkung und nicht wie z.B. die schweren Quarks als Paare definierter Masse in Reaktionen der starken Wechselwirkung erzeugt. Für alle praktischen Zwecke der Neutrinophysik wird natürlich nicht der Zerfall des W-Bosons benutzt, sondern der Zerfall $\pi \to \mu\nu_\mu$ zur Herstellung eines Strahls von Myon-Neutrinos oder der β-Zerfall von Kernen (in einem Reaktor) zur Erzeugung eines Strahls von Elektron-Antineutrinos.

Wir betrachten nun die zeitliche Entwicklung eines Neutrinos, das sich entlang der z-Achse mit dem Impuls $|\boldsymbol{p}| = k$ im Laborsystem bewegt. Für einen Eigenzustand der Masse gilt

$$
|\nu_1\rangle = |\nu_{1,0}\rangle e^{-i(Et-kz)} \quad . \tag{7.171}
$$

Aufgrund ihrer kleinen Masse bewegen sich die Neutrinos praktisch mit Lichtgeschwindigkeit ($z = t$), und $E - k$ kann mit Hilfe der Reihenentwicklung von $\sqrt{k^2 + m_1^2}$ durch $m_1^2/2k$ approximiert werden. Damit erhalten wir die Näherung

$$
|\nu_{1,2}(t)\rangle = |\nu_{1,2}(0)\rangle e^{-im_{1,2}^2 t/(2k)} \quad . \tag{7.172}
$$

Die zeitliche Entwicklung eines zum Zeitpunkt $t = 0$ entstandenen Elektron-Neutrinos ist dann durch die kohärente Überlagerung

$$
|\nu_e(t)\rangle = |\nu_1(t)\rangle \cos\Theta + |\nu_2(t)\rangle \sin\Theta \tag{7.173}
$$

festgelegt, da die zeitliche Entwicklung eines quantenmechanischen Systems durch die Entwicklung der Eigenzustände definierter Energie bestimmt wird. Hieraus folgt

$$
|\nu_e(t)\rangle = |\nu_1(0)\rangle e^{-im_1^2 t/(2k)} \cos\Theta + |\nu_2(0)\rangle e^{-im_2^2 t/(2k)} \sin\Theta \quad . \tag{7.174}
$$

In (7.173) sind sowohl Anteile von Elektron-Neutrinos als auch von Myon-Neutrinos enthalten. Die Amplitude $A(t)$, in einem zur Zeit $t = 0$ präparierten Zustand $|\nu_e\rangle$ auch zur Zeit t ein Elektron-Neutrino vorzufinden, wird aus dem Skalarprodukt $\langle\nu_e|\nu_e(t)\rangle$ berechnet. Analog zum Vorgehen in Abschn. 2.7.3 wird dazu zunächst (7.170) invertiert. Nach Einsetzen der Ausdrücke für $|\nu_{1,2}(0)\rangle$ in (7.174) kann $A(t)$ unter Beachtung der Orthogonalität von $|\nu_e\rangle$ und $|\nu_\mu\rangle$ leicht berechnet werden. Das Ergebnis lautet

$$
A(t)_{\nu_e \to \nu_e} = \cos^2\Theta e^{-im_1^2 t/(2k)} + \sin^2\Theta e^{-im_2^2 t/(2k)} \quad . \tag{7.175}
$$

Die entsprechende Wahrscheinlichkeit für das Auftreten eines Elektron-Neutrinos in einem ursprünglich reinen ν_e-Zustand wird daraus zu

$$P(t)_{\nu_e \to \nu_e} = \cos^4 \Theta + \sin^4 \Theta + 2\cos^2 \Theta \sin^2 \Theta \cos\left(\frac{\delta m^2}{2k} t\right) \tag{7.176}$$

mit $\delta m^2 = m_2^2 - m_1^2$ berechnet.[8] Diese Wahrscheinlichkeit oszilliert also mit der Frequenz $\delta m^2/4\pi k$. Die üblichen Umformungen der Winkelfunktionen in (7.176) führen schließlich zur endgültigen Formel

$$P(t)_{\nu_e \to \nu_e} = 1 - \sin^2(2\Theta) \sin^2\left(\frac{\delta m^2 t}{4k}\right) , \tag{7.177}$$

woraus unmittelbar

$$P(t)_{\nu_e \to \nu_\mu} = \sin^2(2\Theta) \sin^2\left(\frac{\delta m^2 t}{4k}\right) \tag{7.178}$$

folgt.

Es ist offensichtlich, daß analoge Beziehungen gelten, falls wir mit einem reinen ν_μ-Zustand starten, d.h. $P(\nu_\mu \to \nu_\mu) = P(\nu_e \to \nu_e)$ und $P(\nu_\mu \to \nu_e) = P(\nu_e \to \nu_\mu)$. Außerdem gibt es keinen Unterschied zwischen den Oszillations-Wahrscheinlichkeiten für Antineutrinos und Neutrinos, also z.B. $P(\bar{\nu}_e \to \bar{\nu}_\mu) = P(\nu_e \to \nu_\mu)$.

Um die gewonnenen Ergebnisse auf drei Sorten von Neutrinos zu verallgemeinern, definieren wir – wie in Abschn. 7.8 – eine unitäre Matrix, die den Zusammenhang zwischen den Eigenzuständen $|\nu_\alpha\rangle$ mit $\alpha = e, \mu, \tau$ und den Zuständen $|\nu_i\rangle$ herstellt,

$$|\nu_\alpha\rangle = \sum_{i=1,3} U_{\alpha i} |\nu_i\rangle \quad . \tag{7.179}$$

Mit der Umkehrung $|\nu_i\rangle = \sum_\beta U^*_{\beta i} |\nu_\beta\rangle$ ergibt sich

$$\langle \nu_\beta | \nu_\alpha(t) \rangle = \sum_i U_{\alpha i} U^*_{\beta i} \mathrm{e}^{-\mathrm{i} m_i^2 t/(2k)} \quad . \tag{7.180}$$

Die 3×3-Matrix U hängt – wie die CKM-Matrix – von vier reellen Parametern ab. Wir vereinfachen die Diskussion aber dahingehend, daß wir CP-Erhaltung im leptonischen Sektor annehmen. Damit wird U reell und hängt nur noch von drei Parametern ab. Für die Oszillations-Wahrscheinlichkeit erhalten wir auf diese Weise

$$P(t)_{\alpha \to \beta} = \sum_i U_{\alpha i}^2 U_{\beta i}^2 + 2 \sum_{i,j;\, j>i} U_{\alpha i} U_{\alpha j} U_{\beta i} U_{\beta j} \cos(\delta m_{ji}^2 t) \tag{7.181}$$

mit $\delta m_{ji}^2 = m_j^2 - m_i^2$. Im Spezialfall von nur zwei Neutrinogenerationen reduziert sich diese Beziehung zu (7.177) und (7.178). Eine allgemeine von der letzten Gleichung ausgehende Analyse der Oszillationen kann ziemlich verwickelt werden. Glücklicherweise lassen sich die Experimente weitgehend in einem Schema behandeln, in dem jeweils nur zwei Sorten Neutrinos, also ν_e und ν_μ oder ν_μ und ν_τ auftreten.

[8] Hier kommt implizit zum Ausdruck, daß wir $m_2 > m_1$ annehmen. $P(t)$ hängt aber nicht vom Vorzeichen von δm^2 ab.

Der Nachweis von Oszillationen kann auf zwei Arten vorgenommen werden. Entweder beweist man, daß in einem Detektor, der im Abstand L vom Entstehungsort der Neutrinos der Sorte α steht, deutlich weniger ν_α-Reaktionen stattfinden, als der Intensität der Quelle entsprechen würde. Das ist ein sog. *disappearance*-Experiment, zur Analyse wird (7.177) benutzt. Der Nachteil ist, daß die Intensität der Quelle relativ genau bekannt sein muß. In einem *appearance*-Experiment (7.178) werden dagegen ν_β-induzierte Reaktionen gemessen, also z.B. $\nu_\tau n \to \tau^- X$ zum Nachweis von ν_μ, ν_τ-Oszillationen in einem ν_μ-Strahl.

Kennzeichnend für ein solches Experiment sind der Abstand L zwischen Quelle und Detektor und die Energie k des Neutrinostrahls. Die Zeit in (7.177) und (7.178) wird jetzt durch die Flugstrecke L ersetzt, welche für die experimentelle Diskussion besser geeignet ist. Eine volle Schwingung wird in der Oszillationslänge

$$L_0 = \frac{4\pi k}{\delta m^2} \tag{7.182}$$

durchlaufen und für die Wahrscheinlichkeiten bekommen wir z. B.

$$P(L)_{\nu_e \to \nu_e} = 1 - \sin^2(2\Theta)\sin^2\left(\pi \frac{L}{L_0}\right) \tag{7.183}$$

und

$$P(L)_{\nu_e \to \nu_\mu} = \sin^2(2\Theta)\sin^2\left(\pi \frac{L}{L_0}\right) \tag{7.184}$$

Die numerische Auswertung von (7.182) ergibt

$$L_0 = 2{,}47 \frac{k}{\delta m^2} \frac{\mathrm{eV}^2\,\mathrm{m}}{\mathrm{MeV}} \ . \tag{7.185}$$

Selbst bei genügend großen Werten des Mischungswinkels lassen sich Oszillationen für $L \ll L_0$, also $\delta m^2 \ll 4\pi k/L$ nicht mehr nachweisen. Als Faustformel für die Empfindlichkeit eines Experimentes gilt $\delta m^2_{\mathrm{min}} = k/L$, wobei das Ergebnis die Dimension eV^2 hat, wenn k in MeV und L in m eingesetzt wird. Im umgekehrten Grenzfall $\delta m^2 \gg 4\pi k/L$ treten bedingt durch die Unschärfe von L und k so viele Oszillationen im Detektor auf, daß nur noch die Mittelwerte

$$\langle P_{\nu_e \to \nu_e} \rangle = 1 - \frac{1}{2}\sin^2(2\Theta) \tag{7.186}$$

und

$$\langle P_{\nu_e \to \nu_\mu} \rangle = \frac{1}{2}\sin^2(2\Theta) \tag{7.187}$$

bestimmt werden können.

Nach Neutrino-Oszillationen wurde in etwa 40 Experimenten an Reaktoren und Beschleunigern gesucht, ohne daß es gelungen wäre, einen positiven Effekt eindeutig nachzuweisen. Erst in jüngster Zeit hatten Laborexperimente Erfolg, deren Parameter an die Messungen des Neutrinoflusses aus der Erdatmosphäre und von der Sonne angepaßt wurden.

Der Fluß atmosphärischer Neutrinos ´wurde besonders erfolgreich mit dem Superkamiokande-Detektor untersucht. Dieser in Abb. 7.28 gezeigte Detektor

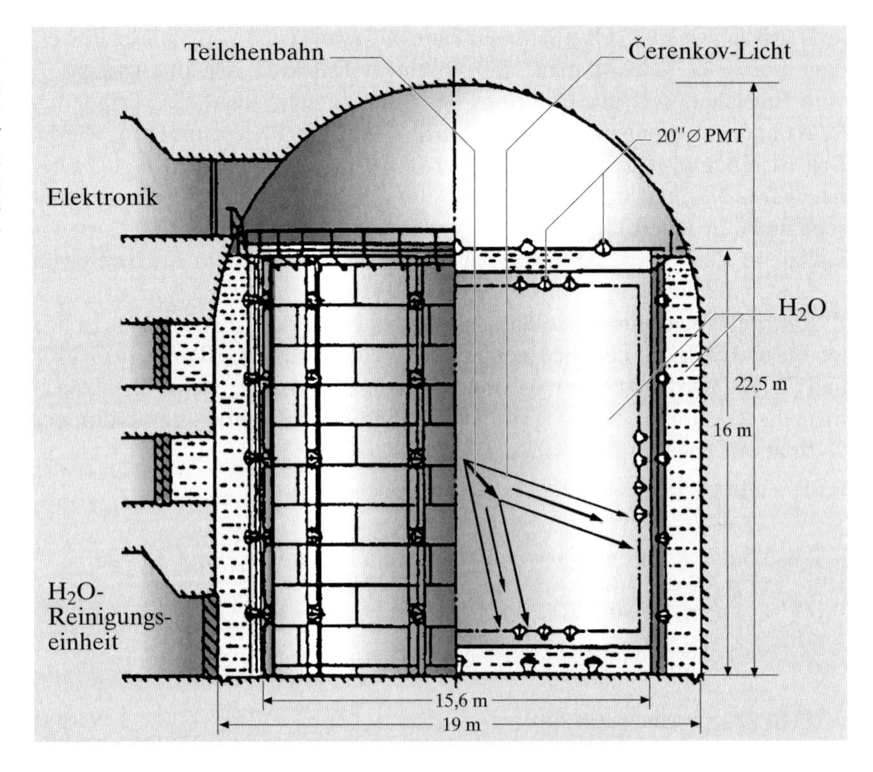

Abb. 7.28
Schematische Darstellung des Superkamiokande-Detektors in der Kamioka-Mine in Japan. Elektrisch geladene Teilchen erzeugen auf ihrer Bahn durch das Wasser Čerenkov-Licht, das in einem typischen Kegel abgestrahlt wird. Gemessen werden die Ankunftszeiten und die Pulshöhen des von der Teilchenspur erzeugten Čerenkov-Lichts

ist eine Weiterentwicklung der Wasser-Čerenkov-Zähler aus den Proton-Zerfallsexperimenten. Er enthält einen Tank mit 50 000 m^3 Wasser und ist mit 13 000 Photovervielfachern zum Nachweis des Čerenkov-Lichts geladener Teilchen ausgerüstet. Hiermit können die in Neutrino-Reaktionen erzeugten Elektronen und Myonen nachgewiesen werden.

Hochenergetische Protonen der kosmischen Strahlung lösen bei ihrem Eintritt in die Erdatmosphäre in etwa 12 km Höhe Kernreaktionen aus, in denen eine Fülle von $\pi^\pm$-Mesonen produziert wird. Im Zerfall der Pionen ($\pi \to \mu\nu$) entstehen fast ausschließlich Myon-Neutrinos, während der Myon-Zerfall ($\mu \to e\nu\nu$) ein Elektron- und ein Myon-Neutrino (bzw. ihre Antiteilchen) liefert. Man erwartet also ein Verhältnis

$$\frac{\nu_\mu + \bar{\nu}_\mu}{\nu_e + \bar{\nu}_e} \approx 2 \tag{7.188}$$

in der Zusammensetzung der Neutrinos aus der Erdatmosphäre. Diese Abschätzung wird natürlich durch vielerlei Effekte korrigiert. Hochenergetische Myonen z.B. erreichen aufgrund der Zeitdilatation die Erde, bevor sie zerfallen. Ebenso muß die Zusammensetzung der kosmischen Strahlung, die Energieabhängigkeit der Wirkungsquerschnitte und vieles mehr berücksichtigt werden. Eine verläßliche Berechnung der durch die Neutrinos im Detektor erzeugten Ereignisse mit Elektronen bzw. Myonen ist nur in ausgedehnten Monte-Carlo-Simulationen möglich. Es wird daher das Doppelverhältnis

$$R = \frac{(N_\mu/N_e)_{\text{Daten}}}{(N_\mu/N_e)_{\text{MonteCarlo}}} \tag{7.189}$$

als Observable benutzt. Das Ergebnis des Kamiokande-Experiments, welches von anderen Gruppen bestätigt wurde, weicht auch bei Beachtung des statistischen und systematischen Fehlers deutlich von 1 ab, $R = 0{,}65 \pm 0{,}05 \pm 0{,}08$.

Eine elegante Erklärung des Defizits an Myon-Neutrinos besteht in der Annahme von ν_μ, ν_τ-Oszillationen, es handelt sich also um ein typisches *disappearance*-Experiment. Die beste Anpassung der Meßpunkte an die Daten gelingt mit einer Vertrauensgrenze von 90 % für

$$1{,}3 \cdot 10^{-3}\,\text{eV}^2 < \delta m^2 < 3{,}0 \cdot 10^{-3}\,\text{eV}^2 \quad \text{und} \quad \sin^2(2\Theta) > 0.9 \ . \tag{7.190}$$

Praktische Mittelwerte für Rechnungen sind $\delta m^2 = 2{,}4.0 \cdot 10^{-3}\,\text{eV}^2$ und $\Theta = 45°$. In diese Analyse ging auch der Unterschied im Fluß von Neutrinos ein, die den Detektor von unten nach oben bzw. von oben nach unten durchqueren. Neutrinos, die von unten kommen, haben eine sehr viel größer Strecke durchlaufen, da sie erst die Erde durchqueren müssen.

Im Ergebnis (7.190) ist v.a. der große Mischungswinkel überraschend, da man immer davon ausging, daß auch die leptonischen Mischungswinkel klein sind. Es ist daher besonders wichtig, diesen Effekt in einem kontrollierten Laborexperiment zu überprüfen. Das Experiment muß aber für die gefundenen kleinen Werte von δm^2 empfindlich sein, also ein hohes L/k-Verhältnis haben. Im japanischen K2K-Experiment wird ein ν_μ-Strahl mit der mittleren Energie von 1,3 GeV am KEK-Protonen-Synchrotron erzeugt und auf den 250 km entfernten Superkamiokande-Detektor gerichtet. Die in den $\nu_\mu N$-Reaktionen erzeugten Myonen können gezählt werden. Die ersten Publikationen zeigen [K2K03], daß anstelle von 80 im Zeitraum der Messung erwarteten Myonen nur 56 gesehen wurden. Dieses Defizit ist in Übereinstimmung mit der Oszillationshypothese und den in (7.190) angegebenen Parametern.

Neutrino-Oszillationen bieten sich auch als eine sehr einleuchtende Erklärung des sog. Defizits der Sonnen-Neutrinos an. Die Sonne ist ein Fusions-Reaktor, dessen Reaktionszyklen in der Gleichung

$$4p + 2e^- \to {}^4_2\text{He} + 2\nu_e + 26{,}731\ \text{MeV} \tag{7.191}$$

zusammengefaßt werden können. Der Neutrinofluß ist also direkt an die Produktion thermischer Energie gekoppelt und damit relativ genau vorhersagbar. Die einzelnen Zyklen von Kernreaktionen, die zu (7.191) beitragen, liefern Neutrinos unterschiedlicher Energie, wobei die mittlere Energie 0,295 MeV beträgt. Zur Berechnung des relativen Anteils der Zyklen sind astrophysikalische Modelle der Sonne nötig. Die wichtigsten Zyklen für unsere Diskussion sind der dominante sog. pp-Zyklus (mit einer maximalen Neutrino-Energie von 0,4 MeV) und der sehr seltene ^{8}B-Zyklus, der aber Neutrinos mit einer Energie von etwa 10 MeV liefert. Für eine genauere Diskussion mit vielen zusätzlichen Literaturangaben sei auf das Lehrbuch von N. Schmitz verwiesen [Sch97].

Schon ab 1970 wurde der solare Neutrinofluß durch die Gruppe von R. Davis mit einem radiochemischen Detektor in der Homestake-Mine (South Dakota, USA) untersucht. In einem Tank mit etwa 380 m^3 Perchlorethylen (C_2Cl_4) kann die Reaktion

$$\nu_e + {}^{37}_{17}\mathrm{Cl} \to {}^{37}_{18}\mathrm{Ar} + e^- \tag{7.192}$$

stattfinden. Das radioaktive Argon-Isotop verwandelt sich mit einer Halbwertszeit von 35 d über den Elektroneneinfang aus der K-Schale gemäß

$${}^{37}_{18}\mathrm{Ar} + e^- \to {}^{37}_{17}\mathrm{Cl} + \nu_e \tag{7.193}$$

in Chlor. Beim Auffüllen der K-Schale durch Elektronen aus höheren Schalen werden γ-Quanten emittiert oder die freiwerdende Energie wird benutzt, um weitere Elektronen zu ionisieren (Auger-Effekt). Die Reaktion (7.193) kann also durch die Messung dieser Photonen und Elektronen nachgewiesen werden. Die technischen Schwierigkeiten des Zählens einzelner atomarer Prozesse in 380 m^3 Targetmaterial sind enorm und wurden in bewundernswerter Weise gelöst. Da die Reaktion (7.192) eine Schwellenenergie von 814 keV besitzt, mißt das Experiment im wesentlichen die ^{8}B-Neutrinos. Die erst zu Beginn der 1990er Jahre installierten Detektoren SAGE (Baksan Tunnel, Nord-Kaukasus) und GALLEX (Gran Sasso Laboratorium, Italien) benutzten ebenfalls ein radiochemisches Verfahren. Sie untersuchten den Neutrino-Einfang

$$\nu_e + {}^{71}_{31}\mathrm{Ga} \to {}^{71}_{32}\mathrm{Ge} + e^- \tag{7.194}$$

und wiesen ihn durch die Beobachtung der Reaktion

$${}^{71}_{32}\mathrm{Ge} + e^- \to {}^{71}_{31}\mathrm{Ga} + \nu_e \tag{7.195}$$

nach. Da die Schwelle für (7.194) bei 233 keV liegt, tragen hauptsächlich die Neutrinos aus dem *pp*-Zyklus zu diesem Prozeß bei. Das Kamiokande- und das Superkamiokande-Experiment (Abb. 7.28) sind die uns schon früher begegneten Wasser-Čerenkov-Detektoren. Die Schwelle für den Nachweis des Čerenkov-Lichts beträgt 7,5 MeV, es kommen also nur die Neutrinos aus dem ^{8}B-Zyklus in Frage. Im Gegensatz zu den radiochemischen Verfahren erfolgt der Nachweis der Neutrino-Reaktion zeitgleich mit ihrem Auftreten.

Alle vier Experimente stimmen darin überein, daß der gemessene Neutrinofluß deutlich unterhalb der berechneten Vorhersage liegt, die gemittelte Abweichung ist etwa 3,5 mal größer als der experimentelle Fehler (3,5σ-Effekt). Dieses Ergebnis wird von den neuen Daten der GNO-Kollaboration bestätigt, die das GALLEX-Experiment fortführt. Es ist sehr schwer, die gefundene Diskrepanz durch Modifikation der Sonnenmodelle zu erklären, zumal der totale Fluß nur durch (7.191) festgelegt wird.

Alternativ bietet sich die Erklärung durch Neutrino-Oszillationen an. Falls diese Deutung des Defizits an Sonnen-Neutrinos stichhaltig ist, muß die Beobachtung von Reaktionen neutraler Ströme einen Neutrino-Fluß ergeben, der mit den Sonnenmodellen übereinstimmt. Dieses *experimentum crucis* wurde vom *Sudbury Neutrino Observatory* (SNO) in Kanada unternommen. Auch

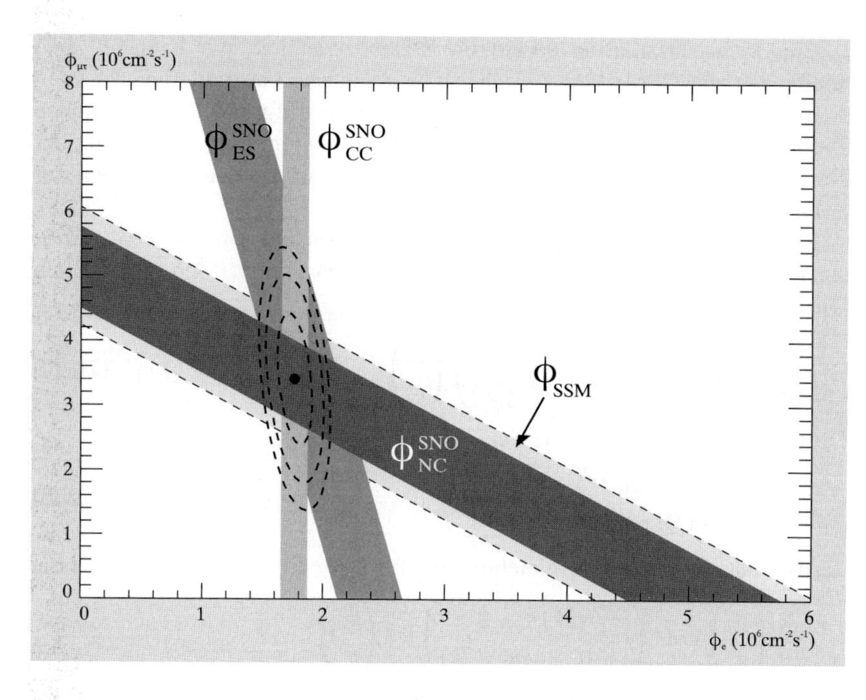

Abb. 7.29 Fluß der solaren Neutrinos aus dem ^{8}B-Zyklus, wie er mit Hilfe der im Text diskutierten Reaktionen (CC, NC und elastische Streuung) im SNO-Detektor gemessen wurde. Die grauen Bänder bezeichnen die Fehlergrenzen der Messung innerhalb $\pm 1\sigma$. Die Vorhersage der Rechnung ist ebenfalls mit gestrichelten Grenzen eingetragen. Die gestrichelten Ellipsen geben den erlaubten Wertebereich von Φ_e und $\Phi_{\mu\tau}$ mit einer Vertrauensgrenze von 68 %, 95 % und 99 % an.

hier handelt es sich um einen Čerenkov-Detektor, der aber im Gegensatz zum Kamiokande-Experiment mit „schwerem" Wasser (D_2O) gefüllt ist. Neben der Neutrino-Elektron-Streuung, die wie im Kamiokande-Experiment durch die CC-Reaktionen[9] dominiert wird [Qui83], können auch die hadronische CC-Reaktion

$$\nu_e + d \to e^- + p + p \tag{7.196}$$

und die hadronische NC-Reaktion

$$\nu_\alpha + d \to \nu_\alpha + p + n \tag{7.197}$$

beobachtet werden. In der letzten Gleichung kann ν_α ein ν_e, ν_μ oder ν_τ sein. Der Nachweis dieser Reaktion neutraler Ströme erfolgt z.B. durch Beobachtung der Einfang-Reaktion

$$n + d \to t + \gamma \ , \tag{7.198}$$

wobei das bei der Verwandlung von Deuterium in Tritium entstehende Photon eine Energie von 6,26 MeV hat. Das in Abb. 7.29 zu sehende Ergebnis kann als endgültiger Beweis von Oszillationen der in der Sonne erzeugten Elektron-Neutrinos angesehen werden. Der mit der NC-Reaktion gemessen Fluß entspricht genau dem in den Sonnenmodellen berechneten Fluß Φ_{SSM} mit einem Mittelwert von $5{,}09 \cdot 10^6\ \mathrm{cm^{-2}s^{-1}}$. Er kann in einen beliebigen Anteil von $\Phi(\nu_e)$ und $\Phi(\nu_{\mu+\tau})$ aufgeteilt werden. Der Fluß Φ_e der Elektron-Neutrinos wird durch die CC-Reaktion (7.196) und (weniger genau) die elastische Streuung $\nu_e e^- \to \nu_e e^-$ gemessen. Offenbar haben bis zum Erreichen des Detektors 65 % der Sonnen-Neutrinos ihre *flavor*-Quantenzahl geändert!

[9] CC ist wieder die international gebräuchliche Abkürzung für *charged currents* also geladene Ströme im Unterschied zu NC für *neutral currents*.

Eine ν_e, ν_μ-Oszillation erklärt die Daten zwanglos. Wir benutzen also wieder nur die Oszillation zwischen zwei Neutrino-Generationen. Es stellt sich allerdings heraus, daß (7.177) und (7.178) aufgrund der sehr hohen Dichte der Sonnenmaterie modifiziert werden müssen. Die Ausbreitung der Neutrinos wird nämlich durch die Wechselwirkung mit den Elektronen der Sonnenmaterie beeinflußt.

Zur quantitativen Behandlung dieses Effektes müssen wir etwas weiter ausholen. Die Eigenzustände (7.171) genügen offenbar den gekoppelten Differentialgleichungen[10]

$$\mathrm{i}\frac{\mathrm{d}}{\mathrm{d}t}\begin{pmatrix}\nu_1\\ \nu_2\end{pmatrix} = \begin{pmatrix} m_1^2/(2k) & 0 \\ 0 & m_2^2/(2k)\end{pmatrix}\begin{pmatrix}\nu_1\\ \nu_2\end{pmatrix} \quad . \tag{7.199}$$

Durch die unitäre Transformation

$$U = \begin{pmatrix} \cos\Theta & \sin\Theta \\ -\sin\Theta & \cos\Theta \end{pmatrix} \tag{7.200}$$

wird daraus die Bewegungsgleichung für die *flavor*-Eigenzustände gewonnen,

$$\begin{aligned}\mathrm{i}\frac{\mathrm{d}}{\mathrm{d}t}\begin{pmatrix}\nu_e\\ \nu_\mu\end{pmatrix} &= U\begin{pmatrix} m_1^2/(2k) & 0 \\ 0 & m_2^2/(2k)\end{pmatrix}U^\dagger\begin{pmatrix}\nu_e\\ \nu_\mu\end{pmatrix} \\ &= \begin{pmatrix} A & B \\ B & C\end{pmatrix}\begin{pmatrix}\nu_e\\ \nu_\mu\end{pmatrix}\end{aligned} \tag{7.201}$$

mit

$$\begin{aligned} 2kA &= m_1^2\cos^2\Theta + m_2^2\sin^2\Theta \\ 4kB &= \delta m^2 \sin 2\Theta \\ 2kC &= m_1^2\sin^2\Theta + m_2^2\cos^2\Theta \quad . \end{aligned} \tag{7.202}$$

Eine Lichtwelle, die sich in einem dielektrischen Medium ausbreitet, hat eine um den Faktor n verkürzte Wellenlänge, wobei n der Brechungsindex ist. Der zugehörige Phasenfaktor der Welle lautet also $\mathrm{e}^{-\mathrm{i}(Et-nkz)}$. Im Teilchenbild wird der Brechungsindex durch die kohärente Überlagerung der Amplituden der Vielfachstreuung der einlaufenden Photonen an den Elektronen der Materie erklärt, wobei das klassische Resultat für den Brechungsindex

$$n = 1 + \frac{2\pi N_0}{k^2} f_{\mathrm{el}}(0) \tag{7.203}$$

lautet [Jac99, Gol64]. Hierin ist $f_{\mathrm{el}}(0)$ die Vorwärts-Streuamplitude der Photon-Elektron-Streuung, wenn zur Definition dieser Amplitude die Konvention (2.228) und die Phasenkonvention der nichtrelativistischen Quantenmechanik gewählt wird. Die Anzahldichte der beitragenden Streuzentren wird zur besseren Unterscheidung vom Brechungsindex mit N_0 und nicht wie sonst mit n_0 bezeichnet.

Eine ähnliche Beziehung gilt auch für die Neutrino-Optik. Eine sich in dichter Materie ausbreitende ν_e-Welle hat den Phasenfaktor

$$\mathrm{e}^{-\mathrm{i}(Et-nkz)} = \mathrm{e}^{-\mathrm{i}(Et-kz-(n-1)kz)} \quad . \tag{7.204}$$

[10] Zur Vereinfachung der Notation wird die *ket*-Bezeichnung der Zustände weggelassen.

Daher muß vom Koeffizienten A der Bewegungsgleichung (7.201) ein zusätzlicher Term

$$(n-1)k = \frac{2\pi N_0}{k} f_{\mathrm{el}}(0) \tag{7.205}$$

abgezogen werden. Die elastische Vorwärts-Streuamplitude $f_{\mathrm{el}}(0)$ wird zu

$$f_{\mathrm{el}}(0) = -\frac{\sqrt{2}G_{\mathrm{F}}k}{\pi} \tag{7.206}$$

bestimmt (siehe Vertiefung auf S. 446), und die neue Bewegungsgleichung lautet somit schließlich

$$\mathrm{i}\frac{\mathrm{d}}{\mathrm{d}t}\begin{pmatrix}\nu_e\\ \nu_\mu\end{pmatrix} = \begin{pmatrix}A+\sqrt{2}G_{\mathrm{F}}N_e & B\\ B & C\end{pmatrix}\begin{pmatrix}\nu_e\\ \nu_\mu\end{pmatrix} \ . \tag{7.207}$$

Hierin wurde noch $N_0 = N_e/2$ angesetzt, da nur linkshändige Elektronen zur Streuung beitragen. Die Gestalt dieser Gleichung bringt klar zum Ausdruck, daß nur der ν_e-Anteil einen zusätzlichen Beitrag erhält und daß dieser allein durch den CC-Anteil der Reaktion $\nu_e e^- \to \nu_e e^-$ zustande kommt. Die entsprechenden NC-Amplituden sind gleich groß für Elektron- und Myon-Neutrinos. Die Neutrino-Proton-Streuung ist ebenfalls nur über neutrale Ströme möglich. Eine tiefergehende Begründung der Neutrino-Optik ist in [Kim93] zu finden.

Wir bringen jetzt (7.207) in eine Form, in der die Koeffizienten der Matrix nur von den Masseneigenwerten $m_{1\mathrm{m}}, m_{2\mathrm{m}}$ in Materie und von einem Mischungswinkel Θ_{m} in Materie abhängen. Insbesondere gilt also für den Koeffizienten B die Bedingungsgleichung

$$\delta m_{\mathrm{m}}^2 \sin 2\Theta_{\mathrm{m}} = \delta m^2 \sin(2\Theta) \ . \tag{7.208}$$

Die Differenz der Masseneigenwerte wird berechnet, indem man die Eigenwerte $\lambda_{1,2}$ der Matrix in (7.207) ermittelt. Das Ergebnis lautet mit $\delta m_{\mathrm{m}}^2/2k = \lambda_1 - \lambda_2$

$$\delta m_{\mathrm{m}}^2 = \delta m^2 \sqrt{\left(\cos(2\Theta) - \frac{2\sqrt{2}kG_{\mathrm{F}}N_e}{\delta m^2}\right)^2 + \sin^2(2\Theta)} \ . \tag{7.209}$$

Somit bekommen wir

$$\sin^2(2\Theta_{\mathrm{m}}) = \frac{\sin^2(2\Theta)}{\left(\cos(2\Theta) - 2\sqrt{2}kG_{\mathrm{F}}N_e/\delta m^2\right)^2 + \sin^2(2\Theta)} \tag{7.210}$$

und als Übergangswahrscheinlichkeit

$$P(t)_{\nu_e\to\nu_\mu} = \sin^2(2\Theta_{\mathrm{m}})\sin^2\left(\frac{\delta m_{\mathrm{m}}^2 t}{4k}\right) \tag{7.211}$$

oder mit

$$L_m = \frac{4\pi k}{\delta m_{\mathrm{m}}^2} \tag{7.212}$$

$$P(L)_{\nu_e\to\nu_\mu} = \sin^2(2\Theta_{\mathrm{m}})\sin^2\left(\pi\frac{L}{L_m}\right) \ . \tag{7.213}$$

Ersichtlich werden diese Beziehungen für $N_e = 0$ mit den für das Vakuum gültigen Gleichungen(7.178) und (7.184) identisch.

Das Resultat der zugegebenermaßen etwas langwierigen Diskussion ist außerordentlich bemerkenswert. Selbst bei einem sehr kleinen Mischungswinkel im Vakuum kann die Oszillationswahrscheinlichkeit in Materie maximal werden. Im sog. Resonanzfall, der durch die Bedingung

$$\frac{2\sqrt{2}kG_F N_e}{\delta m^2} = \cos(2\Theta) \tag{7.214}$$

charakterisiert ist, gilt für die Amplitude der Oszillationen $\sin^2(2\Theta_\mathrm{m}) = 1$, während gleichzeitig die Oszillationslänge

$$L_\mathrm{m} = \frac{4\pi k}{\delta m^2 \sin(2\Theta)} \tag{7.215}$$

bei kleinem Θ sehr groß werden kann. Neutrino-Oszillationen finden dann mit maximaler Amplitude über relativ lange Strecken statt. Der Effekt der resonanten Verstärkung der ν_e, ν_μ-Oszillation wurde von S.P. Mikheyev und A.Y. Smirnov entdeckt [Mik86] und wird seitdem unter der Bezeichnung „MSW-Effekt" in alle Analysen der Neutrino-Oszillationen einbezogen.[11]

In der gesamten Betrachtung wurde eine konstante Dichte der Materie vorausgesetzt. Der Zusammenhang

$$\begin{pmatrix} \nu_{1\mathrm{m}} \\ \nu_{2\mathrm{m}} \end{pmatrix} = \begin{pmatrix} \cos\Theta_\mathrm{m} & -\sin\Theta_\mathrm{m} \\ \sin\Theta_\mathrm{m} & \cos\Theta_\mathrm{m} \end{pmatrix} \begin{pmatrix} \nu_e \\ \nu_\mu \end{pmatrix} \tag{7.216}$$

bleibt aber auch bei variabler Materiedichte erhalten, falls Θ_m sich nur sehr langsam ändert. Die Dichte der Materie muß also über einige Oszillationslängen L_m hinweg praktisch konstant bleiben. Solche adiabatischen Bedingungen tauchen in der Physik immer wieder auf. Ein bekanntes Beispiel ist die Tatsache, daß der präzedierende Vektor des magnetischen Momentes eines Atoms dem äußeren Magnetfeld als Quantisierungsachse folgt, falls dieses sich nur langsam ändert.

Elektron-Neutrinos werden im Inneren der Sonne bei sehr hohen Dichten der Materie erzeugt. In

$$\nu_{2\mathrm{m}} = \nu_e \sin\Theta_\mathrm{m} + \nu_\mu \cos\Theta_\mathrm{m} \tag{7.217}$$

gilt dann mit (7.210) $\Theta_\mathrm{m} \approx \pi/2$, das Elektron-Neutrino beginnt seine Reise durch die Sonne also als ein fast reiner Eigenzustand $\nu_{2\mathrm{m}}$. Bei Gültigkeit der Adiabaten-Bedingung dreht sich dabei der Zustand (7.217) im *flavor*-Raum mit, so daß beim Erreichen des Sonnenrandes mit $\Theta_\mathrm{m} = \Theta$ für sehr kleine Vakuum-Mischungswinkel Θ aus dem $\nu_{2\mathrm{m}}$ ein Myon-Neutrino geworden ist. Es hat eine vollständige Umwandlung ν_e in ν_μ stattgefunden. Für größere Vakuum-Mischungswinkel wird der Anteil von ν_e und ν_μ aus (7.170) mit $\nu_1 = 0$ bestimmt.

Wenn die Adiabaten-Bedingung nicht erfüllt ist, kommt es insbesondere in der Nähe der Resonanzstelle, wo die Masseneigenwerte sehr dicht beieinander liegen, zu $\nu_{1\mathrm{m}}$, $\nu_{2\mathrm{m}}$-Übergängen und damit zu einem anderen Oszillationsverhalten. Selbst bei $\Theta = 0$ gibt es nur noch eine teilweise Oszillation der

[11] Der dritte Buchstabe steht für L. Wolfenstein, der wichtige Beiträge zu diesem Thema geliefert hat.

Elektron-Neutrinos in Myon-Neutrinos auf ihrem Weg nach außen. Auch dieser kompliziertere Fall ist analytisch behandelt worden.

Heutzutage liegt es nahe, (7.207) numerisch für verschiedene Sonnenmodelle zu integrieren und das Ergebnis mit den Messungen zu vergleichen. Die von der SNO-Kollaboration durchgeführten Rechnungen ergeben Wertepaare, die mit einer Vertrauensgrenze von 95 % innerhalb eines Ovales in der δm^2-$\tan^2\Theta$-Ebene liegen, dessen Grenzen durch

$$3 \cdot 10^{-5}\,\text{eV}^2 < \delta m^2 < 13 \cdot 10^{-5}\,\text{eV}^2 \tag{7.218}$$

und

$$0{,}2 < \tan^2\Theta < 0{,}58 \tag{7.219}$$

festgelegt sind. Der Zentralwert kann mit $\delta m^2 = 7 \cdot 10^{-5}\,\text{eV}^2$ und $\tan^2\Theta = 0{,}4$ angegeben werden. Auch hier finden wir demnach wieder einen relativ großen leptonischen Vakuum-Mischungswinkel.

Es ist besonders beachtenswert, daß das Verschwinden von Elektron-Neutrinos auch in einem terrestrischen Experiment beobachtet werden konnte. Der japanischen KamLAND Detektor besteht aus 1000 t flüssigem Szintillator. In ihm können $\bar{\nu}_e$ induzierte Reaktionen nachgewiesen werden, wobei die Antineutrinos aus den umliegenden Kernreaktoren kommen, die einen mittleren Abstand von 180 km zum Detektor haben. Es handelt sich im Grunde um eine gewaltig vergrößerte Wiederholung des auf S. 24f beschriebenen Experiments von Reines und Cowan. Es werden nur etwa 60 % der Reaktionen gezählt, die man ohne Oszillationen erwarten würde. Die quantitative Analyse zeigt, daß die für die Sonnen-Neutrinos ermittelten Werte von δm^2 und Θ auch dieses Experiment beschreiben. Damit wird gleichzeitig die Interpretation des Defizits der Sonnen-Neutrinos über den MSW-Effekt bestätigt. Mit Hilfe der KamLAND-Resultate wird der erlaubte Bereich von δm^2 wesentlich kleiner, es gilt nun

$$6 \cdot 10^{-5}\,\text{eV}^2 < \delta m^2 < 9 \cdot 10^{-5}\,\text{eV}^2 \ . \tag{7.220}$$

Die in den Oszillationen atmosphärischer Neutrinos gefunden quadratischen Massendifferenzen sind sehr viel größer als die entsprechenden Werte der Sonnen-Neutrinos, $\delta m^2_{\text{atm}} \approx 30\delta m^2_{\text{sun}}$. Daher ist es meistens nicht nötig, die allgemeine Formel (7.181) zur Analyse heranzuziehen, da auch die Oszillationslängen sich um diesen Faktor unterscheiden.

Aus den hier beschriebenen Massendifferenzen lassen sich Masseneigenwerte nur mit zusätzlichen Annahmen bestimmen. Wir ordnen die Eigenwerte hierarchisch an[12], $m_1 < m_2 < m_3$ mit $\delta m^2_{\text{atm}} = m_3^2 - m_2^2$ und $\delta m^2_{\text{sun}} = m_2^2 - m_1^2$. Mit den gemessen Werten der Massendifferenzen folgt daher zunächst $m_3 > 0{,}049$ eV und $m_2 > 0{,}008$ eV. Mit der Annahme $m_1 = 0$ erhält man nun $m_2 \approx 0{,}008$ eV und $m_3 \approx 0{,}049$ eV. Da alle Massendifferenzen sehr klein sind, würde umgekehrt schon ein Wert von $m_3 \approx 0{,}2$ eV bedeuten, daß alle Neutrinomassen praktisch gleich sind, d. h. es liegt dann eine Entartung der Masseneigenwerte vor, die damit auch zu gleichen Erwartungswerten der

[12] Die Messungen erlauben natürlich auch die sog. invertierte Ordnung mit m_3 als kleinstem Massenwert.

Abb. 7.30
Feynman-Diagramm des radiativen Zerfalls eines Myons in einem Prozeß zweiter Ordnung der schwachen Wechselwirkung

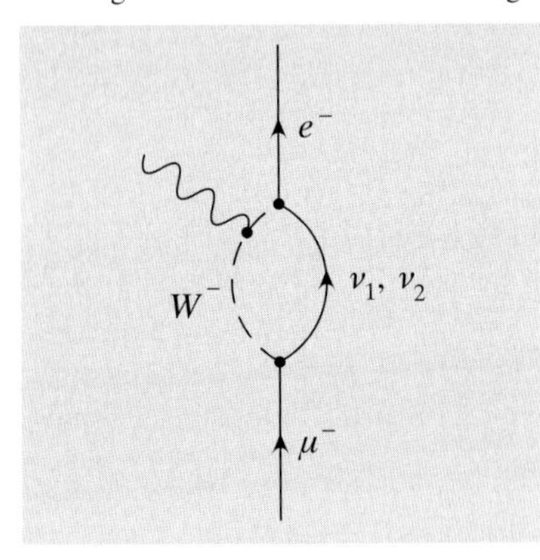

Massen von ν_e, ν_μ und ν_τ führt. Die eingangs dieses Abschnitts erwähnte kosmologische Randbedingung für die Summe aller Masseneigenwerte begrenzt schließlich m_3 auf einen Wert $< 0{,}24\,\text{eV}$, da bei Entartung alle drei Neutrino-Zustände gleichmäßig zur Randbedingung beitragen.

Analog zur Argumentation bei den Quarks bedeuten Neutrino-Oszillationen im Endeffekt, daß die Erhaltung der Leptonenzahlen L_e, L_μ und L_τ nicht mehr garantiert ist. In einem Prozeß zweiter Ordnung der schwachen Wechselwirkung kann daher auch der Zerfall (1.55)

$$\mu^\pm \to e^\pm + \gamma \tag{7.221}$$

auftreten. Das zugehörige Feynman-Diagramm ist in Abb. 7.30 gezeigt. Die daraus berechnete Partialbreite ist aber wesentlich geringer als die gemessene obere Schranke für den Anteil dieser Zerfälle.

Um das hier entwickelte Bild abzurunden, bleiben noch Wünsche offen. Gerne würden wir z. B. einmal wirkliche Oszillationen sehen und nicht nur das Verschwinden einer bestimmten Sorte Neutrinos. Schon ein *appearance*-Experiment, wie der Nachweis von ν_τ-Reaktionen in einem Strahl, der ursprünglich aus Myon-Neutrinos bestand, wäre ein großer Schritt vorwärts. An solchen Experimenten wird zur Zeit gearbeitet. Vielleicht gelingt es sogar in der Zukunft, die CP-Verletzung auch bei den Leptonen nachzuweisen.

Vertiefung

Die Beziehung (7.203) gilt für den Realteil und den Imaginärteil des Brechungsindex. Der Realteil kann in der Bornschen Näherung ermittelt werden. Die Amplitude für die elastische Streuung $\nu_\mu e^- \to \nu_e \mu^-$ wurde in (6.10) in der Hochenergie-Näherung zu

$$T_{fi}(\nu_\mu e \to \mu^- \nu_e) = 4\sqrt{2} G_\text{F} s \tag{7.222}$$

berechnet. Die gleiche Formel gilt für die Streuung $\nu_e e^- \to \nu_e e^-$, falls nur der Beitrag geladener Ströme berücksichtigt wird. Da die Elektronenmasse m nun nicht vernachlässigt werden soll, muß noch s durch $s - m^2$ ersetzt werden. Außerdem gilt es, die Phasenkonvention der nichtrelativistischen Quantenmechanik (Fußnote auf S. 190) zu beachten, so daß wir zusammengefaßt

$$f^\text{el}(\nu_e e \to \nu_e e) = -\frac{\sqrt{2}}{\pi} G_\text{F} k^* \tag{7.223}$$

erhalten, worin k^* der Impuls der Neutrinos im Schwerpunktssystem der Reaktion ist. Bei kohärenten Streuprozessen wird das Target aber aus allen Elektronen der durchquerten Materie gebildet. Die Targetmasse nimmt also sehr große Werte an, und k^* wird mit dem Laborimpuls k der Neutrinos identisch. Diese Überlegung vervollständigt den Beweis von (7.206).

Der Imaginärteil der Streuamplitude ist vernachlässigbar klein, das optische Theorem (2.236) zeigt mit (6.13), daß er proportional zu G_F^2 ist.

Gleichzeitig wird jetzt die Bedeutung des optischen Theorems klar. Mit

$$\mathrm{Im}\, n = \frac{2\pi N}{k^2}\, \mathrm{Im}\, f^{\mathrm{el}}(0) \tag{7.224}$$

gilt im Laborsystem bei niedrigen Energien

$$\mathrm{Im}\, n = \frac{1}{2k} N\sigma \ . \tag{7.225}$$

Ein imaginärer Brechungsindex bedeutet, daß die Amplitude einer Welle mit einem Faktor $\mathrm{e}^{-kz\,\mathrm{Im}\, n}$ multipliziert wird. Die Intensität wird demnach gemäß

$$I \sim \mathrm{e}^{-N\sigma z} \tag{7.226}$$

reduziert, was der ursprünglichen Definition des totalen Wirkungsquerschnitts als Abschwächfaktor entspricht.

Übung

7.12 Die Leistung der Sonnenstrahlung auf der Erde beträgt $1{,}4 \cdot 10^3\ \mathrm{Wm}^{-2}$ (Solarkonstante). Berechnen sie den zugehörigen Fluß der Neutrinos.

7.10 Jenseits des Standard-Modells

7.10.1 Majorana-Neutrinos

Die geladenen Leptonen der ersten Generation sind die Elektronen. Sie treten im Standard-Modell in den vier chiralen Zuständen L_{e^-}, L_{e^+}, R_{e^-}, R_{e^+} auf, welche im Grenzfall vernachlässigbarer Massen den Helizitäts-Zuständen e^-_L, e^+_R, e^-_R, e^+_L entsprechen. Die $(V-A)$-Struktur der schwachen Wechselwirkung koppelt die Neutrinos L_ν und $L_{\bar\nu}$ an L_{e^-} bzw. L_{e^+}. Da die Neutrinos ausschließlich an der schwachen Wechselwirkung teilnehmen, bleiben für $m_\nu = 0$ nur die Helizitäts-Zustände $\nu_{e,\mathrm{L}}$ bzw. $\bar\nu_{e,\mathrm{R}}$ übrig, die Zustände $\nu_{e,\mathrm{R}}$ und $\bar\nu_{e,\mathrm{L}}$ sind in der Natur nicht realisiert. Das im Zerfall $\pi^+ \to e^+\nu_e$ auftretende Neutrino hat allein aufgrund der Struktur der schwachen Wechselwirkung eine negative Helizität. Andererseits verletzt der Zerfall $\pi^+ \to e^+\bar\nu_e$ zwar die Elektronenzahl-Erhaltung, ist aber ebenfalls schon wegen der $(1-\gamma_5)$-Kopplung ausgeschlossen.

Ähnliche Überlegungen lassen sich für alle anderen Prozesse der schwachen Wechselwirkung anstellen. Man muß sich daher fragen, ob die Zuordnung einer Leptonenzahl zu den Neutrinos nicht überflüssig ist.[13] Als Alternative zu den Dirac-Neutrinos mit vier Zuständen definierter Leptonenzahl und Chiralität, von denen zwei in der Natur nicht realisiert sind, bietet sich ein von E. Majorana schon 1937 vorgeschlagenes Schema an. In diesem gibt es (in jeder Generation) ein linkshändiges ($\nu^\mathrm{M}_\mathrm{L}$) und ein rechtshändiges ($\nu^\mathrm{M}_\mathrm{R}$)

[13] Im Gegensatz zu den Neutrinos unterscheiden sich bei den Elektronen Teilchen und Antiteilchen durch die Ladung!

Neutrino ohne Leptonenzahl, das Neutrino ist also – wie z.B. das π^0-Meson – sein eigenes Antiteilchen $C|\nu\rangle = \eta_C|\nu\rangle$.

Bis auf G.W. Leibniz (1646–1716) geht eine Tradition zurück, die annimmt, daß die Naturgesetze immer die einfachst mögliche Form annehmen. Dirac-Neutrinos mit ihren zwei nicht realisierten Zuständen sind daher unerwünscht. Abgesehen von solchen mehr philosophischen Fragen ist es natürlich von grundsätzlichem Interesse, dieses Problem experimentell zu entscheiden. Der eingangs dieses Abschnitts behandelte π-Zerfall zeigt stellvertretend, daß eine solche Unterscheidung für Neutrinos verschwindender Masse nicht möglich ist, der Unterschied zwischen Dirac-Neutrinos und Majorana-Neutrinos reduziert sich auf eine semantische Frage.

Ganz anders wird die Situation, falls die Neutrinos doch eine Masse haben. Um ein mögliches Experiment vor Augen zu haben, nehmen wir jetzt den viel häufiger auftretenden $\pi \to \mu\nu$-Zerfall als Beispiel. In einem hochenergetischen Neutrinostrahl, der durch den Zerfall $\pi^+ \to \mu^+\nu_\mu$ erzeugt werden kann, wird es eine kleine Beimischung von Myon-Neutrinos der falschen Helizität ($\nu_{\mu,\mathrm{R}}$) geben. Diese Beimischung hat zwei Ursachen. Massive Neutrinos negativer Helizität, die im Ruhesystem des Pions rückwärts laufen, werden bei genügend hoher Energie des Pions im Laborsystem zu rechtshändigen vorwärtslaufenden Neutrinos (Abschn. 2.3.3). Neben diesen rechtshändigen Neutrinos gibt es einen kleinen Anteil $\nu_{\mu,\mathrm{R}}$, die im Zerfall des Pions direkt erzeugt werden. Im Dirac-Szenario können die rechtshändigen Neutrinos wegen der Erhaltung der Leptonenzahl in einer Testreaktion nur wieder Myonen negativer Ladung erzeugen,

$$\nu_{\mu,\mathrm{R}} + n \to \mu^- + p \ , \tag{7.227}$$

diese Reaktion ist jedoch stark helizitäts-unterdrückt. Im Majorana-Fall hingegen werden von rechtshändigen massiven Neutrinos dominant positive Myonen wegen der $(V-A)$-Struktur der Wechselwirkung erzeugt,

$$\nu_{\mu,\mathrm{R}} + p \to \mu^+ + n \ . \tag{7.228}$$

Durch den Nachweis positiver Myonen in Reaktionen eines Neutrino-Strahls, der durch den Zerfall positiver Pionen erzeugt wurde, könnte also bewiesen werden, daß Neutrinos Majorana-Teilchen sind. Obwohl ein solches Experiment im Prinzip denkbar ist, bleibt es wegen der winzigen durch die Oszillations-Experimente noch erlaubten Massenwerte der Neutrinos in der Praxis hoffnungslos. Die einzige Möglichkeit, zwischen Majorana- und Dirac-Neutrinos zu unterscheiden, bietet die Untersuchung des sog. neutrinolosen doppelten β-Zerfalls. Hier handelt es sich um eine Reaktion der Kernphysik nach dem Schema

$${}^A_Z\mathrm{K}_1 \to {}^{A}_{Z+2}\mathrm{K}_2 + 2e^- \ . \tag{7.229}$$

Eine typische Reaktion, nach der gesucht werden kann, ist z.B.

$${}^{76}_{32}\mathrm{Ge} \to {}^{76}_{34}\mathrm{Se} + 2e^- \ . \tag{7.230}$$

Das zugehörige Feynman-Diagramm auf dem Niveau der beitragenden Neutronen ist in Abb. 7.31 zu sehen. Am linken W-e-Vertex würde im Dirac-Szenario ein Antineutrino emittiert, während am rechten W-e-Vertex ein

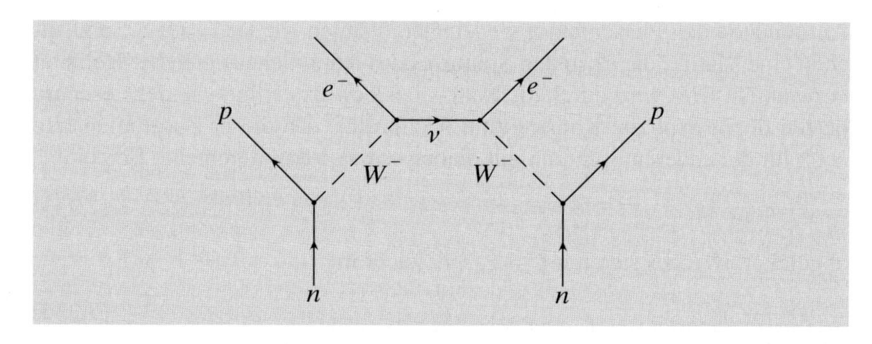

Abb. 7.31
Feynman-Diagramm des neutrinolosen doppelten β-Zerfalls

Neutrino absorbiert werden müßte. Dies ist aber wegen der Erhaltung der Leptonenzahl nicht möglich. Für Majorana-Neutrinos besteht dieses Verbot naturgemäß nicht. Allerdings muß auch jetzt das Majorana-Neutrino eine Masse haben, da es am linken Vertex vorwiegend als $\nu_{e,\mathrm{R}}$ emittiert wird. Die Amplitude für die Absorption eines solchen rechtshändigen Neutrinos am rechten Vertex ist dann zwar proportional zu m/E_ν unterdrückt, aber eben doch von Null verschieden.

Die Kerne, die sich für solch eine Untersuchung eignen, müssen zunächst einmal einen doppelten β-Zerfall aufweisen, der durch den gleichzeitigen Zerfall zweier Neutronen in $pe^-\bar{\nu}_e$ erklärt werden kann, also z.B.

$$^{76}_{32}\mathrm{Ge} \to {}^{76}_{34}\mathrm{Se} + 2e^- + 2\bar{\nu}_e \ . \tag{7.231}$$

Es war experimentell ein großer Fortschritt, daß sich solche Zerfälle bei den großen Halbwertszeiten von etwa 10^{21} a nachweisen ließen [Sch97]. Im Prinzip hat dann der neutrinolose doppelte β-Zerfall (7.230) gegenüber dem Zerfall mit Neutrinos (7.231) eine klare Signatur, da die beiden Elektronen in (7.230) den vollen Energieunterschied zwischen Mutter- und Tochterkern wegtragen müssen. Bis heute konnte jedoch kein positiver Nachweis erbracht werden [Aal02], die untere Grenze für die Halbwertszeit in (7.230) liegt bei $1{,}57 \cdot 10^{25}$ a mit einer statistischen Vertrauensgrenze von 90 %. Mit Hilfe komplizierter theoretischer Überlegungen kann dies in eine obere Grenze für die sog. effektive Neutrinomasse umgerechnet werden, die je nach dem verwendeten Modell zwischen $m_\nu < 0{,}33$ eV und $m_\nu < 1{,}35$ eV liegt. Man hofft mit einer neuen Generation von Detektoren mit wesentlich erhöhter Empfindlichkeit, einen eindeutigen Beweis für die Majorana-Natur der Neutrinos zu finden.

Zum Abschluß soll jetzt noch der Unterschied zwischen Dirac-Neutrinos und Majorana-Neutrinos in einer etwas formaleren Weise betrachtet werden. Dazu untersuchen wir zunächst die Teilchen-Antiteilchen-Konjugation

$$C|e^-_\mathrm{L}\rangle = \eta_C|e^+_\mathrm{L}\rangle \tag{7.232}$$

im Raum der Dirac-Spinoren, wobei wir als ersten Schritt den Zusammenhang zwischen den Lösungen für Teilchen und für Antiteilchen finden wollen. Die dem Zustand $|e^-_\mathrm{L}\rangle$ entsprechende Lösung (3.39) der freien Dirac-Gleichung lautet bei Vernachlässigung der Normierungsfaktoren $\psi_1 = u_1 \mathrm{e}^{-\mathrm{i}p\cdot x}$. Da die

Antiteilchen den Phasenfaktor $\mathrm{e}^{\mathrm{i}p\cdot x}$ haben, wählen wir $\psi_1^* = u_1^* \mathrm{e}^{\mathrm{i}p\cdot x}$ und suchen eine Matrix, die u_1^* in den Spinor v_2 des Antiteilchens gleicher Helizität verwandelt. Dies wird durch die Matrix $\mathrm{i}\gamma^2$ bewerkstelligt, wie der Leser am besten durch explizite Konstruktion nachprüft.[14] Da dieser Zusammenhang auch für die anderen Spinoren gilt, haben wir also das allgemeine Ergebnis

$$\psi^C = \mathrm{i}\gamma^2\psi^* \tag{7.233}$$

abgeleitet, welches sich mit $C = \mathrm{i}\gamma^2\gamma^0$ leicht in

$$\psi^C = C\bar{\psi}^{\mathrm{tr}} \tag{7.234}$$

umformen läßt. In (7.234) bedeutet das Symbol „tr" die Operation „Transponieren", so daß $\bar{\psi}^{\mathrm{tr}}$ wieder ein Spaltenvektor ist. Der Operator C erfüllt u.a. die nützlichen Relationen

$$C = -C^{-1} \qquad \gamma_5 C = C\gamma_5 \qquad C\gamma^0 = -\gamma^0 C \ . \tag{7.235}$$

Damit kann $(\gamma_5\psi)^C = -\psi^C\gamma_5$ bewiesen werden, also gilt

$$\left(\frac{1\pm\gamma_5}{2}\psi\right)^C = \frac{1\mp\gamma_5}{2}\psi^C \ . \tag{7.236}$$

Mit der in Abschn. 3.1.2 eingeführten Schreibweise der chiralen Zustände wird daraus

$$R^C_{e^-} = L_{e^+} \tag{7.237}$$

bzw.

$$L^C_{e^-} = R_{e^+} \ , \tag{7.238}$$

wobei der Index an L und R jetzt spezifische Spinoren auswählt. Im Grenzfall verschwindender Masse sind diese Relation bereits aus (3.84) und (3.85) ablesbar.

Wir betrachten nun einen allgemeinen Neutrino-Spinor der Dirac-Theorie mit der chiralen Zerlegung

$$\nu_{\mathrm{D}} = L_\nu + R_\nu \ . \tag{7.239}$$

Der Erwartungswert $\langle m\rangle = \langle\nu|m^{\mathrm{op}}|\nu\rangle$ nimmt mit $\bar{L}_\nu L_\nu = \bar{R}_\nu R_\nu = 0$ in der Darstellung durch Dirac-Spinoren die Gestalt

$$\langle m\rangle = m_{\mathrm{D}}(\bar{L}_\nu R_\nu + \bar{R}_\nu L_\nu) \tag{7.240}$$

an. Im Standard-Modell ist $R_\nu = 0$, und daher haben die Neutrinos keine Masse. Dies ist nur eine andere Begründung der schon in Abschn. 3.1.2 diskutierten Tatsache. Im Umkehrschluß macht diese Gleichung aber klar, daß Neutrinos mit einer endlichen Dirac-Masse m_{D} die Existenz von rechtshändigen Zuständen R_ν erzwingen. Diese könnten in einer Erweiterung des Standard-Modells ähnlich wie die rechtshändigen geladenen Leptonen und Quarks in ein $SU2_{\mathrm{L}} \otimes U1$-Singulett eingebaut werden. Daher koppeln sie weder an geladene noch an neutrale Ströme. Die Massenunterschiede innerhalb

[14] Mit MAPLE geht das sehr rasch.

einer Familie von Leptonen sind damit aber wesentlich größer als bei den Quarks, und dies ist eine sehr unbefriedigende Situation.

Ein viel diskutierter Ausweg bietet sich an, wenn die Neutrinos Majorana-Teilchen wären. Indem wir nun den Massenoperator zunächst auf den Raum der Antineutrinos erweitern, erhalten wir mit (7.236)

$$\langle m\rangle = m_{\rm D}(\bar{R}_{\bar{\nu}} L_{\bar{\nu}} + \bar{L}_{\bar{\nu}} R_{\bar{\nu}}) \ . \tag{7.241}$$

Diese Gleichung läßt sich mit (7.240) in eine Matrixgleichung

$$\langle m\rangle = \begin{pmatrix} \bar{L}_\nu & \bar{L}_{\bar{\nu}} \end{pmatrix} \begin{pmatrix} 0 & m_{\rm D} \\ m_{\rm D} & 0 \end{pmatrix} \begin{pmatrix} R_{\bar{\nu}} \\ R_\nu \end{pmatrix} + k.k. \tag{7.242}$$

zusammenfassen, in der alle durch (7.239) erlaubten Terme vorkommen.

Majorana-Neutrinos unterscheiden nicht zwischen Teilchen und Antiteilchen. Anstelle von (7.239) und der entsprechenden Gleichung für die Antiteilchen können die Linearkombinationen

$$\nu_{\rm M,L} = L_\nu + L_\nu^C = L_\nu + R_{\bar{\nu}} \tag{7.243}$$

und

$$\nu_{\rm M,R} = R_\nu + R_\nu^C = R_\nu + L_{\bar{\nu}} \tag{7.244}$$

als Darstellung eines linkshändigen und eines rechtshändigen Majorana-Neutrinos mit Hilfe von Dirac-Spinoren wählen. Für den Erwartungswert der Masse gilt deshalb

$$\langle m\rangle = \begin{pmatrix} \bar{L}_\nu & \bar{L}_{\bar{\nu}} \end{pmatrix} \begin{pmatrix} m_{\rm M,L} & 0 \\ 0 & m_{\rm M,R} \end{pmatrix} \begin{pmatrix} R_{\bar{\nu}} \\ R_\nu \end{pmatrix} + k.k. \ , \tag{7.245}$$

und damit lautet die allgemeinste Form der Massengleichung

$$\langle m\rangle = \begin{pmatrix} \bar{L}_\nu & \bar{L}_{\bar{\nu}} \end{pmatrix} \begin{pmatrix} m_{\rm M,L} & m_{\rm D} \\ m_{\rm D} & m_{\rm M,R} \end{pmatrix} \begin{pmatrix} R_{\bar{\nu}} \\ R_\nu \end{pmatrix} + k.k. \ . \tag{7.246}$$

Im sog. *seesaw*-Modell wird

$$\begin{pmatrix} 0 & m_{\rm D} \\ m_{\rm D} & M \end{pmatrix} \tag{7.247}$$

als Massenmatrix angenommen.[15] Hierin ist M eine sehr große Masse von etwa 10^{10}–10^{15} GeV, das ist ungefähr die Massenskala der im übernächsten Abschnitt behandelten vereinheitlichten Theorien. Für $m_{\rm D}$ wird z. B. die Masse der geladenen Leptonen oder die Massenskala (7.119) der elektroschwachen Theorie eingesetzt. Die Eigenwerte dieser Matrix sind durch

$$\lambda_{1,2} = \frac{M}{2} \mp \sqrt{\frac{M^2}{4} + m_{\rm D}^2} \tag{7.248}$$

[15] Das englische Wort *seesaw* bedeutet „Schaukel".

gegeben, wofür

$$\lambda_1 = -\frac{m_\mathrm{D}^2}{M} \quad , \qquad \lambda_2 = M \tag{7.249}$$

eine ausgezeichnete Näherung darstellt. Das negative Vorzeichen von λ_1 kann durch eine Phasentransformation, die im untenstehenden Kasten erläutert wird, absorbiert werden. Die entsprechenden Eigenvektoren zu diesen Eigenwerten sind ein linkshändiges und ein rechtshändiges Majorana-Neutrino. Die Masse des linkshändigen Neutrinos $\nu_{\mathrm{M,L}}$, das gegenüber dem *flavor*-Zustand ν_L nur um den winzigen Winkel m_D/M gedreht ist, kann über den Wert von M beliebig eingestellt werden. Mit $M = 10^{10}$ GeV und $m_\mathrm{D} = m_e$ ergibt sich für das Elektron-Neutrino z.B. $m_{\nu_e} \approx 10^{-7}$ eV. Die Masse M des rechtshändigen Neutrinos ist so groß, daß es sich jeder Beobachtung im Labor entzieht. Das *seesaw*-Modell erklärt also auf fast natürliche Weise, daß die Massen der Neutrinos soviel kleiner sind als die der anderen Fermionen einer Generation. Wir nehmen nun an, daß m_D mit der Masse der geladenen Leptonen identifiziert werden kann. Falls dann die Masse M eine universelle Skala darstellt, erhalten wir zusätzlich die Vorhersage

$$m_1 : m_2 : m_3 = m_e^2 : m_\mu^2 : m_\tau^2 \tag{7.250}$$

für die Eigenwerte der Neutrinomassen. Bei kleinen Mischungswinkeln könnte man diese angenähert mit den Massen von ν_e, ν_μ und ν_τ gleichsetzen. Wir haben aber im letzten Abschnitt gesehen, daß die leptonischen Mischungswinkel ziemlich groß sind. Manchmal wird m_D auch mit den Massen der Quarks mit $Q = 2/3$ gleichgesetzt. Damit bekommt man die Vorhersage

$$m_1 : m_2 : m_3 = m_u^2 : m_c^2 : m_t^2 \quad . \tag{7.251}$$

Das sich im Moment entwickelnde Bild der Massen aus den Daten der Oszillations-Experimente, wie es auf S. 445 diskutiert wurde, scheint aber in keines der beiden naiven Schemata zu passen.

Vertiefung

Neben ψ ist wie immer auch $\psi' = \mathrm{e}^{\mathrm{i}\alpha}\psi$ eine Lösung der Dirac-Gleichung. Diese Phasentransformation wirkt aber unterschiedlich auf Teilchen und Antiteilchen,

$$L'_\nu = \mathrm{e}^{\mathrm{i}\alpha} L_\nu \quad , \quad R'_\nu = \mathrm{e}^{\mathrm{i}\alpha} R_\nu \tag{7.252}$$

bzw.

$$L'_{\bar\nu} = \mathrm{e}^{-\mathrm{i}\alpha} L_{\bar\nu} \quad , \quad R'_{\bar\nu} = \mathrm{e}^{-\mathrm{i}\alpha} R_{\bar\nu} \quad . \tag{7.253}$$

Mit $\alpha = \pi/2$ wird (7.246) in

$$\langle m \rangle = \begin{pmatrix} \bar L_\nu & \bar L_{\bar\nu} \end{pmatrix} \begin{pmatrix} -m_{\mathrm{M,L}} & m_\mathrm{D} \\ m_\mathrm{D} & -m_{\mathrm{M,R}} \end{pmatrix} \begin{pmatrix} R_{\bar\nu} \\ R_\nu \end{pmatrix} + k.k. \tag{7.254}$$

transformiert und im *seesaw*-Modell werden die Eigenwerte

$$\lambda_1' = \frac{m_D^2}{M} , \qquad \lambda_2' = -M \tag{7.255}$$

erhalten. Es gibt also insgesamt vier Lösungen mit reellen Eigenwerten, von denen die beiden Lösungen mit positiven Eigenwerten ausgewählt werden.

7.10.2 Das Parameter-Problem

Das physikalische Modell der Materie, wie wir es in diesem Kapitel beschrieben haben, hat eine wirklich beeindruckende experimentelle Bestätigung gefunden. Wir kennen zur Zeit kein Experiment, dessen gesicherte Ergebnisse mit den Vorhersagen der Theorie im Widerspruch stehen.[16] Im Gegenteil haben sich sogar alle Experimente, die eine Zeitlang einen Widerspruch feststellten, später als falsch erwiesen. Das Modell enthält eine endliche Anzahl von Parametern, die wir im folgenden auflisten:

1. Die Feinstrukturkonstante α, die Fermikonstante G_F und die Masse M_Z des Z^0-Bosons als fundamentale Konstanten der elektroschwachen Theorie.
2. Die laufende Kopplungskonstante $\alpha_S(M_Z^2)$ der starken Wechselwirkung bzw. der QCD-Parameter Λ.
3. Die Massen m_e, m_μ, m_τ der geladenen Leptonen.
4. Die Massen der (u, d, c, s, t, b)-Quarks.
5. Die vier Mischungsparameter der CKM-Matrix.
6. Die Masse des Higgs-Bosons.

Dies sind zusammen 18 Parameter. Wenn man als minimale Erweiterung des Standard-Modells außerdem erlaubt, daß die Neutrinos eine (kleine) Masse haben, kommen nochmal drei Parameter für die Massen und vier Mischungsparameter einer CKM-Matrix im leptonischen Sektor hinzu.

Auf den ersten Blick sieht dieses Ergebnis sehr vielversprechend aus. Man kann nun argumentieren, daß nach Hinzunahme der Gravitationskonstanten, der Lichtgeschwindigkeit und des Planckschen Wirkungsquantums die gesamte Natur durch nur 21 (28) Parameter erklärt werden kann, deren Zahlenwerte i.allg. sehr gut bekannt sind. Die ungezählten Materialkonstanten der Ingenieurwissenschaften z.B. sind wenigstens im Prinzip einer Berechnung in der Atomphysik zugänglich und können somit auf diese grundlegenden Parameter zurückgeführt werden.

Auf der anderen Seite muß jedoch zugegeben werden, daß gerade diese Liste von Parametern offenbart, wie weit wir von einer eigentlichen Theorie der Materie noch entfernt sind. Es fällt in der Tat sofort auf, daß das Standard-Modell bei Wertung der Farbe als Unterscheidungsmerkmal mittlerweile 24 elementare Fermionen enthält. Dazu kommen noch 12 Feldteilchen und das Higgs-Boson. Dies sind zusammen mehr als die Zahl der bekannten Hadronen vor der Entwicklung des Quarkmodells.

[16] Massen und Mischungswinkel der Neutrinos sehen wir nicht als Widerlegung, sondern als Erweiterung der minimalen Version des Standard-Modells an.

Es ist sehr verlockend, eine Reduktion dieser Teilchenzahlen durch Einführung einer neuen Ebene von Substruktur (*compositeness*) zu versuchen. Einige Eigenschaften des Spektrums deuten ja darauf hin, daß Quarks und Leptonen vielleicht doch keine elementaren Teilchen sind. Hierzu gehört z.B. die Ladungsquantisierung, d.h. die Tatsache, daß die Ladung des Elektrons ein ganzzahliges Vielfaches der Quarkladung ist. Vor allem aber könnten zusammengesetzte Quarks und Leptonen eventuell das Generationenproblem lösen. Hier hat es seit der Entdeckung des Myons keinen wirklichen Fortschritt mehr gegeben. Die beste Deutung für das Vorhandensein von je drei Familien von Leptonen und Quarks bietet bis jetzt immer noch das eingangs des Buches angeführte anthropische Prinzip: Die zweite und dritte Generation ermöglichen unsere Existenz, da nur so im Standard-Modell eine CP-Verletzung und damit die Entwicklung eines Universums aus Materie erlaubt wird (Abschn. 2.7.4).

Ganz im Sinne des Quarkmodells gibt man den Konstituenten einer neuen Substruktur den Spin $1/2$. H. Harari [Har79] führt z.B. zwei *Rishonen*, das T und das V ein. Das T-Rishon hat die Ladung $1/3$, das V-Rishon ist ungeladen. Damit ergibt sich dann für die Leptonen und Quarks der ersten Generation

$$\begin{aligned} |e^+\rangle &= |TTT\rangle \\ |\nu_e\rangle &= |VVV\rangle \\ |u\rangle &= |TTV\rangle \\ |\bar{d}\rangle &= |TVV\rangle \ . \end{aligned} \tag{7.256}$$

Wenn jetzt zusätzlich angenommen wird, daß es auf die Reihenfolge der Rishonen ankommt, bekommen die Quarks automatisch einen neuen dreiwertigen Freiheitsgrad, die Farbe, da dann z.B. das u-Quark als $|TTV\rangle$, $|TVT\rangle$ und $|VTT\rangle$ angeschrieben werden kann.

Entsprechend dem Vorgehen bei der Entwicklung des Quarkmodells stellen wir uns vor, daß die Rishonen in den Quarks und Leptonen durch eine neue superstarke Farbkraft eingeschlossen sind, also Singuletts bezüglich dieser Farbe bilden. Damit taucht aber sofort ein neues Hindernis auf. Das e^+ hat eine symmetrische Rishon-Wellenfunktion, wegen der antisymmetrischen Superfarbe-Wellenfunktion bleibt für den Spin dann nur noch die symmetrische Kombination, d.h. $J = 3/2$ übrig. Wir sehen also, daß eine Wiederholung der QCD sehr schnell auf schwer überwindbare Grenzen stößt.

Das Generationenrätsel wird in dem genannten Modell offenbar nicht angegangen. Es macht jedoch hier keinen Sinn, diese Betrachtungen zu vertiefen, da alle Modelle mit Substruktur ein weiteres fundamentales Problem haben: Sie geraten in gefährliche Nähe zum Widerspruch mit der Heisenbergschen Unschärferelation. Wir wissen, daß der Radius der bekannten Fermionen kleiner als 10^{-18} m ist. Dazu gehören nach der Unschärferelation Impulse der Konstituenten > 200 GeV! Dies läßt sich auch so formulieren, daß ein in eine Kugel mit dem Radius R eingeschlossenes, masseloses Teilchen sich wie ein freies Teilchen der effektiven Masse

$$m_{\text{eff}} \approx \frac{2{,}5}{R} \tag{7.257}$$

verhält, siehe (4.103). In der QCD ergibt dies ein konsistentes Bild. Zum Radius der Nukleonen gehören Quarks mit der Konstituenten-Masse von etwa 300 MeV. Sie haben magnetische Momente von $eQ/2m_{\text{eff}}$ und bewegen sich mit nichtrelativistischen Geschwindigkeiten im Nukleon. Für die Masse der Nukleonen folgt daraus

$$M_{\text{N}} \approx 3m_{\text{eff}} \quad . \tag{7.258}$$

Ganz anders ist die Situation bei den Quarks und Leptonen. Die Konstituenten mit Massen > 200 GeV müssen zusammengesetzte Systeme bilden, die eine praktisch verschwindende Masse haben! Wie dies dynamisch realisiert werden soll, ist nicht wirklich klar. Ein Blick zurück zeigt uns, daß übergeordnete Prinzipien wie die Forderung nach Erhaltung des Axialvektorstromes oder eine spontan gebrochene chirale Symmetrie sehr wohl verschwindende Massen erzwingen können. Obwohl es noch nicht gelungen ist, mit Hilfe solcher Vorstellungen eine überzeugende Theorie der Substruktur zu formulieren, bleiben derartige Modelle aus den oben dargelegten Gründen weiterhin attraktiv. Letztlich muß diese Frage experimentell entschieden werden. Sollte z.B. das Ziel erreicht werden, angeregte Leptonen (e^*, μ^*) oder Leptoquarks, d.h. Teilchen mit Leptonenzahl *und* Farbe zu finden, wäre damit der Beweis für eine neue Substruktur erbracht.

7.10.3 Die große Vereinheitlichung

Ein weiterer Mangel des Standard-Modells besteht darin, daß es keine wirklich vereinheitlichte Theorie der starken und elektroschwachen Wechselwirkung ist. Von einer solchen Theorie erwarten wir, daß die Teilchen als Darstellung einer einzigen Gruppe auftreten, und demzufolge die Energiedichte der Wechselwirkung nur noch von einer einzigen universellen Kopplungskonstanten g_{V} abhängt. Das erste Modell einer solchen *grand unified theory* (GUT) wurde von H. Georgi und S.L. Glashow [Geo74] vorgelegt. Es dient auch heute als eine Art Referenzmodell für alle weiteren Versuche der Formulierung einer vereinheitlichten Theorie der Materie.

Georgi und Glashow gingen von der Gruppe $SU5$ aus, d.h. der Gruppe der unitären Transformationen in fünf Dimensionen. Die Fundamentaldarstellungen 5 und 5^* sind naturgemäß fünfdimensional. Quarks und Leptonen aus der ersten Generation wurden von den Autoren gemäß

$$\begin{pmatrix} \bar{d}_{\text{R}} \\ \bar{d}_G \\ \bar{d}_B \\ e^- \\ \nu_e \end{pmatrix}_{\text{L}} \tag{7.259}$$

den kovarianten Komponenten q_i der Darstellung 5^* zugeordnet. Die ersten drei Plätze werden also von linkshändigen Anti-d-Quarks ($L_{\bar{d}}$) mit den Farben $\bar{R}$, $\bar{G}$ und $\bar{B}$ eingenommen. Es sind die ladungskonjugierten Zustände (7.236) zu den rechtshändigen d-Quarks und tragen daher die Quantenzahlen $(\frac{2}{3}, 0)$ von schwacher Hyperladung und Isospin. Die beiden unteren Plätze sind mit dem linkshändigen Dublett (6.105) zum schwachen Isospin besetzt. Die Antiteilchen zu (7.259) gehören zu den kontravarianten Komponenten q^i der fünfdimensionalen Fundamentaldarstellung.

Die nächsthöhere Darstellung finden wir entsprechend der Diskussion in Abschn. 4.1.4 durch Konstruktion des antisymmetrischen Tensors

$$\frac{1}{2}(q^i q^k - q^k q^i) \ . \tag{7.260}$$

Aus (4.32) lesen wir ab, daß sie zehndimensional ist. Welche Quantenzahlen werden die zugeordneten Basisvektoren haben? Beginnen wir mit $i = 4$ und $k = 5$. Aus der Vorschrift (7.260) folgt sofort

$$\begin{aligned} Y &= 2 \\ I_{3,\mathrm{L}} &= 0 \ . \end{aligned} \tag{7.261}$$

Dies sind die Quantenzahlen des linkshändigen Positrons, also des Antiteilchens zum rechtshändigen Elektron. Als weiteres Beispiel soll noch $i = 4$ und $k = 1$ betrachtet werden. Aus der Addition der Hyperladungen bekommen wir $Y = 1/3$, die dritte Komponente des Isospins hat den Wert $-1/2$, die Farbe ist rot. Alles zusammen zeigt, daß wir es mit dem roten linkshändigen d-Quark zu tun haben. So lassen sich alle zehn Zustände der Darstellung bestimmen, wobei noch beachtet werden muß, daß eine antisymmetrische Kombination von Farbindizes eine Antifarbe ergibt (4.33). In tensorieller Form lautet die zehndimensionale Darstellung demnach:

$$D = \frac{1}{\sqrt{2}} \begin{pmatrix} 0 & \bar{u}_B & -\bar{u}_G & -u_\mathrm{R} & -d_\mathrm{R} \\ -\bar{u}_B & 0 & \bar{u}_\mathrm{R} & -u_G & -d_G \\ \bar{u}_G & -\bar{u}_\mathrm{R} & 0 & -u_B & -d_B \\ u_\mathrm{R} & u_G & u_B & 0 & -e^+ \\ d_\mathrm{R} & d_G & d_B & e^+ & 0 \end{pmatrix}_\mathrm{L} \ . \tag{7.262}$$

Die Vorzeichen entsprechen der Konvention. Mit der schon gewohnten Identifikation „linkshändiges Teilchen gleich rechtshändiges Antiteilchen" stellen wir also fest, daß alle 15 verschiedenen Eigenzustände zu Farbe, Hyperladung und Isospin der ersten Generation von Quarks und Leptonen in den Darstellungen 5^* und 10 der $SU5$ enthalten sind. Verglichen mit der Diskussion der Gruppen $SU3_\mathrm{F}$ und $SU3_C$ ist dies schon etwas ungewöhnlich, da wir dort die Konstituenten in der Fundamentaldarstellung unterbringen konnten. Es läßt sich aber kein grundsätzliches Argument gegen ein solches Vorgehen anführen. Für die zweite und dritte Generation muß das gerade diskutierte Verfahren wiederholt werden, das Generationenproblem wird also in diesem Modell nicht gelöst.

Die Ordnung der Gruppe ist 24, ihr Rang 4. Es gibt demnach 24 Generatoren, von denen vier diagonalisierbar sind. Wir ersparen uns eine systematische Diskussion der Generatoren von $SU5$. Sie lassen sich durch Ergänzen der Erzeugenden von $SU3_C$ konstruieren. Georgi und Glashow fanden, daß das Produkt $SU3 \otimes SU2 \otimes U1$ in $SU5$ enthalten ist. Dies kommt schon in der Konstruktion der Darstellungen zum Ausdruck. Demnach lassen sich die diagonalen Generatoren von $SU5$ mit den Eigenwertoperatoren F_3, F_8 der Farbgruppe und den elektroschwachen Operatoren $I_{3,\mathrm{L}}$, $\sqrt{\frac{3}{20}}Y$ identifizieren. Die Werte der Diagonalelemente sind natürlich durch die Eigenwerte der Fundamentaldarstellung festgelegt, also z.B.

$$\frac{1}{2}\lambda_3 = F_3 = \begin{pmatrix} \frac{1}{2} & 0 & 0 & 0 & 0 \\ 0 & -\frac{1}{2} & 0 & 0 & 0 \\ 0 & 0 & 0 & 0 & 0 \\ 0 & 0 & 0 & 0 & 0 \\ 0 & 0 & 0 & 0 & 0 \end{pmatrix} \tag{7.263}$$

bzw.

$$\frac{1}{2}\lambda_{24} = \sqrt{\frac{3}{20}}Y = \begin{pmatrix} \frac{2}{3}\sqrt{\frac{3}{20}} & 0 & 0 & 0 & 0 \\ 0 & \frac{2}{3}\sqrt{\frac{3}{20}} & 0 & 0 & 0 \\ 0 & 0 & \frac{2}{3}\sqrt{\frac{3}{20}} & 0 & 0 \\ 0 & 0 & 0 & -\sqrt{\frac{3}{20}} & 0 \\ 0 & 0 & 0 & 0 & -\sqrt{\frac{3}{20}} \end{pmatrix} . \tag{7.264}$$

Der Faktor $\sqrt{\frac{3}{20}}$ in der letzten Gleichung ist eine zwangsläufige Folge der schon in Abschn. 4.1.2 benutzten Bedingung, daß die Generatoren einer Gruppe die gleiche Normierung haben müssen.

Damit sind wir an einem physikalisch wichtigen Punkt angekommen. Da der Ladungsoperator $\hat{Q}$ eine Linearkombination von $\hat{Y}$ und $\hat{I}_{3,\mathrm{L}}$ ist, kann er ebenfalls als Generator von $SU5$ aufgefaßt werden. Die Spur der Generatoren verschwindet, d.h. im Multiplett gilt

$$3\hat{Q}|\bar{d}\rangle = -\hat{Q}|e^-\rangle \tag{7.265}$$

und deshalb

$$\hat{Q}|p\rangle = -\hat{Q}|e^-\rangle \ . \tag{7.266}$$

Die vereinheitlichte Theorie liefert somit eine einfache Erklärung der absoluten Gleichheit der Ladungen des Elektrons und des Protons!

Genau so wie bei der Diskussion der $SU3_C$ lassen sich die Quantenzahlen der Feldteilchen (Eichbosonen) durch Konstruktion des Tensors T^i_k unter Ausschluß der Spur ermitteln. Es sind 24 Stück. Neben den acht Gluonen, den W, Z-Bosonen und dem Photon gibt es noch X-Bosonen und Y-Bosonen. Die X-Bosonen haben die elektrische Ladung $-4/3$ und die Farben rot, grün und blau. Die ebenfalls farbigen Y-Bosonen tragen die Ladung $-1/3$. Zusammen mit ihren Antiteilchen enthält $SU5$ also zwölf zusätzliche Feldquanten. Die durch sie vermittelten Übergänge zwischen Quarks und Leptonen oder zwischen Quarks mit unterschiedlichen *flavor*-Quantenzahlen sind in Abb. 7.32 angegeben. Diese Diagramme führen sofort zu einem wirklich dramatischen Effekt, nämlich dem Zerfall des Protons. Die in der $SU5$-Theorie dominanten

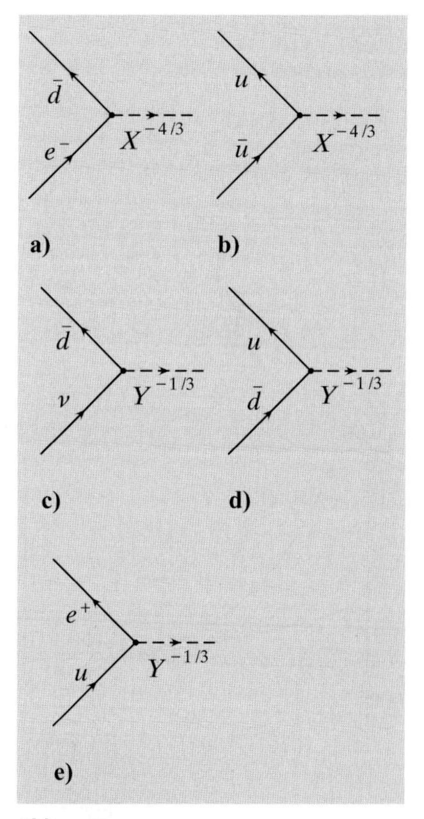

Abb. 7.32a–e
Die Kopplung der X, Y-Bosonen an Quarks und Leptonen

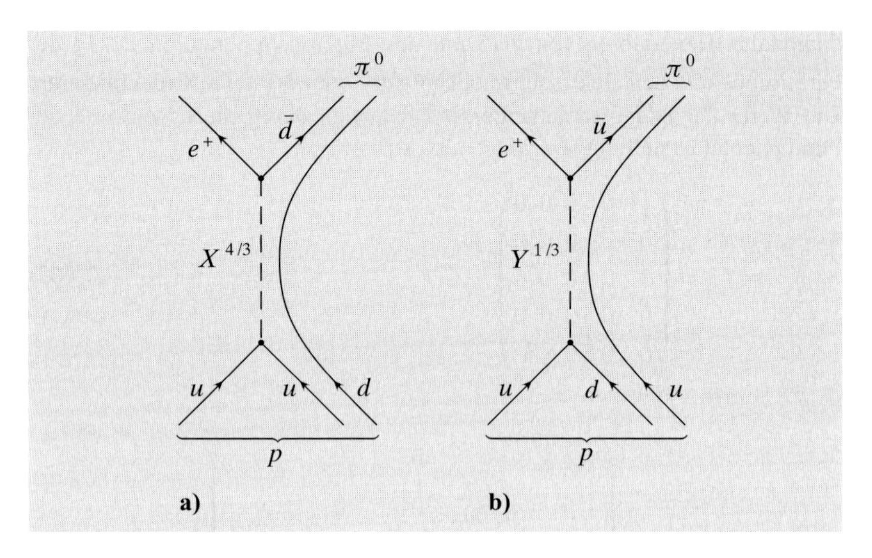

Abb. 7.33a,b
Die wichtigsten Diagramme, die in der $SU5$-Theorie zum Proton-Zerfall führen

Feynman-Graphen dieses Prozesses zeigt die Abb. 7.33. Der Nukleon-Zerfall ist aber eine unvermeidliche Konsequenz *aller* vereinheitlichten Theorien, da sie Quarks und Leptonen im gleichen Multiplett enthalten.

Eine hohe Lebensdauer des Protons läßt sich nur durch eine große Masse der X- und Y-Bosonen erreichen. Diese Masse M_X gibt wie im elektroschwachen Beispiel den Wert der Schwerpunktsenergie an, ab dem alle Wechselwirkungen gleich stark werden,

$$g_5 = g_S = g_1 = g_2 \ . \tag{7.267}$$

Unterhalb $\sqrt{s} = M_X$ wird die $SU5$-Symmetrie gebrochen, es bleibt nur die $SU3_C \otimes SU2_L \otimes U1$-Symmetrie bestehen. Die zugehörigen Kopplungskonstanten entwickeln sich unabhängig voneinander. Dieses Laufverhalten der Kopplungskonstanten bzw. der zugehörigen Konstanten α_N ist schematisch in Abb. 7.34 aufgetragen ($\alpha_S = \alpha_3$).

Wir entnehmen aus (4.61) den Zusammenhang

$$\frac{1}{\alpha_S(M_Z^2)} = \frac{1}{\alpha_S(M_X^2)} - \frac{33 - 4n_g}{12\pi} \ln \frac{M_X^2}{M_Z^2} \ . \tag{7.268}$$

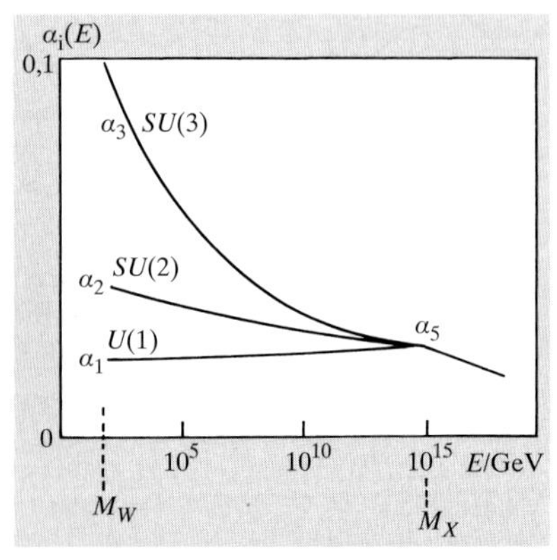

Abb. 7.34
Entwicklung der Kopplungskonstanten in $SU5$ und $SU3_C \otimes SU2_L \otimes U1$

Hierin bedeutet n_g die Zahl der Teilchengenerationen. Die Konstante α_1 der mit Y verknüpften Symmetriegruppe $U1$ hat die gleiche $|q^2|$-Abhängigkeit wie die elektromagnetische Feinstrukturkonstante α. Aus (3.134) kann daher die Beziehung

$$\frac{1}{\alpha_1(M_Z^2)} = \frac{1}{\alpha_1(M_X^2)} + \frac{4n_g}{12\pi} \ln \frac{M_X^2}{M_Z^2} \tag{7.269}$$

abgeleitet werden. Die beiden letzten Gleichungen ziehen wir voneinander ab und bekommen

$$\frac{1}{\alpha_S(M_Z^2)} - \frac{1}{\alpha_1(M_Z^2)} = -\frac{33}{12\pi} \ln \frac{M_X^2}{M_Z^2} \ . \tag{7.270}$$

Jetzt drücken wir α_1 durch $\sin^2\Theta_{\mathrm{W}}$ und α aus. Die Wechselwirkungsdichte der Energie weist einen elektroschwachen Anteil

$$g_2 \boldsymbol{j}_{\mathrm{L}} \boldsymbol{W} + g_1 \sqrt{\frac{3}{20}} j^Y B \tag{7.271}$$

auf. Der Faktor $\sqrt{3/20}$ berücksichtigt hier wieder den Zusammenhang zwischen dem zum Operator λ_{24} gehörenden Strom j_{24} und dem Strom j_Y. Der Vergleich mit (6.125) führt zur Identität

$$g_1 = \sqrt{\frac{5}{3}} g' \quad \text{und} \quad g_2 = g \ , \tag{7.272}$$

woraus sich unter Benutzung von (6.129)

$$\alpha_1(M_Z^2) = \frac{5\alpha(M_Z^2)}{3\cos^2\left[\Theta_{\mathrm{W}}(M_Z^2)\right]} \tag{7.273}$$

ergibt. Nach Einsetzen in (7.270) kann man M_X berechnen. Das Resultat lautet mit $\alpha_{\mathrm{S}}(M_Z^2) = 0{,}118$ und $\sin^2\left[\Theta_{\mathrm{W}}(M_Z^2)\right] = 0{,}223$ dann

$$M_X = 4{,}5 \cdot 10^{14}\,\mathrm{GeV} \ . \tag{7.274}$$

Je nach dem verwendeten Wert von α_{S} ergeben sich hier Änderungen von etwa 30 %, aber auf jeden Fall ist die Energieskala der vereinheitlichten Theorie ungeheuer groß.

Nachdem nun M_X bekannt ist, läßt sich die Proton-Lebensdauer berechnen. Wir begnügen uns mit folgender Abschätzung. Der X, Y-Bosonpropagator in Abb. 7.33 trägt – wie der W-Boson-Propagator bei den schwachen Zerfällen – zur Amplitude nur mit dem Faktor $1/M_X^2$ bei. Aus Dimensionsgründen muß die Zerfallsbreite dann die Form

$$\Gamma^p = \alpha_5^2 \frac{M_p^5}{M_X^4} \tag{7.275}$$

annehmen. Daraus erhalten wir

$$\tau_p = 8 \cdot 10^{30}\,\mathrm{a} \tag{7.276}$$

für $\alpha_5 = 0{,}02$ (Abb. 7.34). Sorgfältigere Berechnungen [Moh92] führten zu

$$\tau_p = 2 \cdot 10^{29\pm 1{,}7}\,\mathrm{a} \tag{7.277}$$

mit einem Verzweigungsverhältnis von ca. 45 % in den Zerfallskanal $p \to e^+\pi^0$.

Die Suche nach dem Zerfall des Protons blieb bis heute erfolglos. Sie wurde mit großem experimentellen Aufwand durchgeführt. Da in 1000 Tonnen Materie im Mittel etwa $3 \cdot 10^{32}$ Protonen vorhanden sind, zerfallen in Detektoren dieser Masse selbst bei einer Lebensdauer von 10^{32} a noch drei Protonen pro Jahr. Es kamen zwei verschiedene Arten von Detektoren zum Einsatz. Die erste Art bestand aus großen Wassertanks, bei denen die Zerfallsteilchen durch das von ihnen erzeugte Čerenkov-Licht nachgewiesen wurden (Abb. 7.28). Ein anderer Typ benutzte eine Anordnung aus Eisenplatten und spurenempfindlichen Kammern zum Nachweis der Zerfallsprodukte (Abb. 7.35). Damit

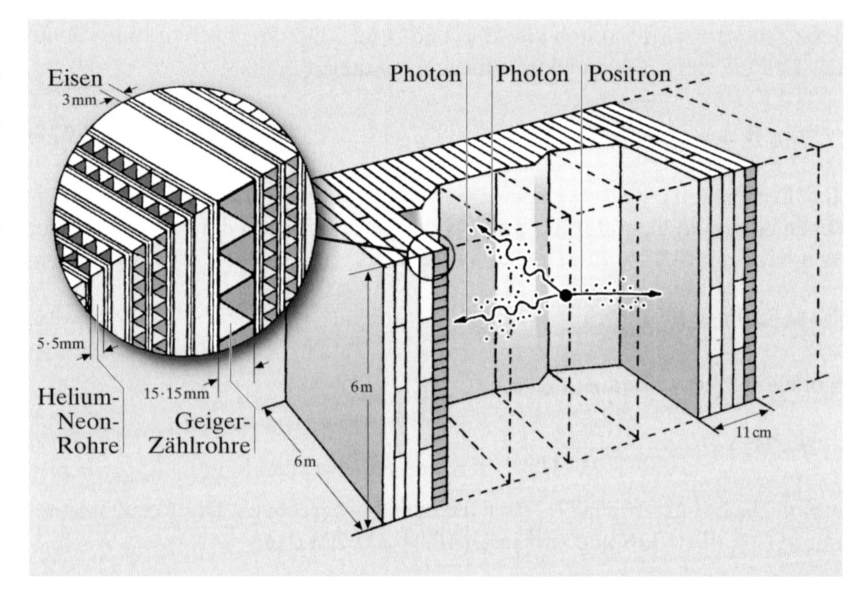

Abb. 7.35
Der Fréjus-Detektor [Ber87c] zur Suche nach dem Proton-Zerfall. Der Detektor besteht aus Lagen von Eisenplatten, zwischen denen sich dünne Röhrchen mit einem Helium-Neon-Gasgemisch befinden. Mit ihrer Hilfe wird eine hohe Ortsauflösung der Spuren erzielt. Die zum Zünden der Gasentladung nötige Hochspannung wird durch Geiger-Zählrohre ausgelöst

bei der äußerst geringen Zählrate ein Protonzerfall nicht durch eine von der Höhenstrahlung ausgelöste Kernreaktion im Detektor vorgetäuscht wurde, befanden sich diese Experimente in Höhlen möglichst tief unter der Erde. Es blieben dann praktisch nur noch Neutrinoreaktionen als Untergrundprozesse übrig. Diese Neutrinos werden von der kosmischen Strahlung in der Lufthülle der Erde erzeugt. Als untere Grenze der Lebensdauer wurde mit 90 %iger Sicherheit

$$\frac{\tau_p}{B(p \to e^+\pi^0)} > 1{,}6 \cdot 10^{33}\ \mathrm{a} \tag{7.278}$$

ermittelt. Das ist weit außerhalb des durch die $SU5$-Theorie erlaubten Bereichs.

Zur Berechnung von M_X wurde nur die Gleichheit von g_S und g_1 bei GUT-Energien ausgenutzt. Da hier aber auch $g_2 = g_1 = g_5$ gelten muß, ermitteln wir mit Hilfe von (6.129) sofort

$$\sin^2[\Theta_W(M_X^2)] = \frac{3}{8}\ . \tag{7.279}$$

Diese bemerkenswerte Herleitung einer Kopplungskonstanten ist noch nicht direkt von Nutzen, da die Vorhersage ja bei einer experimentell nie erreichbaren Energie liegt. Mit Hilfe der zu (7.268) und (7.269) analogen Gleichung für α_2 wurde jedoch

$$\sin^2[\Theta_W(M_Z^2)] = 0{,}214 \pm 0{,}003 \tag{7.280}$$

ausgerechnet. Dieses Ergebnis ist nicht gut mit den in Abschn. 7.2.2 diskutierten Werten von $\sin^2\Theta_W$ verträglich. Sehr anschaulich kann die Diskrepanz dargestellt werden, wenn man nicht die Gleichheit der Kopplungskonstanten bei einer bestimmten Energie fordert, sondern die bei niederen Energien gemessenen Werte der laufenden Kopplungskonstanten zu hohen Energien extrapoliert. In Abb. 7.36 sind die inversen Kopplungen in Abhängigkeit von einer Energieskala Q aufgetragen. Es ist deutlich zu sehen, daß sie sich nicht in einem Punkt treffen, auch wenn die Unsicherheit von $\alpha_S(M_Z^2)$ berücksichtigt wird.

Damit sind die beiden entscheidenden Vorhersagen der $SU5$ widerlegt. Wenn auch eine experimentelle Bestätigung nicht gelungen ist, kann man sich doch vorstellen, daß gewisse Züge dieses Modells in einer endgültigen Theorie der Materie erhalten bleiben, da die allgemeinen Ideen der großen Vereinheitlichung physikalisch sehr attraktiv sind.

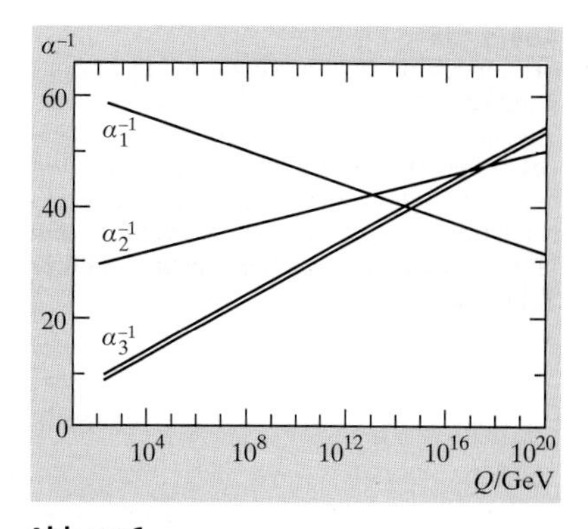

Abb. 7.36
Die Extrapolation der laufenden Kopplungen α_1, α_2 und $\alpha_3 = \alpha_S$ von der Z^0-Masse zur GUT-Skala. Die Unsicherheit in α_S wird durch die doppelte Linie beschrieben

7.10.4 Hierarchie und Feinabstimmung

Wie in Abschn. 7.7 diskutiert wurde, ist im GSW-Modell die Kopplungsstärke der Fermionen an das Higgs-Boson (Abb. 7.14) proportional zur Fermion-Masse,

$$c_{Hf\bar{f}} = -\mathrm{i}(G_F\sqrt{2})^{\frac{1}{2}} m_f \ . \tag{7.281}$$

Diese Kopplungen sollen nun mit λ_f bezeichnet werden. Unter Benutzung von (7.119) wird aus (7.281)

$$\lambda_f = -\mathrm{i} m_f / v \tag{7.282}$$

abgeleitet. Umgekehrt läßt sich demnach argumentieren, daß die Fermion-Massen durch den Vakuum-Erwartungswert des Higgs-Potentials v und die unbekannten Yukawa-Kopplungen λ_f festgelegt sind. Ähnliche Beziehungen gelten auch für die Masse der Eichbosonen, (7.117) und (7.118). In der Abschätzung (7.107) für die obere Grenze der Masse des Higgs-Bosons taucht v ebenfalls auf und stellt somit die universelle Massenskala der Theorie dar. Beim Einbau der starken Wechselwirkung in das Standard-Modell tritt ein weiterer dimensionsbehafteter Parameter, nämlich der Abschneideparameter Λ der QCD, hinzu. Er ist, wie wir in Abschn. 4.2.2 gesehen haben, eng mit dem Radius der Hadronen verknüpft.

Verglichen mit M_X liegen Λ und v sehr dicht beieinander. Die „Hierarchie" der Massenskalen einer vereinheitlichten Theorie weist demnach riesige Sprünge auf, deren Grund nicht verstanden ist. Wenn man jedoch diese neue Massenskala aufgreift, also verlangt, daß das Standard-Modell physikalische Prozesse bis zu Schwerpunktsenergien dieser Größenordnung richtig beschreibt, gerät man in ernste Schwierigkeiten. Um sie aufzufinden, müssen erneut die Strahlungskorrekturen diskutiert werden.

Zu jedem Prozeß mit Higgs-Bosonen gibt es Diagramme höherer Ordnung, in denen eine Higgs-Boson-Linie durch Beiträge, wie sie in Abb. 7.37a gezeigt sind, ersetzt wird. Die den einzelnen Schleifen der Abb. 7.37a entsprechenden Integrale sind divergent. Dies ist jedoch nicht so schlimm, wie es vielleicht zunächst erscheint. In Laufe der Entwicklung der QED haben die Physiker gelernt, mit solchen Divergenzen umzugehen. Im Beispiel der QED wurde in Abschn. 3.1.4 gezeigt, daß die Divergenzen des zum Graphen Abb. 7.37b

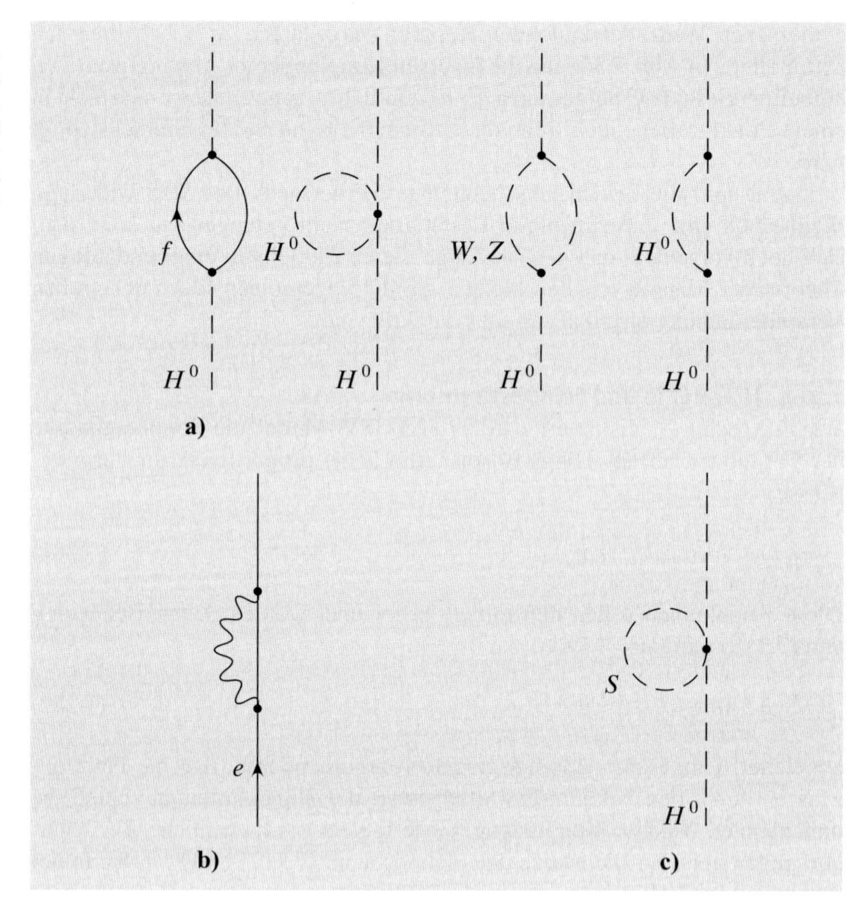

Abb. 7.37a–c
(**a**) Diagramme höherer Ordnung (Strahlungskorrekturen), die zur Masse des Higgs-Bosons im GSW-Modell beitragen. (**b**) Sogenanntes Selbstenergie-Diagramm der QED, das eine Änderung der Elektronenmasse bewirkt. (**c**) Korrektur zum Higgs-Propagator durch ein neues skalares Teilchen

gehörenden Integrals absorbiert werden, indem alle Resultate als Funktion der renormierten Masse

$$m = m_0 \left(1 + \frac{3\alpha}{4\pi} \ln \frac{\Lambda^2}{m_0^2}\right) \tag{7.283}$$

angegeben werden. Hierin ist m_0 die sog. nackte Masse eines Elektrons. Die QED birgt also logarithmische Divergenzen, die jedoch unter Kontrolle bleiben, solange man die obere Gültigkeitsgrenze Λ der Theorie z.B. mit der Planck-Masse ($M_{\text{Pl}} = 1/\sqrt{G}$) von $1{,}2 \cdot 10^{19}$GeV identifiziert. Bei solchen Abständen ist eine Theorie, welche die Gravitation außer acht läßt, sowieso falsch.[17] Andererseits ist der Unterschied zwischen der nackten und der nach (7.283) berechneten renormierten Masse eines Elektrons immer noch ziemlich klein, $m/m_0 \approx 1{,}7$.

Im Gegensatz zu (7.283) sind die zu einem skalaren Teilchen, wie dem Higgs-Boson, gehörenden Massenkorrekturterme additiv, und ihre führenden Beiträge wachsen quadratisch mit der Abschneide-Energie Λ an [Hab85, Mar99]. Betrachten wir als Beispiel die Fermion-Schleife in

[17] Zwei Teilchen der Energie $E = M_{\text{Pl}}$ üben im Abstand r aufeinander eine Kraft aus, die über das Gravitationsgesetz zu $F = g_{\text{eff}}^2/r^2$ mit $g_{\text{eff}} \approx 1$ abgeschätzt werden kann. Die effektive Kopplungskonstante g_{eff} ist also von der $\mathcal{O}(1)$.

Abb. 7.37a. Die Rechnung ergibt für das *top*-Quark

$$M_H^2 = M_0^2 - \frac{|\lambda_t|^2}{8\pi^2}\Lambda^2 + \mathcal{O}\left(\ln\frac{\Lambda^2}{m_t^2}\right) , \tag{7.284}$$

wobei M_0 die unkorrigierte Higgs-Masse ist. Der Beitrag der anderen Fermionen kann hier vernachlässigt werden. Eine quadratische Divergenz hätte man früher auf jeden Fall als katastrophal angesehen. Die moderne Argumentation ist subtiler. Wir wählen als Gültigkeitsgrenze der Theorie die GUT-Skala, $\Lambda \approx 10^{15}$ GeV. Dann folgt, daß der Parameter M_0^2 auf der rechten Seite mit einer Genauigkeit von etwa 24 Stellen bekannt sein muß, damit aus der Differenz der beiden ersten Terme in (7.284) eine physikalisch beobachtbare Higgs-Masse von 100 GeV berechnet werden kann! Es ist nicht recht glaubhaft, daß eine solche Feinabstimmung der Parameter in der Natur realisiert ist. Damit sind wir im Zusammenhang mit dem Higgs-Boson jetzt schon zum zweiten Mal auf ein *fine tuning problem* gestoßen, das aber im Gegensatz zur kosmologischen Konstanten nicht erst bei der Betrachtung der Gravitation auftaucht, sondern direkt mit der elektroschwachen Theorie verknüpft ist.

7.10.5 Die supersymmetrische Erweiterung des Standard-Modells

Hiermit wird deutlich, daß das Standard-Modell ohne neue physikalische Ideen nur bis zu Energien, die sehr weit unterhalb von M_X liegen, richtig sein kann. Eine elegante Methode, die genannten Schwierigkeiten mit den divergenten Integralen zu umgehen, beruht auf der Beobachtung, daß bestimmte Schleifenintegrale mit umlaufenden Bosonen und Fermionen sich im Vorzeichen unterscheiden. Angenommen, es gibt skalare Teilchen S mit der Masse des *top*-Quarks und einer quartischen Kopplung der Stärke λ_S an das Higgs-Boson (Abb. 7.38).[18] Dann trägt der Graph in Abb. 7.37c mit einem Anteil $\lambda_S\Lambda^2/(16\pi^2)$ zu M_H^2 bei. Mit zwei solchen Teilchen und $\lambda_S = |\lambda_t|^2$ wird also die quadratische Divergenz in (7.284) vollständig kompensiert! Derselbe Mechanismus funktioniert auch für die verbleibenden Graphen in Abb. 7.37a. Dies ist offensichtlich der Fall für den zweiten Graphen, der eine Selbstwechselwirkung des Higgs-Bosons beschreibt, die in Umkehrung der gerade benutzten Argumente durch ein neues Fermion kompensiert wird.

In der supersymmetrischen Erweiterung des Standard-Modells wird das Teilchenspektrum genau in diesem Sinne erweitert. Ein *chirales* Supermultiplett besteht aus einem linkshändigen und einem rechtshändigen Fermion und den dazugehörigen Spin 0-Teilchen. Im Beispiel des *top*-Quarks sind es also t_L, t_R und die skalaren Teilchen $\tilde{t}_L$ und $\tilde{t}_R$. Anstelle von skalaren *top*-Quarks spricht man vereinfachend von *Stop*-Quarks bzw. allgemein von *Squarks* bzw. *Sleptonen* oder *Sfermionen*. Um den Vergleich mit der Literatur zu vereinfachen, bezeichnen die Indizes L und R auch an den Teilchen in diesem Abschnitt die Chiralität. Beachten Sie aber bitte, daß die Indizes L, R bei den Sfermionen auch im Grenzfall kleiner Massen keine Spineinstellung auswählen, die Sfermionen haben den Spin 0. Der Index besagt vielmehr, daß das jeweilige Sfermion der supersymmetrische Partner eines chiralen Fermions ist. Die Sfermionen koppeln mit der gleichen Stärke wie die Fermionen an die Eichbosonen. Die Feynman-Regeln für die neuen Teilchen sind also sehr ein-

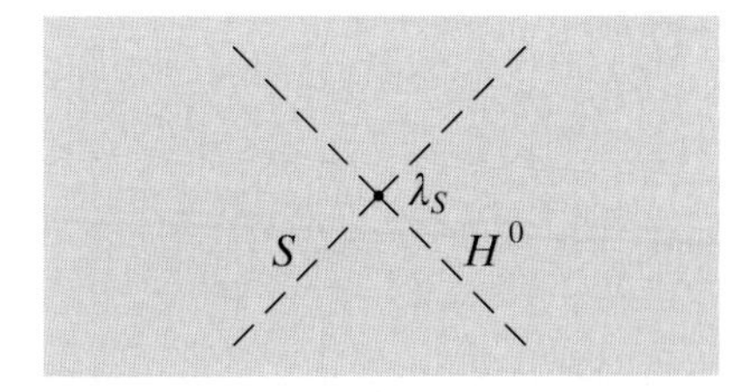

Abb. 7.38
Quartische Kopplung eines skalaren Teilchens an das Higgs-Bosson

[18] Im Gegensatz zu den bisher betrachteten Feynman-Graphen bilden hier vier Teilchen einen Vertex.

fach. Insbesondere bedeutet dies z.B., daß das W-Boson an $\tilde{u}_\mathrm{L}$ koppelt, aber nicht an das $\tilde{u}_\mathrm{R}$.

Die Supersymmetrie ist eine innere Symmetrie. Die Generatoren der Symmetrie sind Operatoren Q, die Fermionen in Bosonen und Bosonen in Fermionen verwandeln,

$$Q|\mathrm{Fermion}\rangle = |\mathrm{Boson}\rangle \ ; \qquad Q|\mathrm{Boson}\rangle = |\mathrm{Fermion}\rangle \ . \tag{7.285}$$

Man braucht mindestens einen Operator, der aber aus vier Komponenten Q^α besteht, da die Fermionen durch Spinoren dargestellt werden. Diese Operatoren vertauschen mit der S-Matrix, daher müssen die Mitglieder der Supermultipletts die gleiche Masse haben. Sie erfüllen theoretisch besonders interessante Vertauschungs- und Antivertauschungsrelationen. Diese verknüpfen nämlich die Generatoren Q^α mit den Generatoren der Poincaré-Gruppe und zeigen damit erstmals die Möglichkeit, auch die Gravitation in die Theorie einzubeziehen. Dazu muß aber die globale Supersymmetrie zu einer lokalen Supersymmetrie erweitert werden. Die darauf beruhenden Modelle werden als Supergravitation (SUGRA) bezeichnet. Dies ist ein zentrales Thema der theoretischen Physik, der interessierte Leser findet vielleicht einen passenden Einstieg im dritten Band des neuen Lehrbuchs von S. Weinberg [Wei00].

Die supersymmetrischen Partner der Eichbosonen sind Fermionen und haben damit den Spin 1/2. Sie werden als *Gauginos* bezeichnet. Es gibt Gluinos, Winos und Binos als Partner der Gluonen, W-Bosonen und des B-Bosons der elektroschwachen Theorie. Sie bilden zusammen mit den Eichbosonen des Standard-Modells Eich-Supermultipletts und tragen die Farb- und *flavor*-Quantenzahlen ihrer Partner. Die Gluinos z.B. bilden wie die Gluonen ein Farb-Oktett.

Der Higgs-Sektor des Standard-Modells besteht aus einem komplexen Isodublett mit $Y = 1$ (siehe Kasten auf S. 419f.). Vor der elektroschwachen Symmetriebrechung gibt es also ein geladenes Feld H^+ und ein neutrales Feld H^0 mit jeweils zwei Freiheitsgraden. Diese Felder würden durch Q in zwei Fermionen verwandelt, die Higgsinos $\tilde{H}^+$ und $\tilde{H}^0$. Da jedes Higgsino zwei Spin-Einstellungen hat, werden alle Freiheitsgrade verbraucht, wie es auch sein sollte. An dieser Stelle muß jedoch die Theorie in einem wichtigen Punkt modifiziert werden. Das Standard-Modell in seiner minimalen Form mit nur einem Higgs-Boson kann nicht supersymmetrisch erweitert werden, da sonst sog. Dreiecks-Anomalien auftreten, die zu einer neuen Klasse von Divergenzen führen. Um dieses Argument zu verstehen, betrachten wir Abb. 7.39, in der ein Beitrag höherer Ordnung zur Compton-Streuung mit einem typischen Dreiecks-Graphen angegeben wird. Die beiden Photonen haben die übliche γ^μ-Kopplung, das Z^0-Boson hat einen γ^μ- und einen $\gamma^\mu\gamma^5$-Anteil. Es stellt sich nun heraus, daß gerade dieser Axialvektor-Anteil für umlaufende linkshändige Fermionen divergent wird, falls nicht alle beitragenden Fermionen-Dubletts die Bedingung

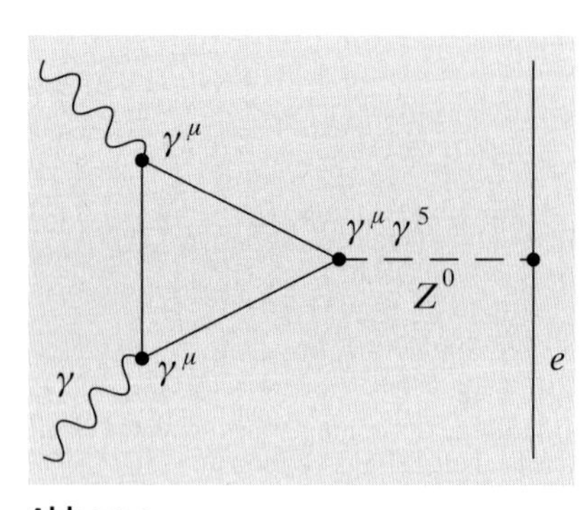

Abb. 7.39
Ein Beitrag höherer Ordnung zur Compton-Streuung, der eine Dreieck-Schleife enthält

$$\sum Y = 0 \tag{7.286}$$

erfüllen. Im Standard-Modell ist dies wunderbarerweise der Fall, in jeder Generation haben die linkshändigen Leptonen $Y = -1$ und die linkshändigen Quarks $Y = 1/3$. Die Quarks müssen aber wegen der drei Farben dreifach gezählt werden und daher wird die Bedingung (7.286) erfüllt. In der supersymmetrischen Theorie kann auch das geladene Higgsino zur Schleife beitragen. Es hat jedoch wie die ursprünglichen Higgs-Felder $Y = 1$ und somit wird (7.286) verletzt.

Der Ausweg aus diesem Dilemma besteht in der Konstruktion eines Modells, in dem der Higgs-Sektor zwei komplexe Felder von Isodubletts enthält,

$$\begin{pmatrix} H_2^+ \\ H_2^0 \end{pmatrix}, \begin{pmatrix} H_1^0 \\ H_1^- \end{pmatrix}, \tag{7.287}$$

wobei das erste Dublett zu $Y = 1$ und das zweite Dublett zu $Y = -1$ gehört. Damit wird auch unter Einschluß der Higgsinos (7.286) erfüllt, und Dreiecks-Anomalien treten nicht mehr auf.

Die fundamentalen Felder und Teilchen der supersymmetrischen Welt sind in Tabelle 7.3 zusammen mit ihrer Zuordnung zur Gruppe $SU3_C \otimes SU2_L \otimes U1$ aufgetragen. Die Eichfelder und die Higgsfelder sind im Zustand vor der elektroschwachen Symmetriebrechung angegeben, weil nur so eine Einordnung in $SU2_L$-Multipletts möglich ist. Nach der Symmetriebrechung treten das Z^0-Boson und das Photon in der üblichen Weise als Mischung von W^0- und B-Boson auf. Durch den Higgs-Mechanismus werden wieder drei der acht Feldkomponenten verbraucht, es bleiben also fünf Higgsfelder übrig, die zu

Symbol	Teilchen	Spin	$SU3_C$	$SU2_L$	Y
q_L	Quark	1/2	3	2	1/3
$\tilde{q}_L$	Squark	0	3	2	1/3
q_R	Quark (u)	1/2	3	1	4/3
$\tilde{q}_R$	Squark (u)	0	3	1	4/3
q_R	Quark (d)	1/2	3	1	−2/3
$\tilde{q}_R$	Squark (d)	0	3	1	−2/3
l_L	Lepton	1/2	1	2	−1
$\tilde{l}_L$	Slepton	0	1	2	−1
l_R	Lepton	1/2	1	1	−2
$\tilde{l}_R$	Slepton	0	1	1	−2
g	Gluon	1	8	1	0
$\tilde{g}$	Gluino	1/2	8	1	0
$W^{\pm,0}$	W-Boson	1	1	3	0
$\tilde{W}^{\pm,0}$	Wino	1/2	1	3	0
B	B-Boson	1	1	1	0
$\tilde{B}$	Bino	1/2	1	1	0
H_1^+, H_1^0	Higgs-Boson	0	1	2	1
$\tilde{H}_1^+, \tilde{H}_1^0$	Higgsino	1/2	1	2	1
H_2^0, H_2^-	Higgs-Boson	0	1	2	−1
$\tilde{H}_2^0, \tilde{H}_2^-$	Higgsino	1/2	1	2	−1

Tabelle 7.3
Das Teilchenspektrum einer supersymmetrischen Welt. Von den Quarks, Squarks, Leptonen und Sleptonen gibt es jeweils drei Familien. In den Spalten mit der Überschrift $SU3_C$ und $SU2_L$ wird die Dimension der Multipletts angegeben, die letzte Spalte enthält die Eigenwerte der schwachen Hyperladung Y

den fünf beobachtbaren Higgs-Bosonen

$$h^0, H^0, A, H^+, H^- \tag{7.288}$$

mischen. Die beiden ersten neutralen Higgs-Bosonen haben gerade CP-Parität, das neutrale A ist CP-ungerade. Das leichtere der beiden CP-geraden Bosonen wird mit h^0 bezeichnet.

Zu diesen fünf Higgs-Bosonen gibt es nun nicht einfach die entsprechenden Higgsinos. Die acht Freiheitsgrade der beiden Higgs-Dubletts werden nämlich zu den acht Freiheitsgraden der vier Higgsinos $\tilde{H}_2^+$, $\tilde{H}_2^0$, $\tilde{H}_1^0$, $\tilde{H}_1^-$ mit Spin 1/2 transformiert. Die Winos $\tilde{W}^\pm$ sind nach Definition farbneutral. Sie haben die gleiche Ladung und den gleichen Spin wie die ebenfalls farbneutralen Higgsinofelder $\tilde{H}_2^+$ und $\tilde{H}_1^-$. Sie können also mit den geladenen Higgsinos zu vier sog. *Charginos* mischen, die mit $\tilde{\chi}_1^\pm$ und $\tilde{\chi}_2^\pm$ bezeichnet werden. Ebenso mischen die Gauginos $\tilde{W}^0$, $\tilde{B}$ und die Higgsinos $\tilde{H}_1^0$, $\tilde{H}_2^0$ zu vier Neutralinos $\tilde{\chi}_1^0$, $\tilde{\chi}_2^0$, $\tilde{\chi}_3^0$, $\tilde{\chi}_4^0$. Ein mögliches Mischungs-Szenario der Neutralinos besteht z.B. darin, daß Higgsinos und Gauginos getrennt bleiben und die Gauginos wie W^0 und B mischen. Wir erwarten dann zwei neutrale Higgsinos neben dem Photino und dem Zino.

Damit haben wir die Teilchentabelle der minimalen supersymmetrischen Erweiterung des Standard-Modells komplett. Es wird in der Literatur überall mit MSSM (*minimal supersymmetric standard model*) abgekürzt. Durch die neue Symmetrie kann die Gültigkeit des Standard-Modells bis zur Vereinheitlichungs-Masse M_X ausgedehnt werden, aber zu welchem Preis! Wenn wir wie üblich Teilchen, die sich nur im Vorzeichen der Ladung oder in der Farbe unterscheiden, einfach zählen, wird die Anzahl der fundamentalen Teilchen und Felder um 31 erhöht. Hinzu kommen eine Fülle von Mischungswinkeln und Phasen. Eine nichttriviale Abzählung der zusätzlichen Parameter kommt schon für das MSSM auf 105! Das Parameter-Problem stellt sich also hier in voller Schärfe dar. Wir werden weiter unten spezifische Modelle studieren, welche die Zahl der Parameter drastisch reduzieren.

Die Supersymmetrie muß gebrochen sein, da offenbar keine supersymmetrischen Partner gleicher Masse zu den bekannten Teilchen existieren. Es gibt z.B. kein Selektron, also ein elektrisch negativ geladenes Teilchen mit dem Spin 0 und der Masse 0,511 MeV. Durch die Symmetriebrechung bekommen die supersymmetrischen Teilchen Massen, die sich von denen ihrer Partner unterscheiden. Damit heben sich die Beiträge von Bosonen und Fermionen in den Schleifenintegralen nicht mehr vollständig auf. Der verbleibende Massenkorrekturterm bleibt aber wie in der QED kontrollierbar, falls die Massen der supersymmetrischen Teilchen auf ≤ 1 TeV beschränkt werden, sie müßten also am LHC gefunden werden. Gleichzeitig ist ihre Masse genügend groß, um nicht in Konflikt mit den Präzisionsmessungen der elektrochwachen Parameter zu geraten. Genau wie im Falle des *top*-Quarks und des Higgs-Bosons werden nämlich die Strahlungskorrekturen durch supersymmetrische Teilchen modifiziert. Diese könnten sich dann durch Abweichungen der gemessenen elektroschwachen Kopplungen von den Vorhersagen des Standard-Modells bemerkbar machen. Diese Übereinstimmung ist ein großer Vorzug des MSSM verglichen mit anderen Erweiterungen des Standard-Modells, welche schnell in Widerspruch zu den Messungen auf der Z^0-Resonanz geraten.

Durch das erweiterte Teilchenspektrum wird die Energieabhängigkeit der Kopplungskonstanten modifiziert, d.h. die Koeffizienten vor den Logarithmen in (7.269) und (7.270) enthalten zusätzliche Terme [Mar99]. Wenn die Schwelle für die neuen Beiträge wieder in der Größenordnung 1 TeV angenommen wird, ergibt sich nach Hinzunahme der Graphen höherer Ordnung das in Abb. 7.40 gezeigte Bild. Alle drei Kopplungskonstanten treffen sich präzise in einem Punkt. Umgekehrt bedeutet dieses Ergebnis, daß der im MSSM berechnete Wert von $\sin^2 \overline{\Theta}_W$ mit dem experimentellen Ergebnis innerhalb des theoretischen Fehlers von 1 % übereinstimmt. Dies wird von vielen Theoretikern als Versprechen für die Entdeckung einer (gebrochen) supersymmetrischen Welt in der Zukunft verstanden. Die Abb. 7.40 enthält auch eine einfache Erklärung für die Stabilität des Protons. Im MSSM wird M_X auf etwa 10^{16} GeV angehoben. Damit rückt die Beobachtbarkeit des Proton-Zerfalls in weite Ferne.

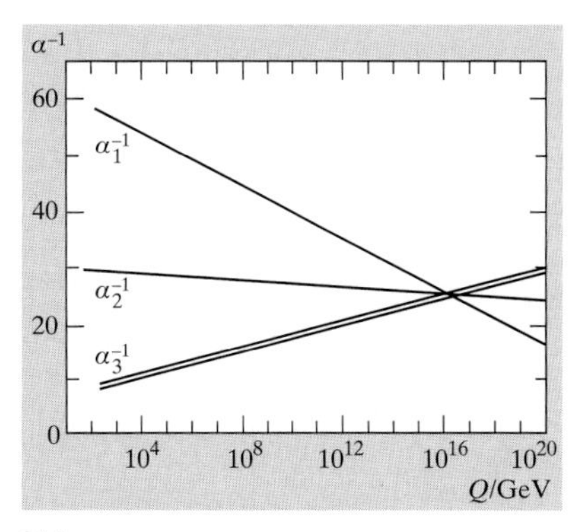

Abb. 7.40
Die Extrapolation der laufenden Kopplungen α_1, α_2 und α_3 von der Z-Masse zur GUT-Skala im MSSM. Die Unsicherheit in $\alpha_S = \alpha_3$ wird durch die doppelte Linie beschrieben

Das MSSM unterscheidet sich vom Standard-Modell zunächst im Higgs-Sektor. Die Vakuum-Erwartungswerte $\langle H^0_{1,2} \rangle = v_{1,2}/\sqrt{2}$ sind reell und durch

$$v^2 = v_1^2 + v_2^2 \tag{7.289}$$

miteinander verknüpft.[19] Hiermit bleiben die Massenrelationen (7.117) und (7.118) gültig. Ein wichtiger Parameter des MSSM ist das Verhältnis v_1/v_2, das meist durch die Definition

$$\tan\beta = \frac{v_1}{v_2} \tag{7.290}$$

ersetzt wird. Das Higgs-Boson des Standard-Modells kann im Prinzip eine fast beliebig große Masse haben. Im MSSM bleibt dies für A und $H^{\pm,0}$ gültig, während die Masse des h^0-Bosons die Bedingung

$$m_{h^0} \leq |\cos 2\beta| M_Z \tag{7.291}$$

erfüllen muß. Die Kopplung des h^0 an Fermionen und Eichbosonen wird für $\beta \to \pi/2$ identisch zu den entsprechenden Kopplungen des Higgs-Bosons im Standard-Modell [Gun90]. Die meisten Modelle und Analysen weisen auf große Werte von $\tan\beta$ hin. Die am LEP gefundene Massengrenze von 114,4 GeV für das Higgs-Boson kann daher auch für das h_0 verwendet werden. Dieses Ergebnis reicht aber nicht aus, das MSSM zu widerlegen. Es konnte nämlich gezeigt werden [Mar99], daß (7.291) durch Strahlungskorrekturen zu $m_{h^0} \leq 140$ GeV abgemildert wird. Durch Vergleich des im MSSM berechneten Produktionsquerschnitts mit den experimentellen Grenzen kann umgekehrt der Wertebereich $0{,}7 \leq \tan\beta \leq 1{,}8$ ausgeschlossen werden.

Eine radikale Vereinfachung des MSSM geht von dem Ansatz aus, daß bei GUT-Energien alle Bosonen (Higgs-Bosonen, Squarks, Sleptonen) eine gemeinsame Masse m_0 haben. Die Gauginos und Higgsinos bekommen die gemeinsame Masse $m_{1/2}$. Die Kopplungen A_0 der Higgs-Bosonen an die Sfermionen sind ebenfalls universell. Neben $\tan\beta$ kommt als fünfter Parameter noch das Vorzeichen eines Massenterms μ hinzu, der für das Higgs-Boson

[19] Siehe Kasten auf S. 419f.

und die Higgsinos gleich groß wird, also die Supersymmetrie erhält. In diesem Ansatz ist implizit enthalten, daß neben den Kopplungen jetzt auch die Massen zu Parametern werden, deren Wert von der Energieskala des Experiments abhängt. Die laufenden Massen werden theoretisch durch ähnliche Differentialgleichungen beschrieben, wie wir sie bei der Behandlung der laufenden Kopplungen kennengelernt haben (Übung zu Abschn. 3.1). Durch Lösung dieser sog. Renormierungsgruppen-Gleichungen läßt sich im Prinzip das Massenspektrum der physikalisch beobachtbaren supersymmetrischen Teilchen berechnen. Die Modelle zeigen i.allg., daß das leichteste supersymmetrische Teilchen ein Neutralino ist. Der Index an den Neutralinos und Charginos ordnet diese nach ihrer Masse. Das $\tilde{\chi}_1^0$ ist dann das LSP, das *lightest supersymmetric particle*. Die Rechnungen bestätigen auch, daß die Massen der neuen Teilchen unterhalb von 1 TeV liegen sollten, wobei häufig ein relativ leichtes $\tilde{\chi}_1^0$ vorhergesagt wird. Wenn auch die Vorhersagen nicht zwingend sind, können solche Massenspektren den Experimentalphysikern immerhin Anleitung und Motivation auf der Suche nach Signalen der Supersymmetrie bieten.

Supersymmetrische Teilchen unterscheiden sich von den alten Teilchen durch eine multiplikative Quantenzahl, die R-Parität. Sie ist durch

$$R = (-1)^{3B+L+2J} \tag{7.292}$$

definiert. B und L bedeuten hierin Baryonen- und Leptonenzahl, J ist der Spin. Die R-Parität beträgt offenbar $+1$ für die normalen Teilchen und -1 für ihre supersymmetrischen Partner. Im MSSM wird der Einfachheit halber die Erhaltung der R-Parität vorausgesetzt. Supersymmetrische Teilchen können daher nur paarweise erzeugt werden, und die anschließende Zerfallskette solcher Teilchen enthält am Ende immer das stabile LSP.

Als einfachstes Beispiel für die Suche nach supersymmetrischen Teilchen betrachten wir die Paarproduktion von rechtshändigen Smyonen ($\tilde{\mu}_\mathrm{R}$) in der e^-e^+-Annihilation. Sie werden durch γ- und Z^0-Austausch im s-Kanal erzeugt (Abb. 7.41). Der Wirkungsquerschnitt für den Photonaustausch kann aus (5.48) übernommen werden, dort wurden allerdings die Massen der Pionen vernachlässigt. Die Berücksichtigung der Massen der $\tilde{\mu}_\mathrm{R}$ ergibt einen Schwellenfaktor β^3 von der Geschwindigkeit der auslaufenden Teilchen. Diesen Faktor drücken wir wieder durch $\varrho_{\tilde{\mu}} = 4m_{\tilde{\mu}}^2/s$ aus und erhalten somit

$$\frac{\mathrm{d}\sigma}{\mathrm{d}\Omega} = \frac{\alpha^2}{8s}(1-\varrho_{\tilde{\mu}})^{\frac{3}{2}} \sin^2 \Theta \ . \tag{7.293}$$

Die Hinzunahme des Z^0-Austausches modifiziert das numerische Ergebnis für Schwerpunktsenergien weit oberhalb der Z^0-Masse nur geringfügig, so daß (7.293) immer noch als gute Näherung dienen kann.

Der kinematische Faktor zeigt, daß der totale Querschnitt der Elektron-Positron-Annihilation im Schwellenbereich der Produktion von Smyonen nur wenig geändert wird. Eine gute Strategie auf der Suche nach Smyonen ist daher eine Analyse des Endzustandes. Da die $\tilde{\mu}_\mathrm{R}$ nicht an das W-Boson koppeln, ist allein der Zerfall $\tilde{\mu}_\mathrm{R} \to \mu\tilde{\chi}_1^0$ möglich, siehe Abb. 7.41. Die Neutralinos haben nur eine schwache Wechselwirkung mit Materie, z.B. durch die Reaktion

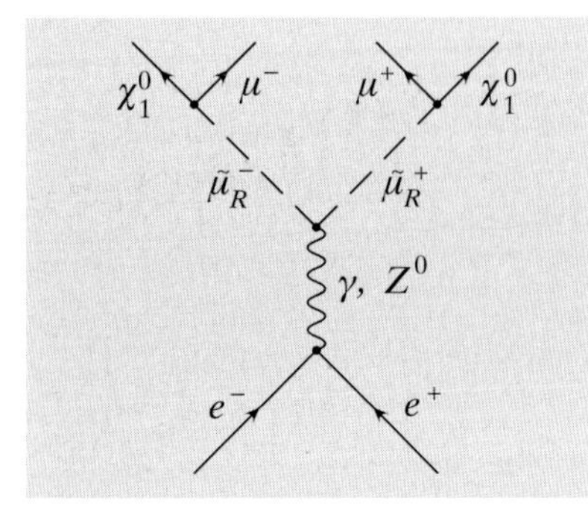

Abb. 7.41
Feynman-Diagramm der Erzeugung und des Zerfalls rechtshändiger Smyonen

$\chi_1^0 q \to \chi_1^0 q$, wie sie in Abb. 7.42 gezeigt ist, in der die Streuung über einen Squark-Zwischenzustand abläuft. Falls das Neutralino ein Photino ist, koppelt es elektromagnetisch, also mit der Kopplungskonstanten e, an den $q\tilde{q}$-Strom. Auch bei einer anderen Mischung gibt e immer noch die richtige Größenordnung. Mit unserer Erfahrung von der Neutrino-Streuung können wir also sehr schnell

$$\sigma \approx \alpha^2 \frac{\hat{s}}{m_{\tilde{q}}^4} \tag{7.294}$$

abschätzen, wobei $\hat{s}$ wieder das Quadrat der Schwerpunktsenergie im Gluino-Quark-System ist. Dieser Querschnitt wird für Squark-Massen von einigen hundert GeVsehr klein. Die Signatur zum Nachweis der Smyonen besteht also im Auftreten von genau zwei Myonen zusammen mit fehlender Energie im Detektor. Die Masse der Smyonen kann dann aus dem Kastenspektrum der im Zerfall entstehenden Myonen bestimmt werden (Abb. 2.12).

Die theoretische Beschreibung der Paarproduktion von Charginos ist schon wesentlich komplizierter. Der Produktionsquerschnitt muß aus den beiden

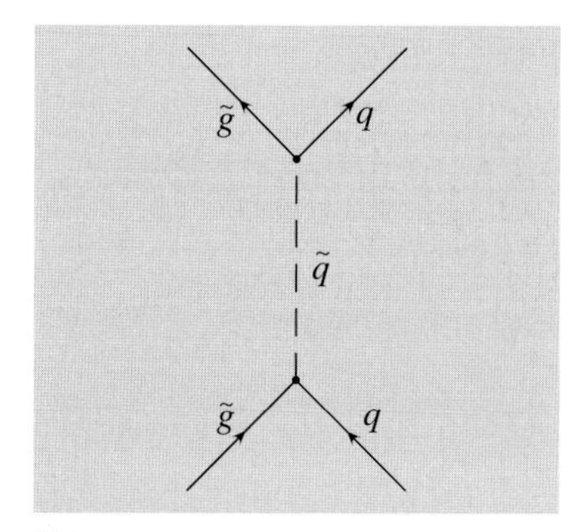

Abb. 7.42
Feynman-Diagramm zur elastischen Streuung eines Gluinos an einem Quark

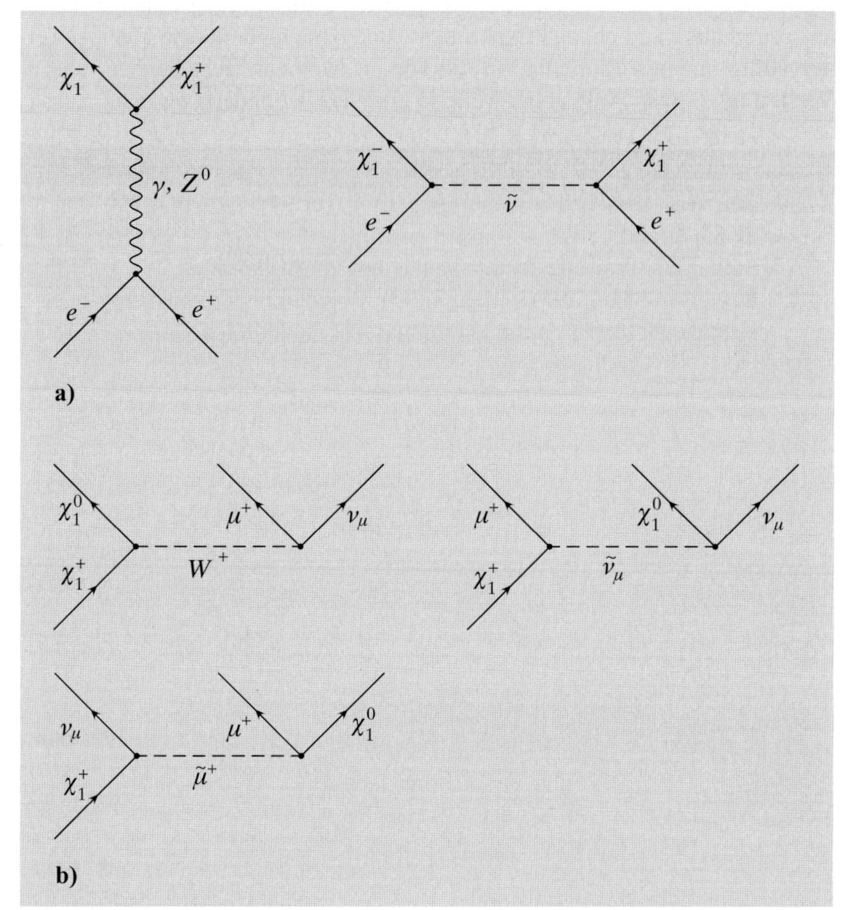

Abb. 7.43a,b
(**a**) Paarerzeugung von Charginos in der e^-e^+-Vernichtung. (**b**) Drei-Körper-Zerfall des Charginos in $\tilde{\chi}_1^0$ und Leptonen. Für Quarks im Endzustand gelten ganz ähnliche Diagramme

Diagrammen der Abb. 7.43a berechnet werden. Das soll jetzt hier nicht vorgerechnet werden. Eine Zusammenstellung der vielen Feynman-Regeln des MSSM findet der Leser z.B. in [Eic85, Gun90]. Auch die Zerfallskette der Charginos ist nicht mehr so einfach. Es sind u.a. die Zerfälle $\tilde{\chi}_1^+ \to \tilde{\chi}_1^0 q\bar{q}'$ und $\tilde{\chi}_1^+ \to \tilde{\chi}_1^0 l^+ \bar{\nu}$ möglich, zu denen jeweils drei Feynman-Diagramme beitragen (Abb. 7.43b).

Die experimentellen Massengrenzen für supersymmetrische Teilchen sind modellabhängig [PDG04]. Mit aller gebotenen Vorsicht lassen sich aber die folgenden pauschalen Angaben machen. Unter der Annahme, daß das χ_1^0 das leichteste supersymmetrische Teilchen ist, sind Sleptonen und Charginos praktisch bis zu einer Masse von 90 GeV durch die Experimente am LEP ausgeschlossen worden. Für die Squarks mit Ausnahme des *stops* gibt es bessere Grenzen vom Tevatron. Die Grenzen von Squarks und Gluinos sind miteinander korreliert. Für beide gilt jedoch in guter Näherung eine untere Massengrenze von 200 GeV. Die untere Massengrenze für das Neutralino beträgt inzwischen 39 GeV. Es deutet sich damit an, daß die Entdeckung einer (gebrochen) supersymmetrischen Welt nur am LHC möglich ist. Falls dies eintreten sollte, würde das Standard-Modell zusammen mit seiner supersymmetrischen Erweiterung eine weitere grandiose Bestätigung erhalten. Es ist aber durchaus möglich, daß Experimente und neue theoretische Ideen aus einer völlig anderen Richtung, an die wir im Moment nicht denken, unsere Vorstellungen vom Aufbau der Materie grundlegend ändern werden.

Übungen

7.13 Zeichnen Sie ein Feynman-Diagramm zur eW-Streuung, das einen divergenten Dreiecks-Graphen enthält.

7.14 Stellen Sie typische Zerfallskanäle des $\tilde{Z}^0$ zusammen.

7.15 Beweisen Sie (7.293), indem Sie die Berechnung des Wirkungsquerschnitts (5.48) für endliche Pionmassen wiederholen.

Lösungshinweise zu den Übungsaufgaben

Vorbemerkung: Immer wenn es sich empfiehlt, die Aufgaben mit einem algebraischen Programm zu lösen, wird auf die Web-Seite des Buches verwiesen, die über meine Homepage `http://mozart.physik.rwth-aachen.de` erreicht werden kann. Dort sind die entsprechenden MAPLE-Routinen und ihre Ergebnisse zu finden.

Kapitel 1

1.1 Es gilt wie immer $E = \sqrt{\boldsymbol{p}^2 + m^2}$, $T = E - m$ und $\beta = |\boldsymbol{p}|/E$. Daraus lassen sich die gesuchten Werte berechnen. Eine Graphik befindet sich im Web.

1.2 Zur graphischen Lösung konsultieren Sie bitte das Web.

1.3 Im Einheitensystem der Teilchenphysik wird aus der Dimension der Gravitationskonstanten (Länge^3 Zeit^{-2} Masse^{-1}) die Dimension (Energie)$^{-2}$. $G/(c^5\hbar)$ hat diese Dimension auch im SI-System und ist im Einheitensystem der Teilchenphysik mit G identisch. Im SI-System gilt $1/\sqrt{G/(c^5\hbar)} = 1{,}221 \cdot 10^{19}$ GeV.

1.4 Wir vernachlässigen den Spin der Teilchen. Dann gilt für den Bahndrehimpuls $L = Er = \sqrt{2}$, wegen $J = 1$. Daraus folgt $r = \sqrt{2}/E$. Das Reaktionsvolumen ist eine Kugel mit dem Radius r, also gilt für die Energiedichte $\rho_E \approx E^4/10$.

1.5 Mit den Ergebnissen der letzten Aufgabe folgt $t_0 = 1{,}75 \cdot 10^{-9}$ s.

1.6 Es gilt

$$s = 2(M^2 + E_1E_2 + |\boldsymbol{p}_1||\boldsymbol{p}_2|) \quad .$$

Aus $E_1 = 968$ MeV und $E_2 = 1138$ MeV folgt $\sqrt{s} = 2066$ MeV.

1.7 Mit Hilfe von (1.42) folgt $|\boldsymbol{p}| = 0{,}23$ GeV.

1.8 Die Hauptzerfallskanäle sind $\pi^+ \to \mu^+\nu_\mu$ und $\pi^+ \to e^+\nu_e$. Es sind aber auch Zerfälle mit einer zusätzlichen Abstrahlung von Photonen bzw. e^+e^--Paaren erlaubt.

1.9 Mit $P = p_1 + p_2$ gilt im Schwerpunktsystem offenbar

$$E_1 = \frac{P \cdot p_1}{\sqrt{s}} \quad .$$

Wenn man jetzt noch

$$2p_1 \cdot p_2 = (p_1 + p_2)^2 - m_1^2 - m_2^2$$

benutzt, läßt sich (1.43) relativ schnell ableiten.

1.10 Die Anwendung von (1.103) ergibt mit $m_f = m_\rho$ und $m = 0$ eine Zeitdauer von $2{,}2 \cdot 10^{-24}$ s.

1.11 Wir setzen als Basisreaktion die Streuung $\nu_e p \to e^- n$ an. Der Wirkungsquerschnitt beträgt nach (1.54) etwa 10^{-43} cm^2. Mit n_{Fe} aus (1.108) folgt $n_p = Zn_{\mathrm{Fe}}$ und daher $\lambda = 4{,}5 \cdot 10^{16}$ m. Für Pionen der angegebenen Energie ergibt sich aus Abb. 2.14 $\sigma \approx 10^{-25}$ cm^2. Daraus berechnet man $\lambda \approx 2$ cm, wenn als Dichte der Streuzentren An_{Fe} genommen wird. Dieser Ansatz einer Streuung an einzelnen Nukleonen ist aber gewagt, da die Reichweite eines Pions in Kernmaterie nur etwa 1 fm beträgt. Diese Zahl ergibt sich, wenn man den Kern als eine Kugel mit dem Radius $r_0 A^{1/3}$ und $r_0 = 1,3$ fm betrachtet.

1.12 In (1.120) setzen wir $\dot{N}_{\mathrm{in}} = n_1 f_p$ und $n_0 = n_2/(A\Delta z)$ ein.

1.13 Das Integral des Bhabha-Querschnitts ist $\sigma \approx 1{,}9 \cdot 10^{-30}$ cm^2. Also gilt $L = 2{,}6 \cdot 10^{30}$ cm^{-2}s^{-1}. Der integrierte Wirkungsquerschnitt der Paarerzeugung ist demgegenüber völlig vernachlässigbar, $\sigma \approx 5 \cdot 10^{-38}$ cm^2.

1.14 Es gilt

$$x_f = \boldsymbol{M}_{11} x_0 + \boldsymbol{M}_{12} x_0' \ ,$$

wobei die Matrixelemente aus dem Produkt eines fokussierenden Quadrupols (1.151) und einer freien Wegstrecke (1.153) berechnet werden. Damit folgt

$$\boldsymbol{M}_{11} = \cos \Omega - l\sqrt{k} \ ,$$

also $l = 1,47$ m. Der Rest der Aufgabe ist wieder ein gutes Beispiel für die Anwendung der Computeralgebra. Bitte konsultieren Sie das Web.

Kapitel 2

2.1 Mit $a_i' = R_{ik} a_k$ und $b_i' = R_{il} b_l$ folgt $a_i' b_i' = R_{ik} R_{il} a_k b_l = a_k b_k$. Im letzten Schritt wurde die Orthogonalitätsrelation (2.88) benutzt.

2.2 Zur Berechnung von (2.123) muß $\mathrm{e}^{-\mathrm{i}\sigma_2 \Theta}$ berechnet werden. Dazu wird (2.142) mit dem Ergebnis

$$d^{1/2} = \begin{pmatrix} \cos(\Theta/2) & -\sin(\Theta/2) \\ \sin(\Theta/2) & \cos(\Theta/2) \end{pmatrix}$$

benutzt.

2.3 Es gilt $\hat{j}_+ = \hat{j}_{(1),+} + \hat{j}_{(2),+}$. Dieser Operator wird auf die rechte Seite von (2.153) angewendet. Die Indizes (1) und (2) beziehen sich auf den jeweils ersten bzw. zweiten Faktor eines Produkts von Zuständen.

2.4 Zur Berechnung der Zerfallswinkelverteilung eines ρ-Mesons mit „Spin auf" muß $J = 1,\ J_3 = 1,\ \lambda = \lambda_1 = \lambda_2 = 0$ in (2.214) eingesetzt werden. Sie ist also durch

$$\frac{\mathrm{d}\Gamma}{\mathrm{d}\Omega} \sim \frac{1}{2}\sin^2\Theta |t_{00}|^2$$

gegeben. Der Rest der Aufgabe wird ebenso bearbeitet.

2.5 Die Formel (2.254) verkürzt sich auf ein Glied mit $J = 1$. Legen Sie eine entsprechende Tabelle an.

2.6 Es bleiben nur die Amplituden $f_{\frac{1}{2}\frac{-1}{2},\frac{1}{2}\frac{-1}{2}}$ und $f_{\frac{1}{2}\frac{-1}{2},\frac{-1}{2}\frac{1}{2}}$ (und ihre Partner mit gespiegelter Helizität) übrig. Die zugehörigen Funktionen d^1 sind proportional zu $(1+\cos\Theta)$ und $(1-\cos\Theta)$. Die Winkelverteilung des Wirkungsquerschnitts ist also proportional zu $(1+\cos^2\Theta)$.

2.7 Aus (2.269) folgt

$$|\uparrow\uparrow\rangle = \frac{1}{2}(|++\rangle - |--\rangle + \mathrm{i}|+-\rangle + \mathrm{i}|-+\rangle) \ .$$

Damit gilt

$$\langle +-|T|\uparrow\uparrow\rangle \sim \left(f_{\frac{1}{2}\frac{-1}{2},\frac{1}{2}\frac{-1}{2}} + f_{\frac{1}{2}\frac{-1}{2},\frac{-1}{2}\frac{1}{2}}\right) \ ,$$

woraus

$$|T|^2 \sim 1 + \cos^2\Theta + \sin^2\Theta\cos(2\phi)$$

berechnet wird.

2.8 Wegen $\sigma = \int |f|^2\,\mathrm{d}\Omega$ gilt mit $|t|_{\max} = 1$ für jede beitragende Helizitätsamplitude

$$\sigma_{\max} = \frac{12\pi}{\boldsymbol{p}^2} \ .$$

Hierbei wurde noch (2.124) benutzt.

2.9 Eine solche Kurvendiskussion geht am einfachsten mit dem Computer. Ein Beispiel findet sich im Web.

2.10 Auch hier sollten Sie Ihr Ergebnis mit der Lösung im Web vergleichen.

2.11 Der Beweis gelingt sofort mit

$$\int \frac{1}{x^2+b^2}\,\mathrm{d}x = \frac{1}{b}\arctan\left(\frac{x}{b}\right) \ .$$

2.12 ϵ^0 wird durch die Drehung nicht geändert. Die Drehmatrix der räumlichen Komponenten ist durch

$$R_z(\phi)R_y(\Theta) = \begin{pmatrix} \cos\Theta\cos\phi & -\sin\phi & \sin\Theta\cos\phi \\ \cos\Theta\sin\phi & \cos\phi & \sin\Theta\sin\phi \\ -\sin\Theta & 0 & \cos\Theta \end{pmatrix}$$

gegeben. Damit wird (2.283) bewiesen.

2.13 Die Summe der Abstände zu den drei Seiten ist für jeden Punkt innerhalb eines gleichseitigen Dreiecks gleich der Höhe des Dreiecks. Dies entspricht dem Energiesatz $T_1 + T_2 + T_3 = Q$. Wir legen ein rechtwinkliges Koordinatensystem in den Schnittpunkt der drei Winkelhalbierenden. Dann gilt $y = T_1 - Q/3$ und $x = (T_2 - T_3)/\sqrt{3}$ und daher

$$x^2 + y^2 = \frac{Q^2}{9} + T_1^2 + \frac{1}{3}(T_2^2 + T_3^2 - 2T_2T_3 - 2T_1Q) \ .$$

In der Klammer ersetzen wir Q durch $T_1 + T_2 + T_3$ und erhalten

$$x^2 + y^2 = \frac{Q^2}{9} + \frac{1}{3}\left[(T_1 + T_2 + T_3)^2 - 4T_1T_2\right] \ .$$

Der Ausdruck in der eckigen Klammer verschwindet aber auf der Begrenzungslinie, wie man aus (2.51) für $\cos\Theta_2 = 1$ sofort abliest. Damit gilt also $x^2 + y^2 = Q^2/9$, das ist ein Kreis mit dem Radius $Q/3$.

2.14 Aus (2.254) folgt

$$\begin{aligned} & f_{-\lambda_3-\lambda_4,-\lambda_1-\lambda_2}(\Theta,\phi) \\ & = \frac{1}{|\boldsymbol{p}|}\sum_J (2J+1) t^J_{-\lambda_3-\lambda_4,-\lambda_1-\lambda_2}(\sqrt{s}) d^J_{-\lambda-\mu}(\Theta) \mathrm{e}^{-\mathrm{i}(\lambda-\mu)\phi} \ . \end{aligned}$$

Mit (2.305) gilt dann wegen der Paritätserhaltung

$$t^J_{-\lambda_3-\lambda_4,-\lambda_1-\lambda_2} = \eta_g t^J_{\lambda_3\lambda_4,\lambda_1\lambda_2}$$

mit

$$\eta_g = \eta_1\eta_2\eta_3\eta_4(-1)^{2J-j_{(1)}-j_{(2)}-j_{(3)}-j_{(4)}} \ .$$

Da $m = J - j_{(1)} - j_{(2)}$ immer ganzahlig ist, benutzen wir $(-1)^m = (-1)^{-m}$ zur Herleitung von

$$\eta_g = \eta_1\eta_2\eta_3\eta_4(-1)^{j_{(1)}+j_{(2)}-j_{(3)}-j_{(4)}} \ .$$

Mit Hilfe von (2.125) und (2.126) wird der Beweis von (2.306) vervollständigt.

2.15 Mit den üblichen Verfahren der linearen Algebra wird

$$R = \frac{1}{\sqrt{2}}\begin{pmatrix} 1 & \gamma \\ 1 & -\gamma \end{pmatrix}$$

mit $\gamma = \sqrt{B/C}$ ermittelt. Ebenso gilt für den zweiten Teil der Aufgabe

$$R = \frac{1}{\sqrt{1-a^2}} \begin{pmatrix} 1 & a \\ a & 1 \end{pmatrix}$$

mit

$$a = \frac{-\mathrm{i}m'}{\Delta M - \mathrm{i}\Gamma_S/2}$$

in der Näherung für kleine m' und $\Gamma_S \gg \Gamma_L$.

2.16 Es handelt sich hier im Prinzip um eine Kurvendiskussion von (2.415). Das mühsame Integral zur Bestimmung des Mittelwertes der Kurve läßt sich mit dem Computer sehr einfach lösen. Bitte konsultieren Sie das Web.

2.17 Unitarität und Unimodularität sind fünf Bedingungsgleichungen für die vier komplexen Elemente der Matrix. Damit beweist man sehr rasch

$$U = \begin{pmatrix} a & b \\ -b^* & a^* \end{pmatrix}$$

mit $aa^* + bb^* = 1$.

2.18 Mit Hilfe der Tabelle 2.3 leiten wir u.a.

$$\begin{aligned}
|\pi^+ p\rangle &= |\tfrac{3}{2};\tfrac{3}{2}\rangle \\
|\pi^0 p\rangle &= \sqrt{\tfrac{2}{3}}\,|\tfrac{3}{2};\tfrac{1}{2}\rangle - \sqrt{\tfrac{1}{3}}\,|\tfrac{1}{2};\tfrac{1}{2}\rangle \\
|\pi^0 n\rangle &= \sqrt{\tfrac{2}{3}}\,|\tfrac{3}{2};\tfrac{-1}{2}\rangle + \sqrt{\tfrac{1}{3}}\,|\tfrac{1}{2};\tfrac{-1}{2}\rangle \\
|\pi^- p\rangle &= \sqrt{\tfrac{1}{3}}\,|\tfrac{3}{2};\tfrac{-1}{2}\rangle - \sqrt{\tfrac{2}{3}}\,|\tfrac{1}{2};\tfrac{-1}{2}\rangle
\end{aligned}$$

ab. Da nur die Amplitude $T_{3/2}$ beitragen soll, gilt

$$\begin{aligned}
\langle\pi^+ p|T|\pi^+ p\rangle &= a \\
\langle\pi^- p|T|\pi^- p\rangle &= \frac{a}{3} \\
\langle\pi^0 n|T|\pi^- p\rangle &= \frac{\sqrt{2}a}{3} \\
\langle\pi^0 n|T|\pi^0 n\rangle &= \frac{2a}{3}
\end{aligned}$$

und deshalb z.B. $\sigma(\pi^+ p)/\sigma(\pi^- p) = 3$ (Abb. 2.14).

2.19 Natürlich ist J_3 durch

$$J_3 = \begin{pmatrix} 1 & 0 & 0 \\ 0 & 0 & 0 \\ 0 & 0 & -1 \end{pmatrix}$$

gegeben. Wegen $J_+|1;\,-1\rangle = \sqrt{2}|1;\,0\rangle$ und $J_+|1;\,0\rangle = \sqrt{2}|1;\,1\rangle$ gilt

$$J_+ = \begin{pmatrix} 0 & 1 & 0 \\ 0 & 0 & 1 \\ 0 & 0 & 0 \end{pmatrix} \quad .$$

Ganz analog wird

$$J_- = \begin{pmatrix} 0 & 0 & 0 \\ 1 & 0 & 0 \\ 0 & 1 & 0 \end{pmatrix}$$

abgeleitet. Mit $J_\pm = J_x \pm \mathrm{i}\, J_y$ folgt

$$J_x = \frac{1}{\sqrt{2}} \begin{pmatrix} 0 & 1 & 0 \\ 1 & 0 & 1 \\ 0 & 1 & 0 \end{pmatrix}$$

und

$$J_y = \frac{\mathrm{i}}{\sqrt{2}} \begin{pmatrix} 0 & -1 & 0 \\ 1 & 0 & -1 \\ 0 & 1 & 0 \end{pmatrix} \quad .$$

2.20 Wir ergänzen (2.509) durch

$$\langle \pi^+\pi^-|T|K_1\rangle = \sqrt{\frac{1}{3}}(T_2 - T_2^*) + \sqrt{\frac{2}{3}}(T_0 - T_0^*)$$
$$\langle \pi^0\pi^0|T|K_1\rangle = \sqrt{\frac{2}{3}}(T_2 - T_2^*) - \sqrt{\frac{1}{3}}(T_0 - T_0^*) \quad .$$

Die im Text angebenen Festlegungen über T_2 und T_0 führen dann unmittelbar zu (2.510).

Kapitel 3

3.1 Im Web finden Sie ein Programmpaket, mit dessen Hilfe sich Ausdrücke mit γ-Matrizen leicht behandeln lassen.

3.2 Siehe Aufgabe 3.1.

3.3 Wegen $\gamma_5^2 = 1$ gilt $(1+\gamma_5)(1-\gamma_5) = 0$ und $(1+\gamma_5)(1+\gamma_5) = 2(1+\gamma_5)$ usw.

3.4 (3.134) genügt der Differentialgleichung

$$q^2 \frac{\mathrm{d}\alpha}{\mathrm{d}q^2} = \frac{\alpha^2}{3\pi} \quad .$$

3.5 Die Auswertung von (3.229) ergibt

$$\frac{d\sigma}{d\Omega} \sim \frac{1+\cos^2\Theta}{1-\cos^2\Theta} \quad .$$

Wenn die Masse des Elektrons nicht vernachlässigt werden soll, muß man (3.230) auswerten. Dies ergibt

$$\frac{d\sigma}{d\Omega} \sim \frac{1+\beta^2\cos^2\Theta}{1-\beta^2\cos^2\Theta} + 2K + 2K^2 \quad ,$$

worin β die Geschwindigkeit des Elektrons ist und K aus

$$K = \frac{m^2}{E\omega(1-\beta^2\cos^2\Theta)}$$

berechnet wird. E und ω bezeichnen die Energien von Elektron und Photon. Für $\beta \to 0$ wird die Winkelverteilung also isotrop.

3.6 Mit $\lambda = 630$ nm ($\omega = 2$ eV) ergibt die Auswertung von (3.226) $\omega' = 75{,}5$ GeV.

3.7 Wir wählen ein Atommodell mit einem elastisch gebundenen Elektron der Eigenfrequenz ω_0, was unter dem Einfluß einer elektromagnetischen Welle der Frequenz ω und der Amplitude E_0 zu schwingen beginnt. Die abgestrahlte Leistung ist im SI-System durch

$$\bar{P} = \frac{1}{12\pi\epsilon_0 c^3}\omega^4 p_0^2$$

bestimmt, worin das elektrische Dipolmoment p_0 bei Vernachlässigung der Dämpfung durch

$$p_0 = \frac{e^2 E_0}{m(\omega^2-\omega_0^2)}$$

gegeben ist. Der Wirkungsquerschnitt ist durch $\sigma = \bar{P}/I$ definiert. Nach Einsetzen der Intensität $I = c\epsilon_0 E_0^2/2$ folgt im Einheitensystem der Teilchenphysik

$$\sigma = \frac{8\pi\alpha^2}{3m^2}\frac{\omega^4}{(\omega^2-\omega_0^2)^2} \quad .$$

Diese Formel enthält die beiden Grenzfälle der Thomson-Streuung ($\omega_0 \approx 0$) und der Rayleigh-Streuung ($\omega_0 \gg \omega$).

3.8 Die Lebensdauer berechnet sich aus der freien Weglänge zu $\tau = 1/(c\sigma n_\gamma)$. Für σ setzen wir den Thomson-Querschnitt ein. Für die spektrale Verteilung der Anzahldichte der Photonen gilt

$$\frac{dn_\gamma}{d\omega} = \frac{du}{d\omega}\frac{1}{\hbar\omega} \quad ,$$

worin der erste Faktor auf der rechten Seite die spektrale Energiedichte der Planckschen Formel ist. Nach Integration erhalten wir n_γ mit dem numerischen Ergebnis $n_\gamma = 20{,}2\,T^3$ cm^{-3}K^{-3}. Dies ergibt eine Lebensdauer von 25,5 h.

Kapitel 4

4.1 Ein Beispiel für die Verwendung von MAPLE findet sich im Web.

4.2 Mit $q^1 = p$ und $q^2 = n$ sieht man sofort, daß (4.30) die Zustände (2.473) und (2.474) erzeugt. Ebenso erzeugt (4.22) bis auf eine Phase die Zustände (2.481) und (2.482).

4.3 Wir gehen von (4.20) aus. Für kleine Θ gilt mit $\theta = \Theta/2$

$$U = \begin{pmatrix} 1 & -\mathrm{i}\theta & 0 \\ -\mathrm{i}\theta & 1 & 0 \\ 0 & 0 & 1 \end{pmatrix}$$

und $U^{-1} = U^*$ daher

$$T_1'^1 = T_1^1 + \mathrm{i}\theta T_1^2 - \mathrm{i}\theta(T_1^2 + \mathrm{i}\theta T_2^2) \ .$$

Entsprechende Ausdrücke ergeben sich für $T_2'^2$ und $T_3'^3$. Bei Vernachlässigung quadratischer Terme in θ folgt dann $T_i'^i = T_i^i$.

4.4 Als Alternative zu den Verfahren im Text des Buches benutzen wir eine Methode, die aus der Atomphysik bekannt ist. Mit $\boldsymbol{F} = \boldsymbol{F}_1 + \boldsymbol{F}_2$ gilt für den Erwartungswert des Wechselwirkungsterms $c_\mathrm{F} = \langle \boldsymbol{F}_1 \boldsymbol{F}_1 \rangle$

$$\langle \boldsymbol{F}_1 \boldsymbol{F}_1 \rangle = \frac{1}{2}\left(f^2 - \frac{8}{3}\right)$$

mit f^2 aus (4.13), wobei schon $f^2 = 4/3$ für Triplett und Antitriplett benutzt wurde. Damit folgt $c_\mathrm{F} = 1/6$ im Oktett.

4.5 Die Wellenfunktion des Σ^+ erhalten wir aus (4.93), indem wir das d-Quark durch ein s-Quark ersetzen. Damit folgt

$$\mu_{\Sigma^+} = \frac{e}{2m_u}\left(\frac{8}{9} + \frac{1}{9}\frac{m_u}{m_s}\right) \ .$$

Das vorhergesagte magnetische Moment ist also etwas kleiner ($2{,}7\,\mu_\mathrm{K}$) als das magnetische Moment des Protons ($2{,}79\,\mu_\mathrm{K}$). Gemessen wurden $2{,}5\,\mu_\mathrm{K}$.

4.6 Aus der Wellenfunktion des *flavor*-Singuletts folgt

$$\langle \eta_1 | M | \eta_1 \rangle = \frac{1}{3}(2m_u + 2m_d + 2m_s) \ .$$

Im additiven Quarkmodell ist diese Masse identisch mit $(2M_K + M_\pi)/3$.

4.7 Aus der vierten Zeile der Tabelle 4.4 lesen wir – unter Ersetzung der Farben durch die Quarksorten –

$$|\Lambda\rangle = \frac{1}{2}(|usd\rangle - |uds\rangle + |dsu\rangle - |dus\rangle)$$

ab.

4.8 Das ist eine Aufgabe zum Probieren. $m_{u,d} = 360\,\text{MeV}$, $m_s = 510\,\text{MeV}$, $b' = 3{,}8 \cdot 10^7\,\text{MeV}^2$ und $b = 2 \cdot 10^7\,\text{MeV}^2$ gibt gute Resultate für das Baryonen-Oktett und -Dekuplett sowie die ρ, ω- und Φ-Mesonen, aber schlechte Werte für die K- und K^*-Mesonen.

4.9 Für das Φ-Meson erhalten wir $|R_S(0)| = 0{,}24\,\text{GeV}^{3/2}$. Die Auswertung von J/ψ und Υ zeigt daß $|R_S(0)|^2/M_V^2$ sich nur um wenige Prozent ändert.

4.10 Zunächst stellt man die (4.191) entsprechenden Formeln für die η- und η'-Mesonen unter Berücksichtigung eines Mischungswinkels auf. Als Zerfallskonstante wird immer f_π eingesetzt. Um vom Mischungswinkel unabhängig zu werden, wird dann

$$\frac{\Gamma_{\gamma\gamma}^{\eta'}}{m_{\eta'}^3} = \frac{3\Gamma_{\gamma\gamma}^{\pi^0}}{m_{\pi^0}^3} - \frac{\Gamma_{\gamma\gamma}^{\eta}}{m_\eta^3}$$

bewiesen. So kann z.B. $\Gamma_{\gamma\gamma}^{\eta'}$ berechnet werden. Die Auswertung zeigt, daß die Vorhersage ($\Gamma_{\gamma\gamma}^{\eta'} = 5{,}7\,\text{keV}$) nur zu ca. 30% erfüllt wird .

4.11 Die Integration über (2.265) ergibt keinen Unterschied in den Formeln für die Zerfallsbreite.

4.12 Im Oszillatorpotential gilt im Grundzustand $E = 3\omega/2$. Aus dem Spektrum haben wir für das Charmonium $\omega = 315\,\text{MeV}$ abgelesen. Da die potentielle und kinetische Energie im Mittel gleich groß sind, gilt $3\omega/2 = 2(m_c\gamma - m_c)$, wobei in der Klammer rechts der Ausdruck für die relativistische kinetische Energie steht. Mit $\beta^2 = 1 - 1/\gamma^2$ bekommen wir $\beta^2 = 0,25$. Die gleiche Rechnung gibt im Fall des Bottomoniums $\beta^2 = 0,12$.

4.13 Aus (4.178) entnehmen wir $|Q_b| = 1/3$. Aus (4.194) bestimmen wir mit $\alpha_s = 0,196$ eine hadronische Zerfallsbreite von 57 keV!

4.14 Die Auswertung der zu (4.216) analogen Formel ergibt $M_{\eta_b} = M_\Upsilon - 3{,}3\,\text{MeV}$.

Kapitel 5

5.1 Als Beispiel nehmen wir blaue u-Quarks. Es gibt die Prozesse $u_B \to u_G g_{B\bar{G}}$, $u_B \to u_R g_{B\bar{R}}$ und $u_B \to u_B g_{B\bar{B}}$. Die Amplituden der ersten beiden haben das Gewicht 1 wegen der Wellenfunktionen (4.26), während die dritte Reaktion über die Wellenfunktion (4.29) einen Wichtungsfaktor $2/\sqrt{6}$ erhält. Diese Faktoren müssen quadriert und addiert werden. Nach Multiplikation mit dem üblichen Faktor 1/2 erhält man $c_\text{F} = 4/3$.

5.2 Die Energien werden gemäß $E_1 > E_2 > E_3$angeordnet. Dann gilt

$$\sum |\boldsymbol{p}_i \boldsymbol{n}| = |E_1 \cos \Theta_1| + |E_2 \cos \Theta_2| + |E_3 \cos \Theta_3| \quad .$$

Die rechte Seite ist aber $\geq |E_1 \cos \Theta_1| + |E_2 \cos \Theta_2 + E_3 \cos \Theta_3|$ und wegen der Impulserhaltung $\geq 2|E_1 \cos \Theta_1|$. Im Maximum ($\cos \Theta_1 = 1$) gilt das Gleichheitszeichen. Damit ist der Beweis vollständig.

5.3 Beim isotropen Zerfall eines System in Teilchen gleicher Masse sind alle Impulse gleich groß. Damit wird T proportional zu $\int |\cos \Theta| \, \mathrm{d} \cos \Theta$ Dieses Integral hat den Wert $1/2$.

5.4 Die Experimente wurden alle an ruhenden Protonen durchgeführt. Es gilt $q^2 = -2EE'(1 - \cos \Theta)$ also

$$EE' = \frac{-q^2}{1 - \cos \Theta} = a$$

und

$$E - E' = \frac{-q^2}{2M} = b \quad .$$

Die Auflösung nach E' lautet

$$E' = -\frac{b}{2} + \sqrt{\frac{b^2}{4} + a} \quad .$$

Damit erhalten wir $E = 1{,}022$ GeV, $E' = 0{,}489$ GeV für $\Theta = 90°$ und $E = 11{,}732$ GeV, $E' = 11{,}199$ GeV für $\Theta = 5°$.

5.5 Es gilt

$$\rho(r) = \frac{1}{2a^3} \mathrm{e}^{-ar} \quad .$$

Beweis durch Einsetzen in (5.41).

5.6 Wir legen die z-Achse des Koordinatensystems in die Richtung des einlaufenden Protons. Mit $x = -q^2/(2q \cdot P)$ und $y = q \cdot P/(e \cdot P)$ folgt

$$x = \frac{2EE'((1 + \cos \Theta)}{4E_p E - 2E_p E'(1 - \cos \Theta)}$$

und

$$y = 1 - \frac{E'}{E} \frac{1 - \cos \Theta}{2} \quad .$$

5.7 Wir bleiben im HERA-System. Mit den Ergebnissen der letzten Aufgabe gilt

$$
\begin{aligned}
\frac{\partial q^2}{\partial \cos\Theta} &= -2EE' \\
\frac{\partial q^2}{\partial E'} &= -2E(1+\cos\Theta) \\
\frac{\partial y}{\partial \cos\Theta} &= +\frac{E'}{2E} \\
\frac{\partial y}{\partial E'} &= -\frac{1}{2E}(1-\cos\Theta) \ .
\end{aligned}
$$

Damit gilt

$$
\frac{\mathrm{d}q^2\,\mathrm{d}y}{\mathrm{d}E'\,\mathrm{d}\Omega} = \frac{E'}{\pi}
$$

und mit $q^2 = -xys$

$$
\frac{\mathrm{d}q^2\,\mathrm{d}x}{\mathrm{d}E'\,\mathrm{d}\Omega} = \frac{E'x}{\pi y} \ .
$$

Der Beweis für ruhende Protonen ist noch einfacher.

5.8 Die Auswertung von (5.146) ergibt einen Wirkungsquerschnitt von 2365, 1568 und 2360 pb für die Produktion von π^0-, η- und η'-Mesonen. Darin kommt zum Ausdruck, daß $\Gamma_{\gamma\gamma}$ für diese Mesonen ungefähr proportional zu M^3 ist.

Kapitel 6

6.1 Die Streuamplitude (6.10) wird in der Konvention der Kernphysik zu

$$
f = \frac{1}{\sqrt{2}\pi} G_{\mathrm{F}} \sqrt{s} \ .
$$

Da keine Winkelabhängigkeit vorliegt, entspricht dies dem Term mit $J = 0$ in (2.254)

$$
f = \frac{2}{\sqrt{s}} t^0_{\frac{-1}{2}\ \frac{-1}{2},\frac{-1}{2}\ \frac{-1}{2}} \ .
$$

Die Amplitude ist reell, der Realteil von t_0 kann maximal den Wert $1/2$ erreichen. Das ergibt $s_{\max} = \sqrt{2}\pi/G_{\mathrm{F}}$.

6.2 Hier hilft nur, die Amplitude (6.25) mit den im Text angebenen Werten der kinematischen Variablen auszurechnen.

6.3 Das τ kann hadronisch in die Kanäle $u\bar{d}$, $u\bar{s}$ zerfallen. Die leptonischen Zerfallskanäle sind $e^+\nu_e$ und $\mu^+\nu_\mu$. Bei Vernachlässigung von Masseneffekten gilt $\Gamma_h/\Gamma_{e+\mu} = 3/2$, da bei den hadronischen Zerfällen die Farben gezählt werden müssen und $\cos^2\Theta_{\mathrm{C}} + \sin^2\Theta_{\mathrm{C}} = 1$ gilt.

6.4 Mit $\boldsymbol{p} \to 0$ wird aus (3.66)

$$u_r = \sqrt{2m} \begin{pmatrix} \chi_r \\ 0 \end{pmatrix} \quad ,$$

und analog für $u_{r'}$. Damit gilt $j_{\mathrm{V}}^0 = 2m\chi_{r'}^{\dagger}\chi_r$, $j_{\mathrm{V}}^i = 0$ bzw. $j_{\mathrm{A}}^0 = 0$, $j_{\mathrm{A}}^i = 2m\chi_{r'}^{\dagger}\sigma^i\chi_r$,

6.5 Wir bezeichnen mit $T_{\lambda_d\lambda_u\lambda_e\lambda_{\bar{\nu}}}$ die Amplitude mit bestimmten Helizitäten bzw. Spinprojektionen. Ohne Vernachlässigung von m gilt

$$\begin{aligned}
T_{\frac{1}{2}\frac{1}{2}\frac{-1}{2}\frac{1}{2}} &= -8\frac{G_{\mathrm{F}}}{\sqrt{2}}c_1\sqrt{m_u m_d \omega}\cos(\Theta/2)(\sqrt{E+m}+\sqrt{E-m}) \\
T_{\frac{1}{2}\frac{1}{2}\frac{1}{2}\frac{1}{2}} &= 8\frac{G_{\mathrm{F}}}{\sqrt{2}}c_1\sqrt{m_u m_d \omega}\sin(\Theta/2)(\sqrt{E+m}-\sqrt{E-m}) \\
T_{\frac{1}{2}\frac{-1}{2}\frac{-1}{2}\frac{1}{2}} &= 8\frac{G_{\mathrm{F}}}{\sqrt{2}}c_1\sqrt{m_u m_d \omega}\sin(\Theta/2)(\sqrt{E+m}+\sqrt{E-m}) \\
T_{\frac{1}{2}\frac{-1}{2}\frac{1}{2}\frac{1}{2}} &= 8\frac{G_{\mathrm{F}}}{\sqrt{2}}c_1\sqrt{m_u m_d \omega}\cos(\Theta/2)(\sqrt{E+m}-\sqrt{E-m}) \quad .
\end{aligned}$$

Alle anderen Amplituden verschwinden. Die Summe der Quadrate dieser Amplituden ergibt das gleiche Resultat wie im masselosen Fall.

6.6 MAPLE (oder ein anderes algebraisches Programm) erspart Ihnen das Nachschlagen in Integraltabellen zur Verifizierung von

$$\Gamma = 0,48\frac{G_{\mathrm{F}}^2 c_1^2 \Delta^5}{15\pi^3} \quad .$$

6.7 Aus den Amplituden der vorletzten Aufgabe berechnet man unmittelbar die Wahrscheinlichkeiten $P(e_{\mathrm{L}})$ bzw. $P(e_{\mathrm{R}})$ und

$$\frac{P(e_{\mathrm{L}}) - P(e_{\mathrm{R}})}{P(e_{\mathrm{L}}) + P(e_{\mathrm{R}})} = \beta_e \quad .$$

6.8 In der Nomenklatur der Aufgabe 6.5 gilt für den Zerfall $t \to b + W$

$$\begin{aligned}
T_{\frac{-1}{2}\frac{-1}{2}0} &= g\sqrt{m_t E_b}\frac{E_W + |\boldsymbol{p}_W|}{M_W}\cos(\Theta/2) \\
T_{\frac{-1}{2}\frac{-1}{2}1} &= g\sqrt{m_t E_b}\sqrt{2}\sin(\Theta/2) \\
T_{\frac{-1}{2}\frac{-1}{2}0} &= -g\sqrt{m_t E_b}\frac{E_W + |\boldsymbol{p}_W|}{M_W}\sin(\Theta/2) \\
T_{\frac{1}{2}\frac{-1}{2}1} &= g\sqrt{m_t E_b}\sqrt{2}\cos(\Theta/2)
\end{aligned}$$

Hierbei wurde $m_b = 0$ benutzt. Alle anderen Amplituden verschwinden. Damit wird (6.80) auf die übliche Art berechnet.

6.9 Zum Beweis muß

$$T_{fi} = \frac{g^2}{2}\bar{u}_{\rm R}(k)\; \not{\epsilon}_0^*(p')\frac{\not{q}}{q^2}\; \not{\epsilon}_0^*(k')u_{\rm L}(p)$$

ausgewertet werden.

Kapitel 7

7.1 Das Integral von (7.36) ergibt

$$\sigma_{uu} = \frac{4\pi}{3s}\alpha^2 N_{\rm C} G_1 \ .$$

Damit folgt $R = 3G_1$. Eine graphische Auswertung findet sich im Web.

7.2 Hier sollten Sie die graphische Auswertung im Web mit Ihrem Resultat vergleichen.

7.3 Die Zahl der linkshändigen τ-Leptonen ist proportional zur Summe der Quadrate der ersten und dritten Zeile der Tabelle 7.1. Entsprechend wird die Zahl der rechtshändigen τ-Leptonen aus der zweiten und vierten Zeile bestimmt. Auf der Z^0-Resonanz kann der Beitrag des Photon-Austausches vernachlässigt werden. Damit gilt

$$P_{\rm L} = \frac{c_{\rm L}^4 - c_{\rm R}^4}{(c_{\rm L}^2 + c_{\rm R}^2)^2} \ .$$

7.4 Die numerische Integration erfolgt am besten mit dem sog. Monte-Carlo-Verfahren. Eine MAPLE-Routine findet sich im Web. Bei Verwendung der Partondichten (5.96) erhalten wir $L_{ud}(0,1) \approx 1$.

7.5 Die Antwort ist in (7.68) enthalten. Mit $m_u, m_d, m_c = 0$ folgt bei Vernachlässigung des Cabibbo-Winkels

$$\frac{\Gamma^W_{u\bar{d}}}{\Gamma^W_{c\bar{b}}} = \frac{1}{2}\left(1 - \frac{m_b^2}{M_W^2}\right)\left(2 + \frac{m_b^2}{M_W^2}\right)|V_{cb}|^2 \approx |V_{cb}|^2 \ .$$

7.6 Beweis durch Einsetzen von $E = E_1 + E_2$ und $p_{\rm L} = E_1 - E_2$ in (7.89) unter Benutzung von $z_i = E_i/E_p$.

7.7 Mit $\sigma \approx 50$ mb und $n \approx 30$ ergibt sich $n_h \approx 10^{20}$. Hierbei wurde eine effektive Laufzeit von 10^7 s angenommen. Im Vorwärtsbereich des Detektors also zwischen $\eta' = 2.5$ und $\eta' = 2.0$ sind das immer noch 10^{19} Teilchen. Da die innersten Schichten des Detektors nur 5 cm von der Strahlachse entfernt liegen, ergibt sich hier ein Fluß von $0{,}3 \cdot 10^{19}$ Teilchen $\rm cm^{-2}a^{-1}$.

7.8 Die Auswertung der Feynman-Regeln ergibt $T = gM_W$ für den Zerfall in transversal polarisierte W-Bosonen und $T = gM_W(1 + 2|\boldsymbol{p}_W|^2/M_W^2)$

für den Zerfall in W-Bosonen longitudinaler Polarisation ($\lambda = 0$). Der Rest der Aufgabe wird dann wieder auf die übliche Weise erledigt.

7.9 Im Text wurde erläutert, daß der Querschnitt der $t\bar{t}$-Produktion etwa 900 pb beträgt. Aus Abb. 7.23 lesen wir einen Wirkungsquerschnitt der Higgs-Produktion von etwa 30 pb ab. Da beide Teilchen dominant in b-Quarks zerfallen, ist das Verhältnis der Anzahl der erzeugten *b-jets* etwa 30.

7.10 Es wird jeweils nur die führende Ordnung in λ mitgenommen, also $V_{ud} = 1 - \lambda^2/2$, $V_{us} = \lambda$, $V_{ub} = A\lambda^3(\rho - \mathrm{i}\eta)$. Die letzte Gleichung wird mit Hilfe der Identitäten $\cos\delta_{13} = \rho/\sqrt{\eta^2 + \rho^2}$ und $\sin\delta_{13} = \eta/\sqrt{\eta^2 + \rho^2}$ abgeleitet. Die weiteren Matrixelemente werden dann in analoger Weise bestimmt.

7.11 Zeichnen Sie eine Strecke CB der Länge 1, die das Produkt $|V_{cb}V_{cd}|$ repräsentiert. Dann wird ein Kreis um C mit dem Radius 0,387 (entsprechend $|V_{ub}V_{ud}|$ und ein Kreis um B mit dem Radius 1,01 (entsprechend $|V_{tb}V_{td}|$) geschlagen. Im Schnittpunkt liegt die Dreiecksspitze A.

7.12 Es gilt $N_\nu = 2S/W$, wobei S die Solarkonstante und W die Wärmetönung aus (7.191) ist. Dies ergibt einen Fluß von $6{,}57 \cdot 10^{14}\ \mathrm{m}^{-2}\mathrm{s}^{-1}$.

7.13 In Abb. 7.39 werden die Photonen durch W-Bosonen ersetzt. Die senkrechte Linie in der Schleife ist dann z.B ein ν_μ und die schrägen Linien gehören zu einem Myon, das an das Z^0 koppelt.

7.14 Entsprechend dem Z^0-Zerfall gibt es $\tilde{Z}^0 \to \tilde{e}^-\tilde{e}^+$, $\tilde{Z}^0 \to \tilde{\mu}^-\tilde{\mu}^+$, $\tilde{Z}^0 \to \tilde{u}\tilde{\bar{u}}$ usw. Beim Zerfall der Sfermionen in das LSP sind dann typische Kanäle durch $\tilde{\mu} \to \mu\tilde{\gamma}$ gegeben.

7.15 Die Amplitude der Paarerzeugung von masselosen Pionen wird mit einem Faktor $\sqrt{1 - \rho_{\tilde{\mu}}}$ multipliziert. Der gleiche Faktor gibt die Modifikation des Phasenraums wieder. Damit folgt (7.293).

Literatur

[Aal02] C.E. Aalseth et al. The Igex ^{76}Ge Neutrinoless Double-Beta Decay Experiment: Prospects for Next Generation Experiments. Phys. Rev. **D65**:092007, 2002.

[Abe95] F. Abe et al. Observation of Top Quark Production in Proton Antiproton Collisions with the Collider Detector at Fermilab. Phys. Rev. Lett. **74**:2626, 1995.

[Alb87] Argus Collaboration, H. Albrecht et al. Observation of B^0–$\bar{B}^0$ Mixing. Phys. Lett. **192B**:245, 1987.

[Alt77] G. Altarelli, G. Parisi. Asymptotic Freedom in Parton Language. Nucl. Phys. **B126**:298, 1977.

[Alv99] L. Alvarez-Gaume et al. Violation of Time-Reversal Invariance and CP-Lear Measurements. Phys. Lett. **B458**:347, 1999.

[Ang98] A. Angelopoulos et al. First Direct Observation of Time-Reversal Noninvariance in the Neutral-Kaon System. Phys. Lett. **B444**:43, 1998.

[Atc96] I.J.R. Atchison, A.J.G. Hey. *Gauge Theories in Particle Physics.* Adam Hilger, Berlin 1996.

[ATL99] ATLAS Collaboration. *ATLAS Technical Design Report*. ATLAS TDR 15, CERN/LHCC 99-15, Genf 1999.

[Bal69] J. Ballam et al. Total and Partial Photoproduction Cross-Sections at 1.4, 2.8, 4.7 GeV. Phys. Rev. Lett. **23**:498, 1969.

[Bar64] V.E. Barnes et al. Observation of a Hyperon with Strangeness Minus Three. Phys. Rev. Lett. **12**:204, 1964.

[Bar86a] J.D. Barrow, F.D. Tipler. *The Anthropic Cosmological Principle*. Clarendon Press, Oxford 1986.

[Bar86b] JADE Collaboration, W. Bartel et al. Experimental Studies on Multijet Production in e^+e^- -Annihilation at Petra Energies. Z. Phys. **C33**:23, 1986.

[Bar97] V.D. Barger, R.J.N. Phillips. *Collider Physics*. Addison-Wesley, Redwood City, CA 1997.

[Bec59] C. Becchi, G. Morpurgo. Test of the Nonrelativistic Quark Model for Elementary Particles: Radiative Decays of Vector Mesons. Phys. Rev. **140B**:687, 1959.

[Beh69] H. Behrens, J. Jänecke. Numerical Tables for β-Decay and Electron Capture. In: H. Schopper (ed.), *Landolt-Börnstein, New Series, Vol. 4*, Springer, New York, Berlin, Heidelberg 1969.

[Ber70] Ch. Berger et al. Coulomb Scattering of 1 MeV Electrons in Aluminum Foils. Z. Phys. **235**:191, 1970.

[Ber71] S.M. Berman, J.D. Bjorken, J. Kogut. Inclusive Processes at High Transverse Momentum. Phys. Rev. **D4**:3388, 1971.

[Ber77] Ch. Berger et al. Electroproduction of Neutral Pions and Test of the Quark-Parton Model. Phys. Lett. **70B**:471, 1977.

[Ber80] G. Berendt, E. Weimar. *Mathematik für Physiker.* Physik-Verlag, Weinheim 1980.

[Ber87a] Ch. Berger, W. Wagner. Photon–Photon Reactions. Phys. Rep. **146**:1, 1987.

[Ber87b] Ch. Berger et al. Measurement and QCD Analysis of the Photon Structure Function $F_2(x, q^2)$. Nucl. Phys. **B281**:365, 1987.

[Ber87c] Ch. Berger et al. The Frejus Nucleon Decay Detector. Nucl. Instrum. Methods **A262**:463, 1987.

[Ber88] F.A. Berends, A. Böhm. Lepton Pair Production, Radiative Corrections and Elektroweak Parameters. In: P. Söding, A. Ali (eds.), *High Energy Electron–Positron Physics*, World Scientific, River Edge, NJ 1988.

[Bet32] H.A. Bethe. Bremsformel für Elektronen relativistischer Geschwindigkeit. Z. Physik, **76**:293, 1932.

[Bet53] H.A. Bethe. Multiple Scattering. Phys. Rev. **89**:1256, 1953.

[Bet01] K. Bethge. *Kernphysik*, 2. Auflage. Springer, Berlin, Heidelberg 2001.

[Bjo90] J.D. Bjorken, S.D. Drell. *Relativistische Quantenmechanik*. Spektrum Akademischer Verlag, Heidelberg 1990.

[Bjo79] J.D. Bjorken. Asymptotic Sum Rules at Infinite Momentum. Phys. Rev. **179**:1547, 1979.

[Bod78] E. Bodenstedt. *Experimente der Kernphysik und ihre Deutung*. Bibliographisches Institut, Mannheim 1978.

[Boe80] T. Boehringer et al. Observation of Υ, Υ' and Υ'' at the Cornell Electron Storage Ring. Phys. Rev. Lett. **44**:1111, 1980.

[BRM03] P. Braun-Munziger, K. Redlich, J. Stachel. Particle Production in Heavy Ion Collisions. *nucl-th*, 0304013, e-Print archive, `http://xxx.uni-augsburg.de`

[Bri97] R. Brinkmann et al. Conceptual Design of a 500 GeV e^+e^- Linear Collider with Integrated X-Ray Laser Facility. DESY 97-048, DESY, Hamburg, 1997

[Bud75] V.M. Budnev et al. The Two Photon Particle Production Mechanism. Physical Problems. Applications. Equivalent Photon Approximation. Phys. Rep. **15C**:181, 1975.

[Bur88] H. Burkhard et al. First Evidence for Direct CP Violation. Phys. Lett. **206B**:169, 1988.

[Car90] R. Carosi et al. A Measurement of the Phases of the CP Violating Amplitudes in $K^0 \to 2\pi$ Decays and Test of CPT Invariance. Phys. Lett. **237B**:303, 1990.

[Chr64] J.H. Christenson et al. Evidence for the 2π Decay of the K_2-Meson. Phys. Rev. Lett. **13**:138, 1964.

[Chr72] C.J. Christensen et al. Free Neutron Beta Decay Half-Life. Phys. Rev. **D5**:1628, 1972.

[Clo79] F.E. Close. *An Introduction to Quarks and Partons*. Academic Press, London 1979.

[Com81] F. Combley, F.J.M. Farley. The CERN Muon $g-2$ Experiment. Phys. Rep. **68**:93, 1981.

[Com83] E.D. Commins, P.H. Bucksbaum. *Weak Interaction of Leptons and Quarks.* Cambridge University Press, Cambridge 1983.

[Cou58] E. Courant, H. Snyder. The Theory of Alternating Gradient Synchrotrons. Ann. Phys. **3**:1, 1958.

[Cri75] L. Criegee et al. Confirmation of the New 3700 MeV Narrow Resonances in e^+e^--Collisions. Phys. Lett. **B53**:489, 1975.

[Dan62] G. Danby et al. Observation of High-Energy Neutrino Reactions and the Existence of Two Kinds of Neutrinos. Phys. Rev. Lett. **9**:36, 1962.

[Dir81] P.A.M. Dirac. *The Principles of Quantum Mechanics.* Oxford University Press, Oxford 1981.

[Dok95] Y.L. Dokshitzer, B.R. Webber. Calculation of Power Corrections to Hadronic Event Shapes. Phys. Lett. **B352**:451, 1995.

[Don92] A. Donnachie, P.V. Landshoff. Total Cross Sections. Phys. Lett. **B296**:227, 1992.

[Duc99] G. Duckeck, W. Hollik. *Elektroweak Precision Tests at LEP.* Springer, Berlin, Heidelberg 1999.

[Eic80] E. Eichten et al. Charmonium, Comparison with Experiment. Phys. Rev. **D21**:203, 1980.

[Eic85] E. Eichten, S. Dawson, C. Quigg. Search for Supersymmetric Particles in Hadron–Hadron Collisions. Phys. Rev. **D31**:1581, 1985.

[Eic86] E. Eichten et al. Supercollider Physics. Rev. Mod. Phys. **58**:1056, 1986.

[Ell76] J. Ellis, M.K. Gaillard und G. Ross. Search for Gluons in e^+e^--Annihilation. Nucl. Phys. **B111**:253, 1976. erratum Nucl. Phys. **B130**:516, 1977.

[Euk90] Euklid. *Die Elemente. Ostwalds Klassiker der exakten Wissenschaften*, Vol. 23. Harri Deutsch, Frankfurt 1990.

[Fel69] B.T. Feld. *Models of Elementary Particles.* Blaisdell, Waltham, MA 1969.

[Fey72] R.P. Feynman. *Photon–Hadron-Interactions.* W.A. Benjamin, Reading, MA 1972.

[Fey87] R.P. Feynman. *Vorlesungen über Physik.* Oldenbourg, München 1987.

[Fie78] R.D. Field, R.P. Feynman. A Parameterization of the Properties of Quark Jets. Nucl. Phys. **B136**:1, 1978.

[Gai74] M.K. Gaillard, B.W. Lee. Rare Decay Modes of K-Mesons in Gauge Theories. Phys. Rev. **D10**:897, 1974.

[Gas75] S. Gasiorowicz. *Elementarteilchenphysik.* Bibliographisches Institut, Mannheim 1975.

[Gas82] J. Gasser, H. Leutwyler. Quark Masses. Phys. Rep. **87**:77, 1982.

[Geo74] H. Georgi, S.L. Glashow. Unity of all Elementary Particle Forces. Phys. Rev. Lett. **32**:438, 1974.

[Geo82] H. Georgi. *Lie Algebras in Particle Physics*. Addison-Wesley, Redwood City, CA 1982.

[GIM70] S.L. Glashow, J. Illiopoulos, L. Maiani. Weak Interactions with Lepton Hadron Symmetry. Phys. Rev. **D2**:1285, 1970.

[Glü63] R.L. Glückstern. Uncertainties in Track Momentum and Direction due to Multiple Scattering and Measurement Errors. Nucl. Instrum. Methods **24**:381, 1963.

[Gol64] M.L. Goldberger, K.M. Watson. *Collision Theory.* John Wiley, New York, London, Sidney 1964.

[Gre02] W. Greiner, S. Schramm, E. Stein *Quantum chromodynamics* Springer Verlag, Berlin 2002.

[Gre05] W. Greiner, B. Müller. *Quantenmechanik, Symmetrien* Verlag Harri Deutsch 2005.

[Gro58] L. Grodzins, M. Goldhaber, A.W. Sunyar. Helicity of Neutrinos. Phys. Rev. **109**:1015, 1958.

[Gro04] A.G. Grozin. *Heavy Quark Effective Theory*. Springer Tracts in Modern Physics, Springer Verlag, 2004.

[Gru93] C. Grupen. *Teilchendetektoren*. Wissenschaftsverlag, Mannheim 1993.

[Gun90] J.F. Gunion, H.E. Haber, G. Kane, S. Dawson. *The Higgs Hunters Guide*. Addison-Wesley, Redwood City, CA 1990.

[Hab85] H.T. Haber, G.L. Kane. The Search for Supersymmetry: Probing Physics Beyond the Standard Model. Phys. Rep. **117**:75, 1985.

[Han63] L.N. Hand. Experimental Investigation of Pion Electroproduction. Phys. Rev. **129**:1834, 1963.

[Har79] H. Harari. A Schematic Model of Quarks and Leptons. Phys. Lett. **86B**:83, 1979.

[Has73] F.J. Hasert et al. Search for Elastic Muon-Neutrino Scattering. Phys. Lett. **46B**:121, 1973.

[Hei76] W. Heisenberg. Was ist ein Elementarteilchen? Die Naturwissenschaften **63**:1, 1976.

[Hin97] F. Hinterberger. *Physik der Teilchenbeschleuniger*. Springer, Berlin, Heidelberg 1997.

[Hof56] R. Hofstadter. Electron Scattering and Nuclear Structure. Rev. Mod. Phys. **28**:214, 1956.

[Hon96] K. Honscheid, T.E. Browder, D. Pedrini. Nonleptonic Decays and Lifetimes of Charm and Beauty Particles. Ann. Rev. Nucl. Part. Sci. **46**:395, 1996.

[Hua92] K. Huang. *Quarks, Leptons and Gauge Fields*. World Scientific, Singapore 1992.

[Jac59] M. Jacob, G.C. Wick. On the General Theory of Collisions for Particles with Spin. Ann. Phys. **7**:404, 1959.

[Jac99] J.D. Jackson. *Classical Electrodynamics*. Wiley, New York 1999. Deutsche Ausgabe *Klassische Elektrodynamik*. Gruyter 2002

[Jau76] J.M. Jauch, F. Rohrlich. *The Theory of Electrons and Photons*. Springer, New York, Berlin, Heidelberg 1976.

[K2K03] K2K Collaboration, M.H. Ahn et al. Indications of Neutrino-Oscillation in a 250 km Long-baseline Experiment. Phys. Rev. Lett. **90**:041801, 2003.

[Kes60] P. Kessler. Sur une méthode simplifiée de calcul pour les processus relativistes en électrodynamique quantique. Nuovo Cimento **17**:809, 1960.

[Kim93] C.W. Kim, A. Pevsner. *Neutrinos in Physics and Astrophysics*. Harwood Academic Publishers, Chur 1993.

[Kle97] K. Kleinknecht. *Detektoren für Teilchenstrahlung*. Teubner, Stuttgart 1997.

[Kle03] K. Kleinknecht. *Uncovering CP Violation*. Springer Tracts in Modern Physics, Stuttgart 2003.

[Kob73] M. Kobayashi, T. Maskawa. CP-violation in the Renormalizable Theory of Weak Interaction. Prog. Theor. Phys. **49**:652, 1973.

[Kod01] Donut Collaboration, K. Kodama et al. Observation of tau Neutrino Interactions. Phys. Lett. **B504**:218, 2001

[Kol90] E.W. Kolb, M.S. Turner. *The Early Universe*. Addison-Wesley, Redwood City, CA 1990.

[Lae92] E. Laermann. Interquark Forces. In: H.A. Kastrup, P.M. Zerwas (eds.), *QCD, 20 Years Later*, World Scientific, Singapore 1992.

[Low60] F. Low. Proposal for Measuring the π° Lifetime by π° Production in Electron–Electron or Electron–Positron Collisions. Phys. Rev. **120**:582, 1960.

[Lyo85] L. Lyons. Quark Search Experiments at Accelerators and in Cosmic Rays. Phys. Rep. **129**:225, 1985.

[Mar82] M. Marinelli, G. Morpurgo. Searches of Fractionally Charged Particles with the Magnetic Levitation Technique. Phys. Rep. **85**:162, 1982.

[Mar99] S.P. Martin. A Supersymmetry Primer. *hep-ph*, 9709356, e-Print archive, `http://xxx.uni-augsburg.de`

[May94] T. Mayer-Kuckuk. *Kernphysik*. Teubner, Stuttgart 1994.

[Mes90] A. Messiah. *Quantenmechanik*. de Gruyter, Berlin 1990.

[Mik86] S.P. Mikheyev, A.Y. Smirnov. Resonant Amplification of ν Oscillations in Matter and Solar-Neutrino Spectroscopy. Nuovo Cimento **9C**:17, 1986.

[Mil63] R. Milburn. Electron Scattering by an Intense Polarized Photon Field. Phys. Rev. Lett. **10**:75, 1963.

[Moh92] R.N. Mohapatra. *Unification and Supersymmetry*. Springer, Berlin, Heidelberg 1992.

[Mot65] N.F. Mott, H.S.W. Massey. *The Theory of Atomic Collisions*. Clarendon Press, Oxford 1965.

[Nak03] T. Nakano et al. Evidence for a Narrow $S = +1$ Baryon Resonance in Photoproduction from the Neutron. Phys. Rev. Lett. **91**:012002, 2003.

[Nam61] Y. Nambu, G. Jona-Lasino. Dynamical Model of Elementary Particles Based on Analogy with Superconductivity. Phys. Rev. **122**:345, 1961.

[Nel85] W.R. Nelson et al. *The EGS4 Code System*. SLAC-265, SLAC, Stanford, USA 1985.

[Nik68] M. Nikolic. *Kinematics and Multiparticle Systems*. Gordon and Breach, New York 1968.

[Nis00] R. Nisius. The Photon Structure from Deep Inelastic Electron Photon Scattering. Phys. Rep. **332**:165, 2000.

[Nir92] Y. Nir. CP Violation. In: L. Vassilian, (ed.), *Twentieth Annual Summer Institute on Particle Physics*, SLAC PUB 5784, SLAC, Stanford, USA 1992.

[Nir01] Y. Nir. CP Violation–A New Area In: C.T.H. Davies, S.M. Playfer (ed.), *Heavy Flavour Physics, Proceedings of the fiftyfifth Scottish Universities Summer School in Physics*, IoP 2001.

[Occ47] G.P.S. Occhialini, C.F. Powell. Nuclear Disintegration Produced by Slow Charged Particles of Small Mass. Nature **159**:187, 1947.

[Oku65] L.B. Okun. *Weak Interactions of Elementary Particles*. Pergamon Press, Oxford 1965.

[PDG04] Particle Data Group, S. Eidelmann et al. Review of Particle Physics. Phys. Lett. **B592**:1, 2004.

[Per75] M.L. Perl et al. Evidence for Anomalous Lepton Production in e^+e^--Annihilation. Phys. Rev. Lett. **35**:1489, 1975.

[Pes95] M.E. Peskin, D.V. Schroeder. *An Introduction to Quantum Field Theory*. Addison-Wesley, Reading, MA 1995.

[Qui83] C. Quigg. *Gauge Theory of the Strong, Weak and Electromagnetic Interactions*. Benjamin Cummings, Reading, MA 1983.

[Ram90] N.F. Ramsey. Electric Dipole Moment of the Neutron. Ann. Rev. of Nucl. and Part. Science **40**:1, 1990.

[Rei59] F. Reines, C.L. Cowan. Measurement of the Free Antineutrino Absorption Cross Section by Protons. Phys. Rev. **113**:273, 1959.

[Ren92] B. Renk. *Meßdatenerfassung in der Kern- und Teilchenphysik*. Teubner, Stuttgart 1992.

[Roc47] G.D. Rochester, C.C. Butler. Evidence for the Existence of a New Unstable Elementary Particle. Nature **160**:855, 1947.

[Rol02] H. Rollnik. *Quantentheorie*. Springer Berlin, Heidelberg 2002.

[Ros65] B. Rossi. *High Energy Particles*. Prentice Hall Inc., Englewood Cliffs, NJ 1965.

[Roy59] H.R. van Royen, V.F. Weisskopf. Hadron Decay Processes and the Quark Model. Nuovo Cimento **50A**:583, 1959.

[Ruj74] A. De Rujula et al. QCD Possible non-Regge Behaviour of Electroproduction Structure Functions. Phys. Rev. **D10**:1649, 1974.

[Ruj78] A. De Rujula et al. QCD Predictions for Hadronic Final States in e^+e^--Annihilation. Nucl. Phys. **B138**:387, 1978.

[Sak69] J.J. Sakurai. *Currents and Mesons*. The University of Chicago Press, Chicago, London 1969.

[Sch55] L.I. Schiff. *Quantum Mechanics*. McGraw-Hill, New York, London 1955.

[Sch61] S. Schweber. *An Introduction to Relativistic Quantum Field Theory*. Row Peterson, New York 1961.

[Sch97] N. Schmitz. *Neutrinophysik*. Teubner, Stuttgart 1997.

[Sha63] A. de Shalit, I. Talmi. *Nuclear Shell Theory*. Academic Press, New York, London 1963.

[Sjo82] T. Sjostrand. The Lund Monte Carlo for Jet Fragmentation. Comput. Phys. Commun. **27**:243, 1982.

[Spe03] D. Spergel et al. First Year Wilkinson Microwave Anisotropy Probe (WMAP) Observations: Determination of Cosmological Parameters. Astrophys. J. Supp. **148**:175, 2003 und astro-ph 0302209

[Ste50] J. Steinberger, W.K.H. Panofsky, J.S. Steller. Evidence for the Production of Neutral Mesons by Photons. Phys. Rev. **78**:802, 1950.

[Ste03] S. Stepanyan et al. Observation of an Exotic$S = +1$ Baryon in Exclusive Photoproduction from the Deuteron. Phys. Rev. Lett. **91**:252001, 2003.

[Sti94] W.J. Stirling, A.D. Martin, R.G. Roberts. Parton Distributions of the Proton. Phys. Rev. **D50**:6743, 1994.

[Sti96] W.J. Stirling, R.K. Ellis, B.R. Webber. *QCD and Collider Physics*. Cambridge University Press, Cambridge, 1996.

[Sur91] L.R. Surguladze, M.A.Samuel. Total Hadronic Cross Section in e^+e^- Annihilation at the Four Loop Level of Perturbative QCD. Phys. Rev. Lett. **66**:560, 1991.

[Tsa74] Y.S. Tsai. Pair Production and Bremsstrahlung of Charged Leptons. Rev. Mod. Phys. **46**:815, 1974.

[Wae74] B.L. van der Waerden. *Group Theory and Quantum Mechanics*. Springer, Berlin, Heidelberg 1974.

[Wei34] C.F. von Weizsäcker. Ausstrahlung bei Stößen sehr schneller Elektronen. Z. Phys. **88**:612, 1934.

[Wei72] S. Weinberg. *Gravitation and Cosmology.* Wiley, New York 1972.

[Wei89] S. Weinberg. The Cosmological Constant Problem. Rev. Mod. Phys. **61**:1, 1989.

[Wei94] S. Weinberg. *Der Traum von der endgültigen Theorie.* Piper, München 1994.

[Wei99] C. Weinheimer et al. High Precision Measurement of the Tritium Spectrum Near Its Endpoint and Upper Limit on the Neutrino Mass. Phys. Lett. **B460**:219, 1999.

[Wei00] S. Weinberg. *The Quantum Theory of Fields*. Cambridge University Press, Cambridge 2000.

[Wij79] B.H. Wijk, G. Wolf. Electron-Positron Interactions. Springer Tracts in Modern Physics **86**:1, 1979.

[Wil92] K. Wille. *Physik der Teilchenbeschleuniger und Synchrotronstrahlungsquellen*. Teubner, Stuttgart 1992.

[Wit77] E. Witten. Anomalous Cross Section for Photon-Photon Scattering in Gauge Theories. Nucl. Phys. **B120**:189, 1977.

[Wol83] L. Wolfenstein. Parametrization of the Kobayashi Maskawa Matrix. Phys. Rev. Lett. **51**:1945, 1983.

Sachverzeichnis

N

O

P

Q

R

S